# 建筑工程质量

## 常见问题·诊断·分析·防治对策

卢宝松　周翠玲　王 伟　等　编著
李继业　主审

U0213443

JIANZHU GONGCHENG
ZHILIANG

CHANGJIAN WENTI
ZHENDUAN
FENX I
FANGZHI DUICE

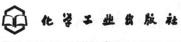

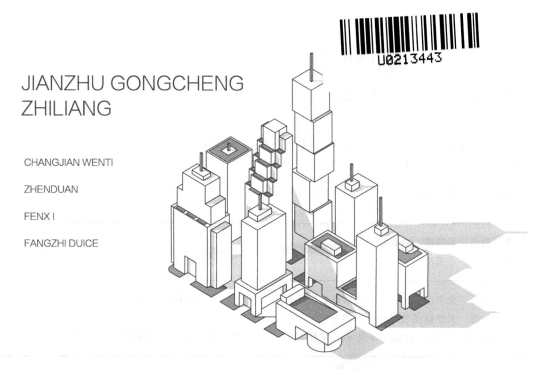

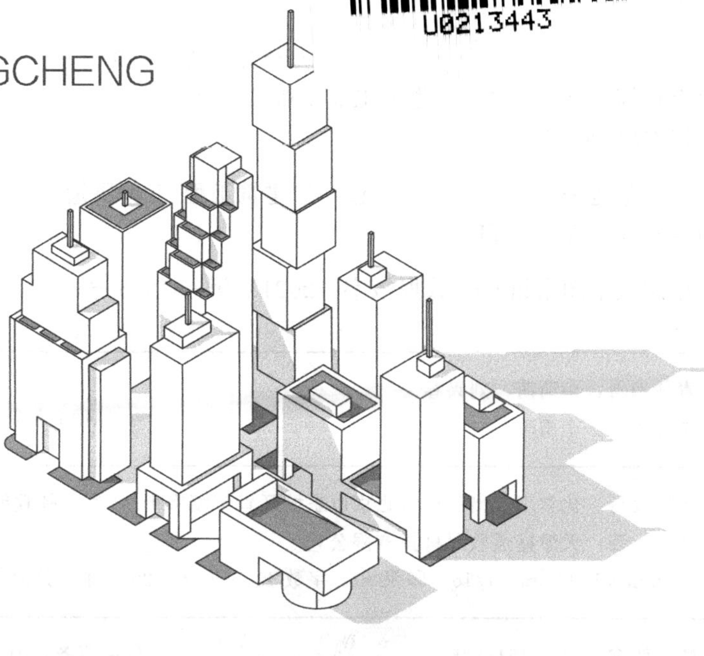

化学工业出版社
·北京·

## 内容简介

确保建筑工程的质量符合设计要求，是建筑工程设计、施工、监理和管理中永恒的主题，是设计、监理和施工单位的生命，“百年大计、质量第一”是建筑工程实施中的座右铭。

本书主要介绍了建筑工程质量问题与防治概述、地基与基础工程质量问题与防治、钢筋混凝土工程质量问题与防治、特种混凝土工程质量问题与防治、预应力混凝土工程质量问题与防治、砌体工程质量问题与防治、防水工程质量问题与防治、安装工程质量问题与防治、钢结构工程质量问题与防治、智能建筑工程质量问题与防治、装饰工程质量问题与防治等内容。

本书不仅可供土木工程和建筑工程规划、设计与施工技术人员、科研人员和管理人员阅读，还可供高等学校建筑工程、土木工程和装饰工程等相关专业的师生参考。

**图书在版编目（CIP）数据**

建筑工程质量：常见问题·诊断·分析·防治对策／卢宝松等编著．—北京：化学工业出版社，2021.8

ISBN 978-7-122-39155-1

Ⅰ．①建…　Ⅱ．①卢…　Ⅲ．①建筑工程-工程质量-质量管理　Ⅳ．①TU712.3

中国版本图书馆 CIP 数据核字（2021）第 091946 号

责任编辑：卢萌萌　刘兴春

责任校对：李雨晴　　　　装帧设计：王晓宇

出版发行：化学工业出版社（北京市东城区青年湖南街 13 号　邮政编码 100011）

印　　装：天津盛通数码科技有限公司

787mm×1092mm　1/16　印张 44　字数 1185 千字　2021 年 9 月北京第 1 版第 1 次印刷

购书咨询：010-64518888　　　　售后服务：010-64518899

网　　址：http：//www.cip.com.cn

凡购买本书，如有缺损质量问题，本社销售中心负责调换。

定　　价：198.00 元

版权所有　违者必究

# 前言

建筑是人类生存、生活、工作的重要物质基础，是创造世界和改造世界不可缺少的设施。确保建筑工程的质量符合设计要求，是建筑工程设计、施工、监理、管理中永恒的主题，是设计、监理和施工单位的生命，“百年大计、质量第一”是建筑工程实施中的座右铭。1998 年 3 月 1 日起实施的《中华人民共和国建筑法》，是我国确保建筑工程质量和安全的国家法律，是使建筑界“有法可依、有法必依、执法必严、违法必究”的依据，使我国建筑工程的实施过程走上制度化、科学化、规范化和法制化的道路。

为保证建筑工程的质量符合现行国家标准的要求，在《中华人民共和国建筑法》中明确规定：“建筑工程勘察、设计、施工的质量必须符合国家有关建筑工程安全标准的要求”；“建筑物在合理使用寿命内，必须确保地基基础和主体结构的质量”；“交付竣工验收的建筑工程，必须符合规定的建筑工程质量标准”。建筑工程的分项工程、分部工程和单位工程，凡是不符合规定的建筑工程质量标准者，均应视为存在质量问题，建设部明确指出：“凡工程质量达不到合格标准的工程，必须进行返修、加固或报废”。这些规定，是我们在建筑工程的实施中必须做到的。

建筑工程实践充分证明，建筑工程的实施过程并不是很简单的过程，而是一个非常复杂的系统工程，不仅会涉及国民经济的有关部门，而且与技术、管理、社会、自然等方面紧密相关。在实施的具体环节中，由于决策、设计、监理、施工、管理和使用方面的失误，或者由于自然灾害（如气候、地震、洪水、暴风等）的原因，很容易引发一些工程质量事故，轻者达不到设计要求、推迟施工工期、影响建筑外观，重者会造成建筑物倒塌、人员伤亡和巨大的经济损失。

我国自进入 21 世纪以来，国民经济得到飞速发展，建筑业也插上腾飞的翅膀，城市化建设日新月异，在广大建设者的共同努力下，施工技术和工程质量逐年得到提高，取得了可喜的成绩。但是，建筑工程在形成的过程中，其质量受诸多因素的影响，在设计与施工的过程中，工程质量问题仍时有发生，有时甚至很难避免。因此，对建筑工程质量问题的分析与防治，是每个建筑工程技术人员经常遇到的问题。

设计质量的高低是决定建筑工程质量的首要因素，只有设计人员具备必要的知识和能力，才能正确分析和解决工程建设中所发生的问题，才能杜绝设计中出现的错误。施工质量是决定建筑工程最终质量的关键环节，施工技术人员只有具有丰富的施工经验，具备较强的工程实践能力，才能在工程实践中创造有利的施工条件，运用先进的施工方法，正确判断和处理施工过程中所发生的质量问题。

建筑工程质量问题是多种多样的，发生的原因也是多方面的，有时也是非常复杂和难以解决的。近些年来，许多同行专家在这方面进行了深入研究和探讨，提出了很多有价值的处理措施。我们依据多年从事建筑工程的教学和实践活动，在理论与实践方面积累了一些经验，并在其他专家研究的基础上，归纳和总结了建筑工程质量方面的知识和内容，编写了这本《建筑工程质量：常见问题·诊断·分析·防治对策》，目的就是在建筑工程的实施过程中，千方百计地避免出现质量问题，一旦出现质量问题采取正确的方法去处理，从各个方面提高建筑工程的质量。

本书由卢宝松、周翠玲、王伟等编著，编写的具体分工为：卢宝松撰写第十一章，周翠玲撰写第四章，王伟撰写第七章，王莉莉撰写第五章，修振刚撰写第九章，张凯撰写第八章，宋达炎撰写第二章，张艺璘撰写第三章，蒋昊撰写第一章、第十章，赵思涵撰写第六章。全书由卢宝松负责统稿并定稿，由李继业主审。

由于编著者水平有限，加之参考资料不够齐全等原因，书中的不足和疏漏之处在所难免，敬请有关专家、同行和广大读者提出宝贵意见。

编著者

# 目录

## 第七章 防水工程质量问题与防治 303

## 第九章 钢结构工程质量问题与防治 446

# 第一章 建筑工程质量问题与防治概述

建筑是人类生存、生活、工作的重要物质基础，是创造世界改造世界不可缺少的设施。确保建筑工程的质量符合设计要求，是建筑工程设计、施工、监理、管理中永恒的主题，是设计、监理和施工单位的生命，“百年大计、质量第一”是建筑工程实施中的座右铭。1998 年 3 月 1 日起实施的《中华人民共和国建筑法》，是我国确保建筑工程质量和安全的国家法律，是使建筑界“有法可依、有法必依、执法必严、违法必究”的依据，使我国建筑工程的实施过程走上制度化、科学化、规范化和法制化的道路。

## 第一节　建筑工程质量事故概论

为保证建筑工程的质量符合现行国家标准的要求，在《中华人民共和国建筑法》中明确规定：“建筑工程勘察、设计、施工的质量必须符合国家有关建筑工程安全标准的要求”；“建筑物在合理使用寿命内，必须确保地基基础和主体结构的质量”；“交付竣工验收的建筑工程，必须符合规定的建筑工程质量标准”。

建筑工程质量是指在国家现行的有关法律、法规、技术标准、设计文件和合同中，对工程的安全、适用、经济、环保、美观等特性的综合要求。建筑工程的分项工程、分部工程和单位工程，凡是不符合规定的建筑工程质量标准者，均应视为存在质量问题，建设部明确指出：“凡工程质量达不到合格标准的工程，必须进行返修、加固或报废”。这些规定是我们在建筑工程的实施中必须遵守和做到的。

我国自进入 21 世纪以来，国民经济得到飞速发展，建筑业也插上腾飞的翅膀，城市化建设日新月异，在广大建设者的共同努力下，施工技术和工程质量逐年得到提高，取得了可喜的成绩。但是，建筑工程在形成的过程中，其质量受诸多因素的影响，在设计与施工的过程中，工程质量问题仍时有发生，有时甚至很难避免。因此，对建筑工程质量问题的分析与防治，是每个建筑工程技术人员经常遇到的问题。

设计质量是决定建筑工程质量的首要因素，只有设计人员具备必要的知识和能力，才能正确分析和解决工程建设中所发生的问题，才能杜绝设计中出现的错误。施工质量是决定建筑工程最终质量的关键环节，施工技术人员只有具有丰富的施工经验，具备较强的工程实践能力，才能在工程实践中创造有利的施工条件，运用先进的施工方法，正确判断和处理施工中所发生的质量问题。

建筑工程质量问题是多种多样的，发生的原因也是多方面的，有时也是非常复杂和难以解决的。近些年来，许多同行专家在这方面进行了深入研究和探讨，提出了很多有价值的处理措施。目的就是在建筑工程的实施过程中，千方百计地避免出现质量问题，一旦出现质量问题采取正确的方法去处理，从各个方面提高建筑工程的质量。

建筑工程按照造成直接经济损失的大小，可分为重大质量事故、一般质量事故和质量问题三类。在实际建筑工程的施工和管理过程中，不少工程质量事故开始往往只表现为一般的质量缺陷，非常容易被忽视，随着时间的推移会逐步发展，等认识到问题的严重性时，处理起来会更加困难，甚至无法进行补救，严重的会导致建筑物倒塌。因此，除了明显的不会产生严重后果的缺陷外，对其他的质量问题均应认真进行分析，找出产生质量问题的原因，采取相应的技术措施，进行严格的处理，直至符合现行的有关质量标准为止。

## 一、质量的基本概念

在 GB/T 19000—ISO9000 标准中对质量的定义是：一组固有特性满足要求的程度。产品质量是指产品“反映实体满足明确和隐含需要的能力和特性的总和”。这个定义虽然指的是有形物质产品的产品质量，但对于无形的数据库产品而言，仍然适用。根据上述定义质量可以从以下几个方面去理解。

① 质量不仅是指产品质量，也可以是某项活动或过程的工作质量，还可以是质量管理体系运行的质量。质量是由一组固有特性组成，这些固有特性是指满足顾客和其他相关方的要求的特性，并由其满足要求的程度加以表征。

② 特性是指区分的特征。特性是事物本身具备的性质，通常是固有的、赋予的，可以是定性的或定量的。特性有各种类型，如一般有：物质特性（如机械的、电的、化学的或生物的特性）、感官特性（如嗅觉、触觉、味觉、视觉及感觉控测的特性）、行为特性（如礼貌、诚实、正直等特性）、人体工效特性（如语言特性、生理特性、人身安全特性）、功能特性（如飞机的航程、飞行速度）。质量特性是固有的特性，并通过产品、过程或体系设计和开发，及其后之实现过程形成的属性。固有的意思是指在某事物中本来就存在的，尤其是那种永久的特性。赋予的特性（如某一产品的价格）并非是产品、过程或体系的固有特性，不是它们的质量特性。

③ 满足要求就是应满足明示的（如工程合同、规范、标准、技术、文件、图纸中明确规定的）、通常隐含的（如组织的惯例、一般习惯等）或必须履行的（如法律、法规、行业法则）的需要和期望。与要求相比较，满足要求的程度才能反映为质量的好坏。对质量的要求除考虑满足顾客的需要外，还应考虑其他相关方（如组织自身利益、提供原材料和零部件等的供方）和社会的利益等多种需求。另外，还需要考虑安全性、环境保护、节约能源等外部的强制要求。只有全面考虑这些要求，才能评定为好的质量或优秀的质量。

④ 顾客和其他相关方对产品、过程或体系的质量要求是动态的、发展的和相对的。质量要求随着时间、地点、环境的变化而变化。如随着科学技术的发展，人民生活水平的提高，人们对产品、过程或体系会提出新的更高质量要求。因此，应定期评定质量要求，修订规范标准，不断开发新产品、改进老产品，以满足不断变化的质量要求。另外，不同国家、不同地区因自然环境条件不同，技术发达程度不同、消费水平不同和民俗习惯不同等，对产品也会提出不同的要求，产品应具有这种环境的适应性，对不同地区应提供不同性能的产品，以满足该地区用户的明示或隐含的要求。

## 二、建设工程质量

建筑工程质量也称为建设工程质量，简称为工程质量。工程质量的概念有广义和狭义之分。广义的工程质量是指工程项目的质量，它包括工程实体质量和工作质量两部分。工程实体质量又包括分项工程质量、分部工程质量和单位工程质量。工作质量又包括社会工作质量和生产过程质量两个方面。

狭义的工程质量是指工程产品质量，即工程实体质量或工程施工质量控制。施工质量控制是一种过程性、纠正性和把关性的质量控制。只有严格对施工全过程进行质量控制，即包括各项施工准备阶段的控制，施工过程中的质量控制和竣工阶段的控制，才能实现项目质量目标。

工程质量的主体是“实体”。“实体”可以是产品或服务，也可以是活动或过程，组织体系和人，以及以上各项的任意组合。“明确需要”是指在标准、规范、图纸、技术要求和其他文件中已经做出的明确规定的需要；“隐含需要”是指那些被人们公认的、不言而喻的，不必再进行明确规定的需要，如住宅应满足人们的最起码的居住功能，即属于“隐含需要”。“特性”是指实体特有的性质，它仅反映了实体满足需要的能力。对于硬件和流程性材料类的产品实体特性，可归纳为：适用性、耐久性、安全性、可靠性、经济性和与环境的协调性 6 个方面。

### 1. 适用性

适用性是指产品的功能，是指工程满足使用目的的各种性能。它主要包括：理化性能，如尺寸、规格、保温、隔热、隔声等物理性能，耐酸、耐碱、耐腐蚀、防火、防风化、防尘等化学性能；结构性能，指地基基础的牢固程度，结构的足够强度、刚度和稳定性；使用性能，如民用住宅工程要能使居住者安居，工业厂房要能满足生产活动需要，道路、桥梁、铁路、航道要能通达便捷等，建设工程的组成部件、配件、水、暖、电、卫器具设备也要满足其使用功能；外观性能，指建筑物的造型、布置、室内装饰效果、色彩等美观大方、协调等。

### 2. 耐久性

耐久性是指产品的寿命，是指工程在规定的条件下，满足规定功能要求使用的年限，也就是工程竣工后的合理使用寿命周期。由于建筑物本身结构类型不同、质量要求不同、施工方法不同、使用性能不同的个性特点，目前国家对建设工程的合理使用寿命周期还缺乏统一的规定，仅在少数技术标准提出了明确要求。如民用建筑主体结构的耐用年限分为四级（15～30 年，30～50 年，50～100 年，100 年以上），公路工程设计年限一般按等级控制在 10～20 年，城市道路工程设计年限视不同道路构成和所用的材料也有所不同。对工程组成部件（如塑料管道、屋面防水、卫生洁具、电梯等）也视生产厂家设计的产品性质及工程的合理使用寿命周期而规定不同的耐用年限。

### 3. 安全性

安全性是指工程建成后在使用的过程中保证结构安全、人身和环境免受危害的程度。建筑工程产品的结构安全度、抗震、耐火及防火能力，人民防空工程的抗辐射、抗核污染、抗爆炸波等能力，是否能达到特定的要求，都是工程安全性的重要标志。工程交付使用之后，必须保证人身财产、工程整体都能免遭工程结构破坏及外来危害的伤害。工程的组成部件，如阳台栏杆、楼梯扶手、电器产品漏电保护、电梯及各类设备等，也要保证使用者的安全。

### 4. 可靠性

可靠性是指工程在规定的时间和规定的条件下完成规定使用功能的能力。工程不仅要求在交工验收时要达到规定的技术指标，而且在一定的使用时期内要保持应有的正常使用功能。如工程的防洪与抗震能力、防水隔热、恒温恒湿措施、工业生产用的管道防“跑、冒、滴、漏”等，都属于工程可靠性的质量范畴。

### 5. 经济性

经济性是指工程从规划、勘察、设计、施工到整个产品使用寿命周期内的成本和消耗的费用。工程的经济性具体表现为设计成本、施工成本、使用成本三者之和。它包括从征地、拆迁、勘察、设计、采购、施工配套设施等建设全过程的总投资，也包括工程使用阶段的能耗、水耗、维护、保养乃至改建更新的使用维修费用。通过分析比较，判断工程是否符合经济性要求。

### 6. 与环境的协调性

与环境的协调性是指工程与其周围生态环境协调，与所在地区的经济环境协调，以及与周围已建工程相协调，以适应可持续发展的要求。

以上所述 6 个方面的建筑工程质量特征，它们彼此之间是相互依存的。总体而言，适用、耐久、安全、可靠、经济、与环境的协调性都是必须达到的基本要求，缺一不可。但是对于不同门类、不同专业的工程，如工业建筑、民用建筑、公共建筑、住宅建筑、道路建筑等，可根据其所处的特定地域环境条件技术经济条件的差异，有不同的侧重面。

## 第二节　建筑工程质量事故原因

建筑工程质量事故的发生，往往是由多种因素构成的，其中最基本的因素有 4 种：即人、物、自然环境和社会条件。

人的最基本问题之一是人与人之间存在的差异，这是建筑工程质量优劣最基本的因素。如知识、技能、经验、行为特点以及生物节律所造成的反复无常的表现等。

物的因素对建筑工程质量的影响更加复杂、繁多，例如建筑材料与制品、机械设备建筑物类别结构构件型式、工具仪器等，它们之间存在着千差万别，这些都是影响建筑工程质量的重要因素。

建筑工程一般都是在露天环境中进行施工的，质量事故的发生总与某种自然环境、施工条件、各级管理机构状况，以及各种社会因素紧密相关。例如大风、雨雪、高温、严寒等恶劣气候，施工队伍的综合素质，工程管理工作的水平，有关单位的协作配合，社会经济与治安状况，施工地区的经济状态等。

由于建筑工程实施往往涉及规划、设计、施工、建设、使用、监督、监理、管理等许多单位或部门，因此，在分析建筑工程质量事故时，必须对以上四大因素以及它们之间的关系进行具体的分析和探讨，找出构成工程质量事故的真正原因，以便采取相应的措施进行处理。

# 一、构成工程质量事故的原因

根据众多建筑工程质量事故的实践证明，构成工程质量事故的原因可分为直接原因与间接原因两类。

直接原因主要有人的不安全行为和物体的不安全状态，例如，设计人员不按照国家现行的有关规范进行设计；违反基本建设程序；施工人员不按照施工规范和验收标准进行施工；监理人员不遵守职业道德等，都属于人的不安全行为。又如，在结构吊装的施工中，柱、梁、屋架等构件缺少必要的临时固定措施等，属于物体的不安全状态。

间接原因是指工程质量事故发生场所以外的社会环境因素。例如，工程施工管理混乱，质量检查监督人员工作失职，规章制度不健全，质量标准不完善等。工程质量事故的间接原因将导致直接原因的发生，两者是紧密相关的。

# 二、建筑工程质量事故的分析

## （一）违反基本建设程序

基本建设程序是指投资项目从决策、设计、施工，到竣工验收财务评审全过程中各项目工作所必须遵循的先后顺序。现行的基本建设程序是我国几十年基本建设的经验总结，它正确反映了客观存在的自然规律和经济规律，是基本建设各项工作必须遵循的先后顺序。因此，国家基本建设主管部门再三强调，必须认真贯彻执行现行的基本建设程序。

尽管如此，在实际的建筑工程实施过程中，由于违反基本建设程序而造成的质量事故仍不断发生，主要表现在以下几个方面。

### 1. 建设前期工作问题

工程实践充分证明，建设前期的许多工作是极其重要的，如果不认真按照有关规定去做，很可能就决定了建筑工程质量的先天性不足，如项目可行性研究、建设地点的选择、建筑的规模等。如果这些前期工作做得不好，很容易造成工程质量事故，有时甚至会造成不可挽回的损失。例如建设地点选择不当，会造成建筑物开裂、位移、倒塌等质量事故。

### 2. 违法承接工程任务

《中华人民共和国建筑法》第二章中明确指出："从事建筑活动的建筑施工企业、勘察单位、设计单位和工程监理单位，按照其资质条件，经资质审查合格，取得相应等级的资质证书后，方可在其资质等级许可的范围内从事建筑活动。"这项规定充分说明，不同的建筑工程必须由相应资质条件的单位来承担，绝不能违背这项规定。但是，有些企业和单位不遵守国家法律，超越许可范围承接工程任务，造成重大质量事故的实例不胜枚举。

有关部门的调查资料表明，近些年来全国各地发生的工程倒塌事故，从设计方面分析，有80%以上的工程是由于无设计，或无证设计，或越级资质等级设计所造成的；从施工方面分析，这些倒塌工程的施工企业，大多数是农村建筑队或自营建筑企业。这些企业技术素质差，管理水平低，根本无能力承担工程施工任务。

### 3. 违反工程设计程序

工程设计单位的质量责任和设计程序，国家早就有明确的规定，其主要内容有："所有工程必须严格按照国家标准、规范进行设计"，"必须符合国家和地区的有关法规、技术标准"，"所有设计图纸都要经审核人员签字，否则不得出图"，"设计文件、图纸应经各级技术负责人审定签字后，方可交付施工"等。

大量的工程质量事故调查证明，很多工程图纸有的无设计人，有的无审核人，有的无批准人，这类工程图纸交付施工后，因设计考虑不周造成的质量事故屡见不鲜。此外，在工程设计前不进行调查与勘测，盲目估计荷载或承载能力进行结构设计，从而造成严重的工程质量事故。

### 4. 违反工程施工程序

从大量工程质量事故分析中发现，因施工顺序错误造成的事故，不仅次数多、频率高，而且后果比较严重。这类事故与结构理论在施工中的应用关系十分密切。违反施工顺序的主要问题有：地下结构未达到规定的强度与稳定的要求，其上部结构就开始施工；地下结构工程未全部完成，就开始上部结构的施工；结构安装工程与墙体砌筑的先后顺序颠倒；现浇混凝土结构尚不能维持其稳定时，就急于拆除模板；地下水池完成后，不及时进行回填；相邻的工程施工先后顺序不当等。

### 5. 未经验收投入使用

《中华人民共和国建筑法》（以下简称《建筑法》）中明确规定："建筑工程经验收合格后，方可交付使用；未经验收或者验收不合格的，不得交付使用。"早在《建筑法》颁布实施前，我国已有许多类似的规定，例如"所有工程都必须严格按照国家规范、标准施工和验收，一律不准降低标准。"但是，有些单位往往不清楚工程质量上存在的严重问题，未经工程质量验收就开始使用，使建筑工程存在着严重的隐患，以致造成房屋倒塌等严重质量事故也时有发生，有的甚至造成生命财产损失。

## （二）勘察设计方面的问题

工程地质勘察是为查明影响工程建筑物的地质因素而进行的地质调查研究工作。所需勘察的地质因素包括地质结构或地质构造，如地貌、水文地质条件、土和岩石的物理力学性质，自然（物理）地质现象和天然建筑材料等。这些通常称为工程地质条件。查明工程地质条件后，需根据设计建筑物的结构和运行特点，预测工程建筑物与地质环境相互作用的方式、特点和规模，并做出正确的评价，为确定保证建筑物稳定与正常使用的防护措施提供依据。

搞好工程地质勘察设计工作，是确保建筑工程质量的重要基础，必须认真地对待。勘察设计方面的问题主要包括：工程地质勘察问题、设计方案不当问题、计算假定与计算简图问题、构造不合理的问题、设计计算错误问题等。

### 1. 工程地质勘察问题

（1）不按照国家的有关规范认真进行工程地质勘察，盲目估计地基的承载力，从而造成建筑物产生过大的不均匀沉降，导致结构裂缝、位移、倾斜等工程质量事故，甚至发生地基破坏而引起建筑物倒塌。此类工程事故实例很多，如四川省某县的水泥厂，因设计未进行工程地质勘察，仅凭以往的经验进行结构设计计算，再加上施工质量低劣，在一次大雨中5个原料筒仓全部倒塌，直接砸坏3个车间和29台设备，造成重大的经济损失。

(2) 工程地质勘察报告不详细、不准确，有的甚至出现重大错误，也会造成严重的工程质量事故。如江苏省某地的一幢5层宿舍楼，在工程地质勘察时，发现地基中有一层稻壳灰，厚度为0.4～4.4m，但在工程地质勘察报告中没有反映此情况，致使建筑物还未建成，就发生了从5层到基层的长裂缝，迫使拆除已建部分并重新处理地基。

(3) 工程地质勘察精度不符合要求。在进行工程地质勘察中，不按照国家现行的有关规范进行，必然会造成工程地质勘察精度不能满足设计的要求，肯定也会出现工程质量问题。有的工程地质勘测的钻孔间距太大，不能准确反映地基的实际情况，这是造成工程质量事故非常重要的原因。如四川省某地的单层工业厂房，由于工程地质勘测的钻孔间距过大，地质报告上没有准确反映地基的实际数据，厂房建成后，因基础下面的可压缩土层变化较大，从而造成基础出现不均匀沉降，使新建的厂房变成危房。

## 2. 设计方案不当问题

(1) 展览馆、影剧院、礼堂等空旷建筑物的结构方案不正确　这类建筑物的跨度比较大，层高也比较高，一般不设间隔墙或间隔墙相距甚远，从而形成了很大的空间，加上缺少抵抗水平力的建筑结构措施，就会在一定的外力作用下（如基础发生不均匀沉降、六级以上大风等），使薄弱构件首先发生破坏，继而会使此类建筑产生倒塌。

(2) 底层为大开间、楼层为小开间的多层房屋结构方案不当　这类建筑物底层若为砖柱，上层墙与钢筋混凝土梁的荷载都比较大，若不采用钢筋混凝土框架结构，再加上设计考虑不周全，很容易造成严重的质量事故。如湖南省某县的一幢5层综合楼，由于结构设计方案不当，在瞬时间全部倒塌。

(3) 屋架的支撑结构设计不完善　屋架（尤其是钢屋架）的特点之一是侧向刚度和整体刚度都比较差。为保证屋盖结构能可靠工作，应设置必要的支撑体系，否则就容易发生因屋架整体失稳而发生倒塌。如山东省某县影剧院的屋盖，因未设置必要的支撑系统，导致屋架上弦压杆的实际应力超过容许值的3.9倍，加上屋盖的整体性很差，结果造成了19m跨度的钢屋架倒塌。

(4) 组合屋架的设计问题　工程实践充分证明，钢筋混凝土组合屋架节点是比较难以处理的部位，如果施工质量无确实保证，一般不宜采用。我国在20世纪60年代以后大量使用这种组合屋架，曾经发生过不少质量事故，主要是节点构造处理不当，节点首先发生破坏，从而导致屋架的倒塌。

(5) 建筑工程的悬挑结构稳定性严重不足，严重的会造成整体倾覆坠落　阳台、雨篷、挑檐、天沟、遮阳板等悬挑结构，必须有足够的平衡重和可靠的连接构造，方能保证结构的稳定性。如果设计的抗倾覆能力不足，则容易造成悬挑结构倒塌。如江苏省某地区的餐厅一个长16m、宽11.5m的雨篷，因设计的抗倾覆安全系数不够，施工中又提前将模板拆除，结果造成雨篷倒塌。

(6) 砖拱结构设计方案出现错误　如果砖拱结构选型不当，砖拱的水平分力承力构件不足，拱顶砌体强度不高，很容易造成开裂或倒塌。如山西省某地区的粮库发生突然倒塌，主要是因为结构体系不够稳定，砖拱砌体构造违反设计规范的有关规定，加上砖拱结构设计上的其他原因和施工质量问题而造成的。

### 3. 计算假定与计算简图问题

（1）静力计算方案的问题　砖石结构设计规范根据楼（屋）盖类别和房屋横墙间距的不同情况，将静力计算方案分为刚性、刚弹性和弹性三大类，其计算原则与计算方法也是不同的。但在实际的工程设计中，有不少工程设计的横墙间距较大，已超出了刚性方案规定的情况，而仍然按照刚性方案进行设计，致使墙体或柱子的承载能力严重不足，严重的会导致房屋倒塌。

（2）结构设计计算简图与实际受力情况不符　如在砖混结构中，混凝土梁支承在窗间的墙上，梁与墙连接节点一般可以按照铰接进行内力计算。但当梁的尺寸较大时，梁垫做成与窗间墙同宽、同厚，与混凝土梁等高，而且梁垫与梁浇筑成一个整体，这种梁与墙的连接接近刚性节点，如果仍按照铰接进行设计计算，可能会产生较大的弯矩，其与轴向荷载的共同作用下，则会使砖墙因承载能力严重不足而倒塌。

（3）设计计算假定与施工实际情况不符　如上海市某厂房为 5 层升板式结构，设计时将 5 层的柱子分成两段验算其强度和稳定性。第一段为下 3 层，下端作为固定端，上端为弹性铰支承；第二段为上 2 层，下端为固定端，上端为弹性铰支承。但是在实际施工中，各层楼板仅搁置在承重销上，并未做柱帽，也无其他连接措施与临时支撑。这两种情况的计算差别很大，采用第一种假设计算的柱子，最终会因柱子失稳而倒塌。

（4）埋入地下的“连系梁”设计假定错误　如某多层框架结构采用深基础，基础顶面至地面的柱长达 13m，为满足柱子长细比的要求，采用设置两道钢筋混凝土“连系梁”的方案。由于“连系梁”埋入土内，设计假定梁不承受外荷载，只按构造要求确定断面与配筋。但实际上因填土的沉实，会造成“连系梁”上承担较大的土方荷载，结果使“连系梁”发生断裂，在梁柱的连接处出现塑性铰，地下的梁柱结构成为隐患结构，造成底层框架柱子严重裂缝与倾斜，不得不进行加固处理。

（5）管道支架设计假定与实际不符　如某工厂装配式钢筋混凝土管道的支架，全长 1560m，由于管道支架设计假定与实际不符，出现了严重的质量问题，其主要问题有以下两个方面：一是设计为半铰接管架的柱脚，又未采取适当的构造措施，在管道支架使用后，支柱出现倾斜，致使柱脚混凝土破坏和梁柱节点拉裂；二是只计算纵向水平力，未考虑横向位移传来的水平力，从而导致管道支架破坏。

### 4. 构造不合理的问题

（1）建筑构造不合理　建筑构造不合理，是建筑工程中最常见的问题。如沉降缝、伸缩缝设置不当，新旧建筑连接构造不良，圈梁设置不当等，都可能使砌体出现裂缝。又如单层厂房中生活间与车间的连接处，平屋顶建筑的顶层墙砌体中，都可能因建筑构造不当，受温度变形或地基不均匀下沉的影响，导致墙体出现裂缝。

（2）钢筋混凝土梁构造不当　如梁的高跨比不适宜，箍筋的间距过大，纵向受拉钢筋在受拉区内被截断，梁的断面较高时两侧不设纵向钢筋，梁的下部处有集中荷载时，不设附加钢筋（例如吊筋、箍筋）等，都容易导致梁体出现裂缝。

（3）墙体连接构造不当　建筑物的转角和内外墙的连接处，不同材料砌体的连接构造等，都是比较难以处理、易出现质量问题的部位，如果处理不当，很容易导致墙体开裂，严重的甚至出现倒塌事故。如江西省某高校一幢砖混结构的房屋，由于横墙与作为围护用的毛石挡土墙未设置连接钢筋，底层也未设置圈梁，致使成为几个独立的砌体，加上底层窗间墙的承载能力不足，在工程尚未完成时就出现墙体整体倒塌。

（4）墙梁的构造问题　墙体如果砌筑在钢筋混凝土梁上，梁在正常的挠度下（如小于 1/

400 时），对梁的安全是毫无影响的。但是这一挠度在墙内引起的剪应力与拉应力，足以导致墙体产生裂缝。如四川省某地区的办公楼，钢筋混凝土梁的设计挠度为 1/400，虽然满足了梁的要求，但却造成了墙体开裂，最大缝隙宽度达 2.5mm。工程实践证明，在验算墙体裂缝时，梁的实际挠度应当小于 1/400。

### 5. 设计计算错误问题

（1）不计算或不进行认真计算　有些结构构件产生的质量问题，很多是因为某些持证设计单位，包括一些甲级设计单位的设计人员，不认真进行工程设计计算，只凭以往的经验估算而造成的。如湖北省某学校的教学楼，由于对外走廊砖柱未进行认真设计计算，选用的砖柱的截面尺寸过小，承载能力严重不足，所以在主体结构工程刚刚完成后，造成外走廊的局部倒塌。

（2）荷载计算出现错误　荷载计算是一项要求非常细致和严肃的工作，必须认真对待，如果不负责、不细致、不认真，很容易出现荷载计算错误。如有的设计人员漏掉计算结构的自重，有的屋面荷重不考虑找坡度层的不同厚度，少算了厚度较大部分的荷载；采用钢筋混凝土挑檐时，未计算对砖墙产生的弯矩；砖混结构采用木屋盖，当屋架跨度较大时，对屋架承受荷载后，下弦杆被拉伸，屋架下垂对外墙产生的水平推力考虑不周。以上这些荷载的计算错误，都会使墙体、柱子出现裂缝和倾斜，甚至破坏倒塌。

（3）内力计算出现错误　内力计算出现错误，一般常发生在超静结构的计算中，如砖混结构建筑物中，两跨连续梁传给墙体或柱子的荷重，未考虑梁的连续性，中间支座处的荷载往往容易少算；又如在框架结构中，把连续梁当简支梁计算支座反力，造成部分框架内力计算值偏小；再如内力计算不按规范规定，进行最不利的荷载组合等。以上这些内力计算错误，均可导致建筑物出现多种质量问题。

（4）结构构件的安全度不足　如陕西省某 4 层混合结构房屋，主体结构完成后，在大雨中突然发生倒塌。经质量检查与验算，发现主要承重结构的设计截面偏小，设计图上也没有注明砖及砂浆的强度要求，实际所用的砖及砂浆的强度较低，加上施工质量较差等原因，从而造成房屋倒塌。

（5）构件的刚度不足　这类质量事故多发生在钢结构工程中。如河北省某地的 3 层砖混结构厂房，屋盖采用钢结构的屋架，当屋面找平层施工完成时，发生钢屋架坠落，屋面不仅坍塌，并且带动部分窗间墙倒塌，部分楼盖的梁板被砸坏。经检查与分析，屋架的主要压杆的长细比超过钢结构设计规范的规定，造成屋架失稳而破坏。

（6）设计时不考虑建造的可能性　如山东省某工厂为装配式单层厂房，屋盖为锯齿形，在结构吊装中出现局部倒塌。经过检查分析，该工程柱子截面较小，配筋不符合设计规范的要求，设计仅按两侧都加满荷载的情况进行计算，但未考虑柱子单侧大偏心受压的不利情况。倒塌的验算证明，柱子的实际配筋，只有现行规范规定配筋的 23%。

（7）设备基础不进行振动验算　如四川省某工厂两台往复式氨气压缩机安装完成后，试运转时发现压缩机严重地左右摆动和水平振动，根本无法正常运转。经检查分析，设计中未计算基础的振幅，加上基础设计尺寸偏小，最终不得不采取加固补强处理。

## （三）建筑材料及制品的质量问题

建筑材料是构成建筑结构的重要物质基础，工程实践证明，建筑材料的质量好坏，决定着建筑物的质量。因此，在进行建筑工程的设计和施工中，认真科学地选择适宜的建筑材料，是极其重要的一项基础性工作。

## 1. 水泥

水泥是指加水拌和成塑性浆体，能胶结砂、石等材料，既能在空气中硬化，又能在水中硬化的粉末状水硬性胶凝材料。建筑工程中常用的是硅酸盐水泥和普通硅酸盐水泥。水泥的质量如何，对建筑工程的质量起着重要影响。

(1) 水泥的安定性不合格　我国的水泥年总产量居世界首位，但至今小水泥厂生产的水泥使用仍然较为普遍，其中有的安定性指标并未经过严格检验，如果将安定性不合格的水泥用于建筑工程，就可能造成严重的质量事故。如重庆市某单层工业厂房，其基础混凝土浇筑完毕后，在柱子吊装前就发现基础崩裂。经过认真分析和材料试验，组成混凝土的其他材料和施工工艺均无问题，最后复验水泥的安定性为不合格。

(2) 水泥的强度等级不足　我国明确规定，生产的水泥在出厂时应有一定的强度储备（一般水泥的富余系数为1.13)，但是由于质量管理不严或试验误差，会造成出厂的水泥强度等级不足。如果不再复验而直接用于工程，水泥砂浆和混凝土的强度必然下降，这是产生工程质量事故的主要原因。如武汉某工厂的混凝土挡土墙工程，其试块强度仅达到设计强度的58%，经复检水泥的强度，300号（原来的硬练标号）水泥的实际标号仅达到200号，因此而造成了混凝土挡土墙倒塌的质量事故。

(3) 袋装水泥的质量不足　我国生产袋装水泥的标准规定，每袋水泥的质量为（50±1）kg。但是，有些水泥的生产厂家只顾经济利益，而无视国家的规定，袋装水泥的质量普遍不足。如1987年江苏省对某地区水泥质量的抽检中就发现此类问题，袋装水泥最轻者每袋仅42kg左右。在建筑工程施工中，有些人习惯用袋计量的方法，来配制混凝土或水泥砂浆，结果造成水泥用量严重不足，使混凝土或水泥砂浆的强度达不到设计要求。

(4) 错用水泥或混用水泥　我国生产的水泥品种很多，不同品种的水泥，其性能和用途也是不同的，决不能错用和混用，不然会造成工程质量事故。如北京市某高层建筑为框架剪力墙结构，由于施工中同时使用了不同厂家的水泥，各种水泥堆放时没有按规定分开，也没有设置明显的标志区别，结果导致了错用和混用水泥，因此，混凝土强度要求高的达不到设计要求，混凝土强度要求低的反而超出很多。

## 2. 钢材

钢筋是建筑工程中的三大主材之首，也是一种性能良好的建筑材料，在各类建筑工程均有广泛应用。但是，如果选材、使用、保护不良时，也会发生一系列的质量问题。

(1) 强度不合格　在钢筋混凝土工程中，所用的钢筋材质证明与实际材料不符，进场钢筋不按照施工规范的规定进行检验后再使用，结果都会造成不合格的钢筋被用到工程上。如重庆市某宿舍楼工程使用的直径8mm的钢筋，根据材料仓库提供的材质证明，其屈服强度、极限强度和伸长率等指标均合格，施工人员未进行检验就直接用于工程。事后经过复验证明，有50%左右试件的极限强度达不到设计要求，而且屈服强度与极限强度比较接近，是典型的强度不合格钢筋，最后只好采用补强加固措施，造成很大的经济损失和施工困难。

(2) 钢材出现裂缝　钢材出现裂缝，不仅有材质本身的问题，而且还有加工质量的问题。如某构件预制场进一批冷拉直径为8mm的钢筋，在加工时发现钢筋弯钩附近有横向裂缝，取样进行拉伸试验时，又发现在试件的全长出现横向环状裂缝，裂缝的间距为5～10mm。施工规范中明确规定，有冷弯裂缝的钢筋不予验收，对于出现裂缝的钢筋应报废或降级使用。

(3) 钢筋发生脆断　钢筋发生脆断是一种严重的工程质量事故，其原因既有材质的问题，也有施工不当的问题。工程实践证明，使用低质钢和沸腾钢，很容易发生钢材的脆断，钢筋的脆断经常发生在粗钢筋电弧点焊后。对于钢结构中钢材的脆断质量事故，在我国有很少报道，但国外有此类工程质量事故的实例。

## 3. 普通混凝土

普通混凝土是由水泥、砂子、石子、水和外加剂按一定比例配制而成的。在一般情况下，砂子和石子的强度明显超过混凝土的强度。从混凝土破坏试验中可以看出，破裂面主要出现在骨料与水泥石的黏结面上。当水泥石的强度较低时，破坏也可能发生在水泥石本身。因此，混凝土的强度通常取决于水泥石强度及其骨料表面的黏结强度。决定这些强度的因素有 3 个方面：原材料质量、混凝土配合比和混凝土施工质量。

混凝土配合比是决定其强度和有关性能的最重要因素之一，其中水灰比大小直接影响混凝土强度，另外砂率、骨浆比、用水量、外加剂等也影响混凝土的各种性能。如果配合比不准确，将会造成强度不足等质量事故。工程实践证明，造成混凝土配合比不当的因素主要有以下两个方面。

① 不根据设计要求的强度等级、质量检验标准以及施工和易性的要求确定混凝土配合比。不按国家现行标准《普通混凝土配合比设计规程》（JGJ 55—2011）进行计算和配制确定混凝土配合比，不少施工企业随意套用经验配合比，这是造成混凝土强度不足等质量事故的最常见原因。

② 不按施工规范进行操作，施工质量控制较差。常见的问题有用水量控制不严，水泥用量不足，砂石料计量不准确等，均可能造成混凝土配合比不准确甚至错误，其结果会造成混凝土强度不足或其他性能（如和易性、抗渗性、抗冻性等）下降。

## 4. 砂石料

（1）砂石料的岩性　有些砂石料中含有活件氧化硅（如流纹岩、安山岩、凝灰岩等），这类砂石材料若与含碱量较高（超过 0.6%）的水泥一起配制混凝土，则水泥中碱性氧化物水解后会形成氢氧化钾或氢氧化钠，它们与砂石料中的活性氧化硅发生化学反应，形成不断吸水、膨胀、复杂的碱-硅酸胶体。这种胶体会造成混凝土开裂，并使混凝土的强度和弹性模量下降。

（2）粒径、级配与含泥量　砂石料的粒径过小、级配不良、空隙率过大，都会导致水泥用量和用水量增大。工程实践经验证明，混凝土选用中砂比较适宜，如果选用特细砂配制混凝土，不仅会大大增加水泥浆的用量，而且还会使混凝土产生比较严重的收缩裂缝。在碎石中，石粉和石屑的含量过多也会影响混凝土的质量，如果石粉或石屑的含量达到 7%以上，不仅会造成单位用水量和水泥用量加大，而且还影响水泥石与砂石料的黏结力，使混凝土的抗裂性能明显下降。

材料试验表明，砂石料中如果含泥量高，会更加影响混凝土的质量，其不仅影响混凝土的强度，而且还影响混凝土的抗冻性、抗渗性和耐久性。据有关统计资料显示，很多工程的混凝土出现质量事故，大多数与砂石料中的含泥量过高有关。

（3）有害杂质的含量　混凝土原材料中有害杂质的含量，也是混凝土质量好坏的一个重要影响因素。如山西省某地区曾生产的一批空心楼板，用含有大量有害杂质的砂石料制成，结果造成空心楼板出现大面积的酥裂、破坏和塌落事故。经过对砂石料检验证明，粗骨料试件中 78.9%的三氧化硫超标，有的骨料中三氧化硫的含量高达 31.87%。

## 5. 黏土砖

（1）砖体的强度不足　砖体的强度是砌筑工程质量好坏的决定性因素。砖体的强度达不到设计要求，而造成房屋倒塌的工程实例比较普遍。在砖石结构设计规范中，砌体的抗压强度与砖体的强度等级密切相关。近些年来，在某些地区多次发生过因为砖体的强度较低，导致砌体强度大幅度下降，造成房屋倒塌的事故。

（2）尺寸与形状问题　建筑工程所用的黏土砖，有机制砖和手工砖两种，但目前使用的手工砖的尺寸偏差较大，有的砖长甚至相差 2cm 左右，这对砌体的承载力等将产生不利的影响。在施工过程中，如果断砖、碎砖使用不合理，也会造成墙体的开裂，有的甚至会引起建筑物的倒塌。

## 6. 外加剂

（1）混凝土中掺加的外加剂不当　混凝土外加剂按其功能不同，可以分为改善混凝土拌和物流动性的外加剂、调节混凝土凝结硬化速度的外加剂、调节混凝土含气量的外加剂、改善混凝土耐久性的外加剂和提供特殊性能的外加剂。因为混凝土的种类、功能和性能不同，所要求掺加外加剂的品种和作用也不同。另外，如果外加剂的掺量不适宜，也会带来不良的效果。因此，对混凝土外加剂的掺加，应特别注意种类和掺量两个方面。

（2）砌筑砂浆掺加微沫剂问题。微沫剂是提高砌筑砂浆和易性和保水性的一种外加剂。其掺量大小直接影响砂浆的强度，掺加量越多，强度降低越严重。由于微沫剂的掺量很少，一般仅为水泥用量 0.5/10000～1/10000，所以在施工中应当严格控制，否则就可能造成砌筑砂浆强度严重下降，不能满足砌体的强度要求。

## 7. 防水、保温隔热及装饰材料

（1）选用的沥青与油毡质量不良　如油毡的柔性和韧性较差，施工中可能使卷材出现开裂，从而导致渗漏；油毡胎体没有浸透沥青，其耐久性和防水性都较差，也会导致使用短期就渗水；因沥青的标号太低、耐热度较差而发生流淌等。

（2）保温隔热材料的质量问题　保温隔热材料的质量问题，主要是质量密度、导热系数达不到设计要求；在运输和保管中，保温隔热材料受潮，由于材料湿度加大，使材料的质量密度也随之加大，这样一方面会影响建筑的设计功能，另一种方面会导致建筑结构超载，严重的会影响结构的安全。

（3）装饰材料的质量问题　装饰材料的质量问题很多，最常见的有石灰膏熟化不透，使抹灰层产生鼓泡；在水泥地面中因所用砂子太细、含泥量太大、级配不良、水泥强度等级过低等，很容易造成地面起灰；抹灰面尚未干透即进行油漆作业，使漆膜起鼓或变色，抹灰面出现泛碱现象；涂刷的漆料太稀，含重质颜料过多，涂漆的附着力差，使漆面出现流坠；装饰的材质差，含水率较高，容易产生开裂和扭曲变形；玻璃不干净或有水波纹和气泡；壁纸花饰不对称，表面有花斑，色相不统一，花饰与纸边不平行等。

## 8. 钢筋混凝土制品

（1）制品混凝土试块的强度不合格或者尚未达到规定的强度就出厂，这是钢筋混凝土制品最容易出现的质量问题。

（2）混凝土制品中的钢筋出现错位　如焊接的钢筋骨架产生变形、受力的主筋发生位移、其他钢筋产生错位等。

（3）钢筋混凝土制品的尺寸、形状、外观问题　如尺寸偏差超过施工验收规范中的规定；混凝土构件超厚、超重；混凝土构件扭曲、翘曲、缺棱掉角；混凝土出现蜂窝、麻面、孔洞、露筋，在预应力空心楼板中，由此而导致预应力值降低，影响钢丝与混凝土共同工作，降低了构件的承载能力，甚至还会引起楼板的突然断裂。

（4）钢筋混凝土制品的裂缝问题　钢筋混凝土制品出现裂缝，是最常见的一种质量问题，其除了严重影响混凝土构件的外观外，有相当多的裂缝可能影响混凝土构件的承载能力和耐久性。

（5）预埋铁件发生错位　预埋铁件发生错位质量问题，将会导致结构安装困难、连接节点不牢固等，严重的还会影响结构的整体性。

## （四）施工质量方面的问题

### 1. 施工顺序方面的错误

（1）土方与基础工程的质量问题

① 在深浅不等、间距较小的基础群体施工时，采用错误的施工顺序，先做浅基础，然后再施工深基础。这样在开挖深基础土方时，破坏了浅基础的地基，从而对其产生不利的影响。例如，单层工业厂房中，通常采用封闭方式施工室内的设备基础，如果设备基础要求较深，且与厂房的柱基较近，又无可靠的技术措施时，就容易产生此类问题。

② 在已有建筑物的附近施工时，缺少必要的保护性措施。如有的基坑开挖时，破坏了已有建筑物的地基；有的采用人工降低地下水位的方法，造成已有建筑物的地基下沉加大；有的工程打桩振动导致原有建筑物产生裂缝等。

③ 在基槽（坑）回填土工程中，往往因单侧回填的土压力引起基础偏斜，甚至造成基础断裂等质量事故。

（2）结构吊装工程方面的问题

① 构件吊装顺序发生错误，导致已吊装构件受力不均匀，造成个别杆件应力过大，甚至产生与设计相反的应力，造成构件的破坏或倒塌。

② 没有及时吊装固定支撑构件　如沈阳市某工厂吊装 40m 高的柱子后，虽然同步吊装了柱子之间的纵向连接板，但因连接板和柱子的连接接头未及时完成，又缺少必要的、可靠的缆风绳等临时固定措施，在大风中发生柱子倒塌事故。在屋盖的吊装施工中，因没有及时固定支撑系统，大型屋面板未按规定焊接，又不设置临时支撑，从而造成屋盖倒塌事故，在山东、山西、江苏、内蒙古、湖南等地均有报道。

③ 下部构件吊装后未经认真检查校正，在误差超过规定较大的情况下，即进行最后固定，并吊装上部构件，因而造成了工程事故。例如，江苏省某工厂就出现过这类质量事故，其中厂房的 1 根柱子向内移位 50mm，最后不得不返工处理。

（3）结构工程与砌墙顺序发生错误

① 单层工业厂房中先砌墙，先浇筑　例如江苏省某单层厂房，高度为 8.8m、跨度为 15m，违反施工顺序，先砌筑围护墙，后浇筑钢筋混凝土排架柱，结果墙体在大风中被刮倒。

② 先砌筑墙体，后吊装屋盖　例如，湖北省某工厂车间，围护墙厚 37cm、高 10m，施工时先吊装柱子，再砌筑砖墙，然后再吊装屋盖。在屋盖吊装中发现边排柱子普遍向外倾斜，柱顶向外移位 40～60mm，最大的达到 120mm。

③ 在混合结构中，先砌筑上层墙，后安装墙下楼板　例如，甘肃省某地教学楼 4 层楼面的预制板，一端搁置在现浇梁上，另一端支承在 37cm 厚的砖墙上，现浇梁因钢筋长短不同，未及时完成，于是先砌墙，预留楼板槽，待梁体浇筑后，再嵌放 3 层楼板。这一错误的施工顺序，导致一道长 6m、高 3.66m、厚 37cm 的砖墙突然失稳倒塌，造成 2、3 层部分楼板被砸

断，死亡 1 人的特大工程事故。

（4）现浇混凝土结构拆除模板过早　这里所讲的现浇混凝土结构拆除模板过早，并不是指混凝土强度未达到拆除模板的要求，而是指因施工顺序错误的过早拆除模板。例如，悬挑雨篷的拆模时间，不仅取决于雨篷混凝土的强度，而且还与雨篷板梁上的压重、雨篷的稳定性有关。如果雨篷上的砖砌体不够高，或砌体上的构件没有安装前，就拆除雨篷的模板及支撑，就很可能因施工荷载过大，而导致雨篷的整体倾覆坠落。

（5）预应力筋张拉过早或偏心张拉　预应力筋张拉过早或偏心张拉，均会产生一定的质量问题，甚至出现重大的工程事故。例如，辽宁省某工程为 24m 的预应力屋架，在混凝土试块强度仅为设计强度值的 77％时，就张拉预应力钢筋，紧接着进行孔道灌浆，导致两榀屋架端部附近的混凝土被压酥，下弦被折断。在后张法预应力构件中，预应力筋的张拉顺序如果不是对称地进行，很可能造成构件的旁弯或裂缝；双向配筋的构件，如果不交错进行张拉，也易造成过大的变形或裂缝。

（6）屋顶隔热层施工时间过迟　房屋的平屋面上常采用架空隔热板，这不仅是为了改善顶层的使用条件，同时对防止顶层砖墙和屋盖结构的裂缝有明显的作用。但是有不少完成屋面防水层工程后，迟迟不进行架空隔热层的施工，使屋面受到温度的剧烈变化，造成屋盖结构产生较大的变形，最终导致砖墙或钢筋混凝土梁体出现裂缝。

（7）相邻工程的施工顺序错误　例如，某地区锅炉房与回水池工程，为了使这两个工程同时完成，施工计划安排先施工锅炉房，待锅炉房土建工程完成后，再进行回水池的开挖。由于回水池的底高程比锅炉房基础底部深 3m，在进行回水池的基础开挖时，虽然采用了满铺支撑等措施支护土壁，但仍然发生了严重的流砂现象，最后造成锅炉房局部倾斜，墙体发生严重裂缝。

## 2. 施工结构理论的问题

（1）土压力与边坡稳定问题

① 进行单侧土料的回填，造成较大的土压力。在基坑（槽）进行土方回填时，不考虑两侧的平衡和土压力作用的影响，从而造成基础的位移、倾斜或裂缝，这类事故在建筑工程中屡见不鲜。

② 施工中将土方大量集中堆积在已有建筑物附近，使已有建筑物产生附加的不均匀沉降，导致已有建筑物倾斜、变形和裂缝。这类事故容易发生在湿陷黄土或软弱土地区。

③ 土方边坡出现失稳。对土方边坡稳定的条件认识不清，造成土方边坡塌方，甚至发生人员的伤亡，这类事故是在基坑开挖中最容易发生的质量问题。例如，边坡的坡度太陡，坡顶堆放太多的土方或建筑材料，边坡附近有机械振动的影响，地面水或雨水浸入土方内部等，均可以导致土方的边坡塌方；又如在稳定的边坡坡脚处开挖土方，因破坏了边坡的稳定条件，也会造成边坡塌方或滑坡等。

（2）施工阶段受力性质变化问题

① 钢筋混凝土柱预制桩等构件，是按照轴心或偏心受压构件设计计算的，而在运输堆放和安装的过程中，这类构件的受力情况发生较大变化，则会变为受弯、压弯或拉弯的构件，如果构件的支点（吊点）位置确定不恰当，改变了构件的设计受力状况，则极易使构件产生较大的裂缝，严重者甚至会发生断裂。

② 梁、板类受弯曲构件施工时的支点或吊点位置，往往会改变构件的受力情况，与构件使用阶段的受力情况有很大差别。例如，预制悬臂梁在运输与吊装中，把支点（吊点）设在构件的两端，从而造成梁长度方向的中部产生裂缝；又如，较长的梁或板采用汽车运输，因受车

厢长度的限制，构件往往向车后悬挑出相当长度，如果外悬的部分太长，或运输道路颠簸振动严重，极易使支点附近构件的上面产生裂缝，严重者甚至会发生断裂。

尤其需要指出的是，简支的预应力板往往仅在板的下面配置预应力筋，在构件制作时，有的构件上表面产生了一定的预应力，而上部的配筋数量很少，一旦在运输或安装中形成反弯矩，极易造成构件严重裂缝。

③ 屋架等构件一般是在工厂中平卧生产，在其翻身起吊时其受力情况与使用阶段有很大的差别。例如，单层工业厂房的柱子，在房层架安装前是悬臂结构，安装后则形成排架，前面叙述的砌墙时间过早，造成工程事故是这类建筑物的典型实例。又如，山墙柱上部与屋架、支撑等未连接时，也是悬臂结构，若在这种条件下砌完山墙，也很容易造成工程事故。类似质量事故在其他形式的装配式结构中（如框架结构）中，同样也会发生。

（3）施工阶段的强度问题

① 现浇钢筋混凝土结构施工各阶段的强度问题。例如，成型阶段各种临时结构的可靠性，拆除模板时混凝土应达到的最低强度，拆除模板后结构承受各种荷载的强度等，应予以足够的重视。需要着重指出的是，要特别注意拆模后构件的强度及其能承受的最大荷载，因为刚刚拆模的构件强度不足，有些严重的工程质量事故就是在正常的施工荷载下发生的。如美国的一幢高层公寓，就是因为楼板模板拆除过早，其强度不足以承担上层的模板支撑、结构自重等荷载，所以发了 24 层连续倒塌的重大工程质量事故。

② 装配式结构在施工各阶段的强度问题　例如，大型构件拆除底部模板时，混凝土应达到要求的最低强度；构件在起吊和运输时应达到设计规定的强度。这些混凝土的强度如果不能满足一定的要求，均有可能会出现工程质量事故。

③ 建筑砌体工程的施工强度问题　例如，毛石砌体如果砌筑速度过快、一次砌筑高度过高时，则因砂浆尚无黏结强度很容易产生垮塌；砖或砌块砌体，特别是灰砂砖砌体一次砌筑高度太大时，同样也会造成砌体变形。又如，砖砌体采用冻结法施工后，在解决期间的砌体强度问题也应当引起足够的重视。

④ 其他施工强度的问题　例如，混凝土未达到规定的强度就张拉预应力筋，构件拼接处的混凝土、砂浆强度不足就进行吊装，这些都容易引起构件产生裂缝断裂等质量事故。又如，冬季施工的混凝土应达到一定强度后方可受冻，否则其强度和其他性能将大幅度下降。再如，液压滑模施工时，混凝土的出模强度如果太低，很容易出现新浇筑混凝土垮塌、支承杆失稳等质量事故。

（4）施工阶段的稳定性问题

① 柱子、墙体等竖向构件在施工阶段发生倒塌的工程实例常有发生，且发生的原因非常多。如有的柱子吊装后，未设置足够的支撑和固定的缆风绳而产生倒塌；有的山墙未及时施工屋盖，使山墙遇到大风时倒塌；有的地下工程用砖墙代替模板，由于施工荷载或土压力失稳而倒塌等。

② 悬挑结构施工中失稳倒塌，是建筑工程中常见的一种失稳事故。有关内容在前面“施工顺序方面的错误”中已有介绍，这里不再重复叙述。

③ 屋盖在施工中失稳倒塌　这类工程事故也是建筑工程中常见的一种，产生失稳的原因比较多，有的是施工中的临时支撑或者缆风绳不足，有的是没有及时安装永久性支撑或安装后未进行最后固定，有的是屋面板未与屋架焊接牢固等。近几年，在山西、山东、江苏、浙江、湖南等地都发生过类似质量问题。

④ 其他施工原因失稳倒塌事故　例如，装配式框架施工失稳倒塌，其常见的原因是临时支撑不足和施工顺序错误；在升板工程施工中，群柱产生失稳倒塌；在滑模工程施工中，支承

杆失稳倒塌等。

（5）施工荷载方面的问题

① 施工荷载不严格进行控制　对于楼面和屋面的施工荷载的大小，迄今为止在施工规范中尚未明确的规定，因此在施工阶段的荷载常常发生失控，不少工程质量事故均与此有关。如上海、河南、广西、四川、北京、黑龙江、吉林等地均发生过这类工程事故。

② 不了解施工荷载的特点而造成工程事故　例如，在砌筑墙体时，考虑施工操作的要求，往往把砌筑材料集中堆放在房间的中央，这种施工荷载的分布特点，使得构件内力很容易超过承载能力而发生事故。又如，室内布置里脚手架，里脚手架支柱传给楼板的都是集中荷载，如果没有可靠的分布荷载的措施，很可能在跨度中部作用较大的集中荷载而导致事故的发生。再如，施工荷载往往是动力荷载和重复作用的荷载，这些荷载可能在结构的任意位置上出现，一般多出现在跨度中部，这种荷载比静荷载的危险性大得多，更应当引起特别注意。

（6）施工临时结构可靠性问题

① 模板工程　模板及支架不按照施工规范的要求进行设计与施工，而造成工程事故的实例很多。出现事故主要有两个方面的问题：一是模板构造不合理，模板构件的强度和刚度不足，往往造成混凝土裂缝或产生部分破坏；二是模板的支承构件的强度和刚度不足，或整体稳定性比较差，往往会造成模板工程的倒塌。

② 脚手架工程　脚手架发生垮塌，是一种比较严重的工程事故，往往会造成人员伤亡和巨大的经济损失，不少脚手架倒塌后，还会损坏或拉垮塌部分建筑物。因此，应引起特别的重视。脚手架事故大多数是因为稳定性不足，特别是整体稳定性差而造成的。

③ 井架等简易提升机械倒塌　井架倒塌的主要原因是：机械设计计算不过关，机械稳定性较差，机械零件配件的质量有问题。例如，井架倒塌的常见原因是：缆风绳失效，井架拔杆发生折断，或拔杆顶上拉紧的钢丝绳断裂，或出现钢丝绳松脱等造成的。

### 3. 施工中的技术管理问题

建筑工程质量是一个复杂的系统，涉及许多生产要素，某一个生产要素出现问题，就会影响工程质量。在工程质量管理过程中，施工技术管理是工程质量管理的核心，如果施工技术管理跟不上，工程质量也无从谈起。目前，在施工技术管理中仍存在着许多值得注意的问题，必须引起高度重视。

（1）不严格按图纸进行施工

① 无设计图施工　有的建筑工程施工根本无设计图纸，有的是私人设计或无证单位设计的错误图纸，由此而造成的工程事故都比较严重。这类工程事故大多数发生在县以下施工企业，或发生在建设单位自营的工程中。

② 图纸不经过会审就盲目施工　设计图纸中常发现建筑图与结构图有矛盾，土建图与水电、设备图有矛盾，基础图与实际地质情况不符，设计要求与施工条件有矛盾等，通过图纸会审就可以发现存在的问题，提出解决矛盾和问题的措施。但有些单位在施工前不进行图纸会审，就匆忙进行施工，往往酿成工程质量事故。

③ 不熟悉图纸，仓促进行施工　由于不熟悉图纸而仓促施工的工程实例很多，一般多发生在测量放线中，有的把工程的施工方向搞错，有的把工程位置搞错，尤其在工业建筑中这类事故的后果往往十分严重。例如，陕西省某地的化工车间为多层框架结构，放线时把南北方向颠倒，在进行2层楼盖支模时，才发现方向有错误，不得不全部拆除重建，造成了较大的经济损失。

④ 不了解设计意图，盲目进行施工　例如，在装配式结构的施工中，有的构件吊环的设

计，不仅要考虑满足施工的需要，而且还要考虑承受一定的使用荷载，因此要求把吊环埋入接头混凝土，但因施工时不了解设计意图，随意将吊环切除而酿成了工程事故。又如，某挡土墙在回填土方时，没有按照设计要求做好滤水层和泄水孔，结果在地下水压力和土压力的共同作用下，挡土墙出现严重的裂缝和倾斜。

⑤ 未经设计人员同意，擅自修改设计图纸　例如，任意修改柱子与基础的连接方式以及梁与柱子连接节点构造，由于改变了原设计的铰接或刚性连接方案，很容易酿成工程事故。又如，随意用光圆钢筋代替变形钢筋，而造成钢筋混凝土结构产生较宽的裂缝等。

（2）不遵守施工规范的规定　不遵守施工规范方面的规定，是建筑工程施工中最常见的问题之一，较常见的质量问题主要有以下几个方面。

① 违反材料使用的有关规定　施工规范中明确规定，建筑材料必须有质量证明书，材料在进场后经过复验合格后方可使用等。如果在施工中不遵守这些规定，把不合格的材料用于工程中，很容易造成工程质量事故，其中水泥、钢材、砂石、砌块、外加剂等材料使用方面存在的问题较多，应引起足够的重视。

② 不按照规定校验计量器具　例如，称重用的磅秤、电子秤不按要求定期进行校验，从而造成建筑材料配料计量不准；弹簧测力计不进行检验，造成钢筋冷拉应力失控；滑模施工的千斤顶油泵的油压表不按规定校验，造成滑升高差超过规定等。

③ 违反地基及基础工程施工规范规定　例如，砂和砂石地基用料不当、级配不良、密实度达不到设计要求；在灰土或石灰挤密桩的施工中，填料不符合要求，没有随时做好施工记录，桩体的质量不随机抽样检查等。地基及基础工程质量不良，不仅会造成地基的不均沉降或过大沉降，而且还会造成建筑物裂缝、倾斜或倒塌。

④ 违反砖石工程施工及验收规范的规定　例如，砌筑砂浆配合比不是通过试验确定的，而是随意套用别人的经验数据；施工中不按规定制作和养护砂浆试块，使砌筑砂浆的强度无法控制；在宽度小于1m的窗间墙上或大梁下面设置脚手架孔眼；砖砌体转角处和交接处不同时进行砌筑，又不按要求留斜茬；不按规定随时检查并校正砌体的平整度、垂直度、灰缝厚度及砂浆饱满度等。

⑤ 违反混凝土施工规范的规定　由于建筑工程中应用最广泛的材料是混凝土，所以在这方面出现的质量问题也较多。最常见的有：任意采用配合比，混凝土制备、运输、浇筑、振捣、养护等工艺不当，不按规定预留混凝土试块，试块不按规定的条件进行养护，现浇混凝土结构中不按规定位置和方法留置施工缝等。

⑥ 不按现行的规范规定进行检查验收　例如，地基不经过验收就进行基础的施工；地基与基础未办理隐蔽工程验收，就进行上部结构的施工；桩基不经过验收，就进行承台的施工；前一分部或分项工程未经过验收，就进行后续工程的施工等。

（3）施工方案和技术措施不当

① 施工方案考虑不周　例如，大体积混凝土浇筑方案不当会造成蜂窝孔洞；浇筑强度考虑不周会造成不容许的施工缝；温度控制和管理方案不完善会造成温度裂缝。又例如，装配式建筑结构施工时，构件场地和制作方法考虑不周，会导致构件在运输、堆放中产生裂缝；吊装机具和施工方法选择不当，会造成构件的断裂；已吊装构件的临时固定措施不力，会造成倒塌等。

② 技术组织措施不当　例如，现浇混凝土框架结构中，柱子与梁体之间没有必要的技术间隙时而导致裂缝；有些需要连续浇筑的混凝土结构，在中午或夜间停歇时，没有必要的技术组织措施，造成不容许出现的冷缝。在进行装配式结构安装时，焊接设备和焊接人员不足，导致连接固定不能及时完成。在进行砖混结构的施工中，预制楼板安装后，没有留出足够的时

间，用来进行楼板的灌缝和抄平、放线等。

③ 缺少可行的季节性施工措施　例如，在雨季进行施工时，对截水、排水、防潮措施考虑不周，边坡的坡度太陡很容易造成事故；基坑开挖后，长期暴露于空气之中，没采取一定的保护措施。又如，在冬季施工时，没有适当的防冻、早强或保温措施；砌体采用冻结法砌筑，在春天温度回升解冻时，没有采取可靠的技术措施等。

④ 不认真执行施工组织设计　工程上发生的很多事故，均是因为不认真执行施工组织设计中的要求造成的。例如，随意改变结构的吊装顺序，无根据地加快工程施工进度，不按照规定的强度和时间拆除模板，不按规定的位置预制大型混凝土构件等。

(4) 技术管理制度不完善

① 不建立各级技术责任制　各级技术责任制是施工企业技术管理的基础工作，它对调动各级技术人员的积极性和创造性，认真贯彻执行国家技术政策，促进生产技术的发展和保证工程质量，都具有极为重要的作用。技术工作如果没有实行统一领导和分级管理，没有建立健全的技术管理制度，就不能做到事事有人管，人人有专责，这样会导致技术工作上出现漏洞，而会发生各种工程质量事故。

② 主要技术工作无明确的管理制度　技术管理制度是技术管理工作经验和教训的总结，严格贯彻各项技术管理制度，是搞好技术管理工作的核心，是科学组织企业各项技术工作的保证。例如，图纸会审、技术核定、材料试验、混凝土与砂浆试块的取样和管理技术培训以及施工技术资料的收集与整理等方面的工作，如果没有明确的规定，就易导致工程事故的发生，使工程质量的检查验收出现困难，从而留下工程事故的隐患。

③ 技术交底方面的问题　技术交底是在工程正式施工前，对参与施工的有关人员讲解工程对象的设计情况、建筑和结构特点、技术要求、施工工艺、注意事项等，以便管理人员、技术人员和施工人员详细了解工程，做到心中有数，掌握工程的重点和关键，防止发生指导错误和操作错误。如果对设计和施工比较复杂、有特殊要求的部位，以及在采用新结构、新材料、新技术和新工艺时，不进行必要的技术交底，就容易造成工程质量事故。

(5) 施工技术人员方面的问题

① 施工技术人员数量不足　这是我国建筑施工企业普遍存在的问题，有的施工企业外聘技术人员过多，有的是东拼西凑，特别是中小型施工企业技术人员数量严重不足，同时他们的工作往往更换频繁，这些都可能造成技术工作出现漏洞。

② 技术业务素质不高　一些施工企业的技术人员无学历、无职称、无岗位证书，根本不知道应该做哪些主要技术工作，更不知道应该怎样做好这些工作，其中多数对基本的结构理论知识知之甚少，不熟悉施工验收规范和操作规范，因而导致了一些不该发生的工程事故。

③ 技术人员使用不当　施工技术人员应当主要从事技术管理和技术指导方面的工作，但是很多施工企业对施工技术人员使用不当，不让他们把主要精力放在技术工作上，而让他们过多的兼职其他工作，很少有时间研究解决施工技术问题，使生产第一线的施工技术问题得不到及时解决，也容易发生工程质量事故。

(6) 其他方面存在的问题

① 施工任务转包问题　根据建设部颁发的《工程建设施工招标投标管理办法》的规定，凡持有营业执照和相应资质证书施工企业或施工企业联合体，均可按招标文件的要求参加投标，这就说明承包某项建筑工程，施工企业必须具有相应的资质。但是，有的施工企业不遵守国家的规定，擅自将工程任务转包给无力承担的单位或个人，转包后也不进行检查指导，导致工程质量事故连续发生，有的甚至酿成重大事故。

② 土建与各专业施工单位不协调　例如，预制的混凝土桩太长，造成运输、吊装和打桩

的困难，甚至造成断桩；由于场地平整土方回填等工作完成不好，使构件吊装非常困难，因此造成吊坏事故；水电、设备安装人员在已完成的土建工程上凿洞、开槽，严重削弱了构件截面而造成事故等。

③ 不认真处理出现的工程质量事故。在工程施工中出现了明显的质量事故，不认真检查，不调查分析，无根据地盲目处理，有时甚至掩盖施工缺陷，给工程留下隐患，有的甚至发展成倒塌事故。例如，现浇钢筋混凝土结构的表面发现蜂窝麻面后，不经过检查和分析，就用水泥砂浆涂抹处理；柱子、砖墙出现承载能力不足的裂缝，不采用补强加固的方法处理，而用水泥勾缝等方法掩盖；悬挑阳台板根部裂缝、阳台扶手与墙连接处裂缝，这些都是阳台可能出现倒塌的危险信号，但有的施工单位采用涂抹、勾缝等方法掩盖，以上都很可能引发倒塌和人员伤亡事故等。

④ 不总结经验教训，不开展质量教育　出现了工程质量事故后，不按照“四不放过”（事故原因未查清不放过，责任人未处理不放过，整改措施未落实不放过，有关人员未受到教育不放过）的原则总结经验教训，对职工进行质量教育，而是事过境迁，无案可查，使类似事故重复发生。

## 4. 操作质量低劣的问题

工程施工质量是施工企业的生命，是工程质量的根本保证。但是，由于工程施工受多种因素的制约和影响，所以操作质量低劣导致质量事故发生的情况非常普遍，下面简单介绍与结构工程有关的一些常见问题。

（1）土方与地基基础工程

① 回填土与换土地基　最常见的操作质量问题是填料不良和夯实较差，由此造成回填部分明显下沉而造成事故。例如，基坑（槽）填土产生沉陷，造成室外散水和室内地坪空鼓下沉，建筑基础积水，影响地基承载力和稳定性。在换土的地基中，会造成地基明显不均匀沉降，上部结构发生开裂和变形，不得不采取加固地基处理。

② 锤击沉桩的质量问题　此类工程最常见的是入土深度和最后“贯入度”未达到设计要求，由此造成单桩承载力明显下降，从而使建筑物产生过大沉降。

③ 灌注桩的质量问题　此类工程最常见的是孔的深度不足，清孔不认真，桩身缩颈，倾斜过大，桩身夹泥等。这些都会影响桩的承载力，有的会使桩体产生变形。

（2）砌筑工程质量低劣　砌筑工程施工中常见的质量问题主要有：黏土砖砌筑前未浸透晾干，黏土砖的强度不足，砂浆材料质量不好，砂浆的配合比不当，砂浆搅拌不均匀，使用已经初凝的砂浆，砂浆饱满度较差，组砌的方法不良，砌体的通直缝比较多，断砖集中使用在一起，墙身达不到横平竖直，砌体的接茬不良，不按规定设置拉接钢筋等。这些操作质量问题多数都会影响承载能力与砌体的整体性，有的还能引起墙身裂缝。

（3）钢筋的加工与安装

① 钢筋的加工与运输方法不当　例如，用冷拉的方法进行钢筋调直，不是按照规定严格控制其冷拉率，有的甚至出现反复冷拉，造成钢筋的塑性明显下降；钢筋在弯曲成型时，由于弯曲的直径过小，造成弯钩附近产生明显裂纹；在钢筋的搬运、装卸和安装过程中，任意摔打撞击，造成钢筋弯曲或脆断等。

② 错配或漏掉钢筋　设计图中所标注的钢筋，是经过结构内力计算而配置的，如果错配或漏掉钢筋，会产生意想不到的工程质量事故。因此，配置钢筋的品种、规格、直径、尺寸、形状、数量、位置等，均应严格按设计图纸的要求去做，不得随意更换、错配和漏掉。

③ 钢筋连接质量问题　钢筋连接的质量好坏关系到结构的受力状况和安危。主要包括接

头的长度、焊缝尺寸、焊接质量、接头位置等方面，这些均会影响钢筋接长后的性能和构件的可靠度。

（4）混凝土操作质量低劣

① 混凝土的制备　混凝土的制备是混凝土结构质量的关键施工环节，没有高质量的混凝土拌和物，根本无法保证混凝土结构的质量。但是，在混凝土的制备方面存在的质量问题屡禁不止，有的危害很大。如混凝土配合比不当，配制中计量不准，用不符合要求的水拌制，任意向混凝土中加水，搅拌不均匀等，都会影响混凝土的强度与其他性能。

② 混凝土浇筑成型　混凝土浇筑成型是混凝土工程施工中一个非常重要的工序，也是确保混凝土质量的重要施工环节。在混凝土浇筑成型的过程中，常见的质量问题有：已产生离析的混凝土不进行二次搅拌，混凝土停放时间超过允许时间，甚至用已初凝的混凝土进行浇筑，浇筑时因自由落差太大而离析，选用的振捣机械不当，不认真振动捣实等操作方面的问题，从而造成孔洞、柱墙“烂根”、构件表面出现蜂窝麻面、混凝土保护层不满足要求、甚至出现裸露钢筋等严重的质量问题，有的甚至还会导致建筑物的倒塌。

③ 混凝土养护不当　混凝土养护是混凝土工程施工中不可缺少、不可忽视的重要环节，它对于确保混凝土强度的正常增长和质量起着决定性作用。在混凝土养护的过程中，常见的质量问题有：新浇筑混凝土的养护温度和湿度不符合设计要求，从而造成强度降低，甚至出现开裂；大体积混凝土不按照规定的温度控制要求进行养护，冬季施工混凝土无适当的养护措施等，都可能造成工程质量事故。

（5）结构安装质量低劣

① 构件吊装时任意进行绑扎　混凝土构件在吊装时的绑扎点，是要经过认真计算而确定的，应当符合正负弯矩基本相等的原则。如果混凝土构件的吊点位置与绑扎方法不符合设计要求，会使混凝土构件产生裂缝和断裂，从而造成构件吊装失败。

② 构件吊装过程中不稳定　混凝土构件吊装是一种高空作业、转动性和升降性施工，必须特别注意吊装过程中的稳定性。如果混凝土构件吊装施工中，不设置足够的拉紧稳定措施，或造成构件被撞坏，或碰撞已安装好的结构，或造成绳断构件下落等严重事故。

③ 构件安装位置不对　在混凝土构件正式吊装之前，应当做好就位之处的划线、定位的准备工作。如果放线、就位、校正不认真，就会使混凝土构件产生较大的错位偏差。

④ 连接构造不符合设计要求　这方面出现的问题较多，如构件的支承长度不足，连接构造随意用焊接代替螺栓连接，不顾刚性连接和铰连接的不同要求，任意改变节点的构造，焊接质量不符合现行规范的规定等。

⑤大型屋面板固定不符合要求　这方面的问题也比较普遍，有的还非常严重，较为突出的是屋面板的三角没有焊接固定，反而屋盖的稳定失去保证，有的工程因此而倒塌。

## （五）使用不当与其他方面的问题

### 1. 使用不当方面的问题

（1）任意加层的问题　有些单位由于场地限制或为了减少工程投资，在对下层结构没有进行验算的情况下，盲目在原有建筑物的上部增加层数，由此而造成的房屋开裂下沉或倒塌事故不断发生。近年来，在安徽、河南、四川、黑龙江、辽宁等地已发生多起这类事故。

（2）荷载任意加大　使用荷载或设备加大，使结构及构件内产生过大的应力而造成事故。例如，安装了原设计中未考虑的额外设备；用动力荷载较大的设备代替原设备；设备振动力太大，对结构产生有害的影响等。

(3) 灰尘积存过厚　水泥厂、火力发电厂等粉尘较大的厂房、仓库，常因屋面积累大量灰尘，加上不及时进行清除，使屋面所承担的荷载加大，造成屋盖局部损坏或坍塌。

(4) 维修改造不当　有些使用单位任意在建筑结构上开凿各种孔洞和沟槽，削弱了结构断面而造成工程事故；有的工程因屋面出现渗漏，在原防水层上新增加防水层和保护层，从而大大增加了屋面的自重，造成屋盖结构严重开裂。

(5) 高温和腐蚀环境的影响

① 高温的影响　有的钢筋混凝土构件长期在高温环境下工作，如果不按照要求加强保护，会发生混凝土烤酥裂缝现象，构件的承载能力严重下降；有的混凝土工程在发生火灾后，其强度会明显下降，有的被火烧过后，损坏的深度可达 30cm。

② 碳化的影响　钢筋混凝土构件表面长期遭受空气中二氧化碳的作用，使表面混凝土中的氢氧化钙而失去碱性，称为混凝土的碳化。当碳化的深度超过保护层厚度，破坏了在碱性条件下生成的钢筋保护膜后，钢筋则开始锈蚀，铁锈体积出现较大的膨胀，破坏了混凝土覆盖层，沿钢筋长度方向产生裂缝，水与空气侵入裂缝后，更加速了钢筋的锈蚀。在许多旧的钢筋混凝土建筑物，特别是在长期露天的结构中，这类破坏较为普遍。

## 2. 科研方面存在的问题

(1) 采用不成熟的科研成果　工程实践证明，从新的科研成果到广泛推广应用，需要一个长期实践的过程。在推广应用的初期，科研成果并不一定成熟，存在着这样或那样的缺陷和不足。例如，门式刚架使用的初期，由于对转角处的应力状况不清楚，使刚架结构的转角普遍出现裂缝；由于对横梁铰接点的实际受力状态考虑不周，或铰接点短悬臂受力钢筋锚固长度不够等原因，造成横梁铰接点附近出现裂缝；对刚架受拉伸的区域没有进行抗裂验算，刚架使用后普遍开裂，事后进行验算发现门式刚架实际的抗裂安全系数仅在 0.4～0.6 之间。

(2) 对材料的性能研究不够　我国实行改革开放以后，基本建设事业飞速发展，近几年使用了大量的进口钢筋，由于对这些进口钢材的性能研究不够，曾经发生了一些工程质量事故；如苏联由于对金属脆性破坏研究不够，曾发生过钢结构廊道倒塌事故；对金属的疲劳性能研究不够，使钢梁发生破坏等。

(3) 对结构内力分析研究不够　这方面的问题较多，如在砖混结构中，当混凝土梁支承在窗间墙上，在何种条件下不能按铰接进行计算，这个问题研究不够，曾发生过使房屋倒塌的事故；又如，对作用在筒仓壁上的应力分析研究不够，发生过水泥筒仓倒塌事故；再如，对薄壳结构的工作状况研究不够，加上焊接质量不符合要求，也会发生使储油罐破坏的事故。

## 3. 其他方面存在的问题

(1) 地面荷载过大　我国工程界曾经报道，因地面荷载过大而造成单层厂房柱子严重裂缝，吊车出现卡轨，构件变形后影响使用等问题。苏联某仓库因地面堆放的荷载过大，设计中又未考虑其影响，致使这幢跨度为 42m 的建筑物在地基失稳后发生倒塌。

(2) 异常环境条件

① 大风对建筑物的影响　建筑物在施工的过程中，因遇到大风天气而使建筑物倒塌的工程实例较多，仅近几年来，江苏、辽宁、山西、江西、湖南等地就曾多次发生过。

② 雪对建筑物的影响　在遇到大雪天气后，雪落于屋顶之上，因设计标准较低，雪荷载较大，使屋顶压垮的工程实例也时有发生。

③ 干燥对建筑物的影响　气候异常干燥，混凝土的早期收缩加大，施工中无适当的技术措施，因此产生严重裂缝的工程实例很多。如日本某地区办公楼12cm厚的现浇混凝土楼板，由于施工中没有采取适当的技术措施，发生了不规则贯穿性的干缩裂缝，缝的宽达0.05～0.15mm，不得不进行加固处理。

④ 地震对建筑物的影响　地震对建筑物的影响最大，轻者使建筑物产生裂缝，重者使建筑物倾斜，更严重的会产生倒塌。

通过以上对建筑工程质量事故原因的综合分析可知，产生工程质量事故原因是多方面的。对出现的工程质量事故，应当进行调查研究、认真分析、采取措施、及时处理，将工程质量的损失降低到最低程度。

## 第三节　建筑工程质量的特点及影响因素

建筑工程质量是指在国家现行的有关法律、法规、技术标准、设计文件和合同中，对建筑工程的安全、适用、经济、环保、美观等特性的综合要求。建筑工程质量等同于工程项目质量。工程项目质量具有单件性、建成的一次性和寿命长期性。

### 一、工程质量事故的技术特点

总结建筑工程中出现工程质量事故的实例，工程质量事故主要具有复杂性、严重性、可变性和多发性等特点。只有充分认识建筑工程质量事故的特点，才能引起对工程质量事故的高度重视，才能在建筑工程的实施过程中，尽量避免这些工程质量事故的发生，在工程质量事故出现后正确地对待和处理。

#### 1. 工程质量事故的复杂性

为满足各种特定的使用功能要求适应自然环境的需要，建筑工程的产品种类繁多。同种类型的建筑工程，由于所处地区的气候不同、地区条件不同，施工条件不同，可形成诸多复杂的技术问题和工程质量事故。尤其需要注意的是，造成工程质量事故的原因往往错综复杂，同一形态的质量事故，其原因也可能截然不同，因此对其处理的原则和方法也不能相同。此外，建筑工程在使用中也存在各种问题，所有这些复杂的影响因素，必然导致工程质量事故的性质、危害和处理均比较复杂。例如，建筑物的开裂，可能是设计构造不良，或出现计算错误，或地基沉降过大，或出现不均匀沉降，或温度变形，或干缩过大，或材料质量低劣，或施工质量较差，或使用不当，或周围环境变化等，可能是其中的一个或几个。

建筑工程质量事故的复杂性，主要表现在引发质量问题的因素复杂，从而增加了对质量问题的性质、危害的分析、判断和处理的复杂性。例如，建筑物的倒塌，可能是未认真进行地质勘察，地基的容许承载力与持力层不符；也可能是未处理好不均匀地基，产生过大的不均匀沉降；或是盲目套用图纸，结构方案不正确，计算简图与实际受力不符；或是施工偷工减料、不按图施工、施工质量低劣等原因所造成。由此可见，即使同一性质的质量问题，发生的原因有时截然不同。所以，在处理质量问题时，必须深入地进行调查研究，针对其质量问题的特征作具体分析。

### 2. 工程质量事故的严重性

发生建筑工程质量事故，往往会给施工单位和使用者带来很多困难。有的会影响工程施工的顺利进行，有的会给工程留下隐患，有的会降低建筑工程使用功能，有的会缩短建筑工程的使用寿命，有的会使建筑物成为危房，影响建筑工程的使用安全甚至不能使用，最为严重的是引起建筑物倒塌，造成人民生命财产的巨大损失。如某地有一栋 7 层的住宅楼，在主体施工的过程中，现浇混凝土圈梁，轴线偏移了 10cm，圈梁上面的楼板搭接长度不足 2cm，造成 7 层楼板一直倒塌到底，当场砸死了 15 人。血的教训，值得深思，对工程质量问题决不能掉以轻心，务必及时妥善处理，以确保建筑物的安全使用。

### 3. 工程质量事故的可变性

工程实践证明，建筑工程中的质量事故，多数是随着时间、环境、施工和使用条件等变化而不断发展变化的。例如，钢筋混凝土结构出现的裂缝，将随着环境湿度、温度的变化而变化，或随着荷载的大小和持续荷载时间而变化；建筑物的倾斜，将随着附加弯矩的增加和地基的沉降而变化；甚至有的细微裂缝，也可以发展成构件断裂或结构物倒塌等重大事故。所以，在分析、处理工程质量事故时，一定要特别重视质量事故的可变性，应及时采取可靠的措施，以免事故进一步恶化。

因此，一旦发现建筑工程存在质量事故，就应当及时进行调查分析，做出正确的判断，对那些不断发生变化，而可能发展成为断裂倒塌的部位，要及时采取应急补救措施；对那些表面的质量事故，要进一步查清内部的情况，确定现有质量事故的性质是否会转化；对那些随着时间和温度、湿度条件变化的变形、裂缝，要认真做好观测记录，寻找质量事故变化的特征与规律，供分析与处理参考，如发现产生恶化，应及时采取相应的技术措施。

### 4. 工程质量事故的多发性

建筑工程质量事故的多发性有两层含义，一是有些工程质量事故像“常见病”“多发病”一样经常发生，被称为工程质量通病。这类质量事故在工程建设施工阶段，容易被疏忽，容易发生质量失控，从而造成应该避免而又没有避免的质量缺陷。例如，混凝土裂缝，砂浆强度不足，卫生间和房顶渗漏等。二是有些同种类型的工程质量事故重复发生。例如，悬挑结构断裂倒塌事故，在一些地区先后发生数次，给国家带来巨大的经济损失。

## 二、分析工程质量事故的基本要求

工程质量事故是指由于建设管理、监理、勘测、设计、咨询、施工、材料、设备等原因造成工程质量不符合规程、规范和合同规定的质量标准，影响使用寿命和对工程安全运行造成隐患及危害的事件。随着社会的发展，越来越多的工程质量事故频繁发生，成为危害人生命的隐形杀手。由此可见，认真分析工程质量事故是一项非常重要的工作，是判断其性质及采取何种处理措施的前提。在分析工程质量事故的过程中，应当做到“及时、客观、准确、全面、标准、统一”。

### 1. 及时

“及时”是指工程质量事故发生后，应按照有关要求尽早进行调查分析，千万不可相隔时间过长，以避免质量事故发生较大的变化。

**2. 客观**

“客观”是指工程质量事故的调查分析，应以各项实际资料数据为基础，千万不可随意进行编造。

**3. 准确**

“准确”是指对工程质量事故的性质和原因都要十分明确和恰当，千万不可含糊其词、模棱两可。

**4. 全面**

“全面”是指工程质量事故的范围、情况、原因等资料要齐全，完全符合工程质量事故调查的要求，千万不可遗漏。

**5. 标准**

“标准”是指工程质量事故的分析和判断，应当符合现行的国家或行业标准和规范的要求，千万不可无根据地分析和判断。

**6. 统一**

“统一”是指工程质量事故分析中的有关内容，要根据国家及有关部门的标准，各方面要取得基本一致的意见，千万不可在各持己见的情况下做出结论。

## 三、影响建筑工程质量的因素

建筑工程实践充分证明，影响其工程质量的因素很多，但归纳起来主要有 5 个方面，即人员素质（man）、工程材料（material）、机械设备（machine）、施工方法（method）和环境条件（environment），在工程上简称为 4M1E 因素。

# 第四节　质量问题分析的作用、依据与方法

建筑工程质量问题发生后，在进行处理之前，首先要做的工作就是要分析质量问题产生的原因。只有将真正的原因找到，才能找到质量问题的症结所在，针对出现的质量问题对症下药。

## 一、质量问题分析的作用

工程质量问题或工程事故一旦发生，或影响结构安全，或影响使用功能，或两者都会受到影响。重视工程质量事故分析，做到预防在先，在施工全过程中尤为重要。工程实践证明，进行工程质量问题分析的主要作用表现在以下几个方面。

### 1. 防止工程质量事故恶化

发现工程质量事故后，认真对其进行分析，其目的就是防止工程质量事故恶化，将工程质量事故的损失降低到最低程度。例如，施工中发现现浇结构的混凝土强度不足，就应当引起足够的重视。如果尚未拆除模板，则应考虑何时才能拆模，拆模时应采取何种补救措施和安全措施，以防止发生结构倒塌。如果已经拆除模板，则应考虑控制施工中的荷载量，或采用加支撑的技术措施，防止结构严重开裂或倒塌，同时应及早采取适当的补救措施。

### 2. 创造正常的施工条件

建筑工程是由各种分部分项工程所组成的，各个分部（项）工程是由各紧密相连的工序所完成的，前道工序是后续工序的基础，是为完成整个建筑工程所创造的施工条件。例如发现预埋件等的位置偏差较大，如果不对其进行纠正，必然会影响后续工程的施工，所以必须及时分析与处理，为后期安装工程创造良好的施工条件，这样才能保证工程继续施工，才能保证工程结构的安全。

### 3. 排除工程上存在的隐患

在建筑工程的施工过程中，按照有关规定对工程质量事故进行认真分析，对于及时排除工程上的隐患，确保工程质量和安全具有非常重要的意义。例如，在砌体工程的施工中，砌筑砂浆的强度不足、砂浆稠度不适宜、砂浆饱满度不合格、砌筑方法不当等，都将降低砌体的承载能力，给工程结构留下隐患，发现这类质量问题后，应当从设计、材料、施工、管理等方面，进行周密的分析和必要的计算，并采取相应的技术措施，以便及时排除这些隐患，确保工程质量和工程结构的安全。

### 4. 预防质量事故再次发生

发现、分析和处理工程事故的目的，是查明事故发生原因、总结经验教训、采取相应的措施、预防此类质量事故再次发生，以保证工程质量和减少工程的损失。例如，承重砖柱压坏、悬挑结构倒塌、混凝土裂缝、防水工程渗漏等质量事故，在许多地区很多工程中时有发生，因此应及时总结经验教训，进行工程质量教育，或进行适当交流，引起人们的警惕，将有助于杜绝这类工程质量事故的发生。

### 5. 减少工程质量事故的损失

在整个建筑工程实施过程中，尽管对工程质量问题十分重视，但是有些质量事故有时还是不可避免的，对出现的这些质量事故，以正确的方法及时进行处理，将其造成的损失降低到最小，才是唯一正确的方法。因此，对工程质量事故进行及时分析处理，可以防止质量事故的进一步恶化，及时创造正常的施工条件，并迅速排除质量隐患，可以取得明显的经济效益和社会效益。此外，正确分析工程质量事故，找准发生工程质量事故的原因，可为合理处理质量事故提供依据，达到尽量减少质量事故损失的目的。

### 6. 有利于工程的交工验收

建筑工程在竣工验收阶段，是检查评价工程质量的关键时刻，也是对工程质量进行科学评价的重要环节，要求工程必须达到设计和现行标准的规定。但是，那些已出现的工程质量事故，往往是工程交工验收中争论的焦点，如果事先未进行处理或处理不当，必然影响工程交工验收工作。所以，对施工中所发生的工程质量问题，若能正确分析其原因和危害，找出恰当的解决方法，使有关各方认识一致，可以避免在交工验收时，因发生不必要的争议，而延误工程的交工验收和按期使用。

#### 7. 为制定和修改标准规范提供依据

建筑工程设计与施工方面的规范、标准和规程，既不是凭空想象、主观制定的，也不是一成不变的。任何一种规范和标准的出台和修改，都是在工程实践中不断发现质量问题、总结经验教训、提出相应措施中产生的。所以说，认真对工程质量问题进行分析，提出正确的解决方法，在实践中得到进一步验证，能为制定和修改标准规范提供可靠的依据。例如，通过对砖墙裂缝问题的分析，可为施工标准规范在制定中变形缝的设置和防止墙体开裂方面提供依据。

## 二、工程质量事故分析的注意事项

在进行建筑工程质量事故的分析处理过程中，应注意工程质量事故调查、工程质量事故原因分析和工程质量事故事故处理 3 个方面。

### （一）工程质量事故调查

工程质量事故调查，是进行工程质量事故分析的基础，是采取解决措施的依据，是一项极其重要的基础性工作。工程质量事故调查，主要是调查工程质量事故的内容、范围、性质，同时还要调查为进行事故原因分析和确定处理方法所必需的资料。众多工程质量事故调查的实践证明，工程质量事故调查一般可分为基本调查和补充调查两类。

#### 1. 基本调查

工程质量事故的基本调查，是指对建筑物现状和已有资料的调查，包括的主要内容有：事故发生的时间和经过、事故发展变化的情况、设计图纸资料的复查与验算、施工情况调查与技术资料检查等。如果建筑物已经开始使用，还应调查使用情况与荷载等资料。

在基本调查中应重点查清该事故的严重性与迫切性，这是基本调查中的两个核心问题。严重性是指工程质量事故对结构安全的影响程度，迫切性是指工程质量事故若不及时进行处理，是否会导致质量事故恶化而产生严重后果。

#### 2. 补充调查

工程质量事故的补充调查，是对基本调查以外所进行的调查，也是质量事故调查的重要组成部分，包括的主要内容有：设计复核补充勘测地基情况、测定建筑物所用材料的实际强度与有关性能、鉴定结构及构件的受力性能以及对建筑物的裂缝和变形进行较长时间的观测检查等。

由于工程质量事故补充调查往往费时间、费资金、费精力，因此只有在进行基本调查之后，不能正确分析工程质量事故时，才进行补充调查。对地基基础和主体结构发生的工程质量事故，调查中应重点做好以下几项工作。

（1）补充勘测工作　当原设计的工程地质资料不足或有可疑之处时，应当根据实际情况进行补充勘测。重点要查清持力层的承载能力，不同土层的分布情况与技术指标，建筑物下有无古墓、溶洞、树根和其他设施等。对湿陷性黄土、膨胀土等，应查清其类别、等级和主要性能，有时还需要核实建筑场地和地震方面的情况。

(2) 设计复核工作　设计复核是补充调查中的主要内容，不仅可以评价原设计的质量，而且可以通过设计复核及时发现和纠正原设计中出现的错误。在设计复核中的重点有以下4个方面：a. 设计的依据是否可靠，如荷载的取值是否准确；b. 计算简图与设计计算是否正确无误；c. 连接构造有无问题，如受力构件的连接或锚固是否牢靠，构件的支承长度是否满足要求；d. 新结构、新技术、新工艺的使用是否有充分的根据。

(3) 施工检查工作　施工是建筑工程历时最长的阶段，也是最容易出现工程质量事故的阶段，应当加强对施工阶段的检查与监督。首先应检查是否严格按照设计图进行施工，有关工种工程的施工工艺是否符合现行施工规范的要求；此外还应查清楚地基的实际情况，材料、半成品、构件的质量，施工顺序与进度，施工荷载，施工日志，隐蔽工程验收记录，质量检查验收的有关数据资料，沉降观测记录以及施工环境条件等。

(4) 结构承载能力　在进行工程质量事故的调查中，鉴定结构的承载能力是一项非常重要的工作，对确保结构的安全有着重大作用，其鉴定的方法有分析计算法、荷载试验法和实物调查对比法。

① 分析计算法。首先对工程质量事故有关部分进行检查与测量，然后用这些实际数据，按相应的设计规范进行分析计算，根据其结果做出鉴定意见。

② 荷载试验法。首先对结构进行检查，对承载能力做出粗略的估算，然后制订试验方案，并进行荷载试验，根据实测的数据资料，经过计算分析后，做出结构承载能力的鉴定。

③ 实物调查对比法。利用施工或使用的实际荷载情况，有时可能与荷载试验相接近，只要认真观测这个结构的实际工作性能，也可对被调查的结构做出恰当的评价。

考虑到荷载试验与实际情况有时会有一定的差异，在具体应用以上鉴定方法时，往往将以上两种或三种方法结合起来使用，由此做出的鉴定更可靠。

(5) 使用情况调查　如果工程质量事故发生在使用阶段，则应调查建筑物的用途和功能有无改变，荷载是否有所增加，已有建筑物的附近是否有新建工程，地基状况是否变差。对生产性的建筑物（如工业厂房等）还应调查生产工艺有无重大变更，是否增设了振动大或温度高的机械设备，是否在构件上附设了重物、缆绳等。此外，还应调查建筑物沉降、变形、裂缝情况，以及结构连接部位的实际工作状况等。

需要特别指出：在进行工程质量事故的调查时，并非所有工程质量事故均用以上各项内容进行全面调查，应根据工程特点与工程质量事故性质，选择适宜、必要的项目进行调查。调查中一定要抓住重点和关键问题，防止把一些关系不大的项目列入调查内容，造成人力、物力和时间的浪费，延误工程质量事故的快速分析与及时处理，甚至还可能使事故人为复杂化，从而造成不应有的损失。

## （二）工程质量事故原因分析

在完成对工程质量事故调查之后，应立即进行工程质量事故原因分析，其主要目的分清工程质量事故的性质、类别及其危害程度，并为质量事故处理提供必要的依据。因此，工程质量事故原因分析是技术性、政策性很强的工作，是工程质量事故原因分析与处理中的一项非常重要的工作。

众多工程质量事故原因分析实例证明，不少质量事故的发生原因是错综复杂的，只有经过详细分析，去伪存真，才能找到质量事故的发生主要原因。建筑工程中常见的质量事故原因主要有从下10类。

① 违反基本建设程序，不按有关规定进行工程招标投标，从而造成无证设计、超标承包、违章施工等，必然会出现工程质量事故。

② 工程地质资料不足或勘测不准确，加上处理方案不当或没有较好的处理方案等，造成地基承载能力不足或地基变形太大，很容易发生工程质量事故。

③ 选择的建筑材料不符设计和有关标准的要求，或构件制品质量不合格，也是造成工程质量事故的主要原因之一。

④ 在建筑工程的设计中，设计构造不当，计算简图不正确，结构计算出现错误，也能造成工程质量事故。

⑤ 在建筑工程的施工过程中，施工人员不严格按设计图纸进行作业，不经设计单位允许，随意改变设计，造成结构存在质量隐患。

⑥ 在建筑工程的施工过程中，不能严格按施工及验收规范进行施工，操作质量低劣，必然也会造成工程质量事故。

⑦ 编制的施工组织设计质量较差，施工管理水平不高或混乱，施工顺序出现错误，工程质量也肯定不会满足设计要求。

⑧ 在建筑工程的施工或使用过程中，荷载超过了设计规定值，或者地面堆积的荷载太大，从而引发建筑结构出现质量问题。

⑨ 施工中温度、湿度及天气的变化，对建筑工程的质量有很大影响；另外，酸、碱、盐等物质的化学腐蚀，对建筑工程的质量也有很大影响。

⑩ 除以上各项以外的其他因素作用，如地震、洪水、爆炸、暴风、冰冻、罢工、政变、战争等，均对建筑工程的质量有直接影响。

## （三）工程质量事故的处理

工程实践证明，只有对工程质量事故进行认真调查和科学分析后，才能正确确定工程质量事故是否需要处理和如何进行处理。工程质量事故处理的目的是消除缺陷或隐患，以保证建筑物正常、安全使用，或为后续工程施工创造必要的施工条件。

在进行工程质量事故处理时，应当坚持“实事求是、严肃认真”的原则。“实事求是”就是对工程质量事故要科学、客观的分析和判断，从而提出适当的处理方法，对工程质量事故既不要扩大，也不能缩小，既不能掩盖，也不能把问题搞得复杂化。“严肃认真”就是对工程质量事故要坚持原则，坚持工程质量事故处理的“四不放过”，以免给工程留下隐患，或使工程质量事故恶化。

### 1. 事故处理应具备的条件

在进行工程质量事故处理时，必须具备以下条件：工程质量事故情况全部调查清楚；工程质量事故的性质（属于结构问题还是一般缺陷）区分明确；发生工程质量事故的具体原因已经确定；对工程质量事故处理的目的、要求、措施等，有关单位的意见已经统一；工程质量事故处理的适宜时间已基本确定。

### 2. 对事故处理的基本要求

对工程质量事故处理的基本要求是：满足设计的使用和功能要求；处理迅速及时，不影响整体施工；处理比较方便，经济比较合理；安全可靠，不留隐患；美观大方，不影响观感；处理用的机具、设备、材料及技术力量能够满足要求。

### 3. 常用事故处理的方法

建筑工程质量事故处理常用的方法，主要有以下几种：a. 建筑修补，封闭保护；b. 地下工程防渗、堵漏、复位纠偏；c. 地基和基础进行加固处理；d. 减少建筑结构上的荷载；e. 修改原来不合理的设计；f. 严重的工程质量事故拆除重建等。

在进行工程质量事故处理的同时，要认真进行工程的检查验收，有的还需要进行一些必要的试验与鉴定，才能做出工程质量事故处理是否合格的结论。有些工程质量事故分析了产生原因，并估计其可能造成的后果后，往往不需要进行专门的处理。但是，这样做必须建立在可靠的分析和必要论证的基础上，切不可草率从事，以免造成更大的损失。

需要特别指出：我国政策历来规定，发生工程质量事故后，要按照有关规定逐级进行上报。对出现的重大工程质量事故，如房屋倒塌桥梁断裂设备爆炸大面积滑坡等，以及因工程质量事故造成人员伤亡的，必须在 24h 内上报当地的城建主管部门主管上级和国家有关部门。《中华人民共和国建筑法》中明确规定：“施工中发生事故时，建筑施工企业应当采取紧急措施减少人员伤亡和事故损失，并按照国家有关规定及时向有关部门报告。”

# 第二章

# 地基与基础工程质量问题与防治

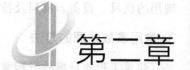

建筑物由上部结构、基础与地基3部分组成。建筑物的全部荷载均由其下的地层来承担。受建筑物影响的那一部分地层称为地基。所以地基是指基础底面以下，承受基础传递过来的建筑物荷载而产生应力和应变的土壤层。建筑物向地基传递荷载的下部结构称为基础，是建筑物的墙体或柱子埋在地下的扩大部分，这是建筑物的根基，其主要作用是承受上部结构的全部荷载，并把荷载传给地基。

地基和基础是建筑物的根基。地基的选择或处理是否正确，基础的设计与施工质量的好坏，均直接影响到建筑物的安全性、经济性和合理性。从安全性来分析，地基与基础的质量好坏对建筑物安全性影响是巨大的，一旦发生地基与基础质量事故，对其补救和处理都十分困难，有时甚至无法进行补救。从经济性来分析，基础工程占整个建筑的建设费用的比例相当大，一般采用浅基础的多层建筑的基础造价占建筑造价的15%～20%，采用深基础的高层建筑的基础工程造价占总建筑费用的比例为20%～30%。从经济性来分析，建筑物基础形式的合理选择是保证基础安全性和经济性的关键。

## 第一节　土方工程质量问题与防治

在土方工程的施工中，由于操作不当，违反设计和施工规范、规程，导致的质量通病和质量事故，往往层出不穷，危害甚大，如造成建筑物下沉开裂位移倾斜，甚至出现倒塌破坏或摧毁。因此，对土方工程施工必须引起足够的重视，严格按设计和施工规范、规程要求认真进行，以确保土方工程的质量。

### 一、场地平整质量问题与防治

#### （一）挖填土方质量问题与防治

##### 1. 挖方边坡出现塌方

（1）质量问题

在建筑工程进行场地平整的过程中或平整后，挖方边坡土方局部或大面积发生塌方或滑塌现象，造成土方堆积在基坑内，严重影响下道工序的施工。

（2）原因分析

① 采用机械进行平整，没有遵循由上而下分层开挖的顺序，开挖坡度过陡、倾角过大，或将坡脚超挖、松动破坏，结果造成边坡失稳，形成塌方或滑塌现象。

② 在有地表水、地下水作用的地段开挖土方边坡，未采取有效降水和排水措施，地表滞水或地下水浸入土方边坡内，使土体的黏聚力大大降低，有的坡脚甚至被水冲蚀掏空，边坡在重力的作用下失去稳定而引起塌方。

③ 在软弱的挖方边坡处，由于边坡顶部大量堆积土方或建筑材料，或行驶施工机械设备和运输车辆，从而造成边坡失稳而出现滑塌。

（3）预防措施

① 在斜坡地段开挖边坡时，应遵循由上而下、分层开挖的顺序，确定稳定、合理的坡度，不要使边坡过陡、倾角过大，同时避免切割和松动坡脚，以防止边坡失稳而造成塌方。

② 在有地表滞水和地下水作用的地段，应当按设计要求做好排水和降水措施，以拦截地表滞水和地下水，避免冲刷坡面和掏空坡脚，防止土方坡体出现失稳而出现滑塌。特别在软弱土地段开挖边坡，应设置有效措施降低地下水位，防止边坡产生侧移。

③ 永久性挖方的边坡坡度应根据填方高度、土方的种类、建筑的类别和工程的重要性按设计规定进行放坡，如设计中无边坡坡度的具体规定，挖方的边坡坡度值可分别参见表 2-1～表 2-3。

**表 2-1　永久性土工构筑物挖方的边坡坡度**

| 项次 | 挖土性质 | 边坡坡度 |
|---|---|---|
| 1 | 在天然湿度、层理均匀、不易膨胀的黏土、粉质黏土和砂土（不包括细砂、粉砂）内挖方深度不超过 3m | (1∶1.00)～(1∶1.25) |
| 2 | 土质同上，挖方深度 3～12m | (1∶1.25)～(1∶1.50) |
| 3 | 干燥地区内土质结构未经破坏的干燥黄土及类黄土，深度不超过 12m | (1∶0.10)～(1∶1.25) |
| 4 | 在碎石土和泥灰岩土的地方，深度不超过 12m，根据土的性质、层理特性和挖方深度确定 | (1∶0.30)～(1∶1.50) |
| 5 | 在风化岩石内的挖方，根据岩石性质、风化程度、层理特性和挖方深度确定 | (1∶0.20)～(1∶1.50) |
| 6 | 在微风化岩石内的挖方，岩石无裂缝且无倾向挖方坡脚的岩层 | 1∶0.10 |
| 7 | 在未风化的完整岩石内的挖方 | 直立的 |

**表 2-2　土坡自然坡度的允许值**

| 边坡土体类别 | 土体的状态 | 坡度允许值（高宽比） | |
|---|---|---|---|
| | | 坡高小于 5m | 坡高 5～10m |
| 碎石土 | 密实 | (1∶0.35)～(1∶0.50) | (1∶0.50)～(1∶0.75) |
| | 中密 | (1∶0.50)～(1∶0.75) | (1∶0.75)～(1∶1.00) |
| | 稍密 | (1∶0.75)～(1∶1.00) | (1∶1.00)～(1∶1.25) |
| 黏性土 | 坚硬 | (1∶0.75)～(1∶1.00) | (1∶1.00)～(1∶1.25) |
| | 硬塑 | (1∶1.00)～(1∶1.25) | (1∶1.25)～(1∶1.50) |

表 2-3 岩石边坡坡度允许值

| 岩石类别 | 风化程度 | 坡度允许值(高宽比) | | |
|---|---|---|---|---|
| | | 坡高在 8m 以内 | 坡高在 8～15m | 坡高在 15～30m |
| 硬质岩石 | 微风化 | (1∶0.10)～(1∶0.20) | (1∶0.20)～(1∶0.35) | (1∶0.30)～(1∶0.50) |
| | 中等风化 | (1∶0.20)～(1∶0.35) | (1∶0.35)～(1∶0.50) | (1∶0.50)～(1∶0.75) |
| | 强风化 | (1∶0.35)～(1∶0.50) | (1∶0.50)～(1∶0.75) | (1∶0.75)～(1∶1.00) |
| 软质岩石 | 微风化 | (1∶0.35)～(1∶0.50) | (1∶0.50)～(1∶0.75) | (1∶0.75)～(1∶1.00) |
| | 中等风化 | (1∶0.50)～(1∶0.75) | (1∶0.75)～(1∶1.00) | (1∶1.00)～(1∶1.50) |
| | 强风化 | (1∶0.75)～(1∶1.00) | (1∶1.00)～(1∶1.25) | — |

④ 在土方施工过程中应尽量避免在坡顶堆放土料和建筑材料，并避免在其上部行驶施工机械设备和车辆，以减轻坡体的负担，防止土方的坍塌。

(4) 治理方法

对于临时性的边坡塌方，可将已塌方的土体清除，将边坡的坡顶线后移或将边坡放缓；对于永久性的边坡局部产生的塌方，在将已塌方的土体清除后，用块石填砌或由下而上分层回填灰土嵌补，与土坡面接触部位形成台阶式搭接，并使灰土与土体紧密结合。

## 2. 填方边坡出现塌方

(1) 质量问题

在进行填方土方的施工中，填方边坡出现塌陷或滑塌现象，造成坡脚处的土方大量堆积，同时坡顶上部土体出现裂缝，整个土体呈现出不稳定状态，严重影响后续工程的进行。

(2) 原因分析

① 未按照设计要求进行土方的施工　填方土方的边坡坡度过陡，土坡因其自重或地表滞水的作用，使边坡土体稳定性不良而导致塌陷或滑塌。

② 边坡基底的树枝、草皮、淤泥、松土和杂物未认真进行清理　与原来较陡土坡未挖成阶梯形的结合面，填方土料采用了不符合设计要求的土料（如淤泥质土料等），均有可能造成边坡的塌陷和塌滑。

③ 边坡填土所用的土料种类不符合设计要求　填筑的土料未分层回填和压实，土料的黏聚力低，密实度差，自身稳定性不够。

④ 坡顶和坡脚未按设计要求做好排水措施　尤其是在雨季大量雨水的渗入，使土体的黏聚力大大降低，或坡脚被水冲刷掏空而造成塌方。

(3) 预防措施

① 永久性填方的边坡坡度，应当根据填方的高度、土的种类、所处环境和工程重要性进行设计确定，如果设计中无具体规定，填方的边坡坡度可参考表 2-4。当填土边坡用不同土料进行回填时，应根据分层回填土料的类别，将边坡做成折线形式。

表 2-4 永久性填方的边坡坡度

| 项次 | 土的种类 | 填方高度/m | 边坡坡度 |
|---|---|---|---|
| 1 | 黏性土、黄土、类黄土 | 6 | 1∶1.5 |
| 2 | 粉质黏土、泥炭岩土 | 6～7 | 1∶1.5 |
| 3 | 中砂和粗砂 | 10 | 1∶1.5 |

续表

| 项次 | 土的种类 | 填方高度/m | 边坡坡度 |
|---|---|---|---|
| 4 | 砾石和碎石土 | 10～12 | 1∶1.5 |
| 5 | 易风化的岩石 | 12 | 1∶1.5 |

② 使用时间较长的临时填方边坡坡度，当填方高度小于 10m 时，可采用 1∶1.5；当填方高度超过 10m 时，可做成折线的形式，上部填方坡度采用 1∶1.5，下部填方坡度采用 1∶1.75。

③ 填方应当选用符合要求的土料，避免采用腐殖土和未经破碎的大块土作为边坡的填料。边坡施工应按填土压实标准进行水平分层回填、碾压或夯实。当采用机械进行压实时，应特别注意保证边缘部位的压实质量。

④ 在气候水文和地质条件不良的情况下，对黏土、粉砂、细砂、易风化岩石边坡以及黄土类边坡，应在边坡施工完毕后，随即进行必要的防护。填方铺砌的表面应预先整平，充分夯压密实，沉陷处填平捣实。边坡防护可根据边坡土的种类和使用要求，选用浆砌或干砌块（卵）石及铺草皮、喷浆、抹面等措施。

⑤ 在填方边坡的上部和下部按照设计要求做好排水沟，避免在影响边坡稳定的范围内产生积水。

（4）治理方法

填方边坡出现的局部塌陷或滑塌，可将松土清理干净，与原坡面的接触部位做成阶梯形，然后用好的土料或 3∶7 灰土分层回填夯实修复，并做好坡顶、坡脚排水措施。对于大面积的塌方，应考虑将边坡修成缓坡，然后再做好排水和表面罩覆。

## 3. 填土密实度达不到要求

（1）质量问题

回填土经过碾压或夯实后，经检查达不到设计要求的密实度，这种情况将会使填土场地地基在荷载下变形量增大，承载力大大降低，稳定性不良，甚至会导致不均匀下沉。

（2）原因分析

① 所用的填方土料不符合设计要求，采用了碎块草皮、有机质含量大于 8%的土及淤泥、淤泥质土、杂填土作为填料。

② 填方土料中的含水率过大或过小，因而达不到最优含水率下的密实度要求。

③ 填土的铺筑厚度过大或压（夯）实遍数不够，或机械碾压行驶速度太快。

④ 碾压或夯实机具能量不够，达不到影响深度要求，使土料的密实度降低。

（3）预防措施

① 选择符合填土要求的土料进行回填，这是确保填土施工质量最重要的条件。

② 填土的密实度应根据工程性质来确定，一般用土的压实系数换算为干密度来控制。无设计要求时，压实系数可参考表 2-5 使用。

**表 2-5　填方质量控制值（压实系数）**

| 项次 | 填方类型 | 填方部位 | 压实系数 |
|---|---|---|---|
| 1 | 砖石承重结构及框架结构<br>（简支结构与排架结构） | 在地基主要受力层的范围以内<br>在地基主要受力层的范围以下 | ≥0.95<br>≥0.90 |

续表

| 项次 | 填方类型 | 填方部位 | 压实系数 |
|---|---|---|---|
| 2 | 轻型建筑或厂区管网 | 在地基主要受力层的范围以内<br>在地基主要受力层的范围以下 | ≥0.90<br>≥0.85 |
| 3 | 室内地坪 | 有整体面层时的填土垫层<br>无整体面层时的填土垫层 | ≥0.90<br>≥0.85 |
| 4 | 厂区道路 | 面层<br>整体面层的垫层 | ≥0.95<br>≥0.90 |
| 5 | 一般场地 | 无建筑区 | ≥0.85 |

土的最大干密度是当最优含水量时，通过标准的击实试验取得的。为使回填土在压后达到最大密实度，应使回填土的含水量接近最佳含水量，偏差不大于±2%。各种土的最佳含水量和最大干密度的参考值如表2-6所列。在回填土时，应严格控制土的含水量，加强施工前的检验。含水量大于最佳含水量范围时，应采用翻松、晾晒、风干方法降低含水量；或采取换土回填，或均匀掺入干土，或采用其他吸水材料等来降低含水量；含水量过低，应洒水湿润。

**表 2-6　土的最佳含水量和最大干密度参考值**

| 土的种类 | 最优含水量/%<br>（质量比） | 最大干密度<br>/(t/m³) | 土的种类 | 最优含水量/%<br>（质量比） | 最大干密度<br>/(t/m³) |
|---|---|---|---|---|---|
| 砂土 | 8～12 | 1.80～1.88 | 粉质黏土 | 12～15 | 1.85～1.95 |
| 粉土 | 16～22 | 1.61～1.80 | 黏土 | 19～23 | 1.58～1.70 |

③ 对有密实度要求的填方，应按照所选用的土料、压实机械性能，通过试验确定含量控制范围、每层铺土厚度、压（夯）实遍数、机械行驶速度（振动碾压为2km/h），严格进行水平分层回填、压（夯）实，使达到设计规定的质量要求。

④ 加强对土料、含水量、施工操作和回填土干密度的现场检验，按规定取样，严格每道工序的质量控制。

（4）治理方法

① 土料不符合设计要求时应挖出，换土回填或掺入石灰、碎石等压（夯）实加固。

② 对由于含水量过大，达不到密实度要求的土层，可采取翻松、晾晒、风干或均匀掺入干土及其他吸水材料，重新压（夯）实。

③ 当含水量小时，应预先洒水润湿。当碾压机具能量过小时，可采取增加压实遍数，或使用大功率压实机械碾压等措施。

## 4. 建筑施工场地有积水

（1）质量问题

在建筑施工场地的平整过程中或场地平整完成后，由于场地范围内高低不平和排水不畅，造成局部或大面积出现积水，不但严重影响施工进度，而且还会影响工程质量。

（2）原因分析

① 场地平整填土面积较大或较深时，未分居回填压（夯）实，土的密实度不均匀或不够，遇水产生不均匀下沉造成积水。

② 场地周围未做排水沟；或场地未做成一定排水坡度；或存在反向排水坡。

③ 在场地平整过程中由于测量出现错误，从而使场地高低不平、出现洼坑。

(3) 预防措施

① 在场地进行正式平整前，对整个场地的排水坡、排水沟、截水沟、下水道进行有组织排水系统设计。在施工时，本着先地下后地上的原则，先做好排水设施，使整个场地排水流畅。排水坡的设置应按设计要求进行，设计没有具体要求时，地形平坦的场地，纵横方向应做成不小于0.2%的坡度，以利于泄水畅通。在场地周围或场地内，应设置排水沟（截水沟），其截面、流速、坡度等应符合有关规定。

② 对场地内的填土进行认真分层回填碾压（夯）实，使密实度不低于设计要求。设计无要求时，一般也应分层回填，分层压（夯）实，使相对密实度不低于85%，避免土料松填。填土压（夯）实的方法应根据土的类别和工程条件合理选用。

③ 在进行场地平整过程中，应做好测量的复核工作，防止出现标高误差。

(4) 治理方法

已积水场地应立即疏通排水和采用截水设施，将水排除。场地未做排水坡度或坡度小的部位，应重新修坡；对局部低洼处，填土找平，碾压（夯）实至符合要求，避免再次积水。

## (二) 场地平整的一般故障

### 1. 黄土地区出现落水洞和土洞

(1) 质量问题

在黄土地区地面或坡面上出现落水暗道，有的表面成喇叭口下陷，造成边坡塌方或塌陷；在黄土层或岩溶地区可溶性岩土的黏土层或碎石黏土混合层中，有的出现圆形或椭圆（或漏斗状）大小不一的洞穴（土洞），有互相串通的，也有独立封闭的，成为排泄地表径流的暗道。它具有埋藏浅、分布密、发育快、顶板强度低等特性，当发展到一定程度，亦会影响地基的稳定，造成场地塌陷或边坡坍方。

(2) 原因分析

落水洞、土洞的形成与发育，与土层的性质、地质构造、水的活动规律等因素有关。但多数是由于地表水在黏土层的凹地积聚、下渗、冲蚀或地下水位频繁升降潜蚀，将土中的细颗粒带走而形成。

(3) 防治措施

① 对地表较浅的落水洞、土洞及塌陷地段，可将上部挖开，清除松软土，用好土、灰土或砂砾石分层回填夯实，面层用黏土夯填，并使其比周围地表略高些，同时做好地表水的截流、防渗、堵漏工作，阻止下渗。

② 对比较深的落水洞，可以用砂、砂砾石、片石或贫混凝土填灌密实，面层用黏土填入夯实。亦可采用灌浆挤密法进行加固，方法是在地表钻两个孔至洞内，一个为灌浆孔，一个为排气孔，用压浆泵将水泥砂浆压入落水洞内，洞中的气体由排气孔排出，使灰浆充满洞穴孔隙，硬化后形成实体。

③ 对地下水形成的深落水洞或土洞，应先将洞底软土挖除，抛填块石，并从下到上用砂砾作反滤层，面层再用黏土填入夯压密实。

### 2. 地基中出现废窑洞和井口

(1) 质量问题　在黄土地区山坡地段，常在下部或中部出现各种大小不一的已搬迁废弃的窑洞，由于机械行驶或日后经雨水冲蚀，将会发生较严重的塌陷。在采矿地区常在地面下部出现各种直径大小不一的废井口，有的暗埋在地下，成为建筑工程设计和施工中的隐患。

(2) 原因分析　废窑洞多由人工挖掘形成，由于经过多年的冲蚀，有的堵塞或坍塌将洞口封闭埋于地下。井口多人工采矿形成，有的已被废渣或松土填塞，或井口坍塌，将井口封闭于地下。

(3) 防治措施

① 对于边坡上的废窑洞，可采取人工填土至离洞顶 1.8m，再从里向外回填至洞外 2m，或顶面用石头堆砌；对地面下的废窑洞，可用好土分层回填夯实，用作地基的部分用灰土填入夯实。

② 对井口可采用将井口挖成倒圆台形的瓶塞状，瓶塞用素混凝土（或毛石混凝土）浇筑，对于较大的井口，可适当进行配筋；也可用 3∶7 灰土分层填入夯实，通过瓶塞将井口上部的荷载传到井壁四周；亦可采用在井口上部用毛石砌成圆球拱状，利用球形拱的作用将上部荷载传至井口四周；如井深在为 3～5m，可采用换土的办法，将原井内的松土挖去，再用 3∶7 灰土分层夯实至设计标高。如果遇到建筑物轴线通过井口，如直径不超过 2.5m，可采用钢筋混凝土梁跨过井口的方法进行处理。

### 3. 杂填土的地区出现古河道和古湖泊

(1) 质量问题　建筑工程的地基处理的工程实践表明，在杂填土的地区常出现一些较宽、较深的软弱带，土质结构松散，含水量较大，并含有较多碎块和大量有机杂质，压缩模量比较低，与附近土层的承载力相差悬殊，根本不能直接作为建筑工程的地基，必须采取一定措施进行处理。

(2) 原因分析　原古河道、古湖泊由于泥沙沉积、枯竭、改道、填垃圾、附近建房、堆放弃土等原因，将河道湖泊填堵淤塞，从而形成一条或一片埋藏在地下的软弱带，若不进行加固处理，将会造成建筑物出现不均匀沉降或倒塌。

(3) 防治措施

① 如果古河道、古湖泊已年久被密实的沉积物填满，土质较为均匀密实，含水量在 20% 以下，且无被水冲蚀的可能，经土工试验其承载力不低于附近的天然土时，可以不进行处理。

② 如果古河道、古湖泊的填积物为松软土、淤泥，含水量大于 20%，则应将其挖除后用好土分层回填夯实；用作建筑物地基的部位用灰土分层回填夯实，使其承载力不低于同一地区的天然土。与河道接触的部位，应做成阶梯形状，并要仔细进行夯实，阶梯宽度应不小于 1m，回填应按照先深后浅的顺序进行。

### 4. 地面下出现古墓和坑穴

(1) 质量问题　地面下出现墓穴、松土坑穴，其上部覆盖层承载力很低，在荷载或雨水作用下，将发生地基塌陷，甚至使建筑物出现倒塌。

(2) 原因分析　深埋的古时墓葬，由于年久被泥土埋在地面以下；有的墓葬腐朽塌陷，则在地下深处形成松土坑或洞穴。

(3) 防治措施

① 在施工前应用洛阳铲在建筑物一定范围（一般外墙基础边缘向四周扩 3～5m）按规定进行墓探，发现墓穴后，应将松土和杂物清除，分层回填好土或 3∶7 灰土夯实，使其达到要求的干密度。

② 当在基础下压缩土层范围内有局部古墓或坑穴，应在压缩层并向外加宽 50cm 范围内的

古墓或坑穴用好土或 3∶7 灰土分层回填夯实处理，其余的部位，如果已被土填充密实，可不处理。

③ 如古墓中有文物应及时报主管部门或当地政府处理。

# 二、边坡开挖质量问题与防治

## 1. 挖方边坡出现塌方

（1）质量问题　在挖方施工过程中或挖方完成后，基坑（槽）的边坡土方出现局部或大面积塌落或滑塌，使地基土受到扰动，地基的承载力降低，严重的会影响建筑物的稳定和施工安全。

（2）原因分析

① 基坑（槽）的开挖较深，设置的坡度不够；或挖方的尺寸不够，结果将坡脚挖去一部分；或在通过不同土层时，没有根据土的特性分别采取不同坡度，致使边坡失去稳定而造成塌方。

② 在有地表水、地下水作用的土层开挖基坑（槽）时，未采取有效的降水和排水措施，使土层出现湿化，土体的黏聚力大大降低，在重力作用下失去稳定而引起塌方。

③ 边坡顶部堆放荷载过大，或受车辆、施工机械等外力振动影响，使坡上土体内剪切应力增大，土体失去稳定而导致塌方。

④ 基坑（槽）土体的土质松软，或开挖次序、方法不当而造成塌方。

（3）防治措施

① 根据挖方土的种类、物理力学性质（如土的内摩擦角、黏聚力、湿度、含水量、休止角等）确定适当的边坡坡度。对永久性挖方的边坡坡度，应按设计要求进行放坡，一般应控制在（1∶1.0）～（1∶1.5）之间；对临时性挖方的边坡坡度，在山坡整体稳定的情况下，如地质条件良好，土质比较均匀，深度在 3m 以内的应按表 2-7 确定，经过不同的土层时，其边坡应做成折线形。

**表 2-7　临时性挖方的边坡坡度值**

| 土的类别 | | 边坡坡度 |
|---|---|---|
| 砂土 | 不包括细砂、粉砂 | (1∶1.25)～(1∶1.50) |
| 一般黏性土 | 坚硬 | (1∶0.75)～(1∶1.00) |
| | 硬塑 | (1∶1.00)～(1∶1.25) |
| 碎石类土 | 密实、中密 | (1∶0.55)～(1∶1.00) |
| | 稍密 | (1∶1.00)～(1∶1.50) |

② 开挖基坑（槽）和管沟，如地质条件良好，土质比较均匀，且地下水位低于其底面标高时，挖方深度在 5m 以内不加支撑的边坡的最陡坡度，应按表 2-8 的规定采用。

**表 2-8　深度在 5m 以内不加支撑的边坡的最陡坡度**

| 土的类别 | 边坡坡度(高∶宽) | | |
|---|---|---|---|
| | 坡顶无荷载 | 边顶有静载 | 边顶有动载 |
| 中密的砂土 | 1∶1.00 | 1∶1.25 | 1∶1.50 |
| 中密的碎石类土(充填物为砂土) | 1∶0.75 | 1∶1.00 | 1∶1.25 |

续表

| 土的类别 | 边坡坡度(高：宽) | | |
|---|---|---|---|
| | 坡顶无荷载 | 边顶有静载 | 边顶有动载 |
| 硬塑的粉土 | 1：0.67 | 1：0.75 | 1：1.00 |
| 中密的碎石类土(充填物为黏性土) | 1：0.50 | 1：0.67 | 1：0.75 |
| 硬塑的粉质黏土、黏土 | 1：0.33 | 1：0.50 | 1：0.67 |
| 老黄土 | 1：0.10 | 1：0.25 | 1：0.33 |
| 软土(经过降水后) | 1：1.00 | — | — |

③ 在地质条件良好，土质比较均匀，且地下水位低于基坑（槽）或管沟底面的标高时，挖方边坡可以做成直立壁不加支撑，但挖方深度不得超过表 2-9 规定的数值，此时砌筑基础或施工其他地下结构设施，应在管沟挖好后立即进行。当施工期较长，挖方深度大于表 2-9 规定的数值时，应做成直立壁加设支护。

**表 2-9 基坑（槽）和管沟挖成直立壁不加支撑的容许深度**

| 项次 | 土的类别 | 容许挖方深度/m |
|---|---|---|
| 1 | 稍密杂填土、素填土、碎石类土、砂土 | ≤1.00 |
| 2 | 密实的碎石类土(充填物为砂土) | ≤1.25 |
| 3 | 可塑性黏性土 | ≤1.50 |
| 4 | 硬塑状黏性土 | ≤2.00 |

④ 采取可靠的地面排水措施，避免在影响边坡稳定的范围内积水，造成边坡塌方。当基坑（槽）开挖范围内有地下水时，应当采取降水和排水措施，将水位降至离基底 0.5m 以下方可进行开挖，并持续到回填完毕。

⑤ 在坡顶上弃土和堆积荷载时，弃土堆的坡脚至挖方上边缘的距离，应根据挖方深度、边坡坡度和土的性质综合考虑确定。当土质比较干燥密实时，其距离不得小于 3.0m；当土质松软且含水较多时，其距离不得小于 5.0m，以保证边坡的稳定。

⑥ 土方开挖应自上而下分段分层依次进行，随时形成一定的坡势，以利于泄水，避免先开挖坡脚，造成坡体失稳。相邻基坑（槽）和管沟开挖时，应遵循先深后浅或同时进行的施工顺序，并及时做好基础或铺管，尽量防止对地基和边坡的扰动。

## 2. 基坑（槽）和管沟开挖遇流砂

（1）质量问题　当基坑（槽）和管沟开挖超过地下水位 0.5m 以下，采取坑内抽水时基坑（槽）和管沟底下面的土呈现出流动状态，随着地下水一起涌进坑内，出现边挖边冒、边坡塌陷，无法继续挖深的现象。土方开挖发生流砂时，土基完全失去承载力，不但使施工条件恶化，而且严重时会引起基础边坡塌方，附近的建筑物会因地基被掏空而下沉和倾斜，甚至产生倒塌。

（2）原因分析

① 当基坑外的水位高于基坑内抽水后的水位，基坑外的水压向基坑内流动的动水压等于或大于颗粒的浸水密度，使土粒悬浮失去稳定变成流动状态，土粒会随着流动的水从坑底或四周涌入坑内，如果施工时采取强力开挖，抽水的深度越深，产生的动水压就越大，流砂现象就越严重。

② 由于土颗粒的周围附着亲水胶体颗粒，达到饱和时胶体颗粒吸水膨胀，从而使土粒的密度减小，因而在不太大的动水压下就能悬浮流动。

③ 饱和的砂性土在振动的作用下，原来比较稳定的结构被破坏，从而使土颗粒悬浮于水中并随水流动，这是产生流砂的主要原因之一。

(3) 防治措施

① 科学安排建筑工程的施工时间，对基础工程尽量安排在全年最低水位季节施工，使基坑内的动水压力减小，从而避免出现流砂。

② 在施工条件允许的情况下，采取水下挖土（不抽水或少抽水），使基坑内的水压与基坑外地下水压相平衡或缩小水头差。

③ 采用“井点法”进行降水，使地下水位降至距基坑底 0.5m 以下，使动水压力的方向朝下，坑底下面保持比较干燥的状态。

④ 沿基坑的外围四周打板桩，板桩底部应深入到基坑底下面一定的深度；增加地下水从基坑外流入基坑内的渗流路线和渗水量，减小地下水的动水压力。

⑤ 根据基础工程施工的实际需要，可采用化学压力注浆或高压水泥注浆的施工方案，固结基坑周围的粉砂层，使其形成防渗帷幕。

⑥ 往基坑底部抛投较大的石块，以此增加土的压重和减小动水压力，同时组织快速施工，避免流砂的形成。

⑦当基坑的面积较小时，也可采取在四周设置钢板护筒，随着挖土的不断加深护筒下沉，直至穿过流砂层。

### 3. 建筑工程的基坑（槽）被水浸泡

(1) 质量问题

建筑工程的基坑（槽）开挖后，地基土被水浸泡，造成地基松软，承载力大大下降，甚至出现地基下沉。

(2) 原因分析

① 开挖基坑前未考虑到排水问题，在基坑的周围未设置排水沟或挡水堤，导致地面水流入基坑内。

② 需要在地下水位以下挖土，未按照设计要求采取降水和排水措施，在水中挖土扰动基础土层而造成流砂。

③ 在进行基础土层开挖的施工中，由于未连续采取降水和排水，或受停电的影响地下水不能排出而造成流砂。

(3) 预防措施

① 根据基坑开挖工程的实际情况，在基坑（槽）的周围设置适当的排水沟或挡水堤，防止地面水流入基坑（槽）内；在挖土做成坡度时，坡顶和坡脚至排水沟均应保持一定的距离，一般为 0.5～1.0m。

② 在潜水层内开挖基坑（槽）时，应根据水位高度潜水层厚度和涌水量，在潜水层标高的最低点设置排水沟和集水井，以防止潜水流水基坑（槽）。

③ 在地下水位以下挖土，应在开挖标高坡脚处设置排水沟和集水井，并使开挖面、排水沟和集水井的深度始终保持一定差值，使地下水位降低至开挖面以下不少于 0.5m。当基坑的深度较，地下水位较高以及多层土中上部有透水性较强的土，或者虽然同属于一种土，但上部的地下水较丰富时，应采取分层明沟排水法，在基坑的边坡上再设 1～2 层明沟，分层排除地下水。基坑（槽）除了可采用明沟排水法外，也可采用各种“井点法”降水，将地下水降至基

坑（槽）设计标高以下再进行开挖。

④ 在进行基坑的施工过程中，应根据地下水的实际情况选择适宜的降水和排水方法，并要保持连续降水，直至基坑（槽）回填完毕。

（4）治理方法

① 施工中已被水浸泡的基坑（槽），应立即检查排水和降水的设施是否运转正常，根据工程实际及时疏通排水沟，并采取一定措施将基坑（槽）中的水引走、排净。

② 对已设置截水沟而仍有小股水冲刷边坡和坡脚时，可以将边坡挖成阶梯形，或用编织袋装土护坡，并将水排除干净，使边坡和坡脚保持稳定。

③ 已被水浸泡和扰动的土，可根据工程的实际情况，采取排水晾晒后夯实；或抛填碎石小块石夯实；或换上配合比为 3∶7 的灰土夯实；或挖除淤泥加深基础等措施处理。

## 4. 建筑工程的基土产生扰动

（1）质量问题

建筑工程的基坑挖好后，地基土的表层局部或大部分出现松动、酥软等情况，原地基土层结构遭到破坏，结果造成承载力降低，有的甚至出现较大的下沉。

（2）原因分析

① 建筑工程的基坑挖好后，未及时浇筑垫层进行下道工序的施工，施工机械及车辆、操作工人在地基土层行走，对土层产生较大的扰动。

② 建筑工程的基坑挖好后，未及时浇筑垫层进行下道工序的施工，长时间暴露在空气中，受到温度、湿度等各种因素的影响，从而对土层产生较大的扰动。

③ 开挖基坑前未考虑到排水问题，在基坑的周围未设置排水沟或挡水堤，导致地面水流入基坑内，对地基土层产生浸泡，导致原地基土层结构遭到破坏，造成地基承载力降低。

（3）预防措施

① 建筑工程的基坑挖好后，应立即浇筑混凝土垫层保护地基。不能立即进行下道工序的施工时，应预留 150～200mm 厚的土层不挖，待下道工序开始再挖至设计标高，这样可避免对基层土产生扰动。

② 基坑土层采用机械进行开挖时，应按照由深而浅的顺序施工，基底应预留 200～300mm 厚的土层不挖，然后用人工清理找平，以免超挖和基底土遭受机械的扰动。

③ 建筑工程的基坑挖好后，避免在基土上行驶施工机械和车辆，也不要堆放大量的建筑材料。当需要堆放建筑材料时，应对基坑采取铺路基等保护措施。

④ 建筑工程基坑四周应设置足够的排水和降水设施，降水工作应持续到基坑回填土完毕。

⑤ 在雨季进行施工时，基坑应挖好一段浇筑一段混凝土垫层，并在基坑周围筑挡水土堤或挖排水沟，以防地面雨水流入基坑（槽），浸泡地基土层。

⑥ 在冬季进行施工时，如果基坑不能立即浇筑混凝土垫层，应当在其表面进行适当覆盖保温，防止地基土层受冻而破坏。

（4）治理方法

① 已被扰动的地基土层，可以根据工程的具体情况进行处理，可采取原土碾压夯实，或者填碎石、小块石夯实。

② 对于扰动比较严重的地基土层，可采用换土方法进行处理，即用 3∶7 灰土或砂砾石回填夯实，或去除松散的地基土层，加深建筑物的基础。

③ 对于局部扰动的地基土层，可将松散的土层挖除，用砂石材料填补夯实。

## 5. 建筑工程的边坡出现滑坡

(1) 质量问题 在斜坡较大的地段，土体或岩体受到水（地表水、地下水）、人的活动或地震作用等因素的影响，边坡的大量土体或岩体在重力作用下，沿着一定的软弱结构面整体向下滑动，从而使建筑物产生裂缝、倾斜、滑移，甚至倒塌破坏等现象，危害往往十分严重，对此必须引起足够的重视，及早发现，及时治理。

(2) 原因分析

① 边坡的坡度不够，倾角比较大，土体由于自重及地表水（或地下水）浸入，剪切应力增大，黏聚力降低，使土体失稳而产生滑动。

② 土层下部具有倾斜度较大的岩层，在填土、堆积材料荷重和地表水（或地下水）的作用下，增加了滑坡面上的负担，降低土与土、土体与岩石之间的抗剪强度，从而引起土体顺着岩层表面滑动。

③ 不合理地切割坡脚，或坡脚被地表水（或地下水）冲蚀掏空，或斜坡段下部被冲沟和排水沟所切，地表水（或地下水）浸入坡体；或开挖边坡放炮将坡脚松动破坏等原因，使斜坡的坡度加大，破坏了土体或岩体的内力平衡，使上部土体或岩体失去稳定而向坡脚滑动。

④ 在坡体上不适当的堆土或填方，或设置土工构筑物（如路堤、土坝等），从而增加了坡体的自重，使其重心发生改变，在外力或地表水（或地下水）的作用下，使边坡失去稳定而产生滑动。

⑤ 由于雨水冲刷或潜蚀斜坡坡脚，或边坡体内地下水位剧烈升降，从而增大了水力坡度，使土体的自重增加，抗剪强度降低，破坏斜坡的平衡而导致边坡的滑动。

⑥ 施工现场爆破或行驶车辆振动的影响，产生不同频率的振荡，使土体的内摩擦力降低，抗剪强度减小，使土体或岩体产生滑动。

(3) 预防措施

① 加强地质勘察和调查研究工作，注意地形、地貌、地质构造、滑坡迹象及地表水（或地下水）流向和分布，采取合理的施工方法，避免破坏土坡地表的排水、泄洪设施，消除产生滑坡的因素，保持坡体的稳定。

② 保持边坡有足够的坡度，避免随意切割坡脚，土坡尽量制成比较平缓的坡度，或做成阶梯形，使中间有适当的平台，以增加边坡的稳定。当边坡的土质不同时，根据情况制成多种坡度，一般可使坡度角小于土的内摩擦角，将不稳定的陡坡部分削去，以减轻边坡的负担。在坡脚处有弃土条件时，可将土方填至坡脚处，修筑挡土堆或台地，并使填土的坡度不大于原土坡的自然坡度，使其起到反压作用以阻挡坡体滑动。

③ 在滑坡体范围以外设置环形截水沟，使水不流入坡体内，在滑坡区域设置排水系统，疏导地表水和地下水，减少地表水下渗冲刷地基或将坡脚冲坏。如无条件修筑正式的排水工程，则应做好现场临时泄洪排水设施，或保留原有场地自然排水系统，并进行必要的整修和加固。

④ 施工中尽量避免在坡脚处取土，在坡体上弃土或堆放材料。尽量遵循先整治后开挖的施工顺序。在斜坡上进行挖土，应遵守由上至下分层开挖的程序，严禁先切割坡脚；在斜坡上填方时，应由下往上分层压填的程序，不要集中进行弃土，以免破坏原边坡的自然平衡而造成滑坡。必须挖去坡脚时，应设置挡土结构代替原坡脚，采取分段跳槽开挖的措施，并应尽量避开雨季施工。

⑤ 避免破坏坡体上的自然植被。对于可能出现滑动的土坡和易于风化的岩坡，在表面及坡顶设置保护措施，并尽可能保护天然植被不被破坏，借以稳定土坡或岩坡。

⑥ 避免在有可能产生滑坡的区段进行爆破，或设置振动很大的构筑物，影响边坡的稳定。发现滑坡出现裂缝，应及时将其填平夯实；对于沟渠开裂渗水，应当及时加以修复。

(4) 治理方法

① 对于上部先变形挤压下部滑动的推动式滑坡，可以采取“卸荷减重”的方法，在滑坡体上削去一部分土，并同时做好排水系统，一方面减轻坡体的自重，另一方面在坡脚堆土以抵御滑坡体滑动，达到坡体的平衡。

② 对于土坡的下部分先变形滑动，上部失去支撑而引起的牵引式滑坡，可以用“支挡”的办法来整治，如用大直径现浇钢筋混凝土桩进行“支挡”；如推力不太大，下部地基良好，可采取挡土墙或挡土墙与锚桩相结合的办法整治。

③ 对于深路堑的开挖，挖去土体支撑部分而引起的滑坡，可用设置涵洞或挡土墙与恢复土体的平衡相结合进行整治。

④ 对于一般挖去坡脚引起的滑坡，可用设置挡土墙与岩石锚桩，或挡土板、柱与土层锚杆相结合的办法进行整治。

## 三、土方回填质量问题与防治

土方回填是指建筑工程的填土，主要有地基填土、基坑（槽）或管沟回填、室内地坪回填、室外场地回填平整等。对地下设施工程（如地下结构物、沟渠、管线沟等）的两侧或四周及上部的回填土，应先对地下工程进行各项检查，办理验收手续后方可回填。

### 1. 基坑（槽）回填土出现沉陷

(1) 质量问题　基坑（槽）填土结束后，出现局部或大面积的沉陷，造成靠墙地面、室外散水空鼓下沉，建筑物基础积水，有的甚至引起建筑结构不均匀下沉，使建筑结构出现裂缝。

(2) 原因分析

① 基坑（槽）中的积水、淤泥、杂物未清除就进行回填；或在基础的两侧用松土回填，未经分层夯实；或槽边的松土落入基坑（槽），夯实填筑前未认真进行处理，回填后土受到水的浸泡产生沉陷。

② 由于基槽的宽度较窄，采用人工回填夯实，土体未达到要求的密实度，受到外力作用和水的浸泡产生沉陷。

③ 回填土料中夹有大量的干土块，在受到水的浸泡后产生沉陷；或者采用含水量较大的黏性土、淤泥质土、碎块草皮土料，回填质量不符合设计要求出现沉陷。

④ 基坑（槽）的回填土采用水泡法进行沉实，由于含水率过大，密实度达不到要求。

(3) 预防措施

① 在进行基坑（槽）回填前，应将槽中的积水排净，将淤泥、松土、杂物清理干净，如有地下水或地表滞水，应有可靠的排水措施。

② 基坑（槽）回填土应严格分层回填和压实。根据工程实践经验，每层的铺土厚度不得大于300mm。所用的土料和含水量应符合现行施工规范的规定。回填土的密实度要按规定进行抽样检查，使其符合设计要求。

③ 基坑（槽）回填土的土料中不得含有大于50mm粒径的土块，也不得含有较多的干土块，急需进行下道工序施工时，宜用配合比为2：8或3：7的灰土回填夯实。

④ 基坑（槽）的回填土严禁采用水泡法进行沉实。

（4）治理方法

① 基坑（槽）回填土沉陷造成墙脚和散水空鼓，如果混凝土面层还未被破坏，可填入碎石，侧向挤压捣实即可；如果混凝土面层已被破坏，则应视面积大小或损坏情况，采取局部或全部返工。局部处理可用锤子等工具把空鼓的部位去除，填入灰土或黏土、碎石混合物夯实，然后再浇筑混凝土面层。

② 如果因回填土的沉陷引起结构物下沉时，应会同设计部门针对工程实际采取加固措施。

## 2. 房屋内部回填土出现下沉

（1）质量问题

房屋内部（房心）回填土局部或大片出现下沉，造成地坪垫层面层空鼓、开裂，严重的甚至造成塌陷破坏。

（2）原因分析

① 房屋内部（房心）回填的土料中含有大量的有机杂质和较大的土块，有机杂质腐朽和土块变小，必然造成填土沉陷。

② 回填土未按照设计规定的厚度分层回填夯实，或底部填入的松土，仅表面密实度符合设计要求，也会造成填土沉陷。

③ 房心处局部有软弱的土层，或有地坑、坟墓、积水坑等地下坑穴，施工时未被发现或未经处理，回填土料后荷重增加，造成局部塌陷。

④ 冬季进行“房心”回填土的施工，由于土料中含有较多的水分或冰块，当融化后会体积缩小而造成回填土下沉。

（3）预防措施

① 选择符合设计要求的好土料回填，回填时严格控制土的含水量在最优范围内，严格按规定分层回填夯实，并抽样检验密实度，使土料符合设计要求的质量。

② 在进行回填土之前，应对房心原自然软弱土层进行认真处理，将有机杂质清理干净。

③ 当需要回填的深度较大（大于 1.5m）时，在建筑物外墙基回填土时需采取防渗措施，或在建筑物外墙基外加抹一道水泥砂浆，或涂刷一度沥青胶等防水措施，以防止水大量渗入房心回填土，从而引起回填土下沉。

④ 在进行回填土之前，应认真进行工程地质的勘察，查明施工范围内的地坑、坟墓、积水坑等地下坑穴，并按照有关规定进行处理。

⑤ 对于面积较大而使用要求较高的房心回填土，可采取先用机械将原自然土碾压密实，然后再进行回填。

（4）治理方法

① 房心回填土沉陷造成空鼓，如果混凝土面层还未被破坏，可填入碎石，侧向挤压捣实即可；如果混凝土面层已被破坏，则应视面积大小或损坏情况，采取局部或全部返工。局部处理可用锤子等工具把空鼓的部位去除，填入灰土或黏土、碎石混合物夯实，然后再浇筑混凝土面层。

② 如果因回填土的沉陷引起结构物下沉时，应会同设计部门针对工程实际采取加固措施。

## 3. 基础墙体被挤动变形

（1）质量问题

在填土夯实基础墙两侧土方或用推土机送土时，将基础、墙体挤动变形，从而造成基础墙体裂缝、破裂，轴线偏移，严重地影响墙体受力性能。

（2）原因分析

① 回填土时只填墙体的一侧，或用机械单侧推土压实，基础、墙体在一侧受到土的较大侧压力而被挤动变形。

② 墙体两侧回填土设计标高相差悬殊（如暖气沟、室内外标高差较大的外墙），仅在单侧填土夯实，墙体受到侧压力作用。

③ 在基础墙体的一侧临时堆土、堆放材料、设备或行走重型机械，从而造成单侧受力使墙体变形。

（3）预防措施

① 基础两侧用细土同时分居回填夯实，使其受力平衡。两侧填土高差控制不超过300mm。如遇暖气沟或室内外回填标高相差较大，回填土时可在另一侧临时加木支撑顶牢。

② 基础墙体施工完毕，达到一定强度后再进行回填土施工。同时防止在单侧临时大量堆土或材料、设备，以及禁止行走重型机械设备。

（4）治理方法

已造成基础墙体开裂、变形、轴线偏移等严重影响结构受力性能的质量事故，要会同设计部门，根据具体损坏情况，采取加固措施（如填塞缝隙、加设围套等）进行处理，或将墙体基础的局部或大部分拆除重新砌筑。

## 4. 填方的基底处理不当

（1）质量问题　填方的基底未经过认真处理，局部或大面积的填方出现下陷，或发生滑移等现象。

（2）原因分析

① 填方基底上的草皮、淤泥、杂物和积水未进行认真清除就进行填土，或者基底中含的有机物过多，腐朽后造成局部或大面积出现下陷。

② 填方区内未按要求做好排水，结果使地表水或地下水流入填方，浸泡的填方出现下陷。

③ 在原有沟渠池塘或含水量很大的松散土上回填土方，基底未经换土抛填砂石或翻晒晾干等处理，就直接在其上面进行填土。

④ 在较陡的坡面上填方，未先将斜坡基底开挖成阶梯形就进行填土，使填土未能与斜坡很好结合，在土体重力的作用下，填在坡面上的土体顺着斜坡滑动。

（3）预防措施

① 在进行填土前首先将基底上的草皮、淤泥、杂物清除干净，将所有的积水排除，对耕种土、松土应先进行压实处理，以上工作完成后才能进行填土。

② 在填方区的周围应做好排水措施，填土中防止地表水或地下水流入填方，浸泡地基，造成基底填土的下陷。

③ 对于水田、沟渠、池塘或含水量很大的地段回填，基底应根据工程具体情况采取排水、疏干、挖除淤泥、换土、抛填碎石、填砂砾石、翻松晾干、掺石灰压实等措施处理，以加固基底的土体。

④ 当填方地面的坡度小于1/5时，应先将斜坡开挖成阶梯形，阶梯高度0.2～0.3m，阶梯宽度大于1m，然后分层回填夯实，以利结合并防止滑动。

⑤ 冬季施工的基底土体出现冻胀时，应当先将冻土解冻，并夯实处理后再进行回填。

（4）治理方法

① 对于下陷已经稳定的填方，治理方法比较简单，可以仅在表面进行平整夯实处理。

② 对于下陷尚未稳定的填方，应当会同设计部门针对工程实际采取相应的加固措施。

# 四、几种特殊土质量问题与防治

## 1. 膨胀土的质量问题与防治

（1）质量问题　膨胀土的矿物成分主要是蒙脱石，是一种高塑性黏土，一般承载力较高，具有吸水膨胀、失水收缩和反复胀缩变形、浸水承载力衰减、干缩裂隙发育等特性，性质极不稳定。常使建筑物产生不均匀的竖向或水平的胀缩变形，造成位移、开裂、倾斜甚至破坏，且往往成群出现，尤以低层平房严重，危害性很大，裂缝特征有外墙垂直裂缝，端部斜向裂缝和窗台下水平裂缝，内、外山墙对称或不对称的倒八字形裂缝等；地坪则出现纵向长条和网格状的裂缝。一般在建筑物完工后半年到5年出现。

（2）原因分析　膨胀土成分中含有较多的亲水性很强的蒙脱石、伊利石、硫化铁和蛭石等膨胀性物质，土的细颗粒含量较高，具有明显的湿胀干缩效应。遇水后，膨胀土会膨胀隆起（一般自由膨胀率在10%以上），产生很大的上举力，使建筑物上升；失水后，土体会收缩下沉。由于这种体积膨胀收缩的反复可逆运动，以及建筑物各部挖方深度、上部荷载和地基土浸湿、脱水的差异，使建筑物产生不均匀的升降运动，从而造成建筑物出现裂缝、位移、倾斜甚至倒塌。

（3）预防措施

① 提前整平场地，使场地经过雨水预湿，从而减少挖填方湿度过大的差别，使土体的含水量得到新的平衡，大部分膨胀力得到释放。

② 尽量保持原自然边坡、保持场地的稳定条件，避免采取大挖大填的施工方案。基础适当埋深或采用墩式基础、桩基础，以增加基础的附加荷载，减小膨胀土层的厚度，减轻建筑物升降幅度，但成孔时切忌向孔内灌水，成孔后应立即浇筑混凝土。

③ 临坡建筑不宜在坡脚处挖土施工，以避免坡体的平衡发生改变，使建筑物产生水平膨胀和位移。

④ 对于地基要求严格的土层，采取换土处理，将膨胀土层部分或全部挖除，用灰土、土石混合物或砂砾回填夯实；或用人工垫层如砂、砂砾作为缓冲层，其厚度不小于90mm。

⑤ 在建筑物的周围做好地表渗水或排水沟等，散水坡可适当加宽（可做成宽1.2～1.5m），其下面设置砂或炉渣垫层，并设置隔水层。室内下水道应有防漏、防湿措施，使地基土尽量保持原有的天然湿度和天然结构。

⑥ 根据地基土的实际情况，采用加强建筑结构刚度的措施，如设置地箍、地梁，在两端和内外墙的连接处，设置水平钢筋加强连接等。

⑦ 做好施工过程中保湿防水工作，加强施工用水管理，做好现场施工临时排水，避免基坑（槽）浸泡和建筑物附近积水。基坑（槽）开挖完成后，应及时分段快速回填土，减少基坑（槽）的暴露时间，避免外界因素的影响。

（4）治理方法　对于已产生胀缩裂缝的建筑物，应迅速修复切断的沟进行排水，堵住局部渗漏，加宽排水坡。做渗水和排水沟，以加快地基的稳定。对裂缝进行修补加固，如加柱墩、压（喷）砂浆或水泥浆、拆除部分砖墙重新砌筑等，在墙体的外侧砌筑砖垛和加拉杆，使内外墙连成一个整体，防止墙体出现局部倾斜。

## 2. 盐渍土的质量问题与防治

（1）质量问题　盐渍土是一种土层内含有石膏芒硝岩盐等易溶盐且含量大于0.5%的土，

具有溶陷性、膨胀性和腐蚀性。溶陷性：盐渍土浸水后由于土中易溶盐的溶解，在自重压力作用下产生沉陷现象。膨胀性：硫酸盐沉淀结晶时体积增大，失水时体积减小，致使土体结构破坏而疏松。碳酸盐渍土中 $NaCO_3$ 含量超过 0.5%时，也具有明显的膨胀性。腐蚀性：硫酸盐渍土具有较强的腐蚀性，氯盐渍土、碳酸盐渍土也有不同程度的腐蚀性。

在天然的状态下，盐渍土经过认真处理，可以成为很好的地基，一旦因自然条件发生改变，就会产生严重的溶陷、膨胀和腐蚀，使建筑物裂缝、倾斜或结构被腐蚀破坏。

(2) 原因分析　盐渍土的成因主要是海水浸入到沿岸地区或内陆盆地和洼地中，易溶盐随着水流由高处带往低处，或冲积平原含溶盐的地下水位上升，经过毛细作用和蒸发作用，盐分残留、凝聚地面而形成。盐渍土一般主要分布在地表至地面以下 1.5m 的部位，个别地区有的可达 4.0m，土的含盐量多集中在近地表处，向地面深部逐渐减小；另外，受季节性变化很大，旱季盐分向地表大量聚集，地表层的含盐量增高，雨季盐分被水淋溶解而下渗，含盐量随之下降。

(3) 预防措施

① 清除地基表层松散的土层及含盐量超过规定的土层，使建筑的基础埋于盐渍土层以下，或采用含盐类型单一和含盐量很低的土层作为持力层，或清除含盐多的表层盐渍土，用非盐渍土类粗颗粒土层（碎石类土或砂土垫层）代替，隔断有害毛细水的上升。

② 在盐渍土与地基之间铺设隔绝层或隔离层，以防止盐分向上运动。

③ 采用垫层、重锤击实、强夯法进行浅层土的处理，减少或消除地基土的湿陷量，提高其密实度及承载力，降低地基的透水性，阻挡水流的下渗；同时也可以破坏土的原有毛细结构，阻隔盐渍土中的盐分向上运动。

④ 厚度不大或渗透性较好的盐渍土，可以采取浸入预先溶解的方法，将盐分溶于淡水中排出，水头高度不应小于 30cm，浸水池的平面尺寸，每边应超过拟建建筑物边缘不小于 2.5m。

⑤ 对于溶陷性高土层较厚及荷载很大或重要建筑物上部地层软弱的盐沼地，可以根据具体情况采用桩基础、灰土墩、混凝土墩、砌石墩等，将基础深入到盐渍临界深度以下。

⑥ 在基础处理的施工中应做好现场降水和排水，防止含盐的水在土层表面及基础周围聚集，而导致地基土体出现溶陷、膨胀和腐蚀。

(4) 治理方法　参见“膨胀土”的治理方法。

### 3. 软土的质量问题与防治

(1) 质量问题　软土是一种天然含水量大、压缩性高、承载能力低的淤泥沉积物及少量腐殖质所组成的土。软土是指滨海、湖沼、谷地、河滩沉积的天然含水量高、孔隙比大、压缩性高、抗剪强度低的细粒土。软土具有天然含水量高、天然孔隙比大、压缩性高、抗剪强度低、固结系数小、固结时间长、灵敏度高、扰动性大、透水性差、土层层状分布复杂、各层之间物理力学性质相差较大等特点，易造成建筑物不均匀沉降，导致建筑墙身开裂、倾斜破坏。

(2) 原因分析　软土在静水或缓慢流水环境中沉积，经过生物化学作用而形成的。这类土的主要特征为：天然含水量高，一般大于液限 $w_1$（40%～90%）；天然孔隙比大（一般大于1)；压缩性高，压缩系数大于 $0.5MPa^{-1}$；承载力低，不排水抗剪强度小于 30kPa；渗透系数小（$K=1\times10^{-6}\sim1\times10^{-8}$cm/s）。它的工程性质为具有触变性、高压缩性、低透水性、不均匀性、流变性及沉降速度快等。在软土地基的施工过程中，应根据这些特征和工程性质，采取预防处理措施，以防出现建筑物的开裂、倾斜破坏。

（3）预防措施

① 采用置换法或拌入法进行地基处理，如用砂碎石等材料置换软土地基中的一部分软弱土，从而形成复合地基；或在软土地基中掺入水泥石灰等，从而形成加固体，与未加固部分也形成复合地基。这样可以提高承载力，减少地基的压缩性。常用的方法有：生石灰桩法、深层搅拌法、高压喷浆法等；对暗埋的池塘、沟渠、坑穴等，可用局部挖除、换土垫层、灌浆、悬浮式短桩等方法进行处理。

② 对大面积厚层的软土地基，可根据工程的实际情况，采用砂井预压、真空预压、堆积荷载预压等措施，以加速地基排水固结，提高地基的抗剪强度。

③ 当建筑物各部的差异较大时，应科学合理地安排施工顺序，先施工高度较大、重量较重的部分，使其在施工期内先完成部分沉降；后施工高度较小、重量较轻的部分，以减少部分差异沉降。

④ 在地基的施工过程中，要特别注意对基坑土的保护，通常可在基坑底保留 20～30cm，待垫层施工时再将其挖除，避免扰动而破坏基层土的结构。如果基层土已被扰动，可将扰动的土层挖除，用砂或碎石回填处理。

⑤ 对仓库、油罐、水池等结构物，适当控制活荷载的施加速度，使软土地基逐步固结，地基的强度逐步增长，以适应荷载增长的要求和借以降低总沉降量，防止土体侧向挤出，避免建（构）筑物产生局部破坏或倾斜。

（4）治理方法　参见“膨胀土”的治理方法。

## 4. 湿陷性黄土的质量问题与防治

（1）质量问题　湿陷性黄土是一种特殊性质的土，其土质较均匀、结构疏松、孔隙发育。在未受水浸湿时，一般强度较高，压缩性较小。当在一定压力下受水浸湿，土的结构会迅速破坏，产生较大附加下沉，强度迅速降低。故在湿陷性黄土场地上进行建设，应根据建筑物的重要性、地基受水浸湿可能性的大小和在使用期间对不均匀沉降限制的严格程度，采取以地基处理为主的综合措施，防止地基沉陷对建筑产生危害。

修建在湿陷性黄土地基上的建（构）筑物，在使用的过程中受到水（雨水、生产和生活废水）的不同程度浸湿后，地基常产生大量不均匀下沉，从而造成建（构）筑物裂缝、倾斜，甚至倒塌。

（2）原因分析　黄土是干旱或半干旱气候条件下的沉积物，在生成初期，土中水分不断蒸发，土孔隙中的毛细作用，使水分逐渐集聚到较粗颗粒的接触点处。同时，细粉粒、黏粒和一些水溶盐类也不同程度的集聚到粗颗粒的接触点形成胶结。

试验研究表明，粗粉粒和砂粒在黄土结构中起骨架作用，由于在湿陷性黄土中砂粒含量很少，而且大部分砂粒不能直接接触，能直接接触的大多为粗粉粒。细粉粒通常依附在较大颗粒表面，特别是集聚在较大颗粒的接触点处与胶体物质一起作为填充材料。

黏粒以及土体中所含的各种化学物质如铝、铁物质和一些无定型的盐类等，多集聚在较大颗粒的接触点起胶结和半胶结作用，作为黄土骨架的砂粒和粗粉粒，在天然状态下，由于上述胶结物的凝聚结晶作用被牢固的黏结，故使湿陷性黄土具有较高的强度；而当遇到水时，水对各种胶结物的软化作用，土的强度突然下降便产生湿陷。

（3）预防措施

① 换土法　将湿陷性黄土挖去一层（厚约 1.0～3.0m），用原土或灰土再分层回填夯实，夯实的质量应符合设计要求或现行规范规定。夯实后，土的孔隙减小，湿陷性降低。

② 重锤夯实法　采用重 2.0～3.0t 的截头圆锥体钢筋混凝土夯锤，起吊 4.0～6.0m 高自

由下落夯击土层，一夯接一夯，使土层的密实度提高，夯实范围每边应超出基础宽不小于0.6m，适用于消除1.0～2.0m厚的土层湿陷性。采用重锤夯实回填土地基时，应分层进行，每层的铺土厚度一般相当于重锤底部直径，夯击遍数应通过试验确定，试夯的层数不宜少于2层，土的含水量一般控制在相当于塑限含水量±2%比较合适。

③ 强夯法　这种方法是用8～16t的重锤，从6～20m的高度自由落下夯击土层，以提高地基的承载能力，适于消除5～8m厚的土层湿陷性。

④ 灰土挤密桩法　灰土挤密桩法是在基础底面形成若干个桩孔，然后将灰土填入并分层夯实，以提高地基的承载力或水稳性。灰土挤密桩法适用于处理地下水位以上的湿陷性黄土、素填土和杂填土等地基，处理深度宜为5～15m。

⑤ 做好排水防水　做好建筑施工场地周围的排水和防洪设施，建筑场地应有不小于2%的坡度，防止雨水浸泡基坑，建筑物周围散水应适当加宽，并设置隔水层。做好屋面雨水和室内地面水的防水措施。地下管道、水池、化粪池应与建筑物保持一定的距离，并严防漏水、渗漏，尽量保持原土层的干湿状态。

(4) 治理方法

① 如建筑物的变形已基本稳定，只需要做好地面排水工作，对受损部位进行必要的修补加固。

② 如建筑物的变形比较严重，并且尚未稳定，除了应做好排水外，可采取在基础周围或一侧设置石灰桩、灰砂桩加固，以起到挤密加固地基的作用，或用化学注浆的方法加固地基，以改善黄土湿陷的性质，提高地基的承载力。

③ 如基础墙体开裂是因为基底部有墓坑下沉造成，则应重新回填灰土夯实空的墓坑，并加大基底面的尺寸。

④ 对结构物出现倾斜，可采取浸水矫正，即在结构物倾斜的相反方向钻孔或挖沟，并进行注水使其产生湿陷，从而矫正倾斜的结构物，必要时也可适当加压，以加快矫正的速度。浸水法矫正适用于土层含水量较低的情况，加压矫正则用于含水量较高的情况。

## 第二节　地基加固处理质量问题与防治

地基加固处理方法就是按照上部结构对地基的要求，对地基进行必要的加固或改良，提高地基土的承载力，保证地基稳定，减少上部结构的沉降或不均匀沉降，消除湿陷性及提高抗液化能力的方法。地基加固常用的方法有换工处理，人工或机械夯（压）实，振动压实，土（灰土）、砂、石桩挤密加固，排水固结及化学加固等。各种地基加固方法各有其适用范围和条件，如果选用不当或施工方法有错误，不按规范和操作规程进行，就会造成质量事故。

### （一）换土加固地基的质量问题与防治

换土加固是处理浅层地基的方法之一。这种加固方法是将软弱土层挖除，然后换填上结构较好的土、灰土、中（粗）砂、碎（卵）石、石屑、煤渣或其他工业废粒料等材料，制作土垫层、灰土地基或砂垫层和砂石垫层地基等。换土加固的施工程序为基坑（槽）开挖、验槽、分层回填、夯压实，以达到设计的密实度。

## 1. 基坑（槽）边坡出现塌方

（1）质量问题　在基坑（槽）施工挖掘土方时，基坑（槽）壁突然发生塌方，不仅严重影响施工进度，而且影响施工质量和安全。

（2）原因分析

① 采用机械进行平整，没有遵循由上而下分层开挖的顺序，开挖坡度过陡、倾角过大，或将坡脚超挖、松动破坏，结果造成边坡失稳，形成塌方或滑塌现象。

② 在有地表水、地下水作用的地段开挖土方边坡，未采取有效降水和排水措施，地表滞水或地下水浸入土方边坡内，使土体的黏聚力大大降低，有的坡脚甚至被水冲蚀掏空，边坡在重力的作用下失去稳定而引起塌方。

③ 在软弱的挖方边坡处，由于边坡顶部大量堆积土方或建筑材料，或行驶施工机械设备和运输车辆，从而造成边坡失稳而出现滑塌。

（3）预防措施

① 施工中必须按照规定进行放坡。当边坡的土壤具有天然湿度、构造均匀、水文地质条件良好且无地下水时，深度在 5m 以内，不加支撑的基坑（槽）和管沟，其边坡的最大允许坡度应符合表 2-10 中的规定。

**表 2-10　基坑（槽）边坡的最大允许坡度**

| 土的名称 | 边坡坡度 | | |
|---|---|---|---|
| | 人工挖土并将土抛于坑(槽)或沟的上边 | 机械挖土 | |
| | | 在坑(槽)或沟底挖土 | 在坑(槽)或沟上边挖土 |
| 砂土 | 1∶1.00 | 1∶0.75 | 1∶1.00 |
| 粉土 | 1∶0.67 | 1∶0.50 | 1∶0.75 |
| 粉质黏土、重粉质黏土 | 1∶0.50 | 1∶0.33 | 1∶0.75 |
| 黏土 | 1∶0.33 | 1∶0.25 | 1∶0.67 |
| 含砾石、卵石土 | 1∶0.67 | 1∶0.50 | 1∶0.75 |
| 泥炭岩、白垩土 | 1∶0.33 | 1∶0.25 | 1∶0.67 |
| 干黄土 | 1∶0.25 | 1∶0.10 | 1∶0.33 |

② 在有地表滞水和地下水作用的地段，应当按设计要求做好排水和降水措施，以拦截地表滞水和地下水，避免冲刷坡面和掏空坡脚，防止土方坡体出现失稳而出现滑塌。特别在软弱土地段开挖边坡，应设置有效措施降低地下水位，防止边坡产生侧移。

③ 永久性挖方的边坡坡度应根据填方高度、土方的种类、建筑的类别和工程的重要性按设计规定进行放坡，如设计中无边坡坡度的具体规定，挖方的边坡坡度值可分别参见表 2-1、表 2-2、表 2-3。

④ 如果简易的支撑无法消除边坡滑动及土方坍塌，可以采用打板桩防护的技术措施。

## 2. 基坑（槽）底出现流砂

（1）质量问题　当基坑（槽）开挖深度超过地下水位 0.5m 时，坑内采用集水井进行排水，基坑（槽）的底部发现有“冒砂”现象，边开挖、边“冒砂”，边坡也随之塌陷，无法再继续挖深，这种现象在工程上称为“流砂”。

(2) 原因分析　流砂一般出现在粉砂层或黏土颗粒含量小于10%、粉粒含量大于75%的土层，地下动水压力比较大，基坑（槽）内外的水位高差大，动水压力将粉砂颗粒冲流冒出，粉砂层结构被破坏，从而形成流砂。流砂挖掘量愈多，将使基坑（槽）外附近的地基下陷，严重的会出现沉塌。

(3) 预防措施

① 在基坑（槽）开挖前，必须详细了解天然地基土层的情况，根据工程实际情况采用相应的措施，确保基坑（槽）的顺利开挖。

② 如基坑（槽）开挖深度超过地下水位0.5m，并正处于粉砂层中，则应预先采用适宜的降水方法，将地下水降至开挖层以下，以消除基坑（槽）内外的动水压力。

(4) 治理方法　如果在工程中未采取上述预防措施，而施工中突然发现流砂现象时，则可采取下列治理方法。

① 采用水下挖土（不排水挖土），使基坑（槽）内的水位与基坑（槽）外的地下水位相平衡，这样可以消除动水压力，防止流砂的产生。

② 在基坑（槽）内打板桩，即将板桩打入基坑（槽）底下面的一定深度，减小动水压力。

③ 向基坑（槽）内抛大块石，增加土的压重，同时组织快速施工。但此法只能解决局部或轻微的流砂现象，如果“冒砂”现象比较严重，土已失去承载能力，抛入的大石块就会沉入土中，无法阻止流砂上冒。

④ 基坑（槽）周围钻孔抽水。在基坑（槽）周围钻孔，孔的深度应超过基底标高，用抽水泵或潜水泵抽水，以改变地下水的渗流方向和降低地下水位，这样可较好地阻止流砂发生。

### 3. 地基土料密实度达不到要求

(1) 质量问题　换土后的地基，经过夯击、碾压后，地基土料的密实度达不到设计要求。

(2) 原因分析　地基土料的密实度达不到设计要求的原因主要有：换土所用的土料不符合设计要求，土中含有大量的杂质；换土中分层铺设的厚度过大，无法夯击或碾压达到要求的密实度；土料的含水量过大或过小，没有达到最佳含水量的标准；夯击或碾压机具使用不当，夯击或碾压能量不能达到有效影响深度。

(3) 防治措施

① 对土料的要求　为使地基土料的密实度达到设计要求，对土料应符合下列规定。

a. 土料地基　土料一般以粉土或粉质黏土、重粉质黏土、黏土为宜，不应采用地表耕植土、淤泥及淤泥质土、膨胀土及杂填土。

b. 灰土地基　土料应尽量采用从基坑（槽）中挖出的土，凡有机质含量不大的黏性土，都可以用作灰土的土料，但不应采用地表耕植土。土料应当进行过筛，其粒径不应大于15mm。石灰必须经过消解3～4d后方可使用，粒径不应大于5mm，且不能夹有未熟化的生石灰块，灰土的配合比（体积比），一般为2∶8或3∶7，拌和均匀后铺入基坑（槽）内。

c. 砂子垫层和砂石垫层地基，宜采用质地坚硬的中砂、粗砂、卵石或碎石，以及石屑、煤渣或其他工业废粒料。如果采用细砂，宜同时掺入一定数量的卵石或碎石。砂石材料中不能含有草根、垃圾等杂质。

② 对含水量的要求　为使地基土料的密实度达到设计要求，对土料中的含水量应符合下列规定。

a. 土料地基中土的含水量必须采用最佳含水量，土料中的含水量不得过大或过小。

b. 灰土经过拌和后，如水分过多或过少时，可以晾干或洒水润湿。一般可根据施工经验在现场直接判断，其方法为：手握灰土成团，两指轻捏即碎，此时灰土的含水量基本上接近最佳含水量。

③ 在进行地基土层压实或夯实时，必须掌握适宜的分层铺土厚度，以达到设计要求的土料密实度。土料（灰土）的最大铺土厚度应符合表2-11中的规定。

**表2-11 土料（灰土）的最大铺土厚度**

| 机具种类 | 机具规格 | 铺土厚度/cm | 备注 |
| --- | --- | --- | --- |
| 石夯、木夯 | 40～80kg | 20～25 | 人力送夯，自由下落高度40～50cm，一夯压半夯 |
| 轻型夯实机械 | 蛙式打夯机 | 20～25 | |
| 轻型夯实机械 | 柴油打夯机 | 20～25 | |
| 压路机 | 机重6～10t | 20～30 | 双轮压路机 |

## （二）灰浆碎砖三合土加固地基的质量问题与防治

### 1. 灰浆碎砖三合土不密实

（1）质量问题　地基加固采用灰浆碎砖三合土，由于某种原因灰浆碎砖三合土松散、有孔隙，经击实后的效果达不到设计要求。

（2）原因分析

① 灰浆碎砖三合土中的碎砖粒径大小悬殊，且含有杂物垃圾，这是造成灰浆碎砖三合土松散的主要原因。

② 灰浆碎砖三合土中的灰浆不净、浓度不够或浆水离析。

③ 灰浆碎砖三合土的分层铺设厚度不符合规范规定，超过所用夯实机具的有效影响深度。

（3）防治措施

① 材料要求：碎砖的粒径应控制在2～6cm，不能含有杂物，并级配良好；砂或黏性土中不得含有草根、贝壳等有机杂物；生石灰块应消化成熟石灰膏。

三合土的配合比（体积比）为：石灰膏∶砂或黏性土∶碎砖，一般成分比例为1∶2∶4或1∶3∶6。

② 在进行铺筑灰浆碎砖三合土前，应对基坑（槽）做好清底验槽工作，为铺土和夯实打下良好的基础。

③ 拌和好的灰浆碎砖三合土，第一层的铺土厚度为22cm，第二层的铺土厚度为20cm，各层均分别夯打至15cm。铺设前应在适宜的地方标出各层的标高。

④ 在正式夯打前，将铺筑好的三合土用四齿耙拉平整，以保证铺土厚度比较均匀；夯打时如发现灰浆碎砖三合土太干，应补浇适当的灰浆，并做到随浇筑随夯打。

### 2. 灰浆碎砖三合土不平整

（1）质量问题　地基加固采用灰浆碎砖三合土，由于某种原因灰浆碎砖三合土疏松、不平整，影响下一工序的施工。

（2）原因分析

① 灰浆碎砖三合土拌和不均匀，浇灰浆量不足，结果造成灰浆碎砖三合土疏松、不平整。

② 灰浆碎砖三合土铺设和夯实完成后，未进行最后一遍整平夯实工作，造成灰浆碎砖三

合土疏松、不平整。

（3）防治措施

① 在进行最后一遍夯打时，必须注意标高水平，宜采用浓浆拌和三合土，并夯打密实。

② 待表层灰浆略为干燥后，再铺设上薄层砂子或煤屑，最后再进行整平夯实。

③ 刚夯打完的三合土，如果因雨水冲刷或积水过多，表面的灰浆被冲去，可在排除积水后，重新浇浆夯实。

## （三）重力夯实加固地基的质量问题与防治

### 1. 重力夯实中出现“橡皮土”

（1）质量问题　填土受到重力夯打后，基土发生较大的颤动，受夯击处出现下陷，四周发生鼓起，从而形成软塑状态，但体积并没有压缩，人踩上去有一种颤动的感觉。在人工填土的地基内，成片出现这种“橡皮土”，将使地基的承载力降低，变形大大增加，地基长时间不能得到稳定。

（2）原因分析　在含水量很大的黏性土或粉质黏土、淤泥质土、腐殖土等原状土地基土进行回填，或采用这种土作土料进行回填时，由于原状土被扰动，颗粒之间的毛细孔遭到破坏，水分不易渗透和散发。当施工时气温较高，对其进行夯击或碾压，表面易形成一层硬壳，更加阻止了水分的渗透和散发，因而使土层形成软塑状态的“橡皮土”。这种土埋藏越深，水分散发的速度越慢，在长时间内不易消失，是一种难以处理的地基。

（3）预防措施

① 在重力夯实填土时，应适当控制填土的含水量，填土的最优含水量可以通过击实试验确定，也可以采用经验含水量作为填土的施工控制含水量。施工现场简单的检验方法是：一般以手握成团，落地散开为宜。

② 避免在含水量很大的黏性土或粉质黏土、淤泥质土、腐殖土等原状土地基土进行回填。

③ 填方区如有地表水，应设置排水沟将水排走再进行填土；如有地下水，可选择适宜措施将地下水降低至基底以下0.5m。

④ 如果施工进度允许，实际工程状况许可，可暂停一段时间再进行回填，使“橡皮土”中的含水量降低。

（4）治理方法

① 用干燥的土、石灰粉、碎砖等吸水材料，均匀地掺入“橡皮土”中，吸收地基土中的水分，降低“橡皮土”中的含水量。

② 如果“橡皮土”在地基的表面，可将“橡皮土”翻松、晾晒、风干至最优含水量范围，然后再进行夯实。

③ 如果建筑对地基的要求较高，可将“橡皮土”挖除，采取换土回填夯实，或填以3：7的灰土、级配砂石夯实。

### 2. 用重力夯夯击不密实

（1）质量问题　在采用重力夯夯实的过程中，无法达到试验时确定的最少夯击遍数和总下沉量，土层不能夯实密实。

（2）原因分析

① 土料中含水量未达到最优含水量的要求，土的含水量过大或过小。

② 重锤的自由下落距离不符合规范的规定，施工中忽高忽低，造成落锤不平稳，坑壁出现坍塌，从而使土料不密实。

③ 分层进行夯实时，土的铺筑厚度过大，或者重锤的夯击能量不足，不能达到有效影响深度，从而使土料不密实。

(3) 防治措施

① 在进行地基夯实时，应使土保持在最佳含水量的范围内，如果地基土太干，可以适当加水，加水后应等水全部渗入土中一昼夜后，并检验水的含水量已符合设计要求，方可进行夯打。如果地基干的含水量过大，可铺撒适量的吸水材料，如干土、碎砖、生石灰等，或采取换土等其他有效措施。

② 采用分层填土时，应选用含水量相当于或略高于最佳含水量的土料，每层土料铺筑后应及时夯实。在基坑（槽）的周边应做好排水措施，防止向基坑（槽）内灌水。

③ 在条形基槽和大面积基坑内夯打时，宜先按照一夯挨一夯的顺序进行，在一次循环中同一夯位应连夯两下，下一循环时，夯的位置应与前一循环错开 1/2 重锤底部直径，如此反复进行；在较小面积的独立柱基基坑内夯打时，一般采用先周边后中间或者先外后里的跳打法；当基坑（槽）底面的标高不同时，应按照先深后浅的顺序逐层夯实。

④ 重锤的自由下落距离应按设计要求执行，落锤必须平稳，夯的位置要准确，基坑（槽）的夯实范围应大于基础底面，开挖基坑（槽）每边比设计宽度加宽不宜小于 0.3m，湿陷性黄土地面不得小于 0.6m。坑（槽）边坡应适当放缓。

⑤ 采取分层填土夯实时，必须严格按照规定控制每层的铺土厚度。试夯实时的层数不宜小于 2 层。

## （四）强力夯实加固地基的质量问题与防治

### 1. 强力夯实加固地基效果差

(1) 质量问题 采用强力法夯实加固地基后，经土工试验夯实效果比较差，未能满足设计要求深度内的密实度。

(2) 原因分析

① 冬季施工土层的表面受冻，采用强力法夯实时将冻块夯入土中，这样既消耗了夯击能量，又使未经压缩的土块压入土中。

② 雨季施工地表积水或地下水位高，使土料的含水量超出最优含水量范围，夯实效果达不到设计要求。

③ 夯击时在土中产生了较大的冲击波，破坏了地基中的原状土，使之产生液化（可液化的土层），而影响夯实效果。

④ 遇有淤泥或淤泥质土，强力夯实无效果，虽然有裂隙出现，但空隙水压不易消散掉。

(3) 防治措施

① 雨季施工时，施工现场表面不能有积水，并增加排水通道，底面平整应有一定坡度，基坑及时回填压实，防止出现积水；在场地外围设置围埝，防止外部的地表水浸入，并在四周设置排水沟，及时将水排出。

② 当地下水位较高时，可采取“点井”降水或明排水（抽水）等办法降低地下水位。

③ 尽可能避免安排在冬季施工，否则应增大夯击能量，使其能击碎冻块，并清除大冻块，避免未被击碎的大冻块埋在土中，或待来年天暖融化后再进行最后夯实。

④ 当基础埋置较深时，可采取先挖除表层土的办法，使地表标高接近基础标高，这样可以减小夯实厚度，提高加固的效果。

⑤ 强力法的夯击点一般按照三角形或正方形网格状布置，对于荷载较大的部位，可以适当增加夯击点。

⑥ 建筑物最外围夯击点的轮廓中心线，应比建筑物最外边轴线再扩大1～2排夯点（取决于加固深度）。

⑦ 夯实过程中土层发生液化应立即停止，此时的夯击数为该基坑确定的夯击数，或视基坑周围隆起情况，确定最佳夯击数。目前常用夯击数在5～20范围内。

⑧ 间歇时间是保证夯击效果的关键，主要应根据空隙水压力完全消散确定。

⑨ 当夯实效果不显著时（与土层有关），应辅以袋装砂井或石灰桩配合使用，这样有利于排水，增加土层加固效果。

⑩ 重锤上应设有排气孔，以克服气垫的作用，减少冲击能的损耗和起锤时夯坑底对夯锤的吸力，增加夯击的效果。

⑪ 在正式夯击施工前，应通过规定的试验项目，确定施工中的有关参数。夯击的遍数应根据地质情况确定。

### 2. 强力夯实中出现地面隆起及翻浆

（1）质量问题　在采用强力夯实地基的施工中，出现地面隆起和翻浆现象，使地基极不稳定，很难达到设计要求的密实度。

（2）原因分析

① 地基的夯实点选择不合适，使夯击压缩变形的扩散角发生重叠，从而出现地面隆起和翻浆现象。

② 夯实中有侧向挤压出现，从而造成地面隆起和翻浆。

③ 夯击后间歇时间太短，空隙水压力未完全消散。

④ 有的土质（如橡皮土）如果夯击遍数过多就容易出现翻浆现象。

⑤ 雨季施工或土中含水量超过一定量时（一般为20%以内），基坑周围就容易会出现隆起及夯实点有翻浆现象。

（3）防治措施

① 调整强力夯实施工中的技术参数（如夯实点的间距、落距、夯击数等），使之不出现地面隆起和翻浆现象为止。

② 正式施工前要进行试夯确定：各夯实点相互干扰的数据；各夯实点压缩变形的扩散角；各夯实点达到设计要求效果的遍数；每夯实一遍空隙水压力消散完的间隔时间。

③ 根据不同的土层和不同的设计要求，选择合理的操作方法（如连续夯或间歇夯等）。

④ 在容易出现翻浆的饱和黏性土上，可在夯实点下铺填砂石垫层，以有利于空隙水压的消散，可以一次铺成或分层铺填。

⑤ 尽量避免在雨季施工，必须在雨季施工时，要设置必要的排水沟和集水井，地面不得有积水，适当减少夯击数，增加空隙水的消散时间。

## （五）“振冲法”加固地基的质量问题与防治

### 1. 桩体发生缩颈或断桩

（1）质量问题　碎石桩桩体个别区段由于桩孔回缩或遇到硬土层扩孔不足，而使桩孔的直径偏小，导致填料比较困难，甚至产生桩体出现缩颈或断桩。

（2）原因分析

① 在软黏土的地基中成孔后，桩孔的孔壁容易出现回缩或坍塌，发生孔道堵塞，使填料下落困难，从而使桩体出现缩颈或断桩。

②“振冲器”穿过硬土层后，如果忽视必要的扩孔工序，也容易出现缩颈或断桩。

（3）防治措施

① 在软黏土的地基中施工时，应经常上下提升“振冲器”进行清孔，如果土质特别软，可在“振冲器”下沉到第一层软弱土层时，就立即在孔中填料，并进行初步挤振，使这些填料挤压到该软弱土层的周围，起到保护此段孔壁的作用。然后再继续按照常规施工方法向下进行振冲，直至达到设计深度为止。

② 施工过程中如遇到硬土层时，应将“振冲器”在硬土层区段中上下提升，并适当加大水压进行扩孔。

### 2.“振冲法”加固地基效果差

（1）质量问题　砂土地基经过“振冲”后，通过检验达不到设计要求的密实度；黏性土地基经过“振冲”后，通过荷载试验检验，复合地基的承载力与刚度均未达到设计要求。

（2）原因分析

①“振冲”加密砂土时水量不足，未能使砂土达到饱和状态；在“振冲”时振动的时间不够，未能使砂土充分液化。以上两种情况均可使砂土地基达不到设计要求的密实度。

② 黏性土地基采用“振冲”加固时，未能适当控制水压和电流，从而造成填料量不足或桩体密实度欠佳。

（3）防治措施

① 在砂土地基中采用“振冲法”施工时，应当严格控制水量，当“振冲器”的水管供水未能使地基达到饱和，可在孔口另外增加水管灌水，也可以在加固区内预先浸水后再施工。但要注意水量不可过大，以免将地基中的部分砂砾冲走，影响砂土地基的密实度。

② 采用“振冲法”挤密砂土时，“振冲器”应以 1～2m/min 的速度提升，每提升 30～50cm，应停留振动 30～60s，以保证砂土充分液化。与此同时，应严格控制密实电流，一般应超过“振冲器”空转电流 5～10A。

③ 在黏性土地基中采用“振冲法”施工时，应当视地基土的软硬情况调节水压，一般造孔水压应适当大些，填料的水压应适当降低。

④ 当“振冲器”沉至加固深度以上 30～50cm 时，应将“振冲器”以 5～6m/min 的速度提升至孔口，再以同样的速度下沉至原来深度。在孔的底部处应稍降低水压并适当停留，使孔中的稠泥浆通过回水带出地面，借以降低孔内的泥浆密度，以利于填料时石料能够较快地下落孔中。

⑤ 在进行填料时，可以分几次或连续填料，应根据土质情况而确定，填料量不少于一根桩的体积容量，以确保达到设计要求的置换率。

⑥ 在黏性土的地基中，其密实电流量一般应超过“振冲器”空转电流 15～20A，每次振动密实时，均应停留振动片刻，以观察电流的稳定情况。

⑦ 严格按要求做好施工记录，认真仔细地检查有否漏桩等情况。

## （六）土和灰土挤密桩加固地基的质量问题与防治

土与灰土挤密桩地基属于一种柔性桩复合地基，它是通过夯实的桩身和挤密的桩之间土层达到提高地基土强度和消除地基土湿陷性的目的，同时该方法具有施工简单、工期短、质量易控制、工程造价低等优点。

## 1. 桩缩孔或塌孔，挤密实效果差

（1）质量问题　在进行夯打时造成缩颈或堵塞，挤密实成孔困难；桩孔内受水的浸湿，桩的间距过大等使地基挤密实的效果较差。

（2）原因分析

① 地基土中的含水量过大或过小。如果含水量过大，土层呈强度极低的流塑状，在挤密实成孔时易发生缩孔；如果含水量过小，土层呈坚硬状，在挤密实成孔时易碎裂松动而塌孔。

② 不按照设计规定的施工顺序进行施工，对已成孔的没有及时进行回填夯实，从而造成挤密实效果差。

③ 没有按照设计要求进行成孔，桩的间距过大或过小，结果造成挤密实的效果不理想，尤其是密实度均匀性差。

（3）防治措施

① 试验结果表明，地基土的含水量在达到或接近最佳含水量时，挤密实的效果是最好的。当含水量过大时，必须采用套管法成孔。成孔后如发现桩孔缩颈比较严重，可在孔内填入干燥砂土、生石灰或砖渣，稍停一段时间再将桩管沉入土中，重新进行成孔。如土层中的含水量过小，应预先浸湿加固范围的土层，使之达到或接近最佳含水量。

② 必须严格遵守设计好的挤密顺序，应先外圈、后里圈，并间隔进行，对于已完成的挤密孔，应防止受水浸湿且必须立即回填夯实。

③ 施工时应确保桩位正确，桩的深度应符合设计要求。为避免夯实中造成缩颈堵塞，应当打一个孔、填一个孔，或隔几个桩位夯实。

④ 严格控制桩的有效挤密实范围，一般以 2.5～3.0 倍的桩径为宜。

## 2. 桩身回填夯击不密实

（1）质量问题

土和灰土挤密桩的桩孔回填不均匀，夯击不密实，时而紧密，时而疏松，桩身密实度不满足，个别的甚至出现断裂。

（2）原因分析

① 施工中未按施工规范和设计要求进行操作，回填料的速度太快，夯击的次数相应减少。

② 桩身回填的料拌和不均匀，填料的含水量过大或过小。

③ 施工回填料的实际用量未达到成孔体积的计算容量，也会造成桩身密实度不满足。

④ 施工中所选择的锤型、锤重、自由下落距离不当，很容易造成夯击不密实。

（3）防治措施

① 成孔深度应符合设计规定，桩孔在进行填料前，应先夯击孔的底部 3～4 锤。根据桩的试验中测定的密实度要求，随填料夯实，对持力层范围内（约 5～10 倍桩径的深度范围）的夯实质量应严格控制。如果锤击数不够，可适当增加击数。

② 回填料的品种和质量应符合设计要求；填料前应将其拌和均匀，且适当控制填料的含水量，一般可按经验在现场直接判断。

③ 设计中应准确计算成孔的体积容量，每个桩孔的实际回填用料应与计算用量基本相符。

④ 夯锤的重量不宜小于 100kg，采用的夯锤应有利于将边缘土夯实（如梨形锤或枣核形锤等），不宜采用平头夯锤，自由下落距离一般应大于 2m。

⑤ 施工中如遇地下水位很高时，应立即停止回填夯实，可采用人工降水后，再正常回填夯实。

## （七）碎石桩体挤密加固地基的质量问题与防治

碎石桩是以碎石（卵石）为主要材料制成的复合地基加固桩。碎石桩和砂桩等在国外统称为散体桩或粗颗粒土桩。所谓散体桩是指无黏结强度的桩，由碎石柱或砂桩等散体桩和桩之间土层组成的复合地基亦可称为散体桩复合地基。

### 1. 碎石桩的桩身出现缩颈

（1）质量问题　碎石桩成形后的桩身局部直径小于设计要求，这种现象一般多发生在地下水位以下或饱和的黏土中，不仅严重影响地基的施工质量，而且给建筑工程带来安全隐患。

（2）原因分析

① 原状土含饱和水再加上施工注水润滑，经振动成为流塑状，瞬间形成高空隙水压力，从而使局部桩体挤成缩颈。

② 工程实践证明，地下水位与其上土层结合处，是最容易出现缩颈的部位，施工中应当引起高度重视。

③ 流动状态的淤泥质土，因钢质套管受到较强的振动，也容易产生缩颈。

④ 碎石桩的桩间距设计过小，经过填料振动，桩与桩之间互相挤压形成缩颈。

（3）预防措施

① 在进行碎石桩桩身设计前，必须认真做好地质勘察工作；在进行碎石桩桩身设计中，要详细研究地质报告，确定合理的施工方法。

② 每根碎石桩桩身用浮漂观测法，找出其缩颈的部位，计算出桩径，便于采取补救措施。

③ 在碎石桩桩身的施工中，套管内应保持足够的石料量，管内至少有 2m 高的石料（用敲击桩管的方法确定管中石料部位）。

④ 为防止碎石桩的桩间距设计过小，桩与桩之间互相挤压形成缩颈，可采用跳打法。

（4）治理方法

① 根据不同地区、不同土质，选择适宜的拔管速度，一般应控制在 0.8～1.5m/min。在进行拔管过程中，要求每拔 0.5～1.0m 应停止拔管，原地振动 10～30s，这样反复进行，直至将管拔出地面。

② 采用反插法克服缩颈，这种方法又可分为局部反插和全部反插。局部反插是指在发生缩颈的部位进行反插；全部反插是指从桩端至桩的顶部全部进行反插。

③ 采用“复打”克服缩颈，这种方法又可分为局部复打和全部复打。局部复打是指在发生缩颈的部位进行复打；全部复打即为二次单打的重复。

### 2. 碎石桩的碎石用量不足

（1）质量问题　在实际施工中发现，碎石桩所用的碎石实际用量小于设计要求的用量，这样很可能造成碎石桩的直径不满足，或者桩身的某部位有缩颈现象，甚至还存在有预想不到的质量问题。

（2）原因分析

① 原状土含饱和水再加上施工注水润滑，经振动成为流塑状，瞬间形成高空隙水压力，从而使局部桩体挤成缩颈。

② 开始拔管有一段距离，活瓣被黏土包着张不开；或孔隙被流塑土或淤泥所填充；或活瓣开口不大，碎石不能顺利流出。

③ 所选用的碎石不够规格，碎石间的摩阻较大，从而造成碎石出料比较困难。

（3）预防措施

① 在进行碎石桩桩身设计前，必须认真做好地质勘察工作；在进行碎石桩桩身设计中，要详细研究地质报告，确定合理的施工方法。

② 每根碎石桩桩身用浮漂观测法，找出其缩颈的部位，计算出桩径，便于采取补救措施。

③ 在碎石桩桩身的施工中，套管内应保持足够的石料量，管内至少有 2m 高的石料（用敲击桩管的方法确定管中石料部位）。

④ 根据碎石桩的设计要求，严格控制碎石的规格，一般粒径为 0.5～3cm，含泥量小于 5%。

⑤ 确定碎石的实际灌入充盈系数，按现行规范规定，充盈系数应控制在 $K=1.1\sim1.3$ 范围内。

⑥ 调节加大沉箱的振动频率，减小碎石之间的摩擦，加速碎石顺利流入管外。

（4）治理方法

① 根据不同地区、不同土质，选择适宜的拔管速度，一般应控制在 0.8～1.5m/min。在进行拔管过程中，要求每拔 0.5～1.0m 应停止拔管，原地振动 10～30s，这样反复进行，直至将管拔出地面。

② 采用反插法或复打法克服缩颈问题。

③ 用混凝土预制桩尖法，解决活瓣桩尖张不开的问题，以此加大灌石量。

### 3. 碎石挤密桩密实度差

（1）质量问题　碎石挤密桩经测试，密实度达不到设计要求，其承载能力必然比较低。

（2）原因分析

① 地基土层过软或地下水位比较高呈流塑状，桩之间土的承载力增长达不到设计要求。

② 碎石桩的实际碎石用量小于设计用量，从而造成碎石挤密桩密实度差。

③ 在碎石桩的施工过程中，由于某种原因使桩体的局部产生缩颈或断桩现象，从而造成碎石挤密桩密实度差。

④ 由于地基的表层加固效果差，主要是上部覆盖压力小，在土体加固时产生纵向变形。

（3）防治措施

① 按照有关规定进行地质勘察工作，认真分析工程地质报告，从中找出不密实的原因，以便确定相应的补救措施。

② 用加密桩的办法减小桩的间距，桩的间距应控制为 $2.5\sim3.0d$（$d$ 为桩径或边长）；也可以采用梅花式布桩（等边三角形布桩），做到每平方米范围内应有 1 根碎石桩。

③ 根据不同地区、不同土质，选择适宜的拔管速度，一般应控制在 0.8～1.5m/min。在进行拔管过程中，要求每拔 0.5～1.0m 应停止拔管，原地进行振动 10～30s，这样反复进行，直至将管拔出地面。

④ 选择质量符合设计要求的碎石，严格控制碎石的含泥量在 5%以内，不得含有有机物。

⑤ 严格控制施工中的注水量，在灌入碎石时可注少量的水，拔管时应停止注水；或采用不进行注水，而加大沉桩机激振力的办法。

⑥ 严格按照设计的施工顺序进行碎石桩的施工，一般程序是先外围后里圈，并间隔进行。

### 4. 桩体出现偏斜，达不到设计深度

（1）质量问题　碎石桩成桩后，经检查桩体出现较大的偏斜，使碎石桩的受力影响很大；或者桩体未能达到设计标高，桩的承载力大大降低。

（2）原因分析

① 在碎石桩桩体未正式施工前，没有按照有关规定进行工程地质勘察，使其在施工中遇到地下物体，如大孤石、大块混凝土、老房地基及各种管道等。

② 在碎石桩的施工中遇到干硬黏土或硬夹层（如砂、卵石层）；或遇到具有倾斜的软硬地层交接处，造成桩尖向软弱土层方向滑移，使桩体出现偏斜。

③ 碎石桩的施工机械底座放置的地面不平、不实，沉陷不均匀，使桩机本身就倾斜，碎石桩的成孔肯定也是倾斜的。

④ 成孔用的钢套管弯曲过大，稳定钢管时也未进行校正，打孔很容易出现倾斜。

（3）防治措施

① 为防止施工机械放置的地面不平、不实和沉陷不均匀，施工前地面应平整压实（一般要求地面的承载力为 $100\sim150kN/m^2$），或因地制宜铺垫上砂、卵石、碎石、灰土等。

② 施工前应选用合格的钢套管，对稳桩的钢管要双向进行校正（成 90°角，用经纬仪校正），控制垂直度不得大于1%。

③ 在用经纬仪放桩位点时，应先用轻型动力触探（钎探）方法找出地下物体的埋置深度，挖坑应分层回填夯实，非桩位点可不作处理。

④ 施工中若遇到硬黏土或硬夹层，可先成孔注水，浸泡一段时间后再沉管；或者边振动、边注水，以满足设计深度的要求。

⑤ 施工中若遇到地层软硬交接处沉降不等或滑移时，应根据工程实际情况，与设计单位共同研究，采取缩短桩长、加密桩数的办法。

## （八）砂桩加固地基的质量问题与防治

砂桩也称为挤密砂桩或砂桩挤密法。是指用振动、冲击或水冲等方式在软弱地基中成孔后再将砂挤入土层中，形成大直径的密实砂子柱体的加固地基的方法。砂桩属于散体桩复合地基的一种，砂桩法适用于挤密松散砂土、粉土、黏性土、素填土、杂填土等地基。

### 1. 砂桩的桩身发生缩颈

（1）质量问题　成桩的砂桩在进行拔管时，桩身的局部出现缩颈，严重影响复合地基的承载力。

（2）原因分析

① 原状土含饱和水再加上施工注水润滑，经振动成为流塑状，瞬间形成高空隙水压力，从而使局部桩体挤成缩颈。

② 工程实践证明，地下水位与其上土层结合处，是最容易出现缩颈的部位，施工中应当引起高度重视。

③ 流动状态的淤泥质土，因钢质套管受到较强的振动，也容易产生缩颈。

④ 碎石桩的桩间距设计过小，经过填料振动，桩与桩之间互相挤压形成缩颈。

（3）防治措施

① 在进行碎石桩桩身设计前，必须认真做好地质勘察工作；在进行砂桩桩身设计中，要

详细研究地质报告，确定合理的施工方法。

② 根据不同地区、不同土质，选择适宜的拔管速度，一般应控制在0.8～1.5m/min。在进行拔管过程中，要求每拔0.5～1.0m应停止拔管，原地振动10～30s，这样反复进行，直至将管拔出地面。

③ 控制砂子灌入的速度，以增加对土层的预振动，这样可以提高砂的密实度。

④ 采用反插法克服缩颈，这种方法又可分为局部反插和全部反插。局部反插是指在发生缩颈的部位进行反插；全部反插是指从桩端至桩的顶部全部进行反插。

⑤ 采用“复打”克服缩颈，这种方法又可分为局部复打和全部复打。局部复打是指在发生缩颈的部位进行复打；全部复打即为二次单打的重复。

⑥ 在砂桩的施工过程中，应根据工程的实际情况，选择适宜的激振力，提高振动频率。

### 2. 砂桩的灌砂量不足

(1) 质量问题　砂桩的实际灌砂量小于设计灌砂量，从而严重影响砂桩的密实效果，大大降低复合地基的承载能力。

(2) 原因分析

① 原状土含饱和水再加上施工注水润滑，经振动成为流塑状，瞬间形成高空隙水压力，从而使局部桩体的灌砂量减少。

② 砂桩的桩间距设计过小，经过填料振动，桩与桩之间互相挤压形成灌砂量减少。

③ 开始拔管有一段距离，活瓣被黏土包着张不开；或孔隙被流塑土或淤泥所填充；或活瓣开口不大，砂子不能顺利流出。

④ 砂桩所用的砂子不符合设计要求，含泥量和有机杂质较多，也会影响灌砂量。

(3) 防治措施

① 开始拔管前应先灌入一定量的砂子，并振动15～30s，然后将管子上拔30～50cm，再次向管中灌入足够的砂子，并向管注入适量的水，对桩尖处加自重压力，以强迫活瓣张开，使砂子比较容易流出，用浮漂测得桩尖已张开后，方可继续拔管。

② 根据不同地区、不同土质，选择适宜的拔管速度，一般应控制在0.8～1.5m/min。在进行拔管过程中，要求每拔0.5～1.0m应停止拔管，原地振动10～30s，这样反复进行，直至将管拔出地面。

③ 采用反插法克服缩颈，这种方法又可分为局部反插和全部反插。局部反插是指在发生缩颈的部位进行反插；全部反插是指从桩端至桩的顶部全部进行反插。

④ 采用“复打”克服缩颈，这种方法又可分为局部复打和全部复打。局部复打是指在发生缩颈的部位进行复打；全部复打即为二次单打的重复。

⑤ 砂桩的实际灌砂量应满足现行规范按照不同地质要求确定的充盈系数。

⑥ 砂桩所用的砂子以中粗砂为好，其含泥量应控制在3%以内，且不得含有杂质。

⑦ 砂桩的灌砂量应按照砂在中等密实状态时的干密度和桩管外径所形成的桩孔体积计算，最低不得小于计算量的95%。

⑧ 掌握正确的砂桩施工顺序，应从两侧向中间逐步进行，以利于砂桩的挤密。

## （九） CFG桩加固地基的质量问题与防治

CFG桩是水泥粉煤灰碎石桩的缩写，是采用碎石、石屑、粉煤灰、少量水泥和水进行拌和后，利用施工机械，振动灌入地基中，制成一种具有黏结强度的非柔性和非刚性的桩体，它与桩体间的土层形成复合地基，共同承担上部的荷载，从而达到加固地基的目的。

## 1. CFG 桩出现缩颈与断桩

（1）质量问题

CFG 桩施工比较困难时，从工艺试桩中，发现缩颈与断桩。

（2）原因分析

① 由于地基中土层的变化，尤其是在高水位的黏性土中，在振动的作用下就会产生缩颈。

② 灌桩所用的填料没有严格按设计配合比进行配料，加上搅拌时间不充足，也会产生缩颈与断桩。

③ 在冬季施工中，对水泥粉煤灰碎石桩的混合料保温措施不当，灌注温度不符合要求，加上浇灌又不及时，使材料受冻或达到初凝。在雨季施工时，采取的防雨措施不当，材料中混入较多的水分，造成混合料坍落度过大，从而使强度降低。

④ 在桩体的施工过程中，拔管的速度不符合设计要求，尤其是忽快忽慢，易造成下料忽多忽少，也很容易使桩出现缩颈与断桩。

⑤ 工程实践证明，冬季施工在冻层与非冻层的结合部容易产生缩颈或断桩。

⑥ 开槽及桩的顶部处理不好，也会产生缩颈或断桩。

（3）防治措施

① 灌桩所用的填料应严格按设计配合比进行配料，搅拌时间要充分，每盘至少 3min。

② 严格控制拔管的速度，一般应控制在 1～1.2m/min。用浮标法观测（测每米材料的灌入量是否满足设计灌量），以找出缩颈的部位；每拔管 1.5～2.0m，停留振动 20s 左右（根据地质情况掌握次数与时间）。

③ 如果发现已经出现缩颈或断桩，可以采取“扩颈”的方法（如复打法、反插法或局部反插法），或者加密桩体处理。

④ 混合料的供应有两种方法，一种是现场搅拌，另一种是商品混凝土。但都应注意做好季节施工，雨季防雨，冬季保温，并都要进行覆盖，保证灌入温度在 5℃以上（冬季施工）。

⑤ 每个基础工程开工前，都必须进行工艺试桩，以确定合理的施工工艺，并保证设计参数，必要时还进行荷载试验。

⑥ 混合料的配合比应在工艺试桩时进行试配，以便最后确定配合比（荷载试验最好同时参考相同基础工程的配合比）。

⑦ 在桩体的上部，必须每 1.0～1.5m 反插一次，以保证桩径符合设计要求。

⑧ 在冬季施工时，在冻层与非冻层的结合部（超过结合部搭接 1.0m 为好），要进行局部复打或局部反插，这样可以避免此处缩颈或断桩的发生。

⑨ 在桩基的施工过程中，要详细、认真地做好施工记录及施工监测。如出现缩颈或断桩质量问题，应立即停止施工，会同有关单位研究解决后方可再施工。

⑩ 开槽与桩顶部处理要选择合理的施工方案，否则应采取补救措施，桩体施工完毕后，等桩体达到一定强度（一般 7d 左右），方可进行开槽。

## 2. CFG 桩的灌注量不足

（1）质量问题　CFG 桩施工中局部材料的实际灌注量小于设计灌注量，因而造成桩的密实度不高，复合地基的承载能力不符合设计要求。

（2）原因分析

① 原状土（如黏性土等）在饱和水或地下水中，由于振动沉管过程中产生流塑状，从而

形成较高的孔隙水压力，使桩体局部产生缩颈，造成实际灌注量小于设计灌注量。

② 工程实践证明，在地下水位与其土层的结合处，很容易产生缩颈，因而造成实际灌注量小于设计灌注量。

③ 在进行桩基础设计和施工时，没有充分考虑桩之间的相互作用，造成因桩的间距过小或群桩布置，使桩互相挤压产生缩颈。

④ 在进行 CFG 桩施工中，没掌握好材料灌入时间，待混凝土达到初凝后才灌入；或冬季施工混凝土受冻，拌和物的和易性较差，不易使其达到密实。

⑤ 在开始向上拔管时有一段距离，桩尖的活瓣被黏性土粘住张不开或张开很小，材料不能顺利流出，也会造成实际灌注量小于设计灌注量。

⑥ 在进行 CFG 桩施工中，由于地下水或泥土进入到桩管，使灌入的材料减少，从而造成实际灌注量小于设计灌注量。

(3) 防治措施

① 根据工程地质报告，预先确定出合理的施工工艺，在正式施工前要先进行工艺试桩，以便确定施工中的工艺参数。

② 严格控制拔管的速度，一般应控制在 1～1.2m/min。用浮标法观测（测每米材料的灌入量是否满足设计灌量），以找出缩颈的部位；每拔管 1.5～2.0m，停留振动 20s 左右（根据地质情况掌握次数与时间）。

③ 如果发现已经出现缩颈或断桩，可以采取“扩颈”的方法（如复打法、反插法或局部反插法），或者加密桩体处理。

④ 季节施工要有防水和保温措施，特别是未浇灌完的材料，在地面堆放或在混凝土罐车中时间过长，混凝土已达到了初凝，应重新搅拌或罐车加速回转后再用。

⑤ 避免在桩管沉入时泥水的进入，应在沉管前灌入一定量的粉煤灰碎石材料，让其起到封底的作用。

⑥ 施工中应用浮标观测检查控制填充材料的灌入量，发现小于设计灌注量时，应立即采取补救措施，并做好详细的施工记录。

⑦ 根据工程地质的具体情况，合理选择桩的间距，一般以 4 倍的桩径为宜，若土的挤密性好，桩的间距可以适当小一些。

### 3. 成桩偏斜达不到设计深度

(1) 质量问题

成桩的桩体偏斜过大，最终没有达到设计的深度；或者因为其他的原因，成桩的深度未达到设计要求。以上这些情况，均会造成地基的承载力不足。

(2) 原因分析

① 设计前未进行认真的地质勘察，在施工中遇到了地下物（如孤石、大块混凝土、老房基及各种管道等）。

② 设计前未进行认真的地质勘察，在施工中遇到了硬黏土或硬夹层（如砂、卵石层等）。

③ 在施工遇到了倾斜的软硬土结合处，使桩尖滑移向软弱土层方向。

④ 在桩基正式施工前，对施工现场未进行整理，结果造成地面不平整、不密实，致使施工机械产生倾斜，桩机的垂直度不符合施工的要求。

⑤ 施工前准备工作不落实，桩管的本身弯曲过大，施工中又未及时更换或调直，必然导致桩体偏斜过大。

（3）防治措施

① 在正式施工前场地要平整压实，一般要求地面的承载力为100～150kN/m²，如果在雨季施工，地面比较软，可铺垫一定厚度的砂卵石、碎石、灰土或选用路基箱。

② 在正式施工前要选好合格的桩管，稳桩管要双向进行校正（用经纬仪成90°角校正），现行规范规定控制垂直度在0.5%～1.0%范围内。

③ 放好的桩位点最好用“钎探法”查找地下物（钎长度为1.0～1.5m），过深的地下物体可利用补桩或移桩位的方法处理。

④ 桩位偏差应在现行允许范围之内，一般为10～20mm。

⑤ 遇到硬夹层造成沉入桩体困难或穿不过时，可选用射水沉管或用“植桩法”（先钻孔的孔径应小于或等于设计桩径）。

⑥ 沉入桩体至干硬黏土层时，可采用注水浸泡24h以上，待干硬黏土层泡软后，再进行沉桩。

⑦ 遇到软硬土层交接处，桩体沉降不均，或出现滑移时，应当与设计单位共同协商，采取缩短桩的长度或加密桩的措施等。

⑧ 选择合理的打桩顺序，如连续施打、间隔施打，应根据土的性质和桩的间距全面考虑。如果采取满堂红式的补桩，不得从四周向内推进施工，而应当采用从中心向外推进或从一边向另一边推进的施工方案。

## （十）深层搅拌法加固地基的质量问题与防治

深层（水泥土）搅拌法是加固深层软黏土地基的新技术。深层搅拌法是利用水泥、石灰等材料作为固化剂的主剂，通过特制的深层搅拌机械，在地层的深处，边钻进、边喷射固化剂，经钻头旋转搅拌，使喷入土层中的固化剂与土体充分拌和在一起，形成抗压强度比天然土体强度高，并具有整体性和抗水性的桩柱体，以提高地基的承载力。

### 1. 出现“抱钻”或“冒浆”

（1）质量问题　在深层搅拌的施工过程中，有“抱钻”或“冒浆”现象出现，不仅严重影响施工进度，而且影响地基处理的效果。

（2）原因分析

① 正式施工前，没有认真研究工程地质的实际情况，也没有进行试桩工序，选择的施工工艺不适当。

② 加固土层中的黏土层（特别是硬黏土层）或夹层，是深层搅拌施工中的关键问题，因这类黏土颗粒之间黏结力很强，一般不易搅拌均匀，在搅拌过程中易产生“抱钻”现象。

③ 有些深层的土虽不是黏土，也容易搅拌均匀，但由于其上层的覆盖压力较大，持浆的能力差，则容易出现“冒浆”现象。

（3）防治措施

① 根据工程地质报告，选择适合不同土层的施工工艺，如遇到较硬土层及较密实的粉质黏土，可采用以下搅拌工艺：输水搅动→输浆拌和→搅拌。

② 在搅拌机沉入前，桩位处要注适量的水，使搅拌头的表面湿润。地表为软黏土时，还可掺加适量的砂子，改变土中的黏度，防上黏土“抱钻”。

③ 在搅拌、输浆、拌和的过程中，要随时记录孔口所出现的各种现象（如硬层的情况，注水深度，冒水和冒浆的情况及外出土量等）。

④ 由于在输浆的过程中土体“持浆”能力的影响出现“冒浆”，使实际输浆量小于设计输浆量，这时应采用“输水搅拌→输浆搅拌→搅拌”的施工工艺，并将搅拌转速提高到50r/min，钻进速度降到1m/min，可以使拌和均匀，大大减小“冒浆”。

## 2. 搅拌体质量不均匀

（1）质量问题　在深层搅拌的施工过程中，出现搅拌体质量不均匀，是最常见的质量问题，应当引起重视。

（2）原因分析

① 正式施工前，没有根据工程地质的实际情况进行试桩工序，选择的施工工艺不适当。

② 在施工过程中搅拌机械、注浆机械发生故障，造成注浆不连续，供水不均匀，使软黏土被扰动，无水泥浆掺入。

③ 在施工过程中搅拌机械提升速度不均匀，忽快忽慢，从而造成注浆不连续、不均匀。

（3）防治措施

① 根据工程地质的实际情况进行试桩工序，选择正确的施工工艺。

② 在正式进行施工前，应对搅拌机械、注浆设备和制浆设备等进行检查维修，使其处于正常状态。

③ 灰浆拌和机的搅拌时间一般不得少于2min，要适当增加拌和次数，保证灰浆拌和均匀，不使浆液出现沉淀。

④ 根据工程施工的实际情况，适当提高搅拌机械的搅拌转数，降低钻进速度，边搅拌、边提升，提高拌和的均匀性。

⑤ 制浆设备和注浆设备要保持完好，单位时间内的注浆量要均匀，不得出现忽多忽少，更不得出现中断。

⑥ 必要时可重复搅拌下沉及提升各一次，以反复搅拌法解决钻进速度快与搅拌速度慢的矛盾，即采用一次喷浆二次补浆或重复搅拌的施工工艺。

⑦ 拌制固化剂时不得任意加水，以防止改变水泥浆的水灰比，降低搅拌体的强度。

## 3. 出现喷浆不正常

（1）质量问题　在深层搅拌的施工过程中，突然出现喷浆中断，不仅影响正常的施工进度，而且影响深层地基的加固效果。

（2）原因分析

① 在深层搅拌的施工前，没认真对注浆设备进行检查维修，尤其是注浆泵不能正常运转，必然会出现喷浆不正常。

② 在深层搅拌的施工中，由于浆液的配合比（水泥浆的水灰比）不符合设计要求，造成喷浆口处被浆液堵塞；或者管路中有硬结块及杂物，也会造成喷浆口处被堵塞。

（3）防治措施

① 在深层搅拌的施工前，对注浆泵、搅拌机等设备均应进行试运转，确保运转良好才能用于施工中。

② 喷浆口处应采用逆止阀（单向球阀），不得出现倒灌泥土现象，以防止喷浆口处堵塞。

③ 在深层搅拌施工中注浆应连续进行，不得出现中断。高压胶管搅拌机输浆管道与注浆泵应当连接可靠。

④ 注浆泵与输浆管路用完后要立即清洗干净，并在集浆池上部设细筛进行过滤，防止杂物及硬块进行设备中，避免造成堵塞。

⑤ 在深层搅拌的正式施工前，应进行试桩工艺参数的测定，以便确定合理的水灰比，一般应控制在 0.6～1.0 范围内。

⑥ 在钻头喷浆口处的上方设置越浆板，以此解决喷浆孔堵塞问题，保证喷浆正常进行。

## （十一）注浆法加固地基的质量问题与防治

注浆加固法是根据不同的土层与工程的需要，利用不同的浆液，如水泥浆液或其他化学浆液，通过气压、液压或电化学原理，采用灌注压入、高压喷射、深层搅拌等，使浆液与土颗粒胶结在一起，以改善地基土的物理和力学性质的地基处理方法。

### 1. 桩体质量不均匀

（1）质量问题　注浆法加固地基质量检测表明，桩体质量很不均匀，有的桩体质量不合格，影响地基处理的整体效果。

（2）原因分析

① 浆液使用两种及两种以上化学加固剂时，由于分别将它们注入，在土中会出现浆液混合不均匀，影响加固地基工程的质量。

② 工程实践证明，化学浆液的稠度、浓度、温度、配合比和凝结时间，直接影响灌浆工程的顺利进行，必然会影响桩体的质量。

③ 灌浆材料的选择，是确保灌浆工程质量的重要因素。如果灌浆材料选择不合理，就会影响桩体的质量。

④ 在灌浆施工过程中，如果灌浆量不合理、灌浆不充分、注浆管被堵塞等，均会影响加固地基工程的质量。

（3）防治措施

① 尽量选用新型化学加固剂，达到低浓度混合单液的灌注目的，克服多种加固剂分别灌注混合不均匀的弊端，从而提高加固地基工程的质量。

② 根据不同的加固土层，选用合适的化学加固剂的稠度、浓度、配合比和凝结时间；根据不同的施工温度，通过试验优选合适的化学加固剂的配方，使其正常进行施工，确保桩体的施工质量。

③ 在向土中注入混合浆液时，灌注的压力应保持在一定范围，一般为 0.20～0.23MPa，这样能使浆液均匀压入土中，使桩柱体得到比较均匀的强度。

④ 工程实践表明，利用电测技术检测化学加固土基的质量，是一种快速有效的办法，它能直观地反映加固体的空间位置、几何形状和体积大小。

⑤ 为了防止喷嘴出现堵塞，必须采用高压喷射，压力保持均匀，边喷射、边旋转、边向上提升，一气呵成。

⑥ 每根桩的灌浆管都应当由下而上提升灌注，使之强度比较均匀。

⑦ 注浆管带有孔眼的部分，应设置防滤层或其他防护措施，以防止土粒堵塞孔眼。

⑧ 灌注溶液与通电工作应连续进行，在施工过程中不得出现中断。

⑨ 灌注溶液的压力，一般不超过 $30N/cm^2$，拔出注浆管后，留下的孔洞应当用水泥砂浆或土料堵塞。

### 2. 注入的浆液出现冒浆

（1）质量问题　在注浆法加固地基的施工过程中，注入的化学浆液出现“冒浆”现象，严重影响加固地基的施工质量，必然也影响地基的承载能力。

（2）原因分析

① 在地基加固施工前，未认真进行地质勘察，造成地质报告不详细，对地基的土质了解不透，不能选择合理的施工方案。

② 在地基加固施工前，未进行现场工艺试验，因此对化学浆液的浓度、用量、灌入速度、灌注压力、加固效果、打入（钻入）深度等不清楚。

③ 当地基加固采用电动硅化时，未能进行现场工艺试验，不能提出合理的电压梯度通电时间和方法。

④ 由于对地基的工程地质不了解，再加上用于地基加固的化学浆液配方不合理，施工中也会出现注入的浆液冒浆。

⑤ 在需要加固的地基土层上，上部的覆盖层过薄，也会造成注入的浆液“冒浆”。

⑥ 土层的上部压力较小，而下部灌浆压力较大，浆液就有向上抬高的趋势。

⑦ 灌注深度大，浆液上抬不明显，而灌注深度浅，浆液向上抬高则比较明显，有时甚至溢到地面上来。

（3）防治措施

① 采用注浆法加固地基要有详细的工程地质报告，对需要加固的土层要详细描述，以便选择合理的施工方案。

② 注浆管应选用钢管，管路系统的附件和设备以及验收仪器（压力计）应符合设计规定的压力。

③ 需要加固的地基土层之上，应有不小于1.0m厚度的土层，否则应采取措施，以防止浆液上冒。

④ 根据工程地质的实际情况，及时调整浆液的配方，以满足该土层的灌浆要求。

⑤ 根据工程地质的实际情况，及时调整灌浆压力、灌浆时间和灌浆用量。

⑥ 加快浆液的凝固时间，使浆液出注浆管就凝固，这样就避免了浆液上冒的机会。

⑦ 采用间隙灌注法，即使一定数量的浆液灌入上层孔隙大的土中后，暂停注浆工作，让浆液迅速凝固，几次反复，就可以把浆液上冒的通道堵死。

## （十二）振动压密法加固地基的质量问题与防治

振动压密法加固地基适用于无黏性的杂填土中。杂填土在城市中普遍存在由于它密度小、不均匀、承载力低，常使建筑物产生不均匀沉降，出现裂缝及倾斜等问题，因而经常采用换土、挤密或打桩等方法加以处理。振动压密法加固地基是在振动力及重力作用下，使土体在某深度范围内达到更紧密的新平衡状态，密度增加，孔隙减小。

### 1. 振动不密实，有裂缝

（1）质量问题　地基采用振动压密法加固后仍然不密实，有的还存在裂缝。

（2）原因分析

① 地基加固在冬季施工，表层存在冻土，或局部发生翻浆，不容易振动密实。

② 地基的局部杂填土中有大硬块及黏土，也不容易振动密实。

③ 振动机械或施工工艺参数选用不当，振幅大小不均，振源远近不一，也不容易振动密实，有的甚至出现裂缝。

（3）防治措施

① 地基加固必须安排在冬季施工的，应做好施工前的准备工作，事先用草帘覆盖保温。

② 选择适合土层加固的振动机械，避免由于振幅大小不均和传力振源远近不一，造成沉降不均而出现裂缝。为避免对周围建筑物的影响，振源距离建筑物应不小于 3m。

③ 无论选用何种振动机械，均应先沿基槽两边振动密实，再振中间部分，这样效果较好。

④ 振动压密的回填厚度及遍数，应根据设计要求及土质情况通过振动试验进行确定。

⑤ 在进行振动压密实时，不得出现漏振，振动板之间应搭接 10cm 左右。

⑥ 在雨季进行施工时，如施工现场的水位较低，施工地势较高，雨后无积水，可直接施振，否则应事先挖排水沟，并使工作面有一定的坡度，以防积水造成翻浆。

⑦ 在振动的过程中，如发现局部有大块硬物及黏土，应予挖除。

### 2. 沉降不均匀，有翻浆

（1）质量问题　地基采用振动压密法加固后出现沉降不均匀及翻浆。

（2）原因分析

① 地下水位较高，杂填土中含饱和水，地基采用振动压密法加固后出现翻浆。

② 建筑物设计层高相差悬殊，体型不整齐，地基采用振动压密法加固后出现沉降不均匀。

③ 振动压密施工中施振的遍数过多，或雨季施工未采取排水措施，加固后易出现翻浆。

④ 地基采用振动压密法加固，由于沉降缝考虑不周密，加固后也容易出现沉降不均匀。

（3）防治措施

① 在加固施工前应首先了解杂填土的性质和分布情况，如果地下水位较高时应进行降水，使地下水距离振动板 0.5m 以上。

② 在雨季进行施工时，如施工现场的水位较低，施工地势较高，雨后无积水，可直接施振，否则应事先挖排水沟，并使工作面有一定的坡度，以防积水造成翻浆。

③ 当土层松散且地下水位较高时，容易使振动器下陷，可拆下部分振动偏心块以减小振动力，快速预先振动几遍后，再装上拆下的偏心块进行正常振动。

④ 设计的建筑物尽可能做到形式整齐，层高的差别尽量缩小，并合理设置必要的圈梁。

⑤ 在正式施振前，应沿着基槽轴线进行动力触探，触探点的间距一般 6m 左右，触探应穿过杂填土的原底，以确定其振动密实后的承载力。

⑥ 在正式振动密实前，应在施工现场选几点进行试验，求出稳定下沉量及振动稳定时间。

⑦ 在地基振动密实后，应用蛙式打夯机进行找平，经检查符合设计要求的质量标准后方能砌筑基础，对不合格的地基应当进行补振。

⑧ 采用振动压密法加固地基，应按要求设置沉降观测点，并尽量采用荷载试验确定地基的承载力。

## 第三节　浅基础工程质量问题与防治

基础的主要作用是将建筑物承受的各种荷载安全传递至地基上，并使地基在建筑物允许的沉降变形数值内正常工作，因此要保证建筑物在设计规定年限的结构安全和正常使用功能，除了要求主体结构具有一定的安全储备之外，也取决于地基与基础的安全性。

地基与基础是建筑工程中最重要的分部工程，其中基础分为浅基础和深基础两大类。浅基础按基础材料不同，可分为砖基础、毛石基础、灰土基础、三合土基础、混凝土基础、钢筋混凝土基础等；根据基础的构造和形式不同，可分为条形基础、独立基础、联合基础、实体基础等；根据基础的受力性能不同，可分为无筋扩展基础、扩展基础等。

## 一、砖基础的质量问题与防治

建筑施工质量直接影响着建筑工程的质量，在各种因素的影响下，建筑工程质量常常会出现问题，其中最为严重的就是砖基础质量，引起砖基础质量问题的原因是多种多样的，在施工中应根据出现的质量问题，采取相应的防治措施。

### 1. 轴线出现位移

（1）质量问题　施工中砖基础的轴线（或中心线）偏离设计位置，与上部的墙体轴线（或中心线）错位，不仅对结构的受力状态改变较大，而且严重影响墙体的顺利施工。

（2）原因分析

① 测量施工放线时产生错误，常见的是看错图纸（误看标注尺寸，轴线、边线、中线搞错等）或读错尺寸，造成轴线（或中心线）偏差大。

② 基础大放脚收分（退台）尺寸掌握不准确，或者收分不均匀。

③ 控制桩埋设不够或保护措施不力，而使控制桩体产生位移；施工中采取间隔吊中，出现轴线的偏差。

（3）预防措施

① 为便于基槽开挖后恢复轴线的位置，应将建筑物的定位轴线延长到基槽外安全地方，并设置好标志，其方法有设置轴线控制桩和龙门框两种形式。

② 横墙轴线应设置中心桩，中心桩打入与地面平齐，中心桩之间不宜堆土和放料，挖基槽时应用砖进行覆盖，以便于清理土时寻找。在横墙基础拉中线时，应复核相邻轴线的距离，以检查中心线（桩）是否有移位情况。

③ 砖基础的大放脚有等高式（两层一收）和间隔式（两层一收与一层一收相间）两种，每一种的退台宽度均为 1/4 砖，为防止砌筑基础大放脚收分不匀而造成轴线位移，应在基础收分部分砌完后，拉通线重新进行核对，并以新定出的轴线为准，砌筑基础的直墙部分。

④ 按照施工流水分段砌筑的基础，应在分段处设置明显的标志板。

⑤ 在正式砌筑基础前，应先用钢尺校核放线尺寸，允许偏差应符合现行施工规范的规定。

（4）治理方法

如果轴线偏差过大，可能导致基础偏心受力，留下安全隐患。因此发现基础位置偏差过大时，原则上应当拆除重新砌筑，或者与设计单位等有关方面进行协商，通过修改上部结构的设计，或采用扩大法、托换法等进行处理。

### 2. 基础顶面标高偏差过大

（1）质量问题　基础顶面标高不在同一水平面，出现高低不一致，其偏差明显超过现行质量验收规范的规定，从而也影响上层墙体的标高。

（2）原因分析

① 砖基础垫层的标高偏差比较大，影响基础砌筑时的标高控制。

② 砖基础在砌筑的过程中不设置“皮数杆”、挂线，仅凭眼力、经验随意进行砌筑。

③ 基础大放脚处设置的“皮数杆”未能贴近大放脚，在找标高时容易出现偏差。

④ 砖基础采用大面积铺筑灰砌筑方法，铺筑灰面过长或铺筑灰厚薄不匀，砂浆因停歇时间过久造成挤浆困难，灰缝不易压薄而出现冒高现象。

（3）预防措施

① 砌筑基础前应清理基槽（坑）底，除去松散软弱的土层，用灰土填补压实，然后铺设垫层，垫层标高与平整度应控制在《建筑地面工程施工质量验收规范》（GB 50209—2010）表4.1.7规定的允许偏差范围内。

② 在正式砌筑前应复核基层的标高，当有偏差时应及时进行修正（局部低洼处可用细石混凝土垫平），清理好垫层后先用干砖进行试摆，以确定排列砖的方式和错缝位置，确认无误后满铺（厚度10～30mm）砂浆，进行铺浆打底，打底砂浆应饱满，并起到找平、承重和防止跑浆的作用。

③ 基础砌体的转角、交接、高低处及每隔10～15m应设立“皮数杆”。“皮数杆”应根据设计要求块材规格和灰缝厚度，在杆上标明“皮数”及竖向构造的变化部位（基础收台部位、门窗洞口标高、基础收顶标高等）。立的“皮数杆”应进行抄平，保证标高统一。

④ 一砖半厚度及其以上的基础，应双面挂线拉紧后分层依线进行砌筑，保证水平缝均匀一致，平直通顺，标高符合要求。当线较长时，应在中间部位设支线点，确保线能拉紧绷直。

⑤ 砌筑基础用的“皮数杆”采用小断面方木或钢筋制作，尽可能夹在基础的中心位置，以便进行检查；如采用在基础外侧立。“皮数杆”检查标高时，应配以水平尺来校核标高。

⑥ 基础砌筑宜采取小面积铺灰。采用“铺浆法”进行砌筑时，铺浆的长度不得超过750mm（当施工期间气温超过30℃时，铺浆的长度不得超过500mm），随铺筑砂浆、随进行砌筑，铺浆后应立即放置砌体，摆正、找平，认真控制灰缝厚度。

（4）治理方法　基础顶面标高偏差过大时，应用细石混凝土找平后再进行砌墙，并以找平后的顶面标高为准设置“皮数杆”。

## 3. 基础砂浆防潮层失效

（1）质量问题　基础上部的砂浆防潮层开裂或抹压不密实，未能阻断毛细水的上升通道，造成底层墙体潮湿。外墙受潮后，经过盐碱和冻融作用，时间长久后，砖墙表面逐层酥松剥落，严重影响居住使用功能和结构承载力。

（2）原因分析

① 防潮层施工时砂浆混用，采用砌筑剩余的砂浆，或在砌筑砂浆中随意掺加水泥作防潮层使用，达不到防潮砂浆的配合比要求，抗渗性能降低。

② 防潮层基层上的杂质未清理干净，或未浇水进行湿润，从而影响砂浆与基层的黏结。

③ 防潮层的表面抹压不实，加上养护不好，致使其早期脱水，强度和密实度达不到设计要求，或者出现裂缝。

④ 防潮层在冬季施工，没有保温措施或保温措施不当而造成受冻失效。

（3）预防措施

① 防潮层应作为独立的隐蔽工程项目，在整个建筑物基础工程完工后进行操作，施工应当一次成型，不留或少留施工缝（如必须留置时应留在门口位置）。

② 防潮层下面的3层砖要做到满铺满挤，横向和竖向的灰缝砂浆要饱满，240mm墙的防潮层下的顶层砖，应采用满丁砌筑法。

③ 防潮层施工应安排在基础的房心土回填后进行，避免填土时对防潮层的损坏。

④ 如设计对防潮层做法未作具体规定时，宜采用厚度为20mm、配合比为1∶2.5水泥防水砂浆（掺加水泥质量3%的防水剂），不准用砌砖剩余的砂浆或掺水泥代用，操作要点如下。

a. 当基础砌筑至防潮层时，必须用水平仪进行找平；基面上的泥土、砂浆等杂物应当清理干净，如有砖块被碰动应重新进行砌筑，基层应充分浇水湿润，表面略见风干后再砌筑。

b. 在抹压防潮层时应两边贴尺，以保证防潮层的厚度与标高。不允许用防潮层的厚度来调整基础标高的偏差。

c. 砂浆的表面应用木抹子揉平，待达到初凝后抹压2～3遍，抹压时可在其表面刷一层水泥净浆，以进一步堵塞砂浆的毛细管通路。

d. 在常温下防潮层的水泥砂浆抹压完成后，第二天可洒水养护，养护时间不得少于3d。防潮层上可铺20～30mm厚的砂子，上面再盖一层砖，每日浇水一次，以保持良好的潮湿养护环境。

e. 冬季寒冷天气下进行防潮层施工时，应采取适当的保温防护措施，但不宜掺加抗冻剂。

## 4. 砌体砌筑时发生混乱

（1）质量问题

① 基础砌体在进行砌筑中组砌的方法混乱，出现直缝和“二层皮”，内外各层之间互不相咬，形成通缝。

② 内外墙基础留茬未做成踏步式，高低基础相接的地方未砌成阶梯，或阶梯台阶的长度留的不足。

（2）原因分析

① 砌筑施工人员忽视规定的组砌方式，致使基础在砌筑中出现通缝、“二层皮”等现象。

② 在砌砖施工过程中，根据组砌的方式需用大量的七分头砖，操作人员图省事不用这类砖砌筑，则容易出现通缝、“二层皮”等现象。

③ 在同一个基础工程中采用不同砖厂的砖砌筑，由于规格和尺寸不一致，很易造成累积误差；如果出现通缝、“二层皮”等，会降低砌体的基础强度与整体性。

（3）防治措施

① 加强对施工具体操作人员的技能培训和考核，对于达不到技能要求者，不能上岗操作。

② 砌筑基础应注意正确的组砌形式，砌体中砖缝搭接不得少于1/4砖长；内外砖层，每隔五层砖应有一层“丁砖”拉结（即五顺一丁形式），半砖头应分散砌于基础砌体中。每砌完一层应进行一次竖向缝刮浆塞缝工作。

③ 砌筑砖基础坚持用七分头砖，严禁采用包心的砌法；转角处要设置七分头砖，并在山墙和檐墙两处分层交替设置，不能同缝。

④ 内外墙基础应同时砌筑或设置成踏步式。当基底标高不同时，应从低处砌起，并应由高处向低处搭砌。当设计无具体要求时，搭接长度不应小于基础底的高差，搭接长度范围内下层基础应扩大砌筑。

⑤ 砖砌体的转角处和交接处应同时进行砌筑，当确实不能同时砌筑时，应按规定留茬和搭接。砌体在进行搭接时，必须将接茬处的表面清理干净，洒水湿润，并填实砂浆，保持灰缝的平直。

⑥ 同一个基础工程中采用同一砖厂的砖，特别注意砖的规格和尺寸要一致。

## 二、石材基础的质量问题与防治

### 1. 毛石基础根部不实

（1）质量问题 地基松散不实，基础的第一层毛石未坐实挤紧，或者局部嵌入土内，从而产生不均匀沉陷，严重时甚至会引起基础的开裂。

（2）原因分析

① 基础垫层在施工前未按照规定进行验槽，基底上的杂物、浮土、积水等进行清理，同时也未按规定进行平整夯实，基底土质不良未进行处理。

② 在砌筑基础时未铺筑砂浆，即将毛石摆放在地基土上，从而形成毛石基础根部不实。

③ 底层的毛石过小，同时也未将大面朝下，致使个别棱角短边挤在土中。

（3）防治措施

① 在基础正式砌筑前，应检查基槽（坑）的土质、轴线、尺寸和标高，按要求清理杂物，并进行平整夯实。当地基过于潮湿时，应铺筑100mm厚的砂子、矿渣、砂砾石或碎石填平夯实；如果发现地基不良，应会同有关部门共同处理，并办理隐蔽验收记录。

② 在砌筑毛石基础的第一层石块应采取坐浆的方法，并将石块的大面向下；砌筑料石基础的第一层石块应采取坐浆的方法砌筑。毛石砌体的第一层及转角处、交接处应用较大的平整毛石进行砌筑。

③ 砌筑时毛石应平铺卧砌，毛石的长面与基础的长度方向垂直，互相交叉紧密排好。接着向缝内灌注砂浆并捣实，然后再用小石块嵌填，石块之间不得出现无砂浆相互接触现象。

### 2. 基础砌筑出现混乱

（1）质量问题 毛石基础砌体错乱，灰缝大小不一，同层石块内外不搭砌，阶梯基础错台处不搭砌或搭接不够，留茬、接茬处砌体的整体性差，严重影响基础的力学性能，导致基础开裂，产生不均匀下沉等。

（2）原因分析

① 未采取立“皮数杆”双面挂线和分层砌筑的方法，基础组砌的方法不当，采用同层内先将两边纵向排成两行，中间再用碎石填塞的错误砌法等。

② 采用的毛石规格不符合要求，尺寸偏小或没有进行大小搭配，造成砌筑时错缝搭接砌筑比较困难，大放脚上级台阶压砌筑下级台阶过少。

③ 在基础转角或纵横墙的交接处留茬，或接茬处做成直茬。由于基础外墙转角和纵横墙的交接处为建筑荷载和应力较大的部位，而接茬又是砌体的薄弱环节，在该部位接茬会引起基础开裂、下沉。

（3）防治措施

① 毛石基础砌筑应放线、立“皮数杆”，双面挂线分层卧砌，每层高度控制在30～40mm。

② 基础的最下面的一层毛石，应选用尺寸较大的平毛石砌筑，使其大面朝下，放置平稳后灌浆；转角及阴阳角外露部分，应选用方正平整的毛石互相拉结砌筑。

③ 各种尺寸和规格的毛石应搭配使用，保证砌体的平稳。各层石块间应采用自然形状经敲打修整，使其能与先砌筑石块基本吻合，搭接砌筑紧密；砌筑中应上下错缝，内外搭砌，不得采用外面侧立石块中间填石的砌筑方法。

④ 毛石基础各层必须设置拉结石。拉结石应均匀分布，水平距离应不大于 2m，上下左右拉结石应相互错开，呈梅花形。转角、内外墙交接处均应选用拉结石砌筑。

⑤ 阶梯形毛石基础的顶面宽度应比墙厚大 200mm，每阶台阶至少砌筑二层毛石，上阶石块应至少压住下阶石块的 1/2，相邻阶梯的毛石应相互错缝搭砌，台阶的高度比一般不应小于 1∶1。

⑥ 毛石之间应留 20～35mm 的灰缝，当灰缝大于 30mm 时，应选用小石块加水泥砂浆填塞密实，不准用成堆的碎石进行填塞。

⑦ 在砌筑的过程中，如需要调整石块时，应将毛（料）石提起，刮去原有的水泥砂浆重新砌筑，严禁用敲击的方法调整，以防松动周围的砌体。

⑧ 毛石基础砌筑需要留茬时，不得留在外墙转角或纵横墙的交接处，至少应离开 1～1.5cm 的距离；接茬应做成阶梯式，不得留成直茬。

### 3. 砌筑面凹凸不平

（1）质量问题　毛石砌筑表面出现凹凸不平，是砌石工程中最常见的质量问题，不仅影响砌筑面的美观，甚至影响基础受力状况。

（2）原因分析

① 砌筑时未按要求进行挂线，砌筑毛石时未精心挑选，使平整的大面摆放在正面。

② 在浇筑基础上部的地基梁时，将石砌体挤出，导致墙面不平，影响砌体的外观质量。

（3）防治措施

① 砌筑应按要求进行挂线，并把较方正的大面朝外放置。球形、椭圆形、粽子形或扁形的石块不得使用。

② 浇筑基础上部的地基梁时，应保证支撑系统牢固，地基梁的混凝土应分层进行浇筑，并注意振捣力不要过大，以防止将石砌体振动挤出。

### 4. 石砌体黏结不牢

（1）质量问题

砌体中石块与水泥砂浆黏结不良，存在“瞎缝”和砂浆不密实等情况，基础整体性不佳。

（2）原因分析

① 砌体中的灰缝过大，水泥砂浆产生收缩与石块脱离。

② 石块在砌筑前未按要求洒水湿润表面，造成砂浆失水过早，使石砌体与砂浆黏结不牢。

③ 在砌筑毛石基础采取的是先铺石块后用水冲浆密实的方法，这样难以使石块间空隙及边角部位被水泥砂浆填充密实；同时水泥砂浆的水灰比增大，水泥浆流失较多，降低砂浆抗压强度和黏结强度，使石砌体强度大幅度降低。

（3）防治措施

① 砌石应严格按照操作规程进行作业，特别应注意严格控制灰缝的厚度。

② 在砌筑石块前应根据气候情况适当洒水湿润，这样可防止砂浆失水过早，使石砌体与砂浆黏结牢固。

③ 石砌体的砌筑应采用坐浆法，过大缝隙应用碎石填充，并用水泥砂浆填塞密实。

④ 采用分段砌筑时，留茬不得超过一步架子高度，且应砌成踏步状，以保证良好的结合。

# 三、混凝土基础和毛石的混凝土基础质量问题与防治

## 1. 混凝土出现蜂窝与露筋

（1）质量问题

基础混凝土表面缺少水泥砂浆而形成石子外露，石子之间形成空隙类似蜂窝状，表面局部比较酥松；或者构件内钢筋未被混凝土包裹而外露，不仅严重影响混凝土的强度和抗渗性能，而且降低基础结构的安全性和耐久性。

（2）原因分析

① 混凝土未进行配合比设计，或者配合比不当，材料计量不准确，结果造成混凝土中水泥砂浆少，而石子的含量过多。

② 混凝土的搅拌时间不够，材料没有搅拌均匀，或在混凝土运输过程中发生离析和漏浆，拌和料的和易性变差，致使振捣不密实。

③ 混凝土在浇筑时下料不当，由于下料自由下落高度过高，也未设置“串筒”进行下料，从而造成石子和砂浆分离，混凝土出现蜂窝与露筋。

④ 混凝土未按要求进行分层下料，再加上振捣时间不够，或有些部位出现漏振，致使混凝土振捣不密实，出现蜂窝与露筋。

⑤ 结构布置的钢筋比较稠密，使用的石子粒径过大或坍落度过小，混凝土工作性能不满足要求，振捣不足或未进行振捣。

⑥ 钢筋保护层的“垫块”发生位移、“垫块”数量不足或漏放；振捣时碰撞到钢筋造成钢筋位移、保护层厚度不足。

⑦ 模板的支撑承载力与刚度不足，或模板拼缝不严密，造成水泥浆的流失，也会使混凝土出现蜂窝与露筋。

（3）预防措施

① 混凝土基础施工宜采用预拌混凝土；如采用现场搅拌，宜采用具有自动计量装置的设备集中搅拌，或采用符合现行国家标准《混凝土搅拌机》（GB/T 9142—2000）的搅拌机进行搅拌，并应配备计量装置，施工中严格控制配合比，计量一定做到准确。

② 混凝土搅拌车在使用前应喷水润湿，但不得留有积水；混凝土在运输过程中应避免发生离析、泌水、漏浆和坍落度损失较大等现象，当运至浇筑地点发现有上述现象时，应进行二次拌制；进行二次拌制时不得任意加水，必要时可同时加水和胶凝材料或减水剂，以保持混凝土的水灰比不变。

③ 混凝土配合比设计中的最大水胶比和最小胶凝材料用量，应符合现行国家标准《混凝土质量控制标准》（GB 50164—2011）等的有关规定。

④ 混凝土材料应拌和均匀，拌和物的坍落度应符合设计要求，以保证混凝土拌和物的均匀性和工作性。

⑤ 混凝土的下料高度超过 2m，应当设置“串筒”或“溜槽”；应当分层下料，分层振捣，防止出现欠振、漏振、过振，保证混凝土密实和均匀。

⑥ 在钢筋比较密集的区域，可根据工程实际使用粒径较小的石子，并适当加大混凝土的坍落度，选择小型振动棒辅助振捣，适当加密振捣点，适当延长振捣时间。

⑦ 应确实保证钢筋位置、保护层厚度准确，“垫块”的规格、数量与布置应满足设计、规

范与施工方案的要求；进行混凝土振捣时严禁碰撞钢筋。

⑧ 混凝土基础模板与支撑应具有足够的承载力、刚度和稳定性，满足模板施工方案的设计要求，能可靠地承受施工过程中所产生的各类荷载。模板拼缝应堵塞严密，浇筑过程中应随时检查模板支撑情况，防止漏浆和跑浆现象的发生。

(4) 治理方法

① 在施工过程中发现蜂窝、露筋、孔洞、夹渣、疏松等混凝土结构缺陷时，应认真分析缺陷产生的原因。对于比较严重的缺陷，应制定专项修整的方案，并经有关单位批准后再实施，不得擅自进行处理，返工修补前后应有施工记录及图像资料。

② 对于局部小蜂窝等一般缺陷，凿除胶结不牢固部分的混凝土，表面清理洗刷干净后，用配合比为 1∶2 或 1∶2.5 的水泥砂浆抹平压实。

③ 对于较大蜂窝的严重缺陷，应凿除胶结不牢固部分的混凝土至密实部位，清理表面，支上模板，洒水湿润，涂抹混凝土界面剂，采用比原混凝土强度等级高一级的细石混凝土浇筑密实，养护时间不应少于 7d。

④ 如果蜂窝的深度较深且清除困难时，可采用埋管注浆处理。

## 2. 混凝土出现孔洞与夹渣

(1) 质量问题　基础混凝土结构内部有较大尺寸的孔穴（孔穴深度和长度均超过保护层的厚度），造成钢筋局部或全部裸露，或混凝土中夹有杂物且深度也超过保护层的厚度，混凝土的密实性差，强度与耐久性降低。

(2) 原因分析

① 在钢筋较稠密的部位、型钢与钢筋结合区或预留孔洞及“埋件”处，混凝土下料时被挡住，未进行振捣就继续浇筑上层混凝土。

② 混凝土出现离析，砂浆与石子产生分离，甚至出现跑浆现象，又未及时进行振捣；或混凝土一次下料过多、过厚，混凝土振捣中出现漏振，从而形成松散的孔洞。

③ 模板内的杂物清理不干净；或混凝土内掉入木块石块塑料等杂物，在混凝土下料时被卡住，从而也会使混凝土出现孔洞与夹渣。

(3) 预防措施

① 混凝土基础施工宜采用预拌混凝土；如采用现场搅拌，宜采用具有自动计量装置的设备集中搅拌，或采用符合现行国家标准《混凝土搅拌机》（GB/T 9142—2000）的搅拌机进行搅拌，并应配备计量装置，施工中严格控制配合比，计量一定做到准确。

② 混凝土搅拌车在使用前应喷水润湿，但不得留有积水；混凝土在运输过程中应避免发生离析、泌水、漏浆和坍落度损失较大等现象，当运至浇筑地点发现有上述现象时，应进行二次拌制；进行二次拌制时不得任意加水，必要时可同时加水和胶凝材料或减水剂，以保持混凝土的水灰比不变。

③ 混凝土配合比设计中的最大水胶比和最小胶凝材料用量，应符合现行国家标准《混凝土质量控制标准》（GB 50164—2011）等的有关规定。

④ 混凝土材料应拌和均匀，拌和物的坍落度应符合设计要求，以保证混凝土拌和物的均匀性和工作性。

⑤ 混凝土的下料高度超过 2m，应当设置“串筒”或“溜槽”；应当分层下料，分层振捣，防止出现欠振、漏振、过振，保证混凝土密实和均匀。

⑥ 在基础钢筋密集区域或型钢与钢筋结合区域应选择小型振动棒辅助振捣，适当加密振捣点，并应适当延长振捣的时间，必要时可采用人工辅助振捣；对于特殊复杂的部位，经设计

单位同意，可采用同强度等级、原材料相同的细石混凝土浇筑，并认真分层振捣密实。

⑦ 在预留孔洞的两侧，宽度大于 0.3m 的预留洞底部区域，应在洞口两侧同时下料进行振捣，并应适当延长振捣时间；在宽度大于 0.8m 的预留洞底部，应采取特殊的技术措施（如加设浇灌口等），严防出现漏振、欠振。

⑧ 在混凝土正式浇筑前，应将模板内的杂物清理干净，在浇筑过程中应注意不得有杂物落入基础模板内。

（4）治理方法

① 在施工过程中发现孔洞、夹渣、疏松等混凝土结构缺陷时，应认真分析缺陷产生的原因。对于比较严重的缺陷，应制定专项修整的方案，并经有关单位批准后再实施，不得擅自进行处理，返工修补前后应有施工记录及图像资料。

② 对于局部孔洞等一般缺陷，凿除胶结不牢固部分的混凝土，表面清理洗刷干净后，用配合比为 1∶2 或 1∶2.5 的水泥砂浆抹平压实。

③ 对于较大孔洞的严重缺陷，应凿除胶结不牢固部分的混凝土至密实部位，清理表面，支上模板，洒水湿润，涂抹混凝土界面剂，采用比原混凝土强度等级高一级的细石混凝土浇筑密实，养护时间不应少于 7d。

④ 如果孔洞的深度较深且清除困难时，可采用埋管注浆处理。

## 3. 混凝土表面缺棱掉角

（1）质量问题

基础边角处混凝土局部掉落，棱角不直、翘曲不平，表面掉皮、起砂、麻面等。

（2）原因分析

① 模板的表面比较粗糙，或黏附模板上的水泥浆渣等杂物未清理干净。

② 胶合板模板使用的周转次数过多，出现脱胶和翘角现象，再加上这种模板的刚度比较差，很容易发生模板因变形而缺棱掉角。

③ 在进行混凝土浇筑前，胶合板模板未按要求充分浇水湿润，因模板干燥与混凝土粘在一起，拆除模板时将混凝土带下而缺棱掉角。

④ 模板未涂刷隔离剂，或涂刷不均、漏刷，或者涂刷的隔离剂失效，造成模板与混凝土粘在一起，拆除模板时将混凝土带下而缺棱掉角。

⑤ 混凝土浇筑后养护条件不好，尤其是容易脱水造成强度较低，或模板吸水膨胀将边角拉裂，拆除模板时混凝土的棱角被粘掉。

⑥ 在较低温度条件下施工时，混凝土的强度增长非常缓慢，如果过早拆除模板，混凝土的棱角也会被粘掉。

⑦ 在拆除模板时，混凝土的棱角受外力或重物撞击，或对混凝土保护不好，棱角被碰掉。

（3）防治措施

① 模板的表面应清洁平整，耐磨性、耐水性和硬度良好；胶合板模板的胶合层不应脱胶翘角。

② 胶合板模板在浇筑混凝土前应充分浇水湿润，以防止过多吸收混凝土中的水分，混凝土浇筑后还应认真浇水养护。

③ 基础模板应均匀涂刷隔离剂，以有效减小混凝土与模板之间的吸附力，防上在拆除模板时混凝土的表面和棱角被粘掉。

④ 在拆除侧面非承重模板时，混凝土的强度应达到 1.2MPa 以上，保证混凝土的表面及棱角不受损伤。

⑤ 在进行模板拆除时，应特别注意保护好混凝土的棱角，避免用力过猛而损伤棱角。

### 4. 阶梯形混凝土基础台阶根部出现“吊脚”

（1）质量问题　阶梯形混凝土基础台阶根部出现“吊脚”，降低了混凝土的受力性能和基础的整体承载能力，且往往下部台阶混凝土表面隆起和标高超高，上部台阶侧面模板的下口陷入混凝土内，造成侧面模板拆模困难，并容易损伤混凝土的棱角。

（2）原因分析

① 下部台阶混凝土浇筑后，尚未达到一定的强度，紧接着浇筑上部台阶，此时下部台阶或底层部分混凝土未沉实，在重力作用下被挤隆起，上部台阶侧面根部混凝土向下脱落形成蜂窝和空隙，在工程上俗称为“吊脚”。

② 上部台阶侧面模板未支撑牢固，下口没有设置钢筋支架或混凝土垫块，脚手板直接搁置在模板上，造成上部台阶侧面模板下口陷入混凝土内。

（3）预防措施

① 基础台阶浇筑混凝土时，应在下部台阶混凝土浇筑完成后间歇 1.0～1.5h，待其沉实后再继续浇筑上部混凝土，以防止根部混凝土向下滑动。或在基础台阶混凝土浇筑后，在浇筑上部基础台阶前，先沿上部基础台阶模板底圈做成内外坡度，待上部混凝土浇筑完毕，再将下部台阶混凝土铲平、拍实、拍平。

② 上部台阶侧面模板应支承在预先设置的钢筋支架上，并要支撑牢靠，使侧面模板高度保持一致，不允许将脚手板直接搁置在模板上。从侧面模板下口溢出来的混凝土，应及时铲平至侧面模板下口，防上侧面模板下口被混凝土卡牢，拆除模板时造成混凝土缺陷。

（4）治理方法

① 将“吊脚”处松散的混凝土和软弱颗粒凿去，洗刷干净后，支上模板，用比原混凝土高一强度等级的细石混凝土填补并振捣密实。

② 对于局部小蜂窝等一般缺陷，凿除胶结不牢固部分的混凝土，表面清理洗刷干净后，用配合比为 1∶2 或 1∶2.5 的水泥砂浆抹平压实。

### 5. 毛石混凝土基础内毛石间空隙多

（1）质量问题　毛石混凝土基础的底部、顶部及内部空隙多，毛石之间的混凝土填灌不密实，基础的整体性比较差，强度比较低，造成受力不均匀或承载力不足，沉降过大或产生不均匀沉降。

（2）原因分析

① 毛石选材不符合要求，有的石块不结实，有的石块不洁净，有的石块尺寸偏大或偏小。

② 基础的底层未采用混凝土打底，造成松散的毛石直接与松软的地基接触，两者之间存在很多空隙。

③ 基础毛石混凝土进行浇筑时，掺加的毛石采取随意抛掷，没有按要求分层进行铺砌，造成毛石之间的混凝土填灌不密实，致使毛石混凝土基础内毛石间空隙多。

④ 毛石的上层没有采用混凝土覆盖，造成施工表面高低不平。

（3）防治措施

① 毛石混凝土中掺用的毛石，应选用坚实未风化无裂缝洁净的石料，其强度等级应不低于 MU20；毛石尺寸不应大于所浇筑部位最小宽度的 1/3，且不得大于 30cm，表面如有污泥水锈，应用水冲洗干净。

② 在进行毛石混凝土浇筑时，应当先浇筑一层 10～15cm 厚的混凝土打底，然后再铺上毛

石，毛石插入混凝土约一半后，再浇筑混凝土，填灌所有的空隙，再逐层铺砌毛石和浇筑混凝土，直至基础的顶面，并保持毛石顶部有不少于 10cm 厚的混凝土覆盖，最后将混凝土表面找平。

### 6. 毛石混凝土基础内毛石松散堆积

（1）质量问题　在毛石混凝土施工中操作比较随意，毛石排列不均，相互之间无间隙，有的甚至无混凝土包裹，从而造成毛石混凝土基础的整体性和强度降低，达不到设计要求。

（2）原因分析

① 施工过程中随意铺设毛石，造成毛石排列很不均匀，有的部位毛石较多，有的部位毛石较少，从而也造成毛石混凝土基础的强度不均。

② 铺设的毛石之间不留间隙或间隙过小，使毛石不能被混凝土包裹、振捣密实，造成毛石混凝土基础中存在松散的毛石层，不能形成整体共同工作。

③ 在基础中掺入过多的毛石，由于混凝土的数量不足，不能与毛石很好黏结在一起。

（3）防治措施

① 毛石混凝土基础中，毛石的铺设应均匀排列，并使其大面向下，小面向上；毛石间距应不小于 10cm，离开模板或槽（坑）壁的距离应不小于 15cm，保证间隙内能插入振捣棒进行振捣，毛石能够被混凝土包裹。振捣时应避免振捣棒碰撞毛石、模板和基槽（坑）壁。

② 阶梯形的基础每一台阶高内应正确划分浇筑层，并有二排毛石，每台阶表面应基本抹平；坡形基础应注意保持斜面坡度的正确与平整；毛石不得暴露于混凝土表面。

③根据工程实践经验证明，毛石混凝土基础中所掺加毛石的数量应控制不超过基础体积的 25%。

## 四、筏形基础和箱形基础质量问题与防治

### 1. 基坑开挖时基土扰动或变形

（1）质量问题

① 在进行基坑开挖时，基土被扰动破坏，导致局部地基出现不均匀沉降，大大降低地基的承载力，严重时还会造成基础开裂。

② 在进行基坑开挖过程中，基坑产生明显的“弹性效应”，土体回弹变形呈疏松状态，严重影响支护结构的安全。

（2）原因分析

① 基坑机械开挖未预留人工清理土层，施工机械在坑底反复行驶，将坑底的土层松动。

② 在基坑开挖过程中，未做好必要的基坑降（排）水措施，基坑被地下水长时间浸泡。

③ 在基坑正式开挖前，未合理安排与控制基坑开挖的顺序、范围与标高，从而造成基土被扰动破坏。

④ 施工中由于计划不周，造成基坑开挖后坑底长时间暴露，未及时浇筑垫层和底板。

（3）预防措施

① 基坑采用机械开挖时，应在基底预留一层 200～300mm 土层采用人工开挖清底和找平，避免超挖或基土被扰动。

② 基坑开挖完成后，应当尽快进入下道工序，如不能及时施工，应预留一层 100～

150mm 厚土层在进行下道工序前挖除。

③ 根据地下水的实际情况，做好基坑降（排）水，并在基坑四周设排水沟或挡水堤，以挡阻地表滞水流入基坑内。

④ 应采用有效的降水等措施，降低地下水位至开挖基坑底以下 0.5～1.0m，以防止基坑被地下水浸泡，或出现流砂或管涌破坏坑底基土。

⑤ 基坑开挖时应设水平桩，控制基坑的标高，水平桩的距离不应大于 3m，并加强保护和检查；基坑开挖应按水平桩、放线定出的开挖宽度、标高，分块（段）分层开挖，以防止超挖。

⑥ 在冬季或雨季进行施工时应连续作业，基坑挖完后应尽快进行下道工序施工，以减少对基土的扰动和破坏。

⑦ 坑底的弹性效应是地基土卸载从而改变坑底原始应力状态的反应。施工中减少坑底出现弹性隆起的有效措施，是设法减少土体中有效应力的变化，提高土的抗剪强度和刚度。当基坑开挖到设计基底标高，并经验收合格后，应随即浇筑垫层和底板，以减少坑底的暴露时间，防止地基土被破坏。

（4）治理方法

对于被扰动和破坏的基土应进行换填，必要时采用深层搅拌桩或高压旋喷射桩进行局部地基加固处理。

## 2. 基础混凝土出现表面缺陷

（1）质量问题

① 基础混凝土的表面凹陷不平或有印痕，标高和厚度不一致，不仅影响基础的外观质量，严重时还降低基础承载能力。

② 基础混凝土的表面出现大量浮浆，影响钢筋与混凝土之间的黏结性能，造成混凝土的强度不均，并极易出现沉降裂缝和表面塑性裂缝。

③ 基础混凝土的表面产生露筋、蜂窝、孔洞、缺棱掉角等质量缺陷。

（2）原因分析

① 基础混凝土浇筑摊铺未设置控制标高，或未按照标高进行施工；浇筑后仅用铁锹拍平，未用刮杠、抹子等按控制标高找平压光，从而导致混凝土的表面粗糙不平。

② 基础混凝土在未达到一定强度时，即上人进行操作或运料，结果造成混凝土表面凹陷不平或有印痕。

③ 基础混凝土入模分层浇筑与振捣后，由于出现水泥浆上浮和骨料沉降，其表面常聚积一层游离水，施工时未进行泌水处理，使基础混凝土表面产生大量浮浆。

④ 混凝土在浇筑时下料不当，由于下料自由下落高度过高，也未设置“串筒”进行下料，从而造成石子和砂浆分离，混凝土出现蜂窝与露筋。

⑤ 混凝土未按要求进行分层下料，再加上振捣时间不够，或有些部位出现漏振，致使混凝土振捣不密实，出现蜂窝与露筋。

⑥ 模板的支撑承载力与刚度不足，或模板拼缝不严密，造成水泥浆的流失，也会使混凝土出现蜂窝与露筋。

（3）预防措施

① 基础混凝土浇筑后，应根据水平桩的控制标志或弹线用抹子找平、压光，混凝土达到终凝后覆盖浇水养护。混凝土强度达到 1.2MPa 以上时，方可在基础上走动和操作。

② 在基础底板浇筑混凝土的过程中，必须妥善处理出现的泌水，以确保混凝土施工质量。

③ 混凝土的下料高度超过 2m，应当设置“串筒”或“溜槽”；应当分层下料，分层振捣，防止出现欠振、漏振、过振，保证混凝土密实和均匀。

④ 在钢筋比较密集的区域，可根据工程实际使用粒径较小的石子，并适当加大混凝土的坍落度，选择小型振动棒辅助振捣，适当加密振捣点，适当延长振捣时间。

⑤ 应确实保证钢筋位置、保护层厚度准确，“垫块”的规格、数量与布置应满足设计、规范与施工方案的要求；进行混凝土振捣时严禁碰撞钢筋。

（4）治理方法

① 基础混凝土表面局部不平整时，将表面洗净后用细石混凝土或 1∶2 水泥砂浆修补平整，并加强养护。

② 基础混凝土的表面产生露筋、蜂窝、孔洞、缺棱掉角等质量缺陷，应认真分析缺陷产生的原因。对于比较严重的缺陷，应制定专项修整的方案，并经有关单位批准后再实施，不得擅自进行处理，返工修补前后应有施工记录及图像资料。

③ 对于局部小蜂窝等一般缺陷，凿除胶结不牢固部分的混凝土，表面清理洗刷干净后，用配合比为 1∶2 或 1∶2.5 的水泥砂浆抹平压实。

④ 对于较大蜂窝的严重缺陷，应凿除胶结不牢固部分的混凝土至密实部位，清理表面，支上模板，洒水湿润，涂抹混凝土界面剂，采用比原混凝土强度等级高一级的细石混凝土浇筑密实，养护时间不应少于 7d。

### 3. 基础混凝土有夹层、缝隙或施工冷缝

（1）质量问题　基础混凝土局部混凝土出现离析、不密实，有松散夹层或施工“冷缝”现象，施工缝等接缝处不严实，严重时有渗漏现象，从而影响建筑物的使用功能，也影响建筑结构基础的承载力和耐久性。

（2）原因分析

① 筏形基础或箱形基础的平面面积与厚度尺寸较大，混凝土浇筑时未采取合理的分段与分层，浇筑混凝土工序混乱无序，浇灌层、段之间未在先浇混凝土达到初凝前及时搭接，结果会出现施工“冷缝”现象。

② 混凝土一次浇筑过厚处往往振捣不到位或产生漏振捣现象，而有些部位浇筑过薄又现过振现象，混凝土浇筑高度过大时未采用必要的工具（如串筒、溜槽等）下料，致使混凝土出现离析、不密实。

③ 施工缝、“后浇带”等接缝处清理不干净，未将软弱混凝土表层凿除，接缝处也未按有关要求处理，混凝土浇筑前未充分湿润；“后浇带”混凝土浇筑后养护时间不足。

（3）预防措施

① 混凝土底板应根据设计的“后浇带”分区施工，每区混凝土浇筑应通过计算后进行分区，并由一端向另一端分层推进，做到均匀下料振捣密实，不得出现欠振、漏振、过振。

② 当混凝土底板厚度不大于 50cm 时可不分层，采用斜面赶浆的方法进行浇筑，其表面及时整平；当混凝土底板厚度大于 50cm 时，应采用水平分层或斜面分层方式，注意各层各段之间应在先期浇筑的混凝土达到初凝前衔接上，并注意加强连接处的振捣，以保证混凝土的整体性，提高混凝土基础的抗渗能力。

③ 水平施工缝在浇筑混凝土前，为使新老混凝土能很好地黏结在一起，应将缝表面的浮浆和杂物清除干净，然后铺设水泥净浆、涂刷混凝土界面处理剂或水泥基渗透结晶型防水涂料，再铺设 30～50cm 厚的 1∶1 水泥砂浆，并及时浇筑新的混凝土。

④ 垂直施工缝在浇筑混凝土前，应将其表面清理干净，再涂刷混凝土界面处理剂或水泥

基渗透结晶型防水涂料，并及时浇筑新的混凝土。

⑤ 施工缝、“后浇带”等接缝处的混凝土开始浇筑时，机械振捣宜向施工缝处逐渐推进，并距 80～100mm 处停止振捣，但应加强对施工缝接缝的捣实，使其紧密结合。

⑥“后浇带”混凝土应一次浇筑，不得再留设施工缝；混凝土浇筑后应及时进行养护，养护时间一般不得少于 28d。

⑦ 混凝土浇筑高度过大时，应采用必要的工具（如串筒、溜槽等）下料。如混凝土在运输后出现离析，必须进行二次搅拌后再浇筑。当坍落度损失后不能满足施工要求时，应加入原水胶比的水泥浆，或掺加同品种的减水剂进行搅拌，严禁采用直接加水的方法。

（4）治理方法

① 当缝隙夹层不深时，可将松散的混凝土凿除，将表面洗刷干净后，用配合比为 1∶2 或 1∶2.5 水泥砂浆强力填塞密实。

② 当缝隙夹层较深时，应清除松散的混凝土和内部的夹杂物，用压力水冲洗干净后支上模板，强力灌注细石混凝土并捣密实，或将表面封闭后进行压浆处理。

③ 如果已出现渗漏现象，其治理应当根据渗漏部位、渗漏程度采取不同的技术措施。

## 4. 混凝土基础表面出现干缩裂缝

（1）质量问题　基础混凝土的表面出现龟裂现象，特别是在养护不良时，出现很多无规则的裂缝。裂缝走向纵横交错，分布也很不均匀。

（2）原因分析

① 混凝土中水泥用量过高，水胶比过大，骨料的级配不良，采用的砂率过高，或用的细砂过量，外加剂的保水性差，均会使基础混凝土的表面出现干缩裂缝。

② 混凝土中的粗骨料用量较少，造成混凝土拌和物总用水量及水泥浆量大，容易引起混凝土的收缩；所用的粗骨料为砂岩、板岩等，含泥量较大，对水泥浆的约束作用小。

③ 在基础混凝土的施工中，由于对混凝土的表面过度振捣，表面形成水泥含量较大的砂浆层，使表面混凝土的收缩量加大。

④ 由于混凝土的坍落度不满足施工的要求，在施工现场向混凝土中加水改变其稠度，从而引起混凝土收缩量增大。

⑤ 混凝土浇筑后未按规定进行养护，尤其是环境气温较高时，受到风吹日晒的作用，混凝土表面水分散发快，体积收缩大，而内部温度变化很小，体积收缩小，表面收缩剧变受到内部混凝土的约束，出现拉应力而引起混凝土的开裂。

⑥ 混凝土基础浇筑完毕后，未及时进行回填和养护，长期暴露于空气中，时干时湿，表面环境发生剧烈的变化，也会引起混凝土的开裂。

（3）预防措施

① 根据基础混凝土的实际情况，进行必要的混凝土配合比设计。要控制混凝土中的水泥用量，水胶比和砂率不要过大。

② 严格控制砂石中的含泥量，应注意粗骨料粒径、粒形与矿物成分，应选用坚固、清洁的骨料，例如白云石、长石、花岗石和石英等；应使用含泥量较低的中粗砂，避免使用过量的细砂。

③ 混凝土中宜掺加适量的粉煤灰与外加剂，以改善混凝土的施工性能，减少混凝土的单位体积用水量，减少泌水和离析现象。

④ 在进行混凝土配合比设计中，应对水泥掺合料和外加剂等材料进行适应性检验，以保证各种材料的相容性。

⑤ 混凝土浇筑后应按要求进行振捣密实，并注意对混凝土表面进行二次抹压，以提高抗拉强度，减少混凝土的收缩量。

⑥ 施工现场严禁在混凝土中直接加水，如果确实属于某种原因造成混凝土的工作性能不能满足施工要求时，应加入原水胶比的水泥浆或掺加同品种的减水剂，搅拌运输车应进行快速搅拌，搅拌时间应不小于 120s；如果坍落度损失或离析严重，经补充外加剂或快速搅拌等也无法恢复混凝土拌和物的工作性能时，只好将混凝土当废品处理。

⑦ 加强混凝土的早期养护，并根据实际情况适当延长养护时间；混凝土基础浇筑后应及时覆盖，并定期适当洒水，保持湿润状态，防止曝晒。

（4）治理方法

① 在基础混凝土初凝前出现的干缩裂缝，可采取二次压光和二次浇灌的方法进行处理。

② 对于已终凝的混凝土存在的干缩裂缝，可采用如下方法进行处理。

a. 表面涂抹法　涂抹材料应根据结构的使用要求进行选取，并具有密封性和耐久性，其变形性能应与被修补的混凝土性能相近，细微的裂缝可选用环氧树脂等，稍大的裂缝也可用水泥砂浆防水快凝砂浆等。

b. 嵌缝法　这种方法适用于较大的裂缝，即将裂缝部位剔凿成形槽口（当裂缝的宽度大于 0.3mm 时，也可以不凿槽口），然后清除槽中的浮灰，冲洗干净后涂上一层混凝土界面剂，最后根据裂缝的实际情况，灌入不同黏度的树脂。

## 5. 大体积筏形基础混凝土出现温度收缩裂缝

（1）质量问题　大体积筏形基础出现温度收缩裂缝，根据裂缝的深度可分为表面裂缝、深层裂缝或贯穿裂缝，开裂的方向纵横、斜向均存在，多发生在混凝土浇筑完后 2～3 个月或更长时间，部分缝的宽度受温度变化影响较明显，从而降低了基础的承载力与耐久性。

（2）原因分析

① 大体积混凝土浇筑后水泥水化产生大量的热量，混凝土的内部温度高，在降温阶段混凝土块体收缩，由于地基或结构其他部分的约束，会产生很大的温度应力。这些温度应力一旦超过混凝土当时龄期的抗拉强度，就会出温度收缩裂缝，严重时会贯穿整个截面，从而降低了基础的整体承载力与结构耐久性。

② 对于厚度较大的混凝土，由于表面散热快，温度比较低，内外温差产生表面拉应力，从而形成表面裂缝。对于深层裂缝（部分切断结构断面）及表面裂缝，当内部混凝土降温时受到外约束作用，也可能发展成为贯穿裂缝。

③ 大体积混凝土在施工中的养护是极其重要的工作，如果大体积混凝土筏形基础未进行合理的保湿与保温养护，很容易出现温度收缩裂缝。

（3）预防措施

① 基础混凝土的设计强度等级不宜过高，一般宜控制在 C25～C40 范围内，并可利用混凝土 60d 或 90d 的强度作为混凝土配合比设计混凝土强度评定及工程验收的依据，这样可降低混凝土的水泥用量，减少水泥的水化热量。

② 在配制混凝土时，选用中、低热硅酸盐水泥或低热矿渣硅酸盐水泥。大体积混凝土施工所用水泥，其 3d 的水化热不宜大于 240kJ/kg，7d 的水化热不宜大于 270kJ/kg。

③ 选用级配良好的粗骨料和细骨料，其质量应符合国家现行标准的有关规定，不得使用碱活性骨料；细骨料宜采用洁净的中砂，其细度模数宜大于 2.3，含泥量不大于 3%；粗骨料应坚固耐久粒形良好，粒径为 5～31.5mm，并连续级配，含泥量不大于 1%。

④ 在混凝土中掺加适量的粉煤灰和减水剂，以节省水泥用量，降低水胶比，降低水化热

量，避免出现较大的温度应力。

⑤ 当筏形或箱形混凝土基础置于岩石类地基上时，宜在混凝土垫层上设置滑动层，滑动层的构造可采用“一毡二油”或“一毡一油”，以减少对混凝土基础的约束作用，削减温度收缩应力。

⑥ 大体积混凝土工程在施工前，宜对施工阶段大体积混凝土浇筑体的温度、温度应力及收缩应力进行试算，并确定施工阶段大体积混凝土浇筑体的升温峰值，内外温差及降温速率的控制指标，提出必要的粗细骨料和拌和用水的降温、入模温度控制要求，制定相应的温控技术方案，并严格实施与监控监测。

⑦ 超长底板混凝土除了设置变形缝、“后浇带”，以释放混凝土温差收缩应力外，也可以采取“跳仓施工法”，“跳仓”的最大分块尺寸不宜大于 40m，“跳仓”间隔施工的时间不宜小于 7d，“跳仓”接缝处应按施工缝的要求设置和处理。大体积混凝土也可采取循环冷凝水管等技术措施，降低混凝土内部水化热温升，以减少混凝土内外温差。

⑧ 底板大体积混凝土宜采取分层连续推移式整体浇筑施工，充分利用混凝土层面进行散热，但必须在前层混凝土初凝前，将下一层混凝土浇筑完毕，不得设置施工缝；宜采用二次振捣工艺，加强层与层之间混凝土的振捣质量，并及时清除混凝土表面的泌水。

⑨ 基础混凝土浇筑完毕后，有条件的应进行蓄水养护，保证混凝土中水泥水化充分，提高早期相应龄期的混凝土抗拉强度和弹性模量，防止早期出现裂缝。

⑩ 基础混凝土应按技术方案的要求采取保温材料覆盖等保温技术措施，防止混凝土表面散热与降温过快，必要时可搭设挡风保温棚或遮阳降温棚。在保温养护的过程中，应对预先布控的测温点进行现场监测，控制基础内外温差在25℃以内，降温速度在 1.5℃/d 以内，以充分发挥“徐变特性”和应力松弛效应，提高混凝土的早期极限抗拉强度，削减温度收缩应力；当实测结果不满足温控指标的要求时，应及时调整保温养护措施。保温覆盖层的拆除应分层逐步进行，当混凝土的表面温度与环境最大温差小于 20℃时，才可全部拆除。

(4) 治理方法

① 对于在基础混凝土初凝前出现的干缩裂缝，可采取二次压光和二次浇灌的方法进行处理。

② 对于已终凝的混凝土存在的干缩裂缝，可采用如下方法进行处理。

a. 表面涂抹法　涂抹材料应根据结构的使用要求进行选取，并具有密封性和耐久性，其变形性能应与被修补的混凝土性能相近，细微的裂缝可选用环氧树脂等，稍大的裂缝也可用水泥砂浆防水快凝砂浆等。

b. 嵌缝法　这种方法适用于较大的裂缝，即将裂缝部位剔凿成形槽口（当裂缝的宽度大于 0.3mm 时，也可以不凿槽口），然后清除槽中的浮灰，冲洗干净后涂上一层混凝土界面剂，最后根据裂缝的实际情况，灌入不同黏度的树脂。

## 第四节　深基坑工程质量问题与防治

为进行建（构）筑物地下部分的施工，由地面向下开挖出的深空间被称为深基坑；为保证深基坑施工、主体地下结构的安全和周围环境不受损害而采取的支护结构、降水和土方开挖及回填的工程，总称为深基坑工程。深基坑开挖与支护工程是一个多系统工程，深基坑的设计与施工都是综合性很强的工作。因此，不仅要考虑工程地质、水文地质、工程力学、土力学，地基与基础等方面的专业知识，还要考虑工程施工与组织管理。

工程实践证明，深基坑支护结构除与主体结构相结合者以外，大多数属于临时性结构，设计的安全度小于永久性结构，加之施工中的疏忽和设计失误，很容易出现一些质量通病，甚至坍塌破坏事故，导致严重损害地下主体结构和周围环境。

# 一、排桩支护的质量问题与防治

排桩支护主要包括钢板桩、钢筋混凝土板桩及钻孔灌注桩、人工挖孔桩等，其支护形式包括：柱列式排桩支护、连续排桩支护和组合式排桩支护。当边坡土质较好、地下水位较低时，可利用“土拱”作用，以稀疏的钻孔灌注桩或挖孔桩作为支护结构（柱列式排桩支护）。在软土中常不能形成“土拱”，支护桩应连续密排，并在桩之间做树根桩或注浆防水；也可以采用钢板桩、钢筋混凝土板桩密排（连续排桩支护）。在地下水位较高的软土地区，可采用钻孔灌注桩与水泥搅拌桩防渗墙组合的形式（组合式排桩支护）。

## 1. 排桩踢脚和坑底隆起

（1）质量问题　排桩踢脚是指在基坑开挖接近或到坑底时，支护桩受到侧向水压力和土压力的作用，在坑底部产生往坑内超标位移的现象，严重者挤压坑底的土体，使坑底土体隆起并导致工程桩或基础位移、倾斜以至断裂，坑外的地面出现沉降坍陷破坏。

（2）原因分析

① 设计方面　支护桩插入坑底的长度不足，即被动土压力不足以抵挡支护桩向坑内的位移；或被动区进行土体加固而没有设计加固；或基坑周边的施工荷载设计值偏小。

② 施工方面　施工的支护桩偏短未达到设计标高，压顶梁以上的卸土区欠宽，被动区加固体喷浆不足或未靠紧支护桩，基坑开挖中出现超挖或严重扰动坑底土体，基坑周边施工荷载超过设计规定值。基坑开挖到底后再施工人工挖孔桩，挖孔中破坏了被动区的土体。

（3）预防措施

① 设计方面　支护桩插入坑底的长度应符合现行相关行业标准的规定，其中基坑周边的计算挖深和挤土型工程桩对土体的扰动而影响土的有关参数，以及坑边施工荷载值均应选择合理，尤其是对于软土深基坑更应引起重视；应考虑到现场施工的工艺要求；支护桩下部位移偏大时应在被动区加固土体。

② 施工方面　严格按照支护设计图纸和现行相关行业标准的规定施工；基础开挖中严禁出现超挖，坑底的300mm土方应人工挖除；坑边行驶或作业的施工机械和材料堆放的荷载不得超过设计规定。基坑的四周不得堆土；基坑被动区加固的水泥搅拌桩等应按设计要求施工，并靠紧支护桩；基坑开挖到底后再进行人工挖孔桩的施工，应挖好一根桩孔随即灌注混凝土，防止被动区同时出现大量的临空面。另外，要加强基坑的监测，并及时采取信息化施工措施。

（4）治理方法

① 分块及时快速浇筑振捣基坑底的混凝土垫层，软土地区基坑周边混凝土垫层的厚度应适当加厚，垫层应靠紧支护排桩。排桩踢脚严重时，先整体浇筑振捣底板的混凝土垫层，踢脚基本稳定后，切割基础梁和承台处的垫层后继续施工。

② 基坑周边地面卸去部分土体，卸土的宽度和厚度应根据现场具体情况确定，以减小支护桩的主动土压力。发现基坑边地面裂缝处应及时注入水泥浆封闭。

③ 当踢脚和隆起比较严重时，应立即在坑底被动区叠压砂包并靠紧支护桩。叠压砂包的

宽度和高度应根据具体情况确定。同时在支护桩迎着土的一侧以“高压旋喷桩”或压力注浆加固土体，待支护桩稳定后再去掉砂包继续施工。

④ 如果支护桩为钢板桩时，应在迎着土的一侧施工一排“拉森式”钢板桩，此钢板桩的顶部与原有的钢板桩用型钢连接，使之共同承载。

### 2. 排桩的位移过大

（1）质量问题　支护桩在基坑开挖中产生的位移过大，其中主要包括支护桩顶部倾斜位移过大、整体位移过大。位移又分为在排桩平面内和平面外两种，位移往往与倾斜同时发生，严重者还会使坑边的地面产生裂缝沉陷。

（2）原因分析

① 设计方面　设计的支撑两端的支撑力不平衡，例如支撑两端的挖深差异较大，或地基土性状差异大或支护桩设置不当等；支护桩插入坑底的长度不足，即被动土压力不足以抵挡支护桩向坑内的位移。

② 施工方面　基坑开挖的过程中没有按要求均匀分层对称开挖，而是单侧不对称式超挖；没有做到先撑（锚杆）后挖，而是先挖后撑（锚杆）；基坑边单侧的施工荷载超过设计值；支护桩偏短未达到设计标高。

（3）预防措施

① 设计方面　当支撑两端的挖深差异大或地基土性状差异大时，应对挖深大和地基土软弱的被动区土体加固，或单侧扩大卸土的宽度；排桩插入坑底的深度应足够；排桩及冠梁应在基坑周边封闭，无法封闭时，应在开口一侧加强支护桩或同时辅以土体加固。

② 施工方面　基坑挖土的顺序、方法必须与支护设计的工况相一致，并应遵循“开槽支撑、先撑后挖、分层开挖、严禁超挖”的原则。基坑边的施工荷载和材料堆放重量不得超过设计值，坑边不得堆土。施工的支护桩长度和坑边卸土宽度应与设计一致。

（4）治理方法

① 基坑支撑力偏大的一侧，即支护桩向坑内位移倾斜侧的坑边地面卸去部分土体，以减少该侧支护桩的主动土压力。

② 基坑支撑力偏大侧（排桩迎着土的一侧）施打“高压旋喷桩”或压力注入水泥浆加固土体，以减少该侧支护桩的主动土压力。

③ 当排桩位移倾斜比较严重时，采用钢管斜撑支顶在支护桩的压顶冠梁上，斜撑下端支撑于加厚且配有钢筋网的早强混凝土垫层上。钢管斜撑浇筑于混凝土底板中，底板达到设计强度后再切割掉。

④ 在排桩位移倾斜处的上端桩间隙处施打土锚杆，土锚杆注浆体的水泥浆中掺入早强剂，土锚杆的外锚头采用型钢紧贴在支护桩的内侧。

### 3. 排桩断裂与倒塌

（1）质量问题　基坑支护桩往往断裂于弯矩或剪力最大处，或支护桩缩颈与混凝土疏松及蜂窝孔洞处。支护桩的弯矩裂缝（即正截面裂缝）呈水平方向，剪切裂缝（即斜截面裂缝）呈斜线方向。

（2）原因分析

① 设计方面：支护桩由于计算错误导致截面尺寸偏小或配筋偏低；未考虑地基土在挤土型桩基施工时产生“挤土效应”，地质勘察报告的抗剪强度指标未予折减。

② 施工方面：支护桩施工时存在混凝土缩颈、疏松、蜂窝孔洞等严重缺陷；灌注桩的钢

筋笼子上浮或主筋排列不均，或误用钢筋 HRB335 代替 HRB400；主筋焊接接头疏忽或接头位于同一截面未错开；坑边施工荷载超过设计值。

(3) 预防措施

① 设计方面　支护桩的荷载组合和截面配筋设计应合理；当工程桩体采用挤土型桩时，应将地质勘察报告的抗剪强度指标适当折减。

② 施工方面　支护桩应严格按现行相关行业标准的规定和设计要求施工；坑边施工荷载不得超过设计值；现场挖土应结合基坑监测的信息及时调整作业，严防支护结构倒塌。

(4) 治理方法

① 坑边地面卸去部分土体，以减小支护桩的主动土压力。坑边地面裂缝处及时注入水泥浆封闭。

② 支护桩裂缝处用砂轮磨平，再用环氧树脂粘贴 1～2 层碳纤维布补强。

③ 支护桩的裂缝较宽或全截面裂开时，除粘贴碳纤维布外，还应用钢管作为斜撑顶支于连接支护桩的型钢冠梁上，钢管斜撑下端支撑于加厚且配以钢筋网的早强混凝土垫层上。

④ 在排桩位移倾斜处的上端桩间隙处施打土锚杆，土锚杆注浆体的水泥浆中掺入早强剂，土锚杆的外锚头采用型钢紧贴在支护桩的内侧。

⑤ 加强基坑的监测工作，当发现裂缝在继续扩大，应综合采用上述措施，并在坑底回填土方或压砂包。

⑥ 如果发生支护桩断裂导致局部支护结构倒塌时，除立即在坑内回填土方外，应由各方会同处理。

### 4. 悬臂钢板桩位移侧倾及渗漏

(1) 质量问题　悬臂钢板桩的顶端容易出现位移侧倾过大，或渗漏或整体位移过大甚至倾覆破坏，严重影响基坑周边的环境。

(2) 原因分析

① 设计方面　钢板桩截面型号偏小或插入坑底的长度不足，应设置围梁或支撑而未设置；荷载组合时漏计荷载或偏小；地质勘察报告的土体抗剪强度指标不准确。

② 施工方面　钢板桩沉桩施工插入坑底长度不足，沉桩后标高差异大；或钢板桩之间未咬合，导致沿基坑周围的钢板桩数量偏少或渗漏；陈旧的钢板桩弯曲变形大，事先未进行矫正；基坑边沿宽度和深度不足，或坑边施工荷载超过设计值。

(3) 预防措施

① 设计方面　按照现行的行业标准《建筑基坑支护技术规程》(JGJ 120—2012) 合理设计，包括荷载组合和钢板桩的截面型号及长度的选择，在悬臂式钢板桩的顶部也应当设置“钢冠梁”。

② 施工方面　钢板桩沉桩施工时应检查插入坑底的长度，并先设置定位的围檩支架，以保证沉入钢板桩的垂直度和相互咬合。基坑边沿的坡度尺寸和施工荷载应符合设计规定。

(4) 治理方法

① 快速浇筑振捣基坑底的混凝土垫层，严重倾斜位移时应立即卸除坑边土方，卸土的宽度和厚度应根据现场具体情况确定，以减小钢板桩的主动土压力。

② 快速安装型钢围檩和钢管或型钢支撑，型钢围檩和钢板桩的顶部用螺栓进行连接，脱空的地方垫以方木。若型钢支撑梁的跨度过大，可用钢管或 H 型钢斜撑。

③ 在钢板桩迎着土的一侧补打一排加长的钢板桩，和原有的钢板桩顶部用型钢围檩连接。

## 二、锚杆支护的质量问题与防治

锚杆支护是指在边坡、岩土深基坑等地表工程及隧道、采场等地下硐室施工中采用的一种加固支护方式。用金属、木材、聚合物或其他材料制成杆柱，打入地表岩体或洞室周围岩体预先钻的孔中，利用其头部、杆体的特殊构造和尾部托板（亦可不用），或依赖于黏结作用将围岩与稳定岩体结合在一起而产生悬吊效果、组合梁效果和补强效果，以达到支护的目的。锚杆支护具有成本低、支护效果好、操作简便、使用灵活、占用施工净空少等优点。

### 1. 桩锚结构的整体失稳

（1）质量问题　当基坑挖至设计标高后，土体侧向位移非常明显，甚至造成围护桩折断、“冠梁”破碎、土锚杆失效，桩锚结构的整体失去稳定。

（2）原因分析

① 设计方面　支护桩的桩径或型钢水泥土搅拌桩的型钢型号偏小，或者桩的长度不够，土锚杆的“抗拔力”太小，水位降深设计不足，管井数量太少等。以上各种设计因素组合，导致桩锚结构的整体失去稳定。

② 施工方面　锚杆的注浆量不足，注浆的压力偏低，水泥浆的水灰比过大，锚杆抗拔承载力过低。管井的滤网堵孔，抽水泵的扬程太小，突然停电而没有备用发电机等原因，造成地下水位上升，使得基坑外的水压力增加，甚至出现险情。坑边有大直径承插接头的供水管，在土体侧向位移较大的情况下，引起水管或接头的爆开，在动水压力的作用下，支护结构失效。基坑边沿处出现超载，包括坑边大面积堆土、堆放钢筋等材料，多辆挖土机、运土汽车集中作业或行驶等。

（3）预防措施

① 设计方面　合理选取土体的物理力学性质参数，如基坑的安全等级为一级，场地周边的环境复杂，物理力学性质参数可进一步折减。查明坑边的重要管线，特别是对地基可能产生不利影响的供排水管，根据管线的变形要求对基坑支护结构做相应的加强。如变形不满足要求，可在管线的两侧设置临时支护，并做好支架。如管线比较陈旧，已经出现开裂漏水，应考虑在最不利水位情况下，设计支护结构。

② 施工方面　锚杆的注浆应饱满，要严格控制注浆量、注浆压力及浆液配合比；注浆管应插至距离孔底部 50mm 处，随着注浆的注入缓慢均匀地拔出；若孔口处无浆液溢出，应及时补注。注浆时应封堵注浆的孔口，一次注浆宜选用灰砂比 0.5～1.0、水灰比 0.38～0.45 的水泥砂浆，或水灰比 0.45～0.50 的水泥浆；二次注浆宜选用水灰比 0.45～0.55 的水泥浆。注入的浆液中均应掺入适量的早强剂。土层锚杆的“抗拔力”应进行现场试验。在施工过程中，应确保地下水降低符合要求。

（4）治理方法

① 坑内土方应及时进行回填，其宽度范围应在基坑开挖深度的 2 倍以上，以平衡基坑的土压力，避免二次失稳滑移。

② 在坑边进行大范围卸土，卸土的深度与宽度由坑边场地具体条件而确定。

③ 坑边破裂漏水的市政水管需要绕道布置或临时封堵，重新布置深井进行降水。

④ 依据折减后的土体物理力学系数设计支护桩，并根据工程实际设置超长的预应力锚杆。

⑤ 如坑边没有卸土和施工超长锚杆的条件，只能坑内回填土方后，进行内支撑支护。

## 2. 锚杆“腰梁”变形过大

(1) 质量问题 锚杆“腰梁”是指设置在支护结构顶部以下传递支护结构与锚杆支点力的钢筋混凝土梁或钢梁。锚杆“腰梁”受力较大后，容易出现变形过大、槽钢扭曲、细石混凝土掉落等现象。

(2) 原因分析

① 设计方面 锚杆“腰梁”所用槽钢型号选择过小，或者相邻锚杆之间的距离偏大，使得“腰梁”的抗弯承载力不足，从而出现槽钢外突、扭曲等严重变形现象，引起锚杆的受力不均匀，导致个别锚杆受力过大。支护桩的刚度过小，造成局部区段的“腰梁”向坑内突出。

② 施工方面 支护桩的偏位过大，且混凝土填充“腰梁”不够密实，使得“腰梁”由均匀受力的等跨连续梁变成了集中受力的不等跨连续梁，弯矩大幅度增大，“腰梁”的变形过大。局部支护桩有质量缺陷，承载力下降，使锚杆的受力过大，个别锚杆被拔出，从而造成“腰梁”外鼓。未分层开挖土体，引起锚杆的受力过大，或者锚杆的设计强度未达到即进行土方开挖，均会导致“腰梁”变形过大。

(3) 预防措施

① 设计方面 增加型钢“腰梁”的截面高度和宽度，从而提高其刚度，以满足承载力、变形的要求；减少支护桩之间的距离，或者增加锚杆的数量，使“腰梁”的跨度尺寸减小；增加支护桩的刚度。

② 施工方面 型钢“腰梁”与支护桩之间用细石混凝土浇筑密实，并确保它们紧贴，同时做好截水帷幕，从而使“腰梁”均布受力，符合设计工况。控制支护桩的偏位和垂直度在允许偏差内，锚杆外锚头的承压钢板应垂直锚杆的轴线。

(4) 治理方法

① 首先选择更大型号的槽钢，与原有的槽钢“腰梁”焊接；接着在槽钢底与支护桩之间填充细石混凝土，确保支护桩与槽钢连成整体；待混凝土强度达到要求后，继续土方的开挖。

②对局部锚杆变形过大，槽钢“腰梁”向外鼓出的部位，应及时采取补强措施。可以补设若干钢管竖向斜撑，钢管的下端可设在坑底的加强垫层上，上端和槽钢连接。

## 3. 锚杆的位移过大

(1) 质量问题 基坑开挖至基坑底部后，在锚杆的锚固端部位经常会出现地面拉裂、坑边地面沉降、锚杆位移过大、排桩向着坑内倾斜等现象，严重影响周边环境。

(2) 原因分析

① 设计方面 选用的支护桩刚度太小，引起锚杆体受力过大，接近甚至达到土钉的极限摩阻力，因而造成锚杆位移过大。由于场地的土质较差，局部存在软弱土层，实际土层提供给土钉的极限摩阻力比设计参数取值要小，或者锚杆的设计长度不够，从而造成锚杆抗拔的能力不足。

② 施工方面 局部截水帷幕失效，引起桩之间漏水土，带走了锚杆体周围的土体，锚杆的抗拔承载力受损，造成局部区域位移过大。锚杆的注浆量和注浆压力偏小，达不到设计锚杆体的直径及长度。在软土地区开挖基坑至坑底后，长时间暴露，土体在锚杆力的作用下，产生蠕变位移。

(3) 预防措施

① 设计方面 计算的支护桩和锚杆的刚度应适当折减，控制支护桩的含钢筋率不宜大于1.0%。对控制变形要求较高的区段，宜适当增大桩径。土钉极限摩阻力应由现场抗拔试验来

确定或验证。在选取锚杆长度时，要考虑自由段的长度，以及上覆土压力不足引起的抗拔力下降等因素。锚杆注浆应设计为二次压力注浆施工工艺。

② 施工方面　精心施工截水帷幕，有条件时应降低坑边的水位。锚杆施工过程中，做到及时封堵锚杆孔。进行合理的施工工艺组合，尤其是锚杆的注浆量、注浆压力及浆液配合比，应符合现行相关行业标准的规定。减少基坑的暴露时间，及时浇筑混凝土垫层，并靠紧支护桩。型钢或混凝土“腰梁”与支护桩之间的空隙应用混凝土填充密实。

（4）治理方法

① 如果发现锚杆变形过大，可以对其他未挖到坑底的区域进行锚杆补强，如增加锚杆的长度，加密锚杆的间距，增大注浆体，甚至施加预应力等。由于锚杆施工要达到设计强度需要一段时间，因而对已挖至坑底的区域应尽快浇筑振捣混凝土垫层。

② 在位移偏大，对周围环境产生了不利影响位置，可以增设竖向的斜撑，在坑底浇筑钢筋混凝土垫层，在“环梁”位置设置后埋件，然后放置间距为6m左右的钢管。待底板混凝土浇筑完成后，切割钢管并封堵。

## 三、支撑系统的质量问题与防治

### 1. 支撑节点裂缝及破坏

（1）质量问题　支撑节点处出现混凝土开裂，开始出现在支撑顶面或支撑与“冠梁”的交接处，随后支撑侧面出现斜向剪切裂缝，最后支撑节点混凝土破碎，严重的会引起支护结构失稳。

（2）原因分析

① 设计方面　支护桩设计过短，或者桩的端部未进入好的土层，出现“踢脚”现象；立柱桩布置太少，支撑的跨度过大，支撑截面过小，从而使节点出现裂缝甚至破坏。支撑变形增加与承载力下降，造成支护桩的受力增大，位移和“踢脚”现象更为严重，最后造成支护结构破坏。支撑杆件之间的距离过大，“冠梁”的跨度过大，支撑与“冠梁”的节点受力过于集中，同时支撑与“冠梁”的节点未做混凝土加腋、箍筋未加密、未设加强筋等，最后造成节点的开裂及破坏。

② 施工方面　支撑杆件轴线不在同一直线上，或者立柱桩偏位较大，使支撑杆件形成折线形，导致支撑杆件大幅度增加偏心距。支撑节点处加腋尺寸不足，箍筋未加密。挖土机在支撑跨度中间作业，或者在支撑上堆放过多的施工材料，施工荷载过大，节点弯矩增大。挖土机在挖土过程中，不注意对支撑杆件的保护，使支撑混凝土剥落，钢筋外露等。混凝土养护时间太短，或者局部超挖等因素，均会造成支撑开裂及破坏。钢“冠梁”放置不够平直，钢支撑与钢“冠梁”之间连接不够紧密，焊接质量差等原因，均会造成钢支撑节点的开裂，甚至出现破坏。

（3）预防措施

① 设计方面　支护桩的长度要足够，桩的端部应进入好的土层，如土层为深厚的淤泥质土，应充分考虑“踢脚”的影响；适当增加支撑截面的高度。支撑杆件密度应适中，同时增强“冠梁”的刚度。对支撑与支撑、支撑与“冠梁”及立柱桩偏位的节点作重点加强，如混凝土加腋、箍筋加密、设加强筋等措施。钢“冠梁”与支护桩之间应采用不低于C20的细石混凝土填充密实。

② 施工方面　正确进行施工放样，控制施工的偏心距；尽可能不在支撑上设置施工机械，

如果支撑下工作面不满足，必须在支撑上作业时，应在支撑上覆盖石渣500～600mm（厚度），铺设好钢质路基板，挖土机尽量停在立柱顶的节点上。另外，可以提高支撑的混凝土强度等级，掺入早强剂等措施，来缩短养护的时间。土方开挖应按设计的工况分层分段，严禁出现超挖，对坑边有电梯井或集水井等局部较深位置，除进行特殊的加强外，要控制挖土速度，及时施工坑底的混凝土垫层，并靠紧支护桩。确保钢支撑与立柱桩、钢“冠梁”、混凝土支撑预埋件以及钢支撑之间的连接和焊接质量。

（4）治理方法

① 支撑或节点裂缝但无破碎现象，宜采用碳纤维布粘贴加固。碳纤维布用环氧树脂进行粘贴，并应覆盖整个裂缝区段；当裂缝的宽度较大时，可用双层碳纤维布分层粘贴牢固。

② 在支撑出现严重裂缝或破碎的区域，进行坑内回填土，坑边卸土，然后对受损的支撑节点进行补强。在支撑截面四角位置各放置1根90×10角钢，并用宽80mm、厚10mm、间距600mm的钢板焊接。在“冠梁”位置，放置两根角钢，也用钢板焊接，形成一个钢桁架。钢筋混凝土支撑或“冠梁”与钢桁架之间的空隙用细石混凝土填充。支撑节点进行补强后，再继续施工。

③ 如果支撑节点受损严重，基坑可能存在坍塌的风险，可以先在相应区域坑内回填土方，然后调整地下室的施工顺序，即浇筑完成其他位置的底板，设置竖向的斜撑，最后清理基坑内剩余的土方。

④ 根据工程的实际情况，适当增设土层锚杆，以减少支撑受力，可避免支撑节点裂缝。

## 2. 支撑的主柱桩沉降变形过大

（1）质量问题　在进行挖土的过程中，发现个别主柱桩沉降较大，或者立柱桩的倾斜过大，引起支撑梁局部下沉，偏心距大幅度增加，引起支撑的破坏。

（2）原因分析

① 设计方面　立柱桩的承载力不够；立柱桩的底部未插入硬土层，沉降变形过大；或立柱桩的钢立柱设计长度不足。立柱桩与地下结构的承台、“地梁”轴线相交，造成立柱桩的“地梁”钢筋穿越绑扎困难，钻孔或切割钢格构，将会严重削弱其承载力。

② 施工方面　在立柱桩的施工中，钢立柱和基础桩钢筋笼子出现上浮，或者设置长度不足；钢立柱未与基础桩钢筋笼子焊接在一起；钢立柱中心定位偏差，桩身出现倾斜。在挖土的过程中，挖土机碰撞立柱桩，致使立柱桩位移甚至折断。挖土的坡度过陡，临时边坡出现滑动，引起立柱桩和工程桩的移位。在支撑梁堆放钢筋等施工材料、停放施工机械作业等，使立柱桩超载，出现较大的沉降。

（3）预防措施

① 设计方面　如支撑上需要设置施工堆场，或者挖土机在支撑上作业，或者支撑上行驶运土汽车，应在立柱桩承载力计算时予以考虑，必要时按施工栈桥进行设计。钢立柱锚入基础的长度不宜小于立柱长边或直径的4倍，且不宜小于2m。对立柱桩沉降变形进行验算。有条件时，立柱桩桩体应插入较硬的土层。立柱桩原则上应避开定位轴线位置。

② 施工方面　如在桩基施工过程中发现钢立柱和钢筋笼子上浮或位置有误，应在支撑梁施工前，对立柱桩桩体进行补强甚至补桩。严禁挖土机碰撞立柱桩，在基坑挖土前，应对立柱桩桩体进行标识。应分层分台阶进行土方开挖，分层厚度一般为1～2m，台阶宽度6～10m，软土地区临时边坡坡度为（1∶3）～（1∶2），挖土机停靠或行走路线上铺设好路基板，确保坑内土方不出现局部滑动。控制支撑梁上的施工荷载。需设置施工栈桥的基坑，应对支撑梁和立柱桩桩体进行加固。

（4）治理方法

① 基坑开挖中发现立柱桩沉降变形，导致支撑裂缝但不十分严重，可采用碳纤维布和环氧树脂粘贴加固后继续使用，并要加强监测。

② 如果立柱桩桩体在挖土中受损，但倾斜不大，尚可继续使用，挖土到基坑底后，立即用粗的钢管进行顶替，钢管柱的下端通过加厚配筋垫层连接于就近的工程桩上。

③ 如果立柱桩桩体出现严重偏位，或钢立柱过短甚至脱离下部的基桩，或立柱桩与基础梁结构冲突，而立柱桩桩体在基坑底以下部分继续使用，可采取下列加固措施：在原立柱桩桩体的附近补 1～2 根立柱格构件，使其与原立柱桩桩体用钢筋混凝土“垫梁”相连，“垫梁”尽量利用就近的工程桩。新增的钢立柱顶端与支撑梁植筋式连接，使立柱的轴向力通过补强的钢立柱传递荷载。

④ 立柱桩桩体被挖土严重破坏，基本再无法利用时，可采用回填土方后增设新的立柱桩的方法。

## 3. 支撑变形过大产生裂缝

（1）质量问题　基坑挖至设计标高后，发现支撑的一侧位移较大，甚至出现支撑整体移动，侧边支护桩沿基坑边线方向倾斜，立柱桩也随着产生倾斜，局部支撑节点破碎，有的支护桩发生断裂，大部分支撑杆件出现裂缝。

（2）原因分析

① 设计方面　由于局部较深、坑边卸土坡度不够、一侧受力面较宽较大、支撑系统未封闭等原因，造成支撑两端的受力不平衡，引起支撑系统整体位移，支撑杆件及节点产生裂缝甚至破坏。支撑杆件长细比过大，引起支撑梁上拱或下弯；立柱桩的承载力不足而沉降变形。支撑与“冠梁”的夹角过小，未对支护桩及节点进行相应加强；没有对基坑的阳角进行局部加固处理。

② 施工方面　施工单位为抢工期，分区段设支撑，分别进行挖土，基坑的支撑系统未封闭，从而使支撑受力不平衡。特别是钢支撑的角部支撑位置，如未封闭支撑系统，钢支撑与“冠梁”之间易出现滑脱破坏。未按设计要求进行分层、对称开挖，局部支撑受力失去平衡，导致支撑位移变形过大及裂缝。坑边局部荷载过大，如坑边堆放材料，使支撑受力不平衡，引起支撑位移和裂缝。

（3）预防措施

① 设计方面　在支撑的两端进行土压力平衡验算，并对挖土施工提出科学合理的要求。当坑中坑靠近基坑一侧时，应对大坑与坑中坑采取加固措施。支撑系统应进行封闭，对受力较大的杆件及节点应进行重点加强，控制支撑杆件的长细比。支撑系统无法封闭时，应在开口端采用支护桩加大加长增密，坑底被动区用水泥搅拌桩等加固的措施，确保钢支撑与立柱、钢支撑之间及与“冠梁”等节点的有效连接。

② 施工方面　在支撑体系封闭且达到设计强度后，方可进行土方开挖，如有必要可设置施工栈桥或坑边设置加强行车道。在土方开挖过程中，应严格遵循“开槽支撑、先撑后挖、分层开挖、严禁超挖”的原则，应做到分层、分段、对称开挖，避免单侧一挖到底及超挖等现象发生。做到两端荷载基本平衡。

（4）治理方法

① 采用增设土层锚杆的方式进行加固，可以减小支撑受力，减小围护桩的内力；土层锚杆采用二次注浆工艺，对主动区的土体进行有效加固，使土体的物理力学参数提高，主动土压力降低。

② 坑内采用高压“旋喷桩”对被动区进行加固，可以有效提高被动区的土压力，并减少桩身的弯矩。

③ 水平向增设钢管支撑，或者增加设置竖向钢管斜撑。

④ 在荷载较大侧进行卸土卸载，坑内用砂包或施工材料进行反压。

# 四、截水帷幕的质量问题与防治

## 1. 水泥土搅拌桩截水帷幕出现渗漏

(1) 质量问题　水泥土搅拌桩之间出现漏土、漏水现象，容易引起坑边地面的沉降，基坑支护结构侧向位移变形过大，如坑边出现水管破裂或者土体扰动过大，可能会造成基坑失稳。

(2) 原因分析

① 设计方面　作为截水帷幕的水泥土搅拌桩搭接宽度不足，由于桩身偏位及垂直度偏差等原因，水泥土搅拌桩出现劈叉现象，使得截水帷幕失效。水泥土搅拌桩的设计桩长过长，特别是单轴和双轴水泥土搅拌桩，桩长如果超过 15m，成桩质量就很难保证。支护桩的间距过大，使得桩之间水泥土搅拌桩的抗剪强度不足，导致搅拌桩被挤进基坑内或断裂，引起基坑出现漏土、漏水。

② 施工方面　截水帷幕桩的水泥掺入量不足，或者未到水泥土搅拌桩的龄期，提前进行土方的开挖，造成水泥土搅拌桩的桩身强度不符合设计要求，使得截水帷幕失效。搅拌桩与支护桩未贴紧，在支护桩发生较大的侧向变形后，搅拌桩与支护桩脱开，搅拌桩受力过大，引起桩身开裂；水泥土搅拌桩的垂直度偏差大，桩身下部出劈叉现象，很容易引起渗漏。

(3) 预防措施

① 设计方面　根据基坑深度、工程地质和水文地质条件，选择合适的水泥土搅拌桩。水泥土搅拌桩的搭接宽度应符合下列要求：当搅拌深度不大于 10m 时，不应小于 150mm；当搅拌深度不大于 10～15m 时，不应小于 200mm；当搅拌深度大于 15m 时，不应小于 250mm。根据现场试验或地区施工经验，选用水泥土搅拌桩的无侧限抗压强度，可通过提高水泥掺入量、减少支护桩间距、降低坑外水位等措施来提高截水帷幕的有效性。

② 施工方面　确保水泥土搅拌桩的水泥掺入量，如果工期要求比较紧，可掺入适量的早强剂，一般可外掺石膏粉和三乙醇胺，掺入量分别为水泥质量的 2% 和 0.1%。确定支护桩与水泥土搅拌桩的合理施工顺序，如果支护桩为钻孔灌注桩，因其易出现扩径现象，水泥土搅拌桩宜先进行施工。如果支护桩为挤土的沉管灌注桩或预应力混凝土管桩等，水泥土搅拌桩随后进行施工。水泥土搅拌桩施工工艺应做到“四搅两喷”，应保证喷浆压力和注浆量符合设计要求，并做到搅拌均匀，如施工间隔时间过长导致水泥土搅拌桩之间无法搭接的，应在接缝处采取补桩或压力注浆措施。

(4) 治理方法

① 水泥土搅拌桩截水帷幕失效常发生在基坑底部位置，在基坑开挖至底部后，只是有漏土现象，而漏水比较少时，可提前浇筑底板，用细石混凝土填充空隙，并用短钢管设置斜撑。

② 降低基坑外的地下水位，减少水泥土搅拌桩的土压力。

③ 在支护桩的间隙处砌筑一定厚度的堵漏墙，并用钢筋连接在支护桩上，作为拉结筋。

④ 先用塑料导管植入渗水处导泄，然后喷第一遍掺加速凝剂的细石混凝土，挂上直径 6mm 双向钢筋网，再喷第二遍细石混凝土，最后用水泥掺加速凝剂替换导管堵孔。

⑤ 在支护桩迎着土一侧的桩之间注入“双液”阻止渗漏，即将水泥浆和快凝剂同时注入。

⑥ 钢模板或木模板嵌入桩间隙中，并用粗钢筋连接在支护桩上，然后在桩之间浇捣早强混凝土堵住渗漏。

## 2. 高压喷射注浆截水帷幕渗漏

（1）质量问题　高压“旋喷”或“摆喷”注浆形成的桩体，开挖中发现基坑有渗漏现象，如不及时采取封堵措施，易造成坑边地面沉降、管线断裂，甚至基坑支护结构失稳。

（2）原因分析

① 设计方面　支护桩的间距过大，或高压喷射注浆帷幕的水泥用量太少，或帷幕的水泥固结体搭接宽度不足，在坑底压力较大的位置，由于桩身强度不足，导致出现水土渗漏。高压喷射注浆的成桩施工工艺选择不合理。在支护桩间距较大、挖土较深的位置，不宜选用单管法高压注浆。

② 施工方面　当高压“旋喷”桩采用嵌缝式施工时，由于定位发生偏差，高压“旋喷”桩与支护桩未贴紧，土体从高压“旋喷”桩与支护桩之间的缝隙中挤出，从而造成基坑的渗漏。“旋喷”的参数如喷嘴直径、提升速度、“旋喷”速度、喷射压力、注浆流量等选择不合理，出现成桩质量问题。

（3）预防措施

① 设计方面　通过提高水泥掺入量减少支护桩的间距降低基坑外水位等措施，来提高高压“旋喷”桩截水帷幕的有效性。成桩工艺选择三重管法或二重管法，尽可能采用封闭搭接式的截水帷幕，搭接宽度应符合下列规定：当注浆孔深度不大于10m时，不应小于150mm；当注浆孔深度为10～20m时，不应小于250mm；当注浆孔深度为20～30m时，不应小于350mm。

② 施工方面　应先进行支护桩的施工，后进行高压“旋喷”注浆施工。在“旋喷”施工过程中，“冒浆量”控制在10%～15%之间，在基坑重要区域或桩身强度有特殊要求位置，可以采用“复喷”的措施。喷射注浆时应由下而上均匀喷射；高压“旋喷”注浆的施工作业顺序应采用隔孔分序的方式，相邻两孔喷射施工间隔时间不宜小于24h，并确保有效搭接。确保注浆压力，对三重管法要求内管泥浆泵压送2MPa左右的浆液，中管由高压泵压送2MPa左右的高压水，外管由空压机压送0.5MPa以上的压缩空气。为保护邻近的建筑物和道路管线，宜采用速凝浆液进行喷射注浆。喷嘴直径、提升速度、“旋喷”速度、喷射压力、注浆流量等喷射注浆的工艺参数宜由现场试验确定。

（4）治理方法

① 如基坑土方开挖中，发现高压喷射注浆截水帷幕质量达不到设计要求，可在支护桩的外侧再补打一排高压“旋喷”桩。

② 如基坑已开挖至设计标高，出现漏土、漏水现象较为严重，可在截水帷幕失效区域的支护桩外侧补打一排“拉森式”钢板桩，钢板桩与支护桩的接缝处，可采用低压注浆补缝。

## 3. 基坑底部出现渗水和涌水

（1）质量问题　在土的颗粒较细、含水量较为丰富的粉砂土层的基坑中，经常出现流砂、突涌和管涌等地下水危害现象，它们均会造成基坑边沉降，危及周边道路、管线及建筑物等，严重时会造成基坑护壁坍塌。

（2）原因分析

① 设计方面　基坑地下水可能造成渗漏水的破坏成因分析不合理，降水方案针对性不强，从而使降水措施达不到应有的效果。选用的截水帷幕不合理或者帷幕的深度不足。

② 施工方面　降水管井的出水量少，降水的效果比较差；降水井的砂滤层施工质量差，使排出的水混浊，把坑边大量的泥砂带出。

(3) 防治措施

① 静水压力作用主要增加了土体及支护结构的侧向压力，降低地下水位可保持坑内比较干燥，保证基坑顺利施工。降水深度应满足坑底的正常作业，要求降水后的最高水位在坑底0.5m以下。设置截水帷幕（如钢板桩、水泥土搅拌桩、高压“旋喷”桩、地下连续墙等）或采用冻结法来封堵地下水。

② 在动水压力的作用下，可能会产生流砂和管涌，流砂易出现突发性的事故。管涌使土体中的细颗粒被带走，严重影响土体的强度。降低地下水位，可减少水土压力，减少渗透力的作用，增加土体的强度，提高支护结构的稳定性。降水深度宜在可能产生流砂或管涌的土层面以下。防治管涌的措施主要为：增加基坑围护结构插入坑底的深度，以延长地下水的渗透路径，降低水力梯度；在水流溢出处设置反滤层等。设置截水帷幕如钢板桩、水泥土搅拌桩、高压“旋喷”桩、地下连续墙等，来封堵地下水或者延长渗透路径。

③ 在承压水的作用下，使基坑产生突涌，会顶裂甚至冲毁基坑底的土层，其破坏性更大。降低水位可以减少承压水头，防止基坑发生突涌现象。如果承压水层不厚，可设置截水帷幕隔断承压水层；如果承压水层较厚且很深，可采取坑底设置水平向截水帷幕，即采用减压井进行降水。

④ 降水管井成孔后，用粗砂填充井管与孔壁之间形成过滤层。然后用水泵进行试抽水，开始出现一些混浊的水，经一定时间后出水应逐渐变清，对较长时间出水混浊的管井应予以停止并更换。

## 五、“土钉墙”支护的质量问题与防治

### 1. “土钉墙”位移过大

(1) 质量问题　基坑开挖至坑底后，很容易出现“土钉墙”面层局部外鼓、裂缝，坑边地面沉降变形较大的现象，如不及时采取措施，变形会进一步扩大，可能会出现“土钉墙”失稳破坏。

(2) 原因分析

① 设计方面　土钉的水平向或垂直向间距过大，使得土钉的受力过大，土钉之间形成的“土拱”承载力过低，造成“土钉墙”较大的位移变形。土钉的长度太短，或者土钉的成孔工艺选择不合理，使土钉的抗拔承载力不足，导致土钉体中的浆液破碎，钢筋出现屈服。土钉与土体之间的极限黏结强度选择过大，或未考虑工程桩桩体在沉桩施工时的“挤土”效应。

② 施工方面　未按设计要求进行土方开挖，土方开挖与“土钉墙”施工脱节，产生超长或超深开挖，土方开挖不合理，均会使“土钉墙”产生较大的变形。混凝土垫层施工跟进不及时，坑底土层暴露时间过长，导致坑边沉降过大。土钉注浆不到位，包括浆体配合比、注浆压力、注浆量等注浆要素不符合设计要求，或者土钉体未达到设计强度就开挖土方，造成土钉的抗拔承载力达不到设计值。

(3) 预防措施

① 设计方面　影响土钉的抗拔承载力因素很多，宜适当提高土钉的抗拔承载力安全系数，主要通过加密、加长土钉，或者改进土钉成孔工艺等方法，并明确土方开挖的要求。在基坑施工过程中，会对土体产生一定的扰动，因而基坑周边有重要建筑物或管线时，应慎用“土钉

墙”支护。设计中应对土钉的抗拔承载力进行检测，验证土钉与土体之间的极限黏结强度；当工程桩桩体存在“挤土”效应时，应适当降低其取值。

② 施工方面　基坑土方开挖必须与“土钉墙”支护施工紧密配合，基坑土方可分为中央开挖区（中心岛）与四周的分层开挖区。周边土方开挖应配合“土钉墙”作业，挖土宽度一般距离坑边 6～10m，分层高度由“土钉墙”竖向间距来确度，待上排土钉体达到设计强度后，方可进行下一层土方的开挖和土钉的施工。基坑四周的“土钉墙”施工完成后，再开挖中央的开挖区（即中心岛）。打入注浆式的土钉一般用直径 48mm 钢管，土钉体的直径为 80mm，注浆压力较难控制，土钉体的直径也不易保证；而成孔注浆式的土钉注浆体直径有保证，其抗拔承载力远大于打入注浆式的土钉，所以应尽量选择后者。两者均应控制注浆施工要素，使其符合设计要求。基坑每分层开挖一段，应立即喷射第一层混凝土护坡面层，厚度为设计厚度的一半，铺设钢筋网及该层的土钉体施工后，再立即喷射第二层混凝土护坡面层。基坑开挖至坑底后，应立即施工混凝土垫层，并紧靠“土钉墙”的墙脚。

（4）治理方法

① 减少或者卸去坑边的荷载，主要包括材料堆放荷载和行车荷载；坑边放缓坡度进行卸载，即挖除部分坑边土体。

② 土方开挖至坑底后，立即浇筑厚度为 300mm 的混凝土垫层，宽度范围为 8～10m。

③ 在坡脚位置打入一排钢板桩或松木排桩，起到减少位移变形和增加整体稳定的作用。

④ 当“土钉墙”位移变形比较严重时，在坑底地基土或垫层上堆积适量的砂包，待“土钉墙”加固后，再卸除砂包后继续施工。

## 2. 土钉注浆量不足

（1）质量问题　在基坑开挖过程中，发现“土钉墙”位移变形比较大，局部出现“土钉”被拔出，进一步开挖可能出现“土钉墙”滑移，甚至整体稳定破坏的现象。

（2）原因分析

① 设计方面　钢管土钉选用水泥砂浆注浆，经常出现堵塞出浆孔洞，各个孔洞的注浆量不均匀，土钉的抗拔承载力达不到设计要求；纯水泥浆的水灰比选择不合理，过大的水灰比，水泥硬化后收缩过大，注浆孔内空隙较多，影响土钉的抗拔承载力；过小的水灰比，注浆泵出浆困难。土钉孔注浆材料的强度要求过低。

② 施工方面　钢管土钉出浆孔洞的间距过大，不能形成连续的注浆体；出浆孔洞的保护倒刺或土钉端头的扩大头焊接不牢，在土钉打入过程中掉落；注浆压力选择不合理，水泥用量不符合设计要求。

（3）防治措施

①“土钉”应当进行抗拔承载力试验，发现土钉的抗拔承载力达不到设计要求，需对基坑支护进行加强。土钉的抗拔承载力试验要点，可参见现行的行业标准《建筑基坑支护技术规程》（JGJ 120—2012）附录 D。

② 土钉孔注浆材料的强度不宜低于 20MPa。

③ 土钉浆液中纯水泥浆的水灰比通常为 0.45～0.55，水泥砂浆的水灰比通常为 0.40～0.45。宜在浆液中掺入适量的膨胀剂及早强剂。一次拌和的水泥浆或水泥砂浆应在初凝前用完。

④ 一次注浆的水泥浆凝固后，孔内可能存在空隙，如土钉的抗拔承载力要求较高，可采取二次注浆的方式，进行二次注浆后，土钉的抗拔承载力可明显提高。

⑤ 钢管土钉孔口用塞子堵住注浆口；土钉出浆孔洞通常 0.5m 左右设置一组，每组设 2

个，呈梅花形排列，出浆孔洞的直径 4～15mm；出浆孔口设置倒刺，与钢管焊接，主要防止打入土体过程中堵塞出浆孔，并可以增加土钉的抗拔承载力。

⑥ 钢管土钉，通过压力注浆，使土体密实及强度提高，增强对钢管的握裹力，一般开孔压力在 2.0MPa、水泥用量在 15kg/m 以上，要防止孔口出现冒浆。钻孔注浆的土钉，通常采用重力式注浆，水泥用量在 20kg/m 以上，一次注浆压力通常在 0.2～0.5MPa，如采用二次注浆，注浆压力一般在 2.0MPa 左右，应在新鲜浆液从孔口溢出后方可停止注浆。

⑦ 如果施工工期较紧，土方开挖也比较快时，可采用高强度水泥和早强剂，提高注浆体的早期强度。

⑧ 发现“土钉墙”位移变形比较大，可参照“土钉墙位移过大”的相应内容进行治理。

## 3. “土钉墙”出现失稳

（1）质量问题

“土钉墙”出现失稳，主要包括内部失稳（即局部滑动破坏）、整体失稳（即“土钉墙”整体滑动）或倾覆破坏。基坑开挖至坑底后变形较大，引起坑边地下水管开裂，然后造成基坑失稳，坑边路面开裂，围墙出现外倾，基坑坡面开裂，坑内严重隆起，大批工程桩移位甚至断裂。

（2）原因分析

① 设计方面　土钉的长度过短，土钉体的直径过小，间距不合理即过稀或过密；土钉的形式选择不当，例如应选择钻孔注浆式的土钉，结果选择了打入式钢管注浆的土钉；设计的土钉注浆参数不合理。应设计井点式降水而未进行设计。基坑边有建筑物及重要管线，且场地的土质较差，不宜采用“土钉墙”支护。

② 施工方面　挖土的速度过快，未进行分层分段土方开挖，开挖后未及时施工土钉和喷射混凝土面层。在基坑变形超过报警值，未及时回填土方或坑边卸载等应急处理。垫层施工不及时，坑底暴露时间过长，会造成坑底隆起量过大。土钉的施工长度不足，注浆不符合设计要求，使土钉的抗拔承载力达不到设计要求，严重的位移变形后发展到失稳。

（3）预防措施

① 设计方面　设计“土钉墙”的土钉长度和直径应足够，间距应合理，土钉的形式和注浆参数应合理。地下水位较高的基坑，应采用必要的降水措施。可采用深层水泥搅拌桩（或高压“旋喷”桩）与“土钉墙”相结合的复合型“土钉墙”。水泥搅拌桩可提高坑底土体的抗剪强度，稳固土体的坡脚，同时，采用水泥搅拌桩超前支护，可减少基坑的变形；当基坑挖深较大或地质土层很软弱时，可采用桩锚支护代替“土钉墙”支护。

② 施工方面　严格禁止地基超挖，在坑边位置，应采取分层分段开挖土方，分段浇筑底板下混凝土垫层的方式，可有效减少基坑的变形。分段长度通常为 20～30m，距离坑边 8～10m 范围内快速浇筑 30cm 厚 C25 混凝土垫层。选取钻孔注浆式的土钉，确保注浆的配合比注浆压力和水泥用量。

（4）治理方法

① 减少或者卸去坑边的荷载，主要包括材料堆放荷载和行车荷载；坑边放缓坡度进行卸载，即挖除部分坑边土体。

② 土方开挖至坑底后，立即浇筑厚度为 300mm 的混凝土垫层，宽度范围为 8～10m。

③ 在坡脚位置打入一排钢板桩或松木排桩，起到减少位移变形和增加整体稳定的作用。

④ 当“土钉墙”严重失稳时，应先对失稳基坑进行土方回填，确保基坑位移不再增大。然后在坡顶位置设置两排钻孔桩，前后排桩的间距为 3～4m，两种桩之间土体再用高压“旋

喷”桩加固，并用梁板结构把两排钻孔桩相连。

⑤ 先进行地基土方回填成坑边三角形，然后在坡顶位置设置一排钻孔桩，待坑内距离坑边一定距离的地下室底板浇筑完成后，设置竖向的钢管支撑，最后分段开挖土方，分段浇筑坑边剩余的底板。

### 4. “土钉墙”坑内隆起量过大

（1）质量问题　基坑开挖至坑底后，易引起“土钉墙”下沉及向坑内位移，从而造成坑底土体的隆起，对坑内的工程桩及周边环境造成不良影响，基坑周边土体沉降及裂缝，严重时造成基坑失稳。

（2）原因分析

① 设计方面　设计的土钉长度或直径不足及间距不合理，造成土钉的位移过大，“土钉墙”的稳定安全系数偏小。地下水位高、土层渗透系数大的基坑没有设计降水方案。在土质较差、深度较深的基坑中，宜采用复合型的“土钉墙”支护，增设竖向支护结构，增加支护结构的入土深度。当基坑底面下有软弱土层时，“土钉墙”抗隆起安全系数应足够。

② 施工方面　基坑边的施工荷载过大，使坑边的路面下沉，导致坑底出现隆起。基坑内垫层设置不及时，或者设置的范围及厚度过小。降排水的措施不到位，坑内被水浸泡，被动区土体扰动等，均会加大坑底的隆起量。“土钉墙”的坡度偏大，未按设计要求施工。

（3）防治措施

① 在坡脚处设置具有一定刚度和强度的竖向支护结构，能阻挡土体的内移，从而减少坑底的隆起量。如坡脚处设置水泥搅拌桩，或者密排的木桩、钢板桩以及钢管注浆锚杆等。

② 快速浇筑厚30cm的混凝土垫层，加强垫层的范围为坑边8～10m，并用砂包反压。

③ 做好基坑的降水、排水措施，确保坡面和坑底不被水浸泡；护坡面的坡度应当符合设计要求。

④ 严格控制基坑边的施工荷载，包括车辆行驶荷载和材料堆放荷载，尤其是钢筋堆场应远离基坑边。

## 六、水泥土挡土墙的质量问题与防治

### 1. 水泥土挡土墙位移过大

（1）质量问题　水泥土挡土墙变形过大或出现整体刚性移动，对临近坑边的道路管线、高位工程以及附近建筑物带来不利影响，并且影响坑内工程桩和基础施工。

（2）原因分析

① 设计方面　水泥土挡土墙的厚度及入土深度不足，挡土墙抗倾覆、抗滑移、整体稳定性及抗隆起的安全系数不满足现行规范的要求；基坑计算挖土深度偏小，没有考虑靠近基坑边的电梯井、集水井以及多桩承台挖土深度的影响；没有考虑坑边重车行走及临时堆放荷载的影响，地面超载计取不足；在进行挡土墙计算时，土的抗剪强度指标取值偏大；当工程桩为挤土桩时，未考虑土体受扰动的影响；基坑面积大，边长尺寸大，基坑暴露时间长，没有考虑基坑的时空效应；挡土墙位置处存在较厚的杂填土、老河道或者地下设施等，影响水泥土挡土墙的质量，没有做好加固处理。

② 施工方面　水泥土挡土墙的施工质量不能满足设计要求，基坑开挖时水泥搅拌桩的强度没有达到设计要求；没有按照设计文件规定的区域堆放施工材料和施工车辆行走，导致水泥

土挡土墙主动土压力超载；未按照设计工况进行土方的开挖，出现超挖和乱挖；土方开挖速度过快，没有分区、分段、分层开挖，而是一次性开挖到坑底；基坑开挖面积大，暴露时间过长，未分段及时浇筑混凝土垫层。

（3）预防措施

① 设计方面　水泥土挡土墙的厚度及入土深度必须满足抗倾覆、抗滑移、整体稳定性及抗隆起安全系数的要求；基坑计算挖土深度应考虑靠近坑边的坑中坑及多桩承台的影响；所采用的土体抗剪强度指标取值应取地质勘察报告中提供的标准值，并根据工程桩、围护桩施工对土体的扰动情况适当折减；当挡土墙变形不能满足时，采用坑底被动区加固，加固方法可采用水泥搅拌桩、高压“旋喷”桩、压密注浆等，平面布置形式可采用满堂式、支墩式等；挡土墙顶面应做不小于150mm厚C20钢筋混凝土板，并在水泥搅拌桩中插入钢筋或钢管，以增加面板与挡土墙之间的抗剪强度。

② 施工方面　水泥搅拌桩施工应控制下沉及提升的速度，一般预搅下沉的速度应控制在0.80m/min，喷浆提升速度不宜大于0.50m/min，重复搅拌升降可控制在0.50～0.80m/min；控制喷浆速率与喷浆提升（或下沉）速度的关系，确保水泥浆沿着全桩长度内均匀分布，并保证在提升开始时同时注浆，在提升至桩顶部时，该桩体的全部浆液喷注完毕；施工中发生中断注浆，应立即暂停施工，重新搅拌下沉到停浆面或少浆桩体段以下0.50m的位置，重新注浆搅拌提升；经常检查搅拌时叶片磨损的情况，当发生过大的磨损时，应及时更换或修补；基坑提前开挖时，应在水泥浆中掺入早强剂，开挖前对水泥搅拌桩桩体进行取芯检测；在水泥搅拌桩中掺入水泥用量的10%的粉煤灰代替水泥，以增加水泥浆的强度；对地下水丰富的工程，在水泥浆中掺入速凝早强剂，以防止水泥浆液被冲蚀；按照设计规定的区域堆放施工材料和设置施工道路，并加固出土口；基坑开挖应分层、分段对称开挖，开挖到基坑底后立即浇筑混凝土垫层。

（4）治理方法

① 当水泥土挡土墙位移过大，但不影响地下室基础的施工时，可采取如下措施：立即进行挡土墙后卸土，减少对水泥土挡土墙的土压力；坑内抽条式分段开挖后，立即设置加厚混凝土垫层至挡土墙边；在坑边被动区垫层上设置砂袋反压。

② 当水泥土挡土墙位移过大，严重影响地下室基础的施工时，应加大对挡土墙后卸土范围，并在墙后重新设置水泥土挡土墙，达到设计强度后，凿除影响基础施工部分的搅拌桩。

## 2. 水泥土挡土墙产生滑移

（1）质量问题　水泥土挡土墙的墙体及附近的土体整体滑移破坏，基底的土体出现隆起，坑边的土体开裂，坑内的工程桩偏位。

（2）原因分析

① 设计方面　水泥土挡土墙的厚度不足，墙底与土体的摩擦力偏小，在主动土压力的作用下，水泥土挡土墙滑移；挡土墙底部位于土质较差的淤泥土，淤泥土的抗剪强度较低，坑内被动区没有设计加固处理。水泥土挡土墙的厚度及入土深度不足，挡土墙抗倾覆、抗滑移、整体稳定性及抗隆起的安全系数不满足现行规范的要求；基坑面积大，边长尺寸大，基坑暴露时间长，没有考虑基坑的时空效应；挡土墙位置处存在较厚的杂填土、老河道或者地下设施等，影响水泥土挡土墙的质量，没有做好加固处理。

② 施工方面　水泥搅拌桩桩身在施工时，提升喷浆的速度太快，喷浆不均匀，导致桩身的强度不均匀，甚至局部出现断层，基坑开挖后沿着断层滑移；水泥土挡土墙施工范围内存在有机质含量较高的泥炭土，影响挡土墙的施工质量，桩身强度达不到设计要求；没有按照设计

文件规定的区域堆放施工材料和施工车辆行走，导致水泥土挡土墙主动土压力超载；未按照设计工况进行土方的开挖，出现超挖和乱挖；土方开挖速度过快，没有分区、分段、分层开挖，而是一次性开挖到坑底；基坑开挖面积大，暴露时间过长，未分段及时浇筑混凝土垫层。

(3) 预防措施

① 设计方面　适当增加水泥土挡土墙厚度，对于淤泥质土，挡土墙厚度不宜小于0.7$h$($h$为基坑深度)，以增加挡土墙底部与土体之间的摩擦力；在基坑内设置水泥土加固暗墩，增加挡土墙的抗滑移能力。在水泥土挡土墙中设置型钢、钢管、刚性桩等，以增加抗滑移能力，插入深度应进入力学性质较好的土层中。

② 施工方面　水泥搅拌桩施工应控制下沉及提升的速度，一般预搅下沉的速度应控制在0.80m/min，喷浆提升速度不宜大于0.50m/min，重复搅拌升降可控制在0.50～0.80m/min；控制喷浆速率与喷浆提升（或下沉）速度的关系，确保水泥浆沿着全桩长度内均匀分布，并保证在提升开始时同时注浆，在提升至桩顶部时，该桩体的全部浆液喷注完毕；施工中发生中断注浆，应立即暂停施工，重新搅拌下沉到停浆面或少浆桩体段以下0.50m的位置，重新注浆搅拌提升；基坑提前开挖时，应在水泥浆中掺入早强剂，开挖前对水泥搅拌桩桩体进行取芯检测；在水泥搅拌桩中掺入水泥用量的10%的粉煤灰代替水泥，以增加水泥浆的强度；对地下水丰富的工程，在水泥浆中掺入速凝早强剂，以防止水泥浆液被冲蚀；水泥土挡土墙用于泥炭土或土中有机质含量较高时，应通过试验确定其相关参数；基坑开挖应分层、分段对称开挖，开挖到基坑底后立即浇筑混凝土垫层。

(4) 治理方法

① 当水泥土挡土墙的滑移变形不大，不影响基础施工时，应立即回填坑内土方；在坑内贴近原搅拌位置增设水泥土加固墩，增加其抗滑移能力；在坑内贴近挡土墙位置设抗滑钻孔灌注桩或其他刚性桩。

② 当水泥土挡土墙的滑移变形严重，甚至发生坍塌，应立即回填坑内土方，进行加固设计与施工。

### 3. 水泥土挡土墙出现倾覆

(1) 质量问题　在我国长江中下游和东南沿海一带软土地区基坑中，水泥土挡土墙的变形往往过大，若不加以控制，会严重影响到基坑周围环境安全，甚至会导致坍塌和倾覆等事故。

(2) 原因分析

① 设计方面　水泥搅拌桩的桩长设计不满足抗倾覆安全性要求；挡土墙所处的位置为暗沟、暗河，设计时没有进行必要的处理，基坑开挖后被动区的土体较差，无法提供较大的被动土压力。

② 施工方面　没有按照设计要求进行卸土放坡，坡面没有喷射混凝土面层，下雨时边坡土体的含水量增大，导致主动土压力增大；基坑边堆放大量的施工材料；基坑边设置施工道路，重车频繁行走引起墙后主动土压力增加；挡土墙背后高位桩基础先于基坑施工并进行土方回填，施工荷载大于设计要求；基坑开挖中受到临近工地施工的不利影响。

(3) 预防措施

① 设计方面　根据施工总平面布置的要求，合理考虑坑边地面超载的取值；挡土墙的桩长应满足抗倾覆安全性要求；坑边的卸土宽度和深度应合理；挡土墙所处的位置为暗沟、暗河，设计时考虑挖除松软的淤泥等，填筑并夯实素黏土，并对河道位置被动区进行加固；在基坑内设置水泥土加固暗墩，增加挡土墙的抗滑移能力；在水泥土挡土墙中设置型钢、钢管、刚性桩等，以增加抗滑移能力，插入深度应进入力学性质较好的土层中。

② 施工方面　严格按照设计的卸土的宽度及高度进行施工，并对边坡面喷射混凝土面层；坑边应按照设计规定的区域堆放施工材料，按照设计加强过的位置作为出土口和车辆运行道路；挡土墙后的高位桩基础先行施工时，回填土的厚度以及外脚手架等施工荷载不得大于设计规定；基坑土方开挖，不得乱挖和超挖，挖到坑底后应立即浇筑基底混凝土垫层；基坑开挖中和开挖后，受到临近工地施工的不利影响时，应在挡土墙的背后设置防挤沟、布置卸压孔，并加强检测工作。

（4）治理方法

① 当水泥土挡土墙倾覆变形尚未倒塌破坏，不影响地下室基础施工时，可采取如下措施：立即进行墙后卸土；坑内抽条式分段开挖后，立即浇筑加厚混凝土垫层至挡土墙边；在加厚混凝土垫层上设置竖向斜撑。

② 当水泥土挡土墙倾覆变形过大并倒塌时，应对倒塌区域重新设计补强。

## 4. 水泥土挡土墙出现裂缝

（1）质量问题　水泥土挡土墙是用特制进入土层深处的深层搅拌机，将喷出的水泥浆固化剂与地基进行原位强制拌和制成水泥土桩，水泥土桩之间相互搭接硬化后，即形成具有一定强度墙壁状的挡土墙，既可挡土又可形成隔水帷幕。但是，水泥土挡土墙的墙体受压、受剪、受拉后会出现裂缝，不仅破坏墙体的整体性，而且影响挡土墙的功能。

（2）原因分析

① 设计方面　水泥土挡土墙的厚度不足，截面的刚度过小，不能满足墙体受压、受剪、受拉的要求；挡土墙采用格栅式布置时，水泥土的置换率太小；挡土墙桩与桩之间的搭接长度太少；基坑的边线不规则，“内折阳角”分布过多，土压力应力集中，使“内折阳角”处产生受拉裂缝；挡土墙水泥掺量设计不足，导致桩身强度偏低，也容易出现裂缝。

② 施工方面　在进行基坑开挖时，挡土墙桩身龄期较短，强度不足；水泥土搅拌桩施工时喷浆提升过快、断浆等，导致墙身的强度分布不均匀；水泥搅拌桩垂直度偏差较大，导致下端出现开叉，搭接不满足要求而开裂；挡土墙中相邻桩施工的时间间隔过长，挡土墙中出现施工“冷缝”；土方开挖时，出现超挖和乱挖，导致墙体背后主动土压力增大。

（3）预防措施

① 设计方面　水泥土挡土墙的厚度应满足墙体受压、受剪、受拉的要求。挡土墙基坑边线尽量避免“内折阳角”，而采用向外拱的折线形，避免“内折阳角”应力集中产生裂缝；挡土墙优先选用大直径的双轴搅拌桩，以减少桩之间的搭接接缝；挡土墙桩与桩之间的搭接长度，在土质较差，桩的搭接长度不宜小于 200mm；在进行施工前，应进行成桩工艺及水泥掺入量或水泥浆配合比试验；挡土墙采用格栅式布置时，水泥土置换率应符合相关行业标准的要求；必要时挡土墙可采用成桩质量容易保证的三轴水泥搅拌桩；水泥土墙体 28d 无侧限抗压强度不宜小于 0.8MPa；可在水泥土桩中插入钢筋钢管或毛竹等，插入深度大于基坑的深度，并锚入面板内。

② 施工方面　水泥搅拌桩施工应控制下沉及提升的速度，一般预搅下沉的速度应控制在 0.80m/min，喷浆提升速度不宜大于 0.50m/min，重复搅拌升降可控制在 0.50～0.80m/min；控制喷浆速率与喷浆提升（或下沉）速度的关系，确保水泥浆沿着全桩长度内均匀分布，并保证在提升开始时同时注浆，在提升至桩顶部时，该桩体的全部浆液喷注完毕；施工中发生中断注浆，应立即暂停施工，重新搅拌下沉到停浆面或少浆桩体段以下 0.50m 的位置，重注浆搅拌提升；水泥搅拌桩垂直度偏差应控制 1%以内，桩位偏差应控制在 30mm 以内，防止水泥搅拌桩下段分叉；挡土墙中相邻桩施工的时间间隔不应超过 24h；因故停歇时间超过 24h，应采

取补桩或在后施工桩中增加水泥掺量及注浆加固等措施；基坑开挖施工时，应采取分段分层对称均匀开挖，防止出现超挖和乱挖，并及时浇筑混凝土垫层。

（4）治理方法

① 当墙体上的裂缝较小，对挡土墙受力性能影响不大时，在墙后适当卸土后，对裂缝进行纯水泥浆封闭，在后续施工过程中加强观测。

② 挡土墙的裂缝较大，严重影响挡土墙受力性能时，应立即停止土方开挖，对此区域挡土墙采用增加水泥土挡土墙厚度等措施。

③ 当水泥土挡土墙裂缝过大时，应对裂缝区域重新设计补强。

## 5. 水泥土挡土墙整体失稳

（1）质量问题　水泥土挡土墙沿着某一圆弧滑动面向坑内滑动，挡土墙背后大面积地面出现开裂沉陷，坑内的土体隆起，工程桩位移。

（2）原因分析

① 设计方面　水泥土挡土墙嵌入坑底的深度不足，整体稳定性安全系数偏低；挡土墙底部位于土性较差的淤泥土中或老河道中，挡土墙的稳定性差；基坑底面附近存在渗透系数大的承压水层，基坑开挖后坑底不透水层在动水压力作用下，被承压水顶破而形成坑底管涌，导致挡土墙失稳。

② 施工方面　水泥土挡土墙用于开挖深度较大的基坑时，设计的墙后卸土范围比较大，但施工时因场地条件的限制，卸土范围不满足设计要求；在挡土墙后大量堆放施工材料或重车行走，导致墙体失稳破坏；挡土墙后的土体含水量大，渗透系数大，挡土墙嵌入深度不能满足抗渗稳定性要求。基坑外没有设计降水措施固结土体，导致墙体失稳；基坑中存在“坑中坑”，距离大基坑较近，在基坑开挖中乱挖、超挖，导致挡土墙体失稳。

（3）预防措施

① 设计方面　水泥土挡土墙嵌入坑底的深度，对于淤泥土不宜小于1.2～1.3$h$（$h$为基坑深度），并应满足整体稳定性安全系数不小于1.30的要求；当挡土墙后存在透水系数较大的土层时，坑外应设置降排水的设施来降低地下水位；当基坑中出现多级开挖深度或“坑中坑”，距离大基坑较近时，应考虑“深浅坑”或“坑中坑”挖深时挡土墙的稳定性，设计时除考虑每层土体开挖的挡土墙稳定性外，还应同时考虑下层土体开挖后的整体稳定性。

② 施工方面　严格按照设计的高度、宽度、坡度进行卸土放坡，坡顶应严格控制施工堆场的地面荷载；挡土墙嵌入深度应切断软弱土层和老河道，进入土性较好的土层；必要时在水泥土挡土墙中每隔3～6m插入1根刚性桩；基基坑开挖中应防止乱挖、超挖；应按设计规定区域堆放施工材料和行驶重车；当基坑底面附近存在渗透系数大的承压水层时，可用水泥土挡土墙切断承压水层，形成截水帷幕，坑内外设置降水设施降低地下水位。

（4）治理方法

① 当水泥土挡土墙发生整体稳定性破坏时，应立即进行基坑外卸土，在基坑内进行填土或堆放砂袋反压。

② 在基坑外设置高压“旋喷桩”挡土墙，桩长应切断圆弧滑动面，进入土性较好的稳定土层，必要时每隔一定距离增设钻孔灌注桩，以增加整体稳定性。

③ 对保留可用的挡土墙裂缝进行高压注浆封闭。最后重新开挖土体，并对偏位的工程桩纠偏加固或补桩。

# 七、地下连续墙的质量问题与防治

## 1. 地下连续墙夹泥

(1) 质量问题　地下连续墙在浇筑振捣混凝土的过程中，很容易形成淤泥夹层或“槽段”局部夹泥，导致“槽段”的混凝土强度降低，甚至引起墙体开裂和渗漏。

(2) 原因分析

①“槽段”底部沉渣是造成夹泥的主要原因之一。混凝土开始浇筑时向下的冲击力较大，会将导管下的沉渣冲起，一部分与混凝土混杂，处于导管附近的沉渣易被混凝土推挤到远离导管的端部。当沉渣厚度大或粒径大时，仍有一部分留在原地。同时悬浮于泥浆中的渣土，会沉淀下来落在混凝土面上，这层渣土的流动性好，会到低洼处聚集，容易被包裹在混凝土中形成夹泥。

② 护壁泥浆的性能比较差，导致“槽壁”的稳定性差，在浇捣混凝土过程中，“槽壁”产生坍塌，与混凝土混在一起形成夹泥。或成槽后至混凝土浇筑的间隔时间过长，泥浆出现沉淀，在地下连续墙各段的连接处形成泥皮，导致地下连续墙夹泥。

③“槽段”的长度较大，导管的根数不足，导致混凝土的摊铺面积不够，部分位置未能迅速浇筑到位，被泥渣所填充形成夹泥。

④ 水下浇筑混凝土时，首批混凝土的灌入量不足，不能将泥浆全部冲出，导管端部未被初灌入的混凝土有效包裹；施工中出现导管被拔空，泥浆从导管底口进入混凝土内。

⑤ 混凝土导管的接头处不严密，存在较大的缝隙，导致泥浆从缝隙处渗入导管内。

⑥ 混凝土未按要求连续进行浇筑，造成间断或浇筑时间过长，后浇筑的混凝土在顶升时，与泥渣混合在一起。

(3) 预防措施

① 泥浆是稳定“槽壁”的关键材料，泥浆要具备物理和化学的稳定性，合理的流动性，良好的泥皮形成能力以及适当的密度。护壁泥浆的配合比应根据试验确定。泥浆拌制后应存放24h，待泥浆材料充分水化后方可使用。泥浆的液面应高于导墙底面500mm。

② 单元“槽段”开挖到设计标高后，在插放接头管和钢筋笼子之前，必须及时清除槽底的淤泥沉渣，必要时在插放钢筋笼子后再进行一次清底，清底后4d内灌注混凝土。

③ 地下连续墙应采用导管法浇筑混凝土。导管接头应采用粗丝扣，设置橡胶圈进行密封，必要时在首次使用前应进行气密性试验，以便保证其密封性能。

④“槽段”的长度不大于6m时，宜采用二根导管同时浇筑混凝土；“槽段”的长度大于6m时，宜采用3根导管同时浇筑混凝土。两根导管之间的间距不应大于6m，导管距离“槽段”两端不宜大于1.5m。

⑤ 开始浇筑混凝土时，导管底距离槽底为0.30～0.50m，首批灌入的混凝土量要足够，使混凝土具有一定的冲击量，能把泥浆从导管中端部挤散，导管端部应预先设置隔水栓。

⑥ 在混凝土的浇筑过程中，导管埋入混凝土面的深度宜在2.0～4.0m，浇筑液面的上升速度不宜小于3m/h，并确保混凝土面均匀上升，混凝土面的高差小于500mm。混凝土应保持连续浇筑。

⑦ 在混凝土的浇捣过程中，导管不能作横向运动，“槽段”的附近不得有重车行走，以防止“槽壁”的坍塌。

(4) 治理方法

① 在浇筑混凝土的过程中若遇“槽壁”坍塌夹泥，可将落在混凝土面上的泥土用空气吸

泥机吸出，然后再继续进行浇筑；如果混凝土已经初凝，可将导管慢慢提出，将混凝土清除干净，重新下导管浇筑混凝土。

② 基坑开挖后，发现地下连续墙的夹泥量比较少，渗漏水的面积也不大时，可以采用填堵法处理。凿除夹泥区域的混凝土，冲洗干净后，采用掺加防渗剂的速凝混凝土对凿出部位进行喷射封堵。

③ 如果地下连续墙出现面积较大的夹泥，渗漏水的面积也较大，应先在其外侧渗水部位采用高压“旋喷桩”进行封堵，然后在内侧清除夹泥，冲洗干净后，搭设漏斗型模板，采用高一级的微膨胀混凝土振捣密实。

④ 如果地下连续墙夹泥严重影响设计所需要的承载力和抗渗性能，应在墙的外侧增加一幅“槽段”，并在接缝位置增加高压“旋喷桩”等止水措施。

## 2. 墙体出现变形破坏

（1）质量问题　地下连续墙成槽前先要构筑导墙，导墙是建造地下连续墙必不可少的临时构造物。在地下连续墙的过程中，导墙很容易出现坍塌、不均匀下沉、裂缝、断裂、向内位移等现象，严重影响地下连续墙的成槽质量，也会导致附近地面的土体沉降，甚至破坏环境。

（2）原因分析

① 设计方面　导墙下地基存在暗沟、废弃管道、软弱土层等未经设计处理；导墙埋深不足，受水位较高的地下水冲刷，导墙下的地基土被掏空；导墙下的地基承载力不满足施工荷载的要求，设计时未要求地基处理。

② 施工方面　导墙的混凝土强度不足，导墙的厚度和配筋也不足；导墙的墙顶、墙面平整度和垂直度未满足质量要求；导墙背后填土的质量未达到设计要求；导墙内侧设置的支撑不足，被外侧土压力向槽内推移挤拢；作用在导墙上的施工荷载过大。

（3）预防措施

① 设计方面　应根据地质条件、施工荷载进行验算，以满足成槽的设备和顶拔接头管等施工的荷载要求；选择较好的导墙形式，其埋深应不小于1.5m，混凝土的设计强度等级不宜低于C20；导墙宜采用钢筋混凝土结构，导墙之间的净距应比设计的地下连续墙的厚度大40～60mm，导墙壁厚150～300mm，双向配筋，导墙面至少应高于地面100mm左右；混凝土导墙拆除模板后，立即沿其纵向每隔1.5m左右加设两道方木支撑；在软土地基中，宜在导墙底部采用水泥搅拌桩等地基处理措施，并与“槽壁”加固措施结合起来。

② 施工方面　导墙的顶面要水平平整，内侧面要垂直，顶面平整度和内侧面垂直度及导墙内外墙面间净空尺寸和轴线偏差应符合有关规定；导墙外侧应用黏土分层回填密实，防止地面水从导墙背后渗入槽内；在导墙混凝土达到设计强度并加好支撑之前，禁止重型机械和运输设备在附近作业停留；导墙在施工中遇到废弃的管道应堵塞或挖除，遇到暗浜应换土回填；如果成槽机械及附属施工荷载过大，应在导墙上铺设钢质路基板。

（4）治理方法

① 导墙附近土体局部沉降且变形较小不影响成槽的尺寸时，对沉降区域土体进行注浆加固后修复导墙，增加导墙之间的支撑数量。

② 影响“槽段”的宽度不大时，用接头管强行插入，撑开足够的空间后下放钢筋笼子。

③ 对于大部分或局部严重变形破坏，影响成槽质量的导墙应拆除，并用优质土（或黏土中掺入适量的水泥）分层回填夯实加固地基，重新进行导墙的施工。

### 3. 槽孔出现倾斜

（1）质量问题　槽孔向一个或两个方向偏斜，垂直度超过设计要求的规定值，不仅影响钢筋笼子下放，钢筋笼子下放中刮伤“槽壁”造成塌方，而且影响地下连续墙的成型质量。

（2）原因分析

① 导墙的垂直度和平面位置不能满足设计要求，影响成槽机械施工，造成槽孔出现倾斜。

② 钻机柔性悬吊装置偏心，钻头本身倾斜或多头钻的底座未安置水平，在挖槽过程中没有对抓斗进行垂直度监控。

③ 在成槽的施工过程中，没有采取自动纠偏措施，没有做到随挖槽随纠偏。

④ 在钻进过程中遇到较大的孤石、探头石或局部坚硬土层。

⑤ 在具有倾斜度的软硬地层交界面钻进，或在粒径大小悬殊的砂卵石中钻进，钻头所受到的阻力不均；扩孔较大处钻头出现摆动，使钻进的方向出现偏离。

⑥ 采取依次下钻，一侧为已浇筑混凝土的连续墙，常使槽孔向另一侧倾斜。

（3）预防措施

① 根据不同的地质条件、成槽断面、技术要求等，选择合适成槽的施工机械且控制泥浆的各项指标。

② 控制导墙的几何尺寸和垂直度，钻机在使用前应调整好悬吊装置，使机架多头钻和槽孔中心处在一条直线上；机架的底座应保持水平，并安设平稳，防止出现歪斜。

③ 初始挖槽精度对整个“槽壁”精度影响很大，在成槽的过程中，抓斗入槽出槽应慢速均匀进行，严格控制垂直度，确保“槽壁”及槽接头的垂直度符合设计要求。

④ 在成槽过程中，应控制成槽机械的垂直度，在成槽前调整好成槽机械的水平度和垂直度。在成槽过程中，利用成槽机械上的垂直度仪表及自动纠偏装置来保证成槽的垂直度。

⑤ 在成槽过程中，悬吊抓斗的钢索不能出现松弛，要使钢索呈垂直张紧状态。

⑥ 合理安排每个“槽段”中的挖槽顺序，使抓斗两侧的阻力均衡。当遇到大孤石、探头石时，应辅以冲击钻进行破碎，再用钻机钻进。在软硬岩层交界处及扩孔较大处，应采取低速钻进。

⑦ 相邻“槽段”的成槽，宜采取间隔跳跃施工，合理安排掘进与切削的顺序，适当控制钻进的压力，使钢索处于受力状态下钻进。

⑧ 在进行成槽时，避免在开挖“槽段”附近增加较大地面附加及振动荷载，以防止“槽段”出现坍塌。

（4）治理方法

① 成槽后先查明“槽段”偏斜的位置和程度，对偏斜不严重的“槽段”，一般可在偏斜处吊住钻机，上下往复扫孔，使钻孔达到正直。

② 对偏斜严重的“槽段”，应填入砂与黏土混合物到偏斜处 1m 以下，待回填密实后，再重新开挖成槽。

### 4. 地下连续墙断裂破坏

（1）质量问题　在基坑的开挖过程中，地下连续墙位移变形超过报警值，导致坑边的土体下陷、“槽段”接头漏水现象，有的甚至导致墙身断裂，支撑系统破坏，基坑外的土体出现严重下陷，坑边道路管线断裂受损。

（2）原因分析

① 设计方面　坑边地面超载取值偏小，没有考虑坑边重车行走及施工材料堆放荷载；挖

土深度取值偏小，没有考虑地下室坑中坑以及多桩承台深度的影响；地基土物理力学指标没有按照规范规定取值；地下连续墙的插入深度、墙体厚度不满足要求；地下连续墙配筋和截面尺寸不足；基坑附近存在老河道、废弃沟等不良地质情况未勘探清楚，也未进行处理。

② 施工方面　基坑边有大量重车行走和堆放施工材料超过设计规定；没有均匀分层对称开挖基坑的土方，造成局部土压力不平衡；没有按照设计工况要求及时设置支撑结构，出现严重超挖；地下连续墙出现夹泥孔洞蜂窝等严重质量问题，“槽段”接头不良，漏水流砂等现象严重；没有按照设计要求进行基坑降水或坑底土体加固处理。

（3）预防措施

① 设计方面　地下连续墙计算应充分考虑施工条件，合理确定支撑标高和基坑分层开挖深度等计算工况，并按基坑内外实际状态选择计算模式，以及换支撑拆支撑的工况；地下连续墙底部需插入基底以下足够深度，并应进入土质较好的土层，以满足嵌入深度和各项稳定性要求。在软土地基中，地下连续墙嵌入深度应加大安全储备，减少“踢脚”变形。当有需要时，地下连续墙的底部需进入透水层隔断水力联系；地下连续墙厚度应根据成槽机械的规格、墙体的抗渗要求、支撑布置、墙体的受力和变形计算等综合确定；基坑的第一道围檩和支撑可设计为钢筋混凝土结构。

② 施工方面　坑边重车行走和施工材料堆放场地，应按照设计要求进行加固；基坑土方开挖的顺序和方法，必须与设计工况一致，并遵循“开槽支撑、先撑后挖、分层开挖、严禁超挖”的原则；严格控制地下连续墙的墙体和接头的施工质量；按设计要求加固坑底地基土体及支撑结构的设置，并认真进行基坑的监测；基坑开挖到底后应立即浇筑 200～300mm 厚 C20 的混凝土垫层。

（4）治理方法

① 推广信息化施工，加强工程监测，一旦支护系统监测报警值超过设计要求，立即采用坑外卸土或坑内回填等应急措施，减少地下连续墙断裂的风险，避免产生更大的破坏后果。

② 如果地下连续墙外侧出现断裂，其位置在坑底以下受力较小处，并且不影响地下连续墙的整体受力性能，可在基坑外受损位置设置高压“旋喷桩”补强。

③ 如果地下连续墙局部严重断裂破坏，但支撑系统受损不严重，可先在地下连续墙断裂部位外侧增加一幅地下连续墙槽段，并在接缝位置增加高压“旋喷桩”等止水措施；也可以在地下连续墙外侧补充设置钻孔灌注桩加固，同时设置相应的止水帷幕。

④ 在加固和止水措施施工完毕后，方可进行土体的开挖，开挖后再对断裂处进行修复；凿去该处劣质或破损的混凝土，将相邻两个“槽段”的钢筋笼子在接缝处凿出，清洗两个侧面，焊上本“槽段”的钢筋，封上内侧模板，浇筑强度高一等级的混凝土，同时在地下连续墙内侧设置钢筋混凝土内衬墙。

⑤ 如果地下连续墙整片严重断裂破坏，支撑结构也严重破坏，则应在基坑回填土稳定后重新设计和施工地下连续墙和支护结构。

## 5. 地下连续墙接头渗漏

（1）质量问题　在地下连续墙不同“槽段”接头处出现渗漏，先是出现浑浊的泥水，然后是泥砂涌进基坑，接头位置坑外的土体下陷，坑内堆积泥砂和积水，不仅影响坑边地基的稳定性，而且会对开挖后的基础施工带来很大困难。

（2）原因分析

①“槽段”施工中将圆形锁口管抽出后，端部则形成半圆形光滑接头面，易与“槽段”混凝土接触面形成渗水的通道。

② 先行幅地下连续墙接缝处成槽的垂直度差，后行幅地下连续墙成槽时不能将接缝处的泥土处理干净，导致接缝处出现夹泥（俗称开裤衩）。

③ 后行幅地下连续墙施工时，未对先行幅地下连续墙接缝侧壁进行清刷或清刷不彻底，导致该处出现夹泥现象。

④“槽段”内的沉渣未清理干净，在混凝土浇筑时，部分沉渣会被混凝土的流动挤到接头处和两根导管中间，形成接头处渗水和墙体中间部分渗水。

⑤ 在混凝土浇捣过程中出现冷缝，或“槽壁”坍塌夹泥导致地下连续墙墙体渗漏。

(3) 预防措施

① 设计方面 选择的“槽段”接头应满足混凝土浇筑压力对其强度和刚度的要求。作为主体结构一部分的地下连续墙，应选择防渗性能较好的接头连接形式；在接头处设置扶壁柱，通过后施工的扶壁柱来堵塞地下连续墙外侧水流的渗流途径；在接头处采用高压“旋喷桩”加固，“旋喷桩”孔位应贴近地下连续墙，深度在基坑底面以下 3～5m；在基坑外侧接头附近位置备用管井降水，作为抗渗漏的应急措施。

② 施工方面 在安放“槽段”的锁口管时，应紧贴“槽段”垂直缓慢放至槽底，对于相邻墙体的接头面用专用工具进行清刷，要求“槽段”接头混凝土面不得有夹泥沉渣；锁口管底部回填碎石，上端口与导墙处用楔石进行固定，浇筑混凝土过程中应采用有效措施，防止混凝土侧向和底部绕流导致接头处理困难；合理布置浇筑混凝土的导管位置。保证混凝土连续浇捣，并控制导管插入混凝土的深度不小于 2.0m；快速均匀浇捣混凝土，浇筑液面的上升速度不宜小于 3m/h；拔出锁口管的装置能力应大于 1.5 倍的摩阻力；锁口管在混凝土初凝后应立即转动或上下活动，每 10～15min 活动一次，混凝土浇筑后 4～5h，应将锁口管拔出。

(4) 治理方法

① 对于一般的渗漏水，可以采取导水引流、墙面裂缝注浆的方法堵漏，先对渗漏处进行割缝与剔槽，精修出宽 3～5cm、深 15～20cm 的沟槽，沟槽处安放塑料管进行引流。然后在渗漏处表面两侧 10cm 范围内凿毛，冲洗干净，及时用速效堵漏剂和水泥拌和进行封堵。最后在地下连续墙外侧渗漏处进行化学压力注浆。

②“槽段”接缝出现严重漏水，先在渗漏处作临时引流和封堵。如果渗漏是锁口管拔断引起，在墙体渗漏外侧采用高压“旋喷桩”或者高压注浆进行临时封堵，将先行幅钢筋笼子的水平钢筋和拔断的锁口管凿出，水平向焊接直径 16mm、间距为 500mm 钢筋，按照“地下连续墙夹泥”中的治理方法治理；如果是导管空拔等引起的裂缝或夹泥，则将夹泥充分清除后再用混凝土修补。

③ 墙后接缝处注浆：应视渗漏的轻重程度，选择浆液配合比及浓度、控制浆液的流向范围，一般在地下水丰富的粉土、砂土中注浆，应增加浆液的浓度和缩短初凝的时间；在严重渗漏处的坑外进行双液注浆填充、速凝，堵渗漏的深度应比渗漏之处深不小于 3m。双液注浆参数（体积比）：水泥浆∶水玻璃＝1∶0.5，注浆压力视深度而定，一般不小于 0.6MPa。

## 第五节 桩基础工程质量问题与防治

桩基础是一种古老的基础型式。桩基础施工技术经历了几千年的发展过程，无论是桩基材料和桩的类型，或者是桩工机械和施工方法都有了巨大的发展，已经形成了现代化基础工程体系。在某些情况下，采用桩基可以大量减少施工现场工作量和材料的消耗。

桩基础由基桩和连接于桩顶部的承台共同组成。若桩身全部埋于土中，承台底面与土体接触，则称为低承台桩基；若桩身的上部露出地面而承台底部位于地面以上，则称为高承台桩基。建筑桩基通常为低承台桩基础。广泛应用于高层建筑、桥梁、高铁等工程。

## 一、预制混凝土方桩的质量问题与防治

### 1. 预制混凝土方桩桩顶部碎裂

（1）质量问题　在预制混凝土方桩的沉桩过程中，桩的顶部出现混凝土掉角、碎裂、钢筋外露等现象。碎裂后的桩顶部混凝土，一般外表面呈灰白色，里面呈青灰色，钢筋上不粘混凝土。

（2）原因分析

① 预制混凝土方桩的混凝土设计强度偏低，或者桩顶部的抗冲击钢筋网片不足，主筋距桩的顶面距离太小。

② 预制混凝土方桩的混凝土配合比不符合设计要求，或在施工中控制不严，振捣不密实。

③ 预制混凝土方桩的养护时间短或养护措施不当，后期强度没有充分发挥。钢筋与混凝土在承受冲击荷载时，不能很好地协同工作，桩的顶部容易发生严重碎裂。

④ 桩身的外形质量不符合现行规范的要求，如桩的顶面不平，桩顶部的平面与桩的轴线不垂直，桩顶部的保护层太厚等。

⑤ 预制混凝土方桩施工选择的施工机具不当。打桩时原则上要求桩锤重大于桩重，但必须根据桩的断面单桩承载力和工程地质条件来考虑。桩锤小，桩顶部受打击次数过多，桩顶部的混凝土容易产生疲劳破坏而破碎；桩锤大，桩顶部的混凝土承受不了过大的打击力，也会发生破碎。

⑥ 桩顶部与桩帽的接触面不平，替打木的表面出现倾斜，桩沉入土中时桩身不垂直，使桩的顶面倾斜，造成桩顶面局部受到集中应力的作用而破损。

⑦ 在沉桩的施工过程中，桩的顶部未加缓冲垫或缓冲垫损坏后未及时更换，使桩的顶部直接承受冲击荷载，也容易发生破碎。

⑧ 设计要求桩体进入持力层的深度过多，施工机械或桩身强度不满足设计要求。

（3）预防措施

① 桩制作要做到振捣密实，主筋不得超过第一层钢筋网片。桩体经过蒸汽养护达到设计强度后，还应有1～3个月的自然养护，使混凝土能较充分地完成碳化过程和排出水分，以增加桩顶部的抗冲击能力。夏季养护中不能裸露，应加盖草帘或黑色塑料布，并保持一定的湿度，以使混凝土碳化更充分，强度增长比较快。

② 应根据工程地质条件桩的断面尺寸及形状，合理选择桩锤。

③ 在进行沉桩前应对桩的质量进行检查，尤其是检查桩的顶部有无凹凸现象，桩的顶平面是否垂直于桩轴线，桩的尖端是否偏斜。对不符合规范要求的桩不宜采用，或经过修补后才能使用。

④ 检查桩帽与桩的接触面处及替打木的表面是否平整，如果不平整，应进行处理后方能施工。

⑤ 稳桩要垂直，桩的顶部应加草帘、纸袋、胶皮等缓冲垫，在沉桩中如果缓冲垫失效应及时更换。

⑥ 根据工程地质条件、现有施工机械能力及桩身混凝土耐冲击的能力，合理确定单桩承载力及施工控制标准。

(4) 治理方法

① 发现桩的顶部有破碎现象，应及时停止沉桩作业，更换并加厚桩垫。如有较严重的桩的顶部破裂，可把桩的顶部整平补强，达到要求的强度后再重新沉桩。

② 如因桩顶部的强度不够或桩锤选择不当，应更换养护时间较长的“老桩”或者更换合适的桩锤。

## 2. 预制混凝土方桩的桩身断裂

(1) 质量问题　在预制混凝土方桩的沉桩过程中，桩身突然出现倾斜错位；当桩的尖端处土质条件没有特殊变化，“贯入度”却逐渐增加或突然增大，当桩锤跳起后，随之出现回弹现象，施打被迫停止。

(2) 原因分析

① 桩身在沉桩的施工中出现较大弯曲，在反复集中荷载的作用下，当桩身不能承受抗弯强度时，即产生桩身的断裂。归纳起来，桩身产生断裂的原因有：一节桩的细长比过大，在沉桩中又遇到较硬的土层；在进行桩的制作时，桩身的弯曲超过规定，桩尖偏离桩的纵轴线较大，沉入时桩身发生倾斜或弯曲；桩体入土后，遇到大块坚硬的障碍物，把桩尖挤向一侧；稳桩时不垂直，打入土中一定深度后，再用走桩架的方法校正，使桩身产生弯曲；采用“植桩法”时，钻孔垂直偏差过大；两节桩或多节桩施工时，相接的两节桩不在同一轴线上，产生了曲折，或接桩的方法不当。

② 预制混凝土桩在反复长时间的击打过程中，桩身受到拉应力和压应力，当拉应力值大于混凝土抗拉强度时，桩身的某处即产生横向裂缝，表面混凝土产生剥落，如拉应力过大，混凝土则发生破碎，即桩身断裂。

③ 制作混凝土桩的水泥强度不符合设计要求，砂、石中含泥量大或石子中有大量的碎屑，使桩身局部强度不满足，则容易在该处发生断裂。混凝土桩在堆放、起吊、运输过程中产生裂纹或断裂。

④ 混凝土桩的桩身强度等级未达到设计强度即进行起吊、运输与施打。

⑤ 在混凝土桩的沉桩过程中，某部位的桩尖土软硬不均匀，造成桩身突然出现倾斜而导致断裂。

⑥ 在混凝土桩的沉桩过程中，当桩穿过较硬土层进入软弱的下卧层时，在锤击过程中桩身会出现较大拉应力，当拉应力大到超过桩身抗拉极限时，会发生桩身断裂。

(3) 预防措施

① 在混凝土桩的沉桩施工前，应将地基中的旧墙基条石大块混凝土等清理干净，尤其是桩位下的障碍物，必要时可对每个桩位进行钎探。对桩身的质量要进行检查，当桩身弯曲超过规定，或桩尖不在桩的纵轴线上时，不得用于沉桩施工。一节桩的细长比不宜过大，一般不要超过 30。

② 在混凝土桩的沉桩初期，如发现桩身不垂直应及时纠正，如有可能，应把桩拔出，清理完障碍物并回填土料后重新沉桩。桩打入一定深度发生严重倾斜时，不宜采用移动桩架来校正。接桩时要保证上下两节桩身在同一轴线上，接头处必须严格按照设计及操作要求执行。

③ 采用“植桩法”施工时，钻孔的垂直偏差要严格控制在 1%以内。在进行植桩时，桩身应顺着钻孔植入，出现偏斜也不宜采用移动桩架来校正，以免造成桩身弯曲。

④ 混凝土桩在堆放、起吊和运输过程中，应严格按照有关规定或操作规程执行，发现桩体开裂超过有关规定时，不得使用。普通混凝土预制桩经蒸汽养护达到要求的强度后，宜在自然条件下再养护一个半月，以提高桩的后期强度。在进行施打前，桩的强度必须达到设计强度

的100%。

⑤ 遇有地质条件比较复杂的工程（如有老的洞穴、古河道等），应适当加密地质探孔，详细描述地质情况，以便采取相应的措施。

⑥ 熟悉工程地质情况，当桩穿过较硬土层进入软弱下卧层时，应适当控制锤击力。

（4）治理方法　当施工中出现桩身断裂时，应及时会同设计人员研究处理办法。根据工程地质条件、上部荷载及桩所处的结构部位，可以采取补桩的方法。

### 3. 沉桩施工达不到设计要求

（1）质量问题　在进行预制混凝土桩设计时，是以“贯入度”和桩端标高作为沉桩验收的控制条件。一般情况下，以一种控制标准为主，以另一种控制标准为参考。但是，在实际的沉桩施工过程中，有时达不到设计的最终控制要求。

（2）原因分析

① 勘探点不够或勘探资料粗略，对工程地质情况不明，尤其是持力层的起伏标高不明，致使设计中考虑持力层或选择桩尖的标高有误，有时也因为设计中要求过严，超过施工机械能力或桩身混凝土强度。

② 工程地质的勘探工作是以点带面，对局部分布的硬夹层或软夹层不可能全部了解清楚，尤其在复杂的工程地质条件下，还有地下障碍物，如大块石头，混凝土块等。

③ 以新近代的砂层为持力层时，由于结构不稳定，同一层土的强度差异很大，当桩打入该层时，进入持力层较深才能求出“贯入度”。但在群桩施工时，砂层越挤压越密实，最后就有沉不下去的现象。

④ 在进行预制混凝土桩施工时，桩锤选择太小或太大，使桩身沉不到或沉过设计要求的控制标高。

⑤ 桩的顶部被打碎或桩身被打断，致使桩身不能继续打入。特别是桩基中的群桩，布桩过密互相挤实，以及选择施打顺序不合理。

（3）预防措施

① 详细探明工程地质情况，必要时应进行补充勘探；正确选择持力层或标高，根据工程地质条件、桩的断面及自重，合理选择施工机械、施工方法及行车路线。

② 采用各种有效措施，防止桩的顶部被打碎或桩身断裂。

（4）治理方法

① 在进行预制混凝土桩施工中遇到硬夹层时，可以采用“植桩法”、射水法或气吹法施工。“植桩法”施工即先进行钻孔，把硬夹层钻透，然后把桩插进孔内，再将桩身打至设计标高。钻孔的直径要求，以混凝土方桩为内切圆为宜。无论“植桩法”、射水法或气吹法施工，桩尖端至少应进入未扰动土6倍桩径。

② 在进行预制混凝土桩施工中遇到硬夹层时，经多次击打实在打不下去，可更换能量大一些的桩锤，同时也要加厚缓冲垫层。

③ 选择合理的打桩顺序，特别是柱基群桩，如先施打中间部位的桩，后施打四周的桩，四周部位的桩就会被抬起；相反，若先施打四周部位的桩，后施打中间部位的桩，中间部位的桩就很难打入。为此应选择“之”字形打桩顺序，或从中间分开往两侧对称施打。

④ 选择桩锤应遵循“重锤低击”的原则，这样容易贯入，并可以减少桩的损坏率。

⑤ 在桩基础工程正式施打前，应进行工艺试桩，重大工程还应当进行荷载试验，确定能否满足设计要求。

### 4. 预制桩接桩之处出现松脱开裂

（1）质量问题　接桩的位置经过锤击后，出现松脱开裂等现象。不仅影响桩基的整体施工质量，而且达不到设计的承载能力。

（2）原因分析

① 桩的连接处表面没有清理干净，留有杂质、雨水和油污等，这样会严重影响桩身的连接质量，甚至出现松脱开裂等现象。

② 两桩采用焊接或法兰连接时，连接铁件不平及法兰的平面不平，由于存有较大的间隙，从而造成焊接不牢或螺栓上不紧，出现松脱等现象。

③ 焊接质量不合格，焊缝不连续、不饱满，焊缝中央含有焊渣等杂物。接桩的方法有误，存在时间效应与冷却时间等因素的影响。

④ 采用硫磺胶泥进行接桩时，硫磺胶泥的配合比不合适，没有严格按操作规程进行熬制，以及温度控制不当等，造成硫磺胶泥达不到设计强度，在锤击的作用下产生开裂。

⑤ 两节桩身不在同一轴线上，在接桩之处产生曲折，锤击时连接部位局部产生应力集中而破坏连接。上下桩对接时，未进行严格的双向校正，两桩顶之间存在缝隙。

（3）防治措施

① 在进行接桩前，对连接部位上的杂质水分和油污等必须清理干净，保证连接部位清洁。检查校正桩的垂直度后，两桩之间的缝隙应用薄铁片垫实，必要时要进行焊牢，焊接应双机对称焊，一气呵成，经焊接检查，稍停片刻，冷却后再进行施打，以免焊接处变形过多。

② 检查连接用的部件是否牢固平整和符合设计要求，如存在不合格问题，必须在修正后才能使用。

③ 在进行接桩时，两节桩身应在同一轴线上，法兰或焊接预埋件应平整，焊接或螺栓拧紧后，锤击几下再检查一遍，看有无开焊、螺栓松脱、硫磺胶泥开裂等现象，如有应立即采取补救措施，如补焊、重新拧紧螺栓、再浇筑硫磺胶泥，并把丝扣凿毛或用电焊焊死。

④ 采用硫磺胶泥接桩时，应严格按照操作规程进行操作，特别是硫磺胶泥的配合比应经过试验确定，在熬制和施工时的温度应控制好，保证硫磺胶泥的强度达到设计要求。

## 二、预应力混凝土管桩的质量问题与防治

### 1. 沉桩深度达不到设计要求

（1）质量问题　预应力混凝土管桩在施工过程中，达不到设计要求的深度，引起桩的有效长度不够。特别是以桩长或桩长和压桩力双控为打桩的标准，往往不能满足设计的最终控制指标。

（2）原因分析

① 工程地质勘探资料太粗或有误，未查明真正的工程地质情况，尤其是持力层的标高起伏，致使选择持力层或桩端标高有误；或沉桩的机械设备能力不能满足设计要求。

② 设计选择的持力层不当或设计要求过高，有的最大压桩力超过了桩身结构强度。

③ 在沉桩的过程中遇到地下障碍物或厚度较大的硬土层，致使沉桩深度达不到设计要求。

④ 桩尖端遇到密实的粉土或粉细砂层，沉桩中产生“假凝”现象，但间隔一段时间后，又可以继续沉桩。

⑤ 布置的桩位比较密集或打桩的顺序不当，由于桩体之间的“挤土效应”，使先施工的桩

体上浮，而后施工的桩体难以达到设计要求的持力层。

⑥ 桩端被击（压）碎，桩身被打（压）断，造成无法继续施工，致使沉桩深度达不到设计要求，这种现象在工程中比较常见。

（3）预防措施

① 施工前应详细查明工程地质情况，必要时应进行补充勘察，根据工程地质的实际条件，合理选择桩型、桩长，正确选择施工机械和施工方法。

② 合理选择和适当加大桩距，选择合理的打桩顺序，可采用自中部向两边打、分段打等。

③ 在正式沉桩施工前，要按照施工要求平整场地，清除地下的障碍物，为沉桩做好准备。

④ 在正式沉桩施工前，应在正式桩位进行工艺性试桩，选择建设场地不同部位试打 3～5 根，以校核地质勘察与设计的合理性，指导下一步工程桩的施工。

（4）治理方法

① 沉桩中遇到坚硬的夹层时，可以采用“植桩法”、射水法或气吹法施工，无论采用以上哪种方法，桩尖端至少应进入未扰动土 6 倍桩径。

② 在满足设计要求承载力的前提下，可以考虑适当减少桩长，或者减小桩径和增大桩距。

③ 调整原来的设计方案，采用最终压力或收锤“贯入度”为施工终控指标，但需通过试桩静载试验的结果来确认。

## 2. 预应力混凝土管桩桩身破坏

（1）质量问题　预应力混凝土管桩在沉桩施工过程中，桩身突然出现倾斜错位，贯入速度不正常或压桩力陡降，在桩顶、桩身或桩端部某一部位出现混凝土碎裂，桩身断裂破坏。

（2）原因分析

① 工程实践证明，在砂土地基中施工开口的预应力混凝土管桩，下端桩身很容易发生劈裂破坏。

② 预应力混凝土管桩在沉桩施工过程中，遇到孤石和裸露的岩面，桩尖容易被击碎，多节桩的底面沿倾斜岩面滑移时会使上面的接头开裂。

③ 接桩时接头的施工质量差，引起接头开裂，如电焊时焊缝的自然冷却时间不够，焊缝遇水发生断裂；对接的接缝间隙只用少数钢板填塞，锤击时产生拉应力引起接头开裂。

④ 预应力混凝土管桩制作质量较差，如漏浆比较严重或管壁太薄，蒸汽养护不当，桩身混凝土强度不够。

⑤ 施工设备选择不当，如锤重量选择不匹配、静力压桩机的压桩力不够，打桩时未加桩垫，打桩机未调水平，桩体施工时不垂直等。

⑥ 预应力混凝土管桩内腔充满水时进行锤击施工，很容易使管桩产生纵向裂缝。

⑦ 预应力混凝土管桩的桩身“自由段”长细比过大，沉入时遇到坚硬的土层使桩断裂。

⑧ 由于各种原因引起的预应力混凝土管桩偏心受压或偏心锤击，也会造成桩身破坏。

⑨ 预应力混凝土管桩在运输、堆放、吊装和搬运的过程中已产生裂缝或折断，在沉桩施工前未进行认真检查。

⑩ 沉桩施工完成后，露出地面的桩体受到机械碰撞而断裂，基坑开挖操作不当引起桩身大倾斜和大偏位而折断。

（3）防治方法

① 正确选择预应力混凝土管桩的施工机械，制定有效的施工方案，控制好桩身的垂直度，避免在沉桩中斜桩的发生。

② 控制好机械的施工终止条件，对于纯摩擦桩，终止条件宜以桩长作为控制条件；对于

较长的“端承”摩擦桩，终止条件宜以设计桩长控制为主，最终压力值为辅。对中长桩（14～21m）可采用桩长和压桩力（锤击贯入度）双控。

③ 预应力混凝土管桩施工完成后，土方应分层进行开挖，确保在开挖过程中桩身不受扰动，不发生位移，桩头高出设计标高的部分应凿除，但严禁使用大锤强行砸除。

④ 预应力混凝土管桩施工前，应加强对管桩桩身原材料的检查验收，管桩的外观质量和尺寸允许偏差应符合现行规范的规定。

⑤ 预应力混凝土管桩施工中，一旦发生桩身破坏，可采用低应变的方法检测桩身质量，并根据检测结果选择处理方案。

⑥ 施工中如果管桩发生断裂，首先应查明原因，判别断裂的位置，并检测管桩的垂直度，如为倾斜断裂，应先将管桩扶正，当断裂深度在8～10m时，可采用放钢筋笼子至断裂部位以下1～2m，再灌填管芯混凝土的方法处理，处理完成后用低应变的方法检测桩身处理质量。

## 3. 桩顶部位移或桩身倾斜

（1）质量问题　在预应力混凝土管桩施工过程中或在基础开挖过程中，出现桩顶部水平位移以及桩身倾斜等质量问题。

（2）原因分析

① 在施工准备阶段，对测量放线不仔细而出现错误，施工时也未进行认真检查和纠正。

② 施工时未对准桩位的中心点，或第一节桩的垂直度不满足施工规范要求。

③ 打桩的顺序安排不当，先施工的管桩因挤压而产生位移，特别是在软土层中，先施工的短管桩更容易出现位移。

④ 当预应力混凝土管桩进行有坚硬障碍物的土层时，桩身很容易发生被挤偏现象。

⑤ 两节管桩或多节管桩在施工时接桩不直，各节桩的中心线不在一条直线上，也容易出现桩身偏位。

⑥ 在淤泥软土中打桩时，由于施工机械不均匀沉陷，或者桩机不稳定就施工，很容易使桩身产生倾斜。

⑦ 采用锤击施工时，桩锤桩帽桩中心线不在一条直线上，造成桩体偏心受力，也会造成桩顶部水平位移以及桩身倾斜等质量问题。

⑧ 基坑开挖时，存在边打桩、边开挖、桩旁边堆土现象，造成桩的周围土体不平衡，在土压力的作用下很容易使桩身产生倾斜。

⑨ 送桩器同桩头套得太松或送桩器出现倾斜，也会使桩顶部水平位移及桩身倾斜。

（3）防治方法

① 在进行预应力混凝土管桩的测量放线时，一定要对图纸和施工现场认真加以检查校核，发现有误应及时进行纠正，施工中也应当进一步检查。

② 合理安排打桩的顺序，防止先施工的管桩因挤压而产生位移，可采用预先设置排水孔、开挖防挤压沟等措施适当释放应力。

③ 施工过程中要严格控制好桩身的垂直度，把重点放在第一节桩上，垂直度偏差不得超过桩长的0.5%，桩帽、桩身和送桩器应控制在同一直线上，施工时宜用经纬仪在两个方向进行校核。

④ 在预应力混凝土管桩施工前要平整场地，软弱的施工场地中适当要铺设道砟，避免打桩机械在打桩过程中产生不均匀沉降。

⑤ 要严格控制送桩的深度，一般不宜超过3m，如送桩太深可考虑先开挖基坑后再打桩。

⑥ 在预应力混凝土管桩的沉桩施工前，应将地基中的旧墙基条石大块混凝土等清理干净，

尤其是桩位下的障碍物，必要时可对每个桩位进行钎探。对桩身的质量要进行检查，当桩身弯曲超过规定，或桩尖不在桩的纵轴线上时，不得用于沉桩施工。一节管桩的细长比不宜过大，一般不要超过30。

⑦ 在预应力混凝土管桩的沉桩初期，如发现桩身不垂直应及时纠正，如有可能，应把桩拔出，清理完障碍物并回填土料后重新沉桩。桩打入一定深度发生严重倾斜时，不宜采用移动桩架来校正。接桩时要保证上下两节桩身在同一轴线上，接头处必须严格按照设计及操作要求执行。

⑧ 桩基施工完成后，应在达到休止期后再进行基坑的开挖施工，基坑开挖应分层均匀进行，必须强调维护措施，防止土体对管桩的侧压力在桩体上产生附加弯矩，引起管桩的倾斜，甚至造成桩身结构的破坏。在场地土质较软，尤其是淤泥质流塑性土层较厚时，基坑的周边不得临时堆土，重型载重运输车的行走路线应远离基坑，否则极易造成基坑周边的管桩受边坡土侧向压力作用，导致整排的管桩向基坑中间移位、倾斜，甚至产生断裂。

## 三、钢管（型钢）桩的质量问题与防治

### 1. 钢管桩顶部变形与开裂

（1）质量问题　钢管桩在沉桩的施工过程中，特别是较长的钢管桩，经大能量、长时间锤击，其顶部很容易产生变形和开裂。

（2）原因分析

① 勘察设计方面　工程地质勘察不全面，勘察点选择过少，勘察报告描述不详细；施工中遇到坚硬的地下夹层，如较厚的中密度以上的砂层、砂卵石层等；设计的钢管桩的壁厚偏小，或应设计桩顶部加固肋板而未设计。

② 施工方面　沉桩中遇到坚硬的障碍物，如大石块大块混凝土等难于穿过，导致锤击次数过多，顶部产生变形和开裂；桩顶部设置的减振材料衬垫过薄，或者更换不及时，桩帽构造和衬垫选择不合适；打桩锤的锤重量选择偏轻，造成管顶部锤击的次数过多，使桩顶部的钢材疲劳破损；稳桩校正不严格，造成锤击偏心，影响垂直贯入；场地平整度偏差过大，造成管桩易倾斜打入，使桩沉入比较困难。

（3）预防措施

① 勘察设计方面　应按照现行国家标准的规定，认真进行工程地质勘察工作，并编制比较详细的勘察报告。施工中根据工程地质的复杂程度进行加密探孔，必要时可一桩一探（特别是超长桩）；设计的钢管桩顶部应有加固肋板或套箍。

② 施工方面　进行桩位放线时，先用“钎探”方法查找地下障碍物，发现后及时清除，穿过硬夹层时，可选用射水法等措施预成孔；在平整场地时，应将旧房基的混凝土等挖除，场地平整度要求能使打桩机正常行走，必要时可铺砂卵石、灰土等；在正式打桩前，桩帽内垫上合适的减振材料衬垫，如硬木、麻袋、纸垫等，损坏后随时进行更换；施打超长且直径较大的钢管桩时，应选用大能量的柴油锤，以“重锤低击”为佳，最大打桩力应不大于桩身竖向极限承载力，单桩的总锤击数不宜超过设计规定值。

（4）治理方法

① 中间管桩桩顶部变形裂缝　接桩时先切割掉变形裂缝的部分，然后再进行接桩。切割时应保证端口处的水平度和平整度，接桩部位应当焊接可靠。

② 顶部管桩的桩顶部变形裂缝　如果仅仅是桩顶部破损，且破损的长度不超过1m，可以

挖出桩顶，加入补强锚固钢筋并浇筑混凝土；如果破损部分长度较大时，更换新的钢管桩。

③ 桩下端出现破损 如果经过检测发现，桩下端严重破损，则需要进行补桩；如果桩下端轻微破损，经设计、监理认可，可以使用。

## 2. 沉桩深度达不到设计要求

(1) 质量问题 在钢管桩沉桩施工完成后，经检测达不到设计的最终控制标高或“贯入度”要求，严重影响整个桩基的施工质量。

(2) 原因分析

① 在沉桩施工中遇到较厚的硬夹层，穿过极为困难；或者钢管桩沉桩施工要求双控，但进入持力层较深而“贯入度”仍未达到设计要求。

② 接桩的质量不符合设计要求，在接头处出现焊缝开裂；接头所选择的土层部位未避开硬持力层或硬夹层。

③ 勘探点不够或勘探资料粗略，对工程地质情况不明，尤其是持力层的起伏标高不明，致使设计中考虑持力层或选择桩尖的标高有误，有时也因为设计中要求过严，超过施工机械能力或桩身混凝土强度。

④ 工程地质的勘探工作是以点带面，对局部分布的硬夹层或软夹层不可能全部了解清楚，尤其在复杂的工程地质条件下，还有地下障碍物，如大块石头、混凝土块等。

⑤ 以新近代的砂层为持力层时，由于结构不稳定，同一层土的强度差异很大，当桩打入该层时，进入持力层较深才能求出“贯入度”。但在群桩施工时，砂层越挤压越密实，最后就有沉不下去的现象。

⑥ 在进行预制混凝土桩施工时，桩锤选择太小或太大，使桩身沉不到或沉过设计要求的控制标高。

(3) 预防措施

① 根据工程地质勘察报告的说明，应尽量避免钢管桩在硬夹层、硬持力层中进行接桩，以减少接头处焊缝出现开裂、错位等现象。

② 钢管桩的接头焊接，上下节应严格校正垂直度，按现行国家标准进行控制。当气温低于 0℃或雨雪天，没有可靠措施确保焊接质量时，不得进行焊接。每个接头焊完后应冷却 1～2min 后方可进行锤击。

③“贯入度”已达到设计要求而桩端标高未达到时，应继续锤击 3 阵，并每阵 10 击的“贯入度”不大于设计规定值。

④ 详细探明工程地质情况，必要时应进行补充勘探；正确选择持力层或标高，根据工程地质条件、桩的断面及自重，合理选择施工机械、施工方法及行车路线。

⑤ 采用各种有效措施，防止桩的顶部被打碎或桩身断裂。

(4) 治理方法

① 地表层遇有大块石、混凝土块等障碍物时，应在沉入钢管桩前进行触探，并应清除桩位中的障碍物。

② 在沉桩的过程中需穿越中间硬夹层时，可采用预钻孔取土工艺，先取土后再进行沉桩。

③ 当桩尖所穿过的土层较厚较硬，穿透有困难时，可在桩的下端部增焊加强箍，加强箍的壁厚 6～12mm、高 200～300mm，以增加桩端的强度。

④ 在进行钢管桩施工中遇到硬夹层时，可以采用“植桩法”、射水法或气吹法施工。“植桩法”施工即先进行钻孔，把硬夹层钻透，然后把桩插进孔内，再将桩身打至设计标高。钻孔的直径要求，以混凝土方桩为内切圆为宜。无论“植桩法”、射水法或气吹法施工，桩尖端至

少应进入未扰动土6倍桩径。

⑤ 在进行钢管桩施工中遇到硬夹层时，经多次击打实在打不下去，可更换能量大一些的桩锤，同时也要加厚缓冲垫层。

⑥ 选择合理的打桩顺序，特别是柱基群桩，如先施打中间部位的桩，后施打四周的桩，四周部位的桩就会被抬起；相反，若先施打四周部位的桩，后施打中间部位的桩，中间部位的桩就很难打入。为此应选择"之"字形打桩顺序，或从中间分开往两侧对称施打。

⑦ 选择桩锤应遵循"重锤低击"的原则，这样容易贯入，并可以减少桩的损坏率。

⑧ 在桩基础工程正式施打前，应进行工艺试桩，重大工程还应当进行荷载试验，确定能否满足设计要求。

### 3. 钢管桩的桩身出现倾斜

（1）质量问题　钢管桩桩身垂直度偏差过大，超过现行国家标准规定的数值，施工时容易造成桩身倾斜。

（2）原因分析

① 钢管桩制作中桩身的弯曲超过现行国家标准规定，沉桩施工初期桩尖偏离轴线较大，打入过程中桩之间未校正好就进行接桩，产生的偏斜过大。

② 钢管桩在沉桩过程中，突然遇到大块坚硬的障碍物，桩尖被挤偏，导致继续沉桩后垂直度偏差较大。

③ 钢管桩在运输和堆放中不符合要求，搬运吊放时有强烈的撞击，造成桩体弯曲变形。

④ 稳桩时不垂直，打入土中一定深度后，再用走桩架的方法校正，使桩身产生弯曲。

⑤ 采用"植桩法"时，钻孔垂直偏差过大。桩身虽然是垂直立稳放入桩孔中，但在沉桩的过程中，桩身又慢慢顺钻孔倾斜沉下而产生弯曲。

⑥ 两节桩或多节桩施工时，相接的两节桩不在同一轴线上，产生了曲折，或接桩的方法不当。

（3）预防措施

① 在最初击打校正稳定好的桩时，要用冷锤（不给油状态）击打2～3击，再次进行校正，若发现桩身不垂直，应及时纠正，把桩拔出，找出原因，处理后重新稳桩校正后再施打。

② 在进行接桩时，上下节桩身应在同一轴线上，接头处必须严格按照设计要求和现行国家标准的规定执行。发现桩的顶部已经破损，不能正常接桩时，先切割掉变形裂缝的部分，然后再进行接桩。

③ 遇到较厚且坚硬的砂或砂卵石夹层，采用射水法或钻孔法处理时，要随时观察桩的沉入情况，发现偏斜立即停止，采取一定措施后方可继续施工。

④ 钢桩在运输、吊放、搬运的过程中，应防止桩体被撞击，防止桩端桩体损坏或弯曲，堆放不宜太高。堆放场地应平坦坚实，排水畅通，支点设置合理，钢管两端应用木楔塞住，防止滚动、撞击和变形。

⑤ 应按照现行国家标准的规定，认真进行工程地质勘察工作，并编制比较详细的勘察报告。施工中根据工程地质的复杂程度进行加密探孔，必要时可一桩一探（特别是超长桩）；设计的钢管桩顶部应有加固肋板或套箍。

（4）治理方法

① 用高压水枪沿着桩位冲出环形深孔，冲出孔后，由于桩体周围土的不平衡压力得到释放，桩身可适量自行纠正。一般最佳冲孔深度为8m左右，可自行纠偏12mm左右。

② 拉伸（预压）纠偏，即对软土地基中的桩顶部施加水平拉力或预压力，使桩体基本复位。纠偏时要严格控制桩顶部位移的速率，一般以 2～5cm/h 为宜，完成总偏移量的一半时停 30min 后，再次将桩顶推至复位。钢管桩复位后，冲刷的坑内填入块石混合料，有条件时注入速凝水泥浆。在撤销纠偏的受力结构时，应按照“先受力先撤销”的原则，拆除固定受力墩和反力钢架，应注意控制速率，避免钢桩的回弹。

### 4. 钢管内混凝土浇筑不密实

（1）质量问题　钢管桩内的混凝土浇筑不密实，经检查出现蜂窝、孔洞、离析、裂缝与内壁脱离的现象。

（2）原因分析

① 混凝土配合比设计不当，在正式浇筑混凝土前，没有进行水下混凝土配合比试验。

② 由于混凝土流动性差，或骨料太大、或未及时提升导管、或提升速度过快、或导管位置倾斜等，使混凝土导管被堵塞，形成桩身混凝土夹泥、孔洞、蜂窝。

③ 由于施工组织或其他原因，使得混凝土未能连续浇筑，如果中断时间过长，会使混凝土产生夹泥或裂缝。

④ 开口钢管桩底端的泥浆渣土未清理干净，造成钢管桩端部夹渣、离析。

⑤ 钢管内壁未进行认真清理，里面附有大量的泥皮杂质，导致混凝土与钢管内壁脱离。

（3）预防措施

① 认真设计并严格控制混凝土配合比，当沉入的钢管内有地下水时，应进行水下混凝土配合比试验，混凝土拌和物应具有良好的和易性，坍落度易控制在 180～220mm 范围内。

② 在混凝土的浇筑过程中，应做到边浇筑、边拔管连续作业。浇筑时应随时检测混凝土顶面上升高度，随时掌握导管的埋入深度，导管埋深控制在 2～4m。

③ 在正式浇筑混凝土前，钢管内的泥浆应当用吸泥设备吸出，桩底的泥浆沉渣厚度应符合现行国家标准的规定。

④ 在浇筑混凝土前，应将钢管内壁进行认真清理，不得留有泥皮和其他杂质。

⑤ 必要时，按照现行国家标准的规定进行桩身质量的现场低应变检测。

（4）治理方法

① 当导管发生堵塞而混凝土尚未初凝时，可用钻机起吊设备，吊起一节钢轨或其他重物在导管内冲击，然后迅速提出导管，用高压水冲通导管，重新下隔水栓浇筑混凝土。当隔水栓冲击导管后，应将导管继续下降，直到导管不能再插入时，再少许提升导管，然后再继续浇筑混凝土。

② 当中断的时间超过初凝时间，桩径较大时，可抽出钢管桩内的水，对原混凝土面进行人工凿毛并清洗，然后再继续浇筑混凝土；桩径较小时，可用比原桩径稍小的钻头在原桩位钻孔到一定深度，清除孔内的混凝土碎渣后，再继续浇筑混凝土。

## 四、沉管灌注桩的质量问题与防治

### 1. 沉管灌注桩桩身出现缩颈与夹泥

（1）质量问题　桩身缩颈是指成形后的沉管灌注桩桩身局部直径小于设计要求，成为沉管灌注桩的薄弱部位；桩身夹泥是指泥浆把沉管灌注桩桩身局部隔开，使得桩身不完整、不连续。

(2) 原因分析

① 套管在强迫振动下迅速把基土挤开而沉入地下，局部套管周围土颗粒之间的水及空气，不能很快向外扩散而形成孔隙压力，当套管拔出以后，因为混凝土还没有柱体强度，在周围孔隙压力的作用下，把沉管灌注桩桩身局部挤成缩颈和夹泥。

② 在流塑性状态的淤泥质土中，沉管到位后，由于套管"先拔后振"使混凝土不能顺利地流出，淤泥质的土体迅速填充进来造成缩颈和夹泥。

③ 沉管灌注桩桩身在上下不同的土层处，混凝土的凝固速度及挤压力不同，在上下段不同土层的临界处很容易引起缩颈。

④ 沉管灌注桩在施工的过程中，由于拔管的速度过快，桩管内形成的真空吸力对混凝土产生拉力作用，从而造成沉管灌注桩的缩颈。

⑤ 在进行拔管时，管内的混凝土过少，自重压力不足或混凝土坍落度偏小，管壁对混凝土产生摩擦力，致使混凝土扩散比较慢，从而使桩身缩颈。

⑥ 沉管灌注桩设计过于密集，或者打桩的施工顺序不当，桩身混凝土在终凝前被挤压产生缩颈。

⑦ 采用"反插法"施工时，反插的力度太大，活瓣式"桩靴"向外张开，将孔壁周围的泥土挤进桩身；采用"复打法"施工时，套管上的泥土未清理干净，造成桩身夹泥。

(3) 预防措施

① 施工中控制拔管的速度：锤击沉管桩施工，对一般土层拔管的速度宜为1m/min，在软弱土层和硬土层交界处拔管的速度宜为0.3～0.8m/min；振动沉管桩施工，对一般土层拔管的速度宜为1.2～1.5m/min，在软弱土层中拔管的速度宜为0.5～0.8m/min；采用活瓣桩尖时应当再慢一些。

② 沉管灌注桩的桩管中灌满混凝土后，先振动10s再拔管，并应边拔、边振，每次拔管的高度为0.5～1.0m，反插深度为0.3～0.5m；在拔管过程中，应分段添加混凝土，保持管内混凝土面始终不低于地表面或高于地下水位1.0～1.5m以上，使混凝土出管时有较大的自重压力形成扩张力。

③ 混凝土的充盈系数不得小于1.0，对于充盈系数小于1.0的桩，应采取全长复打的措施。在淤泥等高流态状的土层中容易产生缩颈的部位，宜采取复打或反插工艺解决。复打前应把桩管上的泥土清理干净，局部复打时应超过断桩或缩颈区1m深。成桩混凝土顶面应超过浇筑面500mm以上。

④ 在群桩的基础中，如果桩的中心距小于4倍的桩径时，应当采用跳打法施工。

⑤ 在沉管灌注桩的施工过程中，应当用浮标检测法经常检测混凝土的下落情况，以便发现问题及时解决。

(4) 治理方法

① 当桩身的混凝土强度达到设计强度的75%时，利用静压沉桩的桩架进行跑桩检测，是一种快速的测桩方法。事先凿去桩顶部的浮浆，主筋向外弯曲90°，填以中粗砂后放置30mm厚的圆形钢板。检测时将桩架和配重（压桩力）设置为单桩承载力特征值$Ra$的1.5倍左右，桩架就位后用卷扬机加载于桩顶，使桩架的前轮离地（俗称抬架），将荷载通过传力杆压在桩顶上，用油压千斤顶测出作用于桩顶上的压桩力。标定压桩力后可直接按"抬架"的方法逐根进行跑桩检测，在压桩力作用下持续3min，观测桩顶部的下沉量，若桩顶部的下沉量小于0.1倍的桩直径，且残余沉降量小于0.06倍的桩直径，就认为该的质量合格；反之则认为该桩质量有问题，需要进一步治理。对于一般质量缺陷的沉管灌注桩，例如轻度上浮的桩、桩尖部进入持力层不足的桩、桩身混凝土拉裂的桩及轻度夹泥的桩，均可利用跑桩检测兼治理。

② 经过跑桩检测出质量有问题的桩，可利用低应变检测，确定该Ⅲ类桩缩颈、夹泥、断裂和离析等缺陷的位置；若缺陷仅存在于桩身的上部 3m 左右深度，可采用套管法或边坡法开挖后凿去桩身的缺陷部位，重新支模浇筑混凝土。

③ 对于检测出来的Ⅳ类桩和缺陷位置较深的Ⅲ类桩，因为无法采用开挖凿除的方法处理，所以一般应采取补桩的措施解决。

## 2. 沉管灌注桩在施工中出现断桩

(1) 质量问题　沉管灌注桩在施工过程中经质量检查，发现桩身出现局部分离，甚至有一段根本没有混凝土；或者桩身的某一部位混凝土断裂或坍塌，在坍塌处上部没有混凝土。

(2) 原因分析

① 在软硬不同的两层土中振动上拔套管，由于振动对于两层土的波速不一样，沉管灌注桩成型后，混凝土还未达到初凝强度时，产生了剪切力把桩身剪断；或已成型但未达到一定强度的桩，被邻近桩位上的桩沉管时剪断。

② 沉管灌注桩在施工过程中拔管速度太快，或混凝土拌和物的流动性差，混凝土还未流出套管外，周围的土体迅速向内挤压回缩，从而形成断桩。

③ 在流态的淤泥质土中孔壁不能很好地直立，当浇筑混凝土时，由于混凝土的重度大于流态淤泥质土，从而造成混凝土在该土层中坍塌。

④ 在冬季的气候下施工，冻层与非冻层中的混凝土沉降是不一样的，混凝土很容易被拉断；或混凝土施工不符合季节施工的要求，由于振动而产生离析。

(3) 防治措施

① 沉管灌注桩在施工过程中应采用跳打法施工，跳打法施工时必须在相邻成形的桩体达到设计强度的 60%以上方可施工。

② 冬季施工混凝土要符合冬季施工的要求，加入适当的混凝土外加剂，并保证混凝土浇筑入管的温度。冻层与非冻层交接处要采取局部反插的措施。

③ 经过跑桩检测出质量有问题的桩，可利用低应变检测，确定该Ⅲ类桩缩颈、夹泥、断裂和离析等缺陷的位置；若缺陷仅存在于桩身的上部 3m 左右深度，可采用套管法或边坡法开挖后凿去桩身的缺陷部位，重新支模浇筑混凝土。

④ 对于检测出来的Ⅳ类桩和缺陷位置较深的Ⅲ类桩，因为无法采用开挖凿除的方法处理，所以一般应采取补桩的措施解决。

## 3. 沉管灌注桩在施工中出现吊脚桩

(1) 质量问题　沉管灌注桩在施工过程中经质量检查，发现桩端混凝土脱空，或桩的底部混入泥水杂质形成较弱的桩尖，这种质量现象称为“吊脚桩”，“吊脚桩”削弱了桩基的承载力。

(2) 原因分析

① 桩入土比较深，并且进入低压缩性的粉质黏土层，在进行拔管时，活辨桩尖被周围的土层包住而打不开，混凝土无法流出导管，必然形成“吊脚桩”。

② 在有地下水的情况下，封底混凝土浇筑过早，套管下沉时间又较长，封底混凝土经长时间的振动被振动密实，在管底部形成“塞子”，堵住了套管的下口，使混凝土无法流出导管。

③ 预制桩头的混凝土质量较差，或者混凝土的强度较低。在进行沉管时预制桩头被挤入套管内，拔管时又堵住管口，使混凝土无法流出管外。

④ 活瓣式的桩尖合拢不严密，在沉管过程中泥水进入桩管内，从而形成较弱的桩尖。

（3）防治措施

① 根据工程地质条件建筑物荷重及结构情况，合理选择桩的长度，尽可能使桩端不过多的进入低压缩性的土层中，以防止出现混凝土不落现象，反而影响单桩承载力。

② 严格检查预制桩尖的强度和规格，预制混凝土锥形桩尖的环形肩部表面应有预埋铁。

③ 在进行沉管时，应用吊锤检查“桩靴”是否进入管内和管内有无泥浆，若有应当拔出纠正或填砂重打。

④ 在地下水位较高、含水量大的淤泥和粉砂土层，当桩管沉到地下水位时，在管内灌入0.5m左右的水泥砂浆作封底，并再灌1m高的混凝土封闭桩端以平衡水压力，然后继续沉管。

⑤ 在进行拔管时应用浮标测量，检查混凝土是否已经流出管外；也可用小铁锤敲击桩管外壁，判断混凝土是否下落。

⑥ 经过跑桩检测出质量有问题的桩，可利用低应变检测，确定该Ⅲ类桩缩颈、夹泥、断裂和离析等缺陷的位置；若缺陷仅存在于桩身的上部3m左右深度，可采用套管法或边坡法开挖后凿去桩身的缺陷部位，重新支模浇筑混凝土。

⑦ 对于检测出来的Ⅳ类桩和缺陷位置较深的Ⅲ类桩，因为无法采用开挖凿除的方法处理，所以一般应采取补桩的措施解决。

## 4. 沉桩深度达不到设计标高

（1）质量问题　沉管灌注桩在施工过程中的质量一般是采用标高控制，沉桩深度达不到设计的最终控制标高，会严重影响单桩承载力。

（2）原因分析

① 由于工程地质勘察不详细，在沉管施工中遇到硬夹层，又无适当的措施进行处理，结果造成沉桩深度达不到设计的最终控制标高。

② 沉管灌注桩是一种挤土型的桩，当群桩数量比较大，布桩平面系数大，土层被挤密实后，后续施工的桩管下沉困难，会造成达不到设计的最终控制标高。

③ 在振动沉管的施工中，桩机设备功率偏小，即振动锤的激振力偏低或正压力不足，或桩管细长比较大，刚度比较差，使振动冲击能量减小，不能传至桩尖，造成沉桩的深度达不到设计标高。

（3）预防措施

① 详细分析工程地质资料，了解硬夹层的具体情况，对可能穿不透的硬夹层，应预先采取措施，例如预先钻孔后沉管等措施，对地下障碍物必须预先清除干净。

② 控制沉管灌注桩的最小中心距和最大的布桩平面系数，在设计和施工中应符合表2-12中的规定。

**表2-12　桩的最小中心距和最大的布桩平面系数**

| 土的类别 | 一般情况 | | 排数超过2排，桩数超过9根的摩擦桩基础 | |
|---|---|---|---|---|
| | 最小中心距 | 最大的布桩平面系数/% | 最小中心距 | 最大的布桩平面系数/% |
| 穿越深厚软土 | 4.0$D$ | 4.5 | 4.5$D$ | 4.0 |
| 其他土层 | 3.5$D$ | 6.5 | 4.0$D$ | 5.0 |

注：$D$——沉管灌注的桩管外径。

③ 合理规划沉桩的顺序，当桩的中心距小于4倍桩径或布桩平面系数较大时，可采用由中间向两侧对称施打，或者自中央向四周施打的沉桩顺序。

④ 根据工程地质的实际，选择合适的沉桩施工机械，套管的长细比不宜大于 40。

(4) 治理方法

① 根据工程地质的实际情况，选择合适的振动桩机设备参数和桩锤重量。在进行沉桩时，如因正压力不够而沉不下去，可用加配重或加压的办法来增加正压力。

② 对于较厚的硬夹层，可先把硬夹层钻透（钻孔取土），然后再把套管植入沉下，也可以辅以射水法一起进行沉管。

③ 因“挤土效应”无法下沉到设计标高时，可采用“取土植桩”的方法来解决，即在沉桩桩位预先钻孔取土，然后再进行沉管，这样将产生较小的“挤土”作用。

# 五、泥浆护壁钻孔灌注桩的质量问题与防治

## 1. 泥浆护壁钻孔灌注桩出现塌孔

(1) 质量问题　在泥浆护壁钻孔灌注桩成孔的过程中或成孔后，孔壁出现塌孔现象，造成钢筋笼子放不到底，桩的底部有很厚的泥夹层，严重影响桩基的施工质量。

(2) 原因分析

① 泥浆的密度不够及其他泥浆性能指标不符合要求，使孔壁没有形成坚实的泥皮，从而造成泥浆护壁钻孔灌注桩塌孔。

② 由于护筒的埋置太浅，下端孔口漏水，坍塌或孔口附近地面受水的浸湿泡软，或钻孔装置在护筒上，由于振动使孔口坍塌，并扩展成较大的坍塌孔。

③ 在泥浆护壁钻孔灌注桩的施工中钻进速度太快，特别在松软的砂层中如果掌握不好钻进速度，很容易出现塌孔。

④ 在泥浆护壁钻孔灌注桩的施工中，提住钻锥进行钻进，由于“回钻”的速度太快，“空钻”的时间太长，也容易出现塌孔。

⑤ 清孔后泥浆的密度、黏度等指标降低；用空气吸泥机进行清孔，泥浆吸走后未及时补水，使孔内的水位低于地下水位；清孔的操作方法不当，供水管嘴直接冲刷孔壁；清孔的时间过久或清孔后停顿过久。

⑥ 在吊入钢筋笼子时碰撞孔壁，造成孔壁坍塌。

(3) 防治措施

① 在松散粉砂土或流砂中进行钻孔时，应严格控制进尺的速度，并选用较大密度、黏度和胶体率的泥浆。

② 汛期水位变化过大时，应采取升高护筒、增加水头，或采用虹吸管、连通管等措施，保证水头的相对稳定。

③ 当发生孔口坍塌时，可立即拆除护筒并回填钻孔，重新埋设护筒再钻进。

④ 当发生孔内坍塌时，应判明出现坍塌的位置，回填砂和黏土（或砂砾和黄土）混合物到坍塌处以上 1～2m；如塌孔比较严重，应全部回填，待回填物沉积密实后再钻进。

⑤ 清孔时应指定专人进行补水，保证钻孔内必要的水头高度。供水管道最好不直接插入钻孔中，应通过水槽或水池使水减速后再流入钻孔中，可避免冲刷孔避。施工中应扶正吸泥机，防止触动孔壁。不宜使用过大的风压，不宜超过 1.5～1.6 倍钻孔中水柱压力。

⑥ 在吊入钢筋笼子时，应对准钻孔中心垂直插入，避免钢筋笼子时碰撞孔壁。

## 2. 桩身混凝土离析、松散、夹泥或断桩

（1）质量问题　桩身混凝土浇筑后，经质量检查不仅有离析、松散、夹泥等缺陷，严重的甚至形成断桩。

（2）原因分析

① 混凝土拌和物流动性较差，配制混凝土的骨料粒径太大，或未及时提升导管以及导管位置倾斜等，使混凝土在导管中堵塞，形成桩身混凝土中断。

② 在泥浆护壁钻孔灌注桩的施工过程中，混凝土搅拌机发生故障，混凝土不能连续进行浇筑，中断时间过长。

③ 导管挂住钢筋笼子，提升导管时没有扶正，以及钢丝绳受力不均匀等，都会导致桩身混凝土出现离析、松散、夹泥等缺陷。

④ 在泥浆护壁钻孔灌注桩的混凝土浇筑过程中，未控制好导管的提升速度，导致导管口埋入混凝土过深或脱离混凝土。

（3）预防措施

① 在混凝土正式浇筑前，首先应进行混凝土配合比设计，使混凝土拌和物具有良好的流动性，在施工中应严格按设计或现行规范要求控制。

② 在混凝土正式浇筑前，应认真检查混凝土搅拌机的工作状态，保证混凝土搅拌时能正常运转，必要时应有备用搅拌机一台，以防止搅拌中出现意外。

③ 在泥浆护壁钻孔灌注桩的混凝土浇筑过程中，应做到边浇筑、边拔管连续作业，一气呵成。浇筑中应随时检测混凝土顶面上升的高度，随时掌握导管的埋入混凝土深度，避免导管埋入过深或导管脱离混凝土面。

④ 钢筋笼子的主筋接头要焊平，导管法兰连接处罩以圆锥形的白铁罩，底部与法兰大小一致，并在套管头上卡住，避免提拔导管时，法兰挂住钢筋笼子。

⑤ 水下混凝土的配合比应具备良好的和易性，混凝土的配合比应通过试验确定，坍落度宜为180～220mm，水泥用量应不少于360kg/m³，为了改善和易性和缓凝，水下混凝土应掺加适量的外加剂。

⑥ 在开始浇筑混凝土时，为了使隔水球顺利地排出，导管底部到孔底部的距离宜为300～500mm，孔径较小时可适当加大距离，以免影响桩身混凝土的施工质量。

（4）治理方法

① 当导管堵塞而混凝土尚未达到初凝时，可采用下列两种方法加以解决。

a. 用钻机起吊设备，吊起一节钢轨或其他重物在导管内冲击，直至把堵塞的混凝土冲击开为止。

b. 迅速提出导管，用高压水冲通导管，重新放置隔水球并浇筑混凝土。浇筑时，在隔水球冲出导管后，应使导管继续下降，直到导管不能再插入时，再少许提升导管，继续浇筑混凝土，这样新浇筑的混凝土能与原浇筑的混凝土结合良好。

② 当混凝土在地下水位以上发生中断时，如果桩的直径较大（一般在1m以上），泥浆护壁比较好，可以抽掉孔内的水，用钢筋笼（网）保护，对原混凝土面进行人工凿毛并清洗钢筋，然后再继续浇筑混凝土。

③ 当混凝土在地下水位以下发生中断时，可用较原桩径稍小的钻头在原桩位上钻孔，至断桩部位以下适当深度时（可由验算确定），重新进行清孔，在断桩部位增加一节钢筋笼子，其下部埋入新钻的孔中，然后继续浇筑混凝土。

④ 当导管接头法兰挂住钢筋笼子时，如果钢筋笼子埋入混凝土不深，则可提起钢筋笼子，

转动导管，使导管与钢筋笼子脱离。

### 3. 钢筋笼子放置位置与设计要求不符

(1) 质量问题　钢筋笼子发生变形，钢筋的保护层不满足，钢筋笼子的深度和位置不符合设计要求。

(2) 原因分析

① 钢筋笼子的堆放、起吊、运输不符合现行规范的要求，存放时的支垫数量不够或位置不当，造成钢筋变形过大。

② 钢筋笼子吊放入孔时操作不当，不是垂直缓缓放入孔中，而是斜向插入孔内，结果造成深度和位置不符合设计要求。

③ 在进入清孔时，孔底部的沉渣或泥浆没有清理干净，造成实际的孔深与设计要求不符，钢筋笼子放不到设计深度。

(3) 防治措施

① 如果钢筋笼子过长，应分段进行制作，吊放钢筋笼子入孔时进行孔口分段焊接。

② 钢筋笼子在运输和吊放过程中，每隔 2.0～2.5m 设置加强钢箍一道，并在钢筋笼子内每隔 3～4m 装一个可拆卸的十字形临时加劲架，在钢筋笼子吊放入孔后再拆除。

③ 在钢筋笼子周围主筋上，每隔一定间距设置混凝土垫块，混凝土垫块应当根据钢筋保护层的厚度及孔径设计。

④ 用导向钢管控制保护层的厚度，钢筋笼子由导管中放入，导向钢管的长度宜与钢筋笼子的长度一致，在浇筑混凝土的过程中再分段拔出导管，或浇筑完混凝土后一次拔出。

⑤ 在进行孔内清理时，应把沉渣清理干净，保证实际有效孔深满足设计孔深的要求。

⑥ 钢筋笼子应垂直缓慢地放入孔内，防止碰撞孔壁。钢筋笼子放入孔内后，采取可靠措施，把它固定在设计位置。

⑦ 钢筋笼子吊放和固定完毕，应按照现行规范的要求进行隐蔽工程验收，合格后应立即浇筑水下混凝土。

### 4. 泥浆护壁钻孔灌注桩钻孔偏斜

(1) 质量问题　在钻孔的施工过程中，孔的垂直度不符合设计要求；成孔后经质量检查，出现较大的垂直偏差，有的甚至改变了桩的受力状态，大大削弱桩基的承载能力。

(2) 原因分析

① 工程地质勘察不仔细，钻孔前也未对桩位进行勘探，钻孔中遇到较大的孤石或探头石，从而造成桩孔偏斜。

② 在具有倾斜度的软硬地层交界处，从岩面倾斜处钻进，或者从粒径大小悬殊的砂卵石层中钻进，由于钻头受力不均，很容易使孔的垂直度不符合设计要求。

③ 在进行钻孔前，对钻孔设备未进行认真检查，如钻杆弯曲未纠正，钻机的转盘和底座未安置水平等，均会影响钻孔的垂直度。

④ 在进行钻孔前，对施工桩位的地面处理不合格，场地不平整和坚硬程度不同，均会引起不均匀沉陷，同样也会影响钻孔的垂直度。

(3) 防治措施

① 在安装钻机时要使转盘、底座水平，起重滑轮缘、固定钻杆的卡孔和护筒中心三者应在一条竖直线上，并应经常进行检查校正。

② 由于主动钻杆比较长，转动时上部摆动过大，必须在钻架上增设导向架，控制钻杆上

的提引水笼头，使其沿导向架向中钻进。

③ 在钻孔前和施工中，对钻杆、接头均应逐个检查，发现偏差及时调整；主动钻杆发生弯曲，要用千斤顶及时将其调直。

④ 在具有倾斜的软、硬地层钻进时，应吊着钻杆控制进尺，一般应低速钻进；或者回填片、卵石冲平后再钻进。

⑤ 钻孔机具及施工工艺的选择，应根据桩型、钻孔深度、土层情况、泥浆排放及处理等条件综合确定。

⑥ 为了保证钻孔的垂直度，钻机应设置相应的导向装置。

⑦ 采用“检孔器”进行钻孔检查，查明钻孔偏斜的位置和偏斜情况后，一般可在偏斜处吊住钻头上下进行反复扫孔，使钻孔达到垂直。偏斜严重时应回填砂黏土，待沉积密实后再继续钻进。

⑧ 在钻进的过程中，如果发生斜孔、塌孔等现象时，应立即停钻，采取相应措施后再继续施工。

## 六、冲击成孔灌注桩的质量问题与防治

### 1. 冲击成孔灌注桩施工出现卡钻

（1）质量问题　在冲击成孔灌注桩施工中出现卡钻现象，不仅严重影响钻孔的施工速度，而且也影响成孔的质量。

（2）原因分析

① 锥顶的转向装置失灵，致使“冲锥”不转动，总在一个方向上下冲击，从而使钻孔形成梅花形，“冲锥”被狭窄部位卡住。

② 在施工中未及时焊补“冲锥”，钻孔的直径逐渐变小；焊补后的“冲锥”变大，若采用高冲程猛击，极易发生卡锥。

③ 伸入钻孔内不大的探头石未被冲击碎，结果把“锥脚”或“锥顶”卡住；或者孔口处掉入孔内的石块或其他物件，把“冲锥”卡住。

④ 在黏土层中冲击的冲程太高，所用的泥浆太稠，致使“冲锥”被吸住。

（3）防治措施

① 当发生卡钻时，如果锥头向下有活动余地，可使钻头向下活动并转动，至孔径较大方向时提起钻头；也可以松一下钢丝绳，使钻头转动一个角度，有可能将钻锥提出。

② 卡钻后不宜强力上提，以防止出现塌孔、埋钻。可采用由下向上顶撞的办法，轻打卡点的石头，使钻头上下活动，以脱离卡点或使石块落下。

③ 用较粗的钢丝绳带打捞钩或打捞绳放进孔内，将“冲锥”钩住后，与大绳同时提动或交替提动，并多次上下、左右摆动试探，有时也能将“冲锥”提出。

④ 在打捞“冲锥”的过程中，要继续搅拌泥浆，以防止泥浆沉淀而出现埋钻。

⑤ 用其他工具，例如用小的“冲锥”、掏渣筒等下到孔内冲击，将卡住锥的石块挤进孔壁中，或把“冲锥”碰撞活动脱离卡点后，再将“冲锥”提出。但要稳住大绳，以免“冲锥”突然下落。

⑥ 用压缩空气管或高压水管下到孔内，对准卡住锥的一侧或吸住锥的地方，适当冲射片刻，使卡点松动后强行将“冲锥”提出。

⑦ 用以上方法提升卡住的锥无效时，可试用“水下爆破提锥法”。将防水炸药（少于1kg）

放于孔内，沿着锥的滑槽放到锥的底部，然后进行引爆，将卡住的锥振动松，再用卷扬机和滑车同时进行提拉。

### 2. 冲击成孔灌注桩桩底沉渣过厚

（1）质量问题　冲击成孔灌注桩冲孔后，经检查桩底部沉渣过厚，严重影响成桩的质量。

（2）原因分析

① 清孔不彻底，使沉渣沉淀于孔底；岩石渣的粒径过大，清孔的泥浆无法使其呈悬浮状态并带出桩孔，成为永久性的沉渣。

② 清孔后的泥浆密度过大，以致使在灌注混凝土时，混凝土的冲击力不能完全将桩孔底部的泥浆泛起，从而造成泥浆与混凝土混合在一起。

③ 清孔之后到混凝土的浇筑时间间隔过长，使原来已处于悬浮状态的岩石渣沉淀到孔底部，这些沉淀的岩石渣过厚，不能再被泛起而成为永久性的沉渣。

④ 灌注混凝土的导管下端距离桩孔底部过高，或混凝土的坍落度过小，流动性较差，影响了混凝土冲击力对桩孔底部泥浆的泛起效果，并可能造成初始灌注的混凝土无法包裹住导管的下端，造成泥浆和夹层。

⑤ 导管的内壁过于粗糙，由于光洁度不足，减小了初始混凝土灌注时活塞在导管中的下落速度，从而影响了混凝土的冲击作用，造成孔底部沉浆。

（3）防治措施

① 认真检查清孔时的岩石渣粒径，以及清孔后的泥浆密度。为了提高泥浆的清孔效果，可在泥浆中加入适量的外加剂（如硫酸钠等），以提高泥浆的胶体稳定住。

② 严格控制好清孔后的停置时间，如果间隔时间过长，应利用灌注混凝土的导管重新进行清孔，再进行水下混凝土的灌注。

③ 严格控制导管下端到桩孔底部的距离，通常应为 30cm 左右，最大不应超过 50cm。确保混凝土初始灌注量能盖过导管下端，使导管的初始埋置深度不小于 1m。

④ 严格控制好混凝土的坍落度，确保其具有良好的流动性；经常清理导管的内壁，避免初始混凝土灌注时活塞在导管中下落不畅，造成导管的堵塞，影响混凝土的灌注质量。

⑤ 对于桩底部沉渣过厚而影响桩的质量时，常用的有效的处理方法是利用抽芯检测的抽芯孔或超声探测的探测管作通道，采用高压灌浆的方法对桩底部进行补强。

### 3. 冲击成孔灌注桩出现塌孔

（1）质量问题　在成孔的过程中或成孔后，出现孔壁坍塌现象，造成钢筋笼子放不到底，桩的底部有很厚的泥夹层。

（2）原因分析

① 由于出渣后未及时补充泥浆，或河水、潮水上涨，或孔内出现承压水，或钻孔通过砂砾等强透水层，孔内水流失等而造成孔内的水头高度不够。

② 冲击锥头或掏渣筒在孔内倾倒，撞击孔壁，或爆破处理孔内的孤石、探头石，炸药用量过大。

③ 泥浆的密度不够及其他泥浆性能指标不符合要求，使孔壁没有形成坚实的泥皮，从而造成泥浆护壁钻孔灌注桩塌孔。

④ 由于护筒的埋置太浅，下端孔口漏水，坍塌或孔口附近地面受水的浸湿泡软，或钻孔装置在护筒上，由于振动使孔口坍塌，并扩展成较大的坍塌孔。

⑤ 清孔后泥浆的密度、黏度等指标降低；用空气吸泥机进行清孔，泥浆吸走后未及时补

水，使孔内的水位低于地下水位；清孔的操作方法不当，供水管嘴直接冲刷孔壁；清孔的时间过久或清孔后停顿过久。

⑥ 在吊入钢筋笼子时碰撞孔壁，造成孔壁坍塌。

（3）防治措施

① 在松散粉砂土或流砂中钻进时，应严格控制钻进的速度，选用较大相对密度、黏度、胶体率的泥浆或高质量泥浆。冲击钻成孔时投入黏土、卵石等，并采用低冲程冲击方式，使这些材料挤入孔壁起到护壁的作用。

② 汛期地区变化过大时，应采取升高护筒、增加水头，或采用虹吸管、连通管等措施，保证水头的相对稳定。

③ 当发生孔口坍塌时，可立即拆除护筒并回填钻孔，重新埋设护筒再钻进。

④ 当发生孔内坍塌时，应判明出现坍塌的位置，回填砂和黏土（或砂砾和黄土）混合物到坍塌处以上 1～2m；如塌孔比较严重，应全部回填，待回填物沉积密实后再钻进。

⑤ 清孔时应指定专人进行补水，保证钻孔内必要的水头高度。供水管道最好不直接插入钻孔中，应通过水槽或水池使水减速后再流入钻孔中，可避免冲刷孔避。施工中应扶正吸泥机，防止触动孔壁。不宜使用过大的风压，不宜超过 1.5～1.6 倍钻孔中水柱压力。

⑥ 在吊入钢筋笼子时，应对准钻孔中心垂直插入，避免钢筋笼子时碰撞孔壁。

## 七、人工挖孔灌注桩的质量问题与防治

### 1. 护壁混凝土出现桩孔坍塌

（1）质量问题　人工挖孔灌注桩，是指采用人工挖土成孔，然后安放钢筋笼，灌注混凝土成桩。人工挖孔灌注桩成孔的方法简单，单桩承载力高，施工时无振动、无噪声，施工设备简单，可同时开挖多根桩。但是，在人工挖孔的过程中，往往成孔困难，有时甚至出现桩孔坍塌。

（2）原因分析

① 工程地质勘察不细致，在人工挖孔的过程中，遇到了比较复杂的地层，特别是出现上层滞水，很容易造成桩孔坍塌。

② 在人工挖孔的过程中，遇到干砂层或含水的流砂层，也容易造成桩孔坍塌。

③ 工程地质报告比较粗糙，勘探孔较少，施工方案未能考虑周全，加上施工准备不足，特别是直径大、孔较深又有扩底的情况下，容易造成桩孔坍塌。

④ 地下水丰富，采取的降水措施不当，造成孔内护壁困难，从而使得挖孔困难，有时甚至出现桩孔坍塌。

⑤ 人工挖孔灌注桩应选择在春季或无雨季节施工。如果在雨季施工，容易造成桩孔坍塌。

（3）防治措施

① 为确保人工挖孔的顺利进行，要有详细的工程地质和水文地质报告，必要时每孔都要有探孔，以便采取相应的防治措施。

② 遇到上层滞水和地下水，出现流砂现象时，应采取混凝土护壁的办法。例如使用短模板减小高度，一般高度为 30～50cm，加上配置的钢筋，上下两节护壁的搭接长度不得小于 5cm，混凝土的强度等级与桩身相同，并掺加适量的速凝剂，做到随人工挖孔、随检验、随浇筑混凝土。

③ 当遇到已经出现轻微的塌孔时，可以采用预制水泥管、钢套管、沉管护壁等办法。

④ 混凝土护壁的拆除模板时间应在24h之后进行。塌孔严重的部位也可采取不拆除模板，永久留在孔中的措施。

⑤ 在水量较大、易出现塌孔的土层中，除横向进行护壁外，还要防止竖向护壁的滑脱，护壁间用纵向钢筋连接，设置护壁的土锚筋。必要时也可用孔口处设置“吊梁”的办法，在桩身混凝土浇筑时拆除。

⑥ 需要在雨季进行人工挖孔灌注桩施工时，孔口处应设置混凝土护圈，施工现场应有可靠的防雨措施，另外还要设置排水沟进行抽排水。

⑦ 护壁混凝土应做到随人工挖孔、随检验、随浇筑，不得过夜。必要时采取降水措施。

⑧ 在正式开挖前，要进行试验挖桩，以校核地质、设计、施工工艺是否满足要求。

⑨ 人工挖孔灌注桩，应当采取跳挖法，特别是有扩底的挖孔桩，应考虑扩孔直径采取相应措施，以免出现塌孔贯穿。

⑩ 扩大头部如果砂层比较厚，地下水或承压水比较丰富，难于成孔，可采用“高压旋喷”技术人工固结，然后再进行挖孔。

### 2. 人工挖孔灌注桩桩位偏差大

(1) 质量问题　在人工挖孔灌注桩的施工过程中，经质量检查发现桩孔倾斜超过垂直偏差，或桩顶部位移偏差过大，桩的承载受力发生改变，整个桩基的承载能力降低。

(2) 原因分析

① 在桩位施工测量放样时，没有严格按照设计图纸进行，造成桩的位置放得不准，甚至偏差比较大；或者施工中桩的位置标志丢失，施工人员不经过认真审核随意定位，造成桩的位置错位较大。

② 在人工挖孔灌注桩挖孔的过程中，施工人员未认真吊线进行挖孔，挖孔直径控制不严。

③ 在进行底部扩孔的施工过程中，施工人员未按照设计要求找中，造成底部偏差过大。

④ 在人工挖孔灌注桩开始挖孔时，定位圈摆放的不准确或画线不准，也会造成桩的位置偏差过大。

⑤ 在人工挖孔灌注桩挖孔的过程中，发现桩孔偏斜度已超过规定，但不及时进行纠正，特别是在浇筑混凝土时也不吊中，必然造成桩的位置错位较大。

(3) 防治措施

① 在桩位施工测量放样时，必须严格按照设计图纸进行放桩位，并有复检制度。桩的位置标志丢失应放线进行补桩。轴线桩与桩的位置桩要用颜色区分，不得混淆，以免挖错位置。

② 在正式开始挖孔前，要用定位圈（以顶部中心的十字圆环为准）来放样挖孔线，或在桩位外设置定位龙门桩，安装护壁模板必须用桩的中心点校正模板位置，并由专人负责。

③ 在桩位施工测量放样时，要做到井圈中心线与设计轴线的偏差不得大于20mm。

④ 在人工挖孔灌注桩挖孔的过程中，应随时用线坠或仪器校正中心线，特别是发现偏差过大时，应立即进行纠偏。要求每次支护壁模板时都要吊线一次。在进行扩底开挖时，应从孔中心点吊线放出扩底中心桩。开挖中应均匀环状进尺，每次以向四周进尺100mm为宜，以防止局部开挖过多造成塌壁。

⑤ 人工挖孔灌注桩成孔完毕后，应立即检查验收，并随即吊放钢筋笼子和浇筑混凝土，避免成孔的时间过长，造成不必要的塌孔，特别是雨季或有渗水的情况下，成孔后不得过夜。

# 第三章

# 钢筋混凝土工程质量问题与防治

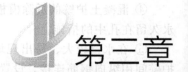

钢筋混凝土结构工程是由模板、钢筋、混凝土等多个分项工程组成的，这些分项工程不仅是能够独立操作的工程，又是不可分割的有机整体。在钢筋混凝土结构工程的施工过程中，如果某个施工工序或环节不注意，就会导致整个结构工程出现质量问题。因此，对模板工程、钢筋工程和混凝土工程的每个施工工序，均应当严格按照国家标准《建筑工程施工质量验收统一标准》（GB 50300—2013）进行施工，这样才能确保钢筋混凝土结构工程的质量。

## 第一节　模板工程质量问题与防治

模板工程是钢筋混凝土结构工程的重要组成部分。模板与其支撑系统组成模板系统；模板系统是一个临时架设的结构体系，其中模板是新浇筑混凝土成型的模具，它与混凝土直接接触，使混凝土构件形成设计所要求的形状；支撑体系是指支撑模板、承受模板构件及施工中各种荷载的作用，并使模板保持所要求的空间位置的临时结构。

工程实践证明，模板制作和安装的质量如何，对于钢筋混凝土结构工程的质量有直接关系和影响。它对于保证混凝土和钢筋混凝土结构与构件的外观平整和几何尺寸的准确，以及结构的强度和刚度等都起着非常重要的作用。

### 一、模板内未清理干净

#### 1. 质量问题

在模板安装完毕后，模板内存有残留木块、浮浆残渣、刨花碎石等建筑垃圾；在拆除模板后，发现混凝土中有缝隙和垃圾夹杂物，不仅严重影响混凝土与基层的黏结，而且还影响钢筋混凝土结构的整体性和耐久性。

#### 2. 原因分析

① 由于在施工过程中不认真细致，在钢筋绑扎完毕后，没有用压缩空气或压力水将模板内的垃圾清理干净。

② 在模板封闭之前，没有按要求将模板内的垃圾清除干净，或者忘记进行清理。

③ 墙柱根部、梁柱接头的最低之处未设置清扫孔，或清扫孔所留位置不当，无法清扫模板内的杂物。

### 3. 防治措施

① 在钢筋绑扎完毕后，立即用压缩空气或压力水将模板内的垃圾清理干净，要在施工中列为一个不可缺少的工序，成为提高和确保钢筋混凝土结构工程的重要技术措施。

② 在模封闭之前，要派专人将模板内的垃圾清除干净，这要形成一种良好的工作习惯。

③ 墙柱根部、梁柱接头处要在合适的位置预留清扫孔，清扫孔的尺寸不得小于 100mm×100mm，模板内的垃圾清除完毕后，应及时将清扫孔封严。

④ 在未浇筑混凝土之前，要加强对已清扫垃圾模板的保护，使其不再落入杂物；在浇筑混凝土时，还要对模板内进行再认真检查，看有无杂物落入。

## 二、混凝土结构发生变形

### 1. 质量问题

在混凝土结构拆模板后，发现混凝土柱、梁、墙出现鼓凸、缩颈或翘曲等质量缺陷，不仅严重影响混凝土结构的外表美观，而且也严重影响使用功能，有时甚至需要拆除重新浇筑。

### 2. 原因分析

① 对混凝土结构模板的设计不合理，尤其是支撑的间距过大，模板的刚度较差，在新浇混凝土侧压力的作用下，模板发生变形造成混凝土结构变形。

② 组合小模板、连接件未按照设计规定设置，造成模板的整体性较差，在混凝土的作用下出现局部模板变形，从而导致混凝土结构变形。

③ 在浇筑混凝土墙体时，墙面模板没有设置对拉螺栓，或对拉螺栓间距过大，或螺栓的规格太小，造成模板产生向处鼓出变形。

④ 竖向承重支撑在地基土上未夯实，或支撑的下部未设垫板，或排水措施不当，造成支撑部分的地基下沉，从而造成竖向支撑变形，导致整个模板和结构变形。

⑤ 门窗洞口内模间的支撑不牢固或刚度不足，模板易在混凝土振捣时被挤移位，从而使混凝土结构变形。

⑥ 在浇筑梁、柱混凝土时，由于模板的卡具间距过大，或未夹紧模板，或对拉螺栓配备数量不足，致使局部模板无法承受混凝土振捣时产生的侧向压力，导致局部出现鼓模，从而也使梁、柱混凝土表面突出。

⑦ 在浇筑墙、柱高度较大的混凝土结构时，由于混凝土的浇筑速度过快，一次浇筑的高度过大或者振捣过度，也容易使侧面模板发生变形，从而使混凝土结构变形。

⑧ 如果采用木模板或胶合板模板施工，经验收合格后未能及时浇筑混凝土，因长期日晒雨淋和其他因素影响而发生变形，混凝土结构也必然产生变形。

### 3. 防治措施

① 在进行模板及支撑系统设计时，应充分考虑模板本身自重、施工荷载、混凝土自重、钢筋自重、混凝土浇筑及振捣所产生的侧向压力，进行最合理最安全的荷载组合，以保证模板及支撑系统有足够的承载能力、刚度和稳定性。

② 梁、板底部支撑的间距应能够保证混凝土、钢筋重量和施工荷载的作用下不产生变形。支撑底部若为泥土地基，应进行认真夯实，设置必要的排水沟，并铺设通长的垫板或型钢，以保证竖向支撑不产生沉陷变形。

③ 当采用组合小钢模进行拼装时，连接件应按照规定的数量设置，围檩或对拉螺栓的间距、规格，也应严格按设计要求进行设置。

④ 梁、柱的模板若采用卡具固定时，其间距要按照规定的数量设置，并切实卡紧模板，其宽度要比断面尺寸略小些。

⑤ 梁、墙模板的上部必须设置临时撑头，以保证混凝土浇筑振捣时，梁、墙上口的宽度符合设计要求。

⑥ 在浇筑混凝土时，要做到均匀对称下料，严格控制一次浇筑高度，特别是门窗洞口模板的两侧，除设置刚度满足、固定牢靠的支撑外，既要保证混凝土振捣密实，又要防止过分振捣引起模板变形。

⑦ 对于跨度大于4m的现浇钢筋混凝土板和梁，其模板应按照设计有关规定起拱；当设计中无具体要求时，起拱的高度宜为其跨度的（1/1000）～(3/1000)。

⑧ 当钢筋混凝土工程采用木模板或胶合板模板施工时，经验收合格后应及时浇筑混凝土，防止在外界不良因素的影响下发生变形。

## 三、模板的轴线出现位移

### 1. 质量问题

当混凝土浇筑完毕拆除模板时，发现柱墙等的实际位置与建筑物设计轴线位置有偏移，与设计图纸不符，有时可能会导致较大的质量缺陷。

### 2. 原因分析

① 审查设计图纸、照图施工不认真或技术交底不清，在模板组合时组合部件未能按规定到位，结果造成偏移建筑物的设计轴线。

② 在进行测量放线未认真核对设计图纸，使轴线的测量放线出现较大误差。

③ 墙、柱模板根部和顶部没有限位的措施或限位不牢，发生偏位后又未及时进行纠正，结果造成积累误差较大。

④ 在安装和固定模板时，未拉水平控制线和竖直通线，也没有竖向垂直度的控制措施，结果造成在施工中形成偏移。

⑤ 设计的模板刚度比较差，加上模板两侧未设置水平拉杆或水平拉杆间距过大，在混凝土侧压力的作用下，使模板产生变形而出现轴线位移。

⑥ 在进行混凝土浇筑时，未按照要求均匀对称下料，或者一次浇筑高度过大，从而造成侧压力过大而把模板挤压发生位移。

⑦ 在进行模板的安装过程中，由于对拉螺栓、顶撑、木楔使用不当，或产生松动而造成轴线位移。

### 3. 防治措施

① 在进行钢筋混凝土结构设计时，严格按照1/30～1/10的比例将各分部分项工程绘制详图，并注明各部位编号、轴线位置、几何尺寸、剖面形状、预留孔、洞预埋件和模板设计

等，经复核无误后，认真对生产班组及操作工人进行技术交底，作为模板制作和安装的依据。

② 模板在正式安装前，要用仪器测放出模板的轴线和边线，并经过有关技术人员复核验收，确认无误后才能开始安装模板，在安装模板时要严格按线操作。

③ 墙、柱模板的根部和顶部必须设置可靠的限位措施，如用现浇楼板混凝土预埋的短钢筋来固定模板的钢支撑，以保证模板底部的位置准确。

④ 在安装模板时要拉水平和竖向通线，并设置竖向垂直度控制线，以保证模板水平、竖向位置准确。

⑤ 根据所施工钢筋混凝土结构特点，要对模板进行专项设计，以保证模板及其支撑系统具有足够的强度、刚度及稳定性。

⑥ 在混凝土正式浇筑前，应当对模板的组成、制作质量、轴线、支架、顶撑、螺栓等，再进行一次认真检查和复核，以便发现问题及时进行处理。

⑦ 在混凝土浇筑过程中，应当严格按照现行施工规范进行操作，要做到均匀对称下料，一次浇筑高度应严格控制在施工规范允许范围内。

## 四、模板接缝不严而漏浆

### 1. 质量问题

由于模板的制作质量不合格，模板间的接缝不严有较大间隙，在混凝土浇筑振捣时产生漏浆，轻者使混凝土表面出现蜂窝麻面，严重的出现孔洞和露筋。

### 2. 原因分析

① 对模板设计图纸审查不认真或有误，在模板的制作过程中不仔细，制作质量不合格，造成模板拼装时因接缝过大而产生漏浆。

② 制作模板的木材选用不当，或木材的含水率过大，或木模板安装周期过长，木模板产生干缩造成裂缝而出现漏浆。

③ 木模板制作非常粗糙，拼缝不严密；或在木模板周转使用时，未将模板拆开重新制作或维修，板间的缝隙较大而产生漏浆。

④ 在浇筑混凝土时，由于木模板没有提前浇水湿润，未使模板之间的缝膨胀，从而造成模板漏浆。

⑤ 钢模板产生较严重变形，未经修复又用于工程中，在变形的缝隙处出现漏浆；或者钢模板的接缝措施不当，也会使模板漏浆。

⑥ 在梁柱的交接部位，接头的尺寸不准和错位，也会造成模板漏浆。

### 3. 防治措施

① 在进行钢筋混凝土结构设计时，严格按照 1/30～1/10 的比例将各分部分项工程绘制详图，并详细注明模板的类型、形状、尺寸、支撑方式等，经复核无误后认真向操作人员进行技术交底，强化工人的质量意识，认真制作模板和支撑。

② 严格选择制作模板的木材，尽量选用变形小易加工的木材，木材的含水率应严格控制，制作时要拼缝严密。

③ 木模板的安装周期不宜过长，以防止产生干缩裂缝；在浇筑混凝土时，木模板要提前

浇水湿润，使其缝隙膨胀密实。

④ 当采用钢模板时，对于已经产生变形的模板必须进行修整，特别是边框发生变形的钢模板，最容易发生漏浆。

⑤ 钢模板之间的缝隙要采取正确方法控制，不能用油毡、塑料布、水泥袋纸等材料嵌缝堵漏。

⑥ 梁、柱交接部位的支撑要牢靠，拼缝要严密，必要时缝间要加双面胶纸；对于发生错位要及时进行纠正。

## 五、模板支撑系统失稳

### 1. 质量问题

由于模板的支撑系统设计不合理，或者因固定不牢靠而出现失稳，造成整个模板系统倒塌或结构变形等质量事故。

### 2. 原因分析

① 模板上所受的荷载大小不同，支架的高低不同、用料不同、间距不同，则承受的应力不同。当荷载大于支架的极限应力时，支架就会发生变形、失稳而倒塌。

② 混凝土的模板应按照现行的国家规范设计和施工，没有按照《混凝土结构工程施工及验收规范》中的规定去施工，模板支架没有在施工前进行结构计算，只凭以往的经验盲目施工，是造成模板支撑系统失稳的主要原因。

③ 在正式安装模板前未进行详细的技术交底，施工操作人员没有经过培训，不熟悉支架的结构、材料性能和施工方法，盲目蛮干很容易造成事故。

### 3. 预防措施

① 模板支撑系统应根据不同的结构类型及模板类型，选配合适的模板系统；支撑系统应进行必要的设计、验算和复核，确保支撑系统可靠、稳固、不变形。

② 木支撑系统所用的木支柱规格不宜太小，一般应用 100mm×100mm 的方材或梢径为 80～120mm 的圆木。支撑所用的牵杠、隔栅、横档，宜采用不小于 50mm×100mm 的木材钉牢楔紧，木支柱底脚下用对拔木楔来调整标高及固定。

③钢质支撑体系，一般可与模板体系相结合，其钢楞和支架的布置形式应满足模板设计要求，并能保证安全承受施工荷载。钢管支撑体系一般宜采用整体排架式，其立柱纵横间距应控制在 1m 左右，同时应设置斜撑和剪刀撑。

### 4. 处理方法

① 检查已经架立好模板工程的支撑是否确实稳固，对关键的部位和杆件要进行必要的验算，如果支撑的应力不满足，必须及时加固后方可浇筑混凝土。

② 对于重要结构施工的模板工程，必须根据荷载组合情况进行模板支撑系统的设计和结构计算，不能只凭以往的施工经验盲目安装模板和支撑。

③ 编制切实可行的施工技术方案，向具体操作人员进行详细的技术交底；在施工过程中应经常进行检查，以便发现问题及时解决。

## 六、杯形基础模板的缺陷

### 1. 质量问题

在杯形基础的施工过程中，容易出现以下质量问题：杯形基础的中心线不准；杯口模板出现位移；混凝土浇筑时“芯模”浮起；拆除模板时“芯模”拔不出等。

### 2. 原因分析

① 在杯形基础中心线弹线时未找方正，纵横两条中心线不相互垂直；或者测量定线的误差超过允许范围，从而使模板的位置不准确。

② 杯形基础上段模板支撑方法不当，在浇筑混凝土时，“杯芯”木模板由于不透气，产生一定的浮力，从而使“杯芯”模板产生上浮。

③ 杯形基础模板四周的混凝土下料不均匀，振捣时也不均衡，由于模板受力不均，从而造成模板的偏移。

④ 在搭设脚手架时不注意，将施工操作脚手板搁置在杯口模板上，由于施工荷载的作用，造成因模板下沉而变形。

⑤ 杯形基础中的“芯模”由于拆除过迟，粘接太牢而拆除困难。

### 3. 防治措施

① 杯形基础的模板安装应首先找准中心线位置和标高，先在轴线桩上找好中心线，用线锤在垫层上标出两点，弹出中心线，再由中心线按设计图纸上标注的尺寸，弹出基础四周的边线，要进行反复找方正并进行复核，用水准仪测定其标高，然后依据线安装模板。

② 木模板在安装上段模板时若设置“抬把木带”，可以使杯形基础的位置准确，模板中托木的作用是将“抬把木带”与下段混凝土面隔开少许间距，以便于混凝土面拍平。杯形独立基础模板如图 3-1 所示。

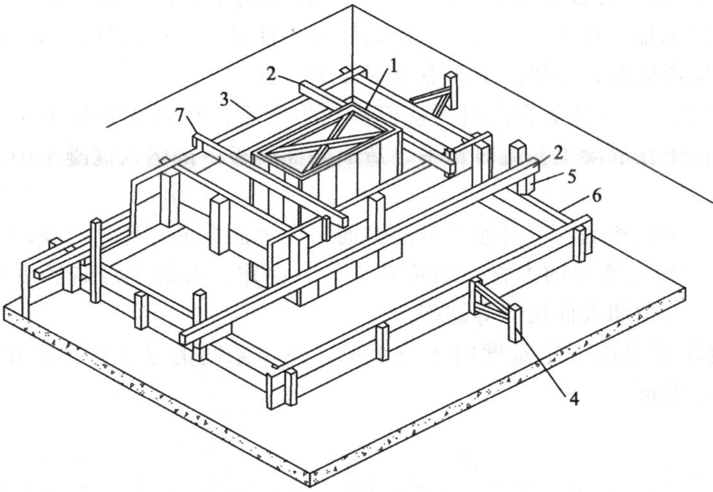


**图 3-1　杯形独立基础模板**

1—杯口芯模；2—轿杠模；3—杯口侧板；4—撑于土壁上；5—托木；6—侧板；7—木档

③“杯芯”木模板要刨光直拼，“芯模”外表面涂隔离剂，在其底部钻上几个小孔，以便浇筑混凝土后排气，减少对“芯模”的浮力。

④ 浇筑混凝土时，在“芯模”四周要均衡下料，最好采用对称振捣，千万不可在一侧振捣过多，以防因受力不均而产生变形。

⑤ 施工用的操作脚手板要独立设置，不要将其搁置在杯形基础模板上，以避免因施工振动而导致模板产生变形。

⑥ 拆除的“杯芯”模板的时间，要根据施工时的气温及混凝土凝固情况来掌握，一般在初凝后即可拆除。在拆除“杯芯”模板时，对于较小的“杯芯”模板，可用锤子轻轻敲打，用撬棍拨动拔出即可。对于较小的“杯芯”模板，可采用“倒链”将“杯芯”模板稍加松动后，再将其徐徐拔出。

# 七、梁模板的质量缺陷

## 1. 质量问题

在浇筑混凝土梁的施工过程中，最常见的质量问题有以下几个方面：梁身不平直，梁底不平且下挠；梁侧面模板在侧压力作用下出现炸模（即模板崩塌）；拆除模板后发现梁身侧面鼓出有水平裂缝、掉角、表面粗糙；局部模板嵌入柱梁间，拆除比较困难。

## 2. 原因分析

① 模板的安装固定预先没有很好的计划，从而造成模板安装未校直撑牢，支撑系统的整体稳定性不足，在施工荷载的作用下发生变形。

② 模板没有支撑在坚硬的地面上，在混凝土浇筑的过程中，由于施工荷载的增加泥土地面受潮水的浸入等，地面发生下沉变形，支撑也随着地面变形而变形。

③ 对于跨度较大的钢筋混凝土梁，未按照设计要求或现行规范规定进行起拱；或者施工中未根据梁高的要求控制模板的标高。

④ 钢模板的上口未用钢筋穿入洞口扣住，仅用铁丝简单对拉，其松紧程度也不相同；或木模板的上口未加钉木带，在浇筑混凝土时，其侧压力使模板下端向外推移，以致模板上口受到向内推移的力而向内倾斜，使梁的上口宽度大小不一。

⑤ 模板未固定牢固，在自重的作用下使模板产生下垂。在浇筑混凝土时，部分混凝土从模板下口翻上来，但未在混凝土初凝时铲平，造成侧面模板下部陷入混凝土中。

⑥ 侧面模板的承载能力及刚度不够，容易使梁的侧面模板出现炸模（即模板崩塌）；拆除模板过迟或模板未涂刷隔离剂，容易使梁身的侧面出现表面粗糙、掉角等缺陷。

⑦ 木模板由于采用易变形的木材（如黄花松等）制作，混凝土浇筑后变形比较大，易使梁的表面产生裂缝、掉角和表面粗糙等缺陷。

⑧ 木模板在制作时未用规定宽度的木条组成，或木条间的缝隙过小，在浇筑混凝土后，木模板吸水膨胀产生变形。

## 3. 防治措施

① 梁底部的支撑间距应适宜，即能保证在混凝土自重和施工荷载的作用下不产生变形。支撑底部如为泥土地面时，应先认真进行平整夯实，并铺设上一定宽度通长的垫木，以确保支撑不产生沉陷。对于跨度较大的梁，梁的底部模板应按照设计要求或规范规定进行起拱。

② 梁的侧面模板应根据梁的高度进行配制，如果梁的高度超过 600mm，应加设钢管围檩，上口应用圆钢插入模板上端小孔内。如果梁的高度超过 700mm，应在梁中加设对穿螺栓，与钢管围檩配合使用，加强梁侧面模板的刚度及强度。

③ 在安装梁的木模板时，应遵守“边模包底模”的原则。梁的模板与柱的模板连接处，应考虑模板在吸湿后长向膨胀的影响，下料尺寸应当略微缩短一些，使木模板在混凝土浇筑后吸潮不至于嵌入柱内。

④ 梁侧面木模板的下口必须设有夹条木，钉紧在支柱上，以保证在混凝土的浇筑过程中，侧面模板下口不会因侧压力而出现炸模（即模板崩塌）。

⑤ 梁侧面模板的上口模板横档，应用斜撑双面支撑在支柱顶部，如果有楼板，则上口模板横档要放在楼板模板的龙骨下。

⑥ 梁的模板采用木模板时，尽量不要采用易变形的木材（如黄花松等）制作，在混凝土浇筑前应充分浇水湿润，使模板板条之间的缝隙胀严。

⑦ 在模板进行组装前，应将模板上的残渣清除干净，模板的拼缝应符合现行规范的规定，侧面模板要切实支撑牢靠。

⑧ 当梁的底面距地面高度过高时（一般指超过 5m），最好不要再用木料进行支模，宜采用脚手钢管扣件支模或桁架支模。

⑨ 在进行组装模板之前，应在模板里侧（即浇筑混凝土的一侧）涂刷隔离剂两遍，隔离剂一般不要选用废机油等，并应涂刷均匀全面。

⑩ T 形梁的模板安装如图 3-2(a) 所示，花篮梁模板一般可与预制楼板吊装相配合，其模板安装方法如图 3-2(b) 所示。注意这种模板的安装应能承受预制楼板重量、混凝土重量及施工荷载，同时应注意混凝土浇筑时模板支撑系统不得产生变形。

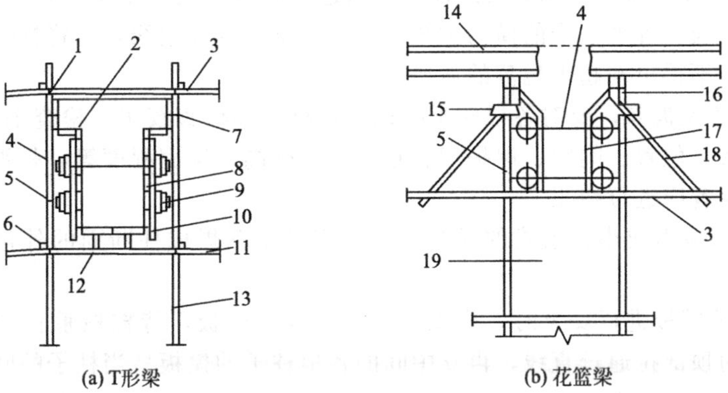


**图 3-2 T 形梁、花篮梁模板安装示意**

1—扣件；2—阴角模；3—横杆；4—对拉螺栓；5—钩头螺栓；6—纵向联系杆；7—钩头螺栓；8—内钢楞；9—外钢楞；10—连接角模；11—支承横杆；12—钢管搁栅；13—支承杆；14—预制楼板；15—斜模撑；16—牵杠；17—钢模板；18—斜撑；19—钢管排架

# 八、柱模板的质量缺陷

## 1. 质量问题

柱模板是一种竖向横截面尺寸较小的结构，在浇筑混凝土过程中容易发生以下质量缺陷。

① 出现炸模（即模板崩塌），造成柱子截面尺寸不准确，或局部出现鼓出、漏浆，使混凝土不密实或表面有蜂窝麻面。

② 柱子的垂直度不符合要求，即柱身发生偏斜，导致一排柱子不在同一条轴线上，这是一种严重的质量事故。

③ 柱身出现扭曲，梁柱接头处偏差较大，柱子成为一种偏心受压构件，对其安全性和稳定性非常不利。

## 2. 原因分析

① 柱模板安装设置的夹箍间距过大或固定不牢，或者木模板的钉子被混凝土侧压力拔出，从而出现炸模（即模板崩塌）现象或柱身偏斜。

② 柱模板在测量施工放样时不认真，出现较大的误差，正式施工又未仔细校核，梁柱接头处未按照大样图安装组合，结果会出现柱身偏斜和桩身扭曲等质量问题。

③ 成排的柱子在安装模板时，不进行统一拉线、不跟线、不找方，钢筋发生偏斜不纠正就安装模板。

④ 柱子模板未进行很好保护，安装模板前就已发生歪扭，未进行修整又用于新的工程，不仅形状不规矩，而且板缝不严密。

⑤ 在柱子模板安装固定时，两侧模板固定的松紧程度不同，或者在进行模板设计时，对柱子的箍筋和穿墙螺栓设计不重视。

⑥ 模板上有旧的混凝土残渣，在模板安装时未进行很好的清理，或拆除模板的时间过早。

## 3. 防治措施

① 在成排柱子安装前，首先应按照设计图纸进行测量放线，主要应定出排柱的纵向轴线、排柱的两条纵向边线、各根柱子的横向轴线、各根柱子的横向边线，并将柱子进行找方正。放线应当确保准确，不得出现超出规范的误差。

② 在柱子安装模板前，要对各根柱子的钢筋进行仔细检查校正，检查钢筋和钢箍的品种、直径、数量、形状、位置、间距、保护层、垂直度、标高、牢固程度等，是否符合施工规范的要求，对于不符合者应进行纠正。

③ 柱子的底部应做成小方盘式的模板，或以钢筋角钢焊成柱断面的外包框，以保证底部位置准确和牢固。

④ 在成排柱子模板进行安装时，应先立两端的柱子模板，待校核垂直度与复核位置无误后，在柱子模板的顶部拉通长直线，再立中间的各根柱子的模板。当柱子的间距不大时，柱子之间应用剪刀支撑和水平支撑搭牢。当柱子的间距较大时，各根柱子单独采用四面斜撑，以保证柱子位置准确。

⑤ 当柱子模板采用钢模板时，应当由下向上依次安装，模板之间用楔形插销插紧，在转角位置用角模板将两模板连接，以保证角度的准确。

⑥ 调节柱子模板每边的拉杆或顶杆上的花篮螺栓，校正模板的垂直度，拉杆或顶杆的支承点（钢筋环）要牢固可靠的与地面成不大于45°夹角方向预埋在楼板混凝土内。

⑦ 根据柱子的断面大小及高度，柱子模板外面每隔500～800mm应加设牢固的柱箍，必要时再增加对拉螺栓，以防止出现炸模。

⑧ 在柱子模板组装前应将模板上的残渣清除干净，模板的拼缝应符合规范规定，侧面模板要切实支撑牢靠。

⑨ 柱子模板如用木料制作，拼缝处应刨光拼严，门子板应根据柱子的宽度采用适当厚度，

确保混凝土浇筑过程中不漏浆、不炸模、不产生局部外鼓。

⑩ 对于高度较大的柱子，应在模板的中部一侧设置临时浇捣口，以便浇筑和振捣底部的混凝土，当混凝土浇筑到临时浇捣口时，应将其封闭牢固。

⑪ 如果采用的是周转性模板，模板上的混凝土残渣应清理干净，在进行柱子模板拆除时，混凝土的强度应能保证其表面及棱角不受损伤。根据工程实践经验，在常温下应在湿养护 14d 后才可拆除模板。

⑫ 为保证混凝土柱子的表面质量和强度要求，不出现蜂窝麻面，要搞好混凝土的配合比设计，要满足混凝土拌和物的流动性要求，在浇筑后一定要加强振捣，在安装模板前应对模板涂刷隔离剂。

# 九、墙模板的质量缺陷

## 1. 质量问题

墙模板与柱子模板有很多区别，墙模板呈垂直、竖向，面积和高度较大，而横向断面较小的一种结构，在浇筑混凝土的施工中，容易出现以下几种质量缺陷：a. 出现炸模、倾斜变形，墙体不垂直；b. 墙体的厚度厚薄不一，墙面高低不平；c. 墙根跑浆、露筋，模板底部被混凝土或砂浆裹住，拆除模板非常困难；d. 墙角模板被混凝土挤住，拆除也很困难。

## 2. 原因分析

(1) 钢模板事先未根据墙面的实际尺寸进行排版设计，未绘制模板排列图；相邻模板未设置围檩或围檩的间距过大，对拉螺栓选用的规格过小或未拧紧；墙根未设置导墙，模板的根部不平整，形成较大的缝隙。

(2) 模板间支撑的方法不当 [见图 3-3(a)]，如只有水平支撑，当①号墙在振捣混凝土时，墙模板受混凝土侧压力作用向两侧挤出，①号墙外侧有斜撑顶住，模板不易向外倾斜；而①号墙与②号墙之间只有水平支撑，没有斜撑顶住，侧压力使①号墙模板向外鼓凸，水平支撑推向

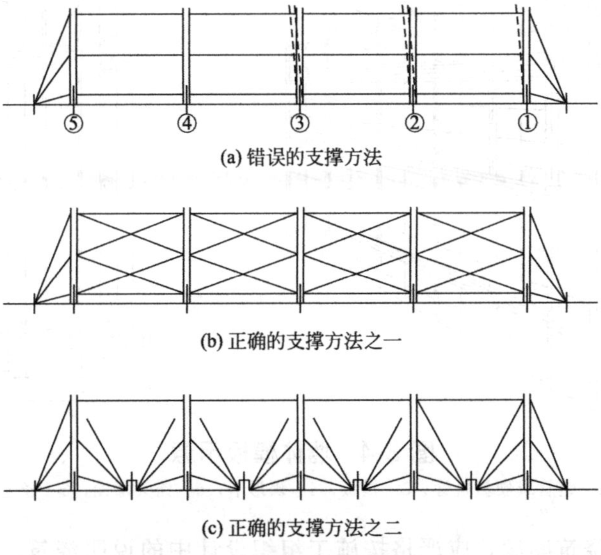


(a) 错误的支撑方法

(b) 正确的支撑方法之一

(c) 正确的支撑方法之二

图 3-3　墙模板间支撑示意

②号墙模板，使模板内凹，墙体失去平衡；当②号墙浇筑振捣混凝土时，其侧压力推向③号墙，使③号墙位置偏移更大。

（3）模板制作不平整，厚度不一致，相邻的两块墙模板拼接不严、不平，对支撑固定不牢，没有采用对拉螺栓承受混凝土拌和物对模板的侧压力，均可以致使混凝土浇筑时出现炸模；或因选用的对拉螺栓直径太小或间距过大，不能承受混凝土拌和物侧压力而被拉断，也会导致混凝土浇筑时出现炸模。

（4）当混凝土浇筑时分层过厚（超过 500mm），混凝土振捣器不能将混凝土振捣密实时，模板受到的侧压力过大，支撑则容易发生变形。

（5）角模板与墙模板拼接不严，水泥浆从缝隙中漏出，将模板的下口包住；或者拆除模板的时间太迟，模板与混凝土黏结在一起，均可造成拆除模板困难。

（6）在安装墙模板前，未按要求涂刷混凝土隔离剂，或者涂刷后被雨水冲掉又未补刷，均可以造成模板拆除困难，甚至使墙面出现蜂窝麻面。

## 3. 防治措施

① 不管采用何种材料的模板，在模板安装前均应进行模板结构设计和排版设计，绘出模板结构图和排列图，严格按图进行施工，这是克服墙体模板常见质量缺陷的根本措施，在施工中一定要认真对待。

② 墙面模板应拼接平整，缝隙应比较严密，应当符合质量检验评定标准的要求。

③ 当在一个施工面上有几道混凝土墙时，模板的安装可以整体考虑，除顶部设置通长的连接方木定位外，相互间应当用剪刀撑进行固定撑牢，如图 3-3(b) 和图 3-3(c) 所示。

④ 墙身中间应根据设计配制对拉螺栓，模板两侧以横连杆增强刚度（见图 3-4）来承担混凝土的侧压力，确保墙模板不出现炸模。对拉螺栓一般可采用直径 12～18 的钢筋制成。在两片模板之间，应根据墙体的厚度用钢管或硬塑料管作为撑头，以保证墙体的厚度一致。当墙体有防水要求时，应采用焊有止水片的螺栓。

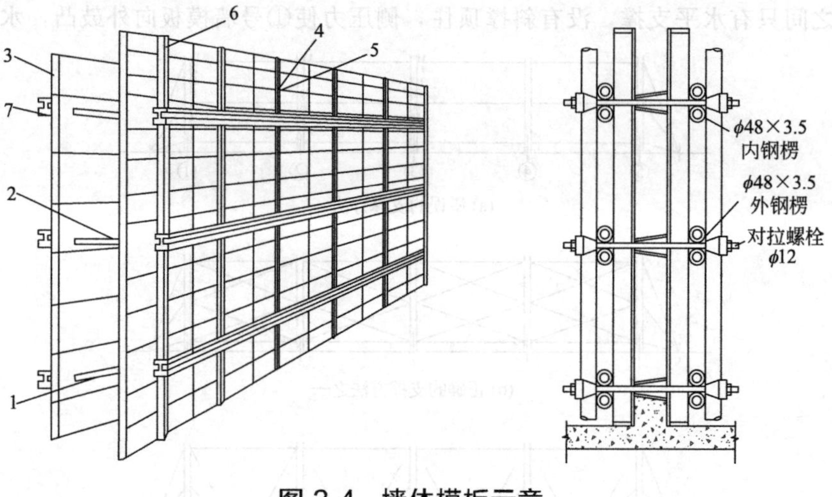


图 3-4　墙体模板示意

1—对拉螺栓；2—钢管或硬塑料管；3—模板；4—蝶形卡；5—钩头螺栓；6—竖连杆；7—横连杆

⑤ 每层的混凝土浇筑厚度，应严格按施工组织设计中的说明浇筑，控制在施工规范允许范围内。一般可控制在 300～500mm。

⑥ 墙体模板与混凝土的接触面，应按有关规定涂刷隔离剂，以防止模板拆除时困难。

⑦ 墙根处按照墙的厚度先浇筑 150～200 高的导墙，作为根部模板的支撑，模板的上口应用扁钢进行封口。在进行拼装时，钢模板上端边肋上要加工两个缺口，将两块模板上的缺口对齐，板条放入缺口内，用 U 形卡子将板条卡紧。

⑧ 龙骨不宜采用钢花梁，墙梁交接处和墙顶部上口应设置拉结，外墙所设的拉顶支撑要牢固可靠，支撑的间距、位置宜由模板设计确定。

## 十、桁架模板的质量缺陷

### 1. 质量问题

桁架模板是一种结构比较复杂的模板，其组成的构件比较多，构件之间的连接比较复杂，这种模板常见的质量缺陷有以下几种。

① 构件不平整、扭曲或有蜂窝、麻面、露筋，沿预应力抽芯管道处的混凝土表现易出现裂缝。

② 预应力筋的孔道内产生堵塞，或预应力抽芯管子拔不出来，或预应力筋张拉灌浆后，在其翻身竖起来时，桁架呈现侧向弯曲。

### 2. 原因分析

① 桁架的底部“胎模”未用水平仪抄平，造成施工处的地面不平整；或者地面未很好进行夯实，当有水浸入时，会因发生地面下沉而造成桁架不平整。

② 模板制作质量不符要求，支撑不牢固，出现模板底部两侧漏浆，侧面模板向外胀出。上部对拉螺栓拉得过紧，又未加内撑木，当混凝土浇筑完成，拆除侧面模板上口临时搭头木时，侧面模板向里收进，造成构件上口的宽度不足。

③ 当桁架中的混凝土浇筑完毕转动芯部的钢管时，由于钢管不直，很容易造成混凝土表面开裂。如果钢管（芯管）抽出过早，则容易造成混凝土塌陷裂缝。

④ 如果预应力抽芯的钢管采用两节拼接方法，在转动钢管（芯管）时应特别注意，如果不小心将两者拉开一定距离，中间很可能会被混凝土堵塞。

⑤ 在混凝土浇筑完毕后，应及时对钢管（芯管）进行转动，如果转动过迟，混凝土就会出现凝结，不仅钢管（芯管）不易转动，而且拔出时也比较困难。

### 3. 防治措施

① 模板的制作要符合设计及施工规范的质量标准，达到设计要求的形状、尺寸、平整度、刚度、强度和稳定性，安装时周围要夹紧夹牢，不得产生变形和位移，不得出现漏浆。

② 架设叠层浇筑振捣的桁架模板时，下口要夹紧在已振捣好的混凝土构件上，上口螺栓收紧要适度，这样在拆除构件上口搭头木时，模板的上口不至于被挤小。

③ 桁架预应力处的“芯管”如果采用无缝钢管，应确保钢管平直光滑，以便于钢管（芯管）的转动和抽出。

④ 当构件的混凝土浇筑完毕后，应当每隔 10～15min 将钢管（芯管）转动一下，以避免混凝土与钢管（芯管）黏结在一起。当手指压混凝土表面不再出水时，即可将钢管（芯管）缓缓抽出。

⑤ 在混凝土浇筑过程中，注意不要将钢管（芯管）向外抽动。

⑥ 采用分节脱模法预制构件时，除按照以上防治措施施工外，应保证各支点有足够的承载力，拼接处的模板平齐，不得出现明显的拼接痕迹。

# 十一、桩模板的质量缺陷

## 1. 质量问题

桩模板是一种细长的结构，在混凝土的浇筑过程中容易出现以下质量缺陷。

① 桩身不直；几何尺寸不准；桩尖向一侧偏斜，桩头顶面不平整。

② 在两节桩的接桩处，上节桩预留的钢筋与下节桩预留的钢筋孔洞位置有偏差，或下节桩预留的钢筋孔洞深度不足，不能使两节桩对接在一起，中间有较大的缝隙。

③ 叠层浇筑施工的桩，由于上下之间未涂刷混凝土隔离剂，造成上下两根桩黏结在一起。

## 2. 原因分析

（1）在浇筑桩身混凝土之前，未对施工场地进行夯实平整，使接触地面的桩身不平直；或者对桩的弹线有偏差，会导致桩的几何尺寸不准。

（2）桩模板的支撑强度和刚度不足，或者支撑和模板安装不牢靠，在混凝土浇筑振捣中产生变形，也会造成以上质量缺陷。

（3）桩尖模板在混凝土浇筑振捣中产生位移，则出现桩尖偏斜缺陷；桩头模板与桩身不垂直，则出现桩头顶面不平整，在沉桩施工时容易打碎桩头。

（4）上、下桩的连接处，下节桩的预留孔洞位置未进行很好的校核，结果造成位置不准确；孔洞的深度不符合设计要求；上节桩顶部预留钢筋处未设置定位套板，结果在混凝土振捣时造成钢筋位置发生移动，使预留钢筋不能插入下节桩的预留孔洞内。

（5）在预制钢筋混凝土桩采取叠层制作时，桩模板未按要求涂刷隔离剂，或隔离剂已被雨水冲掉又未补刷，很容易使上、下层桩粘连在一起，同时模板也难以拆除，有时甚至使桩的表面出现更多的质量缺陷。

## 3. 防治措施

（1）在制作混凝土桩之前，应根据施工实际需要，对施工场地进行平整夯实，场地周围的内部排水应畅通。预制桩的地面一般是在夯实的土基上铺一层70mm以上厚度的炉渣压平，再用水泥砂浆在其上面抹平压光。

（2）采用间隔支模的施工方法，在地面上准确弹出桩身的宽度线。模板与支撑应具有足够的刚度，以防止模板产生变形和位移；桩头端面应当用角尺找方正，以防止桩头顶面与桩身不垂直。

（3）桩尖端应用专用钢质帽套上，以保证桩尖的形状正确、位置准确、质量较高，不产生桩尖偏斜质量缺陷。

（4）上下节桩的端部均应做相匹配的专用模板，以保证接桩的位置准确，并与桩侧向模板连接好。为使上、下节桩的接桩准确，在浇筑桩身混凝土时，可在钢管内预先放置4根直径为50mm的圆钢，在混凝土初凝前应经常转动，初凝后拔出成孔。

（5）采用间隔安装模板方法施工时，可以采用纸筋石灰做隔离层，其厚度一般为2mm。

# 十二、桁架模板的质量缺陷

## 1. 质量问题

构件不平整、扭曲，或有蜂窝、麻面、露筋；预应力筋孔道堵塞，“芯管”拔不出来；沿预应力孔道出现裂纹；或在翻身竖起时，呈现侧向弯曲。

## 2. 原因分析

（1）施工场地未按照要求进行平整夯实；底部模板未用水平仪抄平，尺寸不准确。

（2）模板制作不合格，支撑不牢固，底部两侧漏浆，侧面模板向外膨胀。上部对拉螺栓拉得过紧，又未设置撑木，当混凝土浇筑完成，拆除侧面模板上口临时搭头木时，侧面模板向里收进，造成构件上口宽度不足。

（3）当混凝土浇筑完毕转动“芯管”时，由于钢管不直，造成混凝土表面裂缝。如果抽管过早，容易造成混凝土塌陷裂缝。

（4）预应力“芯管”采用两节拼接方法，转动“芯管”时如不小心，中间会被混凝土堵塞。

（5）混凝土浇筑完毕后，在混凝土达到初凝前未按要求对“芯管”转动，混凝土终凝后与“芯管”黏结在一起而拔不出来。

## 3. 防治措施

（1）施工场地应按照要求进行平整夯实；底部模板用水平仪抄平。

（2）模板制作要符合现行规范的要求，达到设计要求的形状和尺寸，模板的周围要夹紧夹牢，防止出现变形和漏浆。

（3）架设叠层模板时，下口要夹紧在已浇筑好的混凝土构件上，上口对拉螺栓收紧要适度，这样在拆除构件上口搭头木时，模板上口不致挤小。

（4）应保证“芯管”钢管顺直。构件混凝土浇筑完毕后，应每隔10～15min将“芯管”转动一圈，以避免混凝土与“芯管”黏结在一起，造成抽管困难。

（5）在混凝土浇筑过程中，除定时将“芯管”转动外，千万注意勿将“芯管”向外拉出。

（6）采用分节脱模法预制混凝土构件时，应保证各支点有足够的承载力。

# 十三、模板净断面大于设计规定

## 1. 质量问题

在混凝土浇筑完毕后，构件的实际断面尺寸大于设计要求，这样不仅浪费建筑材料，而且会给以后的装饰和安装工程造成困难。

## 2. 原因分析

（1）旧的钢模板经过多次周转使用后，其几何尺寸往往大于原来的尺寸，拼装时一般是根据钢模板的模数排列，但模数已经比要求有所扩大，从而造成实际断面尺寸大于设计要求。

（2）模板在进行制作时，一般都是按照构件的外包尺寸拼装，在浇筑混凝土冲击和振捣力的作用下，使混凝土构件的尺寸扩大。

（3）施工与技术管理没有掌握细部关键，操作人员缺乏施工经验，特别是对模板和支撑的固定不牢靠，在混凝土侧压力的作用下，模板出现向外移动而扩大尺寸。

### 3. 处理方法

（1）在浇筑混凝土之前，应当认真复核模板的尺寸，使测量尺寸符合有关规定，对于超大、超宽、超长的模板，必须进行纠正。

（2）在复核模板尺寸合格的基础上，检查模板及支撑系统的固定情况，对于不符合要求的，必须进行加固，确保在混凝土施工中不产生位移。

### 4. 预防措施

（1）模板的制作要严格按照设计图纸和现行施工规范进行，要保证工程结构和构件各部分形状尺寸和相互位置的准确、正确。

（2）拼装模板内部的净尺寸要比设计规定断面小 5mm。在拼装模板时应考虑到浇筑混凝土所产生的压力和侧压力，这些力均会使模板向外扩大，因此现浇混凝土结构安装的允许偏差应符合现行施工规范中的规定。

# 第二节　钢筋工程质量问题与防治

钢筋是钢筋混凝土结构工程中不可缺少的重要材料，其具有较高的拉伸性能、良好的冷弯性能和优异的焊接性能，在钢筋混凝土结构工程中起着重要的特殊作用。但是，如果设计不当或施工不良，钢筋在钢筋混凝土结构工程中起不到应有的作用，反而会影响钢筋混凝土结构的使用。因此，对钢筋的加工和安装应引起高度重视。

## 一、钢筋冷弯性能不良

### 1. 质量问题

按照规定的方法进行钢筋冷弯性能试验，即在每批钢筋中任选两根钢筋，切取两个试件进行冷弯性能试验，其结果有一个试样或两个试样不合格。

### 2. 原因分析

（1）钢筋的含碳量过高，或其他化学成分（如磷、硫等）含量不合适，从而引起钢筋的塑性性能偏低。

（2）钢筋在轧制过程中出现质量问题，例如表面有裂缝、结疤或折叠等。

### 3. 处理方法

从检验的这批钢筋中另取双倍数量的试样，再进行冷弯性能试验，如果试验结果合格，钢筋可以正常使用；如果仍有一个试样的试验结果不合格，可以判断该批钢筋不合格，不予验收，不能用于工程。

### 4. 预防措施

通过出厂证明书或试验报告以及钢筋外观检查，一般无法预先发现钢筋冷弯性能的优劣，因此，只有通过冷弯试验证明该性能是否合格，才能确定钢筋冷弯性能不良。在这种情况下，应通过供货单位告知钢筋生产厂家引起重视。

## 二、钢筋表面产生锈蚀

### 1. 质量问题

钢筋表面产生锈蚀是最常见的一种质量问题，钢筋的锈蚀按照程度不同，主要有浮锈、陈锈和老锈。

（1）浮锈　也称为轻锈，钢筋的浮锈是最轻的一种锈蚀，表面附有一层较为均匀的细粉末，呈黄色或淡红色，这种锈蚀对钢筋混凝土的质量无大的影响。

（2）陈锈　也称为中锈，锈迹粉末比较粗，用手捻略有微粒感，颜色呈红色或红褐色，对钢筋混凝土的黏结有一定影响。

（3）老锈　也称为重锈，锈斑比较明显，钢筋的表面有麻坑，出现起层的片状分离现象，锈斑几乎遍及整根钢筋表面；颜色呈深褐色，严重的接近黑色。

### 2. 原因分析

由于保管不良，受到雨、雪或其他物质的侵蚀；或者存放期过长，经过长期在空气中产生氧化；或者仓库环境潮湿，通风不良。

### 3. 处理方法

（1）浮锈　浮锈是铁锈形成的初期，在钢筋混凝土结构中不影响钢筋与混凝土的黏结，因此，除焊接操作时在焊点附近需处理干净外，其他的一般可不进行除锈处理。但是，有时为了防止锈迹的污染，也可用麻袋布进行擦拭。

（2）陈锈　陈锈可以采用钢丝刷或砂纸、麻袋布擦拭等手工方法进行处理；具备条件的施工现场，应尽可能采用机械方法进行除锈。对于盘条细钢筋，可以通过拉伸、调直的方法进行除锈；对于直径较粗的钢筋，应采用专用除锈机进行除锈。

（3）老锈　对于有起层锈片的钢筋，应先用小铁锤敲击，将锈片全部剥落干净，再用除锈机进行除锈；因麻坑、斑点及锈片去除后会使钢筋截面损伤，所以使用前应鉴定是否降级使用或作其他处理。

### 4. 预防措施

（1）钢筋进场后应加强妥善保管，存放在通风良好的仓库或料棚内，并要保持存放空间和地面的干燥；钢筋不得直接堆放在地面上，必须用混凝土墩、砖垛或木材垫起，使其离开地面200mm以上。

（2）钢筋库存的时间不宜过长，库存期的长短应视钢筋表面的锈蚀状况确定，原则上应当掌握先进仓库者先使用。

（3）工地临时保管钢筋时，应选择地势较高、地面干燥的露天场地；根据天气情况，必要时加盖苫布；场地四周要有排水措施，堆放期应尽量缩短。

## 三、钢筋闪光对焊接头的缺陷

### 1. 质量问题

钢筋闪光对焊接头的缺陷，主要表现在未焊透、有裂缝或有脆性断裂等方面，这些质量问题直接影响钢筋混凝土构件的安全度。

### 2. 原因分析

（1）钢筋闪光对焊的施工人员没有经过技术培训就上岗操作，对钢筋闪光对焊接头的各项技术参数掌握不够熟练，对焊接头的质量达不到施工规范的要求。

（2）在钢筋闪光对焊的施工过程中，没有按照闪光对焊的施工工艺进行管理，没有及时纠正不符合要求的工艺。

（3）对钢筋闪光对焊的成品检查测试不够，使不合格的产品出厂。

### 3. 处理方法

（1）对已完成的钢筋闪光对焊接头，应分批抽样进行质量检查，以200个同一类型的钢筋接头为一批，在进行外观检查时，每批抽查10%的接头，并且不得少于10个。钢筋闪光对焊接头的力学性能试验，以每批成品中切取6个试件，3个进行拉伸试验，3个进行弯曲试验。

（2）钢筋闪光对焊接头的外观质量检查，必须满足以下几个方面：①钢筋接头处不得有横向裂纹；②与电极接触处的钢筋表面，对Ⅰ级、Ⅱ级和Ⅲ级钢筋不得有明显的烧伤，对Ⅳ级钢筋不得有烧伤；③接头处弯折角度不得大于4°；④接头处的钢筋轴线的偏移，不得大于1/10的钢筋直径，同时也不得大于2mm。

（3）当有一个钢筋接头不符合以上要求时，应对全部钢筋接头进行检查，剔出并切除不合格的钢筋接头，重焊后再进行二次验收。

### 4. 预防措施

钢筋闪光对焊接头缺陷的预防措施如表3-1所列。

**表3-1　钢筋闪光对焊接头缺陷的预防措施**

| 项次 | 缺陷种类 | 预防措施 |
|---|---|---|
| 1 | 接头中有氧化膜，未焊透或有夹渣 | 增加预热程度；加快临近顶锻时的烧化速度；确保带电顶锻过程；加快顶锻的速度；增大顶锻的压力 |
| 2 | 接头中有缩孔 | 降低变压器的级数；避免烧化过程过分强烈；适当增大顶锻留量及顶锻压力 |
| 3 | 焊缝金属过烧，或热影响压过热 | 减小预热程度；加快烧化速度；缩短焊接时间；避免过多带电顶锻 |
| 4 | 接头区域产生裂纹 | 检验钢筋的硫磷碳等含量，若不符合规定时，应更换钢筋；采用低频预热方法，增加预热程度 |
| 5 | 钢筋表面出现微熔、烧伤 | 清除钢筋被夹紧部位的铁锈和油污；清除电极内表面的氧化物；改进电极槽口形状，增大接触面积；夹紧钢筋 |
| 6 | 接头弯折或轴线偏移 | 正确调整电极的位置；修整电极钳口或更换已变形的电极；切除或矫直钢筋的弯头 |

# 四、电弧焊接钢筋接头的缺陷

## 1. 质量问题

电弧焊接的钢筋接头如果焊接不牢，轻者产生裂缝，重者则产生断裂，其质量如何直接影响构件的安全度。

## 2. 原因分析

电弧焊接的钢筋接头出现以上质量缺陷，其主要原因是操作不当、管理不严，质量检查不认真。

## 3. 处理方法

(1) 检查电弧焊接钢筋接头的外观质量时，应在接头清渣后进行抽查，以 300 个同类型接头（同钢筋级别、同接头型式）为一批，取样数量为 10%，且不得少于 10 个。外观检查的质量标准如下：①焊缝表面平顺，不得有较深的凹陷、焊缩；②接头处不得有裂纹；③咬边的深度不大于 0.5mm；④焊缝气孔及夹渣的数量，在 2 倍直径长度上的焊缝不超过 2 个，大小不得超过 $6mm^2$。

(2) 电弧焊接钢筋接头尺寸偏差不得超过下列要求：接头处的弯折角度不得大于 4°；接头处的钢筋轴线的偏移，不得大于 1/10 的钢筋直径，同时也不得大于 3mm；焊缝偏差不大于钢筋直径的 1/20，宽度不大于钢筋直径的 1/10，焊缝长度不大于钢筋直径的 1/2。

外观检查不合格的钢筋接头应剔出重新焊接，并且进行二次验收。

(3) 3 个试件的抗拉强度均不得低于该级别钢筋的规定抗拉强度值。至少有 2 个试件呈现塑性断裂。当检验结果有 1 个试件的抗拉强度低于规定指标，或者有 2 个试件发生脆性断裂时，应取双倍数量的试件进行复试，复试结果若仍有 1 个试件的抗拉强度低于规定指标，或者有 3 个试件发生脆性断裂时，则判该批电弧焊接钢筋接头为不合格品。

## 4. 预防措施

(1) 根据钢筋级别、直径、接头形式和焊接位置，选用合适的焊条直径和焊接电流，保证焊缝与钢筋熔合良好。电弧焊的焊条直径与焊接电流参考见表 3-2。

**表 3-2 电弧焊的焊条直径与焊接电流参考表**

| 焊接方式 | 钢筋直径/mm | 焊接电流/A | 焊条直径/mm |
|---|---|---|---|
| 平焊 | 10～12 | 90～130 | 3.2 |
| | 14～22 | 130～180 | 4.0 |
| | 25～32 | 180～230 | 5.0 |
| | 36～40 | 190～240 | 5.0 |
| 立焊 | 10～12 | 80～110 | 3.2 |
| | 14～22 | 110～150 | 4.0 |
| | 25～32 | 120～170 | 4.0 |
| | 36～40 | 170～220 | 5.0 |

(2) 钢筋电弧焊所采用的焊条，是确保焊接质量符合设计要求的基础，焊条的性能应符合低碳钢和低合金钢电焊条标准的有关规定，其牌号应符合设计要求，若设计要求中没有具体规定时，可参考表 3-3 选用。

表 3-3 电弧焊接时使用焊条参考表

| 项次 | 焊接形式 | 钢筋级别 | | |
|---|---|---|---|---|
| | | Ⅰ级 | Ⅱ级 | Ⅲ级 |
| 1 | 搭接焊、帮条焊、熔槽焊 | E43* | E50* | E50*、E55* |
| 2 | 坡口焊 | E43* | E55* | E55*、E60* |

(3) 焊接的地线应与钢筋接触良好，防止因电焊时起弧而烧伤钢筋。在电弧焊的施工过程中，应随时查看接头的质量。

(4) 在电弧焊的施工过程中，如在焊缝处发现裂缝，应立即停止操作，从焊条质量施工工艺施工条件及钢筋性能等方面，逐项进行认真检查分析，查清产生裂缝的原因，采取相应的技术措施，经试验不再出现裂缝后，方可继续施焊。

# 五、坡口焊接钢筋接头的缺陷

## 1. 质量问题

“坡口焊”是电弧焊接中的 4 种焊接形式之一，这种焊接形式比其他 3 种（搭接焊、帮条焊、熔槽焊）的焊接质量要求高，在焊接施工中常出现有边缘不齐，焊缝宽度和高度不确定，表面存有凹陷，钢筋产生错位等质量缺陷。

## 2. 原因分析

出现以上质量缺陷的主要原因是电焊工对“坡口焊”的操作工艺不熟练，或者对“坡口焊”质量标准和焊接技巧掌握不够，或者对钢筋焊接不重视、不认真。

## 3. 处理方法

(1) 检查电弧焊接钢筋接头的外观质量时，应在接头清渣后进行抽查，以 300 个同类型接头（同钢筋级别、同接头型式）为一批，取样数量为 10%，且不得少于 10 个。外观检查的质量标准如下：①焊缝表面平顺，不得有较深的凹陷、焊缩；②接头处不得有裂纹；③咬边的深度不大于 0.5mm；④焊缝气孔及夹渣的数量，在 2 倍直径长度上的焊缝不超过 2 个，大小不得超过 $6mm^2$。

(2) 3 个试件的抗拉强度均不得低于该级别钢筋的规定抗拉强度值。至少有 2 个试件呈现塑性断裂。当检验结果有 1 个试件的抗拉强度低于规定指标，或者有 2 个试件发生脆性断裂时，应取双倍数量的试件进行复试，复试结果若仍有 1 个试件的抗拉强度低于规定指标，或者有 3 个试件发生脆性断裂时，则判该批电弧焊接钢筋接头为不合格品。

## 4. 预防措施

(1) 当钢筋采用坡口平焊时，“V”形坡口角度应控制在 55°～65°范围内。

(2) 当钢筋采用坡口立焊时，坡口角度为 40°～55°，其中下钢筋为 0°～10°，上钢筋为

35°～45°。

（3）两根钢筋根部的间隙，当采用“坡口平焊”时为3～6mm，当采用“坡口立焊”时为4～5mm，最大间隙不得超过10mm。

（4）坡口焊电弧焊的焊条直径与焊接电流，可参考表3-4。

**表3-4　坡口焊电弧焊的焊条直径与焊接电流参考表**

| 焊接方式 | 钢筋直径/mm | 焊接电流/A | 焊条直径/mm |
|---|---|---|---|
| 坡口平焊 | 16～20 | 140～170 | 3.2 |
| | 22～25 | 170～190 | 4.0 |
| | 28～32 | 190～220 | 5.0 |
| | 36～40 | 200～230 | 5.0 |
| 坡口立焊 | 18～20 | 120～150 | 3.2 |
| | 22～25 | 150～180 | 4.0 |
| | 28～32 | 180～200 | 4.0 |
| | 36～40 | 190～210 | 5.0 |

## 六、锥螺纹连接接头的缺陷

### 1. 质量问题

锥螺纹连接是将两根待连接钢筋端头用套丝机做出锥形外丝，然后用带有锥形丝的套筒将钢筋两端拧紧的钢筋连接方法。钢筋采用锥螺纹连接接头时，一般常见的质量缺陷有以下几种。

① 用卡规检查套丝的质量时，发现有的丝扣被损坏，有的完整丝扣不满足设计要求。

② 锥螺纹连接的接头拧紧后，外露的丝扣超过一个完整的扣。

### 2. 原因分析

（1）钢筋加工的质量不符合要求，钢筋的端头有翘曲，钢筋的轴线不垂直。

（2）加工好的钢筋丝扣没有精心保管，造成局部损坏。

（3）对加工好的钢筋丝扣没有进行认真检查，使不合格的产品进入施工现场。

（4）接头的拧紧力矩值没有达到设计要求值；接头的拧紧程度不够或漏拧；或钢筋的连接方法不对。

### 3. 处理方法

（1）对于钢筋丝扣有损坏或丝扣不足的，应将其切除一部分或全部，然后重新进行套丝。

（2）对于外露钢筋丝扣超过一个完整丝扣的接头，应重新拧紧接头或进行加固处理。具体处理的方法是：采用电弧焊补强的措施，焊缝的高度不小于5mm。当钢筋为级钢筋时，必须先进行可焊性试验，合格后方可用焊接方法进行补强。

### 4. 预防措施

（1）在进行钢筋切断时，其断面应与钢筋的轴线垂直，端头部位不得出翘曲，不准用气割法切断钢筋，应经常更换切断机的切片。

（2）钢筋套丝质量必须逐个用牙形规和卡规进行检查，经质量检查合格后，应立即将其一端拧上塑料保护帽，另一端按规定的力矩值用力矩扳手拧紧连接套。

（3）在进行正式连接前，应检查钢筋的锥螺纹及连接套的锥螺纹，必须完好无损。如果发现丝头上有杂物或锈蚀，必须用钢丝刷子清除；将带有连接套的钢筋拧到连接钢筋上时，应按规定的力矩值用力矩扳手拧紧接头，当听到力矩扳手“咔嗒”的响声时，即达到钢筋接头连接的力矩值。

（4）在进行同直径或异直径接头连接时，应采用二次拧紧连接法；单向可调、双向可调接头连接时，应采用二次拧紧法。连接水平钢筋时，要将钢筋托平对正，连接件用手拧紧，再按照以上方法进行连接。

（5）已连接完毕并达到标准的钢筋接头，必须立即用油漆作上标记，以防止出现漏拧。

（6）钢筋锥螺纹连接接头的各项指标，必须达到《钢筋锥螺纹接头技术规程》中的规定。

## 七、钢筋冷挤压套筒连接接头的缺陷

### 1. 质量问题

套筒挤压连接方法是将需要的连接的钢筋端部插入特制的钢套筒内，利用挤压机压缩钢套筒，使它产生塑性变形，靠变形后的钢套筒与带肋钢筋的机械咬合紧固力来实现钢筋的连接。钢筋冷挤压套筒连接是一种新的钢筋连接方式，具有很多显著的优点，工程上已经广泛应用。但在施工的过程中也容易出现以下质量问题。

① 钢筋被冷挤压后，套筒上发现有可见的裂缝。

② 钢筋被冷挤压后，钢筋套筒连接控制数据不符合表 3-5 中的规定。

表 3-5　钢筋套筒连接控制数据

| 钢筋直径/mm | 套筒编号 | 检查项目 | | | | | |
|---|---|---|---|---|---|---|---|
| | | 每端插入长度/mm | | 压接后套筒总长/mm | 每端压接扣数 | 接头折弯/° | 压力值/MPa |
| | | 标准尺寸 | 允许偏差 | | | | |
| 18 | SPJ-18 | 57.5 | ±5 | 135 | 4 | 4 | 30～85 |
| 20 | SPJ-20 | 65 | ±5 | 150 | 4 | 4 | 95～100 |
| 22 | SPJ-22 | 70 | ±5 | 160 | 4 | 4 | 100～110 |
| 25 | SPJ-25 | 75 | ±5 | 175 | 4 | 4 | 60～65 |
| 28 | SPJ-28 | 85 | ±5 | 195 | 4 | 4 | 65～70 |
| 32 | SPJ-32 | 110 | ±5 | 250 | 4 | 4 | 70～75 |
| 36 | SPJ-36 | 115 | ±5 | 260 | 4 | 4 | 95～100 |
| 40 | SPJ-40 | 125 | ±5 | 280 | 4 | 4 | 60～70 |

③ 压痕处套筒的外径波动范围小于或等于原套筒外径的 0.8～0.9 倍。

④ 有的钢筋伸入套筒的长度不足。

### 2. 原因分析

（1）设计、施工、技术、质检和操作工人等方面的人员，对于钢筋冷挤压套筒连接技术不熟悉，质量检查不够细致，不能发现存在的质量问题。

(2) 套筒制作的质量不符合标准要求，尤其是套筒的质地比较脆时，在较大挤压力的作用下很容易出现裂纹。

(3) 套筒、钢筋和压模不能配套使用，或者挤压操作的方法不当，施加的压力过大或过小，均不能达到现行质量标准的要求。

(4) 由于套筒与钢筋不配套，或者钢筋丝扣加工的长度不够，造成钢筋伸入套筒的长度不足。

### 3. 处理方法

(1) 经过质量检查，凡是有挤压后的套筒有肉眼可见的裂纹，则判定这个钢筋接头不合格，必须切除后重新进行挤压。

(2) 用钢尺测量连接套筒的伸入长度，必须符合表 3-4 中的规定。测量长度以套筒最短处为依据，如果未达到规定值，应在相应的一端补充压一丝扣；如果补压后仍达不到标准，应切除后重新进行挤压。

(3) 挤压后套筒的外观质量标准：压痕不得有重叠劈裂和横向裂纹；接头处的弯折不得大于 4°；压痕重叠超过 25%时，应补充压一丝扣。如偏差过大，也应切除后换合格的套筒重新进行挤压。

(4) 以 1000 个同批号的钢套筒及其压接的钢筋接头为一批，随机抽取一组（3 个钢筋接头）进行力学性能试验。

### 4. 预防措施

(1) 钢筋套筒的材料及几何尺寸应符合现行质量标准中认定的技术要求，并应有相应的钢筋套筒出厂合格证书。

(2) 检测使用的钢筋套筒的屈服强度、抗拉强度和延伸率，应当符合国家标准中Ⅱ级钢筋的要求，其全截面强度应大于母材钢筋。

(3) 压模、套筒与钢筋应相互配套使用，不得混用。压模上应有相对应的连接钢筋规格标记。钢筋与套筒应预先进行试套，如钢筋端头有马蹄形、弯折或纵肋尺寸过大者，应预先进行矫正或用砂轮打磨；对不同直径钢筋的套筒不得相互串用。

(4) 挤压前应在地面上先将套筒与钢筋的一端挤正，形成带帽钢筋，然后到拼接现场再挤压另一端。挤压时务必按照标记检查钢筋插入套筒的深度，钢筋端头离套筒长度中点不宜超过 10mm。挤压时挤压机应与钢筋轴线保持垂直。挤压宜从套筒的中央开始，并依次向两端挤压。挤压力、压模宽度、压痕直径波动范围及挤压道次或套筒伸长率等，应符合产品供应单位通过检验确定的技术参数，当有下列情况之一时，应对挤压机的挤压力进行标定。

① 新挤压设备在正式使用前，或旧的挤压设备大修后，均要对挤压机的挤压力进行标定。

② 油压表受到损坏重新更换或调试后或油压表在使用中受到强烈振动，均应对挤压机的挤压力进行标定。

③ 套筒压痕出现异常现象且查不出其他原因时，也应对挤压机的挤压力进行标定。

④ 挤压设备使用期超过一年或挤压接头数量已超过 5000 个时，也应对挤压机的挤压力进行标定。

⑤ 钢筋套筒连接件挤压控制的技术数据，必须符合《带肋钢筋套筒挤压连接技术规程》中的要求，同时也应符合表 3-5 中的各项指标。

# 八、电渣压力焊钢筋接头的缺陷

## 1. 质量问题

“电渣”压力焊是将两钢筋安放成竖向或斜向对接形式，利用焊接电流通过两钢筋间隙，在焊剂层下形成电弧过程和“电渣”过程，产生电弧热和电阻热，将两根钢筋的端部熔化，加压完成的一种压焊方法。采用“电渣”压力焊时，钢筋接头易出现下列质量问题。

①接头的偏心值大于0.1倍的钢筋直径或大于2mm；②接头处弯折大于4°；③钢筋上下结合处没有熔合；④“焊包”不均匀，大的一面熔化金属多，而小的一面其高度不足2mm；⑤气孔在“焊包”的外部和内部均有发现；⑥钢筋的表面有烧伤斑点或小弧坑；⑦焊缝中有非金属夹渣物；⑧“焊包”出现上翻；⑨“焊包”出现下淌。

## 2. 原因分析

（1）电焊对于这种钢筋连接方法不熟悉，或工作不认真、不细心，也没有按照规定先试焊3个接头，经检测合格后，方可选用焊接参数进行正式施焊。

（2）质量监督人员没有及时跟踪检查，发现质量缺陷没有及时进行纠正；或有时对钢筋焊接检查不仔细，未能发现质量缺陷。

## 3. 处理方法

经过外观质量检查，如果接头处钢筋轴线大于0.1倍的钢筋直径或大于2mm者，接头处弯折大于4°和外观质量检查不合格的钢筋接头，均应将其切除重新焊接。

## 4. 预防措施

（1）在钢筋接头正式焊接前，应先试焊3个接头，经外观质量检查合格后，方可选用焊接参数。每换一批钢筋均应重新调整焊接参数。

（2）“电渣”压力焊的焊接技术参数，主要包括渣池电压、焊接电流、焊接通电时间等，在一般情况下可参照表3-6选用。

表3-6 “电渣”压力焊焊接技术参数

| 钢筋直径/mm | 渣池电压/V | 焊接电流/A | 焊接通电时间/s |
|---|---|---|---|
| 14 | 25～35 | 200～250 | 12～15 |
| 16 | 25～35 | 200～300 | 15～18 |
| 20 | 25～35 | 300～400 | 18～23 |
| 25 | 25～35 | 400～450 | 20～25 |
| 32 | 25～35 | 450～600 | 30～35 |
| 36 | 25～35 | 600～700 | 35～40 |
| 38 | 25～35 | 700～800 | 40～45 |
| 40 | 25～35 | 800～900 | 45～50 |

（3）在采用“电渣”压力焊的施工过程中，如果发现裂纹、未熔合、烧伤等焊接质量缺陷时，可参照表3-7查找原因，采取一定的技术措施，及时加以消除。

**表 3-7　钢筋“电渣”压力焊接头焊接缺陷防止措施**

| 项次 | 焊接缺陷 | 防止措施 |
|---|---|---|
| 1 | 偏心 | 把钢筋端部矫直；上钢筋安放必须正直；顶压用力适当；及时整修夹具 |
| 2 | 弯折 | 必须将钢筋端部矫直；钢筋安放必须正直；适当延长松开机(夹)具的时间 |
| 3 | 咬边 | 适当调小焊接电流；适当缩短焊接通电时间；及时停机；适当加大顶压的量 |
| 4 | 未熔合 | 提高钢筋下送速度；延迟断电时间；检查夹具，使上钢筋均匀下送；适当增大焊接电流 |
| 5 | 焊包不均 | 钢筋端部要切平；要把钢丝圈放在钢筋的正中；适当加大熔化量 |
| 6 | 气孔 | 按规定烘焙焊剂；把钢筋的铁锈清除干净 |
| 7 | 烧伤 | 钢筋端部彻底除锈；钢筋必须夹紧 |
| 8 | 焊包下流 | 塞好石棉布 |

## 九、钢筋保护层不符合要求

### 1. 质量问题

在钢筋混凝土结构工程的施工中，钢筋保护层出现偏差是一个最常见的质量缺陷，主要表现在以下几个方面。

① 如果钢筋的混凝土保护层偏小，混凝土中的氢氧化钙与空气或水中的二氧化碳发生碳化反应，当碳化深度达到钢筋处时，则破坏混凝土对钢筋的碱性保护作用，而使钢筋有锈蚀的机会。

② 如果钢筋的混凝土保护层偏大，使钢筋混凝土构件的有效高度减小，从而减弱构件的承载力而产生裂缝和断裂。

### 2. 原因分析

(1) 在钢筋安装的过程中，没有认真对照设计图纸，不了解钢筋的混凝土保护层，结果实际的保护层不符合设计要求。

(2) 在钢筋安装的过程中，施工人员不仔细、不认真，对钢筋的混凝土保护层控制不严格，从而产生偏差。

### 3. 处理方法

(1) 在钢筋安装的过程中，要认真检查已安装或正在安装的钢筋的混凝土保护层，看其是否符合设计要求，以便发现偏差，及时进行纠正。

(2) 挑梁钢筋的上层保护层必须有可靠的控制措施，例如吊空或架空定位，防止施工中踩踏下沉。

(3) 对于现浇混凝土板的负弯矩钢筋，也要有防止踩踏下沉的措施，以保证钢筋的混凝土保护层不出现偏差。

### 4. 预防措施

(1) 在钢筋正式安装前，技术人员应向施工人员进行技术交底，特别讲明钢筋的混凝土保护层标准和作用，引起施工工人的重视。

(2) 在钢筋正式安装前，施工人员应根据工程施工进度，熟悉设计图纸，具体了解钢筋的混凝土保护层。

（3）严格按照《混凝土结构工程施工及验收规范》中的规定："受力钢筋的混凝土保护层厚度，应符合设计要求，当设计无具体规定时，不应小于受力钢筋直径"。

（4）受力钢筋的保护层允许偏差应符合下列要求：基础为±10mm；柱和梁为±5mm；板、墙和壳体为±3mm。

（5）在钢筋混凝土结构的施工前，都应按保护层的规定厚度，预先做好配合比为1∶2水泥砂浆垫块；当为上下双层主筋时，应在两层主筋之间设置短钢筋，保证设计规定的间距。

（6）在安装柱子和墙体的钢筋前，都要按保护层的规定厚度，预先做好配合比为1∶2水泥砂浆垫块，并将其扎牢在钢筋上或用塑料卡子卡在钢筋上，使钢筋的混凝土保护层准确。

## 十、钢筋安装中出现遗漏

### 1. 质量问题

在钢筋混凝土结构工程的施工中，经过仔细核对绑扎好的钢筋骨架，并对照钢筋混凝土结构图，发现某种钢筋发生遗漏，必须及时进行纠正。

### 2. 原因分析

出现钢筋遗漏的主要原因有：在绑扎钢筋骨架之前，技术人员没有进行细致的技术交底；在绑扎钢筋骨架的过程中，施工人员没有认真审查钢筋混凝土结构图，没有弄清钢筋骨架的组成和安装顺序，从而造成绑扎钢筋中出现遗漏。

### 3. 处理方法

认真对照钢筋混凝土结构图，对于所有遗漏的钢筋应当全部补上，不得再出现任何遗漏。对于简单的钢筋骨架，将所遗漏的钢筋放进骨架，即可继续进行绑扎；对于构造比较复杂的钢筋骨架，则要拆除其内部的部分钢筋才能补上。对于已浇筑混凝土的结构或构件，如果发生钢筋遗漏，则要通过结构性能分析，会同设计部门共同来确定处理的方案。

### 4. 预防措施

（1）对于比较复杂的钢筋混凝土结构或构件，在绑扎钢筋骨架之前，首先要进行技术交底，使具体施工人员了解钢筋混凝土结构或构件的特点、钢筋的受力特性和钢筋绑扎的施工要点。

（2）在正绑扎钢筋骨架之前，具体施工人员要认真熟悉钢筋图，并按照钢筋材料表核对配料单和料牌，检查钢筋规格是否齐全准确，形状、尺寸和数量是否与图纸相符。

（3）在熟悉钢筋混凝土结构图的基础上，仔细研究和安排各种钢筋绑扎安装顺序和步骤；在整个钢筋骨架绑扎完毕后，应认真清理施工现场，检查一下绑扎的钢筋骨架是否正确。在一般情况下，主要将钢筋骨架与钢筋图纸再对照，一是检查是否存在遗漏，二是检查钢筋绑扎位置是否正确，三是检查钢筋绑扎是否牢固。

## 十一、钢筋骨架产生歪斜

### 1. 质量问题

钢筋骨架绑扎完毕后或堆放一段时间后，产生较明显的歪斜现象，若不进行纠正无法将钢筋骨架浇筑于结构的设计位置，因此必须重新进行绑扎或加固。

### 2. 原因分析

（1）绑扎不牢固或绑扎扣的形式选择不当，如绑扎方向均朝着一个方向，没有相互错开；连接点间隔绑扎时，绑扎点设置太稀。

（2）梁中的纵向钢筋或拉筋设置的数量不足；柱中纵向构造钢筋偏少，未按规范规定设置复合箍筋，均会引起钢筋骨架歪斜。

堆放钢筋骨架的地面不平整，由于地面有一定的坡度，钢筋骨架在水平分力的作用下产生歪斜；钢筋骨架上部受压或受到意外力的碰撞，也会引起钢筋骨架歪斜。

### 3. 处理方法

钢筋骨架出现歪斜比较容易处理，但是费工费时。一般可根据钢筋骨架出现歪斜的状况和程度进行修复或加固。

### 4. 预防措施

（1）在进行钢筋骨架绑扎时，要尽量选用不易松脱的绑扎扣形式，如在绑扎平板钢筋网时，除了用一面“顺扣”外，还应加一些十字花扣；钢筋转角处要采用“兜扣”并加缠；对竖直的钢筋网，除了用十字花扣外，也要适当加缠。

（2）堆放钢筋骨架的地面要平整；在搬运过程中要轻抬轻放。绑扎扣的方向应根据具体情况交错变换，对于面积较大的钢筋网片，可适当选用一些直钢筋作斜向拉结加固。

（3）当梁的截面高度超过700mm时，在梁的两侧面沿着高度每隔300～400mm设置一根直径不小于10mm的纵向构造钢筋；纵向构造钢筋用拉筋进行联系。拉筋的直径一般与箍筋相同，每隔3～5个箍筋设置一个拉筋。

（4）按照现行设计规范的规定，当柱子的截面高度大于或等于600mm时，在两侧应设置直径为10～16mm的纵向构造钢筋，并相应的设置复合箍筋或拉筋；当柱子各边纵向钢筋多于3根时，应设置复合箍筋，以使大部分纵向钢筋能被箍筋套住。如果图纸上未按以上规定设置构造钢筋或复合箍筋时，在施工时应当加上，以改善钢筋骨架的牢靠程度，防止钢筋骨架产生歪斜的质量缺陷。

## 十二、箍筋的间距不一致

### 1. 质量问题

按照施工图纸标注的箍筋间距绑扎梁的钢筋骨架，很可能最后一个箍筋的间距与其他间距不一致，或实际用的箍筋数量与钢筋施工图上的数量不符。

### 2. 原因分析

① 钢筋施工图上所标注的箍筋间距不准确，按照近似值进行绑扎时，则必然会出现间距或根数有一定出入。

② 在进箍筋绑扎时，未进行认真核算和准确划线分配，而是随量随绑，结果造成积累的误差较大，从而出现间距或根数的差异。

### 3. 处理方法

如果箍筋尚未绑扎成钢筋骨架，应当认真熟悉施工图纸，进行仔细的设计和计算，将缺少的钢箍在绑扎前准备好；如果箍筋已经绑扎成钢筋骨架，则应根据钢筋骨架的具体情况，适当增加一定数量的箍筋。

### 4. 预防措施

（1）预先熟悉钢筋施工图纸，校核箍筋的间距和根数与实际有何差别，及早发现问题，将准备工作做好，以防止在绑扎中出现缺少箍筋而停工。

（2）根据钢筋施工图纸的配筋情况，在较大的钢筋混凝土构件上预先进行排列，从中心向两侧进行划线，并以排列成功的钢筋骨架为样板，作为正式绑扎箍筋时的依据。

（3）当箍筋的间距稍有误差时，可将误差位于中心线两侧，因为构件中间部位所受到的剪力比支座附近小得多，箍筋的间距稍微超过规范规定的允许误差值，并不影响构件受力条件。

## 十三、四肢箍筋宽度不准确

### 1. 质量问题

对于配有四肢箍筋作为复合箍筋的梁的钢筋骨架，在绑扎好安装于模板时，发现箍筋宽度不适合模板的要求，出现混凝土保护层厚度过大或过小，严重的甚至导致钢筋骨架放不进模板内，造成无法正常进行混凝土的施工。

### 2. 原因分析

（1）钢筋图纸上所标注的尺寸不准确，在钢筋下料前又未进行复核，结果造成钢筋箍筋不符合实际结构或构件的尺寸要求。

（2）在钢筋骨架进行绑扎前，未按照应有的规定将箍筋总宽度进行定位，或者定位不准确。

（3）在箍筋的弯曲过程中，由于操作不认真、弯曲中心直径不适宜、划线不准确等原因，使加工的箍筋宽度不符合设计要求，造成混凝土保护层厚度过大或过小。

（4）已考虑到将箍筋总宽度进行定位，但在具体操作时不注意，使两个箍筋往里或往外窜动，导致混凝土保护层厚度过大。

### 3. 处理方法

取出已经放入模板的钢筋骨架，松掉每对箍筋交错部位内的纵向钢筋绑扎扣，校准四肢箍筋的宽度后再重新进行绑扎。

### 4. 预防措施

（1）认真审查钢筋图纸，核对施工图纸中是否存在尺寸错误，特别应对四肢箍筋的宽度进行重点测量，以便在箍筋加工中做到形状正确、尺寸准确。

（2）在绑扎钢筋骨架肘，应先绑扎牢（或用电弧焊焊接）几对箍筋，使四肢箍筋的保持施工图纸中的标注尺寸，然后再绑扎纵向钢筋和其他钢筋，形成一个坚固的钢筋骨架。

（3）按照梁的截面宽度确定一种双肢箍筋（即截面宽度减去两侧混凝土保护层的厚度），

绑扎时沿着骨架长度放几个这种双肢箍筋定位。

（4）在钢筋骨架的绑扎过程中，要随时检查四肢箍筋的宽度准确性，如发现偏差应及时进行纠正。

## 十四、箍筋代换后截面不足

### 1. 质量问题

由于某种品种或规格的钢筋数量不能满足工程需要，必须用其他品种或规格的钢筋进行代换，在绑扎梁的钢筋时检查被代换箍筋的实际情况，发现钢筋的截面不足（根据箍筋和间距计算结果）。

### 2. 原因分析

（1）在钢筋加工配料单中只是标明了箍筋的根数，而未说明如果箍筋钢筋的数量不足时如何进行代换，使具体操作人员没有钢筋代换的依据。

（2）配料时对横向钢筋进行钢筋规格代换，通常是箍筋和弯起钢筋结合考虑，如果单位长度内的箍筋全截面面积比原来设计的面积小，说明配料时考虑了弯起钢筋的加大。有时由于钢筋加工中的疏忽，容易忘记按照加大的弯起钢筋填写配料单，这样，在弯起钢筋不变的情况下，就意味着箍筋的截面不足。

### 3. 处理方法

（1）如果箍筋代换后出现截面不足的现象，在钢筋骨架尚未绑扎前可增加所缺少的箍筋，使其满足截面面积的要求。

（2）如果钢筋骨架已经绑扎完毕，则将绑扎好的箍筋松扣，按照设计要求的截面重新布置箍筋的间距，然后再进行绑扎。

### 4. 预防措施

（1）在钢筋进行配料时，作横向钢筋代换后，应立即重新填写箍筋和弯起钢筋配料单，要详细说明钢筋代换的具体情况，并由技术人员向施工工人进行技术交底，以便正确代换。

（2）在进行钢筋骨正式绑扎前，要对钢筋施工图、钢筋配料单和钢筋实物进行对照，发现问题时应及时向有关人员报告，以便及时进行处理。

# 第三节　混凝土工程质量问题与防治

混凝土工程是建筑工程的重要组成部分，也是建（构）筑物承受荷载的主要部位，其设计和施工质量的好坏，直接关系到整个建筑工程的安危和使用寿命。因此，对混凝土工程的施工质量必须引起足够的重视，确保不出现任何足以影响钢筋混凝土结构性能的缺陷。在混凝土工程的施工中，应根据工程特点设计要求材料供应情况以及施工部门的技术素质和管理水平，制订切实可行的技术措施，按照设计要求和施工验收规范认真进行施工，消除施工中常见的质量缺陷。

自 1824 年波特兰水泥发明以来，混凝土技术得到迅速发展，特别是进入 21 世纪，在普通水泥混凝土的基础上，各种新型混凝土如雨后春笋飞速发展，目前用于工程中的新型混凝土已达几十年。本节仅介绍普通水泥混凝土工程中常见质量问题与防治措施。

## 一、混凝土的配合比不良

### 1. 质量问题

混凝土拌和物比较松散，保水性能比较差，易于出现泌水和离析，施工中难以振捣密实，凝结硬化后达不到设计强度，甚至出现混凝土结构因质量太差而报废。

### 2. 原因分析

（1）混凝土配合比未根据工程实际进行设计和计算，而是采用已建混凝土工程的经验配合比，不符合本工程的实际要求；或者混凝土配合比未进行试配，而将设计配合比直接作为施工配合比。

（2）在混凝土配制的过程中，材料未采用规定的计量设备进行计量，而是用体积比代替质量比，用手推车等进行量度，或虽用磅秤计量，但计量很不准确，达不到现行规范的要求。

（3）实际配制混凝土的各种材料规格、质量等，与设计的各种材料不同，例如砂石中的含水率、砂石的粒径大小、砂石的品种等不同，也会影响混凝土拌和物的质量。

（4）使用的原材料不符合施工配合比设计要求，如袋装水泥的质量不够储存期过长或受潮结块，使水泥的活性和强度大大降低；骨料的级配较差，所含泥土和杂质超过现行规定；水质不符合拌制混凝土的要求。

（5）外加剂和掺加料未进行严格称量，掺加的顺序或方法不对，混凝土搅拌不均匀，造成混凝土拌和物匀质性较差，技术性能也达不到设计要求。

（6）在混凝土的施工期间，对混凝土原材料管理不善，造成原材料质量发生变化。如砂石材料直接堆积在土基上，使其含泥量增加；外加剂和其他物品混合存放，发生化学反应等。

施工中对质量管理不严，没有严格的规章制度和质量检测程序，造成在混凝土拌制时随意增减组成材料，使混凝土配合比不准确。

### 3. 防治措施

（1）在一般情况下，混凝土配合比必须经过认真的设计和试配，如果采用经验配合比，必须经过一系列的试验。使所用的混凝土配合比符合设计强度和性能要求，同时也满足施工时和易性的要求，不得不经设计或验证随意套用经验配合比。

（2）确保混凝土原材料的质量，各种材料均必须经过严格检验。所用水泥的品种、颜色、强度等级、技术性能和出厂日期等，必须符合设计要求和质量证明文件的规定，对袋装水泥应抽查其质量；砂石的粒径、级配、含泥量、含水率等，均应符合设计要求；堆积材料的场地应经清理，防止杂草、木屑、石灰、黏土等杂物的混入；拌制混凝土的水最好是采用饮用的自来水，如果用河水湖水等，应进行化验。

（3）在进行混凝土配制时，应严格按照现行规范规定控制计量标准，所用的计量工具应经常校核，所有的材料应按质量比进行称量，称量的误差应符合现行规范规定。

（4）无论采用设计配合比还是经验配合比，工程上所用的混凝土配合比，应经实验室试验后提出，在施工中严格按照试验配合比，不得随意掺加某种材料，特别是不得随意掺加水，改变混凝土的水灰比。

(5) 如果混凝土中需要掺加外加剂和掺合料，必须先进行性能和掺量试验，严格控制掺加量，并按照现行规程的规定执行。

(6) 在进行混凝土拌制过程中，应当经常检查组成材料的质量变化情况，如水泥的储存期和强度变化，砂石材料中是否混入杂质，水和外加剂是否变质等。

(7) 混凝土的水灰比是影响其性能的最重要指标，在拌制时应根据砂石实际含水情况调整加水量，使混凝土的水灰比和坍落度符合设计要求。当混凝土的施工和易性和保水性不能满足要求时，应通过计算和试验进行调整，而不能在已拌制好的混凝土中随意添加材料。

(8) 混凝土拌和物运输方法不当，也会造成其性能不良。在这方面的防治措施主要有：运输道路要平整，不使混凝土遭受大的颠簸；二是采用不易使混凝土拌和物离析、漏浆或水分散失的运输工具。

## 二、混凝土外加剂使用不当

### 1. 质量问题

由于采用的混凝土外加剂不当，使混凝土中掺加的外加剂没有起到应有的效果。如掺加早强剂的混凝土不早强，掺加防冻剂的混凝土不抗冻，掺加缓凝剂的混凝土不缓凝，掺加膨胀剂的混凝土不膨胀等，有的加上计量不准确，甚至会导致事故发生。

### 2. 原因分析

(1) 采用的混凝土外加剂系伪劣产品，在采购和使用前未进行必要的检查复核，既没有检查产品的生产许可证和出厂合格证，又没有对进场后的产品进行复核。导致伪劣产品用于混凝土工程，造成混凝土质量不合格。

(2) 对所用混凝土外加剂的质量标准、掺加数量、适用条件、使用方法等没有完全掌握，又没有进行试配测试试验，造成掺加外加剂的混凝土质量不符合设计要求。

(3) 有些混凝土外加剂储存期过长，或与其他物品混合在一起，或受潮、受热、光照等，性质发生一定变化，用于混凝土中不能起到应有的作用。

(4) 在掺加混凝土外加剂时，由于计量不准确，或少掺加起不到应有的作用，或掺加过量影响混凝土的性能和质量。

### 3. 处理方法

(1) 当发现混凝土掺加外加剂后达不到设计要求时，应立即分析产生的具体原因。如果是伪劣产品，必须坚决拒绝使用；如果外加剂的性质有些变化，必须经试配重新确定是否能用；如果对所用外加剂不很了解，应当向有关单位询问清楚。

(2) 如果由于计量不准确而影响混凝土的质量，应当校核设计配合比是否正确、计量仪器是否精确。

### 4. 预防措施

(1) 在进行混凝土配制前，应首先详细了解所用外加剂的品种和特性，正确合理选用外加剂的种类，其掺量既要参考已建工程的经验数值，更要通过试验加以确定。

(2) 在采购混凝土外加剂时，一定要认真审查生产许可证和出厂合格证，对于进场的外加剂产品要进行复试，完全合格后才能用于工程。

（3）混凝土外加剂的质量应当符合现行国家标准《混凝土外加剂》的规定。对用于室内的混凝土外加剂需要检验其中氯化物、硫酸盐等有害物质的含量，经验证确认对混凝土无有害影响时方可使用。

（4）在选用混凝土外加剂时，应根据混凝土的性能要求、施工工艺及气候条件，结合混凝土原材料性能、配合比以及对水泥的适应性等因素，通过试验确定其品种及掺量。

（5）运到施工现场的不同品种、用途的外加剂，应分别进行存放，做好标记妥善保管，防止发生混淆或变质。

（6）混凝土工程实践证明，在蒸汽养护的混凝土和预应力混凝土中，不宜掺用引气剂或引气减水剂。

（7）掺用氯盐类防冻剂时，氯盐掺量按无水状态计算，不得超过水泥质量的1%。掺用氯盐的混凝土必须振捣密实，且不宜采用蒸汽养护。

（8）配制掺加外加剂的混凝土时，必须要有专人负责计量工作。

（9）掺加外加剂的混凝土必须充分搅拌均匀，搅拌时间可以适当延长。在施工中应尽量缩短掺加外加剂混凝土的运输和停放时间，以减小混凝土坍落度的损失。

（10）粉状的混凝土外加剂要保持干燥状态，防止受潮结块。对于已结块的粉状混凝土外加剂，经试验其性能没有变化后，应将结块烘干碾细，用0.6mm的筛孔过筛后使用。

（11）在下列钢筋混凝土结构中不得掺加氯盐外加剂：①处于水位升降部位的钢筋混凝土结构；②露天结构或经常受水淋的结构；③与镀锌钢材接触部位的结构，以及有外露钢筋预埋件而无防护措施的结构；④与含有酸、盐或硫酸盐等侵蚀性介质相接触部位的结构；⑤经常处于60℃以上环境温度的结构；⑥使用冷拉钢筋或冷拔低碳钢丝的结构；⑦薄壁结构、中级或重级工作制吊车梁、屋架、落锤或锻锤基础等结构；⑧电解车间和直接靠近直流电源的结构；⑨直接靠近高压电源（如发电站、变电所等）的结构；⑩预应力钢筋混凝土结构。

## 三、混凝土拌和物和易性差

### 1. 质量问题

混凝土拌和物松散不易黏结，或黏聚力大、成团，不易进行浇筑；或混凝土拌和物中的水泥砂浆偏少，填不满石子间的孔隙；或在混凝土拌和物的运输、浇筑和振捣过程中出现分层离析，不易振捣密实。

### 2. 原因分析

（1）混凝土配合比设计不科学，尤其是水泥的强度等级选用不当。当水泥强度等级与混凝土设计强度等级之比大于2.2时，即用高强度等级的水泥来配制强度等级较低的混凝土，由于水泥的用量太少，混凝土拌和物的和易性比较差。

（2）当水泥强度等级与混凝土设计强度等级之比小于1.0时，由于水泥的用量过多，混凝土拌和物的黏聚力大、成团，不易进行浇筑和振捣密实。

（3）砂、石的级配质量差（如石子粒径过小、砂率过小等），混凝土拌和物中的水泥砂浆偏少，填不满石子间的孔隙。

（4）混凝土配合比设计不当，例如单位体积用水量过大，混凝土的水灰比和坍落度则较大，在混凝土拌和物的运输、浇筑和振捣过程中出现分层离析。

（5）混凝土配制的计量不准确，计量工具未经检验，误差比较大；计量制度不严格，或计量方法不正确，造成配合比不准，计量误差超过规范规定，混凝土拌和物的质量则比较差。

（6）混凝土拌和物的拌和时间达不到设计要求，或没有按照规定顺序进行投料，或外加剂掺加的方法不对，均可能造成混凝土拌和物的和易性比较差。

## 3. 处理方法

（1）对于和易性差已拌制好运至浇筑施工现场的混凝土拌和物，如果确实来不及进行调整，可将其用于次要的混凝土构件。

（2）如果在施工现场能对混凝土拌和物进行调整，可采取适当掺加水泥浆量、增加砂率，进行二次搅拌均匀后使用。

（3）加强施工技术管理，通过试验调整混凝土的配合比，严格控制混凝土的材料计量，及时测定混凝土拌和物的坍落度，使混凝土拌和物的和易性达到设计要求。

## 4. 预防措施

（1）加强施工技术管理，控制好混凝土原材料的质量，检查进场材料的质量保证书和复试合格证，根据浇筑混凝土构件的断面大小、钢筋的疏密程度、施工环境和施工条件等，综合编制科学的混凝土配合比。

（2）混凝土配合比设计、计算和试验方法，应符合现行的行业标准《普通混凝土配合比设计规程》（JGJ 55—2011）中的规定，混凝土的最大水胶比和最少水泥用量应符合现行的国家标准《混凝土结构设计规范》（GB 50010—2010）（2015 年版）中的要求。

（3）应当合理选用水泥的强度等级，根据工程实践经验，使水泥的强度等级与混凝土的设计强度等级之比控制在 1.5～2.0 之间。在特殊情况下做不到时，可采取在混凝土拌和物中掺加混合料（如粉煤灰等）或减水剂等技术措施，以改善混凝土拌和物的和易性。

（4）混凝土原材料计量是否准确，对混凝土拌和物的和易性影响很大。因此，原材料计量应建立岗位责任制，计量方法力求简便易行、可靠准确。

（5）在混凝土配制前应检查原材料的质量是否符合设计要求，在混凝土拌制和浇筑过程中，应按规定检查混凝土组成材料的质量和用量，每一工作班应不少于 2 次。

（6）在拌制地点及浇筑地点检查混凝土的坍落度或工作度，每一工作班应不少于 2 次。混凝土浇筑时的坍落度可按表 3-8 中的规定采用。

**表 3-8　混凝土浇筑时的坍落度参考值**

| 项次 | 结构种类 | 坍落度/mm |
|---|---|---|
| 1 | 基础或地面等的垫层，无配筋的大体积混凝土结构（挡土墙、基础等）或配筋稀疏的混凝土结构 | 10～30 |
| 2 | 板、梁和大型及中型截面的柱子等 | 30～50 |
| 3 | 配筋比较密的结构（如薄仓、斗仓、筒仓、细柱等） | 50～70 |
| 4 | 配筋特别稠密的结构 | 70～90 |
| 5 | 泵送混凝土 | 80～180 |

注：1. 本表系采用机械振捣混凝土时的坍落度，当采用人工捣实混凝土时其值可适当增大。
2. 当需要配制大坍落度混凝土时，应掺加外加剂。
3. 曲面或斜面混凝土的坍落度应根据实际需要另行选定。
4. 轻骨料混凝土的坍落度，宜比表中数值减少 10～30mm。

(7) 在一个工作班内，如果混凝土配合比受外界因素影响（如气温和湿度变化）而有变动时，应及时检查、调度，以便消除对混凝土坍落度的不利影响。

(8) 为使混凝土搅拌均匀，随时检查混凝土的搅拌时间，混凝土延续搅拌的最短时间，可按表 3-9 中的数值采用。

**表 3-9 混凝土延续搅拌的最短时间**

| 混凝土坍落度/mm | 搅拌机机型 | 搅拌机出料量/L | | |
|---|---|---|---|---|
| | | <250 | 250～500 | >500 |
| ≤30 | 强制式 | 60 | 90 | 120 |
| | 自落式 | 90 | 120 | 150 |
| >30 | 强制式 | 60 | 60 | 90 |
| | 自落式 | 90 | 90 | 120 |

# 四、混凝土表面有麻面缺陷

## 1. 质量问题

混凝土结构或构件在拆除模板后，其表面出现缺少水泥浆和许多凹坑与麻点，使混凝土的表面显得非常粗糙，严重影响其外表美观，但还没有钢筋外露现象。

## 2. 原因分析

(1) 在进行模板安装时，未认真检查模板的表面是否光洁，对于粘有水泥砂浆渣等杂物未清理干净，混凝土浇捣时很容易与模板黏结在一起，拆除模板时混凝土的表面被粘坏。

(2) 当混凝土浇筑采用木模板时，模板未进行湿润或湿润不够就安装，混凝土构件表面混凝土中的水分被模板吸去，使表面混凝土失水过多而干燥，拆除模板后混凝土构件表面出现麻面。

(3) 模板的拼缝不符合要求，由于缝隙过大而产生局部漏浆，使混凝土构件表面沿着模板缝位置出现麻面。

(4) 模板忘记涂刷隔离剂，或者隔离剂涂刷不均匀，或者局部模板出现漏刷，或者隔离剂变质失效，在模板拆除时均可以造成混凝土构件表面与模板黏结，从而产生麻点的质量缺陷。

(5) 混凝土浇筑后未按照规定进行振捣，或振捣离模板的距离太远，结果造成混凝土振捣不密实，混凝土中的气泡未被排出，反而停留在模板的表面形成麻点。

(6) 混凝土浇筑后尚未达到一定的强度，过早地拆除模板，使混凝土表面的水泥浆粘在模板上，也会产生麻面质量缺陷。

## 3. 处理方法

混凝土表面出现麻面质量缺陷，不会影响混凝土结构的安全，处理起来也比较简单，一般可分为以下两种处理方法。

① 如果在有麻面的混凝土表面上还需进行装修者，不必进行处理。

② 如果其表面不再进行装饰（清水混凝土），应在麻面部分浇水充分湿润后，用原混凝土配合比（去掉粗骨料）的水泥砂浆，将麻面抹平压光，使颜色保持一致。修补完毕后，应用草

帘或草袋进行保湿养护。

### 4. 预防措施

（1）在模板安装前应认真检查模板的表面质量：一是模板与混凝土的接触面要确实光滑，达到模板制作与安装的要求；二是模板的表面应清理干净，不得粘有干硬水泥砂浆等杂物；三是模板拼缝应严密，如果缝隙不符合要求，应用油毡纸、塑料条、纤维板或腻子堵严。

（2）当混凝土浇筑采用木模板时，在浇筑混凝土前，模板应浇水充分湿润，使其不再吸收混凝土中的水分，并及时将多余的水分擦干净，以免影响混凝土的水灰比。

（3）认真选用模板的隔离剂，隔离剂应选择长效的，涂刷要均匀，特别要防止出现漏刷。

（4）混凝土应当分层均匀振捣密实，振捣点的布设应符合施工规范的要求，既不要离模板太远，也不要出现漏振，每层混凝土均应振捣至排除气泡为止。

（5）拆除模板的时间一定要严格按设计要求进行，千万不可过早，以防止模板粘下水泥砂浆而造成麻面。

## 五、混凝土表面有蜂窝缺陷

### 1. 质量问题

在混凝土拆除模板后，其结构表面局部有酥松现象，石子之间出现类似蜂窝状的大量空隙，使混凝土结构受力截面受到一定削弱，强度和耐久性也因此而下降。它与混凝土表面麻面质量缺陷不同，是混凝土工程中的一种严重质量问题，必须认真加以对待。

### 2. 原因分析

（1）混凝土配合比设计不合理，各种组成材料混合后不能达到密实；或者配制时石子、砂、水泥和水等材料的计量出现错误，造成砂浆较少而出现蜂窝缺陷。

（2）混凝土的搅拌时间不足，未能搅拌均匀就浇筑振捣，造成混凝土拌和物的和易性差，振捣不密实而出现蜂窝缺陷。

（3）在混凝土浇筑时下料的方法不当，对于一次下料过多或过高的情况，未设置溜槽或串筒，使粗骨料在某一部位过于集中，造成石子与水泥砂浆分离，水泥砂浆无法填补石子的空隙而形成蜂窝质量缺陷。

（4）混凝土浇筑时未分段分层下料，振捣点布设不当或靠近模板处漏振；或使用干硬性混凝土，振捣的时间不够；或下料与振捣未进行很好配合，未对混凝土振捣则下料，因为漏振捣而造成蜂窝质量缺陷。

（5）模板的拼缝过大而又未采取堵塞措施，在振捣时使水泥浆或水泥砂浆大量流失；或者模板安装不牢固，在振捣混凝土时模板出现松动或位移，或振捣过度而使混凝土造成严重漏浆，出现蜂窝缺陷。

（6）钢筋混凝土结构或构件的截面尺寸较小，钢筋设置比较稠密，而混凝土的石子粒径较大或坍落度过小，混凝土被卡在稠密钢筋之处，从而造成混凝土振捣不密实，也会造成蜂窝质量缺陷。

### 3. 处理方法

（1）对于较小的混凝土蜂窝，用清水将蜂窝处洗刷干净后，配制1：2.0或1：2.5的水泥砂浆，将蜂窝处填满、压实、抹平。

(2) 对于较大的混凝土蜂窝，先凿去蜂窝处薄弱松散的混凝土和突出的颗粒，刷洗干净后再安装模板，用高一强度等级的细石混凝土仔细强力填塞、捣实、抹平，并认真进行湿养护。

(3) 对于较深的混凝土蜂窝，如果比较难以处理，可以埋压浆管和排气管，表面抹水泥砂浆或安装模板浇筑混凝土封闭后，再进行水泥压浆处理。

## 4. 预防措施

(1) 认真进行混凝土配合比设计，使其施工性能、力学性能等符合设计要求；在配制混凝土时要严格控制配合比，确保材料质量，保证计量准确。

(2) 拌制混凝土时一定要搅拌均匀，其搅拌延续最短时间应符合表 3-9 中的要求，混凝土拌和物的坍落度应适宜。

(3) 在混凝土浇筑时，如果下料高度超过 2m，应当设置串筒或溜槽，以防止石子过于集中，避免出现粗骨料与水泥砂浆分离。

(4) 混凝土浇筑应分层下料、分层振捣，每层的下料厚度不得超过表 3-10 中的数值，同时要特别防止出现漏振。

**表 3-10　混凝土浇筑层的厚度**

| 项次 | 捣实混凝土的方法 | | 浇筑层的厚度/mm |
|---|---|---|---|
| 1 | 插入式振捣 | | 振动器作用部分长度的 1.25 倍 |
| 2 | 表面式振捣 | | 200 |
| 3 | 人工振捣 | | |
| | (1)在基础、无筋混凝土或配筋稀疏的结构中 | | 250 |
| | (2)在梁、板、墙、柱混凝土结构中 | | 200 |
| | (3)在配筋密集的混凝土结构中 | | 100 |
| 4 | 轻骨料混凝土 | 插入式振捣 | 300 |
| | | 表面式振捣 | 200 |

(5) 混凝土浇筑宜采用带浆下料法或赶浆捣固法。在捣实混凝土时，插入式振捣器的移动间距不应大于其作用半径的 1.5 倍；振捣器至模板的距离不应大于振捣器有效半径的 1/2。为保证上下层混凝土结合良好，振捣时应当插入下层混凝土 5cm 的深度；平板式振捣器相邻两段之间应搭接振捣 3～5cm 宽度。

(6) 混凝土每个振捣点上的振捣时间与混凝土的坍落度、振捣有效半径有关，可参考表 3-11 中的数值采用。适宜的振捣时间一般是：当振捣的混凝土不再有显著的下沉、不出现冒出的气泡、混凝土表面出现泛浆并保持水平状态，经过仔细观察已将模板的边角填满密实即可。

**表 3-11　混凝土振捣时间与混凝土的坍落度、振捣有效半径的关系**

| 混凝土坍落度/mm | 0～30 | 40～70 | 80～120 | 130～170 | 180～200 | 200 以上 |
|---|---|---|---|---|---|---|
| 振捣时间/s | 22～28 | 17～22 | 13～17 | 10～13 | 7～10 | 5～7 |
| 振捣有效半径/cm | 25 | 25～30 | 25～30 | 30～35 | 35～40 | 35～40 |

(7) 模板的接缝应堵塞严密，在浇筑混凝土的过程中，应当经常检查模板、支撑、拼缝等方面的情况，如果发现模板出现变形、位移、松动或漏浆，应及时进行修复。

# 六、混凝土有孔洞缺陷

## 1. 质量问题

在混凝土结构拆除模板后，发现在混凝土结构的内部有尺寸较大的孔洞，局部或大部没有混凝土；或蜂窝空隙处特别大，钢筋局部裸露在空气中；或孔洞深度和长度均超过混凝土保护层的厚度。这是一种比蜂窝还严重的质量缺陷，对混凝土结构的安全具有很大的危害。

## 2. 原因分析

（1）在进行混凝土配合比设计时，未考虑到钢筋和预埋件的配置情况，由于混凝土的粗骨料粒径过大，在钢筋较稠密部位或预埋件处，混凝土在下料时被卡住，未振捣密实就继续浇筑上层混凝土，从而在下部容易形成孔洞。

（2）由于混凝土配合比不当、计量不准确、搅拌不均匀等原因，使混凝土拌和物产生离析、砂浆分离，石子过于集中，加上未加强混凝土的振捣，从而形成较大的蜂窝。

（3）混凝土浇筑中一次下料过多、过厚或过高，下料时未设置溜槽或串筒，结果造成混凝土分离，不仅振捣器不能振捣一次下料的全厚度混凝土，而且由于混凝土产生分离无法振捣密实，从而形成比较松散的孔洞。

（4）在混凝土浇筑振捣的过程中，由于施工不认真仔细，混凝土中掉入木块、泥土、塑料等杂物，这些部位都容易形成孔洞。

## 3. 处理方法

（1）对混凝土孔洞的处理应当十分慎重，应经有关单位和技术人员共同研究，制定修补或补强方案，并经有关单位批准后方可进行处理。

（2）对于面积较小且较浅的孔洞，可采用以下方法进行处理：将孔洞周围松散的混凝土和软弱的砂浆凿除，用压力水冲洗干净，安装带有托盘的模板，洒水充分湿润后，用比混凝土结构高强度等级的半干硬性细石混凝仔细分层浇筑，强力将其捣实，加强对其养护。突出结构表面的混凝土，应待混凝土的强度达50%后再凿除松散部分，其表面用1∶2的水泥砂浆抹光。

（3）对于面积较大且深度较深的孔洞，按以上方法进行清理后，在其内部埋入压浆管和排气管，填入粒径为10～20mm清洁的碎石，表面抹上水泥砂浆或浇筑薄层混凝土，然后用水泥压力灌浆的方法压入浆液，使孔洞内达到密实，然后进行湿养护。

## 4. 预防措施

（1）在钢筋密集处及复杂的部位，根据实际情况采用细石混凝土进行浇筑，使混凝土能比较容易地充满模板，并仔细振捣密实，对于难以振捣的部位应辅以人工加从捣实。

（2）对于预留孔洞、预埋铁件处，应在其两侧同时进行下料，下部浇筑应在其侧面加开浇灌口下料；振捣密实后再封好模板，继续往上进行浇筑，防止出现孔洞。

（3）采用正确的振捣方法，防止出现漏振。插入式振捣器应采用垂直振捣方法，即振捣棒与混凝土表面垂直或者以40°～45°角斜向振捣。插入点应均匀排列，可采用行列式或交错式顺序移动，如图3-5所示，但不能混用，以免产生漏振。每次移动的距离不应大于振捣器作用半径的1.5倍。在振捣器操作时要做到“快插慢拔”。

（4）严格控制混凝土的下料，混凝土的自由下落高度不应大于2m（混凝土板为1m），大

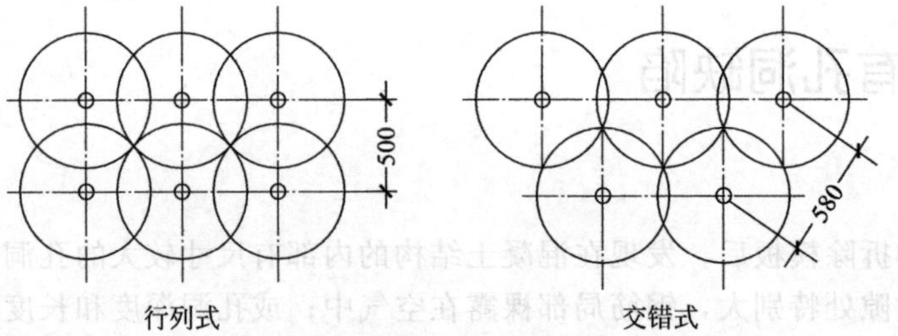


图 3-5　插入式振捣器的插入点排列方式（单位：mm）

于 2m 时应设置串筒或溜槽下料，以保证混凝土浇筑时不产生离析。

（5）进行混凝土浇筑时应仔细观察，对掉入混凝土的木块、塑料、黏土和其他杂物等，应及时清理干净。

（6）在进行混凝土施工过程中，应制定混凝土质量的技术措施和规章制度，加强施工管理和质量控制工作。

## 七、混凝土结构露出钢筋缺陷

### 1. 质量问题

在混凝土结构拆除模板后，混凝土结构内部的主筋、构造筋和箍筋等裸露在表面，没有被混凝土包裹住，不仅严重影响混凝土结构的外观，而且很容易在侵蚀介质的作用下产生锈蚀破坏，是一种严重的质量问题。

### 2. 原因分析

（1）在进行浇筑混凝土时，由于下料时的冲击和振动等原因，使钢筋保护层“垫块”发生位移，或保护层“垫块”太少甚至漏放，致使钢筋产生下坠或外移紧贴模板而出现外露。

（2）由于混凝土结构或构件的截面较小，设置的钢筋过于稠密，混凝土中的粗骨料被卡在钢筋上，致使水泥砂浆不能充满钢筋的周围，从而造成模板拆除后漏筋。

（3）混凝土配合比设计不当、计量不准确、搅拌不均匀等原因，使混凝土拌和物产生离析，造成靠模板部位缺少泥浆或模板严重漏浆，致使模板拆除后漏筋。

（4）设计的钢筋混凝土保护层太小，或保护层处的混凝土漏振，或振捣器撞击钢筋，或浇筑混凝土时踩踏钢筋，均可能造成钢筋露出的质量缺陷。

（5）在浇筑混凝土前，木模板未浇水进行湿润，钢模板表面比较粗糙，木模板将混凝土中的水分吸收产生黏结；或钢模板表面比较粗糙，与混凝土粘在一起；或模板拆除过早，拆除模板因出现缺棱、掉角的黏结而导致造成钢筋露出的质量缺陷。

### 3. 处理方法

混凝土结构或构件出现露筋，是钢筋混凝土结构或构件中严重的质量缺陷，在施工中必须尽量避免，一旦出现必须认真进行处理。

（1）对于钢筋混凝土结构或构件表面出现露筋，在清除软弱颗粒和刷洗干净后，可用 1∶2 或 1∶2.5 的水泥砂浆将露筋部位抹压平整，并加强养护。

（2）对于较深部位的露筋，应将薄弱的混凝土和突出的颗粒凿去，洗刷干净后，用比原来高一强度等级的细石混凝土填塞压实，并认真养护。

### 4. 预防措施

（1）在正式浇筑混凝土前，应认真检查钢筋的位置和保护层厚度是否正确，钢筋骨架绑扎的是否牢靠；在浇筑混凝土时，应加强检查工作，防止因振动而使钢筋出现位移，以便发现问题，及时纠正。受力钢筋的保护层厚度应严格按设计要求设置，如设计图中未注明时，可参照表 3-12 中的要求执行。

**表 3-12　钢筋的混凝土保护层厚度**　　单位：mm

| 环境与条件 | 构件名称 | 混凝土强度等级 | | |
|---|---|---|---|---|
| | | 低于 C25 | C25～C30 | 高于 C30 |
| 室内正常环境 | 板、墙、壳 | 15 | 15 | 15 |
| | 梁和柱子 | 25 | 25 | 25 |
| 露天或室内高湿温度环境 | 板、墙、壳 | 35 | 25 | 15 |
| | 梁和柱子 | 45 | 35 | 25 |
| 有垫层 | 基础 | 35 | 35 | 35 |
| 无垫层 | | 70 | 70 | 70 |

注：1. 轻骨料混凝土的钢筋保护层厚度应符合国家现行标准《轻骨料混凝土结构设计规程》的规定。

2. 钢筋混凝土受弯曲构件钢筋端头的保护层厚度一般为 10mm。

3. 板、墙、壳构件中分布钢筋的保护层厚度不应小于 10mm；梁和柱子中箍筋和构造钢筋的保护层厚度不应小于 15mm。

（2）当钢筋混凝土结构或构件中的钢筋比较密集时，应当选用适宜粒径的石子。石子的最大粒径不得超过结构或构件截面最小尺寸的 1/4，同时不得大于钢筋净间距的 3/4。对于结构或构件截面尺寸较小、钢筋较密的部位，应当用细石混凝土浇筑。

（3）根据钢筋混凝土结构或构件的实际情况，认真进行混凝土配合比设计，选择适宜的组成材料；在进行混凝土配制时，要确保材料质量合格、计量准确，使混凝土拌和物具有良好的和易性。

（4）在混凝土的浇筑过程中，当浇筑高度超过 2m 时，应设置串筒或溜槽下料，以防止发生骨料分离；要按照施工规范加强振捣，特别应注意防止出现漏振。

（5）在混凝土的浇筑前，模板应按要求涂刷隔离剂；当采用木模板时，应充分进行湿润，并把缝隙堵塞好，以防止产生漏浆。

（6）混凝土振捣时严禁撞击钢筋，在钢筋比较密集的地方，可采用直径较小或带有刀片的振动器进行振捣；钢筋保护层处的混凝土要仔细振捣密实；在施工中要避免踩踏钢筋，如果出现踩踏或脱扣等，应及时调直纠正。

（7）混凝土的拆除模板时间，既要根据施工的环境温度、湿度和所用材料情况，又要根据混凝土试块抗压试验结果正确掌握，防止因过早拆除模板而损坏结构的棱角和表面。

## 八、混凝土内出现缝隙和夹层

### 1. 质量问题

在混凝土结构的内部，存在水平或垂直的松散混凝土或夹杂物，使混凝土结构的整体性受到破坏。

## 2. 原因分析

(1) 大体积混凝土结构采取分层浇筑时，在施工过程中由于不仔细，施工分层处掉入锯屑、泥土、木块、砖块等杂物，未经过认真清理或清理不干净，就浇筑上层混凝土，使施工分层处出现缝隙和夹层。

(2) 在浇筑混凝土的过程中，需要设置施工缝或后浇筑带，但未按照有关规定进行接缝处理，将表面水泥浆膜和松动的石子清除干净，或未将软弱的混凝土层及杂物清除，就在其上面浇筑混凝土，也容易出现缝隙和夹层。

(3) 混凝土结构的浇筑高度过大，在浇筑混凝土时未设置串筒或溜槽下料，造成底层混凝土产生离析，离析的混凝土则产生缝隙。

(4) 在底层的交接处未浇筑接缝水泥砂浆层，或接缝处的混凝土与水泥砂浆未很好地结合在一起；或浇筑混凝土接缝时，对此处的振捣不够充分。

(5) 在柱头浇筑混凝土时，如果间歇的时间过长，很容易掉进杂物，未认真处理就浇筑上层柱子的混凝土，则造成施工缝处形成夹层。

## 3. 处理方法

(1) 如果缝隙和夹层不深时，这种缝隙和夹层比较容易处理，可将松散的混凝土凿去，待洗刷干净后，用1∶2.0或1∶2.5的水泥砂浆强力填嵌密实。

(2) 如果缝隙和夹层较深时，这种缝隙和夹层比较难以处理，应先清除松散部分和内部夹杂物，用压力水冲洗干净后安装模板，强力灌入细石混凝土捣实，或将表面封闭后进行压力灌浆处理。

## 4. 预防措施

(1) 认真按照混凝土施工验收规范的要求，处理好施工缝的表面；对接缝处的锯屑、泥土、木块、砖块等其他杂物，必须彻底清除干净，并将接缝的表面洗净。

(2) 当浇筑高度较大的混凝土结构时，如果混凝土的下料高度大于2m，应设置串筒或溜槽，防止混凝土出现分离现象。

(3) 在施工缝（或后浇缝）继续浇筑混凝土时，应注意以下几个方面。

① 在浇筑柱梁楼板墙体基础等混凝土构件时，应尽量连续进行浇灌。如果间歇时间超过表3-13中的规定，应按施工缝进行处理，应在混凝土的抗压强度不低于1.2MPa时，才允许继续浇筑混凝土。

**表3-13 混凝土运输浇筑和间歇的允许时间** 单位：min

| 项次 | 混凝土强度等级 | 气温 | |
|---|---|---|---|
| | | 不高于25℃ | 高于25℃ |
| 1 | 不高于C30 | 210 | 180 |
| 2 | 高于C30 | 180 | 150 |

② 大体混凝土的浇筑，如果接缝的时间超过表3-13中规定时间时，可对混凝土进行二次振捣，以提高接缝处混凝土的强度和密实度。二次振捣的方法是：对先浇筑的混凝土在终凝前后（常温下为4～6h）再振捣一次，然后再浇筑一层混凝土。

③ 在已硬化的混凝土表面上，如果还需要继续浇筑混凝土，在浇筑混凝土之前，应清除

水泥薄膜和松动石子以及软弱的混凝土层，并冲洗干净并加以湿润，但不得有积水现象。

④ 接缝处在浇筑混凝土前，应先铺筑一层水泥浆或浇筑一层厚度5～10cm与混凝土内成分相同的水泥砂浆，或厚度为10～15cm的减半石子混凝土，以利于上下层混凝土的结合，并加强接缝处混凝土的振捣，使之确实密实。混凝土施工缝的处理方法与抗拉强度的关系如表3-14所列。

**表3-14　混凝土施工缝的处理方法与抗拉强度的关系**

| 名称 | 处理方法 | 抗拉强度百分率/% |
|---|---|---|
| 水平缝 | 不除去旧混凝土上的水泥薄膜(浮浆) | 45 |
| | 铲去约1mm的浮浆，直接浇筑新混凝土 | 77 |
| | 铲去约1mm的浮浆，施工缝上铺水泥浆 | 93 |
| | 铲去约1mm的浮浆，施工缝上铺水泥砂浆 | 96 |
| | 铲去约1mm的浮浆，施工缝上铺水泥浆，约3h后再振捣一次 | 100 |
| 垂直缝 | 用水冲洗接茬 | 60 |
| | 接缝面浇筑水泥砂浆或素水泥浆 | 80 |
| | 铲去约1mm的浮浆，浇筑水泥砂浆或素水泥浆 | 85 |
| | 铲平接缝面凸凹处，浇筑水泥砂浆或素水泥浆 | 90 |
| | 接缝面浇筑水泥砂浆或素水泥浆，在混凝土塑性状态最晚期(约3～6h)再振捣一次 | 100 |

⑤ 在进行模板安装时，在模板上沿施工缝位置留一个开口，以便清理杂物和进行冲洗。待模板内的杂物清理干净后，再将开口处封堵，并抹水泥砂浆或细石混凝土，然后再浇筑混凝土。

(4) 对于承受动力作用的设备基础，施工缝要进行下列处理。

① 对于标高不同的两个水平施工缝，其高低结合应设置成台阶形，台阶的高宽比不得大于1.0。

② 在垂直施工缝处应加设钢筋，钢筋的直径为12～16mm，长度为500～600mm，间距为500mm，在台阶式施工缝的垂直面上也应补插钢筋。

③ 施工缝的混凝土表面应进行凿毛处理，在继续浇筑混凝土前，应当用清水冲洗干净表面的杂物，湿润后在上面抹压10～15厚、与混凝土内组成材料相同的一层水泥砂浆。

## 九、混凝土表面出现酥松脱落

### 1. 质量问题

在混凝土结构或构件的模板拆除后，其表面出现酥松、脱落等质量缺陷，经试验混凝土结构或构件表面混凝土的强度要比内部混凝土低得多。更加严重的是，混凝土表面出现酥松、脱落后，还会出现露筋现象，甚至造成钢筋锈蚀破坏。

### 2. 原因分析

(1) 混凝土浇筑采用木模板时，由于模板未浇水湿透或根本未湿润，使与模板接触的混凝土中的水分被吸入模板中，这部分混凝土无足够的水进行水化反应，从而造成混凝土脱水酥松、脱落。

（2）在高温干燥且刮风的天气下浇筑混凝土，当拆除模板后未适当进行覆盖浇水养护，从而造成混凝土表层快速脱水产生酥松。

（3）在冬季低温情况下浇筑混凝土时，由于环境温度比较低，又未采取保温措施，结构混凝土表面受冻，从而造成混凝土酥松、脱落。

### 3. 防治措施

（1）对于表面较浅的混凝土酥松、脱落，可以将酥松和脱落的部分凿除，洗刷干净并充分湿润后，用1∶2.0或1∶2.5的水泥砂浆抹平压实即可。

（2）对于表面较深的混凝土酥松、脱落，可以将酥松和脱落的部分凿除，洗刷干净并充分湿润后安装模板，用比结构高一强度等级的细石混凝土浇筑，强力将混凝土振捣密实，同时加强养护。

## 十、混凝土构件出现位移或倾斜

### 1. 质量问题

在一些混凝土结构或构件（如基础、梁、柱、墙等）的混凝土浇筑完毕后，发现其中心线产生一个方向或两个方向的位移，或者产生一定程度的倾斜，其位移或倾斜数值均超过允许偏差值，不符合设计和现行规范的规定，为后续工程的施工造成极大的困难，严重的甚至需要报废，施工中应当引起特别重视。

### 2. 原因分析

（1）模板安装的不牢固，或斜撑支顶在松软的地基上，在混凝土振捣的过程中就产生位移或倾斜。如杯形基础的杯口采用“悬挂吊模法”，底部和上口如果固定不牢，很容易产生较大的位移或倾斜。

（2）门洞口模板及预埋件固定不牢靠，采用的混凝土浇筑和振捣方法不当，会造成门洞口模板及预埋件产生较大的位移，从而影响门框和窗扇的安装。

（3）在进行测量放线时出现较大的误差，正式浇筑混凝土时也没有进行认真检查和校正，或没有及时进行纠正，造成轴线累积误差过大，或模板安装就位时没有认真找垂直，致使结构或构件发生歪斜。

### 3. 处理方法

（1）当出现一定的位移或倾斜但不影响结构质量时，可以不进行处理；如果只需进行少量局部剔凿和修补时，可以进行适当修整。一般可用1∶2.0或1∶2.5的水泥砂浆，或用比原混凝土高一强度等级的细石混凝土进行修补。

（2）当出现的位移和倾斜影响混凝土结构或构件受力性能时，可以根据工程的具体情况，用千斤顶纠正或结构加固或局部返工处理。如果特别严重时，应当坚决废除重新浇筑。

### 4. 预防措施

（1）模板固定应确保准确和牢固，对独立基础的杯口部分若采用“吊模”时，要将“吊模”固定牢靠，不得出现松动，以保持模板在混凝土浇筑时不产生较大的从平位移。

(2) 模板的拼缝应严密，并支撑在坚实的地基上，不得出现任何松动现象；螺栓应紧固可靠，模板的标高位置形状和尺寸应符合要求，在混凝土正式浇筑前，应再进行检查核对，以防止施工过程中发生位移或倾斜。

(3) 门洞口处的模板及各种预埋件均应安装牢固，确保其位置和标高准确无误，经检查合格后，才能浇筑混凝土。

(4) 对于现浇框架柱群模板，左右两侧均应拉线，以保证位置准确；对于现浇柱子和预制梁结构，柱子模板的四周应设置斜撑或斜拉杆，用法兰螺栓进行调节，以保证其垂直度。

(5) 在进行施工测量放线时，混凝土结构或构件的位置和标高一定要准确，要认真进行吊垂直，及时调整误差，以消除误差的累积，并仔细进行检查和核对，保证施工误差不超过允许偏差值。

(6) 在浇筑混凝土的施工中，应防止冲击门洞口模板和预埋件，门洞口两侧的混凝土应对称均匀进行浇筑和振捣。进行柱子的混凝土浇筑时，每排柱子应由外向内对称进行，不允许由一端向另一端推进，以防止柱子模板发生倾斜。独立柱在混凝土达到初凝前，应对其垂直度进行一次校核，发现偏差应及时加以纠正。

(7) 在进行混凝土振捣时，不得冲击振动钢筋、模板及预埋件，以防止模板产生变形、预埋件产生位移或倾斜。

## 十一、混凝土表面出现凹凸或鼓胀

### 1. 质量问题

在柱、墙、梁等钢筋混凝土结构的模板拆除后，混凝土表面不是光洁而坚硬，而是表面出现凹凸和鼓胀质量缺陷，其偏差超过现行规范或设计要求的允许值，不仅钢筋混凝土结构的表面不美观，而且也影响使用功能。

### 2. 原因分析

(1) 模板安装时支撑固定在松软的地基上，地基发生变形而使模板也随之发生变形，或者模板和支撑的刚度不够，混凝土浇筑后局部产生较大的侧向变形，从而造成凹凸或鼓胀。

(2) 安装模板的支撑不够或穿墙螺栓未锁紧，致使混凝土浇筑后和振捣时模板向外鼓胀，造成混凝土结构表面不平整。

(3) 混凝土浇筑未按操作规程规定分层进行，一次下料过多或用吊斗直接向模板内倾倒混凝土，或振捣混凝土时长时间振动钢筋和模板，造成模板移动或较大的变形。

(4) 组合柱子浇筑混凝土时，利用半砖外墙作为模板，由于该处砖墙的厚度较薄，侧向刚度比较差，使组合柱子容易发生鼓胀，同时影响外墙的平整。

### 3. 处理方法

(1) 出现的凹凸或鼓胀较轻，不影响混凝土结构的质量时，可以不进行处理；如果只需要进行局部剔凿和修补时，应适当加以修整。一般可用1∶2.0或1∶2.5的水泥砂浆，或用比原混凝土高一强度等级的细石混凝土进行修补。

(2) 凡是凹凸或鼓胀影响混凝土结构受力性能时，应会同有关部门研究处理方案后，再进行处理。

### 4. 预防措施

（1）模板支架及墙体模板支撑应当安装在坚实的地基上，并有足够的支承面积，以保证模板系统不发生下沉。如果为湿陷性黄土地基，应设有防水和排水措施，防止浸水面因模板下沉而发生变形，从而导致混凝土结构表面出现凹凸或鼓胀。

（2）柱子模板应设置足够数量的柱箍，底部混凝土的水平侧压力较大，柱箍的数量还应适当加密。

（3）在混凝土正式浇筑之前，应仔细检查模板的位置、形状和尺寸是否正确，模板安装和支撑是否牢固，穿墙螺栓是否确实锁紧，以便发现问题，及时进行处理，确保混凝土结构的浇筑质量。

（4）在进行墙体混凝土浇筑时，应当按规定分层进行。第一层混凝土浇筑厚度一般为50cm，并要均匀振捣密实；上部墙体混凝土也要分层浇筑，每层的厚度不得大于1.0m，防止混凝土一次下料过多，以免产生较大的冲击力而使模板变形。

（5）为防止构造柱浇筑混凝土时发生鼓胀质量问题，应在外墙每隔1.0m左右设置两根拉条，与构造柱模板或内墙拉结成为一个整体。

## 十二、混凝土强度达不到设计要求

### 1. 质量问题

在浇筑混凝土中所做的混凝土试块，经过标准试验条件养护后，比测得的同批混凝土试块抗压强度平均值低，达不到混凝土设计强度等级的要求，或同批混凝土试块抗压强度值过高或过低，质量很不稳定，出现异常现象。

### 2. 原因分析

（1）混凝土配合比设计出现错误，或计算方法不正确，或计算结果有误，或采用施工经验配合比，这些配合比均未经试验进行验证，就直接用于工程。

（2）在混凝土的配制过程中，由于计量仪器设备未经校核，或采用体积法进行配制，或袋装水泥质量不足，或计量器具因振动失灵，或没有扣除砂石中的含水，或为达到某一坍落度随意加水等，以上这些都会导致混凝土强度达不到设计要求。

（3）在混凝土的配制过程中，所用的水泥过期或受潮结块，使水泥的活性大大降低；采用的砂石级配较差，混凝土中的空隙率大；骨料中的含泥量超过规定或有冻块混入；或者外加剂使用不当，掺量不准确。

（4）在混凝土的配制过程中，加料的顺序出现错误，搅拌时间不符合要求，混凝土拌和物不均匀；在混凝土的运输中，由于道路不平、工具不良，造成混凝土离析和浆液的损失，均会降低混凝土的强度。

（5）在混凝土的浇筑和振捣过程中，由于下料方法不对、振捣不密实、模板出现漏浆；或者冬季低温施工未采取保温措施，加上拆除模板过早，混凝土早期受冻；或者在混凝土硬化中不注意加强湿养护等，均可造成混凝土的强度严重下降。

（6）混凝土拌和物搅拌完毕至浇筑完成拖延的时间过长，振捣过度，在混凝土硬化前受到较大扰动，也可使混凝土的强度受到损失。

（7）所取的混凝土试块不具有代表性，如果试块保管不善，混凝土试块制作未振捣密实，养护管理不当，或养护条件不符合要求；在养护期间，出现脱水、受冻或受外力损伤等，均会降低混凝土的强度。

### 3. 处理方法

（1）当混凝土试块试压结果与要求相差悬殊，或试块合格而对混凝土结构实际强度有怀疑，或出现混凝土试块不全、编号错乱、忘记制取试块等情况，可采用非破损法（如回弹仪法、超声波法等）来测定混凝土结构的实际强度，如强度仍不能满足设计要求时，应经有关技术人员研究，查明强度不足的原因，采取相应的措施进行处理。

（2）当混凝土的强度偏低，不满足混凝土结构强度要求时，可按照混凝土结构实际强度校核结构的安全度，会同设计、监理、质检、建设和施工单位，共同研究处理方案，采取相应的加固或补强措施。

（3）在冬季低温条件下施工时，如果发现混凝土早期强度增长过慢，可采用加强保温以及通蒸汽、用热砂覆盖、电热毯加温或生火炉加温等措施，加快混凝土强度的增长。

### 4. 预防措施

（1）严格控制水泥的质量，配制混凝土的水泥应有出厂质量合格证，在施工期间要加强对水泥的保管，保证水泥不超期、不受潮、不结块。对于过期的水泥应经试验合格后才能使用，对水泥质量有疑问时，应进行复查试验，以试验结果的强度等级配制混凝土。

（2）配制混凝土所用的水泥品种、强度等级和其他性能要求，应符合混凝土配合比设计的要求；所用的砂石粒径、级配、含泥量和其他质量要求，也应符合混凝土配合比设计的要求

（3）认真搞好混凝土配合比设计，严格控制混凝土配合比，保证各项组成材料质量合格、计量准确，配制中应及时测量砂石含水率，以便在拌制中扣除这些水量，保证混凝土的水灰比符合设计要求。

（4）在进行混凝土配制时，应严格按照规定的加料顺序、混合方法和搅拌时间进行配制，应确保充分搅拌、确实均匀。

（5）混凝土拌和物的运输过程中，要求道路要平坦、运距尽量短、容器不漏浆；混凝土的浇筑，模板要严密，下料要均匀，振捣要密实，养护要加强，要保证混凝土运输、浇筑和振捣要符合设计质量要求。

（6）在整个混凝土的施工过程中，要按照施工验收规范中的规定认真制作混凝土试块，并加强对混凝土试块的管理和试验。

（7）认真对待混凝土的冬季低温环境下施工。应根据施工环境温度的实际，使浇筑的混凝土保持一定的温度，认真做好混凝土结构的保温和测温工作，防止混凝土产生早期受冻。

## 十三、混凝土保护层不符合要求

### 1. 质量问题

钢筋混凝土结构或构件在拆除模板后，由于种种原因使混凝土保护层遭受破坏，或混凝土保护层性能不良，钢筋发生锈蚀，因铁锈的膨胀而引起混凝土的开裂，甚至使钢筋混凝土结构或构件遭到破坏。

### 2. 原因分析

（1）在施工时造成的混凝土表面缺陷，如缺棱掉角、露筋、蜂窝、麻面、孔洞和裂缝等，这些缺陷没有进行处理或处理不合格，在外界不良环境条件的作用下，使内部的钢筋产生锈蚀混凝土出现剥落。

（2）钢筋混凝土内掺入过量的氯盐外加剂，或在不允许使用氯盐的环境中掺加了含有氯盐成分的外加剂，结果造成钢筋锈蚀，由于铁锈的膨胀使混凝土沿着钢筋产生裂缝和剥落。

（3）在冬季低温环境下进行混凝土施工时，由于未对钢筋混凝土结构或构件采取保温措施，造成混凝土早期受冻，从而使混凝土保护层出现裂缝和剥落，甚至使钢筋产生锈蚀。

### 3. 处理方法

（1）对于一般的混凝土保护层裂缝，可用环氧树脂胶泥进行封闭；对于较宽和较深的混凝土保护层裂缝，可用环氧树脂砂浆补缝，或者再加贴环氧树脂玻璃布进行处理。

（2）对于已经出现锈蚀的钢筋，应彻底进行除锈处理，凿除与钢筋黏结不牢固的混凝土和软弱颗粒，用清水冲洗并充分湿润后，再用比原混凝土高一强度等级的细石混凝土填补密实，并认真加以养护。

（3）对于大面积钢筋锈蚀膨胀引起的混凝土保护层裂缝，应会同设计、建设、监理、质检等单位研究处理方案，经批准后再进行处理。

### 4. 预防措施

（1）认真进行钢筋混凝土结构的设计，确定其合理的配筋保护层厚度和混凝土配合比设计，使钢筋混凝土结构设计和混凝土配合比设计均符合现行规范的要求。

（2）加强钢筋混凝土结构施工质量的控制，严格按照钢筋混凝土结构施工验收规范进行施工，减少和克服钢筋混凝土结构出现表面缺陷。对于出现的混凝土表面缺陷，应及时仔细地进行修补，并确保修补的质量符合现行规范的要求。

（3）钢筋混凝土结构中如果需要掺加氯盐外加剂，氯盐外加剂掺量（按无水状态计算）不得超过水泥质量的1%。并应同时掺加亚硝酸钠阻锈剂，其与氯盐外加剂的比例为1∶1。

（4）在高湿度环境中使用的结构、处于水位升降部位的结构、经常受水淋的结构、含有酸碱或硫酸盐等侵蚀介质相接触的结构、靠近直流电和高压电源的结构等，不得在钢筋混凝土结构中掺加氯盐外加剂。

（5）钢筋混凝土结构在冬季低温下配制混凝土时，应采用硅酸盐水泥和低水灰比，并掺加适量的早强型抗冻剂，以提高混凝土的早期强度，防止混凝土受冻。如果施工温度较低，应对混凝土进行蓄热保温或加热养护，使混凝土的强度达到设计强度的40%以上。

## 十四、混凝土出现塑性收缩裂缝

### 1. 质量问题

混凝土塑性收缩裂缝简称塑性裂缝，一般出现在新浇筑的基础、墙、梁、板等混凝土结构或构件的表面，形状接近直线，长短不一，互不连贯，裂缝较浅，类似于干燥泥浆面上的裂缝。这种裂缝大多数在混凝土初凝后（一般在混凝土浇筑后4h左右），当外界气温较高、风速较大、气候干燥的情况下出现。

### 2. 原因分析

（1）混凝土浇筑完毕后，其表面没有及时进行覆盖，受风吹日晒的作用，混凝土表面的游离水分蒸发过快，产生急剧的体积收缩，而此时混凝土表面的强度很低，不能足以抵抗这种变形应力而导致开裂。

（2）在设计和配制混凝土时，选用的水泥品种和确定的水泥用量不当。如果使用收缩率较大的水泥，或水泥用量过多，或使用过量的粉砂，或混凝土的水灰比过大，均会使混凝土出现塑性收缩裂缝。

（3）混凝土拌和物的流动性过大，或模板、垫层过于干燥，较快吸收混凝土中的水分，也会使混凝土出现塑性收缩裂缝。

（4）在浇筑有一定坡度的混凝土时，由于重力作用有向下流动的倾向，也会导致这类裂缝的出现。

### 3. 处理方法

（1）如果混凝土仍保持塑性，可及时进行压实一遍或重新振捣的办法消除已出现的裂缝，然后再覆盖混凝土表面加强养护。

（2）如果混凝土已产生硬化，可向裂缝内灌入干水泥粉，然后再加水进行湿润抹压，或在混凝土的表面抹薄层水泥砂浆进行处理

### 4. 预防措施

（1）在配制混凝土时，应严格控制水灰比和水泥用量，选择级配良好的石子，减小空隙率和砂率；同时，对浇筑的混凝土要加强振捣，提高混凝土的密实性，以减少混凝土的收缩量，提高混凝土早期的抗裂强度。

（2）在正式浇筑混凝土前，要将基层和模板浇水湿透，避免吸收混凝土中的水分，影响混凝土的凝结硬化，从而出现塑性裂缝。

（3）在混凝土浇筑完毕后，对裸露表面应及时用潮湿的材料加以覆盖，按规定进行认真养护，防止强风吹袭和烈日暴晒。

（4）在气温高、湿度低或风速大的气候下施工，当混凝土浇筑完毕后，应及时进行喷水养护，保持其表面湿润；在采取分段浇筑混凝土时，应当做到浇筑完一段，尽快养护一段。在炎热的季节施工，一定要加强混凝土表面的抹压和养护。

（5）在有施工条件的混凝土工程，可在混凝土表面喷一层氯乙烯-偏氯乙烯共聚物养护剂，或覆盖塑料薄膜或湿草袋，使水分不易向外散发，达到湿养护的目的。

（6）如果施工现场天气干燥、风速较快，应设置必要的遮阳挡风设施，以降低作用于混凝土表面的不良影响。

## 十五、混凝土出现干燥收缩裂缝

### 1. 质量问题

干燥收缩裂缝位于混凝土结构或构件的表面，缝的宽度在0.05～0.20mm之间。这种裂缝纵横交错，没有规律性，多沿着短方向分布，且长短不一，互不连贯。

### 2. 原因分析

（1）在配制混凝土时，选用的水泥品种不当，如选用的水泥收缩率较大，所配制的混凝土必然收缩性也大。

（2）泵送混凝土或水泥用量较大的混凝土，尤其是采用高强度等级的水泥；或者混凝土的水灰比较大、单位用水量大，均容易出现混凝土干缩裂缝。

（3）在配制混凝土时掺加外加剂，如果选择不当或用量过大，有些外加剂（如氯化钙等）会加大混凝土的干缩。

（4）混凝土结构或构件的表面系数（表面积与其体积之比）越大，混凝土内部的水分越容易蒸发，混凝土的干燥收缩也就越大。

（5）在浇筑混凝土完毕后，不重视对混凝土的遮盖、挡风和湿养护等工作。在气温高、湿度低或风速大的施工环境下，混凝土中的水分蒸发很快，混凝土结构或构件因失水而产生干缩裂缝。

### 3. 处理方法

（1）混凝土结构或构件的干缩裂缝宽度和深度均不大，对结构强度的影响很小，但会使混凝土中的钢筋产生锈蚀。用钢丝刷或砂轮机磨除水泥薄膜和毛化处理，随即用清水冲洗干净，然后用1∶1的水泥砂浆刮平压实。

（2）对正在施工的混凝土结构或构件，分两次压实抹光，及时遮盖进行湿养护，这样可以防止出现干缩裂缝。

### 4. 预防措施

（1）在进行混凝土配制时，要严格控制混凝土组成材料的质量，选用合适的水泥品种和匹配的水泥强度等级；选用级配良好的石子，减小空隙率；选用合适的中粗砂和合格的外加剂。

（2）认真进行混凝土配合比设计，在确保达到设计的混凝土强度外，要满足施工要求的坍落度。在配制混凝土中要按照设计配合比配料，计量要准确，方法要正确，搅拌要均匀。

（3）正确掌握混凝土的浇筑和振捣工艺。在浇筑时要掌握好时间和速度，振捣要适宜，既不要漏振捣和少振捣，也不要过于振捣。在混凝土初凝前应进行二次振捣，这是避免出现混凝土裂缝很好的技术措施。

（4）在夏季高温度、低湿度或风速大的环境中施工，混凝土浇筑后的裸露表面，应及时用潮湿的材料进行覆盖，使其保持湿润养护不少于7d。有施工条件的混凝土工程，也可采用喷洒养护液、塑料薄膜覆盖、蓄水养护等方法。

## 十六、混凝土出现温度裂缝

### 1. 质量问题

（1）温度裂缝是在混凝土浇筑以后，因混凝土的内外温差过大而引起的裂缝。特别是大体积混凝土结构，在硬化期间水泥放出大量的水化热，混凝土内部的温度不断上升，当混凝土表面与内部温差超过25℃时，极易产生温度裂缝，这种裂缝一般常出现在表面较浅的范围内。

（2）深度的和贯穿性的温度裂缝，一般是由于结构降温速度快或受到外界约束而引起的。这类裂缝常在梁、板上平行于短边出现，与构件垂直，其形状多数是两端细、中间宽。早期裂缝都出现在混凝土终凝前；硬化后的裂缝与构件的尺寸、构造、约束、环境等因素有关，有的几天、几十天甚至数月后才出现裂缝。

## 2. 原因分析

(1) 如果混凝土结构的浇筑采用泵送混凝土，此种混凝土流动性大，水灰比增高，水泥用量多，浇筑速度快，因而水泥的水化热大，水化热又难以快速散发出来，容易产生温度裂缝。

(2) 大体积混凝土结构厚度较大，中心部位的水泥水化热很高且很难散发，而外表面散热速度快，结构内外混凝土的温差较大，再加上环境气温的影响（黑夜与中午、天气突变等），会因冷缩产生约束裂缝。

(3) 高强度等级的混凝土，在配制时需要采用高强度等级、水化热较高的水泥，并且水泥用量也比较大，在凝结硬化过程中会产生大量的水化热，当施工环境温度下降时，如果没有采取保温措施，必然会引起混凝土的开裂。

## 3. 处理方法

对于混凝土出现的温度裂缝，应当根据温度裂缝的程度和特征，采取相应的处理方法。可以采取灌浆处理或对结构进行补强处理。

(1) 灌浆处理方法　灌浆处理根据所用的材料不同，可以分为水泥压力灌浆法和化学灌浆法。水泥压力灌浆法适用于缝宽大于 0.5mm 的稳定裂缝，化学灌浆法适用于缝宽大于 0.05mm 的稳定裂缝。

(2) 补强处理方法　混凝土结构补强需要通过加固验算来确定补强的措施。常用的补强方法有：增加钢筋、加厚板、外包钢筋混凝土、外包钢板、粘贴钢板、预应力补强等。

## 4. 预防措施

对一般混凝土结构的预防措施主要如下。

(1) 合理选择混凝土的原材料和配合比，采用质量优良品种适宜的原材料，选用级配良好的石子和砂子；砂石的含泥量必须严格控制在规范允许范围内；在混凝土中掺加适量的减水剂，以降低单位体积用水量，降低水灰比；严格按照现行规范进行施工，分层浇筑和振捣混凝土，提高混凝土的抗拉强度。

(2) 对于细长的混凝土结构或构件，采取分段间隔的浇筑方法，或适当设置施工缝或后浇带，以减少约束应力。

(3) 在混凝土结构或构件的薄弱部位及孔洞四角、多孔板的板面，适当配置必要的温度钢筋，使其对称均匀分布，以提高钢筋混凝土的极限抗拉强度。

(4) 当采用蒸汽养护混凝土结构或构件时，控制升温的速度不大于 15℃/h，降温的速度不大于 10℃/h，以避免急热急冷，引起过大的温度应力。

(5) 加强对混凝土结构或构件的养护和保温，控制结构与外界温度梯度在 25℃ 范围内。混凝土浇筑完毕后，对裸露的表面应及时洒水养护，夏季应适当延长养护的时间，以提高混凝土的抗裂能力。

对大体积混凝土结构的预防措施主要如下。

(1) 在配制混凝土时，尽量选用低热水泥或中热水泥（如矿渣水泥、粉煤灰水泥等）；或在混凝土中掺加适量的粉煤灰或减水剂；或充分利用混凝土的后期强度（90～180d 的强度），以降低水泥用量，减少水泥水化热量。

(2) 选用级配良好的骨料，并严格控制砂石中的含泥量和含水率，将混凝土的水灰比降低至0.60以下；加强对混凝土的振捣，以提高混凝土的密实度和抗拉强度。

（3）在混凝土中掺加适量的缓凝剂，减缓混凝土的浇筑速度，以利于增加混凝土的散热时间。在设计允许的情况下，可以采用“埋石混凝土”，即在混凝土中埋入不大于混凝土体积25%的块石，以减少混凝土的用量，降低水化热量。

（4）避开温度较高的天气浇筑大体积混凝土。如果必须在这种天气下进行浇筑时，应采用冰水或冰屑拌制混凝土；对骨料设置简易的遮阳装置或进行喷水预冷却；运输混凝土应加盖防止日晒，以防止混凝土的温度升高。

（5）采用浇筑薄层混凝土的技术措施，每层的浇筑厚度应控制不大于30cm，以加快混凝土中热量的散发，并使温度比较均匀分布，同时也便于振捣密实，以提高混凝土的弹性模量。

（6）大型设备的混凝土基础，应采取分块分层浇筑，每层的间隔时间为5～7d，分块厚度为1.0～1.5m，以利于水化热的散发并减少约束作用。对较长的基础和结构，采取每隔20～30m留一条1.0m宽的间断后浇缝，钢筋仍保持连续不断，30d后再用掺加UEA微胀剂的细石混凝土填灌密实，以削减温度收缩应力。

（7）混凝土浇筑在岩石地基或厚大的混凝土垫层上时，在岩石地基或厚大的混凝土垫层上铺设防滑隔离层，即浇筑二度沥青胶，撒上5mm厚砂子或铺上“二毡三油”；底板高低起伏和截面突变处，做成渐变的形式，以消除或减少约束作用。

（8）加强混凝土的早期养护，提高混凝土的抗拉强度。在混凝土浇筑完毕后，表面应及时用塑料薄膜、草袋等材料覆盖，并洒水进行养护；深坑基础可采用蓄水养护。在夏季应适当延长养护时间。在寒冷的冬季，混凝土的表面应采取保温措施，以防止寒潮的袭击。对薄壁结构要适当延长拆除模板的时间，使之缓慢降温。在拆除模板时，块体中部和温差不得大于20℃，以防止急剧冷却，造成表面裂缝；基础混凝土拆除模板后，应当及时进行回填。

（9）加强施工过程中的温度控制管理。混凝土拌制时的温度要低于25℃，浇筑时的温度要低于30℃。浇筑后控制混凝土与大气温差不大于25℃，混凝土本身的内外温差不大于20℃。要加强在养护过程中的测温工作，如果发现温差过大，应及时覆盖保温，使混凝土缓慢降温，缓慢收缩，以有效发挥混凝土的徐变特性，降低约束应力，提高混凝土结构的抗拉能力。

## 十七、混凝土出现撞击裂缝

### 1. 质量问题

混凝土的撞击裂缝有水平的、垂直的、斜向的；裂缝的部位和走向随着受到撞击荷载的作用点、大小和方向而异；裂缝的宽度、深度和长度不一，根本没有规律性。

### 2. 原因分析

（1）在拆除模板时由于工具或模板的外力撞击而使结构出现裂缝，如拆除墙板和门窗模板时，常因拆除模板振动引起斜向裂缝；用吊机拆除内外墙的大模板时，如果不小心稍微偏移，就会撞击到承载力还很低的混凝土墙，引起水平或垂直裂缝。

（2）由于拆除模板的时间过早，混凝土的强度还很低，混凝土的收缩常导致出现沿着钢筋的纵向裂缝或横向裂缝。

（3）由于拆除模板的方法不正确，只撬动模板的一个角，或用猛烈振动的办法脱模，使混凝土结构受力不均匀，或受到剧烈振动而产生裂缝。

（4）梁或板的混凝土尚未达到脱模强度，在其上面进行其他工序的施工，使梁或板受到振动或比设计大的施工荷载作用而造成裂缝。

### 3. 处理方法

（1）对于一般的撞击裂缝，可以用环氧树脂胶泥进行封闭；对于较宽的撞击裂缝，应先沿着裂缝凿成八字形凹槽，再用环氧树脂胶泥（或环氧树脂砂浆）或水泥砂浆补缝，或再加贴环氧树脂玻璃布处理。

（2）对于比较严重的贯穿性裂缝，应采用环氧树脂或甲凝胶液灌浆处理（如注射法、化学注浆法），或进行结构加固处理（如钢箍加固法、预应力加固法、粘贴加固法和喷浆加固法等）。

### 4. 预防措施

（1）现浇混凝土结构的成型和拆除模板，均应按照施工规范的要求进行，施工中应防止受到各种施工荷载的撞击和振动。

（2）混凝土结构在拆除模板时，必须达到设计规定要求的强度，在拆除模板时不要在一点用力敲撬，要使混凝土结构受力均匀。

（3）拆除模板应按照规定的程序进行，后支的先拆，先支的后拆，先拆除非承重部分，后拆除承重部分，使混凝土结构不受到损伤。

（4）在梁或板混凝土未达到设计强度前，避免在其上面用手推车运输堆放大量材料和施工工具，防止梁板因受到振动而产生开裂。

## 十八、混凝土出现沉陷裂缝

### 1. 质量问题

混凝土沉陷裂缝多发生在基础、墙体等结构上，大多数是属于深层或贯穿性裂缝，其走向与沉陷情况有关，有的在上部，有的在下部，一般与地面垂直或呈 30°～45°角方向发展。较大的贯穿性沉陷裂缝，往往上下或左右有一定的错位距离，裂缝宽度受温度变化影响很小，主要因荷载大小而异，且与不均匀沉降值成正比。

### 2. 原因分析

（1）混凝土结构或构件下面的地基未进行认真处理，或者地基的软硬程度不同，或者局部存在松软土，未经夯实和必要的加固处理。当混凝土浇筑后，地基局部产生不均匀沉降而引起混凝土结构或构件裂缝。

（2）混凝土结构或构件各部分的荷载相差较大，加上未进行必要的加固处理，混凝土浇筑后因地基受力不均匀，产生不均匀下沉，造成混凝土结构或构件应力集中，导致混凝土结构或构件出现裂缝。

（3）设计和选用的模板刚度不足，模板支撑不牢固，支撑的间距过大或支撑在松软的土基上，或者过早地拆除模板，均会导致不均匀沉陷裂缝的出现。

（4）在冬季低温天气下施工时，模板支架支承在冻土层上，上部结构混凝土尚未达到规定的强度时，地基冻土融化产生下沉，造成混凝土结构下垂或产生裂缝。

### 3. 处理方法

不均匀沉陷裂缝对结构的承载能力、整体性、耐久性等方面均有较大的影响，因此，应根据沉陷裂缝的部位和严重程度，会同设计、建设、监理、质检等有关部门，共同协商加固措施，对结构进行适当的处理（如设钢筋混凝土圈套、加钢套箍等）。

### 4. 预防措施

（1）在浇筑混凝土之前，对浇筑混凝土的软弱地基、松散土、填土地基等，应进行夯实和加固，以防上出现不均匀下沉。

（2）模板应支撑牢固，保证整个模板系统有足够的承载力和刚度，并使地基受力均匀。模板拆除的时间不应当过早，要严格按照有关规定执行。

（3）对于各部分存在荷载悬殊的结构，应在设计时增设构造钢筋，以避免因出现不均匀下沉，造成应力集中而出现裂缝。

（4）在施工场地的周围应做好排水措施，在降雨后及时排除积水，并注意防止水管漏水或养护用水浸泡地基。

（5）模板支架一般不要支承在冻胀性的土层上，如果确实不能避免时，在下面应加设垫板，做好排水，覆盖好保温材料。

## 十九、混凝土出现化学反应裂缝

### 1. 质量问题

（1）在梁、柱等结构或构件的表面出现与钢筋平行的纵向裂缝；板式构件在板底面沿钢筋位置出现裂缝，有的缝隙中并夹有斑黄色锈迹。

（2）混凝土结构的表面呈块状崩裂，裂缝无规律性。

（3）混凝土结构出现不规则的崩裂，裂缝呈大网格状，从中心突起，向四周扩散，在混凝土浇筑完毕后半年或更长的时间内发生。

（4）混凝土结构的表面出现大小不等的圆形或类似圆形崩裂、剥落，内有白黄色的颗粒，多在混凝土浇筑后两个月左右出现。

### 2. 原因分析

（1）混凝土内掺有氯化物外加剂，或混凝土的细骨料用海砂代替，或用海水拌制混凝土，使钢筋产生电化学腐蚀，铁锈膨胀而把混凝土保护层胀裂。有的混凝土保护层设置过薄，当碳化深度超过混凝土保护层时，在水的作用下也会使钢筋锈蚀膨胀造成这类的裂缝。

（2）混凝土中的铝酸三钙（$C_3SA$）受到硫酸盐（如 $CaSO_4$）或镁盐（如 $MgSO_4$）的侵蚀，生成难溶而又体积膨胀的“水泥杆菌”物质，从而使混凝土的体积膨胀而出现裂缝，也称为“水泥杆菌”腐蚀裂缝。

（3）如果混凝土骨料中含有蛋白石、硅质岩或镁质岩等活性氧化硅，与高碱水泥中的碱反应生成碱硅酸凝胶，吸水后因体积膨胀而使混凝土崩裂，在工程上称为“碱-骨料反应”。

（4）水泥中含有过多的游离氧化钙，由于这些氧化钙多呈颗粒状，在混凝土硬化后，仍在继续发生化学反应，发生固相体积增大，体积膨胀使混凝土出现豆子似的崩裂，这种崩裂多发生在采用土法生产的小窑水泥中。

### 3. 处理方法

（1）对于钢筋锈蚀膨胀裂缝，应将主筋周围含有氯化物的混凝土凿除，用喷砂法将铁锈清除，然后用喷浆或其他的方法进行修补。

（2）对于出现的大面积裂缝，可以采用表面涂抹砂浆法、表面涂抹环氧树脂胶泥法、表面凿槽填补法、粘贴环氧树脂玻璃布法等进行处理。

## 4. 预防措施

（1）冬季低温情况下施工的混凝土，掺加氯化物外加剂应严格控制在规范规定的范围内，并同时掺加适量的亚硝酸钠阻锈剂；当混凝土细骨料采用海砂时，氯化物的含量应控制在砂子质量的0.1%以内；在钢筋混凝土结构中，避免用海水拌制混凝土；适当增大钢筋保护层的厚度，或对钢筋表面涂防腐蚀涂料，对混凝土加密封外罩；混凝土采用级配良好的石子，采用较低的水灰比，加强对混凝土的振捣，以降低渗透率，阻止电腐蚀作用。

（2）选用铝酸三钙（$C_3SA$）含量较少的水泥，或掺加适量的火山灰混合料，以减轻硫酸盐（如$CaSO_4$）或镁盐（如$MgSO_4$）的侵蚀；或对混凝土表面进行防腐处理，以防止对混凝土的侵蚀；避免采用含硫酸盐或镁盐的水拌制混凝土。

（3）防止采用含活性氧化硅的骨料配制混凝土，或采用低碱水泥和掺火山灰的水泥配制混凝土，降低碱性物质和活性氧化硅的比例，控制化学反应的产生。

（4）加强对水泥性能的检验，防止使用含游离氧化钙过多的水泥配制混凝土，或经过处理后再使用。

# 第四章

# 特种混凝土工程质量问题与防治

进入21世纪以来，我国的建筑事业飞速发展，给混凝土科学技术的发展带来欣欣向荣的景象，各种现代化的建筑如雨后春笋，各类新型的特种混凝土技术和施工工艺不断涌现，并在工程应用中获得巨大的经济效益和社会效益。

新型的特种混凝土是在普通混凝土的基础上发展起来的，其种类很多，各具有其特殊的技术性能和施工方法，又分别适用于某一特殊领域或环境。随着我国基本建设规模的不断扩大，有些特种混凝土技术与施工工艺已在工程中广泛应用，并积累了丰富的施工经验；有些特种混凝土技术与施工工艺正处于探索和研究阶段，在设计和施工过程中不可避免地出现这样或那样的质量缺陷，有待于我们去认识、去处理、去攻克。

## 第一节　防水混凝土工程质量问题与防治

防水混凝土是以调整混凝土配合比、改善骨料级配、掺加外加剂或采用特种水泥等方法，提高自身的密实性、憎水性和抗渗性，使其满足抗渗压力大于0.6MPa的不透水混凝土。

随着混凝土技术和防水材料的发展，防水混凝土的种类越来越多。防水混凝土按其配制的方法不同，大体上可以分为4类：普通防水混凝土、骨料级配防水混凝土、外加剂防水混凝土和膨胀水泥防水混凝土。

### 一、普通防水混凝土的质量问题与防治

普通防水混凝土也称为富砂浆防水混凝土，是在普通混凝土设计方法的基础上，以调整配合比的方法来提高混凝土自身的密实性，从而达到一定抗渗性能的混凝土。普通防水混凝土既要满足设计强度要求，也要达到抗渗目的。

#### （一）普通防水混凝土出现渗漏

1. 质量问题

普通防水混凝土出现渗漏质量缺陷，在养护期间即显示出自湿状态，或局部（点或线）显

示过于潮湿，甚至出现水的渗出现象。有的硬化后，混凝土表面局部或大面积出现潮湿、“冒汗”，乃至出水现象。

## 2. 原因分析

（1）普通防水混凝土配合比设计不当，各种材料组成达不到最密实状态，尤其是外加剂的品种和掺量不当，对防水性能反而起不到抗渗的作用。

（2）所用的骨料不当，一是吸水率比较大，二是含泥量严重超标，三是粗细骨料级配不佳，以上这些均严重影响普通防水混凝土的抗渗性能。

（3）在配制普通防水混凝土时，水灰比和坍落度失控，结果造成混凝土拌和物的和易性差，易产生离析现象；在浇筑混凝土时，出现漏振、严重脱水、养护不良，则导致混凝土的密实性差、收缩性大，严重时造成混凝土出现贯穿性裂缝和孔洞。

（4）不同品种的水泥混杂使用，或使用的水泥中混有其他水泥的残留物。因为不同品种的水泥，其矿物成分各不相同，表现在性能上也自然出现差异，极易形成收缩变形不一致，从而造成裂缝渗漏。

（5）地质勘探不准确，水文资料不齐全，或设计中考虑不周全、不合理，某些部位的构造措施不当等，也会产生渗漏。

## 3. 处理方法

对于普通防水混凝土出现的渗漏应当引起足够重视，因为这种主要功能的失效是一个严重的质量缺陷。因此，应当认真搞好调查研究，弄清产生渗漏的原因，针对不同的情况，采取不同的措施。

（1）做好调查研究和准备工作

① 查明渗漏的原因　这是对渗漏进行有效处理的关键环节，即探明渗漏水的来源，发生渗漏的主要原因，为切断渗漏水源、拟定防水处理方案提供依据。核查水文地质资料与实际情况是否吻合，防水设计是否合理和可靠，细部构造措施是否正确。

② 查明渗漏的部位　对于慢渗漏水的部位，先用干布将水擦干净，然后在其表面上均匀撒上干水泥粉，出现湿点或湿润线的地方，就可以判断为渗漏水的孔或缝。如果湿的面积较大，采用上述方法不易发现渗漏的具体位置时，可采用 1∶1 的水泥水玻璃胶浆在渗漏水处均匀涂刷一个薄层，并立即在表面上撒一层干水泥，这时观察到的湿点或湿润线，便是渗漏水的部位。对于出现涌水的部位，用直接观察的方法即可判断。

③ 确定渗漏水封堵原则　一般应尽可能在无水状态下进行施工修复，如在渗漏状态下进行修复，则应尽可能减小渗漏面积，使渗漏水集中于一点或几点或一线，以减少其他部位的渗水压力，便于修复工作的顺利进行。为减少渗漏水的面积，先要做好引水工作，给渗漏水以出路，以便于施工操作和处理。

（2）孔眼渗漏水的治理方法　孔眼渗漏水的治理方法，应根据水压大小和渗漏水部位而确定。可以参照地下防水工程中的直接快速堵塞法和木楔堵塞法进行处理。必要时也可采用灌浆堵漏法进行治理。

（3）裂缝渗漏水的治理方法　由于温度变化、结构变形或施工不当等原因形成裂纹后而出现的渗漏水，都属于裂缝渗漏水。在进行修复时，应根据水压大小采用不同的堵漏方法。

（4）混凝土蜂窝、麻面的渗漏处理　由于混凝土施工质量不佳产生的蜂窝、麻面而引起的渗漏，可以根据压力大小分别采取下列处理方法。

① 水压较小、漏水量较少时的处理方法　将基层表面松散部分及污物清除，并用钢丝刷

子刷洗后，用清水冲洗干净，然后在基层表面上涂刷胶浆一层，堵渗漏所用的胶浆的配合比为：水泥：促凝剂＝1：1，并揉抹均匀，随即在胶浆上撒上一层干水泥粉，干水泥粉在出现湿点处即为漏水点，立即用手指压住漏水点的位置，待胶浆凝固后再把手拿开，依次堵塞各个漏水点。

② 水压较大、漏水量较多时的处理方法　首先按照以上方法找出各个漏水点，以坐标法固定各个漏水点的位置。将漏水点剔成一个直径10mm、深20mm的小槽，按孔眼漏水“直接堵塞法”将所剔出的小槽堵塞。

（5）在选择堵漏材料方面，除了水泥水玻璃胶浆外，根据工程的具体情况，也可以采用下列材料。

① 水泥-石膏速堵漏料浆　这种材料在使用前应先通过试验找出适宜的加水量和满足施工需要的凝结时间，一般要求所配制成的堵漏材料在3～5达到初凝。在工程中所用的水泥-石膏速堵漏料浆参考配合比（质量比）为：硅酸盐水泥：生石膏粉：水＝1：1：0.8。

② 水泥-防水堵塞料浆　水泥-防水堵塞料浆的防水浆料由氯化钙、氯化铝和水按一定比例配制而成，属于氯化金属盐类防水剂，其配合比（质量比）为：氯化钙：氯化铝：水＝31：4.9：64.1。作为快凝水泥堵漏所用的水泥，一般应选用硅酸盐水泥，其强度等级不应低于42.5MPa，储存期不得超过3个月。

③ 膨胀水泥　用于紧急堵漏可用快凝膨胀水泥或石膏矾土膨胀水泥，如把该类水泥加热到200℃，使水泥中的二水石膏变成半水石膏，其堵漏的效果会更好一些。用于大面积渗漏修补时，可用明矾膨胀水泥或硅酸盐膨胀水泥。

### 4. 预防措施

（1）加强对防水混凝土原材料的质量控制，不合格的砂石材料不准进场。进场后的砂石应重点检查含泥量、泥块含量和级配等技术质量指标。级配不合格的应予调整，含泥量超过规定的必须用水进行冲洗，经检验合格后方可使用。泥块含量超过规定的，应过筛清除至符合要求后才能使用。

（2）正确选择混凝土配合比设计参数，其水灰比、坍落度、砂率、粗细骨料比例和用水量的选择，应通过试验确定。骨料质量、最大粒径、单位体积水泥用量和灰砂比等，也应符合现行的有关技术规定。

（3）同一混凝土防水结构，应当选用同一批次、同一品种、同一颜色、同一强度等级的水泥，以保证普通防水混凝土性能的一致性。

（4）水泥进场后应当妥善保管，存放地点应保持干燥，袋装水泥的堆放高度不得超过10袋，底部要设置垫木，以防止因受潮而产生结块。过期水泥、受潮结块水泥和混入杂质的水泥，均不得用于防水混凝土工程。

（5）做好混凝土的计量、搅拌、运输、浇筑、振捣和养护等工作的技术交底。在混凝土搅拌前，质量检测人员应再次核查原材料的出厂合格证和复检合格证，并观察水泥等材料的质量是否有可疑征兆。在配制混凝土的过程中，每天测定砂石含水率1～2次，以便及时调整混凝土的配合比。当混凝土拌和物出现离析或泌水现象时，应立即查明原因，及时加以纠正。混凝土拌和物的运输、停留时间要符合有关规定，在常温情况下，从搅拌机出料算起，至混凝土浇筑振捣完毕，不宜超过45min。

在混凝土的整个施工过程中，要认真实行混凝土搅拌、运输、浇筑、振捣和养护工作质量责任制，确保普通防水混凝土施工每个环节的质量都符合现行施工规范的要求。

（6）地质勘测和水文勘察点不可过稀，对于地形和地质比较复杂的工程，应适当加密地质勘测和水文勘察点，出示的数据应能正确反映工程的实际情况，以便于在设计中准确掌握和正确应用。

(7) 工程实践证明，骨料级配防水混凝土，采用表4-1和表4-2中的骨料混合级配，能使混凝土获得较好的抗渗性能。

**表 4-1　卵石与砂的混合级配表**

| 筛孔尺寸/mm | | 0.15 | 0.30 | 0.60 | 1.20 | 2.50 | 5.00 | 10.0 | 20.0 | 30.0 |
|---|---|---|---|---|---|---|---|---|---|---|
| 累计过筛率/% | *F* | 12.7 | 21.9 | 36.5 | 57.4 | 66.5 | 75.0 | 84.5 | 94.7 | 100 |
| | *E* | 6.8 | 11.0 | 16.5 | 26.0 | 38.0 | 51.5 | 68.0 | 88.0 | 100 |
| | *D* | 0.8 | 1.9 | 4.5 | 9.4 | 18.5 | 31.0 | 48.6 | 75.3 | 100 |

**表 4-2　碎石与砂的混合级配表**

| 筛孔尺寸/mm | | 0.15 | 0.30 | 0.60 | 1.20 | 2.50 | 5.00 | 10.0 | 20.0 | 30.0 |
|---|---|---|---|---|---|---|---|---|---|---|
| 累计过筛率/% | *G* | 8.8 | 12.6 | 20.1 | 32.6 | 49.1 | 62.6 | 75.6 | 90.0 | 100 |
| | *K* | 4.5 | 6.5 | 10.0 | 17.0 | 30.0 | 42.5 | 57.5 | 80.0 | 100 |

当混凝土中的粗骨料为卵石时，砂石的混合级配以 *E* 曲线为最好。如果不能接近 *E* 曲线时，则也不能超越 *D*、*F* 曲线的范围。当混凝土中的粗骨料为碎石时，砂石的混合级配应在 *K*、*G* 曲线范围内。

(8) 为了增强混凝土的防水性能，可在混凝土中掺加一定量粒径小于0.15mm的粉细料，以便更严密地把空隙堵塞起来，使混凝土更加密实，有利于抗渗性能的提高。但掺量不宜过多，因细粉料掺加过多，骨料的比表面积必然增大，这就需要较多的水泥浆来包裹粗细骨料的表面；因此，在同样的水泥用量下，混凝土中细粉料过多，反而会导致混凝土抗渗性能下降，一般掺量以占骨料的总量5%～8%为宜。

## (二) 混凝土的抗渗性能不稳定

### 1. 质量问题

普通防水混凝土在浇筑过程中，按照有关规定留取混凝土试块，经抗渗性能试验，前后检验结果相差较大，有的甚至大于0.2MPa，抗渗性能不仅波动较大，而且很不稳定。

### 2. 原因分析

(1) 配制混凝土所用水泥厂家批号不同、品种不同、性能不同，其强度储备和矿物组成有较大差异，或者水泥的储存、保管条件差别较大，造成前后使用的水泥品质发生较大变动，严重影响混凝土的抗渗性能和其他性能。

(2) 砂石材料分批进场，材料的品质不一样，如级配、含泥量、泥块含量等，有较大的差异。在配制混凝土时，不能按规定测定砂石的含水率，用水量不能及时调整，造成混凝土的水灰比不同，其强度和抗渗性能也不同。

(3) 在配制混凝土时，计量不准或失控，水箱自动控制装置失灵，组成材料不符合设计要求；或者用体积比代替质量比，用坍落度控制用水量，致使用水量、水灰比和配合比等都失控，混凝土的强度和抗渗性能根本无法保证。

(4) 在混凝土的整个施工过程中，技术交底不认真，质量检查流于形式，施工管理不严格，致使混凝土配料不准确、搅拌不均匀、浇筑不得当、振捣不密实、养护不及时，防水混凝土的抗渗性能根本无法保证。

（5）混凝土施工中试件取样缺乏代表性，成型制作未按规定操作程序进行。养护工作随意性较大，这就必然影响混凝土抗渗性能的稳定性。

（6）由于在抗渗性能的试验过程中，试验人员责任心不强、技术不熟练，或者中途发生停电、反复打压以及计算有误等问题，也会影响混凝土抗渗性能的试验结果准确。

### 3. 防治措施

（1）不同品种水泥不能混用，要尽可能使用同一厂家、同一批号、同一强度等级的水泥配制防水混凝土。对于过期、受潮、结块的水泥不能使用，水泥的称量误差不得超过规定，水泥进场应有出厂合格证和进场复检证明。在正式配制防水混凝土前，对所用的水泥还应再次进行复检。

（2）砂石材料尽可能做到一次性进场。对于每次分批进场的砂石，应对其粒径、级配、含泥量和泥块含量等技术指标进行复检，符合防水混凝土配制标准要求的才能使用。在防水混凝土配制中，砂石的质量标准、级配、粒径等应进行抽查，砂石混合级配应符合表4-1和表4-2中要求，称量误差不得超过现行规范的规定。

（3）砂石中的含水率一般每天测定1～2次，天气突变时（如雨天或高温天气）应随时进行测定，以便及时调整混凝土的配合比。在配制防水混凝土时，绝对不允许用体积比代替质量比，用混凝土的坍落度控制用水量。

（4）加强施工管理，严格施工纪律，把技术交底工作落实到位。真正做到不符合设计要求、不合格、无合格证、复检不合格的材料不进场不使用；实行混凝土质量责任制，质检人员和工长要做好施工记录，对发生的质量问题要追究责任；养护工作应由专人负责，切实做到各司其职、各尽其责和责任到人。

（5）混凝土抗渗试件的取样和制作，应由专职质检人员、监理人员在场见证和监督，以增强试件的代表性和真实性。在试验过程中应保证试验条件可靠、满足。

（6）对于重要的防水工程，防水混凝土的组成材料、骨料级配、水泥和外加剂性能、配合比设计、强度、抗渗性能等，均应通过试验进行验证，以确保防水工程的质量。

## （三）防水混凝土出现干缩微裂缝

### 1. 质量问题

在拆除模板后，发现混凝土表面有少量肉眼可见的不规则裂纹和大量借助放大镜才能观察到的微裂纹，缝隙的宽度一般在0.05～0.10mm之间，多数呈现于浇筑混凝土的暴露面，不仅严重影响混凝土的表面美观，而且严重影响混凝土的抗渗性能。

### 2. 原因分析

（1）配制混凝土所用水泥品种不当，使用了泌水性较大的矿渣硅酸盐水泥，由于这种水泥泌水性较大、收缩变形大，很容易出现裂纹，造成抗渗性能不良。

（2）骨料的级配不好，配制成的混凝土密实性不良，如果砂石骨料中的含泥量和泥块含量再超标，必然造成混凝土的抗渗性能较差。

（3）片面认为加大水泥用量可以提高混凝土的抗渗性能，但是实际上如果水泥用量过大，会造成混凝土在凝结硬化中产生干缩微裂缝，反而会降低混凝土的抗渗性能。

（4）在配制防水混凝土中，对水灰比坍落度控制不严，混凝土拌和物的流动性过大，使混凝土出现泌水现象，混凝土表面有浮浆，水分蒸发硬化后，这层浮浆的强度很低，当收缩应力超过混凝土的抗拉应力时，导致混凝土出现干缩微裂缝。

（5）在混凝土的表面撒抹干水泥粉，不仅未能很好地拍打和压实，而且对养护也很不重视，使处于干燥或湿度不大的环境下的混凝土，硬化初期产生大量失水，加大了混凝土表面和内部的湿度梯度，造成内外收缩不一样，表面形成裂纹或裂缝。

（6）骨料的吸水率较大，混凝土拌和物搅拌不均匀，振捣不密实，养护条件不足，均可以造成混凝土出现微裂缝。

## 3. 处理方法

（1）由非结构因素而形成的收缩微裂缝，当裂缝的宽度在0.05mm以下时，一般可以不处理。当裂缝的宽度在0.05～0.10mm范围内时，可用钢丝刷将混凝土表面的浮物清除干净，缝中灰尘用清水冲洗干净，然后用微膨胀水泥或在水中掺加3%～5%的无水石膏拌制的水泥净浆，进行灌浆处理和抹灰处理。水泥净浆的水灰比控制在0.45～0.50左右，处理完1h后用湿草袋覆盖进行养护。必要时也可以采用环氧树脂进行封闭处理。

（2）对于较宽的裂缝（缝宽度在0.10～0.20mm），也应先将缝隙清理干净并充分湿润，利用微膨胀水泥净浆，或在普通水泥中掺加适量石膏拌制而成的水泥净浆，进行灌浆处理和抹压处理。水泥净浆的水灰比控制在0.40～0.45左右，处理完1h后用湿草袋覆盖进行养护，但不能用水直接喷洒。必要时也可以采用环氧树脂进行封闭处理，但应在缝隙干燥的条件下进行。

（3）为增强挤压水泥净浆的防水性能，可掺加适量的三乙醇胺（一般为水泥质量的0.05%）或减水剂。

## 4. 预防措施

（1）严格控制骨料中的含泥量和泥块含量。防水混凝土所用砂子的含泥量不应大于3.0%，泥块含量不应大于1.0%；卵石与碎石的含泥量不应大于1.0%，泥块含量不应大于0.5%。含泥量超过规定的骨料，应当用水进行冲洗，符合要求后方可使用；泥块含量超过规定的骨料，应当过筛剔除，至小于规定值后方可使用。

（2）在选择和设计普通防水混凝土配合比时，应遵循以下技术规定和要求。

① 粗骨料的最大粒径一般不宜超过40mm，另外还与钢筋间距、结构构件最小尺寸、搅拌能力等因素有关，应综合考虑后确定。

② 配制普通防水混凝土时，每立方米混凝土的水泥用量不少于320kg，但也不能过大，尤其不可选用收缩率较大的水泥（如矿渣硅酸盐水泥等）。

③ 配制普通防水混凝土时，砂率不应小于35%，但也不能掺加过多的细粉料，砂率一般应控制在35%～40%范围内。

④ 配制普通防水混凝土时，水灰比不得大于0.60，水灰比的选择应当十分慎重，一般应控制在0.45～0.55范围内。

⑤ 配制普通防水混凝土时，灰砂比（即水泥与砂子的比值）应不大于1∶2.5，一般应控制在（1∶2.0）～(1∶2.5）范围内。

⑥ 为降低混凝土拌和物的泌水率，普通防水混凝土的坍落度不应大于50mm，一般应控制在30～50mm范围内。

适用于所用组成材料的、具体的混凝土配合比参数，在基本遵循上述规定的基础上，应当通过试验确定，千万不可不经试验而直接应用。

（3）为满足混凝土和易性和抗渗性的要求，普通防水混凝土适量增加水泥用量是可行的，但不宜增加过多。如果水泥用量过多，会导致混凝土内部水化热的增加，加大混凝土内外的温差，使混凝土产生不均匀收缩和裂纹，从而降低混凝土的抗渗性能。因此，水泥用量以满足抗渗性能及和易性要求为原则，不能单纯依靠增加水泥用量来提高抗渗性能，普通防水混凝土的水泥用量，以不超过400kg/m³为宜。

(4) 在一般情况下，配制普通防水混凝土，应选用强度等级为32.5MPa或42.5MPa的硅酸盐水泥、普通硅酸盐水泥和粉煤灰硅酸盐水泥。如果掺用外加剂，也可采用矿渣硅酸盐水泥。如果受冻融作用，宜优先选用普通硅酸盐水泥，而不宜选用粉煤灰硅酸盐水泥。

(5) 砂石中的含水率一般每天测定1～2次，天气突变时（如雨天或高温干燥天气）应随时进行测定，以便及时调整混凝土的配合比，保证混凝土的水灰比和流动性不变。当石子的吸水率超过1%时，也应对用水量进行调整。

(6) 混凝土的搅拌时间应严格遵守规范的规定，不得随意将其缩短，以保证混凝土拌和物的均匀性。如果混凝土拌和物运输、停留时间较长，和易性变差或出现离析泌水现象时，应进行二次搅拌后再进行浇筑。

(7) 混凝土入模浇筑时，应控制混凝土拌和物的自由下落高度，一般不得大于2m。当自由下落高度超过2m时，应设置溜槽、串筒或振动管下料，防止石子滚落堆积、砂浆分离等现象发生。在浇筑竖向结构混凝土前，应先在底部填筑一层厚度为50～100mm、与混凝土内砂浆成分相同的水泥砂浆。在雨雪天气情况下，不宜露天浇筑混凝土，如果确实需要浇筑，应采用有效措施，确保混凝土的质量。

(8) 普通防水混凝土在浇筑振捣完毕后，要及时压实抹光，混凝土的表面不得撒干水泥粉，在混凝土达到初凝后，应立即用湿草袋或塑料薄膜加以覆盖，终凝后可以开始洒水养护，养护时间一般不得少于7d。

## 二、减水剂防水混凝土质量问题与防治

减水剂防水混凝土是外加剂防水混凝土的一种，它具有混凝土拌和物流动性好的特点，主要适用于钢筋密集或捣固困难的薄壁型防水构筑物，也适用于对混凝土凝结时间和流动性有特殊要求的防水工程。

### （一）混凝土拌和物坍落度损失快

#### 1. 质量问题

材料试验和工程实践证明，减水剂防水混凝土拌和物从搅拌机出料口倒出至浇筑地点，在常温条件下30min左右，坍落度的损失值可达到20mm以上，给混凝土的浇筑和振捣带来很多不便。

#### 2. 原因分析

(1) 根据工程实践证明，目前我国所用的混凝土减水剂都有一定的减水性能，在保持相同坍落度的情况下，可以减少一定的用水量，从而提高混凝土的密实性和抗渗性。但是，由于减水剂在性能上存在很大差别，某些减水剂分子的憎水基团定向极不理想，随着时间的延长，混凝土所获得增大的流动性又较快损失掉。

(2) 混凝土在掺加减水剂拌制过程中，配制施工现场的温度要求保持在15℃～25℃之间，同时还要求拌制混凝土的各种材料应与施工场所的温度相同，且应避免阳光的直射，这样才能确保混凝土拌和物的质量。但是，施工现场的实际情况，往往与规定的条件差别很大。夏季酷热期间，外界气温可以达到35℃以上，而太阳暴晒的骨料表面温度可达到45℃以上，在这种条件下的混凝土拌和物，其坍落度的损失必然会更快、更大。

(3) 在水泥熟料中一般都含有一定量的碱成分存在，如果含碱量超过一定的数值，则会缩短混凝土的凝结时间，必然也会加速降低混凝土拌和物的流动性。

(4) 减水剂掺入混凝土中的方法，可分为先掺法、后掺法、同时掺入法。不同品种的减水剂，有不同的适宜掺入方式，它们对混凝土拌和物的和易性、强度及减少混凝土拌和物的坍落度损失等方面的影响各不相同。如果减水剂掺入混凝土的方式不当，则很容易造成混凝土拌和物坍落度较大的损失。

### 3. 防治措施

(1) 采用正确的掺入方式，保证施工中的掺入方式与试验时一致。为使减水剂更加有效地发挥作用，减少混凝土拌和物坍落度的损失，一般宜采用“后掺法”。当采用搅拌车运送混凝土拌和物时，减水剂可在卸料前2min加入搅拌车，并加快搅拌速度，搅拌均匀后立即浇筑。

(2) 使用前应了解所掺加减水剂的性能，详细阅读、询问产品的特点和使用方法，并在试验过程中仔细观察混凝土拌和物坍落度的变化，判断减水剂的使用效果和对坍落度稳定性的影响。如果某种减水剂虽然有明显的减水效果，但对混凝土拌和物坍落度的损失较大、较快，则在选择确定减水剂掺量时，应予充分认真考虑并采用防止或补救措施，如适当加大减水剂的掺量或更换减水剂的品种。

(3) 如果选用我国生产的建工型减水剂或减水剂配制混凝土拌和物，这两种减水剂的减水效果很好，但混凝土拌和物坍落度的损失明显加大，因此，应采用“后掺法”，以减小坍落度的损失。

(4) 配制混凝土所用的水泥，应与试验时所用的水泥属于同一批次，因为即使同一品种的水泥，由于不属于同一批次，其矿物成分也有一定的差异，而减水剂的减水效应，主要与水泥熟料的矿物成分有关。

(5) 合理安排搅拌、运输、浇筑和振捣各施工环节的时间，尤其是应尽量缩短停放的时间。试验结果表明，随着停放时间的延长，混凝土拌和物坍落度的损失越大、越快。

(6) 通过试验确定减水剂的掺量时，应充分考虑到混凝土拌和物从搅拌机出料口卸出，到浇筑地点入模浇筑所需要的时间，同时还要考虑到施工环境温度和其他因素的影响。

## (二) 混凝土凝结时间长、强度低

### 1. 质量问题

普通减水剂混凝土在浇筑后12～15h、高效减水剂混凝土在浇筑后15～20h，甚至更长的时间，混凝土不凝结，仍处于非终凝的状态。从混凝土强度角度上，主要表现在贯入阻力仍小于28N/mm$^2$，约相当于立方体试块强度为0.8～1.0MPa，28d的抗压强度比正常情况下相同配合比试件的抗压强度低2.0～2.5MPa。

### 2. 原因分析

(1) 多数减水剂不仅具有减水作用，而且还具有一定的缓凝作用，如果减水剂掺量超过规定值，或者计量不准确也出现超量，必然造成混凝土凝结时间长、强度低。

（2）减水剂的质量有问题，有效成分失常，或配制的浓度有误，或保管不当，减水剂发生变质。

（3）施工期间环境温度骤然大幅度下降，加之水灰比和用水量控制不严，以混凝土的坍落度代替混凝土水灰比控制，推延了混凝土结构强度产生的时间，并降低了混凝土的初期强度。

（4）按规定在配制混凝土时，对砂石的含水率应每天测定1～2次，特殊天气应适当增加测定次数。如果对砂石的含水率不进行测定，对混凝土的配合比不调整，势必影响混凝土的水灰比，从而造成混凝土强度下降。

（5）如果使用过期和受潮结块的水泥，或者自动加水控制器失灵，或者配制时称料不准确，特别是水泥用量、减少骨料级配不良，也会严重降低混凝土的强度。

## 3. 防治措施

（1）减水剂的掺量应当严格掌握，一般应以水泥的质量百分含量表示，称量误差不得超过±2%。如果为干粉状减水剂，则应先倒入60℃左右的热水中搅拌溶解，制成20%浓度的溶液（以密度计控制）备用。在储存期间，应加盖密封，不得掺入杂质和水。使用时应用密度计核查溶液的密度，并应扣除溶液中的水分。

（2）在选择和确定减水剂品种及其掺量时，应根据工程结构的要求、材料供应状况、施工工艺、施工条件和环境条件等因素，通过试验比较确定，不能完全依赖产品说明书和推荐的“最佳掺量”。如果有试验条件时，应尽可能进行多品种选择比较，单一品种的选择具有局限性，而缺乏可比性。表4-3是减水剂防水混凝土常用减水剂的种类及掺量参考，可供减水剂防水混凝土试配、选择和使用时参考。

**表4-3　减水剂防水混凝土常用减水剂的种类及掺量参考**

| 减水剂种类 | 主要原料 | 掺量（水泥质量）/% | 减水率/% | 强度提高/% | 增加坍落度/cm | 节约水泥/% | 适用范围 |
|---|---|---|---|---|---|---|---|
| 木质素磺酸 | 纸浆废液 | 0.2～0.3 | 10～15 | 10～20 | 10～20 | 10～15 | 普通混凝土、大体积混凝土 |
| MF减水剂 | 聚次甲基萘磺酸钠 | 0.3～0.7 | 10～30 | 10～30 | 2～3倍 | 10～25 | 早强、高强、耐碱混凝土 |
| N系减水剂 | 工业萘 | 0.5～0.8 | 10～17 | 10 | — | 8～12 | |
| NNO减水剂 | 亚甲甲基萘磺酸钠 | 0.5～0.8 | 10～25 | 20～25 | 2～3倍 | 10～20 | 增强、缓凝、引气 |
| UNF减水剂 | 油萘 | 0.5～1.5 | 15～20 | 15～20 | 10～15 | 10～15 | |
| FDN减水剂 | 工业萘 | 0.5～0.75 | 16～25 | 20～50 | | 20 | 早强、高强、大流动性混凝土 |
| JN减水剂 | 萘残油 | 0.5 | 15～27 | 30～50 | 8～11 | 10～17 | |
| SN-Ⅱ减水剂 | 萘 | 0.5～1.0 | 14～25 | 15～40 | 15～20 | 15～20 | |
| AU减水剂 | 蒽油 | 0.5～0.75 | 15～20 | 10～36 | — | 10～15 | |
| NF减水剂 | 精萘 | 1.5 | 20 | — | — | 5～25 | 高强混凝土 |
| HM减水剂 | 纸浆废液 | 0.20 | 5～10 | 大于10 | — | 5～8 | |
| SM减水剂 | 密胶树脂 | 0.2～0.5 | 10～27 | 30～50 | — | — | 高强混凝土 |
| 建工减水剂 | 萘磺酸盐 | 0.5～0.7 | 10～30 | — | | 10～25 | |

(3) 掺加减水剂的混凝土坍落度不宜过大，一般以 50～100mm 为宜。因为混凝土的坍落度越大，其凝结的时间越长，混凝土结构强度形成的时间越迟，对混凝土的抗渗性越不利。

(4) 不合格或变质的减水剂不能用于工程中。施工时所用的水泥应与试验时的属于同一厂批，如果水泥品种或生产厂批有变动，即使水泥的强度等级相同，其减水剂的掺量也应重新通过试验确定，不得套用原来的掺量。

(5) 配制减水剂防水混凝土时，应当准确进行计量，严格按照试验所确定的配合比进行配制；对于砂石中的含水率要做到勤测定，对混凝土的用水量要及时进行调整；对于所用的水泥要特别注意品种要对、计量要准、质量要好，不要使用过期或受潮结块的水泥；对于水千万不能用混凝土坍落度代替用水量来控制。

## （三）出现蜂窝、麻面和孔洞

### 1. 质量问题

减水剂防水混凝土出现蜂窝、麻面和孔洞质量缺陷，是程度和表现不同的混凝土质量问题，但这些质量问题均影响混凝土结构的防水性能。混凝土结构局部出现酥松，石子之间有类似蜂窝状的大量空隙，在工程上称为蜂窝。混凝的表面出现缺浆和许多小凹坑与麻点，形成比较粗糙的面，在工程上称为麻面。混凝土结构内部有尺寸较大的窟窿，局部或全部没有混凝土，造成局部裸露或孔穴深度超过保护层的厚度，在工程上称为孔洞。

### 2. 原因分析

(1) 选用的减水剂品种或掺量不当。例如使用坍落度损失大而快的减水剂，而在进行混凝土配合比设计时，对此也未能予以充分考虑，致使运至浇筑地点的混凝土拌和物流动性较差，浇筑振捣匀比较困难，从而严重影响了混凝土结构的质量。

(2) 使用的减水剂变质，或者其有效成分发生较大的变化，或者配制中计量不准确，使搅拌好的混凝土拌和物坍落度明显偏低，给混凝土浇筑振捣带来很大困难，也会使混凝土结构出现蜂窝、麻面和孔洞质量缺陷。

(3) 如果模板表面比较粗糙，或者拼缝不严而漏浆，或者表面混凝土未振捣密实，或者模板隔离剂涂刷不匀，或者拆除模板过早等，均可能使混凝土结构出现麻面质量缺陷。

(4) 如果混凝土配合比设计不当，或者计量出现错误，或者下料方法不对，或者搅拌时间不足，或者振捣不密实，或者水泥浆大量流失，或者钢筋稠密混凝土被卡，或者模板安装不牢而发生位移等，均可能使混凝土结构出现蜂窝质量缺陷。

(5) 如果钢筋稠密混凝土被卡，或者混凝土出现严重离析，或者混凝土浇筑过厚无法振捣，或者混凝土内掉入其他杂物等，均可能使混凝土结构出现孔洞质量缺陷。

### 3. 处理方法

(1) 清除混凝土麻面、蜂窝表面上的浮物和尘埃，剔凿掉松散或酥松不牢固的石子，使孔洞形成喇叭口，并用钻子或剁斧将表面凿毛，清理后用水刷洗干净。如果麻面、蜂窝不深，基层处理后可用水泥浆进行打底，用 1∶2.5 的水泥砂浆找平，并抹压密实。如果蜂窝和孔洞的面积较大且较深，在基层处理后，用水泥浆和水泥砂浆交替抹压至与基层相平即可；也可以先抹一层厚度为 2mm 的水泥浆，然后再用 1∶2.0 的干硬性水泥砂浆边填边用锤子用力捣捻严实，至稍低于基层表面时，再抹一层水泥浆和 1∶2.5 的水泥砂浆找平。

（2）当蜂窝和孔洞质量缺陷比较严重时，则在基层处理完毕后，在其周围先抹一层水泥浆，再用比原强度高一等级的细石防水混凝土或补偿收缩混凝土填补，并仔细振捣密实，经过一定时间养护后，将表面清洗干净，再抹一层水泥浆和 1：2.5 的水泥砂浆找平压实，然后再湿养护 7d。

（3）由于凿除时会加大蜂窝和孔洞的尺寸，使混凝土结构遭到更大的削弱，对于较深的蜂窝和孔洞，宜优先选用水泥压浆的方法补强。压浆孔的位置、数量及深度，应根据蜂窝和孔洞的实际状况和浆液扩散范围而定。孔数一般不应少于 2 个，即 1 个排水（气）孔，1 个压浆孔。根据工程实际情况，必要时可在水泥浆液中加入适量的速凝剂。混凝土的凝结时间，可以通过速凝剂掺量和水灰比大小进行调节，一般应根据施工情况，由材料试验确定。水泥和骨料搅拌 30s 后，即可加入速凝剂继续搅拌 30s，最后再加水搅拌至均匀。出料后应迅速浇筑使用，以防止混凝土产生快速凝结。

### 4. 预防措施

（1）减水剂的适宜掺量必须通过试验确定，不能单纯依靠厂家推荐或其他工程的经验掺量。如果选用会使混凝土拌和物坍落度损失大而快的减水剂，在确定减水剂的掺量时，必须考虑到这一因素，并尽量压缩运输和停留的时间。未经试验不得中途变更减水剂的品种、掺量及水泥品种。

（2）减水剂的称量一定要准确，称量误差不得超过±2%，混凝土的水灰比一定要严格控制，不能凭目测来评定混凝土拌和物的流动性，严禁用体积比代替质量比，其他材料的称量误差要符合国家现行标准的规定。

（3）粉状减水剂应用热水先配制成溶剂，使用前再对溶液的密度进行核查，如有变化应查明原因，并加以纠正。减水剂在储存期间应妥善保管，防止杂物或雨水的侵入。

（4）当混凝土浇筑采用木模板时，在浇筑混凝土前，模板应浇水充分湿润，使其不再吸收混凝土中的水分，并及时将多余的水分擦干净，以免影响混凝土的水灰比。

（5）认真选用模板的隔离剂，隔离剂应选择长效的，涂刷要均匀，特别要防止出现漏刷。

（6）混凝土应当分层均匀振捣密实，振捣点的布设应符合施工规范的要求，既不要离模板太远，也不要出现漏振，每层混凝土均应振捣至排除气泡为止。

（7）拆除模板的时间一定要严格按设计要求进行，千万不可过早，以防止模板粘下水泥砂浆而造成麻面。

（8）严格控制混凝土的下料，混凝土的自由下落高度不应大于 2m（混凝土板为 1m），大于 2m 时应设置串筒或溜槽下料，以保证混凝土浇筑时不产生离析。

（9）进行混凝土浇筑时应仔细观察，对掉入混凝土的木块、塑料、黏土和其他杂物等，应及时清理干净。

（10）在进行混凝土施工过程中，应制定混凝土质量的技术措施和规章制度，加强施工管理和质量控制工作。

## 三、氯化铁防水混凝土质量问题与防治

氯化铁防水混凝土是在混凝土拌和物中加入少量氯化铁防水剂拌制而成的具有高抗水性和高密实度的混凝土。氯化铁防水混凝土是几种常用的外加剂防水混凝土中抗渗性最好的一种。由于氯化铁防水混凝土有效利用了化学反应产物氢氧化铁等胶体的密实填充作用，新生的氧化

钙对水泥熟料矿物的激化作用，易溶性物转化为难溶性物以及降低析水性等作用，大大增强混凝土的密实性，提高其抗渗性能。

## （一）混凝土中的钢筋产生锈蚀

### 1. 质量问题

在普通水泥混凝土中，一般情况下钢筋不会发生腐蚀现象，这是由于水泥硬化过程中生成的氢氧化钙，使钢筋处于高碱性状态，在钢筋表面形成了一层钝化膜，从而保护了钢筋的长期正常使用。但是当混凝土有盐类存在，并且超过一定量时，起保护钢筋作用的钝化膜遭到破坏，混凝土中的钢筋则产生锈蚀。

### 2. 原因分析

氯化铁防水混凝土中产生钢筋锈蚀的主要原因是：在氯化铁防水溶液中，氯化铁和氯化亚铁的含量比例不当，过量的氯化铁与水泥硬化过程中析出的氢氧化钙反应生成氯化钙，除一部分与水泥结合外，剩余的氯离子则会引起钢筋的锈蚀。

### 3. 防治措施

（1）严格按照配方和配制程序进行氯化铁防水剂的配制。使用前应核查氯化铁防水剂的密度，配制防水混凝土时，计量要精确，称量误差不得超过±2%，掺量必须通过试验确定。搅拌要均匀，氯化铁要配制成稀溶液加入，不可将氯化铁直接倒入混凝土拌和物中搅拌。

（2）对于重要的钢筋混凝土结构，必要时应检验氯化铁防水剂对钢筋的腐蚀性。如检验结果确认氯化铁防水剂对钢筋有腐蚀性，可采用掺加阻锈剂（如亚硝酸钠）的方法予以抑制，阻锈剂的掺量也应通过试验确定。

亚硝酸钠为白色粉末，是一种有毒的物质，应妥善保管并注明标签，严防当作食盐误用，造成中毒事故。掺加亚硝酸钠阻锈剂的氯化铁防水混凝土，严禁用于饮水工程以及与食品接触的部位，也不得用于预应力钢筋混凝土工程，以及与镀锌钢材或铝铁金属相接触部位的钢筋混凝土工程。

（3）对于掺加亚硝酸钠阻锈剂的氯化铁防水混凝土，应当适当延长混凝土的搅拌时间，一般可延长1min左右，对外加剂与混凝土拌和物应充分搅拌均匀。

## （二）混凝土产生收缩裂缝

### 1. 质量问题

在拆除模板后发现混凝土结构表面有少量肉眼可见的不规则裂纹，大量借助放大镜才能观察到的微裂纹，缝隙的宽度一般在0.05～0.10mm之间，多数呈现于浇筑混凝土的暴露面，不仅严重影响混凝土的表面美观，而且严重影响混凝土的抗渗性能。

### 2. 原因分析

（1）配制的防水剂中氯化铁与氯化亚铁的比例不当，如果氯化铁的含量过多，则容易使混凝土产生收缩裂缝。

（2）防水剂中的膨胀剂（如硫酸铝、明矾等）组分含量过多，使混凝土的收缩受到过大限制，从而使混凝土产生裂缝。

(3) 掺加的防水剂计量不准，或在储存期间有雨水侵入，或水分蒸发过多，防水剂的密度发生变化，使用前又未对溶液密度进行核查，致使实际加入的防水剂数量失控。

(4) 石子的吸水率过大，砂石中的含泥量和泥块含量严重超标，由于骨料质量不合格，也可使混凝土产生收缩裂缝。

(5) 对于砂石中的含水率不按规定测定，对混凝土的用水量不及时调整，只凭施工经验增减用水量，或者加水计量装置失灵，只凭目测坍落度替代水灰比控制，从而加大了混凝土收缩的不均匀性和可变性。

(6) 三氯化铁防水剂混凝土对养护条件的敏感性较大，如果养护不及时、养护条件不满足、养护时间不够等，都会严重影响混凝土的抗裂性和防水性。

## 3. 处理方法

(1) 由非结构因素而形成的收缩微裂纹，当裂缝宽度在0.05mm以下时，一般可以不处理。当裂缝宽度在0.05～0.10mm范围内时，可用钢丝刷将混凝土表面浮物清除干净，缝中的灰尘用清水冲洗干净，然后用微膨胀水泥或在普通水泥中掺加3%～5%的无水石膏拌制的水泥浆进行缝隙处理和抹灰，其水灰比控制在0.45～0.50之间，1 h后用湿草袋覆盖进行养护，也可以采用环氧树脂进行封闭处理。

(2) 对于较宽的裂缝（缝宽度在0.1～0.2mm范围内），也应先将缝隙清理干净并充分湿润，采用微膨胀水泥净浆，或在普通水泥中掺加石膏拌制的水泥浆进行缝隙处理，其水灰比控制在0.40～0.45之间，1 h后用湿草袋覆盖进行养护，但不能用水直接喷洒，也可以采用环氧树脂进行封闭处理，但应在缝隙干燥条件下进行。

## 4. 预防措施

(1) 防水剂在使用前应核查其密度，如果溶液的密度发生变化，应查明原因，待确认符合要求后，方可使用。计量器具应定期进行检验，并有相应部门的检验合格证，质检人员应核定计量器具的准确性和可靠性，以保证混凝土配合比的准确性。

(2) 砂石骨料的质量应符合国家现行标准规定，砂石中的含泥量和泥块含量超过规定的，必须将其处理合格后才能使用；不得使用过期、受潮、结块的水泥。

(3) 砂石的含水率应每天测定1～2次，真正做到适时测定，及时调整混凝土的配合比。夏季在高温天气下施工时，砂石骨料应采取遮阳措施，冬季在低温天气下施工时，应采取保温措施，以减少或防止因温差过大而使混凝土产生裂缝。

(4) 在进行氯化铁防水混凝土配制时，应遵循如下基本要求。

① 氯化铁防水剂配制的混凝土，其水灰比不应大于0.55，水泥用量一般不少于320kg/m$^3$，混凝土拌和物的坍落度控制在30～50mm范围内，防水剂的掺量不应超过水泥用量的3%。

② 使用的氯化铁防水剂，必须符合国家的有关质量标准，不得使用市场上出售的化学试剂氯化铁。

③ 要按照规定的程序进行投料。配制氯化铁防水混凝土时，应先用部分拌和水（约占全部用水量的3/4或4/5）将氯化铁防水剂稀释并搅拌均匀，然后倒入已搅拌均匀的混凝土混合料进行搅拌，最后再加入剩余的水继续搅拌均匀。

④ 当采用机械进行搅拌时，应先加入砂子、水泥和石子，搅拌均匀后再加入已稀释的氯化铁溶液和水，禁止将氯化铁防水剂直接倒入混凝土拌和物中，以免搅拌机受到氯化铁的腐蚀。机械搅拌的时间不得少于2min。

⑤ 配制氯化铁防水混凝土的所有材料，均应严格进行计量，尤其是砂石中的含泥量和泥块含量必须符合现行国家标准的规定，加水的计量装置必须灵敏、准确。

(5) 氯化铁防水混凝土浇筑后，千万不可烈日暴晒，也不可受雨水的侵袭，应及时进行覆盖养护。当采用自然养护时，养护的环境温度不应低于10℃，否则应采取保温措施。一般情况下，混凝土浇筑完毕后约8h即可用湿草袋进行覆盖，24h后便可浇水养护，养护时间不得少于14d。

# 四、引气剂防水混凝土质量问题与防治

在混凝土拌和物中掺入微量引气剂就可制成引气剂防水混凝土。引气剂是一种具有憎水作用的表面活性物质，能够使混凝土拌和水的表面张力明显下降，混凝土搅拌后，封闭、平稳和匀称的细小气泡会大量产生在拌和物里，从而使毛细管变得细小、曲折、分散，减少渗水通道。引气剂可以改善混凝土拌和物的和易性，减少沉降泌水和分层离析，弥补混凝土结构的缺陷，提高混凝土的密实性和抗渗性。

## （一）混凝土的强度降低幅度大

### 1. 质量问题

掺加引气剂的防水混凝土，由于引气剂在混凝土中产生许多微小气泡，所以其强度一般都会有不同程度的降低，这是非常正常的现象。但是，如果掺加引气剂的防水混凝土标准养护28d的强度，比相同配合比的基准混凝土28d标准养护的强度降低幅度达25%以上时，就应该查明强度降低的原因，及时予以纠正。

### 2. 原因分析

(1) 混凝土配合比设计有误，使用的水泥强度等级不足；所用的水泥过期、受潮和结块，强度大幅度下降；砂石的含泥量和泥块含量超标，使混凝土的强度降低；不能及时对混凝土进行养护或养护条件不满足，造成混凝土早期脱水。

(2) 引气剂的制备质量不好，或者掺量不当或失控，或者计量有误。工程实践证明，混凝土中的含气量每增加1%，28d的强度会下降3%～5%。

### 3. 防治措施

(1) 认真搞好混凝土配合比设计，选用满足强度要求的水泥强度等级；对进场的水泥应妥善保管，堆放高度不得超过10袋，不得使水泥储存期过长，不得使水泥受潮和结块。

(2) 所选用的砂石材料质量应符合国家现行标准的要求，砂石中的含泥量和泥块含量不得超过规定，凡是超过者必须用水冲洗合格后才能使用。

(3) 引气剂的配制应按一定要求程序进行，不准违背正确的操作程序。松香酸钠（松香皂）引气剂是用松香或氧化树脂酸及氢氧化钠溶液加热反应配制而成的。

(4) 引气剂的适宜掺量应由试验确定，不可单纯套用施工经验的掺量。如果掺量过少，生成的气泡大而少，在混凝土中分布不均匀；如果掺量过大，虽然有助于提高混凝土的抗渗性能，但强度降低幅度加大。工程实践证明，当混凝土的含气量为3%～6%时，混凝土的各方面性能优良，此时松香酸钠的掺量约为0.01%～0.03%，松香热聚物的掺量约为0.01%，混凝土的表观密度降低不超过6%，强度降低幅度不大于25%，且抗渗性能很好。当含气量超过上述范围时，其有利的方面降低，不利的方面反而上升。按照有关规定，引气剂防水混凝土的含气量不宜超过表4-4中的规定。

**表4-4　引气剂防水混凝土的含气量**

| 粗骨料最大粒径/mm | 混凝土的含气量/% | 粗骨料最大粒径/mm | 混凝土的含气量/% |
|---|---|---|---|
| 10 | 7.0 | 40 | 4.5 |
| 15 | 6.0 | 50 | 4.0 |
| 20 | 5.5 | 80 | 3.5 |
| 25 | 5.0 | | |

（5）严格控制混凝土的水灰比。引气剂防水混凝土的水灰比不能过大，一般以控制在0.50～0.60之间为宜，最大不宜超过0.65。水泥用量一般为250～300kg/m$^3$，最小水泥用量不得低于250kg/m$^3$。

（6）引气剂防水混凝土的配合比应由试验确定。砂率宜控制在28%～35%之间。掺加引气剂防水混凝土拌和物的搅拌时间，一般宜控制在3～5min。如果搅拌时间不足，混凝土搅拌不均匀，引气剂不能充分发挥作用，引气量较低，拌和物的和易性不好；如果搅拌时间过长，气泡大量消失，引气量大大减小，拌和物的和易性也会变差。搅拌时间适宜，不仅引气量增大，拌和物的和易性好，而且能有助于达到预期的强度要求和提高抗渗性能。

（7）混凝土拌和物从出料到浇筑的停留时间不宜过长。其允许停留时间应严格掌握，应在搅拌机的出料口取样，进行混凝土拌和物的和易性（坍落度）和含气量的检验，使其控制在规定的范围内。

（8）引气剂如发生絮凝或沉淀现象，应加热使其溶解后才可使用。引气剂应以溶液掺入混凝土的水中使用，溶液中的水量应从混凝土用水量中扣除。不允许将引气剂直接加入到搅拌机中，以免因气泡集中而影响混凝土的质量。

（9）当配制引气剂防水混凝土的材料有变动时，如水泥品种、水泥强度等级、砂子的细度模数和粗骨料最大粒径等发生变动，或者施工条件有变化时，应及时通过试验调整引气剂的掺量。

## （二）混凝土的抗渗性能不稳定

### 1. 质量问题

引气剂防水混凝土在浇筑过程中，留取的混凝土抗渗试块，前后进行抗渗检验的结果相差较大，有的甚至大于0.2MPa，并且有较大的波动，很不稳定。

### 2. 原因分析

（1）所用的水泥厂家批号不同、品种不同、性能不同，其强度储备和矿物组成有较大的差异，或者水泥的储存和保管条件差别较大，造成前后使用的水泥品质发生较大的变动，严重影响混凝土的抗渗性能和其他性能。

（2）砂石材料分批进场，材料品质不一样，如级配、含泥量泥块含量等，存在较大的差异，砂子的细度模数变化较大。在配制防水混凝土时，不按照规定测定砂石的含水量，用水量不及时进行调整，造成混凝土的水灰比不同，其强度和其他性能也不相同。

（3）在配制防水混凝土时，计量不准或失控，水箱自控装置失灵，组成材料不符合设计要求；或者用体积比代替质量比，用坍落度控制用水量，致使用水量、水灰比和配合比等都失控，混凝土的强度和抗渗性能根本无法保证。

（4）在防水混凝土整个的施工过程中，技术交底工作不认真，质量检查流于形式，施工管理不严格，致使混凝土配料不准确、搅拌不均匀、浇筑不得当、振捣不密实、养护不及时，防水混凝土的防水性能根本不能实现。

（5）防水混凝土施工中试件的取样缺乏代表性，试件制作未按照规定的操作程序进行。对试件的养护随意性太大，这就必然影响混凝土抗渗性能的稳定性。

（6）由于在混凝土抗渗性能的试验过程中，试验人员责任心不强、技术不熟练，或中途发生停电、反复打压以及计算有误等问题，也会影响到抗渗试验的结果准确。

（7）引气剂的计量不准确，或者前后配制时的引气剂质量不相同，或者储存保管不当，或者有变质现象，这些也都会影响混凝土抗渗性能的稳定性。

（8）施工期间环境温度变化大，养护条件有较大差异，对引气剂防水混凝土的含气量和抗渗性能均影响很大。在低于5℃条件下养护的引气剂防水混凝土，几乎会完全失去抗渗能力。

（9）如果混凝土拌和物在浇筑中停留的时间不同，其含气量的损失也不同，混凝土抗渗性能就会有较大的差异。

### 3. 防治措施

（1）不同品种的水泥不能混用，要尽可能使用同一厂家、同一批号、同一强度等级的水泥配制防水混凝土。过期、受潮和结块的水泥不能使用，水泥的称量误差不得超过现行规范中的规定，水泥进场应有出厂合格证和进场复检证明。在正式配制防水混凝土前，应对所用的水泥再次进行复检。

（2）砂石材料尽可能做到一次性进场。对于每次分批进场的砂石，应对其粒径、级配、含泥量和泥块含量等技术指标进行复检，符合防水混凝土配制标准要求的才能使用。在进行防水混凝土的配制中，应对砂石的质量标准、级配、粒径等进行抽查，称量误差不得超过现行规范中的规定。砂石混合级配应按表4-1和表4-2要求的范围控制。

（3）砂石中的含水率一般应每天测定1～2次，天气突变时（如雨雪天或高温干燥天气）应随时进行测定，以便及时调整混凝土的配合比。绝对不允许用体积比代替质量比，用混凝土拌和物的坍落度控制用水量。

（4）加强施工管理，严格施工纪律，把技术交底工作落实到位。真正做到不符合设计要求、不合格、无合格证、复检不合格的材料不允许进场、不使用；实行混凝土质量责任制，质检人员和工长要作好施工记录，对发生的质量问题要追究责任；养护工作应由专人负责，切实做到各司其职、各尽其责和责任到人。

（5）抗渗试件的取样和制作，应由专职质检人员、监理人员在场见证和监督，以增强试件的代表性和真实性。在试验过程中应保证试验条件可靠、满足。

（6）对于重要的防水工程，引气剂防水混凝土的组成材料、骨料级配、水泥和外加剂性能、配合比设计、强度、抗渗性能等，均应通过试验进行验证，以确保引气剂防水混凝土工程的质量。

（7）严格按照配方和制作程序配制引气剂。在进行配制时，松香皂化值一定要实测，千万不可随意估计。在确定引气剂的掺量时，应考虑到施工中含气量的损失，以及施工环境温度的骤然变化对混凝土抗渗性能的影响。

（8）引气剂防水混凝土的水灰比大小，首先应服从混凝土抗渗性能的需要。水灰比不仅决定着混凝土内部毛细管网的数量和大小，而且对新形成的气泡数量和质量也有很大影响。水灰比在某一适宜的范围内，混凝土可获得适宜的含气量和较高的抗渗性。大量试验和工程实践证明，水灰比以控制在0.50～0.60范围内为宜，最大不得大于0.65。表4-5中所列为引气剂防水混凝土水灰比与抗渗性的关系，供试验选择配合时参考。

表4-5 引气剂防水混凝土水灰比与抗渗性的关系

| 水灰比 | 0.40～0.50 | 0.55 | 0.60 | 0.65 |
|---|---|---|---|---|
| 抗渗等级 | ≥P12 | ≥P8 | ≥P6 | ≥P4 |

(9) 砂子细度对引气剂气泡的生成有一定影响。细砂可获得细小而均匀的气泡，对混凝土的抗渗性能有利；中砂配制的混凝土物理力学性能较好；而粗砂制成的混凝土生成的气泡较大，且分布也不均匀，抗渗性能较差。因此，配制引气剂防水混凝土一般宜采用中砂或细砂，以细度模数为2.6左右的砂子为最适宜。

(10) 为了使配制的引气剂防水混凝土获得较高的抗渗性能和较好的稳定性，在进行配制时应遵循表4-6中的要求。

表4-6 引气剂防水混凝土的配制要求

| 项次 | 项目 | 配制要求 |
|---|---|---|
| 1 | 引气剂掺量 | 以使混凝土获得3%～6%的含气量为宜，松香酸钠的掺量约为0.01%～0.03%，松香热聚物的掺量约为0.01% |
| 2 | 含气量 | 混凝土3%～6%的含气量为宜，此时混凝土拌和物的表观密度降低不得超过6%，混凝土的强度降低值不得超过25% |
| 3 | 坍落度 | 30～50mm为宜 |
| 4 | 水泥用量 | 不得少于250kg/m³，一般控制在280～300kg/m³，当耐久性要求较高时，可以适当增加用量 |
| 5 | 水灰比 | 不得大于0.65，以0.50～0.60为宜，当抗冻耐久性要求较高时，可适当降低水灰比 |
| 6 | 砂率 | 20%～35% |
| 7 | 灰砂心 | 1∶(2～2.5) |
| 8 | 砂石级配 | 粒径为10～20mm与20～40mm的砂石比例为(30∶70)～(70∶30)或自然级配 |

(11) 在试验确定防水混凝土配合比及引气剂掺量时，应充分考虑到混凝土拌和物在运输、振捣、停留等施工过程中含气量的损失。

(12) 引气剂防水混凝土宜采用机械搅拌，投料顺序与普通混凝土基本相同，但引气剂应预先加入混凝土的拌和水中搅拌均匀后，再加入搅拌机内，不可直接将引气剂加入搅拌机，以免出现气泡集中，影响混凝土的强度和抗渗性能。

(13) 在整个施工过程中，质检人员应按规定随机抽查混凝土拌和物的坍落度和含气量，遇到不正常的情况，应立即查明原因，及时予以纠正。

(14) 引气剂防水混凝土的养护工作应有专人负责，当施工环境温度低于10℃时，应采取保温措施，以保证混凝土的施工质量。

## 五、三乙醇胺防水混凝土质量问题与防治

用适量三乙醇胺配制的防水混凝土称为三乙醇胺防水混凝土。材料试验证明，三乙醇胺能促进铝酸三钙的水化，在$C_3A$-$CaSO_4$-$H_2O$体系中，它能在早期加快含水结晶产物钙矾石的大量生成，相应地减少了混凝土中的游离水，也就减少了由于游离水蒸发而遗留下来的毛细孔，

并能产生一定的膨胀，进一步密实混凝土，从而提高了混凝土的抗渗性。

## （一）三乙醇胺防水混凝土的抗渗性能不稳定

### 1. 质量问题

三乙醇胺防水混凝土在浇筑过程中，留取的混凝土抗渗试块，前后进行抗渗检验的结果相差较大，有的甚至大于0.2MPa，并且有较大的波动，很不稳定。

### 2. 原因分析

(1) 所用的水泥厂家批号不同、品种不同、性能不同，其强度储备和矿物组成有较大的差异，或者水泥的储存和保管条件差别较大，造成前后使用的水泥品质发生较大的变动，严重影响混凝土的抗渗性能和其他性能。

(2) 砂石材料分批进场，材料品质不一样，如级配、含泥量泥块含量等，存在较大的差异，砂子的细度模数变化较大。在配制防水混凝土时，不按照规定测定砂石的含水量，用水量不及时进行调整，造成混凝土的水灰比不同，其强度和其他性能也不相同。

(3) 在配制防水混凝土时，计量不准或失控，水箱自控装置失灵，组成材料不符合设计要求；或者用体积比代替质量比，用坍落度控制用水量，致使用水量、水灰比和配合比等都失控，混凝土的强度和抗渗性能根本无法保证。

(4) 在防水混凝土整个的施工过程中，技术交底工作不认真，质量检查流于形式，施工管理不严格，致使混凝土配料不准确、搅拌不均匀、浇筑不得当、振捣不密实、养护不及时，防水混凝土的防水性能根本不能实现。

(5) 防水混凝土施工中试件的取样缺乏代表性，试件制作未按照规定的操作程序进行。对试件的养护随意性太大，这就必然影响混凝土抗渗性能的稳定性。

(6) 由于在混凝土抗渗性能的试验过程中，试验人员责任心不强、技术不熟练，或中途发生停电、反复打压以及计算有误等问题，也会影响到抗渗试验的结果准确。

(7) 每次配制三乙醇胺防水混凝土时其纯度不相同，致使混凝土中三乙醇胺的实际含量有差别，造成混凝土的致密性不同，从而使混凝土的抗渗性能发生变动。

(8) 三乙醇胺防水剂存放保管不当，造成雨水侵入或水分蒸发，防水剂的浓度（密度）发生变化，使用前再未进行核查，实际掺量前后各不相同，混凝土的抗渗性能则不同。

(9) 三乙醇胺防水剂溶液没有按规定比例和要求进行配制，存在着随意性或控制不严，或者计量器具失灵或防水剂溶液掺入量有误，均可造成混凝土的抗渗性能不稳定。

### 3. 防治措施

(1) 不同品种的水泥不能混用，要尽可能使用同一厂家、同一批号、同一强度等级的水泥配制防水混凝土。过期、受潮和结块的水泥不能使用，水泥的称量误差不得超过现行规范中的规定，水泥进场应有出厂合格证和进场复检证明。在正式配制防水混凝土前，应对所用的水泥再次进行复检。

(2) 砂石材料尽可能做到一次性进场。对于每次分批进场的砂石，应对其粒径、级配、含泥量和泥块含量等技术指标进行复检，符合防水混凝土配制标准要求的才能使用。在进行防水混凝土的配制中，应对砂石的质量标准、级配、粒径等进行抽查，称量误差不得超过现行规范中的规定。砂石混合级配应按表4-1和表4-2要求的范围控制。

(3) 砂石中的含水率一般应每天测定1～2次，天气突变时（如雨雪天或高温干燥天气）应随时进行测定，以便及时调整混凝土的配合比。绝对不允许用体积比代替质量比，用混凝土拌和物的坍落度控制用水量。

(4) 加强施工管理，严格施工纪律，把技术交底工作落实到位。真正做到不符合设计要求、不合格、无合格证、复检不合格的材料不允许进场、不使用；实行混凝土质量责任制，质检人员和工长要作好施工记录，对发生的质量问题要追究责任；养护工作应由专人负责，切实做到各司其职、各尽其责和责任到人。

(5) 抗渗试件的取样和制作，应由专职质检人员、监理人员在场见证和监督，以增强试件的代表性和真实性。在试验过程中应保证试验条件可靠、满足。

(6) 对于重要的防水工程，防水混凝土的组成材料、骨料级配、水泥和外加剂性能、配合比设计、强度、抗渗性能等，均应通过试验进行验证，以确保防水混凝土工程的质量。

(7) 适当加大水泥的用量，如混凝土的抗渗等级为0.8～1.2MPa时，水泥用量一般应不少于300kg/m³，使混凝土中有足够的砂浆量，以填满粗骨料之间的空隙，满足混凝土的抗渗性能要求。当水泥用量为280～300kg/m³时，砂率以40%左右为宜。

## （二）三乙醇胺防水混凝土的应用范围失误

### 1. 质量问题

如果三乙醇胺防水混凝土应用范围失误，会发生如下严重的质量问题。

(1) 与三乙醇胺、氯化钠和亚硝酸钠复合早强剂防水混凝土接触的锌、铝涂层发生腐蚀，从而造成涂层的破坏。

(2) 用于直流电工厂的钢筋混凝土，如果绝缘性能不好，在直流电的作用下，会发生电化学腐蚀。

(3) 用于储存饮用水的水池中，三乙醇胺、氯化钠和亚硝酸钠溶于水，可能发生中毒现象。如遇活性骨料时，可能发生碱-骨料反应，使混凝土结构产生破坏。

### 2. 原因分析

(1) 违反现行规范中的有关规定，如我国现行规范中明确规定了掺加氯盐的钢筋混凝土结构的禁用范围，明确规定不得用于含有活性骨料的混凝土结构。如果不按规范规定，将以上外加剂用于禁用范围，则会出现严重的质量问题。

(2) 亚硝酸钠与氯化钠的比例不当。为防止氯盐对钢筋腐蚀的危害，氯盐掺量为水泥质量的0.5%～1.5%时，亚硝酸钠与氯化钠之比应大于1.0；氯盐掺量为水泥质量的1.5%～3.0%时，亚硝酸钠与氯化钠之比应大于1.3。

(3) 在防水混凝土中掺加了大于表4-7中所列的三乙醇胺、氯化钠的掺量。

**表4-7　三乙醇胺、氯化钠的掺量限定值**

| 混凝土种类及使用条件 | | 外加剂品种 | 外加剂掺量(占水泥质量)/% |
|---|---|---|---|
| 预应力钢筋混凝土 | | 三乙醇胺 | 0.05 |
| 钢筋混凝土 | 干燥环境 | 氯盐 | 1.00 |
| | | 三乙醇胺 | 0.05 |
| | 潮湿环境 | 三乙醇胺 | 0.05 |
| 无筋混凝土 | | 氯盐 | 3.00 |

### 3. 防治措施

（1）加强对有关现行技术、标准规范和规程的了解。在工程设计和施工中，必须正确掌握、运用、理解、执行现行技术、标准规范和规程。这是经过科学试验和工程实践的总结，是确定防水混凝土质量的依据，必须不折不扣地执行。

（2）三乙醇胺、氯化钠和亚硝酸钠的掺量，必须通过试验进行确定。在进行试验时，可参考表 4-8 中的配合比选择配方。使用时防水剂应配制成溶液。

**表 4-8　三乙醇胺防水混凝土配合比选择参考表**

| 水泥品种及强度等级 | 混凝土配合比（水泥：砂：石子） | 水灰比 | 水泥用量/(kg/m³) | 外加剂掺量(水泥质量)/% | | 抗渗压力/MPa |
|---|---|---|---|---|---|---|
| | | | | 三乙醇胺 | 氯化钠 | |
| 52.5 普通水泥 | 1∶1.60∶2.93 | 0.46 | 400 | 0.05 | 0.05 | 3.8 |
| 52.5 普通水泥 | 1∶2.99∶3.50 | 0.60 | 300 | 0.05 | — | 2.0 |
| 42.5 普通水泥 | 1∶2.99∶3.50 | 0.60 | 334 | 0.05 | — | 3.5 |

（3）在配制三乙醇胺防水混凝土时，应将配制好的防水剂溶液和混凝土拌和水混合均匀后加入混合物中进行搅拌，不得将防水剂溶液直接倒入搅拌机中，以防止防水剂集中搅拌不均，产生不良的后果。防水剂溶液中的水分，应在混凝土拌和物的用水量中扣除。

（4）暂时不用的防水剂溶液应当密封好，防止雨水进入或水分的蒸发，以免防水剂溶液浓度发生变化，影响使用效果。

（5）三乙醇胺应避光保存，并要加盖密封。如果密封不好，它会吸收空气中的二氧化碳，从而影响三乙醇胺的质量，必然也会影响混凝土的防渗性能。

（6）由于氯化钠和亚硝酸钠均为白色粉末状，表面上比较难以区分，存放氯化钠和亚硝酸钠的容器应有明显的标签并注明品名，以防止在配制三乙醇胺防水剂时出现差错或误食中毒。存放氯化钠和亚硝酸钠的容器也应加盖密封，防止吸湿受潮。

（7）在配制三乙醇胺防水混凝土前，对防水剂溶液的浓度（密度）进行核查，如果发生变化，应查明原因，并加以调整，以保证外加剂掺量与实际加水量不变。

## 六、膨胀水泥防水混凝土质量问题与防治

膨胀水泥防水混凝土是依靠水泥本身在水化硬化过程中形成适量体积增大的结晶体，使水泥石产生适度膨胀，在一定的限制条件下，可产生 0.2～0.7MPa 膨胀应力，减少或消除混凝土常见的收缩应力，从而提高混凝土自身的抗裂防渗能力。膨胀水泥防水混凝土主要用于各种自防水结构工程、刚性防水层面、填充性膨胀混凝土工程以及要求抗裂的结构工程和水泥制品。

### （一）膨胀水泥防水混凝土的膨胀率不稳定

### 1. 质量问题

膨胀水泥防水混凝土的膨胀率是确保防水混凝土质量的关键指标。如现场施工取样测定的

膨胀水泥防水混凝土试件的膨胀率忽高忽低，波动性较大，则表明膨胀水泥防水混凝土存在膨胀率不稳定的质量缺陷。

## 2. 原因分析

（1）在膨胀水泥防水混凝土浇筑后，由于初始养护的时间早晚不一，在养护期间环境温度差异较大，很容易造成膨胀率不稳定。

（2）在配制膨胀水泥防水混凝土时，由于配合比控制不严，计量器具失灵，造成分批配制的混凝土组成材料不同，从而使混凝土的膨胀率不同。

（3）在膨胀水泥防水混凝土浇筑时，由于试件取样的代表性较差，在养护期间试块的养护条件不同，试验所得的结果有较大差异。

（4）膨胀水泥在进货时把关不严，其多批次进场，水泥的膨胀性能不同，从而造成配制的防水混凝土的膨胀率不同。

## 3. 防治措施

（1）选用的膨胀水泥应当是同一厂家、同一批次、同一品种，水泥的膨胀率应经试验证明符合设计要求，不得使用多厂家、多批次、膨胀率不同的膨胀水泥。

（2）膨胀水泥储存仓库应保持通风干燥，受潮结块的膨胀水泥不得使用。膨胀水泥防水混凝土应采用机械搅拌，搅拌时间不得少于 3min，并应比未掺加外加剂的混凝土延长 30s。

（3）储存期超过 3 个月的膨胀水泥，不仅需要重新进行强度检验，而且还必须进行膨胀率的测定，强度和膨胀率均符合国家标准，才能继续使用。

（4）膨胀水泥防水混凝土的配合比设计，应当按照表 4-9 中的要求进行，并通过试验确定。

**表 4-9 膨胀水泥防水混凝土的配制要求**

| 项次 | 项目 | 技术要求 | 项次 | 项目 | 技术要求 |
|---|---|---|---|---|---|
| 1 | 水泥用量 | 350～360kg/m³ | 5 | 坍落度 | 40～60mm |
| 2 | 水灰比 | 0.50～0.52 | 6 | 膨胀率 | 不大于 0.1% |
| 3 | 砂率 | 40%～60% | 7 | 自应力值 | 0.2～0.7MPa |
| 4 | 砂子颗粒 | 中砂，细度模数 2.3～3.0 | 8 | 负应变 | 注意施工养护，尽量不产生负应变 |

（5）作为防水混凝土中的胶凝材料膨胀水泥，其膨胀率应符合表 4-10 中的要求。

**表 4-10 不同膨胀水泥对膨胀率的要求** 单位：%

| 水泥品种 | 养护龄期 | | | |
|---|---|---|---|---|
| | 1d | | 28d | |
| | 水中养护 | 联合养护 | 水中养护 | 联合养护 |
| 硅酸盐膨胀水泥 | 不得小于 0.30 | — | 不得小于 0.30 | — |
| 石膏矾土膨胀水泥 | 不得小于 0.30 | 不得小于 0.30 | 不得小于 0.30 | 不得小于 0.30 |
| 明矾石膨胀水泥 | 不得小于 0.30 | | 不得小于 0.30 | |
| 快凝膨胀水泥 | 不得小于 0.30 | — | 不得小于 0.30 | — |

注：1. 硅酸盐膨胀水泥湿养护（湿度大于 90%），最初 3d 内不应有收缩。

2. 联合养护系指在水中养护 3d 后再放入湿气养护箱中养护；水中养护 28d 膨胀试件表面不得出现裂缝。

3. 快凝膨胀水泥 6h 膨胀率不得小于 0.25%。

（6）混凝土试件的取样要具有代表性，试件的养护温度应控制在（20±3）℃，相对湿度应控制在90%以上。

（7）在常温情况下，膨胀水泥防水混凝土在浇筑后4h应进行覆盖，8～12h要开始浇水养护，拆除模板应B大量浇水养护，使混凝土始终处于潮湿或湿润状态，养护的时间一般不得少于14d。

（8）膨胀水泥防水混凝土施工时，应保持一定的环境温度，当施工环境温度低于5℃时，应采取保温措施。在夏季高温天气，砂石宜采取遮阳措施，浇筑完毕的混凝土不应在烈日下暴晒，也不应遭受雨水的侵袭，尽可能减小环境温度对混凝土强度、膨胀值和抗渗性能的影响。长时间在高温环境中，钙矾石会发生晶体转变，孔隙率幅度增加，混凝土的强度降低，抗渗能力大幅度下降。

## （二）膨胀水泥防水混凝土的坍落度损失大

### 1. 质量问题

膨胀水泥防水混凝土拌和物出罐后，经过运输、停放大约30～45min左右，混凝土明显出现增稠现象，拌和物的坍落度损失可达20mm以上，给混凝土的浇筑振捣带来很大困难，严重影响混凝土的施工质量。

### 2. 原因分析

（1）膨胀水泥防水混凝土施工现场环境温度过高，尤其是在炎热的夏季，当施工环境温度超过35℃时，混凝土拌和物坍落度的损失更为明显。

（2）在混凝土拌和物出罐后，运输和停留的时间过长，再加上不采取任何保护措施，很容易造成混凝土拌和物坍落度的严重损失。

（3）在配制膨胀水泥防水混凝土中混入其他品种的水泥。如在配制石膏矾土水泥防水混凝土时，如果混入硅酸盐水泥，则混凝土拌和物会很快失去流动性。

（4）膨胀水泥的用量过多，会因水泥快速凝结而造成混凝土拌和物坍落度的损失。不论是何种膨胀水泥，其组分中的石膏含量，比其他常用水泥的石膏含量要高得多，$SO_3$的含量一般可达到6.5%～7.5%，因此水泥的凝结速度必然加快。

（5）膨胀水泥的颗粒普遍要比其他常用水泥要细，其比表面积一般可达（4800±200）$cm^2/g$，混凝土拌和物的需水量，要比相同坍落度的普通水泥混凝土不仅多（约增加10%～15%），而且坍落度下降速度快、损失大。

### 3. 防治措施

（1）做好混凝土工程的施工组织设计，合理安排施工工序，尽量压缩混凝土的运输和停留时间。允许运输、停留和浇筑的时间，应根据材料试验确定，在混凝土配合比设计时，要考虑到气候、运输和停留等对混凝土拌和物坍落度的影响，以弥补可能产生的坍落度的损失。但是，不允许在搅拌好的混凝土拌和物中加水调整坍落度。

（2）在夏季高温天气情况下进行施工时，砂石骨料应采取遮阳隔热措施，在混凝土拌和物运输过程中，也要采取保湿隔热措施，防止烈日暴晒，水分失散过快。如果施工的环境温度过低（低于5℃），也应采取保温措施。

（3）由于膨胀水泥具有独特的性能，而对其他品种水泥的混入敏感性较强，因此要求膨胀水泥在运输、储存、堆放、配料、搅拌、运输、浇筑等过程中，均不应混入其他品种的水泥，以防止造成速凝或流动性严重降低，损害膨胀水泥防水混凝土的物理力学性能。在进行膨胀水泥防水混凝土施工前，应当将搅拌机、运输车、手推车以及振捣机具、铁铲等施工用具，进行彻底清洗干净，防止其他品种水泥残留物黏附在上面，混入膨胀水泥防水混凝土中引起不良后果。

（4）同一个防水工程尽量应采用同一厂家、同一批次、同一品种、同一强度等级的膨胀水泥，以确保水泥的性能一致。膨胀水泥的品种很多，它们的性能不尽相同，即使同一品种而不同厂家，水泥的性能也不完全相同，因此，相互之间不可随意替代，如果需要替代必须经过试验确定。

# 第二节　耐酸混凝土工程质量问题与防治

能够防止或抵抗酸性介质腐蚀作用的混凝土，称为耐酸混凝土。耐酸混凝土具有优良的耐酸及耐热性能，除了氢氟酸、热磷酸和高级脂肪酸外，它能耐几乎所有的无机酸、有机酸及酸性气体的侵蚀，其使用温度可达1000℃以上。

建筑工程中常用耐酸混凝土，主要有水玻璃耐酸混凝土、沥青耐酸混凝土和硫磺耐酸混凝土3种。使用时应根据工程实际情况，具体承受酸性骨料介质的种类和浓度，选择和确定耐酸混凝土的类别。

## 一、水玻璃耐酸混凝土质量问题与防治

水玻璃耐酸混凝土的组成材料为水玻璃、耐酸粉料、耐酸粗骨料等，不仅具有良好的耐酸和耐热性能，而且机械强度高、材料来源广泛、成本低廉，具有必要的开发和应用价值。但是，在水玻璃耐酸混凝土工程的施工中还存在一些质量问题，应当引起足够的重视。

### （一）水玻璃耐酸混凝土的浸酸安定性不合格

#### 1. 质量问题

按照规定方法制作的水玻璃耐酸混凝土试件，在温度20～25℃、相对湿度小于80%的空气中养护28d后，将试件取出用清水冲洗，再将试件晾干24h，经观察检验，水玻璃耐酸混凝土试件表面有裂缝起鼓酥松掉角或严重变色等不良现象。这些现象则证明这种水玻璃耐酸混凝土的浸酸安定性不合格。

#### 2. 原因分析

（1）在水玻璃（$Na_2O \cdot nSiO_2$）的组成中，氧化硅和氧化钠的分子比称为水玻璃模数。如果采用水玻璃模数较低的水玻璃，其晶体组分比较多，黏结能力较差，则会出现浸酸安定性不合格。

（2）水玻璃在空气中吸收二氧化碳，形成无定形硅酸，但硬化速度很慢。在水玻璃中加入氟硅酸钠硬化剂，可以加快水玻璃的硬化速度。如果水玻璃与氟硅酸钠两者的比例不当，也会

使水玻璃耐酸混凝土的不合格。

(3) 采用的粗细骨料级配太差，空隙率比较大，配合比设计中有关参数（如砂率、粉料用量等）选用不当，使水玻璃耐酸混凝土的密实性差，其浸酸安定性自然也不合格。

(4) 采用的粗细骨料、粉料耐酸性能不合格（耐酸率小于 95%），或者含水率较大，含泥量和泥块含量等有害杂质超过现行规范中的规定，也会使混凝土的浸酸安定性不合格。

(5) 在配制、运输或浇筑水玻璃耐酸混凝土的过程中，或者在混凝土结构的养护期间有雨水侵袭，或者养护的温度过低、湿度过大，均会使混凝土的浸酸安定性不合格。

### 3. 防治措施

(1) 用于配制水玻璃耐酸混凝土的水玻璃模数应适应，一般应控制在 2.65～2.90 范围内，密度应控制在 1.38～1.42g/cm$^3$ 范围内，

(2) 水玻璃的水泥用量应以满足混凝土获得必要的抗压强度和保障浸酸安定性为准，一般以控制在 250～300kg/m$^3$ 之间为宜。如果水泥用量过少，混凝土拌和物的和易性较差，施工操作比较困难，不易振捣密实，会导致混凝土强度低，抗渗性能差。如果水泥用量过多，混凝土拌和物的和易性虽好，但混凝土的抗酸、抗水稳定性变差，收缩性增大，甚至导致混凝土出现裂缝。

(3) 配制水玻璃耐酸混凝土所用的氟硅酸钠，其纯度应大于 95%，含水率应不大于 1%，细度应当全部通过孔径为 0.15mm 的筛子。当受潮产生结块时，应在不高于 100℃ 的温度烘干，并将其研细过筛后方可使用。适宜的掺加量，应根据计算并考虑施工季节的环境温度，通过试验确定，以期达到与水玻璃有较好的比例。在一般情况下，氟硅酸钠的适宜掺量为水玻璃质量的 12%～15%。

(4) 配制水玻璃耐酸混凝土所用的粉料、细骨料和粗骨料，应符合以下规定。

① 粉料　耐酸率不应小于 95%，含水率应不大于 0.5%，细度要求在 0.15mm 筛孔上的筛余量不大于 5%，在 0.08mm 筛孔上的筛余量应在 20%～30%之间。

② 细骨料　耐酸率不应小于 95%，含水率应不大于 1.0%，并不得含有泥土。如果以天然砂作为细骨料，其含泥量不得大于 1%，细骨料的颗粒级配应符合表 4-11 中的规定。

**表 4-11　细骨料的颗粒级配**

| 筛孔/mm | 5.0 | 1.25 | 0.315 | 0.16 |
|---|---|---|---|---|
| 累计筛余量/% | 0～10 | 20～55 | 70～95 | 95～100 |

③ 粗骨料　耐酸率不应小于 95%，含水率应不大于 0.5%，浸酸安定性合格，吸水率不应大于 1.5%，并不得含有泥土。粗骨料的最大粒径不得过大，不应大于混凝土结构最小尺寸的 1/4，其颗粒级配应符合表 4-12 中的规定。

**表 4-12　粗骨料的颗粒级配**

| 筛孔/mm | 最大粒径 | 1/2 最大粒径 | 5.0 |
|---|---|---|---|
| 累计筛余量/% | 0～5 | 30～60 | 90～100 |

(5) 水玻璃耐酸混凝土施工时的适宜温度为 15～30℃，养护时的相对湿度不宜大于 80%，当施工环境温度低于 10℃时，应采取加热保温措施，并要有足够的养护时间，一般应在 14d 以上。原材料的使用温度不宜低于 10℃。

## （二）水玻璃耐酸混凝土的耐水性能差

### 1. 质量问题

水玻璃耐酸混凝土在硬化的过程中，常产生一些可溶性的物质（如氟化钠），由于反应不完全还有一定量未参与反应的硅酸钠、氟硅酸钠存在，以上这些可溶性物质越多，水玻璃耐酸混凝土的耐水性和耐稀酸性越差。

### 2. 原因分析

（1）水玻璃耐酸混凝土的凝结硬化，主要是水玻璃与硬化剂（氟硅酸钠）的相互作用，生成具有胶结性能的硅酸凝胶，并与粉料、粗细骨料胶结成一个整体，形成坚硬的水玻璃人造石。但是，由于水玻璃和硬化剂的化学反应不能完全进行，反应率一般仅达到80%左右，也就是说，即使组成材料的各组分比例合适，在水玻璃耐酸混凝土中仍然含有未参加反应的水玻璃和硬化剂，再加上混凝土在硬化过程中产生的可溶性的物质（如氟化钠），会使水玻璃耐酸混凝土的耐水性和耐稀酸性受到侵害。

（2）在水玻璃耐酸混凝土中，硬化剂（氟硅酸钠）的掺量占水玻璃的12%～15%时，其掺加效果较好，如果硬化剂（氟硅酸钠）的掺量不足（少于10%），再加上早期养护温度过低（低于10℃），水玻璃耐酸混凝土的硬化速度会很慢，强度增长也较低，其耐水性和耐稀酸性相应也比较差。

（3）所用的水玻璃模数过低，密度过大，用量过多，这种水玻璃耐酸混凝土的耐水性和耐稀酸性较差。

（4）酸化处理的时间掌握不当，酸液浓度不合适或酸化处理次数少、质量差，不能满足配制水玻璃耐酸混凝土的要求。

（5）水玻璃耐酸混凝土配合比设计质量不高，各种组成材料之间的比例不合适，造成混凝土的密实度较差，也会降低水玻璃耐酸混凝土的耐水性和耐稀酸性能。

（6）在水玻璃耐酸混凝土的施工和养护期间，环境温度过低（低于10℃），相对湿度过大（大于80%）或有雨水侵袭，均会降低水玻璃耐酸混凝土的耐水性和耐稀酸性能。

### 3. 防治措施

（1）选用技术指标符合设计要求的硬化剂。硬化剂（氟硅酸钠）的质量好坏，主要是看其纯度和细度，用于水玻璃耐酸混凝土的硬化剂（氟硅酸钠），其主要技术指标应符合表4-13中的要求。

**表4-13　硬化剂（氟硅酸钠）主要技术指标**

| 技术指标名称 | 技术指标 | |
|---|---|---|
| | 一级 | 二级 |
| | 白色结晶颗粒 | 允许浅灰或浅黄色 |
| 纯度/% | 大于95 | 大于93 |
| 游离酸(折合 HCD)/% | ≤0.20 | ≤0.30 |
| 氧化钠($Na_2O$)含量/% | ≤3.0 | ≤5.0 |

续表

| 技术指标名称 | 技术指标 | |
|---|---|---|
| | 一级 | 二级 |
| | 白色结晶颗粒 | 允许浅灰或浅黄色 |
| 湿度/% | ≤1.0 | ≤1.2 |
| 水不溶物/% | ≤0.5 | — |
| 细度,孔径 0.15mm 筛子通过 | 全部 | 全部 |

(2) 硬化剂（氟硅酸钠）的掺量是水玻璃耐酸混凝土配制中非常重要指标，应经计算和结合施工期间的环境温度，由试验确定。如果掺量过少，不仅混凝土的强度较低，抗水稳定性较差，而且产生的麻面溶蚀也比较严重。如果掺量过多，混凝土的硬化速度虽然加快，但不利于施工操作，混凝土的强度也可能出现下降。

(3) 用以配制水玻璃耐酸混凝土的水玻璃模数不得小于 2.6，但也不得大于 2.9，密度要求控制在 1.38～1.42g/cm$^3$ 范围内。如果不符合技术要求，必须进行适当调整。如需要提高水玻璃模数，可掺入可溶性的非晶质 $SiO_2$（硅藻土）；如需要降低水玻璃模数，可掺入适量的氢氧化钠。如需要提高水玻璃密度，可加热使水分蒸发；如需要降低水玻璃密度，可加入 40～50℃的热水。

(4) 在选择水玻璃耐酸混凝土配合比时，在满足耐酸安定性和强度要的情况下，宜选用水玻璃用量较少的配合比，以降低工程成本。因为水玻璃用量过多，不仅工程成本较高，而且使混凝土的耐酸性能和抗水稳定性差。适量减少水玻璃的用量，可以减少混凝土中钠盐的含量，使水玻璃耐酸混凝土的耐酸性能和抗渗透性能相应提高。

(5) 在选择和确定水玻璃耐酸混凝土配合比时，应充分考虑耐酸混凝土具有较好抗稀酸性能和抗水稳定性，以使水玻璃耐酸混凝土具有适宜的强度。

(6) 配制水玻璃耐酸混凝土时，原材料的温度不宜低于 10℃，施工期间的环境温度应控制在 15～30℃范围内。如果环境温度低于 10℃时，应采取加热保温措施，以提高混凝土的养护温度，但不允许直接用蒸汽加热；养护时间不宜太少，当养护温度为 10～20℃时，养护时间不得少于 12d；当养护温度为 21～30℃时，养护时间不得少于 6d；养护温度为 31～35℃时，养护时间不得少于 3d。

养护的温度也不宜过高，一般应不超过 35℃，否则反而会影响硬化后混凝土的耐酸性和抗水性。在混凝土养护期间应防止雨水侵袭，保持比较干燥的状态，防止湿度过大，相对湿度不得大于 80%。

(7) 水玻璃耐酸混凝土的配合比应当通过试验确定，不能随意套用施工经验配合比。混凝土所用的粉料、粗细骨料的混合物的空隙率应控制在 22%范围内，材料的品质应符合现行规范中的规定。

## (三) 水玻璃耐酸混凝土凝结硬化缓慢

### 1. 质量问题

水玻璃耐酸混凝土浇筑完毕后，如果在常温条件下，8h 或更长时间还不产生硬化，用手指压后仍有比较明显的压痕，或者用手触摸，根本没有坚硬的感觉。

## 2. 原因分析

（1）水玻璃耐酸混凝土的配合比不当，或者水玻璃用量过多，或者硬化剂（氟硅酸钠）的用量过少，或者两者均有，都可能出现混凝土凝结硬化缓慢现象。

（2）配制水玻璃耐酸混凝土所用的水玻璃模数较小或密度大，或者两方面都存在，均可能导致混凝土凝结硬化缓慢。

（3）水玻璃耐酸混凝土浇筑和初始养护期间环境温度较低、湿度较大（相对湿度大于80%），或者有雨水侵袭，都可能造成混凝土凝结硬化缓慢。

（4）硬化剂（氟硅酸钠）储存保管不当，有其他杂质的混入，或纯度较低或受潮；或粉料、粗细骨料含水率大、杂质多。

## 3. 防治措施

（1）配制水玻璃耐酸混凝土所用的水玻璃，其质量应符合现行国家标准及表4-14中的规定。其外观应为无色或略带色的透明或半透明黏稠液体。

**表4-14　水玻璃的质量要求**

| 项次 | 项目 | 技术指标 | 项次 | 项目 | 技术指标 |
|---|---|---|---|---|---|
| 1 | 密度(20℃)/(g/cm³) | 1.44～1.47 | 3 | 二氧化硅/% | ≥25.7 |
| 2 | 氧化钠/% | ≥10.2 | 4 | 水玻璃模数 | 2.6～2.9 |

（2）硬化剂（氟硅酸钠）的掺量一般为水玻璃用量的12%～15%。硬化剂（氟硅酸钠）外观为白色浅灰色或浅黄色粉末，其技术质量标准应符合表4-13中的规定。

（3）水玻璃耐酸混凝土的施工环境温度宜为15～30℃，相对湿度不宜大于80%，当施工环境温度低于10℃时，应采取加热保温措施。水玻璃耐酸混凝土浇筑后，不能让雨水侵袭，也不应让其处于雾湿的环境中。因为水玻璃耐酸混凝土是气硬性材料，相对湿度过大会影响硅酸凝胶的脱水速度，甚至还出现泌水现象。

# （四）水玻璃耐酸混凝土凝结速度过快

## 1. 质量问题

水玻璃耐酸混凝土的凝结速度过快，主要表现在：搅拌时混凝土拌和物非常黏稠，不易搅拌均匀；混凝土拌和物流动性很小，浇筑和振捣都非常困难，有的在45～60min内便产生凝结硬化。

## 2. 原因分析

（1）配制水玻璃耐酸混凝土所用的水玻璃模数大或密度小，或者水玻璃用量较少，从而使水玻璃耐酸混凝土的凝结速度过快。

（2）硬化剂（氟硅酸钠）的掺量一般为水玻璃用量的12%～15%，如果掺量过多，即硬化剂（氟硅酸钠）与水玻璃两者的比例不当，则易出混凝土凝结速度过快。

（3）水玻璃耐酸混凝土的施工环境温度宜为15～30℃，如果施工环境温度超过35℃，必然使混凝土的凝结速度过快，造成不易操作而无法保证施工质量。

### 3. 防治措施

(1) 将水玻璃耐酸混凝土的水玻璃模数应控制在2.6～2.9范围内，水玻璃的密度应控制在1.38～1.42g/cm³范围内。水玻璃的掺量必须通过试验确定，应满足施工和易性和操作的要求。

(2) 在确定硬化剂（氟硅酸钠）的掺量时，应当考虑施工期间的环境温度、运输和停留时间的影响，并应通过试验确定。在施工过程中如果更换水玻璃，则应重新测定水玻璃模数和密度，并通过试验调整混凝土的配合比，不得套用原来的配合比。

(3) 在夏季高温天气下施工，当施工环境温度超过35℃时，应采取遮阳、降温措施。原材料宜堆放在背阳处或加设遮挡物，避免阳光的直接照射，从减少混凝土拌和物坍落度的损失，避免因混凝土的流动性损失，而使水玻璃耐酸混凝土凝结硬化速度加快。

(4) 水玻璃耐酸混凝土应采用强制式混凝土搅拌机进行搅拌，尽量缩短混凝土搅拌、运输、停留和浇筑的时间。

## (五) 水玻璃耐酸混凝土出现蜂窝、麻面和孔洞

### 1. 质量问题

水玻璃耐酸混凝土出现蜂窝、麻面和孔洞质量缺陷，是程度和表现不同的质量问题，但均影响混凝土结构耐酸和防水性能。混凝土结构局部出现酥松，石子之间有类似蜂窝状的大量空隙，称为蜂窝；混凝土表面出现缺浆和许多小凹坑与麻点，形成比较粗糙的面，称为麻面；混凝土结构内部有尺寸较大的洞，局部或全部缺少混凝土，造成钢筋局部裸露或孔穴深度超过保护层厚度，称为孔洞。以上3种质量问题，都是在混凝土工程常见的质量缺陷。

### 2. 原因分析

(1) 在配制水玻璃耐酸混凝土时，所用的水玻璃模数大、密度小、用量少，或硬化剂（氟硅酸钠）的掺量过多，造成了混凝土拌和物硬化速度过快，混凝土过于黏稠，增加了混凝土搅拌、浇筑和振捣的困难，从而影响混凝土结构的施工质量。

(2) 在配制水玻璃耐酸混凝土时，硬化剂（氟硅酸钠）的掺量过少，使混凝土凝结硬化速度过慢，如果拆除模板过早，会使混凝土的表面产生麻面，甚至出现溶蚀现象。

(3) 模板涂刷的隔离剂品种不对，使用了肥皂水等碱性隔离剂，碱性隔离剂与酸性混凝土发生反应，容易使混凝土表面出现麻面。

(4) 如果模板的表面比较粗糙，或者拼缝不严而产生漏浆，或者表层混凝土未振捣密实，或者模板隔离剂涂刷不均匀，或者拆除模板过早等，均可能出现麻面质量缺陷。

(5) 如果混凝土配合比设计不当，或者出现计量错误，或者下料方法不对，或者搅拌时间不足，或者振捣不密实，或者水泥浆大量流失，或者钢筋稠密混凝土被卡，或者模板未支牢固而发生位移等，均可能出现蜂窝质量缺陷。

(6) 如果钢筋稠密混凝土被卡，或者混凝土出现严重离析，或者混凝土过厚无法振捣，或者混凝土内掉入其他杂物，均可能出现孔洞质量缺陷。

### 3. 处理方法

(1) 对于一般混凝土麻面的处理比较简单，先用钢丝刷将麻面及其周边部分的污物清除

掉，然后用干布清除表面上的尘土，再延一个方向涂刷水玻璃耐酸胶泥（去除水玻璃耐酸混凝土中的粗细骨料）至平整。并加强保护和养护，防止雨水侵袭和太阳暴晒。

(2) 对于一般的蜂窝缺陷，可采用水玻璃耐酸砂浆（去除水玻璃耐酸混凝土中的粗骨料）进行填实、抹压。对于较大的蜂窝缺陷，可先刷一道水玻璃耐酸胶泥，然后再抹压水玻璃耐酸砂浆。处理前应先清除蜂窝内的污物，并用钢丝刷将蜂窝周边的酥松部分、松动的骨料和突出的颗粒剔除掉，至露出坚硬的表面为止。蜂窝要剔成喇叭口，然后用无污物的干布擦干净，当蜂窝内的尘埃较多时，还应用吹风机进行清除。

(3) 对于孔洞的处理，应当先查明形成的原因，再拟定处理方案。孔洞处理的基本原则是：必须确保混凝土的耐酸性能和强度不受损害，或其损害程度在设计和使用允许的范围内。在进行处理时，应将孔洞处的混凝土凿去，并认真清理干净，先薄薄涂一层水玻璃耐酸胶泥，待胶泥稍干后，再用水玻璃耐酸胶泥或水玻璃耐酸砂浆进行修补。

(4) 如果混凝土修补的面积较大，应在修补完养护一段时间后，再进行1～2次酸化处理，以确保混凝土的耐酸性能。

### 4. 预防措施

(1) 配制水玻璃耐酸混凝土所用的粉料粗细骨料水玻璃和硬化剂（氟硅酸钠），其质量应符现行规范的规定。水玻璃模数应控制在2.6～2.9范围内，水玻璃的密度应控制在1.38～1.42g/cm$^3$范围内；粗骨料的最大粒径，不应大于混凝土结构最小尺寸的1/4。

(2) 水玻璃的用量以控制250～300g/cm$^3$之间为宜，硬化剂（氟硅酸钠）的掺量在常温下一般为水玻璃用量的15%左右。但必须考虑到施工环境温度、运输和停留时间等的影响，必要时应予以调整。

(3) 粉料的用量以控制400～550g/cm$^3$之间为宜，砂率以控制在42%～45%之间为好，以保证水玻璃耐酸混凝土所用粉料、粗细骨料的混合物的空隙率应不大于22%。

(4) 模板安装完毕后，质检人员应进行认真检查，确保模板安装牢固和紧密，浇筑和振捣混凝土中不发生变形和位移。选用的混凝土隔离剂应与水玻璃耐酸混凝土具有适应性，不得使用碱性隔离剂。模板表面的污物应清除干净，隔离剂应涂刷均匀；如果有雨水侵入模板，应清除原来的隔离剂，重新再进行涂刷。

(5) 模板不宜拆除过早，但也不能拆除过迟，应根据施工环境温度而确定，一般可参考表4-15执行。但是，对于承重模板的拆除应特别慎重，应在混凝土的抗压强度达到设计强度的70%以上时才可进行。

表4-15 水玻璃耐酸混凝土的拆模时间

| 环境温度/℃ | 拆模时间/d | 环境温度/℃ | 拆模时间/d |
|---|---|---|---|
| 10～15 | ≥5 | 21～30 | ≥2 |
| 16～20 | ≥3 | 31～35 | ≥1 |

(6) 其他的预防措施可参见前面所述“减水剂防水混凝土”中的有关内容。

## 二、沥青耐酸混凝土质量问题与防治

沥青耐酸混凝土是以建筑石油沥青或煤沥青为胶结料，与耐酸粉料（石英粉、辉绿岩粉、安山岩粉或其他耐酸粉料）、耐酸细骨料（如石英砂）和耐酸粗骨料（石英石、花岗岩、玄武岩、长石等制成的碎石)，加热搅拌均匀经铺筑、碾压或捣实而成的一种混凝土。其特点是整体性好，有一定弹性，材料来源广，价格较低，能耐中等浓度的无机酸；不足之处是耐热性差、易老化、强度较低、不美观。

## (一) 沥青耐酸混凝土发生裂纹和空鼓

### 1. 质量问题

沥青耐酸混凝土在压实冷却后，表面出现不规则的裂缝，用工具敲打可以听到明显的空鼓声。这种质量缺陷对混凝土的强度和耐酸性能均产生不利影响，同时也严重影响混凝土的耐久性，在施工中应引起重视。

### 2. 原因分析

(1) 在配制沥青耐酸混凝土时，沥青的用量过大，则产生较大的收缩变形；或者在开始压实时温度过低，碾压不密实或漏压，均会发生裂纹和空鼓。

(2) 在沥青耐酸混凝土刚刚压实后，施工环境温度骤然下降，或者遭受到雨水的侵袭，也会发生裂纹和空鼓。

(3) 配制沥青耐酸混凝土的原料中，由于所含泥土等杂物较多，或者过于潮湿（含水率过大)，很容易使沥青耐酸混凝土产生裂纹和空鼓。

(4) 在浇筑沥青耐酸混凝土施工中，一次摊铺的厚度过大，不易将混凝土碾压密实，也会使沥青耐酸混凝土发生裂纹和空鼓。

(5) 配制沥青耐酸混凝土的原料中，由于粉料和粗细骨料的颗粒级配不良，混合物中的空隙率过大；或者施工环境温度过低（低于5℃)，没有采取保温措施。

(6) 沥青熬制温度和开始压实的温度过高，在振动力的作用下，粗骨料因密度最大而产生下沉，沥青的密度最小而上浮于表面，冷却后易产生收缩裂纹。

### 3. 防治措施

(1) 应当妥善堆放和保管各种组成材料。堆放地点应保持干燥和干净，防止材料受潮或将泥土、油污等杂物混入。熬制沥青所用的器具和其他施工工具，也应保持干燥和干净，防止施工垃圾的混入。

(2) 配制沥青耐酸混凝土的沥青用量应由试验确定，施工中应严格按照确定的配合比计量，不允许随意加大沥青的用量。如果遇到材料发生变动时，也应由试验部门通过试验确定变更后的配合比。

(3) 配制沥青耐酸混凝土所用材料的品质应符合规范规定和要求，对于采购的材料要严把质量关，没有合格证的材料不准进场，在进场后还要按规定进行抽查。

(4) 在冬季施工或环境温度低于5℃时，应采取保温措施，以便保证施工质量；当风力较大时，要采取遮挡措施，防止浇筑后沥青耐酸混凝土表面骤然降温，使混凝土的内外温差较大，造成收缩裂纹。

(5) 科学编制施工组织设计，安排好施工进度计划，加强质检人员对混凝土摊铺厚度、拌和物温度和压实温度的随机抽查工作，保证适宜的施工温度，防止温度过高或过低。

(6) 在正式浇筑沥青耐酸混凝土前，要向具体操作人员进行详细的技术交底，讲明施工中的关键技术和注意事项。施工技术交底要有文字资料，这样便于质检人员督促检查。

(7) 对于一般轻微的沥青耐酸混凝土裂纹，用热铁辊烫平即可。对于其他裂纹和空鼓等质量缺陷，可将缺陷处挖除，并将其清理干净，预热后涂一层热沥青，然后根据缺陷的大小，用沥青胶泥或沥青砂浆或沥青耐酸混凝土，趁热进行填筑和压实。

## (二)沥青耐酸混凝土表面发软

### 1. 质量问题

沥青耐酸混凝土在浇筑压实冷却后，表面不坚硬，发软并且强度较低，用手压或用脚踏踩，弹性感较大，严重的甚至可见手脚的痕迹。

### 2. 原因分析

(1) 在进行沥青耐酸混凝土配合比设计时，对其组成材料的比例未进行试验，由于沥青的用量过多而造成混凝土表面发软。

(2) 在浇筑沥青耐酸混凝土时，由于混凝土拌和物的温度较低、摊铺过厚，或摊铺温度或压实温度低，混凝土无法压实密实。

(3) 沥青耐酸混凝土所用的粉料和骨料级配不良，混合物的空隙率较大，难以压实密实，很容易使混凝土表面发软。

(4) 由于沥青耐酸混凝土拌和物搅拌不均匀，混凝土的本身温度过高，产生粗骨料下沉、沥青上浮，从而造成混凝土表面发软。

### 3. 防治措施

(1) 认真搞好沥青耐酸混凝土配合比设计，并应根据工程实际要求和施工条件，通过试验确定。沥青用量应以满足骨料表面形成沥青薄膜的前提下，尽量减少沥青的用量。当采用平板振动器进行振捣时，沥青用量占粉料和骨料混合物质量的百分率为：细粒式沥青耐酸混凝土为8%～10%；中粒式沥青耐酸混凝土为7%～9%。

(2) 选用适宜品种的沥青。工程实践证明，普通石油沥青不宜用于配制沥青耐酸混凝土和沥青砂浆。当采用平板振动器或滚筒振（压）实时，宜采用30号沥青；当采用碾压机压实时，宜采用60号沥青。

(3) 配制沥青耐酸混凝土用的原材料的质量，应符合现行国家标准和规范的规定。试验证明，采用良好级配的粉料和骨料，既可以减少沥青的用量，又可以较好的改善和提高沥青混凝土的化学性能和物理力学性能。

(4) 在配制沥青耐酸混凝土时，应遵循下列基本要求。

① 大块沥青应破碎成小块进行熬制，均匀加热至160～180℃，在熬制过程中要不断搅拌，脱水至不再起泡，并除去所含的杂质。

② 按照施工配合比将预热至140℃左右的干燥粉料和骨料混合均匀，随即将熬至200～230℃的沥青逐渐加入，并不断翻拌至全部粉料和骨料被沥青覆盖为止，拌制的温度宜控制在180～210℃范围内。

(5) 沥青耐酸混凝土在摊铺后，应立即将其摊平压实。当用平板振动器振动密实时，开始压实温度宜为150～160℃，压实完毕后的温度不应低于110℃。当施工环境温度低于5℃时，开始压实温度不得低于160℃。

(6) 沥青耐酸混凝土的每层摊铺厚度不宜太大，以免降低混凝土的密实性，影响其强度耐酸性和其他性能。对于细粒式沥青耐酸混凝土，压实后的厚度不宜超过 30mm；对于中粒式沥青耐酸混凝土，压实后的厚度不宜超过 60mm。沥青耐酸混凝土的铺筑厚度，应经试验确定，用平板振动器振动密实时，宜为压实厚度的 1.3 倍。

## （三）混凝土的强度低，浸酸安定性不合格

### 1. 质量问题

沥青耐酸混凝土试件力学试验得出：抗压强度在 20℃时低于 3MPa，50℃时低于 1MPa。在浓度为 55%的硫酸溶液中浸泡 30d，取出检验发现有裂纹、掉角和酥松等不良现象，浸泡酸液的颜色也有显著的变化。

### 2. 原因分析

（1）沥青是沥青耐酸混凝土中的主要胶结材料，对沥青耐酸混凝土的性能起着决定性的作用。如果沥青中混入较多的杂物，或者混凝土中沥青用量过多，均会造成混凝土的抗压强度低，浸酸安定性不合格。

（2）配制沥青耐酸混凝土的粉料和骨料的级配不良，或粉料和骨料中的含水率、含泥量大，或耐酸率低于 95%。

（3）沥青在熬制的过程中温度控制不当，由于熬制时间过长或温度过高，使沥青有的出现老化，性能发生变化。

（4）沥青耐酸混凝土配制中搅拌不均匀，加热的温度不符合要求，拌制后混凝土的温度较低（低于 180℃）；或开始摊铺压实和压实成活的温度过低，即开始压实时的温度低于 150℃，压实成活的温度低于 110℃。

（5）在沥青耐酸混凝土压实过程中，由于摊铺厚度过大，或压实重量不足，压实后的密实度差，从而造成混凝土的强度低，浸酸安定性不合格。

### 3. 防治措施

（1）认真搞好沥青耐酸混凝土配合比设计，应根据设计要求和具体施工条件，通过试验确定。沥青用量应以满足骨料表面形成沥青薄膜的前提下，尽量减少沥青的用量。当采用平板振动器进行振捣时，沥青用量占粉料和骨料混合物质量的百分率为：细粒式沥青耐酸混凝土为 8%～10%；中粒式沥青耐酸混凝土为 7%～9%。

（2）选用适宜品种的沥青。工程实践证明，普通石油沥青不宜用于配制沥青耐酸混凝土和沥青砂浆。当采用平板振动器或滚筒振（压）实时，宜采用 30 号沥青；当采用碾压机压实时，宜采用 60 号沥青。

（3）配制沥青耐酸混凝土用的原材料的质量，应符合现行国家标准和规范的规定。试验证明，采用良好级配的粉料和骨料，既可以减少沥青的用量，又可以较好的改善和提高沥青混凝土的化学性能和物理力学性能。

（4）沥青耐酸混凝土在摊铺后，应立即将其摊平压实。当用平板振动器振动密实时，开始压实温度宜为 150～160℃，压实完毕后的温度不应低于 110℃。当施工环境温度低于 5℃时，开始压实温度不得低于 160℃。

（5）沥青耐酸混凝土的每层摊铺厚度不宜太大，以免降低混凝土的密实性，影响其强度耐酸性和其他性能。对于细粒式沥青耐酸混凝土，压实后的厚度不宜超过 30mm；对于中粒式沥

青耐酸混凝土，压实后的厚度不宜超过60mm。

（6）每日熬制的沥青量不宜过多，应根据每日施工工程量而定。因为沥青反复熬制或温度过高，会使沥青出现“焦化”老化现象。固体石油沥青加热的时间不得超过5～6h，即当日熬制当日用完。在加热过程中要注意排除沥青中的水分，开始只加1/3的容量，以后随加热熬制随添加沥青，防止温度过高，并特别注意防止发生火灾。

（7）配制沥青耐酸混凝土应按照规定的配合比计量，不允许贪图施工方便，随意加大沥青的用量，拌和物必须搅拌均匀。在施工操作的过程中，要防止雨水或杂物侵入沥青耐酸混凝土中，以免影响混凝土的强度和耐酸性能。

（8）沥青应按照不同品种、不同标号分别存放，防止产生混合使用，并避免黏附泥土和杂物。耐酸粉料和骨料等应存放在防雨棚内，防止受潮、雨水侵袭、泥土或其他杂物混入。

（9）沥青耐酸混凝土的振动和压实等施工机具，不应有水或油污等杂物，应保持干净和干燥。沥青耐酸混凝土试件的取样和制作，应按照规定的标准进行，使其具有代表性。

# 三、硫磺耐酸混凝土质量问题与防治

硫磺耐酸混凝土是以硫磺为胶结料，以聚硫橡胶为增韧剂，掺入耐酸粉料和细骨料，经加热熬制成砂浆灌入松散铺筑的粗骨料层后形成的一种混凝土。它具有结构密实，硬化较快，抗渗、耐水、耐稀酸，耐大多数无机酸、中性盐和酸性盐，强度较高，施工方便，不需养护，特别适用于抢修工程。但耐磨性、耐火性差，性质较脆，收缩性大，易出现裂纹和起鼓，不宜用于温度高于90℃以及明火接触、冷热交替、温度急剧变化和直接承受撞击的部位。

## （一）硫磺耐酸混凝土表面出现裂纹

### 1. 质量问题

在拆除模板后发现硫磺耐酸混凝土表面，有少量肉眼可见的不规则裂纹和大量借助放大镜才能观察到的微裂纹，缝隙的宽度一般在0.05～0.10mm之间，多数呈现于浇筑混凝土的暴露面，不仅严重影响混凝土的表面美观，而且严重影响混凝土的抗渗性能。

### 2. 原因分析

（1）硫磺耐酸混凝土中的硫磺用量过多，则产生较大的收缩变形。硫磺耐酸砂浆的灌注温度过高，而环境温度和粗骨料的温度过低，灌注时骤然冷却，造成内外温差过大，表面则形成裂纹。

（2）在硫磺耐酸混凝土中混有纤维状的杂物，或者细骨料中的含泥量较大，或者粗骨料中含有较多的泥土等杂物，均可能造成硫磺耐酸混凝土出现裂纹。

（3）在灌注硫磺耐酸砂浆时，粗骨料没有进行预热，或者预热的温度不够，也会造成硫磺耐酸混凝土出现裂纹。

（4）由于一次灌注硫磺耐酸砂浆的面积过大，加大了不同部位混凝土表面的温度差，影响了表面收缩变形的均匀性，从而使硫磺耐酸混凝土出现裂纹。

（5）配制硫磺耐酸混凝土所用的硫磺纯度不高、质量不好，或者熬制质量不合格，由于硫磺熬制时间过短、温度过低，硫磺的液面中仍有气泡存在，也会使硫磺耐酸混凝土出现裂纹。

### 3. 处理方法

（1）硫磺耐酸混凝土出现的裂纹，一般都比较细小，大部分都是表面性的，通常可以不加处理，或用热铁辊滚压烫平即可。

（2）对于出现的较大裂缝，可先将缝隙凿成喇叭口，并清理干净残渣后进行预热，然后浇灌热硫磺耐酸砂浆，再用热铁辊滚压烫平。

### 4. 预防措施

（1）硫磺的用量是硫磺耐酸混凝土施工中的关键数据，关系到硫磺耐酸混凝土的性能。应根据粗细骨料混合物的空隙率大小，通过试验确定，以满足包裹骨料并略有剩余度，一般宜控制在骨料用量的10%～15%范围内。

（2）硫磺耐酸砂浆的浇灌温度应控制在135～145℃范围内，不宜过高或过低。粗骨料必须干燥，并进行预先预热，当施工环境温度低于5℃时，其预热的温度不应低于40℃，然后铺筑于模板内，其每层的厚度不宜大于400mm，并预留浇灌孔，灌注点间距一般为300～400mm。浇灌时的温度应保持在40～60℃范围内。

（3）当施工环境温度低于5℃时，已浇灌的硫磺耐酸混凝土表面应立即覆盖保温。刮风季节或有大风时，施工应采取遮挡措施，防止混凝土表面因降温过快而产生裂纹。

（4）在浇灌硫磺耐酸混凝土的表面时，应分块进行，每块面积宜为2～4$m^2$，待前一块浇灌完毕并收缩后，再浇灌相邻的一块。

（5）硫磺耐酸混凝土的面层表面，应裸露出粗骨料的棱角，最后用硫磺耐酸砂浆找平；找平后的平整度，应用2m的直尺进行检查，其允许高差不应大于6mm。

（6）硫磺耐酸砂浆应熬制至液面无气泡出现，并经取样外观检查合格后方可浇灌使用。其检查的方法是：将搅拌均匀的硫磺耐酸砂浆在140℃时，浇入“8”字形抗拉试模中，应无起鼓现象，将试件打断后，以颈部断面内肉眼可见孔不多于5个为合格。

（7）用于浇灌粗骨料的硫磺耐酸砂浆抗拉强度，不得低于3.5MPa，分层度和耐酸性能也应符合设计要求。

（8）堆放材料的地方应干净、干燥，防止杂物和雨水的混入及侵入。硫磺熬制时表面漂浮的杂物应清除干净。

## （二）硫磺耐酸混凝土出现空鼓现象

### 1. 质量问题

硫磺耐酸混凝土浇筑完毕硬化后，用棒敲击或脚踏踩有空鼓声、空鼓感和较大的回弹感。

### 2. 原因分析

（1）在浇筑硫磺耐酸砂浆时未按照规定分批灌入，而是一次快速大量灌入，粗骨料中的空气未得到及时排除，残留于硫磺耐酸混凝土的内部，从而形成空鼓。

（2）施工环境温度过低，硫磺加热的温度未达到要求，或粗骨料的预热温度不够，致使灌入的硫磺耐酸砂浆在没有充满粗骨料空隙前已产生冷却，使硫磺耐酸混凝土形成局部空鼓。

（3）硫磺熬制质量不符合要求，尤其是熬制温度过低时，在硫磺溶液中仍含有大量气泡，也容易形成空鼓。

（4）在浇筑硫磺耐酸砂浆时，由于对浇灌口没有保护好，造成坍陷堵塞，从而形成空鼓。

### 3. 处理方法

将硫磺耐酸混凝土的空鼓之处彻底剔除，并清理干净，在干燥的状态下，根据剔除区域面积的大小，可先涂一层相同配合比的硫磺胶泥，再用相同配合比的硫磺耐酸砂浆或硫磺耐酸混凝土浇补，并随即用热铁辊烫平压实。

### 4. 预防措施

（1）铺筑的粗骨料应当干燥、清洁，并将粗骨料进行预热，每层的厚度不宜过大，并预留浇灌孔，浇灌时的温度应控制在40～60℃。浇灌孔的预留方法，可将直径50mm的钢管，按照300～400mm的间距，在铺筑粗骨料前预先埋入，粗骨料铺完后将钢管缓慢抽出，每层铺筑的厚度不宜大于400mm，浇灌孔预留后，要加以保护，防止出现堵塞现象。

（2）硫磺耐酸砂浆或硫磺胶泥应同时向预留孔的各个浇灌孔内浇灌，至全部灌满为止，中间不得出现间断。浇灌的温度应控制在135～145℃之间。

（3）在浇筑硫磺耐酸混凝土的表面时，应当分块进行，每块面积宜为2～4$m^2$，待前一块浇灌完毕并收缩后，再浇灌相邻的一块。硫磺耐酸混凝土的面层表面，应裸露出粗骨料的棱角，最后用硫磺耐酸砂浆找平；找平后的平整度，应用2m的直尺进行检查，其允许高差不应大于6mm。

（4）当浇筑立面时，每层硫磺耐酸混凝土的水平施工缝应当露出粗骨料的棱角，垂直施工缝应相互错开。

（5）在面层找平或浇筑硫磺耐酸混凝土前，应将下一层硫磺耐酸混凝土的表面收缩孔中的针状物凿除。

（6）当施工环境温度低于5℃时，应采取加热保温措施，并将硫磺耐酸砂浆的浇筑温度提高至140～150℃，粗骨料的预热温度应增加到50～60℃，已浇灌的硫磺耐酸混凝土表面应立即覆盖保温。

（7）硫磺熬制应符合质量要求，一直熬制至液面无气泡出现，并经取样外观检查合格后方可浇灌使用，其检查的具体方法是：将搅拌均匀的硫磺耐酸砂浆在140℃时，浇入“8”字形抗拉试模中，应无起鼓现象，将试件打断后，以颈部断面内肉眼可见孔不多于5个为合格。

（8）硫磺的熬制温度应控制在130～150℃范围内，硫磺耐酸砂浆的熬制温度应控制在140～160℃范围内，不宜过高或过低。硫磺耐酸砂浆的浇筑温度应控制在135～145℃范围内，粗骨料的预热温度应控制在40～60℃范围内，当施工环境温度较高时取下限，反之取上限。

## （三）混凝土的强度低，浸酸安定性不合格

### 1. 质量问题

（1）用于浇筑硫磺耐酸混凝土的硫磺耐酸砂浆，浸酸后的抗拉强度降低率超过20%，其质量变化率超过1%。

（2）用于浇筑硫磺耐酸混凝土的硫磺砂浆和硫磺胶泥的抗拉强度，分别低于3.5MPa和4.0MPa，而按照规定制作的抗压试件和抗折试件强度也均低于设计要求。

### 2. 原因分析

（1）配制硫磺耐酸混凝土的粗细骨料质量不好，含泥土杂质超过现行国家标准的规定，骨

料的级配不良，空隙率比较大，耐酸率小于95%。

(2) 配制硫磺耐酸混凝土的粉料潮湿，含水量较大，耐酸率也小于95%。

(3) 硫磺的用量过多或过少，或者各种材料之间的比例配合不当，均可以造成混凝土的强度低，浸酸安定性不合格。

(4) 浇筑时硫磺耐酸砂浆的温度过低，或者粗骨料未进行预热或预热不够，致使浇灌后的硫磺耐酸混凝土密实性较差，强度较低，耐酸性能也达不到设计要求。

(5) 在配制硫磺耐酸砂浆时，由于硫磺的熬制温度未达到130～150℃，硫磺耐酸砂浆的熬制温度未达到140～160℃，致使硫磺耐酸砂浆在浇筑时不能将粗骨料的空隙填充密实，从而造成混凝土的强度低，浸酸安定性不合格。

### 3. 防治措施

(1) 配制硫磺耐酸混凝土的各种原材料，必须经质量检验合格后才可使用，其各种原材料的技术性能应符合下列要求。

① 硫磺是配制硫磺耐酸混凝土的主要材料，其品质如何决定硫磺耐酸混凝土的质量。硫磺的质量应符合现行国家标准中的规定，硫的含量不得小于98%，水分含量不得大于1%，且不得含有机杂质。

② 配制硫磺耐酸混凝土所用粉料的技术性能指标，应满足表4-16中的规定。

**表4-16 粉料技术性能指标**

| 项目 | 技术指标 | 项目 | | 技术指标 |
|---|---|---|---|---|
| 耐酸率/% | ≥95 | 筛余量/% | 0.15mm筛孔 | ≤5 |
| 含水率/% | ≤0.5 | | 0.09mm筛孔 | 10～30 |

③ 配制硫磺耐酸混凝土所用细骨料的技术性能指标，应满足表4-17中的规定。

**表4-17 细骨料技术性能指标**

| 项目 | 耐酸率/% | 含泥量/% | 1mm筛孔的筛余量/% |
|---|---|---|---|
| 技术指标 | ≥95 | ≤1.0 | ≤5 |

④ 配制硫磺耐酸混凝土所用粗骨料的技术性能指标，应满足表4-18中的规定。

**表4-18 粗骨料技术性能指标**

| 项目 | 技术指标 | 项目 | | 技术指标 |
|---|---|---|---|---|
| 耐酸率/% | ≥95 | 泥土含量 | | 不允许 |
| 含水率/% | 不允许 | 碎石含量/% | 粒径20～40mm | ≥85 |
| 浸酸稳定性 | 合格 | | 粒径10～20mm | ≤15 |

⑤ 改性剂应采用半固态黄绿色“聚硫甲胶”、半固态灰黄色“聚硫乙胶”或褐色黏稠状液体聚硫橡胶，其质量应符合现行国家标准的规定。

⑥ 用以浇筑硫磺耐酸混凝土的硫磺砂浆的质量要求，应满足表4-19中的规定。

**表4-19 硫磺砂浆的质量要求**

| 项目 | 技术指标 | 项目 | | 技术指标 |
|---|---|---|---|---|
| 抗拉强度/MPa | ≥3.5 | 浸酸后 | 抗拉强度降低率/% | ≤20 |
| 分层度/mm | 0.7～1.3 | | 质量变化率/% | ≤1.0 |

（2）硫磺的用量以满足包裹粉料、粗细骨料和改性剂稍有富余即可，不能过多或过少，施工中应由试验确定。如果硫磺的用量过多，不仅影响硫磺耐酸混凝土的强度，增加能耗和提高成本，而且增大混凝土的收缩，甚至使混凝土产生裂纹。

（3）质检人员应在施工中及时检查粗骨料的预热温度、硫磺的熬制温度和硫磺耐酸砂浆的浇筑温度，以上3种温度不能过高或过低，如果温度不适宜，会影响硫磺耐酸混凝土的施工质量、物理力学性能和耐酸性能。

（4）当施工环境温度低于5℃时，应采取保温措施。施工时的相对湿度不应大于80%。一般硫磺耐酸混凝土结构构件，在浇筑完毕2h后方可使用；对于设备基础等构筑物，必须在浇筑完毕24 h后方可使用。

# 第三节　耐碱混凝土工程质量问题与防治

碱性介质对混凝土的腐蚀作用，有时是以物理腐蚀为主，有时是以化学腐蚀为主，有时则两种腐蚀同时存在。在一般生产条件下，物理腐蚀的可能性比较多；在高温情况下，化学腐蚀比较容易发生。克服以上两种碱性腐蚀，主要采用提高混凝土的密实度和选用耐碱物质（耐碱混凝土）的措施。

耐碱混凝土是由普通硅酸盐水泥和耐碱性能较好的石灰石、白云石、辉绿岩等粉料和粗细骨料配制而成。这种混凝土能抵抗50℃以下、浓度25%的氢氧化钠和50～100℃以内、浓度为12%的氢氧化钠和铝酸钠溶液的腐蚀，同时可耐任何浓度的氨水、碳酸钠、碱性气体和粉尘等的腐蚀。

耐碱混凝土的耐碱性介质腐蚀性能较差，其质量问题、原因分析及防治措施如下。

## 1. 质量问题

耐碱混凝土试件在规定的碱溶液中浸泡至规定的时间后，试件表面出现裂纹、掉角、起皱、发酥等不良现象，或者试件表面或浸泡的碱溶液颜色有显著变化，同时耐碱混凝土的抗压强度也会有较大幅度的降低，严重影响耐碱混凝土工程的正常使用和使用寿命。

## 2. 原因分析

（1）水泥品种选用不当，其耐碱性能不符合要求；或者水泥用量过少，不能满足耐碱的要求；或者混凝土的水灰比过大，其耐碱性能不满足。

（2）配制耐碱混凝土所用的粉料中含杂质较多，从而造成混凝土的耐碱性能较差。

（3）配制耐碱混凝土所用的粗细骨料耐碱性能差、级配不良、空隙大、含泥量和泥块含量大、杂质较多，严重影响耐碱混凝土的质量。

（4）配合比设计有关参数（如水灰比、骨料粒径、坍落度、骨料用量、砂率等）选择不当，配制成的耐碱混凝土密实性较差，从而导致混凝土的耐碱性能较差。

（5）在耐碱混凝土的配制过程中，由于拌和物搅拌不均匀，振捣不密实，养护湿度和时间不满足，从而造成耐碱混凝土的强度较低，必然导致混凝土的耐碱性能较差。

## 3. 防治措施

（1）选择合适的水泥品种　配制耐碱混凝土最好选用硅酸盐水泥和普通硅酸盐水泥，因为这两种水泥中熟料矿物组成含有较多的耐碱性好的硅酸三钙和硅酸二钙。

工程实践证明，矾土水泥和火山灰水泥中含有大量的氧化铝和氧化硅，但其耐碱性很差，所以不能用这样的水泥配制耐碱混凝土。矿渣硅酸盐水泥的耐碱性能虽比较好，但其泌水性较大，配制的耐碱混凝土密实性难以保证，一般也不宜采用。

(2) 选择优良的掺合料　磨细掺合料主要是用来填充混凝土的空隙，提高混凝土的密实性，掺合料的质量如何，对混凝土的密实性和耐碱性均有很大影响。因此，一般应选用耐碱性能好的磨细石灰石粉、白云石粉、辉绿岩粉等，其细度应全部通过 0.15mm 的筛孔，在 4900 孔/$cm^2$ 上的筛余量不大于 25%。

(3) 选择较小的水灰比　材料试验证明，混凝土的水灰比越小，其抗压强度越高，耐碱性能也越好。在常温情况下，当其他条件相同时，与各种浓度的氢氧化钠溶液相应的混凝土水灰比，大致可以控制在表 4-20 的范围内。

**表 4-20　与各种浓度的氢氧化钠溶液相应的混凝土水灰比**

| 氢氧化钠溶液的浓度/% | 混凝土相应的水灰比 |
|---|---|
| 小于 10 | 0.60～0.65 |
| 10～25 | 0.50～0.60 |
| 大于 25 | 0.50 以下 |

(4) 选择耐碱性高的骨料　骨料的耐碱性能，主要取决于化学成分中的碱性氧化物含量的高低和骨料本身的致密性。耐碱混凝土的骨料，宜采用石灰石、白云石和大理岩等。

(5) 选择较好的骨料级配　由于耐碱混凝土对密实性要求较高，所以其骨料级配应按照表 4-1 和表 4-2 中的规定进行选择。

(6) 选择适宜的混凝土配合比　适宜的混凝土配合比，不仅能使骨料的级配优良、混凝土的密实性好，而且能使混凝土的强度高、耐碱性能强。混凝土配合比应经过试验确定，在进行试配时可按表 4-21 中的数据进行试配。

**表 4-21　耐碱混凝土施工参考配合比**

| 配合比/(kg/$m^3$) | | | | | | | 坍落度/mm | 自然养护 | 浸碱养护 | 抗压强度/(N/$mm^2$) |
|---|---|---|---|---|---|---|---|---|---|---|
| 水泥 | | 石灰石粉 | 中砂用量 | 碎石 | | 水 | | | | |
| 名称 | 用量 | | | 粒径/mm | 用量 | | | | | |
| 42.5 普通水泥 | 360 | — | 780 | 5～40 | 1170 | 178 | 50 | 28 | 14 | 21.0 |
| | 340 | 110 | 740 | 5～40 | 1120 | 182 | 59 | 28 | 28 | 23.8 |
| | 330 | — | 637 | 5～15<br>5～40 | 366<br>855 | 188 | — | — | — | 30.0 |
| 硅酸盐水泥 | 340 | — | 600 | 10～40 | 1405 | 150 | 20 | 28 | — | 37.7 |

(7) 选择适宜的水泥和粉料用量　耐碱混凝土水泥用量一般不宜小于 300kg/$m^3$，粉细粉(包括水泥和粒径小于 0.15mm 的磨细掺合料）的加入量，宜占粗细骨料总用量的 6%～8%。

(8) 混凝土拌和物要搅拌均匀，浇筑后应分层振捣，不可出现漏振，也不得随意加大振捣距离。混凝土终凝后应立即覆盖进行湿养护，养护时间不得少于 14d。当日平均气温低于 5℃时，不得采用浇水养护。宜在混凝土表面涂刷保护层（如塑料薄膜养生剂等），防止和减少混凝土内部水分蒸发。

(9) 耐碱混凝土的抗腐蚀作用，分为抗物理腐蚀和抗化学腐蚀两种。抗物理腐蚀可以通过严格控制骨料级配、减少空隙率、降低水灰比或掺加外加剂等方法，提高混凝土的密实性来达到。抗化学腐蚀则主要通过选择耐碱性能良好的粉料和骨料，尤其是选择耐碱性能高的水泥来达到。这是改善和提高耐碱混凝土抗腐蚀性能的两个基本途径。

# 第四节 耐火混凝土工程质量问题与防治

耐火混凝土是一种长期经受 200～900℃以上高温作用，并在高温下保持所需要的物理力学性能的特种混凝土。耐火混凝土由适当的胶结料、耐热粗细骨料和水，按一定的比例配制而成。通常使用较多的有硅酸盐耐火混凝土、水玻璃耐火混凝土、铝酸盐耐火混凝土和磷酸盐耐火混凝土等。

由于所用的胶结料和骨料的性能不同，它们各自的耐热性和物理力学也必然有所差异。所以，在工程实践中，应根据混凝土强度、极限使用温度及其他性能、原材料供应状况和经济效益等因素综合考虑，正确选用耐火混凝土的品种。

## 一、耐热度和荷重软化点低，热震稳定性差

### 1. 质量问题

(1) 混凝土在高温作用下不产生熔化的性质称为耐火度。试件用标准三角锥测定结果表明，混凝土的耐火度（也称为熔化温度）达不到既定要求。

(2) 耐火混凝土在（0.2±0.003）MPa 静荷载的作用下，按照规定的升温速度加热到一定变形量时的温度，称为荷重软化温度。在进行试验时，荷重软化温度低于设计要求或偏离正常相应温度较大。

(3) 耐火混凝土对于急冷急热的温度变化的抵抗性能，称为“热震稳定性”。性能较好的耐火混凝土，经受急冷急热的次数一般都能达到 10 次以上。性能较差的耐火混凝土，其热震稳定性能不良，经过几次急冷急热，试样受热面的破损即超过一半。

### 2. 原因分析

(1) 耐火混凝土的品种选择不当，选定的耐火混凝土达不到设计要求的耐高温性能。

(2) 配制耐火混凝土的骨料耐高温性能差，加上粗细骨料的级配不良，混凝土的强度比较低，混凝土的耐火性能也必然较差。

(3) 耐火混凝土的水灰比较大，拌和物的坍落度较大，或者胶结料的用量过多，均可造成耐火混凝土的耐热度和荷重软化温度低、“热震稳定性”较差。

(4) 耐火混凝土的配合比设计参数选择不合适，各种材料的比例不当，混凝土拌和物的和易性不良，从而使混凝土的密实性较差。

(5) 在进行耐火混凝土的配制过程中，由于计量控制不严，或者计量器具失灵，造成混凝土的配合比失控，从而使耐火混凝土的性能变差。

### 3. 防治措施

(1) 耐火混凝土的配合比选择，用计算的方法比较繁琐，也不符合工程实际情况。在进行

试验时，一般常采用经验配合比作为初始配合比，再通过试拌和试验进行调整，求得适用的施工配合比。

(2) 配制耐火混凝土所用的掺合料和粗细骨料，其技术指标应符合现行国家标准的要求。

(3) 配制耐火混凝土的用水量或水玻璃用量，在满足混凝土施工和易性要求的前提下，应尽可能少用。混凝土拌和物的坍落度，采用机械搅拌以不超过 20mm 为宜，采用人工拌制以不超过 40mm 为宜，在具备施工条件时，尽可能采用机械搅拌和振捣，以提高耐火混凝土的施工质量。

(4) 配制耐火混凝土的水泥用量，一般以控制在 $350kg/m^3$ 左右为宜。对于荷重软化温度和耐热度要求较高的，而常温下强度要求不高的水泥耐火混凝土，其水泥用量可控制在混凝土质量的 10%～15%。

(5) 在配制耐火混凝土时，应选择耐火性能和级配良好的骨料。注意骨料的类别和耐火度，使之与胶结材料相适应，同时还应选择适宜的粒径。如果骨料的粒径过大，用量过多，则混凝土拌和物的和易性变差，难以浇筑和振捣，混凝土的密实度较低，在高温下容易分层脱落。适宜的骨料用量一般约占混合料总量的 80%左右，砂率宜控制在 40%～60%之间。

(6) 选择适宜的水泥品种。配制耐火混凝土一般可选用硅酸盐水泥和普通硅酸盐水泥，它们的技术性能除应符合现行国家标准外，也不得含有石灰岩类杂质。在硅酸盐水泥中加入一定量的黏土熟料粉、铬铁矿粉或菱铁矿粉，能有效提高耐火混凝土的耐火度和荷重软化温度，并减少耐火混凝土高温时的收缩。

(7) 对于高铝质耐火混凝土，掺入一定量粒径小于 2mm 的氧化硅或黏土熟料（约 5%），或两者复合掺入，都能有效提高耐火混凝土的荷重软化温度。

(8) 耐火混凝土的搅拌时间，应比普通混凝土延长 1～2min，至混凝土拌和物的颜色均匀一致为止。混凝土浇筑应分层进行，每层的厚度宜为 250～300mm。

(9) 耐火混凝土的搅拌、运输、浇筑、振捣和养护等工序，与普通混凝土基本相同，施工中应特别注意不同胶结料耐火混凝土的养护特点。

对于水玻璃耐火混凝土，宜在 15～30℃的干燥空气中进行养护，养护时间一般应在 3d 以上，同时要防止暴晒，以免脱水过快，混凝土表面产生龟裂。

对于磷酸盐耐火混凝土，宜在 150℃以上的温度下烘干，总的干燥时间不得少于 24h，在混凝土硬化过程中不允许浇水养护。

对于矾土水泥耐火混凝土，在初期养护的时间不得少于 3d，且混凝土的最高养护温度不得超过 30℃。

对于硅酸盐水泥或普通硅酸盐水泥耐火混凝土，宜在 15～25℃的潮湿环境中进行养护，养护时间不得少于 7d；矿渣硅酸盐水泥耐火混凝土养护时间不得少于 14d。

(10) 在水泥耐火混凝土和水玻璃耐火混凝土施工期间，当施工环境温度低于 10℃时，应按照混凝土冬季施工标准执行，同时还应遵守下列规定：

① 水泥耐火混凝土可采用蓄热法或加热法施工。加热的温度不得超过 60℃，但矾土水泥耐火混凝土的加热的温度不得超过 30℃。

② 水玻璃耐火混凝土的加热方法与水泥耐火混凝土不同，只能采用干热方法，不得采用蒸汽养护，加热的温度不得超过 60℃。

(11) 荷重软化温度随着骨料的临界粒径而变化，骨料的颗粒加大，荷重软化温度的起始温度提高。当骨料的临界粒径增大到 7mm 时，其荷重软化温度虽然较高，但压制成型的性能较差，容易出现缺棱掉角，烘干后的强度也比较低。因此，对于压制成型的磷酸高铝耐火混凝土的临界粒径，一般以 3～5mm 为宜。

(12) 耐火混凝土的热工设备的处理，应当在混凝土强度达到设计强度的70%时，方可进行烘烤，但不应早于下列期限。

① 对于矾土水泥耐火混凝土和水玻璃耐火混凝土，不宜早于3d。

② 对于硅酸盐水泥和普通硅酸盐水泥耐火混凝土，不宜早于7d；对于矿渣硅酸盐水泥耐火混凝土不宜早于14d。

## 二、耐火混凝土和易性较差，强度较低

### 1. 质量问题

配制好的耐火混凝土，或者松散不易黏结，严重影响混凝土的密实度；或者黏结力过大，不易浇筑和振捣；或者在运输和浇筑的过程中，产生离析和泌水现象。具有以上质量问题的耐火混凝土，制作成型后的强度较低，达不到既定的设计强度等级。

### 2. 原因分析

(1) 所选用的水泥强度等级不足，混凝土中的水泥用量过少；或水玻璃模数较低、用量不够，难以满足包裹粉料和粗细骨料的表面积所需，使耐火混凝土拌和物比较松散，浇筑和振捣困难，硬化后的混凝土强度较低。

(2) 混凝土中水玻璃用量过多，而硬化剂（氟硅酸钠）用量较少，混凝土拌和物的黏性较大，加上搅拌不均匀，容易成团，使浇筑和振捣都比较困难，硬化后的混凝土强度较低。

(3) 选用的粉料、粗细骨料级配不良，空隙率较大，选用的砂率过小，容易发生离析现象，导致混凝土拌和物和易性较差，强度比较低。

(4) 混凝土拌和物的坍落度不适宜。如果混凝土配合比设计参数选择不当，如水灰比过大、砂率不足，则会使混凝土拌和物的坍落度过大，配制的混凝土密实性较差，其强度比较低。

### 3. 防治措施

(1) 耐火混凝土的坍落度应选择适宜，一般宜控制在20mm以下，千万不可过大，最好采用干硬性混凝土。在一般情况下，混凝土拌和物的坍落大，则混凝土的水灰比就大，不仅对混凝土的强度产生降低，而且对混凝土的耐热性能也影响很大。

(2) 耐火混凝土的胶结料，在满足混凝土的耐高温性能、和易性和强度等要求的情况下，尽可能少用。水泥用量应控制在混凝土总量的10%～20%范围内，对于荷重软化温度和耐火度要求较高，在常温下强度要求不高的水泥耐火混凝土，其水泥用量可在混凝土总量的10%～15%范围内。胶结料为水玻璃的耐火混凝土，水玻璃模数应控制在2.6～2.8范围内，水玻璃密度一般宜控制为1.38～1.40g/cm$^3$，硬化剂（氟硅酸钠）的掺量约占水玻璃质量的10%～12%。用磷酸作胶结料的耐火混凝土，磷酸的浓度一般控制在50%左右。

(3) 严格控制配制耐火混凝土原材料的品质，不仅有助于保证混凝土获得必要的强度，也有利于改善和提高耐火混凝土的其他物理力学性能。

(4) 粉料和粗细骨料应选用良好的级配，一般可采用较好的天然级配。但为了满足强度和耐热性能等方面的需要，必要时也应采用人工级配，使颗粒达到最大堆积密度，以提高混凝土的密实度，达到增加混凝土强度和改善耐热性能的设计要求。

(5) 在进行耐火混凝土配合比设计时，应参照有关技术资料，并通过试验确定，不可盲目套用施工经验配合比，也不允许将材料的质量比换算成体积比。骨料用量以占耐火混凝土混合

料总量的80%左右为宜，粗骨料的粒径不得大于40mm，砂率控制在40%～60%之间。

(6) 水泥耐火混凝土和水玻璃耐火混凝土的养护，应按照各自的有关规定和要求进行，不可省略，也不可混淆，一定要认真对待。

# 第五节　补偿收缩混凝土工程质量问题与防治

材料试验和工程实践证明，普通混凝土内部由于收缩会产生微裂纹，不仅使混凝土结构的整体性受到破坏，而且还会影响混凝土的物理力学性能和耐久性，甚至造成侵蚀介质侵入混凝土的内部，腐蚀混凝土和钢筋。为了克服上述缺点，国内外有关专家经过多年潜心研究，成功地研制出了一种补偿收缩混凝土。

补偿收缩混凝土是以膨胀水泥为胶结料，或在硅酸盐水泥熟料中掺入适量的膨胀剂，与粗细骨料按一定比例混合而成的一种混凝土。由于这种混凝土具有一定的微膨胀特性，能减少和补偿混凝土的收缩，所以被称为补偿收缩混凝土。补偿收缩混凝土可用于地下防水工程、地下建筑、水池、水塔、机场、底座、压力灌浆等。

## 一、混凝土拌和物坍落度损失大

### 1. 质量问题

补偿收缩混凝土拌和物在搅拌完毕出罐后，在常温情况下，30～45min左右则出现明显的黏稠现象，不仅使混凝土浇筑和振捣产生很大困难，而且严重影响混凝土的其他技术性能。

### 2. 原因分析

(1) 补偿收缩混凝土所用的水泥，无论是硅酸盐膨胀水泥和铝酸盐膨胀水泥，还是明矾石膨胀水泥，其组分中的石膏含量，普遍比常用水泥中的石膏高得多，所以配制的混凝土凝结硬化速度快，拌和物坍落度的损失自然就比较大。

(2) 用于配制补偿收缩混凝土的水泥，其比表面积比较大。膨胀水泥或掺加膨胀剂的硅酸盐水泥，或高强度等级的硅酸盐水泥，它们的共同特点是：水泥的细度要求比普通硅酸盐水泥及矾土水泥高，因此混凝土在搅拌中的需水量比较大，混凝土进行水化反应快而激烈，混凝土拌和物的坍落度损失则大。

(3) 在配制补偿收缩混凝土时，由于膨胀水泥或膨胀剂的用量过多，混凝土虽然能获得较大的膨胀应力，但因凝结速度快而会造成混凝土拌和物的坍落度损失较大。

(4) 在补偿收缩混凝土的施工中，由于施工环境温度过高（超过30℃），或者混凝土拌和物运输、停留的时间过长，从而造成在混凝土未浇筑前就产生坍落度损失。

(5) 在配制补偿收缩混凝土中，混入了其他品种的水泥，如石膏矾土水泥混凝土拌和物中混入了硅酸盐水泥，混凝土拌和物便会在很短的时间内失去流动性。

### 3. 防治措施

(1) 在进行补偿收缩混凝土配合比设计时，应当充分考虑到坍落度损失这一因素。其具体方法是：将混凝土第一次测定坍落度后的拌和物，立即用湿麻袋进行覆盖，经过20min后，继续加水重新搅拌2min，如果混凝土拌和物的坍落度符合要求，则前后两次加水量之和，就是正式配合比的加水量。据此，对配合比进行最后的调整。但不允许在搅拌好的混凝土拌和物中加水调整坍落度。在操作条件许可的情况下，应尽可能采用较少的用水量，或掺加适量的减水剂降低用水量，以此降低混凝土的水灰比。

(2) 补偿收缩混凝土的水泥用量，应当以满足必要的混凝土强度和膨胀率（尤其是限制膨胀率）为度，一般以控制在 280～350kg/$m^3$ 范围内为宜，砂率可略低于普通混凝土。

(3) 当补偿收缩混凝土施工环境温度高于 35℃时，应当对骨料采取遮阳措施，混凝土拌和物在运输途中也应予以覆盖，以免太阳暴晒使混凝土拌和物温度升高。

(4) 补偿收缩混凝土应采用机械搅拌，搅拌时间不得少于 3min，并且比未掺加外加剂的混凝土延长 30s。从搅拌机出料口出料至浇筑完毕的允许时间，应当通过试验确定。

(5) 加强对补偿收缩混凝土的养护，特别是早期养护更应引起足够重视，应当安排专人负责。补偿收缩混凝土的湿养护时间，一般不得少于 14d。

(6) 膨胀水泥在运输、储存、堆放、配料、搅拌、浇筑等过程中，均不能混入其他品种水泥或其他水泥混凝土的残留物，以免造成补偿收缩混凝土速凝、拌和物流动性下降，影响补偿收缩混凝土的物理力学性能。

## 二、混凝土补偿收缩的性能不稳定

### 1. 质量问题

配制的补偿收缩混凝土的膨胀率，有时大、有时小，波动性比较大，或者抗渗性能忽高忽低，也很不稳定。

### 2. 原因分析

(1) 配制补偿收缩混凝土所用的水泥和膨胀剂的质量不稳定，组成成分或有关组分的含量有变化；或者水泥过期、受潮、结块；或者掺加的膨胀剂计量不准。

(2) 在水泥中混入了其他品种材料，如石膏矾土膨胀水泥中混入了硅酸盐水泥或石灰，轻者影响补偿收缩混凝土的膨胀性能，重者可使混凝土遭到破坏。

(3) 在配制补偿收缩混凝土时，由于计量不准确、搅拌不均匀、养护不重视，很容易造成补偿收缩混凝土性能不稳定。

(4) 配制补偿收缩混凝土所用的材料品质不合格，匀质性较差，骨料级配不良，或多次进料，来源不同，材质变动较大，都可能造成补偿收缩混凝土性能不稳定。

(5) 混凝土的水灰比控制不严格，粉料和粗细骨料中的含水率不按规定测定，配合比不根据实际情况进行调整；或者加水设备失灵，仅凭拌和物坍落度控制用水量；或者用体积比替代材料的质量比。

### 3. 防治措施

(1) 配制补偿收缩混凝土所用的水泥，应当符合现行国家标准中的规定和设计要求。对于储存期超过 3 个月的膨胀水泥，不仅需要复验其强度下降率，而且还应测试其膨胀率，然后才能确定其能否继续使用。对于受潮、结块的水泥，不得再用于工程。

(2) 膨胀剂的品种应根据工程地质和施工条件进行选择，其配合比应通过试验确定，膨胀剂的技术指标应当符合现行国家标准中的规定并稳定。如石膏、明矾等膨胀剂，其纯度应保持一致，如果品种和性能有变化，则应重新进行膨胀性能和抗压强度的试验，不能任意套用其他工程的经验用量。

（3）配制补偿收缩混凝土所用的骨料，应当符合现行国家标准中的规定和设计要求。为保证材料质量的稳定性和一致性，应尽可能一次性从同一厂家进货。

（4）膨胀水泥和膨胀剂的存放地点，应保持洁净和干燥，防止其他品种水泥或杂物混入。在配制某一种补偿收缩混凝土时，对于原来用过的搅拌、运输机具、浇筑和振捣机具，应当彻底清除粘在上面的水泥浆块或残留物，防止混入新搅拌的补偿收缩混凝土中，影响补偿收缩混凝土的膨胀性能和其他性能。

（5）补偿收缩混凝土要充分搅拌均匀，搅拌时间不得少于 3min，并且比未掺加外加剂的混凝土延长 30s。从搅拌机出料口出料至浇筑完毕的允许时间，应当通过试验确定。

（6）为保证补偿收缩混凝土的密实性和膨胀性能，一般补偿收缩混凝土应采用机械进行振捣。拌和物坍落度在 15cm 以上的填充用补偿收缩混凝土，可以不采用机械进行振捣。

（7）如果因施工环境温度过高，混凝土拌和物坍落度损失较大，拌和物发生黏结现象，浇筑振捣都比较困难时，应当弃之不用，不允许在混凝土中加水搅拌重新用于工程。

（8）当补偿收缩混凝土施工环境温度高于 35℃时，水泥和骨料均应采取遮阳措施，防止烈日暴晒；当施工环境温度低于 5℃时，应当采取保温措施。

## 三、混凝土产生收缩裂纹，强度较低

### 1. 质量问题

补偿收缩混凝土在凝结硬化后，表面上出现一些浅层性、无规则的细小裂纹，这些裂纹大多数是宽度在 0.1mm 以下肉眼难见或不可见的微裂纹，其强度一般比相同水灰比的普通混凝土低。

### 2. 原因分析

（1）补偿收缩混凝土的配合比设计不当，或者配制混凝土的强度等级较低，或者配制中使用了过期、受潮、结块的水泥。

（2）补偿收缩混凝土的水灰比过大，单位体积的用水量过多，从而造成混凝土的膨胀率降低，收缩率增大；或者在混凝土中掺加了使混凝土增大收缩率的缓凝剂。

（3）配制补偿收缩混凝土所用的骨料级配不好，或者骨料中含泥量和泥块含量超标，从而造成混凝土的和易性和密实性均较差，使混凝土容易产生收缩裂纹，且强度较低。

（4）补偿收缩混凝土浇筑完毕后，未能及时进行养护，或者养护温度和湿度不满足，或者养护时间不够，或者养护时表面未覆盖失水过快，甚至出现混凝土脱水，均可以使混凝土产生收缩裂纹，强度有所降低。

（5）补偿收缩混凝土的配合比不当，或者配制中材料计量不准确，尤其是掺加的膨胀剂称量有误，加大了使用量，容易产生收缩裂纹和强度不满足设计要求。

### 3. 防治措施

（1）配制补偿收缩混凝土所用的水泥，应当符合现行国家标准中的规定和设计要求。对于储存期超过 3 个月的膨胀水泥，不仅需要复验其强度下降率，而且还应测试其膨胀率，然后才能确定其能否继续使用。对于受潮、结块的水泥，不得再用于工程。

（2）严格对混凝土配合比的计量。水泥、膨胀剂和水的称量误差，必须控制在±1%以内；

粉料和粗细骨料的称量误差，必须控制在±2%以内。配料必须使用称量准确的计量仪器，不得用目测拌和物的坍落度替代水灰比的控制。

(3) 配制补偿收缩混凝土所用的水泥与掺加的膨胀剂，必须具有较好的相容性，一般应符合下列规定。

① 对于硫铝酸钙类膨胀剂（明矾石膨胀剂除外）、氧化钙类膨胀剂，宜采用硅酸盐水泥和普通硅酸盐水泥，如果采用其他品种的水泥，应通过材料试验确定。

② 对于明矾石膨胀剂，宜采用普通硅酸盐水泥和矿渣硅酸盐水泥，如果采用其他品种的水泥，也应通过材料试验确定。

(4) 配制补偿收缩混凝土的水泥用量，一般不应少于 300kg/m³，水灰比和配合比均应通过试确定，不得任意套用。在满足补偿收缩混凝土拌和物和易性和施工流动性要求的条件下，拌制混凝土的用水应尽量少些。所采用粗细骨料的技术指标，应符合现行国家标准中的规定。

(5) 如果施工条件能够满足，缓凝剂尽量不要使用，以防止增大补偿收缩混凝土的收缩。当因需要必须使用时，必须经试验证实具体延缓补偿收缩混凝土的初凝时间，并且验证确实不损害混凝土的强度和膨胀性能，否则不得使用。使用的缓凝剂称量一定要准确，计量误差不得超过±1%。

(6) 补偿收缩混凝土浇筑和振捣完毕后，应立即采取挡风、遮阳或喷雾等技术措施，以防止混凝土表面水分蒸发过快；当混凝土浇筑 8～12h 后，应用湿草袋等物品覆盖养护，养护时间不得少于 14d。在补偿收缩混凝土养护期间，应当根据施工环境温度和湿度情况，不断地进行洒水，使混凝土养护处于湿润状态。

(7) 当补偿收缩混凝土施工环境温度高于 35℃时，水泥和骨料均应采取遮阳措施，防止烈日暴晒；当施工环境温度低于 5℃时，应当采取保温措施，以利于混凝土强度的正常增长和膨胀性能的正常发挥。

# 第六节 防辐射混凝土工程质量问题与防治

防辐射混凝土是一种能够有效防护对人体有害射线辐射的新型混凝土，也可称为屏蔽混凝土、防射线混凝土、原子能防护混凝土、核反应堆混凝土等。防辐射混凝土一般要防止的是α、γ、β、χ射线和中子流，因为该混凝土的表观密度要比普通混凝土大，因此又称为重混凝土。防辐射混凝土所用材料具有吸收射线的能力，吸收能力的大小与材料的密度成正比。

防辐射混凝土的研制和应用，是随着原子能工业和核技术的发展应用而发展起来的。据了解，在近二十年，防辐射混凝土技术不仅用于国防建设，而且以大量用到农业、工业等各个领域，如同位素在工业上的应用、核能发电、核废料的封固等。

防辐射混凝土不但要求其表观密度大，含结晶水较多，而且要求混凝土具有较好的匀质性，混凝土的收缩率很小，不允许有裂缝、孔洞等缺陷存在，还要求具有一定的结构强度和耐热性能。

## 一、混凝土的强度达不到设计要求

### 1. 质量问题

在进行防辐射混凝土浇筑施工中，按照规定对混凝土取样进行强度试验，结果表明试件的强度达不到设计要要求的强度等级。

## 2. 原因分析

(1) 配制防辐射混凝土所用的水泥强度等级较低，或者采用的混凝土水灰比偏大，或者使用的水泥过期、受潮、结块。

(2) 防辐射混凝土配合比设计不当，或者骨料的级配不符合要求，空隙率较大；或者所用的骨料品质不良，泥土、泥块含量和杂质较多。

(3) 防辐射混凝土拌和物的和易性较差，浇筑和振捣匀比较困难，不能使混凝土的密实度满足设计要求，再加上养护条件不够和对养护不重视，混凝土的强度无法保证。

(4) 在防辐射混凝土的施工过程中，由于计量仪器失灵，或者以拌和物的坍落度控制配合比，或者搅拌时间不足，或者浇筑和振捣方法不正确等，均可使防辐射混凝土的强度降低。

## 3. 防治措施

(1) 选择适宜的水泥品种配制防辐射混凝土，一般优先选用矾土水泥或硫酸钡水泥，也可以选用强度等级不低于 42.5MPa 的硅酸盐水泥和普通硅酸盐水泥。混凝土拌和物的坍落度不宜过大，应控制在 20～40mm 范围内。如果要求拌和物的坍落度较大时，应考虑掺加减水剂，以免由于几种骨料的表观密度相差较大而引起不均匀的下沉。

(2) 混凝土的水灰比选择是进行混凝土配合比设计中的关键指标，应当首选满足混凝土设计要求的强度。在防辐射混凝土的施工过程中，不得随意以掺加水的方法来调整混凝土拌和物的坍落度。

(3) 在配制不同表观密度的防辐射混凝土时，对骨料块状的表观密度可参见表 4-22 中的数值。当矿石的表观密度较小，不能配制出所要求的防辐射混凝土时，可掺入一定量的金属铁块或铁砂粒，金属铁块的规格为 20mm×25mm×35mm，或者选用圆柱体（如钢筋头等）。

**表 4-22　不同表观密度的防辐射混凝土对骨料块状表观密度的要求**　单位：$kg/m^3$

| 混凝土设计表观密度 | 3000 | 3100 | 3200 | 3300 | 3400 | 3500 | 3600 |
|---|---|---|---|---|---|---|---|
| 骨料块状表观密度要求 | 3600～3800 | 3700～3900 | 3800～4000 | 4000～4100 | 4100～4200 | 4300～4400 | 4400～4500 |

(4) 配制防辐射混凝土所用的粗细骨料，应选用表观密度大、含铁量高、级配良好的赤铁矿、磁铁矿和重晶石等加工制成的矿石和矿砂，其技术性能应符合现行有关标准中的规定。

(5) 配制防辐射混凝土所用的水要求比配制普通混凝土高，水质要符合人饮用水的标准，pH 值不应小于 4。

(6) 防辐射混凝土每次浇筑的厚度不宜过大，一般应控制在 120～150mm 范围内，以保证混凝土振捣密实。当采用插入式振捣器进行振捣时，每层的浇筑厚度宜为 150mm；当采用人工振捣时，每层的浇筑厚度宜为 120mm。振捣的时间一般为 15s 左右，以混凝土表面出现均匀的水泥浆为准。如果振捣的时间过长，会引起骨料的不均匀下沉。混凝土从搅拌均匀出罐，至浇筑完毕的时间不得超过 2h。

(7) 加强对防辐射混凝土的养护。以硅酸盐水泥和普通硅酸盐水泥为胶结料配制的防辐射混凝土，其养护要求与普通水泥混凝土相同。对于用矾土水泥或石膏矾土水泥为胶结料配制的防辐射混凝土，如果施工环境温度大于 35℃时，应对骨料采取遮阳措施，浇筑后应避免阳光暴晒，并采取挡风或喷雾措施，防止水分蒸发过快。在混凝土浇筑后 8～12h，立即用湿草袋覆盖养护，时间不得少于 14d，自始至终应使混凝土处于湿润状态。当施工环境温度低于 5℃时，应采取保温措施，以利用混凝土强度的正常增长。

（8）在防辐射混凝土配料、搅拌、运输、浇筑和振捣的各个工序的施工机具，都应当彻底清理干净，防止硅酸盐水泥或普通硅酸盐水泥的残留物混入防辐射混凝土中，影响防辐射混凝土的施工质量。

（9）适宜的配合比是确保防辐射混凝土具有设计防辐射功能的关键，在施工过程中应根据常用配合比进行试配，通过材料试验得出符合工程实际的配合比，千万不可盲目地套用某一工程的配合比。

## 二、混凝土的防辐射能力达不到要求

### 1. 质量问题

配制的防辐射混凝土防辐射能力不符设计要求，经试验证明有些射线仍能穿透防辐射混凝土，对人造成一定的伤害，起不到防辐射的作用。

### 2. 原因分析

（1）配制防辐射混凝土所用的水泥和骨料品种不适合，对混凝土的技术性能不完全掌握，组成的防辐射混凝土与射线防护要求不吻合。

（2）对防辐射混凝土工程的防护设计有误，主要表现在混凝土结构厚度不够、对防护射线种类了解不清楚、对所用的材料性能未试验确定等。

（3）选用的骨料表观密度不满足防护要求，致使混凝土的表观密度较低；或者骨料的级配不良，空隙率较大，混凝土的密实度不符合设计要求；或者骨料的质量不符合要求，如泥土含量泥块含量和杂质较多。

（4）在防辐射混凝土配制中，由于计量不准确搅拌不均匀养护不合格，结果造成混凝土出现一些质量缺陷，达不到防辐射的设计要求。

### 3. 防治措施

（1）选择适宜的骨料品种。配制防辐射混凝土，关键在于选择适宜的骨料品种。骨料的选择应有针对性，应当根据要求防护的射线而确定。如防中子辐射，应选择含结合水多的褐铁矿骨料；如防 $\gamma$ 射线，应选择表观密度较大的铁质骨料；如防护结构处于低温和高于 100℃的环境下，不得选择重晶石。

（2）针对射线防护性能的具体要求，选择适宜的胶结料品种。如对于中子射线的防护，宜选用矾土水泥或石膏矾土水泥，而不宜选用硅酸盐水泥或普通硅酸盐水泥，因为后两种水泥所含的结合水要比前两种少。

（3）改善所用骨料的级配，增大混凝土的表观密度，从而增强混凝土的防辐射能力。配制防辐射混凝土，一般宜采用混合骨料，混合骨料可以有不同的组合，如用铁质骨料作为粗骨料，而褐铁矿矿砂作为细骨料等。粗骨料也可以是两种或两种以上的铁质骨料、铁矿石或普通岩石骨料组成。混合骨料可以发挥取长补短的作用，在工程中应用比较广泛。

配制防辐射混凝土常用粗骨料的最大粒径为 40mm，其筛分曲线应落在图 4-1 的阴影内，细骨料的筛分曲线应落在图 4-2 的阴影内。

（4）配制防辐射混凝土所用骨料的技术性能，应当符合现行国家标准《防辐射混凝土》(GB/T 34008—2017) 中的规定。防辐射混凝土所用骨料的技术性能如表 4-23 所列。

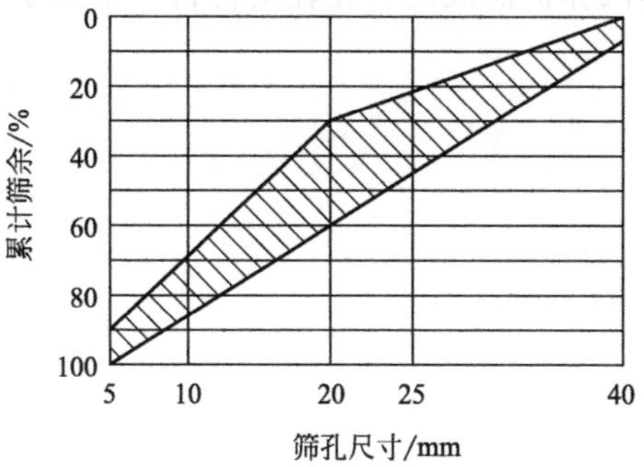


图 4-1 防辐射混凝土粗骨料筛分曲线

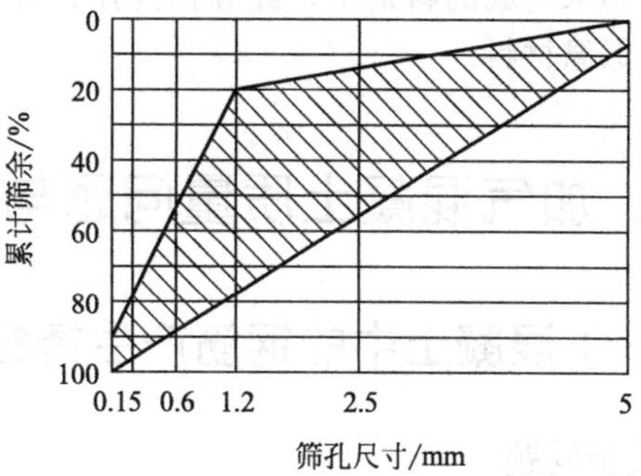


图 4-2 防辐射混凝土细骨料筛分曲线

表 4-23 防辐射混凝土所用骨料的技术性能

| 骨料种类 | 表观密度/(kg/m³) | | 密度/(g/cm³) | 技术要求 |
|---|---|---|---|---|
| | 细骨料 | 粗骨料 | | |
| 赤铁矿 | 1600～1700 | 1400～1500 | 3.2～4.0 | 表观密度应当大，坚硬石块的含量应当多；细骨料中的氧化铁含量不低于 60%，粗骨料中的氧化铁含量不低于 75%，只允许含少量杂质 |
| 磁铁矿 | 2300～2400 | 2600～2700 | 4.3～5.1 | |
| 褐铁矿 | 1000～1700 | 1400～1500 | 3.2～4.0 | 氧化铁含量不低于 70%，只允许含少量杂质 |
| 重晶石 | 3000～3100 | 2600～2700 | 4.3～4.7 | 硫酸钡的含量不低于 80%，含石膏或黄铁矿的硫化物及硫酸化合物的含量不超过 7% |

(5) 为了改善防辐射混凝土的防护性能，可将一些掺合料掺入混凝土中，例如掺入适量的硼、硼化物和锂盐等。硼和硼化物是防辐射混凝土中良好的掺合料，硼和硼化物能有效地抑制中子，且不形成第二次 $\gamma$ 射线，可降低防辐射混凝土的结构厚度。例如含硼的同位素的钢材，其吸收中子的能力要比铅高 20 倍，比普通混凝土高 500 倍。

(6) 防辐射混凝土的配合比设计，除了确保防护 $\gamma$ 射线等所需要的表观密度和防中子流所必须的结合水这两个基本指标外，混合料还应具有必要的和易性，以及设计要求的强度和经济性。在可能的条件下，应尽量采用较大的粗骨料，在不使混合料性能变坏的条件下，砂率应尽可能小些，这样可节省水泥用量。

(7) 防护结构的设计厚度，应综合考虑拟选用材料的种类、防护射线的类别、剂量大小、材料来源以及工程经济性等因素，既不要过薄达不到防护要求，也不宜太厚造成工程浪费。

# 第七节 多孔混凝土工程质量问题与防治

多孔混凝土是在混凝土内部均匀分布大量细小的气孔、不含骨料的轻质混凝土。根据气孔产生的方法不同，多孔混凝土分为加气混凝土和泡沫混凝土两大类。

加气混凝土是由磨细的硅质材料（石英砂、粉煤灰、矿渣等）、钙质材料（水泥、石灰等）为原料，加水适量的发气剂（铝粉、双氧水等）和水，经搅拌、浇筑、发泡、静停、切割和蒸压养护而得的多孔混凝土。

泡沫混凝土是用机械的方法将泡沫剂水溶液制备成泡沫，并将泡沫加入由含硅材料、钙质材料和水组成的料浆中，经混合搅拌、浇筑成型、蒸汽养护而成的多孔轻质材料，常用于制作各种保温材料。

# 一、加气混凝土质量问题与防治

## （一）混凝土中的钢筋产生锈蚀

### 1. 质量问题

加气混凝土中的钢筋未按有关规定进行防腐处理，加上加气混凝土是一种典型的多孔混凝土，腐蚀介质很容易侵入混凝土内部，使钢筋产生锈蚀。

### 2. 原因分析

（1）加气混凝土是一种多孔性的建筑材料，其渗透性比较高，空气中的水分氧气和其他侵蚀性介质很容易侵入混凝土内部，从而造成混凝土中的钢筋产生锈蚀。

（2）加气混凝土一般情况下碱度都比较低，能使混凝土中的电化学腐蚀过程得以顺利进行，特别是在湿度较高的空气介质中，以及干湿交替的环境下，混凝土中的钢筋容易产生锈蚀。

### 3. 防治措施

（1）对于加气混凝土结构中所配置的钢筋，应当按有关规定进行防腐处理。所用的防腐剂应满足下列几点要点：①具有良好的不透水性，并能有效地防止氧气和有害气体的扩散渗透；②能较长时间内使混凝土保持较高的碱度；③防腐的质量应符合有关标准要求，不得含有有害杂质；④与钢筋及加气混凝土有良好的黏结力。

（2）选用适宜的钢筋防腐剂，加气混凝土常用的钢筋防腐剂有以下几种。

① 有机溶剂型的聚苯乙烯类钢筋防腐剂性能良好，不仅能经受高温作用，与加气混凝土有较高的黏结力（可达到2～2.5MPa），而且其储存期长，干燥时间短。

② 乳胶漆防腐剂不仅具有良好的防腐、耐水和抗碱性能，而且具有一定的弹性和耐热性能。以上两种钢筋防腐剂，均是配制加气钢筋混凝土很好的材料。

## （二）混凝土抹灰层开裂与空鼓

### 1. 质量问题

装饰于加气混凝土结构表面的抹灰层，在干燥硬化的过程中产生开裂和空鼓等现象；在加气混凝土砌块表面或表层下析出盐类结晶体，俗称为白霜现象，也会引起抹灰层开裂与空鼓。

### 2. 原因分析

（1）析出盐类结晶体而引起的开裂与空鼓。加气混凝土所用砂中含有氧化钠和氧化钾，在加气混凝土中能生成可溶性的硫酸钠、硫酸钾或碳酸钠和碳酸钾。在外界环境温度变化的影响下，加气混凝土中的水则发生迁移，随之盐类从混凝土结构内部转移到表面上，由于抹灰材料的膨胀性能与盐类析出过程产生的晶体膨胀不相适应，晶体产生的膨胀应力会挤破材料的孔隙壁，从而导致抹灰层产生开裂与空鼓，甚至出现脱落和剥落。

工程实践充分证明，钠盐的析出危害性要比钾盐析出危害性更严重。因为钠盐的吸水性比较强，结晶颗粒也比较大，所以破损作用也比较严重。

（2）加气混凝土与抹灰材料的膨胀系数有较大差异。水泥砂浆和加气混凝土的线膨胀系数相差较大，环境温度稍微发生变化，两者的变形差异就比较大，在界面上产生剪力，而一般所用的抹灰材料都是脆性材料，不能适应加气混凝土的湿胀干缩。由于变形和变形承受能力上的差异较大，使抹灰层产生开裂与空鼓乃至脱落。

（3）加气混凝土与抹灰材料的吸湿和解湿性能有较大差异。加气混凝土的吸湿性较慢，当浇灌第一遍水时，仅有少量的水被吸收，大部分水流掉，且持续吸水和解水的时间都较长。抹灰层与加气混凝土不同，在吸水与解水的速度和数量上均有差别，导致抹灰层沿着厚度方向的含水梯度十分显著，使抹灰层与加气混凝土的结合层、抹灰面层与底层等的含水率各不相同，抹灰层的表面已干燥，但基层的含水率仍然很大，造成抹灰层干燥收缩应力过大，从而使抹灰面层产生开裂。

（4）加气混凝土表面与其内部的含水率相差也很大，从而产生的收缩不相同，使抹灰层所受的拉力超过其抗拉强度而产生开裂与空鼓乃至脱落。

（5）材料的强度存在较大差异。如果表面抹灰层的厚度过大，抹灰水泥砂浆的强度比较高，加气混凝土的强度小于抹灰水泥砂浆的强度，从而形成底弱面强，违反了抹灰工程的基本要求，也会使抹灰层产生开裂与空鼓。

（6）在加气混凝土结构表面抹灰前，对加气混凝土表面未进行认真清理，或者表面浮灰较多，或者表面上有污物，严重影响抹灰层与基层的结合，从而使抹灰层产生开裂与空鼓。

（7）在加气混凝土结构表面抹灰前，对加气混凝土表面未进行认真湿润，因湿度不够或过大而造成抹灰层与基层的结合不良。

### 3. 防治措施

（1）为了防止出现加气混凝土产生开裂、空鼓或脱落，可采用下述方式和技术措施进行抹灰饰面工作。

① 认真修整抹灰基层　在抹灰前先对基层面凹凸不平进行修整，砌筑灰浆不饱满处和砌块缺陷处，可用1∶1∶6（水泥∶石灰膏∶砂子）的水泥混合砂浆找平。

② 抹灰前浇水湿润基层　在正式抹灰前1d应淋水两次，如果天气比较炎热（高于28℃），应提前2d淋水湿润，每天不少于两次，每次同一基层面的受水时间不少于5min，在抹灰时再喷水一次，以渗入砌块内深度达8～10mm为宜。

③ 涂刷结合层　为了增加抹灰砂浆与加气混凝土的黏结力，在抹灰前还要涂刷一遍结合层，结合层一般用水泥浆或掺加10%的108胶水溶液拌制的水泥浆。

④ 精心抹底灰　结合层涂刷完毕后，应立即抹底灰，一般常用1∶1∶6（水泥∶石灰膏∶砂子）的水泥混合砂浆抹两遍，第一遍的厚度为7～9mm，第二遍的厚度为7mm以下，其间隔的时间以不少于48 h为宜。

⑤ 涂刷水泥浆　两遍底灰抹完毕并收水后，在用手按能留有痕迹时，在其表面随即刮一层素水泥浆，厚度约为1～1.5mm。素水泥浆要调成糊状，每次的配制量不宜过多，应做到随配随用。为防止水泥浆凝结过快，可用缓凝剂或用含5%的108胶水溶液拌制。

⑥ 为防止砂浆本身出现裂缝，可在拌制的水泥混合砂浆中掺加水泥质量2%～3%的建筑石膏。为避免水泥混合砂浆凝过快，可掺入适量的缓凝剂。

⑦ 室外抹灰应避开阴雨天或烈日暴晒，或采取相应的措施予以防范。冬季雨雪天气或零

下施工条件下，应当停止作业。在气温低于5℃温度下施工应有保温措施，刮风天气应将门窗洞口进行遮挡，以防止水分蒸发过快而出现裂缝。

(2) 尽可能选用同一厂家、同一品种、同一批次的加气混凝土，这样可以减少饰面（抹灰层）工程质量控制的难度，从便用同一技术措施进行防范。

(3) 加气混凝土“蒸压”处理后应立即进行烘干，以降低出厂的含水率，使这部分干缩收缩消除在使用到建筑物上之前。如果施工现场有条件，也可以采用类似或其他方法来降低加气混凝土的含水率，减少加气混凝土的收缩变形。

(4) 防止加气混凝土吸水收缩干缩的反复进行，这是减缓析出盐类现象的有效措施之一。对加气混凝土进行憎水处理有助于防止析盐。

# 二、泡沫混凝土质量问题与防治

## (一) 混凝土的抗压强度较低

### 1. 质量问题

用于保温隔热的泡沫混凝土，在表观密度小于或等于400kg/m$^3$时，其抗压强度还达不到0.4MPa，强度比较低，不能满足建筑工程的实际要求。

### 2. 原因分析

(1) 配制泡沫混凝土采用的水泥强度等级较低，或者混凝土中掺加的水泥用量不足，或者使用的水泥过期、受潮、结块，均可以造成泡沫混凝土的抗压强度较低。

(2) 配制泡沫混凝土采用的泡沫剂存放时间太长，泡沫剂质量变质，泡沫的稳定性（坚韧性）变差，或者泡沫剂的掺量过多，也可以造成泡沫混凝土的抗压强度较低。

(3) 配制泡沫混凝土采用的骨胶或皮胶质量不符合设计要求，有腐臭或发霉现象，采用的松香发黏，均能使泡沫混凝土的抗压强度降低。

(4) 泡沫混凝土的配合比设计不当，组成材料的比例不符合要求，尤其是水料比例过大；或者在配制中计量不准确，均能影响泡沫混凝土的抗压强度。

(5) 配制泡沫混凝土采用的骨料质量较差，例如骨料的级配不良，含泥量和泥块含量严重超标，骨料中的含水率过大等，都会降低泡沫混凝土的抗压强度。

(6) 在配制泡沫混凝土时，由于搅拌时间过长，混凝土中的泡沫破损较多，这样既增大了泡沫混凝土的表观密度，又破坏了混凝土中的泡沫结构，严重影响混凝土强度的正常增长。

### 3. 防治措施

(1) 配制泡沫混凝土采用的水泥强度等级，一般不应低于32.5MPa，水泥用量一般不宜少于250kg/m$^3$。所用的水泥储存期不应超过3个月，不得使用过期、受潮、结块的水泥。

(2) 配制泡沫混凝土所用的骨胶或者皮胶要透明，不得含有脂肪杂质，无腐臭味或发霉现象。使用时，应测定比黏度及含水率；所用的松香应洁净透明，软化温度不低于65℃，不含松油脂和其他油脂杂质，在干燥状态时不发黏，且不呈现浑浊红色，使用时应测定皂化值；所用的碱纯度应在85%以上，使用时应进行测定。

(3) 常用的松香泡沫剂是用一定量的松香、碱和胶，加适量的水熬制而成的。为了获得质量可靠的泡沫剂，各种材料的用量应当通过计算确定，并按照一定要求进行配制。

（4）通过试验确定水泥用量和水料比，这是满足泡沫混凝土表观密度和抗压强度两个技术指标的重要参数。

（5）用于配制泡沫混凝土的泡沫剂的质量，必须满足以下指标：1h后泡沫的沉陷距不大于10mm；1h后的泌水量不大于80mL；泡沫的倍数不小于20。

（6）严格混凝土配制中的计量工作，不允许用体积比来代替质量比。骨料水泥的称量误差应符合现行国家标准的规定，泡沫剂的称量误差不得大于±2%。

（7）由于泡沫剂种类不同、性能不同、掺量不同和搅拌机械不同，其搅拌时间也不相同，为防止泡沫出现过多损失和破坏泡沫结构，搅拌时间必须通过试验确定。

（8）如果受混凝土表观密度的限制，无法进一步增大水泥用量和改变水料比时，可以采用较高一级强度等级的水泥配制泡沫混凝土。

## （二）混凝土的坍陷量比较大

### 1. 质量问题

在泡沫混凝土浇筑入模硬化后，肉眼观察可见有明显沉陷和坍陷现象，其表观密度和热导率均比正常值大，绝热性能比较差，其隔热保温性能不能满足设计要求。

### 2. 原因分析

（1）在配制泡沫混凝土时，水泥与泡沫剂的比例不当，水泥的用量过少，泡沫剂的用量过多，结果就会出现表面坍陷较大。

（2）配制泡沫混凝土采用的泡沫剂存放时间太长，泡沫剂质量变质，泡沫的稳定性（坚韧性）变差，或者泡沫剂的掺量过多，也可以造成泡沫混凝土表面坍陷较大。

（3）配制泡沫混凝土采用的骨胶或皮胶质量不符合设计要求，有腐臭或发霉现象；采用的松香出现发黏，颜色变的较深；采用的碱的纯度过低。

### 3. 防治措施

（1）配制泡沫混凝土采用的水泥强度等级应适宜，一般不应低于32.5MPa，水泥用量一般不宜少于250kg/m$^3$。

（2）配制泡沫混凝土所用的骨胶或者皮胶要透明，不得含有脂肪杂质，无腐臭味或发霉现象。使用时，应测定比黏度及含水率；所用的松香应洁净透明，软化温度不低于65℃，不含松油脂和其他油脂杂质，在干燥状态时不发黏，且不呈现浑浊红色，使用时应测定皂化值；所用的碱纯度应在85%以上，使用时应进行测定。

（3）常用的松香泡沫剂是用一定量的松香、碱和胶，加适量的水熬制而成的。为了获得质量可靠的泡沫剂，各种材料的用量应当通过计算确定，并按照一定要求进行配制。

（4）通过试验确定水泥用量和水料比，这是满足泡沫混凝土表观密度和抗压强度两个技术指标的重要参数。

（5）配制泡沫混凝土所用的材料计量要准确，不得随便加大用水量或增加泡沫剂用量，严格执行通过试验确定的配合比。泡沫剂在存放期间要妥善保管，防止雨水或杂物侵入，使用前应再进行核查，确认可行后才能用于工程。

# 第八节 轻骨料混凝土工程质量问题与防治

轻骨料混凝土是指采用轻质粗骨料、轻质细骨料、水泥和水等材料配制而成的混凝土，其表观密度不大于 1900kg/m³。所谓轻质骨料是为了减轻混凝土的质量以及提高热工效果为目的而采用的骨料，其表观密度要比普通骨料低。

轻骨料混凝土具有表观密度小、比强度比较高、保温性能好、耐高温性能强和抗震性能好等特点，并且变形性能良好，弹性模量较低，在一般情况下收缩和徐变也较大。轻骨料混凝土适用于装配式或现浇的工业与民用建筑，特别适用于高层及大跨度建筑。

## 一、轻骨料混凝土出现收缩裂纹

### 1. 质量问题

在拆除模板后发现混凝土表面有少量肉眼可见的不规则裂纹，以及大量借助放大镜才能观察到的微裂纹，缝隙的宽度一般在 0.05～0.10mm 之间，多数呈现于浇筑混凝土的暴露面，不仅严重影响混凝土的表面美观，而且严重影响混凝土的抗渗性能。

### 2. 原因分析

(1) 配制的轻骨料混凝土拌和物的坍落度过大，导致拌和物的和易性较差。由于水泥和水泥浆量比较大，所以在混凝土硬化后很容易出现收缩裂纹。

(2) 轻骨料混凝土拌和物的总用水量，由有效水或游离水和骨料颗粒孔隙中包含的水组成。所以其水灰比可分为总水灰比和有效水灰比。如果这两种水灰比比较大，很容易使混凝土出现干缩裂缝。

(3) 配制轻骨料混凝土所用的材料质量不符合要求，例如骨料中的含泥量泥块含量和其他杂质严重超标，势必严重影响混凝土的质量。

(4) 在进行轻骨料混凝土配合比选择和设计时，忘记考虑附加用水量问题；或者仅凭着施工经验而确定配合比，没有对配合比进行实际测定和试验；或者在实际施工中未认真执行确定的用水量。

(5) 轻骨料混凝土拌和物搅拌、运输、停留的时间过长，轻骨料的吸水率增大，由于失水和水分蒸发而产生收缩变形。

(6) 如果轻骨料混凝土浇筑暴露面的面积过大，不能及时进行覆盖，湿养护的时间比较短，或者水分散失、蒸发速度过快，混凝土内外含水率梯度大，从而也会出现收缩裂缝。

### 3. 防治措施

(1) 配制轻骨料混凝土所用的骨料质量，必须符合现行国家标准的规定。天然或工业废料轻骨料的含泥量不得大于 2%，人工轻骨料不得含有夹杂物或黏土块。

(2) 轻骨料的附加用水量应取样进行测定，不能采用估算的方法，检测结果应具有代表性。

(3) 在进行轻骨料混凝土配合比设计中，应当分清混凝土的总水灰比和有效水灰比。因此。必须对轻骨料的附加用水量（1h 的吸水率）或饱和面干的含水率进行测定，并进行相应调整或处理。

（4）所采用轻骨料的附加用水量（1h的吸水率），应符合现行有关标准的要求。如粉煤灰陶粒不大于22%；黏土陶粒和页岩陶粒不大于10%。超过规定吸水率的轻骨料不可随便使用，以免对轻骨料混凝土的物理力学性能造成危害。

（5）配制轻骨料混凝土对于粗骨料级配的要求，应符合表4-24中的规定。

**表4-24　配制轻骨料混凝土对于粗骨料级配的要求**

| 混凝土的用途 | 筛孔尺寸/mm | | | | | |
|---|---|---|---|---|---|---|
| | 5 | 10 | 15 | 20 | 25 | 30 |
| | 累计质量筛余/% | | | | | |
| 保温及结构保温用 | ≥90 | — | 30～70 | — | — | ≤10 |
| 结构用 | ≤90 | 30～70 | — | — | — | — |

（6）轻骨料混凝土宜采用强制式搅拌机进行搅拌，并按照规定的顺序进行加料。其加料的顺序是：当轻骨料在搅拌前已预先湿润时，应先将粗细骨料和水泥搅拌30s，再加水继续进行搅拌；若轻骨料在搅拌前未预先湿润时，则应先加用水总量的50%和粗骨料搅拌60s，然后再加入水泥和剩余的用水量继续搅拌，直至搅拌均匀为止。

通过试验掺加外加剂时，应先将外加剂溶于一部分水中，待完全混合均匀后，再将溶液加入剩余的水中，但不可将粉料或液态外加剂直接加入搅拌机内。

（7）合理安排混凝土搅拌、运输、停留和浇筑的时间，一般情况下整个过程不要超过45min。当混凝土达到终凝后，立即进行湿养护，养护时间不得少于7d，并尽可能适当延长湿养护的时间，防止产生收缩裂缝。当采用蒸汽养护时，静置的时间不宜小于1.5～2.0h，而且温度的升高和下降不可过快，以避免混凝土出现裂纹等质量缺陷。

（8）配制轻骨料混凝土的有效用水量，可参考表4-25中的数值。

**表4-25　轻骨料混凝土的有效用水量**

| 轻骨料混凝土的施工条件 | 拌和物的和易性 | | 有效用水量/(kg/m³) |
|---|---|---|---|
| | 工作度/s | 坍落度/mm | |
| 预制混凝土构件、现浇混凝土 | 小于30 | 0～30 | 155～200 |
| 采用机械振捣的混凝土 | — | 30～50 | 165～210 |
| 采用人工捣实混凝土或钢筋稠密混凝土 | — | 50～80 | 200～220 |

注：1. 表中数值适用于圆珠型或普通型粗骨料，对于碎石粗骨料需按表中数据增加10%左右的水。
2. 表中数值系指采用普通砂。如果采用轻砂时，需另加1h吸水率的附加水或10L左右的水。

（9）在配制C10以下轻骨料混凝土时，允许掺加占水泥质量的20%～25%的粉煤灰或其他磨细的水硬性矿物掺合料，以改善轻骨料混凝土拌和物的和易性。

（10）轻骨料混凝土的浇筑应分层连续进行。当采用插入式振捣器时，浇筑厚度不宜超过300mm；当采用表面式振捣器时，浇筑厚度不宜超过200mm，并在振捣时适当加压。对于上浮或浮露于表面的轻骨料，可用木板拍等工具进行拍压，使其压入混凝土中，然后再用抹子抹平。

## 二、轻骨料混凝土坍落度波动大、损失大

### 1. 质量问题

（1）用同样的材料、同样的配合比，配制的轻骨料混凝土拌和物，经过随机抽查拌和物的

坍落度，发现各次的测定值不相同，有的差值甚至超过 20mm。

（2）材料试验表明，轻骨料混凝土拌和物坍落度的损失，在相同流动性和施工条件相同下，要比普通混凝土大得多，其差值可达 20mm 以上。

## 2. 原因分析

（1）配制轻骨料混凝土的骨料级配不良，骨料的匀质性比较差，很容易造成混凝土拌和物的坍落度波动较大。

（2）轻骨料的附加吸水率（1h 的吸水率）试样缺乏代表性，或者粗骨料饱和面干的含水率测试不准确，试样缺乏代表性，或者粗骨料用水饱和时，各部位被湿润的状况差异较大。

（3）各批进场的粗骨料品质不一样，尤其表现在附加吸水率和饱和吸水率两个指标上，前后差别比较大，配制混凝土时又未能及时予以调整，导致轻骨料混凝土拌和物的坍落度前后不一，而且损失较快。

（4）轻骨料混凝土的搅拌、运输、停留和浇筑时间过长，特别是在高温和干燥的施工环境中，混凝土拌和物的坍落度损失较大。

（5）配制轻骨料混凝土所用的砂子，由于材料来源不同、级配不同、品质不同和细度模数不同，使配制的轻骨料混凝土坍落度有较大差异。

## 3. 防治措施

（1）配制轻骨料混凝土所用的轻骨料，应当尽量选用同一厂家、同一产地、同一规格和同一品种，并尽可能一次足量进场。如果分批进场，则应分别检验其附加用水量和饱和含水率，进行用水量的调整，以利于保证混凝土拌和物坍落度的稳定性。

（2）选用同一产地、同一规格和同一品种的颗粒级配良好的砂子为细骨料，其细度模数的波动不宜大于 0.40。在配制“全轻”混凝土时，所用的轻细骨料也应满足类似要求。

（3）测定附加用水量或饱和面干含水率的粗骨料试样应有代表性。当进场的轻骨料有变化时，应及时测定附加用水量和饱和面干含水率，从而调整总水灰比值，以保证轻骨料混凝土拌和物坍落度和混凝土强度的稳定。

（4）对采用饱和面干法进行处理的轻骨料，应及时用塑料薄膜或塑料布加以覆盖，以防止水分的蒸发。在高温和干燥天气下施工时，应经常进行测定核查，如果发生变化，应及时进行处理和调整。在常温情况下施工时，也应做到随处理、随使用，储存备用量一般不超过 4～8h 的施工量。在阴雨潮湿天气下施工时，储存备用量可以适当增加。

（5）科学安排轻骨料混凝土的搅拌、运输、停留和浇筑的时间，在常温情况下，轻骨料混凝土拌和物从出料到浇筑完毕的时间不宜超过 45min。

# 第五章

# 预应力混凝土工程质量问题与防治

预应力混凝土结构，是在结构构件受外力荷载作用前，先人为地对它施加压力，由此产生的预应力状态，用以减小或抵消外荷载所引起的拉应力，即借助于混凝土较高的抗压强度来弥补其抗拉强度的不足，达到推迟受拉伸区域混凝土开裂的目的。以预应力混凝土制成的结构，因以张拉钢筋的方法来达到预压应力，所以也称为预应力钢筋混凝土结构。

预应力混凝土的预压应力，一般是通过张拉预应力筋实现的。按照预应力度大小可分为：全预应力混凝土和部分预应力混凝土。全预应力混凝土是在全部使用荷载下受拉边缘不允许出现拉应力的预应力混凝土，适用于要求混凝土不开裂的结构；部分预应力混凝土是在全部使用荷载下受拉边缘允许出现拉应力的预应力混凝土，适用于允许混凝土开裂的结构。预应力混凝土按照施工方式的不同，可分为预制预应力混凝土、现浇预应力混凝土和叠合预应力混凝土等。按照预加应力的方法不同，可分为先张法预应力混凝土、后张法预应力混凝土和电热张拉法预应力混凝土。

## 第一节　预应力钢筋存在的质量问题与防治

在普通钢筋混凝土的结构中，由于混凝土极限拉应变低，在使用荷载作用下，构件中钢筋的应变大大超过了混凝土的极限拉应变。钢筋混凝土构件中的钢筋强度得不到充分利用。所以普通钢筋混凝土结构，采用高强度钢筋是不合理的。为了充分利用高强度材料，弥补混凝土与钢筋拉应变之间的差距，人们把预应力运用到钢筋混凝土结构中去。亦即在外荷载作用到构件上之前，预先用某种方法，在构件上施加压力，构成预应力钢筋混凝土结构。当构件承受由外荷载产生的拉力时，首先抵消混凝土中已有的预压力，然后随荷载增加，才能使混凝土受拉而后出现裂缝，因而延迟了构件裂缝的出现和开展。

### 一、预应力钢筋出现混料现象

#### 1. 质量问题

钢筋品种、强度等级混杂不清，直径大小不同的钢筋堆放在一起，整个钢筋施工现场显得十分混乱；虽然具备必要的合格证件（出厂合格证明或试验报告单），但合格证件与钢筋实物不符；非同批的钢筋堆放在一起，难以进行分辨，给预应力钢筋的使用带来很大困难。

### 2. 原因分析

钢筋材料仓库管理人员不负责任，施工企业没有制定严格的管理制度；钢筋出厂所捆绑的标牌保护不好，在运输、搬运、装卸和保管的过程中丢失；对直径大小相近的钢筋，用目测的方法有时分辨不清；钢筋的出厂合格证明或试验报告单，未随着钢筋实物同时交给管理人员。

### 3. 处理方法

发现钢筋出现混料情况后，立即检查并进行清理，重新分类堆放；如果重新分类的工作量很大，不易清理时，应将该堆钢筋做上明显的标记，以备发料时提醒注意；对于已发出去的混料应立即追查，并制定防止事故发生的措施。

### 4. 预防措施

钢筋仓库应设专人进行管理，负责对钢筋的品种、强度、直径、数量、证书等方面的检查验收；在仓库内划分不同钢筋堆放区域，每堆钢筋都要采取立标签或挂牌方式进行区分，清楚注明钢筋的产地、品种、强度等级、直径、合格证书编号及整批数量等；验收钢筋要认真仔细，要根据钢筋的外表标记与合格证书对照，做到合格证书与钢筋实物相符；对于钢筋直径不易分清的，要用卡尺测量检查；不合格或与合格证书不符的钢筋，坚决不得入库。

## 二、钢筋强度不足或伸长率低

### 1. 质量问题

在每批进场的钢筋中任选两根钢筋，按照规定切取两个试件进行拉伸试验。经过试验取得的屈服点、抗拉强度和伸长率这 3 项指标中，有一项指标不合格，则认为该批钢筋存在质量问题，即存在钢筋强度不足或伸长率低。

### 2. 原因分析

钢筋生产的厂家对钢筋质量不重视，产品本身就不合格；在钢筋出厂时检验不严格或出现疏忽，致使整批钢筋材质不合格，或者材质不均匀。

### 3. 处理方法

为确凿证实该批钢筋的质量是否合格，应在该批钢筋中另取双倍数量的试样，重新进行屈服点、抗拉强度和伸长率 3 项指标试验。如果以上 3 项指标的试验中任一项指标不合格，不论这项指标在上次试验中是否合格，该批钢筋都不能进行验收，应退货或由技术部门作为降低等级处理。如果重新测定的 3 项指标都合格，则可正常使用。

### 4. 预防措施

（1）采购钢筋时应当注意选择正规的钢材生产厂家，特别应注意选择国家大型钢铁企业生产的钢筋，对中小型生产厂家的产品应慎重选用，以保证钢筋的质量。

（2）在收到供料单位送来的钢筋原材料后，应首先仔细查看出厂证明书和试验报告单，发现可疑问题，应特别注意进场时的复检结果。

## 三、钢丝和钢绞线表面划伤

### 1. 质量问题

经过严格的质量检查，发现钢丝和钢绞线的表面存在局部划伤、划痕，严重影响钢丝和钢绞线的正常使用，如果未被发现而用于预应力工程中，会造成极大的安全隐患。

### 2. 原因分析

(1) 在进行钢丝拔丝前，未对拔丝模具及时进行检查，拔丝模内有损坏之处，拔出钢丝出现划伤或划痕。

(2) 钢绞线在生产时通过捻股机将钢丝或钢绞线按一定的捻制距离和捻制方向绞拧成股。捻股机在捻制钢丝时，通过多个“工字轮”同时放线来将钢丝捻合在一起。如果捻股机中的模管、模架出现开裂或脱落，则容易使钢绞线出现损伤。

(3) 如果拔丝模盒、捻股机中挤压模（合线模）的位置和角度不合理，会使钢丝或钢绞线的一侧挤压磨损，从而造成表面损伤。

(4) 捻股机中“后变形器”的轮子损坏，压下量过大，造成对钢丝或钢绞线表面压伤。

### 3. 处理方法

(1) 如果表面划伤的长度不太大，其他部位未发现此类质量缺陷，可以切除钢丝或钢绞线表面划伤划痕的段，使用无质量问题的部分。

(2) 如果每盘钢丝和钢绞线表面有大面积的划伤或多处划伤，则该盘钢丝和钢绞线应作降级使用或退货处理。

### 4. 预防措施

(1) 对于拔丝用的钨合金拔丝模具应定期及时检查，对拔出的钢丝应随时进行观看，发现问题应立即维修纠正。

(2) 对于捻股机的模盒、捻股机的合线模架应经常检查，发现损坏、脱落应立即进行更换。

(3) 对于模盒、合线模、后变形器的压下量进行经常检查，调整到合适的位置，以确保钢绞线的捻制质量。

## 四、钢丝和钢绞线力学性能不合格

### 1. 质量问题

预应力钢丝和钢绞线经过试验，其抗拉强度、伸长率、反复弯曲次数（钢丝）等，有一项指标达不到现行国家标准的要求。

### 2. 原因分析

(1) 钢材原料的通条性能不好，如果抗拉强度偏低，制作出来的预应力钢丝和钢绞线力学性能自然不合格。

（2）钢绞线在捻制过程中出现捻制损伤，根据统计计算捻制损伤达到钢绞线破断拉力的1.5%。

（3）在生产过程中，中频回火的温度达不到工艺要求，即低于（380±5）℃，有残余应力存在，影响其塑韧性能。

### 3. 处理方法

预应力钢丝和钢绞线进场后，按照有关规定进行抽样，委托有资质的检测机构进行检验。如有一项试验结果不符合现行国家标准的要求，则该盘钢丝和钢绞线为不合格品；然后从同一批未经试验的盘中再双倍数的试样进行复检，如仍有一项指标不合格，则该盘钢丝和钢绞线为不合格品。

### 4. 预防措施

（1）加强对钢材原材料质量的检验，使用合格的原材料制作预应力钢丝和钢绞线。

（2）加强对半成品钢丝的检验，在检验中应提高保险加载的负荷，以确保钢丝的质量。

（3）加强钢丝和钢绞线生产过程中工艺操作管理，严格按有关标准进行生产。

（4）生产厂家应按国家标准规定、按批量认真进行检验与试验，待各项指标完全合格后才允许出厂。

## 五、钢丝和钢绞线表面生锈

### 1. 质量问题

经过一段时间的存放，预应力钢丝和钢绞线的表面出现浮锈、锈斑、麻坑等质量缺陷。

### 2. 原因分析

（1）在生产过程中，经中频回火炉处理后，经循环水进行冷却，再经气吹等工序。给水量过大，喷气量太小，造成钢绞线的表面有一定的水分，经过一段时间表面出现浮锈。

（2）夏天或存放地点的空气湿度较大，在储存过程中与空气中的氧气和水作用出现锈蚀。

（3）在运输与存放的过程中，钢丝和钢绞线盘卷的包装发生破损，遭受雨雪、湿气或其他腐蚀介质的侵蚀，也容易发生锈蚀。

### 3. 处理方法

对于预应力钢丝和钢绞线产生锈蚀的处理方法，与钢筋锈蚀的处理方法基本相同。对于极轻度锈蚀（浮锈），一般不进行处理；对于轻度锈蚀（锈斑），应重新进行检验，对合格者在采取除锈处理后方可使用；对不合格者，应降级使用或不使用。严重锈蚀（麻坑）者，不得使用。

### 4. 预防措施

（1）在生产过程中，合理调整冷却给水量，加大喷气量，确保钢丝和钢绞线表面干燥，加强车间的通风条件。

（2）在预应力钢丝和钢绞线出厂包装时，应加防潮纸、麻片等，并用钢带捆扎结实，以防止防潮包装破损。

（3）在进行应力钢丝和钢绞线运输时，应用篷车或油布严密覆盖，以防止运输途中因遭受雨水侵蚀而产生锈蚀。

（4）在进行预应力钢丝和钢绞线储存时，应架空堆放在遮盖的棚内或仓库内，其周围环境不得有腐蚀介质；如果暂时不用或储存时间过长，可用乳化防锈油喷涂表面。

# 第二节　钢筋锚具、夹具等的质量问题与防治

夹具是在先张法的施工中，为保持预应力筋的拉力，并将其固定在张拉台座或设备上所使用的临时性锚固装置。夹具的种类很多，在建筑工程中常用的有镦头式夹具、锥销式夹具、夹片式夹具等。

锚具是后张法结构或构件中为保持预应力筋拉力，并将其传递到混凝土上所用的永久锚固装置。锚具的种类也很多，各种锚具具有一定的适用范围。按其使用锚具类型不同可分为：锚固单根钢筋的锚具、锚固成束钢筋的锚具和锚固钢丝束的锚具等。

## 一、钢丝镦头开裂、滑脱与拉断

### 1. 质量问题

预应力钢丝的冷镦头成型后，在其镦头部位出现劈裂和滑移裂纹现象；预应力钢丝的冷镦头在进行拉伸试验时，发生冷镦头先断现象；在进行预应力钢丝束张拉时，钢丝冷镦头从锚板中滑脱，甚至出现拉断现象。

### 2. 原因分析

（1）预应力钢丝冷镦头的劈裂是指平行于钢丝轴线的开口裂纹，主要是由于钢丝强度太高或钢材轧制有缺陷而引起的。

（2）钢丝冷镦头的滑移裂纹是指与钢丝轴线约呈45°的剪切裂纹，主要是由于冷加工工艺存在缺陷而引起的。

（3）如果钢丝冷镦头的尺寸偏小、锚板的硬度较低或者孔偏大等，易引起钢丝冷镦头从锚板孔中滑脱。

（4）钢丝冷镦头歪斜、锚板的硬度较低等，使冷镦头受力状态不正常，产生偏心受拉，易引起钢丝冷镦头没有达到抗拉强度时就产生断裂。

（5）钢丝下料长度相对误差大，引起钢丝束在镦头锚具中受力不均匀，张拉时长度短的钢丝可能被拉断。

### 3. 处理方法

（1）钢丝冷镦头的圆弧形周边如果出现纵向微小裂纹尚可允许；如果裂纹长度已延伸至钢丝母材或出现斜裂纹或水平裂纹，则都是不允许的。遇到这种情况，不能用于预应力工程。

（2）钢丝冷镦头的强度不得低于钢丝抗拉强度标准值的98%，如果低于该数值，则应当作为废品处理，不能用于预应力工程，应在改进钢丝冷镦头工艺后，重新进行镦头。

（3）在钢丝的张拉过程中，钢丝滑脱或断丝的数量，不得超过结构同一截面预应力钢丝总根数的3%，且一束钢丝只允许一根。如果超过上述限制的数量，则应在更换钢丝重新镦头后

再进行张拉。

### 4. 预防措施

（1）钢丝束镦头锚具在使用前，首先应确认该批预应力钢丝的可镦性，即其物理力学性能应满足钢丝镦头锚具的全部要求。

（2）在钢丝进行下料时，应保证钢丝断口的平整，以防止镦粗时头部发生歪斜。为此，应采用冷镦器的切筋装置或砂切割机。采用砂切割机可以成束切割钢丝，但必须采用冷却措施，以防止钢筋温度过高而发生性能的变化。

（3）锚板应当经过调质热处理，其布氏硬度应达到 HB251～283 的要求；如果锚板比较软，钢丝冷镦头就容易陷入锚孔中而被卡断。

（4）钢丝冷镦头的设备应当采用液压冷镦器，钢丝冷镦头模具与夹片同心度偏差应不大于 0.1mm。

（5）钢丝冷镦头的尺寸应不小于有关规定值；头型应圆整端正，颈部的母材应不受损伤。

（6）在正式进行钢丝冷镦头前，首先应当进行试镦，检查冷镦头的质量，合格后方可进行正式镦头。

（7）钢丝束的两端采用镦头锚具时，同一根钢丝束中各根钢丝下料长度的相对差值，应不大于钢丝束长度的 1/5000，且不得大于 5mm。

## 二、镦头锚具的“锚杯”拉脱或断裂

### 1. 质量问题

（1）在钢丝束张拉的过程中，张拉千斤顶的工具式拉杆与“锚杯”连接处，“锚杯”的内螺纹被拉脱，“锚杯”随着钢丝束拉入扩大孔道，并挤碎正常孔道壁的部分混凝土。

（2）在钢丝束张拉的过程中或锚固后，“锚杯”突然产生断裂，断口位于退刀槽处，呈现出脆性破坏，“锚杯”随着钢丝束拉入孔道，并挤碎正常孔道壁的部分混凝土。

### 2. 原因分析

（1）张拉千斤顶的工具式拉杆与“锚杯”连接时，螺纹拧进的长度不满足设计要求，造成螺纹因受剪切而破坏。

（2）“锚杯”的热处理硬度过高，使材质变脆；退刀槽之处由于切削过深，产生应力集中的淬火裂纹；承压钢板（垫板）不匹配，“锚杯”出心偏心受拉。由于上述原因，导致“锚杯”突然断裂，尤其是“锚杯”的尺寸较小时，因为壁薄更容易发生断裂。

### 3. 处理方法

（1）将预应力混凝土构件张拉端的扩大孔与正常孔道交接处的混凝土凿去，重新浇筑混凝土，待混凝土养护到规定的强度后，更换“锚杯”重新进行张拉。

（2）通过设计验算，适当降低预应力混凝土的张拉控制应力。

### 4. 预防措施

（1）加强对原材料的检验，确定合理的对“锚杯”等热处理的工艺参数，使热处理后钢材的硬度适宜，不发生材质变脆。

(2)“锚杯”内螺纹的退刀槽应严格按设计图纸要求进行加工。退刀槽应加工成为大圆弧形，避免应力集中和淬火裂纹。

(3) 在安装“锚杯”时，工具式拉杆与“锚杯”连接，螺纹拧进的长度应满足设计要求。当“锚杯”拉出孔道时应随时拧上螺母，以保证安全。

(4) 在螺母正式使用前，应逐个检查螺纹的配合情况。大直径螺纹的表面应涂抹润滑油脂，以确保张拉和锚固过程中螺母能顺利地旋入并将其拧紧。

(5) 在进行钢丝束张拉时，应严格注意拉杆、“锚杯”、钢丝束的对中，以免损坏“锚杯”的外螺纹。

## 三、钢质锥形锚具滑丝或断丝

### 1. 质量问题

在钢丝束张拉锚固的过程中，位于“锚塞”和“锚环”之间的钢丝发生滑移，或者在“锚环”的下口处钢丝被卡断。

### 2. 原因分析

(1) 锥形锚具由“锚塞”和“锚环”组成。通过张拉钢丝束，顶压锚塞，将多根钢丝楔紧在“锚塞”与“锚环”之间。钢丝的强度与硬度很高，如锚具加工精度差、热处理不当、钢丝直径偏差大、应力不均匀，都会导致滑丝现象。

(2) 锥形锚具安装时，“锚环”的锥形孔与承压钢板的平直孔间形成一个折角，顶压“锚塞”时钢丝在该处易发生切口效应。如“锚环”安装有偏斜，“锚环”、孔道与千斤顶三者不对中，则会引起卡断钢丝现象。

### 3. 处理方法

在预应力钢丝的张拉过程中，钢丝滑移或断丝的数量，不得超过结构同一截面预应力钢丝总根数的 3%，且一束钢丝中只允许一根。如果超过上述限值，原则上应当更换；如果不能更换时，在允许的条件下，可适当提高其余钢丝束的预应力值，弥补由滑移或断丝产生的预应力损失，以满足设计的要求。

### 4. 预防措施

(1) 确定合理的热处理工艺参数，使“锚塞”和“锚环”的硬度相适应。工程实践证明，采取“塞硬环软”比较成功，即“锚塞”的硬度高、“锚环”的硬度低的措施，以此来弥补钢丝存在的直径差异。

(2)“锚塞”与“锚环”的锥度应严格保证一致。在“锚塞”与“锚环”配套时，其“锚环”的锥形孔与“锚塞”大小头，只允许同时出现正偏差或负偏差，但其锥度绝对值偏不得大于 8′。

(3) 在进行编束时，预选的钢丝直径应尽量相同，同一束中各根钢丝的直径绝对偏差不得大于 0.15mm，并将钢丝理顺用铁丝编扎，避免穿钢丝束时钢丝因发生错位而扭曲。

(4) 在浇筑混凝土之前，应使预留孔道与承压钢板孔对中；在预应力钢丝张拉时，应使千斤顶与“锚环”、承压钢板对中，为此可先将“锚环”点焊在承压钢板上。

## 四、“螺丝端杆”发生断裂

### 1. 质量问题

经过热处理45号钢材制作的“螺丝端杆”，在高拉应力的作用下（冷拉或张拉过程中，或张拉锚固后），突然发生断裂，断口比较平整，呈脆性破坏。

### 2. 原因分析

“螺丝端杆”发生断裂的原因主要有：原材料质量不合格，材质内含有夹渣，局部有损伤；在机械加工的螺纹内夹角尖锐；热处理工艺参数不当，热处理后硬度过高或未经回火处理，材质变脆；在预应力筋张拉时，“螺丝端杆”受偏心拉力、冲击荷载等作用；施工环境温度（如夜间气温）骤然下降。以上这些方面均可引起“螺丝端杆”发生断裂。

### 3. 处理方法

（1）“螺丝端杆”发生断裂后，可将断裂的“螺丝端杆”切除，重新焊上新的“螺丝端杆”。焊好后应采用应力控制法进行冷拉试验，重复冷拉不得超过2次。

（2）如果在张拉灌浆后“螺丝端杆”断裂而未影响预应力筋，可以凿开混凝土构件的端部，重新焊上新的“螺丝端杆”；随后补浇端部混凝土并养护到规定的强度后，再张拉“螺丝端杆”并用螺母固定。

### 4. 预防措施

（1）确定合理的热处理工艺参数。淬火处理可以提高钢材的强度，但钢材淬火处理后产生复杂的内应力，一般要立即进行回火处理，以提高钢材的塑性和韧性。选择适当的回火温度就可以得到要求的硬度和强度。

（2）加强对原材料和成品的质量检验，检查制作“螺丝端杆”的钢材是否有夹渣、局部是有损伤、热处理是否得当、测定“螺丝端杆”是否合格等。

（3）在制作“螺丝端杆”时，应先将45号钢粗加工至接近设计尺寸，再进行调质热处理(硬度HB251～283)，然后精加工至设计尺寸。45号钢材经过调质热处理后，其抗拉强度不得小于700MPa，伸长率不得小于14%。

（4）在加工螺纹时，刀具不应磨得太尖，以避免加工的螺纹内夹角尖锐，以防止产生应力集中和淬火裂纹。

（5）“螺丝端杆”加工后，在进行对焊、冷拉和运输等工序的施工中，均应采取可靠的保护措施，使“螺丝端杆”不受损伤。

## 五、“锚环”或者群锚锚板开裂

### 1. 质量问题

（1）“群锚”即指多孔夹片锚具，它在钢绞线束张拉时或锚固后，出现环向裂纹或炸裂为两片、三片等，造成预应力的损失比较大，甚至会完全消失，严重者会出现碎片飞出伤人。

（2）“锚环”在钢丝束或钢绞线张拉锚固并灌浆后，次日发现有环向裂开，缝的宽度约

1mm 左右，但没有发现预应力筋滑移现象。

### 2. 原因分析

（1）“锚环”和“锚板”在钢丝束或钢绞线束的作用下，要承受很大的环向应力，如果“锚环”和“锚板”的强度不足，就会使“锚环”或“锚板”开裂。

（2）在加工“锚环”和“锚板”时，由于对原材料质量把关不严，或者热处理工艺参数不当，也会使“锚环”或“锚板”出现开裂。

（3）锚垫板表面没有清理干净，有坚硬杂物或锚具偏出锚垫板上的对中止口，形成不平整支承状态，从而使“锚环”或“锚板”出现开裂。

（4）“锚环”或“锚板”在使用过程中被过度敲击变形，或者因反复使用而出现损伤。

### 3. 处理方法

（1）在钢丝束或钢绞线束的张拉过程中，如果发现有“锚环”或“锚板”开裂，应采取更换新锚具的方法进行处理。

（2）对张拉锚固并灌浆后发现的“锚环”环向裂缝，如果预应力筋尚未出现滑移现象，可采用“锚环”外加钢套箍的方法进行处理。

### 4. 预防措施

（1）选择原材料质量有可靠保证的厂家产品，这样可以避免锚具混料、加工工艺不稳定等造成“锚环”或“锚板”强度低、质量差的现象。

（2）“锚环”或“锚板”的生产厂家应当严格把住探伤和其他质量检验关，施工单位对所用的产品应进行复检，不符合要求的锚具不能用于工程。

（3）锚具安装时应与孔道中心对中，并与锚垫板接触平整。锚垫板如设置对中止口，则应防止锚具偏出止口以外，形成不平整的支承状态。

## 六、“群锚”夹片开裂或碎裂

### 1. 质量问题

“群锚”夹片在预应力筋的张拉过程中，或者在锚固后裂为不规则的若干块，例如夹片两端均出现断裂等，或者夹片纵向有裂纹。

### 2. 原因分析

（1）锚具的夹片质量不合格，如制作夹片的原材料质量不佳，热处理后材质比较脆等。

（2）夹片与锚板不配套，如不同体系的锚具混用，或同一体系不同规格的锚具混用等。

（3）预应力筋的孔道弯曲度比较大，且锚垫板的安装角度不合适。

（4）夹片安装的不平齐，造成外露出的夹片受到较大弯曲而引起损坏。

（5）预应力筋张拉操作方法不正确，如锚固时张拉千斤顶放张的速度太快。

（6）夹片在安装或退锚时，敲击、用力不当，也会使夹片开裂或碎裂。

### 3. 处理方法

（1）在张拉预应力筋的过程中，如果发现锚具的夹片开裂，应立即停止张拉，并更换新的夹片，然后重新进行张拉。

（2）将已安装并打紧的夹片拆下来进行检查。如果发现有裂缝现象，则将该批夹片报废，然后由生产厂家调换一批夹片，复检合格后方可使用。

### 4. 预防措施

（1）夹片锚具应当通过正规的销售渠道购买，选择产品质量优良的正规生产厂家，产品应有质量合格证书和复检合格证明。

（2）使用的夹片与锚板应当配套，应使用同一体系、同一预应力筋规格的锚具，不得将不同的锚具在一起混用。

（3）夹片宜采用20CrMnTi钢材制作，制成“心软齿硬”型锚具，即齿面具有高硬度，心部具有韧性，这样可避免出现夹片的开裂或碎裂。

（4）在夹片锚具进行安装时，锚板的位置与角度要正确；夹片应采用套管打紧，并做到缝隙要均匀，外露要一致。

（5）在进行预应力筋锚固时，千斤顶应缓慢卸压，以减小对夹片的压力。

（6）夹片在安装或退锚时，为防止夹片产生损伤，不得用力敲击或单侧敲击。

## 七、“锥销式”夹具中钢丝滑脱

### 1. 质量问题

在先张法预应力筋混凝土构件的生产过程中，预应力钢丝张拉锚固时突然从“锥销式”夹具中滑脱，造成钢丝的预应力完全消失，使预应力筋混凝土构件施工失败。

### 2. 原因分析

（1）“锥销式”夹具主要由“套筒”和“锚塞”组成，仅用于固定单根预应力钢丝，其中“锚塞”有齿板式和齿槽式两种。由于“套筒”的锥度与“锚塞”设计不合理，或者硬度不满足，则会引起钢丝的滑脱。

（2）“锥销式”夹具的加工质量达不到设计要求；或者“套筒”锥形孔与“锚塞”表面没有清理干净，均可以引起钢丝的滑脱。

### 3. 处理方法

根据以上出现钢丝滑脱的原因，可以采取如下处理方法。

（1）对于浇筑混凝土前所发生的钢丝滑移和断丝，应当更换“锥销式”夹具和钢丝，重新进行补拉。

（2）对于所出现的钢丝滑脱，应认真分析产生的原因，如果是因为夹具的质量问题，必须对夹具重新进行检验，不合格的坚决退货更换，不得用于工程。

### 4. 预防措施

（1）加工的套筒锥度应符合设计要求，一般宜控制在4°～7°范围内，预应力筋的强度超高，套筒的锥度应当越小。

（2）夹具的“套筒”和“锚塞”硬度应配套。对高强预应力钢丝“套筒”的硬度宜为23～28HRC，“锚塞”的表面硬度应控制为55～60HRC。

(3)“锥销式”夹具的尺寸应考虑到能多次重复利用；“锚塞”的齿形宜采用锯齿形细齿，这种齿形要求钢丝的咬合力较大。

(4)“锥销式”夹具的加工质量应满足工艺的要求。

## 八、“螺丝端杆”产生变形

### 1. 质量问题

“螺丝端杆”与预应力粗钢筋对焊连接后，在冷拉或张拉时“端杆”的螺纹发生塑性变形，不仅使预应力有很大的损失，而且还存在着一定的安全隐患。

### 2. 原因分析

(1) 制作的“螺丝端杆”质量不合格，主要表现在强度偏低方面，如“螺丝端杆”的钢号较低或热处理效果较差等。

(2) 冷拉或张拉的应力偏高，由于“螺丝端杆”的钢号较低，从而使“螺丝端杆”发生过大的变形。

### 3. 处理方法

当“端杆”的螺纹发生塑性变形后，可将变形的“端杆”切除重新焊上新的“端杆”，经冷拉检验合格后再用于预应力结构。

### 4. 预防措施

(1) 加强对制作“螺丝端杆”原材料的检验，防止用低强度的钢材制作“螺丝端杆”，一般应采用45号钢制作。

(2) 选用合理的热处理工艺参数对“螺丝端杆”进行热处理，确保“螺丝端杆”的质量(如硬度、韧性等)符合设计要求。

(3) 在不影响预应力筋与“螺丝端杆”焊接质量的情况下，适当加大“螺丝端杆”的直径，以降低“螺丝端杆”的使用拉应力。

(4)“螺丝端杆”加工完毕后，必须进行硬度试验；经试验合格后，方可与预应力筋对焊。

(5) “螺丝端杆”与预应力筋对焊后进行冷拉时，螺母的位置应在“螺丝端杆”的端部，经冷拉后“螺丝端杆”不得发生塑性变形。

# 第三节　施加预应力方面的质量问题与防治

对预应力筋施加预应力是生产预应力结构构件的关键，张拉控制应力直接影响预应力的效果。张拉控制应力越高，建立的预应力值就越大，混凝土构件的抗裂性也越好。但张拉控制应力和构件的抗裂度如果过高，则预应力筋在使用的过程中始终处于高应力状态下，构件出现裂缝的荷载与破坏荷载很接近，钢筋不仅会出现塑性变形，而且影响预应力值的准确性和张拉的安全性。如果张拉控制应力过低，则建立的预应力值不能满足设计要求。

在施加预应力的过程中，主要是解决好张拉方式、张拉程度、张拉顺序、张拉伸长数值校核和注意事项等问题，以防止出现在施加预应力方面的质量缺陷。

## 一、预应力筋张拉力不符合设计要求

### 1. 质量问题

预应力筋张拉力指的是在构件张拉端由千斤顶施加给预应力筋的拉力。设计人员一般在图纸上标明预应力筋的张拉力，也有仅标明张拉控制应力或者有效预应力值。施工人员没有理解预应力筋的张拉力取值是在满足有效预应力值的基础上加上各项预应力损失值。所以，若没有针对所选用的预应力体系、孔道成形方式及张拉方法等与设计条件作比较，而直接套用设计张拉力或者按规范选用张拉力，导致所建立的有效预应力值不符合设计要求。张拉应力过大，容易产生张拉裂缝或预应力筋断裂和滑脱；张拉应力过小，则构件承载能力和抗裂性降低。

### 2. 原因分析

（1）施工人员没有理解施加预应力的目的是在构件中准确建立有效的预应力值，预应力筋的张拉力取值是在满足有效预应力值的基础上加上各项预应力损失值。由于缺少各预应力的损失值，所以不能满足张拉力的设计要求。

（2）在设计中虽然考虑到各项预应力损失取值，但由于不符合实际施工的情况，造成较大的误差。这就需要通过现场测试数据或同类工程的经验数据进行调整。

### 3. 防治措施

（1）设计人员最好直接在设计图纸上标明考虑损失后预应力筋的拉力，如果设计图纸上只标明张拉力或张拉控制应力时，应向设计人员索取所考虑的预应力项目与取值。对照所用的预应力体系、张拉方法及现场测试数据等，必要时调整设计张拉力。

（2）在设计图纸上仅标明有效预应力值时，应当结合所选用的预应力体系、张拉方法，计算出各项预应力的损失，或者通过实测孔道的摩擦损失，用经验公式计算确定预应力筋所需的张拉力。

（3）对预应力钢丝和钢绞线，张拉控制应力一般应控制在（0.70～0.75）倍的预应力筋抗拉强度标准值范围内。在进行施工时，如果预应力筋需要超张拉，张拉控制应力最大可达0.80倍的预应力筋抗拉强度标准值，但锚具下口建立的预应力值，不应大于0.70倍的预应力筋抗拉强度标准值，预应力筋中建立的有效预应力值宜在（0.50～0.60）倍的预应力筋抗拉强度标准值范围内。

## 二、孔道摩擦损失测定数据不准确

### 1. 质量问题

孔道摩擦损失是预应力筋与管道或周围接触的混凝土之间发生相对运动产生的摩擦预应力损失。由于种种原因，孔道摩擦损失的测定数据，与以往同类工程所测定的实际值比较偏差较大，给确定预应力筋张拉力带来很大困难，很容易使控制截面有效预应力值小于设计值，不能满足建立预应力的要求。

### 2. 原因分析

（1）孔道摩擦损失的测试方法不正确，如被动端张拉千斤顶的缸体未拉出、回油阀未关死等，所测得的数据肯定不准确。

（2）张拉千斤顶的标定曲线使用混淆，造成所确定的孔道摩擦损失数据不准确。

（3）测试仪表与设备本身精度较差，不能满足设计要求；或者测试仪表与设备在正式测试前未进行校正，造成较大误差。

（4）在进行孔道摩擦损失的测试中，未按照检测规程进行操作，或者操作人员责任心不强等，均可造成孔道摩擦损失的测试数据不准确。

### 3. 防治措施

（1）对于重要的预应力构件或工程，为建立准确的预应力值，孔道摩擦损失的测试可委托具有相应资质的检测单位进行测试。

（2）为避免因测试仪表与设备本身精度较差而造成的摩擦损失不准确，应尽量选择传感器法或精密压力表法进行测试。在正式测试前，一定要对所用测试仪表与设备进行校正。

（3）当采用精密压力表法时，张拉力与表读数之间的关系应注意以下方面：对于张拉端，应当检查千斤顶主动工作状态的标定数据；对于固定端，应当检查千斤顶被动工作状态的标定数据。

（4）如果孔道摩擦损失实测值与计算值相差较大，导致张拉力相差大于5%时，则应调整张拉力，建立比较准确的预应力值。

## 三、张拉伸长数值超出允许偏差范围

### 1. 质量问题

用张拉应力控制方法张拉预应力筋时，应同时量测预应力筋的实际伸长值，这样才能建立比较可靠准确的预应力值，这也是检验张拉力是否真正达到的一种重要手段。但是，有些预应力筋的实际伸长数值与计算数值相差较大，超过了规范规定的允许偏差。

### 2. 原因分析

（1）张拉伸长数值的计算，都是在试验的基础上得出的经验公式。试验方法和条件不同，所得的计算公式与结果也不相同，有的计算结果差异还比较大。计算时所用的预应力筋的弹性模量和截面面积与实际也有差别。以上这些均可以造成张拉伸长数值超出允许偏差范围。

（2）预应力筋的预留孔道坐标不准，线形不顺直，在张拉时预应力筋的摩阻力增大，造成预应力筋的实际伸长数值小于计算数值。

（3）在先穿筋后浇筑混凝土的情况下，如果孔道中有漏浆堵塞现象，张拉前又未用通孔器进行检查，造成进行张拉时孔道摩阻力大幅度增加，从而使预应力筋的实际伸长数值偏小。

（4）张拉设备未能按照规定的限期进行标定，或者标定工作不认真、不精确，造成测力仪表读数不准确，也会使预应力筋的伸长数值不符合设计要求。

（5）张拉伸长数值测量方法不正确，量测的读数有误，也会导致预应力筋的伸长数值不符合设计要求。

（6）张拉伸长数值量测后，未扣除由于锚具楔紧等引起的预应力筋的内缩值，使实际的伸长数值偏大。

### 3. 防治措施

（1）预应力筋的伸长数值计算，应当选择比较成熟的经验公式。对于多曲线段组成的曲线束，或直线段与曲线段组成的折线束，应分段计算张拉伸长数值，然后进行叠加，其计算值比较准确。

（2）预应力筋张拉伸长数值的测量方法是采用精度为±1mm的标尺，量测千斤顶缸体的行程数值，以初拉力为量测伸长数值的起点，分级张拉每级读伸长值。

（3）对于张拉用的设备应加强管理，千斤顶号压力表号及标定数据一定要对号，且在有效使用期内。如果超过有效使用期，应当重新进行校正。

（4）施加预应力是一项关键的施工工序，是确保预应力符合设计要求的主要措施。油泵操作人员伸长数值量测人员及施工记录人员应加强责任心，做到操作无误、量测准确、记录详细，对有怀疑的数据要及时复查纠正。

（5）当实测张拉伸长数值小于计算值时，可适当提高张拉力予以补足，但最大张拉力对钢丝和钢绞线都不得大于$0.80f_{ptK}$（预应力筋抗拉强度标准值）×$A_p$（预应力筋的截面面积）。

（6）根据现行国家标准《混凝土结构工程施工质量验收规范》（GB 50204—2015）中的规定，预应力筋张拉伸长数值允许偏差范围为±6%，如果实际伸长数值超过了上述允许偏差范围，应立即暂停张拉，查明产生的原因，采用技术措施予以调整，方可继续张拉。

## 四、预应力筋出现滑丝和断丝

### 1. 质量问题

预应力筋在张拉与锚固时，由于各种原因，发生预应力筋的断丝和滑丝，使预应力筋受力不均匀，造成构件不能达到所要求的预应力值，从而达不到设计要求。

### 2. 原因分析

（1）由于各种原因，实际使用的预应力钢丝或钢绞线直径偏大，从而造成“锚塞”或夹片安装不到位，与预应力钢丝或钢绞线的锚固不可靠，张拉时易发生断丝或滑丝。

（2）预应力筋没有或未按规定要求梳理编束，使得预应力筋松紧程度不一致或发生相互交叉，在进行张拉时造成钢丝受力不均匀，受力大者很容易发生断丝。

（3）所用的锚具尺寸不准，夹片的锥度误差较大，夹片的硬度与预应力筋不匹配，也容易发生断丝或滑丝。

（4）“锚环”安装位置不准确，支撑垫板出现倾斜，千斤顶安装不端正，预应力筋中的钢丝受力不均匀，都会造成预应力筋断丝。

（5）在进行其他部位的焊接施工时，把接地线连接在预应力筋上，造成钢丝间的短路，从而严重损伤预应力筋，张拉时易发生脆断。

（6）在浇筑混凝土前预应力筋已穿入孔道，由于端头未进行包扎，浇筑混凝土时水泥浆会溅到预应力筋的端头，张拉时又未清除干净，在张拉力的作用下会产生滑丝。

（7）预应力筋事先已经受到损伤或强度不足，在张拉前又未进行认真检查和试验，张拉时则会产生断丝。

### 3. 防治方法

（1）根据现行国家标准《混凝土结构工程施工质量验收规范》（GB 50204—2015）中的规定，张拉过程中预应力筋断裂或滑脱的数量，对于后张法的混凝土构件，严禁超过结构同一截面预应力筋总根数的3%，且每束钢丝只允许一根；对于多跨双向连续板，其同一截面应按每跨进行计算。对于先张法的混凝土构件，在浇筑混凝土前发生断裂或滑丝的预应力筋必须予以更换。

（2）预应力筋与锚具具有良好的匹配，这是保证锚固性能的关键。施工现场实际使用的预应力筋与锚具，应与预应力筋-锚具组装件锚固性能试验用的材料一致。如果现场需要更换预应力筋或锚具时，应重新进行组装件锚固性能试验。

（3）在预应力筋进行下料时，应随时检查其表面质量，如发现局部线段不合格，应将不合格的部分切除，决不能用于工程中。

（4）在进行预应力筋编束时，应按照排列好的顺序编束，逐根理顺，捆扎成束，不得紊乱。

（5）预应力筋穿入孔道后，应将其锚固段及外端的浮锈和污物擦拭干净，以免钢绞线张拉锚固时因夹片齿槽堵塞而引起钢绞线的滑脱。

（6）在采用夹片式锚具进行安装时，务必要使各根预应力筋平顺，至少在距离端部1.5～2.0m的长度内无相互交叉现象。

（7）在进行千斤顶安装时，工具锚应当与前端的工具锚对正，使工具锚与工具锚之间的各根预应力筋相互平行，不得出现扭绞错位。

（8）工具锚的夹片外表面和锚板锥形孔内表面，在使用前宜涂润滑油，并经常将夹片表面清理干净，以确保张拉工作顺利进行。如果工具夹片开裂或牙面缺损较多，工具锚板出现明显变形或工作表面损伤显著时，均不得继续使用。

（9）在进行焊接时，严禁利用预应力筋作为接地线。在预应力筋附近进行烧割或焊接操作时，应当非常谨慎，防止预应力筋受高温、焊接火花或接地电流的不良影响。

## 五、违反张拉顺序，随意进行张拉

### 1. 质量问题

预应力混凝土构件的施工中，操作人员没有遵照设计的张拉顺序进行张拉，很容易使构件或整个结构受力不均衡，造成构件或结构变形（如侧弯、扭转、起拱不匀等），出现不正常的裂缝，严重时会使构件失稳。张拉操作因不分级、升压快、不同步等，易发生某些预应力筋应力骤增，应力变化不均衡，不利于应力的调整。

### 2. 原因分析

（1）施加预应力的操作人员，对于构件或结构的受力概念不清楚，不了解现行施工规范和规程的要求，不按设计和施工方案的规定进行施工，从而造成违反张拉顺序，随意进行张拉。

（2）不按照现行施工规范进行操作，对预应力筋的张拉程序随意进行简化，造成施加的预应力不均衡，从而产生变形或裂缝。

（3）在施加预应力的过程中，操作指令不明确，两端配合不协调。

### 3. 防治措施

（1）根据对称张拉、受力均匀的原则，并考虑到施工方便，在制定施工方案时，要明确规定整体结构的张拉顺序、单个构件预应力筋的张拉次序，具体规定张拉方式。

（2）设计人员及有关技术人员，要向具体操作人员讲清楚预应力受力的特点、张拉中的注意事项，使具体操作人员严格按设计文件和施工方案的规定进行施工。

（3）在进行预应力筋张拉作业时，初应力应选择得当，升压应严格按规定缓慢进行，并及时测出预应力筋的伸长读数。

（4）采用两端张拉预应力筋时，要规定好统一信号，实现同步进行。如果预应力筋的长度较长，张拉时应使用对讲机联络，及时通报两端的工作情况，以便发现问题及时处理。

（5）在进行预应力筋张拉作业时，有关技术人员和质量检测人员，应在施工现场加强技术指导和质量监督，以确保张拉顺利进行。

## 六、叠层生产构件预应力值不足

### 1. 质量问题

在建筑工程中，预应力屋架等构件一般多在现场平卧重叠生产，然后进行张拉施工工艺，重叠层数一般为3～4层，个别的达到5层。由于层间摩阻力的影响，很容易引起附加的应力损失，导致下层屋架所建立的预应力值不足，不能满足设计的要求。

### 2. 原因分析

在采用叠层方法制作预应力混凝土屋架时，上层屋架的重量和层间的黏结力，将阻上下层屋架在张拉时的混凝土弹性压缩。当屋架逐个吊起后，层间的摩阻力消失，弹性压缩恢复，从而产生附加的预应力损失，造成构件的预应力值不满足设计要求。

### 3. 防治措施

（1）采取自上而下进行张拉的顺序，并通过计算逐层增加预应力筋的张拉力。根据有关单位试验研究与大量工程实践经验，得出不同预应力筋与不同隔离层的平卧叠层构件逐层增加的张拉力百分数（见表5-1）。

**表 5-1　平卧叠层构件逐层增加的张拉力百分数**

| 预应力筋类别 | 隔离剂类别 | 逐层增加的张拉力百分数/% | | | |
|---|---|---|---|---|---|
| | | 顶层 | 第二层 | 第三层 | 底层 |
| 高强钢丝束 | Ⅰ | 0 | 1.0 | 2.0 | 3.0 |
| | Ⅱ | 0 | 1.5 | 3.0 | 4.0 |
| | Ⅲ | 0 | 2.0 | 3.5 | 5.0 |
| Ⅱ级冷拉钢筋 | Ⅰ | 0 | 2.0 | 4.0 | 6.0 |
| | Ⅱ | 1.0 | 3.0 | 6.0 | 9.0 |
| | Ⅲ | 1.0 | 4.0 | 7.0 | 10.0 |

(2) 在浇筑上层预应力构件的混凝土时，应防止振动棒触及下层的预应力构件，以免增加预应力构件层间的摩阻力。

(3) 当不能采用超张拉的方法时，可采用架空支模的方法，将上下层预应力构件隔开。每层屋架之间一般可采用5个支点，每个支点用两层黏土砖，砖的上下铺贴油毡。

# 第四节　预制预应力混凝土构件的质量问题与防治

为了弥补钢筋混凝土存在的不足，在受弯曲混凝土构件受拉的区域内配置预应力钢筋，并把它拉伸到规定的控制应力值，待混凝土达到规定的强度后，放松并切断张拉的钢筋，钢筋弹性回缩将压力传给混凝土，然后再在一定的养护条件下，一直达到设计的强度，运至施工现场进行安装或拼装，用这种方法制成的混凝土构件，称为预制预应力混凝土构件。

工程实践证明，预制预应力混凝土构件应用十分广泛，如楼板、屋架、桥梁、拱圈等。预制预应力混凝土构件，虽然具有提高混凝土构件刚度、抗裂度，增加混凝土构件的耐久性，节约材料、减轻自重等优点，但在制作的过程中也会出现这样或那样的质量问题，需要采取一些技术措施去预防和处理。

## 一、构件混凝土不符合要求

### 1. 质量问题

(1) 配制的混凝土强度等级低于设计要求，预应力筋在进行张拉时，混凝土构件出现裂缝。

(2) 混凝土拌和物自搅拌机中卸出到浇筑的延续时间超过规范中的规定，不仅使拌和物的流动性下降，大大增加浇筑和振捣的难度，而且会严重降低混凝土的施工质量。

(3) 混凝土构件的端部振捣不密实或构件混凝土的浇捣方法不当，从而影响“芯管”的抽出和孔道的质量。

### 2. 原因分析

(1) 在正式施工前，技术人员未向施工人员进行技术交底，施工人员忽视预应混凝土构件的质量要求，对混凝土的配合比、材料质量的控制、搅拌配料计量管理不严，从而造成混凝土强度不满足设计要求。

(2) 制作预制预应力混凝土构件厂家与商品混凝土生产厂家联系不够，造成混凝土拌和物运输与浇筑时间超过规范规定，使混凝土强度严重下降而产生裂缝。

(3) 混凝土的浇筑和振捣方法不当，错误地从一端向另一端浇筑振捣，使先浇筑的混凝土已产生终凝，而后浇筑的混凝土尚未达到初凝，从而影而影响“芯管”的抽出和孔道的质量。

### 3. 处理方法

(1) 经过混凝土强度试验证明，构件的混凝土实际强度若低于设计强度标准值20%时，可适当延长混凝土构件的养护期限，以便提高和利用混凝土的后期强度。

(2) 当构件混凝土的养护期已达到28d，而实际强度等级达不到设计强度标准值的80%以上时，必须返工重新浇筑混凝土。

（3）当混凝土构件局部有酥松、露石、蜂窝等缺陷时，必须进行局部处理。将酥松的部分凿除，用钢丝刷子刷干净，再用压力水冲洗晾干，然后用1∶2的水泥砂浆压实抹平。如果缺陷的面积较大深度大于10mm时，应将其缺陷全部深度凿去薄弱的混凝土和个别突出的颗粒，然后用钢丝刷子刷干净，用压力水冲洗晾干。最后用比原混凝土强度等级高一级的细石混凝土填塞，并仔细捣实。

（4）如果存在影响结构或构件性能的缺陷，必须会同建设、设计、监理、质检等有关单位共同研究处理方法。

### 4. 预防措施

（1）配制混凝土的各种材料的质量，必须符合现行国家标准中的有关规定，不合格的材料严禁使用，严格按混凝土设计配合比进行计量配制，搅拌均匀出机的混凝土到浇筑振捣完毕的时间不得超过有关规定。

（2）预应力混凝土应当连续进行浇筑，如果先后两层混凝土的间歇时间过长，如环境温度在30℃以上时超过1h，环境温度在30℃以下时超过1.5 h，应按施工缝进行处理，并做好施工记录。

（3）在浇筑预应力混凝土时，如屋架由下弦中间向两端浇捣，应特别注意端部混凝土的密实性；如果下弦面较小，并有构造钢筋和芯管时，混凝土宜采用粒径较小的骨料配制，并选用小直径的振捣棒和人工辅助捣固。在浇筑和振捣混凝土的同时，在模板的外侧可用小锤敲打，这样既能检查混凝土是否振捣密实，又可起到辅助振捣的作用。如果在敲击中发现有空壳声，应立即用刀片式振捣器补充振捣密实。

（4）在施工过程中应随时检查和校正端部的锚固板、孔道、排气孔、预埋件等的位置，尤其是“芯管”的位置不能出现上浮或下沉，以免造成孔道弯曲，增大预应力筋与孔道的摩擦，导致预应力的损失。

（5）当“芯管”抽出后，要及时进行养护。在正常情况下。湿养护的时间不得少于7d；在低温的冬季施工时，还要做好防冻保暖工作。

（6）用于预应力构件的混凝土，在拌和物中不得掺入加气剂和各种氯盐，可根据工程实际情况，掺加适量的减水剂。

## 二、构件端部张拉出现裂缝

### 1. 质量问题

（1）当预应力筋进行张拉后，在构件的端部锚固区产生与预应力筋平行的纵向裂缝，这是预应力构件施工中常见的质量问题。

（2）预应力混凝土梁式构件或类似梁式构件的预应力筋，一般是集中配置在受拉的区域内。在这类构件中建立预应力后，在中性轴区域内易出现纵向水平裂缝。

### 2. 原因分析

（1）在后张法施工的预应力混凝土构件中，张拉力作为一个集中荷载，作用于构件端部总高度内较小的一部分。纵向压应力由集中作用转移为线性分布，产生横向的拉应力，如果锚固区的截面尺寸较小，则会产生纵向裂缝。这种裂缝位于张拉力集中荷载下，裂缝与作用线基本重合，工程上称为劈裂裂缝或锚固区裂缝。

（2）由于张拉力集中作用在混凝土构件的端部，在承压板附近的端面，存在另一个拉力区，也会引起混凝土的剥落。当张拉力偏心作用在混凝土构件的下部时，剥落区的拉应力增大，影响范围也较大，裂缝也随之产生。这类裂缝位于张拉力集中荷载的侧面，裂缝大体上与荷载的作用线平行，工程上称为剥落裂缝或端面裂缝。

### 3. 处理方法

（1）试验结果证明，较小的混凝土构件端部张拉裂缝，对于构件使用阶段的工作性能和强度并无明显影响。为了保证混凝土构件的耐久性，需要对这些较小的裂缝进行封闭处理。

（2）对于混凝土构件上宽度小于 0.15mm 的微裂缝，可以采用环氧树脂进行表面封闭处理。

（3）对于混凝土构件上宽度为 0.15～0.30mm 的裂缝，可以用钢凿将裂缝凿成口形，然后进行环氧树脂封闭处理；或者将端部表面清除干净，并进行凿毛、湿润，然后外加钢丝网一层，抹上 20mm 厚 1∶2 的水泥砂浆。

### 4. 预防措施

（1）为防止沿着孔道出现劈裂裂缝，在构件端部 $3e$（$e$ 为预应力筋的合力点至邻近边缘的距离），且不大于 $1.2h$（$h$ 为构件端部的高度）的长度范围内与间接钢筋配置区域以外，应在 $2e$ 范围内均匀布置附加钢筋或网片，其配筋率应大于或等于 0.5%，孔道至构件边缘的净距不应小于 40mm。

（2）为防止施加预应力时在构件端部产生沿着截面中部的纵向水平裂缝，宜将一部分预应力筋在靠近支座区段弯起，并使预应力筋尽可能沿着构件端部均匀布置。此外，为了减少使用阶段简支构件在端部区段的混凝土主拉应力，也宜将一部分预应力筋在靠近支座弯起。

（3）如果预应力筋在构件端部不能均匀布置，而需集中布置在端部截面的下部或集中布置在端部截面的上部和下部时，应在构件端部 $0.2h$ 范围内设置竖向附加的焊接钢筋网、封闭式箍筋或其他形式的构造钢筋。

（4）当混凝土构件在端部有局部凹进时，为防止在施加应力的过程中端部转折处产生裂缝，应增设折线构造钢筋。

## 三、孔道内进行灌浆时不通畅

### 1. 质量问题

水泥浆在灌入预应力筋孔道时不通畅，另外一端的灌浆排气管不出浆；或者灌浆压力过大，灌浆的枪头被堵塞。

### 2. 原因分析

（1）在混凝土构件施工中未进行严格检查，结果使灌浆排气管（孔）与预应力筋孔道不通，或者灌浆排气管（孔）的直径太小，排气量不满足灌浆施工的要求。

（2）在混凝土构件施工中对预应力筋孔道没有进行认真清理，孔道中有混凝土残渣或其他杂物；或者灌浆用的水泥浆中有硬块或杂物，将预应力筋孔道或排气管（孔）堵塞。

（3）孔道灌浆所用的灌浆泵、灌浆管和灌浆枪头在灌浆前未进行冲洗，内有水泥硬块与残渣，造成灌浆枪头堵塞。

### 3. 处理方法

（1）发现灌浆不通畅时，首先检查灌浆排气管（孔）是否畅通，如果有堵塞，应设法将灌浆排气管（孔）疏通，然后再继续灌浆。

（2）如果经检查确认是预应力筋孔道堵塞，应设法更换灌浆口再灌浆，但所灌入的水泥浆数量应能将第一次灌入的水泥浆排出，使两次灌入水泥浆之间的气体排出。

（3）如果用以上方法实施发生困难时，应在孔道堵塞位置进行钻孔，继续向前进行灌浆；如果另一端排气管（孔）也发生堵塞，也必须重新进行钻孔。

### 4. 预防措施

（1）在正式进行孔道灌浆前，应认真检查灌浆泵、灌浆管和灌浆枪头，使其内部没有水泥硬块与残渣；同时还要检查灌浆排气管（孔）是否通畅，确保其与预应力筋孔道接通。

（2）在穿入预应力筋前，应将孔道清理干净，确保孔道灌浆畅通；预应力筋的表面不得有油污泥土和其他杂物等，以免将其带入孔道内，影响孔道灌浆。

（3）配制灌浆用的水泥浆时，对所用的水泥必须进行过筛，并防止水泥袋纸和其他杂物混入水泥浆中。

（4）在进行孔道灌浆时，必须按照规定的顺序进行。在一般情况下，应按照先后上的顺序进行，以免上层孔道出现漏浆将下层孔道堵塞。

（5）每次孔道灌浆完毕后，必须将所有的灌浆设备清洗干净，以防因水泥凝固而堵塞。在下次孔道灌浆前，还要再次进行冲洗，以防被杂物堵塞。

（6）为避免在灌浆中出现堵塞现象，必须进行一系列的检查工作。在正式进行孔道灌浆前，应很好地检查排气管（孔）是否畅通、孔道内是否干净、灌浆压力是否满足、灌浆设备是否正常，待一切正常后才能进行正式灌浆。

## 四、预留孔道出现塌陷或堵塞

### 1. 质量问题

在预应力混凝土构件的施工中，预留孔道出现塌陷或堵塞质量缺陷，从而造成预应力筋不能顺利穿过，严重影响预应力筋的张拉和孔道灌浆，堵塞严重者混凝土构件很可能成为废品，造成材料的浪费。

### 2. 原因分析

（1）浇筑的构件混凝土尚未凝固，便将预留孔道的“芯管”抽出，从而造成坍孔事故。

（2）混凝土浇筑后未按规定的时间抽出“芯管”，由于抽管太迟造成混凝土与“芯管”黏结，抽出“芯管”十分困难，很可能因硬性抽出会使孔道产生损伤，从而导致孔道堵塞。

（3）孔道内壁受外力或振动的影响，如抽管时因为方向不正而产生挤压力和附加振动等，也会使预留孔道出现塌陷或堵塞。

（4）预留孔道的“芯管”为多节管组成，如果“芯管”的接头处连接不紧密，则会出现漏浆，从而使预留孔道出现堵塞。

（5）无黏结预应力构件所预埋的金属波纹管材质低劣，抵抗变形的能力比较差，在外力的作用下发生变形，并在接头处有水泥浆漏进，从而使预留孔道出现塌陷或堵塞。

### 3. 处理方法

（1）孔道中的“芯管”抽出后，应及时检查孔道成型的质量，如果发现有局部塌陷，可用特制的长杆及时加以疏通。

（2）对于预埋金属波纹管成孔，应在混凝土凝固前用通孔器立即将漏进的水泥浆清理出来，并校正变形的金属波纹管，以防出现堵塞影响预应力筋的穿入。

（3）如果预留孔道已经出现堵塞，应尽快查明堵塞的部位，然后可用冲击钻或人工凿开进行疏通，重新进行补孔。

### 4. 预防措施

（1）孔道中的“芯管”长度不宜过大，单根钢管长度不得大于15m，单根胶管长度不得大于30m；较长的混凝土构件可用两根管子对接，浇筑混凝土后从两端抽出。对接处宜用0.5mm厚的白铁皮做成套管连接。套管长度一般为40cm，套管内壁应与钢管外表面紧密贴合。对于胶管的接头，套管的内径应比胶管外径大2～3mm，使胶管压气或压水后贴紧套管。

（2）在浇筑混凝土后，每隔10～15min将钢管转动一次，转动钢管应始终顺着一个方向；用两根钢管对接时，两者的旋转方向应当相反；转动时应防止钢管沿端头向外滑出，事先最好在钢管上作记号，以观察有无向外滑出的现象。

（3）掌握好抽出“芯管”的适宜时间，根据工程实践经验，抽出钢管“芯管”宜在混凝土初凝后、终凝前进行，一般以手指按压混凝土表面不显凹痕时为宜，常温下抽管时间约在混凝土浇筑后3～5h，抽出胶管“芯管”的时间可以适当推迟1～2h。

（4）在夏季高温天气下浇筑混凝土时，应考虑浇筑振捣与抽管的合理安排，避免先抽管的孔道因邻近混凝土振捣而出现塌陷。

## 五、预留孔道出现偏移和局部弯曲

### 1. 质量问题

预留孔道中如果出现局部弯曲，必然会引起穿入钢筋时困难，在张拉中摩阻力增大；预留孔道如果出现偏移，在施加预应力时混凝土构件会发生侧弯或开裂，甚至导致整个预应力混凝土构件的破坏。

### 2. 原因分析

（1）在固定“芯管”或金属波纹管时，所用的钢筋井字架的间距偏大，在浇筑混凝土时会引起孔道局部弯曲。

（2）“芯管”或金属波纹管的位置固定不牢，尤其是金属波纹管的重量较轻，如果未用铁丝绑牢在井字架，或者漏掉井字架的横向钢筋，在浇筑混凝土时金属波纹管容易产生上浮，从而使预留孔道出现偏移或局部弯曲。

### 3. 预防措施

（1）预留孔道的位置应十分准确，整个孔道应平顺，端部的预埋钢垫板一定要垂直于孔道的中心线。

（2）“芯管”或金属波纹管的位置应采用钢筋井字架进行固定。钢筋井字架的尺寸应正确，其间距应适宜。根据工程实践经验，钢筋井字架的间距为：对于钢管“芯管”，不宜大于1.5m；对于胶管“芯管”，不宜大于0.6m；对于金属波纹管，不宜大于1.0m；对于曲线孔道，应适当加密。

(3)“芯管”或金属波纹管要用铁丝绑扎在钢筋井字架上，或利用钢筋井字架的上横筋压住，并将钢筋井字架绑扎或点焊在钢筋骨架上。

(4)预应力筋孔道之间的净距不应小于50mm，孔道至构件边缘的净距不应小于40mm；凡需要起拱的构件，预留孔道应随构件同时进行起拱。

(5)在正式浇筑混凝土之前，有关人员应再次检查预埋件、“芯管”或金属波纹管的位置是否正确，尺寸和数量是否满足，固定是否牢靠。

(6)在浇筑和振捣混凝土时，千万不可用振动棒振动“芯管”或金属波纹管，以防止“芯管”或金属波纹管产生偏移。

## 六、孔道灌浆不密实

### 1. 质量问题

预应力混凝土构件的孔道灌浆不密实，主要表现在：孔道灌浆材料强度低，从而造成孔道灌浆不密实；孔道灌浆不饱满，孔道的顶部有较大月牙形空隙，有的甚至出现露筋现象。

存在上述质量问题，不仅会引起预应力筋锈蚀，影响预应力筋与构件混凝土的有效黏结，而且在严重时会造成预应力筋的断裂，使整个预应力混凝土构件遭受损坏。

### 2. 原因分析

(1)孔道灌浆材料的配合比设计不合理，水泥与外加剂选用不当，采用的水灰比偏大，均可造成孔道灌浆材料强度低，孔道灌浆不密实。

(2)孔道灌浆材料在进行配制时，其流动性和泌水率不符合要求，尤其是泌水率严重超标，在浆液沉实的过程中泌水较多，使部分孔道被泌出的水分所占据，待这些水分蒸发后则留下孔洞，甚至出现露筋现象。

(3)在进行灌浆的施工过程中，由于操作不认真，灌浆的速度太快，灌浆的压力偏低，灌后的稳压时间不足，也容易造成孔道灌浆不密实。

### 3. 处理方法

(1)孔道灌浆结束后，应当从检查孔处认真检查灌浆的密实情况，如果孔道内的月牙形空隙较大（深度大于3mm）或有露筋现象时，应及时采用人工进行补浆。

(2)对于灌浆质量有怀疑的孔道，可以用冲击钻进行打孔检查；如果孔道内灌浆不足，可采用手动浆泵进行补浆。

### 4. 预防措施

(1)严格控制孔道灌浆材料的质量。灌浆用的水泥宜选用强度等级不低42.5MPa的普通硅酸盐水泥。水泥浆的水灰比宜为0.40～0.45，流动度宜控制在150～200mm范围内。水泥浆3h的泌水率宜控制在2%左右，最大不得超过3%。

(2)为提高水泥浆的流动性，减少泌水和体积收缩，在配制水泥浆时可掺入适量的缓凝减水剂，水泥浆的水灰比可降低至0.35～0.38；也可同时掺入适量的膨胀剂，但其自由膨胀率不得大于6%。应当特别注意，不得采用对预应力筋有腐蚀作用的外加剂。

(3) 进行孔道灌浆应当缓慢均匀连续，施工不得出现中断，并应保证排气通畅；在灌满孔道并封闭排气孔后，宜再继续加压至0.5～0.6MPa，稳压2min后再封闭灌浆孔。

(4) 不掺加任何外加剂的水泥浆，孔道灌浆可以采用二次灌浆法，在常温下两次灌浆的间隔时间宜为30～45min。

(5) 水泥浆的强度等级不应低于M30，对所灌入的材料应进行强度试验，水泥浆试块用边长为70.7mm的立方体，每一工作班应留取3组水泥浆试块，作为水泥浆质量评定用。

## 七、先张法构件的挠度大

### 1. 质量问题

先张法预应力混凝土构件在使用荷载的作用下，产生的实际挠度超过设计规定值，或者使预应力混凝土构件过早出现开裂。

### 2. 原因分析

(1) 由于混凝土配合比设计不合理，或者配料误差超过现行国家标准中的规定值，或者混凝土搅拌不均匀，从而造成预应力混凝土构件混凝土强度低于设计强度。

(2) 预应力筋的张拉不符合设计要求，或者在预应力筋锚固时出现滑移，造成预应力筋的张拉力不足，使混凝土构件建立的预应力值偏低。

(3) 台座或钢模板受到张拉力的作用变形较大，导致预应力产生过大损失，由于预应力的损失不能满足张拉力的需要，从而使混凝土构件在受力后出现挠度较大。

(4) 在先张法生产预应力混凝土构件时，由于台座的长度较长，预应力筋的摩阻损失较大，导致张拉力不符合设计要求。

### 3. 防治措施

(1) 在进行预应力筋放张时，混凝土的强度应满足设计要求，在无具体强度要求的情况下，也不应低于混凝土设计强度等级的75%。

(2) 张拉预应力筋的台座，应保证其具有足够的强度、刚度和稳定性，以防止出现倾覆、滑移、变形过大等情况。台座的抗倾覆安全系数不得小于1.5，抗滑移安全系数不得小于1.3；台墩和台面共同工作，可有效抵抗抗倾覆和滑移。

(3) 在预应力筋正式张拉前，应对整个张拉的设备进行认真检查和校验，在张拉过程中要时刻检查压力表是否失灵。

(4) 在预应力筋正式张拉时，应尽可能使张拉的设备轴线与预应力钢丝（筋）中心线一致，以减少预应力钢丝（筋）与锚固板孔洞之间的摩擦；另外，还应防止预应力钢丝（筋）自重下垂与底模板之间的摩擦，为此可每隔一定距离横向放一根钢筋。

(5) 测力装置要经常进行维护和校验，以保证计量的准确性。粗钢筋的张拉力可用相应的伸长长度进行校核。

(6) 钢丝和冷轧带肋钢筋预应力的检测，应当在张拉完毕1h后进行。此时的锚固损失已基本完成，预应力筋松弛应力损失也部分产生。

(7) 采用蒸汽养护的预应力混凝土构件，应分两阶段升温：第一阶段将温差（即升温的温度与张拉钢筋时的温度差）控制在20℃以内；待构件混凝土强度达到7.5 MPa（粗钢筋）或

10.0 MPa（钢丝或钢绞线）以上时，再进行第二阶段的升温。

# 八、先张法板式构件产生翘曲

## 1. 质量问题

先张法板式（如空心板、薄板等）混凝土构件，在预应力筋放张后，发生严重的翘曲现象，严重影响混凝土构件的质量和正常使用，有的甚至成为废品。

## 2. 原因分析

（1）台面或钢模不平整，预应力筋的位置不准确，保护层的厚度不一致，配制的混凝土质量低劣等，使预应力筋对混凝土构件施加一个偏心荷载，从而导致板式混凝土构件出现翘曲，这对截面尺寸较小的混凝土构件尤为严重。

（2）在预应力筋的张拉过程中，对各根预应力筋的张拉力控制不严格，使预应力筋建立的张拉应力不一致，放张后对混凝土构件产生偏心荷载，从而使板式混凝土构件产生翘曲。

## 3. 防治措施

（1）在板式混凝土构件的施工中，要保证台面的平整坚实。一是选择适宜的材料作为台面，一般可在灰土地基夯实整平后，上面再铺碎石垫层，然后在垫层上浇筑混凝土台面，厚度一般为 80～100cm，最后用 1∶2 的水泥砂浆找平压光；二是防止温度变化引起台面开裂，在混凝土台面上，每隔 10～20m 设置一条伸缩缝，必要时可对台面施加预应力；三是切实做好混凝土台面的排水。

（2）如果预应力筋选择用钢模板来承力，钢模板要具有足够的强度和刚度，承受张拉力时其变形应控制在 2mm 以内。

（3）在成组进行预应力筋的张拉时，要确保预应力筋的长度一致。单根张拉时要考虑先后张拉力的损失不同，可用不等的超张拉系数或重复张拉的方法调整。

（4）对于采用先张法生产的预应力板式混凝土构件，要确保预应力筋的保护层厚度均匀一致。

（5）钢模板承力的混凝土构件吊入蒸汽池内进行养护时，支座的底面一定要平整。构件重叠码放时，钢模板的上面不能有残余的混凝土渣，以防混凝土构件出现翘曲。

（6）预应力筋进行放张时要对称切断，避免混凝土构件受偏心冲击荷载而产生破坏。

# 九、预应力空心板梁蒸养裂缝

## 1. 质量问题

先张法预应力空心板梁在冬季施工过程中，常常会出现因采用蒸汽养护而产生裂缝。一是在顶板上产生横向裂缝，缝长为顶板的全宽；二是在肋板侧面产生的上宽下窄的竖向裂缝。这两种裂缝都严重影响混凝土构件的质量。

## 2. 原因分析

（1）梁体本身的上下部收缩不一致。经过蒸汽养护之后，梁体内部的温度升高，而揭开油布后梁上部顶板的混凝土厚度较薄，降温后迅速产生收缩，而梁的下部底板较厚，冷却速度较慢，产生的收缩较小。由于上部收缩较大而下部收缩较小，自然会产生上挠现象。再加上上下部钢绞线的束缚，限制了这种上挠现象的产生，特别是在上板梁顶布置钢筋较少时，抗不住这种变形的拉力，从而出现裂缝。

（2）在混凝土构件运出蒸汽养护池时，由于构件的降温速度过快，使其发生冷缩变形而产生裂缝。如果空心板梁属于薄壁构件，其顶板混凝土厚度为 70mm，肋板最薄处为 80mm，其降温速度不应超过 5℃/h，这样才可避免出现裂缝。

### 3. 防治措施

（1）在进行预应力空心板梁配筋设计时，可以适当增加板梁顶面的抗裂钢筋，以此防止在顶板产生横向裂缝。

（2）在进行预应力空心板梁蒸汽养护的过程中，严格控制混凝土的升降温速度。根据工程实践经验证明，混凝土的升温速度不应大于 10℃/h，混凝土的降温速度不应大于 5℃/h。

（3）掌握在混凝土达到适宜温度时，提前对钢筋进行放张，施加一定的预应力。蒸汽养护过程应连续均匀进行，中途不得出现停止养护，确保混凝土的强度持续增长。在混凝土的温度为 5～10℃时，立即拆除钢模板并放松钢丝束。尽早解除台座对预应力筋的约束，不给混凝土构件产生裂缝的时间。

## 十、屋架扶直时上弦杆出现裂缝

### 1. 质量问题

平卧叠层制作的预应力混凝土屋架，在施加预应力后或扶直的过程中，上弦杆节点附近出现裂缝，待屋架扶直后裂缝又自行闭合。

### 2. 原因分析

（1）屋架在施加预应力后，下弦杆由于受到压应力的作用产生压缩变形，从而引起上弦杆受拉，当拉应力超过上弦杆混凝土的抗拉应力时，上弦杆节点附近出现裂缝。

（2）在屋架扶直的过程中，当上弦杆刚刚离开地面，下弦杆还接触地面时，腹杆自重以集中力的形式一半作用在上弦杆，另一半作用在下弦杆，上弦杆相当于均布自重和腹杆传来的集中力作用下的连续梁，吊点相当于支点，使上弦杆产生拉力，当拉应力超过上弦杆混凝土的抗拉应力时，上弦杆节点附近出现裂缝。

### 3. 防治措施

（1）在预应力屋架制作前，应对屋架扶直的状态进行应力验算。必要时，可以调整吊点位置或在吊点处上弦杆内的钢筋加密。

（2）按照屋架的受力特点和设计要求的位置及数量设置吊点，并力求各个吊点受力比较均匀，不得出现应力集中现象。

（3）在屋架扶直的过程中，要缓慢、平稳、均匀进行，防止猛然起吊，使构件受较大振动，从而引起上弦杆受拉。

（4）屋架预应力筋不得超张拉，以免在屋架扶直的过程中增大上弦杆的拉力，导致上弦杆节点附近出现裂缝。

# 第五节 现浇预应力混凝土结构的质量问题与防治

现浇预应力混凝土结构是建筑工程中提倡应用的一种新结构、新工艺，目前已在高层建筑的楼板中得到广泛应用。这种预应力混凝土结构与预制预应力混凝土结构相比，具有预应力效果好、施工比较方便、节省运输工作量、结构整体性好、工程造价较低等优点。

由于现浇预应力混凝土结构是在现场进行制作，所以对施工质量的要求更高。但是，在现浇预应力混凝土结构的施工过程中，也会因为这样那样的不利因素，出现一些质量缺陷，这些都应当引起设计和施工人员的重视。

## 一、金属波纹管孔道产生漏浆

### 1. 质量问题

在进行混凝土浇筑时，金属波纹管（或螺旋管）孔道出现漏进水泥浆。当采用后穿入钢筋施工工艺时，轻者则减小了孔道的截面面积，加大了穿入钢筋的难度，增加了张拉时的摩阻力；重者，使穿入钢筋十分困难，甚至无法穿入。当采用先穿入钢筋施工工艺时，一旦漏入水泥浆将钢丝束黏结，可能会造成无法进行张拉。

### 2. 原因分析

（1）所用的金属波纹管（或螺旋管）没有出厂合格证，进场时也未进行严格验收，混入不合格的产品。具体表现为管的刚度较差、咬口不牢、表面锈蚀、尺寸不准等。

（2）金属波纹管接长处、波纹管与喇叭管连接处、波纹管与灌浆排气管接头处等接口封闭不严密，水泥浆从这些部位流入波纹管内。

（3）金属波纹管在运输保管和施工中遭到意外破损，如普通钢筋压伤波纹管壁，电焊火花烧伤波纹管壁，先穿钢丝束时由于撞击使波纹管咬口产生开裂，浇筑混凝土时振动器碰伤管壁，在运输中不小心将波纹管折裂等。

（4）金属波纹管在安装就位时，在拐弯之处折成死角或反复弯曲等，会引起管壁的开裂。

### 3. 处理方法

（1）对于后穿钢丝束的孔道，在浇筑混凝土的过程中以及混凝土凝固前，可用特制的通孔器通孔或用压力水进行冲孔，及时将漏进孔道的水泥浆清理干净。

（2）对于先穿钢丝束的孔道，应当在混凝土达到终凝前，用“倒链”拉动孔道内的预应力钢丝束，以避免水泥浆漏进孔道内产生堵塞。

（3）如果金属波纹管孔道内产生堵塞，应查明堵塞的具体位置，然后凿开疏通。对于后穿钢丝束的孔道，可用细钢筋插入孔道探出堵塞的具体位置；对于先穿钢丝束的孔道，细钢筋不容易插入，可改用张拉千斤顶从一端试拉，利用实测伸长数值推算出堵塞的具体位置。在试拉时，另一端预应力筋要用千斤顶楔紧，防止堵塞水泥浆被拉裂后，张拉端千斤顶飞出。

### 4. 预防措施

（1）金属波纹管在出厂时，对其质量应进行严格检查，对于合格出厂的产品，应有产品合格证并附有质量检验单。其各项技术指标应符合现行的行业标准《预应力混凝土用金属波纹管》(JG/T 225—2020) 中的要求。

(2) 金属波纹管进场时，应从每批中抽取 6 根，首先检查管的内径 $d$，再将其弯成半径为 $30d$ 的圆弧，高度不小于 1m，检查有无开裂和脱扣现象；同时进行灌水试验，检查管壁有无渗漏现象。待以上检查项目全部合格后，方可用于实际工程中。

(3) 金属波纹管在搬运过程中应轻拿轻放，不得进行抛甩或在地上拖拉；在吊装时不得以一根绳索在管子当中拦腰捆扎起吊，以防金属波纹管被折断。

(4) 金属波纹管在室外保管的时间不可过长，底层应设置木材垫起，顶部应用苫布覆盖，防止雨雪和各种腐蚀性气体或介质的影响。

(5) 金属波纹管可采用大一号的金属波纹管进行接长。接头管的长度为 200～300mm，在接头处的金属波纹管应居中碰口；接头管的两端要用密封胶带或塑料热塑管进行封闭。

(6) 金属波纹管与张拉端喇叭管连接时，金属波纹管应顺着孔道线形，插入喇叭口内至少 50mm，并用密封胶带封闭。金属波纹管与埋入式固定端的钢绞线进行连接时，可采用水泥胶泥或棉丝与胶带封堵。

(7) 灌浆排气管与金属波纹管的连接，其具体做法是：在金属波纹管上开洞，用带嘴的塑料弧形压板与海绵垫片覆盖并用铁丝扎牢，再将增强塑料管（外径 20mm、16mm 内径）插在嘴上用铁钉固定并伸出梁顶面约 400mm。

为防止灌浆排气管与金属波纹管的连接处出现漏浆，金属波纹管上可以先不开洞，并在外接塑料管内插一根钢筋，孔道灌浆前再用钢筋打穿金属波纹管，然后拔出钢筋即可。

(8) 金属波纹管在安装的过程中，应尽量避免反复弯曲；如果遇到折线孔道，应采取圆弧线过渡，不得折死角，以防管壁出现开裂。

(9) 加强对金属波纹管的保护，主要应特别注意以下几个方面：①防止电焊火花烧伤管壁；②防止普通钢筋戳穿或压伤管壁；③防止先穿入钢丝束时使管壁受损；④浇筑混凝土时应有专人负责，保护张拉端的埋件、管道和排气孔等。如果发现金属波纹管有破损，应及时进行修复。

## 二、预应力混凝土结构施工阶段裂缝

### 1. 质量问题

(1) 大跨度预应力混凝土框架梁在张拉前出现正截面裂缝，裂缝的宽度一般为 0.1～0.3mm。预应力越高的混凝土结构，往往开裂的程度越严重，有的甚至出现普通钢筋屈服的现象。

(2) 在大面积预应力混凝土框架结构中，如果在不设或少设伸缩缝的情况下，梁的侧面会出现垂直裂缝，其宽度方向为中间宽、两头窄。

(3) 在大跨度预应力混凝土框架结构中，往往将附房与主房连接在一起，柱子的净高较小。在预应力框架梁进行张拉时，在柱子的侧面出现交叉的裂缝。

(4) 在进行预应力混凝土盖梁张拉时，在柱子的两侧附近的楼板往往出现斜裂缝。

(5) 在多跨预应力混凝土连续“次梁”的体系中，主梁通常采用钢筋混凝土结构。在进行“次梁”张拉时，边主梁的侧面在次梁支座附近，往往出现从底向上的竖向裂缝。

(6) 在大面积混凝土楼盖结构中，由于“柱网”的组成不同，部分采用预应力混凝土梁，部分采用钢筋混凝土梁。在预应力混凝土梁施工时，与其相连的钢筋混凝土梁板中出现垂直于预应力筋方向的受拉裂缝。

（7）多跨预应力混凝土连续梁张拉锚固后，发现梁的反向拱度比常规大，梁支座处侧面下部可能会出现多条裂缝。

## 2. 原因分析

（1）设计人员对预应力混凝土结构的设计特点还不是完全了解，在目前的设计规范中还不完整。有的设计只是简单地用预应力筋代替普通钢筋。预应力专业公司进行预应力混凝土结构设计时，往往也没有综合考虑在施加预应力后，对周围构件受力的影响和应当采取的加筋措施。

（2）施工人员对预应力混凝土结构的性能尚未完全掌握，例如预应力混凝土结构“后浇带”的设置、模板支撑的选择与布置、模板拆除的时间与方式等，仍然采用普通钢筋混凝土的传统做法。

（3）预应力混凝土框架结构施工时，从混凝土的浇筑到预应力筋的张拉，需要经过一定的时间。如果在此期间预应力混凝土梁的模板支撑发生沉降，由于其他普通钢筋混凝土结构中配筋较少，对沉降产生的裂缝抑制能力较差，预应力混凝土梁就会随之产生正截面的受弯曲裂缝。

（4）现浇混凝土楼盖结构通常采用满堂式支撑。在结构施工图说明中仅指明预应力梁的底部模板与支撑，应在张拉并灌浆强度达到15MPa后方可拆除。施工人员对此说明往往有两种做法：一种是所用梁板的底部模板与支撑在预应力筋在张拉并灌浆强度达到15MPa后拆除，导致模板及支撑的利用率很低；另一种是在张拉前就将“次梁”及楼板的支撑拆除，而未对主梁的支撑进行加强，此时如主梁中的钢筋较少，则会出现正截面裂缝，如主梁的支撑在张拉前误拆，主梁会出现严重开裂，甚至发生倒塌事故。

（5）在大面积不设置伸缩缝的预应力混凝土框架结构中，梁侧面出现的梭形裂缝是由于混凝土收缩和温度变化而产生的。其裂缝的形态与约束条件有关，梁的上部和下部布置钢筋比较多，所以裂缝往往出现在梁侧面的中部，呈两头尖、中间宽的状态。

（6）预应力“次梁”与边主梁的相交处，边主梁在弯曲、剪切、扭转及横向预应力集中荷载的作用下，应力非常复杂，易在“次梁”支座处的边主梁内侧产生以受弯曲为主的裂缝。

（7）在现浇混凝土楼盖结构中，梁端张拉力沿着30°～60°方向向板中扩散。在应力扩散的过程中，会在板中产生一定的拉应力，如果板的厚度较薄，板中非预应力筋仅按普通钢筋混凝土楼盖进行配置，会在垂直于主拉应力方向出现较宽的斜裂缝。

## 3. 处理方法

（1）在施加预应力前应对整个结构进行认真检查，特别是预应力混凝土主梁的模板及支撑，如果在预应力筋张拉前就被误拆或已产生松动，应迅速重新支撑或顶紧。

① 对于楼面活荷载较小，每层施工速度较快的预应力混凝土楼盖结构，应经过施工验算，必要时可在下层增设二次支撑。

② 对于地面活荷载特别大的大面积预应力混凝土平板，因施工流水及多跨预应力筋交叉布置的需要，经过施工验算，也可先张拉部分预应力筋后再拆除模板及支撑。

（2）对于高预应力的混凝土梁，首批张拉时应测定其反向拱度值，并检查该梁及周围构件的裂缝情况，如果出现剪切裂缝时，应重新进行验算，适当降低张拉力，以确保施工安全。

（3）对于预应力混凝土结构在施工阶段产生的裂缝，只要裂缝的宽度超过0.1mm，都要进行修补处理。根据裂缝的宽度不同，可采用以下几种修补的方法。

① 对于宽度小于 0.15mm 的微裂缝，可采用封闭法进行处理。如采用环氧树脂或防水涂料刷裂缝的表面，将裂缝进行封闭。

② 对于宽度小于 0.15～0.30mm 的裂缝，可采用开槽填补法，例如采用钢凿将裂缝凿成 V 形口，嵌入环氧树脂胶泥或乳胶水泥，再抹一层环氧砂浆，使其表面与原混凝土齐平。

③ 对于宽度大于 0.30mm 的裂缝，可采用压力灌浆法。

### 4. 预防措施

(1) 为了防止在施工期间预应力混凝土框架梁产生的正截面受弯曲裂缝，普通钢筋的配筋率不宜低于 $0.005hb$（$h$ 为梁的高度，$b$ 为梁的宽度）。

(2) 为了防止混凝土收缩与温度变化产生的裂缝，预应力混凝土大梁的腰筋直径应不小于 18mm，间距不宜大于 250mm。对梁宽度较大的梁，腰筋直径还应适当增加；对跨度特大、荷载特重的大梁，腰筋也可采用无黏结预应力筋。

(3) 对于支承预应力次梁的钢筋混凝土边主梁，为防止其在次梁支座附近出现垂直裂缝，应适当增配腰筋、箍筋和纵向钢筋，并适当加大钢筋混凝土边主梁的宽度。

(4) 对于预应力筋仅集中配置在轴线上梁内的预应力混凝土楼盖结构，或一个方向均布、另一个方向集中布置的预应力混凝土平板结构，应在预应力传递的边部区格的板内加配双向的非预应力筋，且每一方向上非预应力筋的配筋率不宜小于 0.20%，以此抑制斜裂缝的开展。

(5) 为防止与预应力混凝土楼盖结构相连的钢筋混凝土中出现受拉裂缝，最好的办法是在相邻处设置施工缝，但大梁底部及楼板底部的钢筋可以不断开。如果不设置后浇带，预应力筋应伸入相邻的钢筋混凝土梁板中，分批截断与锚固，与预应力混凝土楼盖相连的一跨的大梁与板中的非预应力筋也应加强。

## 三、曲线孔道与竖向孔道灌浆不密实

### 1. 质量问题

(1) 在曲线孔道的上曲部位，尤其是大曲率曲线孔道的顶部，孔道灌浆后会产生较大的月牙形空隙，甚至出现一段距离的空隙。

(2) 竖向孔道在灌浆后，其顶部往往会产生一段空洞。在竖向孔道在灌浆实践中，还发现孔道内穿钢绞线比穿钢丝泌水多，孔洞加长。

### 2. 原因分析

(1) 孔道灌浆后，水泥浆中的水泥产生下沉，水分上浮，泌水趋向于聚集在曲线孔道的上曲部位或竖向孔道的顶部，随后这些水分可能被吸收，但也可能会留下空隙或孔洞。

(2) 孔道灌浆后，经试验结果表明，钢绞线比穿钢丝泌水多，这种现象是由于较高的液体压力迫使泌水进入钢绞线的缝隙之中，并由此向上流动而被禁锢在顶部锚头的下面。

(3) 进行孔道灌浆的水泥浆的水灰比较大，也没有根据需要掺加适量的减水剂与膨胀剂等，在竖向孔道中的泌水现象更加明显。

(4) 孔道灌浆设备的压力不足，使水泥浆不能压送到位，从而造成孔道灌浆不密实，孔道顶部的泌水又无法排出。

(5) 孔道灌浆的操作人员技术不熟练，责任心不强，工艺不正确，均可能造成孔道灌浆不密实。

### 3. 防治措施

（1）对于重要的预应力结构工程，孔道灌浆所用的水泥浆，应根据不同类型的孔道要求进行试配，合格后才能用于工程。

（2）对于高差大于50mm的曲线孔道，应在其上曲部位设置泌水管（也可作孔道灌浆用）。泌水管应伸出梁顶面400mm，以便使泌水向上浮，水泥向下沉，这样可使曲线孔道的上曲部位灌浆密实。

（3）对于高度较大的竖向孔道，可在孔道顶部设置重力补浆装置，也可在低于孔道顶部处用手动灌浆设备进行二次灌浆排除泌水，使孔道顶部浆体密实。

（4）竖向孔道的灌浆方法，可采取一次灌浆到顶或分段接力灌浆，根据孔道高度与灌浆泵的压力等具体确定。孔道灌浆的压力最大限制为1.8MPa。在采用分段接力灌浆时，要防止接浆的地方出现憋气。

（5）灌浆操作人员应经过技术培训上岗，在灌浆中要严格遵守灌浆的操作规程，提高操作人员的质量意识和责任心，确保孔道灌浆密实。

（6）孔道灌浆后，应及时检查孔道顶部灌浆密实情况，如果有不密实的质量问题，应采用措施进行补浆，使空气排出，孔道灌浆密实。

## 四、曲线孔道竖向坐标不到位

### 1. 质量问题

在多跨的连续预应力混凝土框架梁中，曲线预应力筋孔道一般是由预埋金属波纹管成型的。曲线预应力筋的竖向坐标是以预埋的金属波纹管中心线为准。多跨曲线孔道竖向坐标的控制点为：跨中点、弯曲点、支座点。

在实际施工的过程中，检查曲线孔道竖向坐标时，经常遇到跨中点处坐标偏高、支座点处坐标偏低的现象，这样降低了预应力筋的高度，从而影响梁的承载力和抗裂能力

### 2. 原因分析

（1）控制曲线孔道竖向坐标的钢筋支托位置计算有误，或者安装的位置不准，必然会造成竖向坐标不到位。

（2）设计图纸上所标明的曲线孔道在支座处的竖向坐标有时偏离，但在该节点处纵横向钢筋配置较多，使曲线孔道难以安装到位。

（3）在进行钢筋绑扎与安装的过程中，操作人员为贪图方便，没有严格控制钢筋位置，尤其在支座处对曲线孔道的竖向坐标影响较大。

### 3. 处理方法

（1）如果金属波纹管的坐标高度超出设计允许偏差，但不大于5mm时，可以不进行调整。

（2）如果金属波纹管的坐标高度超出设计允许偏差，偏差大于5mm时，应局部拆开调整至在允许偏差范围内。

（3）如果金属波纹管的坐标高度超出允许偏差较大，但又无法调整时，应当会同设计人员根据实际受力情况商讨解决的方法。

### 4. 预防措施

（1）在设计图纸会审期间，应复核曲线预应力筋的坐标高度是否正确，是否会引起金属波纹管与梁的钢筋相碰。如果在内支座处遇到这种情况，应与设计人员商讨，能否调整钢筋的规格与排列方式，不得已时再考虑降低金属波纹管的坐标高度。在跨度中间部位也可参照这种方法解决。至于在其他部位，钢筋应避开金属波纹管，不得影响金属波纹管的曲线形状。

预应力筋的保护层，从金属波纹管壁算起，在跨中和支座处均不得小于50mm。

（2）在预应力混凝土框架梁施工前，应将预应力筋曲线坐标图、支座（跨中）处钢筋与预应力筋孔道排列详图等，向具体操作人员讲清楚，并将这些图纸发给操作人员。在施工过程中，要加强督促检查，严格按图施工，确保曲线孔道竖向坐标正确。

（3）预应力筋留孔用金属波纹管的定位，可采用钢筋支托。钢筋支托的间距为0.8～1.0m，可点焊在箍筋上；金属波纹管应采用铁丝绑扎在支托上。钢筋支托的高度（从箍筋内包尺寸量至金属波纹管底面）应等于该点预应力筋坐标高度扣除金属波纹管半径与保护层厚度(25mm)后得出，并用粉笔标记在箍筋上。

## 五、锚固区的构造不合理

### 1. 质量问题

（1）在现浇预应力混凝土框架结构中，框架梁预应力筋的锚固区通常设在梁和柱的节点处。大多数情况下，设计要求将锚固端作成内凹式，锚具埋在柱子内。这种做法会引起柱子主筋的位移、箍筋处理复杂、间接钢筋（螺旋筋或钢筋网片）设置困难。

如果柱子的钢筋不到位，会造成柱子的承载力不足；如果节点处的钢筋过于稠密，易造成混凝土浇筑不密实。工程实践表明，节点区的混凝土必须充分密实，才能保证满足节点核心区抗震和局部承压的要求。

（2）预应力筋锚固在悬臂梁端时，由于梁的厚度不足所产生的劈裂应力较大，会引起沿预应力筋孔道的纵向裂缝。

（3）框架梁预应力筋的固定端采用内部埋藏式时，张拉力趋向于压缩固定端的前方混凝土，而拉开其后方的混凝土，会引起锚固点背后开裂。

（4）多跨的连续框架梁预应力筋采取分段搭接时，由于锚固区部分位置的截面太小，局部承压面积不足，会引起混凝土的碎裂。

### 2. 原因分析

（1）对现浇预应力混凝土结构锚固区的受力状态认识不清。如框架结构锚固区的受力与单独构件受力差异，框架结构梁柱节点（尤其是抗震区）核心区的剪切应力，中间锚固端和内部埋藏式锚固端后方产生的拉力等。

（2）在进行锚固区设计时，没有针对工程的实际情况，绘制出切实可行的锚固区构造详图，或者锚固区设计未经有关人员审核认可。

（3）预应力混凝土框架结构施工前，没有及时将锚固区构造详图向土建施工单位进行技术交底，或者土建施工单位仍习惯按普通钢筋混凝土结构传统做法，导致预应力施工单位在安装锚固端的预埋件时，到处与钢筋相碰，即使硬挤进去或临时进行修改，也很难达到预期设计要求，从而留下很大的隐患。

### 3. 防治措施

(1) 预应力施工单位应针对工程实际情况，进行必要的力学分析，绘制出切实可行的锚固区构造详图，并经设计部门审核认可。

(2) 预应力锚固区端部预埋件与非预应力筋发生矛盾时，应遵循“非预应力筋避让预应力筋”的原则。如果仍然存在矛盾，应会同设计人员共同协商解决。

(3) 预应力锚固端采取内凹式做法时，端部预埋件与非预应力筋的排放位置发生矛盾，可以采取下列措施。

① 当框架梁的主筋在锚固区端部向下弯曲有困难时，可以向上弯曲或缩进向下弯曲，但必须满足要求的锚固长度。

② 矩形柱子的主筋向两边移，不影响柱子正截面的承载力；如果移至第二排，因有效高度减小，必须进行等效换算。当柱子主筋无法移开时，可用氧乙炔火焰将柱子钢筋吹弯或将主筋切断在两旁补插钢筋。

③ 圆形柱子的主筋沿圆周均匀进行布置。主筋移动后的有效高度会减小，要补插足够数量的主筋。补插的主筋面积可按圆柱正截面承载力等效原则确定。

④ 局部箍筋先弯折贴于模板，预应力筋张拉完毕后，再将箍筋拉直焊牢。

(4) 预应力筋锚固区间接钢筋的设置。各类锚具一般都有配套的间接钢筋，设计人员不必再进行计算。实际在工程中往往由于节点区的钢筋太稠密，间接钢筋的放置十分困难，有时无法满足要求。节点区的钢筋太稠密，常造成混凝土浇捣不密实，反而容易出现质量问题。

分析局部压力的变化与张拉阶段梁柱节点区钢筋的受力情况后认为：锚固区柱子与梁中的主筋和箍筋，可以作为间接钢筋的一部分。如果钢筋过密而使间接钢筋放不开，可以结合具体情况适当减少间接钢筋的数量，用主筋或箍筋进行代替。

(5) 局部承压区的位置。设计人员应创造条件使局部承压区处于有利的位置。一般多跨的框架中内支座起着控制作用，可以适当降低边节点的锚固位置，以增大局部承压计算的底面积。如果截面较窄，可将平行布置的2束预应力筋在接近锚固区时空间扭曲成竖直布置。

(6) 内埋式锚固端的埋设位置。内埋式锚固端位于梁体的内部时，为了避免拉力集中使混凝土开裂，可以采取交错布置方式，间距为300～500mm，且离开梁侧面不得小于40mm。当锚固端位于梁柱的节点内时，应尽量靠近柱子外侧，可以上下错开布置。

在每个锚固点确定后，应根据混凝土厚度、有无抵抗拉力的钢筋等情况，确定是否需要配置附加钢筋。根据有关资料介绍，应该附加钢筋能传递张拉力的50%左右，但这些钢筋必须在锚固前方的受压区中充分黏结。

第六章

# 砌体工程质量问题与防治

砌体工程是建筑工程中的一个主要分部工程，根据砌筑主体的不同，砌体工程可分为砖砌体工程、石砌体工程、砌块砌体工程、配筋砌体工程。由砖和砂浆砌筑而成的砌体称为砖砌体，常用的砖有烧结多孔砖、蒸压灰砂砖、粉煤灰砖、混凝土砖等；由石材和砂浆砌筑的砌体为石砌体，常用的石砌体有料石砌体、毛石砌体、毛石混凝土砌体；由砌块和砂浆砌筑的砌体为砌块砌体，常用的砌块砌体有混凝土空心砌块砌体、加气混凝土砌块砌体、水泥炉渣空心砌块砌体、粉煤灰硅酸盐砌块砌体等；为了提高砌体的受压承载力和减小构件的截面尺寸，可在砌体内配置适量的钢筋形成配筋砌体。

## 第一节　砌筑砂浆存在的质量问题与防治

砌筑砂浆指的是将砖、石、砌块等块材经砌筑成为砌体的砂浆，它起黏结、衬垫和传力作用，是砌体结构工程的组成材料之一。由于砂浆质量对砌体的影响不如混凝土那样直接，因此人们对砌筑砂浆质量缺乏足够的重视，在砂浆配合比设计、计量、搅拌、使用时间、试块制作和养护等方面，没有严格按照现行规范中的规定执行，从而经常产生一些质量通病。

### 一、砌筑砂浆强度不稳定

#### 1. 质量问题

砌筑砂浆强度的波动性较大，匀质性较差，其中低强度等级的砂浆质量特别严重，强度低于设计要求的情况较多，严重影响砌体工程的质量，有的甚至造成工程报废。

#### 2. 原因分析

（1）工程实践证明，影响砌筑砂浆强度的主要因素是计量不准确。对砌筑砂浆的配合比，多数工地采用的是体积比，以铁锹和其他用具凭经验计量，从而造成砂浆配合比不符合设计要求。特别是由于砂子含水率的变化，可以导致砂子体积变化幅度达10%～20%，更加影响砂浆的配制质量。

（2）水泥混合砂浆中无机掺合料（如建筑生石灰、建筑生石灰粉、石灰膏及粉煤灰等）的掺量对砂浆强度影响很大。随着无机掺合料掺量的增加，砂浆的和易性越好，但强度降低越多，如超过规定用量的1倍，砂浆的强度约降低40%。但施工中往往片面追求良好的和易性，无机掺合料的掺量常常超过规定用量，因而降低了砌筑砂浆的强度。

（3）无机掺合料材质不佳，生石灰、生石灰粉的熟化时间不够，石灰膏中含有较多的灰渣，或者运至施工现场保管不当，发生结块、干燥、浸水等情况，使无机掺合料材质下降，从而降低了砌筑砂浆的强度。

（4）采用的水泥质量不稳定、安定性不好或强度等级较低，砂浆搅拌不均匀，采用人工拌和或机械搅拌，加料顺序颠倒，使无机掺合料不能均匀散开，从而造成砂浆中含有少量的疙瘩，特别是如果水泥分布不均匀，将严重影响砂浆的匀质性和强度的稳定性。

（5）在水泥砂浆中掺加砌筑砂浆增塑剂、早强剂、缓凝剂、防水剂、防冻剂等外加剂，如果外加剂的掺量超过规定值，或者外加剂的质量不符合要求，必然会严重降低砌筑砂浆的强度和性能。

（6）砌筑砂浆试块的制作、养护方法和强度取值等不符合规范要求，致使测定的砂浆强度缺乏代表性。

### 3. 防治措施

（1）砌筑砂浆的配制必须符合设计要求，必须采用质量比，不得采用体积比。为确保配料准确，要建立施工计量器具检验、维修、保管制度。

（2）砌筑砂浆配合比的确定，应结合现场材质的情况进行试配，试配时应采用重量计量。根据现行施工规范的规定，水泥、水及外加剂的计量偏差为±2%，砂、粉煤灰、石灰粉、石灰膏等的计量偏差为±5%。

（3）无机掺合料多数为湿料，计量称重比较困难，而其计量误差对砂浆强度的影响很大，在配制中应严格控制。计量时，应以标准稠度（120±5）mm为准，如供应的无机掺合料的稠度小于120mm时，应当调制成标准稠度，或者进行折算后称重计量，建筑生石灰、建筑生石灰粉熟化为石灰膏的熟化时间分别不得少于7d和2d。

（4）在砌筑工程的施工中，不得随意增加石灰膏或外加剂的掺量来改善砂浆的和易性，而应当通过材料试验确定。

（5）配制砌筑砂浆所用的建筑生石灰、建筑生石灰粉、石灰膏及粉煤灰等无机掺合料，其品质指标应符合现行标准的相关规定。

（6）水泥进场后必须按规定对水泥的安定性和强度进行复验，砌筑砂浆应采用机械搅拌，砂浆中如掺入增塑剂、早强剂、缓凝剂、防水剂、防冻剂等，应经检验和试配，质量和掺量符合后，方可使用。有机塑化剂应有砌体的型式检验报告。

（7）砌筑砂浆试块的制作、养护和抗压强度取值，应按《砌体结构工程施工质量验收规范》（GB 50203—2011）中的规定执行。

## 二、砂浆试块制作和养护不规范

### 1. 质量问题

砌筑砂浆试块制作所用的垫块，在施工现场随意取材料铺垫。不管是水泥砂浆还是混合砂浆，随便在室内外放置。养护期间的环境温度不予严格控制，更无试验过程记录。试块缺棱掉角，表面粗糙干燥。砌筑砂浆试块制作、养护过程没有专人负责和管理。

### 2. 原因分析

(1) 施工企业对砂浆试块的制作和养护工作不重视，具体操作人员不了解砌体强度主要取决于砌块和砂浆两者的强度及黏结状况，所以对砂浆试块的制作和养护不认真。

(2) 砂浆试块的制作和养护没有专人或兼职人员管理，施工中缺乏制度约束，从而造成工作不认真，责任心不强，试块的制作和养护流于形式。

(3) 有关人员不了解砂浆试块的制作、养护和试验等工序的相关规定及要求，对临时抽调的人员，缺乏技术交底，并经常发生变动，从而造成试块的制作和养护工作不规范。

### 3. 防治措施

(1) 施工企业对砂浆试块的制作和养护工作高度重视，并设专人或兼职人员负责此项工作，试块的制作和养护要按照现行国家标准《砌体结构工程施工质量验收规范》(GB 50203—2011) 中的规定执行。

(2) 砌筑砂浆试块应在搅拌点取样进行制作。一组试块应在同一罐（盘）砂浆中取样，回罐（盘）砂浆只能取一组试样。

(3) 砌筑砂浆试块的制作和养护，底砖的含水率不得大于2%，并且不得重复使用。铺垫用纸应有较好的吸湿性。成型时将拌和好的砂浆一次装满已涂刷薄层机油的试模内，用直径10mm、长350mm的钢筋（其一端为半球形）均匀插捣25次，然后在四周用刮刀沿试模插捣数次。砂浆应高出试模顶部6～8mm，当砂浆表面开始出现麻斑状态时（约15～30min），将高出部分的砂浆沿试模顶面刮平，置于正温条件下养护24h后拆模，如环境气温较低，应予适当延长，但不得超过48h。

将拆模后的砌筑砂浆试块，置于标准条件下养护至28d。水泥混合砂浆的养护环境温度为(20±3)℃，相对湿度为60%～80%；水泥砂浆和微沫砂浆的养护环境温度为(20±3)℃，相对湿度为90%以上。

当缺乏标准养护条件时，也可采用自然养护，即水泥混合砂浆在正温度，相对湿度为60%～80%条件下（如养护箱或不通风的室内）养护；水泥砂浆和微沫砂浆在正温度，并保持试块表面湿润的状态下（如湿砂堆中）养护。自然养护期间的温度应进行记录，以便砌筑砂浆试块在“破型”后按养护期间的平均温度进行换算。

## 三、砂浆和易性差，出现沉底结硬

### 1. 质量问题

(1) 砌筑砂浆的和易性较差，砌筑时铺浆和挤砂浆都比较困难，影响灰缝砂浆的饱满度，同时使砌块与砂浆的黏结力减弱。

(2) 砌筑砂浆的保水性较差，很容易产生分层和泌水现象，严重降低砌块与砂浆的黏结力，影响砌体工程的施工质量。

(3) 灰槽中的砂浆存放时间过长，最后使砂浆沉底结硬，即使加水重新进行拌和，砂浆的强度也会严重降低。

### 2. 原因分析

(1) 强度等级低的水泥砂浆，由于采用高强度等级水泥和过细的砂子，使砂子颗粒间起润滑作用的胶结材料（水泥）减少，因而砂子间的摩擦力较大，砂浆的和易性变得较差，砌筑时铺浆和挤砂浆都比较困难。同时，由于砂粒之间缺乏足够的胶结材料起悬浮支托作用，砂浆容易产生沉淀和出现表面泛水现象。

（2）水泥混合砂浆中掺入的石灰膏等塑化材料质量较差，含有较多的灰渣和杂物，或因保存不好发生干燥和污染，不能起到改善砌筑砂浆和易性的作用。

（3）砌筑砂浆在配制的过程中，没有按照有关规定进行操作，特别是如果搅拌时间较短，搅拌不均匀，很容易使砂浆的和易性差。

（4）拌制好的砂浆存放时间过长，或者灰槽中的砂浆长时间不清理，会使砂浆沉底结硬。

（5）拌制好的砂浆未在规定的时间内用完，而将剩余的砂浆捣碎加水拌和后继续使用，不仅砂浆的和易性变差，而且也使砂浆的强度严重降低。

### 3. 防治措施

（1）低强度等级砂浆采用水泥混合砂浆，如有困难，可掺微沫剂或掺水泥用量5%～10%的粉煤灰，以达到改善砂浆和易性的目的。

（2）水泥混合砂浆中的塑化材料，应符合试验室试配时的质量要求，现场的石灰膏、黏土膏等，应在池中进行妥善保管，防止曝晒、风干结硬，并要经常浇水保持湿润。

（3）宜采用强度等级较低的水泥和中砂拌制砂浆。在拌制时应严格地执行施工配合比，要保证砂浆的搅拌时间。

（4）灰槽中的砂浆，在使用时需要经常用铲翻拌、清底，并将槽内边角处的砂浆刮干净，堆在一侧继续使用，或与新拌砂浆混在一起使用。

（5）拌制砂浆应有计划，拌制量应根据砌筑需要来确定，应做到随拌和随使用，允许有少量储存，使灰槽中经常有新拌的砂浆。

（6）砂浆的使用时间与砂浆品种、气温条件等有关，在一般气温条件下，水泥砂浆和水泥混合砂浆必须要分别在拌后3h内用完；当施工气温超过30℃时，则必须在2h内用完。超过上述时间的多余砂浆不得再继续使用。

（7）预拌砂浆及蒸压加气混凝土砌块专用砂浆的使用时间，应按照厂方提供的说明书中的规定执行。

## 四、冬季施工掺盐砂浆应用不当

### 1. 质量问题

掺盐砂浆法就是在砌筑砂浆内掺入一定数量的抗冻化学剂，来降低水溶液的冰点，以保证砂浆中有液态水存在，使水化反应在一定低温下不间断进行，使砂浆在低温下强度能够继续缓慢增长。同时，由于降低了砂浆中水的冰点，砖石砌体的表面不会立即结冰而形成冰膜，故砂浆和砖石砌体能较好地黏结。

砌体工程在采用掺盐砂浆法的施工中，往往会出现以下问题：①整个冬季施工期间不管环境温度如何变化，均使用统一不变的砂浆配合比和掺盐量；②无论是何种类型的砌体工程，不考虑适宜的应用范围，均采用掺加氯盐砂浆法；③在配制砌筑砂浆的施工中，将氯盐和微沫剂同时投入搅拌，环境温度低于+5℃时，也不采取措施。

### 2. 原因分析

(1) 对现行标准《砌筑工程冬期施工工艺标准》中的有关规定和要求缺乏了解，在正式施工前也未对操作人员进行技术交底。

(2) 有关人员不清楚砌筑砂浆掺盐量与施工环境温度密切相关，掺盐量过多或过少都会对砂浆强度和砌体强度造成不良影响。

### 3. 防治措施

(1) 技术主管部门应组织有关施工、试验人员进行冬季施工的业务培训，学习有关砌筑工程冬季施工的规范和规程。明确各级施工、技术管理人员的职责，认真做好施工技术措施，并向操作人员进行技术交底。质检部门和质检人员应对砌筑工程冬季施工技术措施的落实和执行，进行经常性的督促和检查，以杜绝各类质量事故的发生。

(2) 在施工进度安排上，尽可能把对装饰有特殊要求的砌体工程避开冬季施工，尤其是要避开严寒的天气。为防止砌筑砂浆出现冻结，砌体的强度受到影响，可考虑采用材料加热和提高砂浆强度等级等措施。严寒季节施工时，可采用暖棚法或冻结法，但应遵循相关的规定和要求。做好相应的技术措施和必要的计算工作。对于接近高压电线的建筑物，也可采用提高砂浆强度等级，错开施工时节，提高环境温度和材料加热等措施进行施工。

(3) 对于有配筋或预埋铁件的砌体工程，其配筋和预埋铁件应进行防腐处理。一般可采用防腐涂料予以处理，例如涂刷防锈漆，或者预先在拉结钢筋表面涂刷水泥浆，作为钢筋的防腐保护层。也可采用无氯盐类防冻剂代替氯盐防冻剂，如亚硝酸钠、硝酸钠和硝酸钾等。应用时应遵守有关规定和要求，其适宜的掺量应由试验确定。

(4) 掺盐砂浆用于水位变化范围内，而又没有防水措施的砌体时，则应对砌体进行防水处理。如采用防水砂浆，可分层涂抹 2～3 次，厚度不得超过 25mm，也可以采用卷材进行防水。

(5) 因掺盐量不当（偏少），影响砌体强度的，可以考虑砂浆后期强度的增长，或者请监理单位共同取样，进行砌体强度的试验，如结果能满足设计要求，可以不作处理。如砌体强度虽然有所降低，但降低幅度在 5%以内，可请设计单位复核，并经有关单位同意，可以不予加固。如砌体强度降低较大，则应会同设计单位研究，确定是否还需要进行加固处理。

# 第二节　砖砌体工程存在的质量问题与防治

## 一、砖砌体砌筑比较混乱

### 1. 质量问题

混水墙面的砌筑方法比较混乱，出现直缝和“二层皮”现象，砖柱采用先砌筑四周、后砌筑中心的包心砌法，里外砖层间互不相咬，从而形成周圈通天缝，降低了砖砌体的强度和整体性；砖的规格尺寸误差对清水墙面影响较大，如果砌筑的形式不当，形成的竖直缝宽窄不均，严重影响墙面的美观。

### 2. 原因分析

(1) 由于混水墙面要进行抹灰，操作人员很容易忽视砌筑形式，或者操作人员缺乏砌筑的基本技能，从而出现了多层砖的直缝和“二层皮”现象。

（2）工程实践证明，砌筑砖柱需要大量的七分砖，来满足内外层砖错缝的要求，如图 6-1 所示，打制七分砖，不仅会增加工作量，影响砌筑工作效率，而且砖的损耗很大。当操作人员思想不够重视，又缺乏严格检查的情况下，三七砖柱很容易形成包心砌法，如图 6-2 所示。

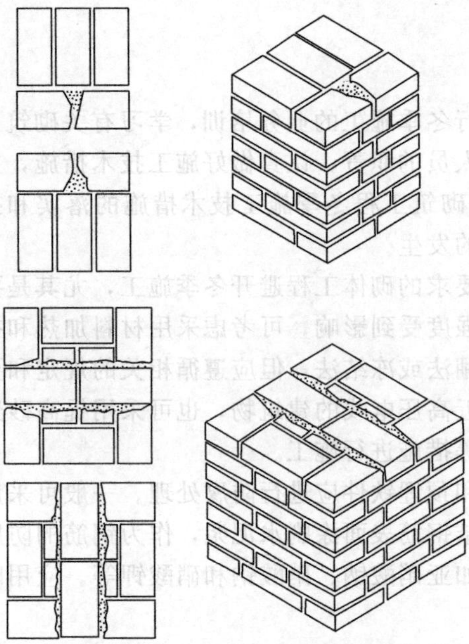

图 6-1　七分砖在柱中情况

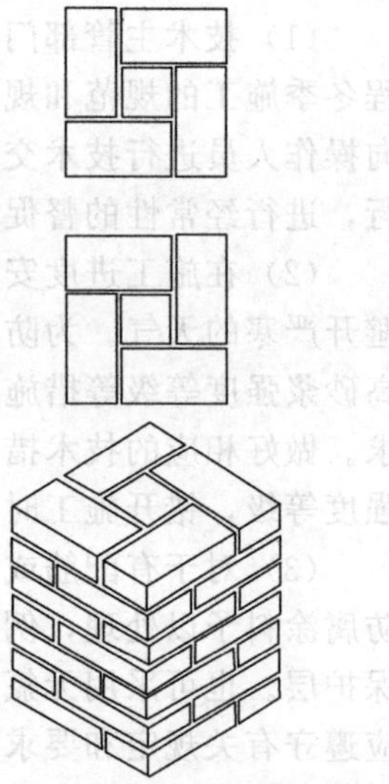

图 6-2　三七砖柱的包心砌法

## 3. 防治措施

（1）应使操作人员了解砖墙或柱子的砌筑方式，不单纯是为了清水墙美观，同时也是为了使墙体具有良好的受力性能和整体性。因此，砖砌体中砖缝搭接不得少于 1/4 砖长；内外层砖每隔 200mm 就应有一层“丁砖”拉结。烧结普通砖多采用一顺一丁、梅花丁或三顺一丁砌筑法，多孔砖多采用一顺一丁、梅花丁砌筑法。

（2）在砖砌体正式施工前，技术人员应对操作人员进行技术交底，加强对操作人员的技能培训和考核，达不到技能要求和对砌体工程不明白者，不能上岗操作。

（3）砖柱的砌筑方式，应当根据砖柱的断面尺寸和实际使用情况综合考虑，但不得采用包心砌筑方式。

（4）砌筑砖柱所需要的异形尺寸砖，宜采用无齿锯进行切割，或者根据工程实际需要由砖厂生产供应。

（5）砖柱横、竖向灰缝的砂浆都必须饱满，每砌筑完一层砖后，都要进行一次竖向缝刮浆塞缝工作，以提高砖砌体的强度和整体性。

（6）墙体砌筑方式的选用，可根据砌体的受力性能和砖的尺寸误差确定。一般清水墙面常选用一顺一丁、梅花丁砌筑方式；砖砌蓄水池宜采用三顺一丁砌筑方式；双面清水墙，如工业厂房围护墙等，可采用三七缝砌筑方式。在同一栋建筑工程中，应尽量使用同一砖厂的砖，以避免因为砖的规格尺寸误差而经常变动砌筑方式。

## 二、墙体留槎形式不符合要求

### 1. 质量问题

在砌筑砖墙时不按现行的规范执行，砌筑中随意留直槎，并且多数为阴槎，槎口部位用砖渣进行填砌，留槎部位接槎砂浆不密实，砌筑的灰缝不顺直，使墙体的拉结性能严重削弱。

### 2. 原因分析

（1）砌筑操作人员对留槎形式与砌体抗震性能的关系缺乏认识，一般习惯留直槎，而且多数留阴槎，认为留斜槎不如留直槎方便。有时由于施工操作不便，例如利用外脚手架砌砖墙，横墙上留斜槎比较困难时而留直槎。

（2）施工组织不当，造成留槎过多。由于施工中对砌砖重视不够，留直槎时，忘记放置拉结钢筋，或者拉结筋长度、间距未按规定执行；拉结筋部位的砂浆不饱满，造成钢筋锈蚀。

（3）后砌筑的120mm厚隔墙留置的阳槎（马牙槎）不正不直，接槎时由于咬槎的深度较大（砌十字缝时咬槎深度达120mm），使接槎砖的上部灰缝不易塞严。

（4）斜槎留置的方法不统一，留置大斜槎的工作量比较大，造成斜槎灰缝的平直度很难控制，使接槎部位不顺直。

（5）施工洞口随意进行留设，运料小车将混凝土、砂浆撒落到洞口的留槎部位，这样会影响接槎的质量。另外，填砌施工洞口的砖，如果色泽与原墙体不一致，必然也会影响清水墙面的美观。

### 3. 防治措施

（1）在编制砌筑工程施工组织计划时，对施工留槎应进行统一考虑。外墙大角处尽量做到同步砌筑不留槎，或一步架留槎，二步架改为同步砌筑，以加强墙角的整体性。在纵横墙交接处，有条件时尽量安排同步砌筑，如外脚手架砌筑纵墙，横墙可以与此同步砌筑，工作面互不干扰。这样可尽量减少留槎部位，有利于房屋的整体性。

（2）砖砌体的转角处和交接处应尽量安排同步砌筑，严禁无可靠措施的内外墙分别砌筑施工。在抗震设防烈度8度及8度以上地区，对不能同时砌筑而又必须留置的临时间断处应砌成斜槎。普通砖砌体斜槎的水平投影长度不应小于高度的2/3，多孔砖砌体的斜槎长高比不应小于1/2。砖砌体的斜槎砌法如图6-3所示。

（3）砌筑施工中应注意接槎的质量。首先应将接槎处清理干净，然后浇水充分湿润。在进行接槎时，槎面要填实砌筑砂浆，并保持灰缝平直。

（4）非抗震设防及抗震烈度为6度和7度的地区，当临时间断处不能留置斜槎时，除转角处外，均可以留置直槎，但直槎必须做成凸形槎，且应加设拉结钢筋，直槎处拉结钢筋示意如图6-4所示。拉结钢筋应符合下列规定：每120mm墙厚设置1根直径6mm的拉结钢筋；拉结钢筋间距沿墙高不应超过500mm，且竖向间距偏差不应大于100mm；埋入长度从留槎处算起每边均不应小于500mm，对抗震烈度为6度和7度的地区，不应小于1000mm；拉结钢筋的末端应有90°的弯钩。

（5）外清水墙施工洞口（如人货电梯口、井架上料口）留槎部位，应加以保护和覆盖，防止运料小车碰撞槎子和撒落混凝土、砂浆造成污染。为使填砌施工洞口用砖的规格和色泽与墙体保持一致，在施工洞口附近应保存一部分原砌墙用砖，以便在填砌洞口时使用。

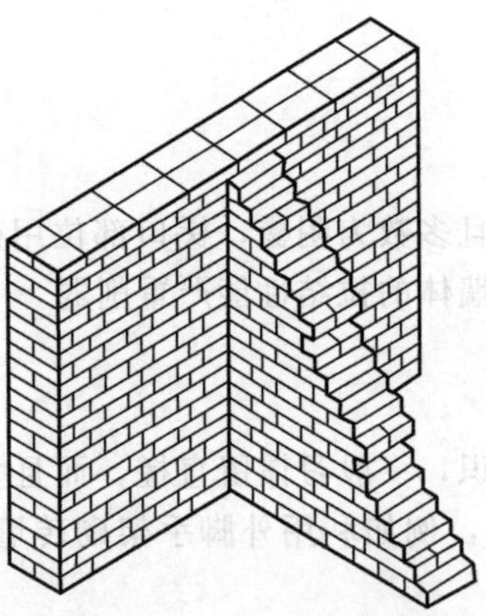

图 6-3　砖砌体的斜槎砌法

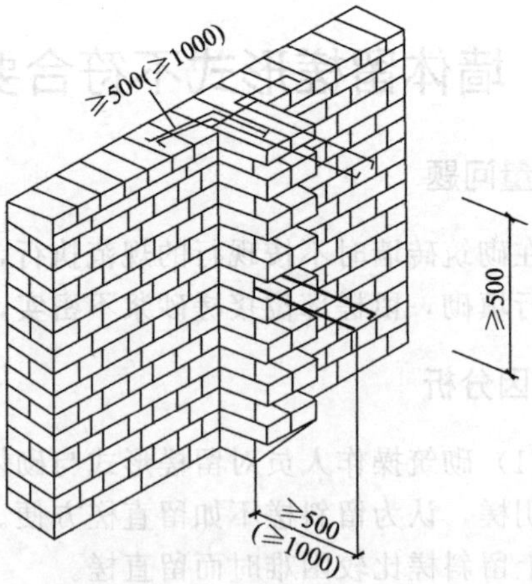


图 6-4　直槎处拉结钢筋示意（单位：mm）

## 三、清水墙面勾缝不符合要求

### 1. 质量问题

清水墙面勾缝深浅不一致，竖向缝不密实，十字缝搭接不平，墙缝内残浆未扫净，墙面被砂浆严重污染；脚手眼处堵塞不严、不平，留有永久的痕迹（堵孔砖与原墙面的色泽不一致）；勾缝的砂浆出现开裂和脱落。

### 2. 原因分析

（1）清水墙面在勾缝前未经开缝，缝隙的深度不够或用大缩口缝砌砖，使勾缝砂浆不平，深浅不一致。竖向缝在砌筑时由于挤浆不严，勾缝砂浆悬空未与缝内的底灰接触，与平缝十字搭接不平，容易出开裂和脱落。

（2）脚手眼处堵塞不严，补缝的砂浆不饱满。堵孔砖与原墙面的色泽不一致，在脚手眼处留有永久的痕迹。

（3）勾缝前对墙面浇水湿润程度不够，使勾缝砂浆早期脱水而产生收缩开裂。墙缝内浮灰未清理干净，影响勾缝砂浆与灰缝内砂浆的黏结，时间长了会产生脱落。

（4）采取“加浆勾缝”时，由于托灰板直接接触墙面，使墙面被勾缝水泥砂浆弄脏而留下印痕；如果墙面浇水过多，在扫缝时墙面也容易被水泥砂浆污染。

### 3. 防治措施

（1）清水墙面勾缝所用的水泥应符合设计要求，水泥的凝结时间和安定性应复验合格，砂浆的配合比应根据工程实际进行认真设计。

（2）在进行勾缝前，必须对墙体缺棱掉角部位、瞎缝、缝隙深度不够的灰缝进行开凿处理。开缝的深度为 10mm 左右，缝隙的上下切口应开凿整齐。

（3）在砌筑墙体时应保存一部分砖，供堵塞脚手眼用。脚手眼堵塞前，先将眼内的残余砂浆剔除干净，除去浮灰后浇水湿润，然后铺上水泥砂浆，用砖将脚手眼挤严。横、竖灰缝均应填实砂浆，顶砖缝采取“喂灰”的方法塞严砂浆，以减少脚手眼对墙体强度的影响。

（4）在进行勾缝前，应提前浇水冲刷墙面的浮灰，清除灰缝表层不实的部分，待砖墙表面略见风干时，便可开始勾缝。勾缝的顺序是：从上而下，自左向右；先勾横缝，后勾竖缝。

（5）清水墙勾缝多采用1∶1.5的水泥细砂砂浆，细砂应过筛，砂浆的稠度以勾缝镏子挑起不落为宜。

（6）清水墙勾缝的形式有：平缝、凹缝、斜缝和凸缝。平缝操作比较简单，勾成的墙面平整，不易出现剥落和污染，防雨水的渗透作用较好，但墙面较为单调。凹缝是将灰缝凹进墙面5～8mm，凹面可以做成半圆形，勾凹缝的墙面具有立体感。斜缝是把灰缝的上口压进墙面3～4mm，在实际工程中应用较少。凸缝是在灰缝面做成一个半圆形的凸面，一般凸出墙面约5mm左右，凸缝墙面线条清晰美观，但施工比较困难。

（7）勾缝完成后，待勾缝的砂浆中的水分被砖面刚刚吸收，便可以进行扫缝。扫缝时应顺着缝进行，先扫水平缝，再扫竖直缝，扫缝时应不断地抖掉扫帚中的砂浆粉粒，以减少对墙面的污染。

（8）在干燥的天气下进行勾缝时，待勾缝和扫缝工序完成后，应立即进行喷水养护。

## 四、砖基础防潮层失效

### 1. 质量问题

砖基础防潮层开裂或抹压不密实，不能有效地阻止地下水分沿着砖基础向上渗透，造成墙体经常潮湿，使室内抹灰层剥落。外墙受潮后，经盐碱和冻融作用，天长日久，砖墙表皮逐层酥松剥落，影响居住环境卫生和结构承载力。

### 2. 原因分析

（1）砖基础防潮层的失效，不是当时或短期内能发现的质量问题，因此，施工质量很容易被忽视。如施工中经常发生砂浆混用，将砌筑基础用的砂浆当作防潮砂浆使用，或者在砌筑砂浆中随意加一些水泥，这些都达不到防潮砂浆的配合比要求。

（2）在进行防潮层施工前，基面上不进行认真清理，不浇水或浇水不够，严重影响防潮砂浆与基面的黏结。操作时表面抹压不实，养护不好，使防潮层因早期脱水，强度和密实度达不到要求，或者出现较多的裂缝，从而造成砖基础防潮层失效。

（3）砖基础防潮层在冬季低温气候下施工，由于没有采取相应的保暖措施，使防潮层受冻导致失效。

### 3. 防治措施

（1）在建筑工程的施工中，应将防潮层作为独立的隐蔽工程项目对待，在全部建筑物基础工程完工后进行操作，施工时尽量不留或少留施工缝。

（2）砖基础防潮层下面的三皮砖，要做到满铺满挤，横、竖向灰缝砂浆都要饱满密实，240mm墙体防潮层下的顶砖，应采用满丁砌筑法。

（3）砖基础防潮层的施工，应当安排在基础的房心土料回填后进行，避免在填土时对防潮层产生损坏。

（4）如果设计对防潮层的做法未作具体规定时，宜采用20mm厚1∶2.5掺加适量防水剂的施工方法，其操作要求如下。

① 清除基面上的泥土砂浆等杂物，将被碰动的砖块重新进行砌筑，并充分浇水湿润，待

表面略见风干，即可进行防潮层施工。

② 两边贴标尺抹防潮层，并确保其厚度达到 2mm。不允许用防潮层的厚度来调整基础标高的偏差。

③ 砂浆的表面用木抹子揉平，待砂浆开始收水时，即可进行抹压，一般抹压 2～3 遍。在进行抹压时，可在表面撒少许干水泥或涂刷一遍水泥浆，以进一步堵塞砂浆的毛细管通路。

④ 防潮层的砂浆抹压完毕后，在常温下可在第二天进行浇水养护。

(5) 60mm 厚混凝土圈梁的防潮层施工，应注意混凝土石子级配和砂石中的含泥量，圈梁面层应加强抹压，也可撒少许干水泥压光处理，并在第二天进行浇水养护。

(6) 防潮层和混凝土圈梁应按隐蔽工程进行验收。

# 五、砖缝砂浆不饱满、砂浆与砖黏结不良

## 1. 质量问题

砖砌体经质量检查表明，砌体水平灰缝的饱满度低于 80%；竖向缝有“瞎缝”现象；砌筑清水墙采取大缩口铺灰，缩口缝的深度有的达 20mm 以上，严重影响砂浆的饱满度。砖在砌筑前未按要求浇水湿润，而是直接用干砖进行砌筑，或者砌筑中铺灰长度过长，致使砂浆与砖黏结不良。

## 2. 原因分析

(1) 低强度等级的砌筑砂浆，如使用水泥砂浆，由于水泥砂浆的和易性差，砌筑时挤压砂浆比较费劲，操作者用大铲或瓦刀铺筑砂浆后，会使底灰产生空穴，从而造成砂浆不饱满。

(2) 用于砌筑干燥的砖墙，会使砂浆早期脱水而降低强度，并且与砖的黏结力下降；加上干砖表面的粉末又起到隔离作用，从而更加减弱了砖与砂浆的黏结。

(3) 如果用铺筑砂浆法砌筑砖砌体，有时会因铺筑砂浆的时间过长，砌筑速度跟不上，砂浆中的水分被底层砖吸收，使砌筑的上层砖与砂浆失去黏结。

(4) 在砌筑清水墙时，为了省去“刮缝”的工序，有的会采取大缩口的铺筑砂浆方法，使砌体砖缝缩口深度达 20mm 以上，这样既降低了砂浆饱满度，同时又增加了勾缝工作量。

## 3. 防治措施

(1) 改善砌筑砂浆的和易性，是确保灰缝饱满度和提高黏结强度的关键。低强度等级砂浆采用水泥混合砂浆，如有困难，可掺微沫剂或掺水泥用量 5%～10%的粉煤灰，以达到改善砂浆和易性的目的。

(2) 改进砌筑方法。现在在工程上不提倡采用铺筑砂浆法或摆放砖砌筑方法，而是大力推广“三一砌砖法”。“三一砌筑法”是砌筑工程作业中最常使用的一种方法，这种方法是指一块砖、一铲灰、一挤揉，并随手将挤出的砂浆刮去的砌筑办法。

(3) 当采用铺筑砂浆法砌筑时，必须控制铺筑砂浆的长度。在常温情况下，铺筑长度一般不得超过 750mm；当施工期间气温超过 30℃时，铺筑长度不得超过 500mm。

(4) 严禁采用干砖进行砌筑。在砌筑前 1～2d 应将砖浇湿，使砌筑时烧结普通砖和多孔砖的含水率达到 10%～15%；灰砂砖和粉煤砖的含水率达到 8%～12%。

(5) 在冬季进行砖砌体施工时，在正温度条件下也应将砖面适当湿润后再砌筑；在低温条件下施工不能再将砖浇水湿润，应适当增加砂浆的稠度；对于 9 度抗震设防的地区，在严冬无

法将砖浇水湿润时，不能再安排砖砌体施工。

## 六、地基不均匀沉降引起墙体裂缝

### 1. 质量问题

在砌体结构工程质量问题中，最常出现的质量问题是砌体裂缝。砌体出现裂缝主要是由于地基不均匀下沉和温度变化的影响，以及墙体局部受压承载力不足等原因而产生的。根据裂缝的形态不同，砖砌体中的裂缝可分为斜裂缝、水平裂缝和竖向裂缝。

(1) 斜裂缝一般发生在纵向墙体的两端，多数裂缝通过窗口的两个对角，裂缝向沉降较大的方向倾斜，并由下向上发展，纵向墙体的斜裂缝如图 6-5 所示。横向墙体由于刚度比砖大，门窗洞口较少，一般不会产生太大的相对变形，所以很少出现这类裂缝。斜裂缝多数出现在底层墙体中，向上逐渐减少，裂缝宽度下大上小，常在房屋建成后不久就出现，其数量及宽度随时间而逐渐发展。

(2) 水平裂缝一般多数出现在窗间墙体上，即在窗间墙体的上下对角处成对出现，沉降大的一边裂缝在下，沉降小的一边裂缝在上。窗间墙体水平裂缝如图 6-6 所示。

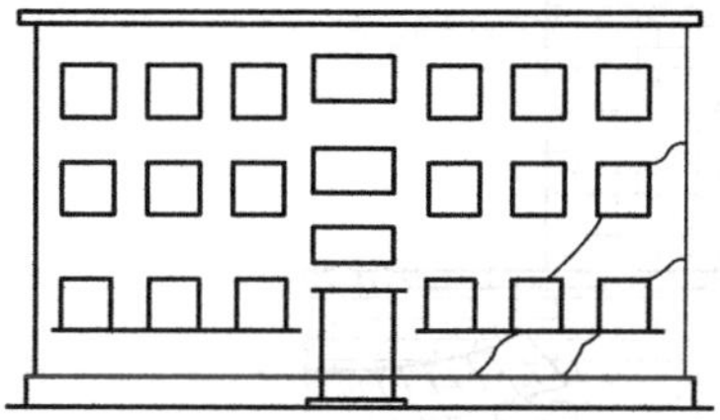

图 6-5　纵向墙体的斜裂缝

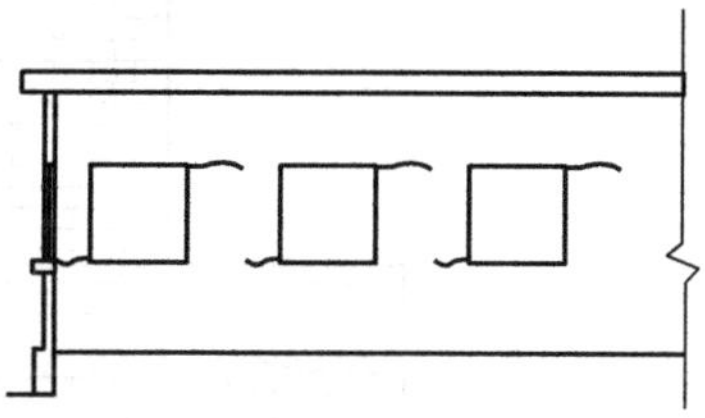

图 6-6　窗间墙体水平裂缝

(3) 竖向裂缝发生在纵向墙中央的顶部和底层窗台处，裂缝上宽下窄。当纵向墙顶层有钢筋混凝土圈梁时，顶层中央顶部的竖向裂缝则比较少。

### 2. 原因分析

(1) 斜裂缝一般发生在软土地基上的墙体中，由于地基产生不均匀下沉，使墙体承受较大的剪切力，如果结构的刚度较差，施工质量和材料强度不能满足要求时，会导致墙体开裂。

(2) 窗间墙体水平裂缝产生的原因是，由于地基的沉降量较大，沉降单元上部受到阻力，使窗间墙体受到较大的水平剪力，从而发生上下位置的水平裂缝。

(3) 房屋底层窗台下竖向裂缝，是由于窗间墙承受荷载后，窗台起着“反梁”的作用，特别是较宽大的窗口或窗间墙承受较大的集中荷载情况下（如厂房、礼堂等），建在软土地基上的房屋，窗台墙因反向变形过大而产生开裂，严重时还会挤坏窗口，影响窗扇的开启。另外，地基如建在冻土层上，由于冻胀作用也可能在窗台处发生裂缝。

### 3. 预防措施

(1) 加强地基的勘探工作，对于比较复杂的地基，在基槽开挖后应进行钎探，待探出的软弱部位进行加固处理后，方可进行基础的施工。

(2) 合理设置沉降缝。凡是不同荷载（高低悬殊的房屋）、长度过大、平面形状较为复杂、同一建筑物地基处理方法不同和有部分地下室的房屋，都应从基础开始分成若干部分，设置沉降缝使其各自沉降，从减少或防止裂缝的产生。沉降缝应有足够的宽度，操作中应防止浇筑圈梁时将断开处浇筑在一起，或砖头、砂浆等杂物落入缝内，致使房屋不能自由沉降而发生墙体拉裂现象。

(3) 加强上部结构的刚度，提高墙体的抗剪强度。由于上部结构刚度较强，可以适当调整地基的不均匀下沉。故应在基础的顶面（±0.000）处及各楼层门窗口上部设置圈梁，减少建筑物端部门窗的数量。设计时，应控制长高比例不要过大。操作中要严格执行规范规定，如砖浇水湿润程度，改善砂浆和易性，提高砂浆饱满度，在施工临时间断处留置斜槎等。对于非抗震设防地区及抗震设防烈度为 6 度、7 度地区的房屋，当需要留置直槎时，也应当设置成阳槎，并按规定加设拉结筋，严禁留置阴槎、不设拉结筋的做法。

(4) 宽大窗口下部应考虑设置混凝土梁或砌筑“反砖碹”，以适应窗台“反梁”作用的变形，防止窗台处产生竖向裂缝。砌筑“反砖碹”如图 6-7 所示。为避免多层房屋底层窗台下出现裂缝，除了加强基础的整体性外，也采取在灰缝内设置通长钢筋的方法来加强。另外，窗台部位也不宜使用过多的半砖砌筑。

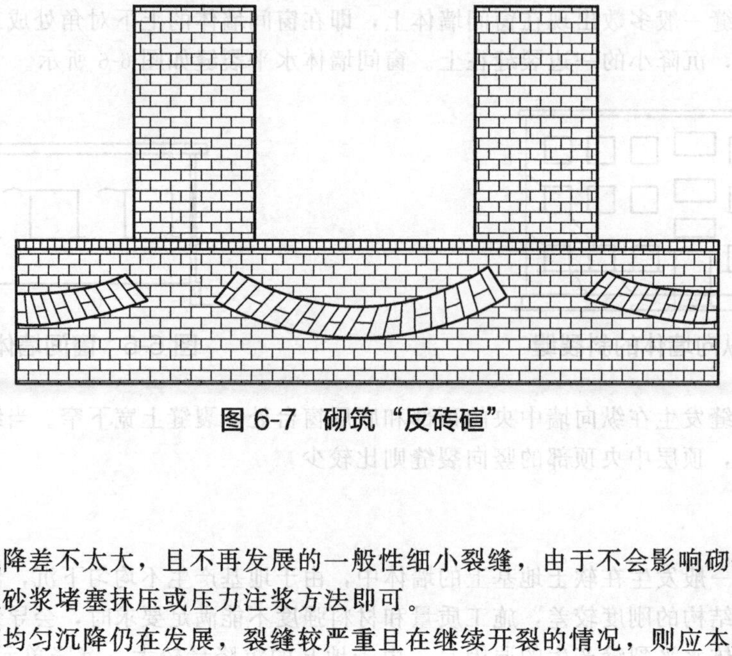

图 6-7 砌筑“反砖碹”

### 4. 治理方法

(1) 对于沉降差不太大，且不再发展的一般性细小裂缝，由于不会影响砌体结构的安全和使用，可以采取砂浆堵塞抹压或压力注浆方法即可。

(2) 对于不均匀沉降仍在发展，裂缝较严重且在继续开裂的情况，则应本着先加固地基后处理裂缝的原则进行。一般可采用桩基托换的方法来加固，即沿着基础两侧布置灌注桩，其上部设置抬梁，将原基础圈梁托起，防止地基继续下沉。然后根据墙体裂缝的严重程度，分别采用填缝法、压浆法、外加设网片法、置换法进行处理。

## 七、温度变化引起的墙体裂缝

### 1. 质量问题

(1) 八字裂缝　出现在顶层纵向墙的两端（一般在 1～2 开间的范围内），严的时可发展到房屋 1/3 长度内，八字裂缝如图 6-8 所示，有时在横墙上也可能发生。裂缝宽度一般中间大、两端小。当外纵向墙两端有窗时，裂缝沿窗口对角方向裂开。

（2）水平裂缝　一般发生在平层顶层檐下或顶层圈梁下 2～3 层砖的灰缝位置，裂缝一般沿外墙顶部断续分布，两端较中间严重，在转角处，往往形成纵、槽墙相交而成的包角裂缝，如图 6-9 所示。

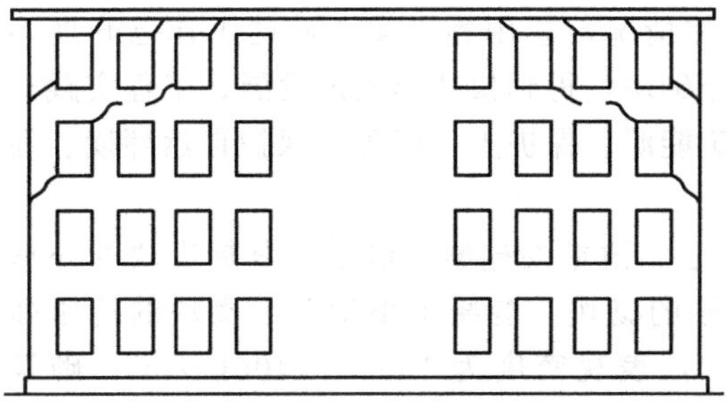

图 6-8　八字裂缝

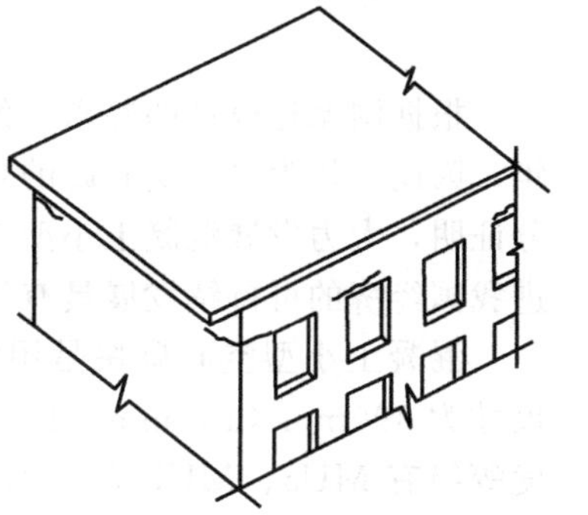

图 6-9　水平裂缝

（3）竖向裂缝　对于一些长度较大的房屋，在纵向墙中间部位可能出现竖向裂缝，裂缝宽度中间大、两端小。

（4）上述裂缝多出现在房屋建成后 1～2 年内，具有南面、北面、东面轻的特点，大多数裂缝经过夏季或冬季后出现。

## 2. 原因分析

（1）八字裂缝一般发生在平屋顶房屋顶层纵墙面上，这种裂缝的产生，往往是在夏季屋顶圈梁、挑梁混凝土浇筑后，保温层未施工前，由于混凝土和砖砌体两种材料膨胀系数的差异（前者比后者约大一倍），在较大温差情况下，纵向墙因不能自由缩短而在两端产生八字裂缝。无保温屋盖的房屋，经过夏、冬季气温的变化，也容易产生八字缝。裂缝之所以生在顶层，还由于顶层墙体承受的压应力较其他各层小，从而砌体抗剪强度比其他各层要低的缘故。

（2）檐口下水平裂缝、包角裂缝以及在较长的多层房屋楼梯间处，楼梯休息不台与楼板邻接部位发生的竖向裂缝，以及纵墙上的竖向裂缝，如图 6-10 所示，产生的原因与上述原因相同。

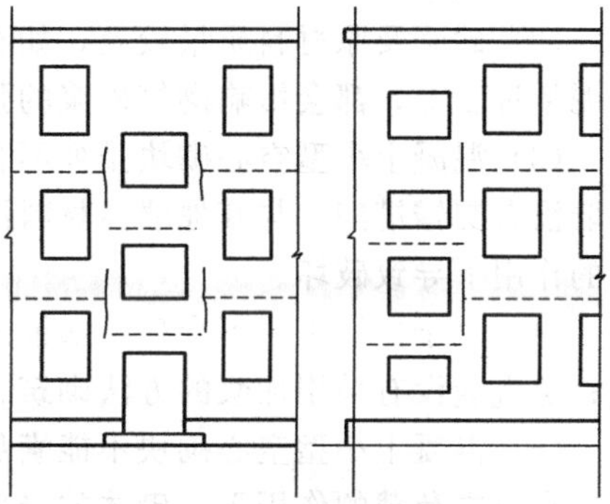

图 6-10　竖向裂缝

## 3. 预防措施

（1）合理安排屋面保温层施工。由于屋面结构层施工完毕到做好保温层，中间有一段时间间隔，因此屋面施工应尽量避开高温季节，同时应尽量缩短间隔时间。

（2）屋面挑檐可采取分块预制或者顶层圈梁与墙体之间设置滑动层。

（3）按规定留置伸缩缝，以减少温度变化对墙体产生的影响。伸缩缝内应清理干净，避免碎砖或砂浆等杂物填入缝内。

## 4. 治理方法

此类裂缝一般不会危及结构的安全，且 2～3 年将趋于稳定，因此，对于这类裂缝可待其基本稳定后再进行处理。治理方法与“六、地基不均匀下沉引起墙体裂缝”基本相同。

# 第三节　混凝土小型空心砌块质量问题与防治

根据国家建设部的要求，结合我国建筑业的具体情况，禁用黏土实心砖的工作已开展多年，因此，作为黏土实心砖的替代品混凝土小型空心砌块，得到快速健康地发展。工程实践充分证明，大力发展混凝土小型空心砌块，对节省建筑能源、保护土地资源、保护自然环境、促进我国经济的可持续发展具有深远的意义。

混凝土小型空心砌块是用混凝土制成的一种空心、薄壁的硅酸盐制品，其标准块的外形尺寸为390mm×190mm×190mm，并备有辅助规格的砌块。混凝土小型空心砌块的抗压强度等级有MU5、MU7.5、MU10、MU15和MU20，表观密度为1300～1400kg/m$^3$；砌筑砂浆的强度等级有M15、M10、M7.5和M5等。其主要优点是：施工适应性强，重量比较轻，尺寸较适宜，砌筑非常方便。混凝土小型空心砌块砌体，是由小砌块和混凝土芯柱共同组成的。

## 一、砌体强度较低

### 1. 质量问题

用混凝土小型空心砌块砌筑的墙体，经过材料强度试验表明，墙体的抗压强度偏低，达不到设计要求的强度等级，出现墙体局部压碎或断裂，甚至造成砌体结构破坏。

### 2. 原因分析

（1）混凝土小型空心砌块的强度偏低，不符合设计要求的强度等级；有的砌块出现断裂和缺棱掉角现象。

（2）砂浆及原材料质量较差，如石灰膏中有生石灰块、水泥的安定性不合格、砂子过细或含泥量过多等，都会影响砌筑砂浆的强度，从而也会影响砌体的强度。

（3）混凝土小型空心砌块排列不合理，砌筑比较混乱。上下皮砌块没有对孔错缝搭接，纵横墙没有交错搭砌；与其他墙体材料混砌，造成砌体整体性差，降低了砌体的承载能力，在外力的作用下导致破坏。

（4）由于操作工艺不合理，如铺筑砂浆面过大，砂浆失去原来的塑性，造成水平灰缝不密实；竖直缝没有采用加浆的方法砌筑，造成竖直缝砂浆不饱满，从而严重影响砌体的强度。

（5）混凝土小型空心砌块不能满足砌体截面局部的压力，特别是梁端部支承处砌体局部受压，在集中荷载的作用下，砌体的局部受压强度不能满足承载力的要求。

（6）在墙体上随意留洞和打凿，由于混凝土小型空心砌块壁肋较薄，必然严重削弱墙体受力的有效面积，并增大偏心距，从而严重影响砌体的承载能力。

（7）芯柱混凝土在砌体抗压强度中起主导作用，如果芯柱混凝土质量较差，必然直接影响砌体的抗压强度。

（8）混凝土小型空心砌块在冬季施工时，没有按有关规定采取防冻等措施，砌体在未达到一定强度时受冻而影响强度。

### 3. 预防措施

（1）在正式施工前，要认真做好混凝土小型空心砌块、水泥、石子、砂子、石灰膏和外加剂等原材料的质量检验；在砌筑施工过程中，对于外观和尺寸不合格的砌体要剔除，使用在主要受力部位的砌块要经过精心挑选。

（2）砂浆的配合比应采用质量比控制，并做到称量准确；砂浆要采用机械搅拌，并要搅拌均匀，随拌制、随应用，在初凝前用完。砂浆出现泌水现象时，要在砌筑前再次拌和。砌筑砂浆应在拌制后 3h 内用完；最高气温超过 30℃时，应在 2h 内用完。严禁使用隔夜砂浆。砂浆除了应满足强度要求外，还要具有良好的和易性。

（3）混凝土小型空心砌块一般应优先采用集装箱或集装托板装车运输；要求装车均匀、平整，防止运输过程中砌块相互碰撞而损坏。砌块运到工地后，不允许翻斗倾卸和任意抛掷，避免造成砌块缺棱掉角和裂缝。现场堆放的场地应平整、坚实，并设有排水。砌块的堆置高度不宜超过 1.6m，在进行装卸时，不得用翻斗车或任意抛掷。

（4）在正式砌筑墙体前，应根据砌块尺寸和灰缝厚度设计好砌块排列图和“皮数杆”。砌筑皮数、灰缝厚度、标高应与该工程的“皮数杆”相应标志一致。“皮数杆”应竖立在墙的转角和交接处，间距不应大于 1.5m。建筑尺寸与砌块模数不符合需要镶砌时，应用与砌块强度等级相同的混凝土块，不可与其他墙体材料混砌，也不可用断裂的砌块。

（5）混凝土小型空心砌块的底部应底面朝上砌筑；在正常情况下，砌块的砌筑高度宜控制在 1.4m 或一步脚手架高度内。砌筑砌块时砂浆应做到随铺筑随砌，砌体的灰缝应横平竖直，水平灰缝宜采用“坐浆法”铺满砌块全部壁肋或多排孔砌块的封底面；竖向灰缝应采取满铺端面法，即将砌块端面朝上铺满砂浆再上墙挤紧，然后加浆捣密实。砂浆饱满度均不宜低于 90%；灰缝宽度 10mm，不得小于 8mm，也不应大于 12mm，同时不得出现“瞎缝”和透明缝。

（6）使用单排孔混凝土小型空心砌块时，上下层的砌块应当孔对孔、肋对肋错缝搭接，如图 6-11 所示；材料试验证明，错孔砌筑要比对孔砌筑时的强度降低 20%。使用多排孔砌块时，也应当错缝搭接。搭接长度均不应小于 90mm。个别部位墙体达不到上述要求时，应在灰缝设置拉结筋或焊接网片。钢筋和焊接网片两端距离垂直缝不小于 400mm，但竖向通直缝不能超过 2 层砌块。

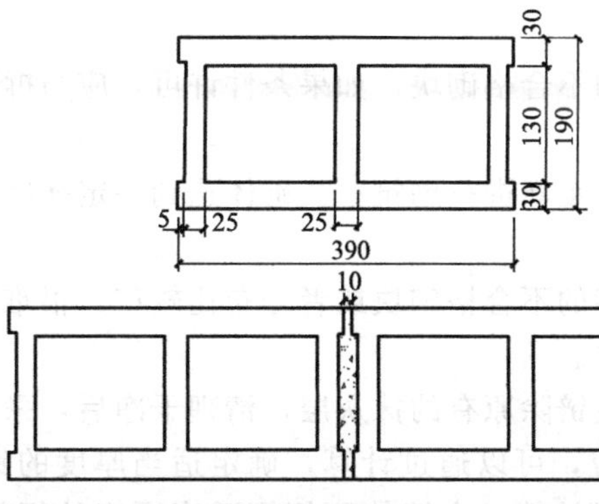


**图 6-11　砌块搭接砌筑位置示意（单位：mm）**

（7）190mm 厚度的空心砌块内外墙和纵横墙体要同时砌筑并相互搭接。临时间断处应设置在门窗洞口处或砌成阶梯形斜槎，斜槎的水平投影长度不应小于斜槎高度。进行接槎施工时，必须将接槎处的表面清理干净，并填实砂浆，保持灰缝平直。施工洞口处可留成直槎，但在洞口砌筑和补砌时，应在直槎上下搭接砌筑的砌块内用强度不低于C20的混凝土灌实。

(8) 砌块墙与隔墙的交界处，应沿墙高每400mm在水平灰缝内设置不少于2根直径4mm、横向间距不大于200mm的焊接钢筋网片。

(9) 砌体受集中荷载处应加强。在砌体受局部均匀压力或集中荷载（如梁端支承处）作用时，应根据设计要求与砌块强度等级相同的混凝土（不低于C20）填实一定范围内的砌块孔洞。如设计无规定，在墙体的下列部位，应采用C20混凝土灌密实砌体的孔洞：底层室内地面以下或防潮层以下的砌体；无圈梁的檩条和钢筋混凝土楼板支承面下的一层砌块；未设置混凝土垫层的屋架、梁等构件的支承面。

(10) 预留洞口应在砌筑时预先留置，并在洞口的周围采取相应的加强措施。照明、电信、闭路电视等线路的水平管线，宜埋置于专供水平管用的实心带凹槽的砌块内，也可敷设在圈梁或现浇筑混凝土楼板内；垂直管可设置于砌块的孔洞内，施工时可采用先立管后砌墙，此部位砌块采取“套砌”的方法，也可以采用先砌墙后插管的方法。接线盒和开关盒可嵌埋在预砌筑的U形砌块内，然后用水泥砂浆填密实，固定牢靠。冷水和热水水平管可采用实心带凹槽的砌块进行敷设；立管宜安装在E字形的砌块中的一个开口孔洞中。待管道试水合格后，采用C20混凝土封闭或用1∶2水泥砂浆嵌平并覆盖钢丝网。安装后的管道表面应低于墙面4～5mm，并与墙体卡牢固定。

(11) 混凝土小型空心砌块房屋纵横墙的交接处，距墙体中心线每边不小于300范围内的孔洞，应采用不低C20混凝土灌密实，灌注的高度应为墙体的全高。

(12) 混凝土小型空心砌块墙体的砌筑，应采用双排脚手架或里脚手架进行施工，严禁在砌筑的墙体上设脚手架孔洞。

(13) 木门窗框与砌块墙体两侧连接处的上、中、下部位应砌入埋有沥青木砖的砌块(190mm×190mm×190mm)或实心砌块或预制混凝土块，并用铁钉射钉或膨胀螺栓进行固定。门窗洞口两侧的砌块孔洞灌注C20混凝土后，其门窗与墙体的连接方法可按实心混凝土墙体施工。

(14) 冬季施工不得使用水浸后受冻的混凝土小型空心砌块，并且不得采用冻结法施工，不得使用受冻的砂浆。每天砌筑完毕后，应使用保温材料覆盖新砌筑的砌体。解冻期间应对砌体进行观察，发现异常现象，应及时采取措施。

### 4. 治理方法

(1) 对于已砌筑于砌体中的不合格砌块，如果条件许可，应当拆除重新砌筑。特别是在受力部位，即使上部结构已经完成，但砌筑的数量不太多，面积不太大时，一般应在做好临时支撑以后，将不合格的砌块拆除，重新进行砌筑；待砌体达到一定强度以后，方可允许撤去临时支撑。

(2) 如果砌体中已砌筑较多的不合格砌块或者分布比较广，很难进行拆除重新砌筑时，需要在结构验算后，进行加固补强。

进行加固补强时，一般均应铲除原有的抹灰层，清理干净后，采用钢筋混凝土增大结构断面的方法。对于柱子和垛等部位，可以通过计算，确定适当厚度的钢筋混凝土箍进行加固补强。对于墙体等部位，可以通过计算，在墙体两侧用适当厚度的钢筋混凝土板墙进行加固补强。混凝土的施工方法可采用支模浇筑方法，也可采用喷射混凝土的工艺施工。墙体上每隔适当距离进行钻孔，孔距一般控制在500mm左右，钻孔中放置拉结筋，使加固后的墙体形成一个整体。

在进行加固的施工过程中，绑扎钢筋、架立模板、浇水湿润、浇筑混凝土、喷射混凝土等施工工艺和要求，与钢筋混凝土完全相同。

## 二、混凝土芯柱施工质量差

### 1. 质量问题

在混凝土小型空心砌块砌体的施工中，混凝土芯柱易出现的质量问题有：空洞缩颈不密实，或与砌块黏结不好；芯柱的钢筋产生位移，搭接长度不够，或绑扎不牢；芯柱上下不贯通。芯柱质量较差不仅影响砌体的整体性，而且也容易使砌体产生裂缝。

试验结果表明，混凝土小型空心砌块砌体抵抗地震水平剪力，主要由砌体的水平灰缝抗剪强度和现浇混凝土芯柱的横截面抗剪强度共同承担，因此混凝土芯柱的质量也影响建筑物的抗震能力。

### 2. 原因分析

(1) 混凝土小型空心砌块砌筑时，底层砌块未留清扫孔，造成芯柱内的垃圾无法清理；或虽然留置了清扫孔，但未能认真做好清扫工作，使芯柱施工缝处出现较多的灰渣；或虽然清理干净但未用水泥砂浆结合，施工缝处出现蜂窝。这些都使芯柱出现薄弱部位，严重影响芯柱的整体性。

(2) 芯柱的断面尺寸较小，一般只有 125mm×135mm，如果芯柱混凝土的材料和级配选择不当，例如石子粒径过大，混凝土坍落度过小，则浇筑和振捣都比较困难，很容易出现空洞和不密实等现象。

(3) 混凝土浇筑未严格按照分层浇筑振捣的原则，而是灌满统一进行振捣，或者采用人工振捣，这样容易引起混凝土不密实、混凝土与砌块黏结不良的现象。

(4) 芯柱部位砌块的底部边缘处没有进行清理，或者砌筑时多余的砂浆未及时清理，这样会出现芯柱缩颈现象。

(5) 在施工过程中，未及时校正芯柱钢筋的位置，钢筋出现偏位；钢筋加工长度不符合要求，芯柱钢筋搭接长度达不到设计要求；底层砌块的清扫孔过小，或排列不合理，影响钢筋的绑扎，部分钢筋未绑扎或绑扎不牢。

(6) 在抗震地区施工时，忘记设置芯柱与墙体拉结的钢筋网片，从而严重影响芯柱与墙体共同受力。

(7) 楼盖使用预制钢筋混凝土楼板时，预制楼板的芯柱部位未留缺口，使芯柱无法贯通。

### 3. 预防措施

(1) 每层每根芯柱柱脚应采用竖向砌筑双孔 E 形、单孔 U 形或 L 形混凝土小型空心砌块，设置清扫口，以便做好清扫工作。

(2) 每层墙体砌筑到要求标高后，应及时清扫芯柱孔内壁及芯柱孔道内掉落的砂浆等杂物。

(3) 芯柱混凝土应选用小粒径、大坍落度混凝土。浇筑芯柱混凝土应符合以下规定：浇筑芯柱混凝土时，砌筑砂浆的强度应大于 1MPa；清除孔内掉落的砂浆等杂物，并用水冲洗孔壁；浇筑芯柱混凝土前，应先注入适量与芯柱混凝土成分相同的去石水泥砂浆；每浇筑 400～500mm 高度应捣实一次，或边浇筑、边捣实。

（4）浇筑芯柱混凝土宜采用坍落度为70～80mm的细石混凝土，当采用泵送混凝土时，坍落度宜为140～160mm，以便于混凝土浇捣密实，不易出现空洞和蜂窝麻面。芯柱混凝土必须按照连续浇筑分层捣实的原则进行操作，一直浇筑到离该芯柱最上一层砌块顶面50mm为止，不得设置施工缝。进行混凝土振捣时，宜选用微型插入式振捣棒。

（5）有现浇混凝土圈梁的工程，虽然芯柱和圈梁混凝土一起浇筑整体性好，但因有圈梁钢筋使芯柱混凝土的浇捣比较困难，所以工程中多数还是采用芯柱和圈梁分开浇筑。可采取芯柱混凝土浇筑到低于顶层砌块表面30～50mm处，使每层圈梁与每根芯柱交接处均形成凹凸形的暗键，以增加圈梁与芯柱的整体性，加强房屋的抗震能力。

（6）在正式砌筑前，芯柱部位所用的砌块孔洞底的边缘要进行清除。在砌筑施工中，应砌好一层后用棍或其他工具，在芯柱的孔内搅动一圈，使孔内多余的砂浆脱落，保证芯柱的断面尺寸，以便浇筑足量的混凝土。

（7）钢筋接头处至少应绑扎2点，上部要采取固定措施，芯柱混凝土浇筑完毕后，要及时校正钢筋的位置是否正确。

（8）房屋墙体交接处或芯柱与墙体的连接处，应设置拉结的钢筋网片，钢筋网片可采用直径4mm的钢丝点焊而成，沿墙高间距不大于600mm，并应沿墙体水平通长设置。6度、7度抗震设防时底部1/3楼层设置，8度抗震设防时底部1/2楼层设置，9度抗震设防时全部楼层设置。上述拉结钢筋网片沿墙体高度间距不应大于400mm。

### 4. 治理方法

（1）对于芯柱钢筋的位移，可在每层楼面标高处按不超过1/6弯折角度，逐步校正到正确位置。

（2）发现芯柱的混凝土强度达不到设计要求或不密实，可将芯柱部位的砌块和混凝土凿除，然后清理干净残渣，重新立模板浇筑混凝土，其要求与钢筋混凝土工程相同。值得注意的是，在凿除不合格砌块和混凝土时，一般应采用人工的方法，以避免影响周围的墙体。

## 三、墙体产生裂缝，整体性较差

### 1. 质量问题

混凝土小型空心砌块是以水泥为胶凝材料，以石子和砂为粗细骨料，经计量配料、加水搅拌，振动加压成型，经养护制成的具有一定空心率的砌块材料。用这种砌块砌筑的墙体具有非常显著的优点，但也存在易出现多种裂缝的质量通病，如水平裂缝、竖向裂缝、阶梯裂缝和砌块周边裂缝等。

一般情况下，在顶部内外纵向墙及内横墙端部出现正八字裂缝；窗台左、右角部位和梁下部局部受压部位出现裂缝，裂缝主要是沿着灰缝开展；在顶层屋面板底、圈梁底出现水平裂缝。混凝土小型空心砌块墙面裂缝示意如图6-12所示。这些裂缝影响建筑物的整体性，对抗震非常不利，同时也影响建筑物的美观，严重的墙面会出现渗水现象。

### 2. 原因分析

（1）混凝土小型空心砌块比黏土砖的体积大，相应砌筑后的灰缝比较少，故砌体的抗剪强度比较低，只有砖砌体的40%～50%，仅为0.23MPa；另外竖向缝的高度为190mm，砂浆难以嵌填饱满，如果砌筑中不注意操作质量，抗剪强度还会降低。

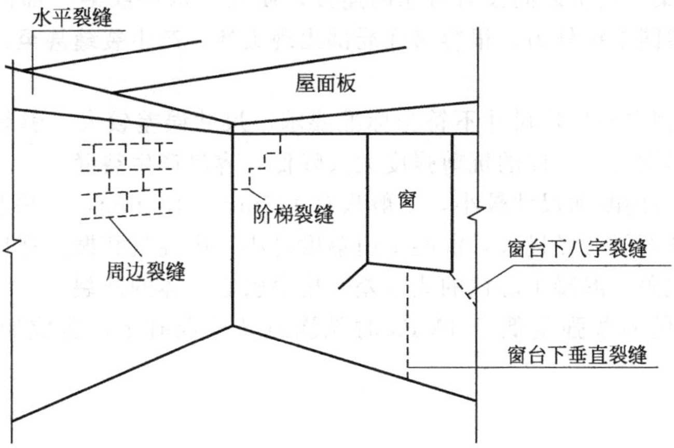


**图 6-12 混凝土小型空心砌块墙面裂缝示意**

(2) 混凝土小型空心砌块表面沾有黏土、浮灰等污物，在砌筑前没有清理干净，在砂浆和砌块之间形成隔离层，严重影响混凝土小型空心砌块砌体的抗剪强度。

(3) 混凝土小型空心砌块的收缩率在 0.35～0.50mm/m 之间，比黏土砖的温度线膨胀系数大 60 倍以上。混凝土收缩一般需要 180d 后才趋于稳定，养护 28d 的混凝土仅完成收缩的 60%，其余的收缩将在 28d 后完成。因此，采用没有适当存放期的混凝土小型空心砌块，砌块将继续收缩，如果砌筑砂浆强度不足黏结力较差或某部位灰缝不饱满，此时收缩应力将大于砌体的抗拉和抗剪强度，混凝土小型空心砌块墙体就必然产生裂缝。

(4) 混凝土小型空心砌块在施工现场淋雨后，没有充分干燥，将含水率较高的砌块砌到墙上后，砌块会在墙体中继续失水而再次产生干缩，收缩数值为第一次干缩值的 80%左右。因此，施工中用雨水淋湿的砌块砌筑墙体，很容易沿着砌块周边灰缝出现细小的裂缝。

(5) 室内与室外、屋面与墙体存在温差，混凝土小型空心砌块因温差变形差异而引起裂缝。屋面的热胀冷缩对砌体产生很大的推力，造成房屋端部墙体开裂。另外，顶层内外纵向墙及内横墙端部产生正八字斜裂缝，屋面板与圈梁之间、圈梁与梁底砌体之间，在温度的作用下出现水平剪切，也会出现水平裂缝。

(6) 混凝土小型空心砌块建筑因块体较大，灰缝比较少，对地基不均匀沉降特别敏感，容易产生墙体裂缝。建筑物的不均匀沉降会引起砌体结构内的附加应力，从而产生剪切斜裂缝或垂直弯曲裂缝。另外，因窗间墙在荷载作用下沉降较大，而窗台墙荷载较轻，沉降较小，这样在房屋的底层窗台墙中部会出现上宽下窄的垂直裂缝。

(7) 混凝土小型空心砌块排列不合理，在窗口的竖向灰缝正对窗角，裂缝容易从窗角处的灰缝向外延伸。如果上下皮砌块没有对孔错缝搭接，纵横墙没有交错搭砌；与其他墙体材料混砌，造成砌体整体性差，降低了砌体的承载能力，在外力的作用下导致破坏。

(8) 砂浆质量差造成砌块间黏结不良；砂浆中含有较大的颗粒，从而造成灰缝不密实；砌筑时铺筑砂浆长度太长，砂浆失水过多，严重影响砌筑质量；砌块就位校正后，又受到碰撞和撬动等，影响砂浆与砌块的黏结。由于上述种种原因，造成混凝土小型空心砌块之间黏结不良，甚至在灰缝中形成初期裂缝。

(9) 钢筋混凝土圈梁施工时，没有做好垃圾清理和浇水湿润，使圈梁与墙体不能形成一个整体，从而失去圈梁的作用，使圈梁下面的墙体产生开裂。

(10) 在楼板安装之前，没有做好墙顶或圈梁顶的清理、浇水湿润、找平以及安装时的坐浆等工作，在温度应力的作用下，容易在墙顶面或圈梁顶面产生水平裂缝。

（11）墙体、圈梁、楼板之间没有可靠的连接，使某一构件或某一部位受力后，力不能正常传递，也就不能共同承担外力，很容易在局部出现破坏，产生裂缝甚至最后造成整个建筑物的破坏。

（12）混凝土小型空心砌块尺寸不符合标准要求，尺寸误差较大，引起水平裂缝弯曲和波折，使砌块的受力不均匀，砌体的抗剪强度大大降低，容易产生裂缝

（13）混凝土芯柱的断面尺寸较小，一般只有125mm×135mm，如果芯柱混凝土的材料和级配选择不当，例如石子粒径过大，混凝土坍落度过小，则浇筑和振捣都比较困难，很容易出现空洞和不密实等现象。混凝土芯柱的质量差，也会引起砌体的开裂。

（14）砌筑砌块的砂浆强度低于1MPa时就浇筑芯柱混凝土，造成墙体位移而产生初始裂缝。

### 3. 防治措施

（1）配制砌筑砂浆的原材料必须符合现行标准的要求。做好砌筑砂浆的配合比设计，砂浆应具有良好的和易性和保水性，一般可采用混合砂浆进行砌筑，这样可避免因砂浆干缩而引起裂缝。

（2）控制好混凝土小型空心砌块的含水率，改善砌块的生产工艺，采用干硬性混凝土，减小混凝土的水灰比；在混凝土配合比中多用粗骨料；砌块生产中要振捣密实；生产后用蒸汽养护；砌块在出厂时的含水率控制在45%以内。

（3）砌筑砌块时砂浆应做到随铺筑随砌，砌体的灰缝应横平竖直，水平灰缝宜采用“坐浆法”铺满砌块全部壁肋或多排孔砌块的封底面；竖向灰缝应采取满铺端面法，即将砌块端面朝上铺满砂浆再上墙挤紧，然后加浆捣密实。砂浆饱满度均不宜低于90%；灰缝宽度10mm，不得小于8mm，也不应大于12mm，同时不得出现“瞎缝”和透明缝。

（4）混凝土小型空心砌块进场后不宜贴地堆放，底部应架空垫高，雨天上部应进行遮盖。

（5）为了减少砌块在砌体中收缩而引起的周边裂缝，生产的砌块应在厂内至少存放28d后再运到施工现场，有条件的最好存放40d，使砌块基本稳定后再进行砌筑。

（6）混凝土小型空心砌块的吸水率很小，吸水的速度缓慢，砌筑前不宜浇水；在天气特别炎热干燥时，砂浆铺摊后会失水过快，从而影响砌筑砂浆与砌块的黏结，故在砌筑前可以稍喷水湿润。

（7）选择合理的混凝土小型空心砌块强度等级和砂浆强度等级，使之互相匹配，充分发挥砌块的作用。当用强度等级低的砂浆砌筑时，在砌体受压时，砌体的变形主要发生在砂浆中，砌块不能发挥应有的作用，故应适当提高砌筑砂浆的强度等级。

（8）砌块墙与隔墙的交界处，应沿墙高每400mm在水平灰缝内设置不少于2根直径4mm、横向间距不大于200mm的焊接钢筋网片。

（9）砌体受集中荷载处应加强。在砌体受局部均匀压力或集中荷载（如梁端支承处）作用时，应根据设计要求与砌块强度等级相同的混凝土（不低于C20）填实一定范围内的砌块孔洞。如设计无规定，在墙体的下列部位，应采用C20混凝土灌密实砌体的孔洞：底层室内地面以下或防潮层以下的砌体；无圈梁的檩条和钢筋混凝土楼板支承面下的一层砌块；未设置混凝土垫层的屋架、梁等构件的支承面。

（10）在进行建筑物设计时，要采取相应措施减少不均匀沉降量，如对暗浜、明浜和软土地基进行适当的地基加固处理或打桩，并加强地基圈梁的刚度；提高底层窗台下砌筑砂浆的强度等级、设置水平钢筋网片或用C20混凝土灌密实砌体的孔洞；对荷载及体型变化复杂的建筑物，可以设置沉降缝；为保证结构的整体性，应按规范规定设置足够的圈梁和芯柱；在施工过

程中要加强管理，做好基坑验槽工作。

(11) 为减少材料收缩、温度变化等原因引起建筑物伸缩而出现的裂缝，必须按规定设置伸缩缝。砌块房屋伸缩缝的最大间距应符合表 6-1 中的要求。

表 6-1 砌块房屋伸缩缝的最大间距　　单位：m

| 屋盖或楼盖类别 | | 间距 | |
|---|---|---|---|
| | | 砌块砌体房屋 | 配筋砌块砌体房屋 |
| 整体式或装配整体式钢筋混凝土结构 | 有保温层或隔热层的屋盖、楼盖 | 40 | 50 |
| | 无保温层或隔热层的屋盖 | 32 | 40 |
| 装配式无檩体系钢筋混凝土结构 | 有保温层或隔热层的屋盖、楼盖 | 48 | 60 |
| | 无保温层或隔热层的屋盖 | 40 | 50 |
| 装配式有檩体系钢筋混凝土结构 | 有保温层或隔热层的屋盖 | 60 | 75 |
| | 无保温层或隔热层的屋盖 | 48 | 60 |
| 瓦屋盖、木屋盖或楼盖、砖石屋盖或楼盖 | | 75 | 100 |

(12) 在砌块建筑的外墙转角、楼梯间四角的纵横墙处的砌块 3 个孔洞，应设置混凝土芯柱；5 层及 5 层以上的房屋，也应在上述部位设置钢筋混凝土芯柱；在抗震设防地区应按表 6-2 中的规定设置钢筋混凝土芯柱。

表 6-2 砌块砌体房屋芯柱设置要求

| 房屋层数 | | | | 设置部位 | 设置数量 |
|---|---|---|---|---|---|
| 6 度 | 7 度 | 8 度 | 9 度 | | |
| 5 | 4 | 3 | — | 外墙转角和对应转角；<br>楼、电梯间四角，楼梯斜梯段上下端对应的墙体处(单层房屋除外)；<br>大房间内外墙交接处；<br>错层部位横墙与外纵向墙交接处；<br>隔 12m 或单元横墙与外纵向墙交接处 | 外墙转角，灌密实 3 个孔；<br>内外墙交接处，灌密实 4 个孔；<br>楼梯斜梯段上下端对应的墙体处，灌密实 2 个孔 |
| 6 | 5 | 4 | 1 | 外墙转角和对应转角；<br>楼、电梯间四角，楼梯斜梯段上下端对应的墙体处(单层房屋除外)；<br>大房间内外墙交接处；<br>错层部位横墙与外纵向墙交接处；<br>隔 12m 或单元横墙与外纵向墙交接处；<br>隔开间横墙(轴线)与外纵向墙交接处 | |
| 7 | 6 | 5 | 2 | 外墙转角和对应转角；<br>楼、电梯间四角，楼梯斜梯段上下端对应的墙体处(单层房屋除外)；<br>大房间内外墙交接处；<br>错层部位横墙与外纵向墙交接处；<br>隔 12m 或单元横墙与外纵向墙交接处；<br>隔开间横墙(轴线)与外纵向墙交接处；<br>内纵向墙与横墙(轴线)交接处和洞口的两侧 | 外墙转角，灌密实 3 个孔；<br>内外墙交接处，灌密实 4 个孔；<br>内墙交接处，灌密实 4～5 个孔；<br>洞口的两个侧面分别灌密实 1 个孔 |

续表

| 房屋层数 | | | | 设置部位 | 设置数量 |
|---|---|---|---|---|---|
| 6度 | 7度 | 8度 | 9度 | | |
| — | 7 | 6 | 3 | 外墙转角和对应转角；<br>楼、电梯间四角，楼梯斜梯段上下端对应的墙体处（单层房屋除外）；<br>大房间内外墙交接处；<br>错层部位横墙与外纵向墙交接处；<br>隔12m或单元横墙与外纵向墙交接处；<br>横墙内芯柱间距不大于2m | 外墙转角，灌密实7个孔；<br>内外墙交接处，灌密实5个孔；<br>内墙交接处，灌密实4～5个孔；<br>洞口的两个侧面分别灌密实1个孔 |

注：1. 外墙转角、内外墙交接处、楼电梯间四角等部位，应允许采用钢筋混凝土构造柱替代部分芯柱。

2. 当按照《混凝土小型空心砌块建筑技术规程》（JGJ/T 14—2011）第7.3.1条第2～4条规定的层数超出表6-2的范围，芯柱设置要求不应低于表中相应烈度的最高要求且宜适当提高。

3. 表中的6度、7度、8度和9度表示抗震烈度。

（13）混凝土小型空心砌块建筑可采用以下措施防止顶层墙体裂缝和渗水。

① 采用坡形屋面，这样可以大大减少屋面对墙面的水平推力，从而减少顶层墙体的裂缝。

② 钢筋混凝土屋顶可在适当位置设置分隔缝，在屋盖上设置保温隔热层，以减少屋面板因热膨胀产生的水平推力。

③ 在非抗震区域降低屋面板坐浆的砌筑砂浆强度，或者在板底部设置“滑动层”。

在顶层端开间门窗洞口边设置钢筋混凝土芯柱，窗台下设置水平钢筋网片或现浇混凝土窗台板。

④ 顶层的内外墙适当增加芯柱，重点放在内外墙转角部位和两个山墙。

⑤ 顶层每隔400mm高加通长直径4mm的钢筋网片一道，也可在1/2墙高处增加一道200mm高的现浇混凝土圈梁。

⑥ 加强顶层屋面圈梁，适当提高顶层墙体砌筑砂浆的强度等级，一般砌筑砂浆的强度等级应大于M5。

⑦ 砌体结构施工完毕后，应及时进行屋面保温层的施工；待保温层施工完毕后，再进行内外墙抹灰工程的施工。

（14）在炎热地区的两个山墙应考虑隔热措施，如外挂隔热板、设置遮阳板等；在寒冷地区应提高外墙的保温性能，以减少墙体不同伸缩所造成的裂缝，或者使裂缝控制在允许范围内。

（15）在墙面设置控制缝，即在指定位置消除掉墙体收缩时产生的应力和裂缝。控制缝应当设置在砌体干缩变形可能引起应力集中处、砌体产生裂缝可能性最大的部位，如墙体高度和厚度变化处、门窗洞口处等。控制缝可用弹性防水胶进行嵌缝。

（16）圈梁应尽量设置在同一水平面上，并与楼板同一标高，形成封闭状，以便对楼板平面起到箍紧作用；如构造上不许可时，也可设在楼板下。当不能在同一水平闭合时，应增设附加圈梁，其搭接长度不小于两倍圈梁的垂直距离，并不应小于1m。基础部位和屋盖处圈梁宜进行现浇，楼盖处圈梁可以用预制槽形底模板整体浇筑，在抗震设防要求的房屋内均应设置现浇钢筋混凝土圈梁，不得用预制槽形板作底模板。

（17）预制楼板要安装牢固。预制楼板搁置在墙上或圈梁上的支承长度不应小于80mm。如果不能满足要求，应采取加固措施。板底部的缝隙一般不应小于20mm，在清理、湿润以后分两次进行灌缝：第一次用1：2的水泥砂浆灌30mm左右，第二次用C20细石混凝土灌满缝隙，并捣实、压平。如果板缝过大，应加钢筋或网片，这样不仅可以增加楼面的整体性，而且也可以防止板缝渗漏。

(18) 为了使建筑物有较好的空间刚度和受力性能，要做好墙体、圈梁和楼板之间的连接，包括有支承向板的锚固筋（即楼板搁置端）、非支承向板的锚固筋、阳台板的锚固筋等。

支承向板的锚固筋可用直径为 8mm 钢筋放在板缝中，板端空隙应用 C20 细石混凝土灌实；非支承向板的锚固筋用于连接与楼板平行方向的砌块砌体和楼板，锚固筋一般用 8mm 钢筋，间距应小于或等于 1200mm，非支承向板不允许进入墙中，避免削弱墙体局部承载力。

(19) 为防止窗口下两侧产生垂直裂缝或八字缝，砌块排列时应注意窗口的竖向灰缝不要正对窗角；对窗台下墙体应当采取加强措施，设置水平钢筋网片或钢筋混凝土窗台板带。

## 四、墙体隔热性能比较差

### 1. 质量问题

(1) 墙体的隔热性能比较差，墙体内表面温度较高，夏季室内显得非常闷热，采用空调降温能耗比较大。

(2) 墙体的保温性能比较差，冬季室外寒冷的空气严重影响室内，如果室内进行采暖，也会造成能源损耗比较大。

### 2. 原因分析

(1) 混凝土小型空心砌块在住宅建筑中应用较多。我国南方地区夏天天气炎热，气温较高，持续时间较长，太阳辐射强度较大，相对湿度也比较大。建筑物在太阳辐射和气温的共同作用下，通过建筑物的屋面、外墙、门窗和楼梯间等各种途径，不断地向室内辐射热量，把大量的热量带进室内，从而造成室内温度过高。

(2) 制作混凝土小型空心砌块的原材料是以砂、石为骨料的普通混凝土，其导热系数为 1.51W/(m·K)，是实心黏土砖导热系数的 2 倍；虽然这种砌块有 40%以上的空心率，具有一定的保温性能，但因结构受力和抗震的要求，砌块有一定宽度的混凝土肋；砌块砌体的转角丁字墙等节点部位都灌注混凝土芯柱，形成多个热桥，从而严重影响外墙的保温性能。

(3) 在寒冷地区，因局部节点、局部结构的保温措施处理不妥（如楼板、梁、柱等部位），产生保温的薄弱环节，容易形成贯通式“热桥”，甚至使墙面产生结露。

(4) 在严寒地区，砌筑砌体时没有采用保温砂浆，从而造成砌体灰缝处不保温隔热。

### 3. 防治措施

(1) 采取适当的保温措施，使建筑的保温性能满足热工和节能的要求。

① 采用内保温，即在墙体内侧粘贴或涂抹保温材料，如粘贴珍珠岩板和充气石膏板，涂抹保温砂浆等。采用内保温时，要注意在外露墙面的普通混凝土柱、楼板、梁，挑出的屋面板和阳台等产生“热桥”的部位，应在外侧面同时采取贴保温板或抹保温砂浆等保温措施。

② 寒冷地区采取外保温，在建筑的外墙粘贴保温板，如聚苯板、水泥聚苯板等，再在外面做增强纤维饰面层；也可以采用外保温复合墙，即在承重砌块的外侧砌筑加气砌块或其他装饰块材。

③ 在严寒地区可采用带有空气间层和不带空气间层的夹心复合保温墙体，即在承重砌块和保温外墙之间填充高效保温材料，工程实践证明这种方法效果较好。

④ 从建筑设计上采取措施，改善建筑的热工性能。对于寒冷地区有保温要求的建筑物，

手面和空间布置力求紧凑，尽量缩小外围结构的面积，以减少建筑物的热损失；主房间应布置在较好的朝向，充分利用太阳的热量；迎风面和阴面应尽量布置次要房间，减少门窗的面积，以降低冷风渗透的热损失。

(2) 在炎热的南方地区应采取合适的隔热措施，使其隔热性能达到240mm厚砖墙同样的隔热效果。

① 南方炎热地区的建筑，平面和空间布置应力求避免大面积受烈日曝晒，避免出现大面积东西向的墙面及门窗；充分利用绿化遮阴；争取主导风向和室内穿堂风，以利于通风散热。

② 为了降低对太阳辐射热的吸收率，增加热的反射率，可以在外墙面的表面结合装饰要求，采用浅色或涂刷白色处理等方法。

③ 采用多排孔砌块砌筑墙体，如240mm厚三排孔混凝土空心砌块的墙体，其隔热性能可接近240mm厚的黏土砖墙体。

④ 炎热地区东、西、北三面的外墙，应当根据具体情况采取隔热措施，如砌块的孔洞中填入炉渣、泡沫粉煤灰等，或砌筑复合砌体、粘贴隔热材料，也可在外墙的外侧设置外挂隔热通风层。

(3) 混凝土小型空心砌块建筑外墙的保温隔热措施，应与屋顶、楼地板、门窗等构件连接部位的保温隔热措施，保持构造上的连续性和可靠性。

(4) 混凝土小型空心砌块建筑的屋顶，应设计为保温隔热层置于防水层上的倒置式屋面，且宜选择憎水型的绝热材料当作保温隔热层。

(5) 在夏热冬冷的地区或夏热冬暖的地区，混凝土小型空心砌块建筑屋顶的表面应采用浅色饰面材料。平屋顶宜采用绿色植物或有保温材料基面的架空通风屋顶。

# 第四节　石砌体工程存在的质量问题与防治

石材较易就地取材，在产石地区采用石砌体比较经济，应用较为广泛。在工程中石砌体主要用作受压构件，可用作一般民用房屋的承重墙、柱和基础。石材主要来源于重质岩石和轻质岩石。重质岩石（花岗岩类岩石）抗压强度较高，耐久性好，但热导率大。轻质岩石（石灰岩类岩石）容易加工，热导率小，但抗压强度较低，耐久性较差。承重结构用的石材主要为重质岩石。在中国的设计规范中，对石材按加工后外形的规整程度，分为料石和毛石。料石又分为细料石、粗料石、毛料石（即块石）。

为了确保砌石工程的施工质量，砌筑前应做好下述各项准备工作：挑选形状和尺寸合适的石块，并进行适当的再加工和必要的清洗；校核测量与施工放线工作，如标高误差过大，应用细石混凝土垫平；制作和安装砌筑施工中所用的“皮数杆”，并在“皮数杆”之间拉准线，依据准线砌筑石材。由于准备工作的疏漏，以及施工操作中违反规范和规程的规定，砌石工程的质量通病较常见。

## 一、石材质量差，表面污染

### 1. 质量问题

(1) 石材的种类和强度等级不符合设计要求；料石表面色差较大，或色泽不均匀，表面凹入的深度大于施工规范的规定，存在较多的疵斑；石材的表面有风化层，内部有隐裂纹。

（2）砌筑所用卵石的粒径差别过大，有的卵石呈针片状，其长厚比大于4，不适合用于砌筑工程。

（3）石材表面产生污染，若不认真进行清理，会严重影响砌筑的质量。

### 2. 原因分析

（1）砌石工程中所用的石材，在设计中未进行详细说明；或者施工单位未按设计要求采购石料；或者石材的实际质量与材质证明不一致。

（2）石材进场后，有关人员不按规定检查材质证明；或者外观质量检查不认真，石材中混入风化石等不合格品；或者采石场的石材等级分类不清，优劣、大小混杂。

（3）石材在开采、运输、装卸和保管的过程中不注意，很容易造成石材表面污染。

### 3. 预防措施

（1）在进行砌石工程设计中，设计人员必须对所用石材的种类、规格、形状、颜色和强度等级详细说明；材料采购部门必须按设计要求进行采购。

（2）石材进场后，质检人员必须按规定进行材料验收，使石材的实际质量与材质证明不一致；对于不合格的石材不得用于工程中；验收的石材要按规格、形状、种类、强度等级和色泽不同分别进行存放。

（3）石材在开采、运输、装卸和保管的过程中应引起注意，不得造成石材表面污染。

（4）各种料石的宽度和厚度均不得小于200mm，其长度应当大于厚度的4倍。

### 4. 治理方法

（1）石材的强度等级是评价其质量的重要指标，也是关系到砌体质量的首要因素。对于强度等级不符合设计要求或质地疏松的石材，必须予以更换。

（2）对于已经进场的个别石块，如果表面有局部的风化层，经凿除处理后，其强度等级符合设计要求，可以用于砌石工程中，但这类石材不能过多。

（3）对于色泽不符合设计要求和表面有疵斑的石块，如果强度等级符合设计要求，可以用于砌石工程的隐蔽部位，不得砌筑在裸露面。

（4）对于少量形状不规则、尺寸不合适的石块，应在砌筑前进行再加工，然后根据加工后的形状和尺寸，砌筑在相应合适的部位。

（5）清洗被泥浆污染的石块。对石材表面的铁锈斑，可用2%～3%的稀盐酸或3%～5%的磷酸溶液涂刷石面2～3遍，然后用清水冲洗干净即可。

## 二、石块之间黏结不牢

### 1. 质量问题

石块和砌筑砂浆黏结不良，掀开石块有时可发现缝隙间砂浆铺得不密实，石块之间有狭缝；石块与砂浆黏结不牢，敲击砌体可听到空洞声，用力推则个别石块松动；石块叠砌面的砂浆饱满度小于80%。这些都会大大降低砌体的承载能力和稳定性。

### 2. 原因分析

（1）所选用石块的表面有风化层剥落，或者石块的表面有泥垢、水锈等，严重影响石块与砌筑砂浆间的黏结。

（2）毛石砌体不用铺筑砂浆法砌筑，有的采用先铺石、后灌浆的施工方法，还有的采用先摆碎石块、后塞砂浆或干填筑碎石块的方法。这些施工方法均可造成砂浆饱满度低，石块之间黏结不牢。

（3）料石砌体采用垫法（铺浆加垫法）砌筑，砌体以垫片（金属或石）来支承石块自重和控制砂浆层厚度，砂浆凝固后会产生收缩，使料石与砂浆层之间形成缝隙。

（4）砌体的灰缝过大，在硬化过程中砂浆产生收缩，如果收缩后形成缝隙，则会造成石块之间黏结不牢。

（5）石材砌体砌筑完毕后，如果没有采取必要的保护措施，碰撞或移动已砌筑的石块，由于砌筑砂浆尚未达到一定的黏结强度，也会使石块之间黏结不牢。

（6）毛石砌体当日砌筑的高度过高（一般不宜超过1.2m）。

### 3. 预防措施

（1）石砌体所用的石块应质地坚实，无风化剥落和裂纹现象。石块表面的泥垢和影响黏结的水锈等杂质应清除干净。

（2）石砌体应采用铺筑砂浆法进行砌筑。石块之间的砂浆必须饱满，砂浆饱满度应大于80%。

（3）料石砌筑不得采用先铺浆后加垫的砌法，即先按灰缝厚度铺上砂浆，然后再砌筑石块，最后用垫片来调整石块的位置；也不得采用先加垫后塞砂浆的砌法，即先用垫片按灰缝厚度将料石垫平，再将砂浆塞入灰缝内。

（4）在进行毛石墙体砌筑时，平缝应先铺筑砂浆，后放置石块，禁止不先做灰浆而由外面向缝内填灰浆的做法；竖向缝的砌筑必须先刮上碰头灰，然后从上往下灌满竖向缝砂浆。

（5）毛石墙石块之间的空隙（即灰缝）小于等于35mm时，可用砂浆填满；当大于35mm时，应用小石块填稳定、填牢靠，同时填满砂浆，不得留有空隙。严禁用成堆的小石块填塞。

（6）控制好砂浆层的厚度。砌体外露面的灰缝厚度不宜大于40mm；毛料石和粗料石砌体的灰缝厚度不宜大于20mm；细料石砌体的灰缝厚度不宜大于5mm。

（7）砌筑砂浆凝固后，不得再移动或碰撞已经砌筑的石块。对于必须移动的石块，再砌筑时应将原砂浆清理干净，重新铺筑砂浆进行砌筑。

（8）考虑到毛石的形状不规则性及自重较大，砌筑时砂浆强度的增加又较缓慢，毛石砌体每日砌筑高度不应超过1.2m。

### 4. 治理方法

（1）当出现石块松动，敲击墙体时听到空洞声，以及砂浆饱满度严重不足时，这些情况将大大降低墙体的承载力和稳定性，必须返工重新砌筑。

（2）对个别松动的石块或局部小范围的空洞，也可采用局部掏去缝隙内的砂浆，重新用砂浆填实。

## 三、毛石和料石组砌不良

### 1. 质量问题

（1）毛石墙体的上下各层（皮）的石缝连通，从而形成垂直通缝，严重影响砌体的整体性。

(2) 石墙各层（皮）砌体中的石块相互没有拉结，形成两片薄墙，施工中容易出现坍塌。

## 2. 原因分析

(1) 石材墙体所选用的石块体型过小，造成砌筑时搭接的宽度偏少。

(2) 在进行石材墙体砌筑时，没有针对已有砌体的状况，选用了不适当体型的石块。

(3) 在进行石材墙体砌筑时，对形状不规则的石块在砌筑前没进行加工。

(4) 石块的砌筑方法不正确，造成石材墙体的稳定性降低。石材墙体错误砌筑方法如图 6-13 所示。

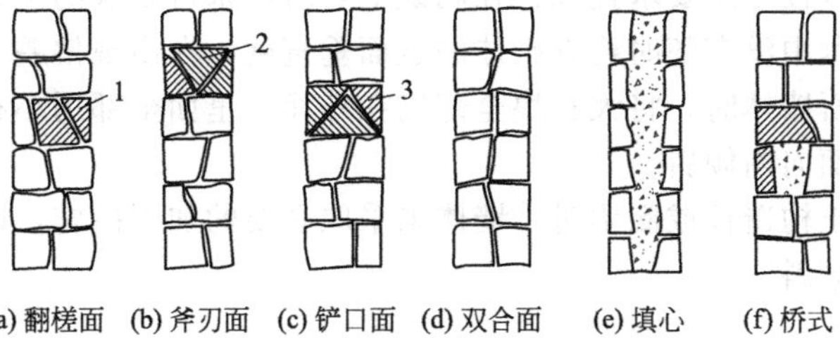


**图 6-13 石材墙体错误砌筑方法**

1—翻槎石；2—斧刃石；3—铲口石

## 3. 预防措施

(1) 毛石过分凸出的尖角部分，应当用锤子将其打掉；斧刃石（刀口石）必须在加工后，方可进行砌筑。

(2) 在石砌体工程的施工过程中，应将大小不同的石块搭配使用，不得将大石块全部砌在外面，而墙体心部用小石块进行填充。

(3) 毛石砌体宜分层（皮）进行卧砌，各层（皮）石块应利用自然形状经修凿，使其能与先砌筑的石块错缝搭砌。

(4) 在砌筑乱毛石墙体时，毛石应平砌，不要立砌。每一石块要与上下、左右的石块有叠靠，与前后的石块有交搭，砌缝要错开，使每一石块既稳定又与其四周的石块交错搭接，不能有松动、孤立的石块。

(5) 砌筑的毛石砌体必须设置拉结石。拉结石应均匀分布，相互错开，每 $0.7m^2$ 的墙面至少应设置 1 块，且同层（皮）内的距离不应大于 2m。拉结石的长度，当墙厚小于等于 400mm 时，应与墙厚相等；当墙厚大于 400mm 时，可用两块拉结石内外搭接，搭接长度不应小于 150mm，且其中 1 块长度不应小于墙厚的 2/3。

(6) 毛石墙体的第一层（皮）尺转角处、交接处和洞口处，应选用较大的平毛石进行砌筑。

## 4. 治理方法

(1) 墙体两侧表面形成独立墙，并且在墙厚方向上没有拉结的毛石墙，其承载力比较低，稳定性也很差，在水平荷载的作用下极易倾倒，因此，必须拆除重新进行砌筑。

(2) 对于错缝搭接砌筑和拉结石设置不符合规定的毛石墙，应及时局部修整并重新进行砌筑。

# 四、墙体的垂直度和表面平整度不合格

## 1. 质量问题

在砌石墙体施工的过程中，施工人员没有做到随时检查墙体的垂直度和表面平整度，墙体出现偏斜，表面凹凸不平，不仅严重影响墙体的美观，而且还会影响墙体的受力状况。

## 2. 原因分析

（1）砌筑墙体时未按施工要求挂线；在砌筑毛石时，未将石块的平整大面摆放在正面。

（2）在砌筑的过程中没有随时检查砌体的表面垂直度，在出现偏差后，又未能及时纠正。

（3）在砌筑乱毛石墙体时，将大石块全部砌在外面，里面全部用小石块填筑，以致墙里面的灰缝过多，造成墙面向内倾斜。

（4）在浇筑混凝土构造柱或圈梁时，墙体未采取必要的加固措施，以致将部分石砌体挤动变形，从而造成墙面倾斜。

## 3. 预防措施

（1）砌筑墙体时必须按施工要求挂线。在满足墙体里外层（皮）错缝搭接的前提下，尽可能将石块较平整的大面朝外砌筑。球形、蛋形、粽子形或过于扁薄的石块未经修凿不得使用。

（2）在石砌体的砌筑过程中，应随时认真检查墙体的垂直度，发现偏差过大时，应及时进行纠正。

（3）在砌筑乱毛石墙体时，应将大小不同的石块搭配使用，严格禁止外表面全用大石块和里面用小石块填筑中心的错误做法。

（4）在浇筑混凝土构造柱和圈梁时，必须设置好支撑。混凝土应分层浇筑，振捣不要过度。

## 4. 治理方法

（1）如果砌筑的墙面垂直度偏差过大，影响承载力和稳定性时，必须拆除重新进行砌筑。个别检查点的垂直度偏差超出规定不多，所处位置又不便进行处理时，也可以不进行处理。

（2）石材砌体的表面严重凹凸不平影响外观时，应按要求进行返修或修凿处理。

# 五、勾缝砂浆黏结不牢

## 1. 质量问题

勾缝砂浆与石砌体结合不良，严重的甚至出现开裂和脱落，从而造成渗漏水。

## 2. 原因分析

（1）砌筑砂浆或勾缝砂浆所用砂子含泥量过大，严重影响石材与勾缝砂浆间的黏结。

（2）石砌体的灰缝过宽，勾缝时采取一次成活的做法，勾缝砂浆因自重过大而引起滑坠开裂。当勾缝砂浆硬结后，由于雨水或湿气的渗入，促使勾缝砂浆从砌体上脱落。

（3）在砌石的施工过程中未及时进行刮缝，从而影响在勾缝时挂灰。从砌石到勾缝，其间停留时间过长，灰缝内有积灰，勾缝前未清扫干净。

（4）勾缝砂浆中的水泥含量过大，如果养护再不及时，也会发生干裂脱落。

### 3. 预防措施

（1）要严格控制勾缝砂浆的配合比，一般可采用 1∶1.5 的水泥砂浆。在配制中禁止使用不合格的材料，砂子宜采用中粗砂，同时应严格控制砂中的含泥量。

（2）勾缝砂浆的稠度一般控制在 4～5cm；凸缝应分两次勾成，平缝应顺砌筑缝进行，缝与石面抹平。

（3）勾缝前要对砌体进行认真检查，如有孔洞应填浆加塞适量石块修补，并先洒水湿缝。勾缝的深度应大于 2cm。

（4）勾缝后早期应洒水养护，以防止出现干裂和脱落，个别严重的缺陷要返工修理。

### 4. 治理方法

凡勾缝砂浆严重开裂或脱落处，应将勾缝砂浆彻底铲除，按要求重新进行勾缝。

## 第五节　配筋砌体工程存在的质量问题与防治

配筋砌体就是在砖、石、块体砌筑的砌体结构中加入钢筋混凝土（或混凝土砂浆）而形成的砌体。配筋砌体，是网状配筋砌体柱、水平配筋砌体墙、砖砌体和钢筋混凝土面层或钢筋砂浆面层组合砌体柱（墙）、砖砌体和钢筋混凝土构造柱组合墙以及配筋砌体剪力墙的统称。

目前，国内混凝土小型空心砌块配筋砌体的形式有两种，如图 6-14 所示。一种是水平筋放在水平灰缝内，垂直筋插在砌块的孔洞内，孔洞内再浇筑混凝土；另一种是砌块横向肋之上有凹槽，将水平筋放在凹槽中，垂直筋也是插在砌块的孔洞内，砌块水平凹槽和垂直孔洞内都浇筑混凝土，使砌体的内部形成网格式现浇混凝土结构。因此，砌块配筋砌体工程的施工方法，既不同于一般的砌块砌体，又不同于现浇钢筋混凝土结构，具有特殊的质量通病。

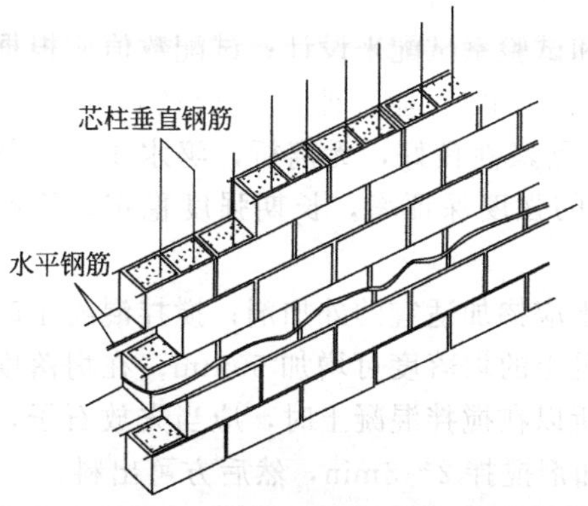


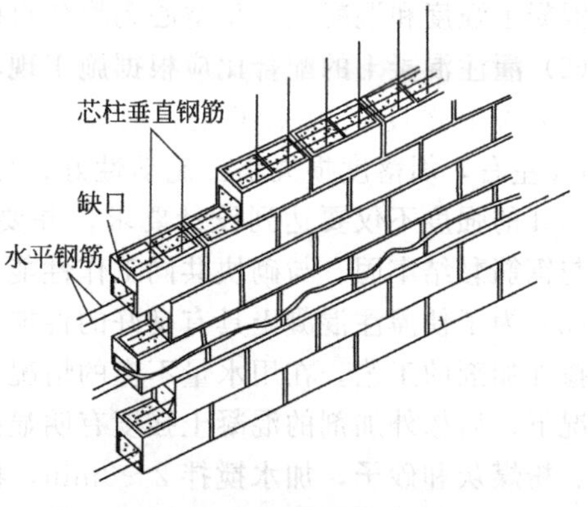


图 6-14　混凝土小型空心砌块配筋形式

# 一、配筋砌体抗压强度低

## 1. 质量问题

配筋砌体抗压强度低，主要表现在出现裂缝和局部压碎现象，抗压强度不能满足设计要求，不仅影响房屋建筑的安全，严重的还会造成房屋倒塌，必须引起足够的重视。

## 2. 原因分析

（1）配筋砌体的抗压强度主要取决于混凝土小型空心砌块和灌注混凝土的强度；如果砌块和灌注混凝土的强度达不到设计要求，则造成配筋砌体抗压强度达不到设计值。

（2）设计的灌注混凝土的强度等级与砌块的强度等级不匹配。虽然混凝土和砌块分别达到设计强度的要求，但砌体的强度达不到设计强度。例如砌块设计强度要求偏低，造成砌块在未达到砌体强度要求前，先于灌注混凝土破坏，造成砌体未达到设计强度就破坏，灌注混凝土未充分发挥作用。

（3）混凝土小型空心砌块配筋砌体内，在水平和垂直方向都配有钢筋，从而增加了施工的难度，如果灌注混凝土性能不好，如坍落度小、保水性差等，使灌注混凝土不容易浇捣密实，出现空洞现象和抗压强度低等缺陷。

（4）混凝土小型空心砌块砌筑时组合不合理，没有全部做到孔对孔、肋对肋、错缝搭接，使灌注混凝土无法贯通，更达不到密实。

（5）在灌注混凝土前对砌块孔中的渣土未进行清理，灌注混凝土形成灰渣层，严重影响混凝土芯柱的局部强度。

（6）芯柱混凝土在砌体抗压强度中起主导作用，如果芯柱混凝土质量较差，必然直接影响砌体的抗压强度。

（7）混凝土小型空心砌块在冬季施工时，没有按有关规定采取防冻等措施，砌体在未达到一定强度时受冻而影响强度。

## 3. 预防措施

（1）灌注混凝土强度与混凝土小型空心砌块强度要匹配，应通过砌体抗压强度试验，确定灌注混凝土强度和混凝土小型空心砌块各自的最佳设计强度值。

（2）灌注混凝土的配合比应根据施工现场经验和试验室试配来设计；试配数值应根据砌体试验和混凝土强度试验来确定。混凝土要求具有良好的性能，即要求坍落度大，一般为250mm左右，坍落度损失小，流动性好；保水性、黏聚性良好，无离析，泌水少。另外，混凝土28d的强度不仅要达到设计要求，并要有一定的强度保证率，长期强度稳定，不产生回缩，与钢筋黏结牢固，与砌块共同工作性能良好。

（3）为了使灌注混凝土具有良好的性能，混凝土应掺加适宜的外加剂；搅拌混凝土时宜采用后掺外加剂的工艺。在用水量不变的情况下，混凝土的坍落度可增加50mm；在坍落度相同的情况下，后掺外加剂的混凝土强度有明显提高。所以在搅拌混凝土时，应当先放石子，后放水泥、粉煤灰和砂子，加水搅拌2～3min，再加外加剂搅拌2～3min，然后方可出料。

（4）因混凝土小型空心砌块的孔洞较小，洞中又要放置垂直和水平钢筋，混凝土坍落度小就很难灌密实，所以保证混凝土的坍落度显得非常重要，在搅拌混凝土过程中，要增加检查混凝土坍落度的次数，发现偏差要及时更正。

(5) 为了便于浇筑和确保灌注混凝土密实，宜在砌筑完一个楼层后，再浇筑灌注混凝土，并分二次连续浇筑，第一次浇筑至窗台的顶面，第二次浇筑至顶层（皮）砌块面下10mm，采用微型插入式振动器逐个孔洞进行振捣。

(6) 配筋砌体的砌块排列与一般的砌块建筑不同，一定要保证上下层（皮）砌块孔对孔、肋对肋、错缝搭接；当砌块的体型不能满足要求，砌块无法排列时，墙体空缺部分需要另外支设模板，用现浇混凝土进行填充，与灌注混凝土一起浇筑。如果混凝土小型空心砌块的模数不符，可在墙体的端头采用支模板现浇混凝土的方法。

(7) 当采用有现浇混凝土水平带的砌块配筋砌体时，为了保证砌块竖向缝灌注密实，竖向缝中间不能有砂浆夹渣堵塞，故宜采用在砌块端头披头缝上墙的砌筑方法，即在砌块端头不是全部抹砂浆，而是在两侧竖肋上抹砂浆，在砌筑上墙后，要随砌筑随即将竖缝中的多余砂浆清除，只要求确保竖向缝两侧的肋上砂浆饱满，中间不能留有砂浆；但砌体中也应保证无瞎眼缝和空头缝。

(8) 配筋砌体使用的砂浆要求黏结性好、流动性低、和易性好、保水性强和强度较高（一般在M20以上)，为减少由于石灰膏计量不准而产生砂浆强度波动，宜选用保水塑化材料代替传统的石灰膏。

(9) 冬季施工不得使用水浸后受冻的混凝土小型空心砌块，并且不得采用冻结法施工，不得使用受冻的砂浆。每天砌筑完毕后，应使用保温材料覆盖新砌筑的砌体。解冻期间应对砌体进行观察，发现异常现象，应及时采取措施。

### 4. 治理方法

(1) 对于已砌筑于砌体中的不合格砌块，如果条件许可，应当拆除重新砌筑。特别是在受力部位，即使上部结构已经完成，但砌筑的数量不太多，面积不太大时，一般应在做好临时支撑以后，将不合格的砌块拆除，重新进行砌筑；待砌体达到一定强度以后，方可允许撤去临时支撑。

(2) 如果砌体中已砌进较多的不合格砌块或者分布比较广，很难进行拆除重新砌筑时，需要在结构验算后，进行加固补强。

(3) 发现芯柱的混凝土强度达不到设计要求或不密实，可将芯柱部位的砌块和混凝土凿除，然后清理干净残渣，重新立模板浇筑混凝土，其要求与钢筋混凝土工程相同。值得注意的是，在凿除不合格砌块和混凝土时，一般应采用人工的方法，以避免影响周围的墙体。

## 二、水平钢筋安放的质量缺陷

### 1. 质量问题

经过对配筋砌体工程水平钢筋的质量检查发现：钢筋放置比较混乱，存在钢筋漏放、忘记绑扎、规格不符、位置不对和锚固搭接长度不符合要求等质量缺陷。这些质量问题不仅影响砌体工程的施工质量，而且影响砌体工程的安全。

### 2. 原因分析

(1) 技术交底工作不到位，施工人员不清楚水平钢筋的重要作用、设置部位和搭接长度等；在施工的过程中管理不严格，未进行钢筋的质量验收，致使发生钢筋漏放和漏绑扎等现象。

(2) 钢筋未按照设计图纸进行加工，使钢筋的尺寸不足或“短筋长用”，结果造成钢筋的搭接长度不够。

(3) 设置在水平灰缝中的钢筋，未按要求居中放置，钢筋在砂浆中的保护层厚度不够或暴露在外面，这样不利于钢筋的保护，会造成钢筋锈蚀，影响结构的耐久性。

(4) 使用污染和已经锈蚀的钢筋，造成钢筋与砂浆或混凝土结合不好，从而影响钢筋性能的发挥。

### 3. 预防措施

(1) 在正式进行配筋砌体工程施工前，有关人员要做好技术交底工作，使施工人员清楚水平钢筋的重要作用、设置部位、搭接长度和施工注意事项等。

(2) 由于砌块配筋砌体水平钢筋的施工是与砌块砌筑施工交叉进行的，在砌体砌筑好后，钢筋就难以进行检查和校正；因此配筋砌体工程与一般工程不同，水平钢筋应分层（皮）进行隐蔽工程验收，质量检查人员要做到跟班检查。

(3) 根据设计图编制钢筋加工单，钢筋的规格尺寸和弯钩等，应符合设计和现行规范的要求；加工好的钢筋应进行编号，写好使用部位后，再运往楼面备用，避免操作人员用错。

(4) 砌块排列图上应明确标明水平钢筋的长度规格和搭接长度等，同时应满足下列要求。

① 在凹槽砌块混凝土带中，钢筋的锚固长度不宜小于 $30d$，且其水平或垂直弯折的长度不宜小于 $15d$ 或 200mm；钢筋的搭接长度不宜小于 $35d$。

② 在砌体水平灰缝中，钢筋的锚固长度不宜小于 $50d$，且其水平或垂直弯折的长度不宜小于 $20d$ 或 150mm；钢筋的搭接长度不宜小于 $55d$。

③ 在隔层（皮）或错缝搭接的灰缝中，钢筋的锚固长度为 $50d+2h$，其中 $d$ 为受力钢筋的直径，$h$ 为灰缝的间距。

(5) 2 根水平钢筋之间的距离要满足设计要求，并要 S 钩绑扎固定。若使用钢筋网片，钢筋网片要平整。

(6) 设置在水平灰缝内的钢筋或网片，应居中放置在砂浆层中。当是钢筋时，水平灰缝厚度应超过钢筋直径 6mm 以上；当是钢筋网片时，水平灰缝厚度应超过钢筋网片厚度 4mm 以上，但水平灰缝的总厚度不宜超过 15mm。

(7) 设置在砌体水平灰缝内的钢筋或网片应进行适当保护，可在其表面涂刷钢筋防腐涂料或防锈剂。

## 三、垂直钢筋产生位移

### 1. 质量问题

经过对配筋砌体工程垂直钢筋的质量检查发现：竖向钢筋不在砌块的孔洞中间，而是偏向一侧，严重的与上部钢筋搭接不上，使钢筋一侧混凝土保护层厚度不足，削弱了混凝土和钢筋共同工作的能力，同时也不利用荷载的传递。

### 2. 原因分析

(1) 由于竖向钢筋一般是一层 1 根，由上面插入，钢筋在根部搭接绑扎。因绑扎不牢或出现漏绑，在浇筑和振捣混凝土时将钢筋挤向一边，从而造成一边混凝土保护层厚度不够，或钢筋本身不直、弯曲和歪斜，一面紧靠砌块。

（2）钢筋的上部未进行固定，混凝土浇筑和振捣完成后，在混凝土达到初凝前，未对竖向钢筋进行认真整理，钢筋未能回到设计位置。

### 3. 防治措施

（1）砌块砌体的底层（皮）要用E、U形砌块进行砌筑，保证每根竖向钢筋的部位都有缺口，利于钢筋的绑扎。

（2）钢筋的搭接处绑扎点不得少于2个，并且要确保绑扎牢固。

（3）在进行混凝土的浇筑和振捣时，要时刻注意钢筋的位置是否符合要求，千万不要碰撞竖向钢筋。

（4）竖向钢筋的上部应在顶层（皮）砌块面上点焊固定在1根统长的水平筋上，使其位置固定。

（5）混凝土浇筑振捣完毕后，在混凝土达到初凝前，对个别移位的钢筋进行校正，以确保钢筋位置准确。

（6）竖向钢筋的接头、锚固长度和搭接长度应满足以下要求。

① 竖向钢筋的接头位置应设置在受力较小处，这样可避免钢筋接头处不靠固的问题。

② 受拉钢筋的搭接接头长度不小于$1.1L$，受压钢筋的搭接接头长度不小于$0.7L$，且不应小于300mm（$L$为钢筋的锚固长度）。

③ 竖向受压钢筋在跨中部截面时，必须伸至按计算不需要该钢筋截面以外，延伸长度不应小于$20d$（$d$为受压钢筋直径）；对绑扎骨架中末端无弯钩的钢筋，延伸长度不应小于$25d$。

④ 钢筋骨架中的受力光面钢筋，应在钢筋的末端设置弯钩，在焊接骨架、焊接网以及轴心受压的构件中，可以不设置弯钩；绑扎钢筋骨架中的受力变形钢筋，在钢筋的末端也可以不设置弯钩。

# 第六节　填充墙砌体工程存在的质量问题与防治

框架结构的墙体是填充墙，起围护和分隔作用，重量由梁柱承担，填充墙不承重。加气混凝土砌块和轻质混凝土砌块因其重量轻，用作填充墙可以减轻建筑物自重，降低砌体工程的投资，提高建筑的抗震能力，因此，在框架结构短肢剪力墙等结构中得到广泛应用。但因其材性和施工的特殊性，因此质量通病也有其特殊性。

## 一、填充墙与其他混凝土结构连接不良

### 1. 质量问题

填充墙与柱、梁、墙体的连接处出现裂缝，不仅影响建筑结构的整体性，严重的在受到冲撞时会发生倒塌。

### 2. 原因分析

（1）在砌筑填充墙时未将拉结钢筋调整顺直或未放入灰缝中，严重影响钢筋的拉结能力。

（2）在钢筋混凝土的柱、梁、墙体中，未按设计规定预埋拉结钢筋，或者预埋的拉结钢筋

规格不符、位置不准。

（3）钢筋混凝土的柱、梁与填充墙之间未楔紧，或者没有用砂浆嵌填密实。

## 3. 预防措施

（1）填充墙砌筑到拉结钢筋部位时，要将拉结钢筋调直，平铺在墙体之上，然后再铺灰砌墙；严禁把拉结钢筋折断或压入墙体的灰缝中。

（2）填充墙与柱、梁、墙体的连接，可以采用不脱开或脱开两种连接方式。填充墙两侧与框架柱不脱开时的构造做法如图 6-15 所示。填充墙顶部与框架梁板不脱开时的构造做法如图 6-16 所示。其他构造措施要求如下。

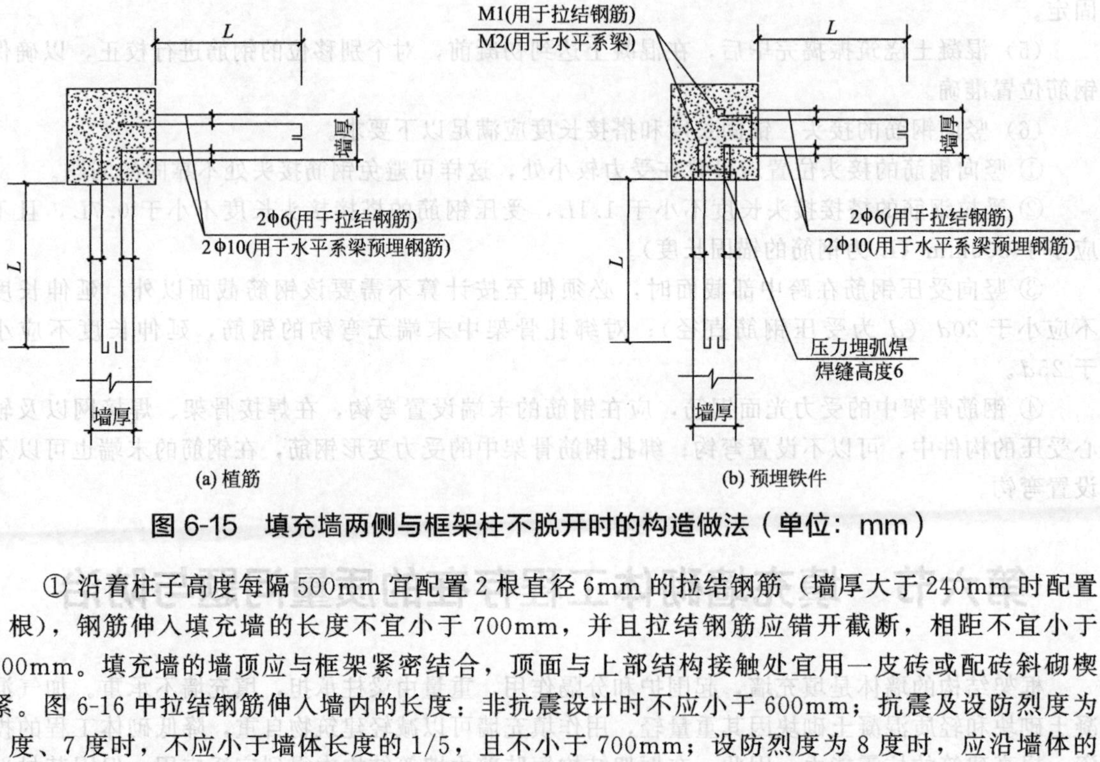


**图 6-15　填充墙两侧与框架柱不脱开时的构造做法（单位：mm）**

① 沿着柱子高度每隔 500mm 宜配置 2 根直径 6mm 的拉结钢筋（墙厚大于 240mm 时配置 3 根），钢筋伸入填充墙的长度不宜小于 700mm，并且拉结钢筋应错开截断，相距不宜小于 200mm。填充墙的墙顶应与框架紧密结合，顶面与上部结构接触处宜用一皮砖或配砖斜砌楔紧。图 6-16 中拉结钢筋伸入墙内的长度：非抗震设计时不应小于 600mm；抗震及设防烈度为 6 度、7 度时，不应小于墙体长度的 1/5，且不小于 700mm；设防烈度为 8 度时，应沿墙体的全长设置。拉结钢筋及预埋件锚固应锚入墙、柱竖向钢筋内侧。如果采用后植筋时，钢筋的抗拉拔力应不小于 60kN。

② 当填充墙上有洞口时，宜在窗洞口的上端或下端、门洞口的上端设置钢筋混凝土带，钢筋混凝土带的混凝土强度等级不小于 C20。当有洞口的填充墙末端至门窗洞口边距离小于 240mm 时，宜采用钢筋混凝土门框。

③ 当采用填充墙与框架柱、梁不脱开时，填充墙长度超过 5m 或墙的长度大于 2 倍的层高时，墙顶与梁宜有拉结措施，中间应加设构造柱；当墙体高度超过 4m 时，宜在墙高的中部设置与柱子连接的水平系梁；当墙体高度超过 6m 时，宜沿墙高每 2m 设置与柱子连接的水平系梁，梁的截面高度不小于 60mm。

（3）填充墙砌筑完成后，砌体还会有一定的变形，因此要求填充墙砌到梁、板底部要留一定的空隙，在抹灰前再用侧向砖或预制混凝土砌块斜向砌筑挤紧，其倾斜度为 60°左右，砌筑砂浆要饱满。另外，在填充墙与柱、梁、板结合处还需用砂浆嵌缝，这样使填充墙与柱、梁、

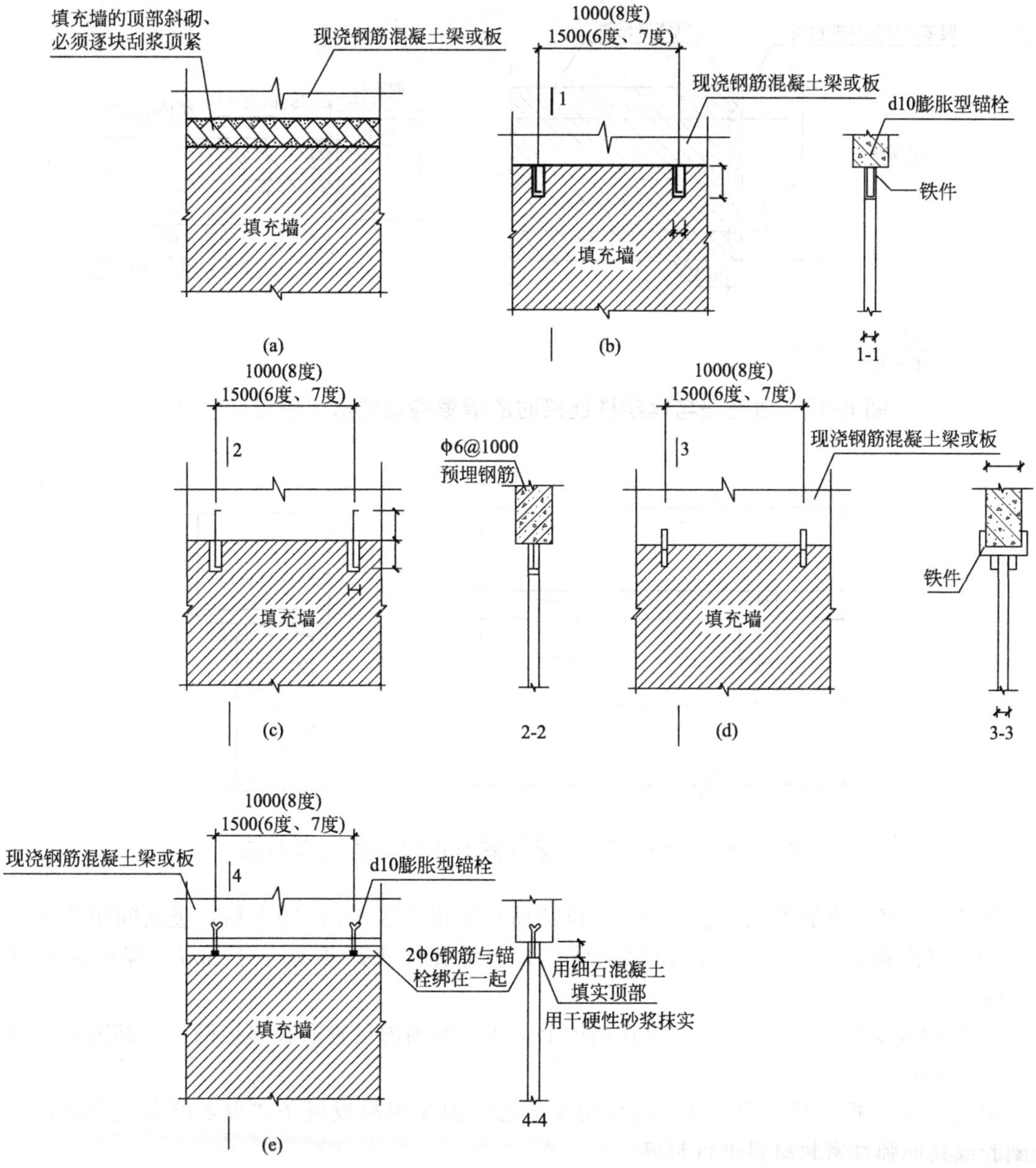


图 6-16 填充墙顶部与框架梁板不脱开时的构造做法（单位：mm）

板结合紧密，不易出现开裂。

（4）填充墙与框架柱连接时的缝隙构造做法如图 6-17 所示，填充墙与框架梁脱开连接时的构造做法如图 6-18 所示，其他构造要求如下。

① 填充墙两端与框架柱、填充墙顶面与框架梁处应留出 10～15mm 的间隙。

② 在距门窗洞口每侧 500mm 和其间距离 20 倍墙厚且不大于 5m 处的墙体两侧的凹槽内，设置竖向钢筋和拉结筋，并应符合下列要求。

凹槽的尺寸宜为 500mm×50mm。凹槽可在砌筑时切割块材，或用专门的块型砌筑；也可在砌筑时留出 500mm×50mm 宽的竖向缝而成，但此缝隙应采用不低于 M5 的水泥砂浆填实，且在缝隙的两侧 400mm 范围内设置焊接网片或钢筋，其竖向间距不宜大于 400mm。

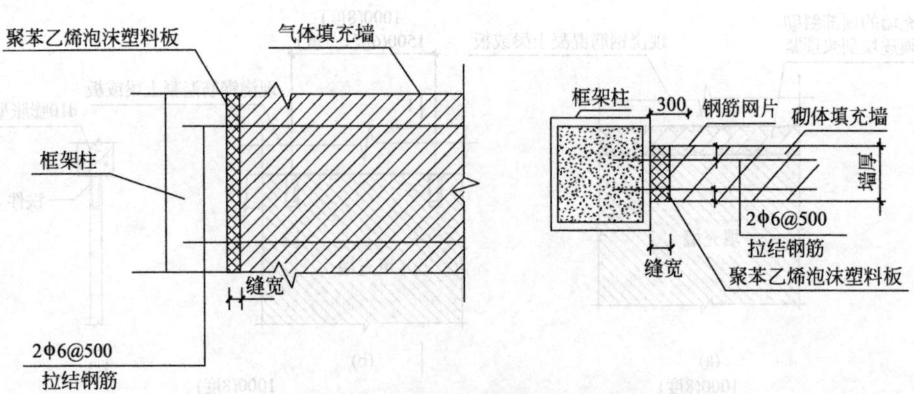


图 6-17 填充墙与框架柱连接时的缝隙构造做法（单位：mm）

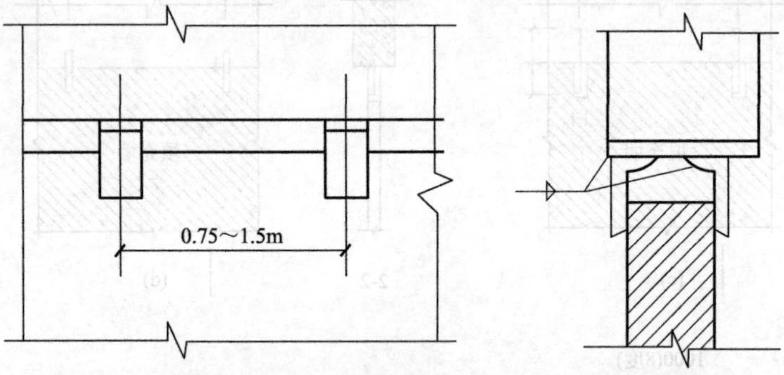


图 6-18 填充墙与框架梁脱开连接时的构造做法

凹槽内的竖向钢筋不宜小于 12mm，拉结筋宜采用直径 6mm 的钢筋，竖向间距不宜大于 600mm。竖向钢筋应与框架梁的预留钢筋连接，绑扎接头时不宜小于 $30d$，焊接时不宜小于 $10d$。

③ 当填充墙的长度大于 5m，应在墙体上部 1/3 范围内设置通长焊接网片，其竖向间距不宜大于 400mm。

④ 填充墙与框架柱梁的缝隙，可采用聚苯乙烯泡沫塑料板板条或聚氨酯发泡充填，并用硅酮胶或其他弹性密封材料进行封缝。

### 4. 治理方法

（1）柱、梁、板或承重墙内忘记放入拉结筋时，可以采用后植筋的方法，即采用冲击钻在混凝土构件上钻孔清孔冲洗，然后用环氧树脂将锚入的钢筋与混凝土构件固定。

（2）柱、梁、板或承重墙与填充墙之间出现裂缝，可凿除原有的嵌缝砂浆，重新嵌缝。

## 二、墙体的整体性较差

### 1. 质量问题

填充墙沿着灰缝产生裂缝，或在外力的作用下造成墙体损坏，严重影响墙体的整体性。

## 2. 原因分析

(1) 砌块的含水率过大，在砌筑上墙后，砌块逐渐失水干燥而产生收缩，由于体积不稳定，容易在灰缝中产生裂缝。

(2) 砌块施工未预先绘制砌块排列图，使砌块排列比较混乱，从而造成砌块搭接长度不符合要求，或者灰缝过厚等现象，引起沿灰缝产生裂缝。

(3) 因轻质混凝土砌块和加气混凝土砌块的强度低，承受剧烈碰撞的能力比较差，往往墙体底部容易损坏，从而影响墙体的整体性。

(4) 在抗震设防地区，未按照抗震要求对墙体采取加固措施，当遇到地震时，由于墙体的整体性差，灰缝处很容易出现裂缝，严重的甚至出现倒塌。

(5) 加气混凝土砌块的块体较大，竖向缝中的砂浆不易饱满，从而影响砌体的整体性。另外，因块体大灰缝少，抗剪切的能力比较差，在外界因素的影响下（如温差、干缩等），容易沿灰缝产生裂缝。

## 3. 预防措施

(1) 在砌块正式砌筑前，首先应根据工程实际情况，绘制砌块排列图，砌筑时应上下错缝搭接，轻质混凝土砌块的搭接长度不应小于 90mm；如不能满足时，应在灰缝中设置钢筋网片，钢筋网片的长度不应小于 70mm。加气混凝土砌块的搭接长度，不宜小于砌块长度的 1/3，并应不小于 150mm；如不能满足时，应在水平灰缝中设置钢筋网片加强，其长度不应小于 500mm。

(2) 在砌体正式砌筑前，块材应提前 2d 浇水湿润，使砌块与砌筑砂浆有较好的黏结；并根据不同的材料性能控制含水率，轻质混凝土砌块的含水率控制在 5%～8%，加气混凝土砌块的含水率应小于 15%，粉煤灰加气混凝土砌块的含水率应小于 20%。

(3) 由于砌块在龄期达到 28d 之前，自身的收缩比较大，为控制砌体的收缩裂缝，要求砌块砌筑时龄期应超过 28d。

(4) 为避免砌体的灰缝产生开裂，在采用加气混凝土砌块进行砌筑时，不应将不同干密度和强度的加气混凝土砌块混砌。

(5) 砌体的灰缝应横平竖直，砂浆饱满。轻质混凝土砌块保证砂浆饱满的措施同普通混凝土小型空心砌块。加气混凝土砌块的高度较大，竖向缝的砂浆不易饱满，影响砌体的整体性，因此，竖向缝隙应当设临时夹板进行灌缝。

水平灰缝和垂直灰缝的厚度和宽度应均匀，烧结空心砖、轻质混凝土砌块的灰缝厚度和宽度为 8～12mm，蒸压加气混凝土砌块灰缝的厚度和宽度为 15mm。

(6) 砌块墙的底部应砌筑烧结普通砖、多孔砖、预制混凝土块或现浇混凝土，其高度不应小于 200mm。

(7) 在抗震设防地区应采取相应的加强措施，砌筑砂浆的强度等级不应低于 M5。当填充墙长度大于 5m 时，墙体顶部与梁应有拉结措施，如在梁上预留短钢筋，以后砌入墙体的垂直灰缝内。当墙体的高度超过 4m 时，宜在墙高的中部设置与柱连接的通长钢筋混凝土水平梁。

(8) 在工程施工的过程中，不可随意凿填充墙，在预埋水电管线时，应采用切割机进行切槽，然后轻轻剔除。

## 4. 治理方法

（1）在对填充墙进行粉刷前，发现灰缝中有细裂缝时，可将灰缝砂浆表面清理干净后，重新用水泥砂浆进行嵌缝。裂缝严重的要拆除重新砌筑。

（2）对于压碎和损坏的填充墙，应将其拆除重新砌筑。

# 第七章

# 防水工程质量问题与防治

防水工程是建筑工程中的重要组成部分，是对建筑工程最基本的要求。工程实践充分证明，渗漏不仅扰乱人们的正常生活、工作、生产秩序，而且直接影响到整栋建筑物的使用寿命。由此可见防水效果的好坏，对建筑物的质量至关重要，所以说防水工程在建筑工程中占有十分重要的地位。在整个建筑工程施工中，必须严格、认真地做好建筑防水工程。

所谓防水工程，是指为防止建（构）筑物外部的水渗入其内部，或防止蓄水工程向外渗漏所采取的一系列结构、构造、材料和建筑措施。概括起来，防水工程主要包括向建筑内部渗透、蓄水结构向外渗漏和建筑内部相互止水三大部分。建（构）筑物发生渗漏和潮湿，不仅损坏该工程内部的装饰、电气和物品，而且甚至会破坏工程结构，使其丧失设计功能、危及生命安全。因此，防水技术历来是人们关注的焦点，受到建筑工程界的重视。

影响防水工程质量的因素很多，如防水结构设计、防水材料质量、施工方法选择、施工质量好坏等。在众多的影响因素中，防水材料质量是确保防水工程质量的重要物质基础。建筑防水工程的统一要求是：优化工程设计、选择适当材料、精心进行施工、定期加以维护、高度重视管理，是提高防水工程质量、延长防水工程使用寿命的关键所在。

## 第一节　混凝土地下室墙体渗漏质量问题与防治

近年来，我国建筑行业得到快速发展，建筑行业在国民经济中占有不可替代的作用。各式各样带有地下工程的高层建筑拔地而起，结构也越来越复杂，因此地下室混凝土墙体裂缝的情况随之出现，不仅会影响建筑物墙体的使用功能与结构的稳定性，还很大程度上威胁着人民群众的生命安全。

随着高层建筑工程的迅速发展，地下室结构工程也显得越来越重要，特别是地下水位较高的地区，其防止渗漏的问题更加突出。但是，目前高层建筑混凝土地下室墙体裂缝的现象普遍存在，这种质量问题不仅会影响建筑物的使用，而且还严重降低建筑物的耐久性，给今后处理补救也造成极大的困难，必须引起足够的重视。

### 一、地下室混凝土墙裂缝的主要特征

众多的工程实践证明，地下室混凝土墙体裂缝主要具有以下特征。

① 绝大多数裂缝为竖向裂缝，多数裂缝的长度接近墙体的高度，两端逐渐变细而消失。

② 地下室混凝土墙体的裂缝数量较多，宽度一般不大，超过0.3mm宽的裂缝很少见，大多数裂缝的宽度0.05～0.20mm之间。

③ 沿地下室墙长两端附近裂缝较少，而墙体长度的中部附近裂缝较多。

④ 裂缝出现时间，多在拆模后不久，有的还与气温骤降有关。

⑤ 随着时间的增长裂缝继续发展，数量也会有所增多，但裂缝宽度加大不多，发展情况与混凝土是否暴露在大气中和暴露时间的长短有密切关系。

⑥ 地下室回填土完成后，常可见裂缝处渗漏水，但一般渗水量不大。

## 二、地下室混凝土墙体产生裂缝原因

### 1. 混凝土收缩裂缝

混凝土是以水泥为主要胶结材料，以天然砂、石为骨料加水拌和，经过浇筑成型、凝结硬化形成的人工石材。在施工过程中，为保证混凝土拌和物的和易性，往往加入比水泥水化作用所需的水分多4～5倍的水。多出的这些水分以游离态形式存在，并在硬化过程中逐步蒸发，从而在混凝土内部形成大量毛细孔、空隙甚至孔洞，造成混凝土体积收缩。此外，混凝土硬化过程中水化作用和碳化作用，也会引起混凝土体积收缩。

根据有关试验测定，混凝土最终收缩量约为0.04%～0.06%。由此可见，收缩是混凝土固有的物理特性。一般来说，水灰比越大、水泥强度越高、骨料用量越少、环境温度越高、表面失水越大，则其收缩数值越大，也越容易产生收缩裂缝。根据收缩裂缝的形成机理与形成时间，工程中常见的收缩裂缝主要有塑性收缩裂缝、沉降收缩裂缝和干燥收缩裂缝3类，此外，还有自身收缩（化学减缩）裂缝和碳化收缩裂缝。

### 2. 设计存在的问题

现行国家标准《混凝土结构设计规范》（GB 50010—2010）中规定，现浇钢筋混凝土墙伸缩缝的最大间距为20～30m，前者适用于露天结构，后者适用于室内或土中结构，但在实际工程中墙长往往超过规范的规定。需要指出的是，一些工程设计突破了规范规定，地下室墙体的水平钢筋仍按构造配置，这是地下室墙体较易出现裂缝的又一原因。

### 3. 施工温差过大

工程实践证明，温差过大会使混凝土产生不均匀的温度应力，这是引起混凝土墙体产生裂缝的重要原因。在混凝土墙体施工过程中，要受到包括混凝土内外温差大、昼夜温差大、日照下混凝土阴阳面的温差、拆除模板过早及气候突变等方面的影响，这些均会导致混凝土墙体产生裂缝。

### 4. 地下室墙体长期暴露

地下室混凝土墙体是一种薄而长的结构，其对温度和湿度的变化比较敏感，常因附加的温度收缩应力而导致墙体开裂。同时还应当注意，设计时地下室混凝土墙体均按照埋入土中或室内的结构考虑，即伸缩缝的最大间距为30m。但是，在实际施工过程中，很难做到墙体完成后立即回填和完成盖顶，因此实际工程中应取伸缩缝的最大间距为20m。这也是地下室墙体较易出现裂缝的另一原因。

### 5. 施工质量比较差

工程实践证明，原材料质量不良、配合比设计不当、使用过期 UEA 微膨胀剂、坍落度控制不好、施工中任意加水以及混凝土养护不良等因素，均会导致混凝土地下室墙体收缩加大而产生裂缝。

此外，目前地下室混凝土浇筑普遍采用混凝土泵送的施工方法，由于泵送混凝土的坍落度比较大，必然会导致混凝土收缩增加，混凝土墙体出现裂缝的可能性也肯定增大。

## 三、对墙体裂缝的处理方法

混凝土地下室墙体出现裂缝，一定要认真对待、科学分析，根据实际情况采取适宜的处理方法。在实际工程中，一般可采用表面涂抹法、表面涂刷加玻璃丝布法、充填法和灌浆法。有的工程可以采用其中的一种方法，有的工程也可以采用几种方法综合处理。

### 1. 表面涂抹法

表面涂抹法是一种施工比较简单、工程造价较低的混凝土裂缝处理方法，其常用材料有环氧树脂类、氰凝、聚氨酯类等。对于涂抹的混凝土墙，表面应坚实、清洁，有的表面根据材料要求还要求干燥。

现以涂抹环氧树脂类为例，说明表面涂抹法的施工处理要点。先清理需要处理的混凝土墙体表面，然后用丙酮或二甲苯或酒精擦洗，待处理的墙面干燥后，用毛刷反复涂刷环氧树脂浆液，每隔 3～5min 涂刷一次，一直至涂层的厚度达到 1mm 左右为止。环氧树脂类浆液不仅黏结性能好，而且渗透能力很强，能渗入到混凝土墙体的内部。国外曾报道用这种处理方法的环氧浆液渗入深度可达 16～84mm，能有效防止水的渗漏。

### 2. 表面涂刷加玻璃丝布法

表面涂刷加玻璃丝布法是施工比较复杂、防渗漏效果很好的处理方法。目前常用的有聚氨酯涂膜或环氧树脂胶料加玻璃丝布，一般用于混凝土墙体裂缝比较严重的情况下，其施工要点如下：将聚氨酯按甲、乙组分和二甲苯按 1.0∶1.5∶2.0 的质量配合比搅拌均匀后，涂布在基层表面上，要求涂层厚薄均匀，涂完第一遍后一般需要固化 5h 以上，基本不粘手时，再涂以后几层。一般涂 4～5 层，总厚度不小于 1.5mm。若加玻璃丝布，一般加在第二层与第三层之间。

在采用表面涂刷加玻璃丝布法处理时，应注意玻璃丝布宜用非石蜡型，否则应做脱蜡处理。环氧树脂胶结料应经过配制合格后方可使用。被处理表面应坚实、清洁、干燥，均匀涂刷环氧树脂打底料，凹陷不平处用腻子料修补填平，自然固化后粘贴玻璃丝布。

### 3. 充填法

充填法也是一种施工比较简单、能满足一般要求的处理方法。即用风镐、钢钎或高速旋转的切割圆盘，将裂缝扩大成 V 形或梯形槽，清洗干净后分层涂抹环氧砂浆或水泥砂浆、沥青油膏、高分子密封材料或各种成品堵漏剂等材料封闭裂缝。当修补的裂缝有结构强度要求时，宜用环氧砂浆进行填充。

### 4. 灌浆法

灌浆法常用的灌浆材料有环氧树脂类、甲基丙烯酸甲酯、丙凝、氰凝、水溶性聚氨酯等。其中环氧类材料来源广，施工比较方便，在建筑工程中应用比较广泛；甲基丙烯酸甲酯黏度低，可灌性好，扩散能力强，不少工程用来修补缝隙宽度为0.05mm左右的裂缝，补强和防渗效果良好。环氧树脂浆液和甲基丙烯酸酯类浆液配方，可以参考现行国家标准《混凝土结构加固设计规范》（GB 50367—2013）。

灌浆方法常用以下两类：一类是用低压灌入器具向裂缝中注入环氧树脂浆液，便于裂缝封闭，修补后无明显的痕迹；另一类是压力灌浆，压力常用0.2～0.4MPa。在处理地下室混凝土墙裂缝时，两种方法同时使用效果更好，这类工程实例较多。例如某高层建筑的两层地下室混凝土墙裂缝处理分两阶段进行：第一阶段是室外涂刷氰凝；第二阶段是室内用快硬性的高强水泥砂浆充填法，现已使用多年，效果良好。又如某地下室混凝土墙长52m，中部有4层氰凝，墙内侧涂布4～3层之间加铺玻璃丝布增强，效果很好。

## 四、预防地下室混凝土墙体裂缝的建议

混凝土是建筑工程重要材料之一，特别是用在地下室结构施工中，要想确保工程施工质量，发挥混凝土的优势性能，最关键是要预防裂缝问题。地下室混凝土墙体裂缝问题需要给予高度重视，分析裂缝成因并提出科学的预防与解决对策措施，才能从根本上保证地下室施工质量。

地下室是建筑工程结构的重要组成部分，地下室结构的牢固度与稳定性关系到整个建筑工程结构的安全，然而，实际的地下室混凝土墙体裂缝问题十分突出，必须积极分析裂缝成因，并采取科学的技术方法、措施来预防裂缝。

### 1. 设计方面的建议

（1）在没有充分的依据时，不得任意突破现行设计规范中关于伸缩缝最大间距的规定。应当满足现行设计规范中的要求：“位于气候干燥地区、夏季炎热且暴雨频繁地区的结构，或经常处于高温作用下的结构，可按照使用经验适当减小伸缩缝间距”。

（2）对于混凝土墙体薄弱的地方，如墙体中预留的大孔洞、墙高度突出的地方，可以根据工程实际情况，设置混凝土后浇带，以减小混凝土的收缩应力。

（3）加强水平钢筋的配置。在这个方面应注意3个问题：第一，水平钢筋的保护层应尽可能小些；第二，防止开裂钢筋的间距不宜太大，可采用小直径钢筋小间距的配置方式；第三，考虑温度收缩应力的变化，应当加强配置钢筋的工作。

（4）取消混凝土墙体与柱子的固定端部连接，通过墙体与柱子的分离来减小墙体受到的约束应力，尽可能使混凝土墙体能自由收缩，从而避免裂缝的出现。

（5）缩小混凝土墙体水平钢筋的间距。大量的工程实例充分证明，水平钢筋间距为150～200mm的泵送混凝土墙体，很容易产生竖向裂缝。在两个钢筋混凝土构件配筋率相同的情况下，采用小直径钢筋可以提高钢筋混凝土构件的极限抗拉变形能力，所以建议混凝土墙体中的水平钢筋间距由150～200mm改为100～120mm。

### 2. 材料方面的建议

（1）正确选择水泥品种。根据国产水泥的技术性能，混凝土墙体施工宜选用低水化热、铝

酸三钙含量较低、细度不过细、矿渣含量不过多的水泥。

(2) 严格控制骨料质量。配制地下室墙体的混凝土时，一定要严格控制骨料质量，这是避免出现裂缝的重要措施。细骨料宜选用中砂和粗砂，其含泥量不得大于2%；粗骨料宜选用粒径较大的连续级配、级配良好、含泥量不得大于1%的碎石或卵石。

(3) 掺加适宜和适量的减水剂，以减少混凝土拌和物中的单位体积用水量，达到减少混凝土收缩的目的。

(4) 掺入适量的微膨胀剂，配制成补偿收缩的混凝土。国内常采用掺加10%～15%UEA或10%左右的AEA。

(5) 掺加符合国家现行标准要求的粉煤灰，替代混凝土中的部分水泥，以降低水泥水化热温升，减小温度应力，从而避免地下室墙体出现裂缝。

### 3. 施工方面的建议

(1) 认真进行混凝土模板的选用。对于外露面积较大的混凝土墙体、气温变化剧烈的季节以及冬季施工，均不宜选用钢模板。在选用木模板时，应注意对模板充分湿润，以利于保湿和散热。

(2) 严格控制混凝土的施工质量，尽量降低不均匀性。在施工过程中，除控制好混凝土制备和运输的质量外，还要注意混凝土浇筑时防止出现离析现象，并要切实加强振捣，确保混凝土密实，以免因施工质量不佳而产生裂缝。

(3) 根据测温记录和气象预报确定混凝土拆除模板的时间，保证混凝土的内外温度不超过25℃，温度陡降不超过10℃，拆除模板后应注意覆盖和及时湿养护。

(4) 及时进行洒水养护。混凝土墙体应全部面积进行覆盖，定人定时洒水养护，经常保持混凝土墙体处于湿润状态，养护时间不得少于现行施工规范中的规定，一般不得少于14d。

(5) 慎用泵送混凝土，优先选用半干硬性混凝土。因为目前泵送混凝土还无法解决混凝土坍落大、干收缩大及徐变大等问题，在实际工程中，采用泵送混凝土的工程，一般都比采用半干硬性混凝土的工程出现裂缝要多，所以要慎重选用泵送混凝土，如确实要选用则必须严格控制混凝土的水灰比。

(6) 注意及时进行回填，缩短混凝土墙体施工外露的时间，减少露天温度剧烈变化和湿度较小对墙体的影响，从而有利于防止温差裂缝的出现。

## 第二节　钢筋混凝土坡屋面渗漏质量问题与防治

随着建筑使用功能的不断发展和建筑风格的多样化，目前许多住宅、别墅的屋面设计成现浇钢筋混凝土板铺贴波形瓦的坡屋面。钢筋混凝土坡屋面造型美观，色彩亮丽，在一定程度上改变了城市住宅屋面形式的呆板，给城市建筑风格的多样化增添了亮点；坡屋面隔热性能优越，有利于屋面排水，减少屋面渗漏，也改善了某些建筑功能。

但是，一些钢筋混凝土坡屋面在竣工时或使用1～2年后，在檐口穿过防水层管道天沟屋脊阴阳角墙身泛水处等部位容易出现渗漏，给使用者带来许多不便，影响了建筑物的使用和美观。因此，分析现浇钢筋混凝土坡屋面的渗漏原因并加以控制，具有非常重要的现实意义。

# 一、钢筋混凝土坡屋面渗漏的主要原因

通过工程实例分析钢筋混凝土坡屋面出现渗漏的原因，主要有设计方面的原因和施工方面的原因。

## （一）设计方面的原因

### 1. 设防原则与实际存在差异

例如设计中对钢筋的布置，一般仅考虑结构的承重能力，而很少考虑屋面的温度变形，这样的屋面结构层在混凝土浇筑并相隔一定时间后，必然会发生比较有规律的温度裂缝。施工过程中若对振捣和养护不注意，还会发生众多不规则的收缩裂缝，附着于基层的水泥砂浆与涂膜防水材料，也会随之发生开裂，从而形成渗漏的隐患。

### 2. 建筑构造设计不当

例如为了片面追求建筑形式，将泛水的高度过于降低，造成低于暴雨时的积水高度。在上述的渗漏处，防水处理不当，也是造成屋面渗漏的原因。另外，有些防措施如外檐沟断面尺寸的大小、雨水口的设置间距等，也值得进一步探讨。

## （二）施工方面的原因

在实际的施工过程中，许多施工单位为了施工方便，通常采用单面支模法进行施工，即在支底部模板、绑扎钢筋后，将坍落度较小的混凝土浇筑到模板上，用振动棒稍加振捣后，再将滑移下坠的混凝土刮到上部去，待混凝土达到初凝后，再用手提小型平板振动器稍加振捣抹平。这种施工方法受到屋面坡度大小、模板光滑程度和混凝土性能等影响，从而无法保证混凝土的浇筑质量。分析施工方面的原因，主要有以下几个方面。

### 1. 采用的施工方法不当

在坡屋面的坡度较大，采用板底部支模法施工时，容易导致局部板厚不能满足设计要求，从而使结构出现裂缝；施工中钢筋被踩低后，没有采取补救措施，也会使板出现裂缝。另外，混凝土如果振捣不密实，也会导致渗漏。

### 2. 混凝土坍落度控制不当

工程实践证明，混凝土的流动性对施工质量影响很大，如果混凝土的坍落度过小，施工过程中不易操作，混凝土振捣不密实，容易造成屋面渗漏；如果混凝土的坍落度过大，不仅会使混凝土在凝固水化的过程中，由于内部多余的水分蒸发后，在混凝土中形成微小空隙，而混凝土体积减小产生收缩后，这些空隙连在一起形成毛细空隙，成为雨水渗入的通道，而且在振捣过程中易产生混凝土滑落，使施工难以顺利进行。

### 3. 细部施工存在着漏洞

细部施工存在漏洞常见的情况很多，如装饰瓦片铺贴不牢固，往往粘贴瓦的砂浆没有挤满瓦缝，砂浆和板面基层结合不牢，瓦片出现空鼓，有时装饰瓦上下缝的搭接尺寸不足，造成屋面雨水渗入基层形成渗漏隐患。

# 二、防止钢筋混凝土坡屋面渗漏的措施

## （一）设计方面的措施

### 1. 设计方面

参照现行钢筋混凝土设计规范中的规定，应考虑整个坡屋面板与板、板与梁之间相互变形的影响，正确合理地假设结构的约束形式。如在屋脊、屋面坡度变化处，除了按要求配置钢筋外，在板面上部板的接缝两侧，应各加配宽 600mm、间距为 200mm、直径为 6mm 的双向钢筋网片，增强屋面的整体刚度，提高屋面的抗裂性；在进行檐口梁的设计时，可适当增加纵向钢筋与箍筋的断面，以增强其抗扭曲能力。

### 2. 构造方面

对于坡屋面容易出现渗漏的部位，必须进行认真的构造设计，并绘制详图加以表示，严格按照设计图纸进行施工。

（1）檐口　檐口是指结构外墙体和屋面结构板交界处的屋面结构板顶。钢筋混凝土坡屋面的檐口，应当是防水层的“收头”要压入槽内钉牢，用密封材料封固，水泥砂浆抹压。钉子四周应用嵌缝膏密封，外露部分压入保护层起固定保护作用。

（2）泛水　泛水是建筑上的一种防水工艺，通俗地说其实就是在墙与屋面，也就是在所有需要防水处理的平立面相交处进行的防水处理。泛水的一般做法是在“收头”处留凹槽，凹槽上挑出 60mm 的檐，将“收头”压入凹槽钉牢密封。在实际工程中发现这种做法在挑檐的上方往往出现裂缝，水沿着裂缝渗入墙体后，绕过防水层渗入室内。因此，宜去掉挑檐，将“收头”压入凹槽，用金属压条钉压，再用密封材料将端头封固，最后用水泥砂浆抹压。

（3）穿过防水层管道　管道四周因混凝土收缩，管道热胀冷缩竖向移动，会导致混凝土开裂，引起管道周围渗水。因此，在管道与基层交接处预留 20mm×20mm 的槽，填入性能较好的密封材料，管道周围找平层应按要求放坡，防水层和管道绑扎牢固后再用密封材料封口。

（4）阴阳角、屋脊、天沟　对于阴阳角处的基层，需用水泥砂浆做成圆角或钝角，以利于铺贴防水层。对于阴阳角、屋脊、天沟等复杂节点部位，可涂刷 2mm 厚的密封材料或采用高分子卷材作为附加层。在进行防水施工时，需先用密封材料涂刷后，再进行防水层的施工。

## （二）施工方面的措施

### 1. 严格控制混凝土质量

钢筋混凝土屋面的施工质量如何，在很大程度上取决于混凝土的质量。因此，混凝土的配合比，必须根据工程实际要求认真进行设计，并经过试验后确定，混凝土拌和物的坍落度一般应控制在 30mm 左右。在施工过程中，既要严格控制混凝土原材料的质量符合现行国家标准的要求，又要注意严格控制混凝土的水灰比和搅拌时间，使混凝土拌和物具有良好的和易性。

### 2. 加强技术防范措施

对于坡屋面设计的薄弱环节，应加强技术防范措施。如屋檐四角加强放射钢筋的配置数量；大开间屋面板的中间位置，加强板底部钢筋的配置数量；重要部位如受力复杂、应力集中的主次梁节点处，应增加拉结钢筋的配置。

### 3. 改进落后的施工方法

对于坡度较小（小于 30°）的坡屋面，可以采用单面支模法施工。施工时为防止防水层和保护层在重力的作用下产生滑移，需要采用机械固定措施，在防水层施工完毕后，采用带压条或垫片的钉子进行固定，钉子的间距应根据坡度大小而定。当构造为外露式防水层时，钉子敲紧后钉帽用密封材料封严。有水泥砂浆保护层时，钉子可露出防水层 8～10mm，四周用密封材料密封，外露部分浇入保护层内，同时要增加底板的支撑，防止屋面结构发生变形。

对于坡度较大（大于 30°）的坡屋面，可以采用双面支模法施工。施工时除用短钢筋做支架以保证混凝土的厚度外，用粗铁丝加固模板，分段在外侧面模板上开 500mm×500mm 的浇筑孔，以便浇筑坍落较大的细石混凝土。工程实践证明，这种方法浇筑的混凝土，除了转折处以外，整体均比较密实。

### 4. 改进混凝土浇捣方法

对于钢筋混凝土坡屋面而言，常用的施工顺序为自下而上（即从屋檐至屋脊），左右两边向中间展开，施工段以屋脊为界，两段同时进行。至于混凝土的振捣，对于双面支撑的坡屋面而言，由于屋面板的厚度一般不大，振捣器很难插入，操作者无法观察到混凝土的振捣情况，很容易发生漏振捣现象，这时应采用小型振动棒，按一定顺序插入振捣，可以防止漏振。对无法振动的部位和死角，应采用板外振、开窗口、人工插钎振捣等方式，将混凝土振捣密实。

对于单面支撑的坡屋面浇捣，可选择机械振捣与人工敲打相结合的方法。首先用木抹子和铁铲对混凝土进行人工敲打，再用机械振捣。平板振动器振动时，一是要注意振动的方向应自下而上，二是要注意移动速度和振动遍数，移动速度不易过快，振动遍数以 2～3 遍为宜。

### 5. 提高防水层施工质量

提高防水层的施工质量是防止钢筋混凝土坡屋面渗漏的重要措施，根据工程实践经验，按照以下施工步骤加以控制，才能达到坡屋面防渗漏的目的。

（1）认真清理基层，灌注纯水泥浆　基层表面是否干净，对防水层的施工质量起到重要作用，所以应认真清理基层上的灰尘、杂物和松动的石子。基层清理符合要求后，用水泥：水＝1：2 的水泥浆进行灌注。

（2）涂刷结合层　在灌注水泥浆后的第二天，首先用水湿润基层，再用刷子均匀地涂刷一道 2mm 左右稀糊状的水泥防水剂素浆，作为基层与防水层的结合层，以提高防水砂浆与基层的黏结力。

（3）抹第一层防水砂浆　在结合层尚未完全干燥之前，及时抹第一层防水砂浆作为找平层，厚度约为 10mm 左右。在找平层抹平压实后，用木抹子将其表面搓出麻面，以便于抹下层防水砂浆。

（4）抹第二层防水砂浆　找平层水泥砂浆达到初凝后，应及时抹第二层防水砂浆。其厚度也控制在 10mm 左右，并用铁抹子反复压实赶光。

（5）湿润养护　在第二层防水砂浆达到终凝后，应及时进行洒水养护，在常温下每天洒水不得少于5次，在潮湿养护条件下不得少于7d。

### 6. 粘贴密实装饰瓦片

铺贴装饰瓦片应采用坐浆的方法施工，要求砌筑砂浆要挤满瓦缝，装饰瓦片与混凝土板面应结合牢固，防止装饰瓦片出现空鼓。另外，保证装饰瓦片上下搭接不得小于20mm，从而提高屋面整体的防渗能力。

# 第三节 屋面防水工程的质量问题与防治

屋面防水工程位于房屋建筑的顶部，它不仅直接受外界气候变化和周围环境的影响，而且还与地基不均匀沉降和主体结构的变位密切相关。屋面防水工程的质量，直接影响到建筑物的使用功能和使用寿命，关系到人民生活和生产的正常进行，因此历来受到人们的普遍重视。要确保屋面防水工程的质量，必须认真抓好设计、材料、施工、维护4个主要环节，设计是前提，材料是基础，施工是关键，维护是保证。

## 一、屋面防水工程设计阶段

屋面是建筑物最上层的外围护结构，用于抵抗自然界的风、雨、雪、气温变化等不利的影响，使建筑物内部有一个良好的生活和使用环境。所以，在进行屋面防水工程设计时，应根据工程所处的地理环境、建筑物的等级、使用功能和使用寿命等来正确的加以设计，以便获得最佳的防水效果。

### （一）设计是保证屋面防水工程质量的前提

在进行屋面防水工程设计时，要充分考虑屋面防水工程的特点和使用要求，如工业与民用、城镇与农村、一般与重要、南方与北方、湿热与干寒、稳定基层与不稳定基层、防水与保温是否结合、雨量与风力大小等。

屋面防水工程的第一步是设计，如果设计人员确定的屋面防水工程方案不科学，选择的防水材料不恰当，细部构造不合理，下一步的防水工程施工难度就大，施工质量就难以保证，工程不仅工期长、费用高，而且还会过早地产生渗漏，所以说防水设计是保证屋面防水工程质量的前提。

### （二）目前屋面防水工程设计中存在的问题

屋面漏水是建筑工程中存在的质量通病，也是多年来一直未能很好解决的难题。它影响建筑物的正常使用，侵蚀建筑物结构主体，并进一步缩短建筑物的使用寿命。治理渗漏是一项综合防治的长期工作。防水工程质量的低劣是造成渗漏的最直接的原因，影响渗漏的因素是多方面的，在施工中人们往往在选材、设计、管理维护造成忽略，以致给防水工程质量留下后期隐患。通过近些年从事屋面防水工程设计和施工的实践，众多屋面防水工程的经验和教训证明，屋面防水工程设计方面主要存在以下问题。

### 1. 设计人员对屋面防水工程设计不重视

在建筑业比较发达的国家，设计人员对屋面防水工程设计是非常重视的。他们认为：从使用功能的角度看，屋面是建筑设计中比较复杂的部位，尤其是平顶屋面的防水设计更加困难，必须认真对待。但是，从国内屋面防水工程设计实践来看，至今还未引起足够的重视。

在屋面防水工程设计中，设计人员对此部分有时只是一笔带过。如："一布三涂"防水层、"三毡四油一砂"防水层等。"一布三涂"防水层，只是指出了屋面防水层的大体构造，即指铺一层布、刮涂三遍防水涂料，但没有详细说明铺贴什么品种和规格的布，刮涂何种涂料，防水层的厚度是多少，细部如何进行处理。这些都说明是由于不重视屋面防水工程设计而出现的问题。

### 2. 对防水材料的品种和性能不了解

设计人员由于对屋面防水工程设计没有引起足够的重视，因而在收集、了解、掌握现行防水材料的品种、质量、性能、标准方面，就可能不太熟悉和丰富。在选择防水材料时，范围就比较狭窄，这样只能从厂家说明书和现有资料中查找选用；有的设计人员甚至从来没见过自己选用的防水材料。对现行防水材料的品种、质量、性能还不了解，更谈不上科学选用防水材料，肯定很难保证屋面防水工程的质量。

### 3. 设计的屋面防水层与建筑物不相称

根据建筑防水的规定，屋面防水工程应根据建筑物的性质、重要程度、使用功能要求以及防水层合理使用年限，按不同等级进行设计。但是，在一些多雨地区和防水要求较高的工程，设计人员为降低工程造价，采用一道防水设防方案，或选用档次较低的防水涂料作为防水层；甚至有些高层建筑也采用一道防水层。设计的屋面防水层与建筑物的性质、重要程度、使用功能不相称，这就很难满足建筑物的屋面防水要求。

### 4. 保温屋面防水层的设计不合理

在保温屋面防水层的施工中发现，保温屋面有的不设置排气口，这是不合理的（倒置式屋面除外）；有的排气通道和排气口的位置设置不合理。

保温层（如煤渣混凝土、膨胀珍珠岩混凝土、陶粒混凝土等）中留有施工的水分和吸收空气中的水分，经日晒水分蒸发，会将局部屋面防水层拱起，随着温度的变化会反复拱起，从而加快防水层的老化，使屋面防水层失去防水的功能。

## （三）屋面防水工程设计应注意的问题

### 1. 按照现行国家标准确定防水等级

在现行国家标准《屋面工程技术规范》（GB 50345—2012）和《屋面工程质量验收规范》（GB 50207—2012）中，对屋面防水工程的防水等级有明确规定，这是建筑设计和施工人员必备的技术资料，是屋面防水工程进行设计的指南和标准，也是选择防水方案的依据。只有按照现行规范中的有关规定，将设计的建筑归属于某一等级，并依据防水等级的要求确定防水耐用年限和设防要求，才能勾画出屋面防水工程防水方案的基本框架。

### 2. 根据工程实际确定科学防水方案

建筑屋面防水工程设计实践证明，地理环境、气候条件和工程特点等，是确定屋面防水方案的重要因素。我国地域辽阔、气候变化万千，如西北广大地区干旱少雨，年降雨量多在500mm 以下，这些地区的Ⅱ类建筑的防水设计可不必二道设防，可用一道合成高分子防水卷材或高聚物改性沥青防水卷材。而我国的南方湿润多雨，年降雨量多在 800～1000mm，这些地区一般性的建筑防水设计应采用二道设防。对常年有大风暴雨的地区，不仅屋面的坡度应适当加大，而且防水层应与基层全粘贴或压重，并采取构造防水和材料防水相结合的方法。

### 3. 根据工程实际合理选择防水材料

合理选择防水材料，是确保屋面防水工程质量的物质基础。在选择防水材料时，应从以下几个方面考虑。

（1）必须选择质量合格的防水材料　防水材料可分为高、中、低 3 个档次，不论选择哪一个档次的防水材料，都必须符合相应的质量标准，否则被视为不合格产品，质量不合格的防水材料不能用于屋面防水工程。

（2）选择的防水材料应符合建筑物的防水等级，满足设计的使用要求　在高、中、低 3 个档次的防水材料中，Ⅰ、Ⅱ级防水等级的应选用中、高档次的防水材料，Ⅲ、Ⅳ级防水等级的应选用中、低档次的防水材料。

（3）防水材料应根据气候特点来选择　有些防水材料不耐低温，0℃以下不能进行施工，即使防水工程勉强做好也会冻坏，因此在寒冷地区应选择抗冻性能良好的防水材料，如三元乙丙橡胶卷材、SBS 改性沥青防水卷材等。有些防水材料不耐高温，不能选择在热带地区使用；有的防水材料不抗紫外线，不能选择在紫外线辐射强的地方；还有的防水材料与基层黏结力差，不能选择在风力大的屋面表面。

（4）应根据防水的部位不同来选择材料　防水的部位不同，所选择的防水材料也应不同，如伸出屋面的管子根部应选择嵌缝材料，不宜选用防水卷材，也不宜选用水性防水涂料；卷材收头部位应选用密封材料封边；变截面屋面应选用防水涂料，开阔屋面应选用防水卷材等。

### 4. 根据工程实际进行节点细部设计

节点细部设计是屋面防水工程设计的重要组成部分，也是设计的重点和难点。此部分的设计不能千篇一律地选用标准图集的节点图，应根据工程特点、材料性能等方面，设计好沟（天沟、檐沟、斜沟）、孔（水落孔、“反梁”过水孔、女儿墙过水孔、屋面检修孔）、根（凡是突出屋面的女儿墙、烟囱、管道、变形缝、水箱等的根部）、边（檐口边、卷材收边）、角（转角处的阳角和阴角）、缝（分格缝、变形缝）、座（设备底座等）等的详细做法。

### 5. 根据确定的防水方案绘制施工图

设计图纸是设计人员的语言，是工程施工和竣工验收的依据。把确定的屋面防水工程的防水方案，选用的防水材料及要求，将沟、孔、根、边、角、缝、座等细部节点构造做法，均用图的形式表现出来。

## 二、严格掌握和控制防水材料质量

有了较好的防水设计方案，没有质量过硬的防水材料，根本不可能达到设计要求的使用功能和使用年限，有的甚至在使用早期就出现渗漏。所以，防水材料的质量是保证屋面防水工程的基础，严格掌握和控制防水材料的质量是一项非常重要的工作。

### 1. 目前防水材料质量存在的主要问题

根据屋面防水工程的实践证明，目前防水材料质量存在的主要问题是材料质量不合格。市场上所销售的防水材料，按照现行的国家标准或行业标准检验，很多是不合格产品，大量假冒伪劣产品盛行，扰乱建筑防水材料市场，给设计、采购、使用防水材料带来很大困难。

防水材料的外观及物理性能，是判断防水材料是否合格的最基本的条件和指标，通过试验测定防水材料的物理性能和相应的规范标准比较，达到或超过有关标准的为合格，只要其中有一项指标达不到标准的就判为不合格。

### 2. 提高和稳定防水材料质量的措施

（1）防水材料的质量事关建筑物的安危，关系人民生命财产的安全，设计和施工应当引起高度重视。国家应当下大力气整顿防水材料的市场，对一些不具备生产条件的厂家应限期整改，对于整改后仍生产不合格产品的厂家，应坚决禁止其再生产，从源头遏制不合格防水材料上市。

（2）业主应直接参与或委托监理部门参与防水材料的选择购买，参与施工现场材料的监督检查，拒绝使用假冒伪劣产品，让假冒伪劣产品无立足之地。

（3）防水材料生产厂家应制定出一整套质量保证体系，强化质量管理；建立原材料进厂和成品入库的质量检验体系，保证原材料的质量，使合格产品上市；做好售后跟踪服务工作，及时反馈质量信息，不断提高产品质量。

## 三、屋面防水工程施工质量的控制

屋面防水工程要做到滴水不漏、符合设计功能要求、达到使用年限，除了要有科学的设计方案、合格的防水材料外，加强施工质量的控制是关键。有人总结：屋面防水工程的质量是三分材料、七分工法。不管这种总结是否完全正确，但它足以说明防水施工操作的重要性。工程实践证明，如果在屋面防水工程施工中，某一环节或某一细部节点疏忽大意，就可能出现渗漏水现象。因此说屋面防水工程施工是保证屋面防水工程质量的关键。

提高屋面防水工程的施工质量，是确保屋面防水工程质量的根本，要提高屋面防水工程的施工质量，必须从以下几个方面着手。

### 1. 建立专业化的施工队伍

防水工程推行专业化施工，施工工人经过专业培训，操作人员持证上岗，是提高防水工程施工质量的重要技术措施。实践证明，建立专业化的施工队伍，不仅可以提高防水工程的施工质量，延长防水工程的使用年限，而且有利于新材料和新技术的推广应用，有利于防水技术向科学化、系统化、规范化的方向发展。

### 2. 实行设计图纸会审制度

图纸会审的目的是为了了解设计意图，明确质量要求，将图纸上存在的问题和错误、专业之间的矛盾等，尽最大可能解决在工程开工之前。屋面防水工程的图纸会审，一般由监理或业主单位主持，由设计单位和施工企业参加，三方共同对设计图纸进行会审。在进行图纸会审时，首先由设计单位的工程设计负责人向与会者说明拟建防水工程的设计依据、设计意图和功能要求，并对新材料新工艺和新技术提出设计要求；然后施工企业根据自审记录以及对设计意图的了解，提出对设计图纸的疑问和建议；最后在统一认识的基础上，对所探讨的问题逐一做好记录，形成“图纸会审纪要”，由监理或业主单位正式行文，参加会审的单位共同会签和盖章，作为与设计文件共同使用的技术文件和指导施工的依据，以及业主单位与施工企业进行工程结算的依据。

通过设计图纸会审，听取各方专家的意见和建议，完善防水工程的设计方案，使防水工程的设计更合理、更完善，更趋于科学化、规范化。

### 3. 确定和评估防水施工方案

施工方案是根据一个施工项目指定的实施方案，其中主要包括组织机构方案（各职能机构的构成、各自职责、相互关系等）、人员组成方案（项目负责人、各机构负责人、各专业负责人等）、技术方案（进度安排、关键技术预案、重大施工步骤预案等）、安全方案（安全总体要求、施工危险因素分析、安全措施、重大施工步骤安全预案等）、材料供应方案（材料供应流程、材料检验流程、临时材料采购流程等）。

施工方案设计是单位工程施工组织设计的核心问题。施工方案设计是否合理和科学，会直接影响工程的施工效率工程质量施工工期和技术经济效果，因此，必须引起足够的重视。施工技术人员应根据防水工程特点和防水设计的要求，制定切实可行、先进合理的防水工程施工方案，并组织有关人员对施工方案的先进性和可行性进行评估，最后确定一个合理、经济、科学、可行的施工方案。施工方案的内容主要包括：确定施工程序和顺序、施工起点流向、主要分部分项工程的施工方法和施工机械。

### 4. 严格对防水材料的检验

防水材料通常可分为刚性和柔性防水材料两种类。以混凝土或砂浆外加剂的形式加入混凝土或砂浆中，增强混凝土或砂浆的密实性，形成防水混凝土或防水砂浆是刚性防水材料。柔性防水材料则有沥青基防水卷材（包括改性沥青防水卷材）、合成高分子防水卷材、防水涂料和密封材料。

工程实践充分证明，在某种程度上，防水材料的质量决定防水工程的质量。因此，对防水材料的质量应当严格进行把关，从防水工程的设计，到防水材料的采购，从防水材料的入库，到防水材料的使用，应层层严把质量关。尤其是施工技术人员对进场的防水材料，应按照国家的现行标准进行抽样检查，保证不合格的防水材料不用于工程。

### 5. 加强施工过程中的控制

施工是形成工程项目实体的过程，也是决定最终产品质量的关键阶段，要提高工程项目的质量，就必须狠抓施工过程中的质量控制。把确定的防水施工方案贯彻落实于整个施工过程，并满足各种防水材料的要求，施工及技术管理人员加强施工的控制是关键，应随时认真检查每道施工工序和施工部位，并修正操作人员的规范化程度。

根据屋面防水工程易出现质量问题的部位，应重点控制好沟、孔、根、边、角、缝、座等细部节点构造做法和质量，这些细部节点构造的施工是屋面防水工程防渗的关键部位。

### 6. 严格进行防水质量检验

严格进行防水工程的质量检验，是保证防水工程施工质量的重要措施。在施工操作的过程中，操作人员首先应进行质量自检，检查所完成部分是否符合施工验收的标准，这是施工质量控制的基础；对于所完成的分项工程，应由专业检查人员会同操作人员进行抽检，并及时将做好的检查记录归入技术档案，发现存在的质量问题，应采取措施及时处理，合格后才能进入下一道工序；质量检查员应根据防水工程质量评定标准，确定质量检查的保证项目是否完备和抽检项目是否合格，并填写防水工程自检报告。

## 四、屋面防水工程的维护管理

屋面防水工程竣工交付使用后，要长期在恶劣的环境下工作，经常要受到阳光辐射、冰雪冻融、温差变形、结构变形、人为破坏、积尘积水、防水材料老化、植物滋生、根茎扎破防水层等的影响。这些影响逐渐使屋面防水功能由量变到质变，最后造成屋面渗漏。工程实践表明，如果屋面防水工程由小漏到大漏，直到发生严重破坏，这时再去修理，修复的难度和费用都大大增加。如果能及时管理和维护，防患于未然，及时排除屋面工程有害的各种因素，控制微小、局部损坏的扩展，及时加以维护，就可以大大延长屋面防水层的耐用年限。由此可见，维护管理同样是保证屋面防水工程质量的重要环节。

### 1. 设专人负责维护管理工作

屋面防水工程设专人负责维护管理，是确保在维护管理期间防水工程正常使用的根本措施。要制订管理和维护人员的责任制，避免人为破坏防水层而造成的渗漏。如需要在屋面上增设其他设施时，以不影响屋面排水和不破坏防水层为原则，并应通过管理人员的认可和做好记录。

### 2. 建立定期检查和清理制度

（1）屋面防水层和节点部位，原则上应当每个季度进行一次全面检查。尤其是在雨季到来前、每年第一场大雨后、入冬结冻前、开春解冻后，均要对屋面的防水性能进行对比检查和分析。

（2）对于在检查中发现的问题，应及时进行分析研究，采取相应的技术措施进行处理，千万不可拖延和凑合，避免造成更大的渗漏。

（3）屋面及泛水等部位的青苔、杂草和杂物应及时进行清除，并在每年雨季到来之前，对屋面进行一次大清扫。彻底清除这些部位的积灰、草根、杂物等，以保证雨水口的畅通。

# 第四节　刚性防水屋面的质量问题与防治

刚性防水屋面是采用混凝土浇捣而成的屋面防水层。在混凝土中掺入适量的膨胀剂、减水剂、防水剂等外加剂，使浇筑后的混凝土细致密实，水分子难以通过，从而达到防水的目的。与卷材及涂膜防水屋面相比，刚性防水屋面所用材料易得，价格便宜，耐久性好，维修方便；但刚性防水层材料的表观密度大，抗拉强度低，极限拉应变小，易受混凝土或砂浆的干湿变形、温度变形和结构变形的影响而产生裂缝。因此刚性防水屋面主要适用于防水等级为Ⅱ级的屋面防水，也可用作Ⅰ、Ⅱ级屋面多道防水设防中的一道防水层；不适用于设有松散保温层的屋面、大跨度和轻型屋盖的屋面，以及受振动或冲击的建筑屋面。

刚性防水屋面是一种暴露于空气之中的混凝土结构，直接受到风吹、日晒、温差、干湿、雨雪、各种侵蚀介质等的作用，很容易出现一些质量通病。但是，不同材料构成的刚性防水屋面，所产生的质量问题也不同。根据众多工程实践的总结，刚性防水屋面的质量问题主要有：防水层发生开裂、防水层起壳与起砂、分格缝隙出现渗漏、砖砌女儿墙开裂、屋面泛水处渗漏、檐沟及天沟处渗漏、防水层出现渗漏、保护层施工质量不良等。

# 一、细石混凝土屋面防水层

## （一）防水层发生开裂

### 1. 原因分析

（1）结构裂缝　结构裂缝多由于结构应力达到限值，造成承载力不足引起的，是结构破坏开始的特征，或是结构强度不足的征兆，是比较危险的，必须进一步对裂缝进行分析。防水层发生开裂是因地基不均匀沉降，屋面结构层产生较大的变形等原因使防水层开裂。此类裂缝通常发生在屋面板的拼缝上，宽度比较大，并穿过防水层上下贯通。

（2）温度裂缝　混凝土在浇筑硬化的过程中，会产生大量的水化热，由于混凝土体积较大，导致内外散热不均匀，外快内慢，使得内外热胀冷缩的程度不同，这样混凝土表面会形成一定的拉应力，由此就形成了温度裂缝。

刚性防水屋面的温度裂缝，是因季节性温差防水层上下温差较大，且防水层变形受到约束时，产生的温度应力会使防水层开裂。在通常情况下，这种温度裂缝危害并不大，但对房屋的整体性、耐久性和外观影响较大，给住户产生一种不安全感。

（3）收缩裂缝　收缩裂缝在混凝土养护完以后才出现。其形成原因主要是由于混凝土硬化后，水分蒸发引起混凝土表面干缩，当干缩变形受到混凝土内部约束时，产生较大的拉应力使混凝土表面被拉裂。刚性防水屋面的干缩裂缝，一般产生在表面很浅的位置，纵横交错，没有规律性，裂缝一般较短、较细，严重时可贯穿整个构件截面。

（4）施工裂缝　在刚性防水屋面的施工过程中，如果混凝土的配合比设计不当、振捣不密实、表面收光不好、施工方法不正确、养护不良等，均会使防水层产生不规则的、长度不等的断续裂缝。

### 2. 防治措施

（1）对于不适合采用刚性防水屋面的，如地基不均匀沉降严重、结构层刚度较差、设有松散材料保温层、受较大振动或冲击荷载的建筑、屋面组成较复杂的结构等，应避免使用刚性防水层。

（2）加强结构层的刚度，宜采用现浇混凝土屋面板；当采用预制混凝土屋面板时，要求板的刚度要好，并按照设计要求进行安装和灌缝。

（3）在进行刚性防水层设计时，应按照规定的位置、间距、形状设置分隔缝，并认真做好分隔缝的密封防水。

（4）在防水层与结构层之间设置隔离层。细石混凝土防水层与结构层之间应设置隔离层，以使防水层能克服结构层的变形和摩擦力等作用而自由伸缩滑动，从而减少其产生裂缝所带来的不利影响。

（5）防水层的厚度不宜小于40mm，内部配置直径4～6mm、间距为100～200mm的双向钢筋网片，网片的位置应在防水层的中间或偏上，分隔缝处的钢筋应断开。

(6) 认真做好混凝土配合比设计，严格控制混凝土的水灰比，提倡使用适量的减水剂等外加剂，有条件时宜采用补偿收缩混凝土或对防水层施加预应力。

(7) 防水层的厚度应均匀一致，在浇筑混凝土时应振捣密实，并做到充分提浆，原浆进行抹压，收水后随即进行二次压光。

(8) 做好混凝土在凝结硬化过程中的养护工作，是避免混凝土防水层产生裂缝的一项重要技术措施，应当满足混凝土在凝结硬化过程中的养护基本条件。

(9) 对于已产生开裂的混凝土防水层，可以按照下述方法进行处理。

① 对于细而密集、分布面积较大的表面裂缝，可采用防水水泥砂浆罩面的方法处理；或者在裂缝处剔出缝槽，并将表面清理干净，再涂刷冷底子油一道，干燥后嵌入防水油膏，上面用防水卷材进行覆盖。

② 对于宽度在 0.3mm 以上的裂缝，应剔成 V 形或 U 形切口后，再进行防水处理；如果裂缝的深度较大并已露出钢筋时，应对钢筋进行除锈，进行防锈处理后，再进行其他的嵌填密封处理。

③ 对于宽度较大的结构裂缝，应在裂缝处将混凝土凿开形成分隔缝，然后按照有关规定嵌填防水油膏。

## （二）防水层出现起壳现象

### 1. 原因分析

(1) 在防水层的施工过程中，未能按照现行施工规范和质量验收标准进行施工，特别是没有认真对混凝土表面进行压实和收光。

(2) 在混凝土浇筑和振捣完毕后，未能按照混凝土所要求的条件进行养护，从而造成混凝土表面的水分蒸发过快，形成防水层起壳的质量问题。

(3) 混凝土防水层长期暴露于大气层中，经长期日晒雨淋和温差变化，混凝土面层发生碳化现象而形成起壳的质量问题。

### 2. 防治措施

(1) 防水层的厚度不宜小于 40mm，内部配置直径 4～6mm、间距为 100～200mm 的双向钢筋网片，网片的位置应在防水层的中间或偏上，分隔缝处的钢筋应断开。

(2) 认真做好混凝土配合比设计，严格控制混凝土的水灰比，提倡使用适量的减水剂等外加剂，有条件时宜采用补偿收缩混凝土或对防水层施加预应力。

(3) 防水层的厚度应均匀一致，在浇筑混凝土时应振捣密实，并做到充分提浆，原浆进行抹压，收水后随即进行二次压光。

(4) 做好混凝土在凝结硬化过程中的养护工作，是避免混凝土防水层产生裂缝的一项重要技术措施，应当满足混凝土在凝结硬化过程中的养护基本条件。

(5) 混凝土在浇筑振捣完毕后，在常温下 8～12h 后应进行浇水养护，这是防止混凝土防水层产生开裂的重要环节，并且养护时间一般不得少于 14d。

(6) 单位体积混凝土的水泥用量不宜过高，当防水层设计的混凝土强度等级较高时，应采用其他技术措施，而不能单纯靠增加水泥用量来解决，对细骨料应尽量采用粗砂。

(7) 认真做好清基、摊铺、碾压、收光、抹平和养护等工序的质量把关工作。碾压时宜用重 30～50kg 的滚筒纵横来回滚压 40～50 遍，直至混凝土的表面出现拉毛状的水泥浆为止，然后再进行抹平；抹平时不得加干水泥和水泥浆，待一定时间后再抹压第二遍，甚至第三遍、第四遍等，务必使混凝土的表面达到平整、光滑。

(8) 混凝土防水层应避免在炎热或严寒的气温下施工，也不要在风沙或雨天施工，在施工进度允许的条件下，最好安排在春末冬初季节施工，以保证混凝土在正常温度下凝结硬化。

(9) 根据屋面防水的实际需要，也可在刚性防水层上增设防水涂料保护层。

(10) 当防水层表面轻微起壳或起砂时，可先将混凝土防水层表面凿毛，扫干净表面的浮灰杂质，然后抹压厚度为 10mm 的 1∶1.5 的水泥砂浆保护层。

## (三) 分隔缝处产生渗漏

### 1. 原因分析

(1) 由于屋面防水具有一定的坡度，因此横向分隔缝处较容易排水，而屋面上的纵向分隔缝处容易产生渗漏。

(2) 分隔缝之间是用嵌缝材料进行密封的，在阳光直接照射和其他介质的侵蚀下，缝中的嵌缝材料很容易老化，从而失去防水的功能。

(3) 由于建筑物的不均匀沉降变形和嵌缝材料的干缩，油膏或胶泥与板缝很容易因黏结不良或脱开，从而形成渗漏。

(4) 油膏或胶泥上部的保护层容易产生翘边、拉裂或脱落，也会导致分隔缝处产生渗漏。

### 2. 防治措施

(1) 在进行防水层分隔缝的设计时，除屋脊外，应尽量避免设置纵向分隔缝，多设置排水比较流畅的横向分隔缝。

(2) 为延长分隔缝的使用年限，避免过早失去防水的功能，应选用抗老化性能好的优质嵌缝材料。

(3) 当缝内的油膏或胶泥已老化或与缝隙侧壁黏结不良时，应将其全部彻底挖除，重新处理板缝后，再按要求嵌填密封材料。

(4) 当油毡保护层出现“翘边”时，先将“翘边”张口处清理干净，吹去尘土，冲洗并待其干燥后，涂上胶结材料，然后将“翘边”张口处粘牢。

(5) 当保护层发生断裂时，应先将断裂的部分撕掉，清洗和处理板缝两侧的基层后，重新按要求进行粘贴。

## (四) 砖砌女儿墙开裂

### 1. 原因分析

(1) 女儿墙长度超过 20m，并且未设置伸缩缝，在气温发生剧烈变化时，墙体的膨胀收缩量比较大，很容易产生垂直裂缝或八字形裂缝。

(2) 女儿墙与下部的屋顶钢筋混凝土圈梁的温度线膨胀系数不同，当环境温度变化较大时，女儿墙与圈梁之间因变形差异而发生错位，很容易产生水平裂缝。

(3) 刚性混凝土防水层或铺筑的隔热板夏季受热产生膨胀，会对女儿墙产生挤压，使女儿墙与圈梁之间错位，从而产生水平裂缝。

## 2. 防治措施

（1）女儿墙对屋面防水和抗震都不利，因此在没有必要时，尤其在抗震要求较高的地区，最好不设女儿墙。

（2）当砖砌女儿墙的高度超过500mm时，宜每开间处设置钢筋混凝土构造柱，构造柱的间距不得大于6m，以限制女儿墙与屋顶圈梁之间的变形差异。

（3）刚性混凝土防水层架空隔热板均不应直接接触女儿墙，与女儿墙之间应留出一定的间隙。

（4）屋面找坡度层（包括保温层）应选用弹性模量较低的材料，避免使用膨胀材料；找坡度层应适当进行分仓，分仓的缝可兼作保温材料的排气通道。

（5）女儿墙的高度较大时，除了设置钢筋混凝土构造柱外，另外在泛水顶部处墙身内增设60mm厚的钢筋混凝土带，既可预防女儿墙根部出现开裂，又可阻隔混凝土带上部的渗水。

（6）对于因混凝土防水层膨胀引起的女儿墙及防水层泛水的轻微裂缝，可采用封闭裂缝的方法处理，并加做隔热层。

（7）当女儿墙有严重开裂（有较严重垂直裂缝、八字形裂缝、水平裂缝）时，应当拆除重新进行砌筑，按要求设置伸缩缝和构造柱，并在女儿墙与屋面板和防水层泛水之间留缝，缝内用密封材料嵌填密实。

# （五）屋面泛水处出现渗漏

泛水，即屋面防水层与突出结构之间的防水构造。突出于屋面之上的女儿墙、烟囱、楼梯间、变形缝、检修孔、立管等壁面与屋顶的交接处，将屋面防水层延伸到这些垂直面上，形成的立面防水层称为泛水。屋面泛水处出现渗漏的主要原因是有以下几点。

## 1. 原因分析

（1）防水层延伸到女儿墙及突出屋面建筑上的泛水高度不够，当雨水的水位超过泛水的高度时，很容易在屋面泛水处出现渗漏。

（2）防水层上口墙部未设置泛水托，且端头也未进行柔性密封处理，或者柔性密封处理不符合要求，导致雨水渗入室内。

（3）泛水托滴水线（鹰嘴）不符合设计要求，产生“爬水”现象，也会使屋面泛水处出现渗漏。

## 2. 防治措施

（1）刚性防水层延伸到女儿墙及突出屋面建筑上的泛水高度，一定要符合设计要求，一般不应小于250mm。

（2）滴水线（鹰嘴）应符合设计要求，使泛水托起到遮挡和挑水的作用。

（3）泛水与山墙、女儿墙等结构之间应留出宽度为30mm的缝隙，缝内要用黏结性良好的密封材料封好。

# （六）檐沟和天沟处出现渗漏

檐沟是指对老式建筑房屋屋面檐口，檐下面横向的槽形排水沟，单独安装的一种有组织排水的装置，用于承接屋面的雨水，然后由竖向管子引到地面。天沟是指对现代建筑房屋屋面，一般采用现浇钢筋混凝土与屋面整体浇筑，顺房屋外墙设置，低于屋面起坡，暴露无遮盖的槽形沟，有组织集聚雨水，由竖向管子引到地面。檐沟和天沟处出现渗漏的主要原因有以下几点。

### 1. 原因分析

（1）设置的檐沟深度太浅，当遇到大雨或暴雨时，从竖向管子中下落不及，雨水沿防水层与檐口之间的缝隙渗入到室内。

（2）当混凝土防水层与檐口梁连接在一起，防水层产生收缩时，会在连接处开裂而引起渗漏。

（3）“滴水线”是指为防止雨水沿屋面板流到墙里或者避免潮湿的地方，在外窗台板下边做出一条凹形的排水线，让雨水在这条线流下。如果没有设置“滴水线”或设置的“滴水线”失效，雨水倒爬（反向流动）经防水层与檐口之间的缝隙渗入到室内造成渗漏。

### 2. 防治措施

（1）设置的檐沟深度要满足设计要求，一般应大于 200mm。

（2）在混凝土防水层与檐口梁的交接处，应当设置必要的分隔缝，分隔缝中要用密封材料嵌填密实。

（3）刚性防水层应当挑入檐沟 50mm，并要做好滴水线（鹰嘴）。

（4）檐口出现渗漏的处理方法如下。

① 当檐口裂缝引起渗漏时，将防水层开裂处凿一条上口宽 10～20mm、深为 5～10mm 的形槽，槽及基层清洗处理后，用密封材料封严。

② 当滴水线（鹰嘴）失效引起渗漏时，应将其凿毛并清洗干净后，按要求进行重抹。为保证结合紧密，应按下列方法配制砂浆：先将掺有 3%水泥（质量百分比）的 107 胶用 2 倍的水稀释，然后将其倒入已搅拌均匀的水泥砂浆中，再继续搅拌至充分均匀为止。

# 二、块体刚性防水层

块体刚性防水层，是以掺入专用外加剂的防水抗裂水泥砂浆为底层防水层，中间铺砌黏土砖等块材为垫层，用防水水泥砂浆灌缝，并抹面层防水层，称为块体刚性防水层。

## （一）砂浆面层起壳起砂和开裂

### 1. 原因分析

（1）块体刚性防水层的面层一般常用水泥砂浆，而水泥砂浆面层在凝结硬化的过程中需要良好的养好条件，因此养护条件不满足，是砂浆面层起壳起砂和开裂的主要原因。

（2）水泥砂浆面层暴露于空气之中，经过长期的日晒雨淋、温差变化和其他介质的作用，其表面很容易发生起壳起砂的质量问题。

（3）水泥砂浆面层如果铺筑过厚，不仅压光时不易密实，易发生脱壳现象，而且也易出现龟裂现象。

(4) 垫层中所用的砖，在施工前没有用水进行浸泡、也未洗净砖面上的浮灰，使水泥砂浆面层与垫层黏结不牢。

### 2. 防治措施

(1) 块体刚性防水层施工时，一定要控制面层水泥砂浆的厚度，一般为 10～12mm，不宜太厚，并要认真进行压实抹光，使面层水泥砂浆与基层黏结牢固。

(2) 防水层中所用的砖施工前应预先用水浸泡并清洗干净，并达到“阴湿晾干”（砖用水充分浸泡，使用时表面无水）的要求。

(3) 按照对水泥砂浆的养护条件，加强面层水泥砂浆的养护，使其强度正常增长，防止表面的水分过快蒸发，影响水泥砂浆的质量。

(4) 砂浆面层发生开裂或起砂、起壳，可以按以下方法进行处理。

① 由于日晒风化所引起的表面起砂现象，只需将起砂的表面冲刷一下，洗干净其表面的浮砂，重新用 1∶2 的防水砂浆铺设 5mm 厚度，压光即可。

② 对于大面积的屋面龟裂，可采用喷涂憎水剂的方法进行处理。

③ 当砂浆面层出现脱壳起鼓时，应将起鼓的部分彻底铲除，将基层清理干净后，重新铺筑一层 15mm 厚度 1∶2 的防水砂浆面层。

## （二）防水层发生渗漏

### 1. 原因分析

(1) 砖垫层的施工质量不符合设计要求，或者垫层所用的砖质量较差。

(2) 面层水泥砂浆的配合比设计不当，或者水泥砂浆的厚度或强度不足。

(3) 在防水层的施工过程中，施工的温度过高或过低，再加上养护不良。

### 2. 防治措施

(1) 防水层施工所用的砖都应经过严格挑选，不得使用冻坯砖、欠火砖或砌墙剩余的砖。在正式砌筑前，对砖要预先用水浸泡并清洗干净，达到“阴湿晾干”的要求。

(2) 由于水泥砂浆在凝结硬化的过程中，最怕的是外力对其扰动，因此砖垫层在未达到凝结硬化前，不得上人踩踏或受其他外力扰动。

(3) 面层水泥砂浆要经过配合比设计进行配制，其强度和抹压厚度必须满足设计要求。

(4) 加强砖垫层和面层水泥砂浆的养护，在砌筑和抹面后要按有关规定进行精心养扩。

(5) 块体刚性防水层的施工，一般要求在 5℃以上温度条件下进行，应当尽量避开冬季施工，同时也要避开高温的夏季。必须在炎热的夏季施工时，应采取浇水或蓄水养护措施。

# 三、粉末状憎水材料防水层

粉状憎水材料防水层是指用一定厚度的憎水性粉料均匀铺设于结构层，其上再覆盖隔离层和刚性保护层组成防水层。这种防水层具有防水、隔热、保温功能，也具有很好的随遇应变性，遇到裂缝会自动填充、闭合。

## （一）基层处理不当

### 1. 原因分析

（1）屋面板的端部未按要求进行填实。

（2）基层内杂物未清理干净，严重影响粉末状憎水材料与基层的黏结。

（3）水泥砂浆找平层出现起砂空鼓，或者表面不平有倒泛水现象。

（4）基层的转角处未按照要求做成钝角。

### 2. 防治措施

（1）在粉末状憎水材料施工前，屋面板必须用细石混凝土进行灌缝，并且应振捣密实，不得用混凝土渣块或碎砖等充填。

（2）在进行找平层施工时，要做到抹平压光，防止出现倒泛水，并注意加强养护。

（3）所有基层的转角部位都要做成钝角，防止积水沿着转角缝隙渗漏。

（4）在铺筑粉末状憎水材料之前，要将基层上的杂物、砂浆及混凝土残渣等清除干净；基层表面的积水也要扫净晾干。

## （二）保护层施工质量不良

### 1. 原因分析

（1）保护层未及时进行施工，或施工时与隔离层、防水层之间的层次不清。

（2）保护层所用的混凝土或水泥砂浆配合比不当，保护层厚度不够或厚薄不均匀，或找坡度不当引起局部积水。

（3）保护层的施工缝处理不当，保护层未设置分隔缝或分隔缝的位置不合理。

（4）保护层未按要求进行养护。

### 2. 防治措施

（1）保护层的施工应当在隔离层铺设完毕后立即进行，以免因间隔时间过长而使粉末状憎水材料散失。

（2）施工时一般隔离层比防水层边缘收进 100～200mm，保护层又比隔离层边缘收进 100～200mm，防止三层交叉混淆不清，使部分防水粉溢出保护层外而引起渗漏。

（3）用水泥砂浆做保护层时，配合比一般为 1∶3；用细石混凝土做保护层时，其强度等级应大于 C20。

（4）保护层的厚度必须大于 30mm，并按设计要求进行找平，浇筑时不能使用振动工具，而应用滚筒按顺序反复滚压，出浆后用原浆压实抹光，并适时进行二次抹光。

（5）保护层必须按设计要求设置分隔缝，不另外留施工缝，分隔缝的间距不应大于 6m，并应设置在板端和构造支承端部位。

（6）冬季低温条件下作业时，应在水泥砂浆或细石混凝土中掺入适量的防冻剂和早强剂。在−5℃以下时应停止施工，夏季施工时应及时进行淋水保湿养护，养护期间不得在保护层上任意堆物和上人。

（7）分隔缝嵌缝前要用钢丝刷将缝内及两侧各 100mm 范围内的杂物彻底清除干净，嵌缝材料要选择黏结性好、延伸率大的优质材料，嵌缝前先刷冷底子油一道，嵌缝材料必须将缝灌满压实，并略高于保护层面，与分隔缝紧密粘牢无空鼓。

## （三）屋面节点处渗漏

### 1. 原因分析

（1）屋面防水层未伸入女儿墙内，在女儿墙与防水层间的缝隙处出现渗漏。

（2）“水落口”埋设的标高不对，“水落口”与防水层搭接不严。

（3）穿过防水层的管道与防水层之间的泛水未做好。

### 2. 防治措施

（1）在女儿墙 150～180mm 高处预留 60mm 的凹槽，女儿墙与屋面板交接处用细石混凝土抹成钝角，找平层以上的防水层、隔离层和保护层，均直接伸入女儿墙凹槽内，并在凹槽上做滴水。

（2）“水落口”是用来将屋面雨水排至水落管而在檐口或檐沟开设的洞口，构造上要求排水通畅，不易渗漏和堵塞。水落管口埋设标高必须准确，结合部位应仔细施工，水泥砂浆应抹压严密，管口处应光滑。

（3）穿过粉末状憎水材料防水层的管道与找平层结合处，应用细石混凝土做成泛水，找平层上部的防水层、隔离层、保护层，也应做成相应的泛水坡度与管道相接，保护层与管道外壁间要抹压紧密光滑，上部避免出现台阶。

（4）在防水层与女儿墙、水落口、穿过防水层管等交接处，如操作确有困难或质量不能保证时，应辅以涂膜防水作为封闭层。

## （四）保护层出现开裂

### 1. 原因分析

保护层出现开裂的原因很多，根据工程实践证明，其主要原因是：屋面完工后因温度应力、收缩变形、结构不均匀沉降等作用，而导致保护层出现开裂，从而引起屋面的渗漏。

### 2. 防治措施

（1）对于细小的裂缝，可以将保护层沿着裂缝凿出宽为 20～25mm 的缝，用高强度等级的水泥砂浆或细石混凝土修补。

（2）对于较大的裂缝，应将缝的两边各 100mm 以内的保护层凿掉，然后将找平层、粉末状憎水材料防水层、隔离层、保护层全部依次重做。

# 第五节　房建工程渗漏质量通病与防治措施

房屋渗漏现象一直是房屋建筑工程中的典型质量通病，这一问题直接影响着房屋结构的使用功能和使用年限。分析原因为设计、施工等，而其中主要是在施工方面。根据不同原因，采取相应措施，以避免或减少渗漏问题的发生。在实际工程中采取的主要措施有：第一，设计时要认真贯彻相关的技术标准，设计人员应熟悉掌握设计原则、设计构造及各种防水材料的性能；第二，选择防水材料时要坚持执行防水材料质量认证制度，优选质量可靠、信誉度高的产品，根据建筑物的防水等级、性质、功能、构造及自然环境、防水材料特点、使用范围等情况，确定最终产品；第三，施工质量的控制是防漏的关键，特别是对有特殊防水要求的项目，必须编制相应的防渗专项施工方案，并对施工班组进行专门的技术交底，避免因施工不当而导致渗漏现象的发生。

房屋渗漏一般包括外墙渗水、屋面渗漏水、三小间（卫生间、厨房间和盥洗间）地面渗漏水，其中以三小间地面渗漏水现象最棘手，也是最普遍、最难解决的质量问题。

# 一、外墙产生渗水

在建筑工程中普遍存在着外墙面渗漏水的问题。这也是建筑工程中存在的一种质量通病，轻者室内墙面渗水，重者造成室内墙面抹灰层脱落影响到使用功能。外墙渗漏形成的原因比较复杂，它涉及设计、材料、施工、使用等多个环节。

## （一）原因分析

### 1. 材料方面的原因

(1) 防水材料质量下降，合格率普遍低下，尤其是小型厂生产的产品，在生产过程中没有经过严格的工艺处理，质量关、技术关都没把好，甚至生产防水材料的原材料的质量也有问题。

(2) 砌块、机制黏土砖、水泥的质量达不到要求，强度不够，施工所用的砂石含泥量大、超出规范要求。

### 2. 施工方面的原因

(1) 不按设计要求和施工规范进行施工，混凝土配合比掌握的不准确，水灰比过大，影响到混凝土墙体的强度。浇筑时振捣不密实、养护不及时、拆模过早，也会造成混凝土墙体出现蜂窝、麻面、孔洞以及裂缝等现象。

(2) 墙体砌筑质量不良，在砖砌体的诸种质量通病中，影响外墙渗漏的原因有：砌筑砂浆配合比不符合设计及规范要求；砖砌体水平灰缝砂浆饱满度不足 80%，竖向灰缝无砂浆，为雨水渗漏预留了内部通道；框架结构中填充墙砌至接近梁底或板的底部时，未经停歇，一直砌斜向砖顶至梁、板底，以后随着砌体因灰缝受压缩变形，造成墙体下沉，斜砌砖体与梁、板间形成间隙，外墙抹灰或刮毛时，在此间隙处形成裂缝；框架柱与填充墙间的拉结筋不满足砖的模数，砌筑时折弯钢筋压入砖砌体层内，形成局部位置砌体与柱间产生较大的间隙，抹灰时该处易产生裂缝。

(3) 外墙洞口处理不当。上料口封堵砌筑时，与原有洞口接槎不严；工程竣工后，住户在墙体上凿取空调管洞、太阳能热水器管孔、排气扇孔洞等，造成墙体的裂缝。由于条件的限制，住户及装修者，无法对此进行认真的处理；剪力墙墙体施工时的螺栓套管在内外墙装饰前，未认真进行封堵或未封堵。

(4) 外墙抹灰或粘贴面砖的质量不合要求。外墙抹灰空鼓、裂缝；使用了翘曲、开裂或缺角的面砖；面砖脱落，未认真勾缝。

（5）铝合金或塑钢窗框与墙体连接不牢固，密封不严。墙体洞口尺寸或位置不符合设计要求，窗框与墙体间的间隙未能认真处理，间隙太小，无法填充材料；间隙过大，填充不实；窗洞抹灰由内、外装饰两家施工单位施工，施工的时间不同，使用的材料不同，也会形成缝隙；或者施工顺序不当。

（6）外装饰刮毛后，即安装窗框，造成窗框与墙体间的砂浆不易填实抹平。加之固定窗框调整用的“垫块”仍留在窗框下部，或拆除后二次填充抹灰质量无法保障；窗框与墙体固定不牢，致使窗子在风荷载作用下产生位移，而使密封材料产生裂缝；窗安装后，没有在窗框外侧与墙体的连接部位进行密封或密封失效；窗框材料与墙体材料热膨胀系数不同，窗框与墙体连接处易产生细小裂缝。

## （二）防治措施

（1）严格把好外墙防水的设计关，杜绝由于设计原因造成的外墙结构裂缝。同时，在设计中也要严格选择优质、适宜的建筑材料。

（2）抓好墙体的砌筑质量，这是防止外墙产生渗水最关键的环节。砌筑砂浆要精心进行配合比设计，砌筑中要做到饱满密实，同时严禁用干砖砌筑；严格控制填充墙的沉降裂缝，拉结筋的数量应符合设计要求，并砌入砖缝中。填充墙砌至梁底500mm左右应停3d以上，待灰缝干燥沉实后，砌至梁底180～200mm时用斜砌砖填充，倾斜度控制在30°～80°之间，斜角缝中应满铺砂浆。

（3）抹灰层应当表面平整，厚度适当，黏结牢固，无空鼓质量问题。分隔缝处应用水泥砂浆填嵌密实，防止出现干裂现象。外墙面砖进行镶贴时，应当搭设双排脚手架，并用防水砂浆进行打底，用膨胀水泥嵌填密实。

（4）外门窗的四周要封闭严密，不准有任何的渗漏质量问题。外窗台应当设顺流水的坡度，严禁出现倒泛水。铝合金门窗四周密封胶要均匀密实，窗框的底部应设有排水孔。

（5）在正式进行抹灰前，应首先修补好墙面上深度较大的缝隙和脚手架眼，且保证孔洞堵塞密实。穿墙管道、预埋件、螺栓周边等，应用细石混凝土填塞密实。

# 二、屋面渗漏水

房屋渗漏直接影响到房屋的使用功能与用户安全，也给国家造成巨大经济损失。在房屋渗漏治理过程中，由于技术措施不当，防止渗漏的效果不好，以致出现年年漏、年年修，年年修、年年漏的现象。要从根本上解决已建房屋屋面渗漏水问题，就要从防水工程的设计、施工、材料及管理维护等方面着手，进行系统管理，综合防治。以提高防水工程质量，杜绝渗漏为目标，从施工入手，严把材料质量关，提高设计水平和加强管理，有针对性地采取具体措施进行综合防治。

### 1. 原因分析

屋面产生渗漏水的原因很多，主要原因有以下几个方面。

（1）设计方面虽然无问题，但施工质量较差，或者选用的屋面防水材料不合格，屋面防水层发生开裂而造成渗漏水。

（2）屋面找平层细部处理不当，使其成为薄弱环节，在此产生渗漏。

（3）泛水高度不够或收口不严，收口处的木砖和木条未进防腐处理等，也会造成屋面的渗漏。

（4）雨水口、泄水口部位的油毡铺贴不规范，变形缝处理不当，也是造屋面渗漏的原因之一。

（5）穿过屋面的各种管道周围混凝土灌缝不密实，也会使屋面产生渗漏。

## 2. 防治措施

（1）认真搞好屋面的防水设计，严格把好材料的质量关。在设计中要特别注意，在应力集中、基层变形较大的部位（如屋面板拼缝、现浇混凝土施工缝、预制板端部等处）铺贴缓冲层。

（2）找平层应采用配合比为1∶2.5～1∶3.0的水泥砂浆，或强度等级不低于C15的细石混凝土。按照施工规范要求设置分隔缝，并填嵌密封材料，分隔缝处应铺附加层。

（3）突出屋面的烟囱管道、上人孔口、女儿墙等与屋面交接处，需做半径100～150mm的圆弧或钝角，穿过屋面管道周边用细石混凝土浇捣密实，以防止根部出现渗漏。

（4）防水材料进场后，必须按照有关规定进行验收，任何防水材料在用于屋面之前，必须经过质量检验，合格后方可使用。

（5）采用卷材防水的泛水高度不得低于250mm，卷材的“收头”应固定密封，且上部墙体需要进行防水处理。

（6）屋面流水坡向设计正确，坡度应当符合设计的要求，不得出现积水现象。水落口杯的周围直径500mm范围内，应做成不小于5%的坡度，并用防水材料或密封材料进行密封，其厚度不小于2mm，水落口杯与基层的接触处，应当留出宽20mm、深20mm的凹槽填嵌密封材料。

（7）变形缝处金属盖板应顺水搭接，咬口处理后，还应当用锡焊接密封，侧面固定牢靠。缝内垃圾清理干净，然后填入泡沫塑料或沥青麻丝，上部填放衬垫材料，并用防水卷材封盖。

（8）屋面刚性防水层的厚度一般不得小于40mm，为了避免产生过大的收缩应力，应配置直径4mm、间距为100～200mm的双向钢丝网片。

（9）屋面防水施工完毕后，按照有关规定进行屋面蓄水试验，检验屋面是否渗漏水，一般蓄水时间不得少于48h。

# 三、三小间地面渗漏

在当今建筑行业，特别是民用建筑，因室内三小间地面渗漏引起的客户投诉事件日益增多，造成三小间地面渗漏的原因也各种各样、千差万别。三小间渗漏是施工人员遇到的比较棘手的问题，也是影响居民生活的大问题。

## （一）渗漏部位及原因

根据众多工程实践证明，建筑三间地面渗漏的部位主要集中在墙体与地面交接处、浴盆上口与墙体接触处、排水地漏的周围、卫生器具的排水管和穿过地面的管道周围。其产生渗漏的主要原因如下。

（1）地面的泛水坡度不符合排水的要求，有的甚至出现倒泛水现象，积水沿着墙体的底部空隙而产生渗漏。

（2）地面基层防水设计不合理，或者没有按照设计要求进行施工，或者没有按照施工规范要求进行施工，从而使地面基层防水质量不合格。

（3）在浇筑地漏和卫生器具的排水管和穿过地面的管道周围混凝土前，基层未进行认真清理，致使浇筑的混凝土和原混凝土板之间产生裂缝，导致水沿着施工缝渗漏。

（4）由于浴盆上口与墙体接触处是经常存水的部位，如果内墙砌筑抹灰不好或镶贴面砖勾缝不密实，很容易形成渗水的通道。

（5）通过地面板的塑料排水管未设置伸缩节，采暖管未加管套，由于温度变化的原因，造成管道与其周围已灌密实的混凝土产生相对位移，从而使管道与混凝土之间出现缝隙，水通过缝隙沿管道渗漏。

（6）浇筑混凝土板时发生漏振捣和振捣不密实等，造成混凝土板的施工质量不符合要求，或混凝土强度还未到规定的拆模强度就拆除模板，或在其上面放置重物和猛烈振动，使混凝土板产生裂缝，从而造成渗水。

（7）大便器排水管安装高度过低，大便器出口插入排水管的深度不够，从而造成水从连接处向外漏出。如果处理不好，水就会沿管道周围或混凝土板内的蜂窝、裂缝及墙缝渗出。

（8）预留孔的位置不对，安装管道时出现乱砸乱剔，破坏了建筑三小间楼地面的整体结构，从而造成渗水。

## （二）防治措施

（1）建筑三小间现浇混凝土楼面应当振捣密实，四周沿墙应同时浇筑高 120～180mm、宽度与墙体等厚度的混凝土挡水带；在地面施工之前，应先按照设计要求找好泛水坡度，拉线做好标高控制点，然后再进行下一道工序的施工。

（2）管道和地漏预留孔洞的位置要准确，排水管、地漏、采暖管套管周围细石混凝土的浇筑，应当严格按施工要求进行处理，并用膨胀混凝土浇捣密实。也可在浇筑膨胀混凝土时沿管道周围留 20mm 宽、10mm 深的凹槽，用防水油膏或其他防水胶结材料填充，使之与混凝土和管道黏结牢固。以上做法待混凝土达到一定强度后，在地面蓄水 48h，以不出现渗漏为合格。

（3）穿过地面的塑料排水管，应每层设置伸缩节，并埋置于混凝土内，其高度为上口露出地面 40mm 左右。采暖管在穿过地板处应设套管，套管与管道之间用石棉油麻封堵。在做水泥砂浆找平层时，在管道周围 50mm 内做高出地面为 20～30mm 的水泥砂浆挡水台，防止水从管道处渗漏。

（4）在浴盆上口 200mm 处至地面，全部用 1∶2.5 的水泥砂浆进行打底，浴盆口墙面用 1∶1 的水泥砂浆抹灰、压光。为防止浴盆处地面积水，浴盆下地面除采取上述做法外，还应当找排水坡度，使水流向浴盆排水管的一侧，并通过浴盆排水检修门流入室内地漏。

（5）严格按照操作规程进行施工，确实保证混凝土浇捣密实。模板进行拆除时，混凝土的强度应符合施工规范的要求，在施工中不能超载。由于施工原因造成的混凝土板裂缝，应当剔除周围不合格的混凝土，严格按施工缝的做法重新进行浇筑。

（6）找平层及内墙底部高 300mm 以下，需要用防水砂浆一次抹成，这是建筑室内三小间防止渗漏水非常重要的一道工序。

（7）在进行安装地漏和大便器前，应当先找平和拉线，根据设计泛水坡度确定地漏的合理高度，并保证地漏篦子顶部低于周围地面 5mm；大便器的排水管高度应根据地面高度确定，使之上口高出地面 25～30mm，同时应选用内径大于大便器出口外径 5mm 以上的排水管。

(8) 建筑室内三小间地面施工完成后，应进行两次蓄水试验。首先在补修好管道、地漏、排水管周围混凝土后，进行一次蓄水试验，以检查排水坡度排水是否畅通及有无渗漏；在全部工程完成后，再进行一次蓄水试验，以彻底根除渗漏水因素。

# 第六节 建筑工程卫生间渗漏原因与防治

卫生间渗漏是目前住宅工程中普遍而又突出的质量问题，它严重影响了房屋的使用功能，给住户工作、生活带来不便，因此用户反映强烈。另外，作为房地产开发企业，每年用于卫生间渗漏返工和综合维修也需要耗费大量人力、物力和时间，既影响住户生活秩序又损害了企业的社会信誉。所以卫生间渗漏是各房产开发企业都应重视的工程质量问题，针对渗漏部位，先查清出现渗漏的原因，再采取相应的防治措施。下面结合两个渗漏卫生间的工程实例，对其渗漏的原因进行认真分析，并提出具体的防治措施。

## 一、某办公楼卫生间渗漏

某办公楼于 1994 年建成，卫生间为 80mm 厚、C20 钢筋混凝土现浇板，马赛克铺贴地面，瓷砖墙裙高 1.5m，蹲式大便器。建成使用不久，卫生间楼面四周的外墙潮湿，顺排水处存水弯向下漏水，地面积水比较严重，导致下层房间无法使用，被迫长期停止使用。

### 1. 渗漏原因分析

(1) 该办公楼的卫生间楼板为现浇钢筋混凝土平板，与此毗邻的其他房间均为预应力空心楼板，现浇平板和预制空心板都支撑在墙体上，施工时瓷砖墙裙与马赛克面交接部位，出现砂浆铺筑抹压不密实，楼面积水将沿着存在的缝隙和毛细孔产生渗漏。在使用的初期，由于砂浆和砖墙都比较干燥，少量的渗水由砂浆和砖墙所吸收，短时内不会出现渗漏现象。但是，使用一定时期后，砂浆和砖墙吸水达到饱和，再有积水即可快速渗透楼板，从而造成楼板渗漏滴水现象。

(2) 在进行卫生间的施工时，大便器存水弯的排水口与铸铁管的承接口衔接处的杂物、尘渣清理不干净，密封材料难以填充密实，大便器与存水弯管之间连接不牢，密封材料嵌填不实，造成了顺排水管滴水现象。

(3) 现浇钢筋混凝土楼板在浇筑时振捣不密实，内部存有许多微小的孔洞，铺贴马赛克时勾缝也不密实，使楼面积水沿着混凝土微小孔隙渗到下层。

(4) 高水箱冲洗管与大便器间的皮碗绑扎不牢，高水箱放水时有部分水从接口处流出，这也是造成渗漏的原因之一。

### 2. 防止渗漏的措施

(1) 设计时将卫生间四周的现浇板上浇筑高 120～180mm、宽不小于 100mm 的混凝土挡水墙，并且与卫生间楼板一次浇筑完成，不得留施工缝后浇。

(2) 当卫生间的现浇钢筋混凝土板与相邻房间的空心板压在同一墙体上时，浇钢筋混凝土板上的挡水墙应为半砖厚，当空心板不压在墙体上时，挡水墙应为一砖厚。这样使卫生间的四周形成了一个不透水的池子，阻止了楼面积水向外渗漏。

### 3. 渗漏的治理方法

（1）为避免楼板面层在墙根处产生开裂，防止积水吸附到墙体内造成渗水，在浇筑钢筋混凝土楼板时，振捣一定要密实，靠墙根转角板应抹成半径为10mm的圆角；墙面贴瓷砖地面铺贴马赛克时，底面砂浆一定要饱满，勾缝一定要密实，楼面应按规定进行寻找坡度，坡面均要向地漏。

（2）对于墙面出现反碱粉酥的部位，首先应当将其凿除并清理干净，然后再用灰砂比为1∶2.5的防水砂浆进行修补。

（3）大便器与排水管存水弯之间，密封材料一定要填充密实，当其连接处出现渗漏时，必须拆开重新施工，并严格遵守施工验收规范，高水箱冲洗管与大便器间的皮碗一定要绑扎牢固。

（4）为提高卫生间楼地面的抗渗能力，在铺贴瓷砖和马赛克的水泥砂浆中，应当加入适量的防水剂，其防渗效果会更好。

## 二、某住宅楼卫生间渗漏

某住宅楼于1997年建成，卫生间为80mm厚、C20钢筋混凝土现浇板，马赛克铺贴地面，瓷砖墙裙高1.8m，蹲式大便器。该工程使用不到半年，开始在穿楼板、穿屋面板管道根部、地漏周围以及大便器下部产生渗漏，使卫生间顶棚常年潮湿，个别房间出现滴水现象，从而影响了正常使用。

### 1. 渗漏原因分析

（1）预留孔洞的位置不准确，有的偏差过大，安装管道时只好在已浇筑的楼板上重新打孔凿洞，这样不仅造成原孔洞过大而使孔洞堵塞困难，而且使楼板的整体性和钢筋的连续性受到破坏，易使楼板产生裂缝，人为留下渗漏的隐患。

（2）穿楼板的排水管周围没有做成找坡度的圈台，管道四周出屋面处，找平层没有做成圆锥台，管道根部的周围没有起坡或起坡不够；施工时使用的水泥砂浆没有抹平压实，不能保证管道根部的防水质量。

（3）冲洗立管及大便器安装不牢固，排水立管及地漏周围的混凝土浇筑质量较差，地漏安装高程不准确，致使地面积水不易排出。

### 2. 防止渗漏的措施

（1）预留管道孔洞的位置，一定要严格按照设计图纸进行施工。管道孔洞的模具定位后，应由专人负责看管和施工，以防止模具在混凝土的浇筑和振捣中产生位移，影响管道孔洞位置的准确性。如果一旦发生位移，则应立即加以纠正。

（2）管道、地漏穿越楼板安装固定后，应当及时用不低于楼板混凝土强度等级的细石混凝土将管道孔洞堵密实、抹平。为提高混凝土的抗渗性能，细石混凝土中应掺加适量的防水剂。堵孔洞的支撑模具应坚固、平整，与楼板接触部位应紧密，不得有缝隙。

（3）地漏应安装在卫生间楼地面的最低处，其篦子的顶面应低于设置处楼地面5mm，不得采用浅水封或无水封地漏。当无深水封地漏时，地漏下面应增加反水弯，地漏必须设置于便于清扫、便于排水的位置。

(4) 立管应设置在靠墙的转角处，在管道根部做成找坡度的圈台，找坡度圈台比管道根部处楼面高出 20～30mm，其宽度为 30～50mm。管道根部出屋面处，找平层应做成圆锥台，铺贴防水屋时应增加附加层。

(5) 科学组织工程施工是防止卫生间出现渗漏的重要措施之一。土建与安装工程应当密切配合，搞好交叉作业，保证施工过程的连续性和科学性。给排水管道的施工，应遵循先安装管道后安装卫生器具的原则。其施工顺序一般为：安装下水立管、支管，堵塞管道孔洞；做楼地面找平层，进行防水处理；贴墙面瓷砖，铺地面马赛克；安装卫生器具，试水维修。

## 第七节　卷材防水屋面的质量问题与防治

卷材防水屋面是指以不同的施工工艺将不同种类的胶结材料黏结卷材固定在屋面上起到防水作用的屋面，这种防水屋面能适应一定程度的结构振动和胀缩变形。所用卷材有传统的沥青防水卷材、高聚物改性沥青防水卷材和合成高分子防水卷材等三大系列。

卷材防水屋面是一种传统的防水做法，也是一种比较简单的平屋顶构造。从其设计构造上来看，一般由结构层、隔热层（保温层）、隔汽层、找平层、防水层和保护层等组成。这种防水屋面除了可以承重外，还具有隔汽、防潮、隔热、保温、防水等多种功能，同时它还具有减少空间高度、节约建筑材料、提高建筑耐火等级、降低工程造价等优点，因此，到目前为止在房屋屋面防水中仍在广泛应用。

卷材防水屋面，虽然经过多年的实践积累了丰富的经验，但在结构设计、材料应用、施工操作等方面，还存在着很多问题。有些工程建成后经不起时间的考验，屋面积水、漏水、鼓泡、流淌、开裂等现象经常发生。尤其是在炎热、潮湿、多雨的地区，气温较高，湿度较大，给施工带来很大困难，很容易出现质量问题。

根据对卷材防水屋面的调查结果，卷材防水屋面的主要质量问题是防水卷材铺贴后出现气泡，且大多数工程均有程度不同的气泡，气泡的面积一般在 0.5%～2.0%之间，有的甚至达到 15%以上。产生的气泡多数呈蜂窝状，大小不等，分散不均。这种气泡虽然在短时间内不会引起屋面的渗漏，且长期在外界环境的作用下，很容易遭到破坏。如果气泡较多，就很易使屋面高低不平，在屋面上产生积水，从而加快了卷材的腐烂速度，降低了使用年限。

### 一、卷材防水屋面产生气泡的原因

通过对气泡剖开检查情况发现，气泡大多出现在基层与卷材层之间，少数在两层卷材之间，气泡的内部均较潮湿，有的还带有水珠。气泡多数呈蜂窝状，个别表面发亮；气泡所在处的基层或卷材层上没有粘着沥青玛蹄脂。由此可以断定气泡的成因是：在卷材防水层中不实的部位，藏有水分和气体，当受到阳光照射或人工热源的影响后，发生体积膨胀而造成。

由以上可以看出，解决防水卷材气泡的问题，主要是解决基层与卷材层之间出现的气泡；解决的关键问题是，避免施工中水分侵入基层，同时在防水卷材铺贴之后，对此处的水分采取适当的排除措施，这样屋面产生气泡的质量问题就可以得到改善和解决。

## 二、防止卷材屋面产生气泡的措施

防止卷材防水屋面产生气泡的措施很多，根据工程实践经验，主要是设置隔热层、做好找平层、设置排气孔和认真铺贴防水卷材等。

### 1. 设置隔热层

卷材防水屋面隔热层所用的材料，应当选择密度较小、导热系数低、来源较广泛、价格较便宜的保温材料。目前，在实际工程中一般常选用泡沫混凝土、炉渣或炉渣混合物。

泡沫混凝土需要进行预制，然后在施工现场分块铺贴，并注意将缝隙嵌填密实。要特别注意在铺筑前要严格控制材料中的水分，使泡沫混凝土达到风干状态，在铺筑后要防止水分的侵入，这是保证工程质量的关键。

炉渣或炉渣混合物材料，以干燥状态铺筑炉渣为好。在铺筑炉渣时，应当先将大块放在底部，再将小块嵌填在大块的中间和上部。根据屋面坡度铺成炉渣的厚度，以满足隔热要求的最小厚度为佳，并用木夯夯实直至紧密为止，以利于水泥砂浆找平层的施工。

炉渣混合物以采用水泥炉渣为宜，其配合比一般为1：8～1：10，铺设厚度一般为4cm，施工时可用搅拌机将水泥和炉渣搅拌均匀。这种隔热材料不仅具有较好的平整表面，而且还具有一定的强度，有利于找平层的铺设。水泥炉渣混合物铺设后，不宜大量浇水。当隔热要求较高时，可在底部铺筑一定厚度的干炉渣。

### 2. 做好找平层

卷材防水屋面的找平层，一般宜采用12～13mm厚的水泥砂浆，其铺设厚度可根据基层情况而定。当下面是比较松散的隔热层时（如干燥的炉渣），以4～5cm为宜；当下面是比较平整的表面时，以2～3cm为宜。找平层是铺贴防水卷材的基层，对其要求是比较高的，应当做到表面平整、不起砂、不脱皮、不开裂，强度不低于8MPa。

对找平层施工质量的控制是十分重要的，正确的操作方法是：用干硬性的水泥砂浆代替湿砂浆，用木抹子将其拍实，泛浆后再用铁抹子一次压光，代替过去先抹平收水后再压光的传统施工方法。对于做好的找平层要加强养护，养护时间不得少于5d。

采用这种操作方法施工的细砂水泥砂浆找平层，表面比较平整光滑，虽然表面也略有一些小的麻点，但没有起砂的感觉，可以做到表面平整、不起砂、不脱皮、不开裂，完全满足铺贴防水卷材施工的要求。

### 3. 设置排汽孔

在卷材防水屋面设置排汽孔，对于排除防水层中的水分，减少气泡的形成可以起到较好的作用。卷材防水屋面设置排汽孔，目前主要有3种做法，如图7-1、图7-2和图7-3所示。国外为了使隔热层中多余的水分得到散发，习惯在隔热层的底部设置一层呼吸层（即压力平衡层）。这种呼吸层是用铝铂等金属材料制成的，与外界大气连通。利用这种构造的屋面，隔热层中的潮气能蒸发75%以上。因此，目前国外应用得比较多。

近些年来，我国针对不同屋面防水工程的排汽也进行了实践和探索，取得了比较成功的经验，目前在实际工程中常用的排汽形式是：排汽槽的排汽形式和呼吸层的排汽形式。

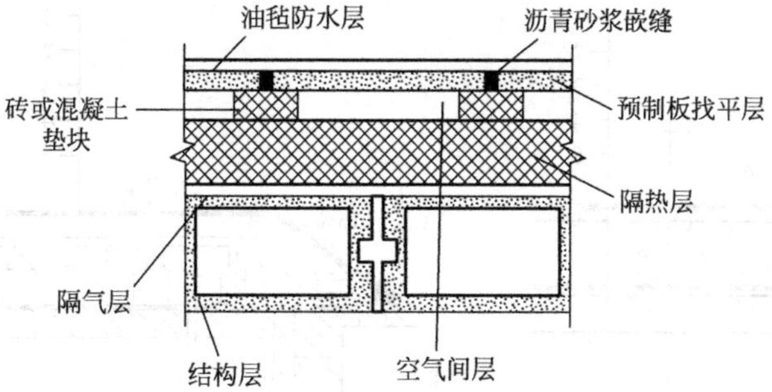


图 7-1　架空找平层的做法

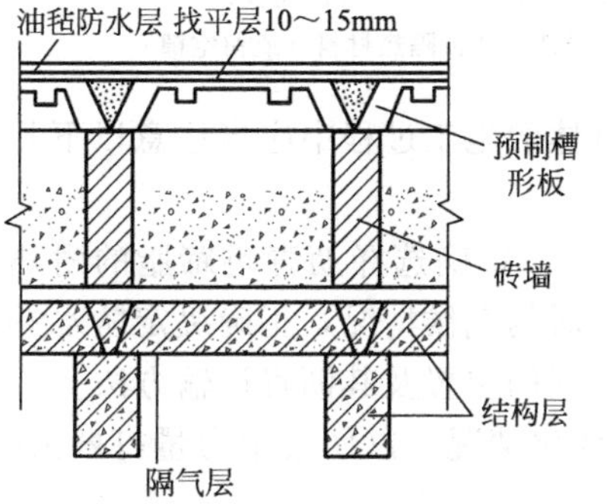


图 7-2　双层屋面的做法

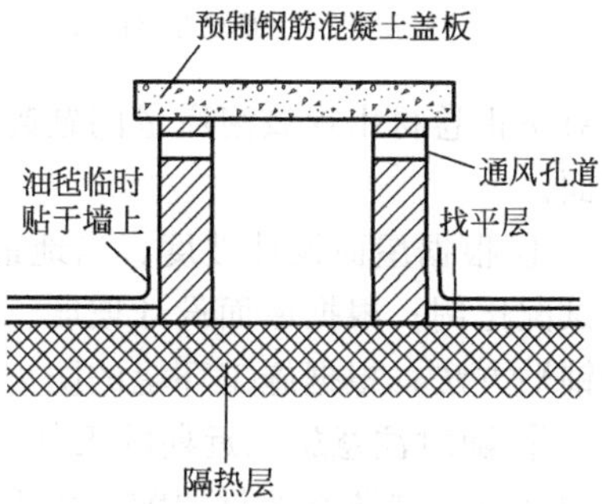


图 7-3　临时排汽孔的做法

## 1. 排汽槽的排汽形式

排汽槽的排汽形式仅适用于无隔热层的防水屋面。这种排汽孔就是利用水泥砂浆找平层中的温度分隔缝与檐口顶预留孔连通而成的，施工时主要是防止杂物将排汽孔的孔道堵塞。同时为了兼顾温度变形缝的需要，排汽孔的孔道上部要先铺一层 25～30mm 厚的卷材条。为了便于位置固定，卷材条可以一边用沥青玛蹄脂粘贴，另一边采取干铺，以利于伸缩。在大面积卷材铺贴时，应根据当铺贴的范围，事先将排汽的孔道清理干净，并把铺贴卷材条的附加层固定好。

目前，一般檐口多采用钢筋混凝土现浇板，因此在施工时可以按照排汽孔道的距离预埋直径 38mm 的铁管，也可以预埋木方，在混凝土浇筑后将其拔出即可。

## 2. 呼吸层的排汽形式

呼吸层的排汽形式的排汽孔道，是参照国外呼吸层的做法改进而成的，主要适用于有隔热层防水屋面，如图 7-4 所示。这种排汽孔道的主要优点是：施工简便，效果良好，造价经济，而且长期与大气连通，保证了隔热层中多余的水分能够顺利蒸发。找平层抹灰后，对卷材防水层的铺贴无任何妨碍。

## 3. 确保卷材铺贴质量

确保卷材铺贴质量，是防止卷材出现鼓泡质量问题的基础，在铺贴卷材的施工过程中，首先应注意以下几个方面。

（1）铺贴时的注意事项　防水卷材采用正确的铺贴方法，是保证防水层施工质量的基础，

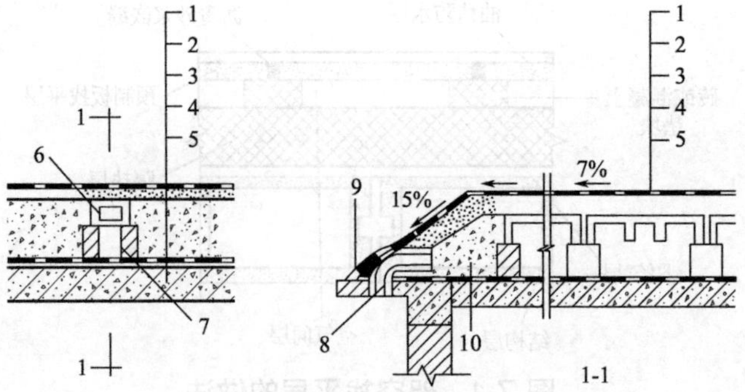


图 7-4 有隔热层时排汽孔的设置

1—卷材防水层；2—砂浆找平层；3—隔热层；4—隔汽层；5—结构层；6—排汽孔板；7—砖垫；8—预埋弯形铁管（每隔 4～6m 一个）；9—油膏；10—局部大孔径隔热材料（或留空隙）

它对防止卷材出现鼓泡质量问题起着重要作用。因此，在具体的施工过程中应当注意以下几个方面。

① 根据屋面设计坡度、当地最高气温、房屋使用条件等，正确选择沥青玛蹄脂的耐热度及试配比例；根据屋面设计坡度、细部构造的节点以及施工时的气候情况，正确决定防水卷材的铺贴方法；根据施工环境的防火要求，正确选择沥青加热锅的位置及其沥青运输方法。

② 随时注意施工近期的天气预报，了解施工中的天气变化情况，以便集中力量打歼灭战，特别是第一层防水卷材的铺贴尤为重要。

③ 不断学习和掌握新技术、新工艺，不断提高施工技术水平，科学合理地进行劳动组织，严格按照操作规程办事，保证防水卷材的铺贴质量。

（2）卷材的铺贴方法　防水卷材铺贴的方法一般有以下两种：一种是热涂法，卷材用热沥青胶结料满涂在基层的表面，它要求基层一定要干燥，保证卷材与基层的黏结力达到设计的要求；另一种是排汽孔法，当屋面隔热层或找平层干燥有困难，而又急需铺设卷材防水层时，可以采用如以上所述的排汽孔法，将其多余的水分蒸发出去，此时可考虑采用不全涂热沥青胶结料铺设第一层防水卷材。卷材的具体方法如下。

① 热涂法　热涂法这是过去习惯用的老方法。它的要求基层必须完全干燥。隔热层或找平层的水分宜控制在大气相平衡的含水率之内（即平衡含水率）。因为受气候的影响，特别是雨季往往时间一拖再拖，严重影响下一道工序的施工。如果不等基层中的水分干透就铺贴防水卷材，施工后就难免出现或大或小的气泡。这种施工方法的优点是：施工速度较快，防水效果比较可靠，在长期的使用过程中，如有局部渗漏的地方，容易发现，便于修补。

② 排汽孔法　排汽孔法这是试图从防水效果可靠出发，排水和防水相结合，逐步找出一种施工比较简便，且受气候影响较少的操作方法。这种方法在隔热层和找平层内部设置必需的排汽孔，并与大气连通；待找平层基本干燥时，立即用“钉钉法”铺贴第一层卷材，即每隔 4～6m 间距，在找平层中预埋 500mm 间距的木砖，并以此作为第一层卷材钉钉的位置。采用这种方法时，应使卷材紧贴在基层上。但在檐口、屋脊和所有转角处及突出屋面结构的连接处，至少有 0.5m 宽度卷材涂满沥青胶结材料，使其相互黏结；也可以采用条状或点状粘贴卷材的方法代替“钉钉法”，即在上述钉钉的位置上涂刷条状或点状的沥青胶结材料，使卷材部分粘贴于基层上，同时又保持与大气连通，这种方法又称为“撒油法”。采用排汽孔法以及“撒油法”铺贴第一层防水卷材，对雨季施工和抢修工程是一项比较理想的施工方案，但有些技术尚需进一步实践，有待于今后进一步研究和推广。

# 第八节　建筑外墙面渗水质量通病与防治措施

随着我国经济迅猛发展，作为我国经济的支柱产业之一的建筑业也蓬勃发展起来，人们对建筑造型及色彩的要求也越来越高，新材料的使用及新工艺的实施也越来越多，但由于施工人员对新材料新工艺认识不足、处理不当或重视不够，或找不到目前可用施工技术规范，建筑外墙面渗漏现象时有发生，特别在南方及沿海地区尤为严重，而建筑外墙面渗漏防治费用又高，外墙面渗漏已经成为困扰建筑承包商与业主的棘手问题之一。

建筑外墙渗漏主要集中于外墙面裂缝易开展的部位，当风雨达到一定程度又经受一段时间，雨水就极易通过外墙裂缝渗漏到室内，引起室内的装饰、家具发潮霉烂，以致影响人们的正常生活与工作，造成财物的不必要损失，严重的还会影响到建筑的使用寿命。据有关调查资料表明，建筑外墙的渗漏率已高于屋面，应当引起设计、施工、建设等单位的高度重视。众多工程实践证明，产生建筑外墙渗漏有设计和材料使用方面的原因，但更多的是由施工因素所造成的。

墙体防水技术是一项系统工程，贯穿设计和施工两个阶段；因此外墙防水首先要从设计做起，在施工图设计阶段就要加以考虑外墙防水设施，必要时可增加一些具体防水节点；其次施工单位在施工阶段必须确保工程质量，采取一些技术措施；尤其是主体结构和装饰阶段，必须按设计要求、施工方案及现行施工规范要求来组织施工，采取必要的有效的施工技术措施，形成多点与多道防水，才能减少或彻底消除建筑外墙的渗漏。

## 一、建筑外墙渗水的主要原因

### （一）砖混结构外墙渗水的原因

#### 1. 砌体施工质量的原因

根据我国在砖混结构施工中的实践经验，对砖砌体施工最基本的要求是“横平竖直、砂浆饱满、上下错缝、内外搭接”，提倡采用“三一砌筑法”。如果不严格按照施工规范进行操作，特别是砌块之间砂浆不饱满，或者砌筑方法不正确，或者用干砌块进行砌筑，会造成砂浆与砌块黏结不牢，砌块之间有较大的缝隙，极易使雨水渗入，造成建筑外墙渗漏。

#### 2. 防水材料质量的原因

合格的防水材料是保证防水工程质量的物质基础，但众多防水工程出现的质量问题，很多是因为使用了不合格的防水材料而造成的，如质量低劣的防水卷材、防水涂料、嵌缝油膏等防水材料。例如有的工程用泥砂及建筑粉料代替砂拌制砌筑砂浆，其黏性虽然比砖大，但其和易性差，强度较低，收缩性大，防水性能很差。

#### 3. 施工洞口堵塞不严密

在砌筑黏土砖或混凝土砌块时，在外墙周围需要搭设外脚手架，其横向连墙杆件必然会留下一些脚手架孔洞；在砌筑墙体的施工过程中，可能根据运输物料及其他方面的需要，留下一些施工洞口。这些脚手架孔洞和施工洞口是后期堵塞的部位，其施工难度虽然不大，但做到堵塞严密确实不易，堵塞不严是外墙渗漏水的主要隐患。

#### 4. 抹灰层或者饰面层原因

建筑外墙除清水墙之外，外墙面均要用抹灰层或者饰面层进行处理，其施工质量如何对墙体的防渗漏起着重要作用。如墙面抹灰基层或者饰面层出现空鼓、裂缝或脱落等，分隔缝或面砖勾缝不密实等，都会很容易引起墙体的渗漏。

#### 5. 其他引起渗漏的原因

除以上所述的原因外，引起建筑物外墙面渗漏水的其他原因很多，如屋面女儿墙部位发生漏水，玻璃幕墙、外窗与墙体间的密封不严，窗台的砌筑产生倒坡，变形缝处填充不密实，室内卫生间产生渗漏，外墙面遭到破坏等，这些都可以引起外墙面的渗漏。

### （二）框架结构轻质砌块填充外墙渗水原因

#### 1. 轻质砌块的原因

材料试验结果证明，由于轻质砌块的吸水率、干缩变形及温度变形，要比混凝土空心砌块和黏土砖大，所以在梁底及柱子周围极容易产生裂缝，这是这类建筑物外墙产生渗水的主要原因。

#### 2. 空心砌块的原因

采用炉渣等空心砌块砌筑墙体，由于竖直方向空心，必须上下错槎搭砌，所以其竖直缝内很难达到砂浆饱满的要求，自然就成为墙体渗水的隐患。

#### 3. 施工方面的原因

工程实践证明，由于轻质砌块的表面比较光滑，轻质砌块界面不容易黏结砌筑砂浆，因此在砌筑面处极易产生空鼓和裂缝质量问题，这也是造成框架结构轻质砌块填充外墙渗水的重要原因。

### （三）现浇混凝土外墙产生渗水的原因

#### 1. 模板螺栓孔的原因

在浇筑混凝土外墙时，很多工程是采用对销螺栓法固定模板，必然在墙体上留下一定数量的螺栓孔洞。如果对这些螺栓孔洞未进行处理或处理不当，则会留下渗水的通道。

#### 2. 连墙杆件处理不当

在进行外墙脚手架连墙杆、悬挑脚手架拆除时，一般只用氧乙炔割除外露的部分，如果墙体内部分与混凝土之间有缝隙，则也会形成渗水的通道。

# 二、防治外墙面渗水的措施

## （一）砖混结构外墙面的防治措施

### 1. 严格控制砌体施工质量

坚持“三一”砌砖法或“2381”砌砖法施工。这是经过多年砌筑总结出来的成功经验，是保证砌体质量的技术措施。在砌砖的施工过程中，要把干砖浸水、砂浆强度及砂浆饱满当作重点来抓。在进行质量检查时，一定要查看砌体是否存在透明缝或瞎缝，若有就应在装饰抹灰之前采用勾缝方法进行修补。

### 2. 尽量减少墙中的脚手架眼

砌筑外墙所用的脚手架，宜优先采用双排脚手架，以减少或避免墙体中的脚手架眼。脚手架孔眼及其他孔洞的堵塞应仔细施工，认真清理孔洞内的垃圾，在保潮、湿润的情况下，用原设计的砌体材料和掺加膨胀剂的砂浆，切实将孔洞堵塞密实。

### 3. 严格控制砌筑砂浆的质量

砌筑砂浆的质量如何，对砌体的防渗起着重要作用。因此，砌筑砂浆应选用洁净的中砂，严格按设计配合比配制砂浆，严禁用泥砂石粉拌制的砂浆砌墙，有条件的宜采用防水砂浆，以确保砌体强度和提高抗渗性能。

### 4. 严格控制墙体细部构造的做法

严格控制墙体细部构造的做法，对于防治建筑物外墙面渗水具有重要作用。主要有以下几个方面：外窗台的高度，应低于内窗台 3～5cm；室内卫生间必须按规定设计高于楼面的混凝土堵水台；屋面女儿墙的细部处理、幕墙的细部处理、各类窗户的细部处理等应符合防水的处理。

### 5. 做好基层抹灰和分格缝

进行外墙基层抹灰施工时，禁止一次抹灰厚度大于 12mm，基层应处理干净，不得有空鼓裂缝。分隔缝推荐使用不锈钢或铝合金条作为永久分格条，并与底子灰黏结牢固。这样可有效避免墙面分格缝处渗水，并提高外墙整体观感效果；采用木制分格条时，分格条的断面应制成等腰梯形，抹灰后适时取出，缝内应灌注柔性防水材料。

### 6. 严格外墙镶贴面砖的勾缝

当外墙采用镶贴面砖时，应严格控制基层及面砖空鼓，面砖间的缝隙宽度一般为 6～8mm，并认真控制勾缝的质量。勾缝宜用 1∶1 的水泥砂浆，一般分 3 次成活。在进行勾缝时，先将水泥砂浆沿着面砖周围嵌塞密实，首次采用直径 6mm 勾缝匙子将纵、横缝压实，随后再刮一遍砂浆；第二次用直径 12mm 匙子再压实，之后刮掉表面的浮灰；第三次采用直径 10mm 匙子压实找平。缝隙压光是控制面砖灰缝不空鼓、不裂缝和不渗水的关键工序，并达到水平线与竖直缝深浅一致，所有交接处呈“八”字缝的美观效果。如果在第三次勾缝前，用掺30%水玻璃的水溶液拌和水泥涂抹一遍，然后再进行第三次勾缝，防水效果会更好。

## （二）框架轻质砌块填充外墙防渗的措施

框架轻质砌块填充外墙面防治渗水的措施，除按上述相关措施进行外，还应采取以下几条防治措施。

### 1. 选择适宜的外墙材料

在框架轻质砌块的设计时，外围护墙宜优先考虑采用现浇轻质陶粒混凝土，黏土空心砖或其他吸水率低的硅酸盐砌块。高层建筑宜采用玻璃幕墙或复合铝板，以抵挡高压力下的雨水冲击。

### 2. 确保砌体砂浆饱满度

为减少砌块的收缩率，严禁使用龄期不足28d的砌块上墙。因为28d砌块的自然收缩率约为0.35%，砌块上墙遭水浸湿再干透的收缩率为0.25%。砌块砌筑前2h浇水湿润，水浸入砌体内以10～15mm为宜。砌块采用“原浆随砌随收缩”的操作工艺，保证砂浆饱满度达80%以上，尤其注意竖向缝砂浆的饱满度，为防止竖向缝砌筑砂浆坠落人块体空心内，应采取防止砂浆掉落的技术措施。

### 3. 某些部位设置点焊网

为控制砌体与梁底及柱子间收缩裂缝的影响，除把梁底部的砌块斜向砌筑塞紧灰浆进行密实外，还应在混凝土与填充墙交接处设置一层宽度大于300mm的点焊网；对于轻质墙板宜满蒙一层点焊网，可避免出现过大的收缩裂缝。

### 4. 掺加适宜的外加剂

由于加气混凝土砌块、煤渣砖、陶粒空心砖等材料的界面松软或过于粗糙，因此直接进行抹灰不易粘结。解决措施如下。

（1）抹灰前，在基层上涂刷一层“界面处理剂”，可用107胶液（水质量的15%～30%）向砌体上喷洒2～3遍，待其全部吸入后即可抹灰砌筑。

（2）在砂浆中掺入适量的胶结材料，如内掺107胶（水泥质量的15%～30%），改善砂浆的黏结性能。

（3）涂刷“防裂剂”或“防渗剂”，即在底灰的表面及时刷一遍专用的“防裂剂”或“防渗剂”，紧接着再抹中层灰，同样在中层抹灰的表面刷一遍专用的“防裂剂”或“防渗剂”，再抹面层灰或镶贴瓷砖等饰面材料。

## （三）现浇混凝土外墙面的防渗措施

现浇混凝土外墙面防治渗水的措施，除按上述相关措施进行外，还应当采取以下几条防治措施。

（1）在现浇混凝土外墙拆除模板后，应立即将固定模板用的螺栓孔内混凝土凿成毛茬，并用掺加膨胀剂的水泥砂浆将其堵塞严密。

（2）在外墙脚手架连墙杆、悬挑脚手架拆除后，立即将墙内钢管全部割除，并按施工缝的要求，用膨胀细石混凝土堵塞密实。

（3）高层建筑的井架口，上人电梯口等施工预留洞口，在封堵时应严格按有关程序和方法施工，不得留下渗水隐患。

# 第八章

# 安装工程质量问题与防治

安装工程一般是介于建筑工程和装饰工程之间的工作。安装工程是指各种设备、装置的安装工程，通常包括电气、通风、给排水以及设备安装等工作内容，工业设备及管道、电缆、照明线路等往往也涵盖在安装工程的范围内。

## 第一节　给排水与暖卫工程质量问题与防治

### 一、室内给水管道安装

室内给水管道的传统管材是钢管和铸铁管，由于钢管和铸铁管自重较大，且钢管容易生锈，铸铁管管壁粗糙，再加之生产时能耗较大，所以“以塑代钢”已成必然趋势。取代钢管和铸铁管作为生活给水管的将是聚丁烯管、聚丙烯管、铝塑复合管和PVC-U给水管等。

#### （一）地下埋设管道漏水或断裂

**1. 质量问题**

给水管道通水后，地面或墙角处局部出现返潮现象，有的甚至从孔隙处出现冒水，严重影响使用，也影响管道中的水质。

**2. 原因分析**

（1）给水管道安装完毕后，没有按要求认真进行水压试验，管道裂缝、零件上的砂眼以及接口处渗漏，没有及时发现并解决。

（2）管道的支墩位置不合理，受力不均匀，造成丝头断裂；尤其当管道变直径使用管补心以及丝头超长时更容易发生。

（3）我国北方地区在管道进行水压试验后，没有把水排干净，在冬季造成管道或零件冻裂而产生漏水。

（4）管道埋土后夯实的方法不当，造成管道接口处受力过大，丝头出现断裂而漏水。

**3. 预防措施**

（1）管道应严格按标准工艺进行施工。给水管道安装完毕后，严格按照施工规范进行管道水压试验，认真检查管道有无裂缝，零件和管道丝头是否完好。

（2）管道严禁铺设在冻土或未经处理的松散土层上，管道的支墩间距要合适，支垫要牢靠，接口要严密，变直径处不得使用管补心，应当使用不同直径的管箍。

（3）冬季施工前或管道进行水压试验后，应将管道内的水彻底排干净，防止结冰冻裂管道或零件。

（4）管道周围埋土要均匀分层夯实，避免管道局部受力过大，尤其要防止丝头出现损坏。

### 4. 治理方法

地下埋设的管道出现漏水后，应及时进行处理，以防发展更加严重。首先应查看竣工图，弄清管道的走向，判定管道漏水的具体位置，然后挖开地面进行修理，修理后再进行管道压水试验，合格后再分层埋土夯实。

## （二）管道立管甩口处不准确

### 1. 质量问题

管道甩口处指的是预留的接管位置，为以后管道连接预留的地方，或是以前预留的管道接口。工程实践证明，管道立管甩口处不准确，不能满足管道继续安装对坐标和标高的要求，给管道施工带来很大困难。

### 2. 原因分析

（1）管道安装后，固定的不牢固，在其他工种施工（例如回填土）时受到碰撞或挤压而产生位移，从而造成管道立管甩口处不准确。

（2）在进行工程的设计或施工中，对管道的整体安排考虑不周，造成管道预留甩口处的位置不准确。

（3）建筑结构和墙面装修施工误差过大，造成管道预留甩口处的位置不合适。

### 3. 预防措施

（1）管道预留甩口处的标高和坐标经核对准确后，及时将管道固定牢靠，以防止其他工种施工时受到碰撞或挤压而产生位移。

（2）施工前结合编制施工方案，认真审查设计图纸，全面安排管道的安装位置。关键部位的管道甩口处尺寸应经过详细计算确定。

（3）在进行管道安装前，应注意土建工程施工中有关尺寸的变动情况，以便发现问题，及时加以解决。

### 4. 治理方法

挖开立管甩口处周围的地面，使用零件或用“摵弯”方法修正立管甩口处的尺寸。

## （三）给水管出水混浊

### 1. 质量问题

打开水阀或水嘴后，流出的自来水发黄，有的有沉淀物，有的甚至有异味，根本不能饮用和使用。

### 2. 原因分析

（1）在给水管道没有正式供水前，在水压试验完成后，没及时将管道中的排干净，造成钢管生锈，打开水阀或水嘴后，流出的自来水必然发黄。

（2）给水系统在交付使用前，未对管道进行认真冲洗，管道中的水含有一些杂质。

（3）若管道中的水来自屋顶水箱，水箱为普通钢板焊制而成，如果水箱的漆层脱落，钢板生锈，也会使管道中的水混浊。

### 3. 防治措施

（1）用塑料给水管等新型管材代替钢管作为生活给水管。若采用钢管作为给水管时，应尽量采用质量合格的热浸镀锌钢管。

（2）给水系统在交付使用前，应先用含氯的水在管道中置留24h以上，对管道进行消毒，再用饮用水进行冲洗，至水质洁白透明方可使用。

（3）钢板水箱的内衬应为玻璃钢材料制成，或者用其他符合卫生标准的水箱代替普通钢板水箱。

## （四）配水管安装质量不合格

### 1. 质量问题

配水管和配水支管在安装通水试验后，有“拱起”“塌腰”、弯曲等现象，不仅影响管道的美观，而且也影响管道的正常使用。

### 2. 原因分析

管道在运输、堆放和装卸中产生弯曲变形；管件偏心，壁厚不一，丝扣偏斜；支吊架的间距过大，管道与吊支架接触不紧密，受力不均。

### 3. 防治措施

（1）管道在运输、堆放和装卸中应当轻拿轻放，不得野蛮装卸或受重物的挤压，在仓库应按材质、型号、规格、用途分类挂牌存放，并要堆放整齐。

（2）喷淋消防管道必须按照设计要求，挑选优质管材、管件、直管进行安装，不得用偏心、偏扣、壁厚不均的管件施工；如出现“拱起”“塌腰”或弯曲等现象，必须将其拆除，更换直管和合格的管件，重新进行安装。

（3）配水支管和吊架的设置与排列，应根据管道标高、坡高弹好线，确定支架的间距，做到埋设安装牢固，接触紧密，外形美观整齐。若支架的间距偏大，接触不紧密时，应当拆除重新调整安装。

（4）管子的直径大于或等于50mm时，为了防止喷头喷水时管道沿管线方向晃动，每段配水管设置“防晃支架”不得少于1个，且“防晃支架”的间距不宜大于15m；在管道的起端、末端及拐弯改变方向处，均应增设“防晃支架”。

（5）配水横管应有3‰～5‰的坡度，坡向排水管或泄水阀，不得出现倒坡。

## （五）室内水表接口滴漏

### 1. 质量问题

水表安装在潮湿阴暗处，阀门和配件很容易生锈，也不便进行维修和读数；表壳如果紧贴墙面进行安装，表盖不好开启，很容易污染和损坏，接口处也容易出现滴漏。

### 2. 原因分析

安装水表的人员缺乏实践经验，将水表安装的位置不当；在安装水表时，未考虑其外壳尺寸和使用维修的方便；布置的给水立管距离墙面过近或过远；支管上安装水表时未用乙字弯头进行调整；水表的接口不平直，踩踏或碰撞后，造成接口松动而产生滴漏。

### 3. 防治措施

（1）安装在潮湿阴暗处或易冻裂、曝晒处的水表，应将其拆除改装在便于维修和读数，以及不易冻裂、曝晒处的干燥部位。

（2）当给水立管距离墙面过近或过远时，应在水表前的水平管上加设两个45°的弯头，使水表外壳与墙面保持10～30mm的净距，距离地面0.6～1.2m的高度。

（3）水表的接口不平直、有松动，应当拆开重新进行安装，使水表接口平直，垫好橡胶圈，用锁紧螺母锁紧接口，并将表盖清理干净，严禁踩踏和碰撞。

## （六）管道交叉敷设不合格

### 1. 质量问题

给水管道与其他管道平行和交叉敷设时，其平行和交叉的净距不符合设计要求，或者出现严重无净距现象。

### 2. 原因分析

给水管道进行安装时，操作人员不认真按照图纸施工，只凭着施工经验随意操作，结果造成给水管道与其他管道平行和交叉敷设时，其平行和交叉的净距不符合设计要求。

### 3. 防治措施

（1）给水引入管与排水排出管的水平净距离不得小于1m；室内给水与排水管道平行敷设时，两管道间的最小水平净距离不得小于500mm；室内给水与排水管道交叉敷设时，两管道间的最小垂直净距离不得小于150mm，而且给水管应敷设在排水管的上面；如果给水管必须敷设在排水管的下面时，应当加设套管，套管长度不应小于排水管径的3倍。

（2）煤气管道引入管与给水管道及供热管道的水平距离不应小于1m，与排管道的水平距离不应小于1.5m。

# 二、室内排水管道安装

除了高层建筑外，传统的排水铸铁管因笨重、管壁比较粗糙、外观不美观，而逐渐被重量较轻、管壁非常光滑、外观很美观的硬聚氯乙烯排水管所取代。硬聚氯乙烯排水管（PVC-U管）是由聚氯乙烯树脂与稳定剂、润滑剂等配合后用热压法挤压成型，是最早得到开发应用的塑料管材。硬聚氯乙烯排水管（PVC-U 管）抗腐蚀能力强、易于连接、价格较低、质地坚硬、外表美观，是一种性能良好室内排水管材。

## （一）地下埋设管道漏水

### 1. 质量问题

排水管道渗漏处的地面、墙角缝隙部位出现返潮现象，埋设在地下室顶板与1层地面内的排水管道渗漏处附近（地下室顶板下部）还会看到渗水现象。

### 2. 原因分析

（1）安排的施工程序不对，进入窨井或管沟的管段埋设过早，在进行土建工程施工时损坏该管段。

（2）排水管道的支墩位置不合适，在回填土进行夯实时，管道因局部受力过大而破坏，或接口处活动而产生缝隙导致漏水。

（3）在进行铸铁管段施工时，由于接口处养护不认真，或者搬动的过早，致使接口活动，从而产生缝隙导致漏水。

（4）硬聚氯乙烯排水管（PVC-U 管）下部有尖硬物或浅层覆土后即用机械夯打，造成管道损坏，从而导致漏水。

（5）排水管道在冬季施工时，铸铁管道接口保温养护不好，管道水泥接口受冻损坏。

（6）排水管道在冬季施工时，没有认真排除管道内的积水，从而造成管道或管件冻裂。

（7）管道安装完成后，没有认真进行闭水试验，未能及时发现管道和管件的裂缝、砂眼以及接口处的渗漏。

### 3. 预防措施

（1）埋地管段应当分段进行施工，第一段先进行±0.00 以下室内部分，至伸出外墙为止；待土建工程施工结束后，再进行第二段铺设，即把伸出外墙处的管段接入窨井或管沟。

（2）排水管道的支墩要牢靠，位置要合适，支墩基础过深时应分层回填土，回填时严格防止直接撞压管道。

（3）铸铁管道进行预制时，要认真做好接口的养护，防止水泥接口活动；排水管道在冬季施工时，要做好铸铁管道接口保温，避免管道水泥接口受冻损坏。

（4）硬聚氯乙烯排水管（PVC-U 管）下部的管沟底面应平整，无突出的尖硬物，并应作10～15cm 的细砂或细土垫层。管道上部 10cm 应用细砂或细土覆盖，然后分层进行回填，采用人工夯实。

（5）排水管道在冬季施工时，应认真排除管道内的积水，防止管道内结冰。

（6）严格按照施工规范中的规定进行管道闭水试验，认真检查是否存在渗漏现象。如果发现问题，应及时进行处理。

### 4. 治理方法

针对排水管道出现的渗漏问题，认真查看工程竣工图，弄清排水管道的走向和管道连接方式，判定排水管道出现渗漏的位置，挖开地面进行修理，并认真进行灌水试验。

## （二）排水管道出现堵塞

### 1. 质量问题

排水管道通水后，卫生器具存在排水不通畅问题，严重影响正常使用。

### 2. 原因分析

（1）排水管道的甩口处封堵不及时或方法不当，造成水泥砂浆等杂物掉入管道中，造成管道的堵塞。

（2）在进行管道安装时，没有认真清理管道中的杂物；在卫生器具安装前，也没有认真清理掉入管道内的杂物。这些都会造成管道的堵塞。

（3）排水管道安装的坡度不均匀，不能通畅地排除管道中的水，有的甚至局部出现倒坡，严重影响排水效果。

（4）排水管道接口零件使用不当，造成管道局部阻力过大，也会严重影响排水效果。

### 3. 预防措施

（1）在进行管道安装时，对于甩口处应及时封严堵死，防止水泥砂浆等杂物掉入管道中，避免造成管道的堵塞。

（2）在卫生器具安装前，应当认真检查甩口处的状况，彻底清理掉入管道内的杂物。

（3）在进行管道安装时，认真清理管道中的杂物；保持管道安装的坡度均匀，不得出现倒坡现象。

（4）生活排水管道标准坡度应符合规范规定。无设计规定时，管道坡度应不小于1%。生活污水铸铁管道的坡度如表8-1所列；生活污水塑料管道的坡度如表8-2所列。

**表8-1　生活污水铸铁管道的坡度**

| 项次 | 管径/mm | 标准坡度/‰ | 最小坡度/‰ | 项次 | 管径/mm | 标准坡度/‰ | 最小坡度/‰ |
|---|---|---|---|---|---|---|---|
| 1 | 50 | 35 | 25 | 4 | 125 | 15 | 10 |
| 2 | 75 | 25 | 15 | 5 | 150 | 10 | 7 |
| 3 | 100 | 20 | 12 | 6 | 200 | 8 | 5 |

**表8-2　生活污水塑料管道的坡度**

| 项次 | 管径/mm | 标准坡度/‰ | 最小坡度/‰ | 项次 | 管径/mm | 标准坡度/‰ | 最小坡度/‰ |
|---|---|---|---|---|---|---|---|
| 1 | 50 | 25 | 12 | 4 | 125 | 10 | 5 |
| 2 | 75 | 15 | 8 | 5 | 160 | 7 | 4 |
| 3 | 110 | 12 | 6 | 6 | — | — | — |

（5）合理使用零件。地下埋设铸铁管道应使用和形三通，不宜使用TY和Y形三通；水平横管避免使用四通；排水出墙的管及平面清扫口需用两个45°弯头进行连接，以便流水通畅。

（6）最低排水横支管与立管的连接处至排出管的垂直距离，不宜小于表8-3中的规定。

表 8-3　最低排水横支管与立管的连接处至排出管的垂直距离

| 项次 | 立管连接卫生器的层数/层 | 垂直距离/m | 项次 | 立管连接卫生器的层数/层 | 垂直距离/m |
|---|---|---|---|---|---|
| 1 | 小于或等于 4 | 0.45 | 4 | 13～19 | 3.00 |
| 2 | 5～6 | 0.75 | 5 | 大于或等于 20 | 6.00 |
| 3 | 7～12 | 1.20 | 6 | — | — |

（7）排水管道施工完毕，在正式交工前，排水管道应进行“通球”试验，卫生器应进行通水试验。

（8）立管检查口和平面清扫口的安装位置应便于今后的维修操作。

（9）在排水管道的施工期间，卫生器具的“返水弯丝堵”应最后进行安装，以减少杂物进入排水管道内。

### 4. 治理方法

认真查看排水管道的竣工图，打开地坪清扫口或立管检查口盖，排除管道堵塞之处。必要时需要破坏管道的拐弯处，用更换零件的方法解决管道严重堵塞问题。

## （三）排水管道甩口处不准

### 1. 质量问题

在进行排水立管的安装过程中，经检查发现原管道的甩口处位置不准确，对于立管和横向管的连接造成很大困难。

### 2. 原因分析

（1）管道层或地下埋设管道的甩口处未固定好。

（2）施工时对管道系统的整个安排不当，或者对卫生器具的安装尺寸了解不够。

（3）墙体与地面的施工偏差过大，从而造成管道甩口处位置不准确。

### 3. 预防措施

（1）排水管道安装后一定要垫实，管道的甩口处应及时固定牢靠。

（2）在编制管道工程施工方案时，要全面安排管道的安装顺序和位置，及时了解卫生器具的规格尺寸，关键部位应进行详细的技术交底。

（3）排水管道安装与土建工程施工密切配合，随时掌握施工进度，管道安装前要注意隔墙位置和基准线的变化情况，以便发现问题及时解决。

### 4. 治理方法

挖开管道甩口处的周围地面，对钢管排水管道可采用改换零件或撼弯的方法处理；对铸铁排水管道可采用重新“捻口”的方法，修改甩口处的位置尺寸。

## （四）PVC-U 管变形和脱落

### 1. 质量问题

在温差变化较大处，PVC-U 管安装完成一段时间后，发生直管弯曲变形，甚至脱落，不仅影响管道的美观，而且影响管道的使用和安全。

### 2. 原因分析

材料试验表明，PVC-U 管的线膨胀系数较大，约为钢管的 5～7 倍。采用承插连接的 PVC-U 管，如果未按照现行规范要求设置伸缩器，或者伸缩器安装不符合规定，在温差变化较大时，PVC-U 管的热胀冷缩得不到补偿，就会发生弯曲变形，甚至脱落，

### 3. 防治措施

(1) 在温差变化较大处，应当选用胶圈连接的 PVC-U 管。

(2) 使用承插连接的 PVC-U 管，立管每层或每隔 4m 安装一个伸缩器，横管直管段超过 2m 时也应设置伸缩器。

(3) 在安装伸缩器时，管段插入伸缩器之处应预留一定的间隙，夏季安装时应预留间隙 5～15mm，冬季安装时应预留间隙 10～20mm。

## （五）生活污水管道不能正常排放

### 1. 质量问题

生活污水立管、透气管内的污物（水）、臭气排放受阻，造成室内环境污染，严重影响人们的正常生活。

### 2. 原因分析

(1) 在排水管道正式施工前，没有按要求对排水管进行质量检查，导致排水铸铁管的管内砂粒和毛刺未除尽，造成管内的污物（水）、臭气排放受阻。

(2) 立管与横管、排出管的连接用正三（四）通和直角 90°弯头，局部阻力比较大；排水立管和通气管的管径偏小；检查口或清扫口设置的数量不够，安装的位置不当。以上这样均可致使生活污水管道不能正常排放。

(3) 多层排水立管接入的排水支管上卫生器具多，未设辅助透气管或未用排气管，立管内形成“水塞式”的水流，存水弯遭到破坏；高层建筑污水立管与通气管之间未设置环状通气管，立管中的气压不正常，换气不平衡，管内的臭气不能顺利排入大气中。

### 3. 防治措施

如果发生以上问题，可以剔开接口，更换不符合要求的管件，增设辅助透气管或联通管，使管道排污、排气正常。在施工中还应注意以下几点。

(1) 卫生器具排水管应采用 90°斜三通；横管与横管（立管）的连接，应采用 45°或 90°斜三（四）通，不得采用正三（四）通，立管与排出管的连接，应采用两个 45°弯头或弯曲半径不小于 4 倍管径的 90°弯头。

(2) 排水横管应直线进行连接，少拐弯或不拐弯，排水立管应设在靠近杂物最多及排水量最大的排水点。

(3) 排水管和透气管应尽量采用硬聚氯乙烯管（PVC-U 管）及管件安装，用排水铸铁管时应将管内的砂粒、毛刺、杂物清除干净。

(4) 排污立管应每隔两层设一检查口，并在最低层、最高层和乙字弯管上部设置检查口，

其中心距地面为1m，朝向要便于清理和维修；在连接两个或两个以上大便器或3个卫生器具以上的污水横管，应设置清扫口，当污水管在楼板下悬吊敷设，清扫口应设在上层楼面上。污水管起点的清扫口，与墙面距离不小于400mm。

（5）存水弯的内壁要光滑，水封的深度应达到50～100mm为宜。

（6）通气管必须伸出屋顶0.3m以上，并不小于最大积雪厚度，如为上人的屋面，应伸出屋顶1.2m以上。

（7）高层和超高层建筑的排水、排气、排污系统设计比较复杂，必须由熟悉设计和施工规范的技术负责人进行技术交底，认真组织施，保证施工质量。

# 三、室内卫生器具安装

卫生器具指的是供水或接受、排出污水或污物的容器或装置。卫生器具是建筑内部给水排水系统的重要组成部分，是收集和排除生活及生产中产生的污、废水的设备。室内卫生器具安装的基本要求是牢固美观，给排水支管的预留接口尺寸准确，与卫生器具连接紧密。这就要求在施工中与土建工程密切配合，按照选定的卫生器具做好预留和预埋，杜绝因管道甩口处不准等原因造成二次打洞，影响安装以至整个建筑工程的质量。

## （一）卫生器具安装不牢固

### 1. 质量问题

卫生器具使用时发现松动不稳定，甚至引起管道连接零件损坏或漏水，严重影响正常使用，让使用者心理上很不舒服。

### 2. 原因分析

（1）在进行墙体施工时，没有按照设计要求预埋木砖，致使卫生器具无法进行固定。

（2）安装卫生器具所使用的稳固螺栓规格不合适，或者“拧栽”不牢固。

（3）卫生器具与墙面接触不够严实。

### 3. 防治措施

（1）安装卫生器具应采用“拧栽”合适的机螺丝。

（2）卫生器具与墙面接触应严实，如有较大缝隙，要用白水泥砂浆填补饱满。

（3）在进行墙体施工时，应当按照设计要求足够的预埋木砖。

## （二）蹲坑上水进口处漏水

### 1. 质量问题

蹲坑使用后出现地面积水、墙壁潮湿现象，下层顶板和墙壁也往往出现大面积潮湿和滴水，不仅严重影响室内的美观，而且也是一种安全隐患，甚至还影响邻里的关系。

### 2. 原因分析

（1）蹲坑上水进口连接胶皮碗或蹲坑上水连接处已经破裂，在进行安装时没有认真检查，从而造成蹲坑上水进口处漏水。

(2) 绑扎蹲坑上水连接胶皮碗时使用的是铁丝，时间长久铁丝因锈蚀而断开，使胶皮碗产生松动，也会引起蹲坑上水进口处漏水。

(3) 绑扎蹲坑上水连接胶皮碗的方法不当，尤其是绑扎不紧时，很容易引起绑扎铁丝的滑脱，从而造成蹲坑上水进口处漏水。

(4) 在施工过程中，蹲坑上水接口处被砸坏。

### 3. 预防措施

(1) 在绑扎胶皮碗前，首先应检查胶皮碗和蹲坑上水连接处是否完好，以便发现问题，及时解决。

(2) 选用合格的胶皮碗，冲洗管应对正便器的进水口，胶皮碗应当使用两道 14 号铜丝错开绑扎拧紧，冲洗管插入胶皮碗的角度应合适，偏转角度不应大于 5°。

(3) 蹲坑上水连接口应经过试水无渗漏后再进行水泥抹面。

(4) 蹲坑上水接口处应填充干砂，或者安装活盖，以便于进行维修。

### 4. 治理方法

轻轻剔开大便器上水进口处的地面，检查胶皮碗是否完好，损坏的必须进行更换。如胶皮碗原先使用铁丝绑扎的，应当换成铜丝按两道错开绑紧。

## （三）大便器与排水管连接处漏水

### 1. 质量问题

大便器使用后，出现地面积水和墙壁潮湿现象，下层顶板和墙壁也出现大面积潮湿和滴水，不仅严重影响室内的美观，甚至影响上下楼邻里的关系。

### 2. 原因分析

(1) 排水管甩口处的高度不够，大便器出口插入排水管的深度不够。

(2) 蹲坑出口与排水管的连接处没有认真填筑抹压严实。

(3) 排水管甩口处的位置不对，大便器出口安装时错位。

(4) 大便器在安装前没有认真检查，出口处的裂纹没有检查出来，充当合格产品安装。

(5) 厕所的地面防水处理不好，使上层的渗漏水顺着管道四周和墙缝流到下层房间。

(6) 底层的管口出现脱落。

### 3. 防治措施

(1) 在进行安装大便器排水管时，甩口处的高度必须合适，坐标应准确，并应高出地面 10mm。

(2) 在安装蹲坑时，排水管甩口处要选择内径较大、内口平整的承口，以保证蹲坑出口插入足够的深度，并认真做好接口处理，经检查合格后方可填埋隐蔽。

(3) 大便器排出口的中心应对正水封存水弯的承口中心，蹲坑出口与排水管连接处的缝隙，要用油灰或 1∶5 石灰水泥混合灰填实抹平，以防止污水外漏。

(4) 大便器安装应稳固、牢靠，安装完毕后应反复进行检查，严禁出现松动或位移现象。

（5）做好厕所的地面防水，保证防水油毡完好无破裂；油毡搭接处和与管道相交处都要浇灌热沥青，周围空隙必须用细石混凝土浇筑严实。

（6）在安装大便器前，应认真检查是否完好；在底层安装时，必须注意土层夯实，如不能进行夯实，则应有防止土层沉陷造成管口脱落的措施。

## （四）地漏汇集水的效果不好

### 1. 质量问题

在使用的过程中发现，地漏汇集水的效果不好，地面上经常发生积水现象。

### 2. 原因分析

（1）地漏安装时没有认真审查施工图纸中的要求，结果导致地漏安装高程偏差较大，在进行地面施工无法弥补。

（2）在进行地面施工时，对做好地漏四周的坡度重视不够，结果造成地面局部倒坡。

### 3. 防治措施

（1）在进行地漏安装时，应当认真审查施工图纸中对地漏安装高度的要求，使地漏的安装高度偏差不得超过允许偏差。

（2）在进行地面施工时，要严格遵照基准线进行施工，地漏的四周要有合理的坡度，不允许出现倒坡现象。

（3）如果地漏汇集水的效果很不好，地面上的积水现象比较严重，应将地漏周围的地面返工重做。

## （五）地漏安装不符合要求

### 1. 质量问题

安装的地漏偏高，无法排除地面的积水；地漏的周围出现渗漏，严重影响下层的使用者，甚至会因此而产生矛盾。

### 2. 原因分析

（1）在进行安装地漏时，对地坪标高掌握不准，造成地漏高出地面，导致排除地面积水十分困难。

（2）地漏安装完毕后，周围的空隙没有用细石混凝土灌注密实，从而使地漏的周围出现渗漏。

（3）在进行地面施工时，未根据地漏标高确定排水坡度，从而出现倒坡，造成无法排除地面的积水。

### 3. 防治措施

（1）找准地面标高，降低地漏的高度，重新进行寻求排水的坡度，使地漏周围的地面坡向地漏；并做好防水层。

（2）剔开地漏周围漏水的地面，支好托板，用水冲洗孔隙，再用细石混凝土灌入地漏周围的孔隙中，并要仔细振捣密实。

(3) 根据墙体上的地面红线，确定地面的竣工标高，再按地面的设计坡高，计算出来距离地漏最远的地面边缘至地漏中心的坡降，使地漏箅子顶面标高低于地漏周围地面 5mm。

(4) 在进行地面找坡度时，严格按照基准线和地面设计坡度施工，使地面泛水坡向地漏，严禁出现倒坡。

(5) 地漏安装后，用水平尺找平地漏的上沿，临时固定好地漏，在地漏和楼板下支设托架，并用细石混凝土均匀灌入周围孔隙并捣实，最后再做好地面的防水层。

## (六) 浴盆安装的质量问题

### 1. 质量问题

浴盆排水管、溢水管接口渗漏，浴盆排水管与室内排水管连接处漏水；浴盆排水出现受阻，并从排水栓向盆内冒水；浴盆中的水排不尽，盆底上有积水。

### 2. 原因分析

浴盆安装完毕后，未进行盛水和灌水试验；浴盆的排水管和溢水管连接不严密，密封垫未放平，“锁母”未锁紧；浴盆排水管与室内排水管未对正，接口间隙小，填料不密实；盆底排水坡度小，中部有凹陷；排水甩口、浴盆排水栓口未及时封堵；浴盆使用后，一些杂物流入栓内堵塞管道。

### 3. 预防措施

(1) 浴盆溢水、排水连接的位置和尺寸，应当根据浴盆或样品进行确定，量好各部的尺寸再下料，排水横管坡向室内排水管的甩口。

(2) 浴盆及配管应按样板卫生间的浴盆质量和尺寸进行安装。

(3) 浴盆排水栓及溢水、排水管接头要用橡皮垫、“锁母”锁紧，浴盆排水管接至存水弯或多用排水器短管内应有足够的深度，并用油灰将接口打紧抹平。

(4) 浴盆挡墙砌筑前，灌水试验必须符合要求。

(5) 浴盆安装完毕，排水栓应临时封堵，并覆盖浴盆，防止杂物进入。

### 4. 治理方法

排水管、溢水管或排水栓等接口漏水，应打开浴盆检查阀门或排水栓接口，修理存在的漏点；如果是堵塞，应从排水管存水弯检查口（孔）或排水栓口清理疏通；盆底积水，应将浴盆底部抬高，加大浴盆的排水坡度，用砂子把凹陷的部位填平，排干净盆底积水。

## (七) 蹲式大便器排水不畅或堵塞

### 1. 质量问题

蹲式大便器排水出口流水不畅或堵塞，污水从大便器向上返水，严重影响正常使用。

### 2. 原因分析

在施工过程中，一些建筑垃圾等掉入大便器或排水管中，从而造成堵塞；施工完毕后，又不注意及时进行清理，必然会使排水出口流水不畅或堵塞。

### 3. 预防措施

（1）蹲式大便器排水管甩口处施工后，应及时进行封堵，存水弯和“丝堵”应后安装。

（2）排水管“承口”中抹的油灰不宜过多，施工中不得将油灰掉入排水管内，溢出接口内外的油灰应随即清理干净。

（3）防止在进行土建工程施工时，将砂浆或灰浆流入、落入大便器排水管内。

（4）蹲式大便器安装后，应随即将出水口堵好，把大便器覆盖保护好。

### 4. 治理方法

用胶皮碗反复抽吸大便器的出水口；或打开蹲式大便器存水弯、“丝堵”或检查孔，把杂物取出；也可以打开排水管的检查口或清扫口，敲打堵塞部位，用竹片或疏通器、钢丝疏通。

# 四、室内采暖管道安装

采暖管道一般使用钢管，热水采暖管道应使用镀锌钢管，管径小于或等于32mm的宜采用螺纹连接，管径大于32mm的宜采用焊接或法兰连接。热水采暖管道要注意排除管内的空气，蒸汽管道应当在低处泄水，这样才能保证采暖管网的正常运行。因此，采暖管道必须严格按照设计图纸或规范要求进行安装。

## （一）干管的坡度不适当

### 1. 质量问题

采暖管道的干管坡度不均匀或倒坡，导致局部产生窝风和存水，严重影响水和汽的正常循环，从而使管道某些部位的温度骤降，甚至局部出现不热，有的还会产生水击声音，破坏管道及设备，必须引起高度重视。

### 2. 原因分析

（1）采暖管道在安装前未进行认真检查，有的钢管弯曲也未进行调直，导致采暖管道的干管坡度不均匀或倒坡。

（2）采暖管道安装后，穿墙处进行堵洞时，其标高出现变动，从而使采暖管道的干管坡度不均匀或倒坡。

（3）采暖管道的托、吊卡的间距不合适，从而造成管道局部出现塌腰，导致采暖管道的干管坡度局部不均匀或倒坡。

### 3. 预防措施

（1）采暖管道焊接最好采取转动焊，整段管道应经调直后再焊固定口，焊接时要按照设计要求找好坡度。

（2）采暖管道穿墙处进行堵洞时，要检查管道的坡度是否合适，不合适时应及时进行调整，直至完全符合要求再堵洞。

(3) 采暖管道托、吊卡的最大间距应符合设计要求。当设计中无具体规定时，应按表 8-4 中的数值选用。

**表 8-4 采暖管道托、吊卡的最大间距**

| 管径/mm | 15～20 | 25～32 | 40 | 50 | 70～80 | 100 | 125 | 150 |
|---|---|---|---|---|---|---|---|---|
| 不保温管道 | 2,5 | 3.0 | 3.5 | 3.5 | 4.5 | 5.0 | 5.5 | 5.5 |
| 保温管道 | 2.0 | 2.5 | 3.0 | 3.5 | 4.0 | 4.5 | 5.0 | 5.5 |

### 4. 治理方法

剔开管道过墙处并拆除管道的支架，对管道进行调直，调整管道过墙洞和支架的标高，使管道的坡度符合设计要求，然后再进行管道的安装和固定。

## （二）采暖干管三通甩口处不准

### 1. 质量问题

采暖干管的立管甩口处距离墙体的尺寸不一致，造成干管与立管的连接支管打斜，立管距离墙体的尺寸也不一致，从而严重影响采暖干管的施工质量。

### 2. 原因分析

(1) 测量管道甩口处的尺寸时，使用的尺寸不当，例如使用皮卷尺测量，造成较大的误差，从而导致采暖干管三通甩口处不准。

(2) 在土建工程的施工中，墙体轴线的允许偏差较大，从而造成采暖干管的立管甩口处距离墙体的尺寸不一致。

### 3. 预防措施

(1) 测量管道甩口处的尺寸时，应使用钢卷尺进行现场测量，这样可避免出现较大的误差，确保采暖干管三通甩口处准确。

(2) 各工种要共同严格按设计的墙轴线进行施工，统一允许偏差。

### 4. 治理方法

使用弯头零件或者修改管道甩口处的长度，从而调整立管距离墙体的尺寸。

## （三）采暖管道出现堵塞

### 1. 质量问题

暖气系统使用的过程中，出现管道堵塞或局部堵塞，严重影响蒸汽或水流量的合理分配，使供热工作不能正常和顺利进行。在寒冷和严寒地区，往往还会因采暖管道出现局部堵塞而受冻损坏。

### 2. 原因分析

(1) 管道在加热摵弯时，遗留在管道中砂子未彻底清理干净，从而使采暖系统出现管道堵塞或局部堵塞。

（2）在管道安装施工的过程中，用砂轮锯等机械切断管道时，管口处的飞刺没有清理干净，造成使用中出现堵塞或局部堵塞。

（3）在进行散热器安装时，对铸铁散热器未进行认真检查，散热器内遗留的砂子清理不干净，造成使用中出现堵塞或局部堵塞。

（4）在进行采暖管道的施工中，对管口封堵不及时或不严密，使一些杂物进入管道中，从而造成管道堵塞或局部堵塞。

（5）采暖管道进行气焊的开口方法不当，使一些铁渣掉入管道内，也没有将其及时取出，也会造成管道堵塞或局部堵塞。

（6）新安装的暖气系统没有按照有关规定进行冲洗，管道和散热器中的大量污物没有排出，也会造成暖气系统不通畅。

（7）在暖气系统中没有按要求在上下返弯处安装排气阀门，很容易因管道发生“气塞”而造成管道堵塞或局部堵塞。

（8）集气罐是一种热力供暖管道的最高点，与排气阀相连，起到汇集气体稳定效果。集气罐失灵，造成暖气系统末端集气，末端管道和散热器不热。

### 3. 预防措施

（1）管道在灌砂子加热摵弯后，必须认真清理管道中的砂子。

（2）管材采用砂轮锯等机械切断后，管口处的飞刺应及时清除干净。

（3）进行铸铁散热器组对时，应注意将散热器内遗留的砂子清理干净

（4）在进行采暖管道的施工中，应及时用临时堵头把管口堵好，以防止杂物掉入。

（5）使进行采暖管道的施工中，必须做到一敲二看，保证管内通畅。

（6）采暖管道进行气焊时，铁渣掉入管道内的铁渣，应当及时将其取出。

（7）在暖气系统中应按要求在上下返弯处设置排气阀门，避免管道发生“气塞”现象。

（8）管道全部安装后，应按照有关规定进行冲洗，然后再与外线进行连接。

（9）选择合格的集气罐，增设放气管及阀门。

### 4. 治理方法

首先关闭有关的阀门，拆除必要的管段，重点检查管道的拐弯处和阀门是否通畅；针对产生的原因排除管道的堵塞。

## （四）立管上的弯头或支管甩口处不准

### 1. 质量问题

暖气系统的立管甩口处不准，造成连接散热器的支管坡度不一致，甚至出现倒坡，从而又导致散热器窝风，影响管道的正常供热。

### 2. 原因分析

（1）在进行立管的测量时，使用的测量工具不当（如皮卷尺），造成测量偏差较大。

（2）各组散热器连接支管的长度相差较大时，立管的支管开档采取同一尺寸，会造成支管短的坡度比较大，而支管长的坡度比较小。

(3) 地面施工的标高偏差比较大，导致立管原来甩口处不合适。

### 3. 预防措施

(1) 测量立管尺寸最好选用钢卷尺或木尺，测量中要做好记录。

(2) 立管的支管开档尺寸要适合支管的坡度要求，一般支管的坡度以1%为宜。

(3) 为了减少地面施工偏差的影响，散热器应尽量选择挂装。

(4) 地面施工应严格遵照基准线，保证其偏差不超出安装散热器要求的范围。

### 4. 治理方法

拆除立管，修改立管的支管预留口间的长度。

# 五、采暖散热器安装

采暖散热器是将热媒的热量传导到室内的一种末端设备，已成为生活中不可缺少的组成部分。其质量的优劣，性能的好坏，外观的华陋，直接关系到使用的安全性、经济性和装饰性等问题。因此，关注采暖散热器，也就是关注自己的生活质量。采暖散热器的种类很多，在实际工程中用得最多的是金属类散热器，散热器不热、跑气、漏水和安装不牢固是常见的安装质量通病，影响正常采暖，必须及时进行处理。

## (一) 铸铁散热器漏水

### 1. 质量问题

暖气系统在使用期间，铸铁散热器的接口处或有砂眼处出现渗漏水，甚至出现喷水，严重影响暖气系统的正常使用。

### 2. 原因分析

(1) 铸铁散热器的本身质量不好，对口处不平，丝扣不合适，存在蜂窝和砂眼，在正常水压的情况下就出现渗漏水。

(2) 铸铁散热器单组水压试验的压力和时间未满足规范的规定，这是造成渗漏水隐患。

(3) 铸铁散热器的片数过多，在搬运中采用的方法不当，使散热器的接口处产生松动和损坏，从而造成散热器渗漏水。

### 3. 预防措施

(1) 铸铁散热器在进行组对前，应认真地进行外观质量检查，挑出不合格的散热器，选用质量合格的散热器进行组对。

(2) 散热器在进行组对后，应按照规范规定认真进行水压试验，以便发现渗漏及时修理或更换。

(3) 散热器在进行组对时，应使用石棉纸垫进行连接密封；石棉纸垫可浸入机油，并且随用随浸；不得使用麻垫片或双层垫。

(4) 20片及以上的散热器应加外拉条。多片散热器在进行搬运时宜立放；如果需要平放时，底面各部位必须受力均匀，以免接口处受弯折而造成渗漏水。

### 4. 治理方法

根据散热器的接口处或有砂眼处出现渗漏水的实际情况，更换已经出现渗漏水的单组散热器和炉片连接箍。

## （二）部分散热器不热

### 1. 质量问题

供热系统正式供暖后，经检查部分散热器不热，影响人们的正常生活。

### 2. 原因分析

（1）供热的水压力不平衡，距热源较远的部分散热器，因管网的阻力大而热媒分配少，从而导致这部分散热器不热。

（2）散热器未设置跑风门或者跑风门的位置不对，以致使散热器内空气难以排出而影响散热效果，甚至造成部分散热器不热。

（3）当供暖系统采用蒸汽时，该系统中的疏水器选择不当，因而造成介质流通不畅，甚至造成部分散热器不热，使散热器达不到预期的效果。

（4）供暖管道安装的坡度不当，甚至出现倒坡，必然会影响介质的正常循环。

（5）供暖管道出现堵塞，热水或蒸汽不能在管道中流通，从而使部分散热器不热。

### 3. 防治措施

（1）在供暖系统的设计中，要作好水力计算，管网较大时宜作同程式布置，而不宜采用异程式布置。图 8-1 为单管式采暖异程式系统和同程式系统示意。

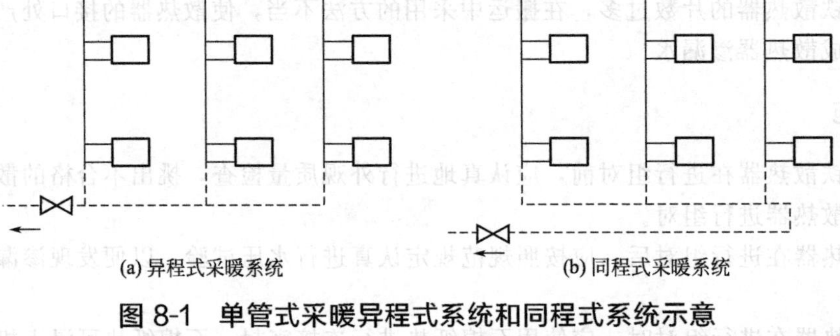

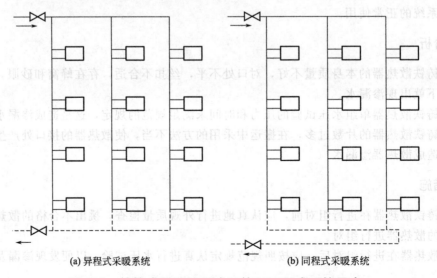

(a) 异程式采暖系统　　(b) 同程式采暖系统

图 8-1　单管式采暖异程式系统和同程式系统示意

（2）散热器应正确设置跑风门。如果为蒸汽采暖，跑风门的位置应在距底部 1/3 处；如果为热水采暖，跑风门的位置应在上部。

(3) 蒸汽采暖的疏水器选用不仅要考虑排水量，而且还要根据压差选型，否则容易产生漏气，破坏系统运行的可靠性；或者疏水器失灵，凝结水不能顺利排出。

(4) 管道堵塞应按本节“四、室内采暖管道安装的（三）采暖管道出现堵塞”所述的方法进行治理。

(5) 采暖管道干管坡度不当，可参见本节“四、室内采暖管道安装的（一）干管的坡度不适当”所述。对于散热器支管，进管应坡向散热器，出管应坡向干管，坡度宜为1%。

# 第二节　通风空调工程质量问题与防治

通风空调工程主要包括送排风系统、防排烟系统、防尘系统、空调系统、净化空气系统、制冷设备系统、空调水系统等7个子分部工程。

“通风”是为改善生产和生活条件，采用自然或机械的方法，对某一空间进行换气，以保证卫生、安全等适宜空气环境的技术。“空调”是使房间或密闭空间的空气温度、湿度、洁净度和气流速度等参数，达到给定要求的技术。

通风空调工程的工作内容就是按照设计图纸和国家规范的要求来制作、安装通风、空调设备，以及调试风管、风口、风阀及其他各类部件，以满足使用的要求。目前，风管及通风部件等已发展为单机或流水线机械制作，制作的质量得到保证，制冷、空调设备的装配程度也大大提高。

## 一、风管与部件的制作

风管包括金属风管、非金属风管和复合风管，常用的包括镀锌铁皮和不锈钢等。复合风管由各种无机材料复合而成，按组成不同分为多种，但多为轻质、多孔、热阻大的材料。根据风管的材质不同，制作和连接的方法各异，主要包括咬口连接和焊接，法兰连接和无法兰连接。本节主要介绍金属风管制作与安装过程中的质量通病，其他材质的风管也可借鉴。

### （一）镀锌钢板的镀锌层破损

#### 1. 质量问题

镀锌钢板风管的镀锌层脱落、锈蚀，出现刮花和粉化等现象，不仅影响风管的美观，而且影响风管的使用寿命。

#### 2. 原因分析

(1) 生产厂家生产的镀锌钢板风管不合格，镀锌层的厚度不符合现行标准的要求，导致镀锌钢板的耐久性较差。

(2) 在风管的运输和保管中不注意，镀锌钢板的镀锌层受到损坏，从而失去防锈保护的作用，镀锌层内的碳素钢在空气中极易氧化，生成氧化铁（铁锈），铁锈易产生脱落。

(3) 风管在加工制作过程中受损，主要是在地板上拖伤或划伤镀锌钢板的镀锌层。

#### 3. 预防措施

(1) 选择的镀锌钢板风管应符合国家现行标准规定，其镀锌层应为100号以上的材料，即双面三点试验平均值不应小于100g/m$^2$ 的连续热镀锌薄钢板，其表面应平整光滑，厚度均匀，不得有裂纹和结疤等缺陷。

（2）镀锌钢板风管在运输和保管的过程中都应加强保护，防止拖伤或划伤镀锌钢板的镀锌层，防止腐蚀性液体或气体损伤镀锌层。

（3）镀锌钢板风管在加工制作的过程中，避免碰伤、擦伤和明火烧伤镀锌层。

### 4. 治理方法

工程质量检查部门必须严格把关，按照规范要求对镀锌层受损的钢板禁止使用在工程中。

## （二）金属矩形风管的刚度不够

### 1. 质量问题

金属矩形风管的刚度不够，出现管壁凹凸不平，或者风管在两个支、吊架之间产生较大的挠度。

### 2. 原因分析

（1）金属矩形风管所用钢板的厚度不符合要求，没有按照《通风与空调工程施工质量验收规范》（GB 50243—2016）的要求下料，造成管壁抗弯强度较低，风管系统启动时，不仅管壁颤动产生噪声，而且在支承点之间出现挠度，极易发生风管塌陷。

（2）咬口的形式选择不当，从而减弱了风管的刚度。

（3）没有按照现行规范要求采取加固措施，或者加固的方式和方法不当。

### 3. 防治措施

（1）风管钢板的厚度太薄，管壁的抗弯强度较低，制成风管后，风管的刚度不够；风管钢板的厚度太厚，则造成浪费材料，且增加支、吊架的负荷和不安全因素；因此必须严格按照现行规范规定及设计要求，选择风管所用钢板的厚度。钢板风管板材厚度的选用如表 8-5 所列。

**表 8-5　钢板风管板材厚度的选用**　　单位：mm

| 风管直径 $D$ 或边长尺寸 $b$ | 矩形风管 | | 除尘系统风管 |
|---|---|---|---|
| | 中、低压系统 | 高压系统 | |
| $D(b)\leqslant320$ | 0.50 | 0.75 | 1.50 |
| $320\leqslant D(b)\leqslant450$ | 0.60 | 0.75 | 1.50 |
| $450\leqslant D(b)\leqslant630$ | 0.60 | 0.75 | 2.00 |
| $630\leqslant D(b)\leqslant1000$ | 0.75 | 1.00 | 2.00 |
| $1000\leqslant D(b)\leqslant1250$ | 1.00 | 1.00 | 2.00 |
| $1250\leqslant D(b)\leqslant2000$ | 1.00 | 1.20 | 按设计 |
| $2000\leqslant D(b)\leqslant4000$ | 1.20 | 按设计 | 按设计 |

注：1. 排烟系统风管的钢板厚度可按高压系统选用。

2. 特殊除尘系统风管的钢板厚度应符合设计要求。

3. 不适用于地下人防与防火隔墙的预埋管。

（2）矩形风管的咬口形式，必须与不同功能的风管系统相对应。空调系统、空气洁净系统不允许采用按扣式咬口，应采用联合角的咬口，使咬口缝设置在四角的部位，以便增大风管的刚度。

（3）严格按照现行国家标准《通风与空调工程施工质量验收规范》（GB 50243—2016）中的规定及设计文件要求的方式、方法，对矩形风管进行加固，同时，管壁的横向应设置加强筋，以增强风管管壁的抗弯能力，提高系统运行的稳定性。

## （三）矩形风管对角线不相等

### 1. 质量问题

矩形风管对角线不相等主要表现为：风管表面不平，两相邻表面互不垂直，两相对表面互不平行，两端口平面不平行。

### 2. 原因分析

（1）下料找方不准确。

（2）风管两相对面的长度及宽度不相等。

（3）风管四角处的联口角型咬合或转角咬口宽度不相等。

（4）咬口受力不均匀。

### 3. 防治措施

（1）板材找方划线后，须核查每片长度、宽度及对角线的尺寸，对超过偏差范围的尺寸应以更正。

（2）下料后，风管相对面的两片材料，其尺寸必须校对准确。

（3）操作咬口时，应保证宽度一致，闭合咬口时可先固定两端及中心部位，然后均匀闭合咬口。

（4）用法兰与风管翻边宽度来调整风管两端口平行度及垂直度。

## （四）角钢法兰面不符合要求

### 1. 质量问题

角钢法兰面不平且出现歪斜，从而使风管的连接不严密并且走向偏离。

### 2. 原因分析

（1）法兰的孔距误差比较大，因而造成管段的组装困难。

（2）法兰角钢不平直或法兰焊后变形，或平面产生扭曲，导致角钢法兰面不平。

（3）法兰与风管组装时定位不准，或者在铆接或焊接时产生位移，导致法兰平面与风管轴线不垂直。

（4）在套管法兰后，风管管口的翻边宽度不一致，从而造成法兰平面与风管轴线不垂直，影响风管的走向，使法兰接口处不严密。

### 3. 防治措施

（1）角钢法兰应按每一个风管接头的两个法兰配对进行钻孔，保证管段组装畅顺无误，同一批量加工的相同规格法兰的螺孔排列应一致，并且具有互换性，确保管段间法兰面的紧密接触。

（2）法兰角钢在下料前和焊接后的变形，必须进行矫正，使法兰面平正、不扭曲；风管法兰的焊缝应熔合饱满，无假焊和孔洞缺陷。法兰平面度的偏差必须小于 2mm；根据矩形风管的边长尺寸，选择法兰角钢的规格。矩形风管法兰角钢的型号如表 8-6 所列。

表 8-6 矩形风管法兰角钢的型号 单位：mm

| 风管边长尺寸($b$) | 法兰角钢规格 | 风管边长尺寸($b$) | 法兰角钢规格 |
|---|---|---|---|
| $b \leqslant 630$ | 25×3 | $1500 \leqslant b \leqslant 2500$ | 40×4 |
| $630 \leqslant b \leqslant 1500$ | 30×3 | $2500 \leqslant b \leqslant 4000$ | 50×5 |

（3）法兰与风管套管前，在风管端部划出套装法兰的基准线，角钢法兰按照基准线定位、套装，并进行与风管的铆接或焊接，保证法兰面不倾斜并与风管的轴线相垂直。

（4）角钢法兰与风管连接牢固后，进行管口的翻边，翻边应平整，紧贴法兰，其宽度应一致，且不应小于 6mm；咬口与法兰四角处不应有开裂和孔洞。

## （五）矩形风管四角咬口处易开裂

### 1. 质量问题

矩形风管断面较大时，四角咬口处容易开裂。

### 2. 原因分析

（1）咬口形式选用不当。大断面矩形风管如采用按扣式咬口，风管四角处容易开裂。

（2）由于运输、振动以及安装时风管各方向受力不均匀，也容易使按扣咬口开裂。

### 3. 防治措施

（1）对矩形风管大边尺寸在 1500mm 以上时，应采用转角咬口或联合角形的咬口，尽量不使用按扣咬口。

（2）风管按扣式咬口如开裂，可用与风管同质材料作一个 50mm×50mm 的 90°的抱角，用直径为 3～4mm 的拉铆钉固定，将风管咬口开裂处修补好。抱角长度应大于风管开裂长度 100mm 左右。

## （六）矩形风管断面尺寸高宽比不合理

### 1. 质量问题

由于矩形风管的高宽比过大，因此造成风管的阻力较大，材料浪费，造价较高。

### 2. 原因分析

（1）在进行矩形风管设计及施工时，只考虑了风管断面面积的合理性，没有考虑风管断面高宽比和风管造价的合理性。

（2）当风管的断面面积已经固定时，风管断面高宽比尺寸不同，制作风管所用的材料也不相同。

### 3. 防治措施

矩形风管设计及施工时，应当尽量选用方形风管，其风管断面高宽比尺寸为 1∶1，此时风管阻力最小，用料最省，造价最低。如采用矩形风管时，其高宽比宜在 1∶4 以下。

## （七）外直角内圆弧弯头制作不规范

### 1. 质量问题

外直角内圆弧弯头使风管的气流不通畅，局部阻力增大，从而加大风机机外余压的损失。

### 2. 原因分析

（1）风管系统内未安装导流叶片，影响风管气流的顺畅流通，并产生较大的噪声。

（2）风管系统内安装的导流叶片的位置不合理，从而使气流不稳定。

（3）导流叶片的规格、片数和距离不符合规范和规程中的要求，未能降低风阻和噪声。

### 3. 防治措施

（1）平面边长大于或等于 50mm 内圆弧形弯头，必须设置足够数量的导流叶片，使气流达到流通顺畅，减少阻力。

（2）导流叶片应按照规定的间距铆接在连接板上，然后再将连接板铆接在弯头上，导流叶片的迎风侧边缘应比较圆滑。为保证风管系统运行时气流稳定，各导流叶片的弧度应当一致，导流叶片与连接板、连接板与圆弧形弯头板必须铆接牢固，不得出现松动，使气流非常畅顺，风的阻力较小。

（3）严格执行现行标准《通风与空调工程施工质量验收规范》（GB 50243—2016）和《通风管通技术规程》（JGJ/T 141—2017）中的有关规定，导流叶片的规格、片数和片距，应根据弯头的平面边长而定，平面边长越长，导流叶片的片数越多。导流叶片的边长超过 1250mm 时，应有加强措施，确保风阻和噪声满足设计要求的参数。

## （八）圆形弯头角度不准确

### 1. 质量问题

如果圆形弯头角度不准确，直接影响与其相连接的风管或零部件坐标位置的准确性，将会使风管系统偏移，不能按照设计的意图进行施工。

### 2. 原因分析

（1）圆形弯头的展开线条不准确，成形后达不到所要求的角度。

（2）咬口部位的咬口宽度不相等，从而造成弯头的角度不准确。

### 3. 防治措施

（1）严格按照几何图形展开下料，保证片料在咬合后弯头角度的准确性。

（2）弯头的各个短节在咬口时，必须保证它们咬口宽度一致，并将各节的咬口缝错开，从保证咬口缝的严密和弯曲角度的准确。

## （九）矩形弯头角度不准确

### 1. 质量问题

内外弧形的矩形弯头角度不准确，与其他部件或配件连接后，直接影响其坐标位置的准确性，从而造成风管歪斜或走向不正确。

### 2. 原因分析

（1）矩形弯头两侧板的里、外弧形尺寸不准确。

（2）制作工艺没有控制好弯头角度的准确性。

### 3. 防治措施

（1）内外弧形的矩形弯头要掌握好两侧板的里、外弧度，其展开宽度应加折边咬口的留量；如果是角钢法兰连接，其展开长度应留出法兰角钢的宽度和翻边量。

（2）弯头的两侧板和里、外弧形板下料后，必须认真校对弯头角度的准确性，成形后仍需要复核一次角度，确保其准确性。

## （十）正三通和斜三通的角度不准确

### 1. 质量问题

正三通和斜三通的角度不准确，使风管不能按垂直方向和斜三通所要求的角度进行连接，影响风管系统的正确走向。

### 2. 原因分析

（1）连接管口的端面与中心线的角度不准确，直接影响连接管的走向。

（2）连接管咬口或套装法兰时出现偏差，造成三通的角度不准确。

### 3. 防治措施

（1）控制好下料尺寸的准确性，咬口或焊接的工艺要保证角度的偏差在允许范围内，保证管口端面与中心线的夹角正确无误；风管正三通支管与主管应成90°的角，角度偏差不应大于3°；风管斜三通支管与主管夹角宜为15°～60°，角度偏差不应大于3°。

（2）应从加工制作工艺方面加以重视。控制好下料尺寸的准确，在进行组装时，保证几何尺寸的准确；在组对三通主管法兰时，两端的法兰面一定要平行，且与主轴线相垂直；在套装支管法兰时，正三通支管的法兰面与三通主管的轴线相平行，斜三通支管的轴线与主轴线的夹角要正确，角度偏差不应大于3°，且支管的法兰面要与支管的轴线相垂直。

# 二、风管与部件的安装

## （一）风管变直径不合理

### 1. 质量问题

风管的直径突然扩大或突然缩小，会造成阻力增大，风量减少，严重影响风机的效率，达不到设计要求。

### 2. 原因分析

由于建筑空间比较窄小，在风管的变直径或与设备的连接处，风管变直径不合理，存在突扩、突缩、直角弯头等现象。对空间的尺寸未能详尽安排，又未从气流合理着手考虑接法。

### 3. 防治措施

尽量按照合理的变直径、拐弯等要求进行安装。变径管单面变直径的夹角不宜大于 30°，双面变直径的夹角不宜大于 60°。

## （二）法兰垫料放置不合格

### 1. 质量问题

在进行镀锌钢板风管连接时，经常出现法兰垫料安放突出管外，或突出管内的现象，从而影响风管系统的严密性，导致法兰接口处漏风。

### 2. 原因分析

出现以上质量问题的原因是：法兰垫料的规格（材质、宽度和厚度）不符合设计要求；法兰垫料在进行粘贴时不平直。

### 3. 防治措施

（1）根据风管法兰的具体规格选择合适的法兰垫料　法兰垫料采用压敏胶的发泡聚乙烯塑料带，其厚度应不小于 4mm，其宽度应不小于 20mm；净化系统法兰密封垫料选用不透风、不产尘、弹性好的闭孔海绵橡胶及压敏密封胶等材料，垫料的厚度 5～8mm，垫料的接头应采用阶梯式或品字形式。

（2）对矩形法兰边粘贴法兰垫料，进行粘贴时一定要平直，可从一端开始逐步向另一端用力挤压，保证法兰垫料都能受力粘接牢固。根据风管的用途，正确选择法兰垫料的材质，特别是排烟风管垫料的材质，应符合防火阻燃性能的相关要求。

## （三）风管与其他管线交叉，避让不合理

### 1. 质量问题

镀锌钢板风管与其他专业管线交叉而受损；改变了风管的有效面积，会引起风管的漏风量

加大；如有电管穿越，还会有漏电的危险。

### 2. 原因分析

（1）风管交叉施工受损，主要是因为受到现场建筑空间的限制。

（2）风管进行安装前，未根据设计图纸的要求进行施工，与相关专业（水、电、装饰等）的协调工作不到位。

（3）未进行综合机电管线方面的深化设计，确定的风管空间位置不恰当、不合理。

（4）对现行国家标准《通风与空调工程施工质量验收规范》（GB 50243—2016）中的有关规定不了解、不熟悉。

### 3. 防治措施

（1）加强施工技术交底和图纸审查，注意工程施工中管线比较集中、有交叉跨越的部位，正确处理好各类管线之间的安装空间和走向等的矛盾。

（2）加强现场施工管理，协调好多工种施工，如出现矛盾，应立即进行整改。

（3）认真做好综合机电管线方面的深化设计，避免日后施工过程中出现返工。

（4）风管内严禁其他管线穿越，尤其是不得敷设电线、电缆，以及输送有毒、易燃气体或液体的管道，以确保施工安全。

## （四）分支管与主干管连接方式不当

### 1. 质量问题

分支管与主干管的连接处缝隙比较大，用密封胶难于完全达到密封的目的，极易产生漏风现象。

### 2. 原因分析

（1）主干管开口管壁出现变形，使接口不严密，缝隙过大，造成风管漏风；咬口缝加工不符合要求，使咬口不严密，系统运行后产生振动，可能会增大缝隙，增大风管漏风。

（2）分支管与主干管连接方法不符合规范要求，使接口的形式和方法不合理，导致缝隙增大；风管内的气流不顺畅，增大管内压力，也会增大风管漏风。

### 3. 防治措施

（1）法兰连接的分支管，法兰面一定要平整，平面度的偏差要小于 2mm，保证其接口的严密性；咬口缝连接的分支管，咬口缝的形状一定要规矩，吻合良好，咬口严密、牢固。

（2）连接的方式、方法应当按照现行规范要求进行，分支管连接主干管处应顺气流方向制作成弧形接口或斜边连接，使管内的气流分配均衡，流动顺畅。

## （五）防火阀安装位置不正确

### 1. 质量问题

安装于防火分区隔墙两侧的防火阀，距离墙体表面大于 200mm，一旦火灾发生时，防火阀后面的风管就容易被烧到，从而增加了火灾蔓延的面积。边长大于 630mm 的防火阀，未设置单独支吊架。

### 2. 原因分析

（1）对安装于防火分区隔墙两侧的防火阀所起的作用及其效果不了解；安装前没有仔细看清楚标识，进行安装时不细心，安装完毕后没有认真检查。

（2）现行国家施工规范中风管系统安装主控项目明确规定：防火分区隔墙两侧的防火阀，距离墙体表面不应大于 200mm。一旦违反规定，防火阀在防火分区隔墙两侧的设置位置不正确，可能会造成火灾的蔓延。

（3）没有认真看清防火阀的规格型号，或防火阀的附近设置支吊架比较困难。

### 3. 防治措施

（1）加强设计和施工的技术交底，加强对防排烟系统风管部件安装质量的控制。

（2）认真检查防火阀的安装位置是否正确，如不正确应立即进行调整和拆除，并重新进行安装。

（3）检查防火阀的规格和型号，对于边长大于 630mm 的防火阀，必须设置单独支吊架。

## （六）风口安装有偏差

### 1. 质量问题

在进行风口和风管的连接时，风口的安装质量不合格，风口和风管的连接不紧密、不牢固，未能与装饰面紧贴，出现表面不平整，有明显缝隙等现象；风口水平安装的水平偏差大于3‰，垂直偏差大于 2‰时，会影响风口的美观，严重时会造成风管漏风，尤其在夏季时，容易导致吊顶结露。

### 2. 原因分析

（1）在进行风口的施工时，与吊顶的施工配合不密切，前期没有进行定位及拉线，结果造成风口排列不整齐。

（2）在送风口和风管的连接时，送风口未紧贴吊顶预留空洞的边缘，连接后形成位置偏差，导致风口安装的水平度及垂直度达不到要求。

### 3. 防治措施

（1）在进行风口和风管的连接时，应根据设计要求进行放线，确保风口排列整齐。

（2）对于风口安装的垂直度，应调整软管连接形式及角度，确保风口的垂直度符合现行规范的要求。

（3）对于已发生的不整齐现象，应当重新进行调整，重新进行放线，确保风口排列整齐。

## （七）柔性短管安装不合格

### 1. 质量问题

柔性短管安装有明显的扭曲和变形，从而造成连接处的牢固性和可靠性变差，一旦发生脱落，将影响系统的正常使用。

### 2. 原因分析

（1）柔性短管制作不规范，下料尺寸不准确，软管两端的风管（或设备）不同心。

（2）在进行柔性短管安装时，松紧程度控制不当，或连接处缝合不够严密，从而造成柔性短管扭变及变形。

（3）对现行国家规范有关柔性短管安装的要求不了解或不重视。

### 3. 防治措施

（1）在柔性短管连接安装的过程中，应保持一定的伸展量，以减少风阻，同时满足使用和观感效果，保证软管两端的风管（或设备）调整在同一轴线之后再安装柔性短管。

（2）柔性短管的安装如果有明显的扭曲和变形，应当将其拆除，重新进行安装。

（3）柔性短管主要用于风机的吸入口和排出口与风管的连接处。柔性短管的长度不宜过长，一般控制为150～300mm；其连接处的缝合应严密、牢固、可靠。

（4）为保证柔性短管在系统的运转中不扭曲，安装应当做到松紧适度。对于安装在风机的吸入端的柔性短管，可以安装得稍紧些，防止风机运转时被吸住，从而形成短管截面尺寸变小的现象。

## （八）消声器未设置独立的支、吊架

### 1. 质量问题

消声器未设置独立的支、吊架，增大消声器与相连风管邻近的两个支、吊架的负荷，很容易发生支、吊架的脱落，甚至造成风管系统的破坏。此外，没有设置独立的支、吊架，一旦消声器发生损坏，也不便于进行更换。

### 2. 原因分析

（1）具体施工的人员对现行规范中的规定不理解，尤其是对消声器未设置独立的支、吊架的危害性认识不足，有关人员也未进行技术交底。

（2）质检部门的有关人员工作不认真，对消声器设置各个环节没有把好关。

### 3. 防治措施

（1）工程项目技术负责人对施工人员的技术水平和理解现行规范的能力，应当有较深的了解。在进行消声器安装施工前，应对操作人员进行技术交底，有针对性地贯彻工艺、技术和规范要求，讲明消声器设置独立的支、吊架的作用。确保系统运行时，消声器不摆动，安全可靠，并具有良好的消声效果。

（2）质检人员必须熟悉现行规范中对消声器安装的要求，并在工作中严格执行；工程施工的每个环节都必须认真检查，决不能疏忽大意。在检查中发现问题，立即提出整改的措施，并继续跟踪整改的结果。

## （九）支、吊架的强度不够

### 1. 质量问题

支、吊架的强度不够，表现在吊杆过细、横担过薄，不能承受应该承受的荷载。如果承重超过强度极限时，可能会发生支、吊架破坏性的脱落，造成严重的质量和安全事故，影响整个系统的运行。

### 2. 原因分析

（1）支、吊架选用的材料的材质、型号和规格不符合设计要求，或者在进行材料代用时没有进行强度验算，代用材料的强度不满足承载要求。

（2）支、吊架加工和安装质量不符合设计要求，也会发生支、吊架破坏性的脱落。

（3）支、吊架未按照国家标准图集和施工规范的要求进行制作和安装。

### 3. 防治措施

（1）支、吊架选用的材料的材质、型号和规格一定要符合设计图纸或规范的要求，如果没有所需要品种的材料，必须采取代用时，应当进行等强度的验算，合格后才能使用。

（2）支、吊架应按照钢结构的加工制作工艺进行生产，焊缝不能有夹渣、裂纹和未熔透，螺栓连接的部位一定要紧固牢靠。

（3）严格执行现行规范的要求施工，风管的支、吊架应当按照国家标准图集和施工规范，选用强度和刚度相适应的形式和规格。对于直径或边长大于2500mm的超宽超重等特殊风管的支、吊架，应按设计要求进行加工制作。

## （十）薄钢板法兰风管连接的质量问题

### 1. 质量问题

薄钢板法兰风管进行连接时，往往出现法兰连接件间距太大，或者连接件的松紧不一致的现象，严重会导致风管底部的连接件脱落。法兰间连接不严密，导致法兰接口处出现漏风，影响观感质量和正常运行。

### 2. 原因分析

（1）风管在安装的过程中，遇到操作的空间太小，无法进行法兰连接件的安装。

（2）施工人员不熟悉弹簧夹子连接风管时的分布规定，造成连接件的松紧不一致。

（3）在选择薄钢板法兰风管连接件时，规格选择的不正确，或者连接件的材料厚度不符合要求。

（4）由于连接件重复进行使用，导致连接件的弹性消失，从而出连接件的松动。

（5）安装连接件的工具不匹配，也容易导致连接件弹性受损及松动。

### 3. 防治措施

（1）将操作空间比较小的区域的风管，采取地面预组装整体吊装的方式进行安装，这样可避免出现连接件安装盲区。

（2）严格按照国家建筑标准设计图集07K133《薄钢板法兰风管制作与安装》中的要求布置风管弹簧夹。用于安装风管的弹簧夹长度为150mm，弹簧夹之间的间距应不大于150mm，最外端的弹簧夹离风管边缘空隙距离不大于150mm。

（3）根据薄钢板风管的法兰规格选择正确的法兰风管连接件，并且严禁重复使用薄钢板法兰风管连接件。

（4）根据不同规格的连接件采用相应的专用工具，不宜使用螺丝刀等进行撬板，用力不当将造成连接件弹性受损。

# 三、通风、空调设备安装

## （一）风机盘管出现漏水

### 1. 质量问题

风机盘管的盘管、管道阀门、管道接口等处出现漏水和集水盘溢水等，影响空调房间的舒适度，严重时会因漏水造成房间吊顶破损，墙体、地板和地毯被污染损坏。

### 2. 原因分析

（1）盘管漏水　风机盘管在运输和装卸过程中意外碰撞，从而造成铜管破裂，接口处松动；在管路系统试压或系统充水后，未能及时将盘管内的水排干净，当气温下降至0℃以下时，造成盘管内的水结冰，产生体积膨胀，将铜管冻裂损坏而漏水。

（2）管道接口漏水　管道接口丝扣加工粗糙，丝扣被损坏或丝扣直径过小，导致丝扣出现松动；进行丝扣连接时，连接填料不实；丝扣连接时，拧紧力不均匀，出现过紧或过松现象；丝扣拧紧后又要退回重新拧紧时，没有拆除旧的填料，更换新填料再拧紧。

（3）阀门漏水　安装前未检验阀门自身质量缺陷，如手轮密封不严，阀体上的小孔被油漆盖住等，使用后因锈蚀和管内压力，出现漏水和滴水；阀门与管道连接时，丝扣和螺纹不相匹配；阀门与管道连接时，因连接过度紧固，或手柄操作方向不当，拆除后重装时，没有拆除旧的填料，更换新填料再重新连接。

（4）集水盘溢水　凝结水管呈倒坡；集水盘内杂质在安装后未清除干净，从而堵塞排水口；集水盘与其凝结水出口管接头的焊缝质量不合格；连接集水盘的管道弯头小于90°，容易积存残渣堵塞排水口等。

### 3. 防治措施

（1）防治风机盘管漏水的措施

① 风机盘管一定要包装好后再进行运输，在运输的过程中，要特别注意避免碰撞。

② 风机盘管在装卸时，一定要轻拿轻放，在储存时不能堆放过高，防止下层被压坏。

③ 一经发现风机盘管被碰撞或被摔倒，在安装前必须进行单机试压，合格后再安装。

④ 在寒冷地区冬季施工，如确实需要系统试压，试压后必须将系统中的水排干净，每台风机盘管都要逐一单独将水排尽，防止盘管被冻坏。

（2）防止管道、阀门的丝扣连接处漏水的措施

① 管道的丝扣尽量采用机械加工，这样可以保证丝扣的加工精度和质量。

② 按照管道和阀门的直径，选择合适的紧固扳手或管钳，拧紧时尽量用力一致，做到不超拧也不少拧，保护适中，一般先用手工拧2～3扣，最终根据外露螺纹留出2～3扣。

③ 进行螺纹连接时，应根据输送介质选择相应的密封材料，以达到连接严密；填料在螺纹中只能使用一次，如果发生超拧，造成螺纹连接松动时，必须将丝扣退出，拆除旧的填料，更换新的填料，再适度将其拧紧。

④ 管路安装完毕后，必须进行强度试验和系统试验，试验合格后应将管路系统内冲洗干净。

⑤ 阀门安装前应进行外观检查；并按规定进行压力试验（抽检或100%全数），合格后才能安装；阀门检验不合格的，应进行检修或解体研磨，然后再进行压力试验，直至合格才能进行安装。

(3) 防止集水盘溢水的措施

① 集水盘安装前和安装后，都要将杂质清除干净，防止杂质掉入凝结水排水管弯头里（或三通）堵塞管道。

② 风机盘管安装后，同时排水管连接好后，应采取措施（如用软木塞）封堵排水孔，防止安装、装修杂质掉入排水管造成堵塞管路，但在系统试运行前，千万不要忘记拆除封堵。

③ 凝结水排水管与集水盘连接处的弯头，曲率半径必须大于管径的1.50倍。

④ 排水管必须保证排水坡度，严禁出现倒坡，其坡度应符合设计或现行规范的规定。

## （二）组合式空调机组凝结水排水不畅

### 1. 质量问题

组合式空调机组的接水盘积水过高，机组底盘出现溢水现象，从而造成机房积水。

### 2. 原因分析

(1) 凝结水盘的排水管道无U形存水弯水封设置，而是由排水管直接连接。

(2) 凝结水盘的排水管道U形存水弯水封高度尺寸设置不够，无法克服机组内的负压。

(3) 凝结水盘中的杂物没有进行清理，从而堵塞水盘。

(4) 凝结水管的坡度不符合要求，或者出现倒坡。

(5) 凝结水管安装完毕后，未按照要求进行通水试验。

### 3. 防治措施

(1) 凝结水盘的排水管，按照设计要求的水封高度安装合理的U形存水弯。

(2) 凝结水排水管坡度，应符合设计文件中的规定。当设计中无规定时，其坡度宜大于或等于8‰；软管连接的长度，不宜大于150mm。

(3) 按照现行规范中的要求合理设置支架，以防止管道产生弯曲变形。

(4) 组合式空调机组安装完成后应进行充分试验，以排水顺畅、不渗漏为合格。

(5) 系统投入使用后，应定期检查凝结水排水情况，以便及时清理杂物和滋生物等。

## （三）空调机组出现飘水现象

### 1. 质量问题

空调机组在送风中出现飘水现象，造成送风中水汽过大，箱体区域内的金属腐蚀，甚至会造成有水从送风口中飘出。

### 2. 原因分析

(1) 空调机组盘管的迎面风速过高。

（2）空调机组的结构设计不够合理；或者空气流过盘管时不够均匀，从而造成局部风速过高。

（3）空调机组未能在需要的情况下设置和安装挡水板，或者挡水板的设置和安装不合理。

### 3. 防治措施

（1）盘管迎面风的风速超过2.5m/s时，应当考虑设置挡水板（同时也应综合考虑盘管的排数）。喷水段进、出风一侧应设置挡水板。

（2）优化空调机组的结构设计，避免出现吹过盘管的空气风速不均匀，或者出现局部风速过高。

## （四）风冷式空调器室外机安装位置不当

### 1. 质量问题

风冷式空调器室外机散热效果不好；热空气短路造成制冷效率降低，噪声、热气、振动等对环境和人员造成不良影响。

### 2. 原因分析

（1）由于受建筑条件限制，进风面或出风口受到阻挡，导致进风量不足或热气回流短路。

（2）未合理安装和配置减振装置，导致机组振动通过建筑体进行传递。

（3）风冷式空调器室外机安装位置距离民房较近，未采用消声挡板或其他消声措施，从而产生较大的噪声影响。

（4）风冷式空调器室外机的热气出风口正对着民居，从而影响居民的生活环境。

### 3. 防治措施

（1）选择气流通畅的位置安装风冷式空调机，多台机组之间应保证有最少的合理距离。

（2）在安装空间条件受到限制时，可以采取增加导风管、辅助通风措施等防止气流回流短路。

（3）风冷式空调机的安装位置应尽量远离民居，安装时应增加减振和隔声措施。

## （五）水泵振动且噪声过大

### 1. 质量问题

水泵不仅振动严重，并且噪声过大；使设备零部件损坏，给工作生活环境产生噪声污染。

### 2. 原因分析

（1）水泵底座的减振弹簧选择不合理，从而造成减振弹簧不起作用，产生较大的噪声。

（2）水泵安装不水平，电机轴与水泵轴同轴度过大，也会使水泵振动严重，噪声过大。

（3）水泵进出口的波纹减振管选型偏大，致使波纹减振管起不到减振的作用。

（4）系统的管道中有空气，造成水泵内部有气蚀，从而引起水泵振动和噪声过大。

（5）水泵内进入异物，造成水泵不能正常运转，反而引起水泵振动，导致噪声过大。

### 3. 防治措施

(1) 按照水泵的重量及重心，配置合适的底座及减振弹簧。
(2) 调整水泵的安装平整度，避免电机轴与水泵轴同轴度过大。
(3) 按照水泵的流量进行配管，并配置合适的波纹减振管。
(4) 在水泵运行的过程中，应检查轴承是否有异响，注意添加润滑油。
(5) 在水泵正式运转前，应注意清洗管道及过滤器，排除管道中的空气和水泵中的异物。

## (六) 膨胀水箱安装不合理

### 1. 质量问题

膨胀水箱一般都是在热水器、中央空调以及变频空调当中使用。这种膨胀水箱可以缓冲系统里面的压力波动，消除水锤也可以起到卸除荷载的作用。如果膨胀水箱出现溢流，补水再不正常，会造成水的浪费并影响系统补水量和整个空调系统的运行。

### 2. 原因分析

(1) 选用的膨胀水箱容积偏小，水箱中的水膨胀时易发生溢流，从而造成水的浪费。
(2) 阀门设置的位置不正确，在膨胀管或补水管上设置的阀门被误操作而关闭。
(3) 补水压力不足及浮球阀损坏等原因，导致膨胀水箱无法进行补水。

### 3. 防治措施

(1) 合理选用膨胀水箱，并在合理的位置进行开口接管，以便确保膨胀水箱正常补水。
(2) 根据膨胀水箱使用的实践经验，在膨胀管上不应设置阀门。
(3) 为确保膨胀水箱正常补水，开式补水箱应当高于系统最高点 0.50m 以上。
(4) 系统正式运行后，应定期对膨胀水箱的水位、浮球阀的状况等进行检查，发现不正常的情况，应及时采取措施解决。

## (七) 板式热交换器出现漏水

### 1. 质量问题

板式换热器是由一系列具有一定波纹形状的金属片组装而成的一种新型高效换热器。板式热交换器出现漏水，会造成进出水的温差小、压差大，严重浪费系统的冷量，影响系统的正常运行。

### 2. 原因分析

(1) 板式换热器进行组装时，由于换热板之间不紧密，在系统运行时发生渗漏。
(2) 在安装的过程中不认真，使高温端和低温端管道错接，从而影响换热效果。
(3) 在安装的过程中不认真，进出水接口错接，造成水的流向相反，降低换热效率。
(4) 进水管上未安装过滤器或过滤孔过大，致使杂物堵塞管道，造成系统中的流量不足，也会降低换热效率。

### 3. 防治措施

（1）进行板式换热器组装时，换热板之间安装要紧密，安装完成后必须进行压力试验。

（2）按照产品说明及设计文件中的要求，正确连接高温端和低温端、进水口和出水口。

（3）在进水管上合理配置过滤器，并定期进行检查，以防堵塞板式换热器。

# 四、空调水系统管道安装

## （一）支（吊）架变形

### 1. 质量问题

吊架横担弯曲变形，吊杆弯曲不直，支、吊架与管道接触不紧密，吊架产生扭曲歪斜等，造成管道局部变形，系统运行时产生振动，阀门处的支、吊架变形，从而影响正常运行。

### 2. 原因分析

（1）吊架横担弯曲变形：支架的规格大小与管道管径不匹配；管道支架间距不符合规定，管道通水使用后，重量有所增加，引起支架的变形；支架采用型材的材质和几何尺寸不能满足出厂标准。

（2）支、吊架与管道接触不紧密：支架的抱箍或卡具同管道的外径不匹配；支架安装前所定的坡度、标高不准，安装时也未进行纠正。

（3）吊架产生扭曲歪斜：支架固定的方法不正确；吊杆与地面不垂直。

### 3. 防治措施

（1）支、吊架在进行安装前，应根据管道总体布局、走向及管道规格，按照设计、施工图集、施工及验收规范的要求，合理布置支架的位置及相互之间的间距；根据管道的规格和支架间距，选择合适的支架形式和型钢规格；根据管道运行过程中的重量及支架的重量，通过计算选用合适的固定方式。需要预埋构件的应提前预埋，膨胀螺栓的规格必须经过计算后确定。

（2）支、吊架在进行安装前，应认真复核管道的走向、标高及变直径位置，保证支架横担标高与管底部标高一致；根据管道的规格，选择或制作相匹配的抱箍或卡具，使其能与管道紧密接触。

（3）吊架固定点为预埋钢板时，钢板与吊杆的焊接必须保证吊杆的垂直度；吊架的固定采用金属膨胀螺栓时，金属膨胀螺栓在结构内的长度应满足受力要求，保证吊点钢板与楼面或墙面结合紧密，同时保证吊杆的垂直度。

## （二）支架制作不规范

### 1. 质量问题

支架下料断面不平整，有毛刺、飞边或尖锐等质量缺陷；支架开孔过大或开孔处不平整，螺栓孔成型不规则，孔距与抱箍螺栓不匹配等；支架组对焊接质量差。

### 2. 原因分析

(1) 支架在下料前，未对作业人员进行支架制作的技术交底；支架下料后未放样，几何尺寸控制不严；支架制作工序中缺少打磨环节。

(2) 支架在开孔前，未核对成品抱箍的螺栓间距，致使支架上的孔距与抱箍不匹配；支架采用电焊或氧乙炔开孔，使螺栓孔不规则；开孔之后，未对开孔处的毛刺进行打磨。

(3) 支架组对焊接前，未对作业人员进行技术交底；支架的材质不合格或焊条受潮；支架制作的位置不利于焊工操作；未选择技术合适的焊工进行操作。

### 3. 防治措施

(1) 支架在下料前，应对作业人员进行支架制作的技术交底，交底包括支架使用钢材的规格、材质，支架制作需要的机具，制作工艺流程等。支架下料时，放样几何尺寸必须准确；支架的下料尽可能采用砂轮切割机或空气等离子切割，支架采用机械切割时，卡具必须牢固，保证支架与砂轮切割片垂直；支架在制作的过程中，必须对端面的毛刺、飞边及尖锐部分进行打磨。

(2) 支架开孔必须进行计算，保证管道之间的间距满足安装和保温的需要，开孔的间距和规格需要满足支架抱箍的安装；支架的开孔需采用钻头机械进行，严禁采用电焊和氧乙炔开孔；开孔后对开孔处形成的毛刺应采用砂轮进行打磨。

(3) 支架组对焊接应选用合格的焊条，焊条使用前应当防止受潮，对有轻微受潮的焊条，使用前必须进行烘烤；焊接应选用持证上岗的合格焊工；对操作人员应进行焊接前的技术交底；支架加工最好集中进行，做好防腐工序，检验合格后，再进行安装固定；尽量减少在高空或不利于焊工操作的位置施工。

## （三）支架安装位置不当

### 1. 质量问题

支架过于靠近墙体和设备；支架距阀门、三通或弯头等接头零件处的距离过大或过小；支架设于管道接口处；支架固定点过于集中或设置在松软的结构上。

### 2. 原因分析

(1) 支架在制作和安装前，未对管道系统的图纸与设备、建筑图进行对照理解，不明确设备、墙体的位置；对管路系统转向、分支等部位，未进行受力和安装操作等的综合考虑；对支架的布局未提前进行受力计算和图纸上的整体规划。

(2) 支架在布局之前，未对焊口或接头处的位置进行预测；在管道焊接或丝连接前，未对影响操作的支架位置进行调整。

(3) 支架的固定位置事先未和土建结构图进行综合考虑，对支架的固定形式在预留预埋期间缺乏预见，造成支架固定在松软的结构上。

### 3. 防治措施

(1) 支架在制作和安装前，应认真对管道系统的图纸与设备、建筑图进行对照理解，明确设备、阀门、墙体的具体位置；对管路系统转向、分支等部位，应进行受力和安装操作等的综合考虑，保证支架在三通、弯头处对称分布，管道受力均匀；对阀门处的支架进行对称分布，严禁利用阀门传递管路受力；对支架的布局未提前进行受力计算和图纸上的提前整体规划。

(2) 支架在布局之前，应对焊口或接头处的位置进行预测，支架的位置尽可能错开接口位置200mm左右；在管道焊接或丝连接前，应对影响操作的支架位置进行调整。

(3) 在预留预埋期间，对管道支架的布局应提前介入，需要预埋钢板的，应与土建密切配合，防止出现漏埋设或错位；主要受力支架应安装在梁体或柱体中，避免全部支架只安装在楼板或墙体中；安装在松软墙体上的支架根部，尽可能采用打孔埋入，并采用细石混凝土浇筑捣实。

## (四)管道接口外观质量差

### 1. 质量问题

焊接管道成形后外观质量较差，存在咬肉、凸瘤、气孔、未焊透、裂纹、夹渣、焊缝过宽、歪斜等质量缺陷；焊缝两端对接管道不同心；丝连接管道接口螺纹断丝、缺丝，爆丝、螺纹接口内部多余的铅油麻丝或生料未清除干净；与管件连接处出现偏斜。

### 2. 原因分析

(1) 在进行管道焊接施工前，未对操作人员进行技术交底，或者选择的焊工不符合要求。

(2) 焊接所选用的焊条同母材的材质不匹配，从而造成焊接管道成形后外观质量较差。

(3) 管道上开孔离焊缝太近、焊缝与焊缝太近，出现交叉焊缝；焊缝两端对接管道不同心，管道组对错边过大；焊缝盖面后，未对焊缝处的氧化物进行剔除。

(4) 管道采用手工套丝用力不均匀，或使用的套丝机不规范等，会导致出现管道螺纹缺丝、断丝等质量问题。

(5) 螺纹接口处多余的铅油麻丝或生料未清除干净，管件的质量较差。

### 3. 防治措施

(1) 焊接管道首先应根据管道的材质、直径和壁厚，编制焊接工艺卡，确定管道坡口的加工形式、管道的组对间隙、使用焊条的材质、管道焊接的各种参数。

(2) 合理布置焊口的位置，尽可能采用集中预制，同时将焊口的碰头点尽可能设置在便于施工的位置，以减少焊接的死角；同一位置多个开口宜采用成品三通或四通管件；注意管道组对的质量，减少管道错边；焊缝盖面后应及时剔除氧化物，并进行焊缝的防腐。

(3) 丝接管道应注意丝口处的加工质量满足现行规范要求；管道连接完毕后，及时对连接处挤出的填料进行清理，认真检查配件的质量，从中挑选合格的使用。

## (五)阀门出现漏水

### 1. 质量问题

阀门端面的法兰连接处出现漏水，阀门本体如果渗漏和滴水，很容易造成吊顶、墙面污染和破坏，严重影响系统的运行效果；可能造成电气系统短路或触电事故；绝热管道阀门渗水更会破坏绝热结构，造成绝热层脱落或开裂。

### 2. 原因分析

(1) 阀门端面的法兰连接处出现漏水  阀门安装没有按照规范或图集要求使用紧固螺栓，

选用的螺栓过小，紧固力矩达不到要求；螺栓过长或过短，使用双平垫或多平垫，造成阀门的紧固不到位；振动部位的阀门紧固螺栓未设置防松动装置；法兰端面有杂物或对夹法兰两侧平行度不足，依靠螺栓强制紧固；橡胶法兰垫片老化或使用的法兰垫片工作压力低于系统的运行压力，垫片圈安装时偏出；连接法兰本身存在夹渣、气孔等质量缺陷；阀门两侧的支架距离阀门过远，或阀门两侧的支架设置不对称，使阀门传递管道的重量，法兰和阀门不能紧密结合；法兰的密封垫选材不正确，安装位置偏斜。

（2）阀门本体渗漏和滴水　阀门本体存在夹渣、裂纹等质量缺陷；阀门在安装前，未能按规范要求进行强度和严密性试验；阀门压兰盖没有压紧，填料不足。

### 3. 防治措施

（1）阀门端面的法兰连接处出现漏水　严把材料采购和验收关，保证法兰和密封垫的质量；阀门的紧固螺栓规格必须与阀门、法兰的孔径配套，螺栓的长度必须保证螺栓紧固到位后，外露螺杆长度不小于1/2螺母的直径；振动部位的阀门紧固螺栓应设置防松动装置，不得使用双平垫或多平垫；阀门两侧的法兰应平行，不得依靠螺栓强制紧固，垫片安装时注意调整到与法兰同心的位置；阀门两侧的支架应尽可能对称设置，支架距阀门的距离一般不应大于800mm。

（2）阀门本体渗漏和滴水　保证所采购阀门的质量；根据施工及验收规范的要求进行强度和严密性试验；在系统冲洗的过程中，应对有卡阻现象的阀门拆除，清理焊渣或铁块，防止焊渣或铁块对阀门产生损伤，及时更换和添加密封填料；压兰盖松紧适度。

## （六）阀门操作不方便

### 1. 质量问题

阀门安装位置与其他物件的距离过近；阀门安装位置距离操作面太高或操作人员无法触及；阀门的周围空间比较狭窄；阀门手柄方向错误，影响阀门的操作和检修。

### 2. 原因分析

（1）管道在安装前，未对阀门的位置进行规划，使阀门的位置与吊顶、墙体、设备、其他工种的管线等相互冲突；支架的设置未考虑阀门的位置，支架过于靠近阀门，使阀门的手柄、手轮不能正常开启和关闭。

（2）阀门安装位置距离操作面太高或操作人员无法操作；阀门安装的高度未考虑操作方便，距离操作面太高或距离地面下太深；阀门安装的周围空间比较狭窄，阀门手柄、手轮在操作时容易卡手，阀门维修比较困难。

（3）阀门进行安装前，施工人员未对施工图纸进行仔细理解；阀门安装与周围的距离未考虑阀门手柄的长度和方向。

### 3. 防治措施

（1）在进行管道安装前，应对阀门位置进行详细规划，保证阀门的位置与吊顶、墙体、设备、其他工种的管线等之间有足够的位置进行管道的操作和维修；支架的设置应考虑阀门的位置，支架不得过于靠近阀门，其位置不得妨碍阀门的手柄、手轮的正常开启和维修，当支架与阀门的位置发生冲突时，必须调整支架的位置。

（2）阀门安装位置距离操作面不宜太高或距离地面下太深，应充分考虑人体的生理特征，方便操作和维修；阀门安装周围的空间不宜过小，特别是井道和阀门井内的空间必须保证阀门的正常使用和维修，必要时可设置操作平台。

（3）在进阀门安装前，应对施工图纸进行仔细理解；安装时应考虑与周围的距离，同时考虑阀门手柄的朝向，应保证操作和维修。

## （七）软接管变形、破坏和漏水

### 1. 质量问题

在空调水系统的运行过程中，软接管被过度拉伸和压缩，从而出现软接管破坏及漏水，造成连接处严重漏水；软接管的使用寿命缩短。

### 2. 原因分析

（1）软接管被过度拉伸和压缩　管道与管道或管道与设备的接口距离过大或过小，软接管被强行连接；固定支架安装不牢，其间距不合理。

（2）软接管发生扭曲　管道与管道或管道与设备的接口不同心，利用软接管强行连接；软接管的两端缺少支架，使该部位的管道出现下塌现象，从而造成软接管扭曲；软接管安装之后，连接管道发生旋转，位置比较狭小，为求省事简便，用软管代替弯头。

### 3. 防治措施

（1）防止软接管被过度拉伸和压缩　在需要安装软接管的位置，施工过程中必须留够合理的距离；管道支架安装必须牢固，防止将管道的位移直接传递到软接管。

（2）防止软接管发生扭曲　管道与管道或管道与设备的接口处安装软接管时，必须先保证接口两端同心，不得利用软接管进行强行连接；软接管两端支架的设置，必须保证两端的管道不出现下塌现象；软接管安装应该在两端管道安装到位后进行，防止软接管在安装之后两端管道发生旋转；禁止用软管代替弯头的做法。

## （八）管道内出现积气

### 1. 质量问题

管道内出现积气主要表现为：管道内的水流量不平稳或管道出现较大的振动；制冷制热效果都不好；膨胀水箱中的水不能补人管道系统内；水泵出现异常响动，引起管道振动剧烈、水击造成管道支架松动；管道内水流量不均匀，冲击供水设备和制冷设备；制冷和制热效果差，造成空调系统失调，严重浪费能源。

### 2. 原因分析

（1）管道的坡度设置不合理，如坡度过水或出现倒坡，很容易使管道内出现积气。

（2）局部避让其他管道时，在相交处形成Ω形的返弯，返弯处的顶端又未设置排气装置，从而使管道内出现积气。

（3）水泵进口处水平管道在使用大小头时，未使用“偏心大小头”或者“偏心大小头”安装的方向不正确。

（4）空调补水膨胀管的管径过小或管路过程中引起的管道内积气。

（5）水平管道高处未设置集气管或自动排气阀，也会使管道内出现积气。

### 3. 防治措施

（1）根据空调水系统的实际，合理布置管道，保证管道的坡度能够使系统的排气自动进行，避免管道内出现积气。

（2）尽量减少管道向上翻拱，如果必须按照 Ω 形进行布置时，注意在翻拱的顶端应按要求设置排气装置。

（3）注意水泵进口处水平管道在使用大小头时，应使用“偏心大小头”，管顶应平接。

（4）空调补水膨胀管的管路不宜过长，同时膨胀管的管径应尽可能大于 $DN25$。

（5）水平管道高处应设置集气管或安装自动排气阀，这样可避免管道内出现积气。

## （九）波纹补偿器安装错误

### 1. 质量问题

空调水系统工作时，波纹补偿器不仅没有伸缩，反而补偿器出现破裂和漏水。

### 2. 原因分析

（1）波纹补偿器利用其工作主体波纹管的有效伸缩变形，以吸收管线、导管、容器等由热胀冷缩等原因而产生的尺寸变化，或补偿管线、导管、容器等的轴向、横向和角向位移。如果安装的波纹补偿器没有正确的预拉伸或预压缩，也就起不到补偿的作用。

（2）空调水系统运行前没有调整定位螺母至正确位置，或者拆除了定位螺杆。

（3）波纹补偿器的补偿量不能满足管道补偿的要求。

（4）波纹补偿器的两端管道没有设固定支架，或固定支架的强度不够，不能控制管道热胀冷缩的补偿方向，固定支架设置的位置不合理，与膨胀方向的要求冲突。

### 3. 防治措施

（1）根据空调水系统的设计要求，波纹补偿器的技术参数必须选择正确。

（2）波纹补偿器在进行安装前，应进行管路膨胀量的计算，以便对波纹补偿器进行预拉伸或预压缩。

（3）波纹补偿器的管道应按照要求设置固定支架和滑动支架，正确理解波纹补偿器的工作原理和膨胀方向。

（4）在空调水系统运行前，将定位螺母调整至正确位置，并做好油漆标记。

# 五、防腐与绝热工程

## （一）管道和支吊架锈蚀

### 1. 质量问题

管道和支吊架出现锈蚀现象，油漆部分开始剥落，不仅影响观感质量和整个系统的使用寿命，甚至造成支吊架锈蚀断裂等严重后果。

### 2. 原因分析

（1）未严格按照空调水系统的施工工序施工，在管道和支吊架安装前未进行除锈防腐。

（2）管道和支吊架的防腐施工交底不详细，或者在施工中没有严格执行；金属表面的清理未达到要求，表面存有污物和铁锈，甚至局部根本未除锈；涂层间隔的时间不够，造成漆膜脱落，或产生气泡。

（3）材料质量不合格或使用不当：如防锈漆已经超过保质期；防锈漆的种类选用与设计要求不符；防腐漆与面漆不匹配。

（4）施工的环境条件不适合，如温度过高或过低，湿度太大。

### 3. 防治措施

（1）防锈漆施工应在管道和支吊架的除锈基层清理工作完成后进行，管道和支吊架的基层处理工作应包括：铲除毛刺、鳞皮、铸砂、焊渣、锈皮，清洗油污、焊药等。除锈等级应满足设计要求，当设计中无具体要求时，以去除母材表面的杂物，露出金属光泽为原则，除锈后应立即涂刷防锈剂。当空气湿度较大或构件温度低于环境温度时，应采取加热措施防止被处理好的构件表面再度锈蚀。

（2）一般底漆或防锈漆应涂刷 1～2 道，每层涂刷都不宜过厚，以免起皱或影响干燥。如发现不干、皱皮、流挂和露底时，应当进行修补或重新涂刷。在涂刷第二道防锈漆前，第一道底漆必须彻底干燥，否则会出现漆层脱落现象。

（3）防锈漆、面漆应按设计要求进行选用，并应符合现行国家标准《通风与空调工程施工质量验收规范》（GB 50243—2016）中的规定。防腐涂料和油漆必须是有效保质期内的合格产品。施工前应熟悉涂料和油漆的性能参数，包括油漆的表面干燥时间、实干时间、理论重量以及按说明书施工的涂层厚度。

（4）管道及支架进行油漆施工时，应符合现行国家标准《通风与空调工程施工质量验收规范》（GB 50243—2016）中的规定。防腐油漆施工场地应清洁干净，有良好的照明设施。冬季和雨季施工时，应有防冻、防雨雪的措施。雨天或表面结露时，不宜进行作业。冬季应在采暖的条件下进行，室温应保持均衡。

（5）为保证防腐的施工质量，在施工过程中必须每天进行中间检查，不符合标准的，应立即进行返修，不得留下质量隐患。

## （二）风管镀锌层锈蚀起斑

### 1. 质量问题

风管表面的镀锌层出现粉化或成片白色或淡黄色的花斑，呈现出明显的腐蚀现象，严重影响风管的美观，缩短风管的使用寿命；对于洁净系统，还会影响系统的清洁度。

### 2. 原因分析

（1）风管制作所采用的镀锌钢板质量较差，或者需用的不是热镀锌钢板。

（2）镀锌钢板及半成品存放不当，在镀锌钢板存储、风管加工、堆放及安装的过程中，由于环境条件不佳或管理不善，使镀锌钢板或风管遭到污水淋浸、泥浆沾染（尤其是含有水泥的污水或泥浆），造成镀锌层的腐蚀。

(3) 施工环境潮湿，在密闭的地下室或地沟内进行混凝土地面施工时，大量带有碱性的水汽凝结在风管的表面，导致镀锌层腐蚀。

### 3. 防治措施

(1) 选用镀锌钢板材料时，应根据现行标准《通风管道技术规程》（JGJ 141—2017）第3.1.1条的规定；采用热镀锌工艺生产的产品，镀锌层的质量应达到《连续热镀锌和锌合金镀层钢板及钢带》（GB/T 2518—2019）中的相关要求。

(2) 根据现行国家标准《通风与空调工程施工质量验收规范》（GB 50243—2016）中的规定，加强施工现场管理，采取有效的防护措施，保证在镀锌钢板存储、风管加工、堆放及安装的过程中保持地面清洁干燥，防止污水、泥浆对钢板及风管的污染，造成风管表面镀锌层粉化或成片白色或淡黄色的花斑。安装好的风管应注意成品保护，防止后续工种施工或漏水浸泡对风管造成损害。

(3) 在密闭的地下室或地沟内进行施工时，应合理安排施工顺序，待浇筑混凝土地面后再安装风管；如果条件允许，还可以增加通风设施，保证密闭空间的干燥。

(4) 对于已造成镀锌层腐蚀的风管，如果腐蚀程度不严重，可将腐蚀处清理干净并用砂纸打磨后，涂刷防锈漆进行防腐，对于严重腐蚀的应拆除更换。

## （三）漆面发生起皱和脱落

### 1. 质量问题

镀锌风管的漆面发生起皱和脱落，从而影响管道及整个系统的使用寿命。对于不绝热的管道，还影响观感质量。

### 2. 原因分析

镀锌风管的漆面发生起皱和脱落的主要原因有：金属表面锈迹、油污清理不干净；油漆涂刷过厚；所用油漆的性能不符合设计要求；油漆超过保质期；防锈漆与面漆不匹配。

### 3. 防治措施

(1) 在进行油漆涂刷前，必须按照设计要求对金属表面进行彻底清理，确保金属表面干净无油污和锈迹等杂物。当设计无要求时，以去除金属表面的杂物，露出金属光泽为原则。除锈后应立即涂刷防锈漆。当空气湿度较大或金属表面温度低于环境温度时，应采取加热措施防止被处理好的表面再度锈蚀。明装饰部分的最后一遍色漆，应当在安装完毕后进行。普通薄钢板在制作风管前，应当预涂防锈漆一遍。

(2) 施工前应详细阅读油漆使用说明书，按说明书要求进行油漆配合比配制及涂刷。喷、涂油漆的漆膜应均匀，无堆积、皱纹、气泡和掺杂等质量缺陷，防止油漆涂刷过厚。

(3) 严格按照设计及现行规范的要求购置油漆，并对油漆进行进场检查，确保油漆在有效保质期限内是合格产品，满足使用的要求。

## （四）绝热管道出现结露

### 1. 质量问题

空调系统在运行的过程中，管道绝热层的表面出现冷凝水，绝热层的接缝处出现渗水或滴水现象，空调的制冷效果比较差。

## 2. 原因分析

（1）绝热材料质量不符合要求，或者选用的规格不适合，材料厚度、密度等技术指标也不符合设计要求。

（2）风管玻璃棉绝热施工方法不符合要求表现为玻璃棉与风管间不密实、不牢固；玻璃棉间接口不严密，缝隙处未填实，绝热材料接缝处胶带脱落；风管法兰连接处产生冷凝水，绝热厚度达不到规范要求；风管在穿越混凝土墙预留洞或防火分区隔墙的套管时，由于人为疏忽，预留洞或套管内没有连续绝热，造成绝热段的缺失；预留洞或套管尺寸比较小，使风管的绝热厚度达不到设计要求或无法进行连续绝热；风管紧靠梁安装或风管安装较密，超大规格风管无绝热空间或遗漏。

（3）空调水管橡塑棉绝热施工方法不符合要求：橡塑棉与管道间不密实、不牢固，绝热材料接缝处的胶开裂；用橡塑专用胶缠绕固定橡塑棉时，搭接不均匀，缠绕不紧密，纵向接缝位置不正确，产生凝结水渗出；管道在套管内没有连续绝热，由于人为的疏忽，造成绝热段有缺失，或预留管的规格较小，使管道的绝热厚度达不到设计要求或无法进行连续绝热。

## 3. 防治措施

（1）绝热材料应按设计要求进行选用，并应符合现行标准的规定，同时符合《通风与空调工程施工质量验收规范》（GB 50243—2016）中的规定，对材料进行质量检查，合格后方可使用。所用绝热材料的材质、密度、规格及厚度，应符合设计要求和消防防火规范的要求，在运输及存放过程中，应避免绝热材料受潮和损坏。

（2）风管玻璃棉绝热施工　风管玻璃棉绝热施工，可按照以下方法和注意事项进行。

① 玻璃棉的施工方法应当符合现行规范关于风管绝热层采用黏结方法固定时的规定。

② 在进行粘贴胶带前，棉板上的铝箔灰尘应用抹布擦干净再粘贴胶带，以避免和减少胶带的脱落。

③ 风管采用角钢法兰或者“共板”法兰进行连接时，法兰应当进行单独绝热，风管法兰部位的绝热层厚度，不应低于风管绝热层的0.8倍，保证法兰处不产生冷凝水。

④ 在施工预留预埋阶段，混凝土预留洞和套管预留时，要考虑风管的绝热厚度及防火套管，避免给后续的绝热工程造成施工困难。绝热管道在穿越预留洞或套管时，绝热材料要连续。防火隔墙上的风管预留洞规格较大，土建工程需要设置过梁，防止套管和风管变形，无法进行绝热。

在风管的安装过程中，尤其是空调机房，因风管布置比较密，需提前考虑绝热工程的绝热和操作空间，在操作空间有限时，可考虑安装前进行绝热。对绝热工程完成的区域要进行排查，尽量避免出现遗漏或无法进行绝热的现象。

（3）空调水管橡塑棉绝热施工　空调水管橡塑棉绝热施工，可按照以下方法和注意事项进行。

① 如果使用橡塑棉管壳绝热，管壳与管道的管径必须吻合，绝热时管壳的两端一定在内侧进行抹胶，中间隔适当距离抹一次胶，在侧缝和管道截面上抹胶时，保证满涂均匀不出现遗漏。管段间保持自然伸长，不要外力拉伸，避免伸缩力造成开胶；使用棉板绝热时，重点在下料，保证棉板贴在管道之后，稍微用力即可抹胶粘上。下料不能过小，造成拉力太大，长时间会裂开；如下料过大，棉板与管道之间有空隙，从而形成气腔，产生冷凝水。保温管壳的纵向接口，应设置在侧下方。

② 橡塑棉绝热最好采用专用胶进行粘接，如果用胶带绝热，绝热棉缝隙对齐，缠绕胶带时搭接要均匀，不能让绝热棉局部凸起形成气腔，或者部分未缠绕以及缠绕太松，都会产生凝结水渗出。

③ 在施工预留预埋阶段，套管进行预留时，要考虑管道的绝热厚度，避免给后续的绝热工程造成施工困难。在进行管道安装时，管道应与套管尽量同心，否则会造成无法绝热。

## （五）外保护层内出现积水

### 1. 质量问题

外保护层内出现积水，接缝处有渗出水，出现结露或外部水渗入，严重影响绝热效果及外保护层的使用寿命。

### 2. 原因分析

（1）室内管道保护壳接口处的施工工艺不正确，搭接接口的方向和位置错误，或接口处有开裂现象，水顺着搭接的缝隙流入保护壳内，造成保护壳内积水；绝热层与管道表面接触不严密，或绝热层隔汽层受潮，空气渗入，形成结露，造成保护壳内积水。

（2）地下室和地沟等空间处安装的管道，因环境湿度比较大，又没有良好的通风条件，使保护壳处出现结露。

（3）室外管道保护壳接口处的施工工艺不正确，在雨天造成保护壳内积水；室外管道绝热后，保护壳被损坏，造成内部产生冷凝水或雨水渗入。

### 3. 防治措施

（1）编制科学合理的施工方法，尤其对搭接接口方向搭接位置搭接方式等应进行详细的说明，金属径向接缝一律朝着管道中心线以下安装，环向接缝一律按 Ω 形搭接成缝。施工方法应符合现行国家标准《通风与空调工程施工质量验收规范》（GB 50243—2016）中规定的原则；进行外保护层施工前，应对内绝热进行详细的检查与检验，确保内绝热合格后方可进行外保护层的施工。防止因疏忽和人为破坏，绝热不合格就进行外保护层的施工。

（2）地下室或地沟内的管道，应尽量增加通风口，避免因湿度太大造成冷凝水，在有条件的情况下，可以增加通风设备，对地下室或地沟进行辅助通风。

（3）要注意重视成品保护，因内绝热层与外保护层不是一个单位施工，或分包给不同的施工队伍，应防止外保护层施工时对内绝热层的破坏。系统投入使用前应对保护层尤其是露天部分进行检查，同时防止人为破坏。

## （六）管道绝热层及外保护层开裂、脱落

### 1. 质量问题

管道绝热层及外保护层开裂、脱落，出现渗水或滴水现象，造成空调的制冷效果比较差，甚至因冷凝水造成吊顶损坏、电线短路等严重后果。

### 2. 原因分析

（1）橡塑棉专用胶、专用胶带质量差，会造成绝热层及外保护层开裂或脱落；玻璃棉绝热

选择的保温钉黏结剂、铝箔胶带不当，黏结力较低，质量较差；保温钉的钉帽和钉杆件连接不牢；选用的保护壳的材料太软，不易固定，容易损坏。

（2）管道橡塑棉绝热的施工方法不符合要求，进行橡塑棉绝热的施工时，下料尺寸过小，强行拉伸黏结；管道表面清理不干净，绝热好的橡塑棉开裂或脱落；材料下料切口比较粗糙，橡塑胶黏剂涂抹不均匀，黏结前未保持粘接口干燥、清洁；黏结口直接接触阳光照射。

（3）风管绝热施工方法不符合要求，矩形风管采用铝箔玻璃棉绝热时，采用保温钉固定，保温钉的数量不够，布局不正确；风管表面不干燥或擦拭不干净，或黏结保温钉干燥时间不够，造成保温钉黏结不牢固，管道橡塑棉从而出现脱落；矩形风管采用聚苯乙烯泡沫塑料板绝热黏结不牢。

（4）外部保护壳与绝热层结合不紧密；保护层搭接口不密实有缝隙。

（5）成品保护不当，水管或建筑出现漏水，浸泡铝箔玻璃棉板，从而造成绝热层脱落。

### 3. 防治措施

（1）橡塑棉专用胶、铝箔胶带和保温钉胶黏剂等绝热材料的性能，应符合使用温度和环境卫生的要求，并且要与绝热材料匹配，符合现行标准的规定，必须是有效保质期内的合格产品，使用前要先了解胶黏剂的使用方法及适用湿度等相关参数，详细阅读产品说明书，掌握绝热层粘贴时间。涂胶要均匀，无漏涂现象，确保保温钉、绝热材料粘贴牢固。保温钉的质量要进行抽检，确保质量符合要求；不应选用固定困难的以及易损的材料作为外保护层。

（2）管道橡塑棉绝热施工下料不能过小，过小容易发生开裂现象；在进行橡塑棉专用胶涂刷绝热施工前，必须对管道外表面进行彻底清理，去掉管道表面附着的铁锈、油污、灰尘和水等杂物，保证橡塑棉专用胶的正常使用；在进行下料时，选用合适的工具进行下料，保证切口平整，不能有毛刺外翻，并保证切口干燥洁净；在进行技术交底时，如果是室外管道绝热，特别要对工人强调黏结口尽量朝阴面，少接触阳光的照射，防止老化过快。

（3）风管采用铝箔玻璃棉板绝热，用保温钉进行连接固定时，应满足现行国家标准《通风与空调工程施工质量验收规范》（GB 50243—2016）中规定；在粘保温钉前，一定要清理风管的表面。另外，要保证保温钉在粘上以后，胶要干透，再进行铝箔玻璃棉板的安装，防止棉板出现脱落；风管采用聚苯乙烯泡沫塑料板绝热时，黏结一定要牢固，并进行捆扎。

（4）外保护层应紧贴绝热层，不得有脱壳、褶皱、强行接口等现象；自攻螺钉应固定牢固，螺钉的间距应均匀，接口处不得出现缝隙。

（5）对非绝热自身原因（如水管、建筑物漏水等）造成的绝热层及外保护层开裂和脱落，应及时对源头原因进行处理。铝箔玻璃棉板被水浸泡后，一般不能再进行维修，应尽快拆除被浸泡的棉板，不要使其他棉板受损；待清理完后更换新的棉板。

## （七）保冷管道支吊架处出现结露

### 1. 质量问题

保冷管道吊架处细部处理不当，致使在管道支架的“垫木”与绝热材料的结合处结露，产生冷凝水。造成吊顶等的破坏，甚至能引起电气短路等严重后果。

### 2. 原因分析

（1）空调风管、水管未设置木衬垫，或者木衬垫比绝热层薄。

（2）木衬垫与管道绝热材料之间有缝隙。

（3）吊杆被包在绝热层内。

（4）空调水管固定支架处未采取防上“热桥”的措施。

### 3. 防治措施

（1）供冷的风管及管道的支、吊架一定要设置木衬垫，木衬垫的厚度不应小于绝热层的厚度。木衬垫要进行防腐处理。冷热水管道与支、吊架之间，应有绝热衬垫（承压强度能满足管道重量的不燃、难燃硬质绝热材料或经防腐处理的木衬垫），其厚度不应小于绝热层的厚度，宽度应大于支、吊架支承面的宽度。衬垫的表面应平整，衬垫结合面的空隙应填密实。

（2）对支、吊架处的绝热施工，应编制详细的施工方案，确保绝热材料与“垫木”接触紧密，不留缝隙，无死角，不产生冷凝水。

（3）尽量避免吊杆被包在绝热层内，如因为空间太小，可增加吊杆的数量，改变吊杆的位置至合理处，保证其使用功能，冷水管道的固定支架一定要做好“热桥”措施。

（4）加强检查力度，强化工序管理。在管道的施工过程中，由专人负责对管道绝热施工前、后的全面质量检查，尤其对保冷管道支、吊架处的施工质量进行重点检查，发现问题及时整改，不留质量隐患。

## （八）管道管件绝热外形观感差

### 1. 质量问题

管道管件绝热外形表面不平整，不流畅，外观质量不符合设计要求，从而影响空调系统的整体质量观感。

### 2. 原因分析

（1）所用的绝热材料质量差：铝箔玻璃棉的密度、铝箔粘贴质量不符合要求，铝箔与玻璃棉起鼓或脱离；运输不当，造成绝热棉褶皱，绝热棉太软，不成形。

（2）管道橡塑棉绝热施工方法不当，管道绝热不平整，不流畅，接缝不严，表面不平，有破损；法兰和阀门处绝热不到位，导致绝热完成后无棱角、无形状；木衬垫安装时上下两部分未对正，两侧端面不在一个平面上。

（3）风管铝箔玻璃棉绝热施工方法不当，铝箔胶带粘贴不好，无顺序，无角度，有口就糊上；风管的变径管、方圆节、弯头等，铝箔玻璃棉未按照展开下料法进行下料；切割工具不锋利，或切割角度不对，造成风管绝热四边无棱角，不美观；设备软接头处绝热未收口，产生冷凝水，且绝热棉外漏。管道绝热材料的“收头”不严密，玻璃纤维外漏；木衬垫厚度与绝热厚度不一致；木衬垫未进行浸渍沥青防腐处理或处理效果不佳。

（4）镀锌铁皮外保护层出现变形，咬口不紧密，表面不平整，甚至有破损。

（5）施工环境恶劣，成品保护不好。在地下室等潮湿的区域，如果选用铁质的绝热钉，易生锈；铝箔玻璃棉若贴铝箔的胶未干透，受潮后很容易发霉、变黑。

### 3. 防治措施

（1）严格控制绝热材料的质量，按要求对材料进行质量检验，加强材料采购、保管工作的管理，除对绝热棉进行外观的检查，更要严格按照设计的要求，对绝热棉的密度进行检查；严格检查绝热棉粘贴铝箔的质量，严禁使用起鼓或脱离等不符合质量要求的材料；因运输造成的材料损坏或绝热棉褶皱、变软不成形的，一律应拒绝进场。施工中要加强材料的保护，损坏的材料不能用于工程中。

（2）管道橡塑棉绝热施工，主要应保证材料的质量和下料的质量；法兰和阀门处的绝热，应根据形状进行填补，再根据填补后的形状进行下料，绝热后应棱角分明。另外，绝热材料不能因为部件较小而使用下脚料或散乱的材料；选择的管道的管卡要合适，木衬垫安装时上下两部分要对正，两侧端面应在一个平面上，再进行固定。

（3）风管铝箔玻璃棉绝热施工，铝箔胶带粘贴应事先进行技术交底，采取适当的措施，保证绝热后棱角分明，做到部件与绝热的形状一个样；操作工人要加强责任心，认真对待绝热施工；在风管与设备的连接处，除了风管的棱角处理好外，对截面不要用铝箔胶带进行收口，防止产生冷凝水，也防止黄色的玻璃棉外漏，影响美观；在材料的采购中，木衬垫要根据绝热的厚度进行选择，否则绝热棉与木衬垫不平，影响观感效果；木衬垫应进行浸渍沥青防腐处理。

（4）施工环境恶劣时，应根据现场的实际条件采取相应的措施，如将绝热钉改为全铝材质，保证在使用条件下不生锈；因绝热材料已确定，不能随便更改，可增加通风设备，减少施工现场的湿度，尽量减少环境对工程的影响。

## （九）阀门不方便操作及检修

### 1. 质量问题

阀门进行绝热施工时，对手柄、检查孔等处理不当，被覆盖不能活动或被包在绝热层内，造成绝热完成后阀门不方便操作及阀门无法单独拆卸，不便于检修。

### 2. 原因分析

（1）风管的阀门绝热施工时，对手柄、检查孔等处理不当，被覆盖不能活动或被包在绝热层内。

（2）空调的水阀门绝热与管道成为一个整体，对阀门未采取单独绝热。

（3）过滤器的排污口、某些电动阀的检查孔，在绝热施工时未留活动检修口。

（4）与设备接口处，设备法兰与管道绝热成为一个整体，不方便设备的检修。

### 3. 防治措施

（1）对阀门、过滤器等需要日常操作检修部件的绝热，应编制详细的施工方法，并对操作工人进行技术交底，在施工中进行指导和监督。

（2）坚持班前例会制度，对阀门、过滤器等绝热容易出现质量问题的部位加强学习，使得每个操作工人能从思想上予以重视，并贯彻执行。

（3）加强施工过程中的检查及质量控制，发现有阀门、过滤器、法兰等绝热施工不当的行为，及时予以制止并要求立即返工，必要时可以进行相应的经济处罚。

（4）管道阀门、过滤器、法兰部位的绝热结构，必须采用可拆卸式结构。可拆卸式结构的绝热层，宜为两部分的组合形式，其尺寸应与实物相适应。靠近法兰连接处的绝热处，应在管道一侧留有螺栓长度加 25mm 的间隙。

### （十）绝热后设备的铭牌被覆盖

#### 1. 质量问题

绝热层施工后设备的铭牌被覆盖，致使运行人员对设备的名称及各项技术参数不能准确掌握，给设备的运行工作带来困难，甚至可能导致误运行，造成安全事故。

#### 2. 原因分析

(1) 绝热层施工前，有关技术人员未对施工人员进行技术交底，施工方案也没有明确规定，从而使设备的铭牌被覆盖。

(2) 设备的铭牌无支架或支架低于绝热层厚度，绝热层施工时工人比较粗心，未对设备的铭牌进行必要的处理。

#### 3. 防治措施

(1) 对于不同型号规格的设备，应单独制定详细而可行的施工方案，尤其对设备的铭牌容易忽视的地方，提出明确的处理方法。

(2) 绝热层施工前，有关技术人员应对施工人员进行技术交底；在施工过程中，应对施工质量进行检查控制。

(3) 进行设备绝热层施工时，应确定好铭牌位置与绝热材料厚度的关系，当铭牌的位置低于绝热材料的厚度时，应延长铭牌的支架，使其高于绝热材料厚度 1～2mm。

(4) 设备的铭牌无法避免被覆盖时，应在绝热施工完成后在外绝热层上重新设置铭牌。

## 六、检验、试验及系统调试工程

### （一）空调水量分配不合理

#### 1. 质量问题

空调水系统水力失调，某些区域的流量过多，某些区域的流量不足；系统输送冷、热量不合理，引起能耗的浪费；某些区域由于空调水流量不足，导致该区域的空调效果差。

#### 2. 原因分析

(1) 运行人员对空调水系统的设计流量值不清楚，无法对空调水系统的流量进行科学分配，从而造成空调水量分配不合理。

(2) 空调水系统没有配备水流量测试仪表，无法进行水流量的测定，仅凭经验调节空调水系统相关阀门开度，来进行水系统水力平衡调试。

(3) 在运行管理中对水流量测试操作不当，测试值与实际值有较大的误差，从而影响水系统水力平衡调试；或水系统水力平衡调试步骤方法不当。

#### 3. 防治措施

(1) 对于空调水系统，在进行水力平衡调试前，需要与设计人员充分进行沟通，取得空调水系统相关流量参数，包括干管流量值、立管流量值、支管流量值、末端设备流量值、水泵及泵组流量值、压差平衡阀的压差值等。

（2）管路上的截止阀、蝶阀、闸阀、各类平衡阀，都需要配备专门水流量测试仪进行专业测量，以便定量反映系统水流量是否符合设计要求。

（3）一般管路上平衡阀流量的测量，可以通过平衡阀两端流量测孔，以及厂家配套测量仪器进行，在无平衡阀的管路上可采用超声波流量计进行测量；系统中所有平衡阀的实际流量均达到设计流量，系统实现水力平衡。在进行后一个平衡阀的调节时，将会影响到前面已经调节过的平衡阀而产生误差。当这种误差超过工程允许范围时，则需要进行再一轮的测量与调节，直到误差减小到允许范围内为止。

## （二）管道系统冲洗未与设备隔离

### 1. 质量问题

空调管道系统进行冲洗时，设备未与管道系统隔离，水通过管道直接进入设备内，水在里面循环冲洗，管道内的杂物容易进入设备内，从而造成换热盘管处堵塞。

### 2. 原因分析

（1）空调水管道连接空气处理机、风机盘管等末端设备处，没有设置旁通管路系统和管道开泵循环系统。

（2）冷水机组、热交换器的进出水口处没有加装临时旁通管，或虽然已设置旁通管，但冲洗时操作人员忘记关闭末端设备进出水口处阀门和打开旁通管路阀门。

### 3. 防治措施

（1）在进行图纸会审时，应保证在靠空调末端设备进出水管段设置旁通管和旁通阀。在冲洗前，应全面检查管道系统安装完成情况，特别是旁通管和旁通阀是否按图纸要求正确完成安装。

（2）在冲洗前，应在冷水机组、热交换器的进出水口处与管道系统隔离（如拆除软接头），并敷设临时旁通管将管道系统连通，保证管道系统能开泵循环冲洗。

（3）在冲洗前，操作人员应逐个检查旁通阀门的启闭情况，关闭进出水末端设备的管道阀门，打开旁通管连接阀门，经检查无误后才可进行冲洗作业。

## （三）测定风管风量值与实际值有较大偏差

### 1. 质量问题

风管风量测量结果与实际风量有较大的偏差，影响系统风量调试不能达到设计要求。

### 2. 原因分析

测定风管风量值与实际值有较大偏差的主要原因有：测量截面的位置选择不当；测量点布置不当；测量仪器选用或操作不当。

### 3. 防治措施

（1）测量截面的位置应选择在气流较均匀的直管段上，并距上游局部阻力管件（三通头、弯头、阀门等）4～5 倍管径（或矩形风管长边尺寸）以上，距下游局部阻力管件 2 倍管径（或矩形风管长边尺寸）以上，当条件受限制时，可适当缩短距离，但应适当增加截面测点数。

（2）测量点布置不当的防治措施是：将矩形风管截面划分为若干个接近正方形的、面积相等的小断面，面积一般不大于 0.05$m^2$，且边长小于 220mm 为宜，测点位于各个小断面的中心，测点的位置和数量取决于风管断面的形状和尺寸；将圆形风管截面划分为若干个面积相等的同心圆环，测点布置在各圆环面积等分线上，且应在相互垂直的两直径上布置 2 个或 4 个测孔。

（3）风管风量测试仪器可以是毕托管和微压计的组合或直接使用风速仪，当动压小于 10Pa 时，风量测量推荐用热电风速计或数字式风速计。

（4）当采用毕托管测量时，毕托管的直管必须垂直管壁，毕托管的测头应正对气流方向，且与风管的轴线平行，在测量的过程中，应保证毕托管与微压计的连接软管通畅无漏气；当采用热球式风速仪进行测量，测量前应按仪表使用说明书规定进行机械调零和预热调零，在进行测量时，注意使测杆垂直，并使探头有顶丝的一面正对气流吹来的方向，将风速探头测杆端部热敏感应件拉出，插入风管测孔中进行测量。

## （四）冷却塔的水流外溢

### 1. 质量问题

冷却塔积水盘中的水向外溢出，造成冷却水大量损失，降低冷却塔的散热效果，冷却水泵吸入水量不足或吸入空气，产生振动和噪声，浪费大量的水资源，并影响冷却塔周围环境。

### 2. 原因分析

多台冷却塔同时工作，由于冷却水管道到各冷却塔的分支回路阻力不一致，造成各管路冷却水的回水量不一样，但各个冷水塔的给水量基本相同，从而造成部分冷却塔回水量小于给水量，产生冷却水从冷却塔积水盘中往外溢出。如果因流量不平衡造成积水盘水位下降的冷却塔的总补给水量小于系统总溢出水量，就会使冷却水总回水量变小，降低冷却塔散热效果，造成冷却水泵吸水量不足，产生振动和噪声。如果外溢水量过大过多，则会造成回水阻力较小的冷却塔的积水盘积水过浅，从而在回水中吸入空气，对冷却水泵会产生更大的危害。

### 3. 防治措施

把同一循环系统的所有冷却塔共用同一个积水盘，或者把同一循环系统的所有冷却塔的积水盘安装大直径的连通管道。

## （五）空调房间未保持合适的压差

### 1. 质量问题

空调房间未保持合适的压差的主要表现为：房间内的静压过大；房间内产生负压，室外或走廊的空气大量渗入室内；房间门难以开启或关闭。

### 2. 原因分析

（1）门窗的实际漏风量小于设计计算值。

(2) 空调系统的风量未按设计给定的参数进行测定和调整，使系统送风量大于回风量和排风量之和。

(3) 空调房间各风口风量未按设计值调整，或风口风量调整偏差过大，造成部分空调房间各送风口实际的送风量之和远大于房间各回风口（或排风口）风量之和。

(4) 在同一排风的系统中，某些房间的排风调节阀（口）关闭，使该房间的排风量减少，房间的静压增大。

(5) 系统的排风量过大而新风量偏小，使系统的送风量小于回风量和排风量之和。

(6) 空调房间各风口风量未按设计给定的参数调整，或风口风量调整偏差过大，造成部分空调房间各送风量小于房间内各回风口（或排风口）风量之和；在同一排风的系统中，某些房间的排风调节阀（口）关闭，使其他房间的排风量增加，房间变成负压。

### 3. 防治措施

(1) 发现门窗实际漏风量小于设计计算值，应及时与设计人员沟通，在确保系统送风量略大于回风量和排风量之和的前提下，适当降低送风量或增大回风量（排风量）设计给定值。

(2) 空调系统的送风量、回风量及排风量，必须按设计值进行调整和测定，使系统各风量达到要求。

(3) 当系统的总风量、风口风量平衡后，对于静压要求严格的空调房间或洁净室，仍需测量静压，并逐个调整回风口调节阀的开度，使静压达到设计要求；对于一般空调房间，可通过验证开门用力大小或门缝处的气流方向，调整调节阀的开度，使空调房间处于正静压状态（0～25Pa）。系统运行时，回风调节阀或排风调节阀不得随意关闭。

(4) 系统风量调整和静压调整符合设计要求后，在正常的运转过程中，共用排风系统中布置于各房间的排风调节阀不得随意关闭，否则会使其他房间的排风量增加，导致各空调房间风量不平衡而引起静压波动，甚至产生过大静压或负压。

## （六）机械防排烟系统调试结果达不到要求

### 1. 质量问题

机械防排烟系统的风量或有防烟要求疏散通道的压力及压力分布达不到设计与消防的规定；发生火灾时烟气不能顺利排出，容易侵入楼梯间、前室等疏散通道，危及人员的逃生。

### 2. 原因分析

(1) 机械加压送风系统达不到要求，主要原因是：正压送风系统采用砖或混凝土风道时，风道内壁未将表面抹平，表面粗糙阻力较大，未清除的建筑垃圾堵塞，引起送风不畅，甚至部分末端风口不出风，风道内的孔道未封堵，也会造成系统漏风；疏散楼梯间送风口无调节装置，系统阻力难调平衡，造成末端风口风量不够，达不到规定的正压值；前室、楼梯间防火门密闭性差，很难保持正压状态；或无余压调节装置，正压过大时无法泄压；机械防排烟系统的风量及疏散通道余压值测试方法不正确。

(2) 机械排烟系统达不到要求，主要原因是：对消防要求的排烟风量范围不清楚；测试方法不正确。

### 3. 防治措施

(1) 机械加压送风系统达不到要求的防治措施

① 避免风管系统的漏风和堵塞现象，砖和混凝土风道的内壁要抹灰，风道内的所有孔洞必须封堵严密，建筑垃圾要及时清除。

② 前室、楼梯间防火门要保证严密不漏风，楼梯间的送风口最好有调节装置，要设置余压调节装置来泄压。

(2) 机械排烟系统达不到要求的防治措施

① 走廊排烟系统　将模拟火灾层及上、下一层的走廊排烟阀打开，启动走廊排烟风机，测试排烟口处的平均风速，根据排烟口截面（有效面积）及走廊排烟面积计算出每平方米面积的排烟量，当结果大于或等于 $60m^3/(h \cdot m^2)$ 时，为符合消防的要求。测试宜与机械加压送风系统同时进行，若系统采用砖或混凝土风道，测试前还应对风道进行检查。平均风速测定可采用匀速移动法或定点测量法，在进行测定时，风速仪应贴近风口，匀速移动法不少于 3 次，定点测量法的测点不少于 4 个。

② 中庭排烟系统　启动中庭排烟风机，测试排烟口处的风速，根据排烟口截面计算出排烟量（若测试排烟口的风速有困难，可直接测试中庭排烟风机风量），并按中庭净空换算成换气次数。若中庭体积小于 $17000m^3$，当换气次数达到 6 次/h 左右时，为符合消防的要求。若中庭体积大于 $17000m^3$，当换气次数达到 4 次/h 左右且排烟量不小于 $102000m^3/h$ 时，为符合消防的要求。

③ 地下车库排烟系统　若与车库排风系统合用，应关闭排风口，打开排烟口。启动车库排烟风机，测试各排烟口处的风速，根据排烟口截面计算出排烟量，并按车库净空换算成换气次数。当换气次数达到 6 次/h 左右时，为符合消防的要求。

④ 设备用房排烟系统　若排烟风机单独负担一个防烟分区的排烟时，应把该排烟风机所担负的防烟分区中的排烟口全部打开；如排烟风机负担两个以上防烟分区的排烟时，则只需把最大的防烟分区及次大的防烟分区中的排烟口全部打开，其他的一律关闭，启动机械排烟的风机，测定通过每个排烟口的风速，根据排烟口截面计算出排烟量，符合设计要求为合格。

# 第三节　电梯安装工程质量问题与防治

电梯是一种以电动机为动力的垂直升降机，装有箱状的吊舱，一般用于多层和高层建筑乘人或载运货物；另外也有台阶式电梯，踏步板装在履带上连续运行，俗称自动扶梯或自动人行道。

电梯按照用途不同，可分为乘客电梯、载货电梯、客货电梯、病床电梯、观光电梯、杂物电梯、船用电梯、防爆电梯、消防电梯、家用电梯等。电梯作为机电一体化的特殊交通工具，其制造、安装、调试等施工工艺，以及技术措施和质量要求都较为复杂，应严格按照国家规范、施工图纸和技术方案来制作、安装、调试，以防止各类质量问题的发生，确保电梯工程的质量，满足使用安全的要求。

## 一、电梯机房设备的安装

### （一）机房通风和防雨情况不良

#### 1. 质量问题

机房门窗布局不合理，室内的通风不符合要求，从而使机房内的温度过高；机房所设置的门窗和排风扇等防雨效果不佳。

### 2. 原因分析

（1）电梯机房的设计未借鉴和参照所订电梯生产厂家的机房布置图，从而造成机房门窗布局不合理，室内的通风不符合要求。

（2）在进行电梯机房施工前，有关技术人员未向施工人员进行技术交底，土建单位未严格按照图纸及施工工艺施工。

（3）设置的机房空调或通风换气装置位置不合理，致使机房通风和防雨情况不良。

（4）机房窗、排风扇及空调位置，未考虑到电梯设备在机房内的安放布置。

### 3. 防治措施

（1）设计机房窗、排风扇及空调位置时，尽量不要安放在电梯主机和控制柜的上方，避免因漏雨、漏水造成电梯设备损坏。

（2）在进行电梯机房施工前，有关技术人员应当向施工人员进行技术交底，土建单位应严格按照图纸及施工工艺施工。

（3）设计单位应按照所订电梯制造厂家及规范要求进行设计。现行规范中规定，机房应有适当的通风，同时必须考虑到井道通过机房通风。从建筑物其他处抽出的陈腐空气不得直接排入机房内。应保护电机、设备以及电缆等尽可能不受灰尘、有害气体和湿气的损害。机房内的空气温度应保持在5～40℃之间。

## （二）机房门、消防设施配备等不符合要求

### 1. 质量问题

机房门、消防设施配备等不符合要求，主要表现为：机房门向屋内开启，但无警示标识；电梯机房的用途发生改变；机房内无消防设施。

### 2. 原因分析

（1）机房在设计过程中，设计单位未按照所订电梯制造厂家及规范要求进行设计，导致机房门、消防设施配备等不符合要求。

（2）机房在安装完门窗后，机房门向屋内开启，但施工人员未及时张贴相应警示标识。

（3）机房未按设计要求配备检验合格、符合使用要求的消防器材，从而使机房内不符合防火的要求。

（4）机房内空调或采暖等设备，采用了蒸汽或水加热设施，一旦发生漏水和跑气现象，将对电梯设备造成损坏。

（5）机房由于管理不善，致使安装或维修人员侵占电梯的机房作为住宿使用。

### 3. 防治措施

（1）在进行机房施工时，土建单位必须严格按照所订电梯制造厂家及设计图纸要求进行施工。

（2）机房和电梯安装单位进场施工前，要与土建单位办理相应的工程质量验收交接手续。

（3）设计单位在进行机房设计时，应按照现行国家标准《电梯制造与安装安全规范》（GB

7588—2003）要求进行设计。在规范中规定：通道门的宽度不应小于0.60m，高度不应小于1.80m，且门不得向房内开启。

（4）机房门窗封闭后，安装单位应按照现行国家标准《电梯制造与安装安全规范》（GB 7588—2003）及《电梯安装验收规范》（GB/T 10060—2011）中的要求，完善与配套相应的设施。在通往机房和滑轮间的门或活板门的外侧，应设有包括简短字句的“须知”。

（5）电梯驱动主机及其附属设施和滑轮，应设置在一个专用的房间内，该房间应有实体的墙壁、房顶、门和（或）活动门，只有经过批准的人员（维修、检查和营救人员）才能接近。

（6）机房或滑轮间不应用于电梯规定以外的其他用途，也不应设置非电梯用的线槽、电缆或装置。

## （三）吊钩位置不正确，承载能力不足

### 1. 质量问题

吊钩结构单薄，承载能力较小，距电梯驱动主机旋转部件的空间距离小；吊钩位置不能满足电梯安装使用要求，增加主机安装就位的难度；吊钩埋入机房顶板或者梁体内的深度不够，承载能力不够，容易发生吊装事故；在相应的位置也未做吊钩的相应标识。

### 2. 原因分析

（1）机房吊钩的位置未按照所订电梯制造厂家及设计图纸要求进行设计，使得吊钩距电梯驱动主机旋转部件的空间距离小，吊钩位置不能满足电梯安装使用要求，增加主机安装就位的难度。

（2）设计单位未根据所订电梯的规格、型号和参数等，计算吊钩的承载能力，使吊钩埋入机房顶板或者梁体内的深度不够。

（3）土建工程施工单位未按照所订电梯制造厂家及设计图纸要求进行吊钩的安装施工。

（4）吊钩安装完毕后，未按照国家现行规范中的要求对其进行标注。

### 3. 防治措施

（1）进行吊钩位置预留和确定吊钩承载能力时，应参照所订电梯制造厂家相关技术资料及制作安装要求进行设计。

（2）吊钩位置下面的空间应按现行规范的要求设计。规范中要求：电梯驱动主机旋转部件的上方，应有不小于0.30m的垂直净空距离。

（3）吊钩承载能力应按照现行规范的要求设计。规范中要求：在机房顶板或横梁的适当位置上，应装备一个或多个适用的具有安全工作载荷标识的金属支架或吊钩，以便起吊重载设备。

（4）吊钩标识应按照现行规范的要求标识。规范中要求：在承重梁或吊钩上应当标明最大允许载荷。

（5）电梯安装单位进场施工前，应按照现行规范的要求与土建单位进行交接验收，吊钩设置应安全可靠，位置应正确。

## （四）机房孔洞预留及凹坑防护不当

### 1. 质量问题

在电梯安装的施工过程中，曳引绳、限速器的绳预留孔洞的位置不正确，需要进行二次剔

凿；曳引绳、限速器的绳预留孔洞的尺寸过大或过小；四周无防水台阶或高度不够；机房有凹坑或槽坑时未进行遮盖。

### 2. 原因分析

（1）孔洞预留时未参照所订电梯生产厂家机房孔洞布置图设计。

（2）凹坑防护未按照国家现行规范中的要求进行设计和实施。

（3）土建工程施工单位未按照设计图纸进行施工。

### 3. 防治措施

（1）孔洞位置预留时，设计单位应参照所订电梯生产厂家机房孔洞布置图进行曳引绳、限速器的绳孔洞的位置预留设计。

（2）曳引绳、限速器的绳孔洞尺寸大小及防护，应按照现行规范要求设计。规范中要求：机房滑轮间内钢丝绳与楼板孔洞每边间隙均宜为 20～40mm，通向井道的孔洞四周应筑有高于楼板或完工后地面至少 50mm 的圈框。

（3）机房有凹坑或槽坑时，应按照现行规范要求进行遮盖。规范中要求：机房地面有任何深度大于 0.50m、宽度小于 0.50m 的凹坑或任何槽坑时，均应遮盖。

（4）电梯安装单位进场施工前，应按照电梯机房留孔洞布置图要求与土建单位进行施工质量交接验收。

## （五）机房爬梯、防护栏制作安装不当

### 1. 质量问题

机房爬梯、防护栏制作安装不当主要表现在：机房爬梯的制作安装无夹角、把手；机房地面的高度不一，未设置爬梯或台阶；工作台上的防护栏高度不够。

### 2. 原因分析

（1）在进行机房爬梯、防护栏设计时，未按照国家现行规范标准要求进行设计。

（2）土建工程施工单位未按照设计图纸进行制作和施工。

### 3. 防治措施

（1）通往机房需要采用梯子进入时，应按照国家现行规范要求进行设计。规范中要求：应提供人员进入机房和滑轮间的安全通道，应优先考虑全部使用楼梯，如果不能用楼梯，可以使用符合下列条件的梯子。

① 通往机房和滑轮间的通道，不应高出楼梯所到平面 4m。

② 梯子应牢固地固定在通道上而不能被移动。

③ 梯子的高度超过 1.50m 时，其与水平方向的夹角应在 65°～75°之间，且不易滑动或翻转。

④ 梯子的净宽不应小于 0.35m，其踏板深度不应小于 25mm。对于垂直设置的梯子，踏板与梯子后面墙的距离不应小于 0.15m，踏板的设计荷载应为 1500N。

⑤ 靠近梯子的顶端，至少应设置一个容易握到的把手。

⑥ 梯子周围 1.50m 的水平距离内，应能防止来自梯子上方坠落物的危险。

（2）机房内不同平面及防护栏设计时，应按照国家现行规范要求进行设计。规范中要求：机房地面高度不一，且相差大于 0.50m 时，应设置楼梯或台阶，并设置防护栏。在一个机房内，当有两个以上不同平面的工作平台，且相邻平台高差大于 0.50m 时，应设置楼梯或台阶，并设置高度不小于 0.90m 的安全防护栏。

（3）土建工程施工单位应按设计图纸的要求进行施工，保证防护栏高度与爬梯牢固性。

## （六）机房主开关、照明及其他开关安装位置与要求不符

### 1. 质量问题

机房主开关、照明及其他开关安装位置与要求不符主要表现在：主开关未设置在机房入口易于操作处；主开关断开时，轿厢照明及应急报警装置电源同时断开；各电气开关未按要求做标识。

### 2. 原因分析

（1）机房主开关位置设计时，未按照国家现行规范要求进行设计。

（2）机房主开关、轿厢照明开关、井道照明及应急报警装置电源等，未进行电路分开敷设施工。

（3）电梯安装单位的施工人员责任心不强，未进行各个开关的标识制作。

### 3. 防治措施

（1）在进行机房主开关设计时，应按照国家现行规范要求进行施工。规范中要求：在机房中，每台电梯都应单独装设有能切断该电梯所有供电电路的主开关。该开关应具有切断电梯正常使用情况最大电流的能力。该开关不应切断轿厢照明和通风，轿顶电源插座，机房和滑轮间照明，机房、滑轮间和底坑电源插座，电梯井道照明以及报警装置的供电电路。应能从机房入口处方便、迅速地接近主开关的操作机构。如果机房为几台电梯所共用，各台电梯主开关的操作机构应当易于识别。

（2）加强对电梯安装单位施工人员的规程规范教育。对各电气开关的标识工作，应按照规范的要求进行制作。规范中要求：各主开关及照明开关均应设置标识，以便进行区分。在主电源断开后，某些部分仍然保持带电（如电梯之间互联及照明部分等），应使用“须知”说明此情况。

## （七）曳引机承重梁安装不合格

### 1. 质量问题

曳引机承重梁安装不合格主要表现在：承重墙预埋钢板制作安装时，未与基础承重墙（梁）钢筋焊接在一起；曳引机承重梁埋入承重墙内支撑长度不够或未超过墙厚中心，安放位置不正确，水平偏差较大；承重梁螺栓位置用气割开孔，损伤工字钢立筋。

### 2. 原因分析

（1）土建工程施工单位在制作安装承重墙内预埋钢板时，未按照所订电梯厂家图纸设计要求施工。

(2) 曳引机承重梁埋入承重墙（梁）时，未按照现行规范的要求进行施工。

(3) 曳引机承重梁埋入承重墙（梁）属于隐蔽工程，安装单位未制定相应的技术措施与施工方案，未报监理单位监督检验。

(4) 曳引机承重梁的位置确定时，采用的测量方法不正确，从而造成承重梁的位移。

(5) 开孔过大或修正时损伤工字钢立筋。

### 3. 防治措施

(1) 土建工程施工单位在制作安装承重墙内预埋钢板时，应参照所订电梯厂家机房孔洞布置图及规范要求施工。

(2) 曳引机承重梁的位置，应根据井道平面布置基准线、轿厢中心线和对重中心线及机器底盘螺栓孔位置来确定。

(3) 曳引机直接固定在承重梁上时，必须进行实测，用电钻打孔。禁止随意切割钢梁，对严重损伤到工字钢立筋的，需要更换承重梁。

(4) 电梯安装单位在进行曳引机承重梁安装时，应按照现行规范的要求进行施工。规范中要求：埋入承重梁内的曳引机承重梁，其支撑长度应超过墙厚中心 20mm，且不应小于 75mm。

(5) 曳引机承重梁安装属于隐蔽工程，安装单位应制定相应的技术措施与施工方案，安装施工自检完毕后，应及时报业主和监理单位验收。

## （八）控制柜安装位置不当

### 1. 质量问题

控制柜安装位置不当主要表现在：控制柜安装位置不便于电梯维修人员安全巡视与操作；控制柜安装在窗、排风换气装及空调设备的下面，未能采取可靠的防风雨措施；控制柜的基座未能与地面可靠固定，导致控制柜内的接线松动。

### 2. 原因分析

(1) 电梯安装单位在进行控制柜安装就位时，未参照所订电梯厂家机房设备布置图的要求进行施工。

(2) 电梯安装单位在进行控制柜安装就位时，未做基础及未按国家现行标准要求施工。

### 3. 防治措施

(1) 控制柜安装应牢固，控制柜、屏底座应高出机房的地面，并能够在操作时清楚地观察到曳引机的运转情况。

(2) 控制柜不要安装在窗、排风换气装及空调设备的下面，这样可以防止雨水、灰尘的侵入。

(3) 控制柜安装的位置及空间要求，应按照现行规范的要求进行施工。规范中要求：控制柜（屏）的安装位置应符合电梯土建布置图中的要求。在控制柜（屏）、紧急和试验操作屏前，应当有一块净空面积。该面积的深度，应从屏、柜的外表面测量时不小于 0.70mm；宽度为 0.50mm 或柜、屏的全宽，取两者中的大者。

## （九）机房线槽、线管安装及线路敷设不合格

### 1. 质量问题

机房线槽、线管安装及线路敷设不合格主要表现在：机房线槽、线管敷设不平直、不整齐、不牢固；镀锌线槽采用焊接方式进行连接；动力线未单独敷设或与控制线共同敷设在同一线槽时，未做隔离；线槽、管内电缆（线）敷设总量过多，超过标准要求；线槽拐弯处、出口处未做线路橡胶套保护；开口线鼻子压线后未涮锡，造成接触不良。

### 2. 原因分析

（1）在进行线槽、线管安装及线路敷设时，施工人员的责任心不强。

（2）安装人员未进行敷设线路的排序，结果造成线槽、线管内的导线总截面积超标。

（3）安装人员不了解、不清楚有关机房线槽、线管安装及线路敷设的国家规范要求。

### 3. 防治措施

（1）在进行线槽、线管安装及线路敷设前，应放好基准线，安装后应做到横平竖直，接口严密，槽盖齐全，平整无翘角。

（2）动力线与控制线应分开敷设，如在同一线槽内敷设，应进行隔离处理，减少控制线路信号受到干扰。如所订电梯厂家有明确要求的，应严格按照厂家线路敷设要求进行施工。

（3）配线应绑扎整齐，并有清晰的接线编号。

（4）线槽拐弯、线管出口处，应按要求加装橡胶套，以便对线路进行有效保护。

（5）线槽、线管施工敷设时，应按照规范要求进行安装施工。规范中要求：线槽、线管的敷设应平直、整齐、牢固。软管固定间距不应大于1m，端头固定间距不应大于0.1m。线槽内导线总面积不应大于槽内净截面积的60%，线管内导线的总截面积不应大于管内净截面积的40%。

## （十）曳引轮、限速器轮、导向轮安装偏差大

### 1. 质量问题

曳引轮、限速器轮、导向轮安装偏差大主要表现在：曳引轮、限速器轮、导向轮垂直度超过规定，产生不均匀的侧向磨损；曳引轮、导向轮安装位置偏差较大，钢丝绳表面磨损严重，影响使用寿命。

### 2. 原因分析

（1）曳引轮、限速器轮、导向轮安装时，未进行反复测量与调整。曳引轮、导向轮只注意空载时的垂直度，未进行满载时垂直度的相应调整工作。

（2）在进行曳引轮、导向轮安装时，只注意曳引轮、导向轮的垂直度，忽略了两轮之间是否在同一平面。

（3）在对曳引轮、限速器轮、导向轮安装偏差进行检测时，所用的测量工具未在检验合格的周期内。

### 3. 防治措施

(1) 根据曳引绳绕绳的形式不同，首先调整好曳引机的位置，应按照轿厢中心铅垂线与曳引轮的节圆直径铅垂线一致，来调整曳引机的安装位置。

(2) 曳引机底座与基础座中间用垫片进行调节，空载曳引轮调节垂直度在 2mm 以内，并有意向满载时曳引轮的偏侧方向调整，使轿厢在满载时曳引轮垂直度偏差在 2mm 以内。

(3) 调整导向轮的位置，使曳引轮与导向轮的平行度不超过 1mm（空载时）。

(4) 进行曳引轮、限速器轮、导向轮安装时，应按照现行规范要求进行安装调整。规范中要求：限速器轮的轮缘端面相对水平面的垂直度不应大于 2/1000，曳引轮和导向轮轮的缘端面相对水平面的垂直度，在空载或满载的工况下不应大于 4/1000（设计上要求倾斜安装者除外）。

## （十一）制动器调整不正确

### 1. 质量问题

制动器调整不正确主要表现在：制动器闸瓦不能紧密贴合在制动轮上，打开后与制动轮的间隙过大或过小；制动器闭合时声音大；制动器闸瓦打开、闭合时有机械卡阻现象；制动器制动力矩不足，出现溜车现象。

### 2. 原因分析

(1) 制动器闸瓦磨损比较严重，闸瓦的表面不能紧密均匀贴合在制动轮上，易造成制动力矩不足，出现溜车现象。

(2) 制动器由于长时间使用，铁芯中积碳过多或有偏磨现象。

(3) 制动器的制动弹簧位置调整不当，造成制动力矩不足。

### 3. 防治措施

(1) 在安装前应首先检查制动器电磁铁在铜套中的动作是否灵活，可用少量的石墨粉作为铁芯与铜套的润滑剂。

(2) 制动器电磁铁调整时不应有“撞芯”现象，必要时应拆除铁芯，排除故障。

(3) 修正制动器的闸瓦，使其紧密均匀贴合在制动轮上。

(4) 调节制动器限位螺钉，使制动器的闸瓦打开后与制动轮工作表面间隙小于 0.7mm，且四角的间隙一致。

(5) 制动器应按照现行规范的要求进行安装调整。规范中要求：制动系统应具有一个机-电式制动器（摩擦型）。

① 当轿厢载有 125％额定载重量并以额定速度向下运行时，操作制动器应能使曳引机停止运转。轿厢的减速度不应超过安全钳动作，或轿厢撞击缓冲器所产生的减速度。所有参与制动轮（或盘）施加制动力的制动器机械部件应分两组进行装设。如果一组部件不起作用，则应仍有足够的制动力使载有额定重量以额定速度下行的轿厢减速下行。

② 被制动部件应以机械方式与曳引轮或卷筒、链轮直接刚性连接。制动器应动作灵活，制动间隙调整应符合产品设计要求；机-电式制动器应用有导向的压缩弹簧或重块制动靴或衬片施加压力。

## （十二）紧急停止装置安装位置不正确

### 1. 质量问题

紧急停止装置安装位置不正确主要表现在：驱动主机、滑轮之间处未设置停止装置；未做停止装置相应标识。

### 2. 原因分析

(1) 停止装置安装人员不了解、不清楚现行国家标准的要求。
(2) 停止装置安装人员贪图施工方便，不考虑停止装置安装位置是否符合要求。
(3) 停止装置安装人员的责任心不强，对停止装置的安装不重视。

### 3. 防治措施

(1) 停止装置在进行安装时，应按照现行规范的要求进行施工。规范中要求：电梯应设置停止装置，用于停止电梯并使电梯包括动力驱动的门保持在非服务的状态。停止装置设置在：①底坑；②滑轮间；③轿顶，距检修或维护人员入口不大于 1m 的易接近位置，该装置也可设在紧邻距入口不大于 1m 的检修运行控制装置位置；④检修控制装置上；⑤对接操作的轿厢内。这个停止装置应设置在距对接操作人员处不大于 1m 的位置，并应能清楚地辨别。

(2) 停止装置应按照现行规范的要求进行安装标识。规范中要求：停止开关的操作装置(如果有) 应是红色，并标以“停止”字样加以识别，以不会出现误操作危险的方式设置。

## （十三）电气设备零线、地线连接不正确

### 1. 质量问题

电气设备零线、地线连接不正确主要表现在：电气设备外露部分未做接地或接零保护；保护接地线未采用黄绿色线；零线与地线始终未分开，接地支线串联；线槽拐弯处、接线盒处未做跨接接地线，金属软管未做接地处理；轿厢、层门、线槽、线管、导轨和接线盒处漏做接地线。

### 2. 原因分析

(1) 安装施工人员不了解、不清楚现行国家标准的要求，未按国家标准进行施工。
(2) 停止装置安装人员贪图施工方便，随便进行连接。

### 3. 防治措施

(1) 电梯地线、零线制作时，应按照现行规范的要求进行安装敷设。规范中要求：电梯动力线路与控制线路宜分离敷设或采取屏蔽措施。除 36V 及以下安全电压外的电气设备金属罩壳，均应设有易于识别的接地端，且应有良好的接地。接地线应采用黄绿双色绝缘电线分别直接接至接地端上，不应互相串接后再接地。电梯供电中的中性导体 (N，零线) 和保护导体(PE，地线) 应始终分开。

(2) 电气外壳接地制作时，应按照现行规范的要求进行安装施工。规范中要求：电气设备

接地必须符合下列规定。

① 所有电气设备及导管、线槽的外露可导电部分均必须可靠接地（PE）。

② 接地支线应分别直接接至接地干线的接线柱上，不得互相连接后再接地。

（3）电气线路绝缘电阻值应符合现行规范的要求。规范中要求：导体之间和导体对地之间的绝缘电阻必须大于1000Ω/V，且其值不得小于以下规定。

① 动力电路和电气安全装置电路0.50MΩ；

② 其他电路（控制、照明、信号等）0.25MΩ。

（4）加强对施工人员的管理，禁止无证人员操作施工。

# 二、电梯井道设备部件安装

## （一）井道尺寸及预留洞偏差大

### 1. 质量问题

井道尺寸及预留洞偏差大主要表现在：井道的净深、净宽尺寸偏小，造成电梯安装困难；井道垂直度偏差过大，超出现行国家标准要求；各层门留洞尺寸垂直偏差大，造成各层门安装不在一条垂直线上；井道内导轨支架预埋件位置、尺寸偏差大，造成导轨安装困难；各层电梯“外呼盒”的留洞大小不一、深度不够，造成安装不牢固，位置不整齐划一，影响美观。

### 2. 原因分析

（1）井道尺寸设计时未取得所订电梯厂家相关技术参数的要求，自行参照某一品牌型号电梯井道设计，与实际所订电梯有很大不同。

（2）土建单位与电梯安装单位联系不密切，土建施工未考虑电梯安装的要求。

### 3. 防治措施

（1）电梯设备订货与安装单位，应尽早与设计施工单位进行接洽和图纸会审工作，了解土建的相关结构，及时提出问题，以便尽早修正。如果不便于修正，应与建设单位、土建单位和设计单位协商，采取相应的补救措施。

（2）核对所安装电梯的型号和厂家提供的土建施工布置图，根据安装实践经验，井道尺寸可稍偏大，严禁偏小。

（3）土建单位在进行施工时，应按照施工图纸及《电梯工程施工质量验收规范》（GB 50310—2002）和《电梯主参数及轿厢、井道、机房的型式与尺寸　第1部分：Ⅰ、Ⅱ、Ⅲ、Ⅵ类电梯》（GB/T 7025.1—2008）中的要求进行施工。井道尺寸是指垂直于电梯设计运行方向的井道截面沿电梯设计运行方向投影所测定的井道最小净空尺寸，该尺寸应和土建布置图所要求的一致，规范要求允许偏差应符合下列规定。

① 当电梯行程高度小于等于30m时，允许偏差为0～+25mm。

② 当电梯行程高度大于30m且小于等于60m时，允许偏差为0～+35mm。

③ 当电梯行程高度大于60m且小于等于90m时，允许偏差为0～+50mm。

④ 当电梯行程高度大于90m时，允许偏差应符合土建布置图要求。

## （二）井道顶层高度、底坑深度不足

### 1. 质量问题

井道顶层高度、底坑深度不足主要表现在：井道顶层高度不够，不能满足所订电梯速度冲顶时的顶层缓冲距离要求；井道底坑深度不够，不能满足所订电梯发生“蹲底”事故时井道底部空间的国家标准要求；底坑内有杂物、油污，防水处理不当，有渗水现象，易造成底坑内的设备部件损坏。

### 2. 原因分析

（1）井道顶层空间与底坑空间进行预留设计时，未取得电梯厂家关于所订电梯相关井道高度与底坑深度的尺寸。对电梯速度、载重与井道空间预留关系的相关国家标准不清楚。

（2）土建单位在清理井道底坑时，将剩余在底坑内的渣土直接进行回填，施工单位在安装电梯时，未进行相应的测量。

### 3. 防治措施

（1）电梯安装单位在进场施工前，要对井道进行有效测量，防止空间预留不足。如果需要进行修正，应及时与建设、土建和设计单位协商，采取相应的补救措施。

（2）土建单位在进行井道施工时，应取得电梯厂家关于所订电梯相关井道高度与底坑深度的尺寸，并严格按照施工图纸进行施工。

（3）设计单位在设计电梯井道顶层高度与底坑深度时，要充分考虑到电梯速度、载重与井道空间预留关系。应按照现行国家标准《电梯制造与安装规范》（GB 7588—2003）中第5.7.1.1条、5.7.1.2条、5.7.1.3条要求设计。

## （三）井道底坑地面以下空间防护不符合要求

### 1. 质量问题

井道底坑地面以下空间防护不符合要求主要表现在：电梯井道底坑地面以下有人员可以进入的空间，对重未装安全钳，或对重缓冲器未安装在一直延伸到坚实地面上的实心桩墩上。

### 2. 原因分析

（1）设计单位在井道底坑地面以下空间防护时，未参见现行国家标准的要求。

（2）对重安全钳对于电梯的安全运行可提供有效的保护作用。在进行电梯设备采购时，没有对重安全钳。

### 3. 防治措施

（1）在进行电梯设备采购时，要注意增加对重安全钳。

（2）设计单位在设计电梯井道底坑地面以下空间防护时，应按照现行规范要求进行设计。规范中要求：位于轿厢与对重（或平衡重）下部空间的防护，如果轿厢与对重（或平衡重）之下确有人能够到达的空间，开道底坑的底面至少应按 $5000N/m^2$ 载荷设计，且应将对重缓冲器安装于（或平衡重运行区域下面）一直延伸到坚实地面上的实心桩墩，或对重（或平衡重）上装设安全钳。电梯井道最好不设在人们能到达的空间上面。

## （四）井道预留圈梁的位置位移

### 1. 质量问题

井道预留圈梁的位置位移主要表现在：砖混结构井道或钢结构井道预留圈梁间距过大或过少，不能满足电梯安装的要求；混凝土梁或钢梁的宽度或高度不够，导轨支架安装不牢固。

### 2. 原因分析

设计单位在设计砖混结构井道或钢结构井道时，预留混凝土圈梁或钢制圈梁，未按照所订电梯井道布置图进行预留设计。

### 3. 防治措施

（1）设计单位与电梯厂家及安装单位应提前进行接洽，严格按照所订电梯井道布置图进行圈梁位置的预留设计。

（2）设计单位应按照现行规范进行导轨圈梁位置的预留设计。规范中要求：每根导轨应至少设置两个导轨支架，支架间距不宜大于 2.5m。当不能满足此要求时，应有措施保证导轨安装满足《电梯制造与安装规范》（GB 7588—2003）中第 10.1.2 条规定的允许应力和变形要求。对于安装于井道上、下端部的非标准长度的导轨，其导轨的支架数量应满足设计要求。导轨支架在井道壁上安装应固定可靠。预埋件应符合土建布置图的要求。锚栓（如膨胀螺栓等）固定应在井道壁的混凝土构件上使用，其连接强度与承受振动的能力应满足电梯产品设计要求，混凝土构件的压缩强度应符合土建布置图的要求。

## （五）井道门口装饰地面标准线不正确

### 1. 质量问题

井道门口装饰地面标准线不正确主要表现在：装饰完后地面高于或低于电梯层的门地坎，造成等候电梯处若有积水时，易通过电梯层的门地坎流入到井道内，从而造成电梯设备的损坏；并排安装的电梯，其厅门不在同一平面，造成不整齐、不美观。

### 2. 原因分析

土建单位提供的楼层装饰基准线、平行线不准确，造成电梯安装单位以此作为安装的标准，致使确定的电梯层的门地坎和各层门的位置不准确。

### 3. 防治措施

（1）土建单位必须提供准确的装饰基准线、平行线，电梯安装单位应严格按照土建单位提供的楼层装饰基准线来确定电梯层的门地坎的高度与位置。如在安装工程中存在疑问，应及时与土建单位进行核实，以免造成不必要的损失。

（2）电梯安装单位应按照现行规范要求进行施工。规范中要求：电梯层的门地坎应当具有足够的强度，地坎上表面宜高出装饰后的地平面 2～5mm。在开门宽度方向上，地坎表面相对水平面的倾斜不应大于 2‰。

## （六）井道测量与放线位置偏移

### 1. 质量问题

井道测量与放线位置偏移主要表现在：样板架的制作材料与安装质量不符合要求；受风等其他因素的影响，造成铅垂线晃动；电梯井道导轨铅垂线安装偏移，造成轿厢、对重导轨垂直度超标，电梯运行晃动大，舒适感变差；电梯井道层门口铅垂线安装偏移，造成层门头、地坎安装不在一个垂直面上，在电梯运行时，容易发生“门刀”撞地坎、撞门轮现象。

### 2. 原因分析

（1）样板架的制作材料产生变形，安装后未进行有效固定或底坑的样板架位移。

（2）当楼层较高时，受风等其他因素的影响，造成井道的铅垂线晃动。

（3）施工中所采用的线坠过轻或未做阻尼处理，在风和其他因素的作用下产生晃动。

（4）井道导轨、层门口等铅垂线在电梯安装的过程中，被井道的个别位置挂住或挡住。

### 3. 防治措施

（1）制作样板架的材料要选用韧性较强、不易变形并经烘干处理的木材，木材要保证需要的宽度和厚度，并应四面刨平互成直角。提升高度过高时，可采用型钢制作样板架或中间层加装样板架的方法处理。

（2）样板架上需在放铅垂线的位置处，用薄锯条锯斜口，其旁边钉一铁钉，用以固定铅垂线，当底坑样板架上的铅垂线稳定后，确定其位置用 U 形钉进行固定，并刻以标记，以备铅垂线碰断时重新放线使用。

（3）样板架的水平度不应大于 3/1000，顶部、底部样板架的垂直偏移不应超过 1mm，铅垂线各线的位置偏差不应超过±0.15mm。

（4）每次进行施工时，要重新进行各铅垂线位置的勘察与测量。

（5）铅垂线坠的重量一般为 5kg，当井道过高时，可相应增加铅垂线坠的重量，减少其摆动量，增加阻尼性。

## （七）导轨支架安装不正确

### 1. 质量问题

导轨支架安装不正确主要表现在：导轨支架松动，焊接支架焊缝间断且有缺陷；导轨支架不水平，膨胀螺栓入墙的深度不够，与导轨之间调节用垫片超厚，未用电焊点焊在一起；在砖墙上用膨胀螺栓固定导轨支架。

### 2. 原因分析

（1）安装人员的责任心不强，打膨胀螺栓入墙孔时造成位置歪斜、深度不够。

（2）混凝土强度等级未满足设计要求，从而影响膨胀螺栓固定性。

（3）井道为砖墙结构时，导轨支架安装没有采用井道预埋件或混凝土圈梁的结构形式。

（4）井道预埋件的厚度、位置、垂直度超过设计标准，不能满足安装的要求。

（5）导轨支架与预埋件接触不严密，造成焊接不实。

### 3. 防治措施

（1）用膨胀螺栓固定导轨支架时，要选用合适的钻头进行打孔，孔眼要正，深度不应小于120mm。

（2）当采用金属垫片调整导轨支架的高度时，垫片的厚度超过5mm，应与导轨支架点焊在一起。

（3）进行导轨、导轨支架安装时，应按照现行规范的要求安装。规范中规定如下。

① 每根导轨至少应设置两个导轨支架，支架的间距不宜大于2.5m，当不能满足此要求时，应有措施保证导轨安装满足《电梯制造与安装规范》（GB 7588—2003）中第10.1.2条规定的允许应力和变形要求。

② 固定导轨支架的预埋件，直接埋入墙体的深度不应小于120mm。

③ 采用建筑锚栓安装的导轨支架，只能用于具有足够强度的混凝土井道构件上，建筑锚栓的安装应垂直于墙面。

④ 采用焊接方式连接的导轨支架，其焊接连接应牢固，焊缝无明显的缺陷。

⑤ 导轨应用压板固定在导轨支架上，不应采用焊接或螺栓方式与支架连接。

⑥ 设有安全钳的对重导轨和轿厢导轨，除采用悬挂安装者外，其下端的导轨座应当支撑在坚固的地面上。

## （八）导轨安装精度超标

### 1. 质量问题

导轨安装精度超标主要表现在：电梯运行时，轿厢产生摆动，有来自导轨的明显晃动、振动及异常声响，舒适感比较差；两列导轨道距及垂直度超过设计要求。

### 2. 原因分析

（1）导轨安装基准线、导轨中心线产生偏移，导致导轨的间距过大或过小。

（2）导轨的接头处安装方法不正确，导致电梯运行时，轿厢产生摆动。

（3）导轨支架出现松动，造成导轨道距发生变化。

（4）导轨安装前自身存在弯曲变形现象，安装时也未进行修正。

### 3. 防治措施

（1）导轨安装前首先检查导轨有无弯曲变形现象，对弯曲的导轨应进行调直。

（2）用专门的导轨“找道尺”自下至上进行校对，压道板与导轨的连接螺栓暂不拧紧，当用“找道尺”校验时，再逐个拧紧压道板与导轨的连接螺栓。

（3）安装导轨时应按照现行规范要求进行施工。规范要求每列导轨工作面（包括侧面与顶面）相对安装基准线每5m长度内的偏差均不应大于下列数值。

① 轿厢导轨和装设有安全钳的对重导轨为0.6mm。

② 不设安全钳的形对重导轨为1.0mm。

对于铅垂导轨的电梯，电梯安装完成后检验导轨时，可对每5m长度相对铅垂线分段连续检测（至少检测3次），取测量值间的相对最大偏差，其值不应大于上述规定值的2倍。两列导轨顶面间的距离偏差：轿厢导轨为0～+2mm；对重导轨为0～+3mm。导轨应用压板固定在导轨架上，不应采用焊接或螺栓方式与支架连接。

（4）导轨安装质量太差时，可以拆除后重新进行安装。

## （九）曳引钢丝绳安装、绳头制作不正确

### 1. 质量问题

曳引钢丝绳安装、绳头制作不正确主要表现在：曳引钢丝绳安装固定没有充分松扭，或张力不均匀；电梯曳引轮槽磨损不均匀；曳引绳与绳锥套连接歪斜，受力状态不利，抗拉强度下降；曳引绳头制作时，浇筑的巴氏合金不严密，未高出锥面，且绳头折弯处未露出，易造成电梯满载、超载运行时，钢丝绳从绳锥套中脱出；曳引绳头螺母未拧紧，销钉未穿或没有劈开；采用曳引钢丝绳夹进行固定时，U形绳卡压板未压在钢丝绳长头一侧。

### 2. 原因分析

（1）曳引绳头在制作前，未使其进行充分松扭，致使钢丝绳仍带有扭矩。

（2）进行巴氏合金浇筑时，没有将绳头、绳锥套垂直固定好，钢丝绳切割且绑扎的方法不正确，扎紧的长度不移。

（3）巴氏合金浇筑时的加热温度不够，绳锥套未预热或预热的温度不够，合金未一次连续浇筑完成。

（4）用曳引钢丝绳夹进行固定时，对施工工艺要求不了解，不清楚曳引钢丝绳夹与钢丝绳直径的配合关系。

（5）电梯曳引钢丝绳安装完毕后，未进行定期张力的调整。

### 3. 防治措施

（1）在进行制作绳头时，首先要清洗绳锥套及应折弯的钢丝绳绳头，保证其清洁无油污。

（2）巴氏合金应加热充分，温度应控制在270～350℃之间，绳锥套加热温度控制在40～50℃之间，然后将绳锥套固定垂直。溶液浇筑时要轻轻敲击绳锥套，并一次性浇筑在绳锥套内，保证其充分灌实，表面平整。

（3）用钢丝绳的“绳夹”进行绳头固定时，必须注意“绳夹”规格与钢丝绳公称直径的配合，U形螺栓加紧的方向应正确。

（4）曳引钢丝绳头制作时，应按照现行规范要求进行安装。规范中要求：悬挂用钢丝绳的公称直径不应小于8mm。悬挂用钢丝绳表面应清洁，不应粘有尘渣等污物。当使用自锁楔形绳套式端部连接装置时，如果钢丝绳的尾段较长，可使用适当方式进行固定。当采用套环配合钢丝绳夹式端部连接装置时，所用钢丝绳夹和套环应分别符合《钢丝绳夹》（GB/T 5976—2006）和《钢丝绳用普通套环》（GB/T 5974.1—2006）、《钢丝绳用重型套环》（GB/T 5974.2—2006）中的规定，其固定方式应满足以下要求。

① 钢丝绳夹应扣在钢丝绳的工作段面上，U形螺栓扣在绳的尾段上。

② 当钢丝绳的公称直径大于18mm时，至少应使用3个绳夹。

③ 钢丝绳夹间距应为钢丝绳直径的6～7倍。

④ 距离套环最近的钢丝绳夹，应当尽量靠近套环，但要保证在不损坏绳外层钢丝的情况下，能正确地拧紧绳夹。

悬挂绳端接装置应安全可靠，其锁紧螺母均应安装有锁紧销。至少应在悬挂钢丝绳或链条

的一端设置一个自动调节装置，用来平衡各绳或链条间的张力，使任何一根绳或链条的张力与所有绳或链条之张力平均值的偏差均不大于5%。

## （十）层门、轿门、地坎安装偏差大

### 1. 质量问题

层门（也称为厅门）、轿门、地坎安装偏差大主要表现在："层门"与门套不垂直、不平行，开关门过程中运行不平稳；"层门"门扇与门套间隙过大或过小，开关门过程中有相擦现象；"层门"有划伤或撞伤，地坎高于或低于装饰地面；轿厢地坎和"层门"地坎间的间距不一致、不平行，有的超过设计规定的标准；"层门"地坎的护脚板安装变形不平，造成电梯运行中与轿厢相摩擦；"层门"地坎的支撑力不够，造成地坎变形，

### 2. 原因分析

（1）"层门"地坎安装时，两条基准线的放线不准、不平行，从而造成安装误差。

（2）门套、"层门"门扇安装完毕后，未进行有效调整垂直度。

（3）"层门"导轨安装时未进行有效清理。

（4）"层门"安装完毕后，在未投入使用前撕下防护膜。

（5）"层门"地坎安装高度未按照最终装饰后的地平面进行计算。

（6）"层门"地坎安装时未用混凝土浇筑密实，或未养护好就进行门框的安装。

### 3. 防治措施

（1）在进行"层门"安装前，要认真检查门套是否发生变形，对已经变形的要进行必要的调整。

（2）门套、"层门"门扇安装完毕后，要进行相应的调整，检查其垂直度与门缝间隙。

（3）在进行"层门"地坎的制作时，要将混凝土浇筑密实，并在养护好以后再进行地坎及门框的组装。

（4）在吊挂"层门"门扇时，要先将滑道、地坎槽中的杂物清理干净，并检查门滑轮是否转动灵活。

（5）用同等高度的木块垫在"层门"门扇与地坎之间，以保证门扇与地坎之间的间隙，通过调整门滑轮座与门扇间的连接垫片，来调整门与地坎和门套间的间隙。

（6）"层门"中与地坎中对齐后，固定住钢丝绳或杠杆撑杆，对用钢丝绳传动的"层门"，钢丝绳需要张紧。

（7）要特别注意对成品的保护，在投入使用前不要将"层门"外部粘贴的保护膜清除。

（8）注意最终装饰地面标准线的位置，保证"层门"地坎安装位置的准确。

（9）在进行地坎的护脚板安装前，要特别注意有无变形。

（10）在整个安装的施工中，应按照现行规范要求进行安装。规范中要求如下。

①"层门"地坎应当具有足够的强度，地坎上表面应高出装饰后的地平面2～5mm。在开门宽度方向上，地坎表面相对水平面的倾斜不应大于2/1000。

② 轿厢地坎与"层门"地坎间的水平距离不应大于35mm。在有效开门宽度范围内，该水平距离的偏差为0～3mm。

③ 和"层门"联动的轿门部件与"层门"地坎之间、"层门"门锁装置与轿厢地坎之间

的间隙应为5～10mm。“层门”关闭后，门扇之间及立柱、门楣和地坎之间的间隙，对乘客电梯不应大于6mm；对载货电梯不应大于8mm。如果有凹进部分，上述间隙应从凹底处测量。

④ 在水平滑动门和折扇门的每个主动门扇的开启方向，以150N的力施加在门扇的一个最不利点上时，门扇与门扇、门扇与立柱之间的间隙允许大于规定值，但不应大于下列数值：对旁开门，为30mm；对中分门，总和为45mm。

## （十一）轿厢组装的水平度不符合要求

### 1. 质量问题

轿厢组装的水平度不符合要求主要表现在：轿厢下梁水平度、轿厢底盘水平度超标，轿厢整体性强度和刚度达不到要求；各壁板结合处高低不平，缝隙比较大，电梯运行时有噪声，外观也达不到要求；轿厢壁板有划痕或撞伤严重。

### 2. 原因分析

（1）在进行轿厢安装施工时，作业人员未按照轿厢的组装顺序及工艺要求进行装配，底梁、立柱、上梁的水平度和垂直度超标。

（2）在进行轿厢壁板的拼装调整时，由于操作不细心，敲击损伤壁板，使壁板有划痕或撞伤严重。

（3）对成品保护措施不当，在楼内装修使用电梯的过程中，未对轿厢壁板采取相应的遮挡及保护措施。

### 3. 防治措施

（1）按照电梯厂家轿厢组装施工图进行拼装，先将组装好的轿厢顶部固定在上梁的下面，再进行轿厢壁板的拼装，其拼装过程为：一般先按拼装后壁板、侧壁板、前壁板顺序与轿厢顶、底固定连接，接口要平整。通风口轿厢灯等应同时一起装配。

（2）轿厢壁板安装好后，在正式交付使用移交前，应用木板或其他材料将轿厢壁板遮挡，防止划伤或撞击壁板。

（3）在进行轿厢组装时，应按照现行规范要求进行安装调整。规范中规定：正常运行时，轿厢地板的水平度不应超过3/1000。

## （十二）对重及平衡装置配置不符合要求

### 1. 质量问题

对重及平衡装置配置不符合要求主要表现在：对重（平衡重）太轻或太重，电梯轿厢重载运行时蹲底，轻载运行时容易发生冲顶事故；补偿链过长或过短，电梯运行时与井道内的其他设备装置相碰撞；补偿链两端未做二次保护装置，将造成安全隐患；补偿绳出现打结、扭曲变形现象。

### 2. 原因分析

（1）未用标准砝码进行电梯平衡系数的试验，确定对重（平衡重）的重量。

（2）未根据施工工艺的要求，确定补偿链的合适长度。

（3）电梯安装人员的责任心不强，漏装补偿链二次保护装置。

（4）在进行补偿绳安装时，未对绳进行充分松扭，从而使补偿绳出现打结、扭曲变形。

### 3. 防治措施

（1）电梯慢车试运行前，安装作业人员应先将轿厢与对重（平衡重）放到齐平的位置，用手动盘车的方法大致确定对重的重量（平衡重），待通电调试时，再通过做电梯平衡系数的试验，确定对重的精确重量（平衡重）。

（2）补偿链连接在电梯轿厢和对重的底部，补偿链悬空部分距离底坑地平面不应小于100mm，且需附加二次保护装置。

（3）进行电梯补偿绳安装时，应按照现行规范的要求进行安装调整。规范中要求：补偿绳使用时必须符合下列条件。

① 使用张紧轮。

② 张紧轮的节圆直径与补偿绳的公称直径之比不小于30。

③ 张紧轮设置防护装置。

④ 用重力保持补偿绳的张紧状态。

⑤ 用一个符合规定的电气安全装置来检查补偿绳的最小张紧位置。

补偿绳、补偿链等补偿装置的端部应固定可靠。对补偿绳的张紧轮，用来验证补偿绳张紧电气开关，应动作可靠。张紧轮应安装防护装置。

## （十三）随行电缆安装不正确

### 1. 质量问题

随行电缆安装不正确主要表现在：随行电缆与轿厢间隙过小，电梯在运行时，电缆在井道内摇摆时与轿厢碰擦，影响电缆的使用寿命；随行电缆两端及不随运行的部分电缆固定不牢靠，绑扎不正确，电缆位置变移与导轨支架发生碰擦，严重时将会挂断电缆；随行电缆太长或太短，电梯在蹲底时会拉断电缆，或轿厢在最底层时，随行电缆已经拖至地面；随行电缆运行时，有打结或波浪扭曲现象；井道电缆支架与轿厢底电缆支架不平行。

### 2. 原因分析

（1）随行电缆安装时，未按照设计要求固定安装。

（2）随行电缆截断时，未按合适的长度进行下料。

（3）在电缆安装前，未对电缆进行充分松扭，去除其内部扭力。

### 3. 防治措施

（1）在挂随行电缆前，首先将电缆散开，查看有无外伤和机械变形；测试其绝缘性能及检查有无断芯。

（2）将电缆挂在井道内，使其自然充分松扭，去除其内部扭力。

（3）根据井道的长度及机房控制柜的安装位置，确定随行电缆的长度，保证轿厢完全压缩缓冲器时电缆不致被拉紧或拖地。

（4）随行电缆的绑扎长度应不小于30～70mm，绑扎处离电缆支架钢管100～150mm。

(5) 轿厢底电缆支架与井道电缆支架应保持平行，使电缆在井道的底部时能避开缓冲器，并保持一定的距离。

(6) 进行随行电缆悬挂安装时，应按照现行规范的要求进行安装。规范中要求：随行电缆的安装应满足以下方面。

① 电缆的两端应可靠固定。

② 轿厢压缩缓冲器后，电缆不应与底坑地面和轿厢底边框接触。

③ 电缆不应有打结、波浪和扭曲现象。

④ 避免电缆与限速器钢丝绳、限位开关、极限开关、井道信号采集系统及对重装置等发生干涉。

⑤ 避免电缆在运行中与电线槽、管发生卡阻。

⑥ 电缆处于井道底部时，应始终能避开缓冲器。

## （十四）缓冲器安装精度超标

### 1. 质量问题

缓冲器安装精度超标主要表现在：缓冲器底座与基础接触面不平整、不牢固，直接影响回弹作用，不能保证缓冲行程；缓冲器安装的垂直度超标；两个缓冲器的高度不一致，不能正常动作；液压缓冲器有漏油现象，造成动作不可靠；缓冲器中心与轿厢或对重支架相对应撞板中心有偏差；液压缓冲器安全开关动作失灵，缓冲距离超标。

### 2. 原因分析

(1) 缓冲器安装的作业人员责任心不强，安装就位缓冲器时未认真进行测量，安装完毕后也未进行仔细核对。

(2) 液压缓冲器的缸体已经锈蚀，造成油路不通畅或出现漏油，从而导致液压缓冲器动作不可靠。

(3) 液压缓冲器安全开关因受潮或浸水，造成动作失灵，甚至缓冲距离超标。

### 3. 防治措施

(1) 根据规程的要求和缓冲器的形式确定其安装高度，用垫片调整来保证两个缓冲器在同一高度。

(2) 在安装就位缓冲器时，要认真测量调整其垂直度和水平度。

(3) 在安装缓冲器时要检查其外观，查看有无锈蚀和油路不通的现象，必要时应进行清理，按照说明书的要求注足指定品牌型号的缓冲器油。

(4) 底坑要做好防水、防潮措施，定期检查保证缓冲器开关动作可靠灵敏。

(5) 缓冲器安装就位时，应按照现行规范的要求进行安装调整。规范中要求：在轿厢和对重行程底部的极限位置应设置缓冲器。蓄能型缓冲器（包括线性和非线性）只能用于额定速度小于或等于 1m/s 的电梯。耗能型缓冲器可用于任何额定速度的电梯。如果在轿厢或对重行程的底部使用一个以上缓冲器，在轿厢处于上、下端平层位置时，各缓冲器顶面与对重或轿厢缓冲器之间距离的偏差不应大于 2.0mm。耗能型缓冲器的柱塞（或活塞杆）相对水平面的垂直度不应大于 5/1000（设计要求倾斜安装者除外）。耗能型缓冲器应设有一个电气安全装置，在缓冲器动作后未恢复到正常位置之前，使电梯不能启动。液压缓冲器柱塞铅垂度不应大于

0.5%，冲液量应正确。

(6) 蓄能型缓冲器缓冲的距离为200～350mm；耗能型缓冲器缓冲的距离为150～400mm。

## (十五)限速器与张紧轮安装不符合要求

### 1. 质量问题

限速器与张紧轮安装不符合要求主要表现在：限速器安装底座固定不牢，造成安全钳联动时有颤动现象；限速器的轮的垂直度超标，与张紧绳的轮不在同一平面，造成限速器绳索容易产生磨损，运行很不平稳；在电梯运用时，张紧轮电气安全开关误动作；张紧绳索断裂或过长，电气安全开关不起作用。

### 2. 原因分析

(1) 限速器安装前，所浇筑的混凝土基础不符合要求，从而使限速器安装底座固定不牢。

(2) 限速器安装完毕后，未进行垂直度的调整，从而造成限速器的轮的垂直度超标。

(3) 由于限速器绳索伸长，致使张紧轮下坠，并与电气安全开关相接近，很容易造成误动作。

(4) 限速器与张紧轮安装作业人员，不了解张紧轮安装位置及电气安全开关工作原理。

### 3. 防治措施

(1) 土建施工单位在浇筑限速器的混凝土基础时，基础的尺寸应当比限速器安装底座每边宽25～40mm。

(2) 限速器安装完毕后，要进行垂直度和绳的张紧力调整，满足限速器钢丝绳可靠驱动限速器绳轮。

(3) 定期应检查限速器是否出现伸长，并根据伸长情况做相应收绳调整，保证张紧绳索轮的平行度。

(4) 调整张紧绳索轮的安装位置，当张紧装置出现下滑或下跌时，能使断绳电气开关可靠动作。

(5) 安装限速器及张紧装置时，应按照现行规范的要求进行安装。规范中要求：除设计要求限速器绳索相对导轨倾斜安装者外，操作安全钳一侧的限速器钢丝绳至导轨侧面及顶面距离的偏差，在整个井道高度范围内均不宜超过10mm。限速器钢丝绳应张紧，在运行中不应与轿厢或对重等部件相碰触。限速器安装在井道内时，应能从井道外接近它。否则，应符合《电梯制造与安装规范》(GB 7588—2003) 中第9.9.8.3条的要求。限速器绳断裂或过分伸长时，应通过一个电气安全装置使电动机停止运转。限速器及张紧轮应有防止钢丝绳因松弛而脱离绳槽的装置。当绳索沿水平方向或水平面之上与水平面不大于90°的任意角度进入限速器或其张紧轮时，应有防止异物进入绳与绳槽之间的装置。

## (十六)底坑急停及照明开关安装位置不正确

### 1. 质量问题

底坑急停及照明开关安装位置不正确主要表现在：底坑急停开关安装位置过高或过低，安装维修人员在打开井道最底层“层门”时，不能触及底坑急停安全开关，不能有效保证自身的安全；底坑井道照明开关安装的位置不合理，安装维修人员在打开井道最底层“层门”时，不能触及井道照明开关；底坑急停开关、照明开关未做标识。

#### 2. 原因分析

(1) 安装维修人员不熟悉国家现行规程规范中的要求。

(2) 安装维修人员责任心强度，在施工中图省事，有随意安装的行为。

#### 3. 防治措施

(1) 井道的照明开关应设置为两地控制形式，在电梯机房和底坑都能对照明开关打开或关闭。

(2) 加强安装作业人员的教育和培训，要求其严格按照现行规范的要求进行安装。规范中要求：底坑内应有停止装置、电源插座和井道井的开关。在停止装置上或其近旁应标出“停止”的字样，设置在不会出现误操作危险的地方。

## 三、电梯调试运行

### (一) 电梯运行中噪声超标

#### 1. 质量问题

电梯运行中噪声超标主要表现在：曳引机运转时声音不正常；电梯运行时有摩擦声和碰撞现象，噪声较大；电梯运行时轿厢连接处发出噪声；电梯运行时对重有异响。

#### 2. 原因分析

(1) 在曳引机运转前，操作人员未进行仔细检查，由于固定螺栓发生松动，从而引起电梯的振动。

(2) 导轨变形，导轨支架松动，接头处有台阶，修平长度不足等，从而造成电梯运行到此处时振动与晃动，直接影响电梯的舒适感。

(3) 新安装的电梯由于环境因素的影响，导轨上附有渣土等杂物，从而造成导轨润滑不良，致使电梯运行时噪声较大。

(4) 轿厢框架与壁板拼装之间有较大的缝隙，造成轿厢的变形。

(5) 轿门与“层门”的间隙较小，电梯运行时，开门刀与“层门”门锁轮、地坎之间发生相碰。

(6) 电梯对重块的作用是平衡轿厢重量。对重块没有按照要求进行紧固，电梯运行时产生松动和异响。

#### 3. 防治措施

(1) 检查曳引机轴承温升及螺栓和减振橡胶的固定情况，发现问题及时处理。

(2) 定期检查导轨支架及压道板的连接是否牢固。

(3) 新安装电梯交付使用前，应对导轨进行清洗加油，保证导轨干净并充分润滑。

(4) 轿厢进行拼装时，要注意轿厢上、下四角的对角线，保证各面的互相垂直度，并对螺栓进行紧固。

（5）按照设计要求紧固好电梯的对重块，防止其产生松动和位移。

（6）在进行安装的过程中，要确保安全钳和导轨之间的间隙符合设计要求。

（7）保证各处噪声值应按照规范要求进行安装调整。

（8）电梯噪声测试方法应按照规范要求进行测量。

## （二）电梯平层精度比较差

### 1. 质量问题

电梯平层精度比较差主要表现在：电梯平层不准确，特别是轿厢在空载和满载时，电梯平层精度更差；电梯停车很不平稳。

### 2. 原因分析

（1）制动器的制动力不够，从而引起上行平层过高或下行运行过低。

（2）制动器的制动力过大，从而引起上行平层过低或下行运行过高。

（3）电梯平衡系数不准确，对重过重，引起上、下行平层都过高；对重过轻，引起上、下行平层都过低。

（4）平层感应器与平层“隔磁板”调节距离不合适。

### 3. 防治措施

（1）调整制动器的弹簧压力，使制动器打开时闸瓦的四边间隙相同且小于0.7mm。

（2）制动力乘以制动力作用点到轴心的距离就是制动力矩。通过调整制动力矩，可以避免电梯停车不平稳现象。

（3）调整平层感应器与平层“隔磁板”之间的距离和平层“隔磁板”的垂直度。

（4）调整电梯平层速度。

（5）电梯平衡系数从数学上可以理解成对重与轿厢重量的比值百分比。通过调整电梯平衡系数，可以克服电梯平层不准确，电梯停车不平稳等现象，一般可控制在0.4～0.5范围内。

（6）平层精度的调整，应按照现行规范要求进行安装调整。规范中规定：额定速度小于等于0.63m/s的交流双速电梯，应在±15mm的范围内；额定速度大于0.63m/s且小于等于1.00m/s的交流双速电梯，应在±30mm的范围内；其他调速方式的电梯，应在±15mm的范围内。

## （三）超载开关不灵敏

### 1. 质量问题

超载开关不灵敏主要表现在：进入电梯的乘客超过额定载重时，超载的报警开关不起作用；进入电梯的乘客少于额定载重时，超载的报警开关误动作。

### 2. 原因分析

（1）电梯安装完毕后，在进行调节超载的报警开关时，未使用标准砝码进行测试。

（2）超载报警开关固定在轿厢底下方式时，开关出现松动，位置产生偏移，从而使超载报警开关不灵敏或不准确。

（3）轿厢底下面的橡胶软连接出现变形移位，也会造成电梯的超载开关不灵敏。

（4）超载报警开关固定在轿厢上梁时，其驱动动作绳头弹簧内有异物卡阻，或者调节位置不正确。

### 3. 防治措施

（1）电梯安装完毕后，在进行调节超载的报警开关时，应使用标准砝码进行测试，这样才能保证其测量精度。

（2）在调节超载的报警开关时，应将连接开关的绳头套管清理干净，以保证其动作灵活，并在调节超载的报警开关完毕后进行有效遮盖，防止异物进入。

（3）超载的报警开关调节完毕后，应将开关进行可靠固定，以防止开关出现松动，位置产生偏移。

（4）超载报警调试后，应按照现行国家标准《电梯实验方法》（GB/T 10059—2009）第4.1.16条要求进行测量。规范中要求：在装有额定载重量的轿厢内，再加装10%的额定载重量并至少为75kg，观察电梯的报警、启动、平层和门的状态．

## （四）安全钳的动作不准确

### 1. 质量问题

安全钳的动作不准确主要表现在：安全钳动作时，两侧的拉杆不能同时同步动作，在安全钳动作后，轿厢倾斜严重；安全钳动作时，其电气开关未动作；安全钳动作时，机械结构先动作，电气开关后动作；安全钳没有动作，直接影响乘客的安全；安全钳动作后，轿厢没有有效制停。

### 2. 原因分析

（1）限速器失灵或安全钳楔块与导轨侧工作面间隙超标，会导致安全钳的动作不准确。

（2）导轨出现位移，致使安全钳楔块与导轨侧工作面间隙变小，造成电梯正常速度运行时误动作。

（3）安全钳楔块与导轨侧工作面间隙不均匀，一侧的间隙大，另一侧的间隙小，或导轨上有异物，造成安全钳动作后，轿厢倾斜比较严重。

（4）安全钳电气开关安装位置不正确或发生松动位移，致使安全钳动作时不能按照先电气、后机械的顺序动作。

### 3. 防治措施

（1）安全钳楔块拉杆端的螺母应当锁紧，确保限速器钢丝绳与连杆系统连接可靠。

（2）手动拉限速速器钢丝绳，其连杆系统应动作灵敏，两侧拉杆应能同时被提起，安全钳开关被断开。松开时，连杆系统应能迅速复位，但安全钳的开关不能自动复位。

（3）当轿厢下行速度超过额定速度115%时，限速器楔块动作夹住限速器钢丝绳，同时对安全钳拉杆产生拉提力，使安全钳楔块轧住导轨，避免轿厢快速下滑。

（4）限速器不能拆卸铅封，更不允许进行自行调节。

（5）安全钳的位置调整，应按照现行规范要求进行。规范中要求如下。

① 轿厢应装有能在下行时动作的安全钳，在达到限速器动作速度时，甚至在悬挂装置断裂的情况下，安全钳应当能夹紧导轨，使装有额定载重量的轿厢停止并保持静止状态。

② 在特殊情况下，对重（或平衡重）也应设置仅能在其下行时动作的安全钳。在达到限速器动作速度时（或者悬挂装置在特殊情况下发生断裂时），安全钳应当能通过夹紧导轨而使对重（或平衡重）停止并保持静止状态。

③ 轿厢和对重（或平衡重）安全钳的动作应由各自的限速器来控制。若额定速度小于或等于 1m/s，对重（或平衡重）安全钳可以借助悬挂机构的断裂或借助 1 根安全绳来动作。

④ 不得用电气、液压或气动操纵的装置来操纵安全钳。

⑤ 安全钳动作后的释放需经专职人员进行。

⑥ 只有将轿厢或对重（或平衡重）提起，才能使轿厢或对重（或平衡重）上的安全钳释放并自动复位。

⑦ 轿厢空载或者载荷均匀分布的情况下，安全钳动作后轿厢地板的倾斜度不应大于其正常位置的 5%。

⑧ 当轿厢的安全钳作用时，装在轿厢上面的电气装置应在安全钳动作以前或同时使电梯驱动主机停转。

⑨ 操纵轿厢安全钳的限速器的动作应发生在速度至少等于额定速度的115%，但应小于下列各值：对于除了不可脱落滚柱式以外的瞬时式安全钳为 0.8m/s；对于不可脱落滚柱式瞬时式安全钳为 1.0m/s；对于额定速度小于或等于 1.0m/s 的渐进式安全钳为 1.5m/s；对于额定速度大于 1.0m/s 的渐进式安全钳为 $1.25v+0.25v$(m/s)（$v$ 为额定速度）。

⑩ 限速器可调部件在调整后应加封记。

## （五）称重传感器安装不正确

### 1. 质量问题

称重传感器安装不正确主要表现在：称重传感器固定支架松动，安装位置不当，参数调节不合适，致使不能准确测量轿厢的负荷，电机不能提供预负载转矩。

### 2. 原因分析

（1）支架采用焊接进行固定的，不能配合称重传感器自行有效调整。

（2）支架及称重传感器调整后未进行有效固定。

（3）在进行称重传感器参数设置时，未实现参数的准确设定。

### 3. 防治措施

（1）称重装置一般安装在轿厢底或轿厢的上梁上，由多个微动开关或称重传感器组成。支架的固定方式应采用螺栓固定。

（2）支架及称重传感器调整完毕后，应进行可靠固定。

（3）电子称重传感器必须准确设置参数。在重负荷运行时，给电机输出一个预负载电流，作为启动补偿，避免电梯在启动时，发生轿厢瞬间下滑或上滑现象。目前高档电梯均使用随负载变化能发出连续信号的电子称重装置。

### （六）紧急照明不起作用

#### 1. 质量问题

紧急照明不起作用主要表现在：断开轿厢照明的电源后，轿厢紧急照明不起作用；或轿厢紧急照明启动后，光线太暗或有异物遮挡。

#### 2. 原因分析

（1）紧急照明内的灯泡损坏，维修人员不及时进行更换。

（2）紧急照明内的电池老化，或者长久未给电池充电。

（3）紧急照明内的充电线路损坏失灵。

（4）紧急照明的灯泡瓦数太小，或者轿厢顶灯箱板的尘土太多将其遮挡。

#### 3. 防治措施

（1）定期对紧急照明内的灯泡进行试验，发现灯泡损坏应及时更换。

（2）紧急照明内的电池要定期检查其充电能力，充电不足时应及时更换电池组。

（3）定期清洁轿厢灯箱的顶板，保证其清洁及透光率。

（4）紧急照明的安装、更换与调整，应按照现行规范要求进行。规范中要求：在轿厢内应设置紧急照明，正常照明电源一旦失效，紧急照明应自动点亮。紧急照明应由自动再充电的紧急电源进行供电。在正常照明电源中断的情况下，至少能提供1W灯具用电1h。

# 第四节　电气安装工程质量问题与防治

随着各种电气设备的应用与普及，建筑电气工程的安装施工技术也受到了越来越多的关注，电气工程安装质量直接影响着建筑施工完成后的使用情况和人们的生活水平与质量。在建筑电气工程安装中，施工人员必须要对安装施工质量予以高度的重视，采取有效措施全面保证电气工程的质量以及后续使用的安全性。

电气设备是近几年建筑工程中比较关注的内容。相对而言，电气设备的安装、维护，都应该从建筑工程本身的角度出发，不仅要将过往的多项问题予以有效的解决，还应该从长远的角度出发，在各个层面巩固建筑电气设备的性能，确保日后的使用可以达到预期效果，尽量减少反复维护的情况出现。

## 一、室内配线的质量问题与防治

### （一）金属管道安装缺陷

#### 1. 质量问题

金属管道安装缺陷主要表现在：钢管的管口不齐，套丝乱扣；管口插入箱、盒内的长度不一致；管口处有毛刺；弯曲半径太小，有扁、凹、裂现象；楼板面上敷设管路，水泥砂浆保护层或垫层的混凝土太薄，造成地面顺管路出现裂缝。

### 2. 原因分析

钢管的管口不齐是因为在手工操作时，手持钢锯不垂直和不正所致。套丝乱扣的原因是板牙掉齿或缺少润滑油，套丝过程一次完成；管口入箱、盒内的长度不一致，是由于箱、盒外边未用螺母固定，箱、盒内又没有设挡板而造成。管口处有毛刺是由于锯钢管后未用锉刀进行洗口。弯曲半径太小是因为搣弯时出弯过急。弯管器的槽过宽也会出现管径弯扁、表面凹裂现象。楼板面上敷设时，若垫层厚度不足，地面面层在管路处过薄，当地面内管路受压后，产生应力集中，使地面顺着管路出现裂缝。

### 3. 预防措施

（1）在锯钢管时人要站直，持钢锯的手臂和身体要成 90°角，锯时手腕不颤动，这样锯出的钢管管口比较平整。

（2）锯断的钢管若出现马蹄口时可用板锉将其锉平，然后再用圆锉将管口锉成喇叭口。

（3）使用套丝板进行套丝时，应首先检查丝板牙齿是否符合规格和标准，套丝时应边套丝边加润滑油。管径在 20mm 及以下时，应为二板套成；管径在 25mm 及以上时，应为三板套成。

（4）管口入箱和盒时，可在外部加螺母。吊顶棚、木结构内配管时，必须在箱、盒内外用螺母锁住。配电箱引入管较多时，可在箱内设置一块平挡板，将入箱的管口顶在板上，待管路用螺母固定后拆去此板，管口入箱的长度就能一致。

（5）管子进行搣弯时，用定型搣管器，将管子的焊缝放在内侧或外侧，弯曲时逐渐向后方移动搣管器，移动速度要适度，用力不要过猛，弯曲不要一次成型，模具要配套。对于管径在 25mm 以上的管子，应采用分离式液压搣管器或灌砂火搣。暗式配管时，最小弯曲半径应是管径的 6 倍。明式配管时，最小弯曲半径不应小于外径的 6 倍；只有一个弯时，最小弯曲半径不应小于外径的 4 倍。弯扁度不得大于管子外径的 0.1 倍。

（6）在楼板或地坪内进行埋管时，要求线管面应有 20mm 以上的素混凝土保护层，以防止产生裂缝。

（7）加强施工图纸的会审，特别要注意建筑作法，若垫层达不到要求时，应减少交叉敷设的管路，或将交叉处顺着楼板孔搣弯。

（8）在金属管道正式安装前，应按照规定对施工人员进行技术交底；对初次操作的工人，应加强基本功的训练。

### 4. 治理方法

（1）管口不齐可用板锉将其锉平，套丝乱扣应将其锯掉重套。

（2）弯曲半径太小，有扁、凹、裂现象，应当换管重做。

（3）管口插入箱，盒内的长度不一致，应用锯将管口锯整齐。

（4）地面顺着管路出现裂缝，应凿去地面的龟裂部分，用高强度等级的水泥砂浆补牢，同时将地面抹平。

## （二）金属线管保护地线和防腐缺陷

### 1. 质量问题

（1）金属线管保护地线截面的规格随意选择，结果焊接面太小，达不到设计要求的标准。

(2) 搣弯及焊接处刷的防腐油出现遗漏，土层内敷设的管子未用水泥砂浆保护，土层内敷设的管子混凝土保护层做得不彻底。

### 2. 原因分析

(1) 金属线管敷设焊接地线时，没有考虑与管径太小的关系，结果使得保护地线截面的规格随意选择，焊接面太小，达不到设计要求的标准。

(2) 对金属线管搣弯及焊接处刷的防锈漆的目的和部位不明确，从而导致该涂刷防锈漆的部位出现遗漏。

(3) 金属线管埋在炉渣或土层中未做混凝土保护层，有的虽然设置了保护层，但未将管四周都埋在水泥砂浆或混凝土内。在浇筑混凝土前，没有用混凝土预制块将管子垫起，从而造成底面保护不彻底。

### 3. 预防措施

(1) 金属线管连接地线在管接头两端跨接线的规格应符合 09BD5 图集要求。跨接线焊缝应均匀牢固，双面施焊，清除药皮，刷防锈漆。

(2) 金属线管涂刷防锈漆，除了直接埋设在混凝土层内的可以免刷外，其他部位均应涂刷，地线的各焊接处也应当涂刷。直接埋在土层内的金属线管，将管壁四周浇筑在素混凝土保护层内。在进行浇筑时，一定要用混凝土预制块或钉钢筋楔将管子垫起，使管子的四周至少有 50mm 厚的混凝土保护层。金属管埋在炉渣层时，必须做水泥砂浆保护层。

### 4. 治理方法

(1) 发现接地线的截面积不移大时，应按设计规定进行重焊，使其达到设计要求的标准。

(2) 金属线管搣弯及焊接处遗漏刷防锈漆（油）时，应用樟丹或沥青油涂刷 2 道。

(3) 发现土层内的金属线管无保护层者，应在管壁四周浇筑 C10 素混凝土。

## （三）硬塑料管和聚乙烯线管敷设缺陷

### 1. 质量问题

(1) 接口不严密，有漏、渗水情况；搣弯处出现扁裂，管口入箱、盒长度不齐。

(2) 在楼板及地坪内无垫层敷设时，普遍有裂缝。

(3) 现浇筑混凝土板墙内配管时，盒子内的管口出现脱落，造成剔凿混凝土进行寻找管口的后果。

### 2. 原因分析

(1) 接口处出现渗漏水是因接口处未外加套管，或者涂胶不饱满，又未涂胶黏剂，只用黑胶布或塑料袋包缠一下，未按规定的施工工艺进行操作。

(2) 硬塑料管进行搣弯时加热不均匀，或者未采用相关配套的专用弹簧，即会出现扁、凹、裂现象。

(3) 塑料管管口入箱、盒长度不齐，是因管口引入箱、盒受力后出现负值；或者管口固定后未用快刀割齐。

### 3. 防治措施

（1）聚乙烯软质的线管在混凝土墙体内敷设时，管路中间不准有接头；凡穿过盒敷设的管路，能不断开的则不断开，待拆除模板后修盒子时再断开，这样可保证浇筑混凝土时管口不从盒子内脱落。

（2）若聚乙烯软质的线管必须有接头时，一定要用大一号的管做套管，套管的长度60mm。接管时口要对齐，套管各边套进30mm。用硬塑料管作为接头时，可将一头加热后使其伸出承插口，将另一管口直接插入承插口。在接口处若涂抹塑料胶黏剂，其防水效果更好。

（3）在进行硬塑料管摵弯时，可根据塑料管的可塑性，在需要摵弯处局部进行加热，即可以手工操作摵成所需的形状。当管径较小时，可使用专用弯曲弹簧直接进行弯制。

## （四）装配式住宅暗配线管、盒缺陷

### 1. 质量问题

装配式住宅暗配线管、盒缺陷主要表现在以下几个方面。

（1）预埋在墙板、楼板内的塑料管不通，管口脱离接线盒。

（2）拉线开关、支路分线盒、插座接线盒在工厂浇筑墙板时未曾预埋，等到现场安装时再刷凿预制板的板顶端，然后再稳接线盒。

（3）楼板内预埋电线管，楼板顺着管路普遍存在裂缝。

（4）在每户门口下面板拼缝中，正好是下层的电线管，在进行立门框时往往会把管压碎或压扁，甚至导致无法进行穿线。

（5）在冬季低温环境下施工中，很容易出现塑料管被冻坏的现象，导致管线无法施工。

### 2. 原因分析

（1）电气线路设计人员缺乏实际的施工经验，对楼板墙板应预留的预埋件未作预留设计，更谈不到对施工人员进行预埋件的预留交代。

（2）墙板生产人员与施工安装人员缺乏交流与配合，墙板生产人员根本不了解电气施工的安装工艺。

（3）在进行电气安装施工前，没有制订专门的电气工程施工方案，缺乏相应的保证安装质量的技术措施。

### 3. 预防措施

（1）装配式住宅的电气工程设计图纸，必须绘制出预留穿线管、盒的大样，并将预留部位、盒子类型标注清楚，向墙板生产厂家进行设计交底。

（2）预制构件在正式生产前，要加强设计、生产和安装3方面的技术协作与配合，进行必要的图纸会审工作，以保证预埋件的正确。

（3）要求电气施工安装人员要掌握墙板、楼板各种预制构件的指标，并且熟悉塑料管和塑料盒的具体布置。

（4）要根据电气工程的实际情况，选用符合生产技术指标的塑料管和塑料盒。

（5）在预制构件厂生产墙板和楼板时，应按照电气工程设计图中的要求预埋电线管和接线盒，杜绝在施工现场进行剔凿。

### 4. 治理方法

（1）对于在工地现场凿坏的混凝土墙板，应用高强度混凝土修补严密。在接线盒和电线管的周围用高强度水泥砂浆抹平、固定牢固。

（2）发现不通的预埋电线管，可采取局部加以凿开，切去不通的管段，用同规格的短管套接，再用高强度水泥砂浆填补抹平。在修通的过程中不准切断楼板中的钢筋。

（3）楼板内预留管路顺着主钢筋方向上的裂缝，可用高强度水泥砂浆补缝抹平，沿主钢筋方向上的裂缝较长者，应更换合格的楼板，或由设计和施工技术人员共同协商处理。

## （五）连接管路安装不完整

### 1. 质量问题

连接管路安装不完整主要表现在：连到灯具、设备的线路配管不到位，电线有的出现外露，暗配管时该电线直接埋入墙内；交叉作业时该段电线很容易损伤，竣工后更换电线困难。

### 2. 原因分析

（1）在进行电气线路配管时，施工人员未仔细审查图纸，结果造成下料过短。

（2）在工程施工的过程中，未进行必要的图纸会审工作，从而造成建筑施工图和电气施工图有矛盾；或者施工中建筑门窗、墙体等的位置发生变化。

（3）在进行电气线路配管后，灯具、设备的等的位置发生较大的变化，从而致使配管不到位。

### 3. 预防措施

（1）在进行电气线路配管时，施工人员一定要仔细审查施工图纸，下料的尺寸要满足实际工程的要求。

（2）在进行图纸会审前，应认真核对建筑施工图和电气施工图中所标注的门窗、墙体等的位置是否吻合，尽量把问题解决在正式施工之前。施工中如果建筑门窗、墙体等的位置发生变化，应及时通知电气工程安装人员。

（3）在工程施工的过程中，建设单位如需要变更灯具、设备的等的位置，最好应在配管前确定，以免造成不必要的损失。

### 4. 治理方法

把不到位的管段重新敷设到位。如果接管实在困难，且不能安装接线盒，管段又比较短，不影响今后换线时，也可用相同材质的软管安装到位，但软硬管的接头必须作好密封处理。

## （六）镀锌钢管采用焊接方式连接

### 1. 质量问题

镀锌钢管采用焊接方式连接存在的质量问题主要表现在：镀锌钢管采用焊接或丝扣连接

时，其跨接地线采用焊接，焊接破坏了镀锌层，虽然可在接点补刷沥青或防锈漆，但由于往往不及时、不彻底，且不美观，失去了镀锌钢管应有的效果。

### 2. 原因分析

（1）操作人员不熟悉现行规范中的明确规定，镀锌钢管不能采用熔焊的方法进行连接。

（2）镀锌钢管焊接破坏了镀锌层，失去了镀锌钢管应有的效果。

### 3. 预防措施

（1）严格按照现行规范中的规定进行施工，镀锌钢管不能采用焊接的方法连接，而应采用螺纹连接或紧定螺钉连接。镀锌钢管的跨接接地线宜采用专用接地线卡跨接。

（2）埋地、埋墙及埋在混凝土内的厚壁钢管宜采用套钢管焊接，套管的长度为该管外径的1.5～3倍。若提高档次采用镀锌钢管焊接，则其外壁按黑色钢管的要求进行防腐处理。埋于混凝土内的钢管外壁可不进行防腐处理。

## （七）吊顶内敷设套接紧定式钢导管（JDG管）时，管卡间距不均匀

### 1. 质量问题

在吊顶内敷设套接紧定式钢导管（JDG管）时，管卡的间距不符合现行规范的要求，有时甚至出现管卡间距不均匀，或者以套接紧定式钢导管（JDG管）接头为节点确定管卡间距。

### 2. 原因分析

现行国家标准《建筑电气工程施工质量验收规范》（GB 50303—2015）中规定，在终端、弯头中点或柜、台、箱、盘等边缘的距离150～500mm范围设置管卡，以壁厚小于2mm的直径为20mm钢导管为例，管卡间距应为1m，由于不能确定管段中弯头中点管段终端的位置，造成管卡的间距忽大忽小。

### 3. 预防措施

首先应按照管线的走向做好放线工作，将管线的敷设路线确定，找到预留盒的位置及弯头的中点、管段终端的位置，然后按照规范的要求确定管卡位置。

### 4. 治理方法

（1）对施工人员进行技术交底，在顶板上先进行放线，确定好预留盒的位置及弯头中点两端150～500mm范围内确定固定点位置，为保证弯头中点两端的管卡位置对称，取300mm位置确定固定点，在顶板上做好标记。

（2）确定管段终端的位置，在距离终端300mm位置确定固定点，在顶板上做好标记。确定了上述几个关键点后，分别从关键点向管段中点以1m的间距标记好固定点位置。

（3）按上述方法标记好固定点后，当管段中央大于2m的位置需要加设一个固定点时，应在相邻两个固定点的中点位置确定固定点。最后，将管卡按照标记位置进行固定，方可保证固定点间距满足现行规范的要求，并且能做到均匀、美观。

## （八）套接紧定式钢导管（JDG 管）在地面敷设，因湿作业造成管线进水

### 1. 质量问题

地面敷设的套接紧定式钢导管（JDG 管）接头处存在缝隙，其他专业施工中存在湿作业环境，从而造成管线中进水。

### 2. 原因分析

（1）电气专业与其他专业在工序安排上不合理，存在倒置的现象，造成电气专业施工时管线中进水。

（2）建筑地面管线工程施工完成后，地面敷设的套接紧定式钢导管（JDG 管）接头未按要求进行封闭。

### 3. 预防措施

（1）在地面套接紧定式钢导管（JDG 管）敷设完成后，应安排成品保护人员进行查看，避免现场出现积水而造成管线中进水。

（2）使用导电膏将钢管接头处涂抹严密，或者用塑料胶带局部包裹，也可以用水泥砂浆进行保护。

（3）严格按照施工组织设计中的顺序进行施工，在地面套接紧定式钢导管（JDG 管）敷设完成后，土建专业尽快完成地面的垫层施工。

### 4. 治理方法

在进行穿线前应进行清理工作，确保管线内无积水。如果管线内已进入积水，应使用气泵将管线进行连续吹扫，以保证将管线内的水全部吹出。

## （九）电气箱、盒安装存在的缺陷

### 1. 质量问题

电气箱、盒安装存在的缺陷主要表现在：电气箱、盒安装标高不一致；电气箱、盒的开孔不整齐；铁盒出现较大变形；电气箱、盒抹灰缺阳角；现浇混凝土墙内的箱、盒移位；安装电器后箱、盒内脏物未清除。

### 2. 原因分析

（1）在安装木、铁电气箱、盒时，未参照土建装修预先放的统一水平线控制高度，尤其是在现浇混凝土墙、柱内配线管的，模板无水平线可找。

（2）铁箱、盒用电气焊切割开孔，致使箱、盒变形，孔径不规矩。木箱、盒开孔用钢锯锯成长方口，甚至敲掉一块箱子帮。

（3）土建工程施工时，由于对电气箱、盒不重视，此处的模板出现变形或移动，使得箱、盒的位置移动，有的甚至凹进墙面。

（4）土建工程施工抹底子灰时，盒子口没抹整齐，安装电器时没有清除残存在箱、盒内的

脏物和灰砂。

### 3. 预防措施

（1）在安装电气箱、盒时，可以参照土建装修预先放的统一水平线，一般由水平线以下50cm为竣工地平线。在混凝土墙、柱内安装箱、盒时，除参照钢筋上的标高点外，还应和土建施工人员联系定位，用经纬仪测定总标高，以确定室内各点的地平线，用水平线确定各点的标高。

（2）在安装现浇混凝土墙板内的电气箱、盒时，可在箱、盒背后加设直径为6mm的钢筋套子，以稳定箱、盒的位置。这样使箱、盒能被模板紧紧地夹牢，不产生位移。

（3）电气箱、盒开设眼孔，木制品必须用木钻，铁制品开孔如无大钻头时，可以自制开孔的划刀架具，先在需要开孔的中心钻个小眼，然后将划刀置于台钻上钻孔，以保证箱、盒眼孔整齐。

（4）在进行穿线前，应先清除箱、盒内的灰渣。在穿好导线后，用接线盒盖将盒子临时盖好，盒盖周边要小于圆木或插座板、开关板，但应大于盒子。待土建装修喷浆完成后，再拆去盒子盖，安装电器或灯具，这样可以保证盒内干净。

### 4. 治理方法

（1）箱、盒的高度不一致，加装调节板后仍超过允许限度时，应剔凿箱、盒，将高度调到一致。

（2）箱、盒的口边抹灰不齐，应用高强度水泥砂浆修补整齐。

## （十）套接紧定式钢导管（JDG管）及薄壁钢管使用场合不正确

### 1. 质量问题

套接紧定式钢导管（JDG管）及薄壁钢管使用场合不正确主要表现在：在室外露天环境，水泵房、空调机房、排污泵等潮湿环境中采用套接紧定式钢导管（JDG管）及薄壁钢管，采用明敷的方式，室外地面埋设方式，沿地面及墙体进行导管敷设。

### 2. 原因分析

（1）设计或施工人员未按现行规范、设计文件要求正确选择施工材料。对钢制管材的物理性能缺陷认识不正确。

（2）忽略了恶劣环境、特殊场合对管材使用寿命、安装防护性能的影响，以低成本材料代替高性能材料。

### 3. 预防措施

严格按现行规范、设计文件要求正确选择导管的材料，严格把好施工方案的制定，施工前要进行技术交底，管材的质量不符合要求不准使用。

### 4. 治理方法

在室外露天环境、室内潮湿环境等特殊场合，应选择SC（焊接钢管）线路敷设方式，管材的壁厚小于规定时，内外壁均应做好防腐措施。

## （十一）长度超过 30m 的直线段线槽未加设伸缩节

### 1. 质量问题

线槽的直线段长度超过 30m 的未设置伸缩节，这种质量问题多数出现在水平干线线槽敷设过程中。

### 2. 原因分析

在进行施工前，未对直线段线槽的长度进行实际测量，在设计图纸中也未明确伸缩节的加设位置，施工中忽略了伸缩节的设置。

### 3. 预防措施

在进行施工前，应当从设计图纸中测量出直线段线槽的长度，如直线段线槽的长度超过 30m，则应以 30m 为间距定制伸缩节，并在图纸中做好标记，向具体施工人员进行技术交底，确保伸缩节安装到位。

### 4. 治理方法

金属线槽（电缆桥架）在预设的伸缩节处应断开，用内连接板进行搭接，一端加以固定，为伸缩变形留有适当的余量，保护地线和线槽内导线也应有相应的补偿余量。

## （十二）金属线槽（电缆桥架）与接地干线的连接点少

### 1. 质量问题

（1）金属线槽（电缆桥架）的全长不大于 30m 时，只做到一处与接地干线相连接，其末端与接地干线连接的要求常常被忽略。

（2）金属线槽（电缆桥架）的全长大于 30m 时，使得多于两处与接地干线相连接，未能做到每隔 20～30m 增加一处与接地干线连接。

### 2. 原因分析

（1）设计人员未严格按照现行规范进行金属线槽（电缆桥架）与接地干线连接设计，或者施工人员未认真熟悉施工图和深化图纸不到位。

（2）贯彻施工规范验收要求不彻底，只做到全场应不小于两处与接地干线相连接，全场大于 30m 时增加接地连接点的要求被忽略。

### 3. 预防措施

（1）施工阶段是保证金属线槽（电缆桥架）接地施工质量的关键，应着重加强施工阶段的质量控制，做好相关施工的技术交底，发现有漏接现象应及时补齐。

（2）熟悉施工设计文件中关于接地干线的设置和连接位置。接地点可在施工预埋阶段预留引出，以满足金属线槽（电缆桥架）始端、末端及中间部位的接地要求。

### 4. 治理方法

金属线槽（电缆桥架）缺少与接地干线连接的应补齐。

## （十三）母线槽安装存在的缺陷

### 1. 质量问题

（1）母线槽外壳的防护等级未按照使用环境合理进行选择。

（2）对母线槽极限温升数值重视不够，造成母线安全使用系数降低。

（3）在母线槽安装过程中，连接头接触不良，连接部位连接不牢固。

（4）母线搭接部位及连接头未与PE可靠连接，其外壳与PE干线连接有效连接界面不符合设计要求。

（5）母线槽在水平、垂直安装过程中，距地高度、固定间距、接头位置、单根直线长度等技术参数不符合要求。

（6）母线槽在穿越防火分区时，未采取必要的防火隔离措施。

（7）母线槽始末端与配电设备连接未采取相关的过度连接，超长也未加设伸缩节，穿过伸缩缝等未采取适当的措施。

### 2. 原因分析

（1）母线槽外壳的防护等级是防止人或动物直接触及带电设备，防止异物和水进行母线槽内，对设备安全造成影响的一项重要指标。在母线槽安装过程中，由于工程设计时没有注明母线槽外壳的防护等级，工程项目过度考虑工程造价等原因，造成母线槽外壳的防护等级降低使用，随意加以选择，使母线槽安装使用环境存在隐患。

（2）工程设计文件中没有明确标注母线槽的极限温升值的要求，在选择母线槽时，运行环境对母线槽长期可靠运行影响程度重视不够，造成加工订货缺少针对性的技术要求。母线槽极限温升数值标准如果降低很大，造成母线槽运行温度升高，导体的电阻值和电压降增大，电缆的能耗也随之加大，从而使母线槽的运行寿命降低。

（3）母线安装过程，节与节连接、插接不到位，相邻段的母线插接不准，接触面出现弯斜，连接后母线导体与外壳承受机械外力，未用扭力扳手锁紧。

（4）在建筑电气安装施工中，常见的“三相五线制”母线槽，PE的设置有三种形式，对PE线跨接所选择的PE线截面规格不同，不加区分显然是不正确的。

（5）母线槽水平安装高度、固定间距应符合设计要求，当设计中无要求时，应符合相关规定，随意安装会影响到母线的正常使用。

（6）母线槽穿越防火分区采取消防封堵措施，未按照现行规范的要求进行施工。

（7）母线槽始末端与配电设备连接采用硬连接，不符合施工工艺的要求，忽略了伸缩节和变形缝的处理措施。

### 3. 防治措施

（1）为保障母线的安全运行，一定要根据使用环境的要求，选择合适的母线槽，在选择母线槽的防护等级时，连接头部位的防护等级最重要。

（2）在设计文件和加工订货的技术交底中，按规范要求，明确提出对母线槽的极限温升验证要求。目前国家强制性的“CCC”认证，对于母线槽的极限温升验证，统一按照不大于70K温升值试验标准进行。母线槽的极限温升数值越小，母线槽运行环境就越好，母线槽的极限温升数值不大于70K，是安全合理的标准。

(3) 母线槽的外壳进行PE连接时，常用的有三种方式。产品生产形式不同，施工做法也不相同。由于母线是供电的主干线，母线槽外壳实际作用都是作为PE接地干线使用。外壳作为PE线，除了满足可靠连接之外，外壳总截面、外壳段与段之间的跨接地线总截面，都要符合规范对保持导体的截面积的等效截面积的要求。跨接地线的选择应符合相关规定。

(4) 进行母线槽水平安装时，安装高度应符合设计要求，设计中无要求时，距地高度不应低于2.2m，但敷设在专用房间除外。母线槽连接点不应在穿墙板部位，插接孔（分岔口）应设在安全可靠及安装维修方便处。母线垂直安装时，接头距地面垂直距离不应小于0.6m。母线槽在楼层间垂直安装时，单根的长度不应大于3.6m，超长时可以分节制作，垂直、分层安装弹簧支架时，要加设防振装置。

(5) 母线槽在穿越防火墙及防火楼板时，应采取必要的防火隔离措施，对其穿墙孔洞周围的缝隙，应用防火材料封堵严密。

(6) 母线槽始末端与配电箱（柜）进行连接时，应采用镀锡硬铜排过度连接。母线槽与变压器、发电机等振动较大的设备连接时，应采用铜编织软连接。母线槽敷设长度超过40m时，应按规定设置伸缩节，跨越建筑物伸缩缝或沉降缝处应进行变形处理。

## （十四）线路穿建筑物的变形缝处未安装补偿装置

### 1. 质量问题

管线、线槽穿建筑物的变形缝处未安装补偿装置。

### 2. 原因分析

配线工程中的各类管线、线槽，应尽可能避免穿越变形缝。如果确实不可避免时，则应在穿越处由刚性变为柔性，即所称的补偿装置。

### 3. 预防措施

管线在穿越变形缝时，可在其两侧各设置一个接线箱，先把管的一端固定在接线箱上，另一侧在接线箱底部的垂直方向开长孔，其孔径长宽度的尺寸应不小于被插入管直径的2倍，钢导管两侧接好补偿跨接地线。

线槽跨过变形缝时，线槽应断开，断开的距离以100mm为宜，线槽底部应附同材质衬板，两侧用连接板进行封闭，但只能在一侧用螺栓固定。金属线槽两端应做好跨接地线，并留有伸缩余量。

### 4. 治理方法

对于管线、线槽穿建筑物的变形缝处未安装补偿装置的，应当按照预防措施的方法进行处理。

# 二、灯具电器的安装

## （一）大型灯具固定及悬吊装置未做承载试验

### 1. 质量问题

重量大于10kg的大型灯具已安装完毕，但其固定装置没有按照5倍灯具重量的恒定均布载荷进行承载试验，存在着一定的安全隐患。

### 2. 原因分析

电气工程安装人员未认真学习现行国家标准《建筑电气照明装置施工与验收规范》（GB 50617—2010）中的规定，仍然按旧的规范规定按2倍灯具重量进行承载试验。

### 3. 预防措施

大型灯具固定及悬吊装置是由设计计算确定后进行预埋安装的，在灯具安装前并在安装现场，应进行恒定均布载荷强度试验。试验的目的是检验安装单位的施工质量。灯具所提供的吊环、连接件等附件的强度，应当由灯具制造商在工厂进行载荷试验。根据灯具制造标准规定，所有悬挂灯具应将4倍灯具重量的恒定均布载荷，以灯具正常的承载方向加在灯具上，历时1h。试验结束时，悬挂装置（灯具本身）的部件应无明显变形。因此，当在灯具上加载4倍灯具重量的载荷时，灯具的固定及悬吊装置（施工单位预埋的）应承受5倍灯具重量的载荷。

### 4. 治理方法

将已安装的灯具拆下，按承受5倍灯具重量的恒定均布载荷补做强度试验。

## （二）吊式（荧）光灯群的安装缺陷

### 1. 质量问题

（1）成排成行的灯具布置不整齐，高度不一致，吊线（链）上下档距不一致，出现梯形。

（2）日光灯金属外壳不做接地保护。

（3）灯具喷漆部分被损坏，外观很不整洁。

### 2. 原因分析

（1）暗配线、明配线定灯位时，未按照安装要求弹出十字线，也未加装灯位的调节板。吊灯安装好后未拉水平线测定出中心位置，使得安装的灯具不成行，高度不一致。

（2）对Ⅰ类灯具应当做保护接地的规定不明确。

（3）灯具在贮存、运输、安装的过程中未妥善保管，在正式安装前就过早拆去包装，造成灯具喷漆部分被损坏，外观很不整洁。

### 3. 预防措施

（1）成排成行的灯具进行安装时，如有3盏灯以上，应在配线时按照安装要求弹出十字线，按照中心线进行定灯位。如果灯具超过 10 盏时，即可增加尺寸调节板，用吊盒的改用法兰盘。这种调节板可以调节 30mm 幅度。如果法兰盘增大时，调节范围可以加大。

(2) 为了上下吊距一致，若灯位中心遇到楼板肋时，可用射钉枪射入螺钉，或者统一改变日光灯架吊环间距，使吊线（链）上下档距不一致。

(3) 成排成行吊式日光灯吊装后，在灯具的端头处应再拉一直线，进行统一调整，以保持灯具水平一致。

(4) 在吊装管式日光灯时，铁管上部可以用锁母、吊钩安装，使其垂直于地面，以保持灯具整齐平正。

(5) 为确保灯具的安全使用，Ⅰ类灯具应当做保护接地。

(6) 灯具在安装、运输和贮存的过程中应加强保护，成批灯具应进入成品库保存，并由专人负责，建立责任制度，对操作人员应做好保护成品质量的技术交底，不得过早地拆去灯具的包装纸。

### 4. 治理方法

(1) 灯具不成行，高度、档距不一致，超过允许限度值时，应用调节板进行调整。

(2) Ⅰ类灯具没有做保护接地时，应使用截面积为 2.5mm$^2$ 的软铜线连接保护地线。

## （三）花灯及组合式灯具安装缺陷

### 1. 质量问题

花灯及组合式灯具安装存在的缺陷主要表现在：花灯金属外壳带电；花灯不牢固甚至掉下；灯位不在格子的中心或不对称；吊灯法兰盖不住孔洞，严重影响了厅堂整齐美观。在木结构吊顶板下安装组合式吸顶灯，防火处理不认真，有烤焦木棚的现象，有的甚至发生火灾。

### 2. 原因分析

(1) 高级花饰灯具的灯头多，照度大，温度高，使用中容易将导线烤老化，致使绝缘损坏而金属外壳带电。在安装灯具时，未接保护地线，所以花灯金属构件即使长期带电，也不会熔断保险丝或使断路器动作。

(2) 在进行花灯及组合式灯具安装设计中，未考虑吊钩长期悬挂灯具的重量，预设的吊钩承载力太小，没有足够的安全系统，造成后期灯具坠落的事故。

(3) 在有高级装修吊顶板和护墙分格的工程中，安装线路确定灯位时，没有参阅土建工程建筑装修图，土建和电气会审图纸不严密，容易出现灯位不正、档距不对称现象。装饰吊顶板预留灯位孔洞时，测量不准确。土建施工操作时灯位开孔过大。

(4) 在木结构吊顶下安装吸顶灯未留透气孔，开灯时间过长时，灯具产生的温度越积越高，使木材产生炭化，达到 350℃时即起火燃烧。

### 3. 预防措施

(1) 所有花饰灯具的金属构件，都应当按照设计要求做良好的保护接地，这是确保使用安全的重要措施。

(2) 花饰灯具的吊钩加工成型后应全部镀锌防腐。特别重要的场所和大厅中的花灯吊钩，安装前应请结构设计人员对其牢固程度做出技术鉴定，做到绝对安全可靠。

（3）根据工程实践经验，当采用型钢做吊钩时，圆钢的最小规格直径应不小于12mm，扁钢应不小于50mm×5mm。

（4）在配合高级装修工程中的吊顶施工时，必须根据建筑吊顶装修图核实具体尺寸和分格中心，定出灯具的位置，确定准吊钩。对大型的宾馆、饭店、艺术厅、剧场、外事工程等的花饰灯具安装，要加强图纸会审，密切配合施工。

（5）在吊顶夹板上开凿灯位的孔洞时，应先用木钻钻个小孔，小孔对准灯头盒，待吊顶夹板钉上后，再根据花饰灯具的法兰大小，扩大吊顶夹板的眼孔，使法兰能盖住夹板的孔洞，保证法兰、吊杆在分格中心位置。

（6）凡是在木结构上安装吸顶组合灯、面包灯、半圆灯和日光灯管灯具时，应在灯爪子与吊顶直接接触的部位，垫3mm厚的石棉布（纸）隔热，防止火灾事故的发生。

（7）在顶棚上安装灯群及吊式花灯时，应当先拉好灯具位置中心线，用十字线定位。

### 4. 治理方法

（1）金属灯具外壳未接保护地线而引起的外壳带电，必须重新连接良好的保护接地线，这样才能保证灯具用电的安全。

（2）花饰灯具因吊钩腐蚀而掉下，必须凿出结构钢筋，用直径大于或等于12mm镀锌圆钢重新做吊钩挂于结构的主筋上。

（3）分格吊顶高级装饰的花饰灯具位置开孔过大，灯的位置不位于中心，应当更换分格板，调整灯的位置，重新开孔安装灯具。

## （四）灯具安装在木质家具内部或可燃饰面上存在火灾隐患

### 1. 质量问题

随着各种新型装饰材料及家具的出现，在装饰装修工程中，为了美观、新颖等方面的考虑，设计人员通常会在木饰面或木质家具中设置照明装置。由于照明装置本身发热，或由于环境导致灯具散热不好，很容易引起火灾事故。

### 2. 原因分析

（1）照明装置与可燃饰面、家具连接比较紧密，如果再没有采取可靠的隔热、防火措施，很容易引起火灾事故。

（2）照明装置的导线外露或绝缘不良，若直接与可燃饰面、家具直接接触，也会引起火灾事故。

（3）可燃饰面、家具本身未涂刷防火涂料，加上安装灯具的空间狭小，导致灯具散热不好，很容易引起火灾事故。

### 3. 预防措施

（1）在装饰装修的设计方案中，尽量杜绝把照明装置安装在可燃饰面、家具中。

（2）在照明装置与可燃饰面、家具的连接处，应进行可靠的防火、隔热处理。

（3）对可燃饰面、家具的本身进行防火处理。

### 4. 治理方法

（1）在照明装置与可燃饰面、家具连接比较紧密的部位，要加装石棉垫等隔热材料，避免灯具本身过热而引燃可燃饰面和家具。

（2）将照明灯具的外露导线进行绝缘、隔热处理，一般可采用穿阻燃导管的方式，将灯具外露导线与可燃饰面、家具隔开。

（3）对于可燃饰面、家具的本体进行处理，涂刷防火涂料，或设置散热孔，保证灯具的散热不受阻碍。

## （五）疏散指示灯固定的缺陷

### 1. 质量问题

公共走道、楼梯间等部位的墙板预留孔洞较大，在安装疏散指示灯底盒时，需要进行二次固定，即使用木楔、尼龙塞等材料，将疏散指示灯嵌入预留孔洞内。

### 2. 原因分析

由于在结构施工阶段，疏散指示灯的具体尺寸尚未确定，设计及施工单位通常将预留孔洞的尺寸留有余量，在后期末端设备安装的过程中，未对疏散指示灯底盒嵌入墙体的具体做法予以明确，从而造成施工随意性较大，通常使用边角料先与疏散指示灯底盒进行固定，再嵌入预留孔洞。现行国家标准《建筑电气照明装置施工与验收规范》（GB 50617—2010）中明确规定，在砌体和混凝土结构上严禁使用木楔、尼龙塞或塑料固定电气照明装置，但在施工中未明确规范的要求。

### 3. 预防措施

（1）在设计阶段及结构施工阶段，要尽量明确疏散指示灯的选型及具体尺寸，以确定预留孔洞的尺寸。

（2）尽量将疏散指示灯底盒预埋入墙体结构中。

（3）使用现行规范允许的材料，对疏散指示灯底盒进行固定，完成后由土建施工人员配合将孔洞封堵。

### 4. 治理方法

（1）制作与疏散指示灯底盒外形尺寸相同的木质底盒，将其预留在结构墙体中，在混凝土浇筑完成模板拆除的同时，将木质底盒剔下清理出墙体。

（2）在结构施工前确定疏散指示灯尺寸，将底盒埋入结构墙体，预埋时应进行适当保护，并做好防锈处理。

（3）制作支架，使用螺栓将支架与疏散指示灯底盒进行固定，在预留孔洞的适当位置，使用膨胀螺栓将支架与结构墙体进行固定，固定完成后，由土建施工人员将孔洞封堵。

## （六）开关插座安装的缺陷

### 1. 质量问题

金属盒子生锈腐蚀，插座盒内不干净有灰渣，盒子口抹灰不整齐；安装圆木或上盖板后，四周墙面仍有损坏残缺，特别是影响外观质量；暗开关、插座芯安装不牢固，安装好的暗开关板、插座盖板被喷浆污染。

### 2. 原因分析

（1）各种铁制的盒子，在出厂时没有做好防锈处理。混凝土墙拆除模板后，砌筑墙内配管、安装盒子完成后，未及时进行清理，也未做好防腐处理。

（2）在进行抹灰施工时，只注意大面积的平直，忽视盒子口的修整，抹罩面灰时仍未加以修整，待喷浆时再进行修补，由于墙面已经干结，很容易造成黏结不牢并产生脱落。

（3）没有喷浆就先安装电器灯具，由于工序出现颠倒，使开关、插座板、电器灯具被喷浆而造成污染。

### 3. 预防措施

（1）各种铁制的盒子，在出厂时应做好防锈处理。在安装开关和插座时，应先清扫干净盒内的灰渣。

（2）铁开关、灯头和接线盒，应先焊好接地线，然后全部进行镀锌处理。墙内、板内的预埋盒，按工序要求及时进行清理，并做好防锈处理。

（3）在安装各种铁制的盒子时，如发现已经生锈，应进行除锈后再补刷一块防锈漆。

（4）各种箱、盒的口边最好用水泥砂浆进行抹口。如果箱子进墙面较深时，可在箱口和贴脸（门头线）之间嵌以木条，或者抹水泥砂浆补齐，使贴脸与墙面平整。对于暗开关、插座盒，较深于墙面内的，应采用其他补救措施。

（5）土建装修进行到墙面、顶板喷完浆液时，才能进行电气设备的安装，工序绝对不能颠倒。如因工期要求较紧，又不受喷浆时间限制，可以在暗开关、插座安装好后，先临时盖上铁皮盖，规格应比正式胶木盖板小一点，直到土建装修工程全部完成后，拆下临时的铁皮盖，再安装正式的盖板。

### 4. 治理方法

（1）暗开关、插座安装好后，抽查发现盒内有灰渣、生锈腐蚀者，应当卸下盖板，彻底清扫盒子，涂刷防锈漆。

（2）暗开关、插座安装不牢固，应当拆下来重新进行安装，并应确保安装牢固。

## （七）开关、插座、灯具、吊扇等安装质量差

### 1. 质量问题

（1）开关、插座、灯具、吊扇等器具安装位置偏位，成排的灯具和吊扇水平直线度偏差严重。

（2）日光灯吊装用导线代替吊链，引下线使用单股硬导线，软导线不和吊链编织在一起而直接接灯。

（3）装在吊顶上的吸顶灯不做固定吊架，直接用自攻螺钉固定在顶板上。

（4）开关盒内电源“回火线”的颜色选择不正确。

（5）多联开关内各开关间电源线在盒内拱接。

（6）不同楼层上下阳台，阳台灯的位置偏差大，观感质量差。

### 2. 原因分析

（1）由于预埋接线盒偏位，从而引起开关、插座、灯具、吊扇等器具安装位置偏位，安装

成排的灯具和吊扇时没有拉线定位，或者拉线定位不准确。施工过程对从上器具位置要求重视不够，轻易调整预埋盒的位置，验收时对位置尺寸不进行校正，使其中心位置、水平、直线度超过规定值。

(2) 对灯具接线、导线连接、导线包孔、导线不应承受较大外力及导线敷设等工艺要求和操作规程不熟悉，安装方法没有掌握好。

(3) 吊顶上的吸顶灯具安装直接用自攻螺钉固定，未做吊钩或固定支架，在安装过程中忽视操作规程，不按设计要求进行安装。

(4) 开关盒内电源“回火线”的颜色选择混乱，不统一，造成接线比较困难，对工程的功能质量重视不够。

(5) 多联开关内各开关间电源线在盒内拱接，没有按照施工工艺要求施工，对工程安装可靠性要求重视不够。

(6) 上下阳台的阳台灯位置未能与土建施工放线统一进行，只参照本楼层阳台模板和钢筋的尺寸，对阳台灯进行简单拉线定位，从而造成位置不统一。

### 3. 防治措施

(1) 电气预埋施工要严格按照设计图纸进行，做到定位准确，全过程放线调整和控制，避免随意性。日光灯吸顶安装，为了保证其美观，可以不加绝缘台，预留接线盒应用长方形盒代替普通灯头盒。

(2) 吊装的日光灯应根据图纸要求的规格型号，把预埋盒的位置定在吊链的一侧，不应放在灯中心，以便日光灯的引下线就可以沿吊链引下，与吊链编织在一起进入灯具。吊链的附近如果没有预留孔洞，可以另外开一孔，使导线直接进入灯具，不能沿灯罩上敷设导线从中间孔进入灯具。

(3) 灯具、吊扇在吊顶上进行安装时，要做牢固、端正、位置正确，用型材制作支架，或采用吊杆安装、支架与吊杆固定在楼板上，灯具、吊扇可以直接固定在支架和吊杆上。

(4) 单联开关“回火线”应使用白色线，多联开关“回火线”应使用白、黑、棕、橙等色线加以区别。

(5) 多联开关插座内各接点之间电源线连接时不应拱接，分支线与总线应改为爪形连接，导线接头“涮锡”后放于接线盒内，保证接点连接的可靠性，导线做回头压在开关或插座面板的接线柱上。

(6) 不同楼层上下之间阳台的照明器具安装，灯具位置的定位非常重要，如果定位不准确，给观感质量造成很大影响。在前期的土建施工中，应要求施工人员给出阳台的位置线，依据土建施工放线，找准预埋盒的位置，不应马虎了事。在进行灯具安装时，应再次对灯具位置进行调整，保证灯盘遮住接线盒孔洞，达不到上述要求时，需对管线进行适当处理，使灯盘完全遮住接线盒孔洞，避免导线外露。如果前期预埋定位不精确，后期灯具的调整余地会很小。

## (八) 开关、插座面板在可燃饰面上安装未加装石棉垫

### 1. 质量问题

在木质饰面或软包等可燃饰面上安装开关、插座面板时，未按要求加装石棉垫，使得面板与饰面紧密接触，存在着火灾隐患。

### 2. 原因分析

电气专业在施工前没有明确所用饰面的材料，从而忽略了防火处理方法；或者未向施工人员做好交底工作，忽略了石棉垫的加装。

### 3. 防治措施

（1）在电气工程正式施工前，要与土建工程施工人员进行沟通，明确所用饰面的材料，根据工程实际确定防火处理方法。

（2）明确所用饰面的材料后，安排工人预制石棉垫，将石棉垫裁剪成与开关、插座面板尺寸一致的形状，在安装面板时将石棉垫垫在面板与饰面的接缝处，依次安装螺栓，将石棉垫压紧。安装完成后，再进行检查验收。

# 三、配电箱、盘（板）、柜的安装

## （一）配电箱、板安装缺陷

### 1. 质量问题

配电箱、板安装缺陷主要表现在：箱体不方正；贴脸门与箱体深浅不一；明装配电箱，距地高度不一致；铁箱盘面接地位置不明显。

### 2. 原因分析

（1）箱体安装时被挤压变形，在安装过程中未经过垂直、水平吊线检查。

（2）稳装箱体时与装修抹灰层的厚度不一致，从而造成贴脸门与箱体深浅不一。

（3）明装配电箱距地高度不一致，是因为预埋木砖时没有测准标高线，在配电箱安装时又未仔细检查。

（4）铁箱盘面接地线装在盘背后，没有装在盘面上，没有很好掌握安装标准；预留墙洞在抹水泥砂浆时，没有掌握好尺寸。

### 3. 预防措施

（1）在进行暗装配电箱时，要采取防止挤压变形的措施，箱的内部做填充，其外部不能过度进行充堵。

（2）成批的配电箱应存入成品库中，在运输和保管的过程中要防止变形。

（3）在进行暗装配电箱时，应凸出墙面 1～2cm，查看设计标高，按抹灰厚度钉好标志钉，以此进行抹灰施工。

（4）铁箱盘面都要严格安装良好的保护接地线。箱体的保护接地线可以做在盘后，但盘面的保护接地必须做在盘面的明显处。为了便于检查测试，不准将接地线压在配电盘盘面的固定螺钉上，要专开一孔，单压螺钉。

### 4. 治理方法

如果配电箱缩进墙体太深，应通过抹灰收口使箱体口与抹灰面一样平。

## （二）配电箱接线比较困难

### 1. 质量问题

配电箱在加工完成后，发现箱体的体积过小，开关接线端子与电缆的截面不匹配，无法进行接线。

### 2. 原因分析

（1）事先未核实箱体的尺寸和电器接线桩头的大小，在配电箱安装完成后，才发现导线比较大，无法直接与电器相连。

（2）配电箱的生产厂家片面追求降低产品成本，致使配电箱的箱体尺寸过小，箱内未留过线和转线的空间，无法进行接线。

### 3. 预防措施

在进行配电箱订货时，应附有电气系统图及技术要求，生产厂家根据图中导线大小及开关电器型号、规格和技术要求，确定是否增设接线端子排，并预留足够的过线和转线的空间。

### 4. 治理方法

（1）如果发现配电箱箱体的体积过小，开关接线端子与电缆的截面不匹配，无法进行接线时，应更换合适的配电箱。

（2）如果发现配电箱箱体的体积较小，也可在配电箱旁增设接线箱，以弥补箱体的体积较小的缺陷。

## （三）箱内 N 排、PE 排端子板含铜量低

### 1. 质量问题

现行规范中规定，配电箱内 N 排、PE 排中应当为含铜量 99.9%的紫铜，生产厂家和电气安装单位都忽略了对 N 排、PE 排的质量控制，使其含铜量达不到国家标准。

### 2. 原因分析

（1）电气安装单位未对配电箱的生产厂家进行质量交底，或者质量交底不到位，从而使其含铜量达不到国家标准的要求。

（2）配电箱的生产厂家片面追求降低产品成本，致使配电箱内 N 排、PE 排中应当为含铜量达不到国家标准的要求；个别的生产厂家存在偷工减料行为。

### 3. 预防措施

（1）电气安装单位应对配电箱的生产厂家进行质量交底，交底内容应着重强调 N 排和 PE 排端子板使用紫铜含量，必须达到含铜量 99.9%的标准。

（2）在进行配电箱加工订货前，电气安装单位应到配电箱的生产厂家进行考察，着重注意 N 排和 PE 排端子板的加工过程，并按规定抽查材料。

#### 4. 治理方法

在配电箱进场进行验收时，电气安装单位应检查配电箱内的N排及PE排，如不符合国家现行标准，应要求生产厂家进行更换。

### （四）暗装配电箱剔凿的缺陷

#### 1. 质量问题

为使配电箱本体完全暗装在二次结构的墙体内，必须将墙体进行剔凿，如果剔凿的深度较大，造成墙体被剔透，配电箱将成为墙体承重结构的一部分，这样不仅影响墙体结构的安全，而且也影响隔声。

#### 2. 原因分析

（1）业主要求将配电箱采取暗装，减少配电箱的外露体积，以便提高墙体的美观。

（2）在设计方案中未明确配电箱的安装方式，墙体砌筑后才确定采用暗装配电箱，不可避免要对墙体进行剔凿。

（3）配电箱安装与土建专业协调不足，未确定二次结构墙体尺寸，对配电箱采取暗装的安装方式根本未予考虑。

#### 3. 预防措施

（1）在进行配电箱的安装前，安装单位应与设计及业主进行协商，并共同进行现场考察，确定墙体结构及尺寸是否具备配电箱采取暗装条件。

（2）在大面积施工前，对配电箱的固定方式应制作样板，明确配电箱采取暗装的实际效果，如不具备暗装的条件，应重新确定配电箱的安装方式。

#### 4. 治理方法

（1）通过对配电箱采取暗装的方式制作样板，如无法满足结构安全及隔声的效果，应将暗装的方式改为明装的方式。

（2）如果业主坚持采用暗装的方式，可与二次结构施工单位进行协商，适当调整墙体的尺寸，对墙体加厚或加固处理。

### （五）配电箱内开关、元器件配线压接不牢固

#### 1. 质量问题

在配电箱的接线过程中，配线与开关、电气元器件配线压接时出现松动现象，从而造成虚接，为日后使用带来隐患。

#### 2. 原因分析

电工在操作过程中不认真、不仔细，压线完成后也不进行检查；在配电箱内开关、元器件配线完工后，质检人员也未进行复查工作。

### 3. 预防措施

在进行配线与开关、电气元器件配线压接前，电气专业的工长应向电工做好技术交底工作，并要求操作人员做好自检；完成后由电气专业的工长进行复检。

### 4. 治理方法

如果出现松动现象，要求电工重新进行压接。应将压线端子松开后，重新将电线插接到相应的位置，再将螺钉拧紧，完成后要反复进行检查。

## （六）强、弱电箱随意开孔

### 1. 质量问题

由于强、弱电箱各自位置不利于线缆的敷设，施工人员为便于自身的操作，不使用箱体本身的进、出线预留孔，而在箱体上随意开孔。这种现象在区域照明、动力控制箱与 DDC 箱之间，敷设控制线时经常出现。

### 2. 原因分析

（1）箱体安装空间比较狭小，不利于箱体间敷设线管或线槽。

（2）电气安装人员图省事，不按施工工艺要求进行施工。

### 3. 预防措施

在进行强、弱电箱安装前，应仔细查阅施工图纸，确定箱体的安装位置及周围空间大小，明确进出线的路由，在箱体安装前，对线管及线槽敷设路由进行放线，并向施工人员做好交底，严禁在箱体上自行随意开孔。

### 4. 治理方法

（1）在进行箱体布置时，应尽量增大箱体间的空间范围，使线管及线槽有足够的空间及路由进行敷设。

（2）如果已经出现随意开孔现象，应将开孔位置进行封堵处理，一般可裁剪钢板，将开孔处点焊封堵，再进行防锈处理。

## （七）配电箱安装工程质量缺陷

### 1. 质量问题

（1）配电箱内无 N 汇流排或 PE 汇流排，附件不齐全或不符合规范要求。

（2）配电箱（柜）内 PE 线的规格不符合规范要求。

（3）进入配电箱（柜）与出配电箱（柜）的导线相色不一致。

（4）箱体、二层板的接地线串接或使用箱壳作为连接线。

（5）箱内二层板或箱内防护材料使用塑料板或非阻燃材料。

（6）箱柜内压接点压接松动，走线比较乱，一个压接点压接多根导线。

（7）多股软线不“涮锡”或不做端子压接，压接导线盘圈方向不正确，造成压接不牢。

（8）箱柜内控制电器之间，线路连接拱接。

（9）箱内裸母线无安全防护板。

（10）配电箱（柜）系统的出线标志牌不打印、不齐全，固定不牢。

（11）配电箱（柜）门上无铭牌或使用塑料不干胶纸铭牌。

（12）户内形式的配电箱（柜）置于户外使用。

## 2. 原因分析

配电箱（柜）安装工程是一项专业性很强的工作，一般来讲，它涉及厂家选择材料、设备，加工制造标准，设计图纸要求，加工订货技术交底，进场组织验收，工程施工质量验收规范要求，每一个环节出现问题，都可能造成配电箱（柜）安装工程出现质量问题。选择合格的生产厂家，完善加工订货技术交底，强化进场验收，严格执行工程施工质量验收规范是关键环节。

配电箱（柜）进入施工现场，首先应检查货物是否符合制造标准、技术交底、设计要求及相关规范的要求。核对设备材料的型号、规格、性能参数是否与设计一致。检查说明书、图纸、合格证、零配件及相关资质文件，并进行外观检查，做好开箱检查记录，并妥善保管，验收合格后方能进场投入使用。

## 3. 防治措施

（1）配电箱（柜）内应分设N线汇流排或PE线汇流排。N线和PE线经相应汇流排配出，汇流排压线螺钉为内六角型，接入N线和PE线汇流的导线要有垫片和弹簧垫圈，附件应齐全。

（2）当PE线所用材质与相线材质相同时，PE线应按热稳定性要求选择截面，配电箱（柜）内PE线规格应按国家标准的规定选取。

（3）导线相色自从进入配电箱开始至负载末端，中间不应改变颜色，当导线相色出现其他颜色时，可在压线端子处用塑料绝缘胶布缠绕方式取得所需相色。

（4）配电箱（柜）箱体，二层板均应有专用接地螺钉。螺钉不得小于M8，接地线分别由配电箱（柜）内PE线汇流排引出，不能采用串接，箱体不能用作接地连接线。保护接地线截面不够，保护接地线串接，均应按规范要求纠正。金属配电箱（柜）带有器具的门，应有明显可靠的裸露软铜线接地。

（5）配电箱（柜）内外应无可燃材料，箱内二层板、各类防护材料都应选择阻燃材料，非阻燃材料应当进行更换。

（6）配电箱（柜）内配线排列应整齐，导线长度要留有规定的余量，多根导线应按支路用尼龙带绑扎成束，固定牢靠且美观。压线尽量避免双线接点，端子数量不足接入压线端子的导线数量不应超过2根。如有双线接点时，压接双线的直径不相等时，应“涮锡”后再压接，螺钉压接双线间应加平垫，螺母部位加平垫与弹簧垫。

（7）配电箱（柜）内接线，当导线的截面积不大于2.5$mm^2$时，单股导线可顺丝方向盘圈后直接压接，多股导线需拧紧、“涮锡”、顺丝方向盘圈后直接压接。当导线的截面积大于2.5$mm^2$时，寻线需要压接线端子“涮锡”后压接。导线压接端子时，不得减少导线的股数。

（8）配电箱（柜）内各路控制电器之间应并联分接。

（9）配电箱（柜）内相线如有裸导线时，应加阻燃绝缘盖板加以防护。

（10）配电箱（柜）内所有导线的端头需要使用专用的线号管进行编号，配电箱（柜）内出线处标出编号牌，应打印标示清晰，设置齐全，粘贴牢固、整齐。

(11) 配电箱（柜）进场时，箱、柜门上应有金属铭牌并安装牢固，不应使用塑料或不干胶材质的铭牌。

(12) 根据设计要求及安装场合，配电箱（柜）加工订货时，室外配电箱（柜）应特殊加工，一般应增加防雨、防晒、防腐蚀、防尘、防潮等技术措施，室内配电箱（柜）不得置于室外使用。

## （八）配电柜安装缺陷

### 1. 质量问题

在进行运输和安装中，配电柜没有采取保护措施而被碰坏。由于基础槽钢的用法不统一，配电柜与配电柜并排安装时，拼缝不平不正。配电柜与配电柜之间的外接线不按照标准接线图进行编号。

### 2. 原因分析

(1) 在搬运、起吊配电柜时，没有采取有效的保护措施。设备进场后，存放保管不善，过早拆除包装，造成人为的或自然的侵蚀、损伤。

(2) 安装配电柜时未做槽钢基础，有时在底座开螺钉孔过早，并且多数是采取气割开孔，从而造成槽钢因受热变形。

### 3. 预防措施

(1) 配电柜在搬运和起吊的过程中，应按照规程要求进行操作，特别应注意采取有效的保护措施。

(2) 加强对成套设备的验收和保管。不到安装时不得过早地拆除设备的包装箱或包装皮。

(3) 在安装成套的配电柜时，一定要在混凝土地面上按安装标准设置槽钢基底。基座应用水平尺找平正，用角尺找方。找平正后，在槽钢基础座上钻孔，以螺钉固定。

### 4. 治理方法

(1) 低压配电柜在搬运和起吊的过程中出现掉漆划痕，应按照喷漆工艺要求重新修补。

(2) 并排安装配电柜出现不平整时，应用薄钢板片将配电柜垫平整。

# 四、电缆的敷设

## （一）电缆敷设时环境温度过低，电缆护套损坏

### 1. 质量问题

在环境温度过低的条件下敷设电缆，电缆护套出现碎裂现象。

### 2. 原因分析

在进行电缆敷设前，没有注意到电缆敷设对环境温度的要求，所以出现了在环境温度过低的条件下敷设电缆，尤其是电缆弯曲时电缆护套出现碎裂现象。

### 3. 预防措施

在敷设塑料绝缘电力电缆时，必须特别重视施工现场的环境温度，环境温度低于 0℃时不得进行敷设。若必须进行敷设时，应按照厂家的要求采取相应的措施，保证电缆敷设后的正常使用。

### 4. 治理方法

拆除已出现碎裂现象的电缆，在温度适宜的情况下进行更换。

## （二）热塑电缆终端头、热塑电缆中间接头及附件缺陷

### 1. 质量问题

（1）热塑电缆终端头、热塑电缆中间接头和附件的电压等级与原电缆额定电压等级不符。

（2）电缆头制作剥除外护层时，损伤相邻的绝缘层。

（3）热塑管加热收缩时出现气泡或开裂。

（4）电缆头保护地线安装不符合规范规定。

（5）电缆头在配电柜内固定不牢。

（6）电缆头线芯的接线鼻子规格型号不配套，压接不牢。

（7）油浸电缆接头出现渗油现象。

### 2. 原因分析

（1）采购热塑电缆终端头、热塑电缆中间接头和附件时，未曾核实其电压等级，从而造成电压等级与原电缆额定电压等级不符。

（2）电缆头制作剥除外护层时，施工人员未按工艺程序认真操作或操作马虎。

（3）热塑管加热收缩时，操作技术掌握不好。

（4）电缆头的保护地线未按照现行规范中的规定进行安装。

（5）安装高低压柜内的电缆头时，随意用导线或铅丝进行固定。

（6）采用电缆头接线鼻子时，未按原设计电缆芯截面进行选购。

（7）油浸电缆在制作电缆头时，铅封不严密，造成渗油现象出现。

### 3. 防治措施

（1）对采购热塑电缆终端头、热塑电缆中间接头和附件，除应按照设计要求进行采购外，在现场使用时，必须查验有关资料，有关资料齐全才允许使用。

（2）剥除电缆外护套应先进行调直，测好接头的长度，再剥除外护套和铠装，剥除内护层及填充物，再剥除屏蔽层及半导电层，逐层进行切割剥除，不得损伤相邻护层及芯线。

（3）加热收缩电缆塑料管件操作时，应注意温度控制在 110～120℃；火焰缓慢接近加热材料，在其周围不停移动，确保收缩均匀；去除火焰塑料的沉积物，使层间界面接触良好；收缩完的部位应光滑无褶皱，其内部结构轮廓清晰，而且在密封部位有少量胶挤出，表明密封比较完善。

（4）电缆头保护地线进行安装时，应对操作人员进行技术交底，认真检查截面、接线鼻子的压接、垫圈、弹簧垫、压接螺栓、螺母应符合现行国家规范规定，压接应牢固可靠。

（5）电缆头在高低压柜内进行固定时，应理顺调直，并采用配套的 Ω 形卡，将其牢固地固定在柜体进出线端处。

（6）对于采用不配套的接线鼻子，应及时将其剔除并更换配套的产品。

（7）制作铅封电缆头或中间接头的操作人员，必须做到持证上岗，同时在操作中要严格把关，将电缆头或中间接头需要铅封的部位铅封密实，不允许有渗漏油的现象发生。

## （三）直埋电缆存在的缺陷

### 1. 质量问题

（1）直埋电缆沟底的土层产生松动。

（2）直埋电缆沟底铺砂或细土不符合设计或现行规范的要求。

（3）直埋电缆沟底内的建筑垃圾未清除干净。

### 2. 原因分析

（1）电缆沟底层的土松软呈胶泥状，不易将其夯实，密实度不符合设计要求。

（2）直埋电缆沟底铺砂或细土时，铺设的厚薄不均匀，不符合设计或现行规范的要求。

（3）电缆沟底内的建筑垃圾未及时进行清除，或者清除建筑垃圾后未及时回填。

### 3. 防治措施

（1）电缆沟底层的土质不符合要求时，应及时更换土的种类，并加以夯实，保证土的密实度符合设计要求。

（2）电缆沟底铺砂或细土时，沟底应首先进行找平，然后放线进行铺设，铺设中应加强对厚度的检查，确认符合要求后再进行下一道工序。

（3）电缆沟底内的建筑垃圾应及时进行清除，并加强对成品的保护，及时进行回填，做好预先检查与隐蔽检查的记录。

## （四）电缆沟内敷设的缺陷

### 1. 质量问题

（1）敷设电缆的沟内有水，对电缆敷设造成很大困难。

（2）电缆沟内支（托）架安装歪斜和松动，接地“扁铁”的截面不符合规范规定，“扁铁”的焊接不符合设计要求。

（3）电缆进户处有水渗漏进室内。

### 2. 原因分析

（1）电缆沟内防水不佳或未做排水处理，电缆沟内一旦有水，对电缆敷设必然会造成很大困难。

（2）电缆沟内的支（托）架未按照工序要求进行放线确定固定点的位置；安装固定支（托）架预埋或金属螺栓固定不牢；接地“扁铁”未按设计要求进行选择。

（3）穿外墙套管与外墙防水处理不当，从而造成室内进水。

### 3. 防治措施

（1）电缆沟内的支（托）架安装应在技术交底中强调先弹线找好固定点；预埋件固定坐标应准确；使用金属膨胀螺栓固定时，要求螺栓固定位置应正确，与墙体垂直，固定牢靠；接地“扁铁”应正确选择截面，焊接安装应符合工艺要求。

（2）电缆进户穿越外墙套管时，特别对低于±0.00地面深处，应用油麻和沥青处理好套管与电缆之间的缝隙，以及套管边缘渗漏水的问题。

（3）电缆沟内进水的处理方法，应采用地漏或集水井向外排水。

## （五）竖井垂直敷设电缆的缺陷

### 1. 质量问题

竖井垂直敷设电缆固定支架的间距过大；电缆未做坠落处理；穿越楼板的孔洞未做防火处理。

### 2. 原因分析

在支架安装时未按有关规定进行弹线定位；施工中不精心，电缆未做坠落处理；穿越楼板的孔洞未做防火处理。

### 3. 防治措施

根据楼层的高度及现行规范规定找好支架的间距，再根据电缆自重情况做好下坠处理，采用Ω形卡子将电缆固定牢固防止下坠。电缆敷设排列整齐，间距均匀，不应有交叉现象。对于垂直敷设于线槽内的电缆，应当每敷设1根固定1根，固定间距不大于1.5m，控制电缆固定间距不大于1.0m。采用防火枕或其他防火材料在电缆敷设完毕后，及时将楼板的孔洞封堵严实。

## （六）竖井内敷设电缆长度缺陷

### 1. 质量问题

在竖井内敷设电缆时，电缆的长度控制不到位。

### 2. 原因分析

（1）在进行电缆敷设前，未测量出各层层箱压接点的电缆余量。

（2）由于各层层箱的敷设比较滞后，竖向电缆的长度不好控制。

### 3. 防治措施

（1）在进行电缆敷设前，应进行各层的实地测量，从而计算出每段电缆的长度。

（2）尽早进行各层层箱的敷设，同时落实各层层箱的制作厂家，便于电缆长度的确定。

## （七）水平电缆敷设弯曲半径过小

### 1. 质量问题

进行水平干线电缆敷设时，在线槽弯曲处出现电缆自身弯曲困难，弯曲角度过小，将线槽盖板顶开。

### 2. 原因分析

由于水平干线电缆敷设时，通常会遇到其他专业的管线施工，如水管、暖气、风管等。在与其他专业的管线交叉敷设时，线槽通常需要弯曲，避开其他专业的管线，线槽内的电缆也随之产生弯曲现象，有时则出现弯曲半径过小。

### 3. 预防措施

（1）在进行专业管线综合布置时，尽量不与其他专业的管线产生竖向交叉，可在水平方向上适当调整线槽走向，从而避让其他专业管线。

（2）在规范要求的管道交叉敷设的最小距离外，应尽可能使线槽的弯曲半径增大，从而使电缆的弯曲半径尽可能增大，线槽内的电缆则尽可能顺直。

### 4. 治理方法

（1）尽可能使线槽的弯曲半径增大。

（2）在电缆转角两侧增加固定点，使电缆与线槽固定牢靠。

（3）适当增加线槽敷设支路，减少线槽内电缆的数量。

## （八）氧化镁绝缘电缆终端头和中间接头连接不牢，电缆受潮

### 1. 质量问题

由于氧化镁绝缘电缆终端头和中间接头的制作连接附件连接不牢，很容易导致电缆受潮。

### 2. 原因分析

氧化镁绝缘电缆是由矿物材料氧化镁粉作为绝缘的铜芯铜护套电缆，即使用退火铜作为导体、密实氧化镁作为绝缘、退火铜管作为护套的一种电缆。由于氧化镁绝缘电缆构造的特殊性，其终端头和中间接头的制作，极易出现操作不到位的情况。电缆的绝缘材料在空气中很容易吸潮，绝缘电阻可能达不到100MΩ以上的要求。

### 3. 预防措施

电缆头制作人员应经过技术培训或由生产厂家技术人员完成，以保证电缆头制作质量。每路电缆的终端头和中间接头制作完成后，绝缘电阻的测试应达到100MΩ以上的要求。

### 4. 治理方法

电缆终端头和中间接头制作与安装，应严格按照电缆生产厂家推荐的工艺进行施工。当发现有潮气侵入电缆的终端时，可截去受潮段或用喷灯加热受潮段驱除潮气。在电缆终端头和中间接头制作过程中，要及时测量电缆的绝缘电阻值，因为在电缆进行安装时，铜护套受损、电缆受潮或铜金属碎屑没有清除干净，均可能造成绝缘不合格。

## （九）单芯氧化镁绝缘电缆排列方式不正确

### 1. 质量问题

单芯氧化镁绝缘电缆敷设时的相序排列方式，不符合设计要求。

### 2. 原因分析

单芯氧化镁绝缘电缆敷设时，没有注意到《矿物绝缘电缆敷设技术规程》（JGJ 232—2011）中的有关规定，相序排列方式不符合规程中的要求，单芯电缆相互之间电磁感应导致各相电流不平衡，或平衡三相负载的中性线中感应出现电流。

### 3. 预防措施

在单芯氧化镁绝缘电缆敷设时，应采用现行标准《矿物绝缘电缆敷设技术规程》（JGJ 232—2011）规定的方式，尽量采用“正方形”和“三角形”排列方式，这两种排列方式电磁场比较集中，对周围其他强弱电线影响较小，但这种排列方式对电缆的散热不利，选择电缆载流量时要留一定的余量。

### 4. 治理方法

对于不符合现行标准《矿物绝缘电缆敷设技术规程》（JGJ 232—2011）规定的排列方式进行调整。

## （十）每组氧化镁绝缘电缆进出箱柜的孔洞未连通

### 1. 质量问题

每组氧化镁绝缘电缆进出箱体的孔洞之间没有进行连通。

### 2. 原因分析

每组氧化镁绝缘电缆与配电箱（柜）连接时，其间的孔洞如果不连通，将会在箱体上产生涡流。

### 3. 预防措施

在配电箱（柜）加工订货前，应根据进入配电箱（柜）的组数，要求生产厂家将每一组之间的孔洞连通，以防止涡流的产生。

### 4. 治理方法

将每组氧化镁绝缘电缆进出箱柜的孔洞之间进行连通。

# 五、变配电所安装工程

## （一）变配电所内安装缺陷

### 1. 质量问题

（1）给水管、采暖管、空调冷凝水管、污水管接口、检查口安装在室内。

（2）地下电缆沟内穿外墙套管出现渗漏。

（3）电缆隧道内有渗水现象。

### 2. 原因分析

（1）给水管、采暖管、空调冷凝水管在室内安装时，将管道连接部位安装在变配电所内；或是将污水管接口、检查口安装在室内，未考虑以后出现“跑、冒、滴、漏”对变电所内设备造成的隐患。

（2）地下电缆沟内穿外墙套管未做好防水处理，从而造成雨水或地下水由套管间隙向变电所地下电缆沟内渗水。

（3）电缆隧道由室外通向室内，室外电缆隧道的地下水或雨水流入室内。

### 3. 防治措施

（1）在变配电所施工前，及时对各专业管道的走向及安装部位进行协调，不允许雨污水管道及各种管道进入变配电所内。

（2）地下电缆沟内穿外墙套管应做成带止水翅的，套管与电缆之间应采用油麻封堵，然后要求土建对外墙套管与电缆缝隙处再做一次防水处理，确保套管在外墙处的防水做到严密可靠，不出现渗漏水。

（3）室内电缆隧道与室外隧道相通，应保证室外隧道沟盖板缝不向内渗漏大量的雨水，隧道外墙在地下水浸泡中不渗漏，隧道与建筑物接槎处不渗漏。除了上述要求外，在隧道底应设有排水沟、集水井和排水设备。

## （二）变压器安装缺陷

### 1. 质量问题

（1）变压器高低压侧的瓷件破损。

（2）变压器轮轴间距与导轨间距不等。

（3）油浸变压器在放油阀处出现渗漏油现象。

（4）气体继电器安装方向或坡度不符合规定。

（5）防潮的硅胶失效。

（6）变压器中性线和保护接地线安装错误。

（7）温度计安装符合现行规范的规定。

（8）电压切换装置切换不灵活或错位。

（9）变压器连线产生松动。

### 2. 原因分析

（1）变压器在二次搬运的过程中，或变压器在包装箱内未固定牢固，发生瓷件被损坏。

（2）在配合土建工程安装导轨时，未按照实际采购的变压器轮距尺寸进行定位。

（3）变压器油路安装附件密封不好或截门损坏。

（4）在进行气体继电器安装时，未按设计要求考虑其方向或坡度。

（5）对防潮硅胶未按要求保护，受潮后变成浅红色而失效。

（6）变压器中性线和保护接地线未按设计要求进行正确连接。

(7) 变压器用温度计进行安装时，由于考虑不周，造成测试位置不准确。采用的导线不是温度补偿导线，或者导线连接点固定不牢。

(8) 电压切换装置在安装时未调整好，造成切换不灵活或错位。

(9) 变压器一、二次引线，压接螺栓未拧紧。

### 3. 防治措施

(1) 变压器在出厂装箱时，应考虑加强易损部件的包装固定，保证在搬运中不受损坏。在二次搬运时，应保证包装箱不受损坏，吊装时应轻吊轻落，不损坏变压器及其附件。

(2) 在安装变压器的导轨时，应按设计图要求的变压器型号和规格去采购产品，并将该产品轮距尺寸取回，确保导轨与轮距的吻合。

(3) 变压器的油路及其附件在产品出厂时应进行检查，不允许出现渗漏油现象，并应有产品合格证。在变压器安装前应进行再次检查，确认变压器无渗漏油的现象时再进行安装，不合格的阀门不得使用。

(4) 气体继电器安装前应进行检查，观察窗应安装在便于检查的一侧，沿着气体继电器的气流方向有1%～1.5%的升高坡度。

(5) 防潮硅胶受潮后应及时进行更换，在115～120℃的烘箱内烘烤8h后，可以重复使用。

(6) 变压器中性线和保护接地线应接在地线的同一点上，保证保护地线零电位。

(7) 应将温度计置于油浸变压器的套管内，并在孔内加入适当的变压器油，刻度要置于便于观察的方向。干式变压器的电阻温度计已预埋其内，应注意调整温度计引线的附加电阻。

(8) 电压切换装置安装前应做好预检，检查电压切换位置是否准确可靠，转动是否灵活。如为有载调压装置时，必须保证机械联锁和电器联锁的可靠性，触头间应具有足够的压力（一般为80～100N）。

## （三）高压开关柜安装缺陷

### 1. 质量问题

(1) 高压开关柜内一、二次接线出现与设计方案不符合之处。

(2) 高压开关柜内的零配件不齐全，个别电气元件有破损。

(3) 高压开关柜基础尺寸与柜体的几何尺寸不符合要求。

(4) 成列的高压开关柜安装出现垂直度和水平度偏差，柜体与柜体之间的缝隙超出允许公差，显得很不美观。

(5) 高压开关柜接地螺栓或接地导线截面不符合现行规范的规定。

(6) 高压开关柜内一次接线“母排”或者电缆导线端头安装不符合规定。

(7) 高压开关柜内二次接线比较松散，导线端头压接、焊接不符合现行规范的规定。

### 2. 原因分析

(1) 高压开关柜一、二次线路方案，未按设计图的要求在合同中对生产厂家交代清楚，或者生产厂家按自身标准产品进行组装，忽略了设计的特殊要求。

(2) 在搬运柜体时有磕碰；对成品保护不善；零配件及其他部件遭盗窃或被损坏；安装设备时碰坏部件，未及时进行更换。

(3) 在进行高压开关柜基础施工时，对设备采用槽钢基础还是混凝土基础，在设计中要求不明确，按常规施工造成差错。

(4) 成列的高压开关柜安装时，不严格按照设计图纸施工，随意进行放置排列，安装中也不进行细部调整。

(5) 高压开关柜接地螺栓或接地导线截面未按照现行规范的规定选用。

(6) 高压开关柜内一次接线“母排”或者电缆导线端头安装时，忽略“母排”间隙、瓷瓶、母线卡子或电缆导线端头的压接，或者电缆头固定不牢。

(7) 高压开关柜内二次接线在查线时将绑扎处拆开，安装高度达到后又未恢复；导线压接不牢，多股导线“涮锡”温度忽高忽低，造成烧损线皮或“涮锡”不饱满。

### 3. 防治措施

(1) 被选用的高压开关柜的技术资料应齐全，其产品应由国家认可的企业进行生产，各种证件应齐全，能满足设计要求，并经复核确认无误后才允许使用。

(2) 高压开关柜在进行搬运时，应注意不要倒置，一定要轻拿轻放；存放时要防雨雪、防腐蚀、防火、防盗；施工过程中及在竣工交验前应加强成品的保护。

(3) 根据设计图的要求的高压开关柜排列顺序所确定的基础尺寸，对所采购的产品逐一核实后，再进行柜体基础施工，具体做法应按设计图与现行国家规范规定执行。

(4) 在安装高压开关柜时，应按照柜体编号顺序及柜体尺寸，使其与基础尺寸相吻合；进行调整时，先找正两端的柜体，再从柜下至柜上 2/3 高处拉紧一条水平线，逐台柜体进行调整，柜体高度不一致时，可以柜面为准进行调整。找好垂直度、水平度及柜体间隙，符合现行规范规定再固定牢固。

(5) 接地螺栓及接地导线截面不合格，必须进行更换。压接点处的螺栓不应小于 M12，弹簧垫平垫圈都应符合规定，压接应牢固可靠。接地的“扁铁”可采用焊接或压接。

(6) 检查“母排”是否达到横平竖直。固定好瓷瓶和母线卡子后，再固定“母排”，其间距平行部分应均匀一致，误差不应大于 5mm。

(7) 检查高压开关柜各种控制线的导通情况，并将多根控制线理顺，绑扎成束后固定好，并对其导线端头盘圈。多股导线“涮锡”或压接接线端子等，都应符合现行国家规范规定。

(8) 对超过鉴定周期的高压开关柜严禁使用，只有经过复验合格后，才允许安装使用。

## （四）高压开关柜调试运行缺陷

### 1. 质量问题

(1) 高压开关柜中的高压真空断路器失效。

(2) 油断路器内缺少变压器油。

(3) 电压互感器或电流互感器变比不符合设计规定。

(4) 二次控制线路中电子元件在调试中发现损坏。

(5) 高压断路器操动机构调整不灵活。

(6) 断路器分合显示牌翻牌失灵。

(7) 电压表或电流表指示不正确。

(8) 带指示灯分合隔离开关接触不良或缺相。

(9) 带电间隔机械连锁不灵活。

（10）高压开关柜防止带电挂地线的母线门开启不畅。

（11）高压开关柜防止带地线合闸的母线门关闭不严。

## 2. 原因分析

（1）真空断路器是3～10kV、50Hz三相交流系统中的户内配电装置，如果高压真空断路器长期放置，会造成漏气或真空度下降。

（2）油断路器是以密封的绝缘油作为开断故障的灭弧介质的一种开关设备，在其安装完毕后因漏检会造成油断路器内缺少变压器油。

（3）电压互感器或电流互感器变比不符合设计规定，是由于中途修改设计或因合同中交代不清楚。

（4）二次控制线路中电子元件在调试过程中采用绝缘摇表（兆欧表）进行试验，很容易造成元器件的损坏。

（5）高压断路器操动机构机械连锁部分，其螺栓的松紧程度、刀口角度、刀片与刀口的接触部位不正确。

（6）电压表或电流表在进行搬运的过程中，表内轴的尖部或游丝出现移位或卡住，从而造成电压表或电流表指示不正确。

（7）断路器分合显示红绿指示牌在搬运的过程中受到振动，造成螺丝松动，使得断路器翻牌失灵。

（8）带指示灯分合隔离开关的拉合的角度不对，刀口的间隙过大，从而造成接触不良或缺相。

（9）高压开关柜放置时间过长，使带电间隔的机械部分锈蚀，造成机械连锁不灵活。

（10）母线门的机械连锁部位螺栓固定过紧，造成防止带电挂地线的母线门开启不畅。

（11）母线门的机械连锁部位螺栓固定过紧，造成防止带地线合闸的母线门关闭不严。

## 3. 防治措施

（1）高压真空断路器应按规定要求进行定期检测，在安装调试前，预先做好测试检验。

（2）制定油断路器的安装制度，明确对油断路器各个部位进行检查，发现的问题应有修复的记录。

（3）加强电压互感器或电流互感器各个环节的检查，其变比应严格按照设计规定进行制作，对不符合设计规定的应及时更换，不允许不合格的产品交付使用。

（4）检查调试二次控制线路中的电子元件时，不允许电子元件回路通过大电流或高电压，因此该部分不允许使用绝缘摇表（兆欧表）进行试验，只允许采用高阻万能表进行检测。

（5）高压开关操动机构之间的机械连锁部分，经过调整应达到机械连锁的作用。如防止带负荷分合的隔离开关，应保证当断路器处于合闸时，隔离开关不能进行分合闸操作。当断路器处于分闸状态时，才允许隔离开关进行合闸。开关应当操作灵活，合闸时刀口结合良好，分闸刀口与闸刀断开间隙应符合设计规定。

（6）装在高压开关柜盘面上的电压表或电流表拆除输入端短路线后，调整机械零旋钮使指针回零，再经通电检查半载或满刻度是否正常。经检验合格后才允许使用，否则必须更换合格的电压表或电流表。

（7）断路器分合显示红绿指示牌在搬运过程中应加强保护，如旋钮损坏，应将其更新。经调整好的红绿指示牌在分合显示时应正常，否则不允许使用。

（8）经调整的隔离开关，如仍不能达到现行国家规范的使用要求，应及时进行更换，不合格的产品不许使用。

（9）为了防止误入带电间隔，当母线侧的隔离开关处于合闸状态时，母线门不得开启；当母线侧的门未关闭时，母线的隔离开关不应合上，因此必须进行调整，使其机械连锁转动灵活。

（10）为了在检修高压开关柜时，防止带电挂接地线，应调整好母线门的机械连锁螺栓，使其转动灵活，确保母线侧的隔离开关分闸后，才能开启母线门挂接地线。

（11）为了防带地线合闸，应调整好母线门转动部分的螺栓，确保接地线不拆除，母线门不能完全关闭，母线侧的隔离开关不能合闸。

## （五）变电所设备布置及灯具安装工程施工缺陷

### 1. 质量问题

（1）低压配电屏的屏面、屏后通道宽度不满足规范要求。

（2）配电柜后通道的出口数量不满足规范要求。

（3）配电室内灯具采用线吊、链吊，且安装在配电装置的上方，不符合安全要求。

### 2. 原因分析

配电室电气设备及电气照明安装施工，必须做到在执行国家现行标准的同时，还应满足当地供电部门的具体要求，否则会给变、配电室的验收设置障碍。以上问题的产生，存在设计缺陷，图纸会审未提出，设计变更造成电气设备的增加，空间布局变小，施工方法不当，预留预埋施工灯位放线不合理等原因。

### 3. 防治措施

（1）根据国家现行标准的要求，低压配电室内成排布置，配电屏面、屏后通道最小宽度为：屏后通道固定式和抽屉式均为 1.0m；其屏前通道，固定式成排布置为 1.5m；抽屉式单排布置为 1.8m；固定式双排布置为 2.0m；抽屉式单排布置为 2.3m；只有当建筑物墙面遇有柱类局部凸出出时，凸出部分的通道宽度可减少 200mm。

（2）根据国家现行标准的规定，配电装置长度大于 6m 时，其屏后通道应设两个出口，低压配电装置两个出口间的距离超过 15m 时，应增加出口。该措施为保证巡视和维修人员在电气设备发生故障时，能及时疏散。

（3）根据规定，在变配电室裸导体的正上方，高压开关柜和变压器正上方不应布置灯具和明敷线路，在变配电室裸导体上方布置灯具时，灯具与裸导体的水平净距不应小于 1m，灯具不得采用吊链和软线吊装，配电室内灯具安装，通常可采用线槽型荧光灯，用吊杆安装。

# 第九章

# 钢结构工程质量问题与防治

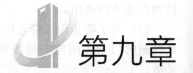

钢结构工程是以钢材制作为主的结构，主要由型钢和钢板等制成的钢梁、钢柱、钢桁架等构件组成，各构件或部件之间通常采用焊缝、螺栓或铆钉连接，是主要的建筑结构类型之一。因其自重较轻，且施工简便，广泛应用于大型厂房、桥梁、场馆、超高层建筑等领域。

本章所述钢结构工程系指工业与民用建筑及构筑物钢结构工程，它包括了高层及超高层建筑钢结构，大跨度结构有平面桁架钢结构、空间钢结构、预应力钢结构、组合钢结构、轻钢结构、高耸构筑物钢结构及各种特殊钢结构等。

由于钢结构优点很多，设计和施工技术日新月异，尤其是计算机技术的推广应用，在钢结构工程的设计、施工、管理和检测等方面均得到很大发展。但在工程实践中也出现了一些问题，为确保工程质量，本章从材料、制作、安装、测量、焊接、涂装等工序的源头入手，介绍钢结构工程在施工过程中出现的一些质量通病及防治措施，把质量问题消灭在萌芽状态。

## 第一节 钢结构材料质量问题与防治

### 一、焊接材料不符合设计或质量要求

#### 1. 质量问题

由于用于钢结构的焊接材料不合格，会导致焊接接头的某项或某些技术指标达不到设计或质量问题，从而使钢结构工程存在安全隐患。

#### 2. 原因分析

（1）在进行焊接材料选择前，没有很好地研究钢结构工程的焊接质量要求，从而造成焊接材料选择错误，焊接的钢结构不符合设计要求。

（2）对于采购进场的焊接材料，未按照现行的国家标准和规范要求进行检验、验收。

（3）采购进场的焊接材料，由于材料的储存和使用不当，使焊接材料不符合设计或质量要求。

#### 3. 预防措施

（1）钢结构工程中焊接材料的选择，要综合考虑强度、韧性、塑性、工艺性能及经济性等

因素，切不可偏废和遗漏，否则会产生不良的后果。例如过分强调强度，则会导致韧性和塑性的降低；过分关注工艺性能和经济性，则易导致综合力学性能和抗裂性能的损失。

钢结构焊接材料的选择，在满足设计要求的同时，还应符合现行国家标准《钢结构焊接规范》（GB 50661—2011）第 4 章和第 7 章中的相关要求。

① 焊条应符合现行国家标准《碳钢焊条》（GB/T 5117—2012）和《低合金钢焊条》（GB/T 5118—2012）的规定。

② 焊丝应符合现行国家标准《熔化焊钢丝》（GB/T 14957—2012）、《气体保护电弧焊用碳钢、低合金钢焊丝》（GB/T 8110—2008）、《非合金钢及细晶粒钢药芯焊丝》（GB/T 10045—2018）和《低合金钢药芯焊丝》（GB/T 17493—2018）的规定。

③ 气体保护焊接使用的氩气，应符合现行国家标准《氩》（GB/T 4842—2017）的规定，其纯度不应低于 99.99%。

④ 使用的二氧化碳气体，应符合现行国家标准《焊接用二氧化碳》（HG/T 2537—93）的规定，焊接难度为 C、D 级和特殊钢结构工程中主要构件的重要焊接节点，采用的二氧化碳质量应符合该标准中优等品的要求。

⑤ 埋弧焊用焊丝和焊剂，应符合现行国家标准《埋弧焊用碳钢焊丝和焊剂》（GB/T 5293—2018）和《埋弧焊用热强钢实心焊丝、药芯焊丝和焊丝一焊剂组合分类要求》（GB/T 12470—2018）的规定。

⑥ 栓钉焊接使用的栓钉及焊接瓷环，应符合现行国家标准《电弧螺柱焊用圆柱头焊钉》（GB/T 10433—2002）的有关规定。

（2）对于按照设计要求采购的焊接材料，应严格按照现行国家标准《钢结构工程施工质量验收规范》（GB 50205—2017）中的要求进行检验验收。对一般钢结构采用的焊接材料只需进行软件核查，主要检查质量合格证明文件及检验报告等。而对于重要的钢结构工程，则应对所选用的焊接材料按批次进行抽样复验，其复验方法和结果应符合相关标准中的规定。

（3）焊接材料的保存与使用，应严格按照产品说明书及现行国家标准《钢结构焊接规范》（GB 50661—2011）中的规定执行。由于储存或使用不当，不仅造成资源的浪费，严重的会引发重大工程事故。以目前建筑钢结构焊接施工中的通病，不按要求对焊接材料进行烘干为例，其直接后果是导致焊缝金属中氢的含量过高，增大延迟裂纹产生的概率。

### 4. 治理方法

（1）力学或化学成分方面的问题，可将原有焊缝全部清除重新焊接，或按照设计要求进行局部加固。

（2）对于因储存或使用不当造成的焊接材料含氢量过高，则可采用焊后进行去氢处理的方法，具体做法是在焊后立即将焊缝加热到 350℃左右，并保持 2h 以上，然后缓慢冷却。

## 二、钢材局部有夹渣、分层

### 1. 质量问题

钢板被剖开后，发现中间存在夹渣或分层现象，若用于钢结构工程，将会严重影响钢结构的质量，造成很大的安全隐患。

### 2. 原因分析

（1）钢材在生产轧制过程中夹杂有非金属物质。

（2）钢锭的缩口未全部切除。

### 3. 防治措施

（1）认真执行现行国家标准《钢结构工程施工规范》（GB 50775—2012）中第 5.2.3、5.2.4、5.2.5、5.2.6 条的规定。

（2）对于出现质量缺陷的同批钢材，应进行扩大抽检或批次全检，主要是进行超声波无损探伤检验。

（3）对于成批或扩大抽检后缺陷出现频率较高的，应成批作废，不得用于钢结构工程。

（4）检验后仅为偶发缺陷的，对于分层缺陷，应在探伤基础上将缺陷周边 200～300mm 范围切除后使用；对于夹渣缺陷，也可扩大切除或协商补焊，检测合格后使用。

## 三、防腐涂料混合比不当

### 1. 质量问题

分组涂料未按生产厂家规定的配合比组成一次性混合；稀释剂的型号和性能未按照生产厂家所推荐的品种配套使用。

### 2. 原因分析

（1）未了解该防腐涂料混合比的要求和搅拌操作顺序，擅自按照自己的经验进行操作，造成搅拌顺序错误和配合比不符合产品标准要求。

（2）在进行防腐涂料混合时，未使用计量器具进行称量，而是采用估计的方法计量，从而造成配合比不符合要求。

（3）不了配套所用稀释剂的特性和类型，配制防腐涂料中擅自选用不当的稀释剂。

### 3. 防治措施

（1）按产品说明书进行组分料的配合，并按规定的先后顺序进行配制和搅拌，同时应一次性混合，彻底进行搅拌，并按产品要求的喷涂时间在桶内搅拌。

（2）对一桶组分的防腐涂料分次使用时，应使用计量器具进行称量，不要采用估计的方法进行计量。

（3）应根据涂料的品种型号选用相对应的稀释剂，并按作业气温等条件选用合适比例的稀释剂。

## 四、防腐涂料超过混合使用寿命

### 1. 质量问题

非单组分防腐涂料混合搅拌后，在产品超过混合使用寿命时仍在使用，不仅浪费防腐涂料，而且严重影响钢结构的防腐效果。

### 2. 原因分析

(1) 不清楚非单组分防腐涂料在指定的温度下混合后，有一个必须用完的期限，使之超过这个期限，大大降低涂料的防腐效果。

(2) 不了解不同类型品牌生产厂家的非单组分防腐涂料混合后的使用时间是有变化的，特别是在不同温度条件下施工是有不同的使用期限。

(3) 涂料混合后虽然过了时限，但仍然呈液态，被错误地认为仍可继续使用。

### 3. 防治措施

(1) 严格按照产品说明书上混合使用寿命的时限进行涂装作业。

(2) 在非单组分涂料混合搅拌前，应了解施工环境的气温，以确定涂料混合搅拌量。

(3) 对超过产品使用说明书规定的混合使用时限的防腐涂料，应停止使用。

## 五、防火涂料质量不合格

### 1. 质量问题

(1) 钢结构工程所用的防火涂料的耐火时间与设计要求不吻合。

(2) 钢结构工程所用的防火涂料的型号（品种）改变或超过有效期。

(3) 钢结构工程所用的防火涂料的产品检测报告不符合规定要求。

### 2. 原因分析

(1) 不了解钢结构防火涂料的产品生产许可证应注明防火涂料的品种和技术性能，必须由具有专业资质的检测机构检测并出具检测报告，而是简单地采用斜率直接推算出防火涂料的耐火时间。

(2) 不了解改变防火涂料的型号（品种）利用薄涂型替代厚涂型，有的工程膨胀型替代非膨胀型，而膨胀型防火涂料多为有机材料组成，我国尚未对其使用年限做出明确规定。

(3) 钢结构工程所用的防火涂料施工中未注意有效期，由于堆放不妥，引起涂料过期或出现结块等质量问题。

### 3. 防治措施

(1) 钢结构工程所用的防火涂料生产厂家应有防火涂料产品生产许可证，应注明品种和技术性能，并由专业资质的检测机构出具质量证明文件。

(2) 钢结构工程所用的防火涂料，不能简单地采用斜率直接推算出防火涂料耐火时间。

(3) 根据钢结构工程防火的实际要求，选用合适的防火涂料型号。

(4) 室内的防火涂料因其耐候性、耐水性较差，因此不能替代室外钢结构工程所用的防火涂料。

(5) 钢结构工程所用的防火涂料，应妥善保管，按批使用；对于超过有效期或开桶（开包）后存在结块、凝胶和结皮等现象的防火涂料，应停止使用。

# 六、螺栓球表面褶皱和裂纹

## 1. 质量问题

螺栓球在建筑工程中主要用于网架式结构，主要结构特点就是一个球上开多个有内螺纹丝的孔，用来连接多个杆件于一点。螺栓球最容易出现的质量问题，主要是表面褶皱和裂纹。

## 2. 原因分析

（1）采取的工艺措施不当，根据现行国家标准《空间网格结构技术规程》（JGJ 7—2010）和《钢网架螺栓球节点》（JG/T 10—2009）的规定，螺栓球宜采用45号钢通过热锻造工艺加工生产。由于45号钢的碳含量较高，从而导致其硬度较高，塑性和韧性相对较低，对加工工艺的要求较严格。生产过程中如加热温度、保温时间及冷却速度控制不严，很容易产生裂纹等质量缺陷。

（2）在螺栓球进行施工现场前，未严格按照现行国家标准《钢结构工程施工质量验收规范》（GB 50205—2017）的相关要求进行表面质量检验，从而使螺栓球表面有褶皱和裂纹。

## 3. 预防措施

（1）制定严格和合理的生产工艺，并确保其在生产过程中被认真执行，特别是对直径较大的螺栓球，更应严格控制其加热温度和保温时间，以确保球体整体温度均匀，避免由于“外热内冷”产生的不均匀变形而引发锻造裂纹的产生。

（2）应严格按照现行国家标准《钢结构工程施工质量验收规范》（GB 50205—2017）中的相关规定，对螺栓球的表面质量进行抽查，抽查比例为10%，检验的方法建议采用磁粉探伤方法，若发现裂纹类的质量缺陷，则应对该批次的螺栓球进行全数检验。

## 4. 治理方法

对于发现裂纹类质量缺陷的螺栓球，首先应采用砂轮打磨的方法将缺陷清除干净，再视其严重程度进行修复处理或更换。

（1）如果缺陷的深度小于2mm，则应在保证缺陷被清除干净的前提下，将打磨部位修复成坡度小于1∶2.5的形状即可。

（2）如果缺陷的深度大于2mm，则应在保证缺陷被清除干净的前提下，将打磨部位修复成坡口形状，并将球体预热到250～350℃后用焊接方法将其填满。

（3）对于缺陷的深度大于2mm的球体，也可采用直接更换质量合格的新螺栓球方法。

# 七、高强度螺栓成型时螺母根部发生断裂

## 1. 质量问题

大六角高强度螺栓在施加扭矩成型时螺母的根部发生断裂，如果不及时进行纠正，钢结构工程存在着较大的质量隐患。

### 2. 原因分析

在进行制作时，螺母与螺杆之间没有倒角而成直角状态，在施加扭矩时该部位应力集中，从而造成螺栓断裂。

### 3. 防治措施

（1）在进行螺栓质量验收时，应进行仔细外观检查，尤其是对螺母与螺杆之间的倒角工艺，一定要符合现行标准的要求。

（2）若螺母与螺杆之间无倒角工艺，应谨慎进行处理，可作“超拧”节点试验，“超拧”数值可取规范允许最大值10%，放置7d后，看有无断裂情况，如无法判定，宜批量退换。

# 第二节　钢结构制作质量问题与防治

## 一、钢结构制作工艺文件缺失

### 1. 质量问题

在进行钢结构加工制作时，加工制作工艺文件没有或不全，就进行钢构件的下料和加工，结果使制作出的钢结构不符合设计的要求。

### 2. 原因分析

（1）钢结构的加工制作人员，自认为自己的技术高超，没有加工制作工艺文件按图也可施工，结果使制作出的钢结构不符合设计的要求。

（2）钢结构的加工制作人员，认为过去有类似的钢构件加工制作经验，不需要再有该类钢构件的加工制作工艺文件，结果也很可能不符合设计的要求。

### 3. 防治措施

（1）加工制作工艺文件是钢构件加工制作时的指南和标准，没有加工制作工艺文件或内容简单、项目不全，很可能导致加工制作时盲目施工，甚至造成返工或报废，因此，在钢构件正式加工前，必须根据工程实际要求，编制详细的加工制作工艺文件。

（2）加工制作工艺文件一般应由经验丰富的技术人员，按照设计总说明、施工图、施工详图，结合本单位的实际情况（施工技术水平、相应的设备等），按照国家、行业或本单位的标准和规范的要求，制定结合工程实际的施工工艺文件、施工指导书、工艺交底书，其内容包括如何施工、施工程序、各道工序及其检验要求，特别是钢构件的最后检验要求。

（3）对于刚进厂的工艺技术人员，可在有经验的本行业工艺技术人员、老技师的帮助和指导下编写加工制作工艺文件，然后经有经验的工艺技术人员、老技师的审查修改后，方可用于指导生产，以免引起不必要的损失。

## 二、放样下料未到位

### 1. 质量问题

放样就是根据设计图纸尺寸，翻出各杆件实际尺寸或用实料放出构件大样。如果放样下料未做好，必然会影响下道切割、加工工序。

### 2. 原因分析

（1）放样下料人员不熟悉钢结构的制作工艺，不知放样下料应当做哪些工作，或者不知道应做到什么深度。

（2）工艺技术人员未向放样下料人员进行技术交底，或者交底不够详细。

（3）放样下料人员没有看清施工详图和工艺加工文件，就凭自己过去的“老经验”放样下料，从而出现不必要的失误。

### 3. 防治措施

（1）要求工艺技术人员在放样下料前制定有针对性的工艺文件，并对放样下料人员进行详细的书面和口头技术交底。没有加工制作工艺文件，放样下料人员有权拒绝施工，且立即向负责生产技术的领导反映，要求有相应的加工制作工艺文件和进行技术交底。

（2）放样下料人员应加强学习和实际操作，尽快提高自己的技术水平和素质；操作前应仔细阅读、分析制作工艺文件和施工详图，有问题应与相关的工艺技术人员仔细研究，共同解决。

（3）放样下料人员在放样下料前，应熟悉掌握下列技术文件。

① 熟悉和读懂钢构件的施工详图。

② 掌握钢构件施工工艺文件的焊接收缩余量和切割、端铣及安装现场施工所需要的余量。

③ 掌握钢构件加工成型后二次切割的余量。

④ 掌握钢构件的加工工艺流程和加工工艺。

⑤ 掌握钢构件的材质与使用钢材的规格。

（4）放样下料人员应完成下列工作。

① 根据钢构件的施工详细进行1∶1的放样。

② 核对钢构件所在位置与编号。

③ 核对节点部件的外形尺寸以及标高与相邻构件结合面是否一致。

④ 核对钢构件的断面尺寸及材质。

⑤ 核对钢构件的所用零件数量。

⑥ 绘制零件配套表和放样下料图。

⑦ 绘制加工检验样板的图纸。

（5）“下料”工作应将放样下料图上所示零件的外形尺寸、坡口的形式与尺寸、各种加工符号、质量检验线、工艺基准线等绘制在相应的型材或钢板上。

# 三、放样下料时用错材料

## 1. 质量问题

在进行钢构件的制作过程中，放样下料时用错材料，从而影响钢构件的制作质量，也影响整个钢结构工程的用料计划。

## 2. 原因分析

（1）钢构件的放样下料人员粗心大意，看错施工图或写错钢号或尺寸，因此造成领料不正确。

（2）仓库管理人员工作不细心，将材料发错。

## 3. 防治措施

（1）仓库管理人员应建立正确的材料台账，并根据领料所列领料单的要求发料，发料中要做到品种、规格、数量正确。

（2）放样下料人员在领料时，应根据施工详图和工艺文件，严格按要求领取满足图纸、工艺的材质、厚度、长度和宽度要求的材料；若有特殊要求的钢材，应查阅超声波探伤合格的检查资料，并与仓库管理人员核对是否正确，合格后签字认可。

（3）放样下料人员应按照工艺规定的方向（构件主要受力方向和加工状况）进行下料。

（4）如果需要材料代用，应向工艺技术人员进行反映，然后由工艺技术人员向钢结构设计人员提出代用申请，经原设计人员同意后，方可代用。

# 四、机械切割不符合要求

## 1. 质量问题

钢材采用机械切割时，造成切割、锯切、边缘加工不符合要求，从而使钢构件无法进行加工，有的甚至使机械损坏。

## 2. 原因分析

（1）在进行机械加工钢材时，未看清剪切、冲孔机械设备的性能和使用须知，盲目进行施工，从而造成机械切割不符合要求。

（2）钢材采用机械切割实践表明，钢板的厚度不宜大于 12mm，若超过 12mm 会崩坏剪刀板，甚至毁坏剪床。

（3）钢材在环境温度过低时进行剪切、冲孔，均会影响钢材的性能，造成成型不好和裂缝，使机械切割不符合要求。

## 3. 防治措施

（1）施工人员应加强责任心，在进行施工前应熟悉机械的性能，当钢材的厚度超过 12mm 时不能使用剪床进行剪切。

（2）碳素结构钢在环境温度低于零下 12℃时，低合金钢在环境温度低于零下 15℃时，不得进行剪切和冲孔操作。

（3）钢板在进行下料前，应送到七辊、九辊矫平机上进行矫平，要求 $1m^2$ 范围内的不平度小于 1mm，以确保下料尺寸的精确度。

（4）零件切割下料后，应打磨切割处，去除各种切割所产生的缺陷，然后将零件送去滚压矫平，这对消除切割时对钢板内应力的影响，提高整个组装工作精确度，减少钢材的内应力，有很大的作用。

## 五、切割面不符合要求

### 1. 质量问题

钢材切割后经外观质量检查，其切割面的平直度、线形度、光洁度等不符合要求。

### 2. 原因分析

（1）在进行钢材切割前，切割区域未进行清理或清理不干净，从而影响切割面的质量。

（2）在进行钢材切割时，未根据钢材的厚度、切割设备、切割气体等要求和具体情况，选择合适的切割工艺参数。

（3）具体进行钢材切割的工人，未经过严格的技术培训，技术水平比较差，不能胜任钢材切割这项技术工作。

### 3. 防治措施

（1）使参与钢结构工程的施工人员增强质量意识，端正工作态度，提高具体进行钢材切割工人的技术水平。

（2）在进行钢材切割前，一定要将切割区域清理干净，使下料的符号清晰地显露出来。

（3）在进行钢材切割时，应根据钢材的厚度、切割设备、切割气体等要求和具体情况，来选择合适的切割工艺参数，例如切割嘴型号、气体压力、切割速度。

（4）当零件的板厚较大，且强度等级较高时，可以先进行火焰切割试验，以确认和选择合理的切割工艺参数和程序。

（5）钢板切割的起始端，应尽量利用钢板的边缘，当从钢板中间部位起热切割时，先热切割打孔，从打孔处开始切割，并注意打孔部位离钢板的边缘应有足够的距离。

（6）应尽量采用自动或半自动切割机进行切割，这样不仅可以提高生产效率，而且还可以提高切割的质量。

（7）宽翼缘型钢和板厚小于或等于 12mm 的零件，可以采用机械进行切割，钢管和壁厚小于或等于 12mm 的零件，可优先采用等离子切割，切割表面质量应达到规范所规定的要求。

## 六、冷矫正、冷加工质量差

### 1. 质量问题

在进行钢材的冷矫正和冷加工时，在未知极限环境温度的情况下施工，易引起钢材变形、变脆和开裂等质量问题。

### 2. 原因分析

钢材的冷矫正应该是和火焰矫正相对应的另一种矫正方法，在工程上也称为机械矫正；钢材的冷加工是指在常温下通过机械加工是钢材达到变形、拉直、除锈等效果的一种加工方式。当碳素结构钢在环境温度低于零下 12℃时，低合金钢在环境温度低于零下 15℃时，仍然强行进行冷矫正和冷加工，就会使钢材出现变形、变脆和开裂等质量问题，根本达不到矫正和加工的要求。

### 3. 防治措施

当碳素结构钢在环境温度低于零下 12℃时，低合金钢在环境温度低于零下 15℃时，禁止对钢材进行冷矫正和冷加工。

## 七、热矫正、热加工达不到效果

### 1. 质量问题

在进行钢材热矫正和热加工时，在未知可加热至何种温度、或冷却至何种温度以下时仍继续施工，导致钢材达不到热矫正和热加工的目的，有的甚至报废。

### 2. 原因分析

将钢材加热到一定温度然后对其进行矫正则称为加热矫正。根据加热状况又分为全加热矫正和局部加热矫正两种。在生产过程中普遍应用的矫正方法，主要有机械矫正、火焰矫正和综合矫正。火焰矫正是一门较难操作的工艺，方法掌握、温度控制不当，不但达不到矫正的效果，会造成构件新的更大变形，有的甚至报废。

### 3. 防治措施

（1）当用火焰加热进行热矫正时，加热温度应控制在 700～800℃，不应超过 900℃。加热结束冷却时，对于碳素结构钢，允许用浇水使其快速冷却，可以达到加快矫正速度的效果，但对于厚度大于 30mm 的厚钢板不宜浇水冷却；对于低合金结构钢，绝对不能浇水冷却（并应防止雨淋），应让钢材在环境中自然冷却。

（2）钢构件的同一区域加温不得超过 2 次。

（3）当零件采用热加工成型时，应根据材料的含碳量选择不同的加热温度，一般可控制在 900～1100℃，根据实际需要，也可以加热至 1100～1300℃；当温度下降，碳素结构钢在下降到 700℃时，低合金结构钢下降到 800℃时，应结束加工。当温度低于 200～400℃时，严禁锤打、弯曲或成型。

（4）对弯曲加工、轧圆和折弯，应按冷热加工时的环境温度、加工温度和加工机械的性能特性等要求进行施工，以免引起不必要的误差和问题。

## 八、孔的质量不符合要求

### 1. 质量问题

钢板上的孔洞未按设计要求进行施工，导致钻孔本身的精度达不到设计要求，孔距与图纸上的标注不符，有的甚至出现废品。

### 2. 原因分析

钢构件上的高强度螺栓、普通螺栓、钢筋穿孔、铆钉孔等的加工，可以采用钻孔、铣孔、铰孔、冲孔、火焰切割等方法。对于不同的加工方法，均应掌握各种制作孔洞的要求和方法的特征。另外，制作孔洞时要根据合理的基准线（面）进行，否则就会使加工的孔洞达不到设计要求。

### 3. 防治措施

（1）钢构件上的孔可采用以下加工方法。

① 优先选用高精数控钻床进行钻孔。

② 孔很少时，个别的孔或孔群可采用划线钻孔。

③ 同类孔群较多的钢构件或零件，可以采用制孔的模板进行加工。

④ 长圆孔可采用钻孔加火焰切割法或铣孔法加工，其切割面应经打磨至符合要求。

⑤ 当孔径大于 50mm，且没有配合要求时，可采用火焰进行切割，切割面的粗糙度不应大于 100$\mu$m，孔径的误差不大于±2mm。

⑥ 对于 Q 235 及以下的钢材，且厚度小于或等于 12mm 时，允许用冲孔法进行加工，但需要制定详尽的施工文件，并保证冲孔后，孔壁边缘的材质不会引起脆性变化。

（2）当用制孔洞模板加工时，应达到以下要求。

① 模板的孔精度应高于钢构件上孔样的精度要求。

② 制孔洞模板上要有精确的定位基准线。

③ 制孔洞时模板与构件应有精确定位和牢靠的锁定连接措施。

④模板上孔洞内壁应具有足够的硬度（可用精致的套筒配合套入），要求定期检查其磨损状况，并及时进行修正。

（3）构件在进行制孔洞时，要确定好合理的基准线（面）。

（4）制孔洞后还需要进行组装焊接的构件，应考虑焊缝收缩变形对孔群位置的影响。

（5）严格按照制孔洞的要求，对孔的精度、孔壁表面粗糙度、孔径偏差等进行加工和检查验收。

## 九、钢构件在组装中出现错误

### 1. 质量问题

钢构件在组装中出现零部件错装，或零件组装出错。

### 2. 原因分析

（1）对于设计图纸和制作加工文件的要求，施工人员未弄明白就盲目进行操作，必然就容易在组装中出现零部件错装，或零件组装出错。

（2）对于钢构件的零部件未认真进行检验或检验不彻底，甚至出现漏检，结果造成零部件的质量有问题，却仍然进行组装。

（3）在进行装配画线时位置出现错误，或方向划错（如首尾或左右倒置）。

（4）在进行装配组装时位置出现错误，或方向装错（如首尾或左右倒置）。

（5）采用地样法的胎架，地面上的线画得不对，或“胎架”的刚度不够，构件压上去后产生的变形过大，或模板的高低不对，位置出现错误。

（6）采用焊接组装时，由于结构复杂，位置限制，无法一次组装成功，特别是结构内部的加强劲板和相应的零部件，有时需要装配1块焊接1块，检查合格1块，再装配和焊接第2块，这种“逐步倒退装焊法”必须严格按照顺利进行，否则后续的零部件将无法装焊。

### 3. 防治措施

（1）在进行钢构件组装前，具体操作人员应认真熟悉设计施工图纸和加工制作工艺文件，不要只凭以往的施工经验盲目进行操作。

（2）对于钢构件的零部件应认真进行检验，不得出现漏检；对于经检验不合格的零部件，不得用于钢构件的组装。

（3）钢构件的组装应在基础牢固且自身牢固，并且经检验合格的“胎架”或专用工装设备上进行。

（4）用于钢构件组装的“胎架”基准面，或专用的工装设备上，应标有明显的该构件的中心线（轴心线）、端面位置线和其他基准线、标高位置等。

（5）钢构件的隐蔽部位应在焊接、涂装前检查合格，方可进行封闭。

（6）定位焊接应当由持相应合格焊接证书的人员进行，以保证这些部位的焊接质量。

（7）钢构件或部件的端面在加工前，应焊接项目完成并矫正结束，经专职检查人员检查合格后方可进行端铣，以确保施工工艺要求的长度、宽度或高度。

（8）为了确保钢构件的加工精度，首先必须确保零部件的加工精度，最后才能确保整个工程的质量。

## 十、焊接H型钢构件组装质量差

### 1. 质量问题

H型钢上、下翼缘板角出现变形；H型钢弯曲、不平直、扭曲。

### 2. 原因分析

（1）H型钢上、下翼缘板与腹板焊接引起翼缘板角出现变形。

（2）腹板装配时不平直，板面产生弯曲，与上、下翼缘板角连接处边缘不平直。

（3）焊接工艺程序不正确。

### 3. 防治措施

（1）在进行钢板下料前，应先用七辊、九辊矫平机进行整平，达到在每$1m^2$范围内不平度小于1mm的要求。

（2）零件进行下料时应采用精密切割；切割好后再送去进行二次矫平，然后才可组装。

（3）上、下翼缘板与腹板均应采用数控直条切割机进行切割，切割时应注意留焊接收缩余量、加工余量、切割余量等；切割后，对切割的边缘均应修磨干净和合格。

（4）腹板下料后，对腹板上、下两个端侧面（与翼缘角连接处）进行刨切加工，包括坡口，以保证平直度（与翼缘板可紧贴）和H型钢的高度。

（5）上、下翼缘板，按施工工艺根据不同板厚、不同焊接方法，用油压机压焊接反变形，并用精确的铁皮样板检验其反变形角度。

(6) 在H型钢组立机上进行组立，并进行定位焊，为防止角度变形，在后矫平的一边可设置斜撑。

(7) 在船形的胎架上用埋弧自动焊机进行焊接，其焊接顺序可以根据作用而有所不同，并辅以适当翻身焊接，以减少变形。焊后用超声波进行检测，对于超过一定厚度的钢板焊接时，应按照工艺要求进行预热，预热的温度由板厚而定，一般可用远红外加热器贴在翼缘板外进行预热。

(8) 在H型钢矫正机上、下翼缘板的角变形矫正，以及弯曲、挠度及腹板平直度矫正，并可用局部火工矫正。

(9) 以上面的一端为标准，画H型钢腹板两侧的加劲板、连接板的位置线并进行装焊；注意在同一横截面两侧加劲板的中心线应对好，误差应在控制范围之内；焊接时可以对称进行施焊，以减少变形；焊后应再进行火工局部矫正。

(10) 以上面的标准为基准，画出另一端长度余量线及相应的螺栓孔位置，切割去余量，并在数控钻床上进行钻孔。

(11) 经过检查验收合格后，按照设计要求进行喷砂、油漆并检测。

## 十一、焊接箱形构件组装质量差

### 1. 质量问题

焊接的箱形构件弯曲、不平直，甚至有扭曲现象；装焊的程序不当，其内隔板可能无法进行装焊。

### 2. 原因分析

(1) 箱形构件的零件板（上下翼缘板，两侧板等）在下料前后未进行矫平，在装配时不平直，从而出现弯曲、不平直，甚至有扭曲现象。

(2) 具体进行焊接的施工人员对焊接箱形构件不熟悉，采用的焊接工艺程序及焊接参数不当，造成内隔板可能无法进行装焊。

### 3. 防治措施

(1) 在进行钢板下料前，应将钢板先送至七辊、九辊矫平机上进行矫平，要求$1m^2$范围内的不平度小于1mm，零件下料切割好后，再次要送至七辊、九辊矫平机上进行矫平后才能组装。

(2) 零件下料应采用精密切割，规则直条零件，如上、下翼缘板和两侧的腹板，应采用数控直条机进行切割下料；非规则零件应采用数控切割机切割下料（包括数控等离子切割机）。

(3) 在进行钢材下料时，均应考虑零件将来参与组装时的各种预留余量（如焊接收缩余量、加工余量、切割余量、火工矫正余量和安装余量等）进行下料后，对切割边缘应修磨干净，使其符合设计的要求。

(4) 两侧腹板切割下料后，宜刨切上、下两个端侧面，包括坡口，以保证其平直度。然后在上、下两个端侧面坡口处装焊好焊接衬垫板，衬垫板应先矫平直，装配时应保证此两块衬垫板至腹板高度中心线的距离相等，且等于箱形构件高度和上、下翼缘厚度之和的一半，以确保箱形构件的总高，且保证能贴紧上、下翼缘板以及两侧焊缝坡口间隙相等。

(5) 对内隔板及箱体两端的工艺隔板，宜按工艺要求进行切割坡口（精密切割或机加工），对于隔板电焊处的夹板垫板，应由机械加工而成，然后在专用隔板组装平台上用夹具按要求装焊好，以控制箱体两端截面和保证电焊的操作。

(6) 在箱形构件组立机上组装，应按照以下几个方面进行施工。

① 施工工艺流程为：吊底板线→底板上画线→吊装内隔板（包括箱体两端的工艺隔板），定位→吊装两侧板→定位→组装U形箱体。

② 将组装好的U形箱体吊至焊接平台上，进行横隔板、工艺隔板与腹板和下翼缘板间的焊接，对工艺隔板只需进行三角焊缝“围焊”即可；对于横隔板与两块腹板的焊透角焊缝，采用二氧化碳气体保护焊的方法进行对称焊接，板的厚度大于或等于36mm时，还应先进行预热；横隔板焊接时，若采用衬垫板，则单面焊透；若开双面坡口，一边焊后，另一面还应进行“清根”处理，焊后局部进行火工矫正，并进行全部UT探伤检查。

③ 然后将U形箱体吊到组立机上，吊装上盖板，用组立机上的液压油泵将盖板与两侧板、内隔板相互紧贴，并将两侧板与盖板定位和矫正。

④ 焊接上、下翼缘板和两侧腹板的4条纵缝，可用二氧化碳自动焊打底焊（焊缝高不超过焊缝深度的1/3），采用埋弧自动焊盖面；采用对称的施焊方法，可控制焊接引起的变形（包括扭曲变形），焊后再进行局部火工矫正。

⑤ 进行横隔板与盖板间的“电渣焊”，先画位置线，再进行钻孔，然后进行“电渣焊”，焊后将焊缝收口处修磨平整。

⑥ 检查并对箱体变形处（如直线度、局部平整度、侧弯等）进行局部火工矫正。

⑦ 采用端面铣床对箱体的上、下端面进行机加工，使端面与箱体中心线垂直，以保证箱体的长度尺寸，并给钻孔提供精确的基准面，可有效地保证钻孔的精度。

⑧ 箱体中心线及托座安装定位线，然后在专用组装平台上装焊托座。采用二氧化碳半自动焊对称焊接，严格控制托座的相对位置和垂直度（角度），以及高强度螺栓孔群与箱体中心线的距离。

⑨ 进行质量检查和涂装，存放待运。

## 十二、日字形钢构件组装的质量缺陷

### 1. 质量问题

典型的日字形钢构件出现弯曲、不平直、扭曲现象；装焊的程序不当，引起箱体内某些零部件无法进行装焊。

### 2. 原因分析

(1) 零件板（上、下翼缘板及3块腹板）下料前后未进行矫平，装配时不平直，从而出现弯曲、不平直、扭曲现象。

(2) 在进行装焊时，采用的焊接工艺程序及焊接规范（或工艺参数）不当。

### 3. 防治措施

(1) 在进行钢板下料前，应先送到七辊、九辊矫平机上去轧平整，特厚的钢板可采用油压机（如2000t油压机）压平整，零件下料后也要进行二次矫平。

(2) 零件下料宜采用精密切割，规则直条板应采用数控直条机进行切割下料；非规则零件板应采用数控切割机进行切割下料。

（3）在进行零件下料时，应按照施工工艺的要求施放各种预留余量；下料后，对切割边缘应修磨干净、合格。

（4）侧板切割下料后，宜刨切上、下两个端侧面，包括坡口，以保证其平直度和箱体高度。

（5）对于内隔板及工艺隔板，按照施工工艺要求进行精密切割，并在专用隔板组装平台上，用工夹具将电焊用的夹板垫板定位装焊好并进行质量验收。

（6）在组立上按下列方法进行组装。

① 将中间腹板与上、下翼缘板组装成 H 形，并且定位焊好（由于翼缘板较宽，为防止焊接时产生过大的角变形，应适当设置局部斜支撑），然后进行预热，在龙门埋弧焊机下进行焊接成 H 形，并进行矫正，特别是翼缘板的平直度。

② 装焊中间腹板两旁的内隔板（采用二氧化碳气体保护焊的方法进行三面围焊），焊后局部进行矫正。

③ 将两侧腹板先定位装好坡口处的衬垫板，要求平直并严格控制此两块衬垫板与腹板中心线的半宽距离，以确保“日字形”的高度及与翼板两板焊缝间隙宽度一致，然后将此两块外侧腹板定位焊于上、下翼缘板之间。

④ 进行箱体外 4 条纵缝的焊接：可用二氧化碳自动焊打底焊，采用埋弧自动焊盖面；采用对称的施焊方法，可控制焊接引起的变形。

⑤ 进行隔板的电焊，然后修磨平整；最后对箱体的直线度、平整度及旁弯等进行火焰矫正，并进行质量验收。

# 十三、目字形钢构件组装的质量缺陷

## 1. 质量问题

典型的目字形钢构件出现弯曲、不平直、扭曲现象；装焊的程序不当，引起箱体内某些零部件无法进行装焊。

## 2. 原因分析

（1）零件板（上、下翼缘板及 4 块腹板）下料前后未进行矫平，装配时不平直，从而出现弯曲、不平直、扭曲现象。

（2）在进行装焊时，采用的焊接工艺程序及焊接规范（或工艺参数）不当。

## 3. 防治措施

（1）在进行钢板下料前，应先送到七辊、九辊矫平机上去轧平整，特厚的钢板可采用油压机（如 2000t 油压机）压平整，零件下料后也要进行二次矫平。

（2）零件下料宜采用精密切割，规则直条板应采用数控直条机进行切割下料；非规则零件板应采用数控切割机进行切割下料。

（3）在进行零件下料时，应按照施工工艺的要求施放各种预留余量；下料后，对切割边缘应修磨干净、合格。

（4）4 块侧板的上、下端侧面，在切割下料后，宜进行刨切（包括坡口），以保证其平直度和箱体高度。

（5）对于内隔板及工艺隔板，按照施工工艺要求进行精密切割，并在专用隔板组装平台上，用工夹具将电焊用的夹板垫板定位装焊好并进行质量验收。

（6）在组立上按下列方法进行组装。

① 吊装两块中间腹板之间的内隔板，并与先定位的下翼缘板定位焊好。

② 吊装中间两块腹板。

③ 进行中间内隔板的三面围焊，焊后进行局部矫正。

④ 吊装上翼缘板，要求上盖板应与两块中间腹板贴紧定位焊好；并要求上盖板与中间内隔板贴紧，再进行上盖板与内隔板间的塞焊，检查并进行修磨。

⑤ 焊接上、下翼缘板与中间两块腹板的4条纵缝，用二氧化碳气体焊或埋弧焊施焊，焊后进行局部矫正。

⑥ 再定位焊好两侧的外腹板，并进行与上、下翼缘板及中间腹板处的三面围焊，焊后进行局部矫正。

⑦ 吊装两侧的外腹板，注意外腹板上下两端坡口处的平直度、焊缝衬垫板的平直度和到腹板中心线的半宽值，以确保目字形钢构件箱体的高度。

⑧ 进行外侧的4条纵缝的焊接：可用二氧化碳自动焊打底焊，采用埋弧自动焊盖面；采用对称的施焊方法，可控制焊接引起的变形。

（7）画线并装焊托座，检验合格进行涂装，存放待运。

## 十四、圆管形的钢构件组装质量缺陷

### 1. 质量问题

圆管形的钢构件弯曲、不圆度超差；对接口错边、接口不平顺；用压机压圆成型，造成钢板表面压痕明显，且压制应力过大，不能压制成整圆（成型圆度不对）。

### 2. 原因分析

产生以上质量缺陷的主要原因是零件下料切割未达到要求；压机压圆成型的效果不好。

### 3. 防治措施

（1）零件下料切割应符合设计要求，一般应采用精密切割，以确保外形正确和尺寸准确。

（2）筒体板两端用压机（压模）进行压头，并用内圆样板检验其成型圆度，然后割除余量开好纵缝坡口。

（3）送三星卷圆机进行卷制全圆；卷成的筒体装配时要保证纵缝接口平顺。

（4）筒体的内外纵缝均可采用埋弧自动焊接，一般是先焊接内纵缝，然后外侧“清根”进行外纵缝的焊接。

（5）再送卷圆机进行回轧，以便矫正筒体的圆度。

（6）组装内部隔板，可在滚轮胎架上进行施焊，如果没有滚轮胎架，可将筒体置于胎架上，用二氧化碳气体保护焊焊好一部分后，旋转筒体，再进行另一部分的焊接，直至焊完。

（7）进行筒体节间的对接，即进行横向缝的焊接；然后对筒体上、下端面进行端铣。

（8）画线并装焊托座，确保与筒体的垂直度（或角度）及相对位置。

## 十五、特殊巨型柱组装的质量缺陷

### 1. 质量问题

特殊巨型柱组装中出现的质量缺陷主要是弯曲、不平直。

### 2. 原因分析

（1）零件下料前、后未对钢板进行矫平，装配时不平直，出现明显的弯曲。

（2）采用的焊接工艺程序不当，造成内部有些零件无法进行装焊；采用的焊接工艺参数或规范不当，造成焊缝质量差、内应力过大、变形大等问题。

### 3. 防治措施

（1）在进行钢板下料前，应先送到七辊、九辊矫平机上去轧平整，达到 $1m^2$ 范围内小于1mm的不平度；若钢板过厚，可采用油压机（如2000t油压机）压平整。

（2）零件下料切割应符合设计要求，一般应采用精密切割，切割后对切割的边缘应打磨干净。

（3）3根H型钢，先按H型钢成型、焊接、矫正和验收待用。

（4）将截面分成两部分，分别进行装焊、矫正和验收，在胎架上预组装在一起，并进行端铣，然后再在胎架上进行合龙，画线装焊托座、栓钉，分段之间连接板安装、检测，分别存放和编号。

（5）由于构件过大和过重，无法整体装焊后发运，因此要分成两部分，在场内制作时，可将此两部分先拼装在一起，待装好托座后再拆开，相当于应在场内进行预拼装，否则运到现场吊装时误差过大，甚至无法进行吊装。

（6）在每个流程后，均应进行检查及火焰矫正。

## 十六、漆膜附着不好或脱落

### 1. 质量问题

钢构件上的漆膜附着不好或脱落。

### 2. 原因分析

钢构件基底有水、油污、尘土、返锈；涂刷油漆时的温度过低；所采用的涂料之间不相匹配。

### 3. 防治措施

（1）钢构件喷涂的施工现场温度必须在+5℃以上，温度露点差3℃以上，周围相对湿度低于85%时方可涂布。

（2）钢构件在除锈完成后，必须在6h内喷涂底漆，以保证不返锈。

（3）钢构件喷涂的施工现场应清洁，不得在构件表面存留污物或油污，有油污处应用稀料或汽油清洗干净。

(4) 钢构件喷涂所用的各层涂料，必须配伍合适，对于质量要求较高的钢构件，必要时应进行工艺试验。

(5) 在露天施工现场进行喷涂时，刮风扬尘的天气应停止作业。

(6) 需要进行补漆时，必须用砂纸或砂子打磨脱落部位，使其露出金属表面，然后按正式涂布的施工程序，从底漆、中间漆、面漆，逐层干燥后进行涂布，达到同样的漆膜厚度。

# 第三节　钢结构安装质量问题与防治

## 一、预埋钢板与钢柱连接构造不当

### 1. 质量问题

钢柱与预埋钢板的焊缝贴近基础面或地面，从而使操作工人没有操作的空间，无法看到焊缝根部与靠近根部的位置，无法进行熔透焊接，不能保证钢结构的焊接质量。

### 2. 原因分析

结构设计、深化设计与现场施工脱节，设计时没有考虑现场施工的可操作性，看似非常容易处理的节点给现场施工造成了很大的困难。

### 3. 防治措施

(1) 根据施工现场不同的工况，采用不同的钢柱与预埋钢板连接方式。

(2) 没有必要进行熔透焊接的可以采用贴脚焊缝，并设置竖向的加劲肋进行加强。

(3) 有条件的宜采用地脚锚栓的方式进行钢柱与基础连接。

(4) 如有必须采用熔透焊接的，宜采用预埋钢板带一段钢柱进行预埋，将钢柱与预埋板的焊缝在工厂进行处理，以保证焊接的质量，现场则需要严格控制预埋段的定位轴线与垂直度，如此可按多节柱的施工工艺进行施工，以保证施工质量。

## 二、钢柱柱脚标高、纵横轴线的定位误差超过允许值

### 1. 质量问题

钢柱与混凝土基础的连接，钢柱柱脚标高调整不在同一标高，纵横轴线出现整体偏移或单向偏移，与定位的纵横轴线产生扭转偏移。

### 2. 原因分析

(1) 钢柱与地脚螺栓连接　地脚螺栓预埋时出现偏位；轴线与标高调整措施不当；钢柱柱脚标高调整措施不当。

(2) 钢柱与杯口基础连接　杯口底部的标高测量误差大，且无标高调整的措施；工序安排不合理。

### 3. 防治措施

（1）钢柱与地脚螺栓的连接　纵横轴线的精度控制可根据实际情况，适当扩大柱脚螺栓孔的直径，从而增大柱身水平位移的调整空间，便于调整钢柱柱脚的位置；也可以采用钢柱柱脚板后组装焊接，即将现场预埋锚栓的实际相对位置实测后反馈给加工厂，工厂根据现场实际情况进行柱脚螺栓孔的预制。

（2）钢柱与杯口基础的连接

① 杯口底部整行抄平整后，在钢柱桩身应设置调整标高工装，一般可采用附加托座并用千斤顶调整标高，在标高与轴线调整好后，打入铁楔子，拉好缆风绳。

② 钢柱临时固定稳固后，不宜先安装联系钢梁或其他与钢柱连接的构件，宜先进行杯口灌浆，一般做法是先灌入1/3或1/2高度的混凝土，待混凝土的强度达到设计强度的70%以上后，撤出铁楔子，再浇筑剩余的混凝土，同时可安装钢梁等构件。

## 三、地脚螺栓预埋出现轴线偏移和螺栓倾斜

### 1. 质量问题

地脚螺栓在预埋的过程中，出现轴线偏移和螺栓倾斜等质量缺陷，不符合设计要求，影响整个钢结构工程的组装。

### 2. 原因分析

（1）在埋设地脚螺栓（组）时，未采用固定措施保证地脚螺栓（组）中螺栓与螺栓之间的间距与对角线的尺寸。

（2）地脚螺栓（组）在混凝土的浇筑过程中，没有进行监控与实时调整，从而造成地脚螺栓（组）随着混凝土的浇筑和振捣发生偏移。

### 3. 防治措施

（1）在安放地脚螺栓（组）前，应采用固定法兰或模具，将地脚螺栓（组）相互固定成为一个整体，保证螺栓之间的间距尺寸符合设计要求。在进行安装时，应设置固定支架，将地脚螺栓（组）群安装在支架上（尤其是大型的螺栓组群），调整好轴线与标高后，支架与法兰焊接牢固形成整体，并与支撑或钢筋网连接牢固。

（2）在进行混凝土浇筑的过程中，应用经纬仪和水准仪对其进行实时监控，当出现位移超标时，应采用相应的强制措施使其复位，并在混凝土达到初凝前再次进行校核。

## 四、柱子安装不平、扭转、不垂直

### 1. 质量问题

柱子安装后发现柱顶不平，上柱扭转，柱子本身不垂直等质量问题。这些质量缺陷不仅影响柱子的外观美，而且也会改变柱子的受力状况。

### 2. 原因分析

（1）柱子顶部不平的原因主要是制作焊接变形，进行测量时有误差，安装柱子过程中的累积误差，柱与柱焊接时焊缝收缩及柱子自重压缩变形等所致。

（2）上部柱子发生扭转是由于制作焊接变形，运输过程碰撞及堆放时相互叠压形成扭曲，安装过程中的累积误差等原因。

（3）柱子本身不垂直除因焊接变形及阳光照射影响外，还因工厂加工变形，柱子安装垂直偏差较大，钢梁长或短和测量放线精度不高，控制点布设误差，控制点投点误差，细部放线误差，外部条件影响，仪器对中和后视误差，摆尺的误差，读数的误差等原因造成。

（4）柱子在一定风力的作用下，也会产生柱顶不平，上柱扭转，柱子本身不垂直。

（5）塔吊锚固在结构上，对结构及柱子的垂直度都有一定的影响。

### 3. 防治措施

（1）柱子顶部不平采用相对标高控制法，找出本层的最高、最低差值，确定安装标高（与相对标高控制值相差 5mm 为宜）。主要做法是在连接“耳板”上、下留 15～20mm 的间隙，柱吊装就位后临时固定上下连接板，利用起重机起落调节柱间隙，符合标定标高后打入钢楔，并点焊固定，然后拧紧高强螺栓。为了防止焊接收缩及柱子自重压缩变形，标高的偏差调整为＋5mm 为宜。

（2）钢柱扭转调整可在柱子连接“耳板”的不同侧面夹入垫板（垫板的厚度 0.5～1.0mm），拧紧高强螺栓，钢柱扭转每次调整 3mm。

（3）垂直度偏差的调整：钢柱垂直度偏差的调整可按下列方法进行。

① 钢柱安装过程采取在钢柱偏斜方向的一侧打入钢楔或顶升千个顶，如果连接板的高强度螺栓孔间隙有限，可以采取扩孔的办法，或预先将连接板孔洞制作比螺栓大 4mm，将柱子尽量校正到零值，拧紧连接“耳板”高强度螺栓。

② 钢梁的安装过程直接影响柱子的垂直偏差，首先应掌握钢梁长或短的数据，并用两台经纬仪进行监控，其中 1 台经纬仪跟踪校正柱子垂直偏差及梁水平度控制，梁的安装过程可采用在梁柱间隙当中加铁楔进行校正柱子，柱子垂直度要考虑梁进行焊接时的收缩值，一般为 1～2mm（根据经验预留数值的大小），梁的水平度控制在 $L/1000$（$L$ 为梁的跨度）内，且不大于 10mm，如果水平偏差过大，可采取更换连接板或重新打孔的办法解决。

③ 钢梁的焊接顺序是先从中间跨开始，对称地向两端进行扩展，同一跨钢梁，先安装上层梁，再安装中层和下层梁，把累积偏差减小到最小值。

（4）如果塔吊固定在钢结构上，测量工作应在塔吊工作前进行，以防止塔吊工作使钢结构产生晃动，影响测量的精度。

## 五、倾斜钢结构安装偏差超出允许值

### 1. 质量问题

带有一定倾角的钢柱进行安装时，其角度与轴线定位偏差超出设计或规范的允许值。

### 2. 原因分析

钢柱与基础或下层柱子连接节点的临时固定措施不够；进行测量的方法不正确；钢柱的调

整措施不当。

### 3. 防治措施

（1）计算钢柱临时连接节点的强度，确保临时固定后的钢柱不发生位移。

（2）在进行钢柱安装时，可以采用逆安装方法，即先安装钢柱与其他的结构联系梁，采用临时支撑固定，在安装钢柱时，可以同时固定柱子与柱子接头、梁与柱子接头，以方便钢柱的临时固定。

（3）在进行调整的阶段，宜采用铁楔及千斤顶进行倾角与轴线的定位调整。

（4）测量定位，可以采用全站仪进行观测，但柱子上的观测点不宜少于 2 个；也可以采用平面加标高和钢柱柱身两点测距进行校正。具体做法如下。

① 先将柱身对地面或楼面的投影线投放在地面或楼面上，计算机放样出柱身下表面任意两点对投影的垂直距离，并在柱身上弹出中心定位线。

② 在进行校正时，观测柱身中心定位线与投影线是否重合。

③ 然后测定任意两点对投影的垂直距离尺寸与计算机放样尺寸是否一致，即可完成校核。如倾角是向建筑外侧的，可以改为计算机放样处柱身任意两点对已完成竖向结构的水平距离即可。

## 六、箱形钢柱内灌混凝土后变形

### 1. 质量问题

内部灌注混凝土的箱形钢柱，在浇筑混凝土的过程中，箱形的柱身出现“鼓肚”或角部焊缝开裂现象，不仅影响柱子的美观，而且影响柱子与其他部件的组装。

### 2. 原因分析

（1）箱形钢柱四角的组装焊缝强度未达到设计要求，在混凝土的自重和侧压力作用下，使焊缝出现开裂。

（2）在进行混凝土浇筑的过程中，未按照设计要求的浇筑厚度进行施工，由于一次浇筑混凝土的量过大，从而使柱身侧壁的压强过大，造成箱形的柱身出现“鼓肚”。

（3）箱形柱身内部的隔板开孔不合理，造成混凝土流动阻塞，对柱身产生过大的压强，从而使箱形的柱身出现“鼓肚”或角部焊缝开裂现象。

### 3. 防治措施

（1）在箱形钢柱进行制作时，应严格控制其焊接质量。箱形截面四个角部的焊缝，如设计中提出半熔透的要求，加工厂宜抽检焊缝的熔深。

（2）为了保证混凝土在浇筑过程中的流动性，在箱形构件内部隔板中间位置均应设置开孔，开孔的大小一般不应小于 250mm，同时在 4 个角部和隔板周边布置直径不小于 50mm 的孔洞，随柱身界面的增加，开孔直径应随之加大。

（3）箱形钢柱内灌注混凝土一般有两种方法，即高抛法和反顶法，无论采用何种方法，在施工前宜对一次浇筑的混凝土体量进行相关的计算，在施工过程中也可采用临时工装（夹具）对柱身进行临时加强约束，在混凝土凝固后拆除。

## 七、箱形柱和焊接钢管柱纵向缝开裂

### 1. 质量问题

箱形柱和焊接钢管柱冬季纵向焊缝出现开裂，造成结构安全隐患。

### 2. 原因分析

(1) 在楼层板混凝土进行洒水养护时，洒水器龙头未关闭，并直接挂在了钢柱上，导致钢柱内注水，在冬季低温时柱内的存水开始冻结，冰胀应力将钢柱胀裂。

(2) 钢柱在安装的过程中，正好遇到大雨天气，施工者也没有将柱头封闭，导致柱内灌水，在冬季低温时柱内的水出现冻结，将钢柱胀裂。

### 3. 防治措施

(1) 在进行楼层板混凝土洒水养护时，对钢柱结构应挂牌警示，并对具体施工人员进行交底，防止钢柱内注水。

(2) 在进行施工时，应做好柱头临时封闭措施，在施工后或降水前对柱顶做好临时封闭，一般可采用多层板、镀锌薄板进行封闭，并与钢柱做好临时固定，防止大风将其吹落。

(3) 在进行箱形柱和焊接钢管柱的深化设计时，应在钢柱的桩脚板部位设置排水孔，以便将注入柱内的水排出。

(4) 一旦发现柱身内有注水现象，可以在柱底板进行钻孔，放出柱内的积水，并用火焰对钢柱进行适当烘烤，使其内部的水分蒸发，有条件的可以进入钢柱内除水。

## 八、钢桁架安装侧向失稳

### 1. 质量问题

钢桁架是指用钢材制造的桁架，工业与民用建筑的屋盖结构吊车梁、桥梁和水工闸门等，常用钢桁架作为主要承重构件。在施工过程中，中、大跨度的单片钢桁架在起吊或就位解除吊索后，构件很容易发生侧向失稳。

### 2. 原因分析

(1) 中、大跨度的单片钢桁架由于跨度比较大，其侧向刚度比较差，如果施工中不认真对待，构件很容易发生侧向失稳。

(2) 在结构设计中仅考虑了钢桁架或钢梁结构体系的整体稳定性，未考虑施工过程中的工况，在深化设计中也忽略了钢桁架或钢梁的稳定性计算。

(3) 在进行钢桁架或钢梁结构的吊装施工中，对吊点的选择和布置不合理。

### 3. 防治措施

(1) 在制定钢桁架或钢梁结构的吊装方案时，应进行钢桁架或钢梁结构吊装工况的分析，计算钢桁架或钢梁在自重条件下的侧向稳定性，可以给其附加一个初始变形量计算，根据计算结果来确定吊装方案和措施。

（2）在进行钢桁架或钢梁结构的吊装前，可采用在构件的两侧布置加强钢梁或小桁架，以此增强构件的整体刚度。

（3）钢桁架或钢梁结构就位后，应采取临时固定措施，宜采用缆风绳或临时撑杆与其相邻的结构进行临时稳固连接，在两榀以上的钢桁架或钢梁结构通过水平连接构件形成稳定体系后，方可拆除临时稳定措施。

（4）梁板共同作用形成稳定体系的结构，应在钢桁架或钢梁之间布置临时稳定措施，在板（压型钢板）混凝土浇筑且强度达到设计要求后，方可拆除临时稳定措施。

（5）吊耳的布置应经过安全计算，对于多点吊装，宜采用吊装工装（铁扁担），增大吊装钢丝绳与构件的水平夹角，夹角宜大于45°，以减少吊装过程对构件产生的水平分力。

## 九、桁架安装后“跨中”间距不正确

### 1. 质量问题

钢桁架或钢梁结构安装后，桁架之间的“跨中”间距不正确，从而造成次桁架无法安装。

### 2. 原因分析

（1）在进行钢桁架或钢梁安装前，未对桁架支座处的轴线进行复测与调整，从而导致钢桁架或钢梁就位偏差较大。

（2）钢桁架或钢梁就位后，没有及时采取临时固定措施，从而导致钢桁架或钢梁“跨中”出现侧向位移。

（3）钢桁架或钢梁组装的精度不能满足设计要求。

### 3. 防治措施

（1）钢桁架或钢梁组装时应复测其直线度，腹杆与弦杆应按照设计要求进行对中，出现侧弯情况应及时加以纠正；对于分段安装的桁架，在对接处的焊接作业，应采取相应的强制反变形工装和焊接顺序。

（2）对钢桁架或钢梁支座位置的预埋件轴线应进行复验，出现偏差应及时进行纠正。

（3）在钢桁架或钢梁就位后，应及时采取临时固定措施，保证钢桁架或钢梁的侧向稳定；分段安装的钢桁架或钢梁在空中组装后，应复测其直线度和标高等指标。

（4）对于已经出现“跨中”偏差的，可以采用工装（例如丝杠或拉杆等）进行适度的纠偏调整，使其满足设计要求。

## 十、高空散装标高出现误差

### 1. 质量问题

钢网格结构采用小拼单元或杆件直接在设计位置进行拼装的高空散装方法时，产生钢网格结构标高偏低现象。

### 2. 原因分析

（1）钢网格结构采用全支架法安装时，由于支架的刚度差，即支架本身弹性压缩产生的压缩变形，以及地基产生沉降，造成钢网格结构标高偏低现象。

（2）钢网格结构采用悬挑法安装时，整个结构在拼装的过程中，一直处于悬挑的位置，由于小拼单元本身不能承受自重，使钢网格结构的前端下挠。

### 3. 防治措施

（1）采用控制屋脊线标高的方法进行拼装，一般从中间向两侧发展，以减小累积偏差，便于控制标高，使误差大部分消除在边缘上。

（2）拼装支架应进行设计，对重要的大型工程应进行工况分析计算，得出结论后处理，必要时还应进行试压，使其具有足够的强度和刚度，并满足整体稳定的要求。

（3）钢网格结构采用悬挑法安装时，由于钢网格结构单元不能承受自重，通过计算对钢网格结构进行加固，确保钢网格结构在拼装过程中的稳定。支架承受荷载产生沉降，应采用千斤顶随时进行调整，当调整无效时，应和有关技术人员共同协商解决，以免影响拼装精度。

## 十一、整体安装空中移位出现平面扭曲

### 1. 质量问题

钢网格结构在地面进行组装后，由于受柱子的限制，整个安装时需要在空中移位，因平面受扭曲变形而产生破坏，有的甚至出现工程事故。

### 2. 原因分析

（1）在进行钢网格结构安装设计时，没有考虑钢网格结构整体安装所需要的刚度，因刚度不足而出现空中平面扭曲。

（2）在进行钢网格结构安装时，提升高差超过允许值；同时多扒杆或多机提升的速度不同步，也会使其平面受扭曲变形而产生破坏。

（3）钢网格结构在空中移位的运动方向，要受到多机布置和扒杆起重滑轮组布置的影响，一旦掌握不好，就会使其平面受扭曲变形而产生破坏。

（4）缆风绳的布置及受力不合理，或者扒杆顶部偏斜超过允许值，都可能会造成钢网格结构平面受扭曲变形而产生破坏。

### 3. 防治措施

（1）在进行钢网格结构安装前，应按实际情况进行工况分析计算，根据结论制定出最佳的施工方案。

（2）在进行钢网格结构安装时，要严格控制钢网格结构的提升高差，根据有关规定，提升高差允许值可取吊点间距的1/400，且不大于100mm，或者通过验算确定。

（3）钢网格结构采用扒杆进行安装时，应使卷扬机型号、钢丝绳型号以及提升速度相匹配，并且使吊装点的钢丝绳相同，以达到吊点间的杆件受力一致。采取多机抬吊安装时，应使起重机型号、提升速度相同，吊装点的钢丝绳相同，以达到杆件受力一致。

（4）合理布置起重机械及扒杆，根据工程实践经验，起重“折减系数”可取0.75。

（5）起重机械中的缆风绳“地锚”必须经过计算，缆风绳拉应力控制为60%，施工过程中应设专人进行检查。

（6）在进行钢网格结构安装过程中，扒杆顶端偏斜不得超过扒杆高的1/1000，且不大于30mm。

## 十二、钢网格结构整体顶升位移大

### 1. 质量问题

当钢网格结构采用整体顶升的安装方法时，钢网格结构轴线与定位轴线产生偏移，如果偏移过大无法进行纠正，会导致工程报废。

### 2. 原因分析

（1）在顶升的过程中，由于顶升不同步，使杆件的内力和柱顶的压力发生变化，从而使钢网格结构轴线与定位轴线产生偏移。

（2）在进行钢网格结构和柱子的设计中，没有考虑到要满足刚度的要求，造成钢网格结构和柱子的刚度较差，在整体顶升的安装施工中产生较大变形。

（3）在进行钢网格结构整体顶升的安装过程中，由于顶升点布置距离不合理，造成杆件受力不均匀，必然也造成变形不一致。

（4）布置的顶升点超过允许高差值，杆件和千斤顶的受力不均匀，也会造成钢网格结构轴线与定位轴线产生偏移。

（5）千斤顶的合力对柱子轴线产生位移；或者钢网格结构支座中心对柱子轴线产生位移；或者支撑结构没有设置导轨等，均会造成钢网格结构轴线与定位轴线产生偏移。

### 3. 防治措施

（1）根据钢网格结构吊装工程特点，进行多种工况的分析计算，从中确定科学的施工方案，并对关键点进行检测与对比，研究对策与处理方案。

（2）为便于准确掌握钢网格结构的顶升速度，施工中其同步值可按照千斤顶的行程而定，并设专人指挥顶升的速度。

（3）顶升点处的钢网格结构可做成上支承点或下支承点的形式，并且应具有足够的刚度，为增加柱子的刚度，可在双肢柱间增加缀条。

（4）顶升点的布置距离，应当通过计算确定，避免杆件受压失稳，而造成钢网格结构轴线与定位轴线产生偏移。

（5）在进行钢网格结构的顶升时，各顶点的允许高差值应满足以下要求：①相邻两个顶升支承结构间距的1/1000范围内，且不大于30mm；在一个顶升支承结构上，有两个或两个以上千斤顶时，为千斤顶间距的1/200，且不大于10mm。

（6）千斤顶与柱子轴线位移允许值为5mm，千斤顶应保持垂直状态，不允许出现偏斜。

（7）钢网格结构在顶升前及顶升过程中，钢网格结构支座中心对柱子轴线的水平偏移值，不得大于截面短边尺寸的1/50及柱子高度的1/500。

（8）支撑结构如柱子的刚度较大，可以不设置导轨；如支撑结构的刚度较小，必须加设导轨，才能避免钢网格结构轴线与定位轴线产生偏移。

（9）如果钢网格结构轴线与定位轴线产生偏移时，可把千斤顶用楔片垫斜，或者人为造成反向升差，或者将千斤顶平放，以水平方向支顶钢网格结构。

# 十三、整体提升柱子的稳定性差

## 1. 质量问题

钢网格结构整体提升时，由于柱子的稳定性较差，很容易造成柱子受力失稳，严重的甚至造成安全事故。

## 2. 原因分析

（1）单提钢网格结构法需要在柱顶设置提升设备，爬升法需要在被提升的钢网格结构上设置提升设备；“升梁抬网法”和“升网滑模法”，都对承重柱子或支架产生很大压力。

（2）提升设备的布置与位置安排不合格，尤其表现在受力很不均匀方面，这样就容易造成柱子的稳定性较差。

（3）在进行钢网格结构整体提升时，由于各个吊点提升不同步，升差值超过允许值，很容易造成柱子受力失稳。

（4）提升设备偏心受压，产生较大的偏心距，从而使提升设备的稳定性较差，必然很容易造成柱子受力失稳。

（5）钢网格结构在提升过程中或达到设计标高时，由于出现一定的水平位移，需采取措施进行纠正，所施加的荷载对柱子的稳定产生影响。

（6）在钢网格结构在提升过程中，对柱子采取的稳定措施不当，也会影响柱子的稳定。

## 3. 防治措施

（1）根据不同的结构提升方案，进行各种工况的分析计算，并对关键点进行监测对比，发现问题及时处理。

（2）钢网格结构提升吊点需通过计算确定，尽量与设计受力情况相接近，避免受弯曲杆件失稳；每个提升设备所受荷载尽量达到平衡，提升负荷的能力；采用多个提升机作业时，应按额定负荷能力乘以“折减系数”。穿心式千斤顶的“折减系数”为 0.5～0.6，电动螺杆式升板机的“折减系数”为 0.7～0.8。

（3）不同步的升差值对于柱子的稳定有很大影响，现行规程中规定：当采用电动螺杆式升板机时，允许差值为相邻提升点距离的 1/400，且不大于 15mm；当采用穿心式千斤顶时，允许差值为相邻提升点距离的 1/250，且不大于 25mm。

（4）提升设备放在柱子顶部或放在被提升的重物上时，应尽量减少偏心距。

（5）在进行钢网格结构整体提升过程中，为防止因大风的影响造成柱子倾覆，可在钢网格结构四角拉上缆风绳，平时呈放松状态，当风力超过 5 级时应停止提升，拉紧缆风绳。

（6）当钢网格结构采用提升法施工时，下部结构应形成稳定的框架结构体系，即柱子之间设置水平支撑及垂直支撑，独立的柱子应根据提升受力情况进行验算。

（7）滑模的提升速度应与混凝土的强度发展相适应。

（8）钢网格结构不论是采用何种整体提升方法，柱子的稳定性都直接关系到施工安全，因此必须编制施工组织设计或施工方案，并与设计人员共同对柱子的稳定性进行验算。

# 十四、整体结构提升位置杆件局部变形

## 1. 质量问题

采取整体提升法的吊装结构，在提升点位置及相邻杆件发生弯曲变形，不仅严重影响结构的顺利吊装，而且还存在着安全隐患。

## 2. 原因分析

（1）提升点受力与设计最终受力不一致，同时也未采取相应的加固措施。

（2）根据实际工况，提升点位置有后嵌入的杆件，在进行工况计算时，未考虑缺少杆件的工况，对该部位没有采取加强措施。

（3）采取整体提升法的吊装结构，提升点布置不合理，导致杆件的应力过大，造成变形。

（4）采取整体提升法的吊装结构，提升托座发生较大变形，导致局部出现失稳。

## 3. 防治措施

（1）在进行提升前，需要对提升的各种工况进行模拟计算，杆件的应力与变形应在设计允许的范围内，计算工况与实际工况应一致，尤其是缺少杆件的工况，根据计算结果，采用临时拉杆、撑杆对提升部位的结构进行相应的加强，并且根据计算，确定提升点的数量。

（2）提升的下锚固点处可设置提升梁或提升托架等工装，避免在原结构进行过多的焊接和切割作业，在工装与结构接触的位置，应设置适当的肋板，保证结构受力的传递，同时工装与结构应设置防滑措施。

（3）提升托座是提升工作的主要受力部位，设计时应进行有限元分析，全面考虑其强度和稳定，必要时应增加水平支撑与垂直支撑。

# 十五、钢网格结构安装后支座焊缝出现裂纹

## 1. 质量问题

钢网格结构或桁架等空间结构，通过滑动支座或盆式支座与基础连接，在结构施工完成后达到设计受力状态时，支座或支座与基础埋板的焊缝出现裂缝。

## 2. 原因分析

采用的焊接工艺不合理；进行结构施工时，变形过大；在施工阶段支座限位没有在最适宜的时段打开。

## 3. 防治措施

（1）一般滑动支座与盆式支座材料采用铸铁件，在焊接前宜对此材料与预埋件进行焊接工艺的评定，确定各项焊接的工艺参数与措施，以保证焊缝质量的可靠性，避免焊缝的延迟裂纹和冷裂纹。

（2）在进行结构施工前，制定合理的拼装顺序与焊接顺序，尽量减少焊接应力与变形，根据施工经验，宜采用分仓跳跃焊接和间隔焊接。

（3）在结构的施工阶段，结构最终合龙焊接前及卸载前，宜打开（至少结构的一端）支座的限位或临时锁定措施，保证结构在此时不产生双向约束，使施工最终阶段结构施工产生的应力可以得到释放。

## 十六、大跨度结构采用滑移法，挠度值超过允许值

### 1. 质量问题

大跨度结构采用滑移法，在预先设置的滑轨上将分条的钢网格结构单元移动到设计位置时，钢网格结构实际挠度值超过设计值。

### 2. 原因分析

钢网格结构设计时未考虑施工工况，钢网格结构的高跨比较小，在拼接处由于钢网格结构的自重而下垂，使其挠度超过设计值。

### 3. 防治措施

（1）上滑移法（滑动结构）

① 对钢网格结构进行建模，对施工工况进行模拟计算，确定相应的施工方法及措施。

② 通过设计计算，适当增大钢网格结构杆件的断面，以增强钢网格结构的刚度。

③ 通过设计计算，在进行拼装时适当增加钢网格结构的起拱值，以避免产生过大下垂。

④ 大型钢网格结构安装时，中间应设置滑道，以减小钢网格结构的跨度，增强其刚度。

⑤ 在钢网格结构的拼接处，增加“反梁”或刚性支撑，或增设 3 层钢网格结构，以增强钢网格结构拼接部位的刚度。

⑥ 在滑移单元的下弦加设元宝形预应力钢绞线。

（2）下滑移法（滑动支撑）

① 要仔细地校核滑移单元结构的刚度，保证两个施工单元在进行合龙时的精度。

② 通过计算对支撑的架体与基础应适当加固与夯实。

③ 架体与滑道之间应设置滑靴，使用滚轮进行移动。

④ 其他防治措施可参见上滑移法。

（3）不等高滑移法

① 在底端的滑移轨道外侧加设挡墙，可利用原结构的竖向连续结构，也可用型钢制作临时挡墙。

② 在滑移支座处增设水平横向的导轮，用以抵消水平推力，并保证滑移的连续性。

## 十七、双层（单层）网壳局部出现失稳

### 1. 质量问题

双层（单层）网壳在安装的过程中，出现杆件弯曲现象。

### 2. 原因分析

（1）采用的设计理论不符合工程实际，网壳中的个别杆件刚度不满足要求，很容易出现杆

件弯曲现象。

（2）双层（单层）网壳结构采用悬挑法安装时，施工荷载对杆件受力发生较大的变化，如拉杆变为压杆。

（3）双层（单层）网壳结构采用整体安装时，由于吊点选择不合理，使杆件的受力发生变化，个别杆件由于受力过大而产生弯曲。

（4）双层（单层）网壳结构采用累积滑移法施工时，由于滑行不同步，局部杆件受扭曲而出现失稳。

（5）双层（单层）网壳结构采用全支架法安装时，支架本身的刚度不够，出现明显的下沉现象，造成个别杆件失稳。

### 3. 防治措施

（1）根据设计建模及施工工况计算分析，选择合理的施工方法与措施。

（2）双层（单层）网壳结构采用悬挑法安装时，对施工荷载、吊篮、安装人员、小扒杆及各圈开口刚度，都必须在安装前进行验算，以防止杆件产生失稳。

（3）双层（单层）网壳结构采用整体安装时，由于整体安装的吊点与设计的支点受力不同，所以必须经过验算来确定吊点的位置。

（4）双层（单层）网壳结构采用累积滑移法施工时，其中关键技术之一就是必须同步滑移，如果不同步，网壳结构将产生扭曲，内部杆件容易造成失稳；一般做法是滑移两侧设标尺进行控制。

（5）采用全支架法拼装或安装网壳结构，要保证支架本身刚度和地基有足够的承载力，以防止支架本身下沉造成杆件失稳。

（6）如果在安装中出现个别杆件失稳，应立即停止吊装工作，会同有关人员研究，查明杆件失稳的原因，制定出有效实施方案，方可继续施工。

## 十八、空间网壳结构采用外扩法安装，边缘杆件无法合龙

### 1. 质量问题

空间网壳结构采用外扩法安装，在边缘进行封闭时，杆件无法按照设计要求的尺寸合龙，外观形象达不到建筑设计要求。

### 2. 原因分析

（1）空间网壳结构采用外扩法安装时，由于承重支架的稳定性不够，从而造成结构的偏移或扭曲。

（2）空间网壳结构采用外扩法安装时，由于外扩单元的划分不合理，在外扩单元施工时产生的挠度较大，从而造成边缘杆件无法合龙。

（3）在空间网壳结构的施工过程中，布置的观测点过少，同时没有在外扩单元的施工中设置消差段。

（4）在进行空间网壳结构拼装时，采取的焊接工艺与焊接顺序不合理，导致焊接累积变形较大，从而造成边缘杆件无法合龙。

### 3. 防治措施

（1）对于空间网壳结构的施工工况进行全面计算分析，确定适宜施工方案的措施，包括临

时承重支架、外扩单元的划分等，对于计算挠度较大的应增加拉索的数量。

（2）在空间网壳结构的扩展单元上合理布置观测点，采用全站仪对结构进行施工观测。

（3）在外扩单元的施工中设置消差段，在必要的情况下，可以采用“量体裁衣”的办法进行杆件的加工。

（4）在进行焊接前，应制定好焊接专项方案，制定好合理的焊接顺序与焊接工艺，宜采用分仓跳跃焊接和间隔焊接，尽量减少焊接应力与变形。

## 十九、钢结构承重支架卸载，主体结构出现变形

### 1. 质量问题

采取临时承重支架进行钢结构的安装，钢结构施工完成在拆除承重支架时，钢结构变形过大，不符合设计要求。

### 2. 原因分析

（1）在进行钢结构安装时，未按照设计要求对钢结构进行起拱，在其自重和荷载的作用下，钢结构变形过大。

（2）采取临时承重支架进行钢结构的安装时，由于临时承重支架的刚度不够，在施工过程中临时承重支架变形过大，导致钢结构也随着产生较大变形。

（3）在钢结构施工完成在拆除承重支架时，由于采取的方法或顺序不当，造成钢结构变形不协调。

（4）钢结构安装完成后，由于存在着一些质量缺陷，导致在拆除承重支架时，钢结构发生严重变形。

### 3. 防治措施

（1）在进行钢结构安装前，施工单位应通过施工工况验算来确定承重支架，并要考虑到承重支架卸载工况。

（2）在进行钢结构安装前，施工单位应与设计单位、监理单位等，共同确定钢结构是否需要起拱，以及起拱数值的大小。

（3）通过对施工工况验算和分析，确定承重支架卸载顺序、分级和行程等工艺数据。

（4）在承重支架进行卸载前，应对钢结构进行预验收，保证钢结构安装的节点处理等达到设计要求。

（5）根据实际的工况选择适合的卸载方法，例如螺旋千斤顶同步卸载法、液压千斤顶同步卸载法、沙箱卸载法、切割卸载法等。

# 第四节　钢结构测量质量问题与防治

## 一、控制网闭合差超过允许值

### 1. 质量问题

地面平面控制网中测距超过 $L/25000$（$L$ 为测距），测角的误差大于 2″，竖向传递点与地

面控制网点不重合。

### 2. 原因分析

没有按照钢结构平面形状选择控制网定位方法；平面轴线控制点的竖向传递方法有误。

### 3. 防治措施

（1）控制网定位方法应根据钢结构平面而确定

① 矩形建筑物的定位，宜选用直角坐标法；任意形状建筑物的定位，宜选用极坐标法。

② 平面控制点距离测点较长，测量距离比较困难或不便于测量距离时，宜选用角度（方向）交汇法。

③ 平面控制点距离测点不超过所用钢尺的全长，且场地测量距离条件较好时，宜选用距离交汇法。

④ 当选用光电测距仪和全站仪进行定位时，宜选用极坐标法。

⑤ 当超高层钢结构大于或等于 400m 高度时，应附加 GPS 进行复核。

（2）根据钢结构的平面特点及测量经验选择控制网点。对于有地下室的建筑物，开始可采用外控法，即在槽边±0.00 处建立控制网点；当地下室达到±0.00 后，可以将外围网点引到内部，即采用内控法。

（3）无论是采用内控法还是外控法，必须将测量结果进行严密平差，计算点位坐标，按设计坐标进行修正，以达到控制网测距相对中误差小于 $L/25000$（$L$ 为测距），测角中误差小于 2″。

（4）基准点处预埋 100mm×100mm 钢板，必须用钢针划出十字线定点，线的宽度为 0.2mm，并在交点上打样冲点，钢板以外的混凝土面上放出十字延长线。

（5）竖向传递必须与地面的控制网点重合，其具体做法如下。

① 控制点竖向传递，可采用内控法，投点的仪器可选用全站仪、激光铅垂仪、光学铅垂仪等。

② 根据所用仪器的精度情况，可定出一次测得的高度，如用全站仪、激光铅垂仪、光学铅垂仪，在 100m 范围内竖向测量的精度较高；当高层采用附着塔吊、附着加外爬塔吊时，其竖向传递点宜在 80m 以内。

③ 定出基准控制点网，其全楼层面的投点，必须从基准控制点网中引投到所需楼层上，严禁使用下一楼层的定位轴线，以避免累计误差。

（6）如果在进行复测的过程中，发现地面控制网中测距超过 $L/25000$，测角中误差大于 2″，竖向传递点与地面控制网点不重合时，必须经测量专业人员找出原因，重新放线定出基准控制点网。

## 二、楼层轴线出现误差

### 1. 质量问题

在施工过程中经测量发现，楼层的纵横轴线超过允许值。

### 2. 原因分析

（1）现场环境、楼层高层与测设的方法不相适应。

（2）激光铅垂仪或弯管镜头经纬仪操作有误，或受外力的振动等影响，造成标准点发生偏移。

（3）在测量的过程中，受大风、雾天、阴天、阳光照射等天气的影响，从而使楼层的纵横轴线超过允许值。

（4）在进行测量放线前，具体操作人员对工作不认真，所使用的钢尺、激光仪、经纬仪、全站仪等未经计量单位检测，从而存在较大的测量误差。

（5）在施工的过程中，钢结构本身受外力振动作用，使标准点发生偏移，必然也会引起楼层的纵横轴线超过允许值。

### 3. 防治措施

（1）高层和超高层钢结构的测设，根据施工现场的情况可采用内部控制法和外部控制法。内部控制法适用于施工现场宽大，高度超过 100m；外部控制法适用于施工现场宽大，高度在 100m 以内。

（2）利用激光仪发射的激光标准点，应每次转动 90°、并在目标上测 4 个激光点，其相交点即为正确点，除标准点外的其他各点，可用方格网法或极坐标法进行复核。

（3）在进行钢结构的测量放线时，应当考虑塔吊、作业环境与施工气候的影响，特别应注意大风、雾天、阴天、阳光照射等天气的影响。

（4）所用的钢尺和测量仪器要统一，使用前应检查测量用昊是否经过计量单位检测，并要进行温度、拉力、挠度等方面的校正。

（5）在施工的过程中，应注意钢结构本身受外力振动作用对轴线的影响。对于结构自振周期一起的结构振动，可以取其平均值。

（6）在钢结构上测量放线应用合金钢划针，线的宽度为 0.2mm。

# 第五节　钢结构焊接质量问题与防治

## 一、钢结构构件的焊接变形与收缩

### 1. 质量问题

钢结构工程实践证明，在其制造安装的焊接过程中，会产生纵向或横向的收缩，角变形及弯扭等现象。

### 2. 原因分析

（1）在进行钢构件焊接时，构件会受到不均匀的局部加热和冷却，这是钢构件产生焊接变形和应力的主要原因。

（2）焊缝处的金属在焊接热循环的作用下会产生相变，金相组织的改变必然导致焊缝金属的体积变动，从而引起应力应变。

（3）不同的焊接接头形式，使熔池内熔化金属的散热条件有所差别，从而导致焊缝中处于不同位置的熔化金属，随着熔池冷却所产生的收缩量不同，最终导致钢构件应力和应变的产生。

（4）钢构件的刚性和钢构件焊前所经历的冷加工工艺等，对焊接应力、应变的产生和其量值的大小有较大的影响。

### 3. 预防措施

（1）根据钢结构工程的实际情况，合理安排焊缝布局和接头形式，例如尽量使焊缝对称分布，尽量减少焊缝的尺寸和数量。

（2）根据钢结构工程的实际情况，优先选用焊接能量密度高的焊接工艺和方法，例如埋弧焊或气体保护焊等。

（3）钢结构采用反变形或刚性固定方式进行组装；在焊接组装中要采用合理的焊接工艺参数，尽量减少热输入量。

（4）在焊接的施工过程中，采用合理的焊接顺序，尽可能采用对称位置焊接，对于长焊缝可采用分段退焊、跳焊等焊接工艺。

（5）在进行焊接的过程中，可采用强迫冷却的方法，以限制和缩小焊接受热面积，或采用锤击方法减少产生变形的应力。

（6）对于厚板大跨度或多层钢结构工程，为了消除收缩变形所产生的累积误差，可以根据试验结果或施工经验，采用补偿方法进行修正。

### 4. 治理方法

对于因焊接工艺和措施不当，已造成变形的钢构件，可采用机械或加热的方法对变形部位进行矫正。

（1）机械方法　机械方法对变形部位进行矫正，可以分为静力加压法、薄板焊缝滚压法和锤击法。

① 静力加压法　对钢构件的变形部位施以与其变形方向相反的作用力，使之产生塑性变形，以达到对其矫正的目的。

② 薄板焊缝滚压法　对产生变形的焊缝采用窄滚轮滚压焊缝及附近区域，使之产生沿着焊缝长度方向的塑性变形，以降低或消除焊接的变形。

③ 锤击法　采用机械或电磁锤击法使材料产生塑性延伸，补偿焊接所造成的收缩变形；与机械锤击法相比，电磁脉冲矫正法对构件施加的矫正力相对比较均匀，对其表面所造成的伤害较少，适用于导电系数较高的材料（如铜、铝等）。

（2）加热方法　加热方法对变形部位进行矫正，可以分为整体加热法和局部加热法。

① 整体加热法　预先将变形的部位用钢性夹具复原到设计形状后，再对整体构件进行均匀加热，以此达到消除焊接变形的目的。

② 局部加热法　多采用火焰对钢构件的局部进行加热，在高温下材料的热膨胀受到构件自身的刚性约束，产生局部的压缩变形，冷却后产生收缩，从而抵消焊后在该部位的伸长变形，达到矫正的目的。

当采用加热方法进行构件变形矫上时，应特别注意加热的温度，一般低碳钢或低合金钢的加热温度应为600～800℃，不能过低或过高，以防因金属过烧而产生氧化，导致其物理性能发生较大变化。

## 二、钢结构构件焊接产生裂纹

### 1. 质量问题

由于焊接工艺或选材不当，在钢结构构件焊接的焊缝或热影响区附近产生裂纹，不仅严重影响钢结构的外观质量，而且还存在着安全隐患，必须引起高度重视。

## 2. 原因分析

金属构件的焊接裂纹，按照产生的机理不同可分为五大类：热裂纹、再热裂纹、冷裂纹、层状撕裂裂纹和应力腐蚀裂纹，但在一般钢结构焊接工程中，常见的有热裂纹和冷裂纹两种。热裂纹也称为结晶裂纹，冷裂纹也称为延迟裂纹。

（1）热裂纹　热裂纹的基本特征是在焊缝的冷却过程中产生，温度比较高，通常在固相线附近，沿晶体开裂，裂纹断口有氧化色彩，多位于焊缝中沿纵轴方向分布，少量在热影响区。其产生的主要原因，是钢材或焊材中的硫、磷杂质与钢材形成多种脆、硬的低熔点共晶物，在焊缝的冷却过程中，最后凝固的低熔点物质处于受拉状态，非常容易出现开裂。

（2）冷裂纹　对于钢结构工程中常用的低碳钢、低合金钢和中合金钢，由焊接而产生的冷裂纹又称为延迟裂纹。这种裂纹通常在200℃至室温范围内产生，最明显的特征是具有延迟性，焊后几分钟至几天出现，往往沿晶体启裂，穿晶体扩展。大多数出现在焊缝热影响区焊趾、焊根、焊道下，少量发生于大厚度多层焊焊缝的上部。其产生的主要原因与钢材的选择、结构的设计、焊接材料的储存与应用，以及焊接工艺有密切的关系。

## 3. 预防措施

（1）热裂纹

① 对于一般钢结构工程常用的低碳钢或低合金钢，以及与钢材相匹配的焊接材料，要严格控制硫、磷的含量，特别是对那些为了提高低温冲击韧性，而在其中加入镍元素的钢材或焊材，对于硫、磷有害元素的控制应更加严格，以避免低熔点杂质的形成。

② 除采取以上预防措施外，还应采取以下预防措施：充分进行预热；控制线能量；控制焊缝的成型系数；减少熔合比，即减少母材对焊接金属的稀释率；降低拘束度。线能量的控制应以采用较小的焊接电流和焊接速度来实现，而不能采用提高焊接速度的方法；焊缝的成型系数是指焊缝的熔化宽度与熔化深度之比，在实际工程中应尽量避免形成熔化宽度较窄而熔化深度较大，即焊缝的成型系数过小的焊缝形状。

（2）冷裂纹

① 控制组织的硬化倾向　在进行设计选材时，应在保证材料综合性能的前提下，尽量选择碳当量较低的母材。当母材已经确定无法改变时，为限制组织的硬化程度，唯一的途径就是通过调整焊接工艺条件，控制 t8/5 和 t100，最终达到控制淬硬组织和热脆组织的目的。其方法主要有两种，首先是选择合适的线能量，以获得最佳的 t8/5 和 t100，以避免由于冷却速度过快产生马氏体组织，或冷却速度过慢而产生晶粒粗大的热脆组织。但在某些条件下，例如母材的碳当量较高或母材的厚度较大时，仅靠调整线能量不足以解决所有问题，则应通过增加预热措施达到降低焊接接头冷倾向的目的。当遇到新材料，或为追求更加准确、经济、有效的预热温度时，也可依据现行国家标准《焊接性试验　斜 Y 型坡口焊接裂纹试验方法》，通过试验获得。

② 减少拘束度　所谓减少拘束度主要是减少造成焊接节点处于受拉伸状态的拘束。一般认为产生压应力的拘束，如某些弯曲拘束，反而可以抵消部分拉应力，提高焊缝抗冷裂纹的能力。因此，从设计到焊接工艺制定阶段应尽量减小构件的刚度和拘束度，并避免由于焊工操作不当造成的各种缺陷，如咬边、焊缝成形不良、错边过大、未熔合、未焊透、坡外随意引弧和安装临时卡具等，形成所谓的“缺口”效应，而导致冷裂纹的产生。

③ 降低扩散氢含量　为了限制焊缝中氢的含量，要从焊接材料、工艺方法及参数和焊后

热处理等方面入手。首先要尽可能选择低氢或超低氢的焊接材料，并应注意妥善保管，防止受潮。对于焊条、焊剂类的材料，使用前应严格按照产品说明书进行烘干，且其保存、使用及在空气中允许外露的时间和重复烘干次数，应按照现行国家标准《钢结构焊接规范》（GB 50661—2011）中的相关要求执行。如有可能，宜选用奥氏体或低强度匹配焊条，奥氏体对氢有较高的溶解度，而低强度焊接材料具有相对较高的韧塑性。在焊接工艺参数方面，应在满足其他条件的基础上，适当增加线能量，以利于氢的逸出。同时，应根据实际情况适当增加预热及后热措施，以降低冷裂纹产生的可能性。

(3) 层状撕裂

① 接头设计　工程实践充分证明，改变焊接节点的接头形式，可有效降低应力应变，防止层状撕裂的发生。另外，减少坡口及角焊缝的尺寸，可有效减少应力应变，降低层状撕裂产生的概率。

② 选材：根据现行国家标准《钢结构工程施工质量验收标准》（GB 50205—2020）中第 4 章第 4.2.2 条的规定，当板材厚度大于或等于 4mm，且设计有 Z 向性能要求的厚板，应进行抽样复验，复验的项目主要包括 3 方面内容：一是化学成分；二是无损检测；三是力学性能。首先要严格控制化学成分，防止硫化物或氧化物等低熔点的物质沿轧制方向形成夹层；其次可采取超声波方法对钢材进行检测，以确保沿轧制方向形成的夹杂物分层的分布情况在标准允许的范围内。另外，可采用力学方法测试板材的 Z 向性能，常用的手段是进行板厚方向的拉伸试验，其质量等级指标划分如表 9-1 所列。

**表 9-1　钢板厚度方向性能级别及其含硫量与断面收缩率值**

| 级别 | 含硫量/% | 断面收缩率/% | |
|---|---|---|---|
| | | 3 个试样平均值 | 单个试样值 |
| Z15 | ≤0.010 | ≥15 | ≥10 |
| Z 25 | ≤0.007 | ≥25 | ≥15 |
| Z 35 | ≤0.005 | ≥35 | ≥20 |

③ 工艺控制　首先应选择低氢焊接方法，如实芯焊丝的气体保护焊或埋弧焊；其次适当进行预热；采用较小的热输入量；控制焊缝的尺寸，尽可能采用多层多道；必要时可采用低强度的焊材焊接过渡层，使应力集中于焊缝，减少热影响区的应变。

### 4. 治理方法

对于已发生裂纹的钢构件，可以按照现行国家标准《钢结构焊接规范》（GB 50661—2011）中第 7 章第 7.12 节及第 9 章第 9.0.10 条的规定进行返修。

## 三、钢构件焊接未熔合及未焊透

### 1. 质量问题

未熔合是指焊缝金属与母材金属，或焊缝金属之间未熔化结合在一起的现象；未焊透是指母材金属未熔化，焊缝金属没有进入接头根部的现象。钢构件焊接未熔合及未焊透，均会严重影响焊接质量，甚至造成安全隐患。

### 2. 原因分析

钢构件焊接未熔合及未焊透，两者产生的原因基本相同，主要是工艺参数、采取的措施或者坡口尺寸不当，坡口及焊道表面不够清洁或有氧化皮及焊渣等杂物，施工人员的焊接技术较差等。

### 3. 预防措施

(1) 按照相关的标准和规范，结合具体的工况条件，正确选择坡口的尺寸，避免坡口角度和根部间隙过小，并按照要求在焊前及焊接过程中，对于坡口和焊缝的表面进行清理。

(2) 按照相关的标准和规范，结合具体的工况条件，正确选择适当的焊接工艺参数，特别是电流选择不能太小。

(3) 重视对焊接电弧的长度、焊条及焊丝的角度和焊炬的运行速度进行控制，以保证母材与焊缝及焊缝与焊缝之间的良好熔合。

### 4. 治理方法

对于已发现焊接未熔合及未焊透的构件，可以按照现行国家标准《钢结构焊接规范》(GB 50661—2011) 中第 7 章第 7.12 节的规定进行返修。

## 四、焊缝中存在具有孔洞状的气孔

### 1. 质量问题

钢构件经过焊接后，发现焊缝中存在具有孔洞状的气孔，严重影响钢结构的焊接质量。

### 2. 原因分析

焊缝中存在具有孔洞状的气孔，按其产生的形式可分为两类，即析出型气孔和反应型气孔，析出型气孔主要为氢气孔和氮气孔，反应型气孔在钢材的焊接中则以一氧化碳 (CO) 气孔为主。析出型气孔的主要特征是多为表面气孔，而氢气孔和氮气孔的主要区别，在于氢气孔以单一气孔为主，而氮气孔多数为密集型气孔，反应型气孔则多数为内部气孔。焊缝中气孔产生的主要原因，与焊材的选择、保存和使用，焊接工艺参数的选择，坡口母材的清洁程度，熔池的保护程度等有很大关系。

### 3. 预防措施

(1) 氢气孔的预防措施

① 消除气体的来源　首先是严格执行现行相关标准规范的规定，对于坡口及焊丝表面进行检查，发现有氧化膜、铁锈及油污等有害物质时，应采用烘干、烘烤或砂轮打磨等方法去除干净。

② 焊接材料的保存与使用　应严格按照产品说明书及现行行国家标准《钢结构焊接规范》(GB 50661—2011) 中第 7 章第 7.2 节的规定执行。

③ 焊接材料的选择　低氢型或碱性焊条的抗锈蚀能力比酸性焊条要差，而采用高碱度焊剂的埋弧焊，则不同于碱性焊条具有较低铁锈敏感性。在气体保护焊的保护气体中选用纯二氧化碳 ($CO_2$)，或二氧化碳 ($CO_2$) 与氩气 (Ar) 混合的保护气体，比纯氩气 (Ar) 保护具有

更高的抗锈能力，可降低氢气孔的发生概率。

（2）氮气孔的预防措施　氮气孔的主要来源是空气中的氮，因此加强熔池的保护是防止氮气孔的产生主要手段。如采用手工焊条电弧焊接方法，应注意电弧的长度不宜过长；若采用气体保护焊，则应关注气体流量与所处位置的风速匹配关系。在一般情况下，手工焊条电弧焊适用于风速小于 8m/s 的工作环境，而采用气体保护焊，当其保护气体流量不大于 25L/min 时，其抗风能力为 2m/s。

（3）一氧化碳（CO）气孔的预防措施　一氧化碳（CO）气孔属于反应型的焊缝内部气孔，其产生的主要原因是焊接熔池的冶金反应产生的一氧化碳（CO）气体，在熔池冶金凝固中未能及时析出所致。因此，控制熔池中氧含量及减慢焊缝冷却速度，是减少一氧化碳（CO）气孔产生的有效措施。要达到上述目的，首先应减少母材及焊接材料的碳和氧的含量，清除坡口及附近的氧化物；其次应适当增加线能量，降低熔池的冷却速度，以利于一氧化碳（CO）气体的析出。另外，对于所有类型的气孔，采用直流电源比采用交流电源有利于减少气孔的生成概率，且直流“反接”比直流“正接”更加有效。

### 4. 治理方法

对于已发现存在气孔的焊接金属，可以按照现行国家标准《钢结构焊接规范》（GB 50661—2011）中第 7 章第 7.12 节的规定进行返修。

## 五、焊缝金属中存在非金属夹杂物

### 1. 质量问题

钢构件经过焊接后，发现焊缝金属中存在非金属夹杂物，严重影响钢结构的焊接质量。

### 2. 原因分析

焊缝金属中的非金属夹杂物种类、形态和分布，主要与焊接方法、焊条和焊剂及焊缝金属的化学成分有关。常见的非金属夹杂物主要有三种：氧化物、硫化物和氮化物。前两项主要来自焊接材料，而氮化物则只能来自空气。

### 3. 预防措施

（1）严格控制母材和焊材中有害元素的含量，如硫和氧的含量，这是避免焊缝金属中存在非金属夹杂物的主要预防措施。

（2）在进行钢构件焊接的过程中，应根据工程的实际情况，选择合理的焊接工艺参数，保证焊接的夹杂物能浮出。

（3）采取多层多道焊接时，应特别注意前道焊接留下的夹杂物，随时将这些夹杂物清除。

（4）采用焊条或药芯焊丝气体保护焊时，应注意焊条或药芯焊丝的摆动角度及幅度，以利于夹杂物的浮出。

（5）在进行焊接的过程中，要使熔池始终处于受保护的状态，以防上空气侵入液态金属。

### 4. 治理方法

对于已发现焊缝金属中存在非金属夹杂物的构件，可以按照现行国家标准《钢结构焊接规范》（GB 50661—2011）中第 7 章第 7.12 节的规定进行返修。

## 六、熔化极气体保护电弧焊常见缺陷

### 1. 质量问题

熔化极气体保护电弧焊常见缺陷主要有：焊缝尺寸不符合要求、咬边、焊瘤、熔透过度、飞溅、根部未焊透、未熔合、气孔、夹渣及裂纹等。

### 2. 原因分析

（1）焊缝尺寸不符合要求（蛇形焊道） 其形状与焊条电弧焊基本相同。其产生的主要原因，除了坡口角度不当、装配间隙不均匀、工艺参数选择不合理及焊接技能较低外，还有焊丝外伸过长、焊丝校正机构调整不良和导丝嘴磨损严重等原因。

（2）咬边 焊接的电流、电压或速度过大，停留的时间不足，焊枪角度不正确是其产生的主要原因。

（3）焊瘤、熔透过度 焊瘤的产生原因与焊条电弧焊基本相同，主要是焊接电流、焊接速度匹配不当，焊接操作技能较差所致。而熔透过度则主要是因为热输入过大以及坡口的加工不合适。

（4）飞溅 其产生的主要原因是电弧电压过低或过高，焊丝与工件清理不良，焊丝粗细不均以及“导丝嘴”磨损严重等。

（5）根部未焊透和未熔合 钢构件根部未焊透，主要是工艺参数、采取的措施或者坡口尺寸不当，坡口及焊道表面不够清洁或有氧化皮及焊渣等杂物，施工人员的焊接技术较差等。

（6）气孔 焊缝中气孔产生的主要原因，与焊材的选择、保存和使用，焊接工艺参数的选择，坡口母材的清洁程度，熔池的保护程度等有很大关系。

（7）夹渣 焊缝金属中的非金属夹杂物种类、形态和分布，主要与焊接方法、焊条和焊剂及焊缝金属的化学成分有关。

（8）裂纹 金属构件的焊接裂纹，按照产生的机理不同可分为五大类：既热裂纹、再热裂纹、冷裂纹、层状撕裂裂纹和应力腐蚀裂纹，但在一般钢结构焊接工程中，常见的有热裂纹和冷裂纹两种。产生以上裂纹的原因，可参见本节“二、钢结构构件焊接产生裂纹”。

### 3. 预防措施

（1）焊缝尺寸不符合要求（蛇形焊道） 在提高接头装配质量，选择合理的焊接工艺参数，并保证焊工的操作技能达到相关考核标准要求的同时，对焊丝伸出长度和送焊丝速度进行调整，并应关注“导丝嘴”的磨损情况，磨损严重时应及时更换。

（2）咬边 在降低焊接电压或焊接速度的同时，还可以通过调整送焊丝速度来控制电流，避免电流过大。且应适当增加焊丝在熔池边缘的停留时间，并控制焊枪的角度。

（3）焊瘤、熔透过度 为避免焊瘤的产生，要根据不同的焊接位置，选择相应的焊接工艺参数，电流不能过大，焊接速度适中，严格控制熔池尺寸。对于熔透过度，除采取上述措施外，还应注意坡口的组对，适当减小根部间隙，增大“钝边”的尺寸。

（4）飞溅 焊前应仔细清理焊丝和坡口的表面，去除各种杂质和污物；并应检查压丝轮、送丝管和导丝嘴，如有损坏应及时更换。同时应根据焊接工艺文件及实际焊接的情况，仔细调整电流和电压参数，使之达到理想的匹配状态。

### 4. 治理方法

对于熔化极气体保护电弧焊中产生的焊缝尺寸不符合要求、咬边、焊瘤及飞溅等缺陷，可以采用砂轮打磨及补焊的方法进行处理。

## 七、焊接球节点球管焊缝根部未焊透

### 1. 质量问题

焊接球节点球管焊缝根部未焊透。

### 2. 原因分析

（1）考虑安装方便和保证球节点的空中定位精度，钢网格结构经常采用的节点形式为单V形坡口，根部不留间隙；而承受动载荷的钢网格结构，为提高结构的疲劳寿命，也只能采用上述节点形式，从而导致焊缝根部不易焊透。

（2）在进行钢网格结构焊接施工前，未对焊工进行技术培训和技术交底，焊工的技能比较差，不能胜任钢网格结构焊接。

（3）在进行钢网格结构焊接中，选择的坡口角度、焊接工艺参数、焊接工艺方法及焊条直径不当。

### 3. 预防措施

（1）对于承受静荷载的钢网格结构，建议采用单V形坡口加衬管，且根部预留间隙的节点形式。这种方法虽在一定程度上增加了组装的工作量，但对焊工的技术水平要求相对较低，可以有效避免根部未焊透缺陷的产生，提高焊缝的一次合格率。

（2）对于承受动荷载的钢网格结构，由于衬管与结构受力管件在节点处形成几何突变，造成应力集中，其对疲劳寿命的影响远大于根部局部未焊透的程度，因此，应采用单V形坡口且根部不留间隙的节点形式。为了克服由此产生焊缝一次合格率偏低的现象，建议采取如下措施。

① 当管壁的厚度小于10mm时，建议采用单V形坡口；当管壁的厚度大于10mm时，建议采用变截面形坡口。坡口的加工宜采用机械方法，这样既可以提高安装的定位精度，又可以提高工作效率。

② 建议采用手工电弧焊或脉冲式富氩气体的保护焊接方法进行打底焊道的焊接。当采用手工电弧焊时，应选择直径等于或小于3.2mm的焊丝，以保证根部焊道尽可能多熔透，且焊道的背面成型良好。

③ 应尽可能保证角焊缝表面与管材表面的夹角不大于350°，以减少焊趾处的应力集中，从而提高抗疲劳寿命。

④ 对从事承受动荷载结构节点焊缝焊接工作的焊工，必须进行岗前技术培训和技术交底，使之熟悉焊接工艺参数和操作要领，以提高产品的一次合格率。

### 4. 治理方法

对于已产生根部未焊透缺陷的焊缝，应首先采用超声波检测方法对缺陷进行精确定位，然后应当严格按照现行国家标准《钢结构焊接规范》（GB 50661—2011）中第7章第7.12节的规定进行返修。

## 八、栓钉焊接存在的质量缺陷

### 1. 质量问题

栓钉属于一种高强度刚度连接的紧固件，用于各种钢结构工程中，在不同连接件中起刚性组合连接作用。目前栓钉焊接的质量问题比较突出，主要表现为现场抽样检验不能满足现行国家标准《钢结构工程施工质量验收标准》第 5 章第 5.3 节及行业标准《栓钉焊接技术规程》第 7 章第 7.2 节的质量要求。

### 2. 原因分析

（1）栓钉焊接属于压力焊范畴，又可分为普通栓钉焊和穿透栓钉焊，其焊接工艺比较复杂，如果操作人员未经过专业培训，很难达到现行标准的质量要求。

（2）当钢结构工程采用栓钉焊接时，所用的栓钉及瓷环的材质和型号不符合要求，也很难达到现行标准的质量要求。

（3）当钢结构工程采用栓钉焊接时，所采用的焊接工艺参数及措施不当。

### 3. 预防措施

（1）栓钉焊接的操作人员应严格按照现行标准《栓钉焊接技术规程》（CECS 226—2007）第 8 章的要求进行技术培训和考核，取得证书后方可上岗。实际操作时应严格遵守证书的限定范围，不得超过。表 9-2 中给出了操作技能考试焊接方式分类及认可范围。

**表 9-2　操作技能考试焊接方式分类及认可范围**

| 焊接方式分类 | | 代号 | 认可范围 | 焊接方式分类 | | 代号 | 认可范围 |
|---|---|---|---|---|---|---|---|
| 平焊 | 一般栓钉焊 | SW-P | SW-P | 横焊 | 一般栓钉焊 | SW-H | SW-H |
| 平焊 | 穿透栓钉焊 | SW-P-T | SW-P-T | 仰焊 | 一般栓钉焊 | SW-O | SW-O |

注：焊工考试合格后，其允许焊接栓钉的直径不得超过考试所用栓钉直径。

（2）栓钉及瓷环材质和型号的选择，应符合现行国家标准《电弧螺柱焊用圆柱头焊钉》（GB/T 10433—2002）和行业标准《栓钉焊接技术规程》（CECS 226—2007）中的有关规定，特别需要注意瓷环的型号，应注意区分穿透型和非穿透型，两者不可混用，否则会严重影响焊接质量。

（3）穿透焊或非穿透焊的焊接工艺参数，可参照表 9-3、表 9-4、表 9-5 选择。

**表 9-3　平焊位置栓钉焊接规范参考值**

| 栓钉规格 /mm | 电流/A | | 时间/s | | 伸出长度/mm | |
|---|---|---|---|---|---|---|
| | 非穿透焊 | 穿透焊 | 非穿透焊 | 穿透焊 | 非穿透焊 | 穿透焊 |
| 13 | 950 | 900 | 0.7 | 0.9 | 3～4 | 4～6 |
| 16 | 1250 | 1200 | 0.8 | 1.0 | 4～5 | 4～6 |
| 19 | 1500 | 1450 | 1.0 | 1.2 | 4～5 | 5～8 |
| 22 | 1800 | — | 1.2 | — | 4～6 | — |

续表

| 栓钉规格/mm | 电流/A | | 时间/s | | 伸出长度/mm | |
|---|---|---|---|---|---|---|
| | 非穿透焊 | 穿透焊 | 非穿透焊 | 穿透焊 | 非穿透焊 | 穿透焊 |
| 25 | 2200 | — | 1.3 | — | 5～8 | — |

**表 9-4　横向位置栓钉焊接工艺参数表**

| 栓钉规格/mm | 电流/A | 时间/s | 伸出长度/mm |
|---|---|---|---|
| 13 | 1400 | 0.4 | 4.5 |
| 16 | 1600 | 0.4 | 4.0 |
| 19 | 1900 | 1.1～1.2 | 3.5 |
| 22 | 2050 | 1.0 | 2.5 |

**表 9-5　仰焊位置栓钉焊接工艺参数表**

| 栓钉规格/mm | 电流/A | 时间/s | 伸出长度/mm |
|---|---|---|---|
| 13 | 1200 | 0.4 | 2.0 |
| 16 | 1300 | 0.7 | 2.0 |
| 19 | 1900 | 1.0 | 2.0 |
| 22 | 2050 | 1.0 | 2.0 |

（4）栓钉焊接的设备及工艺，应参照行业标准《栓钉焊接技术规程》（CECS 226—2007）第 4 章及第 6 章的相关规定执行。

### 4. 治理方法

对于已发现缺陷的栓钉，应按照行业标准《栓钉焊接技术规程》（CECS 226—2007）第 6 章第 6.3 节的相关规定执行。

# 第六节　钢结构连接质量问题与防治

钢结构连接是指钢结构中构件或部件之间的互相连接。钢结构连接常用焊缝连接、螺栓连接或铆钉连接，其中高强度螺栓连接是钢结构连接中提倡应用的连接方式。高强度螺栓连接件由螺栓杆、螺母和垫圈组成，高强度螺栓连接用特殊扳手拧紧高强度螺栓，对其施加规定的预拉力。高强度螺栓连接按照传递力的方式不同，可分为摩擦型和剪压型（或称承压型）两类。本节着重介绍高强度螺栓连接中的质量问题与防治措施。

## 一、高强度螺栓施工不符合规范要求

### 1. 质量问题

（1）高强度螺栓在施工现场随意进行堆放，也不进行遮盖，对其保管很不细心，结果造成螺栓严重生锈。

(2) 在高强度螺栓连接的施工中，不认真按要求进行操作，结果出现螺母和垫圈装反现象，不能确保钢结构的连接质量。

### 2. 原因分析

(1) 高强度螺栓的储存不符合现行的行业标准《钢结构高强度螺栓连接技术规程》(JGJ 82—2011) 的要求，高强度螺栓未按照规格分类存放于室内，采取的防止生锈措施不利。

(2) 很多安装工地随处可见一箱箱被打开的高强度螺栓连接副，而在现行规程中规定，应按当天安装需要的数量从库房领取。

(3) 在高强度螺栓连接的施工中，操作人员不认真按照施工要求进行连接，将螺母和垫圈装反，从而影响高强度螺栓的连接质量。

### 3. 防治措施

(1) 施工工地应有严格的管理制度，严格执行现行规程中的各项规定，做到用多少领多少，不能图方便将整箱高强度螺栓放置于作业面上。

(2) 在高强度螺栓连接的施工前，对工人进行技术交底，应强调高强度螺栓连接副的特点，它不同于一般的螺栓，具有紧固扭矩的要求，只有保持高强度螺栓连接副的出厂状态，即螺栓和螺母都是干净的，无脏物沾染，且有一定的润滑状态。否则将会增大扭矩系数，紧固后螺栓的轴力达不到设计要求的数值，直接导致降低连接节点强度。

(3) 执行正确的安装方法，螺母带垫圈的一面朝向垫圈带倒角的一面。垫圈的加工成型工艺使垫圈支承面带有微小的弧度，从制造工艺上保证和提高扭矩系数的稳定与均匀，因此在进行安装时切不可装反。

## 二、高强度螺栓连接节点安装质量缺陷

### 1. 质量问题

高强度螺栓连接施工中，到“终拧”时垫圈跟着转，“终拧”后连接节点螺栓外露的丝扣过多。

### 2. 原因分析

(1) 将高强度螺栓作为安装螺栓用，螺栓中的部分螺纹出现损伤和滑牙，从而导致“终拧”时垫圈跟着转，拧不紧。

(2) 高强度螺栓在订货时长度计算不当，或计算后为了减少规格、品种而进行合并，从而使部分高强度螺栓选用过长。

### 3. 防治措施

(1) 高强度螺栓的长度，应当按照现行的行业标准《钢结构高强度螺栓连接技术规程》(JGJ 82—2011) 的要求计算，不能因图方便而随意加长。在现行标准中规定，相应的螺纹长度是一定值，由螺母的公称厚度、垫圈厚度、外露 3 个螺距和螺栓制造长度公差等因素组成。同一直径规格的螺栓长度变化只是螺栓的光杆部分，螺纹部分是固定的，因此，过长的螺栓紧固时，有一部螺栓看似拧紧，实际上是拧至无螺纹的部分。

（2）现行的行业标准《钢结构高强度螺栓连接技术规程》（JGJ 82—2011）规定，高强度螺栓连接安装时，每个节点应使用临时螺栓和“冲钉”。“冲钉”便于对齐节点板的孔位，但在施工安装时，往往为图方便和省事，不用“冲钉”和临时螺栓，直接用高强度螺栓取代，导致高强度螺栓的螺纹碰坏，加大了扭矩系数，甚至拧不紧，达到了扭矩值，但螺栓实际并未拧紧。

（3）高强度螺栓穿入节点后，应当按照现行规程的要求及时紧固。高强度螺栓穿入节点后，如果随手一拧，过一段时间后再“终拧”，由于垫圈和螺母支承面间无润滑，或者已经出现锈蚀，“终拧”时扭矩系数加大，按原扭矩“终拧”后螺栓轴力达不到设计要求。

## 三、框架结构、梁柱接头承受荷载后接头滑移

### 1. 质量问题

在正使用荷载的情况下，框架结构、梁柱接头承受荷载后接头发生滑移。

### 2. 原因分析

（1）框架结构、梁柱接头的连接，使用的不是大六角头高强度螺栓，而是错误地使用了标准六角头螺栓，并且按照普通六角头螺栓施工，无紧固扭矩的要求。

（2）梁—柱接头、栓—焊连接、腹板用螺栓连接，翼缘未进行焊接。

### 3. 防治措施

（1）对于材料采购人员应进行详细的技术交底，框架结构、梁柱接头应强调设计采用的10.9级，是大六角头高强度螺栓，其现行标准是《钢结构用高强度大六角头螺栓》（GB/T 1228—2006），需要保证扭矩系数，对紧固扭矩有要求；不能采用标准六角头螺栓，这种螺栓对紧固扭矩没有要求，按照普通六角头螺栓施工。

（2）对制作施工人员应进行技术交底，对栓-焊混合接头，腹板栓接翼缘必须焊接。

## 四、连接接头螺栓孔错位，扩孔不当

### 1. 质量问题

在节点螺栓安装完毕后，能明显地看到有错位的螺栓孔。

### 2. 原因分析

（1）螺栓孔采用画线的成型方法，孔及孔距的误差过大，造成节点板的通用性较差。

（2）安装时因螺栓不能自由穿孔，随意采用气割的方法进行扩孔，造成螺栓的孔过大，垫圈盖不住。

### 3. 防治措施

（1）当钢板的厚度大于12mm时，冲孔会使孔的边缘产生裂纹和使钢板的表面局部不平整。因此，高强度螺栓孔的制孔，必须按照现行规范的要求采用钻孔成型工艺。

（2）对于螺栓孔较多的节点板，应用数控钻床或者“套模”的方法进行制孔，确保节点板

的互换性。

(3) 进行高强度螺栓安装时，螺栓应能自由穿入螺栓孔。安装或制作公差造成孔的错位时，不得采用气割的方法进行扩孔，应当采用铰刀扩孔，并且按照《钢结构工程施工质量验收标准》(GB 50205—2020) 的要求，扩孔后的孔径不得超过 $1.2d$ ($d$ 为高强度螺栓直径)。

## 五、高强度螺栓摩擦面的抗滑移系数不符合要求

### 1. 质量问题

高强度螺栓摩擦面的抗滑移系数检验的平均值等于或略大于设计规定值。

### 2. 原因分析

对现行的规程及质量验收规范理解有误，抗滑移系数检验的最小值必须大于或等于设计规定值，而不是平均值等于或略大于设计规定值。

### 3. 防治措施

根据现行规程《钢结构高强度螺栓连接技术规程》(JGJ 82—2011) 规定，抗滑移系数检验的最小值必须大于或等于设计规定值，当不符合上述规定时，高强度螺栓摩擦面应重新进行处理。

抗滑移系数试件是模拟试件，在《钢结构工程施工质量验收标准》(GB 50205—2020) 附录中规定，试件与所代表的钢结构构件为同一材质、同批制作、采用同一摩擦面处理工艺和具有相同的表面状态。实际上是检验工厂采用的摩擦面处理工艺，粗糙度可能达不到设计要求，所以必须是最小值达到设计要求，如果是平均值达到设计要求，即意味着有一部分节点的抗滑移系数小于设计要求，节点的抗剪切能力小于设计值。

## 六、摩擦面的外观质量不合格

### 1. 质量问题

在进行钢构件安装时，由于摩擦面上有泥土、浮锈、胶粘物等杂物，从而使摩擦面的外观质量不合格。

### 2. 原因分析

(1) 钢结构构件堆放不符合要求，直接贴地面进行堆放，表面上有泥土、雨水、积雪、浮锈、胶粘物等杂物，在进行安装也不作任何处理，从而使摩擦面的外观质量不合格。

(2) 钢构件的摩擦面上无任何防护措施，构件制作完成到工地安装间隔的时间较长，摩擦面上已产生严重的浮锈。

(3) 钢构件制作工厂对摩擦面采取的防护措施多数是用膜进行保护，但由于保护膜选择不当，施工现场安装前揭膜后，摩擦面上沾染过多的胶粘物。

(4) 钢构件的摩擦面孔边有毛刺、焊接飞溅物、焊疤等，或者在摩擦面上错误涂刷油漆。

### 3. 防治措施

（1）对摩擦面上的泥土、雨水、积雪、浮锈、胶粘物等杂物，在进行安装时必须清理干净，并保持干燥状态，使摩擦面的粗糙度达到设计要求。

（2）在钢构件进行安装前，高强度螺栓连接节点摩擦面应进行清理，保持摩擦面的干燥和整洁，孔边缘不允许有飞边、毛刺、铁屑、油污、浮锈和杂物等，并用钢丝刷沿着受力方向除去浮锈。

（3）在钢构件进行安装前，应对摩擦面孔边的毛刺、焊接飞溅物、焊疤、氧化铁皮等，使用扁铲将其铲除。

# 第十章

# 智能建筑工程质量问题与防治

智能化建筑具有多门学科融合集成的综合特点，由于发展历史较短，但发展速度很快，国内外对它的定义有各种描述和不同理解，尚无统一的确切概念和标准。应该说智能化建筑是将建筑、通信、计算机网络和监控等各方面的先进技术相互融合、集成为最优化的整体，具有工程投资合理、设备高度自控、信息管理科学、服务优质高效、使用灵活方便和环境安全舒适等特点，能够适应信息化社会发展需要的现代化新型建筑，在国内有些场合把智能化建筑统称为“智能大厦”。

目前所述的智能化建筑只是在某些领域具备一定智能化，其程度也是深浅不一，没有统一标准，且智能化本身的内容是随着人们的要求和科学技术不断发展而延伸拓宽的。我国有关部门已在文件中明确称为智能化建筑或智能建筑，其名称较确切，含义也较广泛，与我国具体情况是相适应的。

智能化建筑的基本功能，主要由三大部分构成，即大楼自动化（BA）、通信自动化（CA）和办公自动化（OA），这 3 个自动化通常称为“3A”，它们是智能化建筑中最基本的，而且必须具备的基本功能。目前有些地方的房地产开发公司为了突出某项功能，以提高建筑等级和工程造价，又提出防火自动化（FA）和信息管理自动化（MA），形成“5A”智能化建筑。

## 第一节　安全防范系统质量问题与防治

### 一、入侵报警探测器安装位置偏离

#### 1. 质量问题

入侵报警探测器是入侵探测报警系统最前端的输入部分，也是整个报警系统中的关键部分，它在很大程度上决定着报警系统的性能、用途和报警系统的可靠性，是降低误报和漏报的决定因素。入侵报警探测器在安装位置出现偏离时，最容易发生的质量问题主要有：①探测器保护区内（设防区域）发生入侵事件时探测器不报警；②探测器出现误报。

#### 2. 原因分析

（1）在安装入侵报警探测器前，没有很好地弄清设计的目的和范围，结果造成报警探测器安装在保护区外，报警探测器不能完全覆盖保护区。

（2）在安装入侵报警探测器前，没有很好地理解设计和施工图，结果造成报警探测器安装的高度、角度偏离保护区，入境者可能从探测有效区域的上方或下方侵入。

### 3. 防治措施

（1）在安装入侵报警探测器前，应根据设防区域位置探测范围和可能入侵的方向，确定入侵报警探测器安装位置的高度和角度。

（2）根据入侵报警设防区域的位置探测范围，调整入侵报警探测器的安装位置、高度和角度。

（3）防护对象应在入侵报警探测器的有效探测范围内，整个覆盖区域内应无盲区，覆盖范围边缘与防护对象间的距离宜大于 5m。

（4）如设防区域内安装多个入侵报警探测器，其探测的范围有交叉覆盖时，应注意避免相互干扰。

（5）在进行入侵报警探测器安装前，应仔细阅读设备说明书，了解设备的性能指标、探测范围、安装角度后再进行安装。入侵报警探测器的安装位置如图 9-1 所示。

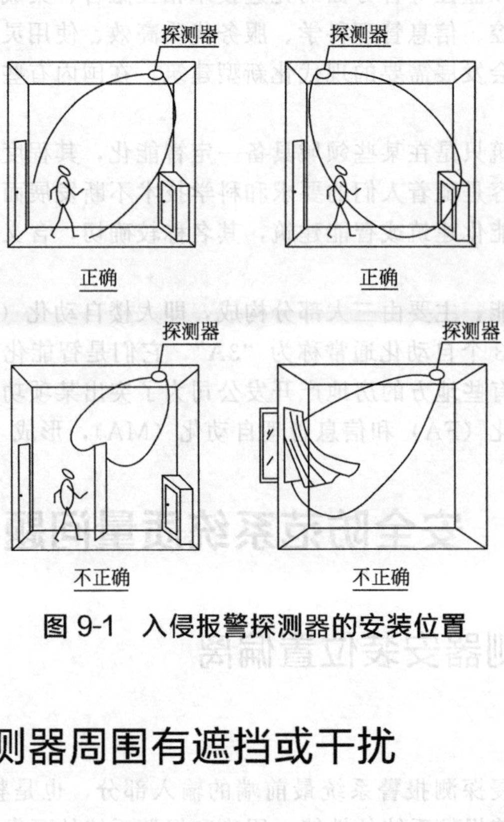


图 9-1 入侵报警探测器的安装位置

## 二、入侵报警探测器周围有遮挡或干扰

### 1. 质量问题

当发生入侵报警事件时，入侵报警探测器设防区域不报警或误报。

### 2. 原因分析

（1）入侵报警探测器设防区域在可能入侵方向有遮挡物，幕帘式被动红外窗户内的窗台比较小，或与窗台平行的墙面有遮挡，或紧贴窗帘安装。

（2）入侵报警探测器设备的周边有电磁辐射、热辐射、光辐射和噪声等。

### 3. 防治措施

（1）入侵报警探测器安装后，认真检查在设防区域可能入侵方向是否有遮挡物，探测器红外光路有无阻挡物。

（2）入侵报警探测器安装不要对着加热器、空调出风口、管道、警戒区域内，在防范区内不应有高大物体，否则阴影部分有人走动将不能报警；不要正对热源和强光源，特别是空调加暖气，不断变化的热气流将会引起误报警，例如热源，探测器则应与热源保持至少 1.5m 以上的间隔距离。

（3）入侵报警探测器不宜对着强光源和受阳光直射的门窗。

（4）移去入侵报警探测器设防区域可能入侵方向的遮挡物、红外光路阻挡物，或者调整入侵报警探测器的安装位置。

（5）根据入侵报警探测器设防区域的环境干扰源，更换具有抗干扰源的入侵报警探测器或采取防护措施。

（6）根据入侵报警探测器设防区域的环境，选择合适类型的探测器吸顶、壁柱、幕帘探测器等。入侵报警探测器安装平面示意如图 9-2 所示。

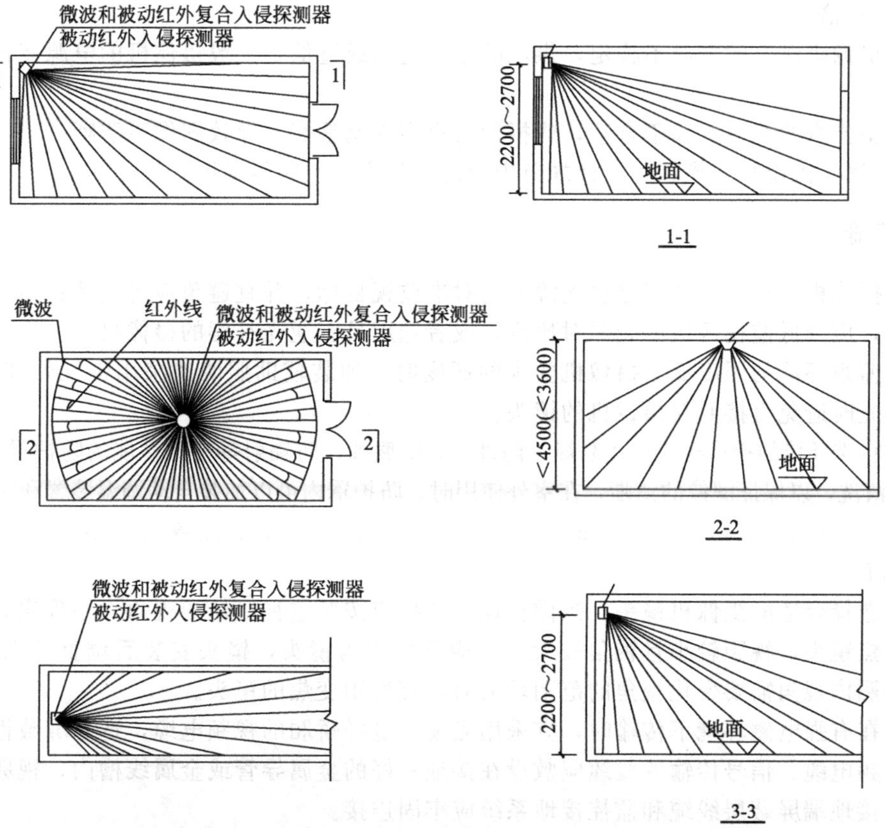


图 9-2 入侵报警探测器安装平面示意（单位：mm）

## 三、摄像机视频图像画面灰暗，不清晰

### 1. 质量问题

（1）摄像机视频图像有干扰波纹或者晕光。

（2）摄像机图像显示的画面灰暗、不清晰。

### 2. 原因分析

（1）摄像机的镜头逆光安装，环境光对着镜头照射。

（2）摄像机没有安装防护罩，造成镜头被污染；监控区域的环境比较差，使摄像机的防护罩被污染。

（3）摄像机所处的环境温差和湿度都比较大，从而在摄像机的防护罩上形成冷凝水。

（4）视频图像显示设备的清晰度比较低，低于摄像机的清晰度。

（5）摄像机监控区域内有磁场干扰源，摄像机视频线缆屏蔽层未接地，或视频线缆屏蔽层连接摄像机外壳未接地，监控系统未做接地装置。

（6）摄像机监控区域内的照明装置光源直射摄像机镜头，很容易产生晕光。

（7）监视环境的照度低于摄像机要求的照度。监视目标的最低环境照度应高于摄像机要求的照度的50倍。

（8）摄像机供电的电源不稳定，供电的电压过高或过低，一般摄像机的电源变化范围不宜大于±10%。

（9）摄像机的镜头选择不合适，或摄像时焦距未调整好，导致图像不清晰。

（10）摄像机视频线缆超过设计规范中规定的长度，视频线缆屏蔽层损坏。

### 3. 防治措施

（1）摄像机的镜头安装宜顺着光源方向对准监视目标，并宜避免逆光安装；当要求必须逆光安装时，应降低监视区域的光照对比度，或者选用具有逆光补偿的摄像机。

（2）监视环境的照度低于摄像机要求的照度时，加装辅助照明或采用带红外灯的摄像机，安装环境光时避免直接照射摄像机的镜头。

（3）特殊环境的摄像机应选用防爆、防冲击、防腐蚀、防辐射等特殊性能的防护罩。防护罩应定期进行清洗，以保证图像的清晰，在室外使用时，防护罩内可以加装自动调温装置和遥控雨刷。

（4）清晰度指影像上各细部影纹及边界的清晰程度。显示设备的清晰度应高出摄像机的100TVL。

（5）选择合适的摄像机镜头。摄像机镜头选择应按照监视目标的视角大小确定，视距较大可选用长焦镜头，视距较小且视角较大时，应选用广角镜头，镜头安装后调整好光圈、焦距，如电梯轿厢内视角需要变化视角的范围较大时，宜选用变焦的镜头。

（6）在有强电磁环境下传输时，宜采用光缆、电梯轿厢的视频电缆，选用屏蔽性良好的电梯专用视频电缆。信号传输的线缆应敷设在接地良好的金属导管或金属线槽内，视频线缆屏蔽层与设备接地端屏蔽层线缆和监控接地系统应牢固连接。

（7）摄像机宜由监控中心统一进行供电。或者由监控中心控制的电源供电，供电电源不稳定的要增加电源稳压器。

（8）按照设计规范中的要求做好监控系统接地装置，室外摄像机安装应根据现场情况安装

避雷装置，并且要设置防雷措施。

# 四、监控区域视频图像抖动，呈现马赛克

## 1. 质量问题

（1）遇到刮风天气时，监控视频图像出现抖动和晃动。

（2）摄像机的立杆出现倾斜，从而使立杆和支架晃动。

（3）视频图像的传输速度不正常，传输速度很慢，甚至出现图像停顿。

## 2. 原因分析

（1）摄像机的立杆埋深不够，支架和立杆安装不牢固，或者摄像机的固定螺钉出现松动或脱落，很容易使监控视频图像出现抖动和晃动。

（2）摄像机的支架和立杆的强度、刚度不够，支架和立杆的固定螺钉出现松动或脱落，刮风时使立杆和支架晃动，从而导致视频图像出现抖动和晃动。

（3）视频线缆的规格选择不合适，超过设计规范中所规定的长度，传输网络带宽不够，传输延时，从而导致视频图像的传输速度不正常，传输速度很慢，甚至出现图像停顿。

## 3. 防治措施

（1）摄像机应有稳定牢固的支架，室外的立杆基础应按照设计要求实施，固定好立杆。支架和立杆的强度、刚度应满足要求，安装要稳定牢固；立杆和支架固定螺栓应有放松装置。立杆的安装如图 9-3 所示。

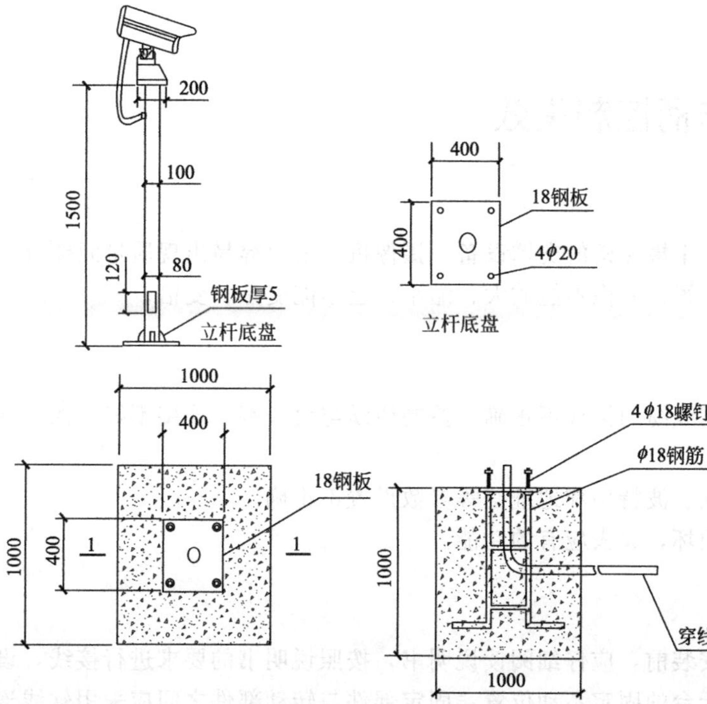


图 9-3 立杆的安装示意（单位：mm）

（2）按照现行设计规范中的规定选择线缆，SYV75-5 同轴电缆传输距离 300m 以内采用模拟视频信号，超过 300m 采用光缆传输或其他传输方式。

（3）选择满足传输网络带宽要求的交换机。

# 五、摄像机安装位置偏移

## 1. 质量问题

由于摄像机的安装位置发生偏移，显示屏的视频图像不是所需要监控区域的全部图像，或不是所需要监控区域的图像。

## 2. 原因分析

（1）摄像机的安装高度、角度没有对准要监控区域，导致没有监控区域的图像或者只有部分图像。

（2）摄像机的云台转动速度、角度和范围不满足监视要求。

## 3. 防治措施

（1）根据监控区域的范围调整摄像机安装高度、角度，保证摄像机的视野范围，满足监控的要求。室内摄像机距地面不宜低于 2.5m，室外摄像机距地面不宜低于 3.5m，电梯轿厢内摄像机宜安装在电梯轿厢门侧的左或右上角。

（2）摄像机云台的运行速度（转动角度）范围与监视的目标范围相适应，变焦镜头应满足监视目标最远距离和视场角的要求，镜头应在其工作允许的范围内尽可能靠近防护罩的光学玻璃的内表面。

# 六、云台操作柄控制失效

## 1. 质量问题

云台是安装、固定摄像机的支撑设备。摄像机的云台容易出现质量问题有：云台不能转动或者转动角度很小，视频图像不能放大、缩小，也不能变焦、变倍。

## 2. 原因分析

（1）摄像机控制线缆的接线不正确，控制线缆与设备端子连接不好，控制线被卡住，从而导致云台不能转动。

（2）摄像机协议、波特率和地址码等参数设置不正确。

（3）设备已经损坏，失去应有的功能。

## 3. 防治措施

摄像机云台在安装前，应仔细阅读说明书，按照说明书的要求进行接线，设置其参数。云台电缆接口宜放于云台的固定不动位置；固定部件与转动部件之间应采用软线连接。摄像机支架及软管安装如图 9-4 所示。

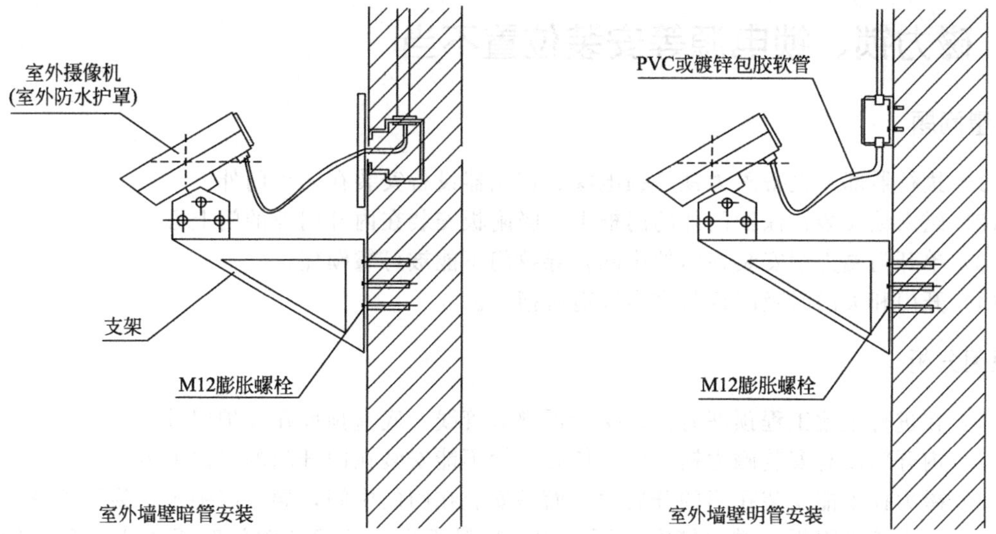


图 9-4 摄像机支架及软管安装

# 第二节 出入口控制系统质量问题与防治

## 一、读卡器、出门按钮安装位置不当

### 1. 质量问题

（1）读卡器和出门按钮安装位置离开启门边的距离比较远，或者安装位置比较高，刷卡很不方便，刷卡后的延时不够，门又可能被关上。

（2）读卡器安装位置比较高，刷卡很不方便，车辆出入时驾驶员无法刷卡。

### 2. 原因分析

（1）读卡器和出门按钮安装位置偏高，或者读卡器没有安装于门的开启边，从而造成人员出入刷卡非常不便。

（2）车辆出入口处车辆读卡器安装在右道或距离车道较远，刷卡很不方便，车辆出入时驾驶员无法刷卡。

### 3. 防治措施

（1）土建工程预埋时应按照施工规范预埋好读卡器底盒和线管，底盒和线管应在墙体内暗敷，读卡器底盒和出门按钮底盒进行暗敷时，应注意门的开启方向，预埋在保护区门开启方向一侧。

（2）读卡器和出门按钮底盒安装高度为距地面 1.2～1.4m，距门开启边缘 200～300mm。

（3）车辆出入口处车辆读卡器宜安装在车道的左侧，距离地面的高度为 1.2m，距离挡车器为 3.5m。

## 二、磁力锁、锁电源等安装位置不当

### 1. 质量问题

（1）执行器部分设备磁力锁、锁电源、控制器设备安装在防护门外。

（2）磁力锁安装在保护门外的门框上，吸附板安装在内开门外的门上方。

（3）单开门磁力锁安装在门的中间，导致门不能被可靠锁住。

（4）开门和关门时吸附板与磁力锁有碰撞声。

### 2. 原因分析

（1）在进行土建工程预埋时，将执行器部分管线、底盒预埋在保护门外。

（2）内开门没有安装磁力锁支架，使磁力锁不能安装在内开门的门内上方。

（3）磁力锁未能安装在门的开启边，而是安装在门的中间，导致门锁很容易被拉开。

（4）磁力锁吸附板、磁力锁安装不牢固，接触不良，开门和关门时吸附板与磁力锁相互碰撞。

（5）未调整好磁力锁与吸附板之间的距离。

### 3. 防治措施

（1）在进行土建工程预埋时，应按照现行施工规范要求预埋好执行器部分设备底盒和线管，底盒和线管应在墙体内进行暗敷设。底盒进行暗敷设时应注意预埋在门的保护区内，若只能明装的底盒和线管，应安装在门内。出入口控制设备、线缆的安装如图 9-5 所示。

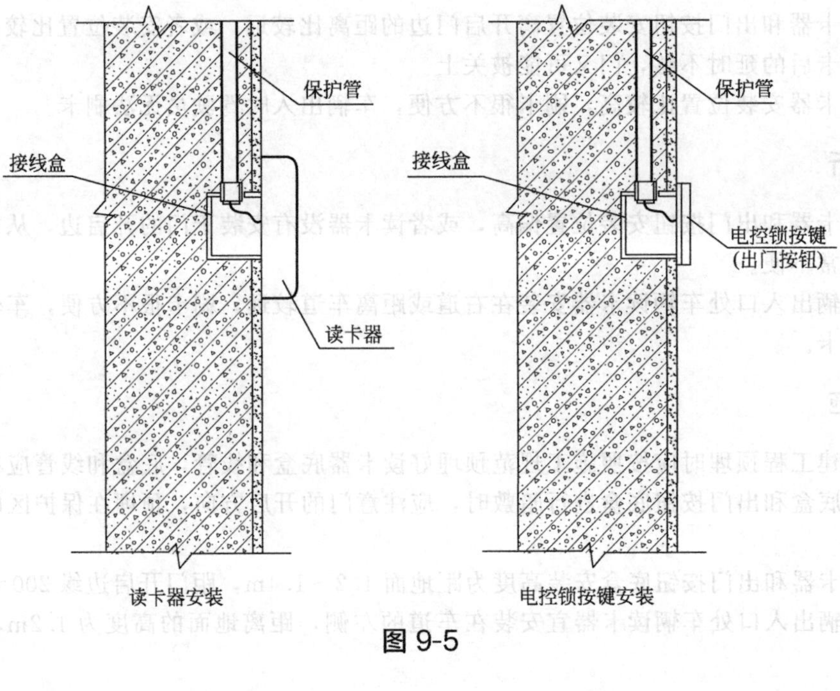


图 9-5

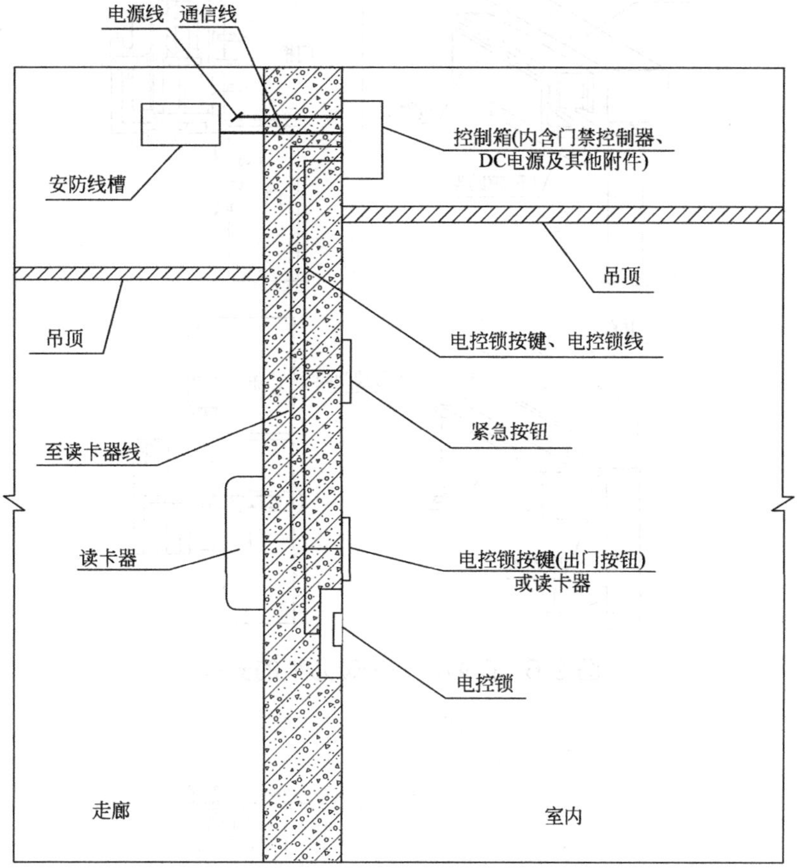


**图 9-5　出入口控制设备、线缆的安装**

(2) 单开门的磁力锁，应安装于保护区内门框上靠近门开启边；双开门的磁力锁，应安装于保护区内门框中间位置。

(3) 内开门磁力锁安装在门内的门框上，磁力锁支架宜在门内安装，磁力锁吸附板安装在磁力锁支架上。向内、外开磁力锁的安装如图 9-6 所示；玻璃门磁力锁的安装如图 9-7 所示。

(4) 磁力锁吸附板安装 L 形支架，吸附板下可安装橡皮垫或调整吸附板的下垫圈，吸附板与磁力锁紧密接触后，再固定吸附板螺栓。

# 三、线缆明装或裸露在保护区门外

## 1. 质量问题

连接设备的线缆没有套保护管，线缆明装在门外或裸露在外。

## 2. 原因分析

线缆没有穿入保护管，保护管没有预埋在墙体内，明装的保护管安装在保护门外。

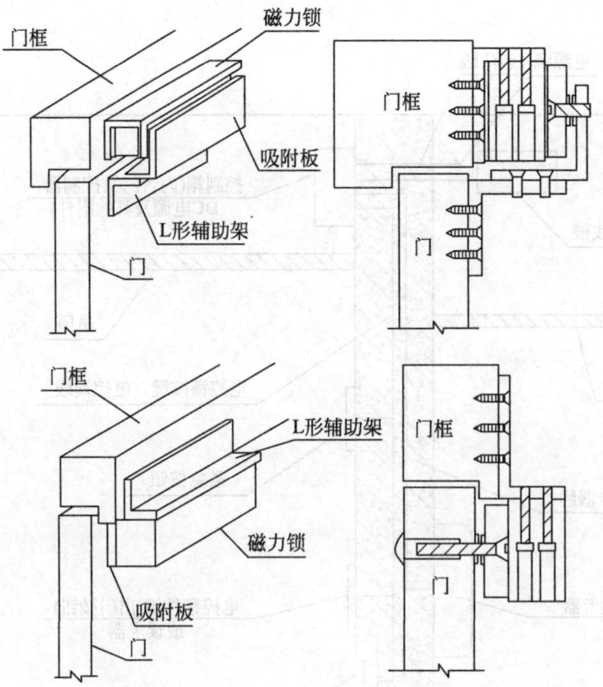


图 9-6　向内、外开磁力锁的安装

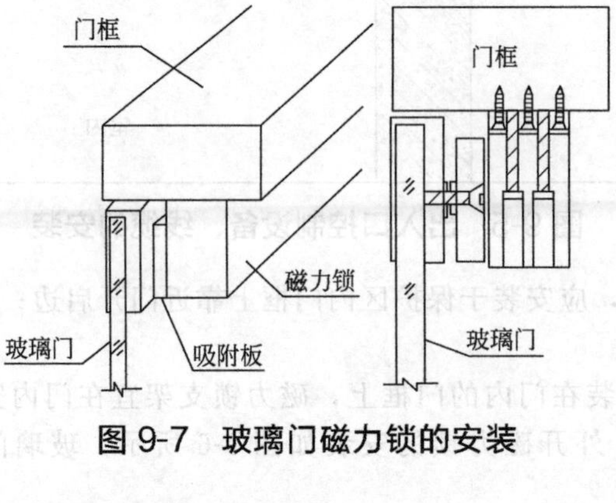


图 9-7　玻璃门磁力锁的安装

3. 防治措施

执行部分的设备线管均宜敷设在保护门内，线缆应穿入保护管，与设备连接的线缆可穿入软管保护，明装的保护管应安装在保护门内，避免遭到破坏。

# 第三节　综合布线系统质量问题与防治

## 一、线缆扭绞打圈，外皮破损，中间有接头

1. 质量问题

(1) 在综合布线系统的施工中，出现线缆扭绞打圈，外皮破损，线缆弯曲半径太小等质量

问题。

（2）预留线缆的长度不足，线缆中间有接头；或者线缆预留太长，超过规范中 90m 的长度要求。

### 2. 原因分析

（1）在进行线缆布置前，没有检查管、槽是否有毛刺和锋口等，线缆出现扭绞、打圈，在放线时也没有及时理顺放平；管、槽转弯半径太小，导致线缆弯曲半径小。

（2）施工前没有认真仔细阅读施工规范，具体操作的工人没有进行专业培训，没有掌握线缆布置的施工方法，从而造成施工中野蛮拖拽线缆，对线缆有较大的损伤。

（3）施工前没有认真阅读施工图纸，线缆的布设线路不清楚，对可能超长的线缆没有仔细核对，造成长度预留不足，线缆有接头。

### 3. 防治措施

（1）在进行线缆布置前，应认真检查管、槽是否有毛刺和锋口等，并要对毛刺和锋口彻底清除，避免放线时将线缆拉伤。

（2）在布放线缆前，应将每箱线缆理顺放平，设专人进行抽线和理线，及时整理扭绞、打圈的线缆，然后再往管道中布放。

（3）施工前应认真阅读施工图纸，根据现场管道敷设情况确定线缆敷设路由，核对线缆路由长度是否超出规范要求，按照施工规范预留线缆的长度。

## 二、线缆两端无标识或标识不规范

### 1. 质量问题

（1）线缆终接两端无标识，或者标识不清晰，护套上的标识被磨损，护套标记被捆扎在里面。

（2）标签材料损坏、脱落，标识内容表示不清楚。

### 2. 原因分析

（1）在施工过程中没有做好线缆的临时标识，或临时标识脱落，终结时线缆无法做标签。

（2）线缆标签的材质不符合要求，很容易出现脱落、磨损或损坏。

### 3. 防治措施

（1）在进行线缆的施工前，应在线缆的两端做好临时标识，以便线缆终接时做永久标识。

（2）安装场地、线缆两端、水平链路、主干链路等的标签，均应做好永久的标识标签。

（3）在线缆的终接时，应在每根线缆的两端做标识，标在线缆的护套上，或者在线缆的每一端 300mm 内进行标记。

（4）线缆标签根据标识部位不同，使用粘贴型、插入型或其他类型标签；标签应做到表示内容清晰、材质耐磨、抗恶劣环境、附着力强等。

（5）在机柜一端应做好线缆终端永久标识标签，线缆应采用环套型标签，配线（跳线）采用扁平标签，插入式标签应固定在明显位置，线缆标识应整齐清晰。

（6）墙面信息面板安装完成后，按照线缆的标识在面板标识槽上及时安装好面板标牌。

## 三、桥架内线缆布设凌乱

### 1. 质量问题

电缆桥架分为槽式电缆桥架、托盘式电缆桥架、梯级式电缆桥架、网格桥架等结构。电缆桥架可以独立架设，也可以敷设在各种建（构）筑物和管廊支架上，体现结构简单、造型美观、配置灵活和维修方便等特点。但在电缆桥架的施工中易出现以下质量问题：①桥架内线缆凌乱，桥架内线缆布满，盖板不能盖；②线缆在沿垂直桥架敷设时，水平和上下拐弯处没有捆扎固定；③桥架在水平和上下拐弯处是直角等。

### 2. 原因分析

（1）设计的线缆桥架太小，没有考虑一定的余量；或桥架的线缆凌乱，没有很好地理顺、放平，导致盖板不能盖。

（2）桥架在水平和上下拐弯处没有按照现行施工规范的规定进行制作。

### 3. 防治措施

（1）在布放线缆前应进行施工图纸的会审，桥架内布放线缆截面利用率为 30%～50%，线缆布放应做到顺直，尽量不发生交叉。

（2）线缆沿着垂直桥架敷设时，在桥架的转弯处（上端）、垂直桥架间隔 1.5m 处，固定在桥架的支架上；电缆敷设在水平桥架内，在首尾、转弯处与水平桥架固定。

（3）在进行桥架、管道制作时，转弯半径应达到现行施工规范中要求的标准，桥架的转弯均应大于 45°角。

## 四、线缆终接处质量比较差

### 1. 质量问题

（1）线缆终接处的外皮剖皮的长度过长，扭绞松开的部分太长。

（2）对绞电缆与连接器件连接线色标颠倒、错接、线对短路、断路、交叉、反向等，未通过测试。

（3）屏蔽对绞电缆屏蔽层未与模块（连接器件）屏蔽罩连接，或连接不牢固。

### 2. 原因分析

（1）施工人员未进行专业培训，操作前也未进行技术交底，不了解现行施工规范的要求，对线缆卡接工艺不熟悉。

（2）对绞电缆与连接器件在连接前没有认准线号和线位色标，从而出现色标颠倒、错接、线对短路、断路、交叉、反向等质量问题。

（3）线缆终接端不到位，缆线与模块（连接器件）接触不良。

### 3. 防治措施

（1）缆线在进行终接时，应对施工人员进行专业培训，操作前应进行技术交底，同时必须核对缆线标识的内容是否正确。

（2）缆线在进行终接时，每对对绞线应保持扭绞状态，扭绞松开长度对于3类电缆不应大于75mm；对于5类电缆不应大于13mm；对于6类电缆应尽量保持扭绞状态，减小扭绞松开的长度。

（3）对绞电缆与信息模块卡接时，必须按色标和线对顺序进行卡接，A、B类两种连接方式均可，但在同一工程中只能选择一种，不能将两者混用。

（4）端接时应当按照先近后远、先下后上的顺序进行卡接，缆线的终接处必须牢固，接触必须良好。

（5）屏蔽布线线缆屏蔽层与模块（连接器件）屏蔽罩，应当紧密进行连接，达到360°圆周可靠接触，接触的长度不宜小于10mm。

（6）选用合适的卡接工具，或采用随产品附带的卡接工具。

## 五、机柜线缆凌乱，机柜门不能关闭

### 1. 质量问题

机柜线缆布设凌乱，机柜门不能关闭。

### 2. 原因分析

（1）机柜中的线缆没有按照一定顺序进行理顺和捆扎，或线缆捆扎的松紧程度不适当。

（2）机柜在进行端接前，没有调整好配线架与机柜门间的距离，没有预留跳线布放的空间，安装跳线后机柜门被顶住不能关闭。

### 3. 防治措施

（1）机柜在进行端接前，应将线缆整理顺直，进入机柜处绑扎固定；线缆沿机柜支架绑扎固定，绑扎的松紧程度应适宜。

（2）机柜在进行端接前，应调整好配线架与机柜门间的距离，并应预留跳线布放的空间。

## 六、综合布线工程电气未按标准测试

### 1. 质量问题

（1）采用简易测试仪（通断仪）进行线缆电气性能测试验收。

（2）工程竣工验收时，布线工程电气性能测试未按线缆规定的级别（超五类、六类等）选择测试标准。

（3）采用的测试方法不正确。

### 2. 原因分析

（1）没有布线工程电气性能测试工具。

（2）对测试标准和方法不熟悉。

### 3. 防治措施

（1）布线工程电气性能的竣工测试，应当选择符合测试标准的测试设备。

（2）熟悉测试设备的使用方法，检查测试设备的测试标准是否有符合线缆级别的测试等级，校准测试仪后再进行测试。

（3）布线验收测试主要有基本链路方式、永久链路方式和信道链路方式三种。

① 基本链路方式　基本链路方式最长 90m 的端间固定连接水平缆线和两端的接插件，一端为工作区插座，另一端为楼层配线架及连接两端接插件的两条 2m 测试线。基本链路方式如图 9-8 所示。

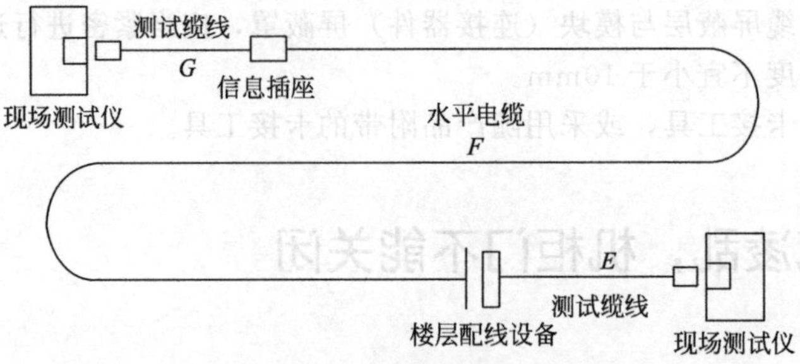


图 9-8　基本链路方式

② 永久链路方式　永久链路方式适用于固定链路的测试，其连接方式由 90m 水平电缆和链路中的相关接头组成，永久链路不包括现场测试仪插头，以及两端 2m 测试电缆，包括总长度为 90m；而基本链路包括两端的 2m 测试电缆，电缆总计长度为 94m。永久链路方式如图 9-9 所示。

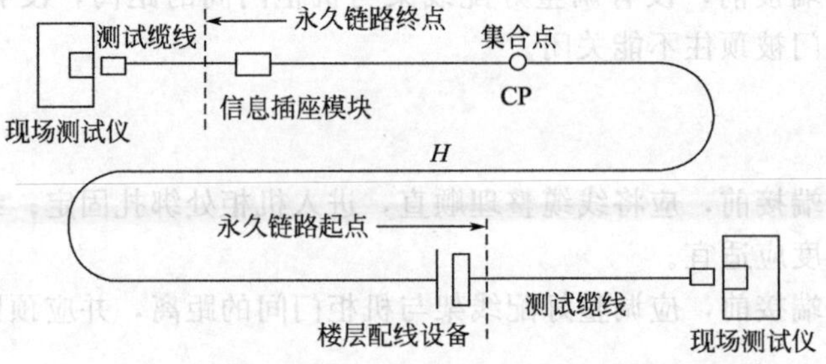


图 9-9　永久链路方式

③ 信道链路方式　信道链路方式为最长 90m 的水平线缆、一个信息插座、一个靠近工作区的可选的附属转接连接器，在楼层配线间跳线架上的两处连接跳线和用户终端连接线，总长不得长于 100m。信道链路方式如图 9-10 所示。

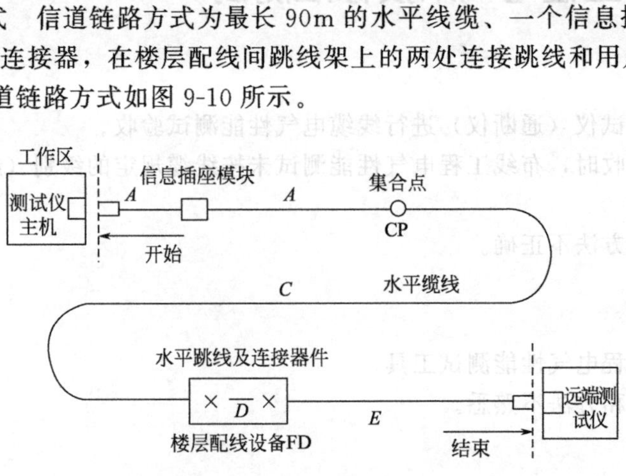


图 9-10　信道链路方式

（4）工程完工后，电缆电气性能测试项目根据布线信道或链路设计等级和布线系统类别要求选择测试标准。测试仪的测试结果能保存，测试数据不能被修改。

# 第四节　住宅小区智能系统质量问题与防治

随着信息时代的不断发展，智能化住宅小区的建设在不断提高，由早期单一独立的电视、电话、宽带、闭路电视监控等系统，已经发展到一个更高的阶段。随着计算机（包括硬件、软件和网络等）技术、通信技术和控制技术的突飞猛进，使得各种高新技术产品得以在住宅区中广泛应用。

## 一、访客可视对讲图像不清晰

### 1. 质量问题

（1）可视对讲室内分机访客视频的图像灰暗、不清晰。

（2）可视对讲单元门口主机视频的图像不清晰、没有图像或有重影。

（3）单元门口主机、“围墙机”到管理心中的联网视频图像不清晰、图像有干扰纹或有重影。

### 2. 原因分析

（1）可视对讲单元门口机和小区“围墙机”的镜头正对着太阳光直晒；没有设置防雨设施；摄影机镜头污染。

（2）电源线与视频线混在一起，没有分别穿管敷设；对视频图像产生干扰；视频线屏蔽层未接地。

（3）设备接线端子与信号线、视频线连接错误；设备接线端子与线缆接触不良；虚焊或端子连接不牢固；焊接处生锈。

（4）单元门口主机、小区“围墙机”的联网视频线接线出现错误；视频信号传输的距离太长。

（5）视频线缆外皮屏蔽层损坏。

### 3. 防治措施

（1）可视对讲系统电源线与信号线和视频线不应混在一起，而应当分别穿管敷设；视频线屏蔽层应与设备外壳接地线连接；对破损的线缆应及时进行更换，以避免产生干扰。

（2）可视对讲单元门口机、小区“围墙机”不宜正对着阳光安装，要有遮挡阳光和雨水的措施，即在单元门口机、小区“围墙机”处安装遮光、挡水板。对讲主机内置摄像机没有逆光补偿的摄像机，宜进行环境亮度处理。

（3）单元门口机和小区“围墙机”安装高度为距地面1.4～1.5m；调整访客可视对讲主机内置摄像机的方位和视角至最佳位置。

（4）按照设备说明书的要求连接设备端子和线缆；检查视频线缆与设备连接端子是否焊接良好；连接处要进行热搪锡处理。

（5）如果传输距离超长，可以增加视频放大器、线路放大器，或者选用线径较大的视频线缆、光缆。

（6）在进行设备安装前，施工人员应仔细阅读设备说明书，安装完毕后，应认真检查设备安装和视频图像质量是否符合要求。

## 二、访客对讲语音通话不清晰

### 1. 质量问题

可视对讲室内分机与访客（单元门口机、小区“围墙机”、管理主机）的通话声音很小，并有杂音和电流声，或者通话声音不连续。

### 2. 原因分析

（1）电源线与音频线混在一起，没有按设计要求分别穿管敷设，从而电源线对语言产生干扰，出现电流声。

（2）音频线的传输距离太长，沿音频线路由处有干扰，或者线缆破损受潮，都会出现杂音和电流声，或者通话声音不连续。

（3）单元门口机、小区“围墙机”、管理主机音频线，以及设备接线端子连接处的焊接接触不良，焊缝出现脱落，或焊接处锈，均可能出现以上质量问题。

### 3. 防治措施

（1）电源线与音频线不要混在一起，应按照设计要求分别穿管敷设；并注意及时更换破损线缆。

（2）施工中要认真检查单元门口机、小区“围墙机”、管理主机音频线，以及设备接线端子连接处的焊接质量；焊接处要进行热搪锡处理。

（3）认真查找干扰源，选择音频线路路由，避开干扰源。对讲电话分机、可视对讲机、访客对讲主机安装如图 9-11 所示。

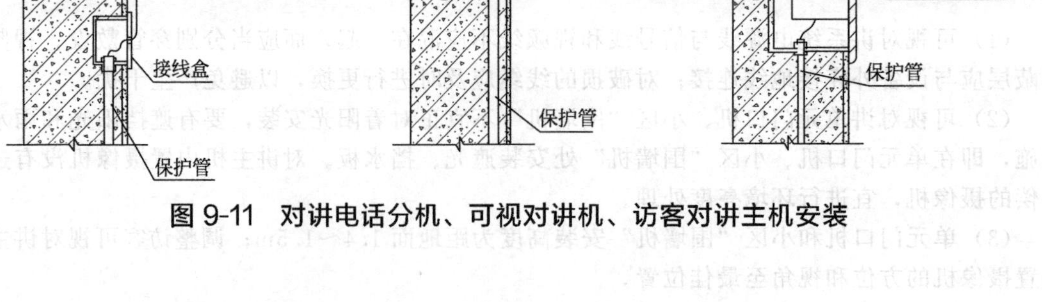

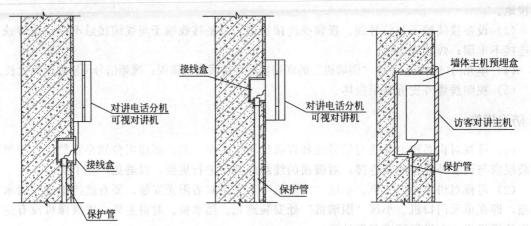


图 9-11　对讲电话分机、可视对讲机、访客对讲主机安装

## 三、小区室外的管网下沉和破损

### 1. 质量问题

小区室外的管网工程完成后，经过一段时间出现路面损坏下沉，管网也随之产生破损和下

沉，管件连接脱开。

### 2. 原因分析

(1) 在进行管道敷设前，管道的底部未按照设计要求设置垫层；或设置的垫层厚度不足；或垫层不平损伤管道。

(2) 基础垫层的回填土填筑不密实，导致管道产生不均匀下沉。管道与管件连接发生脱离，管道与管件连接没有用粘胶接牢。

(3) 多个多孔管组群体施工时，管间没有预留足够的空间，从而造成挤压损坏。

(4) 小区的管网纵横交叉，各专业施工交叉重复开挖，导致已施工完成的管道损坏。

(5) 选用的管材质量不合格或不合适，管道的埋设深度不符合设计要求。

### 3. 防治措施

(1) 在进行土方开挖前，应根据施工图纸和确认的基准点（基准线）进行预放线，保证各管道水平位置的正确性。

(2) 小区的管道种类繁多，管网施工前应进行综合管网设计，依据管线标高的深浅，依次进行开挖，避免交叉重复开挖造成损坏。

(3) 各种管线的覆土埋设深度，必须在当地的冻土层深度以下；在小区的主要干道上时，一般覆土的埋设深度为 0.8～1.0m。

(4) 多个多孔管组群体施工时，管间宜留 10～20mm 的空隙，进入人孔时多孔管之间应留 50mm 的空隙，单孔波纹管、实壁管之间宜留 20mm 的空隙，所有空隙均应分层填实。

(5) 各出入户套管的竖向标高位置，不应设置在同一个标高上，尤其不应设置在同一个建筑物的同侧，要留有一定的标高差，以减少各种管线平面的交叉干扰。

(6) 在敷设管道前，管道的底部应敷设垫层，垫层厚度和材料应符合设计及施工图中的规定。

(7) 基础垫层和回填土应填筑密实，垫层敷设应平整，管道与管件连接用胶黏结牢固。

(8) 在车行道路及有特殊要求处，塑料管群的四周应加混凝土包封保护，或者选用钢管。

(9) 管道进入人孔处，管道顶部距人孔内上覆顶面的净距离不得小于 300mm，管道底部距人孔底板的净距离不得小于 400mm。引上管进入人孔处宜在上覆顶下面 200～400mm 范围内，并与管道进入的位置错开。

# 第五节　防雷与接地系统质量问题与防治

## 一、防雷与接地体安装不符合要求

### 1. 质量问题

(1) 人工接地体的埋深不够，接地体顶部距地面深度不够，接地体的间距不足，接地测试达不到设计标准。

(2) 避雷变形严重、支架脱落、引下点间距偏大、未预留引下线外接线，浪涌保护器（防雷器）失去作用，机房设备遭雷击损坏。

(3) 喷塑桥架接地跨接线处油漆未除，接地跨接线的螺栓未拧紧，两节桥架未连通；镀锌桥架安装跨接线。

(4) 接线端子、接地体与接地线的连接不牢固，接地线穿过墙体、楼板和地坪时没有设置套管。

### 2. 原因分析

防雷与接地系统的施工人员对现行施工规范和工艺不熟悉，未按照设计和施工规范的要求进行操作，有的甚至偷工减料，造成防雷与接地系统的施工质量不合格。

### 3. 防治措施

(1) 人工接地体地下埋深应达到设计规范规定大于0.5m的要求，钢质垂直接地体可直接打入地沟内，并应均匀进行布置，其间距不宜小于长度的2倍。

(2) 金属电缆桥架及其支架和引入或引出的金属电缆导管，必须接地（PE）或接零（PEV）可靠，且必须符合下列规定。

① 金属电缆桥架及其支架全长应不少于2处与接地（PE）或接零（PEV）干线连接。

② 非镀锌电缆桥架间连接板两端跨接处的喷塑、油漆要刮掉，处理干净，以保证铜芯接地线与桥架可靠连接，接地线最小允许截面积不小于$4mm^2$。

③ 镀锌电缆桥架间连接板的两端不跨接接地线，但连接板两端应不少于2个有防松螺帽或防松垫圈的连接固定螺栓。

(3) 接地装置应连接可靠，连接处不得出现松动。

## 二、接地体焊接工艺不当

### 1. 质量问题

(1) 避雷带搭接的连接长度不够，在焊接处有夹渣、焊瘤、虚焊、咬肉，连接处的焊接不饱满，焊接处有气孔，没有敲掉焊渣等缺陷。

(2) 接地线没有采用线鼻子与接地装置进行连接，在连接处没有进行热搪锡处理。

(3) 接地体的引出线未按要求进行防腐处理，使用镀锌扁钢时，引出线的焊接部位未刷防腐涂料。

### 2. 原因分析

具体施工人员的焊接技术水平比较差，焊接完成后没有认真检查焊接质量，连接没有按照施工要求实施。

### 3. 防治措施

(1) 钢质接地宜采用焊接连接，其搭接长度应当符合设计要求，扁钢和圆钢与钢管、角钢互相焊接时，除了应在连接处的两侧焊接外，还应在搭接处增加圆钢搭接件，焊接部位做好防腐处理。

(2) 接地线与接地装置的连接应可靠，连接处不应出现松动、脱焊和接触不良，连接处应有防松动或防腐蚀的措施。

(3) 带有接线柱的浪涌保护器（防雷器），接地线宜采用线鼻子与接地装置进行连接，在连接处应进行热搪锡处理。

## 三、接地体的材料不符合标准要求

### 1. 质量问题

（1）接地线没有采用标准中所规定的软线，等电位连接导线未使用黄绿相间色标的铜色绝缘导线等。

（2）以金属管代替 PE 线，等电位连接、桥架及金属管、电器的柜、箱、门等跨接地线的线径不足，所用的线径小于规范规定。

（3）所用的扁钢宽度和厚度小于设计要求。

### 2. 原因分析

未按照设计施工图实施，对施工规范理解不周全，或存有错误的经济效益观念，个别人甚至出现偷工减料。

### 3. 防治措施

（1）等电位连接导线应使用黄绿相间色标的铜色绝缘导线，接地干线宜采用多股铜芯导线或铜带，其截面面积不应小于 $16mm^2$；综合接线楼层配线柜的接地截面面积也不应小于 $16mm^2$。

（2）设备间（弱电间）安装等电位接地装置，机柜接地端子、桥架末端采用截面面积不应小于 $16mm^2$ 黄绿相间色标的铜色绝缘导线与等电位接地装置连接。室外引入的电缆、光缆金属外壳、钢丝均应接地。

（3）对已完成的接地系统在连接弱电接地装置前应进行检测，检查是否达到设计和现行规范要求的标准。经检测若未达到，应采取补救措施增加人工接地体，使其达到设计和现行规范中的要求。

（4）浪涌保护器（防雷器）连接导线应平直，其长度不宜大于 0.5m；带有接线端子的浪涌保护器（防雷器）应采用压接方式；信号线路浪涌保护器（防雷器）接地端宜采用截面面积不应小于 $1.5mm^2$ 的铜芯导线，与设备机房内的局部等电位接地端子板连接。

（5）防雷接地与交流接地、直流工作接地、安全保护接地共同一组接地装置时，接地装置的接地电阻值应按接入设备中要求的最小值。

## 四、接地系统安装不符合要求

### 1. 质量问题

（1）机房设备未与机房接地排系统进行连接，机房接地排系统（排）未与总等电位箱（端子箱）进行连接。

（2）电子信息设备由 TN 交流配电系统进行供电时，配电系统没有采用 TNS 系统的接地方式。

（3）布线系统弱电间（设备间）、机房设备间没有按设计要求安装接地装置。

（4）金属导体、电缆屏蔽层及金属线槽（架）等进入机房时，没有做等电位连接。

（5）接地装置与室内总等电位接地端子未连接，接地装置未在不同两处采用两根连接导线与总等电位接地端子连接，连接处接触不良。

（6）户外监控摄像机视频线、信号线和电源线，没有根据不同线缆的性能参数选择安装浪涌保护器（防雷器）。

## 2. 原因分析

未按照设计施工图实施，对施工规范理解不周全，或存有错误的经济效益观念，个别人甚至出现偷工减料。

## 3. 防治措施

（1）弱电系统中的智能化工程、信息通信系统、计算机网络系统等防雷接地，应以现行国家规范《建筑物电子信息系统防雷技术规范》（GB 50343—2012）要求实施。

（2）按照设计要求标准及施工规范进行防雷接地的预留预埋，要重点对照强制性标准进行验收检测。

（3）需要保护的电子信息系统必须采取等电位连接，注意与接地保护措施电气和电子设备的金属外壳、机柜、金属管、槽屏蔽线缆的屏蔽层、吊顶金属支架等的防静电接地。

（4）浪涌保护器（防雷器）接地端等，均应按最短的距离与等电位连接网络的接地端子进行连接。

（5）室外摄像机的信号线、视频线、电源线，应根据不同的线路选择浪涌保护器（防雷器），其线缆应有金属屏蔽层，并穿入钢管埋地敷设，屏蔽层和钢管的两端应接地。

（6）工程竣工后必须对接地装置、接地干线、接地线的材质、连接方法、连接形式、防腐措施、导线绝缘等进行检查，对接地电阻和有关参数进行测试，并达到设计的标准值，检验不合格的项目不得交付使用。

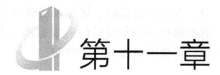

# 第十一章 装饰工程质量问题与防治

建筑装饰装修工程是现代建筑工程的有机组成部分，是现代建筑工程的延伸、深化和完善。由此可见，建筑装饰装修工程是“为保护建筑物的主体结构、完善建筑物的使用功能和美化建筑物，采用装饰装修材料或饰物，对建筑物的内外表面及空间进行的各种处理过程”。因此，建筑装饰装修工程的质量，必然会影响到建筑物的质量，进行严格的工程质量管理和控制，是其整个施工过程的重要任务。

建筑装饰装修工程是以建筑物的主体结构为载体，在建筑表面敷设装饰装修层，以达到美化居住环境、优化建筑物使用功能的目的。建筑装饰装修工程的特点是项目繁多、工程量大、工期长、用工量大，机械化施工程度低，生产效率差，工程投入资金大，施工质量对建筑物使用功能和整体建筑效果影响大，施工管理复杂。建筑装饰装修工程虽然是建筑工程的重要组成部分，但它在设计、施工和质量管理等方面，与建筑工程有很大差异。

## 第一节　抹灰工程质量问题与防治

抹灰工程是用灰浆涂抹在房屋建筑的墙体、地面、顶棚、其他表面上的一种传统做法的装饰工程。即将水泥、砂子、石灰膏、石膏、麻刀、水等一系列材料，按照设计的比例均匀地拌和在一起，直接涂抹在建筑物的表面，形成连续均匀抹灰装饰层或保护层的做法称为抹灰工程。抹灰工程是建筑装饰工程中不可缺少的项目，也是工业与民用建筑工程的重要组成部分。抹灰不仅可以增强建筑物防潮、保温、隔热性能，改善人们的居住和工作条件，同时又能对建筑物主体起到美化、保护和延长使用寿命的作用。

抹灰饰面的作用是为了保护建筑主体结构，完善建筑物的使用功能，装饰美化建筑物的外表。根据使用要求及装饰效果不同，抹灰饰面可分为一般抹灰、装饰抹灰和特种抹灰；按照抹灰饰面的部位不同，又可分为内墙抹灰、外墙抹灰、顶棚抹灰和地面抹灰等。由于各种原因，在抹灰工程中会出现一些质量问题。本节主要介绍外墙抹灰、室内抹灰和装饰抹灰常见的质量问题及防治措施。

### 一、室内抹灰质量问题与防治措施

室内墙体抹灰是室内装饰工程的重要组成部分，其抹灰工程的质量如何，对于室内空间环境、人的情绪影响、居住者身体健康起着决定性的作用。因此，在进行内墙抹灰工程施工中，要严格按照国家规定的质量标准进行施工，及时纠正所出现的质量问题，创造一个优良、美观、温馨的居住与生活空间。

## （一）抹灰层出现空鼓与裂缝

### 1. 质量问题

在砖墙或混凝土基层上抹灰后，经过一段时间的干燥，由于水分的大量快速蒸发、材料的收缩系数不同、基层材料不一样等原因，往往在不同基层墙面交接处，基层平整度偏差较大的部位，如墙裙、踢脚板上口、线盒周围、砖混结构顶层两山头、圈梁与砖砌体相交处等，容易出现空鼓或裂缝质量问题。抹灰层出现空鼓与裂缝，不仅影响墙体装饰的美观，而且也会影响墙体结构的耐久性。

### 2. 原因分析

（1）由于基层未认真进行清理或处理不当；或墙面浇水不充分，抹灰后砂浆中的水分很快被基层吸收，造成抹灰砂浆干涩，严重影响砂浆与墙体的黏结力。

（2）配制砂浆的原材料未进行严格复检，质量不符合有关标准的要求，或抹灰砂浆的配合比设计不当，从而造成砂浆的质量不佳，不能很好地与墙体牢固黏结。

（3）砌筑的基层平整度偏差较大，有的一次抹灰层过厚，造成其干缩率较大，也容易造成空鼓和裂缝。

（4）墙体的线盒往往是由电工在墙面抹灰后再进行安装，由于没有按照抹灰的操作规程进行施工，无法确保抹灰的施工质量，过一段时间也容易出现空鼓与裂缝。

（5）砖混结构顶层两端山头开间，在圈梁与砖墙的交接处，由于钢筋混凝土和砖墙的膨胀系数不同，使墙面上的抹灰层变形也不相同，经一年使用后会出现水平裂缝，并且随着时间的增长而加大。

（6）在抹灰施工过程中，一般要求抹灰砂浆应随拌和、随使用，不要停放时间过长。如果水泥砂浆或水泥混合砂浆不及时用完，停放超过了一定时间，砂浆则失去流动性而产生凝结。如果为了便于操作，重新加水拌和再使用，从而降低了砂浆强度和黏结力，容易产生空鼓和裂缝质量问题。

（7）在石灰砂浆及保温砂浆墙面上，后抹水泥踢脚板和墙裙时，在上口交接处，石灰砂浆未清理干净，水泥砂浆罩在残留的石灰砂浆或保温砂浆上，大部分会出现抹灰裂缝和空鼓现象。

### 3. 防治措施

（1）做好抹灰前的基层处理工作，是确保抹灰质量的关键措施之一，必须认真对待、切实做好。不同基层处理的具体方法如下。

① 对于混凝土、砖石基层表面砂浆残渣污垢、隔离剂油污、泛碱等，均应彻底清除干净。对油污隔离剂可先用5%～10%浓度的氢氧化钠溶液清洗，然后再用清水冲洗干净；对于泛碱的基层，可用3%的草酸溶液进行清洗。基层表面凹凸明显的部位，应事先剔凿平整或1∶3水泥砂浆补平。

如果混凝土基层表面过于光滑，在拆模板后立即先用钢丝刷子清理一遍，然后在表面甩上聚合物水泥砂浆并养护；也可先在光滑的混凝土基层上刷一道 1∶3～1∶4 的乳胶素浆，随即进行底层抹灰。

② 对于墙面上的孔洞，要按要求认真进行封堵。如脚手架孔洞先用同品种砖将其堵塞严密，再用水泥砂浆填实；水暖、通风管道通过的墙洞和墙的管槽，必须用 1∶3 的水泥砂浆堵严密、抹平整。

③ 对于不同基层材料的抹灰，如木质基层与砖面、砖墙与混凝土基层相接处等，应铺钉金属网，搭接宽度应从相接处起，两边均不小于 100mm。

(2) 抹灰的墙面在施工前应浇水充分润湿。对于砖墙基层一般应浇水两遍，砖面渗水的深度应达到 8～10mm；加气混凝土表面孔隙率虽大，但其毛细管为封闭性和半封闭性，因此应提前两天进行浇水，每天浇两遍以上，使其渗水深度达到 8～10mm；混凝土基层吸水率很低，一般在正式抹灰前进行浇水即可。

如果各层抹灰相隔时间较长，或抹上的砂浆已干燥，再抹灰时应将底层浇水润湿，避免刚抹的砂浆中的水分被底层吸走，从而造成黏结不牢而空鼓。此外，基层墙面的浇水程度，还与施工季节、施工气候和操作环境有关，应根据实际情况灵活掌握，不能因浇水过多而严重降低砂浆强度。

(3) 在进行主体工程施工时，应建立必需的质量控制点，严格控制墙面的垂直度和平整度，确保抹灰厚度基本一致。如果抹灰层厚度较大时，应挂上钢丝网分层进行抹灰，一般每次抹灰厚度控制在 8～10mm 为宜。

掌握好上下层抹灰的时间，是避免出现空鼓与裂缝的主要技术措施之一。水泥砂浆应待前一层抹灰层凝固后，再涂抹后一层；石灰砂浆应待前一层发白后，即有七八成干时，再涂抹后一层。这样既可以防止已抹砂浆内部产生松动，也可避免几层湿砂浆合在一起造成较大收缩。

(4) 墙面上所有接线盒的安装时间应适宜，一般应在墙面找点设置冲筋后进行，并进行详细技术交底，作为一道工序正式安排，由抹灰工人配合电工共同安装，安装后接线盒的面与冲筋面平，要达到牢固、方正，一次到位。

(5) 外墙内面抹保温砂浆应同内墙面或顶板的阴角处相交。第一种方法是：首先抹保温墙面，再抹内墙或顶板砂浆，在阴角处砂浆层直接顶压在保温层平面上；第二种方法是：先抹内墙和顶板砂浆，在阴角处搓出 30°角斜面，保温砂浆压住砂浆斜面。

(6) 砖混结构的顶层两山头开间，在圈梁和砖墙间出现水平裂缝。这是由于温差较大，不同材料的膨胀系数不同而造成的温度缝。避免这种裂缝的措施主要有：将顶层山头的构造柱子适当加密，间距以 2～3m 为宜；山头开间除构造柱外，在门窗口两侧增加构造柱；屋顶保温层必须超过圈梁外边线，且厚度不小于 150mm。

(7) 抹灰用的砂浆应进行配合比设计，必须具有良好的和易性，并具有一定的黏结强度。砂浆和易性良好，才能抹成均匀的薄层，才能与底层黏结牢固。砂浆和易性的好坏取决于砂浆的稠度（沉入度）和保水性。

根据工程实际经验，抹灰砂浆稠度应控制如下：底层抹灰砂浆为 100～120mm；中层抹灰砂浆为 70～80mm；面层抹灰砂浆为 10mm 左右。

水泥砂浆保水性较差时，可以掺入适量的石灰膏、粉煤灰、加气剂或塑化剂，以提高其保水性。为了保证砂浆与基层黏结牢固，抹灰砂浆应具有一定的黏结能力，抹灰时可在砂浆中掺入适量的乳胶、108 胶等材料。

(8) 抹灰用的原材料和配合的砂浆应符合质量要求。由于砂浆强度会随着停放时间的延长而降低，一般在 20～30℃的温度下，水泥石灰砂浆若放置 4～6h 后，其强度降低 20%～30%，10h 后将降低 50%左右；当施工温度高于 30℃，砂浆强度下降还会增加 5%～10%。因此，抹灰用的水泥砂浆和混合砂浆拌和后，应分别在 3h 和 4h 内使用完毕；当气温高于 30℃时，必须分别在 2h 和 3h 内使用完毕。

（9）墙面抹灰底层砂浆与中层砂浆的配合比应基本相同。在一般情况下，混凝土砖墙面底层砂浆不宜高于基层墙体，中层砂浆不能高于底层砂浆，以免在凝结过程中产生较大的收缩应力，破坏底层灰或基层而产生空鼓、裂缝等质量问题。

（10）加强抹灰中各层之间的检查与验收，发现空鼓、裂缝等质量问题，应及时铲除并修平，不要等到面层施工后再进行验收。

（11）抹灰工程使用的水泥除应有出厂合格证外，还应进行标准稠度用水量、凝结时间和体积安定性的复验，不合格的水泥不能用于抹灰工程。

（12）为了增加砂浆与基层黏结能力，可以在砂浆中加入乳胶等材料，但禁止使用国家已淘汰材料（例如 107 胶），108 胶要满足游离甲醛含量小于或等于 1g/kg 的要求，并应有材料试验报告。

## （二）混凝土顶板抹灰空鼓与裂缝

### 1. 质量问题

在现浇混凝土楼板底上抹灰后，如果处理不当在干燥过程中往往产生不规则的裂纹；在预制空心楼板底抹灰，如果处理不当往往沿板缝产生纵向裂缝和空鼓现象。以上裂纹、纵向裂缝和空鼓质量问题，不仅严重影响顶板的美观，而且也影响顶板的使用功能。

### 2. 原因分析

（1）混凝土顶板基层清理不干净，砂浆配合比设计不当或配制质量不合格，从而造成底层砂浆与楼板黏结不牢，产生空鼓、裂缝质量问题。

（2）预制空心楼板两端与支座处结合不严密，在抹灰层施工完成后，使得楼板在负荷时受力不均匀，产生扭动而导致抹灰层开裂。

（3）在楼板进行灌缝后，混凝土未达到设计强度要求，也未采取其他技术措施，便在楼板上进行其他施工，使楼板不能形成整体工作而产生裂缝。

（4）楼板之间的缝隙过小，缝间的杂物清理不干净，灌缝不易密实，加载后影响预制楼板的整体性，顺着楼板缝的方向出现裂缝。

（5）楼板在灌缝之后，未能及时按要求进行养护，使灌入缝隙的混凝土过早失水，达不到设计强度，加载后也会顺着楼板缝的方向出现裂缝。

（6）由于楼板的缝隙狭窄，为了施工方便，配制的灌缝细石混凝土水灰比过大，在混凝土硬化过程中体积发生较大收缩，水分蒸发后产生空隙，造成楼板缝隙开裂，从而带着抹灰层也出现开裂。

### 3. 处理方法

对于预制空心楼板裂缝较严重的，应当从上层地面上剔开板缝，重新按原来的施工工艺重做；如果楼板裂缝不十分严重，可将裂缝处剔开抹灰层 60mm 宽，进行认真勾缝后，用 108 胶粘玻璃纤维带孔网的带条，再满刮 108 胶一遍，重新抹灰即可。

### 4. 预防措施

（1）在预制楼板进行安装时，应采用硬的支架安装模板，使楼板端头同支座处紧密结合，形成一个整体。

(2) 预制楼板灌缝的时间要适宜，一般最好选择隔层灌缝的顺序比较好，这样可以避免灌缝后产生施工荷载，也便于灌缝后进行洒水养护。

(3) 预制楼板的灌缝，必须符合以下具体要求。

① 楼板安装后的下板缝宽度不小于3cm，如果在板下埋设线管，下板缝宽度不小于5cm。

② 认真清扫预制楼板的板缝，将杂物、尘土清除干净。

③ 灌缝前浇水湿润板缝，刷水灰比为0.4～0.5的素水泥浆一道，再浇灌坍落度为50～70mm的C20细石混凝土并捣固密实。专人进行洒水养护，避免混凝土过早失水而出现裂缝。

④ 灌缝细石混凝土所用的水泥，应优先选用收缩性较小、早期强度较高的普通硅酸盐水泥，以避免出现裂缝，提高混凝土的早期强度。

⑤ 现浇混凝土板抹灰前应将表面杂物清理干净。使用钢模板的楼板底表面，应用10%的氢氧化钠溶液将油污清洗干净，楼板的蜂窝麻面用1∶2水泥砂浆修补抹平，凸出部分混凝土剔凿平整，预制楼板的凹形缝用1∶2水泥砂浆勾抹平整。

⑥ 为了使底层砂浆与基层黏结牢固，抹灰前一天顶板应喷水进行湿润，抹灰时再喷水一遍。现浇混凝土的顶板抹灰，底层砂浆用1∶0.5∶1混合砂浆，厚度为2～3mm，操作时顺模板纹的方向垂直抹，用力将底层灰浆挤入顶板缝隙中，紧跟着抹上中层砂浆找平。

## (三) 钢丝网顶棚抹灰空鼓与裂缝

### 1. 质量问题

钢丝网顶棚抹灰应用并不广泛，一般主要用于室内水蒸气较大或潮湿的房间，但是当钢丝网抹灰使用砂浆的强度等级较高时，容易发生空鼓、开裂现象。

### 2. 原因分析

(1) 潮湿的房间应抹水泥砂浆或水泥混合砂浆，同时也为了增加抹灰底层与钢丝网的黏结强度，一般采用纸筋（或麻刀）混合砂浆打底。当混合砂浆中的水泥用量比例较大时，在硬化过程中，如果养护条件不符合要求，反而会增加砂浆的收缩率，因而会出现裂缝。找平层采用水泥比例较大的纸筋（麻刀）混合砂浆，也会因收缩而出现裂缝，并且往往与底层裂缝贯穿；当湿度较大时，潮气通过贯穿裂缝，大量渗透到顶棚里，使顶棚基层受潮变形或钢丝网锈蚀，引起抹灰层脱落。

(2) 钢丝网顶棚具有一定的弹性，抹灰后由于抹灰的重量，使钢丝网发生挠曲变形，使各抹灰层间产生剪力，引起抹灰层开裂、脱壳。

(3) 施工操作不当，顶棚吊筋木材含水率过高，接头不紧密，起拱度不准确，都会影响顶棚表面平整，造成抹灰层厚薄不匀，抹灰层较厚部位容易发生空鼓、开裂。

### 3. 防治措施

(1) 钢丝网抹灰吊顶，严格按操作规程进行施工，钢丝网必须拉紧扎牢，并进行认真检验，检验合格后方可进行下道工序。

(2) 钢丝网顶棚基层抹灰前，必须进行严格检查验收，其表面平整高低差应不超过8mm；钢丝网的起拱度以房间短向尺寸为准，4m以内为1/200，4m以上为1/250，周围所弹出的水平线应符合规定。

(3) 顶棚的“吊筋”必须牢固可靠，顶棚梁（主龙骨）间距一般不大于150cm，顶棚筋（次龙骨）间距不大于40cm，顶棚筋上最好加一层直径为4～6mm钢筋（钢筋应事先冷拉调直），间距16～20mm设置一根，钢丝网应相互搭接3～5cm，用22号铁丝绑扎在钢筋上，以加强钢丝网的刚度，增加砂浆与钢丝网的黏结接触面，提高抹灰工程的质量，这样既可预防因龙骨产生的收缩变形，又可避免直接将荷载传递给钢丝网而产生抹灰层裂缝。

(4) 钢丝网顶棚的抹灰，底层和找平层最好采用组成材料基本相同的砂浆；当使用混合砂浆时，水泥用量不宜太大，并应加强湿养护，如抹灰后立即封闭门窗洞口，使之在湿润的空气中养护。

(5) 当使用纸筋或麻刀石灰砂浆抹灰时，对于面积较大的顶棚，需采用加麻丝束的做法，以加强抹灰层黏结质量。用骑马钉将麻丝束与顶棚纸筋钉牢，间距为每40cm一束。麻丝挂下长35～40cm，待底层用手指按时感觉不软并有能留有指纹时（即达到七成干），可以抹第二遍纸筋或麻刀石灰砂浆找平层，并将一半麻丝梳理均匀分开粘在抹灰层上，粘成燕尾形。待第二遍砂浆七成干，再抹第三遍砂浆找平时，将余下的一半麻丝束均匀地分开粘在抹灰层上，刮平并用木抹子抹平。

## （四）板条顶棚抹灰空鼓与裂缝

### 1. 质量问题

板条顶棚抹灰是一种传统的做法，现在仍在某些地区采用。板条顶棚抹灰如果不认真按照设计要求处理和操作，待抹灰过一段时间后，很容易出现空鼓与裂缝质量问题，不仅影响顶棚的使用功能，而且具有一定的不安全性。

### 2. 原因分析

(1) 板条顶棚基层龙骨、板条的木材材质不好，或含水率过大，或龙骨截面尺寸不够，或接头不严，或起拱不准，抹灰后均会产生较大挠度，从而形成抹灰空鼓与裂缝。

(2) 板条钉得不够牢固，板条间缝隙大小不均或间距过大，基层表面凹凸偏差过大，板条两端的接缝没按要求错开，或没有留出适宜的缝隙，造成板条吸水膨胀和干缩应力集中；抹灰层与板条黏结不良，抹灰层厚薄不匀，引起抹灰与板条方向平行的裂缝或板条接头处裂缝，甚至出现空鼓脱落。

(3) 如果采用的板条长度过长，丁头缝留置的不合适或偏少，也容易引起抹灰层的空鼓与裂缝。

(4) 各层抹灰砂浆配合比设计不当，或者在配制时计量不准确和拌制质量不合格，或者抹灰的时间未掌握好，也会形成抹灰层的空鼓与裂缝。

### 3. 处理方法

顶棚抹灰产生裂缝后，一般比较难以消除，如使用便用腻子修补，过一段时间仍会在原处重新开裂。因此，对于开裂两边不空鼓的裂缝，可在裂缝表面，用乳胶贴上一条2～3cm宽的薄尼龙纱布进行修补，然后再刮腻子喷浆，这样就不易再产生裂缝。这种做法同样适用于墙面抹灰裂缝处理。

### 4. 预防措施

(1) 顶棚基层使用的龙骨、板条，应采用烘干或风干的红、白松等材质较好的木材，其含水率不大于20%；顶棚吊杆、龙骨断面和间距应当经过计算，较大房间或吊杆长度大于1.5m时，除了木吊杆外，应适当增加直径不小于8mm的钢筋吊杆，起拱的高度以房间跨度的1/200为宜，小龙骨间距不大于40cm，四周应在一个水平面上。

(2) 顶棚的板条一定要钉牢，板条的间距要适宜，一般以5～8mm为宜。如果间距过小，底层灰浆不容易挤入板条缝隙中，形不成转角，灰浆与板条结合不好，挤压后容易产生空鼓，甚至出现脱落；如果间距过大，不但浪费灰浆，增加顶棚荷载重量，而且由于灰浆的干缩率增大，容易使灰层产生空鼓和板条平行的裂缝。

(3) 板条的长度不宜过长，一般以79.5cm左右为宜，板条两端必须分段错开钉在小龙骨的下面，每段错开的长度不宜超过50mm，在接头处应留出3～5mm缝隙，以适应板条湿胀干缩变形。

(4) 顶棚所用的灰浆的水灰比不能过大，在允许的情况下应尽量减少用水量，以防止板条吸水膨胀和干缩变形过大而产生纵横方向的裂缝。

(5) 底层灰浆中应掺入适量的麻刀和一定量的水泥，抹灰时要确实将灰浆均匀挤入板条缝隙中，厚度以3～5mm为宜。接着抹1∶2.5石灰砂浆结合层，把此砂浆压入底层灰中，待六七成干时，再抹1∶2.5石灰砂浆找平层，厚度控制在5～7mm；找平层六七成干后，再抹麻刀灰面层，两遍成活。

(6) 板条顶棚在抹灰浆后，为防止水分蒸发过快，应把门窗封闭严密，使抹灰层在潮湿空气中养护，以保证板条顶棚抹灰的质量。

## （五）墙裙、窗台产生空鼓与裂缝

### 1. 质量问题

墙裙或水泥砂浆窗台施工后，经过一段时间的硬化干燥出现空鼓或裂缝质量问题，尤其是在墙裙或窗台与大面墙抹灰的交接处，这种现象比较突出。

### 2. 原因分析

(1) 墙面基层处理不干净，影响抹灰与墙面的黏结力。如内墙在先抹墙面石灰砂浆时，踢脚板或墙裙处往往也抹一部分，在抹水泥砂浆墙裙时，如果对于抹的石灰砂浆清理不干净，则水泥砂浆封闭在其表面，石灰浆无法与空气接触，强度增长非常缓慢，而水泥砂浆强度增长较快，其收缩量也与日俱增，这样水泥砂浆抹面则会出现空鼓。

(2) 由于水泥与石灰这两种胶凝材料的强度相差悬殊，基层强度小的材料不能抵御强度大的材料收缩应力作用，也很容易产生空鼓现象。在冷热、干湿、冻融循环的作用下，这两种胶凝材料的胀缩比差异也很大，因此在墙面同墙裙、窗台、护角等交接处易出现空鼓、裂缝现象。

(3) 如果配制砂浆的砂子含泥量过大，造成砂浆干缩大，黏结强度降低；或者采用的水泥强度等级过高，产生的收缩应力较大，均会出现空鼓与裂缝质量问题。

(4) 砂浆配合比设计不当，配制时尤其用水量不准，砂浆的稠度相差过大，容易产生裂缝；墙面湿润程度不同，造成砂浆干缩不一样，也容易产生裂缝。如果在墙裙顶口洒水不足，也会造成干缩裂缝。

(5) 砂浆面层最后一遍压光时间掌握不当。如果压光过早，面层水泥砂浆还未产生收水，从而造成砂浆稀收缩大，易出现裂缝；如果压光过迟，面层水泥砂浆已硬化，当用力抹压时会扰动底层砂浆，使砂粒上原有的水泥胶体产生部分剥离，水化的水泥胶体未能及时补充，该处的黏结力就比较差，则形成起砂和脱壳。

(6) 有的抹灰不严格按施工规范进行，单纯为了追求效益而加快施工进度，错误地采取“当天打底、当天罩面”的施工方法，使两道工序间隔时间不符合要求，这种做法实际上就是一次抹灰，这样也会出现裂缝。

(7) 在低温环境下施工时，面层砂浆刚抹后发生受冻，其中水分冻结并产生体积膨胀，砂浆无法再填充密实，这样会出现起壳。在高温情况下施工时，抹灰后由于砂浆中的水分迅速蒸发，造成砂浆因脱水而收缩率增大，也会很容易出现裂缝。

### 3. 防治措施

(1) 配制抹灰砂浆的水泥强度等级不宜过高，一般宜采用 32.5MPa 以下等级的水泥即可，必要时也可掺入适量的粉煤灰；配制抹灰砂浆的砂子，一般宜采用中砂，砂子的含泥量一般不应超过 3%。

(2) 各层抹灰砂浆应当采用比例基本相同的水泥砂浆，或者是水泥用量偏大的水泥混合砂浆。

(3) 采用比较合理的施工顺序，在一般情况下先抹水泥砂浆或水泥混合砂浆，后抹石灰砂浆。如果必须先抹石灰砂浆，在抹水泥砂浆的部位应当弹线后按线将石灰砂浆彻底铲除干净，并再用钢丝刷子进一步清理，用清水冲洗干净。

(4) 合理确定上下层抹灰的时间，既不要过早也不要过迟，一般掌握在底层抹灰达到终凝后再抹上面的砂浆。

(5) 掌握后面层压光的时间。面层在未收水前不准用抹子压光；砂浆如已硬化不允许再用抹子搓压，而应再薄薄抹一层 1∶1 细砂水泥砂浆压光，弥补表面不平和抹痕，但不允许用素水泥浆进行处理。

## （六）水泥砂浆抹面出现“析白”

### 1. 质量问题

水泥砂浆抹面经过一段时间凝结硬化后，在抹灰层的表面出现“析白”现象，这种质量问题不仅会污染环境，而且严重影响观感。

### 2. 原因分析

(1) 水泥砂浆抹灰的墙面，水泥在水化过程中生成氢氧化钙，在砂浆尚未硬化前，随着水渗透到抹灰表面，与空气的二氧化碳化合生成白色的碳酸钙。在气温较低或水灰比较大的砂浆抹灰时，析出现象会更加严重。

(2) 从材料本身分析，主要包括两种：一种是采用了碱性水泥（多为小厂品种），这些不合格的水泥在凝结硬化中产生了析碱反应；另一种是墙面自身采用了碱性材料（主要为砖材），然后产生了析碱-透碱反应。

(3) 在冬季抹灰施工中，为了提高砂浆早期强度或防止砂浆产生冻结，往往掺加一定量的早强剂、防冻剂等外加剂，随着抹灰湿作业这些白色外加剂析出抹灰面层。

### 3. 处理方法

(1) 对于比较轻微的析出白粉处理，是将析出白粉的地方充分湿润后，将混合粉剂（硫酸钠∶亚硫酸钠=1∶1）拌和均匀，用湿布蘸着混合粉擦拭干净，再用清水冲洗，干燥后刷一遍掺 10%的水玻璃溶液。

（2）对于析出白粉比较严重的墙面，可用砂纸打磨后，在墙面上轻轻喷水，干燥后如果再出现“析白”，再次用砂纸打磨、喷水，经过数遍后直至“析白”减少至轻微粉末状，待擦净后再喷一遍掺 10%的水玻璃溶液。

## （七）抹灰面不平，阴阳角不垂直、不方正

### 1. 质量问题

内墙面抹灰完毕后，经过质量验收，发现抹灰面的平整度、阴阳角垂直或方正均达不到施工规范或设计要求的标准。

### 2. 原因分析

（1）在抹灰前没有按照设计要求找方正、挂线、做“灰饼”和“冲筋”，或者“冲筋”的强度较低，或者冲筋后过早进行抹灰施工。

（2）所做的“冲筋”距离阴、阳角太远，无法有效地控制阴阳角的施工，从而影响了阴阳角的方正。

### 3. 防治措施

（1）在进行抹灰之前，必须按照施工规定按规矩找方正，横线找平，竖线吊直，弹出施工准线和墙裙（或踢脚板）线。这是确保抹面平整、阴阳角方正的施工标准和依据。

（2）先用托线板检查墙面的平整度和垂直度，决定抹灰面的厚度。在墙面的两上角各做一个灰饼，利用托线板在墙面的两下角也各做一个“灰饼”，上下两个“灰饼”拉线，每隔 1.2～1.5m 分别做“灰饼”，再根据“灰饼”做宽度为 10cm 的“冲筋”，最后再用托线板和拉线进行检查，使“灰饼”和“冲筋”表面齐平，无误后方可进行抹灰。

在做“灰饼”和“冲筋”时，要注意不同的基层要用不同的材料，如水泥砂浆或水泥混合砂浆墙面，要用 1∶3（水泥∶砂）的水泥砂浆；白灰砂浆墙面，要用 1∶3∶9（水泥∶砂∶石灰膏）的混合砂浆。

（3）如果在“冲筋”较软时抹灰易碰坏“冲筋”，“冲筋”损坏抹灰后墙面易产生不平整；如果在“冲筋”干硬后再抹灰，由于“冲筋”收缩已经完成，待抹灰产生收缩后，“冲筋”必然高出墙面，仍然造成不平整。对水泥砂浆或混合砂浆来讲，待水泥达初凝后终凝前抹灰较为适宜。

（4）对于抹灰所用的工具应经常检查修正，尤其是对木质的工具更加注意，以防止变形而影响抹灰质量。

（5）在阴阳角部位抹灰时，一是要选拔技术较高的人员施抹，二是随时检查角的方正情况，发现偏差及时纠正情况。

（6）在罩面灰浆进行抹灰前，应进行一次质量检查验收，验收的标准同抹灰面层，不合格之处必须修正后再进行下道工序的施工。

## （八）装饰灰线产生变形

### 1. 质量问题

装饰灰线在抹灰中主要起到装饰表面的作用，如果不加以重视，则很容易出现结合不牢

固、开裂、表面粗糙等质量问题。

### 2. 原因分析

（1）出现以上质量问题主要原因是在基层的处理上。如果基层处理不干净，存有浮灰和污物；浇水没有浇透，基层湿度不满足抹灰要求，导致砂浆失水过快；或抹灰后没有及时进行养护，而产生底灰与基层结合不牢固，砂浆硬化过程缺水造成开裂；抹灰线的砂浆配合比设计不当，或配制时计量不准确，或未涂抹结合层，均能造成空鼓；在抹灰后如果没有及时养护好，也会产生底灰与基层处理结合不牢的现象。

（2）施工过程中靠尺松动，冲筋损坏，推拉灰线线模用力不均，手扶不稳，导致灰线产生变形，不顺直。

（3）喂灰不足，推拉线模时灰浆挤压不密实，罩面灰稠稀不匀，推抹用力不均，使灰线面产生蜂窝、麻面或粗糙。

### 3. 防治措施

（1）灰线必须在墙面罩面灰浆施工前进行设置，且墙面与顶棚的交角必须垂直和方正，符合高级抹灰面层的验收标准。

（2）抹灰线底灰前，将基体表面清理干净，在抹灰前 1d 浇水湿润，抹灰线时再洒一些水，保证抹灰基层湿润。

（3）抹灰线砂浆时，应先抹一层水泥石灰混合砂浆过渡结合层，并认真控制各层砂浆配合比。同一种砂浆也应分层施抹，推拉挤压要确实密实，使各层砂浆黏结牢固。

（4）灰线线模的型体应规整，线条清晰，工作面光滑。按照灰线尺寸固定的靠尺要平直、牢固，与灰线线模紧密结合，推拉要均匀，用力抹压灰线。

（5）喂灰时应当饱满，挤压应当密实，接茬要平整，如有缺陷应用细纸筋（麻刀）灰修补，再用灰线线模将其整平压光，使灰线表面密实、光滑、平顺、均匀，线条清晰，色泽一致。

（6）目前市场上预制灰线条较多，为确保装饰灰线不发生变形，施工单位可同建设单位商议，改为预制灰线条。

# 二、外墙抹灰质量问题与防治措施

外墙抹灰是外墙装饰最常见的方法之一，其材料来源广泛、施工比较简便、价格相对低廉、装饰效果较好。由于外墙抹灰暴露于空气之中，经常受到日晒、风吹、冰冻、雨淋、温差、侵蚀介质等综合因素的作用，其出现的质量问题要比内墙抹灰多。在实际工程中外墙抹灰常见的质量通病有：空鼓与裂缝，接茬有明显抹纹，色泽不均匀，分格缝不平不直，雨水污染墙面，窗台处向室内出现渗漏水，墙面出现“泛霜”现象等。

## （一）外墙抹灰面产生渗水

### 1. 质量问题

外墙抹灰工程完成后，遇到风吹雨打仍然有渗水现象，不仅污染室内环境，损坏家具用具，而且影响使用功能，甚至危及建筑安全。

## 2. 原因分析

(1) 在墙体砌筑施工中，没有严格按照施工规范要求砌筑，尤其是砂浆的饱满度不符合要求，从而造成砌块之间形成渗水通道，这是外墙面产生渗水的主要原因。

(2) 在进行抹灰施工之前，没有将外墙砌体中的空头缝、穿墙孔洞等嵌补密实，从而使其产生渗水。

(3) 在墙体砌筑施工中，混凝土构件与砌体结合处没有处理好。

## 3. 处理方法

外墙渗水原因繁多，后果严重。对于外墙抹灰面渗水，必须查明原因，针对不同情况分别采用以下不同方法处理。

(1) 如果抹灰层墙面产生裂缝但未脱壳时，其具体处理方法是：将缝隙扫除干净，用压力水冲洗晾干，采取刮浆和灌浆相结合的方法，用水泥细砂浆（配合比为 1∶1）刮入缝隙中。如果有裂缝深度大于 20mm、砂浆不能刮到底时，刮浆由下口向上刮出高 500mm，下口要留一个小孔。随后用大号针筒去掉针头吸进纯水泥浆注入缝中，当下口孔中有水泥浆流出时，随即堵塞孔口。

(2) 如果抹灰层墙面产生裂缝又脱壳时，必须将其铲除重新施工。其具体处理方法是：将铲除抹灰层的墙体扫除干净、冲洗湿润，再将砌体所有的缝隙、孔洞用 1∶1 的水泥砂浆填嵌密实。

抹灰砂浆要求计量准确、搅拌均匀、和易性好。头道灰是在墙面上刷一遍聚合物水泥浆（108 胶∶水∶水泥＝1∶4∶8），厚度控制在 7mm，抹好后用木抹子搓平，在新旧抹灰层结合处要抹压密实。在相隔 24h 后，先按设计分格进行弹线贴条，分格条必须和原有分格缝连通，要求达到顺直同高。面层抹灰以分格条的高度为准，并与原面层一样平。待抹灰层稍微收干，用软毛刷蘸水、沿周边的接茬处涂刷一遍，再进行细致抹压，确保平整密实。

(3) 如果是沿着分格缝隙产生渗水时，要将分格缝内的灰疙瘩铲除，扫除冲洗干净后晾干，用原色相同的防水柔性密封胶封堵密实。

(4) 当外墙出现的渗水面积较大，但渗水量较小且没有集中漏水处时，可将外墙面上的灰尘扫除干净，全部喷洒一遍有机硅外墙涂料，待第一遍干燥后再涂一遍，一般情况下就可以止住这种渗水。

## 4. 预防措施

(1) 在外墙抹灰前，首先认真检查基层的质量，堵塞外墙面上的一切渗水通道。在检查和处理时，要全面查清外墙面上的一切缝隙与孔洞，并要做好详细记录；对缝隙与孔洞的处理要派专人负责，清除缝隙与孔洞中的砂浆、灰尘及杂物，冲洗干净。对于砖墙需要嵌填的孔洞，要用砖和混合砂浆嵌填密实。

(2) 严格按照现行国家标准《建筑装饰工程施工及验收标准》（GB 50210—2018）中的要求，按照以下步骤做好外墙面抹灰层。

① 首先打扫干净墙面上的灰疙瘩、粉尘及杂物，并用清水冲洗湿润。

② 按施工规范要求安装好门窗框，并嵌补好门窗周围与墙体的间隙。

③ 抹灰砂浆要进行配合比设计，要严格配制时的计量，要搅拌均匀、及时应用。砂浆稠度要适宜，底层抹灰应控制在 100～120mm，中层抹灰和面层抹灰应控制在 70～90mm。

④ 对于底层抹灰，一个墙面必须一次完成，不得设置施工缝，抹灰时要用力刮紧、刮平，厚度控制在 7mm 左右。对于面层抹灰要平整均匀，注意加强成品保护和湿养护，防止水分蒸发过快而产生裂缝。

## （二）外墙面发生空鼓与裂缝

### 1. 质量问题

外墙用水泥砂浆抹灰后，由于各方面的原因，有的部位出现空鼓或裂缝，严重的出现脱落现象，不仅严重影响外墙的装饰效果，而且还会导致墙体出现渗水。

### 2. 原因分析

（1）建筑物在结构变形、温差变形、干缩变形过程中引起的抹灰面层产生的裂缝，大多出现在外墙转角，以及门窗洞口的附近。外墙钢筋混凝土圈梁的变形比砖墙大得多，这是导致外墙抹灰面层空鼓和裂缝的主要原因。

（2）有的违章作业，基层面没有扫除干净，干燥的砖砌体面浇水不足，也是抹灰层空鼓的原因。

（3）有的底层采用的砂浆强度比较低，其黏结力较差，如面层砂浆收缩应力大，会使底层砂浆与基体剥离，产生挠曲变形而空鼓、裂缝；有的光滑基层面没有认真进行“毛化处理”，也会产生空鼓。

（4）抹灰砂浆配合比未进行设计，或不符合设计要求，或配制砂浆时不计量，尤其是用水量不控制，搅拌不均匀，砂浆和易性差，有时分层度大于 30mm，则容易产生离析；有时分层度过小，致使抹灰层强度增长不均匀，产生应力集中效应，从而出现较大变形，产生龟裂等质量问题。

（5）如果搅拌好的砂浆停放时间超过 3h 后才用，则砂浆已经产生终凝，其强度、黏结力都有所下降。

（6）抹灰工艺不当，没有分层进行操作。如一次成活，灰层厚薄不匀，在重力作用下产生沉降收缩裂缝；或虽然分层抹灰，但却把各层作业紧跟操作，各层砂浆水化反应快慢差异大，强度增长不能同步，在其内部应力效应的作用下，也会产生空鼓和裂缝。

（7）需要在冬季施工时，未采取可靠的防冻措施，抹灰层出现早期受冻，墙面也会发生空鼓与裂缝。

（8）在抹灰操作的过程中，施工者采用灰层表面撒干水泥去除水分的错误做法，造成表面强度高，拉动底层灰，从而引起空鼓与裂缝。

（9）由于施工环境温度较高，砂浆抹灰层失水过快，加上又不能及时按要求进行养护，从而造成干缩裂缝。

（10）由于墙面抹灰未进行合理分缝，大面积抹灰层缺少分格缝，也会产生收缩裂缝。

### 3. 处理方法

（1）砖砌体抹灰面空鼓、脱壳时，先用小锤敲打，查明起鼓和脱壳范围，划好铲除范围线，尽可能划成直线形；采用小型切割机，沿线切割开，将空鼓、脱壳部位全部铲除；用钢丝板刷刷除灰浆黏结层，用水冲洗洁净、晾干；先刷一遍聚合物水泥浆，在 1h 内抹好头遍灰，砂浆稠度控制在 10mm 左右，要求刮薄、刮紧，厚度控制在 7mm，如超过厚度要分两层抹平，抹好后，用木抹子搓平；隔天，应按原分格弹水平线或垂直线。贴分格条时，必须和原有分格缝连通，外平面要和原有抹灰层一样平，因面层抹灰是依据分格条面为准而确定平整度。要求抹纹一致，按有关规定处理分格条。抹灰层稍微干燥后，用软毛刷蘸水，沿周围的接茬处涂刷一遍，再细致抹平压实，确保无收缩裂缝。铲除缝内多余砂浆，用设计规定的色浆或防水密封胶嵌入平整密实。

（2）混凝土基体面的抹灰层脱壳的处理方法与砖砌体不同。铲除脱壳的抹灰层后，采用10%的火碱水溶液或洗洁精水溶液，将混凝土表面的油污及隔离剂洗刷干净，再用清水反复冲洗洁净，再用钢丝板刷将表面松散浆皮刷除，用人工“毛化处理”，方法是用聚合物砂浆（水泥∶108胶∶水∶砂＝10∶1∶4∶10）撒布到基体面上，要求撒布均匀。组成增强基体与抹灰层的毛面黏结层。如需要大面积“毛化处理”，可用0.6$m^3$/min空压机及喷斗喷洒经搅拌均匀的聚合物水泥砂浆，湿养护硬化后，抹灰方法和要求同本处理方法上一条。

（3）对有裂缝但未出现脱壳的处理，可参照“外墙面产生渗水”的处理方法。

### 4. 预防措施

（1）加强建筑工程施工管理和检查验收制度，对各道施工工序严格把关。严格执行现行国家标准《建筑装饰装修工程质量验收标准》（GB 50210—2018）中的有关规定，认真处理好基体，堵塞一切缝隙和孔洞。

（2）基层处理　刮除砖砌体砖缝中外凸的砂浆，并将表面清扫和冲洗洁净。在抹底子灰前，先喷一层结合浆液（108胶∶水溶液＝1∶4）。抹底子灰的砂浆稠度控制在10mm左右，厚度控制在7mm左右，用力将砂浆压入砖缝内，并用木杠将表面平整，再用木抹子刮平、扫毛，然后浇水养护。按设计需求贴分格条，进行各种细部处理，如窗台、滴水线（槽）等。抹面层灰按分格条分两次进行抹平、搓平和养护。

（3）混凝土基层处理　剔凿混凝土基层表面凸出部分，对于较光滑面进行凿毛，用钢丝板刷刷除表面浮灰泥浆。如基层表面上有隔离剂、油污等，应用10%的火碱水溶液或洗洁精水溶液洗刷干净，再用清水洗刷掉溶液。然后刷一层聚合物水泥浆。其他抹灰要求与砖砌体抹灰相同。

（4）加气混凝土基层处理　用钢丝板刷将表面的粉末清刷一遍，提前1h浇水湿润，将砌块缝隙清理干净，并刷一层结合浆液（108胶∶水＝1∶4），随即用混合砂浆（水泥∶石灰膏∶砂＝1∶1∶6）勾缝、刮平。在基层喷刷一度108胶水溶液，使底层砂浆与加气混凝土面层黏结牢固。抹底子灰和面层灰的要求与砖砌体的抹灰要求相同。

（5）有关条板的基层处理　用钢丝板刷刷除条板的基层表面粉末，喷涂108胶水溶液一道。随即用混合砂浆勾缝、刮平，再钉150～200mm宽的钢丝网或粘贴玻纤网格布，以减少产生较大的收缩变形。面层处理应按设计要求施工。

（6）夏季进行抹灰时，应避免在日光曝晒下进行施工，墙体罩面层成活后第二天应洒水养护，并坚持如此养护7d以上。

## （三）压顶抹灰层脱壳与裂缝

### 1. 质量问题

压顶抹灰层出现脱壳和裂缝质量问题后，必然导致向室内进行渗水；或抹灰面发生外倾，使污水污染外装饰，严重影响外装饰的美观。

## 2. 原因分析

（1）压顶抹灰属于高空作业，施工难度比较大，施工质量较难保证，如果抹灰的基层处理不善，不按照施工规范进行施工，很容易造成脱壳与裂缝而产生渗水。

（2）如果压顶面的流水坡度向外倾，雨水会夹杂着泥污向外侧流淌，从而污染建筑的外装饰。

（3）在压顶抹灰层施工时，技术交底工作不够详细，在施工过程中管理不严格，施工各环节没有进行认真质量检查，使压顶抹灰层不符合设计的质量要求。

## 3. 处理方法

（1）压顶因脱壳、裂缝而产生渗水的处理方法为：铲除脱壳部分的抹灰层，清除墙面上的抹灰上的浮尘，并将灰尘和杂质扫除冲洗干净，然后刷聚合物水泥浆一遍，随即用水泥砂浆（水泥：砂=1：2.5）抹头层灰，隔 1d 再抹面层灰。抹灰的具体要求，即向内倾排水，下口抹滴水槽或滴水线。

（2）当出现横向裂缝时，用小型切割机将裂缝切割宽度到 10～15mm，并将缝内外的杂物清理干净，但不要浇水湿润，然后再嵌入柔性防水密封胶。

（3）当出现局部不规则裂缝而没有脱壳时，可将抹面裂缝中扫除干净，用清水冲洗后晾干。再用聚合物水泥浆灌满缝隙，待收水后抹压平整，然后喷水养护 7d 左右。

## 4. 预防措施

（1）为确保压顶抹灰的质量，无论哪类压顶抹灰的型式，均应按照设计要求进行严格施工，这是避免出现压顶抹灰层脱壳与裂缝质量问题的关键。

（2）认真处理好抹灰基层，即刮除砌筑施工挤浆的灰疙瘩，补足补实空头缝，用清水冲洗清除干净灰尘，并加以晾干，涂刷一道聚合物水泥浆。

（3）施工要有正确的操作顺序和工艺。抹灰时用水泥砂浆（水泥：砂=1：2.5）先抹两侧的垂直面，然后再抹顶面的头遍灰；要求每隔 10 延长米留出一条宽度为 10～15mm 的伸缩缝，以适应温度变形；一般应在抹压完找坡度层后，再进行抹面层灰浆，两边还要抹滴水槽或滴水线。

（4）抹好后的压顶要加强湿养护，养护时间一般不得少于 7d。在冬季施工时还要注意采取可靠的防冻措施，特别注意刚抹灰层出现冻结。待抹灰层硬化干燥后，在伸缩缝中填嵌柔性防水密封胶。

（5）检查两侧下口的滴水槽（滴水线）的施工质量，如有达不到设计要求的，必须及时加以纠正，防止出现“爬水”现象。

# （四）滴水槽（滴水线）不标准

## 1. 质量问题

由于滴水槽、流水线未按照设计的要求进行施工，从而造成雨水沿墙面流淌，不仅污染墙面的装饰面，严重影响外墙观感和环境卫生，而且可能还会渗湿墙体，严重影响主体结构的安全性。

## 2. 原因分析

（1）没有严格按照设计要求和现行国家标准《建筑装饰装修工程质量验收标准》（GB 50210—2018）中规定进行施工，违反了“外墙窗台、窗楣、雨篷、阳台、压顶和突出腰线等，上面应做流水坡度，下面应做滴水线。滴水槽的深度和宽度均不应小于10mm，并整齐一致”的规定。

（2）有的滴水槽（或滴水线）达不到设计要求，引起“爬水”和沿水，或滴水槽是用钉划的一条槽，或阳台、挑梁底的滴水槽（或滴水线）处理简单等，雨水仍沿着梁底斜坡淌到墙面上，污染墙并渗入室内，不仅影响使用功能，而且严重破坏结构和装饰效果。

## 3. 处理方法

（1）如果因为没做滴水槽（或滴水线）而出现沿水、“爬水”时，可按照设计要求补做滴水槽或滴水线。

（2）如果原有滴水槽（或滴水线）没有严格按照设计要求去做，或者被碰撞脱落和有缺损时，要返工纠正和修补完好。

（3）在斜向挑梁的根部，虽然已做滴水槽或滴水线，但仍然还出现水流淌到墙根渗入墙内时，必须补做两道滴水槽或滴水线。

## 4. 预防措施

（1）在进行滴水槽（或滴水线）施工时，要认真对照施工图纸和学习有关规定，掌握具体的施工方法，并根据工程的实际情况，明确具体的做法。

（2）对于滴水线　在外墙抹灰前用木材刨成斜面，撑牢或钉牢，确保线条平直。当抹灰层干硬后，将木条拆除。加强养护和保护，防止碰撞而造成缺口。

（3）对于滴水槽　在抹底灰前应制作10mm×10mm的木条，粘贴在底面。每项工程要用统一的规格，使抹灰面层平整标准。当抹灰层干硬后，轻轻地将木条起出。对于起木条时造成的小缺口，要及时修补完整。

# （五）外墙面接茬差别较大

## 1. 质量问题

在外墙面抹灰的施工中，由于各种原因造成接茬比较明显的质量问题，例如抹压纹比较混乱、色差比较大、墙面高低不平等，严重影响外墙面的观感。

## 2. 原因分析

（1）外墙装饰抹灰面的材料不是一次备足，所用的材料不是相同品种、规格，或者在配制砂浆时计量不准确，或者在每次配制时气候（温度、风力等）相差较大，结果造成抹灰的颜色等有差异。

（2）墙面抹灰没有设置分格缝或分格过大，造成在一个分格内砂浆不能同时抹成；或者抹灰接茬位置不正确。

（3）在进行外墙抹灰的操作中，脚手架没有根据抹灰者的需要进行及时调整，造成抹灰操作十分困难，或抹灰人员配备不能满足抹灰面的要求，或拌制的抹灰材料不能满足施工需要，从而造成抹灰层接茬比较明显。

(4) 抹灰的基层或底层浇水不均匀，或浇水后晾干的程度不同，因抹灰基层或底层干湿情况不一样，也会造成接茬比较明显。

(5) 采用的水泥或其他原材料质量不合格，不能按时完成抹灰工序，反复抹压也会出现色泽不一致和明显的抹纹。

(6) 施工中采用了不同品种、不同强度等级的水泥，不仅会造成颜色不一致，同时由于水泥强度等级不同，在交接处产生不同的收缩应力，甚至还会导致裂缝的产生。

(7) 施工人员技术水平不高，操作工艺不当，或底层灰过于干燥，或木抹子压光方法不对，均可致使抹纹混乱。

### 3. 处理方法

(1) 当抹灰面层出现接茬明显、色差较大、抹纹混乱质量问题时，将抹灰面扫刷冲洗干净，调配原色、原配合比砂浆，在表面再加抹 3～5mm 厚的砂浆，然后用木抹子将面层拉直压光。

(2) 为了保证外墙抹灰层色泽一致，不出现接茬差别较大的质量问题，必须根据外墙面抹灰的实际需要，一次备足同品种、同强度等级的水泥、石灰、砂，并有专人负责，统一按照配合比计量搅拌砂浆。

(3) 当普通建筑的外墙抹灰面层色差不明显、抹纹不太混乱、影响观感不严重时，可以稍加处理或不进行处理。

### 4. 预防措施

(1) 外墙抹面的材料必须按设计一次备足，做到材料专用。水泥要同一品种、同一批号、同一强度等级；砂子要选用同一产地、同一品种、同一粒径的洁净中砂。坚决杜绝在施工过程中更换水泥品种和强度等级。

(2) 毛面水泥表面施工中用木抹子进行抹压时，要做到用力轻重一致、方法正确，先以圆弧形搓抹，然后再上下抽动，方向要一致，这样可以避免表面出现色泽深浅不一致、起毛纹等质量问题。

(3) 要求压光的水泥砂浆外墙面，可以在抹面压光后用细毛刷蘸清水轻刷表面，这种做法不仅可以解决表面接茬和抹纹明显的缺陷，而且可以避免出现表面的龟裂纹。

(4) 在抹灰前要预先安排好接茬位置，一般把接茬位置留在分格缝、阴阳角、水落口等处。在抹灰中应根据抹灰面积配足人员，一个墙面的抹灰面层要一次完成。

(5) 在主体工程施工搭设脚手架时，不仅应满足主体工程施工的要求，而且也应照顾到外墙抹灰装饰时分段分块施工的部位，以便于装修施工及外墙抹灰后的艺术效果。

## （六）建筑物外表面起霜

### 1. 质量问题

在建筑物外表面工程竣工后，由于抹灰材料含碱量较高，建筑物的外表面易出现一层白色物质，俗称为“起霜”，轻者影响建筑物的美观，严重者由于结晶的膨胀作用，会导致装饰层与基层剥离，甚至产生空鼓。

### 2. 原因分析

（1）配制混凝土或水泥砂浆所用的水泥含碱量高，在水泥的凝结硬化过程中析出大量的氢氧化钙，随着混凝土或水泥砂浆中水分蒸发，逐渐沿着毛细孔向外迁移，将溶于水中的氢氧化钙带出，氢氧化钙与空气中的二氧化碳反应，生成不溶于水的白色沉淀物碳酸钙，从而使建筑物外表面起霜。

（2）水泥在进行水化反应时，生成部分氢氧化钠或氢氧化钾，它们与水泥中的硫酸钙等盐类反应，生成硫酸钠和硫酸钾，二者都是溶于水的盐类，随着水分的蒸发迁移到建筑物表面，在建筑物表面上留下白色粉状晶体物质。

（3）在冬期混凝土或水泥砂浆施工中，常使用硫酸钠或氯化钠作为早强剂或防冻剂，这样又增加了可溶性盐类，也增加了建筑物表面析出白霜的可能性。

（4）某些地区采用盐碱土烧制的砖，经过雨淋后砖块中的盐碱溶于水，经过日晒水分迁移蒸发，将其内部可溶性盐带出，在建筑物外表面形成一层白色结晶。

（5）由于砖、混凝土和砂浆等都有大量的孔隙，有些具有渗透性，当外界的介质（特别是空气中的水分）进入内部后，内部可溶性盐类产生溶解，当水分从内部蒸发出来时，将会带出一部分盐类物质，加剧了白霜的形成。

### 3. 处理方法

（1）对于外墙表面“起霜”较轻、白霜为溶于水的碱金属盐类，可以直接用清水冲刷除去。

（2）对于外墙表面“起霜”较严重、白霜为不溶于水的碱盐类，可以用喷砂机喷干燥细砂进行清除。

（3）除可用以上两种方法外，也可采用酸洗法，一般可选用草酸溶液或1：1的稀盐酸溶液。酸洗前应先将表面用水充分湿润，使其表面孔隙吸水饱和，以防止酸液进入孔隙内，然后用稀弱酸溶液清洗，除去白霜后，再用清水彻底冲洗表面。

（4）无论采用何种方法进行处理，最后均采用有机硅材料对表面做憎水处理。

### 4. 预防措施

（1）墙体所用材料和砌筑材料（如砖、水泥等），应选用含碱量较低者；不使用碱金属氧化物含量高的外加剂（如氯化钠、硫酸钠等）。

（2）在配制混凝土或水泥砂浆时，掺加适量的活性硅质掺合料，如粉煤灰、矿渣粉、硅灰粉等。

（3）采取技术措施提高基层材料的抗渗性，如精心设计配合比，选用质量优良的材料精确称量配合，混凝土和砂浆掺加减水剂降低用水量，从而增加其密实性，降低其孔隙率，提高抗渗性能。

（4）在基层的表面喷涂防水剂，用以封堵混凝土或砂浆表面的孔隙，消除水向基层内渗透的入口。

（5）混凝土和砂浆等都是亲水性材料，可用有机硅等憎水剂处理其表面，使水分无法渗入基层的内部，这样也可阻止其起霜。

## 三、装饰抹灰质量问题与防治措施

装饰抹灰是目前建筑内外最常用的装饰，它具有一般抹灰无法比拟的优点。它质感丰富、颜色多样、艺术性强、价格适中。装饰抹灰通常是在一般抹灰底层和中层的基础上，用不同的施工工艺、不同的饰面材料，做成各种不同装饰效果的罩面。在建筑装饰工程中最常见的装饰抹灰有：水刷石饰面、干粘石饰面、斩假石饰面等。

## （一）水刷石饰面质量问题与防治措施

### 1. 水刷石面层发生空鼓

（1）质量问题　水刷石外墙饰面施工完毕后，有些部位面层出现空鼓与裂缝，严重影响饰面的美观和使用功能。如果雨水顺着空鼓与裂缝之处渗入，更加危害饰面和墙体。

（2）原因分析

① 在抹面层水泥石子浆前，没有抹压素水泥浆结合层，或者基层过于干燥，没有进行浇水湿润。

② 基体面处理不符合要求，没有将其表面上的灰尘、油污和隔离物清理干净，光滑的表面没有进行“毛化”处理，基层与水刷石饰面黏结力不高。

③ 水泥石子浆体偏稀或水泥质量不合格，罩面产生下滑；操作者技术水平欠佳，反复冲刷增大了罩面砂浆的含水量，均有可能造成空鼓、裂缝和流坠。

④ 在抹压素水泥浆结合层后，没有紧跟抹石子罩面灰，相隔时间过长；再加上没有分层抹灰或头层灰的厚度过大，都容易造成空鼓与裂缝。

（3）处理方法

① 查明面层空鼓的范围和面积，经计算确定修补所用的材料　为避免再出现色差较大等质量问题，水泥品种、石子粒径、色泽、配合比等要和原用材料完全相同。

② 凿除水刷石面层的空鼓处　如果发现基层也有空鼓现象，也要将基层空鼓部分凿除，以防止处理不彻底，再次出现空鼓的质量问题。

③ 对周边进行处理　用尖头或小扁头的錾子沿边将松动、破损及裂缝的石子剔除，形成一个凹凸不规则的毛边。

④ 对基层进行处理　刮除灰砂层，将表面的灰砂扫除干净，并用清水进行冲洗，充分湿润基层和周边，以便新抹水泥石子浆与基层及周边很好结合。

⑤ 抹找平层　在处理好的基层表面上先刷一度聚合物水泥浆，随即分层抹压找平层，沿周边接合处要细致抹平压实，待终凝进行湿养护 7d。

⑥ 重新抹水泥石子浆　经检查找平层无空鼓、开裂等问题后，浇水进行湿润，然后刮一道聚合物水泥浆（108 胶：水：水泥＝1：9：20）结合层，随即抹水泥石子浆。由下向上将表面抹压平整，用直尺刮平压实，与周围接茬处要细致拍平揉压，将水泥浆挤出，使石子的大面朝上。

⑦ 掌握好水刷石子的时间，以用手指压其表面无痕迹，用刷子轻刷不掉石粒为宜。用喷雾器由上向下喷水，喷刷好的饰面，再用清水从上向下喷刷一遍，以冲洗掉水刷出来的水泥。

（4）预防措施

① 认真进行基层处理。首先堵塞基层面上的孔眼，然后清扫干净基层面上的灰尘、杂物；对于混凝土墙面，应剔凿凸出块修补平整。对于蜂窝、凹陷、缺棱掉角等缺陷，用 108 胶水溶液将该处涂刷一遍，再用水泥砂浆（水泥：砂＝1：3）进行修补。

② 抹底子灰。在抹底子灰的前一天，要对抹灰处进行浇水湿润。抹上底子灰后，用工具将其处理平整，并应抹压密实。为防止出现空鼓与裂缝，对大面积墙面抹灰，必须按规定设置

分格缝。

③ 在抹面层水泥石子浆前，应严格检查底层抹灰的质量，如发现缺陷必须纠正合格。抹水泥石子浆，一般应在基层基本干燥时最适宜。如果底层已干燥，应适当浇水湿润，然后在底层面薄薄满刮一道纯水泥浆黏结层，紧接着抹面层水泥石子浆。随刮随抹，不能间隔，否则纯水泥浆凝结后，根本起不到黏结作用，反而容易出现面层空鼓。

④ 加强施工管理工作。严格进行基层的扫除冲洗，堵塞基层面上的一切缝隙和孔洞，要建立自检、互检、专业检相结合的质量检查制度。抹底层灰砂浆的稠度要适宜，厚度一般控制在 7mm 左右。要求对底层灰用力刮抹，使砂浆嵌入砖缝。一面墙体必须一次完成，不得设置施工缝。底层灰浆完成后，夏季要防晒，冬季要防冻，湿养护不得少于 7d。

⑤ 在抹水泥石子浆体前 1h 内，在基层面上刷厚度为 1mm 左右的聚合物水泥浆，这是防止水刷石出现空鼓的关键工序，千万不可省略。

## 2. 水刷石面层有掉落石粒、浑浊

（1）质量问题　水刷石在完成后，呈现出表面石子分布很不均匀，有的部位石子比较稠密集中，有的部位出现石子脱落，造成表面高低不平，有明显的面层凹凸、麻面，水刷石表面的石子面上有污染，颜色深浅不一而浑浊，严重影响饰面的质量和观感。

（2）原因分析

① 采用的水泥强度等级过低，配制水泥石子浆时，石子未认真进行清洗，没有筛除粒径过大或过小的石子，或者对石子保管不善而产生污染。

② 水刷石底层灰的平整度、干湿程度没有掌握好。如底层灰过于干燥，过快吸收水泥石子浆中的水分，使水泥石子浆体不易抹平压实，在抹压过程中石子颗粒水泥浆不易转动，洗刷后的面层显得稀疏不匀、不平整、不清晰、不光滑。

③ 刷洗时间没有掌握适当，如果刷洗过早，石子露出过多时很容易被冲掉；如果刷洗过晚，面层已经凝结硬化，石子遇水后易崩掉，且洗刷不干净石子面上的水泥浆，导致表面浑浊。

④ 操作没有按规定进行。一是石子面刷洗后，没有再用清水冲洗掉污水，使水刷石面显得不清晰；二是在用水刷面层时，喷头离面层的距离和角度掌握不对。

（3）处理方法

① 当水刷石的面层局部掉落石粒较多时，应凿除不合格部分，参照“水刷石面层发生空鼓”的处理方法进行处理。

② 当水刷石面层掉落石粒较少时，把 JC 建筑装饰胶黏剂（单组分）用水加以调匀，补嵌清扫干净的掉落石粒孔隙处，然后再补嵌与水泥石子浆体相同的石子。

③ 当水刷石面层局部污染时，配制稀盐酸水溶液，用板刷刷洗干净后，再用清水刷洗掉稀盐酸溶液。在施工中要特别注意防止盐酸灼伤皮肤和衣服。

（4）预防措施

①严格对配制水泥石子浆体原材料质量的控制。同一幢建筑的水泥要用同一厂家、同一批号、同一规格、同 一强度的，石子要用同一色泽、同一粒径、同一产地、同一质量的。

② 配制水泥石子浆的石子要颗粒坚韧、有棱角、洁净，使用前要筛除过大或过小粒径的石子，使粒径达到基本均匀，然后用水冲洗干净并晾干，存放中要防水、防尘、防污染。

③ 配制水泥石子浆体要严格按设计配合比计量，同一面墙上的水刷石要一次备足，搅拌时一定要均匀，施工中要在规定的时间内用完。

④ 掌握好底层灰的湿润程度，如果过干时应预先浇水湿润。抹上水泥石子浆后，待其稍

微收水后，用铁抹子拍平压光，将其内水泥浆挤出，再用毛刷蘸水刷去表面的浮浆，拍平压光一遍，再刷、拍实抹压一遍，并重复至少3遍以上，使表面的石子排列均匀、紧密。

⑤ 喷洗是水刷石施工中一道关键的工序，喷洗时间一定要掌握适宜，不得过早或过迟，一般以手指按上去无痕或用刷子刷时石子不掉粒为宜。刷洗应由上而下进行，喷头离刷洗面10～20mm，喷头移动速度要基本均匀，一般洗到石子露出灰浆面1～2mm即可。喷洗中发现局部石子颗粒不均匀时，应用铁抹子轻轻拍压；若发现表面有干裂、风裂等现象时，应用抹子抹压后再喷洗。然后用清水由上而下冲洗干净，直至无浑浊现象为止。

⑥ 在接茬处进行喷洗之前，应先把已完成的墙面用水充分喷湿30cm左右宽，否则浆水溅到已完成的干燥墙上，不易再喷洗干净。

## 3. 阳角不挺直、阴角不方正

(1) 质量问题　水刷石饰面完成后，在阳角棱角处没有石子或石子非常稀松，露出灰浆形成一条黑边，被分格条断开的阳角上下不平直，阴角不垂直，观感效果欠佳。

(2) 原因分析

① 在抹压阳角处施工时，或操作人员技术水平不高，或采用的操作方法不正确，或没有弹出施工的基准线，均可以造成阳角不挺直。

② 阴角处抹罩面石子浆体时一次成活，没有事先做好弹垂直线找规矩。

③ 抹压阳角罩面石子浆体时，由于拍实抹压的方法不当，水泥浆产生收缩裂缝，从而在刷洗时使石子产生掉粒。

(3) 处理方法

① 当面层掉落的石粒过多、露出水泥浆的里边时，每边凿除50mm的水泥石子浆体面层和黏结层，扫除冲洗干净，刨出“八”字形靠尺，由顶到底吊垂直线，贴好一面靠尺，当抹压完一面后起尺，使罩面石子浆体接茬正交在尖角上。掌握刷洗时间，喷头应骑着拐角喷洗，在一定的宽度内一喷到底。

② 局部掉落石粒可选用适宜的黏结剂黏结石子，并且补平补直。

(4) 预防措施

① 当阳角反贴“八”字形靠尺时，当抹压完一面起尺后，使罩面石子浆体接茬正交在尖角上。阳角的水泥石子浆体收水后用钢抹子溜一遍，将小孔洞分层压实、挤严、压平，把露出的石子轻轻拍平，在转角处多压几遍，并先用刷子蘸水刷一遍，刷掉灰浆，检查石子是否饱满均匀和压实。然后再压一遍、再刷一遍，如此反复不少于3遍。待达到喷洗标准时，掌握好斜角喷刷的角度，先是骑着拐角进行喷洗，控制距离，使喷头离头角10～20mm，由上而下顺序喷刷；保持棱角明朗、整齐、挺直。喷洗要适度，不宜过快、过慢或漏洗；过快水泥浆冲不干净，当喷洗完干燥后会呈现花斑，过慢会产生坍塌现象。

② 阴角交接处，最好分两次完成水刷石面，先做一个平面，然后做另一个平面，在底子抹灰层面弹上垂直线，作为阴角抹压垂直的依据，然后在已抹完的一面，靠近阴角处弹上另一条直线，作为抹压另一面的标准。分两次操作可以解决阴角不直的问题，也可防止阴角处石子脱落、稀疏等缺陷。阴角刷洗时要注意喷头的角度和喷水时间。

③ 在阳角、阴角处设置一道垂直分格条，这样既可以保证阳角和阴角的顺直，又方便水刷石的施工。这是提高阳角挺直、阴角方正的重要措施。

## 4. 分格缝口处石子缺粒

(1) 质量问题　水刷石分格缝口大小均匀，缝口处的石子有掉落，有的处于酥松状态，严重影响水刷石的装饰效果，如果不加以处理，表面缺石粒的地方很可能成为向着墙体内部渗水的通道。

（2）原因分析

① 选用的分格条木材材质比较差，使用前没有按规定进行浸水处理。干燥的分格条吸收水泥石子浆液中的水分而变形，导致缝口石子掉粒。

② 分格条边的水泥石子面层没有拍实、抹平，导致沿分格条边有酥松带。

（3）处理方法

① 将分格缝口的疏松石子剔除，冲洗扫除干净，晾干。将分格条面涂刷隔离剂，拉线将分格条嵌入缝中，要求表面平整。用水泥浆刮平，将石粒拍入，要平、密、匀。掌握时间喷刷洁净，然后轻轻起出分格条。随时检查，若有不足之处，要及时纠正。

② 对于局部掉落石粒的缺口，应用石子蘸着黏结剂补缺。

（4）预防措施

① 分格条应选用优质木材进行制作，厚度要求同水泥石子浆的厚度，宽度为15mm左右，做成外口宽、里口窄的形状。分格条粘贴前要在水中充分浸透，以防抹灰后吸水膨胀变形，影响饰面质量。分格条的粘贴位置应符合设计要求，并应横平竖直，交接紧密通顺。

② 为防止分格缝口处出现石子缺粒，在水泥石子浆体进行抹压后，要有专人负责沿分格条边拍密实。

③ 在起分格条时应先用小锤轻轻敲击，然后用尖头铁皮逐渐启出，防止碰掉边缘的石子。

## （二）干粘石饰面质量问题与防治措施

### 1. 干粘石饰面空鼓

（1）质量问题　干粘石饰面施工完毕后，经过干燥一段时间后，轻轻敲击饰面有空鼓声音，进而局部出现凸出或裂缝，严重的甚至出现饰面部分或整块脱落。

（2）原因分析

① 由于基层未进行认真清理，基层上仍有灰尘、残留的灰浆、泥浆或其他污物，造成底灰与基层不能牢固黏结而形成空鼓。

② 采用钢模板施工的基层混凝土表面太光滑，或者残留的混凝土隔离剂未清理干净，或者混凝土表面本身有空壳、硬皮等未进行处理。

③ 对于加气混凝土基层选用了高强度水泥砂浆作为饰面层，造成二者由于收缩性能差别过大，从而形成剥离、空鼓现象。

④ 基层墙面在浇水湿润时，由于时间掌握不适当，如果浇水过多易造成饰面层流坠、裂缝；如果浇水不足会使基层吸收饰面砂浆中的水分，造成失水过多使强度降低黏结不牢，从而产生空鼓；如果抹灰基层浇水不匀会产生干缩不匀，从而形成面层收缩裂缝或局部空鼓。

⑤ 抹灰所采用的中层砂浆强度高于底层砂浆强度，两者收缩差别较大，易产生空鼓现象；如果底层与中层施工间隔的时间长短不一，也会造成空鼓质量问题。

（3）处理方法

① 查明发生空鼓的范围，用明显的记号划出具体位置，按照所查明空鼓的面积计算材料用量，而且所用水泥、石灰膏、砂子等材料的规格、强度、色泽、粒径、质量等，应与原干粘石的材料完全一样。

② 凿除已空鼓的饰面，用钢丝刷子刷除灰浆黏结层，用清水冲洗洁净、晾干；再在上面

刷一遍聚合物水泥浆，在1h内抹好头遍灰，砂浆稠度控制在10mm左右，厚度控制在7mm。

③ 其基体处理的方法，可参考“外墙发生空鼓与裂缝”中的处理方法。

④ 抹好底层灰和找平层后，按照设计要求进行弹线粘贴分格条。在粘贴分格条前，应检查底层灰、找平层的施工质量是否合格，应确实无空鼓、裂缝和酥松等缺陷。

⑤ 在抹结合层砂浆时，水泥要选用经过复检合格的普通硅酸盐水泥、优质石灰膏、洁净的中砂。结合层砂浆的配合比为：108胶：水：水泥：石灰膏：砂子＝1：4：10：5：20。配制中应计量准确、搅拌均匀、随拌随用，抹灰层的厚度控制在4～5mm。

⑥ 在甩石子时应先甩四周易干燥部位，后甩中部，并使石子分布均匀、紧密、不漏粘。用抹子拍压或用胶辊滚压，并用木抹子拍实拍平。石子要自上而下粘，先粘门窗框侧面再粘正面，应粘好一个分格后，再去粘另一个分格。

(4) 预防措施

① 用钢模板浇筑的混凝土制品，应先用10%的氢氧化钠水溶液将表面的油污和隔离剂清洗干净，并用清水冲洗表面，基层表面若有空壳硬皮应铲除并刷净。

② 对过于光滑的混凝土基层面，宜采用聚合物水泥砂浆（砂子采用洁净过筛的中砂，水泥：砂＝1：1，加入水泥质量5%～10%的108胶）满刮一遍，厚度约为1mm，并用扫帚将表面扫毛，使其比较粗糙，然后加强养护，待晾干后抹底灰。

③ 施工前必须将基层面上的粉尘、泥浆、油污、杂物、隔离剂等清理干净，并将凹洼的部分分层嵌填密实，将凸出部分剔凿平整。

④ 对于不同的材料的基层，按照“外墙发生空鼓与裂缝”中的预防措施认真处理，这是防止干粘石发生空鼓的主要措施。

⑤ 黏结层的处理，各地区和各施工企业都有成功的经验，可根据工程实际情况采取不同措施。有的可用纯水泥浆，有的可用水泥混合砂浆，有的可用聚合物混合砂浆。

### 2. 干粘石饰面浑浊不干净

(1) 质量问题　干粘石饰面层浑浊，如不干净、不明亮，颜色不均匀、不一致，严重影响饰面的观感。

(2) 原因分析

① 石子进场后，不经筛洗处理就使用，对堆放石子不采取保护措施（下面是土地，上面不遮盖），污染比较严重。干粘石粒内含有石粉、泥土、水泥粉尘等杂质，致使干粘石面层浑浊和色差。

② 石子分批进场后不按规格堆放，而是混堆在一起，配合比不计量，又没有混合均匀，很容易造成颜色不一。

③ 干粘石施工时遇大风，大风卷起脚手架上的泥灰、水泥粉尘等，黏附在黏结层和干粘石的面层上而显得浑浊。

(3) 处理方法

① 由于局部分格块的面层浑浊且石粒没有粘牢，必须将其铲除后参照“水刷石面层空鼓”的处理方法进行处理。

② 面层有污染、石粒黏附牢固时，可用10%的盐酸溶液进行清洗，最后再用清水冲洗掉盐酸溶液。

(4) 预防措施

① 施工前必须将石子全部分规格过筛，将石粉、粉尘等杂物筛出；筛除不合格的大径粒，用水淘洗干净、晾干、储存，防止出现再污染。

② 为保证干粘石的施工质量、砂浆强度和饰面整洁，面层粘石子 24h 后即可用浇淋水冲洗，但不能用压力较大的水冲洗；洗净面层的粉尘，不仅对抹灰层起养护作用，可保证粘石质量，而且会粘石面更加干净明亮。

### 3. 干粘石阳角有黑边、不通顺

（1）质量问题

① 墙角、柱角、门窗洞口等阳角处，有一条明显可见的无石子的砂浆线，俗称黑边。

② 干粘石的阳角处比较毛糙，不直，不顺，又不清晰。

（2）原因分析

① 阳角施工时，先在大面上卡好直尺，抹小面黏结层，粘石子压实溜平，反过来再将直尺卡在小面上，再抹大面黏结层的粘石子，这时小面阳角处的黏结层已干，粘不上石子，极易形成一条明显可见的无石子的黑线。

② 对外装饰干粘石施工的阳角，没有从上到下一次吊垂线、拉统长水平线、贴标高灰饼及找垂直、找方正，或施工时在一步架子找直、找方一次，这样就很难确保阳角垂直和顺直。

（3）处理方法

① 当阳角有黑边、不垂直、不和顺时，应沿着阳角的两边从上到下弹垂直线，离开阳角每边 60mm 沿线切割或凿除阳角部分的干粘石和黏结层，刷洗干净，再沿切割边线贴垂直分格条；选用优质木材，制成“八”字形靠尺，贴在阳角的一面，当抹压完一面黏结层，粘好石粒起尺后，翻身贴在另一面，确保接茬在尖角处，且阳角垂直、方正无黑边。

② 当阳角处垂直，仅有黑边时，可以将黑边刮除，洗刷干净，重新刮聚合物水泥砂浆黏结剂，并及时粘上石粒，随即拍实、滚平。

（4）预防措施

① 抹阳角干粘石时要选用优质木材制成“八”字形靠尺板，将接茬接到尖角上，是消除黑边、确保阳角垂直的主要技术措施之一。

② 要选配技术熟练的工人具体负责阳角处干粘石的操作，及时拍平石粒，且均匀密实。

③ 阳角和柱子应事先从上到下统一吊垂线、水平线作为施工基线。做好标记，接着粘靠尺、抹灰及粘石。要随时检查垂直度和施工质量，如出现缺陷，应随时纠正。

### 4. 干粘石表面有抹痕

（1）质量问题　在干粘石表面修饰的施工中，操作人员不是用抹子拍打石渣使其平整，而是用抹子溜抹石渣的表面，从而在干粘石饰面表面留下凹凸不平的鱼鳞状痕迹，这些抹痕严重影响美观。

（2）原因分析

① 配制的干粘石的灰浆较稀，在抹灰的过程中不能很好成型，必然使其表面留有抹痕。

② 操作人员技术不熟练，在拍打干粘石时施工方法不对，对其表面进行了溜抹，使表面留下了抹痕。

（3）处理方法　如果干粘石的抹痕并不十分严重，可以在干粘石凝结硬化之前，用滚子轻轻地压至平整。

（4）预防措施

① 根据不同墙面、施工季节、施工温度和施工技术水平，掌握好底层的浇水量，配制适宜的面层灰浆稠度。

② 干粘石的施工方法要正确，抹灰层灰一定要抹平，按照干湿程度掌握好粘石的时间，

并做到随粘石随拍平，千万不要对粘石进行溜抹。

## （三）斩假石质量问题与防治措施

### 1. 斩假石出现空鼓现象

（1）质量问题　斩假石饰面空鼓，不仅影响剁石操作，而且影响饰面的质量，在剁石时有明显的空壳声，甚至饰面会出现裂缝、脱落。

（2）原因分析

① 基层表面没有按照要求进行清理，由于表面有灰尘或杂质，影响底层灰与基层的黏结。

② 底层灰的表面抹压过于光滑，又没有用木抹子进行搓毛或划毛；或面层又被污染，导致底层灰与面层不能黏结而脱壳，严重的在剁石时可能发生脱落。

③ 在抹各层灰时，浇水过多或不足、不均匀，以及底层灰过厚、过薄，产生干缩不匀或部分脱水过快，从而形成空鼓层。

④ 在配制砂浆时由于使用劣质水泥，或使用停放时间过长的砂浆等，也会引起空鼓。

（3）处理方法

① 局部空鼓时，用切割机沿分块缝边割开，铲除空鼓的斩假石块。将基层面清扫冲洗干净。薄薄刮一层聚合物水泥浆，随即抹面层。面层配合比同原水泥石渣浆，抹的厚度使之与相邻的面层一样平。用抹子横竖反复压几遍，达到表面密实；新旧抹面接合处要细致抹压密实。表面抹压完后，要用软毛刷蘸水把表面水泥刷掉，露出的石渣应均匀一致。隔日进行遮盖，防晒养护。在正常气温大于15℃以上时，隔2～3d开始剁；气温在15℃以下时，要适当延长2d左右。但应试剁，以石渣不脱落为准。在进行斩剁之前，面层应洒水润湿，以防石渣爆裂。

② 出现大面积空鼓时，应查明原因，必要时应铲除干净，重新进行施工。

（4）预防措施

① 施工前应将基层表面的粉尘、泥浆等杂物认真清理干净。

② 对光滑的基层表面，宜采用聚合物水泥砂浆喷涂一遍，厚约1mm，随着用扫帚扫毛，使表面粗糙，湿养护3～5d。干硬后抹水泥石渣面层。

③ 根据环境气温及基层面干湿程度，掌握好浇水量和均匀度，并注意防晒和湿养护，以增加其黏结力。

④ 严格材料质量，如水泥必须选用检测合格的普通硅酸盐水泥，强度等级不低于32.5MPa或325号白色硅酸盐水泥。一般用粒径4mm（即小八厘）以内的石粒，也可掺入30%石屑，但不得含有泥土和尘土污染。

### 2. 斩假石饰面色差大

（1）质量问题　斩假石表面颜色不匀，色差比较明显，严重影响斩假石饰面的观感。

（2）原因分析

① 在配制的水泥石子浆中，所掺用颜料的细度、颜色、用量、厂家、批号不同，从而很容易造成斩假石饰面色差比较明显。

② 采用的水泥不是一次进场或不是同一批号，在配料中配合比计量不准，各种材料的用量时多时少，配制中搅拌不均匀。

③ 斩剁完工的部分，又用水进行了冲刷，使水泥石子浆中的颜料被冲出，从而造成冲者

颜色浅，未冲者颜色较深，从而造成斩假石饰面色差大。

④ 在常温下进行施工时，斩假石饰面由于受到阳光直接照射程度不同、温度不同，也会使饰面颜色不匀，产生较明显的色差。

(3) 处理方法　在斩假石饰面施工完成后，可先用草酸水全面将表面洗刷一遍，然后用清水冲洗掉草酸水溶液。

(4) 预防措施

① 同一饰面的斩假石工程，应选用同一品种、同一标号、同一细度、同一色泽的原材料，并根据实际面积计算材料用量，一次备足。

② 配制斩假石的材料时，应派有责任心的专人负责，严格材料配合比计量，水泥石渣浆一定要搅拌均匀，加水量一定要准确。

③ 在对饰面斩剁前洒水要均匀一致，斩剁后的尘屑可用钢丝板刷顺纹刷净，不要再进行洒水刷洗。

④ 雨天不宜施工。在常温下施工时，为使浆中的颜料分散均匀，可在水泥石子浆中掺入适量的木质素磺酸钙和甲基硅醇钠。

### 3. 斩假石饰面上剁纹不匀

(1) 质量问题　合格的斩假石装饰面层，要求其色泽和剁纹都应比较均匀，如果实际完成的斩假石没有达到色泽和剁纹均匀的要求，将会严重影响斩假石饰面的美观。

(2) 原因分析

① 在进行斩假石饰面施工之前，斩剁的表面未按照设计要求进行弹线，使得剁纹无规律，出现杂乱无章的现象。

② 在进行剁纹前，对饰面的硬化程度未进行认真检查，面层的硬度差别比较大；或者使用的斩剁的斧子不锋利，或者选用的剁斧规格不当、不合理。

③ 在进行斩假石斩剁的施工中，操作者工艺水平不高，斩剁用力轻重不一样，也会造成斩假石饰面上的剁纹不匀。

(3) 处理方法

① 挑选在斩假石施工方面有经验、工艺水平较高的技工操作，对于出现质量问题的部位，应根据实际情况再加工整修补剁。

② 当斩剁的纹理比较混乱、夹有空鼓等缺陷时，应当铲除饰面层，参照“斩假石出现空鼓问题”的处理方法进行处理。

(4) 预防措施

① 当水泥石渣浆面层抹压完后，经过一定时间的湿养护，在墙边弹出边框线、剁纹的方向线，以便沿线斩剁，确保斩剁纹顺序均匀。在正式斩剁前，应先要进行试剁，先剁出一定面积的标准样板块，经测验达标后，再以此为斩剁的样板。

② 保持剁斧的锋利，选用专用工具要得当。根据饰面不同的部位应采用相应的剁斧和斩法：边缘部分应用小斩斧轻轻地斩剁；剁花饰周围应用花锤，而且斧纹应随花纹走势而变化，纹路应相互平行，均匀一致。

③ 剁纹技工要经过专门的技术培训，并经合格样板块的学习，掌握斩剁的技巧。操作时先轻剁一遍，再盖着前一遍的斧纹剁深痕，斩剁用力要均匀，移动速度要一致，剁纹深浅要一致，纹路要清晰均匀，不得出现漏斩剁。阳角处横剁或留出不剁的部位，应当做到宽窄一致，棱角无缺损。

# 第二节　外墙防水工程质量问题与防治

工程实践充分表明，外墙渗漏是建筑工程中的质量通病之一，严重时会影响人们的正常生产和生活，给人们造成财产损失和精神负担。外墙渗水不但会影响房屋的使用功能，还严重影响建筑物的外观，同时维修上极其困难。但在实际的现场施工中，往往会因为外墙不易积水从而忽视了外墙细部的防水工艺施工，给日后的外墙渗漏埋下了隐患。

外墙渗漏防治是一项综合工程，造成渗漏的因素很多，涉及材料、设计、施工、维护管理等诸多方面。下面列出容易发生渗漏的主要部位，以指导施工过程未雨绸缪、防患于未然，并对处理外墙渗漏的有效方法进行探讨。

## 一、外墙竖向缝隙渗漏

### （一）质量现象

采用空腔构造防水做法的外墙竖向缝隙出现漏水，连接铁件从而产生锈蚀。冬季冷空气从板缝进入，室内出现结露现象。

### （二）原因分析

（1）外墙板在制作、运输、存放过程中，保护不善，竖向缝的防水槽等被撞破坏未妥善修理。

（2）颠倒了施工顺序，采取了先插入塑料条后浇筑板缝的做法，使溢进空腔内的水泥砂浆残渣不宜清理。

（3）塑料条裁切尺寸不适当。过宽，在腔壁内形成折线；过窄，形成麻花状或脱出腔外；长短不一，下端没有插到排水坡上，使竖向缝隙失去密封减压的作用。

（4）油毡聚苯乙烯板断裂，构造柱混凝土从裂口处溢进空腔，立腔被堵塞。

### （三）预防措施

（1）墙板的堆放场地必须坚实平整，墙板应靠放在支撑牢固的插放架上。墙板起吊、运输必须谨慎，防止破坏墙板上的防水构造。

（2）插放塑料条工序必须在浇筑构造柱混凝土之后进行。浇筑混凝土后必须及时清理空腔内的杂物。

（3）塑料条要按实测外墙板防水槽宽度加 5mm 的尺寸现场进行裁割，不宜事先裁成统一的规格，以保证防水空腔的密闭性。塑料条的长度应保证上部有 15cm 的搭接长度。

（4）勾板缝护面砂浆应分 2～3 次进行，不得用力挤压砂浆，以防将塑料条挤入空腔中。

（5）对于无法嵌插塑料条的瞎缝，可沿缝外侧嵌填防水油膏。

（6）宜选用厚度为 12～14cm 的聚苯乙烯板，并将其与油毡条粘牢，然后嵌填防水油膏，并用水泥砂浆勾严。

## 二、墙面出现渗漏

### （一）质量现象

雨水从面砖板缝处侵入墙体，致使外墙的室内墙壁出现水迹，室内装修发霉变黑；还可能“并发”板缝析白流挂。

### （二）原因分析

(1) 设计图纸缺乏细部大样，施工说明也不详细，外墙面横竖凹凸的线条比较多，里面变化比较大，对疏水非常不利。

(2) 墙体因温差、干缩产生裂缝，尤其是房屋顶层墙体和轻质墙体。砌体的灰缝不饱满，因此，墙体本身的防水性能是有限的，有些地区的房屋墙体要用侧向砖砌筑；砂浆饱满度普遍较差，其防水性能则更差。

(3) 饰面砖工程中饰面砖通常是依靠板块背面满刮水泥砂浆粘贴上墙的，它靠手工挤压板块，黏结砂浆不宜全部位挤满，尤其板块的 4 个周边（特别是 4 个角）砂浆不易饱满，以致留下渗水空隙和通路。

(4) 有些装饰面层要求砖缝疏密相同，即由若干板块密缝拼成小方形图案，再由横竖宽缝连接成大方形图案（即“组合式”），其密缝粘贴的板块形成“瞎缝”，板块接缝无法进行勾缝，只能采取“擦缝”处理，因此“组合式”的面层最容易出现渗漏。

(5) 外墙找平层一次成活，由于一次涂抹过后，造成抹灰层下坠、空鼓、开裂、砂眼、接茬不密实、表面不平整等毛病，造成藏水空隙、渗水通道。有些工程墙体表面凹凸不平，抹灰层超厚。另外，楼层圈梁（或框架梁）凸出墙面或墙体表面凹凸不平，以及框架结构的填充墙墙顶与梁底之间填塞不密实等，也会发生抹灰裂缝，造成滞水、藏水、渗水。

(6) 不少工程用普通水泥加水的净浆液作为勾缝材料，不仅会增加氢氧化钙等水溶性物质，而且硬化的收缩率也下。水泥净浆硬化后，经过时间变化，很容易在板缝部位产生裂隙或在水泥净浆与面砖之间产生缝隙。

### （三）预防措施

(1) 外墙饰面砖工程应有专项设计，并有节点大样图。对窗台、檐口、装饰线、雨篷、阳台和落水口等墙面凹凸部位，应采用防水和排水构造。在水平阳角处，顶面排水坡度不应小于 3%～5%，以利于排水；应采用顶面面砖压立面面砖，立面最后一排面砖压住竖向的阳角，由于其板缝防水不宜保证，故不宜用于水平阳角。

(2) 外墙面找平层至少要求两遍成活，并且喷雾养护不少于 3d，3d 之后再检查找平层的抹灰质量，在粘贴外墙砖之前，先将基层空鼓、裂缝处理好，确保找平层的施工质量符合设计要求。

(3) 精心施工结构层和找平层，保证其表面平整度和填充墙紧密程度，使装饰面层的平整度完全由基层控制，从而避免基层凹凸不平，并可避免粘接层局部过厚或饰面不平整带来的弊病，也可避免填充墙顶产生裂缝。

（4）找平层应具有独立的防水能力，可在找平层上涂刷一层结合层，以提高界面间的黏结力，兼封闭找平层上的残余裂纹和砂眼、气孔。其材料可采用商品专用水泥基料的防渗材料，或涂刷聚合物水泥砂浆、界面处理剂。找平层完成后，外墙砖粘贴前，外墙面也可进行淋水试验。其方法是在房屋最顶处安装喷淋水的管网，使水自顶层顺墙往下流淌，喷淋水时间不少于2h。及早发现渗漏点，及时进行处理，使找平层具有独立的防水能力。

（5）外墙砖接缝宽度不应小于5mm，不得采用密缝粘贴。缝的深度不宜大于3mm，也可以采用平缝。外墙砖勾缝应饱满、密实，无裂缝，选用具有抗渗性能和收缩率小的材料进行勾缝。

## 三、外墙砖砌体渗漏水

### （一）质量现象

在混凝土框架结构中，框架梁底部有渗水。外墙面砖砌体渗漏水，会造成内墙装饰霉变，严重影响美观和使用功能。

### （二）原因分析

（1）砌砖的水平比较低，砖缝中的砂浆不够饱满，或为空头缝。框架结构的围护墙与框架梁底之间，因砌体的沉降产生缝隙而漏水。

（2）脚手架眼没有按要求堵塞好，留有渗水的通道。

（3）外墙装饰面层有空鼓、裂缝时，在下雨过后，雨水从缝隙进入抹灰层而渗入内墙。

### （三）处理方法

（1）高层建筑的外墙有局部渗水时，可将内粉刷铲除，查清楚渗水的砖缝，将砖缝不密实的部分砂浆剔除，冲洗干净，用1∶2.5的水泥砂浆嵌填密实。

（2）出现大面积渗水，但外装饰面又无明显裂缝时，将外墙装饰面清扫冲洗干净，待干燥后，用阳离子氯丁橡胶聚合物乳液组分和组分按1∶1混合搅拌均匀后，按照0.40的水灰比加入等级为42.5MPa的普通硅酸盐水泥，并将水泥浆搅拌均匀。用聚合物水泥砂浆对砖缝进行勾缝处理。

（3）沿着框架梁底漏水时，要铲除外墙裂缝处的装饰层，将砖墙顶面缝隙中的灰浆刮除，并冲洗干净，用铁片塞紧，然后用1∶2.5的水泥砂浆嵌填密实并凹进墙面10mm，用柔性防水密封胶进行嵌填，然后补做外墙装饰面层。

### （四）防治措施

（1）加强施工管理，严格砌体的操作质量，执行《砌体结构工程施工质量及验收规范》(GB 50203—2011)中的规定，外墙一律不许留脚手架眼，砖砌体的灰缝应横平竖直，厚薄均匀，砂浆饱满率要大于80%。

（2）框架结构的填充墙，按规范要求“填充墙砌至接近梁、板时，应留一定空隙，在抹灰前采用侧砖、立砖或砌块斜砌挤紧，其倾斜度为60°左右，砌筑砂浆应饱满。”这是防止填充墙砌筑砂浆沉降的主要措施。

(3) 外墙施工前必须事先进行技术交底。铺贴的过程中一定要有挤浆工艺，且在勾缝前要全面检查空鼓情况，勾缝要保证密实度，勾缝完毕后要注意湿润养护，密缝抹擦缝隙不得有遗漏，勾缝深度要严格控制，凹入度不宜太大，最好勾成圆弧形的平缝。质量管理方面要建立多级复查控制度，以保证每道工序的质量。

# 四、外墙门窗框周边渗水

## (一)质量现象

在施工过程中我们经常发现，水沿着门窗框周边及窗台渗漏，这样的渗漏会造成室内墙面的污染，严重影响美观和使用功能。

## (二)原因分析

(1) 墙板制作中为便于拆模，窗口模板往往留有一定坡度，从而造成窗口上部反坡。如果滴水线留得过浅，雨水易越过滴水槽顺坡流下，渗入室内。

(2) 门窗框周边与砖墙接触面的缝隙没有封嵌，或虽用砂浆堵塞却不密实，常出现脱落和裂缝，窗洞口顶面无滴水线，雨水由洞口顶面流入室内。

(3) 窗台下的砌体缝隙中砂浆不饱满，水从缝隙中渗入室内。窗台粉刷不当，水沿窗框下渗入室内。

## (三)处理方法

(1) 改变窗口模板结构，避免形成窗口反坡。窗框下应认真进行填塞灰浆处理。窗口四周可以做成窗套。对于已形成的洇水部位可用防水砂浆修理。

(2) 将门窗框边与墙体接触面的缝隙中的疏松与裂缝、不密实的砂浆剔除冲洗干净，然后用1：2.5的水泥砂浆分层嵌填密实，靠窗框边留6mm×6mm的凹槽，待外墙装饰完成后，沿门窗框周围凹槽中嵌填柔性防水密封胶。

(3) 门窗洞的上部要做滴水线，损坏的要补做好。窗台面粉刷层有裂缝或倒泛水时必须返工重做。

## (四)防治措施

(1) 窗台施工时室外应低于室内20mm，做成顺水坡。窗楣处设置滴水槽，或做成鹰嘴形式。室外窗台饰面层应严格控制水泥砂浆的水灰比，抹灰前充分湿润基层，并涂刷素水泥浆结合层，薄厚均匀一致，抹灰抹压密实，下窗框企口灰浆饱满密实、压严。滴水槽的深度和宽度均不应小于10mm，窗台流水坡度为10%以上，滴水槽和流水坡可及时将外墙集聚的雨水分散引导掉。对窗台饰面层要加强养护，防止水泥砂浆收缩开裂。窗台抹灰的时间宜尽量推迟，以便使结构沉降稳定后进行。

(2) 窗框安装时要首先检查其平整度和垂直度，门窗框与墙体的预埋件的连接固定必须牢固。门窗框安装经检查合格后嵌缝，清扫周边墙面与框侧，喷水冲洗湿润，用混合砂浆分层嵌填压实、抹平。用柔性材料（矿棉条或玻璃棉毡条）分层填塞，缝隙外表留5～8mm深的槽口，填嵌水密性密封材料。

（3）窗台下的砌砖，必须用砂浆刮填满所有砖缝，窗框下部距离窗台砖面不低于45mm。挑出窗台面流水坡的上口部要缩进窗下框，并做成20mm的圆弧；下口做10mm×10mm的滴水槽。

# 五、外来水源造成外墙的渗水

## （一）质量现象

女儿墙压顶沿水渗入墙内，或雨篷的挂水渗入墙内，或阳台的挂水渗入墙内，或水落管破损造成渗水。这些外来水渗入内墙，污染墙面，使墙面潮湿、霉变，严重影响美观。

## （二）原因分析

（1）女儿墙压顶向外反水、挑出口处的下面没有做滴水线、滴水槽，雨水从山墙流淌。

（2）雨篷的排水管的管径偏小或堵塞而产生溢水；或没有留好滴水线（槽），雨水流到根部，渗入内墙或沿外墙面流淌。

（3）水落管的材质差，老化快，易破损，常出现脱节，雨水流到外墙面潮湿一大片。或水落管安装不规范，紧靠墙面，溢水、排水和漏水都沿墙面流下。

## （三）防治措施

（1）防止女儿墙压顶出现积水　压顶面的外侧应高于内侧，做成向里倾斜的泛水，使雨水流入屋面。压顶下端的两侧，必须做好滴水线。

（2）防止雨篷“挂水”　外侧设置挡板时，采用有组织排水，应加大排水管的直径，一般不小于50mm，伸出雨篷外口长度不小于70mm，并要有一定的坡度，且外口割成斜面，板下部做好滴水线（槽）防止出现积水。

（3）安装好墙面水落管　在实际工程中，很多墙面渗水是因为水落管的直径过小，材质较差，安装不规范，从而造成溢水和漏水，影响大片墙面。所以必须严格控制水落管的质量，严格执行《屋面工程技术规范》中的规定：设计与施工时“水落管内径不应小于75mm，一般水落管的最大屋面汇水面积为200$m^2$，水落管安装距离墙面不应小于20mm，排水口距离散水坡的高度不应大于200mm，水落管应用管箍与墙面固定，接头的承插长度不应小于40mm”。施工中都要严格检查和验收。

# 六、外墙洞口处理不当造成渗水

## （一）原因分析

（1）外墙工程竣工后，住户在墙体上凿取空调管洞、太阳能热水器管孔、排气扇孔洞等，造成墙体及外饰面裂缝，由于条件的限制，住户及装修者，无法对此进行认真的处理。

（2）剪力墙墙体施工时所用的螺栓套管，在内外装饰层施工前未认真进行封堵或未进行封堵。

## （二）防治措施

（1）通过改进外墙防水工程的施工工艺，尽量减少外墙操作孔洞的留置。

（2）在清除操作洞孔内的杂物和浇水湿润后，用水泥砂浆及砖块对外墙孔洞进行认真填塞，并确保填塞密实可靠。

（3）在施工过程中应严格遵照设计及现行施工规范进行施工，严格落实质量检查制度，在对工程主体结构进行检查时，要对外墙填塞不规范、不密实的洞孔坚决返工。

# 七、散水坡上出现渗水

## （一）原因分析

（1）散水坡与结构主体墙身未真正断开。

（2）纵横向伸缩缝设置不合理，不适应温度变化而产生裂缝。

（3）散水坡的宽度小于挑檐的长度，散水坡起不到接水作用。

（4）散水坡低于房区路面的标高，雨水排不出去，导致积水。

（5）散水坡的结构埋置深度未超过冻结层，受冻后散水坡的结构遭受破坏，产生裂缝，从而导致渗水。

## （二）处理方法

（1）散水坡与主体结构之间出现缝隙而产生渗漏的维修，可采用无齿锯沿着裂缝锯成深20mm、宽15mm的沟槽，清扫沟槽中的渣土，在内部嵌填密封材料并封堵严密。

（2）散水坡的标高低于房区路面的标高的维修，将原散水散的坡表面进行凿毛，用清水冲洗干净，浇筑水泥砂浆或细石混凝土，散水坡的表面一定要超过房区路面20mm以上，并留出温度缝和沉降缝。

## （三）防治措施

（1）散水坡的基础埋置深度应超过冻结层，基础应采用毛石、砂、炉渣等材料。垫层应用碎石混凝土，结构应密实、牢固。

（2）散水坡应从垫层到找平层和面层与墙身的勒脚断开，防止建筑物沉降时破坏散水结构的整体性。要按房屋建筑轴线设置温度缝，防止因温度变化酿成散水坡的伸缩而损坏散水坡。

（3）屋面无组织排水房屋的散水坡宽度应宽于挑檐板150～200mm，使雨水能落在散水坡上。

（4）散水坡的坡向和坡度必须符合设计要求，表面抹水泥砂浆罩面，必须抹压密度，结合牢固。散水坡所设置的纵向和横向伸缩缝均采用柔性沥青膏或沥青砂浆嵌填饱满密实。

(5) 散水坡的标高必须高于房区路面的标高，排水应通畅，严防产生积水而浸泡基础。

(6) 散水坡在施工完毕后，其面层要加强养护，防止出现开裂。

# 八、外墙预埋件根部渗水

## （一）原因分析

预埋件安装不牢固而产生松动，或者外墙装饰后凿洞打孔安装预埋件，或者预埋件受到外力冲撞，抹灰时新老砂浆结合不牢，形成空鼓和裂缝。有的后安装预埋件不填洞，导致渗水。

## （二）处理方法

(1) 预埋件（如落水管卡具，空调托架等）的安装应在墙面饰面施工之前进行，安装要牢固可靠，不得出现松动和位移等现象。

(2) 预埋铁件应首先进行除锈、防腐处理，使预埋件与饰面层结合牢固。

(3) 在进行抹灰时，预埋件的根部应精心操作，挤压密实。严禁挤压成活，使其根部抹灰饰面局部开裂。饰面层施工完成后，应避免冲撞、振动等外力作用，防止预埋件根部与饰面层脱离产生裂缝。

## （三）防治措施

(1) 对预埋件松动或空洞没有填密实出现缝隙的，应在预埋件周围凿出 20～30mm 的环沟，将残渣冲洗干净，配制微膨胀水泥砂浆，分层进行填充抹压密实，外涂同墙体同样颜色的防水胶两遍。

(2) 后安装空调机而凿孔洞穿管道的，应清洗干净孔洞，内填嵌密封材料（如麻丝），然后内外抹防水油膏或耐候胶。

(3) 穿墙管道根部出现渗漏的，应用 C20 细石混凝土或 1∶2 水泥砂浆固定穿墙管的位置，穿墙管与外墙面交接处应留设 20mm×20mm 的凹槽，内设置背衬材料，分层嵌填密封材料，外抹聚合物水泥砂浆保护层。

# 九、变形缝部位渗水

## （一）原因分析

(1) 变形缝结构不符合设计规范要求，缝内有夹杂物不贯通，形成刚性结构，改变了变形缝的性能，使建筑物沉降不均匀，部分墙体被拉开裂。

(2) 变形缝内嵌填的密封材料密实性较差，盖板构造有错误，不能满足变形缝正常工作，导致盖板拉开，产生渗漏。

## （二）处理方法

（1）沉降缝基础、圈梁混凝土的变形缝必须断开，施工时应采用木板隔开处理。

（2）变形缝内严禁掉入砌筑砂浆和其他杂物，缝内应保持清洁、贯通，并按照规范要求嵌填麻丝外加盖镀锌铁板。密闭镀锌铁盖板的制作应符合变形缝工作构造要求，确保沉降伸缩的正常性。安装盖板必须整齐、平整、牢固，接头处必须是顺水方向压接严密。

（3）在外墙变形缝中应设置相应的止水层，保证变形缝的水密性。主要包括：①安装金属或合成橡胶合成树脂等制成的止水带；②用可变形的金属板作止水层；③填充弹性密封材料作止水层。

## （三）防治措施

（1）原采用弹性材料嵌缝的变形缝，应清除缝内已失效的嵌缝材料及浮灰、杂物，缝隙壁干燥后设置背衬材料，分层嵌填密封材料。密封材料与缝隙壁粘牢封严。

（2）原采用金属折板盖缝的变形缝，应更换已锈蚀损坏的金属折板，折板应顺水流方向连接，搭接长度不应小于40mm。金属折板应做好防锈处理后锚固在墙体上，螺钉孔眼宜用与金属折板颜色相近的密封材料嵌填、密封。

# 十、外墙镶贴饰面块材渗漏

## （一）原因分析

（1）砌体砂浆不饱满，存在空头缝；基底清理不认真，如不很好地清理缝隙、浮浆，不很好地修补孔洞和空头缝，在打底前墙面没有洒水湿润。

（2）框架结构外墙砌砖梁底嵌填不密实，此处是漏水的多发区；其次是墙体与柱子之间的连接部位，往往抹灰后1周左右就会出现裂缝，甚至会把面层同时拉裂，特别是轻质砖和非烧结空心砖，热胀冷缩变形与混凝土之间的差异大。

（3）打底抹灰层的强度过高或太低，均会导致开裂。同时一次抹灰厚度超过10mm，也易形成裂缝。

（4）凸出外墙的飘板腰线或板墙根交接部位积水或没抹成圆角，会使水倒灌入墙内。

（5）穿过外墙的管道和预留孔洞未进行仔细的密封处理。

（6）窗安装时未做仔细的防水密封处理。

（7）外墙饰面砖面层与打底层砂浆黏结力不足形成空鼓（砂浆配合比不好或基层湿水不足造成）。

（8）饰面砖勾缝不严密，没有使用专用的勾缝工具，从而留置的缝隙比较窄，使得灰浆难以进入饰面砖的砖缝内。

## （二）处理方法

（1）加强框架梁（柱）与墙体交接处的施工　当填充墙砌至接近梁、楼板底时，应留一定的空隙，在抹灰前可采用侧向砖、或立砖、或砌块挤紧，其倾斜度为60°左右，斜角缝砂浆必须饱满，可分2～3次填塞砂浆来弥补砂浆的收缩和下坠。在混凝土框架柱与填充墙交接处，沿墙高每隔500mm处设置2根直径为6mm的拉结钢筋，伸入墙内的长度不得小于500mm。在混凝土框架梁（柱）与填充墙交接处，应设置一层300～500mm宽的钢丝网片，避免受温度变化收缩不均匀影响而产生裂缝。

（2）确保砌筑砂浆的饱满度　施工中应严格控制砌筑砂浆的饱满度，在砖孔洞呈垂直的情况下，水平铺灰应采用与砖孔洞模式相同的套板，防止砂浆掉入砖孔中，砖的竖缝应采取先挂灰、后砌筑，宜用内外临时夹板灌缝，并用专用的砌筑刀压实补灰。这样，大大提高了墙体的抗渗能力。

（3）严格控制填充墙的日砌筑高度　施工中，操作者往往为了方便，将填充墙一次砌至梁底，这样常因砌筑沉降而造成沿框架梁底部产生裂缝，形成渗水的通道。砌体每日砌筑高度不宜超过1.8m，如遇雨天，则要控制在1.2m以内。

（4）严格控制抹灰层水泥砂浆的强度和厚度　水泥砂浆的强度过高或太低，一次抹灰的厚度超过10mm，都易导致裂缝，所以严格控制外墙抹灰层的水泥砂浆强度和抹灰层的厚度，同时满足水泥砂浆抗压强度和黏结强度的要求，也是防止外墙开裂的有效措施之一。

① 涂抹水泥砂浆每遍的厚度一般宜为5～7mm，应当待前一层抹灰凝结后，方可再涂抹后一层。

② 为了确保水泥砂浆的黏结强度，提高和易性，减少砂浆的收缩，宜在水泥砂浆中掺入砂浆添加剂。

③ 每遍抹灰层都应充分淋水养护，尽量减少干缩裂缝。

④ 外墙抹灰的接茬，应留在与墙柱、墙梁、剪力墙和楼面的接缝处错开300～500mm的部位。

（5）填塞墙体上一切可能渗水的通道。在外墙装饰施工前，要全面、细致的检查墙体上的裂缝、孔洞、空鼓、梁底缝隙、外窗周边的缝隙、脚手架穿孔等，清除这些缝和孔；如遇到瞎头缝要凿出宽度大于8mm、深度大于3mm的缝槽，用掺加5%～8%膨胀剂的1∶2.5水泥砂浆将这些缝和孔填补密实，堵住渗水的通道。

## （三）防治措施

外墙饰面块材出现渗漏时，可用弹性涂料在勾缝处涂刷两遍。若勾缝处无明显裂缝时，可用有机硅憎水剂喷涂。面砖的质地疏松时，可对墙面砖（勾缝处已处理后）全面喷涂有机硅憎水剂。

# 十一、铝合金门窗出现渗漏

## （一）原因分析

（1）铝合金门窗与洞口墙体之间的间隙过大或过小，致使门窗难以固定且堵塞不实易产生裂缝。

（2）填充材料没有充满门窗框与体之间的间隙，形成了空鼓现象或裂缝。

（3）没有按照设计要求充填合格的材料，如水泥砂浆的强度等级不对或配合比不合格。

(4) 门窗安装完毕之后，没有在门窗外侧与墙体的连接部位进行密封，或防水密封层次不够，或密封失效。

(5) 固定门窗的调整用的块体仍残留于门窗框内，或拆除后没有再进行二次填充。

(6) 窗台室内外无高差或找坡度不充足，或铝合金门窗进出定位与外墙表面没有一定距离。

(7) 对于有转角或连通形式的门窗，位于转角或连通部位的连接杆件的上部没有进行封堵，易造成渗漏雨水由上而下进入室内。

(8) 门窗与洞口的固定连接不牢靠，使门窗在风荷载作用下产生移动而使密封材料产生裂缝。

## (二) 处理方法

在铝合金窗框的下部应设排水孔，窗框阴角处的密封胶要嵌实封闭。榫接、六铆接、企毛方槽、螺钉等处都应仔细嵌上耐候胶。毛刷条玻璃嵌条应固定牢固，安装到位，无短头、缺角、离位现象，耐候胶涂抹光滑平整，粗细均匀无气泡。窗扇与窗框搭接严密，关闭后应无缝隙，不透气、不渗水。

## (三) 防治措施

(1) 门窗与洞口墙体周边的标准间除应控制在 25～40mm 之间，其最大尺寸应不超过 50mm，最小尺寸不小于 20mm，窗框与外墙面有一定的距离，否则应采用细石混凝土浇筑修整后方可安装施工，严禁采用劣质的砌体，如烧结泥砖或砂浆直接垫平。

(2) 根据工程实际情况合理选用水泥砂浆填充法，一是先将水泥砂浆充填于铝材型腔内后，再上墙安装并进行二次充填；二是将铝合金框架固定后再充填水泥砂浆。两种方法各有优缺点，第一种可确保铝腔内不形成空鼓的现象，但二次充填容易产生裂缝而漏水；第二种方法则易在下边框及两侧形成难以避免的充填不满而形成空鼓现象。

(3) 水泥砂浆填充要控制水泥砂浆的配合比，一般应控制为 1∶2.5，保证水泥砂浆的质量，推荐在水泥砂浆中掺加适量的防水剂，提高水泥砂浆的防渗漏性能，并要注意养护，避免出现开裂。

(4) 门窗边框四周的外墙面 300mm 范围内，增加涂刷二道防水涂料以减少雨水渗漏的机会。

(5) 迎风面或雨水冲刷面为阻止雨水渗过门窗与墙体之间的充填材料，适当考虑止水挡板或其他防水涂膜，增加抗渗性能。

(6) 窗框交接处要留有注胶槽，宽度为 5～8mm，在嵌入密封材料时，应注意清除浮灰、砂浆等，使密封材料与窗框、墙体黏结牢固。同时检查密封材料是否连续，是否缺漏等情况，特别是转角交接位置是否有毛细孔存在；对贴面砖外墙应采用两道以上密封，避免拼缝处毛细水渗透。

(7) 调整用的块体禁止残留于门窗框内，拆除后要及时进行二次填充密实，填充注意与基体的可靠黏结。

(8) 室外窗台应低于室内窗台板 20mm 为宜，并设置顺水坡，雨水排放畅通，避免积水渗透。铝合金门窗与外墙要有一定的距离，避免雨水直接冲刷。

(9) 门窗连接件的材质、规格，连接方法应符合当地《铝合金门窗技术规程》的要求，及时用混凝土或水泥砂浆封锚，避免在风荷载作用下产生移动而使密封材料产生裂缝。

# 第三节 吊顶工程质量问题与防治

吊顶工程是室内装饰的主要组成部分，随着人们对物质文明和精神文明要求的提高，对室内吊顶工程的质量和审美也随之提高，吊顶工程的投资比重也越来越大，现在已大约占室内装饰总投资的30%～50%，因此，吊顶工程的装饰装修一定按照国家有关规定施工，尽可能避免出现质量问题，对于已经出现的质量缺陷，应当采取有效技术措施，经过维修和返修使其达到现行的有关质量标准的要求。

## 一、吊顶龙骨的质量问题与防治措施

吊顶龙骨是整个吊顶工程的骨架，它不仅承担着吊顶的全部荷载，关系到吊顶工程的稳定性和安全性，而且对饰面的固定起着重要作用，关系到吊顶工程的整体性和装饰性。按骨架所用的材料不同，吊顶龙骨可分为木龙骨、轻钢龙骨、铝合金龙骨等。

### （一）轻钢龙骨纵横方向线条不直

#### 1. 质量问题

吊顶的龙骨安装后，主龙骨和次龙骨在纵横方向上存在着不顺直、有扭曲、歪斜现象；主龙骨的高低位置不同，使得下表面的拱度不均匀、不平整，个别甚至成波浪线；有的吊顶完工后，经过短期使用就产生凹凸变形。

#### 2. 原因分析

（1）主龙骨和次龙骨在运输、保管、加工、堆放和安装中受到扭折，在安装时虽然经过修整，仍然达不到规范要求，安装后致使龙骨纵横方向线条不直。

（2）龙骨设置的吊点位置不正确，特别是吊点距离不均匀，有的吊点间距偏大，由于各个吊点的拉牵力不均匀，易使龙骨线条不直。

（3）在进行龙骨安装施工中，未拉通线全面调整主龙骨、次龙骨的高低位置，从而导致安装的龙骨在水平方向高低不平。

（4）在测量确定吊顶水平线时，误差超过规范规定，中间的水平线起拱度不符合规定，在承担全部荷载后不能达到水平。

（5）在龙骨安装完毕后，由于施工过程中不加以注意，造成局部施工荷载过大，从而导致龙骨局部产生弯曲变形。

（6）由于吊点与建筑主体固定不牢、或吊挂连接不牢、或吊杆强度不够等原因，使吊杆产生不均匀变形，出现局部下沉过大，从而导致龙骨纵横方向线条不直。

#### 3. 预防措施

（1）对于受扭折较轻的杆件，必须在校正完全合格后才能用于龙骨；对于受扭折较严重的主龙骨和次龙骨，一律不得用于骨架。

（2）按照设计要求进行认真弹线，准确确定龙骨的吊点位置，主龙骨端部或接长部位应当增设吊点，吊点间距不宜大于 1.2m。吊杆距主龙骨端部距离不得大于 300mm，当大于 300mm 时，应适当增加吊杆。当吊杆长度大于 5m 时，应设置反支撑。当吊杆与设备的位置发生矛盾时，应调整并增设吊杆。

（3）四周墙面或柱面上，也要按吊顶高度要求弹出标高线，弹线位置应当正确，线条应当清楚，一般可采用水柱法弹出水平线。

（4）将龙骨与吊杆进行固定后，按标高线调整龙骨的标高。在调整时一定要拉上水平通线，按照水平通线对吊杆螺栓进行调整。大房间可根据设计要求进行起拱，起拱度一般为 1/200。

（5）对于不上人的吊顶，在进行龙骨安装时，挂面不应挂放施工安装器具；对于大型上人吊顶，在龙骨安装完毕后，应为机电安装等人员铺设通道板，避免龙骨承受过大的不均匀荷载而产生不均匀变形。

### 4. 处理方法

对于已出现的龙骨纵横方向线条不直质量问题，如果不十分严重，可以采用以下两种措施进行处理。

（1）利用吊杆或吊筋螺栓调整龙骨的拱度，这是一种简单有效的处理方法。

（2）对于膨胀螺栓或射钉的松动、虚焊脱落等而造成的龙骨不直，应当采取补钉补焊措施。

## （二）木吊顶龙骨拱度不匀

### 1. 质量问题

木吊顶龙骨装铺后，其下表面的拱度不均匀、不平整，甚至形成波浪形；木吊顶龙骨周边或四角与中间标高不同；木吊顶完工后，经过短期使用产生凹凸变形。

### 2. 原因分析

（1）木吊顶龙骨选用的材质不符合要求，变形大、不顺直、有疤节、有硬弯，施工中又难于调直；木材的含水率较大，在施工中或交工后产生收缩翘曲变形。

（2）不按有关施工规程进行操作，施工中吊顶龙骨四周墙面上未弹出施工中所用的水平线，或者弹线不准确，中间未按规定起拱，从而造成拱度不匀。

（3）设置的吊杆或吊筋的间距过大，吊顶龙骨的拱度不易调整均匀。同时，在龙骨受力后易产生挠度，造成凹凸不平。

（4）木吊顶龙骨接头装铺不平或搭接时出现硬弯，直接影响吊顶的平整度，从而造成龙骨拱度不匀。

（5）受力节点结合不严密、不牢固，受力后产生位移变形。这种质量问题比较普遍，常见的有以下几种。

① 在装铺吊杆、吊顶龙骨接头时，由于木材材质不良或选用钉的直径过大，节点端头被钉劈裂，出现松动而产生位移。

② 吊杆与吊顶龙骨未采用半燕尾榫相连接，极容易造成节点不牢或使用不耐久的弊病，

从而形成龙骨拱度不匀。

③ 位于钢筋混凝土板下的吊顶，如果采用螺栓固定龙骨时，吊筋螺母处未加垫板，龙骨上的吊筋孔径又较大，受力后螺母被旋进木料内，造成吊顶局部下沉；或者因为吊筋长度过短不能用螺母固定，导致吊筋间距增大，受力后变形也必然增大。

④ 位于钢筋混凝土板下的吊顶，如果采用射钉锚固龙骨时，射钉未射入或固定不牢固，会造成吊点的间距过大，在承受荷载后，射钉产生松动或脱落，从而使龙骨的挠度增大、拱度不匀。

### 3. 预防措施

（1）首先应特别注意选择合适的木材，木吊顶龙骨应选用比较干燥的松木、杉木等软质木材，并防止制作与安装时受潮和烈日曝晒；不要选用含水率过大、具有缺陷的硬质木材，如桦木、和柞木等。

（2）木吊顶龙骨在装铺前，应按设计标高在四周墙壁上弹线找平，作为龙骨安装的标准；在龙骨装铺时四周以弹线为准，中间按设计进行起拱，起拱的高度应当为房间短向跨度的1/200，纵横拱度均应吊匀。

（3）龙骨及吊顶龙骨的间距、断面尺寸，均应符合设计要求；木料应顺直，如果有硬弯，应将硬弯处锯掉，调整顺直后再用双面夹板连接牢固；木料在两个吊点间如果稍有弯度，使用时应将弯度向上，以替代起拱。

（4）各受力节点必须装铺严密、牢固，符合施工规范质量要求。对于各受力节点可以采取以下措施。

① 木吊顶的吊杆和接头夹板必须选用优质软木制作，钉子的长度、直径、间距要适宜，既能满足强度的要求，装铺时又不能出现劈裂。

② 吊杆与龙骨连接应采用半燕尾榫，如图 11-1 所示，交叉地钉固在吊顶龙骨的两侧，以提高其稳定性；吊杆与龙骨必须切实钉牢，钉子的长度为吊杆木材厚度的 2.0～2.5 倍，吊杆端头应高出龙骨上皮 40mm，以防止装铺时出现劈裂，如图 11-2 所示。

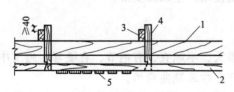

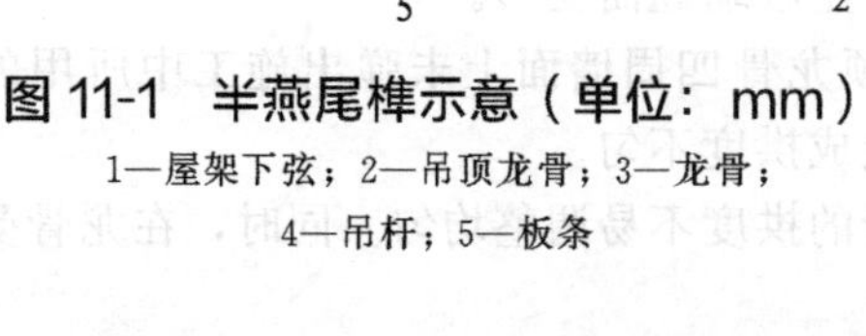

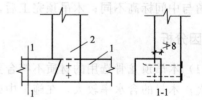

图 11-1　半燕尾榫示意（单位：mm）

1—屋架下弦；2—吊顶龙骨；3—龙骨；4—吊杆；5—板条

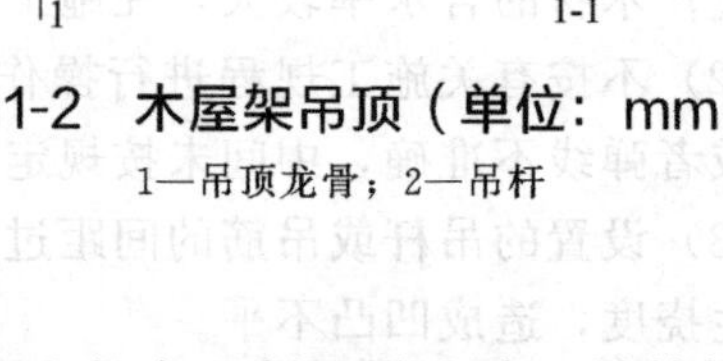

图 11-2　木屋架吊顶（单位：mm）

1—吊顶龙骨；2—吊杆

③ 如果采用“吊筋”固定的龙骨，其“吊筋”的位置和长度必须埋设准确，吊筋螺母处必须设置垫板。如果木料有弯曲与垫板接触不严，可利用撑木、木楔靠严，以防止吊顶变形。必要时应在上、下两面均设置垫板，用双螺母进行紧固。

④ 吊顶龙骨接头的下表面必须装铺顺直、平整，其接头不要在一个高程上，要相互错开使用，以加强吊顶的整体性；对于板条抹灰的吊顶，其板条接头必须分段错位钉在吊顶的龙骨上，每段错槎宽度不宜超过 500mm，这样可以加强吊顶龙骨的整体刚度。

⑤ 在墙体砌筑时，应按吊顶标高沿墙牢固地预埋木砖，木砖的间距一般为 1m，以便固定

墙周边的吊顶龙骨，或在墙上按一定的间距留洞，把吊顶龙骨固定在墙内。

⑥ 如果采用射钉进行锚固时，射钉必须射入墙内要求的深度并牢固，射钉的间距一般不宜大于 400mm。

(5) 对于木吊顶，应在其内设置通风窗，使木骨架处于通风干燥的环境中，以防止木材产生过大的湿胀干缩变形；在室内进行抹灰时，应将吊顶通风孔封严，待墙面完全干燥后，再将通风孔打开，使吊顶保持干燥环境。

### 4. 处理方法

(1) 如果木吊顶龙骨的拱度不匀，局部超过允许的误差比较大时，可利用吊杆或吊筋螺栓的松紧来调整拱度。

(2) 如果“吊筋”螺母处未加垫板，应及时卸下螺母加设垫板，并把吊顶龙骨的拱度调匀；如果因“吊筋”长度过短不能用螺母固定，可用电焊法将螺栓加长，并安好垫板和螺母，把吊顶龙骨的拱度调匀。

(3) 如果吊杆被钉劈裂而使节点松动时，必须将已劈裂的吊杆换掉；如果吊顶龙骨接头有硬弯时，应将硬弯处的夹板起掉，调整顺直后再钉牢。

(4) 如果因射钉松动而使节点不牢固时，必须补射射钉加以固定。如果射钉不能满足节点荷载时，应改用膨胀螺栓进行锚固。

## （三）吊顶造型不对称，布局不合理

### 1. 质量问题

在吊顶罩面板安装后，发现吊顶造型不对称，罩面板布局不合理，严重影响吊顶表面美观，达不到质量验收标准。

### 2. 原因分析

(1) 没有根据吊顶房间内的实际情况弹好中心“十”字线，使施工中没有对称控制线，从而造成吊顶造型不对称，罩面板布局不合理。

(2) 未严格按照规定排列、组装主龙骨、次龙骨和边龙骨，结果造成吊顶骨架就不对称，则很难使整个吊顶达到对称。

(3) 在铺设罩面板时，其施工流向不正确，违背了吊顶工程施工的规律，进而造成造型不对称，布局不合理。

### 3. 防治措施

(1) 在进行吊顶正式安装前，先按照吊顶的设计标高和房间内实际情况，在房间四周弹出施工水平线，然后在水平线位置拉好“十”字中心线，作为吊顶施工的基准线，以便控制吊顶的标高和位置。

(2) 严格按照设计要求布置各种龙骨，在布置中要随时对照检查图纸的对称性和位置的准确性，随时纠正安装中出现的问题。

(3) 罩面板一般应从中间向四周进行铺设，中间部分先铺整块的罩面板，余量应平均分配在四周最外的一块，或者不被人注意的次要部位。

## 二、抹灰吊顶的质量问题与防治措施

抹灰吊顶是吊顶装饰工程中最简单的一种形式，其主要由板条和灰浆层组成，具有施工简单、材料丰富、造价低廉等优点，但存在装饰性较差、耐久性不良、表面易开裂等缺点，一般仅适用于档次较低的建筑室内吊顶工程。

### （一）板条吊顶抹灰层不平整

#### 1. 质量问题

板条吊顶抹灰层不平整，在抹灰后容易出现空鼓、开裂质量问题，不仅影响抹灰吊顶表面的美观，而且严重时会出现成片的脱落，甚至因抹灰层脱落而砸伤人员和损坏物品。

#### 2. 原因分析

（1）基层龙骨、板条所采用的木料材质不符合设计要求，或者木材的含水率过大，龙骨截面尺寸不够，接头处不严，起拱度不准确，从而抹灰后使面层产生较大挠度，造成抹灰层不平整、空鼓和开裂。

（2）吊顶的板条没有钉牢固，板条的间隙过小或过大，两端未分段错位进行接缝，或未留出一定的缝隙，造成板条吸水膨胀和干缩应力集中，引起抹灰层表面凹凸偏差过大而使其不平整。

（3）抹灰层的厚度不均匀，灰浆与板条黏结不牢固，引起与板条方向平行的裂缝及接头处裂缝，甚至出现空鼓脱落质量问题。

#### 3. 预防措施

（1）木板条应选用松木、杉木等优质的软木材进行制作，各板条制作质量应符合设计要求，其厚度必须加工一致，这是确保抹灰吊顶不产生开裂和空鼓的重要措施之一。

（2）如果个别板条具有硬弯缺陷，应当用钉将其固定在龙骨上，板条吊顶龙骨的间距不宜大于400mm。

（3）抹灰板条必须牢固地钉在龙骨上，板条的接头地方一般不得少于2个钉子，钉子的长度不得小于25mm；在装铺木板条时，木板条端部之间应留出3～5mm的空隙，以防止木板条受潮膨胀而产生凹凸变形。

（4）抹灰是否开裂与抹灰材料和施工工艺有密切关系，因此，在进行板条吊顶设计时，应当精心选材、正确配合，严格按有关操作方法进行施工。

#### 4. 处理方法

（1）对于仅有轻微开裂而两边不空鼓的裂缝，这是比较容易处理的质量问题。可在裂缝表面用乳胶粘贴一条宽2～3cm的薄质尼龙纱布，再刮腻子喷浆进行修补，而不宜直接采用刮腻子修补的方法。

（2）对于已开裂并且两边有空鼓的裂缝，这是比较难以处理的质量问题。应当先将空鼓的部分彻底铲除干净，清理并湿润基层后，重新再用与原来相同配合比的灰浆进行修补。在进行修补时，应分多遍进行，一般应当抹灰 3～4 遍，最后一遍抹灰，在接缝处应留 1mm 左右的抹灰厚度，待以前修补的抹灰不再出现裂缝后，将接缝两边处理粗糙，最后上灰抹平压光。

## （二）苇箔抹灰吊顶面层不平

### 1. 质量问题

坡屋顶房屋采用苇箔吊顶，不仅施工非常简单、比较美观坚固，而且苇箔资源非常充足，价格比木板条便宜很多，这是有些农村建房比较理想的吊顶形式和施工方法。苇箔抹灰吊顶抹灰面层产生下挠，出现凹凸不平质量问题，虽然对工程安全性影响不大，但严重影响其装饰效果。

### 2. 原因分析

（1）抹灰的基层面苇箔铺设厚度不匀，尤其是在两苇箔的接头处，常出现搭接过厚的现象，有的甚至超过底层或中层抹灰的厚度。

（2）由于苇箔的接头搭茬过长，致使搭茬的端头出现翘起，从而造成面层不平，如图 11-3 所示。

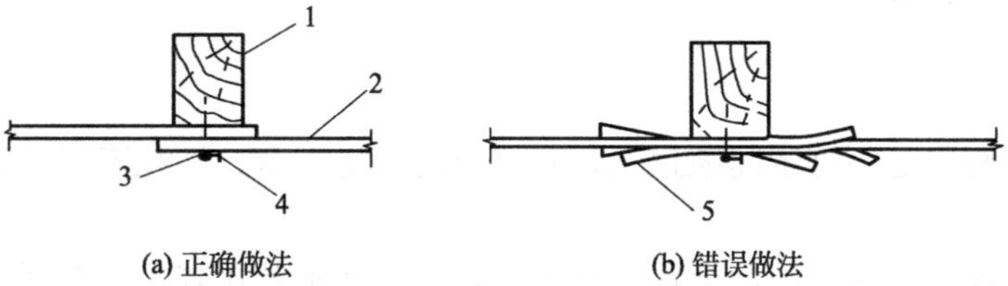


图 11-3　苇箔搭茬过长出现的面层不平

1—吊顶龙骨；2—苇箔；3—铁丝；4—钉子；5—搭茬过长

（3）在固定苇箔时，由于钉子间距过大或铁丝绷得不紧，致使苇箔在两个钉子之间产生下垂，使面层出现凹凸不平，如图 11-4 所示。

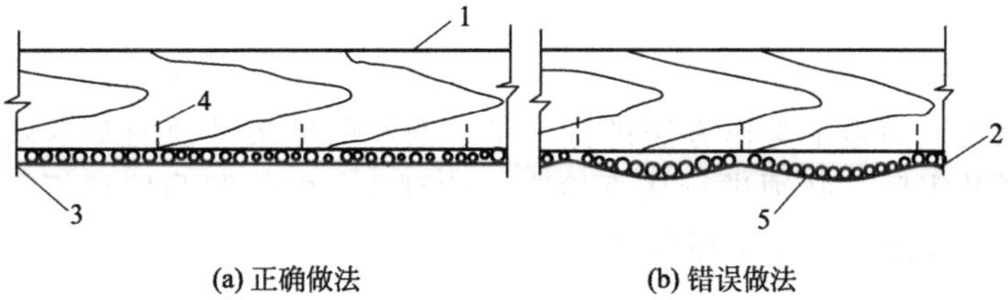


图 11-4　钉子间距过大、铁丝不紧出现的面层不平

1—吊顶龙骨；2—苇箔；3—铁丝；4—钉子；5—钉子间距过大或铁丝不紧

（4）由于吊顶设置的龙骨间距过大，苇箔在受力后产生较大白向下挠曲，从而使苇箔抹灰吊顶面层不平。

### 3. 预防措施

（1）苇箔要进行严格进行挑选，应当选择厚度基本相同、表面比较平整、强度比较高、厚度比较薄的产品。

（2）苇箔铺设的密度要均匀适宜，其接头的搭接厚度不得超过两层苇箔的厚度，搭接的长度不宜超过 80mm，苇箔的接头搭茬部位必须钉固定在吊顶龙骨上，并且一定要将苇箔固定牢固。

（3）铺钉前，将苇箔卷紧并用绳子捆牢，用尺子量出长度后进行截割。铺钉时，每隔 1m 用一个长 50mm 的钉子做临时铺钉，然后再每隔 70～80mm 用一个长 35mm 的钉子固定，随用钉子固定、随用铁丝扣穿，并将铁丝拉直绷紧，以确保苇箔面层的平整。

### 4. 处理方法

苇箔抹灰吊顶面层出现不平质量问题时，应根据具体情况分别采取不同的处理方法。对于不平整度比较轻微时，可以采取局部修补的方法；对于平整度超差较大时，应当根据产生的原因进行返工修整，直至符合要求为止。

## （三）钢丝网抹灰吊顶不平

### 1. 质量问题

钢丝网抹灰吊顶面层出现下垂质量问题，致使抹灰层产生空鼓及开裂，不仅影响装饰效果，而且会发生成片脱落。

### 2. 原因分析

（1）用于钢丝网固定的钉子间距过大，对钢丝网拉得不紧，绑扎不牢，接头不平，从而造成抹灰吊顶不平。

（2）水泥砂浆或混合砂浆的配合比设计不良，尤其是水灰比较大，在硬化的过程中有大量水分蒸发，再加上养护条件达不到要求，很容易出现收缩裂缝。

（3）如果找平层采用麻刀石灰砂浆，底层采用水泥混合砂浆，由于两者收缩变形不同，导致抹灰吊顶产生空鼓、裂缝，甚至产生抹灰脱落等质量问题。

（4）由于施工操作不当，起拱度不符合要求等，使得抹灰层厚薄不均匀，抹灰层较厚的部位易发生空鼓、开裂质量问题。

### 3. 预防措施

（1）严格按照规定的施工操作方法进行施工。钢丝网抹灰吊顶的基本做法，如图 11-5 所示。在钢丝网拉紧扎牢后，必须进行认真检查，达到 1m 内的凹凸偏差不得大于 10mm 的标准，经检查合格后才能进行下道工序的施工。

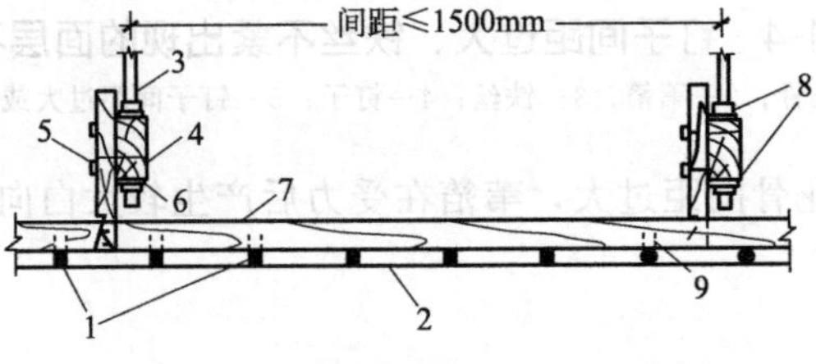


图 11-5　钢丝网抹灰吊顶做法

1—骨架；2—钢丝网；3—吊筋；4—龙骨；5—吊木；6—垫板；7—吊顶龙骨；8—双螺母固定；9—骑马钉

（2）钢丝网顶棚的基层在抹灰之前，必须进行施工验收，表面平整高差应不超过8mm；顶棚的起拱以房间短向尺寸为准，长度在4m以内为1/200，长度在4m以上为1/250，四周水平线应符合规定。

（3）钢丝网抹灰吊顶，底层和找平层应当采用相同的砂浆；当使用水泥混合砂浆时，水泥用量不宜太大，抹灰后应注意加强养护，使之在湿润空气中养护。

（4）当采用纸筋或麻刀石灰砂浆抹灰时，对于面积比较大的顶棚，需要采用加麻丝束的做法，以便加强抹灰层的黏结强度。

（5）钢丝网顶棚的“吊筋”固定必须牢固可靠，主龙骨之间的间距一般不得大于1500mm，次龙骨的间距一般不待大于400mm。

#### 4. 处理方法

钢丝网抹灰吊顶不平的处理方法，与苇箔抹灰吊顶基本相同。对于不平整度较轻微时，可采取局部修补的方法；对平整度超差较大时，应当根据产生的原因进行返工修整，直至符合质量要求为止。

## 三、金属板吊顶的质量问题与防治措施

金属板吊顶是以不锈钢板、铝合金板、镀锌铁板等为基板，经特殊加工处理而制成，具有质轻、强度高、耐高温、耐高压、耐腐蚀、防火、防潮、化学稳定性好等优良性能。目前在装饰工程中常用的是铝合金板吊顶和不锈钢板吊顶。

### （一）吊顶表面不平整质量问题

#### 1. 质量问题

金属板吊顶安装完毕后，在金属板与板之间有明显的接茬高差，甚至产生波浪形状，使其表面很不美观，严重影响装饰效果。

#### 2. 原因分析

（1）在金属板安装施工中，未能认真按照水平标高线进行施工，从而造成板块安装高低不平，产生较大误差。

（2）在安装金属板块时，固定金属板块的龙骨未调平就进行安装，使板块受力不均匀而产生波浪形状。

（3）由于在龙骨架上直接悬吊重物而造成局部变形，这种现象一般多发生在龙骨兼卡具的吊顶形式。

（4）吊杆固定不牢固，引起局部下沉，造成金属板块局部下降，而产生吊顶不平质量问题。如吊杆本身固定不牢靠，产生松动或脱落；或吊杆未加工顺直，受力后因拉直而变长。以上两种情况均可以造成吊顶不平整。

（5）由于在运输、保管、加工或安装过程中不注意，造成金属板块自身产生变形，安装时又未经矫正，从而使吊顶产生不平。

### 3. 预防措施

（1）对于吊顶四周的水平标高线，应十分准确地弹到墙面上，其误差不得超过±5mm。当吊顶跨度较大时，应在中间适当位置加设标高控制点。在一个断面内应拉通线进行控制，通线一定要拉直，不得出现下沉。

（2）在安装金属板块前，首先应按照规定将龙骨调平，对于较大的跨度，应根据设计进行起拱，这是保证吊顶平整一项重要的工作。

（3）在安装较重的设备时，不能直接悬吊在吊顶上，应当另外设置吊杆，不与吊顶联系在一起，直接与结构固定。

（4）如果采用膨胀螺栓固定吊杆，应做好隐蔽工程的施工验收工作，严格按现行国家的有关规定控制膨胀螺栓的埋入深度、规格、间距等，对于关键部位的膨胀螺栓还应当进行抗拔试验。

（5）在安装金属板块前，应当逐块对金属板进行认真检查，严格控制其表面平整和边缘的顺直情况，对于不符合要求的，一定要在安装前调整合格，以避免安装后发现不合格再取下调整。

### 4. 处理方法

（1）对于因吊杆不牢固而造成的不平，对不牢固的吊杆一定要重新进行锚固，其关系到在长期使用中的安全问题，不得有任何马虎。

（2）对于因龙骨未调平而造成的不平，应将未调平的龙骨进行调平即可。

（3）对于已经变形的铝合金板块，在吊顶面上很难进行调整，一般应当将铝合金板块取下进行调整。

## （二）接缝明显质量问题

### 1. 质量问题

接缝明显是板块材料吊顶装饰中最常见的一种质量问题，主要表现在：由于接缝处缝隙较大，接缝处露出白茬，严重影响吊顶的装饰效果；由于接缝不平整，接缝处产生明显的错位，更加影响吊顶的美观。

### 2. 原因分析

（1）在金属板块进行切割时，切割线条和切割角度控制不好，造成线条不顺直，角度不准确，安装后必然出现上述质量问题。

（2）在金属板块安装前，未对切割口部位进行认真修整，造成接缝不严密。

### 3. 防治措施

（1）认真做好金属板块的下料工作，严格按照设计要求切割，特别要控制好线条顺直和角度准确。

（2）在金属板块安装前，应逐块进行检查，切口部位应用锉刀将其修平整，将毛刺边及不平处修整好，以便使缝隙严密、角度准确。

（3）如果安装后发现有接缝明显质量问题，在不严重的情况下，可以用相同色彩的胶黏剂

(如硅胶)对接口部位进行修补，使接缝比较密合，并对切割的白边进行遮盖。如果接缝特别明显，应将不合格板材重新更换为合格板材。

(4)固定金属板块的龙骨一定要事先调平，这是避免出现露白茬和接缝不平质量问题的基础。

## 四、石膏板吊顶的质量问题与防治措施

石膏板是以建筑石膏为主要原料制成的一种材料。它是一种重量较轻、强度较高、厚度较薄、加工方便以及隔音绝热和防火等性能较好的建筑装饰板材，在墙面、顶棚及隔断工程中，是当前着重发展的绿色新型轻质板材之一。

石膏板已广泛用于住宅、办公楼、商店、旅馆和工业厂房等各种建筑物的内隔墙、墙体覆面板(代替墙面抹灰层)、天花板、吸声板、地面基层板和各种装饰板等，用于室内的不宜安装在浴室或者厨房。

我国生产的石膏板种类很多，在建筑工程中常用的主要有纸面石膏板、装饰石膏板、石膏空心条板、纤维石膏板、石膏吸声板、定位点石膏板等。这几类石膏板吊顶常见的质量问题，有以下几个方面。

### (一)罩面板大面积挠度明显

#### 1. 质量问题

在吊顶的罩面板安装后，出现罩面板挠度较大，吊顶表面大面积下垂而不平整，严重影响整个吊顶的装饰性。

#### 2. 原因分析

(1)当石膏罩面板采用黏结安装法施工时，由于涂胶不均匀、涂胶量不足、粘贴时间不当等原因，导致黏结不牢、局部脱胶，从而使石膏罩面板产生下挠变形。

(2)在吊杆安装时，由于未进行弹线定点，导致吊杆间距偏大，或吊杆间距大小不均，吊杆间距大者上的石膏罩面板则可能出现下挠变形。

(3)龙骨与墙面相隔间距偏大，致使吊顶在使用一段时间后，石膏罩面板的挠度较为明显。

(4)如果主龙骨与次龙骨的间距偏大，也会导致石膏罩面板挠度过大。

(5)当采用螺钉固定石膏板时，螺钉与石膏板边的距离大小不均匀。

(6)次龙骨的铺设方向不是与石膏板的长边垂直，而是顺着石膏罩面板长边铺设，不利于螺钉的排列。

#### 3. 防治措施

(1)在安装吊杆时，必须按规定在楼板底面上弹出吊杆的位置线，并按照石膏罩面板的规格尺寸确定吊杆的位置，吊杆的间距应当均匀。

(2)龙骨与墙面之间的距离应不大于100mm，如果选用的石膏罩面板是尺寸较大的板材，龙骨间距以不大于500mm为宜。

（3）在使用纸面石膏板时，固定石膏板所用的自攻螺钉与板边的距离不得小于10mm，也不宜大于16mm，板中间螺钉的间距控制在150～170mm范围内。

（4）在铺设大规格尺寸的板材时，应使石膏板的长边垂直于次龙骨方向，以利于螺钉的排列。

（5）当采用黏结安装法固定罩面板时，胶黏剂应涂刷均匀、足量，不得出现漏涂，粘贴的时间要符合要求，不得过早或过迟。另外，还要满足所用胶黏剂的施工环境温度和湿度的要求。

## （二）拼缝不平整质量问题

### 1. 质量问题

当石膏板安装完毕后，在石膏板的接缝处出现不平整或错台质量问题，虽然这种质量问题不影响吊顶的使用，但严重影响吊顶的美观。

### 2. 原因分析

（1）在石膏板安装前，未按照规定对主龙骨与次龙骨进行调平，当石膏板固定于次龙骨上后，必然出现接缝不平整或错台现象。

（2）对所用的石膏罩面板选材不认真、不配套，或板材加工不符合标准，都是造成石膏板拼缝不平整的主要原因。

（3）当采用固定螺钉的排列装铺顺序不正确，特别是多点一侧同时固定，很容易造成板面不平，接缝不严。

### 3. 防治措施

（1）在安装主龙骨后，应当拉通线检查其位置是否正确、表面是否平整，然后边安装石膏板、边再进行调平，使其满足板面平整度的要求。

（2）在加工石膏板材时，应使用专用机具，以保证加工板材尺寸的准确性，减少原始误差和装配误差，以保证拼缝处的平整。

（3）在选择石膏板材时，应当采购正规厂家生产的产品，并选用配套的材料，以保证石膏板的质量和拼缝时符合要求。

（4）按设计挂放石膏板时，固定螺钉应从板的一个角或中线开始依次进行，以避免多点同时固定而引起板面不平、接缝不严。

## （三）吸声板面层孔距排列不均

### 1. 质量问题

吸声板安装完毕后，发现板面孔距排列不均，孔眼横看、竖看和斜看均不成一条直线，有弯曲和错位现象，严重影响吊顶的美观。

### 2. 原因分析

（1）在板块的孔位加工前，没有根据板的实际规格尺寸对孔位进行精心设计和预排列；在加工过程中精度达不到要求，出现的偏差较大。以上两个方面是造成吸声板面层孔距排列不均的主要原因。

（2）在装铺吸声板块时，如果板块拼缝不顺直，分格不均匀、不方正，均可以造成孔距不匀、排列错位。

3. 预防措施

为确保孔距均匀、孔眼排列规整，板块应采取装匣钻孔，如图 11-6 所示，即将吸声板按计划尺寸分成板块，把板边刨直、刨光后，装入铁匣内，每次装入 12～15 块。用厚度为 5mm 的钢板做成样板，放在被钻孔板块的表面上，并用夹具夹紧进行钻孔。在钻孔时，钻头中心必须对准试样孔的中心，钻头必须垂直板面。第一铁匣板块钻孔完毕后，应在吊顶龙骨上试拼，经过反复检查完全合格无误后再继续钻孔。

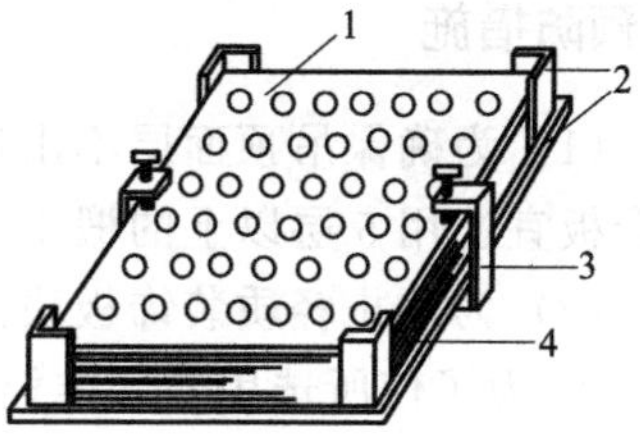

图 11-6 板块装匣钻孔示意

1—钢板样板；2—铁匣；
3—夹具；4—吸声板块

4. 处理方法

吸声板面层孔距排列不均，在安装完毕后是不易修理的，所以在施工过程中要随时进行拉线检查，及时纠正孔距出现偏差的板块。

# 五、轻质板吊顶的质量问题与防治措施

轻质装饰板吊顶最大的特点，是采用的装饰面板单位面积的质量均比较小，这样不仅施工比较方便，而且可以大大减轻吊顶的自重，从而可以采用规格尺寸较小的龙骨，达到减轻吊顶本身重量、降低工程造价的目的。

在装饰吊顶工程中常用的轻质板种类很多，例如金属板、矿物棉板、玻璃棉板、纤维板、胶合板等。这里主要介绍纤维板和胶合板等轻质装饰板的质量问题与防治。

## （一）轻质板吊顶面层变形

1. 质量问题

轻质装饰板吊顶装铺完工后，经过一段时间的使用，部分纤维板或胶合板逐渐产生凹凸变形，造成吊顶面层不平整，严重影响装饰效果。

2. 原因分析

（1）由于有些轻质装饰板不是均质材料（如纤维板等），在使用中如果吸收空气中的一定水分，其各部分吸湿程度和变形程度是不相同的，因此极易产生凹凸变形。

（2）在装铺轻质装饰板施工时，由于忽略这类板材具有吸湿膨胀的性能，在板块的接头处未留空隙，导致吸湿膨胀没有伸胀余地，两个接头顶在一起，会使变形程度更加严重。

（3）对于面积较大的轻质装饰板块，在装铺时未能与吊顶龙骨全部贴紧，就从四角或从四周向中心用钉进行装铺，板块内产生应力，致使板块凹凸变形。

（4）由于吊顶龙骨分格过大，轻质装饰板的刚度不足，板块易产生挠度变形。

### 3. 预防措施

（1）为确保吊顶面层不出现变形质量问题，应选用优质板材，这是避免面层变形的关键。胶合板宜选用5层以上的椴木胶合板，纤维板宜选用硬质纤维板。

（2）为防止轻质装饰板块出现凹凸变形，装铺前应采取以下措施。

① 为了使所选用的纤维板的含水率，与使用环境的相对含水率达到平衡或接近，减少纤维板吸湿后而引起的凹凸变形，对纤维板应进行浸水湿处理。其具体做法是：将纤维板放在水池中浸泡15～20min，然后从水池中将纤维板捞出，并使其毛面向上堆放在一起，大约在24h后打开垛，使整个板面处于10℃以上的大气中，与大气的湿度平衡，一般放置3～7d就可铺钉。

在进行浸水湿润处理时应注意不同材料的纤维板应用不同温度的水进行浸泡，工程实践证明：一般硬质纤维板用冷水浸泡比较适宜，掺有树脂胶的纤维板用45℃左右的热水浸泡比较适宜。

② 经过浸水湿润处理的纤维板，四边很容易产生毛口，从而影响吊顶的装饰美观。因此，用于装铺纤维板明拼缝吊顶或钻孔纤维板吊顶，宜将加工后的小板块两面涂刷一遍猪血来代替浸水，经过24h干燥后再涂刷一遍油漆，待油漆完全干燥后，在室内平放成垛保管待用。

③ 对于胶合板的处理，与硬质纤维板不同，它不能采用浸水湿润处理方法。在胶合板装铺前，应在两面均匀涂刷一遍油漆，以提高其抗吸湿变形的能力。

（3）轻质装饰板应当用小齿锯割裁成适应设计分格尺寸小块后再进行装铺。装铺时必须由中间向两端排钉，以避免板块内产生应力而出现凹凸变形。板块接头拼缝要留出3～5mm的间隙，以适应板块吸湿膨胀变形的要求。

（4）当采用纤维板和胶合板作为吊顶面层材料时，为防止面板产生挠度超标，吊顶龙骨的分格间距不宜超过450mm。如果分格间距必须要超过450mm时，在分格中间加设一根25mm×40mm的小龙骨。

（5）合理安排施工工序，尽量避免轻质板变形的概率。当室内湿度较大时，应当先装铺吊顶木骨架，然后进行室内抹灰，待室内抹灰干燥后再装铺吊顶的面层。但施工时应注意周边的吊顶龙骨要离开墙面20～30mm（即抹灰厚度），以便在墙面抹灰后装铺轻质装饰板块及压条。

### 4. 处理方法

（1）纤维板要先进行浸水处理，纵横拼缝要预留3～5mm的缝隙，为板材胀缩留有一定的空间。

（2）当轻质板吊顶面层普遍变形较大时，应当查明原因重新返工整修。个别板块变形较大时，可由检查孔进入吊顶内，在变形处补加1根25mm×40mm的小龙骨，然后在下面再将轻质装饰板铺钉平整。

## （二）拼缝与分格质量问题

### 1. 质量问题

在轻质的板块吊顶中，同一直线上的分格木压条或板块明拼缝，出现其边棱有弯曲、错位等现象；纵横木压条或板块明拼缝，出现分格不均匀、不方正等问题。

### 2. 原因分析

（1）在吊顶龙骨安装时，对施工控制线确定不准确，如线条不顺直和规方不严；吊顶龙骨间距分配不均匀；龙骨间距与板块尺寸不相符等。

（2）在轻质的板块吊顶施工中，没有按照弹线装铺板块或装铺木压条。

（3）采用明拼缝板块吊顶时，由于板块在截取时不认真，造成板块不方、不直或尺寸不准，从而使拼缝不直、分格不匀。

### 3. 预防措施

（1）在装铺吊顶龙骨时，必须保证其位置准确，纵横顺直，分格方正。其具体做法是：在吊顶之前，按吊顶龙骨标高在四周墙面上弹线找平，然后在平线上按计算出的板块拼缝间距或压压条分格间距，准确地分出吊顶龙骨的位置。在确定四周边龙骨位置时，应扣除墙面抹灰的厚度，以防止对分格不均；在装铺吊顶龙骨时，按所分位置拉线进行顺直、找方正和固定，同时应注意水平龙骨的拱度和平整问题。

（2）板材应按照分格尺寸截成板块。板块尺寸按吊顶龙骨间距尺寸减去明拼缝宽度（8～10mm）。板块要截得形状方正、尺寸准确，不得损坏棱角，四周要修去毛边，使板边挺直光滑。

（3）板块装铺之前，在每条纵横吊顶龙骨上，按所分位置拉线弹出拼缝中心线，必要时应再弹出拼缝边线，然后沿墨线装铺板块；在装铺板块时，如果发现超线，应用细刨子进行修整，以确保缝口齐直、均匀，分格美观整齐。

（4）木压条应选用软质优良的木材制作，其加工的规格必须一致，在采购和验收时应严把质量关，表面要刨得平整光滑；在装铺木压条时，要先在板块上拉线弹出压条分格墨线，然后沿墨线装铺木压条，压条的接头缝隙应十分严密。

### 4. 处理方法

当木压条或板块明拼缝装铺不直超差较大时，应根据产生的原因进行返工修整，使之符合设计的要求。

## （三）吊顶与设备衔接不妥

### 1. 质量问题

（1）灯盘、灯槽、空调风口篦子等设备，在吊顶上所留设的孔洞位置不准确；或者吊顶的面不平，衔接吻合不好。

（2）在自动喷淋头和烟感器等设备安装时，与吊顶表面衔接吻合不好、不严密。自动喷淋头须通过吊顶平面与自动喷淋系统的水管相接，如图 11-7a 所示。在安装中易出现水管伸出吊顶表面；水管预留长度过短，自动喷淋头不能在吊顶表面与水管相接，如图 11-7b 所示，如果强行拧上，会造成吊顶局部凹进；喷淋头边上有遮挡物，如图 11-7c 所示等现象。

### 2. 原因分析

（1）在整个工程设计方面，结构、装饰和设备未能有机地结合起来，导致施工安装后衔接不好。

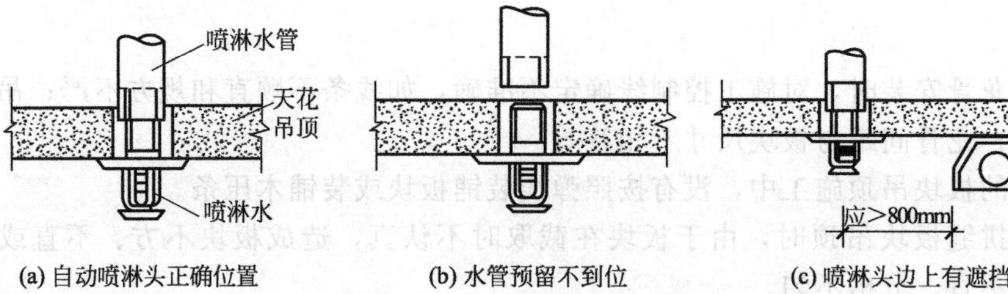


图 11-7 自动喷淋头与吊顶的关系

(2) 未能编制出科学合理的施工组织设计，或者在施工衔接的细节上考虑不周全，从而造成施工顺序不合理。

### 3. 预防措施

(1) 在编制施工组织设计时，应当将设备安装工种与吊顶施工有机结合、相互配合，采取合理的施工顺序。

(2) 如果孔洞较大，其孔洞位置应先由设备工种确定准确，吊顶在此部位断开。也可以先安装设备，然后再将吊顶封口。回风口等较大的孔洞，一般是先将回风口篦子固定，这样既可以保证回风口位置准确，也能比较容易进行收口。

(3) 对于面积较小的孔洞，宜在顶部进行开洞，这样不仅便于吊顶的施工，也能保证孔洞位置的准确。如吊顶上设置的嵌入式灯口，一般应采用顶部开洞的方法。为确保灯口位置准确(如在一条直线上或对称排列)，开洞时应先拉通长中心线，准确确定位置后，再用往复锯来进行开洞。

(4) 自动喷淋头系统的水管预留长度务必准确，在拉吊顶标高线时，也应检查消防设备的安装位置和尺寸。

(5) 大开洞处的吊杆、龙骨等吊顶构件，应进行特殊处理，孔洞的周围应进行加固，以确保其刚度和稳定性。

### 4. 处理方法

(1) 如果吊顶上的设备孔洞位置预留不准确，再进行纠正是比较困难的，有时花费较大精力，效果并不一定十分理想。因此，在放线操作中应当从严掌握，要准确地确定各种设备的位置。

(2) 自动喷淋系统是现代建筑中重要的设备，如果出现预留水管过长或过短时，一定要进行认真调整，应割下一段水管或更换水管，千万不应强行拧上自动喷淋头。

## 第四节 轻质隔墙工程质量问题与防治

众多工程实践证明，由于隔墙都是非承重墙，一般都是在主体结构完成后，在施工现场进行安装或砌筑，因此隔墙的墙板与结构的连接是工程施工质量的关键，必须将上部、中部和下部 3 个部位与结构主体连接牢固，它不仅关系到隔墙的使用功能，而且还关系到隔墙的安全问题。对于隔墙板与板之间的连接，装修后易出现的各种质量通病，应当采取有效措施予以防范和治理，以保证隔墙工程的施工质量。

# 一、加气混凝土条板隔墙质量问题与防治措施

加气混凝土板全称蒸压加气混凝土板，是以硅质材料和钙质材料为主要原料，用铝粉作为引（发）气剂，经过混合、成型、蒸压养护、切割等工序制成的一种多孔轻质板材，为增强板材的强度和抗裂性，在板内常配有单层钢筋网片。

加气混凝土板材以其具有轻质、保温、隔声、足够的强度和良好的可加工等综合性能，被广泛应用于各种非承重室内隔墙中。加气混凝土板材隔墙显著特点是施工时不需要进行吊装，人工即可进行搬运和安装，并且平面布置非常灵活；由于加气混凝土板材幅面较大，所以比其他砌筑墙体的施工速度快，可大大缩短施工周期；劳动强度低而且墙面比较平整。但是，在施工中可能会出现各种质量问题，必须引起足够的重视。

## （一）隔墙板与结构连接不牢

### 1. 质量问题

在加气混凝土板材安装完毕后，发现黏结砂浆涂抹不均匀、不饱满，板与板、板与主体结构之间有缝隙，稍用力加以摇晃有松动感，时间长久隔墙板会产生脱落。

### 2. 原因分析

（1）黏结砂浆的质量不符合要求　主要表现在：选用的砂浆原材料质量不好，水泥强度等级不高或过期，砂中含泥量超过现行标准的规定，砂浆配合比不当或计量不准确；砂浆搅拌不均匀，或一次搅拌量过多；砂浆的使用时间超过 2h，也会严重降低黏结强度。

（2）黏结面处理不符合要求　主要表现在：黏结面清理不干净，表面上有影响隔墙板与结构黏结的浮尘、油污和杂质等；黏结面表面过于光滑，与砂浆不能牢固黏结在一起；在黏结面上砂浆涂抹不均匀、不饱满。

（3）加气混凝土板材的本身过于干燥，在安装前没有按要求进行预先湿润，造成板材很快将砂浆中的水分吸入体内，砂浆因严重快速失水而造成黏结强度大幅度下降。

（4）在加气混凝土板材的安装过程中，没有严格按照现行施工规范中要求的工艺去施工，结果造成条板安装质量不符合要求。

### 3. 防治措施

（1）在加气混凝土板材安装之前，对板材的上下两个端面、结构顶面、地面、墙面（或柱面）等结合部位，应当用钢丝刷子认真对黏结面进行清刷，将板材和基面上的油污、浮尘、碎渣和其他杂质等清理干净。凡是突出墙体的砂浆、混凝土渣等必须进行剔除，并用毛刷蘸水稍加湿润。

（2）加气混凝土板材采用正确的连接方法，这是确保连接牢固的根本措施。根据工程实践，加气混凝土板材上部与结构连接，有的靠板面预留角铁，用射钉钉入顶板进行连接；有的靠黏结砂浆与结构连接，板材的下端先用经过防腐处理、宽度小于板面厚度的木楔顶紧，然后再填入坍落度不大于 20mm 的细石混凝土。如果木楔未经防腐处理，等板材下端的细石混凝土硬化 48h 以上时撤除，并用细石混凝土填塞木楔孔。

(3) 加气混凝土板材在安装时，应在板材的上端涂抹一层108胶水泥砂浆，其配合比为：水泥：细砂：108胶：水=1：1：0.2：0.3，或者水泥：砂=1：3并加适量的108胶水溶液。108胶水泥砂浆的厚度一般为3mm，然后将板材按线立于预定位置上，用撬棍将板材撬起，将板材顶部与顶板底面贴紧挤严，板材的一侧与主体结构或已安装好的另一块板材贴紧，并在条板下部用木楔顶紧，将撬棍撤出，板材即临时固定，然后再填入坍落度不大于20mm的C20细石混凝土。

(4) 如果木楔已经过防腐处理可以不撤出，未进行防腐处理的木楔，等加气混凝土板材下面的细石混凝土凝固具有一定强度后撤出（常温下48h后撤出），再用细石混凝土将木楔孔处填实。黏结面应严密平整，并将挤出的黏结砂浆刮平、刮净，再认真检查一下砂浆是否饱满。

(5) 严格控制黏结砂浆原材料的质量及设计配合比，达到材料优良、配比科学、计量准确的基本要求；黏结用的108胶水泥砂浆要随用随配，使用时间在常温下不得超过2h。黏结砂浆的参考配合比如表11-1所列。

**表11-1 黏结砂浆的参考配合比**

| 序号 | 配合比 | 序号 | 配合比 |
|---|---|---|---|
| 1 | 水泥：细砂：108胶：水=1：1：0.2：0.3 | 4 | 水泥：108胶：珍珠岩粉：水=1：0.15：0.03：0.35 |
| 2 | 水泥：砂=1：3,加适量108胶水溶液 | 5 | 水玻璃：磨细矿渣粉：细砂=1：1：2 |
| 3 | 磨细矿渣粉：中沙=1：2或1：3加适量水玻璃 | | |

(6) 在加气混凝土板与板之间，最好采用108胶水泥砂浆进行黏结，拼缝一定要严密，以挤出砂浆为宜，缝隙宽度不得大于5mm，挤出的水泥砂浆应及时清理干净。在沿板缝上、下各1/3处，按30°角斜向打入铁销或铁钉，以加强隔墙的整体性和刚度。

(7) 要做好加气混凝土板材安装后的成品保护工作。刚刚安装好的加气混凝土板材要用明显的标志加以提示，防止在进行其他作业时对其产生碰撞而损伤。尤其是用黏结砂浆固定的板材，在砂浆硬化之前，绝对不能对其产生扰动和振动。

## （二）抹灰面层出现裂缝

### 1. 质量问题

加气混凝土板材安装完毕并抹灰后，在门洞口上角及沿缝产生纵向裂缝，在管线和穿墙孔周围产生龟纹裂缝，在面层上产生干缩裂缝。

以上所述各种裂缝均出现在饰面的表面，不仅严重影响饰面的美观，而且还易使液体顺着裂缝渗入，造成对加气混凝土板材的损坏。

### 2. 原因分析

(1) 门洞口上方的小块加气混凝土块，在两旁板材安装后才嵌入，板材两侧的108胶水泥砂浆被加气混凝土块碰掉，使板缝之间的108胶水泥砂浆不饱满，抹灰后易在此处产生裂缝。

(2) 由于抹灰基层处理不平整，使灰层厚薄不均匀，厚度差别较大时，在灰浆干燥硬化的过程中，则产生不等量的收缩，很容易出现裂缝质量缺陷。

(3) 由于施工计划不周或施工顺序安排错误，在抹灰完成后管线穿墙而需要凿洞，墙体由于受到剧烈冲击振动而产生不规则裂缝。

(4) 在冬春两季进行抹灰施工时，由于温度变化较大、风干收缩较快，从而也会引起墙体出现裂缝。

### 3. 防治措施

(1) 加气混凝土板材安装应尽量避免后塞门框的做法，使门洞口上方小块板能顺墙面进行安装，以此来改善门框与加气混凝土板材的连接。

(2) 加气混凝土板材的安装质量要求应当符合一般抹灰的标准，严格按照现行国家标准《建筑装饰装修工程质量验收标准》(GB 50210—2018) 中一般抹灰工程质量标准和检验方法进行施工。

(3) 在挑选加气混凝土板材时，要注意选用厚薄一致、表面状况大致相同的板材，并应控制抹灰的厚度，水泥珍珠岩砂浆不得超过 5mm，水泥砂浆或混合砂浆不得超过 10mm。

(4) 要科学合理地安排施工综合进度计划，在墙面上需要进行凿洞钻眼穿管线工作，应当在抹灰之前全部完成，这样可避免对抹灰层产生过大的振动。

(5) 为避免抹灰风干过快及减少对墙体的振动，在室内加气混凝土板材装修阶段应关闭门窗，加强对成品的养护和保护，特别要注意避免碰撞和振动。

## (三)门框固定不牢

### 1. 质量问题

在加气混凝土条板固定后，门框与加气混凝土条板间的塞灰，由于受到外力振动而出现裂缝或脱落，从而使门框产生松动脱开，久而久之加气混凝土板材之间也会出现裂缝。

### 2. 原因分析

(1) 由于采用后塞入的方法进行安装门框，这样就很容易造成塞入的灰浆不饱满密实，再加上抹黏结砂浆后未及时钉入钉子，已凝结的水泥砂浆被振动开裂，从而失去其挤压固定作用，使门框出现松动现象或裂缝。

(2) 刚安装完毕的门框或板材，未按照规定进行一定时间的养护和保护，在水泥砂浆尚未达到强度前受到外力碰撞，也会使门框产生松动。

### 3. 防治措施

(1) 在加气混凝土条板安装的同时，应当按照设计的安装顺序立好门框，门框和板材应采用水泥砂浆固定与钉子固定相结合的方法。即预先在条板上，门框上、中、下留木砖的位置，钻上深为 100mm、直径为 25～30mm 的洞，将洞内渣子清理干净，用水湿润后将相同尺寸的圆木蘸 108 胶水泥浆钉入洞眼中，在安装门窗框时，将木螺丝拧进圆木内，也可以用扒钉、胀管螺栓等方法固定门框。

(2) 隔墙门窗洞口处的过梁，可以用加气混凝土板材按照具体尺寸要求进行切割，加气混凝土隔墙门窗洞口过梁的处理，可分为倒八字构造、正八字构造和一侧为钢筋混凝土柱构造。

(3) 如果门框采取后填塞的方法进行固定，门框四周余量不超过 10mm。

(4) 在门框塞入灰浆和抹黏结砂浆后，要加强对其进行养护和保护，尽量避免或减少对墙体的振动，待达到设计强度后才可进行下一工序的施工。

(5) 采用后塞口的方法固定门框，所用的灰浆的收缩量要小，灰浆的稠度不得太稀，填塞一定要达到饱满密实。

## （四）隔墙表面不平整

### 1. 质量问题

加气混凝土条板隔墙是由若干条板拼接而成，如果板材缺棱掉角，特别在接缝处出现错台，表面的不平整度超过允许值，则出现隔墙表面不平整、不美观现象，直接影响加气混凝土条板隔墙的装饰效果。

### 2. 原因分析

（1）板材制作尺寸和形状不规矩，偏差比较大；或在吊运过程中吊具使用不当，损坏了板面和棱角。

（2）加气混凝土板材在安装时，因为位置不合适需要用撬棍进行撬动，由于未使用专用撬棍将条板棱角磕碰损伤。

### 3. 防治措施

（1）在加气混凝土板材装车、卸车和现场存放时，应采用专用吊具或用套胶管的钢丝绳轻吊轻放，运输和现场存放均应侧立堆放，不得叠层平放。

（2）在加气混凝土板材安装前，应当按照设计要求在顶板、墙面和地面上弹好墙板位置线，安装时以控制线为准，接缝要平顺，不得有错台。

（3）在加气混凝土板材进行加工的过程中，要选用加工质量合格的机具，条板的切割面应平整垂直，特别是门窗口边侧必须保持平直。

（4）在加气混凝土板材安装前，要认真进行选择板材，如有缺棱掉角的、表面凹凸不平的，应用与加气混凝土板材性质相同的材料进行修补，未经修补的板材或表面有酥松等缺陷的板，一律不得用于隔墙工程。

（5）在加气混凝土板材安装过程中，如果安装的位置不合适需要移动时，应当用带有横向角钢的专用撬棍，以防止对板材产生损坏。

# 二、石膏空心板隔墙质量问题与防治措施

在建筑隔墙工程中所用的石膏空心板常见的有四种，即石膏珍珠岩空心板、石膏硅酸盐空心板、磷石膏空心板和石膏空心板。用石膏薄板或空心石膏条板组成的轻质隔墙，可用来分隔室内空间，具有构造简单、质量较轻、强度较高、隔声隔热、防火性好、便于加工与安装的特点。这是在隔墙工程中提倡应用的一种板材。

## （一）条板安装后出现板缝开裂

### 1. 质量问题

轻质隔墙的石膏空心板安装完毕后，在相邻两块条板的接缝处，有时会出现两道纵向断续的发丝裂缝，这些发丝裂缝虽然比较窄，但是不仅影响轻质隔墙表面的美观，而且影响轻质隔墙的整体性。

### 2. 原因分析

(1) 石膏空心条板制作完毕后，储存期不足 28d，条板的收缩尚未完全结束，在安装后由于本身干缩而出现板缝开裂。

(2) 由于石膏空心条板间勾缝材料选用不当，例如石膏空心板使用混合砂浆勾缝，因两种材料的收缩性不同，从而出现板缝开裂。

(3) 石膏空心条板拼板缝不够紧密或嵌缝不密实，也会产生收缩裂缝。

### 3. 预防措施

(1) 石膏空心条板制作完成后，一般要在厂家储存 28d 以上，让石膏空心条板在充足的时间内产生充分收缩变形，安装完毕后再留有一定的干燥收缩时间，然后再进行嵌缝。

(2) 将石膏空心条板裂缝处刨出宽度为 40mm、深度为 4mm 的槽，并将槽中杂物打扫清理干净，然后涂刷 108 胶溶液（108 胶：水＝1：4）一遍，抹聚合物水泥浆（108 胶：水：水泥＝1：4：10）一遍，然再贴上一条玻璃纤维网格布条，最后用聚合物水泥浆抹至与板面平齐。

(3) 正确进行石膏空心条板接缝的处理。将石膏空心条板接缝的两侧打扫干净，刷上一遍 108 胶水溶液，抹聚合物水泥浆进行拼接；板缝两侧刨出宽 40mm、深 4mm 的槽；在槽内刷一遍 108 胶水溶液，抹厚度为 1mm 的聚合物水泥浆；然后将裁剪好的玻璃纤维网格布条贴在槽中；再用聚合物水泥浆涂抹与板面平齐。

(4) 在进行“T”形条板接缝时，在板面弹好单面安装控制线，将接缝的板面打扫清理干净；在板面与板侧处刷一遍 108 胶水溶液，再抹聚合物水泥浆拼接密实。当条板产生收缩裂缝时，在两侧的阴角处抹一遍聚合物水泥浆，再贴玻璃纤维网格布。

(5) 采用嵌密封胶法也可以预防板缝开裂　即板缝在干燥后，沿垂直缝刨成深度为 6mm 的“V”形槽，打扫干净后嵌入与条板相同颜色的柔性密封胶。

## （二）板材受潮，强度下降

### 1. 质量问题

由于石膏空心条板主要是以石膏为强度组分，其构造上又都是空心的，所以这种板材吸水比较快，如果在运输途中或现场堆放时发生受潮，其强度降低十分明显。如珍珠岩石膏空心板浸水 2h，饱和含水率为 32.4%，其抗折强度将下降 47.4%。如果板材长期受潮，墙板很容易出现缺棱掉角、强度不足等破坏，严重影响石膏空心板的使用。

### 2. 原因分析

(1) 石膏空心板在制造厂家露天堆放受潮，或在运输途中和施工现场未覆盖防潮用具而受潮。

(2) 由于工序安排不当，使石膏空心板产生受潮；或受潮的板材没有干透就急于安装，并进行下一道工序，使板内水分不易蒸发，导致板材强度严重下降。

### 3. 预防措施

(1) 石膏空心板在制造、运输、储存、现场堆放和施工中，都必须将防止石膏空心板潮湿当作一项重要工作，必须采取切实可行的防雨和地面防潮措施，防止石膏空心板因受潮而产生变形和强度下降。

(2) 石膏空心板在场外运输时，宜采用车厢宽度大于 2m、长度大于板长的车辆，板材必须捆紧绑牢和覆盖防雨材料，以防止损伤和受潮；装车时应将两块板正面朝里，成对垂直堆放，板材间不得夹有硬质杂物，板的下面应加垫方木，距板两端一般为 500～700mm。人工搬运时要轻抬轻放，防止碰撞。

(3) 石膏空心板露天堆放时，应选择地势较高、平坦坚实的场地搭设平台，平台距地面不小于 300mm，其上面再满铺一层防潮油毡，堆垛周围用苫布遮盖。

(4) 石膏空心板在现场以及运输的过程中，堆置高度一般不应大于 1m，堆垛之间要有一定的空隙，底部所垫木块的间距不应大于 600mm。

(5) 石膏空心板的安装工序要科学安排、合理布置，要首先做好地面（防潮）工程，然后再安装石膏空心板，板材的底部要用对拔楔将其垫起，用踢脚板将其封闭，防止地面潮气对板材产生不良影响，避免受潮而产生强度下降。

(6) 石膏空心板材品种很多，其吸水和吸潮的性质也各不相同，要根据石膏空心板隔墙的使用环境和要求，正确选择合适的石膏空心板。

## （三）石膏空心板与结构连接不牢

### 1. 质量问题

石膏空心板安装完毕后，经检查由于石膏空心板与楼底板、承重墙或柱、地面局部连接不牢固，从而出现裂缝或松动现象，不仅影响隔墙的美观，而且影响隔墙的使用功能。

### 2. 原因分析

(1) 石膏空心条板的板头不方正，或采用下楔法施工时，仅在石膏空心板的一面用楔，而与楼板底面接缝不严。

(2) 石膏空心板与外墙板（或柱子）黏结不牢，从而出现一些不规则的裂缝。

(3) 在预制楼板或地面上，没有按要求进行凿毛处理，或基层清扫工作不彻底，表面有灰土、油污等杂质，致使石膏空心板不能与基层牢固黏结。另外，石膏空心板下部填塞的细石混凝土坍落度过大、填塞不密实，也会造成墙板与地面连接不牢。

### 3. 预防措施

(1) 在进行石膏空心板条板切割时，要按照规定弹出的切割线来找规矩，确保底面与地面、顶面与楼板底面接触良好。

(2) 在使用下楔法架立石膏空心板条板时，要在板宽两边距 50mm 处各设一组相同的木楔，使板能均匀垂直向上挤严黏实。

(3) 石膏空心板条板安装后要进行质量检查，对于不合格的应及时加以纠正，其垂直度应控制在小于 5mm，平整度小于 4mm。然后将板底面和地面打扫干净，并洒水进行湿润，用配合比为水：水泥：中砂：细石＝0.4：1：2：2 的细石混凝土填嵌密实，稍收水后分两次压实，湿养护时间不得少于 7d。

(4) 石膏空心板条板与承重墙的连接处，可以采取以下措施进行处理：划好条板隔墙的具体位置，用垂线弹于承重墙面上；弹线范围内的墙面用水泥砂浆（水泥：水＝1：2.5）粉抹平整，经过湿养护硬化后再安装条板。墙面与板侧面接触处要涂刷一层胶黏剂，石膏空心板条板与墙面要挤密实。

## （四）石膏空心板接缝勾缝材料不当

### 1. 质量问题

石膏空心板条板之间的接缝是非常重要的施工部位，如果石膏空心板的接缝材料选择不当，会在接缝处出现微细的裂缝，不仅影响石膏空心板墙体饰面的美观，而且直接影响隔墙的稳定性和安全性。

### 2. 原因分析

(1) 如果选用的勾缝材料不当，两种材料的性能不同，其收缩性也不同，从而导致在相邻两块板的接缝处出现发丝裂缝。

(2) 在石膏空心板条板接缝处施工时，未按照施工规范进行操作，导致接缝间的材料填充不密实，在干燥过程中则会出现裂缝。

(3) 在石膏空心板条板接缝处施工完毕后，未按照施工要求进行养护，导致接缝材料因养护条件不满足而出现裂缝。

### 3. 预防措施

(1) 石膏空心板接缝处应选择适宜的材料。根据工程实践证明，石膏空心板间安装拼接的黏结材料，可选用 1 号石膏型胶黏剂，如表 11-2 所列或 108 胶水泥砂浆。108 胶水泥砂浆的配合比为：108 胶水∶水泥∶砂＝1∶1∶3 或 1∶2∶4。在拼接施工中从板缝挤出的胶结材料应及时清除干净。

**表 11-2　石膏型胶黏剂及腻子技术性能与配合比**

| 项　　目 | 技术指标 | | |
|---|---|---|---|
| | 1 号石膏型胶黏剂 | 2 号石膏型胶黏剂 | 石膏腻子 |
| 抗剪强度/MPa | ≥1.5 | ≥2.0 | — |
| 抗压强度/MPa | — | — | ≥2.5 |
| 抗折强度/MPa | — | — | ≥1.0 |
| 黏结强度/MPa | ≥1.0 | ≥2.0 | ≥0.2 |
| 凝结时间/h | 初凝(0.5～1.0) | 初凝(0.5～1.0) | 终凝 3.0 |
| 配合比 | KF80-1 胶∶石膏粉＝1.0∶(1.5～1.7) | 水∶KF80-2 粉＝1.0∶(1.5～1.7) | 石膏∶粉珍珠岩＝1∶1 用 108 胶溶液(15%～20%)拌和成稀糊状 |
| 用　途 | 用于条板与条板的拼缝，条板顶端与主体结构的黏结 | 用于条板上预留吊挂件、构配件黏结和条板预埋作补平 | 用于条板墙面的修补和找平 |

(2) 选用的勾缝材料必须与石膏空心板材本身的成分相同。待板缝挤出的胶结材料刮净后，用 2 号石膏型胶黏剂抹平并粘贴宽度 100mm 的网状防裂胶带，再用掺 108 胶的水泥砂浆在胶带上涂一遍，待水泥砂浆晾干后，然后用 2 号石膏型胶黏剂粘贴 50～60mm 宽玻璃纤维

布，用力刮平、压实，将胶黏剂与玻璃纤维布中的气泡赶出，最后用石膏腻子分两遍刮平，使玻璃纤维布埋入腻子层中。

（3）在进行石膏空心板接缝处操作时，一定要严格按现行施工规范施工，将接缝处的材料填充密实，并在规定的条件下养护，防止因施工质量较差、养护条件不满足而出现裂缝。

（4）阴阳转角和门窗框边缝处，宜用2号石膏型胶黏剂粘贴200mm宽玻璃纤维布，然后用石膏腻子分两遍刮平，总厚度控制在3mm。

## （五）搁板承托件及挂件松动

### 1. 质量问题

石膏空心板条板隔墙上的搁板承托件及吊挂件，出现松动或脱落现象，不仅直接影响饰面的装饰效果，而且对墙体的稳定不利。

### 2. 原因分析

（1）采用黏结方法固定的搁板承托件和挂件，因板材过于松软，抗拉和抗剪强度较低，负荷后易产生松动或脱落。

（2）安装承托件和挂件的方法不当，如有的所用螺钉规格偏小，有打洞的位置不合适，与孔板的孔壁接触面少，常造成受力后产生松动或脱落。

### 3. 预防措施

（1）采用黏结方法固定搁板承托件及挂件时，应当选用比较坚硬、抗拉和抗剪强度较高的板材，以防止负荷后产生松动现象。

（2）安装搁板承托件和挂件应采用正确的方法，一是打洞的位置要准确，二是固定所用的螺栓规格要适宜，千万不要偏小。

## （六）门框与结构固定不牢

### 1. 质量问题

由于门框与结构固定不牢，门框出现松动和脱开，从而使隔墙出现松动摇晃，有的呈现出倾斜，有的则产生裂缝，严重者影响正常使用。

### 2. 原因分析

（1）由于未按照规范进行操作，导致隔墙边框与结构主体固定不牢固，立撑、横撑没有和边框很好连接。

（2）在设计或施工过程中，由于门框骨架的龙骨尺寸偏小，材料质量较差，不能满足与结构连接的需要，从而导致门框与结构固定不牢。

（3）门框下槛被断开，固定门框的竖筋断面尺寸偏小，或者门框上部没有设置“人”字撑，使门框刚度不足而导致固定不牢。

（4）由于施工中未进行详细的施工组织设计，门的安装工序安排不当，致使边框没有固定牢固。

### 3. 预防措施

（1）门框的上部、下部要与顶面、地面固定牢固。如果两端为砖墙时，门框的上部和下部横框，伸入墙体的长度不得少于 120mm，伸入的部分应当进行防腐处理，并确实固定牢固；如果两端为混凝土柱或墙时，应预埋木砖或预埋件固定。如无预埋件，可用射钉、钢钉、膨胀螺栓等方法进行连接，或用高分子黏结剂粘牢。

（2）选用的木龙骨规格不宜太小，一般情况下不应小于 40mm×70mm，木龙骨的材质要符合设计要求。凡是有腐朽、劈裂、扭曲、多节疤的木材不得用于主龙骨；木材的含水率不得大于 12%。

（3）正确掌握木龙骨的安装顺序。一般应按照先下横楞、上横楞，再立左右靠墙立竖楞，竖向楞要和预埋木砖钉牢，中间空隙要用木片垫平。如无木砖时，要用膨胀螺栓固定，也可在砖缝中扎木楔钉牢。然后再立竖龙骨，划好间距，上下端要顶紧横向楞，校正好垂直度，用钉斜向钉牢。

（4）遇有门框因下横向楞在门框外边断开，门框两边要用优质木材加大截面，伸入地面以下 30mm，上面与梁、楼板底部顶牢的竖向楞，楞要与门框钉牢，或用对销螺栓拧牢，门框上梃要设置“人”字撑。

## （七）门侧条板面出现裂缝

### 1. 质量问题

在门扇开启的一侧出现弧形裂缝，但这种裂缝很不规则，长短不一，有的甚至使板材出现贯通裂缝而被破坏。

### 2. 原因分析

（1）石膏空心条板板侧强度与密实性均比较差，条板的厚度不够；或与门框连接节点达不到标准，由于门的开闭频繁振动而产生裂缝。

（2）有的门扇开关的冲击力过大，特别是具有对流条件的居室门，在风压力和风吸力的作用下，其冲击力更大，强烈的振动引起门侧条板面出现裂缝。

### 3. 预防措施

（1）应根据工程的实际情况，认真研究门边加强的具体条件，从而改善门框与条板的连接，使门框与条板连接牢固。

（2）针对隔墙的实际运用情况，选用抗冲击、韧性好的条板，特别应注意条板的强度和密实性一定要满足要求。

（3）在条板安装后，要加强对成品的保护，防止产生较大的冲击力，以免影响条板的正常使用和安装质量。

# 三、预制混凝土板隔墙质量问题与防治措施

在高层建筑的住宅工程中，厨房、卫生间、浴室、阳台隔板等，由于这些部位的隔墙经常

湿度较大，因此这些非承重墙适宜采用预制钢筋混凝土板隔墙。这种做法既减少了施工现场的湿作业，又增加了使用面积。但是，在工程施工也会出现很多质量缺陷，必须进行正确认识并采取一定的预防措施。

## （一）预制钢筋混凝土板出现板缝开裂

### 1. 质量问题

在隔墙板安装完毕后，隔墙板与顶板之间、隔墙板与隔墙板之间、隔墙板与侧面墙体连接处，因勾缝砂浆黏结不牢，出现板缝开裂，不仅影响隔墙表面美观，而且影响隔墙的整体性和使用。

### 2. 原因分析

（1）预制钢筋混凝土隔墙板设计的构造尺寸不当，由于施工产生的误差，墙体混凝土标高控制不准确，有的隔墙上口顶住楼板，需要进行剔凿；有的隔墙则上口不到楼板，造成上部缝隙过大；结构墙体位置偏差较大，造成隔墙板与墙体间缝隙过大等。以上这些均可能出现板缝开裂。

（2）在预制钢筋混凝土隔墙板的生产中，由于工艺较差、控制不严，出现尺寸误差过大，造成隔墙板与顶板、隔墙板与墙体间的缝隙过大或过小。

（3）勾缝砂浆配合比不当、计量不准确、搅拌不均匀、强度比较低，均可以产生板缝开裂；如果缝隙较大，没有分层将勾缝砂浆嵌入密实，或缝隙太小不容易将勾缝砂浆嵌入密实；勾缝砂浆与顶板或与结构墙体黏结不牢，均可以出现板缝开裂。

### 3. 防治措施

（1）准确设计和制作隔墙板，确保板的尺寸精确，这是避免或减少出现板缝开裂的基本措施。在一般情况下，隔墙板的高度以按房间高度净空尺寸预留 2.5cm 空隙为宜，隔墙板与墙体间每边预留 1cm 空隙为宜。

（2）预先测量定线、校核隔墙板尺寸，努力提高施工精度，保证标高及墙体位置准确，使隔墙板形状无误、尺寸准确、位置正确、空隙适当、安装顺利。

（3）采用适宜的勾缝砂浆和正确的勾缝方法，确保勾缝的质量。勾缝砂浆宜采用配合比为 1∶2（水泥∶细砂）水泥砂浆，采用的水泥强度等级不得小于 32.5MPa，并按用水量的 20% 掺入 108 胶。勾缝砂浆的流动性要好，但不宜太稀。勾缝砂浆应当分层嵌入压实，不要一次将缝塞满。

（4）要加强对已完成隔墙成品的保护。在勾缝砂浆凝结硬化的期间，要满足其硬化时所需要的温度和湿度，要特别加强其初期的养护。在正式使用前，不能对隔墙产生较大的振动和碰撞。

## （二）门框固定不牢靠

### 1. 质量问题

预制钢筋混凝土安装后，出现门框边勾缝砂浆处有断裂、脱落现象，甚至因门的松动使整个墙面的连接处出现裂缝，从而造成门框固定不牢靠。

## 2. 原因分析

（1）预留木砖原来含水率较高，经过一段时间干燥产生收缩，从而造成松动；在安装门扇后，关闭碰撞造成门口松动。

（2）门口预留洞口的尺寸余量过大，自然形成门框两边缝隙过大，勾缝砂浆与混凝土墙黏结不好；或者黏结砂浆强度等级太低，配合比设计不当，砂浆原材料不良，当门扇碰撞振动时会造成勾缝砂浆的断裂、脱落。

## 3. 预防措施

（1）门是频繁开启和经常受到振动构件，一般情况下，预制钢筋混凝土板隔墙的门框与结构墙体的固定，应当采用预埋件连接固定的方法，而不能单纯依靠水泥砂浆黏结进行固定。

（2）对于质量要求较高的隔墙工程，应当采用改进门框的固定的方法。可在隔墙板门洞的上、中、下 3 处预埋铁件（预埋件外皮与混凝土板外皮平齐），木门框的相应位置用螺丝固定扁铁（“扁铁”应当插进门框内，“扁铁”的外表面与门框外表面平齐），安装门框后，将隔墙板预埋件与门框上的“扁铁”焊牢。

（3）门洞口的预留尺寸要适宜，应使勾缝砂浆与混凝土墙板能够良好黏结，但此预留尺寸既不要过大，也不能太小，工程实践证明，以门框两边各留 1cm 缝隙为宜。

（4）门框处应设置压条或贴脸，将门框与隔墙板相接的缝隙盖上，既增加美观，又保护缝隙。

（5）严格控制勾缝砂浆的质量，以确保勾缝砂浆与墙板的黏结力。勾缝砂浆应当采用配合比为 1∶2 的水泥砂浆，并掺入用水量 80％～90％的 108 胶。在勾缝砂浆拌制中，计量要准确，搅拌要均匀，配制后要在 2h 内用完。勾缝砂浆应当分层捻实、抹平。

（6）如果原设计不理想，门框边缝隙在 3cm 以上，则需要在缝内加一根直径为 6mm 的立筋，并与预埋件点焊，用细石混凝土捻实、抹平。细石混凝土中应掺加用水量 20％的 108 胶，以增加其黏结强度。

# （三）隔墙板断裂、翘曲或尺寸不准确

## 1. 质量问题

预制钢筋混凝土隔墙板出现断裂，一般在 5cm 厚的隔墙板中发生较多；5cm 厚隔墙板中的“刀把板”易在中部产生横向断裂；质量低劣的隔墙板在安装后出现表面不平整，或发生翘曲。这些质量问题，既影响美观，又影响使用，甚至造成破坏。

## 2. 原因分析

（1）在一般情况下，厚度为 5cm 的隔墙面板常采用单层配筋，构造不合理，本身刚度差，当采用台座生产，在吊离台座时薄弱部位容易产生裂缝，尤其是“刀把板”中部易产生横向断裂。

（2）如果厚度为 5cm 的隔墙板采用双向 $\phi4@120 \sim 150$mm 的配筋，由于墙的厚度较小，面积较大，刚度较差，也容易出现断裂现象。

（3）钢筋混凝土隔墙板在加工制作中不精心，结果造成尺寸不准确，板面发生翘曲，安装后墙面不平整。

### 3. 防治措施

（1）采用台座生产的预制钢筋混凝土隔墙板的厚度，至少应在 7cm 以上，只有在采用成组立模立式生产时，预制隔墙板的厚度才可采用 5cm。

（2）钢筋混凝土隔墙板，一般宜采用双向直径为 4mm、间距为 200mm 双层点焊的网片，这样虽然增加了钢筋的用量，但大大加强了隔墙板的刚度，避免了在生产、运输和施工中出现折断。

（3）提高预制隔墙面板加工质量，搞好混凝土配合比设计和配筋计算，保证钢筋混凝土构件尺寸准确。采用台座法生产时，必须待构件达到规定强度后再吊离台座，避免构件产生裂缝和翘曲。

（4）预制钢筋混凝土隔墙板的强度等级一般不得低于 C20，采用的水泥强度等级不宜低于 32.5MPa，并应采用抗裂性良好的水泥品种。

（5）由于钢筋混凝土隔墙板是一种薄壁板，其抗折和抗剪强度较低，如果放置方式不当，很容易产生裂缝、翘曲和变形，所以应当采用架子进行立放。

## （四）预埋件移位或焊接不牢

### 1. 质量问题

由于各种原因使结构墙体或隔墙板中的预埋件产生移位，焊件中的焊缝高度和厚度不足，导致焊接不牢。

### 2. 原因分析

（1）预埋件没有按照规定方法进行固定，只是用铅丝简单的绑扎，在其他因素的影响下，则可产生移位；当墙体浇筑混凝土时，如果振捣方法不当，预埋件也会产生较大的移位。

（2）预埋件产生移位后，用钢筋头进行焊接，焊缝高度和厚度不符合要求，从而造成焊接不牢。

（3）预埋件构造设计或制作不合理，在浇筑混凝土时预埋件产生移位。

### 3. 预防措施

（1）预制钢筋混凝土隔墙板与结构墙体、隔墙板之间的预埋件位置必须准确，并按照设计或焊接规范要求焊接牢固。

（2）在浇筑完墙体混凝土后，在墙体的相应位置进行打眼，用 108 胶水泥砂浆把预埋件埋入墙体内，这是一种简单易行、能确保预埋件位置准确的好方法，但对于结构墙体有一定的损伤。

（3）隔墙板上的预埋件应制作成设计要求的形状，预埋件的高度应为墙板的厚度减去保护层厚度，这种形状的预埋件浇筑混凝土时不会产生移位。

（4）精心设计，精心施工，每个环节都应加强责任心，特别是焊缝的高度、长度和宽度，一定要按照设计的要求去做。

# 四、木质骨架板材隔墙质量问题与防治措施

木龙骨木板材隔墙是以木方为骨架，两侧面可用纤维板、刨花板、木丝板、胶合板等作为

墙面材料组成的轻质隔墙，可以广泛用于工业与民用建筑非承重分隔墙。

木板条隔墙是对木龙骨木板材隔墙改进，是以方木为骨架，两侧面钉木板条后再在板条上抹灰而形成的轻质隔墙，也可用于工业与民用建筑非承重隔墙。

## （一）墙面粗糙，接头不严

### 1. 质量问题

龙骨装订板的一面未刨光找平，板材厚薄不均匀，或者板材受潮后变形，或者木材松软产生的边楞翘起，从而造成墙面显得粗糙、凹凸不平。

### 2. 原因分析

（1）木龙骨的含水率过大，超过规范规定的12%，在干燥后产生过大变形，或者在室内抹灰时龙骨受潮变形，或者施工中木龙骨被碰撞变形未经修理就铺钉面板，以上这些均会造成墙面粗糙、接头不严。

（2）施工工序发生颠倒，如先铺设面板，后进行室内抹灰，由于室内水分增大，使铺设好的面板受潮，从而出现边楞翘起、脱层等质量问题。

（3）在选择面板时没有考虑防水防潮，表面比较粗糙又未再认真加工，板材厚薄不均匀，也未采取补救措施，铺钉到木龙骨上后则出现凹凸不平、表面粗糙现象。

（4）钉板的顺序颠倒，应当按先下后上进行铺钉，结果因先上后下压力变小，使板间拼接不严或组装不规格，从而造成表面不平整。

（5）在板材铺设完毕修整时，由于铁冲子过粗，冲击时用力过大，结果造成因面板钉子过稀，钉眼冲得太大，造成表面凹凸不平。

### 3. 防治措施

（1）要选择优质的材料，这是保证木龙骨木板材隔墙质量的根本。龙骨一般宜选红白松木，含水率不得大于12%，并应做好防腐处理。板材应根据使用部位选择相应的面板，面板的质量应符合有关规定，对于选用的纤维板需要进行防潮处理。面板的表面应当光滑，当表面过于粗糙时，应用刨子刨一遍。

（2）所有木龙骨铺钉板材的一面均应刨光，龙骨应严格按照控制线进行组装，做到尺寸一致，找方找直，交接处要十分平整。

（3）安排工序时要科学合理，先钉上龙骨后再进行室内抹灰，最后待室内湿度不大时再钉板材。在铺钉板材之前，应认真进行检查一遍，如果龙骨发生干燥变形或被碰撞变形，应修理后再铺钉面板。

（4）在铺钉面板时，如果发现面板厚薄不均匀时，应以厚板为准，在薄板背面加以衬垫，但必须保证垫实、垫平、垫牢，面板的正面应当刮顺直、刨平整。

（5）面板铺钉应从下面一个角开始，逐块向上钉设，并以竖向铺钉为好。板与板的接头宜加工成坡楞，如为留缝隙做法时，面板应当从中间向两边由下而上铺钉，接头缝隙以5～8mm为宜，板材分块大小要按照设计要求，拼缝应位于木龙骨的立筋或横撑上。

（6）修整钉子的铁冲子端头应磨成扁头，并与钉帽大小一样，在铺设前将钉帽预先砸扁（对纤维板不必砸扁），顺木纹钉入面板表面内1mm左右，钉子的长度应为面板厚度的3倍。钉子的间距不宜过大或过小，纤维板一般为100mm，其他板材为150mm。钉木丝板时，在钉帽下应加镀锌垫圈。

## （二）隔墙与结构或骨架固定不牢

### 1. 质量问题

隔墙在安装完毕后，门框产生松动脱开，隔墙板产生松动倾斜，不仅严重影响表面美观，而且严重影响其使用。

### 2. 原因分析

（1）门框的上、下槛和主体结构固定不牢靠，立筋横撑没有与上下槛形成一个整体，因此，只有稍有振动和碰撞，隔墙就会出现变形或松动。

（2）选用的木龙骨的断面尺寸太小，不能承受正常的设计荷载；或者木材材质太差，有斜纹、节疤、虫眼、腐朽等缺陷；或者木材的含水率超过12%，在干缩时很容易产生过大变形。

（3）安装顺序和方法不对，先安装了竖向龙骨，并将上下槛断开，不能使木龙骨成为一个整体。

（4）门口处的下槛被断开，两侧立筋的断面尺寸未适当加大，门窗框上部未加钉人字撑，均能造成隔墙与骨架固定不牢。

### 3. 防治措施

（1）上下槛一定要与主体结构连接牢固。如果两端为砖墙时，上下槛插入砖墙内的长度不得少于12cm，伸入部分应当做防腐处理；如果两端为混凝土墙柱，应预留木砖，并应加强上、下槛和顶板、底板的连接，可采取预留铅丝、螺栓或后打胀管螺栓等方法，使隔墙与结构紧密连接，形成一个整体。

（2）对于木龙骨选材要严格把关，这是确保工程质量的根本。凡有腐朽、劈裂、扭曲、节疤等疵病的木材不得用于工程中，作为木板材隔墙木龙骨的用料尺寸，应不小于40mm×70mm。

（3）安装合理的龙骨固定顺序，一般应先下槛、后上槛、再立筋，最后钉上水平横撑。立筋的间距一般掌握在40～60cm之间，安装一定要垂直，两端要顶紧上下槛，用钉子斜向钉牢。靠墙立筋与预留木砖的空隙应用木垫垫实并钉牢，以加强隔墙的整体性。

（4）如果遇到有门口时，因下槛在门口处被断开，其两侧应用通天立筋，下端应埋入楼板内嵌实，并应加大其断面尺寸至80mm×70mm，或将2根40mm×70mm的方木并用。在门窗框的上部加设人字撑。

## （三）木板材隔墙细部做法不规矩

### 1. 质量问题

隔墙板与墙体、顶板交接处不直不顺，门框与面板不交圈，接头不严密不顺直，踢脚板出墙不一致，接缝处有翘起现象。

### 2. 原因分析

（1）出现细部做法不规矩的原因，主要是因为在隔墙安装施工前，对于细部的做法和要求交代不清楚，操作人员不了解质量标准。

(2) 虽然在安装前对细部做法有明确交代，但因操作人员工艺水平较低，或者责任心较差，也会产生隔墙细做法不规矩。

### 3. 防治措施

(1) 在隔墙安装前应认真熟悉图纸，多与设计人员进行协商，了解每一个细部构造的组成和特点，制订细部构造处理的具体方案。

(2) 为了防止潮湿空气由边部侵入墙内引起边部的翘起，应在板材四周接缝处加钉盖缝条，将其缝隙遮盖严实。根据所用板材的不同，也可采用四周留缝的做法，缝隙的宽度为10mm左右。

(3) 门口处的构造应根据墙的厚度而确定，当墙厚度等于门框厚度时，可以加贴脸；当墙厚度小于门框厚度时，应当加压条。

(4) 在进行隔墙设计和施工时，对于分格的接头位置应特别注意，应尽量避开视线敏感范围，以免影响隔墙的美观。

(5) 当采用胶接法施工时，所用胶不能太稠过多，要涂刷均匀，接缝时要用力挤出多余的胶，否则易产生黑纹。

(6) 如果踢脚板为水泥砂浆，下边应当砌筑2层砖，在砖上固定下槛；上口抹平，面板直接压到踢脚板上口；如果踢脚板为木质材料，应当在钉面板后再安装踢脚板。

## （四）抹灰面层开裂、空鼓、脱落

### 1. 质量问题

木板条隔墙在抹灰后，随着时间的推移抹灰层出现开裂、空鼓、脱落质量缺陷，不仅影响隔墙的装饰效果，而且影响隔墙的使用功能。时间长久，再加上经常振动，还会出现抹灰层成片下落。

### 2. 原因分析

(1) 采用的板条规格过大或过小，或板条的材质不好，或铺钉的方法不对（如板条间隔、错头位置、对头缝隙大小等）。

(2) 采用的钢丝网过薄或搭接过厚，网孔过小，钉得不牢、不平，搭接长度不够，不严密，均可以造成抹灰面层开裂、空鼓和脱落。

(3) 抹灰砂浆采用的配合比不当，操作方法不正确，各抹灰层之间间隔时间控制不好，抹灰后如果养护条件较差，不能与木板条牢固地黏结，也很容易形成抹灰面层开裂、空鼓和脱落。

### 3. 防治措施

(1) 用于木板条隔墙的板条最好采用红松、白松木材，不得用腐朽、劈裂、节疤的材料。板条的规格尺寸要适宜，其宽度为20～30mm、厚度为3～5mm，间距以7～10mm为宜，当采用钢丝网时应为10～12mm。两块板条接缝应设置于龙骨之上，对头缝隙不得小于5mm，板条与龙骨相交处不得少于2颗钉子。

(2) 板条的接头应分段错开，每段长度以50cm左右为宜，以保证墙面的完整性。板条表面应平整，用 2m“靠尺”进行检查，其表面凹凸度不超过 3mm，以避免或减少因抹灰层厚薄不均而产生裂缝。

如果铺设钢丝网，除板条间隔稍加大一些外，钢丝网厚度应不超出 0.5mm，网孔一般为 20mm×20mm，并要求固定平整、牢固，不得有鼓肚现象。钢丝网的接头应错开，搭接长度一般不得少于 200mm，在其搭接头上面应加钉一排钉子，严防钢丝网产生边角翘起。

(3) 在板条铺设完成后、正式抹灰开始前，板条铺设和固定的质量应经有关质检部门和抹灰班组检验，合格后方准开始抹灰。

## （五）木板条隔墙出现裂缝或翘曲

### 1. 质量问题

在木板条隔墙抹灰完成后，门口墙边或顶棚处产生裂缝或翘曲，不仅影响隔墙的美观，而且影响使用功能。

### 2. 原因分析

(1) 在木板条隔墙施工之前，有关技术人员未向操作人员进行具体的技术交底，致使操作人员对细部的做法不明白，施工中无法达到设计要求。

(2) 在木板条隔墙的施工中，操作人员未按照施工图纸施工，对一些细部未采取相应的技术措施。

(3) 具体操作人员工艺水平不高，或者责任心不强，对施工不认真去做，细部不能按设计要求去做。

### 3. 防治措施

(1) 首先应当认真地熟悉施工图纸，搞清楚各细部节点的具体做法，针对薄弱环节采取相应的技术措施。

(2) 与需要抹灰的墙面（如砖墙或加气混凝土墙）相接处，应加设钢板网，每侧卷过去应不少于 150mm。

(3) 与不需要抹灰墙面相接处，可采取加钉小压条方法，以防止出现裂缝和边部翘曲现象。

(4) 与门口交接处，也可加贴脸或钉小压条。

## （六）木龙骨选用的材料不合格

### 1. 质量问题

由于制作木龙骨所用的材料未严格按设计要求进行选材，导致龙骨的材质很差，规格尺寸过小，在安装后使木龙骨产生劈裂、扭曲、变形，不仅致使木龙骨与结构固定不牢，甚至出现隔墙变形，既影响隔墙的质量，又不符合耐久性要求。

### 2. 原因分析

工程实践经验证明，产生木龙骨选用材料不合格的原因，主要包括以下几个方面：一是在进行木龙骨设计时，未认真进行力学计算，只凭经验选择材料；二是在进行木龙骨制作时，未严格按设计规定进行选材，而是选用材质较差、规格较小的材料，在安装后产生一些质量缺陷。

3. 预防措施

（1）在进行木龙骨设计时，必须根据工程实际进行力学计算，通过计算选择适宜的材料，不可只凭以往设计经验来选择材料。

（2）木质隔墙的木龙骨应采用质地坚韧、易于“咬钉”、不腐朽、无严重节疤、斜纹很少、无翘曲的红松或白松树种制作，黄花松、桦木、柞木等易变形的硬质树种不得使用。木龙骨的用料尺寸一般不小于40mm×70mm。

（3）制作木龙骨的木材，应当选用比较干燥的材料，对于较湿的木材应采取措施将其烘干，木材的含水率不宜大于12%。

（4）制作木龙骨的木材防腐及防火的处理，应符合设计要求和现行国家标准《木结构工程施工质量验收规范》（GB 50206—2012）中的有关规定。

（5）接触砖石或混凝土的木龙骨和预埋木砖，必须进行防腐处理，所用的铁钉件必须进行镀锌，并办理相关的隐蔽工程验收手续。

# 五、轻钢龙骨石膏板隔墙质量问题与防治措施

轻钢龙骨石膏板隔墙是以薄壁镀锌钢带或薄壁冷轧退火卷带为原材料，经过冲压、冲弯曲而制成的轻质型钢为骨架，两侧面可用纸面石膏板或纤维石膏板作为墙面材料，在施工现场组装而成轻质隔墙。

轻钢龙骨石膏板隔墙具有自重较轻、厚度较薄、装配化程度高、全为干作业、易于施工等特点，可以广泛用于工业与民用建筑的非承重分隔墙。

## （一）隔墙板与结构连接处有裂缝

1. 质量问题

轻钢龙骨石膏板隔墙安装后，隔墙板与墙体、顶板、地面连接处有裂缝，不仅影响隔墙表面的装饰效果，而且影响隔墙的整体性。

2. 原因分析

（1）由于轻钢龙骨是以薄壁镀锌钢带制成，其强度虽高，但刚度较差，容易产生变形；有的通贯横撑龙骨、支撑卡装得不够，致使整片隔墙骨架没有足够的刚度，当受到外力碰撞时出现裂缝。

（2）隔墙板与侧面墙体及顶部相接处，由于没有黏结50mm宽玻璃纤维带，只用接缝腻子进行找平，致使在这些部位出现裂缝。

3. 防治措施

（1）根据设计图纸测量放出隔墙位置线，作为施工的控制线，并引测到主体结构侧面墙体及顶板上。

（2）将边框龙骨（包括沿地面龙骨、沿顶龙骨、沿墙龙骨、沿柱子龙骨）与主体结构固定，固定前先铺一层橡胶条或沥青泡沫塑料条。边框龙骨与主体结构连接，采用射钉或电钻打眼安装膨胀螺栓。其固定点的间距应符合下列规定：水平方向不大于 80cm，垂直方向不大于 100cm。

（3）根据设计的要求，在沿顶龙骨和沿地面龙骨上分档画线，按分档位置准确安装竖龙骨，竖龙骨的上端、下端要插入沿顶和沿地面龙骨的凹槽内，翼缘朝向拟安装罩面板的方向。调整竖向龙骨的垂直度，定位后用铆钉或射钉进行固定。

（4）安装门窗洞口的加强龙骨后，再安装通贯横撑龙骨和支撑卡。通贯横撑龙骨必须与竖向龙骨的冲孔保持在同一水平面上，并卡紧牢固，不得出现松动，这样可将竖向龙骨撑牢，使整片隔墙骨架有足够的强度和刚度。

（5）石膏板的安装，两侧面的石膏板应错位排列，石膏板与龙骨采用十字头的自攻螺钉进行固定，螺丝长度一层石膏板用 25mm，两层石膏板用 35mm。

（6）与墙体、顶板接缝处黏结 50mm 宽玻璃纤维，再分层刮腻子，以避免出现裂缝。

（7）隔墙下端的石膏板不应直接与地面接触，应当留有 10～15mm 的缝隙，并用密封膏密封严密，要严格按照施工工艺进行操作，才能确保隔墙的施工质量。

## （二）门口上角墙面易出现裂缝

### 1. 质量问题

在轻钢龙骨石膏板隔墙安装完毕后，门口两个上角出现垂直裂缝，裂缝的长度、宽度和出现的早晚有所不同，严重影响隔墙的外表美观。

### 2. 原因分析

（1）当采用复合石膏板时，由于预留缝隙较大，后填入的 108 胶水泥砂浆不严不实，且收缩量较大，再加上门扇振动，在使用阶段门口上角出现垂直裂缝。

（2）在龙骨接缝处嵌入以石膏为主的脆性材料，在门扇撞击力的作用下，嵌缝材料与墙体不能协同工作，也容易出现这种裂缝。

### 3. 防治措施

要特别注意对石膏板的分块，把石膏板面板接缝与门口竖向缝错开半块板的尺寸，这样可避免门口上角墙面出现裂缝。

## （三）轻钢龙骨与主体结构连接不牢

### 1. 质量问题

轻钢龙骨是隔墙的骨架，其与主体结构连接是否如何，对隔墙的使用功能和安全稳定有很大影响。

### 2. 原因分析

（1）轻钢龙骨与主体结构的连接，未按照设计要求进行操作，特别是沿地、沿顶、沿墙龙骨与主体结构的固定点间距过大，轻钢龙骨则会出现连接不牢现象。

(2) 在制作轻钢龙骨和进行连接固定时，选用的材料规格、尺寸和质量等不符合设计要求，也会因材料选择不合适而造成连接不牢。

(3) 轻钢龙骨出现一定变形，有的通贯横撑龙骨、“支撑卡”安装得数量不够等，致使整个轻钢龙骨的骨架没有足够的刚度和强度，也容易出现连接不牢质量问题。

### 3. 预防措施

(1) 在制作和安装轻钢龙骨时，必须选用符合设计的材料和配件，不允许任意降低材料的规格和尺寸，不得将劣质材料用于轻钢龙骨的制作和安装。

(2) 当设计采用水泥、水磨石和大理石等踢脚板时，在隔墙的下端应浇筑 C20 的混凝土墙垫；当设计采用木板或塑料板等踢脚板时，则隔墙的下端可直接搁置于地面。安装时先在地面或墙垫层及顶面上按位置线铺设橡胶条或沥青泡沫塑料，再按规定间距用射钉或膨胀螺栓，将沿地、沿顶和沿墙的龙骨固定于主体结构上。

(3) 射钉的中心距离一般按照 0.6～1.0m 布置，水平方向不大于 0.8m，垂直方向不大于 1.0m。射钉射入基体的最佳深度：混凝土基体为 22～32mm，砖砌基体为 30～35mm。龙骨的接头要对齐顺直，接头两端 50～100mm 处均应设置固定点。

(4) 将预先切好长度的竖向龙骨对准上下墨线，依次插入沿地、沿顶龙骨的凹槽内，翼缘朝向拟安装的板材方向，调整好垂直度及间距后，用铆钉或自攻螺钉进行固定。竖向龙骨的间距按设计要求采用，一般宜控制在 300～600mm 范围内。

(5) 在安装门窗洞口的加强龙骨后，再安装通贯横撑龙骨和支撑卡。通贯横撑龙骨必须与竖向龙骨撑牢，使整个轻钢龙骨的骨架有足够的刚度和强度。

(6) 在安装隔墙的罩面板前，应检查轻钢龙骨安装的牢固程度、门窗洞口、各种附墙设备、管线安装和固定是否符合设计要求，如果有不牢固之处，应采取措施进行加固，经检查验收合格后，才可进行下一道工序的操作。

# 第五节　饰面板工程质量问题与防治

饰面板装饰工程，是把饰面板材料镶贴到结构基层上的一种装饰方法。饰面板材料的种类很多，既有天然饰面板材料，也有人工合成饰面板材料。饰面板工程要求设计精巧，制作细致，安全可靠，观感美丽，维修方便。但是，不少建筑装饰由于对饰面板工程缺少专项设计、镶贴砂浆黏结力没有专项检验、至今仍采用传统的密缝安装方法等三大弊病，以及手工粗糙、空鼓脱落、渗漏析白、污染积垢等质量问题，致使饰面板工程装修标准虽高，但装饰效果不尽人意，反而会造成室内装修发霉、发黑，甚至发生不可预料的事故。

## 一、花岗石饰面板质量问题与防治措施

花岗石饰面板是一种传统而高档的饰面材料，在我国有着悠久的应用历史和施工经验。这种饰面板具有良好的抗冻性、抗风化性、耐磨性、耐腐蚀性，用于室内外墙面装饰，能充分体现出古朴典雅、富丽堂皇、非常庄重的建筑风格。

花岗石饰面板我国多采用干挂法施工，其安装工艺与湿贴（灌浆）安装大致相同，只是将饰面板材用耐腐蚀金属构件直接固定于墙柱基面上，内留空腔，不灌砂浆。干挂安装与湿贴安

装相比，具有很多优点。

但是，由于各方面的原因，花岗石饰面板在工程中仍会出现的一些质量问题，主要有花岗石板块表面的长年水斑、饰面不平整、接缝不顺直、饰面色泽不匀、纹理不顺、花岗石饰面空鼓脱落和花岗石墙面出现污染现象等。

## （一）花岗石板块表面的长年水斑

### 1. 质量问题

采用湿贴法（粘贴或灌浆）工艺安装的花岗石墙面，在安装期间板块表面就开始出现水印；随着镶贴砂浆的硬化和干燥，水印会逐渐缩小至消失。如果采用的石材结晶较粗，颜色较浅，且未作防碱、防水处理，墙面背阴面的水印可能残留下来，板块出现大小不一、颜色较深的暗影，即俗称的“水斑”。

在一般情况下，水斑孤立、分散地出现在板块的中间，对外观影响不大，这种由于镶贴砂浆拌和水引发的板块水斑，称为“初生水斑”。随着时间的推移，遇上雨雪或潮湿天气，水从板缝、墙根等部位浸入，花岗石墙面的水印范围逐渐扩大，水斑在板缝附近串联成片，板块颜色局部加深，缝中析出白色结晶体，严重影响外观。晴天时水印虽然会缩小，但长年不会消失，这种由于外部环境水的侵入而引发的板块水斑，称为“增生水斑”。

### 2. 原因分析

（1）花岗石的结晶相对较粗，其吸水率一般可以达到0.2%～1.7%，试验结果表明其抗渗性能还不如普通水泥砂浆。出现水斑是颜色较浅、结晶较粗花岗石饰面的特有质量缺陷，因此，花岗石板块安装之前，如果对花岗石板块进行专门的防碱与防水处理，其“水斑”病害难以避免。

（2）水泥砂浆析出氢氧化钙是硅酸盐系列水泥水化的必然产物，如果花岗石板块背面不进行防碱处理，水泥砂浆析出的氢氧化钙就会随着多余的拌和水，沿着石材的毛细孔入侵板块内部。拌和水越多，移动到砂浆表面的氢氧化钙就越多。水分蒸发后，氢氧化钙就积存在板块内，在一定的条件下，花岗石板块表面就会出现水斑。

（3）混凝土墙体存在氢氧化钙，或在水泥中添加了含有钠离子的外加剂，如早强剂$Na_2SO_4$、粉煤灰激发剂$NaOH$、抗冻剂$NaNO_3$等。黏土砖土壤中就含有钠$Na^+$、镁$Mg^{2+}$、钾$K^+$、钙$Ca^{2+}$、氯$Cl^-$、硫酸根$SO_4^{2-}$、碳酸根$CO_3^{2-}$等离子；在烧制黏土砖的过程中，采用煤进行烧制会提高$SO_4^{2-}$的含量。上述物质遇水溶解后，均会渗透到石材毛细孔里或顺板缝流出，形成影响板面美观的水斑。

（4）目前，在我国花岗石饰面仍多沿用传统的密缝安装法，从而形成“瞎缝”。施工规范中规定，花岗石的接缝宽度（如无设计要求时）为1mm，室外接缝可采用“干接”，用水泥浆填抹，但接缝根本不能防水，因此，干接缝的水斑最为严重；也可在水平缝中垫硬塑料板条，用水泥细砂砂浆勾缝，但其防水效果也不好；如用干性的油腻子嵌入板缝，也会因为板缝太窄，嵌入十分困难，仍不满足防水要求。如果饰面不平整，板缝更加容易进水，“水斑”现象则更加严重，外部环境水入侵与防治如图11-8所示。

（5）采用离缝法镶贴的板块，嵌缝胶质量不合格或板缝中不干净。嵌缝后，嵌缝胶在与石材的接触面部位开裂或嵌缝胶自身开裂，或胶缝里夹杂尘土、砂粒，出现砂眼，渗入的水从石板中渗出，从而也形成水斑。

（6）花岗石外墙饰面无压顶的板块或压接不合理（如压顶的板块不压竖向板块），雨水从板缝侵入，从而形成水斑。

（7）花岗石外墙饰面与地面的连接部位没进行防水处理，地面水（或潮湿）沿着墙体或砂浆层侵入石材板块内，也会形成水斑。

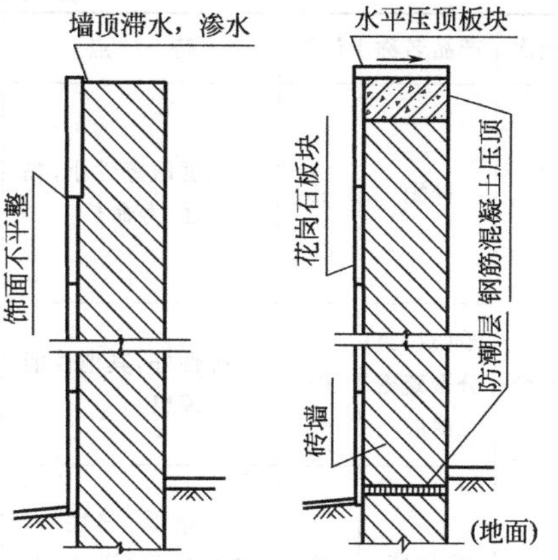

**图 11-8　外部环境水入侵与防治**

(a) 入侵通道；(b) 防治措施

### 3. 预防措施

（1）室外镶贴可采用经检验合格的水泥类商品胶黏剂，这种胶黏剂具有良好的保水性，能大大减轻水泥凝结泌水。室内镶贴可采用石材化学胶黏剂进行点粘（基层砂浆含水率不大于 6%，胶污染应及时用布蘸酒精擦拭干净），从而避免湿作业带来水斑点质量问题。

（2）由于石材板块单位面积自重较大，为了方便固定、便于灌浆，防止砂浆未硬化之前板块出现下坠，板块的镶贴一般都是自下而上进行。在湿润墙面和花岗石板块时，如果大量进行淋水，会发生或加重水斑。因此，石材和基层的浮尘、脏物应事先清净，板块应事先进行润湿，墙面不应大量淋水。

（3）地面墙根下应设置防水防潮层。室外墙体表面应涂抹水泥基料的防渗材料（卫生间、浴室等用水房间的内壁亦需作防渗处理）。

（4）镶贴用的水泥砂浆宜掺入减水剂，这样可减少 $Ca(OH)_2$ 析出至镶贴砂浆表面的数量，从而减免由于镶贴砂浆水化而引发的初生水斑。粘贴法砂浆稠度宜为 6～8cm，灌浆法（挂贴法）砂浆稠度宜为 8～12cm。

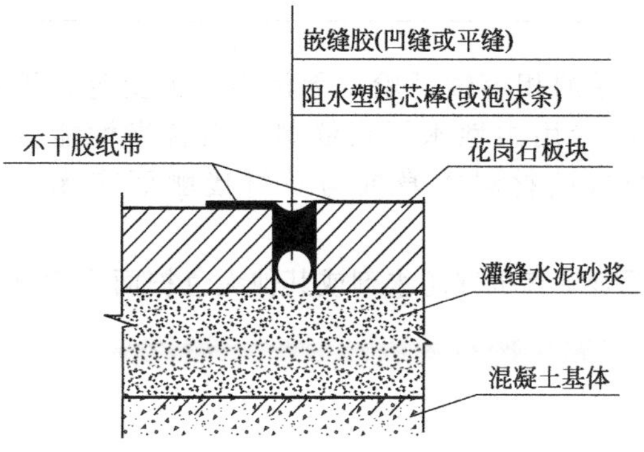

**图 11-9　花岗石墙面防水嵌缝**

（5）为了防止雨雪从板缝侵入，墙面板块必须安装平整，墙顶水平压顶的板块必须压住墙面竖向板块，花岗石墙面防水嵌缝如图 11-9 所示。墙面板块必须离缝镶贴，缝的宽度不应小于 5mm（板缝过小，密封胶不能嵌进缝里）。只有离缝镶贴，板缝才能嵌填密实。只有防水，才能防止镶贴砂浆、找平层、基体的可溶性碱和盐类被水带出，才能预防“增生水斑”和析白流挂。

（6）室外施工应搭设防雨篷布。处理好门窗框周边与外墙的接缝，防止雨水渗漏入墙。

（7）板块防碱防水处理。石材板底部涂刷树脂胶，再贴化纤丝网格布，形成一层抗拉防水层（还可增加粗糙面，有利于粘贴）；或者采用石材背面涂刷专用处理剂或石材防污染剂，对石材的底面和侧面周边作涂布处理。也可采用环氧树脂胶涂层，再粘粒径较小的石子以增强黏结能力，但施工比较麻烦，效果不如专用的处理剂（如果板底部涂刷有机硅乳液，会因表面太光滑而影响黏结力）。

（8）板缝嵌填防水耐候密封胶（加阻水塑料芯棒）如图 11-9 所示，密封材料应采用中性耐候硅酮密封胶，建筑密封材料系列产品选用如表 11-3 所列。

表 11-3　建筑密封材料系列产品选用

| 档次 | 产品名称 | 代号 | 特　点 | 适用范围 | 注意事项 | 预期寿命/年 |
| --- | --- | --- | --- | --- | --- | --- |
| 高级 | 硅酮 | SR | 温度敏感性小，黏结力强，寿命长 | 玻璃幕墙、多种金属、非金属的垂直、水平面及顶部，不流淌 | 吸尘污染后，装修材料不黏结。低模量的适用于石材、陶瓷板块的接缝密封，高模量的可能腐蚀石材及金属面，玻璃适用 | 25～30 |
| | 单(双)组分聚硫密封胶 | PS | 弹性好，其他性能也较理想 | 中空玻璃、墙板及屋面板缝、陶瓷 | 可能与石材成分发生呈色反应 | 20 |
| | 聚氨酯 | PU | 模量低、弹性好，耐气候、耐疲劳，黏结力强 | 公路、桥梁、飞机场、隧道及建筑物的伸缩缝，陶瓷 | 黏结玻璃有问题，避免高温部位残留黏性。单组分的贮存时稳定性差，双组分的有时起泡 | 15～20 |
| 中级 | 丙烯酸酯 | AC | 分子量大，固含量高，耐久性和稳定性好，不易污染变色 | 混凝土外墙板缝，轻钢建筑、门窗、陶瓷、卫生间、厨房等 | 适用于活动量比较小的接缝，未固化时，遇雨会流失；注意固结随固化收缩变形增大，有的随龄期变硬 | 12 |
| | 丁基橡胶 | IIR | 气密性、水密性较好 | 第2道防水，防水层接缝处理及其他 | 不宜在阳光直射部位使用，随着固化收缩，变形增大 | 10～15 |
| | 氯磺化聚乙烯 | CSPE | 价格适中，具有一定的弹性及耐久性，污染变色 | 工业厂房、民用建筑屋面 | 宜在常温干燥环境储存，应避免阳光直射，并远离热源 | 12 |

所用的耐候硅酮密封胶，应当进行与石材接触的相容性试验，无污染、无变色，不发生影响黏结性的物理、化学变化。也可采用商品专用柔性水泥嵌缝料（内含高性能合成乳液，适用于小活动量板缝）。嵌缝后，应检查嵌缝材料本身或与石材接触面有无开裂现象。

(9) 镶贴、嵌缝完毕，室外的石材饰面应全面喷涂有机硅防水剂或其他无色护面涂剂（毛面花岗石更为必要）。

## （二）饰面不平整，接缝不顺直

### 1. 质量问题

在花岗石板块墙面镶贴完毕后，经过检查发现有大面凹凸不平，接缝横向不水平、竖向不垂直，缝隙宽度不相同，相邻板块高低不平，均不符合石材板块墙面施工的质量标准，不仅严重影响墙面的美观，而且容易坐落灰尘而污染墙面。

### 2. 原因分析

(1) 由于对饰面基层的处理不认真，造成基层的平整度和垂直度偏差过大，加上在灌注水泥砂浆时厚薄不均匀，使其收缩后产生的高低差过大。

(2) 在花岗石饰面板的加工过程中质量控制不严，加工设备落后或生产工艺不合理，以及操作人员技术水平不高，从而导致石材加工精度差，造成板块外形尺寸偏差较大，从而使饰面施工质量难以保证。

(3) 有弯曲或弧形面的板块，未在工厂车间按照设计图纸进行制作，而在施工现场用手工或手提切割机加工，从而造成板材精度较差、偏差较大。常见的质量问题有：板块厚薄不一，板面凹凸不平，板角不方正，板块尺寸超过允许误差。

(4) 在镶贴板块前施工准备工作不充分。例如对板块材料验收不严格，对板块未认真进行检查和挑选，在镶贴前未对板块进行预排，操作人员施工图纸不熟悉，施工控制线不准确等。

(5) 如果采用干缝（或密缝）安装，无法利用板缝的宽度适当调整板块加工中产生的偏差，导致面积较大的墙面板缝积累偏差越来越大，超过施工规范中的允许偏差。

(6) 施工中操作不当，很容易造成饰面不平整、接缝不顺直。例如采用粘贴法施工的墙面，基层面抹灰不平整。采用灌浆法（挂贴法）施工的墙面，表面凹凸过大，灌浆不畅通，板块支撑固定不牢，或一次灌浆过高，造成侧向压力过大，挤压板块产生位移。

### 3. 预防措施

(1) 在铺设饰面板前，应当按照设计或规范的要求认真处理好基层，使基层的平整度和垂直度符合设计要求。饰面板材采用粘贴法施工时，找平层施工后应进行一次质量验收，按照高级抹灰的质量要求，其平整度和垂直度的允许偏差不应大于 3mm。

(2) 批量板块应由石材厂加工生产，废止在施工现场批量生产板块的落后做法；弯曲的面或弧形平面板应由石材厂专用设备（如电脑数控机床）加工制作。石材进场应按标准规定检查外观质量，检查内容包括规格尺寸、平面度、角度、外观缺陷等。超过允许偏差者，应退货或磨边修整，使板材厚薄一致，不翘曲、不歪斜。

(3) 对墙面板块进行专项装修设计

① 施工前有关人员应认真进行图纸会审，明确板块的排列方式、分格和图案，伸缩缝位置、接缝和凹凸部位的构造大样。

② 室外墙面有防水要求，板缝宽度不应小于 5mm，并可采用适当调整板缝宽度的办法，减少板块制作或镶贴造成的积累偏差。室内墙面无防水要求，如果光面和镜面花岗石的板缝，如果采用干接缝方式，是接缝不顺直的重要原因之一。因此，干接缝板材的方正平直不应超过优等品的允许偏差标准，否则会给干接缝安装带来困难。

传统逐块进行套切割的方法检查板块几何尺寸，并按偏差大小分类归堆的方法，固然可以减少因尺寸偏差带来的毛病，使接缝变得顺直；但是可能会打乱石材的原编号和增大色差（有花纹的石材还可能因此而使花纹更混乱），效果并不一定就好。根据规定，板块的长度和宽度只允许负偏差，对于面积较大的墙面，为减少板块制作尺寸的积累偏差，板缝宽度宜适当放宽至 2mm 左右。

(4) 绘制好施工大样图，严格按图施工。在板块安装前，首先应根据建筑设计图纸的要求，认真核对板块安装部位结构实际尺寸及偏差情况，如墙面平整度、垂直度及纠正偏差所增减的尺寸，绘制出修正图。超出允许偏差的，如果采用灌浆法施工，则应在保证基体与板块表面距离不小于 30mm 的前提下，重新排列分块尺寸。

在确定排板图时应做好以下工作。

① 测量墙面和柱的实际高度，定出墙与柱的中心线，柱与柱之间的距离，墙和柱上部、中部、下部的结构尺寸，以确定墙、柱面边线，据此计算出板块排列分块尺寸。

② 对于外形变化较复杂的墙面和柱面，特别是需要异形板块镶贴的部位，应当先用薄铁皮或三夹板进行实际放样，以便确定板块排列分块尺寸。

③ 根据实测的板块规格尺寸，计算出板块的排列，按安装顺序将饰面板块进行编号，绘制分块大样图和节点大样图，作为加工板块和零配件以及安装施工的依据。

(5) 墙、柱的安装，应当按照设计轴线弹出墙、柱中心线，板块分格线和水平标高线。由于挂线容易被风吹动或意外触碰，或受墙面凸出物、脚手架的影响，测量放线应当采用经纬仪和水平仪，这样可以减少尺寸的偏差，确保放线的精度。

(6) 对于镶贴质量要求较高的工程，应当先做样板墙，经建设、设计、监理、施工等单位共同商定和认可后，再按照样板大面积进行施工。在做样板墙时应按照以下方法进行。

① 安装前应进行试拼，调整花纹，对好颜色，使板块之间上下左右纹理通顺、颜色协调一致、接缝平直、缝隙宽度均匀，将经过预先拼装后的板块由下向上逐块编号，确定每块的镶贴顺序和位置，然后对号入座。

② 板块安装顺序是根据事先找好的中心线、水平通线，墙面试拼的编号，然后在最后一行两端用块材找平、找直，拉上水平横线，再从中间或一端开始安装，随时采用托线板靠直、靠平，保证板与板交接部位四角平整。

③ 每一块板块的安装，均应当找正、吊直，并采取临时固定措施，以防止灌注砂浆时板位发生移动。

④ 板块接缝宽度宜用商品十字塑料卡控制，并应确保外表面平整、垂直及板上口平顺。突出墙面勒脚的板块安装，应等上层的饰面工程完工后进行。

(7) 板块灌浆前应浇水将板的背面和基体表面润湿，再分层灌注砂浆，每层灌注高度为150～200mm，且不得大于板高的1/3，对砂浆要插捣密实，以避免板块外移或错动。待其初凝后，应检查板面位置，若有移动错位，应拆除重新安装；若无移动错位，才能灌注上层砂浆，施工缝应留在板块水平接缝以下50～100mm处。

(8) 如采用粘贴法施工，找平层表面平整度允许偏差为3mm，不得大于4mm；板块厚度允许偏差应按优等品的要求，如板块厚度在12mm以内者，其允许偏差为±0.5mm。

(9) 大面的板块镶贴完毕后，应用经纬仪及水平仪沿板缝进行打点，使墙面板块缝在水平和竖向均能通线，再沿板缝两侧用粉线弹出板缝边线，沿粉线贴上分色胶带纸，打防水密封胶。嵌缝胶的颜色选择应慎重，事先作几个样板，请有关人员共同协商确定。在一般情况下，板缝偏小的墙面宜用深色，使缝隙更显得宽度均匀、横平竖直；板缝偏大的墙面宜用浅色，但不宜采用无色密封胶。

(10) 在饰面板安装完毕后，应进行质量检查，以便发现问题及时解决。合格后应注意成品保护，不使其受到碰撞挤压。

## (三) 饰面色泽不匀，纹理不顺

### 1. 质量问题

饰面板块之间色泽不匀、色差比较明显，个别板块甚至有明显的杂色斑点和花纹。有花纹的板块，花纹不能通顺衔接，横竖突变，杂乱无章，严重影响墙面外观。

### 2. 原因分析

(1) 饰面板块产品不是同一产地和厂家，而是东拼西凑，这样不仅规格不同，而且色差明显。在生产板块选材时，对杂色斑纹、石筋裂隙等缺陷未注意剔除。在石材出厂前，如果板块未干燥即进行打蜡，随着水分的蒸发、蜡的渗入，也会使石材表面引起色差。

(2) 在安装板块时，由于种种原因造成饰面不平整，相邻板块高低差过大，若采用打磨方法整平，不仅会擦伤原来加工好的镜面，而且会因打磨不同而产生色差。

(3) 采购时订货不明确。多数花岗石是无花纹的，对于有花纹要求的花岗石板块，如果订货单上不明确，厂家未按设计要求加工，或运至工地后无检查或试拼，就可能出现花纹杂乱无章、纹理不顺。

(4) 镜面花岗石反射光线性能较好，对于光线和周围环境比较敏感，加上人有“远、近、正、斜、高、低、明、暗”的不同观角，很容易造成观感效果上的差异，甚至得出相反的装饰效果。

### 3. 预防措施

(1) 一个主装饰面所用的花岗石板块材料，应当来源于同一矿山、同一采集面、同一批荒料、同一厂家生产的产品。但是，对于大面积高档墙面来说，达到设计标准要求是很难的，为达到饰面基本色泽均匀、纹理通顺，可在以下几个方面采取措施。

① 保证批量板块的外观、纹理、色泽以及物理力学性能基本一致，便于安装时色泽、纹理的过渡。

② 对于大型建筑墙面选用花岗石时，设计时不宜完全采用同一种板块，可采用先调查材料来源情况，后确定设计方案的方法。

③ 确定样板时找两块颜色较接近的作为色差的上下界限，确定这样一个色差幅度，给石料开采和加工厂家留有余地。

④ 石材进场后还要进行石材纹理、色泽的挑选和试拼，使色调花纹尽可能一致，或利用颜色差异构成图案，将色差降低到最低程度。

(2) 石材开采、板块加工、进场检验和板块安装，都要认真注意饰面的平整度，避免板块安装后因饰面不平整而需要再次打磨，从而由于打磨而改变原来的颜色。

(3) 板块进场拆包后，首先应进行外观质量检查，将破碎、变色、局部污染和缺棱掉角的板块全部挑出来，另行堆放。确保大面和重要部位全用合格板块，对于有缺陷的板块，应改小使用，或安排在不显眼的部位。

(4) 对于镜面花岗石饰面，应当先做样板进行对比，视其与光线、环境的协调情况，以及与人的视距观感效果，再优化选择合适的花岗石板材。

## （四）花岗石饰面空鼓脱落

### 1. 质量问题

花岗石饰面板块镶贴之后，板块出现空鼓质量问题。这种墙面空鼓与地面空鼓不同，可能会随着时间的推移，空鼓范围逐渐发展扩大，甚至产生松动脱落，对墙下的人和物有很大的危害。

### 2. 原因分析

(1) 在花岗石板块镶贴前，对基体（或基层）、板块底面未进行认真清理，有残存灰尘或污物，或未用界面处理剂对基体（或基层）进行处理。

（2）花岗石板块与基体间的灌浆不饱满，或配制的砂浆太稀、强度低、黏结力差、干缩量大，或灌浆后未进行及时养护。

（3）花岗石饰面板块现场钻孔不当，太靠边或钻伤板的边缘；或用铁丝绑扎固定板块，由于防锈措施不当，日久锈蚀松动而产生板块空鼓脱落。

（4）石材防护剂涂刷不当，或使用不合格的石材防护剂，造成板块背面光滑，削弱了板块与砂浆间的黏结力。

（5）板缝嵌填密封胶不严密，造成板缝防水性差，雨水顺着缝隙入侵墙面内部，使黏结层、基体发生冻融循环、干湿循环，由于水分的入侵，容易诱发析盐，水分蒸发后，盐结晶产生体积膨胀，也会削弱砂浆的黏结力。

### 3. 预防措施

（1）在花岗石板块镶贴之前，基体（或基层）表面、板块背面必须清理干净，用水充分湿润，阴干至表面无水迹时，即可涂刷界面处理剂；待界面处理剂表面干燥后，即可进行镶贴板块。

（2）采用粘贴法的砂浆稠度宜为 6～8mm，采用灌浆法的砂浆稠度宜为 8～12mm。由于普通水泥砂浆的黏结力较小，可采用合格的专用商品胶黏剂粘贴板块，或在水泥中掺入改性成分（如 EVA 或 VAE 乳液），均能使黏结力大大提高。

（3）夏季镶贴室外饰面板应当防止曝晒，冬季施工砂浆的施工温度不得低于 5℃，在砂浆硬化前，要采取防冻措施。

（4）板块边长小于 400mm 的，可采用粘贴法镶贴；板块边长大于 400mm 的，应采用灌浆法镶贴，其板块应绑扎固定，不能单靠砂浆的黏结力。若饰面板采用钢筋网，应与锚固件连接牢固。每块板的上、下边打眼数量均不得少于 2 个，并用防锈金属丝系牢。

（5）废除传统落后的钻“牛鼻子”孔的方法，采用板材先直立固定于木架上，再钻孔、剔凿，使用专门的不锈钢 U 形钉子或经防锈处理的碳钢弹簧卡，将板材固定在基体预埋钢筋网或胀锚螺栓上，如图 11-10 和图 11-11 所示。

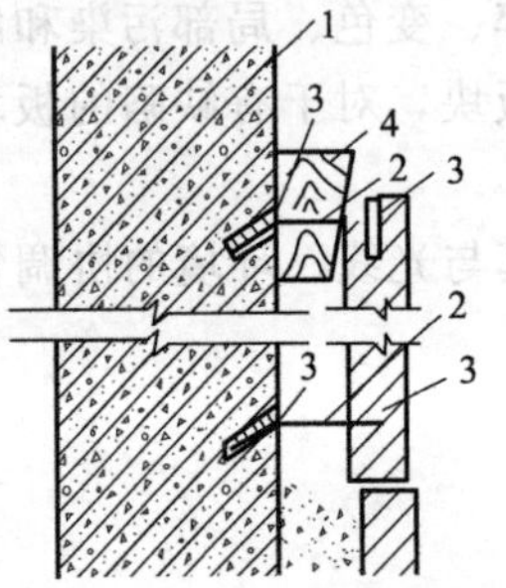


图 11-10　石板就位固定示意

1—基体；2—U 形钉；3—石材胶；4—大头木楔

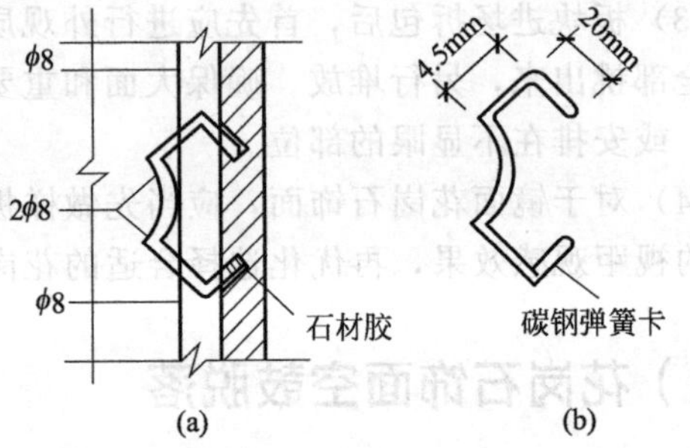


图 11-11　金属夹安装示意

（6）使用经检验合格的石材防护剂，并按照说明书中的规定进行涂刷。

（7）较厚或尺寸较大的板块应考虑在自重作用下如何保证每个饰面板块垂直的稳定性，受力分析包括板块和砂浆的自重、板块安装垂直度偏差、灌浆未硬化时的水平推力、水分可能入侵后的冻胀力等。

（8）由于石材单位面积较重，因此轻质砖墙不应直接作为石材饰面的基体。否则，应加强措施。加强层应符合下列规定。

① 采用规格直径为1.5mm、孔目为15mm×15mm的钢丝网，钢丝网片搭接或搭入框架柱（构造柱）长度不小于200mm，并作可靠连接。

② 设置M8穿墙螺栓、30mm×30mm垫片连接和绷紧墙体两侧的钢丝网，穿墙螺栓纵横向的间距不大于600mm。

③ 石板采用粘贴法镶贴时，找平层用聚合物水泥砂浆与钢丝网黏结牢固，其厚度不应小于25mm。采用灌浆法镶贴时，可以不抹找平层，而用M8穿墙螺栓同时固定钢筋网，灌浆厚度一般为50mm左右。

(9) 板缝的防水处理，可参见“花岗石板块表面的长年水斑”的预防措施。

(10) 要注意成品保护，防止发生振动、撞击等外伤，尤其注意避免镶贴砂浆、胶黏剂早期受到损伤。

## （五）花岗石墙面出现污染现象

### 1. 质量问题

花岗石板块在制作、运输、存放和安装过程中，由于种种原因板块出现外侵颜色，导致板块产生污染。在墙面镶贴后，饰面上出现水泥斑迹、长年水斑、析白流挂、铁锈褐斑、电焊灼伤、介质侵蚀。花岗石在使用过程中，饰面受到风吹日晒、雨雪侵蚀、污物沾染，严重影响花岗石饰面的美观。

### 2. 原因分析

(1) 如果采用的花岗石原材料中含有较多的硫铁矿物成分，板块会因硫化物的氧化而产生变色。如果在切割加工中用钢砂摆锯，钢砂的锈水会渗入花岗石结晶体之间，造成花岗石材的污染。另外，在研磨过程中也会因磨料含杂质渗入石材而引起污染。

(2) 板块在加工的过程中和加工完毕后，对石材的表面没有采取专门的防污染处理措施，进场后也没有进行物理性能和外观缺陷的检验。

(3) 板块出厂时包装采用草绳、草袋或有色纸箱，遇到潮湿、水浸或雨淋，包装物黄褐色液体侵入板块，则使板块发生黄渍污染。

(4) 传统的板块安装是用熟石膏临时固定和封堵，由于安装后熟石膏不容易从板缝中清理干净，残留石膏经雨水冲刷流淌，将严重污染墙面。若采用麻丝、麻刀灰、厚纸板等封堵接缝的，在强碱作用下也可能产生黄色液体污染。

(5) 如果嵌缝时选用的防水密封材料选择不当，有些品种可以造成腐蚀石材表面，或与石材中的成分发生变色反应，造成板缝部位石材污染或变色。

(6) 由于板块出现长年水斑和板缝出现析白流挂，也会造成对花岗石饰面的污染。

(7) 在板块安装施工中，对成品保护不良而造成施工污染。由于石材板块的镶贴施工顺序是由下而上进行，在镶贴上层板块时，就有可能因砂浆、涂料、污液、电焊等，对下层成品产生污染。

(8) 在花岗石饰面的使用过程中，由于受钢铁支架、上下水管铁锈水污染，或酸碱盐类化学物质的侵蚀等，墙面板块表面受到严重污染。

(9) 环境对花岗石板块的污染。空气中的二氧化硫（$SO_2$）、二氧化碳（$CO_2$）、三氧化硫（$SO_3$）等酸性气体或酸雨，均可以造成对花岗石饰面的污染。

### 3. 防治措施及处理方法

花岗石墙面产生污染，再进行彻底清理是一项较难的工作。因为使墙面产生污染的因素和物质很多，所采用的处理方法也有很大区别。

在清洗污染之前应先进行腐蚀性检验，检验清洗效果和有无副作用，宜优先选用经检验合格的商品专用清洗剂和专用工具，最好由专业清洁公司进行清洗。避免因使用清洗材料和方法不当，使墙面清洗产生副作用。

根据污染物不同和清洗方法不同，一般可按照下列方法进行处理。

（1）手工铲除　手工铲除实际上是饰面污染处理的初步清理。即对于板缝析白流挂或板面水泥浆污染，因其生成物为不溶于水的碳酸钙（$CaCO_3$）、硫酸钙（$CaSO_4$）或水泥水化物等结晶物，在采用其他清洗方法之前，先以人工用砂纸轻轻将其打磨掉，为进一步清洗打下良好基础。

（2）清水清洗　清水冲洗是现有清洗技术中破坏性最小、对能溶于水的污物最有效的处理方法。水洗一般可采用以下几种方法。

① 对于疏松污垢，可采用喷洒雾状水对其慢慢软化，然后用中等压力水喷射清除，并配合轻轻擦拭污垢。

② 对于较硬的污垢，需要反复进行湿润，必要时可辅以铜丝刷清洗，然后用中等压水喷射清除。

在反复湿润中，很容易造成石材体内污染物被激活，对于较敏感的部位，应加强水量控制和脉冲清洗，以防止出现新的色斑。

（3）化学清洗

① 一般清洗　一般清洗通常分为预冲洗和消除清洗，预冲洗即用氢氧化钠碱溶液冲洗，接着用氢氟酸溶液进行消除清洗，两种冲洗应用中压喷射水枪轮换进行。氢氟酸溶液是使石材中不残留可溶性盐类，但对玻璃有较强的腐蚀性，冲洗中要覆盖门窗玻璃。

② 石材因包装物产生的污染，应根据污染物的性质来决定处理方案。如碱性的颜色污染可用草酸清除，一般颜色污染可用双氧水（$H_2O_2$）刷洗。严重的颜色污染可用双氧水和漂白粉掺在一起拌成糊状涂于污染处，待2～3d后将污染物铲除。

③ 青苔污染的清除　长期处于潮湿和阴暗的饰面，常会发生青苔污染。这种污染可以用氨基磺酸铵清除，留下的粉状堆积物再水冲洗掉。

④ 木材污染及海藻和菌类等生物污染。可以用家用漂白剂配制成浓度为10%～20%的溶液，将溶液涂刷于污染面上即可。一般木材污染的处理时间很短，其他物质污染需要处理时间较长。

⑤ 油墨污染　将250g氯化钠溶入25L的水中，静置到氯化钠沉淀到底部为止，将此溶液澄清过滤，向过滤的溶液中加入15g浓度为24%的醋酸，再将一块法兰绒泡入此溶液中，取出后覆盖在油墨污染处。用一块玻璃、石块或其他不透水材料压在法兰绒布上。当法兰绒布干透后，即可清除油墨污染。如果一次清除不彻底，可重复进行几次。

⑥ 亚麻子油、棕榈油、动物油污染的处理方法有3种　第一种处理方法同采用油墨污染处理法。第二种处理方法是：用50g磷酸三钠、35g过硼酸钠和150g滑石粉干拌均匀，将500g软肥皂溶入2.5L的热水中，再将肥皂水与干粉料拌制成稠浆。将稠浆抹在被污染的部位，直至稠浆干透后，将其细心刮除。第三种处理方法是：将一块法兰绒浸泡在丙酮：醋酸戊酯＝1：1的溶液中，再将绒布覆盖在污染处，并压一块玻璃板，以防溶液迅速挥发，如果一次未除净，可重复进行。

⑦ 润滑油污染　发生润滑油污染后，立即用卫生纸或吸水性强的棉织品吸收，如果润滑油较多，应更换卫生纸或棉织品，不得重复使用。然后用面粉、干水泥或类似的吸附材料覆盖在石材表面，一般保留1d，如果还有痕迹，也可用漂白剂在污染处擦洗。

⑧ 沥青污染　沥青与石材有很好的黏结性，清除沥青污染比较困难。无论采用哪种方法除污，均应首先去除剩余的沥青，并用擦洗剂及水进行擦洗，但绝对不能用钢丝刷刷洗，也不能用溶剂擦洗。可将棉布浸泡在二甲亚矾（也称为DMSO）的溶液（DMSO∶水＝1∶1）中，然后将棉布贴在污斑表面，待1h后用硬棕刷擦洗，沥青就会被洗掉。

另外，还可用滑石粉和煤油（或三氯乙烯）制成糊膏状，将其抹在沥青污染处，至少保持10min，这种方法十分有效，但必须多次重复进行。

⑨ 烟草污染　将1kg磷酸三钠溶入8L水中，然后在另一个单独的容器内，用约300g的氯化钠和水拌成均匀的稠浆，将磷酸三钠水溶液注入氯化钠稠浆中，充分搅拌均匀。待氯化钙沉淀到底部，便可将澄清的液体吸出，并用等量水进行稀释。将这种稀释液与滑石粉调制成均匀的稠浆，用抹子涂抹于污染处，直至烟草污染除掉为止。

⑩ 烟污染　将三氯乙烯和滑石粉配制成均匀的稠浆，用上述方法将稠浆抹在污染部位，再用一块玻璃板或其他不吸水材料覆盖在稠浆上面，以防止三氯乙烯过快挥发。如果涂布数次之后，表面仍有污迹，可将残留的灰浆清除掉，使表面完全干燥，然后再采用除去“烟草污染”的方法除去烟污染。

⑪ 涂料污染　未干的涂料如果采用直接擦洗，反而会造成污染物的扩散。应当先用卫生纸吸干，然后用石材专用的清洁剂涂敷和水冲洗残余的涂料。时间长已干燥成膜的涂料污染首先应尽可能刮去，然后用清洁剂涂敷，再用清水进行冲洗。

⑫ 铜和青铜污染　将1份氨和10份水搅拌均匀，然后将1kg滑石粉和250g氯化铵干拌均匀，最后将溶液和粉料拌制成均匀的稠浆。将稠浆抹在被污染的部位，厚度不得少于10mm。待稠浆干透后，再将其去掉，用清水洗净便可除去污斑。若一次不行，应重复抹多次，直到污染消除为止。氨具有一定的毒性，使用时应注意通风。

⑬ 铁锈污染　铁锈污染，最好使用商品石材专用的除锈液（剂）、清洁剂，用棉布涂敷于被污染的表面。铁锈消失后，用清水冲洗石材表面。

另外，也可以配制除铁锈污染剂，其配合比为：双氧水∶磷酸氢二钠∶乙二胺四乙酸二钠＝100∶(20～30)∶(20～30)，在配制中也可根据饰面污染程度，将配合比进行适当调整，其中双氧水的浓度为30%。双氧水对人体有害，应特别注意加强防护，若皮肤被腐蚀，应及时用松节油擦洗。

(4) 磨料清洗　磨料清洗是一种技术要求较高的处理方法，非熟练工人可能会对建筑物造成损坏，因此应由有经验的技术人员认真监管或亲自操作。磨料清洗一般采用干喷或湿喷，这两种方法各有特点、操作方法各不相同。

① 干喷　由专业人员用喷砂机对于析白、流挂部位或水泥污迹、树脂污染部位喷射干燥的细砂。如果采用喷射细小玻璃微珠或弹性研磨材料，不仅可以清除石材表面上的污物，而且还起到轻度的抛光作用。

② 湿喷　在需要减少粗糙磨料影响的部位，可采用压缩空气中加水的湿喷砂方法，这种方法有利于控制灰尘飞扬。但由此积聚在工作面上的泥浆，在装饰比较复杂的细部施工时，会影响饰面的可见度，还需要用压力水清洗。

(5) 打磨翻新　打磨翻新是由专业公司使用专用工具将受污染（或风化、破损）的石材饰面表面磨去薄薄的一层，然后在新的石材表面上进行抛光处理，再喷涂专用的防护剂，使旧石材恢复其天然色泽和光洁度。

（6）护面处理　天然花岗石饰面在清除污迹后，光面饰面应重新进行抛光。室内墙面应定期打蜡保护，室外墙面应喷涂有机硅憎水剂或其他专用无色护面涂剂。

## （六）花岗石饰面板块出现开裂

### 1. 质量问题

在饰面工程选用花岗石饰面板时，由于各种原因造成部分板块有色线、暗缝和隐伤等缺陷，不仅严重影响饰面的美观，而且也存在着安全隐患。

### 2. 原因分析

（1）在加工花岗石饰面板时未认真选择原料，所用的石材的石质比较差，板材本身有色线、暗缝和隐伤等质量缺陷；或者在切割、搬运、装卸过程中，对石材饰面板产生损伤而出现开裂。

（2）在板材安装前未经检查和修补，将有开裂的板材安装于饰面上，安装后受到振动、温变和干湿等因素的作用，在这些部位由于应力集中而引起开裂。

（3）在板块安装的施工中，由于灌浆不密实，板缝嵌入不密封，造成侵蚀气体、雨水或潮湿空气透入板缝，从而导致钢筋网锈蚀膨胀，造成石材板块的开裂。

（4）由于各方面的原因，建筑主体结构产生沉降或地基不均匀下沉，板材随之变形受到挤压而开裂。

（5）在墙或柱子的上下部位，板缝未留空隙或空隙太小，一旦受到压力变形，板材受到较大的垂直方向的压力；或大面积的墙面不设置变形缝，受到环境温度变化，板块受到挤压而产生开裂。

（6）由于计划不周或施工无序，在饰面板材安装后又在墙上开凿孔洞，导致饰面板上出现犬牙和裂缝。

### 3. 预防措施

（1）在石材板块加工前，首先应根据设计要求选用质量较好的石材原料，使加工出来的板材自身质量优良，完全符合设计的要求。

（2）在选择石材板块时，应剔除不符合质量要求的石材板，在加工、运输、装卸、存放和安装的过程中，应仔细进行操作，避免板材出现开裂和损坏。

（3）在石材板块安装时，应对板材进行认真仔细地检查和挑选，对于有微小缺陷能用于饰面的板材，应按要求进行修补，防止有缺陷板材安装后，因振动、温变和干湿等作用而引起开裂。

（4）在进行石材板块安装时，灌浆应饱满，嵌缝应严密，避免腐蚀性气体、水汽侵入钢筋网内，使钢筋网锈蚀膨胀而导致板材开裂。

（5）在新建建筑结构沉降基本稳定后，再进行饰面石材板块的安装作业。在墙、柱顶部和底部安装石板材时，应留有不少于5mm的空隙，并嵌填柔性密封胶，板缝用水泥砂浆进行勾缝。室外饰面宜每隔5～6m（室内10～12m）设置一道宽为10～15mm的变形缝，以防止因结构出现微小变形而导致板材开裂。

（6）如果饰面墙上需要开凿孔洞（如安装电气开关、镶嵌招牌等），应事先加以考虑并在板块未上墙之前加工，以避免板材安装后再进行凿洞作业。

# 二、大理石饰面板质量问题与防治措施

大理石虽然结晶较小，结构致密，但空气中的二氧化硫对其腐蚀较大，会使其表面层发生化学反应生成石膏而色泽灰暗，呈风化现象逐渐破损。其强度、硬度较低，耐久性较差，除个别品种（如汉白玉、艾叶青）外，一般适用于室内装修工程。

## （一）大理石板块开裂，边角缺损

### 1. 质量问题

板块暗缝、“石筋”或石材加工、运输隐伤部位，以及墙、柱顶部或根部，墙和柱阳角部位等出现裂缝、损伤，影响美观和耐久性。

### 2. 原因分析

(1) 板块材质局部产生风化脆弱，或在加工运输过程中造成隐伤，安装前未经检查和修补，安装完毕后发现板块有开裂。

(2) 由于计划不周或施工无序，在饰面安装之后又在墙上开凿孔洞，导致饰面出现犬牙和裂缝。

(3) 墙、柱上下部位，板缝未留需要的空隙，结构受压产生变形；或大面积墙面未设变形缝，受环境温度的变化，板块受到较大挤压；或轻质墙体未进行加强处理，墙体出现干缩开裂。

(4) 大理石板块镶贴在紧贴厨房、厕所、浴室等潮气较大的房间时，由于镶贴安装不认真，板缝灌浆不严密，侵蚀气体或湿空气侵入板缝，使连接件遭到锈蚀，产生体积膨胀，给大理石板块一个向外的推力，从而造成板块开裂。

### 3. 预防措施

(1) 在大理石板块底面涂刷树脂胶，再贴化纤丝网格布，从而形成一层抗拉强度高、表面粗糙、有利粘贴的防水层；或采用有衬底的复合型超薄型石材，以减少开裂和损伤。为防止在运输、堆放、搬动、钻孔等过程中造成损伤，板块应当立放和加强保护。

(2) 根据某些需要（如电开关、镶招牌等），在饰面墙上有时难免要开孔洞。为避免现场开洞出现开裂和边角缺损，应事先设计并在工厂进行加工，切勿在饰面安装后再手工锤凿。如果需要在饰面墙上开凿圆孔，应用专用的金刚石钻孔机。

(3) 大理石板块进场拆包后，首先应进行外观检验，轻度破损的板块，可用专门的商品石材胶修补，也可用自配环氧树脂胶黏剂和腻子，其配合比如表 11-4 所列。修补时应将黏结面清洁干净并干燥，两个黏合面涂厚度≤0.5mm 黏结膜层，在温度≥15℃的环境中粘贴，在相同温度的室内进行养护；对表面缺边、坑洼、疵点，可刮环氧树脂腻子并在 15℃的室内养护 1d，而后用 0 号砂纸打磨平整，再养护 2～3d。石材修补后，板面不得有明显的痕迹，颜色应与板面花色基本相同。

**表 11-4　自配环氧树脂胶黏剂与环氧树脂腻子配合比**

| 材料名称 | 重量配合比 | | 材料名称 | 重量配合比 | |
|---|---|---|---|---|---|
| | 胶黏剂 | 腻子 | | 胶黏剂 | 腻子 |
| 环氧树脂 E44(6101) | 100 | 100 | 邻苯二甲酸二丁酯 | 20 | 10 |
| | | | 白水泥 | 0 | 100～200 |
| 乙二胺 | 6～8 | 10 | 颜料 | 适量(与修补板材颜色相近) | 适量(与修补板材颜色相近) |

(4) 考虑墙和柱受上部楼层荷载的压缩及成品保护需要等原因，饰面工程应在建筑物的施工后期进行。墙、柱顶部和根部的板块，应当预留不小于 5mm 的空隙，在缝隙中嵌填柔性密封胶，以适应下层墙和柱受长期荷载的压缩或温度变化。板缝用水泥砂浆勾缝的墙面，室内大理石饰面板块宜每隔 10～12m 设一道宽度 10～15mm 的变形缝，以适应施工环境温度的变化。

## （二）大理石板面产生腐蚀污染

### 1. 质量问题

由于大理石的强度比较低、耐蚀性比较差，所以经过一段时间之后，其光亮的表面逐渐变色、褪色和失去光泽，有的还产生麻点、开裂和剥落，严重影响大理石的装饰效果。

### 2. 原因分析

(1) 在大理石板块出厂或安装前，对石材表面未进行专门的防护处理，从而造成腐蚀性污染。

(2) 大理石是一种变质岩，主要成分碳酸钙约占 50%以上，含有不同的其他成分则呈现不同的颜色和光泽，如白色含碳酸钙、碳酸镁，紫色含锰，黑色含碳、沥青质，绿色含钴化物，黄色含铬化物，另外还有红褐色、棕黄色等。

在五颜六色的大理石中，暗红色、红色最不稳定，绿色次之。白色大理石的成分比较单纯，性能比较稳定，腐蚀速度比较缓慢。环境中的腐蚀性气体（如 $SO_2$ 等），遇到潮湿空气或雨水生成亚硫酸，然后变为硫酸，与大理石中的碳酸钙发生反应，在大理石表面生成石膏。石膏微溶于水，使磨光的大理石表面逐渐失去光泽，变得粗糙晦暗，产生麻点、开裂和剥落等质量问题。

(3) 施工过程中由于不文明施工而产生的污染和损害。在使用期间受墙壁渗漏，铁件支架、上下水管锈水，卫生间酸碱液体侵蚀污染。

### 3. 预防措施

(1) 对大理石板面的腐蚀污染，应树立“预防为主、治理为辅”的观念。在石材安装前应浸泡或涂抹商品专用防护剂（液），能有效地防止污渍渗透和腐蚀。

(2) 大理石板块进场后，应按照现行国家标准《天然大理石建筑板材》(GB/T 19766—2016) 的规定，进行外观缺陷和物理性能检验。

(3) 大理石不宜用作室外墙面饰面，特别不宜在腐蚀环境中建筑物上采用。如果个别工程需要采用大理石时，应根据腐蚀环境的实际情况，事先进行品种的选择，挑选品质纯、杂质少、耐风化、耐腐蚀的大理石（如汉白玉等）。

(4) 大理石饰面的另一侧，若是卫生间、浴室、厨房等用水房间，必须先做好防水处理，墙根也应当设置防潮层一类的防潮、防水处理。

(5) 室外大理石墙面压顶部位，必须认真进行处理，其水平压顶的板块必须压接住墙面的竖向板块，确保接缝处不产生渗水。板块的横竖接缝必须防水，板块背面灌浆要饱满，每块大理石板与基体钢筋网拉接不少于4个点。设计上尽可能在上部加雨罩，以防止大理石墙面直接受到日晒雨淋。

(6) 要坚持文明施工，重视对成品的保护。对于室内大理石饰面必须定期打蜡或喷涂有机硅憎水剂，室外大理石墙面必须喷涂有机硅憎水剂或其他无色护面涂剂，以隔离腐蚀和污染。

(7) 其他预防措施可参见“花岗石板块的长年水斑”的有关措施。

## （三）大理石饰面出现空鼓脱落

### 1. 质量问题

大理石饰面出现的空鼓脱落质量问题，与上节“花岗石饰面空鼓脱落”基本相同，也会随着使用时间的增加，空鼓范围逐渐扩大，脱落面积将逐渐扩展。

### 2. 原因分析

大理石饰面出现空鼓脱落的原因，与花岗石饰面出现空鼓脱落相同，这里不再重复。

### 3. 预防措施

(1) 淘汰传统的水泥砂浆粘贴方法，使用经检验合格的商品聚合物水泥砂浆干混料作为镶贴砂浆；尽量采用满粘法，不采用点粘法，这样可有效避免出现空鼓。

(2) 当采用点粘法施工时，必须选用合格的胶黏剂，严格按说明书施工，必要时还可辅以铜丝与墙体适当拉结。

(3) 其他预防措施可参见“花岗石饰面空鼓脱落”有关内容。

## （四）大理石板材出现开裂

### 1. 质量问题

大理石板材在施工完毕和在使用过程中，发现板面有不规则的裂纹。这些裂纹不仅影响饰面的美观，而且很容易使雨水渗入板缝之中，造成对板内部的侵蚀。

### 2. 原因分析

(1) 大理石板材在生产、运输、储存和镶贴的过程中，由于未按规程进行操作，造成板材有隐伤；或者在施工中因凿洞和开槽而产生缺陷。

(2) 由于受到结构沉降压缩变形外力作用，使大理石板材产生应力集中，当应力超过一定数值时，石板则出现开裂。

(3) 湿度较大的部位由于安装比较粗糙，板缝间灌浆不饱满密实，侵蚀气体和湿空气容易进入板缝，使钢筋网和金属挂钩等连接件锈蚀产生膨胀，最终将大理石板材胀裂。

### 3. 防治措施

(1) 在镶贴大理石板材之前，应严格对板材进行挑选，剔除色纹、暗缝和隐伤等缺陷的石板。

(2) 在生产、运输、储存和镶贴的过程中，应当按照规程进行操作，不得损伤加工品和成品；在施工的过程中，加工孔洞、开槽应仔细操作，不得出现损伤。

(3) 镶贴大理石板材时，应等待结构沉降稳定后进行。在顶部或底部镶贴的板材应留有适当的缝隙，以防止因结构压缩变形对板材产生应力集中，导致板材破坏开裂。

(4) 磨光石材板块接缝缝隙应不大于0.5～1.0mm，灌浆应当饱满，嵌缝应当严密，避免侵蚀性气体侵入缝隙内。

(5) 因结构沉降而引起的板材开裂，等待结构沉降稳定后，根据沉降和开裂的不同程度，采取补缝或更换。非结构沉降而引起的板材开裂，随时可采用水泥色浆掺加801胶进行修补。

## (五) 大理石板材有隐伤和风化等缺陷

### 1. 质量问题

由于各种原因，大理石板材表面有隐伤和风化等缺陷，如果饰面工程使用了这种饰面板，易造成板面开裂、破损，甚至出现渗水和剥落，不仅严重影响饰面的美观和耐久性，而且还存在着不安全因素。

### 2. 原因分析

(1) 在加工板块时未认真选择原料，所用的石材的石质较差，板材本身有风化、暗缝和隐伤等缺陷；或者在切割、搬运、装卸过程中，对石材产生损伤而出现隐伤。

(2) 在大理石板材进场时，由于验收不认真，把关不严格，有风化和隐伤缺陷的板材未挑出，从而使安装中有使用不合格板材的可能。

(3) 大理石板材进场后，对于其保管和保护不够，没有堆放在平整、坚实的场地上，没有用塑料薄膜隔开靠紧码放，导致大理石板材出现损坏和风化。

### 3. 预防措施

(1) 在大理石板材加工前，首先应选用质量较好的石材原料，不得存有隐伤和风化缺陷，使加工的板材自身质量优良，完全符合设计要求。

(2) 在大理石加工订货时要提出明确的质量要求，使大理石饰面板的品种、规格、形状、平整度、几何尺寸、光洁度、颜色和图案等，必须符合设计的要求，在进场时必须有产品合格证和有关的检测报告。

(3) 大理石板材进场后应严格检查验收，对于板材颜色明显有差别的，有裂纹、隐伤和风化等缺陷的，要单独进行码放，以便退还给厂家更换。

(4) 对于轻度破损的大理石板材，经过有关方面的同意，可以用专门的商品石材胶进行修补，用于亮度较差的部位。但修补后的大理石板面不得有明显的痕迹，颜色应与板面花色相近。

(5) 大理石板材堆放场地要夯实、平整，不得出现不均匀下沉，每块板材之间要用塑料薄膜隔开靠紧码放，防止板材粘在一起和倾斜。

(6) 大理石板材不得采用褪色的材料进行包装，在加工、运输和保管的过程中，不得出现雨淋。

## （六）大理石湿法工艺未进行防碱处理

### 1. 质量问题

大理石板材的湿法工艺安装的墙面，在安装期间板块会出现水印，随着镶嵌砂浆的硬化和干燥，水印会慢慢缩小，甚至消失。如果板块未进行防碱处理，石材的结晶较粗、不够密实、颜色较浅，再加上砂浆的水灰比过大，饰面上的水印很可能残留下来，板块上出现大小不一、颜色较深的暗影，即形成“水斑”。

随着时间的推移，遇上雨雪或潮湿的天气，水会从板缝和墙根处侵入，大理石墙面上的水印范围逐渐扩大，“水斑”在板缝附近串联成片，使板块颜色局部加深，板面上的光泽暗淡，严重影响石材饰面的装饰效果。

### 2. 原因分析

（1）当采用湿法工艺安装墙面时，对大理石板材未进行防碱背面涂刷处理，这是造成“水斑”出现的主要原因。

（2）粘贴大理石板材所用的水泥砂浆，在水化中会析出大量的氢氧化钙［$Ca(OH)_2$］，当渗透到大理石板材表面上，将产生一些不规则的花斑。

（3）混凝土墙体中存在氢氧化钙［$Ca(OH)_2$］，或在水泥中掺加了含有钠离子的外加剂，如早强剂 $Na_2SO_4$、粉煤灰激发剂 NaOH、抗冻剂 $NaNO_3$ 等；黏土砖墙体中的黏土砖含有钠、镁、钾、钙、氯等离子，以上这些物质遇水溶解，并且均会渗透到石材的毛细孔中或顺着板缝流出。

### 3. 预防措施

（1）在天然大理石板材安装之前，必须对石材板块的背面和侧边，用防碱背面涂刷处理剂进行背面涂布处理。石材防碱背面涂刷处理剂的性能应符合表 11-5 中的要求。涂布处理的具体方法如下。

**表 11-5　石材防碱背面涂刷处理剂性能**

| 项次 | 项目 | 性能指标 | 项次 | 项目 | 性能指标 |
|---|---|---|---|---|---|
| 1 | 外观 | 乳白色 | 6 | 透碱性试验 168h | 合格 |
| 2 | 固体含量（质量分数）/% | ≥37 | 7 | 黏结强度 /（$N/mm^2$） | ≥0.4 |
| 3 | pH | 7 | 8 | 储存时间/月 | ≥6 |
| 4 | 耐水试验 500h | 合格 | 9 | 成膜温度/℃ | ≥5 |
| 5 | 耐碱试验 300h | 合格 | 10 | 干燥时间/min | 20 |

① 认真进行石材板块的表面清理，如果表面有油迹，可用溶剂擦拭干净，然后用毛刷清扫石材表面上的尘土，再用干净的丝绵认真仔细地把石材背面和侧面擦拭干净。

② 开启防碱背面涂刷处理剂的容器，并将处理剂搅拌均匀，倒入干净的塑料小桶内，用毛刷将处理剂涂布于石材板的背面和侧面。涂刷时应注意不得将处理剂涂布或流淌到石材板块的正面，如有污染应及时用丝棉反复擦拭干净，不得留下任何痕迹，以免影响饰面板的装饰

效果。

③ 第一遍石材处理的干燥时间，一般需要20min左右，干燥时间的长短取决于环境温度和湿度。待第一遍处理剂干燥后，方可涂布第二遍，一般至少应涂布2遍。

在涂布处理剂时应注意：避免出现气泡和漏涂现象；在处理剂未干燥时，应防止尘土等杂物被风吹到涂布面上；当环境气温在5℃以下或阴雨天应暂停涂布；已涂布处理的石材板块在现场如需切割时，应再及时在切割处涂刷石材处理剂。

(2) 室内粘贴大理石板材，基层找平层的含水率一般不应大于6%，并可采用石材化学胶黏剂进行点粘，从而可避免湿作业带来的一系列问题。

(3) 粘贴大理石板材所用的水泥砂浆，宜掺入适量的减水剂，以降低用水量和氢氧化钙析出量，从而可减少因水泥砂浆水化而发生的水斑。工程实践证明：粘贴法水泥砂浆的稠度宜控制在60～80mm，镶贴灌浆法水泥砂浆的稠度宜控制在80～120mm。

# 第六节　饰面砖工程质量问题与防治

## 一、外墙饰面砖质量问题与防治措施

外墙饰面砖主要包括外墙砖（亦称面砖）和锦砖（俗称马赛克），用于建筑物的外饰面，对墙体起着保护和装饰的双重作用。由于装饰效果较好，价格比天然石材低，在我国应用比较广泛。在过去由于无专门的施工及验收规范，设计和施工的随意性很大，加上缺乏专项检验规定，饰面砖的起鼓、脱落等质量问题发生较多。

### （一）面砖饰面出现渗漏

#### 1. 质量问题

雨水从面砖板缝侵入墙体内部，致使外墙的室内墙壁出现水迹，室内装修发霉变色甚至腐朽；还可能“并发”板缝出现析白流挂质量问题。

#### 2. 原因分析

(1) 设计图纸不齐全，缺少细部大样图，或者设计说明不详细，外墙面横竖凹凸线条多，立面形状尺寸变化较大，雨水在墙面上向下流淌不畅。

(2) 墙体因温差、干缩而产生裂缝，雨水顺着裂缝而渗入，尤其是房屋顶层的墙体和轻质墙体更为严重。

(3) 墙体如采用普通黏土砖、加气混凝土等砌块，属于多孔性材料，其本身防水性能较差，再加上灰缝砂浆不饱满、用侧向砖砌筑墙体等因素，防水性能会更差。此外，空心砌块、轻质砖等墙体的防水能力也较差。

(4) 饰面砖的镶贴通常是靠着板块背面满刮水泥砂浆（或水泥浆）粘贴上墙的，单靠手工挤压板块，砂浆很难以全部位挤满，特别是四个周边和四个角砂浆更不易保证饱满，从而留下渗水的空隙和通路。

(5) 有的饰面层由若干板块密缝拼成小方形图案，再由横竖宽缝连接组成大方形图案，这就要求面砖的缝隙宽窄相同。很可能由密缝粘贴的板块形成“瞎缝”，接缝无法用水泥浆或砂浆勾缝，只能采用擦缝隙方法进行处理，这种面层最容易产生渗漏。

（6）卫生间、厕所等潮湿用水房间，若瓷砖采用密缝法粘贴、擦缝，由于无大的凹缝，不会产生大的渗水；但条形饰面砖的勾缝处却是一凹槽，对于疏水非常不利，容易形成滞水，水会从缺陷部位渗入墙体内。

（7）外墙找平层如果一次成活，由于一次抹灰过厚，造成抹灰层下坠、空鼓、开裂、砂眼、接槎不严密、表面不平整等质量问题，成为藏水的空隙、渗水的通道。有些工程墙体表面凹凸不平，抹灰层超厚，墙顶与梁底之间填塞不紧密，圈梁凸出墙面等，也会造成滞水、藏水和渗水。

（8）在Ⅲ、Ⅳ、Ⅴ类气候区砂浆找平层应具有良好的抗渗性能，但有的墙面找平层设计采用1∶1∶6的水泥混合砂浆，其防水性能不能满足要求。

### 3. 预防措施

（1）外墙饰面砖工程应有专项设计，并有节点大样图。对窗台、檐口、装饰线、雨篷、阳台和落水口等墙面凹凸部位，应采用防水和排水构造。在水平阳角处，顶面排水坡度不应小于3%～5%，以利于排水；应采用顶面面砖压立面面砖，立面最低一排面砖压底平面面砖作法，并应设置滴水构造如图11-12所示；45°角砖、“海棠”角等粘贴做法适用于竖向阳角，由于其板缝防水不易保证，故不宜用于水平阳角，如图11-12（a）所示。

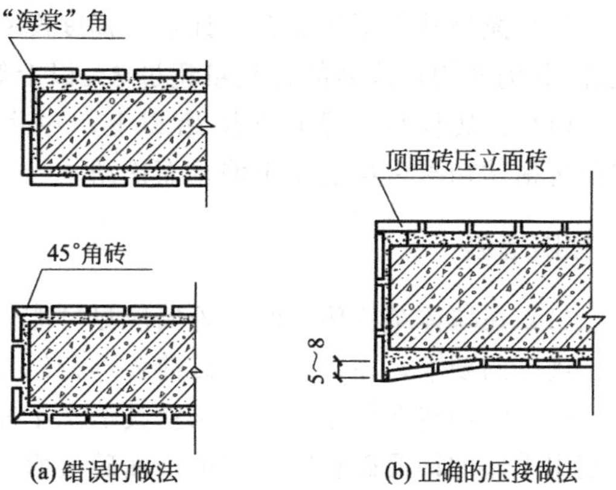


图11-12　水平阳角防水排水沟构造示意

（2）镶贴外墙饰面砖的墙体如果是轻质墙，在镶贴前应当对墙体进行加强处理，详见第一节“花岗石饰面空鼓脱落”的预防措施。

（3）外墙面找平层至少要求两遍成活，并且喷雾养护不少于3d，3d之后再检查找平层抹灰质量，在粘贴外墙砖之前，先将基层空鼓、裂缝处理好，确保找平层的施工质量。

（4）精心施工结构层和找平层，保证其表面平整度和填充墙紧密程度，使装饰面层的平整度完全由基层控制，从而避免基层凹凸不平，并可避免黏结层局部过厚或饰面不平整带来的弊病，也避免填充墙顶产生裂缝。

（5）找平层应具有独立的防水能力，可在找平层上涂刷一层结合层，以提高界面间的黏结力，兼封闭找平层上的残余裂纹和砂眼、气孔。其材料可用商品专用水泥基料的防渗材料，或涂刷聚合物水泥砂浆、界面处理剂。找平层完成后、外墙砖粘贴前，外墙面也可作淋水试验。其方法是在房屋最顶层安装喷淋水管网，使水自顶层顺着墙面往下流淌，喷淋水的时间应大于2h，以便及早发现找平层的渗漏点，采取相应措施及早处理，使找平层确实具有独立的防水能力。

（6）外墙饰面砖的镶贴，一般不得采用密缝，接缝宽度不小于5mm，缝的深度不宜大于3mm。外墙砖勾缝应饱满、密实、无裂缝，应选用具有抗渗性能和收缩率小的材料。为使勾缝砂浆表面达到“连续、平直、光滑、填嵌密实、无空鼓、无裂纹”的要求，应待第一次勾缝砂浆“收水”后、终凝前，再进行第二次勾缝，并对其进行喷水养护3d以上。良好的勾缝质量，不但能起到较好的防水作用，而且有助于外墙砖的粘贴牢固，确保勾缝砂浆表面不开裂、不起皮，有效地防止板缝出现析白流挂现象。

## （二）饰面砖出现空鼓与脱壳

### 1. 质量问题

饰面砖镶贴施工完毕后，在干燥和使用的过程中，出现饰面砖空鼓和脱壳质量问题，不仅严重影响建筑的外观和质量，而且还容易造成面砖跌落伤人事故。

### 2. 原因分析

（1）基层处理不当，即没有按不同基层、采用不同的处理方法，使底层灰与基层之间黏结不良。因底层灰、中层灰和面砖自重的影响，使底层灰与基层之间产生剪应力。由于基层面处理不当，施工操作不当，当黏结力小于剪应力时就会产生空鼓和脱壳。

（2）使用劣质，或安定性不合格，或储存期超过 3 个月以上，或受潮结块的水泥搅拌砂浆和黏结层粘贴面砖。

（3）搅拌砂浆不按配合比计量，稠度没有控制好，保水性能差；或搅拌好的砂浆停放时间超过 3h 仍使用；或砂的含泥量超过 3%以上等，引起不均匀干缩。

（4）面砖没有按规定浸水 2h 以上，并没有洗刷掉泥污就用于粘贴，或面砖黏结层不饱满，或面砖粘贴初凝后再去纠正偏差而松动。

### 3. 预防措施

（1）在墙体结构施工时，外墙应尽可能做到平整垂直，为饰面施工创造条件。如果未达到施工规范的要求，在镶贴饰面砖前要进行纠正。

（2）饰面砖在使用前，必须将其清洗干净，并用清水浸泡 24h，取出晾干后才可使用。如果使用干燥的饰面砖粘贴，有的饰面砖表面上有积灰，水泥砂浆不易与其牢固黏结；再者干燥的饰面砖吸水性强，能很快吸收砂浆中的水分，使砂浆的黏结力大大下降。如果饰面砖浸泡后没有晾干就粘贴，会因为饰面砖的表面上有明水，在粘贴时产生浮动，致使饰面砖与砂浆很难黏结牢固，从而产生空鼓和脱壳。

（3）针对不同材料的基体，应采用不同的工艺处理好基层，堵嵌修补好墙体上的一切缝隙、孔洞，这是防止外墙渗水的关键措施之一。

① 对于砖砌体基层　刮除墙面上的灰疙瘩，并彻底扫除干净，隔天用水将墙面湿润。在抹底子灰前，先刷一道聚合物水泥浆，随即粉刷 1∶3（水泥∶砂）的水泥砂浆底子灰，要求底子灰薄层而牢固，用木抹子将表面搓平；隔天再进行吊直线、找规矩。在抹中层灰时，要求阴角方正、阳角挺直、墙面平整、搓成细毛，经检查确实无裂缝、空鼓和酥松等质量问题后，再湿养护不少于 7d。

② 对于混凝土基层　先要配制 10%的氢氧化钠溶液或洗洁精加水溶液，用板刷蘸溶液将基层表面的隔离剂、脱模剂、油污等洗刷干净，随即用清水反复冲洗。剔凿凸出面层部分，用 1∶2（水泥∶砂）的水泥砂浆填补好缝隙孔洞。为防止抹灰层出现脱壳，可在下述 3 种方法中选择一种“毛化”增强处理办法。

a. 表面凿毛处理　这是一种传统最常用的“毛化”处理方法，即用尖头凿子将混凝土表面凿成间距不大于 30mm 的斜向小沟槽。扫除灰尘，用水冲洗，再刷一道聚合物水泥浆，随即抹配比为 1∶3（水泥∶砂）的水泥砂浆，分两次抹平，表面用木抹子搓平，隔天浇水养护。

b. 采用喷涂（或甩毛）的方法，用聚合物砂浆进行毛化处理　即将配合比为108胶：水：水泥：砂＝1：4：10：10的聚合物水泥砂浆，经过准确计量、搅拌均匀后，喷涂（或甩毛）在洁净潮湿的混凝土基层上，隔天湿养护硬化后，用扫帚扫除没有粘牢的砂粒，再用水泥砂浆抹底层灰和中层灰，表面粗糙（搓毛）处理后再进行湿养护。

c. 涂刷界面剂处理　这是一种简单易行的基层处理方法。即在清洗洁净的混凝土面层上涂刷界面处理剂，当涂膜表面干燥时，即可用水泥砂浆粉抹搓平。

③ 加气混凝土面层脱壳的处理方法　提前1d对墙面浇水湿润，边浇水、边将面上的污物清扫干净。补好缺棱掉角处，一般用聚合物混合砂浆分层抹平，聚合物混合砂浆的配合比为108胶：水：水泥：石灰膏：砂＝1：3：1：1：6。在加气混凝土板接缝处，最好铺设宽度为200mm钢丝网条或无碱玻纤网格布条，以增强板缝之间的拉接，减少抹灰层的开裂。如果是加气砌块块体时，也应当钉一钢丝网条或无碱玻纤维网格布条，然后喷涂上聚合物毛化水泥浆，方法和配合比同混凝土基体的“毛化处理”。

（4）饰面砖在镶贴时所用的黏结剂，可从下述两种中任选用一种，但在选用后一定要进行小面积试验，成功后才能用于大面积的铺贴。

① 聚合物砂浆黏结剂　聚合物砂浆的配合比为108胶：水：水泥：砂＝1：4：10：8，配制要计量准确、搅拌均匀、随拌和、随使用。

② JC建筑装饰黏结剂　一般选用优质单组分的黏结剂，加水搅拌均匀后，即可铺贴。可以代替水泥砂浆黏结剂。

（5）选择与浸泡饰面砖　饰面砖在铺贴前，首先要进行选砖，剔除尺寸、规格、颜色和有缺陷的，以保证铺贴质量。在饰面砖正式镶贴前，应当将装饰面砖表面的灰尘清洗干净，并浸水2h以上，然后取出晾干备用。

（6）镶贴饰面砖　垫好水平标高底尺，预排列砖的位置并划好垂直标志，刮上黏结剂进行铺贴。要严格按施工规范和验收标准施工，确保饰面表面平整、不显接茬、接缝平直。如果饰面砖一直贴到外墙顶时，上口必须贴压缝砖，防止雨水从顶面缝隙中渗入。贴好的饰面砖要用水泥浆或JC建筑装饰黏结剂擦缝、勾缝，防止雨水渗入缝内，并应及时清除面砖表面上的污染物。

## （三）墙面出现污染现象

### 1. 质量问题

室外饰面砖的墙面上出现污染，这是常见的一种质量问题。主要表现在：饰面板块在运输、存放过程中出现外侵颜色的污染；饰面在粘贴后，墙面出现析白流挂、铁锈褐斑、电焊灼伤等；建筑物在使用的过程中，墙面被其他介质污染。

### 2. 原因分析和预防措施

饰面砖墙面出现污染的原因和预防措施，可参见第一节“花岗石墙面出现污染现象”和第三节“面砖饰面出现渗漏”的相关内容，同时应注意以下几个方面。

（1）饰面砖在进场后必须进行严格检验，特别对其吸水率和表面质量要严格把关，不符合规定和标准的不能用于工程，这是减少出现污染和出现污染便于处理的关键环节。否则污染侵入饰面砖坯体，将成为永久性的污染。

（2）严格施工管理，坚持文明施工，是减少和避免施工对饰面砖成品产生污染的重要措施。因此，在施工过程中必须坚决阻止从脚手架和室内向外乱倒脏水、垃圾，电焊时无防护遮盖电焊火花灼伤饰面等现象。

（3）避免材料因保管不善而引起的污染。饰面砖从工厂至工地的运输过程中，不加以遮盖而被雨水淋湿，从而会造成包装物掉色污染面砖。

（4）门窗、雨篷、窗台等处由于找坡度不顺，雨水从两侧流淌至墙壁上，从而会造成饰面砖墙面的污染。因此，上述部位的排水坡，必须确保雨水从正前方排出；为防止雨水从两侧流出，必要时可加设小灰埂进行挡水。

### 3. 防治方法

对饰面砖和饰面砖墙表面污染的防治，一般多采用化学溶剂进行清洗的方法。因此，在清洗污染之前，应当进行腐蚀性检验，主要检验以下 3 个方面：对饰面砖和接缝砂浆有无损伤及损伤程度；对墙面上的门窗、铁件、附件等的副作用；能否清除污染、清洗剂用量、配比及停留时间。以便选择合适的清洗剂、清洗方法及防护措施。

（1）对于未上墙的饰面板块，如果被污染的颜色较浅且污染面不大者，可用浓度为 30% 的草酸溶液泡洗，或表面涂抹商品专用防污剂，可去除污渍和防止污渍的渗透。

（2）对于未上墙的饰面板块，如果被污染的颜色严重者，可用双氧水（$H_2O_2$）泡洗，然后再用清水冲洗干净。工程实践证明，一般被污染的饰面板材经 12～24h 泡洗后效果很好。通过强氧化剂氧化褪色的饰面砖，不会损伤其原有的光泽。

（3）对于施工期间出现的水泥浆和析白流挂，可采用草酸进行清洗。首先初步铲除饰面上的硬垢，用钢丝刷子和水对面砖表面进行刷洗。为减轻酸液对饰面砖的内部腐蚀，应让勾缝砂浆饱水，然后用滚刷蘸 5% 浓度的草酸水对污染部位进行滚涂，再用清水和钢丝刷子冲刷干净。

（4）对于使用期间出现的析白流挂和脏渍，可采用稀盐酸或溴酸进行清洗。首先初步铲除饰面上的硬垢，用钢丝刷子和水对面砖表面进行刷洗。为减轻酸液对饰面砖的内部腐蚀，应让勾缝砂浆饱水，然后用滚刷蘸 3%～5% 浓度的稀盐酸或溴酸对污染部位进行滚涂，其在墙面上停留的时间一次不得超过 4～5min，使泛白物溶解，最后再用清水和钢丝刷子冲刷。

采用酸洗的方法虽然对除掉污垢比较有效，但其副作用比较大，应当尽量避免。如盐酸不仅会溶解泛白物，而且对砂浆和勾缝材料也有侵蚀作用，造成表面水泥硬膜剥落，光滑的勾缝面被腐蚀成粗糙面，甚至露出砂粒；如果盐酸侵入饰面砖的背面，则无法用清水冲洗干净。为预防盐酸侵入板缝和背面，酸洗前应先用清水湿润墙面，酸洗后再及时用清水冲洗墙面，对墙面上的门窗、铁件等采取可靠的保护措施。

由于酸洗对饰面砖和勾缝材料均有较强的腐蚀性，因此，一般情况下不宜采用酸洗法。

## （四）墙面黏结层剥离破坏

### 1. 质量问题

饰面砖粘贴后，面砖与黏结层（或黏结层与找平层）的砂浆因黏结力低，会发生局部剥离脱层破坏，用小锤轻轻敲击这些部位，有空鼓的响声。随着时间的推移，剥离脱层范围逐渐扩大，甚至造成饰面砖松动脱落。

### 2. 原因分析

（1）找平层表面未进行认真处理，有灰尘、油污等不利于抹灰层黏结牢固的东西；或者找平层抹压过于光滑、不够粗糙，使其不能很好地与上层黏结。

(2) 找平层表面不平整，靠增加粘贴砂浆厚度的方法调整饰面的平整度，造成粘贴砂浆超厚，因自重作用下坠而黏结不良。

(3) 粘贴前，找平层未进行润湿或装饰面砖未加以浸泡，表面有积灰且过于干燥，水泥砂浆不易黏结，而且干燥的找平层和面砖会把砂浆里的水分吸干，粘贴砂浆失水后严重影响水泥的水化和养护。

(4) 板块背面出现水膜。板块临粘贴前才浸水，未晾干就上墙，板块背面残存水迹，与黏结层砂浆之间隔着一道水膜，严重削弱了砂浆对板块的黏结作用。黏结层砂浆如果保水性不好，尤其水灰比过大或使用矿渣水泥拌制砂浆，其泌水性较大，泌水会积聚在板块背面，形成水膜。如果基层表面凹凸不平或分格线弹得太疏，或采用传统的 1∶2 水泥砂浆黏结，砂浆水分易被基层吸收，若操作较慢，板块的压平、校正都比较困难，水泥浆会浮至黏结层表面，造成水膜。

(5) 在采用砂浆铺贴法施工时，由于板块背面砂浆填充不饱满，砂浆在干缩硬化后，饰面板与砂浆脱开，从而形成黏结层剥离。

(6) 在夏季高温情况下施工时，由于太阳直接照射，墙上水分很容易迅速蒸发（若遇湿度较小、风速大的环境，水分蒸发更快），致使黏结层水泥砂浆严重失水，不能正常进行水化硬化，黏结强度大幅度降低。

(7) 对砂浆的养护龄期无定量要求，板块粘贴后，找平层仍有较大的干缩变形；勾缝过早，操作时如果挤推板块，使黏结层砂浆早期受损。

(8) 如果粘贴砂浆为配合比为 1∶2（水泥∶砂）的水泥砂浆，未掺加适量的聚合物材料，由于成分比较单一，也无黏结强度的定量要求和检验，则会产生黏结不牢质量问题。如果采用的水泥贮存期过长、砂子的含泥量过大，再加上配合比不当，砂浆稠度过大，铺贴后未加强养护，则也会产生黏结层剥离破坏。

(9) 饰面板设计未设置伸缩缝，受热胀冷缩的影响，饰面板无法适应变形的要求，在热胀时板与板之间出现顶压力，致使板块与镶贴层脱开。

(10) 墙体变形缝两侧的外墙砖，其间的缝隙宽度小于变形缝的宽度，致使外墙砖的一部分贴在外墙基体上，而另一部分必须骑在变形缝上，当受到温度、干湿、冻融作用时，饰面砖则发生剥离破坏。

### 3. 预防措施

(1) 对于找平层必须认真进行清理，达到无灰尘、油污、脏迹，表面平整粗糙的要求。找平层的表面平整度允许偏差为 4mm，立面垂直度的允许偏差为 5mm。

(2) 为确保砂浆与饰面砖黏结牢固，饰面砖宜采用背面有燕尾槽的产品，并安排有施工经验的人员具体操作。

(3) 预防板块背面出现水膜。

① 粘贴前找平层应先浇水湿润，粘贴时表面潮湿而无水迹，一般控制找平层的含水率在 15%～25%范围内。

② 粘贴前应将砖的背面清理干净，并在清水中浸泡 2h 以上，待表面晾干后才能铺贴。冬季施工时为防止产生冻结，应在掺加 2%盐的温水中浸泡。找平层必须找准标高，垫好底尺，确定水平位置及垂直竖向标志，挂线进行粘贴，避免因基层表面凹凸不平或弹线太疏，一次粘贴不准，出现来回拨动和敲击。

③ 推广应用经检验合格的商品专用饰面砖胶黏剂（干混料），其黏结性、和易性和保水性

均比砂浆好，凝结时间可以变慢，操作人员有充分的时间对饰面砖进行仔细镶贴，不至于因过多的拨动而造成板块背面出现水膜。

（4）找平层施工完毕开始养护，至少应有14d的干缩期，饰面砖粘贴前应对找平层进行质量检查，尤其应把空鼓和开裂等质量缺陷处理好。饰面砖粘贴后应先喷水养护2～3d，待粘贴层砂浆达到一定强度后才能勾缝。如果勾缝过早，容易造成黏结砂浆早期受损，板块滑移错动或下坠。

（5）搞好黏结砂浆的配合比设计，确保水泥砂浆的质量，这是避免产生黏结层产生剥离破坏的重要措施。

① 外墙饰面砖工程的使用寿命一般要求在20年以上，选用具有优异的耐老化性能的饰面砖黏结材料是先决条件。因此，外墙饰面砖粘贴应采用水泥基材料，其中包括现行业标准《陶瓷砖胶粘剂》（JC/T 547—2017）规定的A类及C类产品。A类是指由水泥等无机胶凝材料、矿物集料和有机外加剂组成的粉状产品；C类是指由聚合物分散液和水泥等无机胶凝材料、矿物集料等组成的双包装产品。不得采用有机物作为主要的黏结材料。

② 水泥基黏结材料应采用普通硅酸盐水泥或硅酸盐水泥，其技术性能应符合现行国家标准《通用硅酸盐水泥》（GB 175—2007）中的要求，硅酸盐水泥的强度等级应≥42.5MPa，普通硅酸盐水泥的强度等级应≥32.5MPa。采用的砂子应符合现行国家标准《建设用砂》（GB/T 14684—2011）中的技术要求，其含泥量应≤3%。

③ 水泥基黏结料应按照现行的行业标准《建筑工程饰面砖黏结强度检验标准》（JGJ/T 110—2017）规定的方法进行检验，在试验室进行制样、检验时，要求黏结强度指标规定值应不小于0.6MPa。

为确保粘贴质量，宜采用经检验合格的专用商品聚合物水泥干粉砂浆。大尺寸的外墙饰面砖，应采用经检验合格的适用于大尺寸板块的“加强型”聚合物水泥干粉砂浆，使之具有更高的黏结强度。

外墙饰面砖的勾缝，应采用具有抗渗性的黏结材料，其性能应符合表11-6中的要求。

**表11-6 防水砂浆的技术性能标准**

| 试验项目 | | 性能指标 | |
|---|---|---|---|
| | | 一等品 | 合格品 |
| 凝结时间 | 初凝时间/min | ≤45 | ≤45 |
| | 终凝时间/h | ≥10 | ≥10 |
| 抗压强度比/% | 7d | ≥100 | ≥95 |
| | 28d | ≥90 | ≥85 |
| | 90d | ≥85 | ≥80 |
| 透水压力比/% | | ≥300 | ≥200 |
| 48h吸水量比/% | | ≤65 | ≤75 |
| 90d收缩率比/% | | ≤110 | ≤120 |

注：除凝结时间、安定性为受检净浆的试验结果外，表中所列数据均为受检砂浆与基准砂浆的比值。

（6）为保证外墙饰面砖的镶贴质量，在饰面砖粘贴施工操作过程中，应当满足以下几个方面的要求。

① 在外墙面砖工程施工前，应对找平层、结合层、黏结层、勾缝和嵌缝所用的材料进行试配，经检验合格后才能使用。为减少材料试配的时间和用量的浪费，确保材料的质量，一般应优先采用经检验合格的水泥基专用商品材料。

② 为便于处理缝隙、密封防水和适应胀缩变形，饰面砖接缝的宽度不应小于 5mm，不得采用密缝粘贴。缝的深度不宜大于 3mm，也可以采用平缝。

③ 装饰面砖一般应采用自上而下的粘贴顺序（传统的施工方法，总体上是自上而下组织流水作业，每步脚手架上的粘贴多为自下而上进行），黏结层的厚度宜为 4～8mm。

④ 在装饰面砖粘贴之后，如果发现位置不当或粘贴错误，必须在黏结层初凝前或在允许的时间内进行，尽快使装饰面砖粘贴于弹线上并敲击密实；在黏结层初凝后或超过允许时间，不可再振动或移动饰面砖。

⑤ 必须在适宜的环境中进行施工。根据工程实践经验，施工温度应在 0～35℃之间。当温度低于 0℃时，必须有可靠的防冻措施；当温度高于 35℃时，应有遮阳降温设施，或者避开高温时间施工。

(7) 认真检验饰面砖背面黏结砂浆的填充率，使粘贴饰面砖的砂浆饱满度达到规定的数值。在粘贴饰面砖的施工期间，一般掌握每日检查一次，每次抽查不少于两块砖。

砂浆填充率的检查具体方法是：当装饰面砖背面砂浆还比较软的时候，把随机抽查的饰面砖剥下来，根据目测或尺量，计算记录背面凹槽内砂浆的填充率。如饰面砖为 50mm×50mm 以上的正方形板块时，砂浆填充率应大于 60%；如饰面砖为 60mm×108mm 以上的长方形板块时，砂浆填充率应大于 75%。

如果抽样检查的两块饰面砖砂浆填充率均符合要求，则确定当日的粘贴质量合格；如果有一块不符合要求，则判为当日的粘贴质量不合格。再随机抽样 10 块饰面砖，如果 10 块砖的砂浆填充率全部合格，则确定该批饰面砖粘贴符合要求，将剥离下来的砖贴上即可；如果 10 块砖中有 1 块砖的砂浆填充率没达到要求，则判定该日粘贴的饰面砖全部不合格，应当全部剥离下来重新进行粘贴。

(8) 在《建筑装饰装修工程质量验收标准》(GB 50210—2018) 中规定，外墙饰面砖粘贴前和施工过程中，均应在相同的基层上做样板，并对样板的饰面砖黏结强度进行检验，其检验方法和结果判定应符合现行的行业标准《建筑工程饰面砖黏结强度检验标准》(JGJ 110—2017) 中的规定。在施工过程中，可用手摇式加压的饰面砖黏结强度检测仪进行现场检验，如图 11-13 所示。黏结强度必须同时符合以下两项指标：①每组饰面砖试样平均黏结强度平均值不得小于 0.40MPa；②允许每组试样中有 1 个试样的黏结强度低于 0.40MPa，但不应小于 0.30MPa。

(9) 饰面砖墙面应根据实际需要设置伸缩缝，伸缩缝中应采用柔性防水材料嵌缝。墙体变形缝两侧粘贴的外墙饰面砖，其间的缝隙宽度不应小于变形缝的宽度 $Q$，变形缝的两侧排列砖如图 11-14 所示。为方便施工、便于排列，在两伸缩缝之间还可增设分格缝。伸缩缝或分格缝的宽度太大会影响装饰性，一般应控制在 10mm 左右。

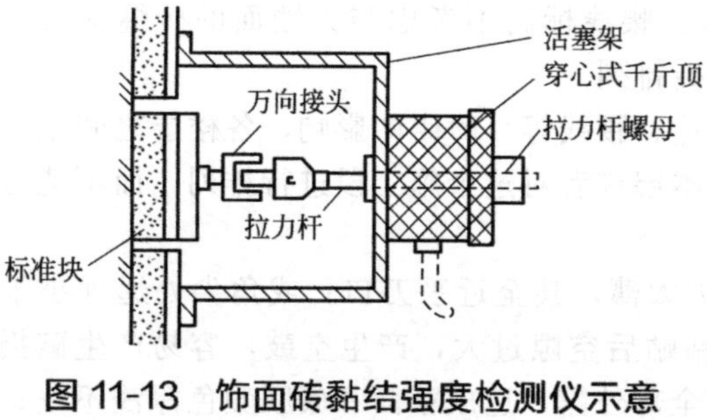


图 11-13　饰面砖黏结强度检测仪示意

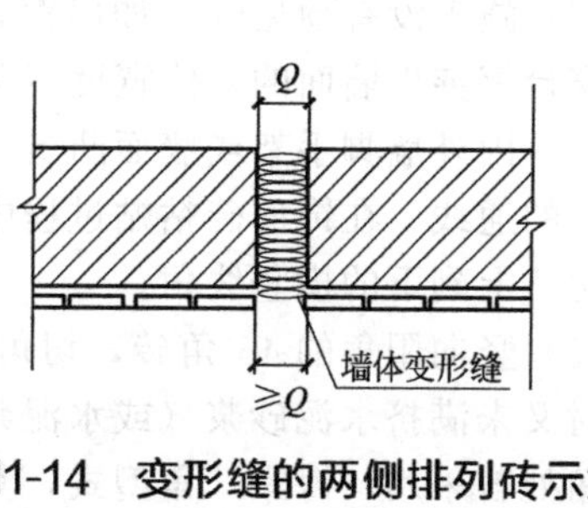


图 11-14　变形缝的两侧排列砖示意

## (五)饰面出现“破活”，细部粗糙

### 1. 质量问题

在饰面砖粘贴完毕后，在主要立面和明显部位（窗间距、通天柱、墙垛）及阳角处出现“破活”质量问题，边角细部手工比较粗糙，板块切割很不整齐且有破损，严重影响外装饰面的美观。“破活”质量问题主要表现在以下几个方面。

（1）横排对缝的墙面，门窗洞口的上下；竖排对缝的墙面，门窗洞的两侧；阳角及墙面明显部位，板块排列均出现非整砖（“破砖”）现象。在墙面的阴角或其他次要部位，出现小于1/3整砖宽度的板块。

（2）同一墙面的门窗洞，与门窗平面相互垂直的饰面砖块数不一样，宽窄不相同，切割不一致，严重影响墙面的装饰效果。

（3）外廊式的走廊墙面与楼板底接槎部位的饰面砖不水平、不顺直，板块大小不一。梁柱接头阴角部位与梁底、柱顶的板块“破活”较多，或出现一边大、一边小。墙面与地面（或楼面）接槎部位的饰面砖不顺直，板块大小不一致，与地面或楼面有很大的空隙。

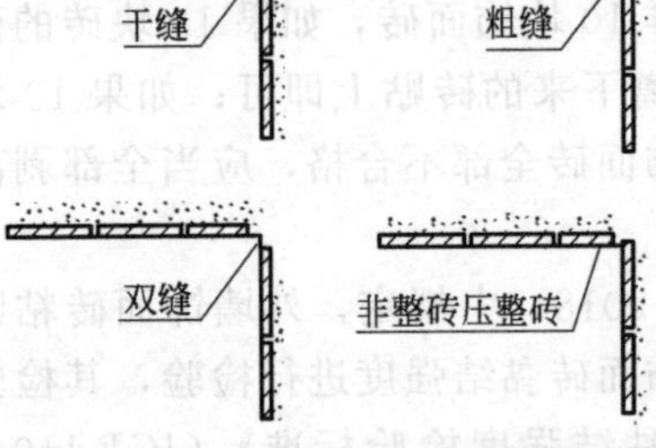

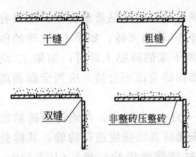

图 11-15　外墙砖竖向阴角部位砖缝缺陷示意

（4）墙面阴阳角、室外横竖线角（包括阳台、窗台、雨篷、腰线等）不方正、不顺直；墙面阴角、室外横竖线角的饰面角出现“破活”，或阴角部位出现一行“一头大、一头小”的饰面砖；阴角部位出现干缝、粗缝、双缝和非整砖压住整砖，如图 11-15 所示。另外，还有切割不吻合、缝隙过大，墙裙凸出墙面，厚度不一致，“滴水线”不顺直，流水坡度不正确等质量问题。

### 2. 原因分析

（1）饰面砖粘贴工程无专项设计，施工中只凭以往的经验进行，对于工程的细部施工心中无数，结果造成饰面出现“破活”，细部比较粗糙。

（2）主体结构或找平层几何尺寸偏差过大，如找平层挂线及其他的标准线，容易受风吹动和自重下挠的影响；如檐口长度大，厚度小，而“滴水线”或滴水槽的截面尺寸更小；例如檐的边线几何尺寸偏大，而面砖的规格尺寸是定数，粘贴要求横平竖直，形成矛盾。

如果基体（基层）尺寸偏差大，要保证“滴水线”的功能和截面尺寸，面砖就难免到处切割；若要饰面砖达到横平竖直，则滴水线（槽）的截面尺寸和功能难以保证。

（3）施工没有预见性。如门窗框安装标高、腰线标高不考虑与大墙面的砖缝配合，如雨篷、窗台等突出墙面的部位宽度不考虑能否整砖排列。

（4）因外墙脚手架或墙面凸出部位（如雨篷、腰线等）障碍的影响，各楼层之间上下不能挂通直的通线，在饰面砖粘贴过程中，只能对本层或者对这个施工段进行排列，而不能考虑整个楼房从上到下的横竖线角。

（5）竖向阳角的45°角砖，切角部位的角尖太薄，甚至近乎刀口；或角尖处远远小于45°，粘贴时又未满挤水泥砂浆（或水泥浆），阳角粘贴后空隙过大，产生空鼓，容易产生破损。竖向阳角处若采用“海棠”角型式，其底坯侧面全部外露，造成釉面和底胚颜色深浅不一；如果加浆勾缝（特别是平缝），角缝隙还会形成影响外观的粗线条，如图 11-16 所示。

（6）在饰面砖镶贴排列中，不一定全部正好都是整砖，有的需要进行切割，如果切割工具不先进、操作技术不熟练，很容易造成切割粗糙，边角破损。

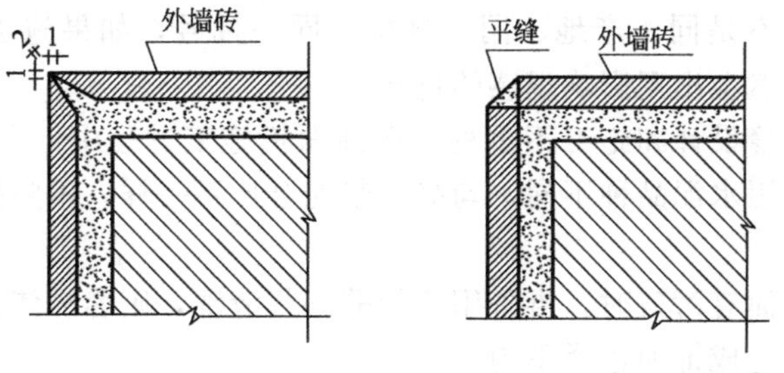


(a) 45°角砖窄缝(美观)　(b)“海棠”角加平缝(粗糙)

图 11-16　外墙砖的竖向阳角做法（单位：mm）

### 3. 预防措施

（1）饰面砖粘贴工程必须进行专项设计，施工中对镶贴质量严格控制，这样才能避免“破活”。

（2）从主体结构、找平层抹灰到粘贴施工都必须坚持“三通”。即拉通墙面 3 条线：室外墙皮线、室内墙皮线、各层门窗洞口竖向通线。拉通门窗 3 条线：同层门窗过梁底线、同层窗台线、门窗口立樘线。拉通外墙面凸出物 3 条线：檐口上下边线、腰线上下线、附墙柱外边线。

为避免风吹、意外触碰及外墙脚手架、外墙凸出物等的不利影响，“三通”线可用水平仪、经纬仪打点，用绞车绷紧细铁丝。如果以上“三通”线有保证，不但能保证墙体大面的垂直度和平整度，而且还能保证墙体的厚度一致，洞口里的饰面砖的块数相等。

（3）必须使主体结构和找平层的施工质量符合设计要求，这是确保饰面砖粘贴质量的基础。找平层的表面平整度允许偏差为 4mm，立面垂直度的允许偏差为 5mm。对于大墙面、高墙面，应当采用水平仪、经纬仪测定，尽量减少基线本身的尺寸偏差，才能保证阴阳角方正，阴角部位的板块不出现大小边；墙面凸出物切割吻合；“滴水线”应当顺直，流水坡度应当正确。

（4）由于主体结构施工偏差，外廊式的走廊墙面开间可能大小不一，梁的高度、宽度也可能有差别。因此，外廊式的走廊墙面楼层底板、梁柱节点及大雨篷下的柱子等，如果盲目地从底部将装饰面砖贴到顶，则很容易出现“破活”。为避免出现这种问题，一般将装饰面砖粘贴至窗台或门窗的顶部或者梁的底部为止，这种做法不仅可以避免“破活”，而且不影响装饰效果。

（5）竖向的阳角砖块在切角时，为避免棱角崩损，角尖部位要留下约 1mm 厚刃脚，斜度割、磨准确，应当出现负偏差，即略小于 1/2 阳角，才能填入砂浆；在进行粘贴时，角尖部位应刮浆满挤，保证阳角砖缝满浆严密。小于 45°的竖向阳角，两角刃之间的砖缝里宜嵌进一根不锈钢小圆管，使竖向阳角不至于太尖锐，又可以达到护角的作用。

（6）为避免板块边角的缺损，应边注水、边切割；非整砖切割时应略有余地，供磨边时损耗，这样才能最终达到准确的尺寸和消除切割产生的缺陷。

## （六）饰面出现色泽不匀

### 1. 质量问题

饰面砖在镶贴完毕后，面砖与面砖、板缝与板缝之间颜色深浅不同，勾缝砂浆出现脱皮变色、开裂析白等问题，致使墙面色泽不匀，严重影响墙面的装饰效果。

2. 原因分析

(1) 采购的饰面砖不是同一产地、同一规格、同一批号，如果施工中再不按规定位置镶贴，发生混用现象，必然会出现影响观感的色差。

(2) 对饰面板的板缝设计和施工不重视。在饰面板施工过程中，出现板缝粘贴宽窄不一，勾缝深度相差较大，使用水泥品种不同，勾缝砂浆配合比不一样，不坚持“二次勾缝”等，均可以造成饰面色泽不匀。

(3) 如果饰面砖墙面有污染时，再采用稀盐酸进行清洗，则容易使板缝砂浆表面被酸液腐蚀，留下明显的伤疤而造成饰面色泽不匀。

(4)“金属釉”的釉面砖反光率非常好，如果粘贴的墙面平整度较差，反射的光泽比较零乱，加上距离远近、视线角度、阳光强弱、周围环境不同，装饰效果会有较大差异，甚至得出相反的效果。

3. 预防措施

(1) 在饰面材料设计之前，应进行市场调查看能否满足工程质量与数量的要求。当同一炉号产品如不能满足数量要求时，应分别按不同立面需要的数量订货，保证在同一立面不出现影响观感的色差；相邻立面可采用不同批号的产品，但应是同一颜色编号的产品，以免出现过大的色差。

(2) 对于不同地产、相同规格、不同颜色、不同批号的饰面砖产品，在运输、保管和粘贴中应严格分开，以防止发生混杂。

(3) 对于后封口的卷扬机进料口、大型设备预留口和其他洞口，应预留足够数量的同一炉号的饰面砖；对后封口板缝勾缝的水泥砂浆，也应当用原来勾缝的相同水泥。对于后封口部位的粘贴，应精心施工，要与大面质量相同。

(4) 确保勾缝质量，不仅是墙面防水、防脱落的要求，也是饰面工程外表观感的要求，因此必须高度重视板缝的施工质量。认真搞好专项装饰设计，粘贴保证板缝宽窄一致，勾缝确保深浅相同。不得采用水泥浆进行糊缝，优先采用专用商品水泥基勾缝材料，坚持采用“二次勾缝”的做法。

(5) 采用“金属釉”的饰面砖，应特别注意板块的外观质量检验，重视粘贴的平整度和垂直度，并先做样板墙面确定正式粘贴的有关事项。样板经建设、监理、质检、设计和施工单位共同认可后，才能进行大面积的粘贴。

## (七) 面砖出现裂缝

1. 质量问题

镶贴于墙体表面的面砖出现裂缝，裂缝不仅严重影响饰面的装饰效果，而且影响整个饰面的使用寿命。

2. 原因分析

(1) 面砖的质量不符合设计和有关标准的要求，材质比较松脆，吸水率比较大，在吸水受潮后，特别是在冬季受冻结冰时，因膨胀而使面砖产生裂纹。

（2）在镶贴面砖时，如果采用水泥浆加108胶材料，由于抹灰厚度过大，水泥凝固收缩而引起面砖变形、开裂。

（3）在面砖的运输、贮存和操作过程中，由于不符合操作要求，面砖出现隐伤而产生裂缝。

（4）面砖墙长期暴露于空气之中，由于干湿、温差、侵蚀介质等作用，面砖体积和材质发生变化而开裂。

### 3. 预防措施

（1）选择质量好的面砖，材质应坚实细腻，其技术指标应符合现行国家标准《陶瓷砖》（GB/T 4100—2015）中的规定，吸水率应小于18%。

（2）在面砖粘贴之前，应将有隐伤的面砖挑出，并将合格面砖用水浸泡一定的时间。在镶贴操作过程中，不要用力敲击砖面，防止施工中产生损伤。

（3）如果选用水泥浆进行镶贴，应掌握好水泥浆的厚度，不要因抹灰过厚产生收缩而引起面砖的变形和开裂。

（4）要根据面砖的使用环境而选择适宜的品种，尤其是严寒地区和寒冷地区所用的面砖，应当具有较强的耐寒性和耐膨胀性。

# 二、室外锦砖的质量问题与防治措施

室外锦砖饰面主要包括陶瓷锦砖饰面和玻璃锦砖饰面。

## （一）陶瓷锦砖面层脱落

### 1. 质量问题

镶贴好的陶瓷锦砖面层，在使用不久则出现局部或个别小块脱落，不仅严重影响锦砖饰面的装饰效果，而且对于饰面下的行人有一定的危险。

### 2. 原因分析

（1）选用的水泥强度等级太低，或水泥质量低劣，或水泥储存期超过3个月，或水泥受潮产生结块。

（2）施工中由于组织不当，陶瓷锦砖的粘贴层铺设过早，当陶瓷锦砖镶贴时已产生初凝；或黏结层刮得过薄，由于黏结不牢而使锦砖面层产生脱落。

（3）在陶瓷锦砖在揭去纸面清理时用力不均匀，或揭去纸面清理的间隔时间过长，或经调整缝隙移动锦砖等原因，致使有些锦砖出现早期脱落。

### 3. 预防措施

（1）必须充分做好锦砖粘贴的准备工作，这是防止陶瓷锦砖面层脱落的重要基础性工作。这项工作主要包括：陶瓷锦砖的质量检验，锦砖的排列方案，选用的粘贴黏合材料，操作工艺的确定，操作人员的组合，粘贴用具的准备等。

（2）严格检查陶瓷锦砖基层抹灰的质量，其平整度和垂直度必须达到施工规范的要求，不得出现空鼓和裂缝质量问题。

（3）严格按照现行的施工规范向操作人员说明施工方法和注意事项，以确保陶瓷锦砖粘贴施工质量。

## （二）饰面不平整，缝隙不均匀、不顺直

### 1. 质量问题

陶瓷锦砖粘贴完毕后，发现饰面表面凹凸不平；板块接缝横向不水平，竖向不垂直；接缝大小不一，联与联之间发生错缝；联与联之间的接缝明显与块之间有差别。以上这些质量问题虽然不影响饰面的使用，但是严重影响饰面的表面美观。

### 2. 原因分析

（1）由于陶瓷锦砖单块尺寸小，黏结层厚度较薄（一般为3～4mm），每次粘贴一联。如果找平层表面平整度和阴阳角方正偏差较大，一联上的数十块单块很难粘贴找平，产生表面不平整现象。如果用增加黏结层厚度的方法找平面层，在陶瓷锦砖粘贴之后，由于黏结层砂浆厚薄不一，饰面层很难拍平，同样会产生不平整现象。

（2）由于陶瓷锦砖单块尺寸比较小，板缝要比其他饰面材料多，不仅有单块之间的接缝，而且有联之间的接缝。如果材料外观质量不合格，依靠揭纸后再去拨正板缝，不仅难度很大，而且效果不佳。单块之间的缝宽（称为“线路”）已在制作中定型，现场一般不能改变。因此，联与联之间的接缝宽度必须等同线路。否则，联与联之间就会出现板缝大小不均匀、不顺直现象。

（3）由于脚手架大横杆的步距过大，如果超过操作者头顶，粘贴施工比较困难；或间歇施工缝留在大横杆附近（尤其是紧挨脚手板），操作更加困难。

（4）由于找平层平整度较差、粘贴施工无专项设计、施工基准线不准确、粘贴技术水平较低等，也会造成饰面不平整、缝隙分格不均匀、不顺直。

### 3. 预防措施

（1）确实保证找平层的施工质量，使其表面平整度允许偏差小于4mm、立面垂直度的允许偏差小于5mm。同时，粘贴前还要在找平层上粘贴灰饼，灰饼的厚度一般为3～4mm，间距为1.0～1.2m，使黏结层厚度一致。为保证黏结层砂浆抹得均匀，宜用梳齿状铲刀将砂浆梳成条纹状，如图11-17所示。

（2）陶瓷锦砖进场后，应进行产品质量检查，其几何尺寸偏差必须符合现行的行业标准《陶瓷马赛克》（JC/T 456—2015）中的要求，抽样检查不合格者决不能用于工程。具体做法是：在粘贴前逐箱将陶瓷锦砖打开，全数检查每一联的几何尺寸偏差，按偏差大小分别进行堆放。这种做法可以减少陶瓷锦砖在粘贴接缝上的积累误差，有利于缝隙分格均匀、顺直，但给施工企业带来较大的负担，并且不能解决每联陶瓷锦砖内单块尺寸偏差、线路宽度偏差过大等问题。

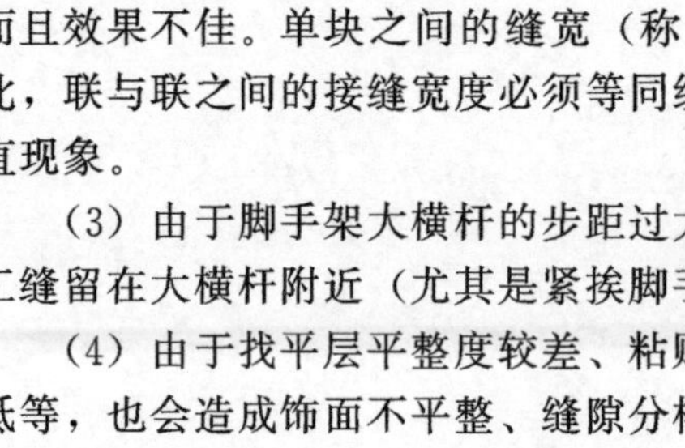

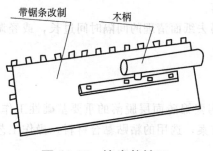

图11-17　梳齿状铲刀

（3）按照饰面工程专项设计的要求进行预排和弹线，粘贴应按照“总体从上而下、分段由下而上”的工

艺流程施工。先在找平层上用墨线弹出每一联陶瓷锦砖的水平和竖向粘贴控制线，联与联之间的接缝宽度应与“线路”相等，这样才能分格缝内的锦砖联与联之间成为一体。

(4) 为了方便工人操作，确保陶瓷锦砖粘贴质量，脚手架步距不应过大，一般掌握在1.6m左右为宜；粘贴时的间歇施工缝宜留设在脚手板面约1.0m高的部位，特别注意用“靠尺”检查间歇施工缝部位陶瓷锦砖的平整度，并拉线检查水平缝是否合格，以便及时发现问题、及时处理。

(5) 对于装饰质量较高的公共建筑，采用单块尺寸小的陶瓷锦砖，不容易达到装饰的要求，宜采用“大方”锦砖墙面。

## (三)陶瓷锦砖出现脱落

### 1. 质量问题

陶瓷锦砖镶贴施工完毕后，在干燥和使用的过程中，出现陶瓷锦砖空鼓和脱壳质量问题，不仅严重影响建筑的外观和质量，而且还容易造成面砖跌落伤人事故。

### 2. 原因分析

(1) 基层处理不当，即没有按不同基层、采用不同的处理方法，从而使底层灰与基层之间黏结不良。因底层灰、中层灰和陶瓷锦砖自重的影响，使底层灰与基层之间产生剪应力。由于基层面处理不当，施工操作不当，当黏结力小于剪应力时就会产生空鼓和脱壳。

(2) 使用劣质，或安定性不合格，或储存期超过3个月以上，或受潮结块的水泥搅拌砂浆和黏结层粘贴陶瓷锦砖。

(3) 搅拌砂浆不按配合比计量，稠度没有控制好，保水性能差；或搅拌好的砂浆停放时间超过3h仍使用；或砂的含泥量超过3%以上等，引起不均匀干缩。

(4) 面砖没有按规定浸水2h以上，并没有洗刷掉泥污就用于粘贴，或陶瓷锦砖黏结层不饱满，或陶瓷锦砖粘贴初凝后再去纠正偏差而松动。

### 3. 正确施工方法

(1) 揭纸　陶瓷锦砖贴完后，在黏结材料达到初凝前（一般为20～30min）或按聚合物干混料使用说明书规定的时间，便可用软毛刷在纸面上刷水湿润，湿透后将纸揭下。纸面揭下后，如果有残余的纸毛和胶，还应用毛刷蘸着清水将其刷掉，然后再用棉纱擦干净。在揭纸时应轻轻地向下揭，用力方向与墙面平行，切不可与墙面垂直，直着向下拉，以免把陶瓷锦砖拉掉。

(2) 拨缝　当陶瓷锦砖表面的牛皮纸揭掉后，应检查陶瓷锦砖的缝隙是否均匀，有无歪斜和掉块、过深的现象。用开刀插入缝内，用铁抹子轻轻敲击开刀，使陶瓷锦砖边楞顺直，凡经拨动过的单块均需用铁抹子轻压，使其黏结牢固。先调整横缝，再调整竖缝，最后把歪斜的小块起掉重贴，把掉落锦砖的部分全部补齐。对于印进墙面较深的揭下来重新再贴，使其平整度符合施工规范的要求。

(3)“擦缝”　拨好缝隙后待终凝结束后，按照设计的要求，在粘贴好的陶瓷锦砖表面上，用素水泥浆或白水泥浆或掺加好颜料的水泥浆用铁抹子把缝隙填满刮平刮严，稍干后用棉纱将表面擦拭干净。

## （四）玻璃锦砖出现色泽不匀，墙面污染

### 1. 质量问题

玻璃锦砖粘贴后，饰面色泽深浅不一；墙面在施工或使用期间出现污染现象，严重影响饰面的装饰效果。

### 2. 原因分析

（1）玻璃锦砖出现色泽不匀的原因，可参见第三节“（六）饰面出现色泽不匀”部分的原因分析。

（2）玻璃锦砖表面有光泽，如果粘贴施工不按规范去做，玻璃锦砖饰面的平整度必然较差，反射的光泽显得非常零乱，则出现色泽不匀问题，影响装饰面的美观。

（3）玻璃锦砖呈半透明质，如果使用的粘贴材料颜色不一致，贴好后透出来的颜色也深浅不同，甚至出现一团一团不均匀的颜色。

（4）不按施工程序进行粘贴，片面追求粘贴速度，在玻璃锦砖揭纸后，使白水泥干粉黏附在饰面上，经过洗刷和“擦缝”也未能清理干净，在使用过程中饰面上出现花白现象，若经风雨淋洗，花白现象还可能进一步扩大。

（5）门窗框周边及预留洞口处，由于处于施工后期、量小而繁杂，找平层施工很短即进行粘贴，致使找平层上的水泥分子扩散，渗透到白水泥粘贴层上，板缝部位出现灰青色斑或色带，而且不容易进行处理。

（6）在“擦缝”时往往是采用满涂满刮方法，从而造成水泥浆将玻璃锦砖晶体毛面污染，如果擦洗不及时、不干净，玻璃锦砖将失去光泽，显得锦砖表面暗淡。

（7）在粘贴玻璃锦砖的施工过程中，由于用脏污的材料擦拭玻璃锦砖的表面，使玻璃锦砖表面和接缝砂浆均受到污染；在雨天施工时还可能受到其他污水的污染。

### 3. 预防措施

（1）玻璃锦砖色泽不匀的一般预防措施，可参见第三节“（六）饰面出现色泽不匀”部分的预防措施相关内容。

（2）现行规范规定粘贴玻璃锦砖的平整度要求比陶瓷锦砖更高，在各道施工工序中都应当严格按照施工和验收规范操作，不能降低规范中的标准。

（3）在玻璃锦砖进行施工时，除深色者可以用普通水泥砂浆粘贴外，其他浅色或彩色锦砖，均应采用白色水泥或白水泥色浆。配制砂浆的砂子最好用 80 目的纯净石英砂，这样就不会影响浅色或彩色玻璃锦砖饰面的美观。

（4）在找平层施工后，要给它一个水化和干缩的龄期，给它一个空鼓、开裂的暴露期，不要急于粘贴玻璃锦砖。在一般情况下，最好要在潮湿的环境下养护 14d 左右，如果工期比较紧急，单从防污染的角度，也不得少于 3d。

（5）在玻璃锦砖揭纸后，不得采用水泥干粉进行吸水，否则不但会留下“花白”污染，而且还会降低黏结层的黏结力。

（6）在进行“擦缝”时应仔细在板缝部位涂刮，而不能在表面满涂满刮；掌握好“擦缝”的时间，以玻璃锦砖颗粒不出现移位，灰缝不出现凹陷，表面不出现条纹时，即为“擦缝”的最佳时间。“擦缝”要沿玻璃锦砖对角方向（即 45°角）来回揉搓，才能保证灰缝平滑饱满，不

出现凹缝和布纹。擦完缝后，应立即用干净的棉纱将表面的灰浆擦洗干净，以免污染玻璃锦砖。

为了防止铁锈对白水泥产生污染，对于重要外墙玻璃锦砖和“大方”玻璃锦砖的勾缝，宜用铝线或铜线。

(7)“散水坡”施工时水泥浆对墙面污染的预防，可将墙根部位已粘贴的面砖预先刷白灰膏等，待“散水坡”施工完毕后，再清洗墙根。但是，所涂刷的白灰膏对玻璃锦砖表面还有侵入，难免留下一些污染痕迹。

目前采用的方法是：留下墙根部位约1.5m的锦砖位置，待“散水坡”施工完毕后，再进行粘贴。散水坡与墙根之间的变形缝宽度，应加上饰面层的厚度。填嵌散水坡变形缝时，应在墙根部位贴上不干胶纸带，预防嵌缝料再产生对玻璃锦砖墙面的污染。

## (五)陶瓷锦砖表面污染

### 1. 质量问题

粘贴好的陶瓷锦砖饰面，由于保护不良被喷涂液、污物、灰尘、油漆、颜料、水刷石等浆液污染，严重影响建筑物的表面美观。

### 2. 原因分析

(1) 在陶瓷锦砖粘贴施工中，由于操作不认真，在粘贴接缝后没有擦净陶瓷锦砖面上的黏结剂浆液，使陶瓷锦砖表面产生污染。

(2) 在陶瓷锦砖粘贴完毕后，对成品保护措施采取不当，被沥青、油漆、涂料、污物、水泥浆、灰尘等污染。

(3) 突出墙面的窗台、挑檐、雨篷、阳台、压顶、腰线等部位的下口，没有按照设计要求做好滴水槽或滴水线，使雨水冲下的污物沾污陶瓷锦砖面；或钢铁构件产生的锈蚀污染墙面等。

(4) 陶瓷锦砖在运输、储存、施工的过程中，被雨水淋湿或水浸泡，包装箱颜色或其他污染物将锦砖污染。

### 3. 预防措施

(1) 当陶瓷锦砖饰面施工开始后，要注意坚持文明施工，不能在室内向外泼油污、泥浆、涂料、油漆、污水等，以免污染基层表面和已粘贴好的饰面。

(2) 在陶瓷锦砖“擦缝”结束后，应自上而下将锦砖表面揩擦洁净，在拆除脚手架和向下运送施工设备时，要防止碰坏已粘贴好的墙面锦砖。

(3) 用草绳或色纸包装陶瓷锦砖时，在运输和储存期间一定要覆盖防雨用具，以防止雨淋或受潮使陶瓷锦砖产生污染。

# 第七节 幕墙工程质量问题与防治

随着我国国民经济的高速发展和人民生活水平的不断提高，以及建筑师设计理念“人性之于建筑”的提升，建筑物越来越向高层、高档、多功能方向发展。因此建筑幕墙产品也必然向高新技术、多功能和高质量的方向发展，才能适应人们日渐增强的环保节能意识，满足市场对建筑幕墙功能的需求。

建筑幕墙作为建筑物外墙装饰围护结构，在我国建筑工程中得到了广泛的应用，并取得了较好的装饰效果和综合效益，受到设计者和使者的欢迎。但是，由于幕墙工程的质量管理工作相对滞后，致使幕墙在工程质量方面存在着许多问题，影响其使用功能、装饰效果和使用寿命，应当引起足够的重视。

# 一、玻璃幕墙工程质量问题与防治措施

玻璃幕墙是一种构造较复杂、施工难度大、质量要求高、易出现质量事故的工程。在玻璃幕墙的施工过程中，如果不按照现行国家规范和标准进行施工，容易出现的工程质量问题很多，如预埋件强度不足、预埋件漏放和偏位、连接件与预埋件锚固不合格、构件安装接合处漏放垫片、产生渗漏水现象、防火隔层不符合要求、玻璃发生爆裂、无防雷系统等。这些质量问题不仅直接影响幕墙的外观，而且还直接关系到其使用安全。

## （一）幕墙预埋件强度不足

### 1. 质量问题

在进行幕墙工程的设计中，由于对预埋件的设计与计算重视不够，未有大样图或未按照设计图纸制作加工，从而造成预埋件强度和长度不足、总截面积偏小、焊缝不饱满，导致预埋件用料和制作不规范，不仅严重影响预埋件的承载力，而且存在着很大的安全隐患。

### 2. 原因分析

(1) 幕墙工程的预埋件未进行认真设计和计算，预埋件的制作和采用材料达不到设计要求；当设计无具体要求时，没有经过结构力学计算随意确定用料的规格。

(2) 选用的预埋件的材料质量不符合现行的行业标准《玻璃幕墙工程技术规范》(JGJ 102—2003) 中的有关规定。

(3) 外墙主体结构的混凝土强度等级偏低，预埋件不能牢固地嵌入混凝土中，间接地也会造成预埋件强度不足。

### 3. 预防措施

(1) 建筑幕墙预埋件的数量、间距、螺栓直径、锚板厚度、锚固长度等，应按照设计规定进行制作和预埋。如果设计中无具体规定时，应按《玻璃幕墙工程技术规范》(JGJ 102—2003) 中的有关规定进行承载力的计算。

(2) 选用适宜、合格的材料。建筑幕墙预埋件所用的钢板应采用 Q235 钢钢板，钢筋应采用Ⅰ级钢筋或Ⅱ级钢筋，不得采用冷加工钢筋。

(3) 直锚筋与锚板的连接，应采用 T 形焊接方式；当锚筋直径不大于 20mm 时，宜采用压力埋弧焊，以确保焊接的质量。

(4) 为确保建筑幕墙预埋件的质量，在预埋件加工完毕后，应当逐个进行质量检查验收，对于不合格者不得用于工程。

（5）在进行外墙主体结构混凝土设计和施工时，必要考虑到预埋件的承载力，主体结构混凝土的强度必须满足幕墙工程的要求。

（6）对于先修建主体结构后改为玻璃幕墙的工程，当原有建筑主体结构混凝土的强度等级低于C30时，要经过计算后增加预埋件的数量。通过结构理论计算，确定螺栓的锚固长度、预埋方法，确保玻璃幕墙的安全度。

## （二）幕墙预埋件漏放和偏位

### 1. 质量问题

由于各种原因造成建筑幕墙在安装施工的过程中，出现预埋件数量不足、预埋位置不准确，导致必须停止安装骨架和面板，采用再补埋预埋件的措施；或者在纠正预埋件位置后再进行安装。这样不仅严重影响幕墙的施工进度，有时甚至破坏混凝土主体结构，严重影响幕墙的安装质量和施工进度。

### 2. 原因分析

（1）在建筑幕墙工程设计和施工中，对预埋件的设计和施工不重视，未经过认真计算和详细设计，没绘制正确可靠的施工图纸，导致操作人员不能严格照图施工。

（2）预埋件具体施工人员责任心不强、操作水平较低，在埋设中不能准确放线和及时检查，从而出现幕墙预埋件漏放和偏位。

（3）在进行混凝土主体结构施工时，建筑幕墙工程的安装单位尚未确定，很可能因无幕墙预埋件的设计图纸而无法进行预埋。

（4）建筑物原设计不考虑玻璃幕墙方案，而后来根据需要又采用玻璃幕墙外装饰，在结构件上没有预埋件。

（5）在建筑主体工程施工过程中，对预埋件没有采取可靠的固定措施，在混凝土浇筑和振捣中预埋件发生一定的移位。

### 3. 预防措施

（1）幕墙预埋件在幕墙工程中承担全部荷载，并将荷载分别传递给主体结构。因此，在幕墙工程的设计过程中，要高度重视、认真对待、仔细计算、精心设计，并绘制出准确的施工图纸。

（2）在进行预埋件施工之前，应按照设计图纸在安装墙面上进行放线，准确定出每个预埋件的具体位置；在预埋件正式施工时，要再次对照施工图纸进行校核，经检查确实无误后方可安装。

（3）建筑幕墙预埋件的安装操作人员，必须具有较高的责任心和质量意识，应具有一定的操作技术水平；在预埋件安装的过程中，应及时对每个预埋件的安装情况进行检查，以便发现问题及时纠正。

（4）在预埋件在正式埋设前，应向具体操作人员进行专项技术交底，以确保预埋件的安装质量。如交代预埋件的规格、型号、位置和埋置方法，以及确保预埋件与模板能结合牢固，防止振捣中不产生位移的措施等。

（5）凡是设计有玻璃幕墙的工程，最好在建筑外墙施工时就要落实安装单位，并提供详尽的预埋件位置设计图。预埋件的预埋安装要有专人负责，并随时按要求办理隐蔽工程验收手续。混凝土的浇筑既要仔细插捣密实，认真观察施工的状况，又不能碰撞到预埋件，以确保预埋件的位置准确。

## (三)玻璃幕墙有渗漏水现象

### 1. 质量问题

幕墙在安装完毕后经试验发现在玻璃幕墙的接缝处及幕墙四周与主体结构之间有渗漏水现象，不仅影响幕墙的外观装饰效果，而且严重影响幕墙的使用功能。严重者还会损坏室内的装饰层，缩短建筑幕墙的使用寿命。渗漏水处不及时进行修补，还存在着很大的危险性，其后果是非常严重的。

### 2. 原因分析

(1) 在进行玻璃幕墙设计时，由于设计人员考虑不周全，细部处理欠妥或不认真，很容易造成渗漏水问题。

(2) 玻璃与框架接缝密封材料，如果使用质量不合格橡胶条或过期的密封胶，很容易在短期内就会出现渗漏水现象。如橡胶条与金属槽口不匹配，特别是规格较小时，不能将玻璃与金属框的缝隙密封严密；玻璃密封胶液如超过规定的期限，其黏结力将会大大下降。

(3) 在密封胶液进行注胶前，基层净化处理未到设计标准的要求，使得密封胶液与基层黏结不牢，从而使建筑幕墙出现渗漏水现象。

(4) 所用的密封胶液规格或质量不符合设计要求，造成胶缝处的胶层厚薄不匀，从而形成水的渗透通道。

(5) 幕墙内排水系统设计不当，或施工后出现排水不通畅或堵塞；或者幕墙的开启部位密封不良，橡胶条的弹性较差，五金配件缺失或损坏。

(6) 建筑幕墙周边、压顶铝合金泛水板搭接长度不足，封口不严，密封胶液漏注，均可造成幕墙出现渗漏水现象。

(7) 在建筑幕墙施工的过程中，未进行抗雨水渗漏方面的试验和检查，密封质量无保证，在使用时会出现渗漏水现象。

### 3. 预防措施

(1) 建筑玻璃幕墙结构必须安装牢固，各种框架结构、连接件、玻璃和密封材料等，不得因风荷载、地震、温度和湿度等的变化而发生螺栓松动、密封材料损坏等现象。

(2) 建筑玻璃幕墙所用的密封胶的牌号应符合设计的要求，并具有相容性试验报告。密封胶液应在保质期内使用。硅酮结构密封胶液应在封闭、清洁的专用车间内打胶，不得在现场注胶；硅酮结构密封胶在注胶前，应按照要求将基材上的尘土、污垢清除干净，注胶时速度不宜过快，以免出现针眼和堵塞等现象，底部应用无黏结胶带分开，以防止三面黏结，出现拉裂现象。

(3) 建筑玻璃幕墙所用橡胶条，应当按照设计规定的材料和规格选用，镶嵌一定要达到平整、严密，接口处一定要用密封胶液填实封严；开启窗安装的玻璃应与建筑幕墙在同一水平面上，不得出现有凹进现象。

(4) 在进行玻璃幕墙设计时，应设计合理的泄水通道，雨水的排水口应按照规定留置，并保持内排水系统畅通，以便集水后由管道将水排出，使大量的水及时排除远离幕墙，减少水向幕墙内渗透的机会。

(5) 在填嵌密封胶之前，要将密封胶接触处擦拭干净，再用溶剂揩擦后方可嵌入密封胶，其厚度应大于3.5mm，宽度要大于厚度的2倍。

(6) 建筑幕墙的周边、压顶及开启部位等处构造比较复杂，设计应绘制出节点大样图，以便操作人员按图进行施工；在施工过程中，要严格按图进行操作，并应及时检查施工质量，凡有密封不良、材质较差等情况，应及时加以调整。

(7) 在建筑幕墙工程的施工中，应分层进行抗雨水渗漏性能的喷射水试验，检验建筑幕墙的施工质量，发现问题及时调整解决。

## (四) 连接件与预埋件锚固不合格

### 1. 质量问题

在建筑幕墙面板安装的施工中，若发现连接件与预埋件锚固十分困难，有的勉强锚固在一起也不牢固，甚至个别在硬性锚固时出现损坏现象。这样不仅严重影响建筑幕墙的施工进度，而且也存在着不牢固的安全隐患，严重的甚至局部坠落伤人。

### 2. 原因分析

(1) 在进行建筑幕墙工程设计时，只注意幕墙主体结构的设计，而忽视建筑幕墙连接件与预埋件的设计，特别没有注意到连接件与预埋件之间的衔接，从而造成连接件与预埋件锚固不合格。

(2) 在连接件与预埋件连接处理时，没有认真按照设计大样图进行处理，有的甚至根本没有设计大样图，只凭以往的经验施工。

(3) 幕墙连接件与预埋件锚固处的焊接质量不佳，达不到设计质量要求和《钢筋焊接及验收规范》(JGJ 18—2012) 中的有关规定。

### 3. 预防措施

(1) 在进行设计玻璃幕墙时，要对各连接部位画出节点大样图，以便工人按照图纸施工；图中对材料的规格、型号、焊缝等技术要求都应注明。

(2) 在进行连接件与预埋件之间的锚固或焊接时，应严格按照现行的行业标准《玻璃幕墙工程技术规范》(JGJ 102—2003) 中的要求进行安装；焊缝的高度、长度和宽度，应通过设计计算确定。

(3) 电焊工应经过考核合格，坚持持证上岗。连接件与预埋件锚固处的焊接质量，必须符合现行的行业标准《钢筋焊接及验收规程》(JGJ 18—2012) 中的有关规定。

(4) 对焊接件的质量应进行检验，并应符合下列要求：①焊缝受热影响时，其表面不得有裂纹、气孔、夹渣等缺陷；②焊缝“咬边”深度不得超过0.5mm，焊缝两侧“咬边”的总长度不应超过焊缝长度的10%；③焊缝几何尺寸应符合设计要求。

## (五) 幕墙玻璃发生自爆碎裂

### 1. 质量问题

幕墙玻璃在幕墙安装的过程中，或者在安装完成后的一段时间内，玻璃在未受到外力撞击的情况下，出现自爆碎裂现象，不仅影响幕墙的使用功能和装饰效果，而且还具有下落伤人的危险性，必须予以更换和修整。

## 2. 原因分析

（1）幕墙玻璃采用的原片质量不符合设计要求，在温度骤然变化的情况下，易发生自爆碎裂；或者玻璃的面积过大，不能适应热胀冷缩的变化。

（2）幕墙玻璃在安装时，其底部未按照规定设置弹性铺垫材料，而是将玻璃与构件槽底直接接触，受温差应力或振动力的作用而造成玻璃碎裂。

（3）玻璃材料试验证明，普通玻璃在切割后如果不进行边缘处理，在受热时因膨胀出现应力集中，很容易发生自爆碎裂。

（4）隔热保温材料直接与玻璃接触或镀膜出现破损，使玻璃的中部与边缘产生较大的温差，当温度应力超过玻璃的抗拉强度时，则会出现玻璃的自爆碎裂。

（5）全玻璃幕墙的底部如果使用硬化性密封材料，当玻璃受到较大挤压时，易使玻璃出现破损。

（6）建筑幕墙三维调节消化余量不足，或主体结构变动的影响超过了幕墙三维调节所能消化的余量，也会造成玻璃的破裂。

（7）隐框式玻璃幕墙的玻璃间隙比较小，特别是顶棚四周底边的间隙更小，如果玻璃受到侧向压应力影响时，则会造成玻璃的碎裂。

（8）在玻璃的交接处，由于弹性垫片漏放或太薄，或者“夹件”固定太紧会造成该处玻璃的碎裂。

（9）建筑幕墙采用的钢化玻璃，如果未进行钢化防爆处理，在一定的条件下也会发生玻璃自爆现象。

## 3. 预防措施

（1）玻璃原片的质量应符合现行国家或行业标准的要求，产品必须有出厂合格证。当设计必须采用大面积玻璃时，应采取相应的技术措施，以减小玻璃中央与边缘的温差。

（2）在进行玻璃切割加工时，应按照规范规定留出每边与构件槽口的配合距离。玻璃切割后，边缘应磨边、倒角、抛光处理完毕再加工。

（3）在进行幕墙玻璃安装时，应按照设计规定设置弹性定位垫块，使玻璃与框之间有一定的间隙。

（4）在玻璃幕墙的设计和施工中，要特别注意避免保温材料与玻璃接触，在安装完玻璃后，要做好产品保护，防止镀膜层破损。

（5）要通过设计计算确定幕墙三维调节的能力。如果主体结构变动或构架刚度不足，应根据实际情况和设计要求进行加固处理。

（6）对于隐框式玻璃幕墙，在安装中应特别注意玻璃的间隙，玻璃的拼缝宽度一般不宜小于15mm。

（7）在“夹件”与玻璃接触处，必须设置一定厚度的弹性垫片，以免刚性“夹件”同脆性玻璃直接接触受外力影响时，造成玻璃的碎裂。

（8）当玻璃幕墙采用钢化玻璃时，为了防止钢化玻璃发生自爆，必须对钢化玻璃进行钢化防爆处理。

## （六）幕墙工程防火不符合要求

### 1. 质量问题

随着我国建筑事业的发展，越来越多的高层建筑采用玻璃幕墙作为外围护结构，其不但能达到使用效果，同时还具有一定的艺术性，但是在实际使用过程中发现，玻璃幕墙建筑很容易发生火灾，并且这类建筑物一旦发生火灾，火势会迅速出现蔓延，这就会产生很严重的危害，给人民的生命和财产带来严重的威胁，对于人民生命财产安全和其他公众利益也有着很大的影响。

所以出现以上问题，其主要原因是在玻璃幕墙的设计和施工中，由于层间防火设计不周全、不合理，施工过程中不认真、不精细，造成幕墙与主体结构间未设置层间防火；或未按要求选用防火材料，达不到防火性能要求，严重影响玻璃幕墙工程防火安全。

### 2. 原因分析

（1）有的玻璃幕墙在进行设计时，对防火设计未引起足够重视，没有考虑设置防火隔层，造成设计方面的漏项，使玻璃幕墙无法防火。

（2）有的楼层联系梁处没有设置幕墙的分格横梁，防火层的位置设置不正确，节点无设计大样图。

（3）采用的防火材料质量达不到规范的要求，玻璃幕墙的防火根本起不到作用。

### 3. 预防措施

（1）在进行玻璃幕墙设计时，千万不可遗漏防火隔层的设计。在初步设计对外立面分割时，应同步考虑防火安全的设计，并绘制出节点大样图，在图上要注明用料规格和锚固的具体要求。

（2）在进行玻璃幕墙设计时，横梁的布置与层高相协调，一般每一个楼层就是一个独立的防火分区，要在楼面处设置横梁和防火隔层。

（3）玻璃幕墙的防火设计，除应当符合《建筑设计防火规范》（GB 50016—2014）（2018年版）中的有关规定外，还应符合下列规定。

① 应根据防火材料的耐火极限决定防火层的厚度和宽度，并应在楼板处形成防火带。

② 防火层应采取可靠的隔离措施。防火层的衬板应采用经过防腐处理、厚度不小于1.5mm的钢板，不得采用铝板。

③ 防火层中所用的密封材料，应当采用防火密封胶。

④ 防火层与玻璃不得直接接触，同时一块玻璃不应跨两个防火区。

（4）玻璃幕墙的和楼层处、隔墙处的缝隙，应用防火或不燃烧材料填嵌密实，但防火层用的隔断材料等，其缝隙用防火保温材料填塞，表面缝隙用密封胶封闭严密。

（5）防火层施工应符合设计要求，幕墙窗间墙及窗槛墙的填充材料，应采用不燃烧材料，当外墙采用耐火极限不低于1h的不燃烧材料时，其墙内填充材料可采用难燃烧材料。防火隔层应铺设平整，锚固要可确实可靠。防火施工后要办理隐蔽工程验收手续，合格后方可进行面板施工。

## （七）幕墙构件安装接合处漏放垫片

### 1. 质量问题

建筑幕墙的连接件与立柱之间，未按照规范要求设置垫片，或在施工中由于疏忽漏放垫片，这样金属构件在一定的条件下很容易产生电化学腐蚀，对整个建筑幕墙的使用年限和使用功能有一定影响。

### 2. 原因分析

出现漏放垫片的主要原因有：一是在设计中不重视垫片的设置，忘记这个小部件；二是在节点设计大样图中未注明，施工人员未安装；三是施工人员责任心不强，在施工中漏放；四是施工管理人员检查不认真，没有及时检查和纠正。

### 3. 预防措施

(1) 为防止不同金属材料相接触时产生电化学腐蚀，在现行的行业标准《玻璃幕墙工程技术规范》(JGJ 102—2003) 中规定，在接触部位应设置相应的垫片。一般应采用 1mm 厚的绝缘耐热硬质有机材料垫片，在幕墙设计和施工中不可出现遗漏。

(2) 在幕墙立柱与横梁两端之间，为适应和消除横向温度变形及噪声的要求，在现行的行业标准《玻璃幕墙工程技术规范》(JGJ 102—2003) 中做出规定：在连接处要设置一面有胶一面无胶的弹性橡胶垫片或尼龙制作的垫片。弹性橡胶垫片应有 20%～35% 的压缩性，一般用邵尔 A 型 75～80 橡胶垫片，安装在立柱的预定位置，并应安装牢固，其接缝要严密。

(3) 在幕墙施工的过程中，操作人员必须按照设计要求放置垫片，不可出现漏放；施工管理人员必须认真进行质量检查，以便及早发现漏放、及时进行纠正。

## （八）幕墙安装无防雷系统

### 1. 质量问题

幕墙是悬挂在建筑主体结构外的建筑外围护系统，而当建筑幕墙对建筑物进行围护，建筑物的原防雷装置因为建筑幕墙的屏蔽，不能够直接对防雷起到作用，建筑物遭到雷击，通常是对建筑幕墙的直接雷击。所以，建筑幕墙安装防雷系统是十分重要的。

在进行建筑幕墙设计和施工中，由于设计不合理或没有按照设计要求施工，致使玻璃幕墙没有设置防雷均压环，或防雷均压环没有和主体结构的防雷系统相联通；或者接地电阻不符合规范要求，从而使幕墙存在着严重的安全隐患。

### 2. 原因分析

(1) 在进行玻璃幕墙设计时，根本没考虑到防雷系统，使这样非常重要部分被遗漏，或者设计不合理，从而严重影响了玻璃幕墙的使用安全度。

(2) 有些施工人员不熟悉防雷系统的安装规定，无法进行防雷系统的施工，从而造成防雷系统不安装或安装不合格。

(3) 选用的防雷均匀环、避雷线、引下线、接地装置等的材料，不符合设计的防雷要求，导致防雷效果不能满足要求。

### 3. 预防措施

(1) 在进行玻璃幕墙工程的设计时，要有详尽的防雷系统设计方案，施工中要有防雷系统的施工图纸，以便施工人员按图施工。

（2）玻璃幕墙应每隔 3 层设置扁钢或圆钢防雷均压环，防雷均压环应与主体结构防雷系统相连接，接地电阻应符合设计规范中的要求，使玻璃幕墙形成自身的防雷系统。

（3）对防雷均匀环、避雷线、引下线、接地装置等的用料、接头，都必须符合设计要求和《建筑防雷设计规范》（GB 50057—2010）中的规定。

## （九）玻璃四周泛黄，密封胶变色和变质

### 1. 质量问题

玻璃幕墙安装完毕或使用一段时间后，在玻璃的四周出现泛黄现象，密封胶也出现变色和变质，这样不仅严重影响玻璃幕墙的外表美观，而且也使幕墙存在着极大的危险性，应当引起高度重视。

### 2. 原因分析

（1）当密封胶液用的是非中性胶或不合格胶时，呈酸碱性的胶与夹层玻璃中的 PVB 胶片、中空玻璃的密封胶和橡胶条接触，因为它们之间的相容性不良，使 PVB 胶片或密封胶泛黄变色，使橡胶条变硬发脆，影响幕墙的外观质量，甚至出现渗漏水现象。

（2）幕墙采用的夹丝玻璃边缘未进行处理，使低碳钢丝因生锈而造成玻璃四周泛黄，严重时会使锈蚀产生膨胀，玻璃在膨胀力的作用下而碎裂。

（3）采用的不合格密封胶在紫外线的照射下，发生老化、变色和变脆，致使其失去密封防水的作用，从而又引起玻璃泛黄。

（4）在玻璃幕墙使用的过程中，由于清洁剂品种选用不当，清洁剂对玻璃产生腐蚀而引起泛黄。

### 3. 预防措施

（1）在玻璃幕墙安装之前，首先应做好密封胶的选择和试验工作。

① 应选择中性和合格的密封胶，不得选用非中性胶或不合格的密封胶。

② 对所选用的密封胶要进行与其他材料的相容性试验。待确定完全合格后，才能正式用于玻璃幕墙。

（2）当幕墙采用夹丝玻璃时，在玻璃切割后，其边缘应及时进行密封处理，并作防锈处理，防止钢丝生锈而造成玻璃四周泛黄。

（3）清洗幕墙玻璃和框架的清洁剂，应采用中性清洁剂，并应做对玻璃等材料的腐蚀性试验，合格后方可使用。同时要注意，玻璃和金属框架的清洁剂应分别采用，不得错用和混用。清洗时应采取相应的隔离保护措施，清洗后及时用清水冲洗干净。

## （十）幕墙的拼缝不合格

### 1. 质量问题

明框式玻璃幕墙出现外露框或压条有横不平、竖不直缺陷，单元玻璃幕墙的单元拼缝或隐框式玻璃幕墙的分格玻璃拼缝存在缝隙不均匀、不平不直质量问题，以上质量缺陷不但影响胶条的填嵌密实性，而且影响幕墙的外观质量。

### 2. 原因分析

（1）在进行幕墙玻璃安装时，未对土建的标准标志进行复验，由于测量基准不准确，导致玻璃拼缝不合格；或者在进行复验时，风力大于4级造成测量误差较大。

（2）在进行幕墙玻璃安装时，未按规定要求每天对玻璃幕墙的垂直度及立柱的位置进行测量核对。

（3）玻璃幕墙的立柱与连接件在安装后未进行认真调整和固定，导致它们之间的安装偏差过大，超过设计和施工规范的要求。

（4）立柱与横梁安装完毕后，未按要求用经纬仪和水准仪进行校核检查、调整。

### 3. 预防措施

（1）在玻璃幕墙正式测量放线前，应对总包提供的土建标准标志进行复验，经监理工程师确认后，方可作为玻璃幕墙的测量基准。对于高层建筑的测量应在风力不大于4级的情况下进行，每天定时对玻璃幕墙的垂直度及立柱位置进行测量核对。

（2）玻璃幕墙的分格轴线的确定，应与主体结构施工测量轴线紧密配合，其误差应及时进行调整，不得产生积累。

（3）立柱与连接件安装后应进行调整和固定。它们安装后应达到如下标准：立柱安装标高差不大于3mm；轴线前后的偏差不大于2mm，左右偏差不大于3mm；相邻两根立柱安装标高差不应大于3mm，距离偏差不应大于2mm，同层立柱的最大标高偏差不应大于5mm。

（4）幕墙横梁安装应弹好水平线，并按线将横梁两端的连接件及垫片安装在立柱的预定位置，并应确实安装牢固。保证相邻两根横梁的水平高差不应大于1mm，同层标高的偏差：当一幅幕墙的宽度小于或等于35m时，不应大于5mm；当一幅幕墙的宽度大于35m时，不应大于7mm

（5）立柱与横梁安装完毕后，应用经纬仪和水准仪对立柱和横梁进行校核检查、调整，使它们均符合设计要求。

## （十一）玻璃幕墙出现结露现象

### 1. 质量问题

玻璃幕墙出现结露现象，不仅影响幕墙外观装饰效果，而且还会造成通视较差、浸湿室内装饰和损坏其他设施。常见幕墙结露的现象主要有以下几种。

（1）中空玻璃的中空层如果出现结露现象，不仅使玻璃的通视性不好，而且也严重影响玻璃幕墙的美观。

（2）在比较寒冷的地区，当冬季室内外的温差较大时，玻璃的内表面出现结露现象。

（3）幕墙内没有设置结露水排放系统，当结露水较多时也会浸湿室内的装饰或设施。

### 2. 原因分析

（1）采用的中空玻璃质量不合格，尤其是对中空层的密封不严密，很容易使中空玻璃在中空层出现结露。

（2）幕墙设计不合理，或者选择的材料不当，没有设置结露水凝结排放系统。

### 3. 预防措施

（1）对于中空玻璃的加工质量必须严格控制，加工制作中空玻璃要在洁净干燥的专用车间内进行，并对所用的中空玻璃进行严格的质量检验；所用的玻璃间隔的橡胶一定要干净、干燥，并安装正确，在间隔条内要装入适量的干燥剂。

（2）中空玻璃的密封要特别重视，一般要采用双道密封，密封胶要正确涂敷，达到胶液饱满、厚薄均匀，转角处不得有漏涂缺损现象。

（3）幕墙设计要根据当地气候条件和室内功能要求，科学合理确定幕墙的热阻，选用合适的幕墙材料，如在北方寒冷地区宜选用中空玻璃。

（4）幕墙设计允许出现结露的现象时，在幕墙结构设计中必须要设置水凝结排放系统。

# 二、金属幕墙工程质量问题与防治措施

金属板饰面幕墙施工涉及工种较多，工艺较复杂，施工难度大，加上金属板的厚度比较小，在加工和安装中很容易发生变形，因此，比较容易出现质量问题，不仅严重影响装饰效果，而且影响幕墙使用功能。

工程实践充分证明，金属板饰面幕墙是一种高科技建筑装饰产品，其技术复杂程度较高，影响建筑幕墙施工质量的因素众多，施工质量问题较多，对金属幕墙出现的施工质量问题，应引起足够的重视，并采取措施积极进行防治。

## （一）板面不平整、接缝不平齐

### 1. 质量问题

在金属幕墙工程完工检查验收时发现：板面之间有高低不平、板块中有凹凸不平、接缝不顺直、板缝有错牙等质量缺陷。这些质量问题严重影响金属幕墙的表面美观，同时对使用中的维修、清洗也会造成困难。

### 2. 原因分析

产生以上质量问题的原因很多，根据工程实践经验，主要原因包括以下方面。

（1）连接金属板面的连接件，未按施工规定要求进行固定，固定不够牢靠，在安装金属板时，由于施工和其他因素的作用，使连接件发生位移，自然会导致板面不平整、接缝不平齐。

（2）连接金属板面的连接件，未按施工规定要求进行固定，尤其是安装高度不一致，使得金属板安装也会产生板面不平整、接缝不平齐。

（3）在进行金属面板加工的过程中，未按照设计或现行规范的要求进行加工，使金属面板本身不平整，或尺寸不准确；在金属板运输、保管、堆放、吊装和安装中，不注意对金属板面进行有效保护，从而造成板面不平整、接缝不平齐。

### 3. 预防措施

针对以上出现板面不平整、接缝不平齐的原因，可以采取以下防治措施。

（1）确实按照设计和施工规范的要求，进行金属幕墙连接件的安装，确保连接件安装牢固平整、位置准确、数量满足。

（2）严格按要求对金属面板进行加工，确保金属面板表面平整、尺寸准确、符合要求。

（3）在金属面板的加工、运输、保管、吊装和安装中，要注意对金属面板成品的保护，不使其受到损伤。

## （二）密封胶开裂，出现渗漏问题

### 1. 质量问题

金属幕墙在工程验收或使用过程中，发现密封胶开裂质量问题，产生气体渗透或雨水渗漏。不仅使金属幕墙的内外受到气体和雨水的侵蚀，而且会降低幕墙的使用寿命。

### 2. 原因分析

（1）注胶部位未认真进行清理擦洗，由于不洁净就注胶，所以胶与材料黏结不牢，它们之间有一定的缝隙，使得密封胶开裂，出现渗漏问题。

（2）由于胶缝的深度过大，结果造成三面黏结，从而导致密封胶开裂质量问题，产生气体渗透或雨水渗漏。

（3）在注入的密封胶后，尚未完全黏结前，受到灰尘沾染或其他振动，使密封胶未能牢固黏结，造成密封胶与材料脱离而开裂。

### 3. 预防措施

（1）在注密封胶之前，应对需黏结的金属板材缝隙进行认真清洁，尤其是对黏结面应特别重视，清洁后要加以干燥和保持

（2）在较深的胶缝中，应根据实际情况充填聚氯乙烯发泡材料，一般宜采用小圆棒形状的填充料，这样可避免胶造成三面黏结。

（3）在注入密封胶后，要认真进行保护，并创造良好环境，使其至完全硬化。

## （三）预埋件位置不准，横竖料难以固定

### 1. 质量问题

预埋件是幕墙安装的主要挂件，承担着幕墙的全部荷载和其他荷载，预埋件的位置是否准确，对幕墙的施工和安全关系重大。但是，在预埋件的施工中，由于未按设计要求进行设置，结果会造成预埋件位置不准确，必然会导致幕墙的横竖骨架很难与预埋件固定连接，甚至出现连接不牢并返工。

### 2. 原因分析

（1）在预埋件在进行放置前，未在施工现场进行认真复测和放线；或在放置预埋件时，偏离安装基准线，导致预埋件位置不准确。

（2）预埋件的放置方法，一般是采用将其绑扎在钢筋上，或者固定在模板上。如果预埋件与模板、钢筋连接不牢，在浇筑混凝土时会使预埋件的位置变动。

（3）预埋件放置完毕后，未对其进行很好的保护，在其他工序施工中对其发生碰撞，使预

埋件位置变化。

### 3. 预防措施

（1）在进行金属幕墙设计时，应根据规范设置相应的预埋件，并确定其数量、规格和位置；在进行放置之前，应根据施工现场实际，对照设计图进行复核和放线，并进行必要调整。

（2）在预埋件放置中，必须与模板、钢筋连接牢固；在浇筑混凝土时，应随时进行观察和纠正，以保证其位置的准确性。

（3）在预埋件放置完成后，应时刻注意对其进行保护。在其他工序的施工中，不要碰撞到预埋件，以保证预埋件不发生位移。

（4）如果混凝土结构施工完毕后，发现预埋件的位置发生较大的偏差，则应及时采取补救措施。补救措施主要有下列几种：①当预埋件的凹入度超过允许偏差范围时，可以采取加长铁件的补救措施，但加长的长度应当进行控制，采用焊接加长的焊接质量必须符合要求；②当预埋件向外凸出超过允许偏差范围时，可以采用缩短铁件的方法，或采用剔去原预埋件改用膨胀螺栓，将铁件紧固在混凝土结构上；③当预埋件向上或向下偏移超过允许偏差范围时，则应修改立柱连接孔或用膨胀螺栓调整连接位置；④当预埋件发生漏放时，应采用膨胀螺栓连接或剔除混凝土后重新埋设。决不允许故意漏放而节省费用的错误做法。

## （四）胶缝不平滑充实，胶线扭曲不顺直

### 1. 质量问题

金属幕墙的装饰效果如何，不只是表现在框架和饰面上，胶缝是否平滑、顺直和充实，也是非常重要的方面。但是，在胶缝的施工中，很容易出现胶缝注入不饱满、缝隙不平滑、线条不顺直等质量缺陷，严重影响金属幕墙的整体装饰效果。

### 2. 原因分析

（1）在进行注胶时，未能按施工要求进行操作，或注胶用力不均匀，或注胶枪的角度不正确，或刮涂胶时不连续，都会造成胶缝不平滑充实，胶线扭曲不顺直。

（2）注胶操作人员未经专门培训，技术不熟练，要领不明确，也会使胶缝出现不平滑充实、胶线扭曲不顺直等质量缺陷。

### 3. 预防措施

（1）在进行注胶的施工中，应严格按正确的方法进行操作，要连续均匀地注胶，要使注胶枪以正确的角度注胶，当密封胶注满后，要用专用工具将注胶刮密实和平整，胶缝的表面应达到光滑无皱纹的质量要求。

（2）注胶是一项技术要求较高的工作，操作人员应经过专门的培训，使其掌握注胶的基本技能和质量意识。

## （五）成品产生污染，影响装饰效果

### 1. 质量问题

金属幕墙安装完毕后，由于未按规定进行保护，结果造成幕墙成品发生污染、变色、变

形、排水管道堵塞等质量问题，既严重影响幕墙的装饰效果，也会使幕墙发生损坏。

2. 原因分析

（1）在金属幕墙安装施工的过程中，不注意对金属饰面的保护，尤其是在注胶中很容易产生污染，这是金属幕墙成品污染的主要原因。

（2）在金属幕墙安装施工完毕后，未按规定要求对幕墙成品进行保护，在其他工序的施工中污染了金属幕墙。

3. 预防措施

（1）在金属幕墙安装施工的过程中，要注意按操作规程施工和文明施工，并及时清除板面及构件表面上的黏附物，使金属幕墙安装时即成为清洁的饰面。

（2）在金属幕墙安装完毕后，立即进行从上向下的清扫工作，并在易受污染和损坏的部位贴上一层保护膜或覆盖塑料薄膜，对于易受磕碰的部位应设置防护栏。

## （六）铝合金板材厚度不足

1. 质量问题

金属幕墙的面板选用铝合金板材时，其厚度不符合设计要求，不仅影响幕墙的使用功能，而且还严重影响幕墙的耐久性。

2. 原因分析

（1）承包商片面追求经济利益，选用的铝合金板材的厚度小于设计厚度，从而造成板材不合格，导致板材厚度不足而影响整个幕墙的质量。

（2）铝合金板材进场后，未进行认真复验，其厚度低于工程需要，而不符合设计要求。

（3）铝合金板材生产厂家未按照国家现行有关规范生产，从而造成出厂板材不符合生产标准的要求。

3. 预防措施

铝合金面板要选用专业生产厂家的产品，在幕墙面板订货前要考察其生产设备、生产能力，并应有可靠的质量控制措施，确认原材料产地、型号、规格，并封样备查；铝合金面板进场后，要检查其生产合格证和原材料产地证明，均应符合设计和购货合同的要求，同时查验其面板厚度应符合下列要求。

（1）单层铝板的厚度不应小于 2.5mm，并应符合现行国家标准《一般工业用铝及铝合金板、带材　第 1 部分：一般要求》（GB/T 3880.1—2012）中的有关规定。

（2）铝塑复合板的上下两层铝合金板的厚度均应为 0.5mm，其性能应符合现行国家标准《建筑幕墙用铝塑复合板》（GB/T 17748—2016）中规定的外墙板的技术要求；铝合金板与夹心板的剥离强度标准值应大于 $7N/mm^2$。

（3）蜂窝铝板的总厚度为 10～25mm，其中厚度为 10mm 的蜂窝铝板，其正面铝合金板厚度应为 1mm，背面铝合金板厚度为 0.5～0.8mm；厚度在 10mm 以上的蜂窝铝板，其正面铝合金板的厚度均应为 1mm。

## （七）铝合金面板的加工质量不符合要求

### 1. 质量问题

铝合金面板是金属幕墙的主要装饰材料，对于幕墙的装饰效果起着决定性作用。如果铝合金面板的加工质量不符合要求，不仅会造成面板安装十分困难，接缝不均匀，而且还严重影响金属幕墙的外观质量和美观。

### 2. 原因分析

（1）在金属幕墙的设计中，没有对铝合金面板的加工质量提出详细的要求，致使生产厂家对质量要求不明确。

（2）生产厂家由于没有专用的生产设备，或者设备、测量器具没有定期进行检修，精度达不到加工精度要求，致使加工的铝合金面板质量不符合要求。

### 3. 预防措施

（1）铝合金面板的加工应符合设计要求，表面氟碳树脂涂层厚度应符合规定。铝合金面板加工的允许偏差应符合表 11-7 中的规定。

**表 11-7　铝合金面板加工允许偏差**　　单位：mm

<table>
<tr><th colspan="2">项目</th><th>允许偏差</th><th colspan="2">项目</th><th>允许偏差</th></tr>
<tr><td rowspan="2">边长</td><td>≤2000</td><td>±2.0</td><td rowspan="2">对角线长度</td><td>≤2000</td><td>2.5</td></tr>
<tr><td>>2000</td><td>±2.5</td><td>>2000</td><td>3.0</td></tr>
<tr><td rowspan="3">对边尺寸</td><td>≤2000</td><td>≤2.5</td><td colspan="2">折弯高度</td><td>≤1.0</td></tr>
<tr><td rowspan="2">>2000</td><td rowspan="2">≤3.0</td><td colspan="2">平面度</td><td>≤2/1000</td></tr>
<tr><td colspan="2">孔的中心距</td><td>±1.5</td></tr>
</table>

（2）单层铝板的加工应符合下列规定

① 单层铝板在进行折弯加工时，折弯外圆弧半径不应小于板厚的 1.5 倍。

② 单层铝板加劲肋的固定可用电栓钉，但应确保铝板表面不应变色、褪色，固定应牢固。

③ 单层铝板的固定耳子应符合设计要求，固定耳子可采用焊接、铆接或在铝板上直接冲压而成，应当做到位置正确、调整方便、固定牢固。

④ 单层铝板构件四周边应采用铆接、螺栓或胶黏与机械连接相结合的形式固定，并应做到刚性好，固定牢固。

（3）铝塑复合板的加工应符合下列规定

① 在切割铝塑复合板内层铝板与聚乙烯塑料时，应保留不小于 0.3mm 厚的聚乙烯塑料，并不得划伤外层铝板的内表面。

② 蜂窝铝板的打孔、切割口等外露的聚乙烯塑料及角部缝隙处，应采用中性硅酮耐候密封胶进行密封。

③ 为确保铝塑复合板的质量，在加工过程中严禁将铝塑复合板与水接触。

（4）蜂窝铝板的加工应符合下列规定

① 应根据组装要求决定切口的尺寸和形状。在切割铝芯时，不得划伤蜂窝板外层铝板的内表面；各部位外层铝板上，应保留 0.3～0.5mm 的铝芯。

② 对于直角构件的加工，折角处应弯成圆弧状，蜂窝铝板的角部的缝隙处，应采用硅酮耐候密封胶进行密封。

③ 大圆弧角构件的加工，圆弧部位应填充防火材料。

④ 蜂窝铝板边缘的加工，应将外层铝板折合180°，并将铝芯包封。

## （八）铝塑复合板的外观质量不符合要求

### 1. 质量问题

铝塑复合板幕墙安装后，经质量验收检查发现板的表面有波纹、鼓泡、疵点、划伤、擦伤等质量缺陷，严重影响金属幕墙的外观质量。

### 2. 原因分析

（1）铝塑复合板在加工制作、运输、贮存过程中，由于不认真细致或保管不善等，造成板的表面有波纹、鼓泡、疵点、划伤、擦伤等质量缺陷。

（2）铝塑复合板在安装操作过程中，安装工人没有认真按操作规程进行操作，致使铝塑复合板的表面有波纹、鼓泡、疵点、划伤、擦伤等质量缺陷。

### 3. 预防措施

（1）铝塑复合板的加工要在封闭、洁净的生产车间内进行，要有专用生产设备，设备要定期进行维修保养，并能满足加工精度的要求。

（2）铝塑复合板安装工人岗前进行技术培训，熟练掌握生产工艺，并严格按工艺要求进行操作。

（3）铝塑复合板的外观应非常整洁，涂层不得有漏涂或穿透涂层厚度的损伤。铝塑复合板正反面外得有塑料的外露。铝塑复合板装饰面不得有明显压痕、印痕和凹凸等残迹。

铝塑复合板的外观缺陷允许范围应符合表11-8中的要求。

表11-8 铝塑复合板外观缺陷允许范围

| 缺陷名称 | 缺陷规定 | 允许范围 | |
|---|---|---|---|
| | | 优等品 | 合格品 |
| 波纹 | — | 不允许 | 不明显 |
| 鼓泡 | ≤10mm | 不允许 | 不超过1个/m$^2$ |
| 疵点 | ≤300mm | 不超过3个/m$^2$ | 不超过10个/m$^2$ |
| 划伤 | 总长度 | 不允许 | ≤100mm$^2$/m$^2$ |
| 擦伤 | 总面积 | 不允许 | ≤300mm$^2$/m$^2$ |
| 划伤、擦伤总数 | | 不允许 | ≤4处 |
| 色差 | 色差不明显，若用仪器测量，$\Delta E \leqslant 2$ | | |

# 三、石材幕墙工程质量问题与防治措施

石材是一种脆性硬质材料，其具有自重比较大、抗拉和抗弯强度低等缺陷，在加工和安装过程中容易出现各种各样的质量问题，对这些质量问题应当采取预防和治理的措施，积极、及时加以解决，以确保石材幕墙质量符合设计和规范的有关要求。

## （一）石材板的加工制作不符合要求

### 1. 质量问题

石材幕墙所用的板材加工制作质量较差，出现板上用于安装的钻孔或开槽位置不准、数量不足、深度不够和槽壁太薄等质量缺陷，造成石材安装困难、接缝不均匀、不平整，不仅影响石材幕墙的装饰效果，而且还会造成石材板的破裂坠落。

### 2. 原因分析

（1）在石材板块加工前，没有认真领会设计图纸中的规定和标准，从而加工出的石材板块成品不符合设计要求。

（2）所用石材的加工人员技术水平比较差，在加工前既没有认真进行划线，也没有按规程进行操作。

（3）石材幕墙在安装组合的过程中，没有按照设计和有关规范进行施工，也会使石材板块不符合设计要求。

### 3. 预防措施

（1）幕墙所用石材板的加工制作应符合下列规定。

① 在石材板的连接部位应无崩边、暗裂等缺陷；其他部位的崩边不大于 5mm×20mm 或缺角不大于 20mm 时，可以修补合格后使用，但每层修补的石材板块数不应大于 2%，且宜用于立面不明显部位。

② 石材板的长度、宽度、厚度、直角、异型角、半圆弧形状、异形材及花纹图案造型、石材的外形尺寸等，均应符合设计要求。

③ 石材板外表面的色泽应符合设计要求，花纹图案应按预定的材料样板检查，石材板四周围不得有明显的色差。

④ 如果石材板块加工采用火烧石，应按材料样板检查火烧后的均匀程度，石材板块不得有暗裂、崩裂等质量缺陷。

⑤ 石材板块加工完毕后，应当进行编号存放。其编号应与设计图纸中的编号一致，以免出现混乱。

⑥ 石材板块的加工应按设计要求进行，既要结合其在安装中的组合形式，又要结合工程使用中的基本形式。

⑦ 石材板块加工的尺寸允许偏差，应当符合现行国家标准《天然花岗石建筑板材》(GB/T 18601—2009）中的要求。

（2）钢销式安装的石材板的加工应符合下列规定。

① 钢销的孔位应根据石材板的大小而定。孔位距离边缘不得小于石板厚度的 3 倍，也不得大于 180mm；钢销间距一般不宜大于 600mm；当边长不大于 1.0m 时，每边应设两个钢销，当边长大于 1.0m 时，应采用复合连接方式。

② 石材板钢销的孔深度宜为 22～33mm，孔的直径宜为 7mm 或 8mm，钢销直径宜为 5mm 或 6mm，钢销长度宜为 20～30mm。

③ 石材板钢销的孔附近，不得有损坏或崩裂现象，孔径内应光滑洁净。

（3）通槽式安装的石材板的加工应符合下列规定。

① 石材板的通槽宽度宜为6mm或7mm，不锈钢支撑板的厚度不宜小于3mm，铝合金支撑板的厚度不宜小于4mm。

② 石材板在开槽后，不得有损坏或崩裂现象，槽口应打磨成45°的倒角；槽内应光滑、洁净。

（4）短槽式安装的石材板的加工应符合下列规定。

① 每块石材板上下边应各开两个短平槽，短平槽的宽度不应小于100mm，在有效长度内槽深度不宜小于15mm；开槽宽度宜为6mm或7mm；不锈钢支撑板的厚度不宜小于3mm，铝合金支撑板的厚度不宜小于4mm。弧形槽有效长度不应小于80mm。

② 两短槽边距离石材板两端部的距离，不应小于石材板厚度的3倍，且不应小于85mm，也不应大于180mm。

③ 石材板在开槽后，不得有损坏或崩裂现象，槽口应打磨成45°的倒角；槽内应光滑、洁净。

（5）单元石材幕墙的加工组装应符合下列规定。

① 有防火要求的石材幕墙单元，应将石材板、防火板及防火材料按设计要求组装在铝合金框架上。

② 有可视部分的混合幕墙单元，应将玻璃板、石材板、防火板及防火材料按设计要求组装在铝合金框架上。

③ 幕墙单元内石材板之间可采用铝合金T形连接件进行连接，T形连接件的厚度，应根据石材板的尺寸及重量经计算后确定，且最小厚度不应小于4mm。

（6）幕墙单元内，边部石材板与金属框架的连接，可采用铝合金L形连接件，其厚度应根据石材板尺寸及重量经计算后确定，且其最小厚度不应小于4mm。

（7）石材经切割或开槽等工序后，均应将加工产生的石屑用水冲洗干净，石材板与不锈钢挂件之间，应当用环氧树脂型石材专用结构胶黏剂进行黏结。

（8）已经加工好的石材板，应存放于通风良好的仓库内，其底部应用枕木垫起来，防止底端产生污染，石材板立放的角度不应小于85°。

## （二）石材幕墙工程质量不符合要求

### 1. 质量问题

在石材幕墙质量检查中，其施工质量不符合设计和规范的要求，不仅其装饰效果比较差，而且其使用功能达不到规定，甚至有的还存在着安全隐患。由于石材存在着明显的缺点，所以对石材幕墙的质量问题应引起足够重视。

### 2. 原因分析

出现石材幕墙质量不合格的原因是多方面的，主要有：材料不符合要求、施工未按规范操作、监理人员监督不力等。此处详细分析的是材料不符合要求，这是石材幕墙质量不合格的首要原因。

（1）石材幕墙所选用的骨架材料的型号、材质等方面，均不符合设计要求，特别是当用料断面偏小时，杆件会发生扭曲变形现象，使幕墙存在着安全隐患。

（2）石材幕墙所选用的锚栓无产品合格证，也无物理力学性能测试报告，用于幕墙工程后成为不放心部件，一旦锚栓出现断裂问题，后果不堪设想。

(3) 石材加工尺寸与现场实际尺寸不符，会造成以下两个方面的问题：①石材板块根本无法与预埋件进行连接，造成费工、费时、费资金；②勉强进行连接，在施工现场必须对石材进行加工，必然严重影响幕墙的施工进度。

(4) 石材幕墙所选用的石材板块，未经严格的挑选和质量验收，结果造成石材色差比较大，颜色不均匀，严重影响石材幕墙的装饰效果。

### 3. 预防措施

针对以上分析的材料不符合要求的原因，在一般情况下可以采取如下防治措施。

① 石材幕墙的骨架结构，必须经具有相应资质等级的设计单位进行设计，有关部门一定按设计要求选购合格的产品，这是确保石材幕墙质量的根本。

② 设计中要明确提出对锚栓物理力学性能的要求，要选择正规厂家生产的锚栓产品，施工单位严格采购进货的检测和验货手续，严把锚栓的质量关。

③ 加强施工现场的统一测量、复核和放线，提高测量放线的精度。石材板块在加工前要绘制放样加工图，并严格按石材板块放样加工图进行加工。

④ 要加强到产地现场选购石材的工作，不能单凭小块石材样板而确定所用石材品种。在石材板块加工后要进行试铺配色，不要选用含氧化铁较多的石材品种。

## （三）骨架安装不合格

### 1. 质量问题

石材幕墙施工完毕后，经质量检查发现骨架安装不合格，主要表现在骨架竖料的垂直度、横料的水平度偏差较大。

### 2. 原因分析

(1) 在进行骨架测量中，由于测量仪器的偏差较大，测量放线的精度不高，就会造成骨架竖料的垂直度、横料的水平度偏差不符合规范要求。

(2) 在骨架安装的施工过程中，施工人员未认真执行自检和互检制度，安装精度不能保证，从而造成骨架竖料的垂直度、横料的水平度偏差较大。

### 3. 预防措施

(1) 在进行骨架测量过程中，应当选用测量精度符合要求的仪器，以便提高骨架测量放线的精度。

(2) 为了确保测量的精度要求，对使用的测量仪器要定期进行送检，保证测量的结果符合石材幕墙安装的要求。

(3) 在骨架安装的施工过程中，施工人员一定要认真执行自检和互检制度，这是确保骨架安装质量的基础。

## （四）构件锚固不牢靠

### 1. 质量问题

在安装石材饰面完毕后，经质量检查发现板块锚固不牢靠，用手搬动板块就有摇晃的感觉，使人产生很不安全的心理。

## 2. 原因分析

（1）在进行锚栓钻孔时，未按照锚栓产品说明书要求进行施工，钻出的锚栓孔径过大，锚栓锚固牢靠比较困难。

（2）挂件尺寸与土建施工的误差不相适应，则会造成挂件受力不均匀，从而使个别构件锚固不牢靠。

（3）挂件与石材板块之间的垫片太厚，必然会降低锚栓的承载拉力，承载拉力较小时，则使构件锚固不牢靠。

## 3. 预防措施

（1）在进行锚栓钻孔时，必须按锚栓产品说明书要求进行施工。钻孔的孔径、孔深均应符合所用锚栓的要求。不能随意扩孔，不能钻孔过深。

（2）挂件尺寸要能适应土建工程的误差，在进行挂件锚固前，就应当测量土建工程的误差，并根据此误差进行挂件的布置。

（3）确定挂件与石材板块之间的垫片厚度，特别不应使垫片太厚。对于重要的石材幕墙工程，其垫片的厚度应通过试验确定。

# （五）石材缺棱和掉角

## 1. 质量问题

石材幕墙施工完毕后，经检查发现有些板块出现缺棱掉角，这种质量缺陷不仅对装饰效果有严重影响，而且在缺棱掉角处往往会发生雨水渗漏和空气渗透，会对幕墙的内部产生腐蚀，使石材幕墙存在着安全隐患。

## 2. 原因分析

（1）石材是一种坚硬而质脆的建筑装饰材料，其抗压强度很高，一般为100～300MPa，但抗弯强度很低，一般为10～25MPa，仅为抗压强度的1/10～1/12。因此，在加工和安装中，很容易因碰撞而缺棱掉角。

（2）由于石材抗压强度很低，如果在运输的过程中，石板的支点不当、道路不平、车速太快时，石板则会产生断裂、缺棱、掉角等。

## 3. 预防措施

（1）根据石材幕墙的实际情况，尽量选用脆性较低的石材，以避免因石材太脆而产生缺棱掉角。

（2）石材的加工和运输尽量采用机具和工具，以解决人工在加工和搬运中，因石板过重造成破损棱角的问题。

（3）在石材板块的运输过程中，要选用适宜的运输工具、行驶路线，掌握合适的车速和启停方式，防止因颠簸和振动而损伤石材棱角。

## （六）幕墙表面不平整

### 1. 质量问题

石材幕墙安装完毕后，经质量检查发现板面不平整，表面平整度允许偏差超过现行国家标准《建筑装饰装修工程质量验收标准》（GB 50210—2018）中的规定，严重影响幕墙的装饰效果。

### 2. 原因分析

（1）在石材板块安装之前，对板材的“挂件”未进行认真的测量复核，结果造成挂件不在同一平面上，在安装石材板块后必然造成表面不平整。

（2）工程实践证明，幕墙表面不平整的主要原因，多数是由于测量误差、加工误差和安装误差积累所致。

### 3. 预防措施

（1）在石材板块正式安装前，一定要对板材挂件进行测量复核，按照控制线将板材挂件调至在同一平面上，然后再安装石材板块。

（2）在石材板块安装施工中，要特别注意随时将测量误差、加工误差和安装误差消除，不可使这 3 种误差形成积累。

## （七）幕墙表面有油污

### 1. 质量问题

幕墙表面被油漆、密封胶污染，这是石材幕墙最常见的质量缺陷。这种质量问题虽然对幕墙的安全性无影响，但严重影响幕墙表面的美观，因此，在幕墙施工中要加以注意，施工完毕后要加以清理。

### 2. 原因分析

（1）石材幕墙所选用的耐候胶质量不符合要求，使用寿命较短，耐候胶形成流淌而污染幕墙表面。

（2）在上部进行施工时，对下部的幕墙没有加以保护，下落的东西造成污染，施工完成后又未进行清理和擦拭。

（3）胶缝的宽度或深度不足，注胶施工时操作不仔细，或者胶液滴落在板材表面上，或者对密封胶封闭不严密而污染板面。

### 3. 预防措施

（1）石材幕墙中所选用的耐候胶，一般应用硅酮耐候胶。硅酮耐候胶应当柔软、弹性好、使用寿命长，其技术指标应符合现行国家标准《石材用建筑密封胶》（GB/T 23261—2009）中的规定。

（2）在进行石材幕墙上部施工时，对其下部已安装好的幕墙，必须采取措施（如覆盖）加以保护，尽量不产生对下部产生污染。如果一旦出现污染，应及时进行清理。

（3）石材板块之间的胶缝宽度和深度不能太小，在注胶施工时要精心操作，既不要使溢出的胶污染板面，也不要漏封。

（4）石材幕墙安装完毕后，要进行全面地检查，对于污染的板面，要用清洁剂将幕墙表面擦拭干净，以清洁的表面进行工程验收。

### （八）石板安装不合格

#### 1. 质量问题

在进行幕墙安装施工时，由于石材板块的安装不符合设计和现行施工规范的要求，从而造成石材板块破损严重质量缺陷，使幕墙存在极大的安全隐患。

#### 2. 原因分析

（1）刚性的不锈钢连接件直接同脆性的石材板接触，当受到较大外力的影响时则会造成与不锈钢连接件接触部位的石板破损。

（2）在石材板块安装的过程中，为了控制水平缝隙，常在上下石板间用硬质垫板加以调整，当施工完毕后未将垫板及时撤除，造成上层石板的荷载通过垫板传递给下层石板，当超过石板固有的强度时，则会造成石板的破损。

（3）如果安装石材板块的连接件出现较大松动，或钢销直接顶到下层石板上，将上层石板的重量传递给下层石材板块，当受到风荷载、温度应力或主体结构变动时，也会造成石板的损坏。

#### 3. 预防措施

（1）安装石板的不锈钢连接件与石板之间应用弹性材料进行隔离。石板槽孔间的孔隙应用弹性材料加以填充，不得使用硬性材料填充。

（2）安装石板的连接件应当能独自承受一层石板的荷载，避免采用既托上层石板，同时又勾住下层石板的构造，以免上下层石板荷载的传递。当采用上述构造时，安装连接件弯钩或销子的槽孔应比弯钩、销子略宽和深，以免上层石板的荷载通过弯钩、销子顶压在下层石板的槽、孔底上，而将荷载传递给下层石板。

（3）在幕墙的石板安装完毕后，应将调整接缝水平的硬质垫片撤除。同时应组织有关人员进行认真质量检查，不符合设计要求的及时纠正。

## 第八节　裱糊与软包工程质量问题与防治

裱糊与软包工程均处于建筑室内的表面，对于室内装饰效果装饰效果起着决定性的作用，因此，人们非常重视裱糊与软包工程技术进步和施工质量。随着科学技术的不断发展，当代高档裱糊与软包工程的材料新品种越来越多，如荧光壁纸、金属壁纸、植绒壁纸、藤皮壁纸、麻质壁纸、草丝壁纸、纱线墙布、珍贵微薄木墙布、瓷砖造型墙布等，具有装饰性效果好、多功能性、施工方便、维修简便、豪华富丽、无毒无害、使用寿命长等特点。但是，在裱糊与软包工程施工和使用的过程中，也会出现这样或那样的质量问题，这样就要求设计和施工者积极加以预防、减少或避免出现、正确进行处理。

# 一、裱糊工程质量问题与防治措施

工程实践证明，裱糊工程施工质量的好坏影响因素很多，主要是操作工人的认真态度和技术熟练程度，其他还有基层、环境以及壁纸、墙布、胶黏剂材质等因素，因此，在施工过程中要把握好每一个环节，才能达到国家或行业规定的裱糊质量。

## （一）裱糊工程的基层处理不合格

### 1. 质量问题

裱糊工程的基层处理质量如何直接影响其整体质量。由于裱糊壁纸或墙布的基层处理不符合设计要求，所以会使裱糊出现污染变色、空鼓、翘边、剥落、对花不齐、起皱、拼缝不严等质量弊病，这些质量问题不仅严重影响裱糊工程的装饰效果，而且也会影响裱糊工程的使用功能和使用年限。

### 2. 原因分析

（1）施工人员对裱糊工程的基层处理不重视　未按照设计和规范规定对基层进行认真处理，有的甚至不处理就进行裱糊操作，必然造成裱糊工程的质量不合格。

（2）未按照不同材料的基层进行处理或处理不合格　如新建筑物混凝土或砂浆墙面的碱性未清除，表面的孔隙未封堵密实；旧混凝土或砂浆墙面的装饰层、灰尘未清除，空鼓、裂缝和脱落等质量缺陷未修补；木质基层面上的钉眼、接缝未用腻子抹平等。

### 3. 预防措施

（1）满足裱糊工程基层处理的基本要求　裱糊壁纸的基层，要求质地坚固密实，表面平整光洁，无疏松、粉化，无孔洞、麻点和飞刺缺陷，表面颜色基本一致。混凝土和砂浆基层的含水率不应大于8%，木质基层的含水率不应大于12%。

（2）新建筑物混凝土或砂浆基层的处理　在进行正式裱糊前，应将基体或基层表面的污垢、尘土和杂质清除干净，对于泛碱的部位，应采用9%的稀醋酸溶液进行中和，并用清水冲洗后晾干，达到规定的含水率。基层上不得有飞刺、麻点、砂粒和裂缝，基层的阴阳角处应顺直。

在混凝土或砂浆基层清扫干净后，满刮一遍腻子并砂纸磨平。如基层有气孔、麻点或凹凸不平时，应增加满刮腻子和砂纸打磨的遍数。腻子应采用乳胶腻子、乳胶石膏腻子或油性石膏腻子等强度较高的腻子，不要用纤维素大白等强度较低、遇湿溶解膨胀剥落的腻子。在满刮腻子磨平并干燥后，应喷、刷一遍108胶水溶液或其他材料做汁浆处理。

（3）旧混凝土或砂浆基层的处理　对于旧混凝土或砂浆基层，在正式裱糊前，应用相同的砂浆修补墙面脱灰、孔洞、裂缝等较大的质量缺陷。清理干净基层面原有的油漆、污点和飞刺等，对原有的溶剂涂料墙面应进行打毛处理；对原有的塑料墙纸，用带齿状的刮刀将表面的塑料刮掉，再用腻子找平麻点、凹凸不平、接缝和裂缝，最后用掺加胶黏剂的白水泥在墙面上罩一层，干燥后用砂纸打磨平整。

（4）木质基层和石膏板基层的处理　对于木质基层和石膏板等基层，应先将基层的接缝、钉眼等用腻子填补平整；木质基层再用乳胶腻子满刮一遍，干燥后用砂浆打磨平整。如果基层表面有色差或油脂渗出，也应根据情况采取措施进行处理。

纸面石膏板基层应用油性腻子局部找平，如果质量要求较高时，也应满刮腻子并打磨平整。无纸面石膏板基层应刮涂一遍乳胶石膏腻子，干燥后打磨平整即可。

（5）不同基层材料相接处的处理　对于不同基层材料的相接处，一定应根据不同材料采取适当措施进行处理。如石膏板与木质基层相接处，应用穿孔纸带进行粘贴，在处理好的基层表面再喷刷一遍酚醛清漆：汽油＝1：3 的汁浆。

## （二）壁纸（墙布）出现翘边

### 1. 质量问题

裱糊的壁纸（墙布）边缘由于各种原因出现脱胶，粘贴好的壁纸（墙布）离开基层而卷翘起来，使接缝处露出基层，严重影响裱糊工程的美观和使用。工程实践证明，壁纸（墙布）出现边缘翘曲也是裱糊工程最常出现的质量问题。

### 2. 原因分析

（1）基层未进行认真清理，表面上有灰尘、油污、隔离剂等，或表面过于粗糙、干燥或潮湿，造成胶液与基层黏结不牢，使壁纸（墙布）出现翘边。

（2）胶黏剂的胶性较小，不能使壁纸（墙布）的边沿粘贴牢固，特别是在阴角处，第二幅壁纸（墙布）粘贴在第一幅壁纸（墙布）上，更容易出现边缘翘曲现象。

（3）在阳角处应超过阳角的壁纸（墙布）长度不得少于 20mm，如果长度不足难以克服壁纸（墙布）的表面张力，很容易出现翘边。

### 3. 预防措施

（1）基层处理必须符合裱糊工程的要求。对于基层表面上的灰尘、油污、隔离剂等，必须清除干净；混凝土或抹灰基层的含水率不得超过 8%，木材基层含水率不得大于 12%；当基层表面有凸凹不平时，必须用腻子刮涂平整；基层表面如果松散、粗糙和干燥，必须涂刷（喷）一道胶液，底胶不宜太厚，并且要均匀一致。

（2）根据不同种类的壁纸（墙布），应当选择不同的黏结胶液。壁纸和胶黏剂的挥发性、有机化合物含量及甲醛释放量，均应当符合现行国家标准《民用建筑工程室内环境污染控制规范》（GB 50325—2010）和国家市场监督管理总局发布的《室内装饰装修材料有害物质限量十个国家强制性标准》中的规定。一般可选用与壁纸（墙布）配套的胶黏剂。在壁纸（墙布）施工前，应进行样品试贴，观察粘贴的效果，选择合适的胶液。

（3）壁纸（墙布）裱糊刷胶黏剂的胶液，必须根据实际情况而定。一般可以只在壁纸（墙布）背面刷胶液，如果基层表面比较干燥，应在壁纸（墙布）背面和基层表面同时刷黏结胶液。涂刷的胶液要达到薄而均匀。裱糊工程实践证明，已涂刷胶液的壁纸（墙布）待略有表干时再上墙，裱糊效果会更好。

（4）在壁纸（墙布）粘贴上墙后，应特别注意其垂直度和接缝密合，用橡胶刮板或钢皮刮板、胶辊、木辊等工具由上至下进行仔细抹刮，垂直拼缝处要按照横向外推的顺序将壁纸（墙布）刮平整，将多余的黏结胶液挤压出来，并及时用湿毛巾或棉丝将挤出的胶液擦干净。特别要注意在滚压接缝边缘时，不要用力过大，防止把胶液挤压干结而无黏结性。擦拭挤压出来的胶液的布不可过于潮湿，避免布中的水由纸边渗入基层冲淡胶液，从而降低粘贴强度，边缘的壁纸或墙布粘贴不牢。

（5）在阴角壁纸（墙布）搭接缝时，应先裱糊压在里面的壁纸（墙布），再用黏性较大的胶液粘贴面层壁纸（墙布）。搭接面应根据阴角的垂直度而定，搭接宽度一般不得小于 2～3mm，如图 11-18 所示，壁纸（墙布）的边应搭在阴角处，并且保持垂直无毛边。

（6）严格禁止在阳角处进行接缝，壁纸（墙布）超过阳角的长度应不小于 20mm，如图 11-19 所示，包角壁纸（墙布）必须使用黏结性较强的胶液，粘贴一定要贴紧压实，不得出现空鼓和气泡现象，壁纸（墙布）上下必须垂直，不得产生倾斜。有花饰的壁纸（墙布）更应当注意花纹与阳角直线的关系。

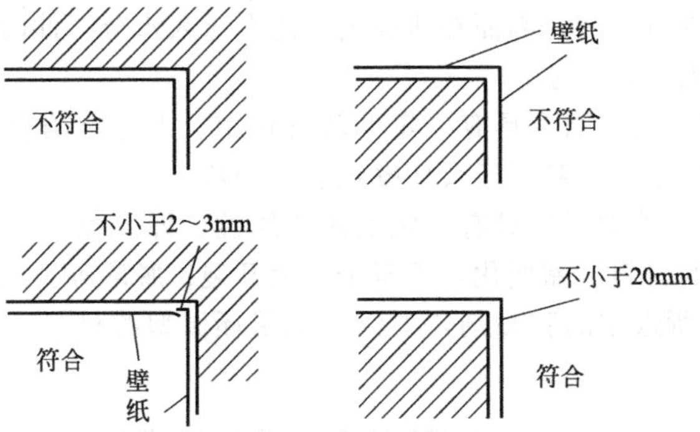


**图 11-18 阴角与阳角处壁纸的搭接**

## （三）选用的胶黏剂质量不符合要求

### 1. 质量问题

胶黏剂是裱糊工程施工中不得缺少的重要材料，实践证明，所选用的胶黏剂质量如何，不仅直接关系到裱糊的材料是否牢固和耐久，而且也关系到裱糊工程的使用寿命和人体的健康。如果选用的胶黏剂质量不合格，达不到要求的黏结强度、耐水、防潮、杀菌、防霉、耐高温、环保等各方面的要求，则裱糊的材料将会黏结不牢，出现起泡、剥落、变色、长霉菌等质量缺陷，严重的会损害居住者的身体健康。

### 2. 原因分析

（1）选用的胶黏剂质量不符合设计和有关标准的要求，如果黏结强度较低，则裱糊的材料很容易出现脱落，严重影响裱糊工程的使用寿命。

（2）选用的胶黏剂不符合绿色环保的要求，其中甲醛、苯、氨等有害物质的含量，不符合现行国家标准《住宅装饰装修工程施工规范》（GB 50327—2001）和《民用建筑工程室内环境污染控制规范》（GB 0325—2010）中的有关规定。

（3）选用的胶黏剂其耐水性、耐胀缩性、防霉性等不符合设计和现行标准的要求，导致裱糊材料出现剥落、变色等质量缺陷。

### 3. 预防措施

根据裱糊工程的实践经验，对于大面积裱糊纸基塑料壁纸使用的胶黏剂，应当满足以下几个方面的要求。

① 严格按照现行国家标准《住宅装饰装修工程施工规范》（GB 50327—2001）和《民用建筑工程室内环境污染控制规范》（GB 50325—2010）中的有关规定，选用室内用水溶性的胶黏剂，不得选用溶剂性的胶黏剂，这是现代建筑绿色环保和人体健康的基本要求。

② 裱糊工程施工中所选用的胶黏剂，对墙面和壁纸背面都具有较高的黏结强度，使裱糊的材料能够牢固地粘贴于基层上，以确保粘贴质量和使用寿命。

③ 裱糊工程施工中所选用的胶黏剂，应当具有一定的耐水性。在裱糊工程施工时，基层不一定是完全干燥的，所选用的胶黏剂应在一定含水情况下，牢固并顺利地将材料粘贴在基层上。

基层中所含的水分，可通过壁纸或拼缝处逐渐向外蒸发；在裱糊饰面使用过程中为了保持清洁，也需要对其表面进行湿擦，因而在拼缝处可能会渗入水分，此时胶黏剂应保持相当的黏结力，而不致产生壁纸剥落等现象。

④ 裱糊工程所选用的胶黏剂应具有一定的防霉作用。因为霉菌会在基层和壁纸之间产生一个隔离层，严重影响黏结力，甚至还会使壁纸表面变色。

⑤ 裱糊工程所选用的胶黏剂应具有一定的耐胀缩性。即胶黏剂应能适应由于阳光、温度和湿度变化等因素引起的材料胀缩变化，不至于产生开裂、脱落等情况。

⑥ 裱糊工程施工中所选用的胶黏剂，不仅应采用环保型的材料，而且其技术指标应当符合表 11-9 中的要求。

**表 11-9　裱糊所选用的胶黏剂技术指标**

| 项次 | 项目 | | 第Ⅰ类 | | 第Ⅱ类 | |
|---|---|---|---|---|---|---|
| | | | 优等品 | 合格品 | 优等品 | 合格品 |
| 1 | 成品胶黏剂的外观 | | 均匀无团块胶液 | | | |
| 2 | pH 值 | | 6～8 | | | |
| 3 | 适用期 | | 不变质(不腐败、不变稀、不长霉) | | | |
| 4 | 晾置时间/min | | 15 | | 10 | |
| 5 | 湿黏性 | 标记线距离/mm | 200 | 150 | 300 | 250 |
| | | 20s 移动距离 mm | 5 | | | |
| 6 | 干黏性 | 纸破损率(%) | 100 | | | |
| 7 | 滑动性/mm | | ≤2 | | ≤5 | |
| 8 | 防霉性等级(仅测防霉性产品) | | 1 | | 0 | 1 |

## (四) 壁纸或墙布的接缝、花饰不垂直

### 1. 质量问题

相邻两张壁纸或墙布的接缝不垂直，阳角和阴角处的壁纸或墙布不垂直；或者壁纸或墙布的接缝虽然垂直，但花纹不与纸边平行，造成花饰不垂直。以上这些不垂直缺陷，严重影响裱糊的外表美观。

## 2. 原因分析

（1）在壁纸进行粘贴之前未做垂线控制线，致使粘贴第一幅壁纸或墙布时就产生歪斜；或者操作中掌握不准确，依次继续裱糊多幅后，偏斜越来越严重，特别是有花饰的壁纸（墙布）更为明显。

（2）由于墙壁的阴阳角抹灰的垂直偏差较大，在裱糊前又未加纠正，造成壁纸或墙布裱糊不平整，并直接影响其接缝和花纹的垂直。

（3）在选择壁纸或墙布时质量控制不严格，花饰与壁纸或墙布边部不平行，又未经纠正处理就裱糊，结果造成花饰不垂直。

## 3. 预防措施

（1）根据阴角处的搭接缝的里外关系，决定先粘贴那一面墙时，在贴第一幅壁纸或墙布前，应先在墙面上弹一条垂线，裱糊第一幅壁纸或墙布时，其纸边必须紧靠此线，作为以后裱糊其他壁纸或墙布的依据。

（2）第二幅与第一幅壁纸或墙布采用接缝法拼接时，应注意将壁纸或墙布放在一个平面上，根据尺寸大小、规格要求、花饰对称和花纹衔接等进行裁割，在裱糊时将其对接起来。采用搭接缝法拼接时，对于无花纹的壁纸或墙布，应注意使壁纸或墙布之间的拼缝重叠 2～3cm；对于有花饰的壁纸或墙布，可使两幅壁纸或墙布的花纹重叠，待花纹对准确后，在准备拼缝部位用钢直尺将重叠处压实，用锋利的刀由上而下裁剪下来，将切去的多余壁纸或墙布撕掉。

（3）凡是采用裱糊壁纸或墙布进行装饰的墙面，其阴角与阳角处必须垂直、平整、无凸凹。在正式裱糊前先进行墙面质量检查，对不符合裱糊施工要求的应认真进行修整，直至完全符合要求才可裱糊操作。

（4）当采用接缝法裱糊花饰壁纸或墙布时，必须严格检查壁纸或墙布的花饰与其两边缘是否平行，如果不平行，应将其偏斜的部分裁剪（割）加以纠正，待完全平行后再裱糊。

（5）裱糊壁纸或墙布的每一个墙面上，应当用仪器弹出垂直线，作为裱糊的施工控制线，防止将壁纸或墙布贴斜。在进行粘贴的过程中，最好是粘贴 2～3 幅后，就检查一下接缝的垂直度，以便及时纠正出现的偏差。

# （五）壁纸或墙布的花饰不对称

## 1. 质量问题

具有花饰的壁纸或墙布因装饰性良好，是裱糊工程施工中最常选用的材料。但是在其裱糊后，如果不细心往往会出现两幅壁纸或墙布的正反面或阴阳面的花饰不对称；或者在门窗口的两边、室内对称的柱子、两面对称的墙等处，裱糊的壁纸或墙布花饰不对称，如图 11-19 所示。

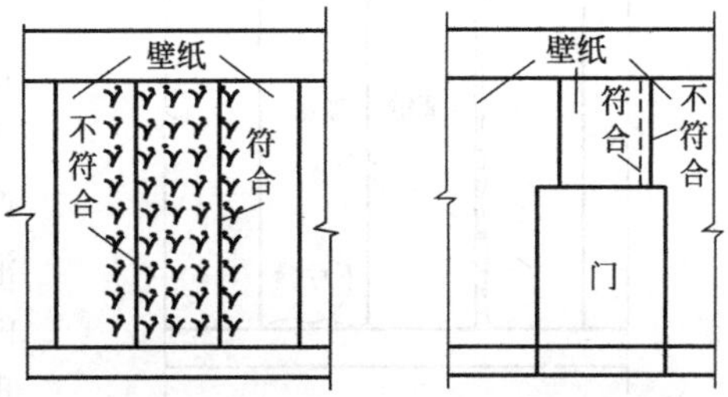

图 11-19 花饰或接缝不对称现象

## 2. 原因分析

（1）由于基层的表面不平整，孔隙比较多，胶黏剂涂刷后被基层过多地吸收，使壁纸（墙布）滑动性较差，不易将花对齐，且容易引起壁纸（墙布）延伸、变形和起皱，致使对花困难，不易达到对齐、对称要求，严重影响壁纸或墙布的观感质量，甚至显得壁纸或墙布上的花饰很别扭。

（2）对于需要裱糊壁纸或墙布的墙面没有根据工程实际进行仔细测量和规划，也没有根据壁纸或墙布的规格尺寸、花饰特点等进行设计，没有区分无花饰和有花饰壁纸或墙布的特点，总之，在准备工作很不充分的情况下，便开始盲目操作，很容易造成壁纸或墙布的花饰不对称而影响美观。

（3）在同一幅装饰壁纸或墙布上，往往印有正花饰与反花饰、阳花饰与阴花饰，在裱糊施工时由于对花饰未仔细进行辨认，造成相邻壁纸或墙布花饰相同。

### 3. 预防措施

（1）对于需要准备裱糊壁纸或墙布的墙面，首先应当认真观察、确定有无需要对称的部位，如果有需要对称的部位，应当根据裱糊墙面尺寸和壁纸或墙布的规格，仔细设计排列壁纸或墙布的花饰，使粘贴的壁纸（墙布）达到花饰对称要求。

（2）在壁纸或墙布按照设计要求裁剪（割）后，应准确弹出对称部位的中心线和控制线，先粘贴对称部位的壁纸或墙布，并将搭接缝挤到阴角处。如果房间里只有中间一个窗户，为了使壁纸或墙布的花饰对称，在裱糊前应在窗口处弹出中心线，以便以中心线为准向两边分贴壁纸或墙布。

如果窗户不在中间，为保证窗间墙的阳角花饰对称，也应先弹出中心线，由中心线向两侧进行粘贴，使窗两边的壁纸（墙布）花饰都能保持对称。

（3）当在同一幅壁纸或墙布上印有正花饰与反花饰、阴花饰与阳花饰时，在裱糊粘贴时一定要仔细分辨，最好采用搭接缝法进行裱糊，以避免由于花饰略有差别而误贴。如果采用接缝法施工，已粘贴的壁纸或墙布边部花饰如为正花饰，必须将第二幅壁纸或墙布边部的正花饰裁剪（割）掉，然后对接起来才能对称。

## （六）壁纸（墙布）间出现离缝或亏纸

### 1. 质量问题

两幅相邻壁纸（墙布）间的连接缝隙超过施工规范允许范围称为离缝，即相邻壁纸（墙布）接缝间隙较大；壁纸（墙布）的上口与挂镜线（无挂镜线时，为弹的水平线），下口与踢脚板接缝不严密，显露出基底的部分称为“亏纸”，如图 11-20 所示。

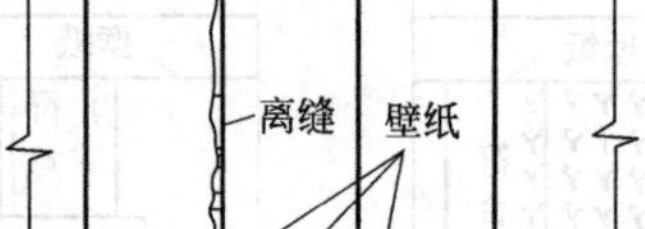

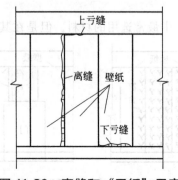


图 11-20 离缝和“亏纸”示意

### 2. 原因分析

（1）第一幅壁纸或墙布按照垂直控制线粘贴后，在粘贴第二幅壁纸或墙布时，由于粗心大意、操作不当，尚未与第一幅连接准确就压实，结果出现偏斜而产生离缝；或者虽然连接准确，但在粘贴滚压底层胶液时，由于推力过大而使壁纸（墙布）伸长，在干燥的过程中又产生回缩，从而造成离缝或“亏纸”现象。

（2）未严格按照量好的尺寸裁割壁纸或墙布，尤其是裁剪（割）尺寸小于实际尺寸时，必然造成离缝或亏纸；或者在裁剪（割）时是多次变换刀刃方向，再加上对壁纸或墙布按压不紧，使壁纸或墙布忽而膨胀和亏欠，待壁纸或墙布裱糊后，亏损部分必然形成离缝或“亏纸”，从而严重影响壁纸或墙布的粘贴质量。

### 3. 预防措施

（1）在裁割壁纸或墙布时，必须严格按测量或设计的尺寸进行，在下刀前应复核尺寸是否有出入。当钢直尺压紧后不得再随意移动，要用锋利的刀刃贴紧钢尺一气呵成，中间尽量不出现停顿或变换持刀角度。在裁剪（割）中用力要均匀、位置要准确，尤其是裁剪已粘贴在墙上的壁纸或墙布时，千万不可用力过猛，防止将墙面划出深沟，使刀刃受损，影响再次裁割的质量。

（2）为防止出现“亏纸”现象，应根据壁纸或墙布的尺寸，先以粘贴的上口为准，将壁纸或墙布裁割准确，下口可比实量墙面粘贴尺寸略长 10～20mm。当壁纸或墙布粘贴后，在踢脚板上口压上钢直尺，裁割掉多余的壁纸或墙布。如果壁纸或墙布上带有花饰，必须将上口的花饰统一成一种形状，然后特别细心地进行裁割，从而使壁纸或墙布上的花饰完全一样，以确保装饰效果。

（3）在壁纸或墙布正式粘贴前，首先要进行“焖水”，使其受潮后横向伸胀，以保证粘贴时尺寸的准确。工程实践和材料试验证明，一般 80cm 宽的壁纸或墙布经过浸水处理后，一般约膨胀出 10mm。

（4）在粘贴第二幅壁纸或墙布时，必须与第一幅壁纸或墙布靠紧，力争它们之间无缝隙，在压实壁纸或墙布底面的胶液时，应当由接缝处横向往外赶压胶液和气泡，千万不可斜向来回赶压，或者由两侧向中间推挤，要保证使壁纸或墙布对好接缝后不再出现移动。如果出现移动时，要及时进行纠正，压实回到原位置。

（5）在裁割壁纸或墙布时，应采取措施保证边直而光洁，不得出现凸出和毛边，裁割后的壁纸要卷起来平放，不得进行立放。采用直接对花的壁纸或墙布，在对花处不可裁割。

## （七）壁纸（墙布）出现空鼓现象

### 1. 质量问题

壁纸（墙布）粘贴完毕后，发现表面有凸起的小块，用手进行按压时，有弹性和与基层附着不牢的感觉，敲击时有鼓音。这种质量缺陷不仅使表面不平整，而且在外界因素的作用下容易产生破裂，从而降低饰面的耐久性。

### 2. 原因分析

（1）在粘贴壁纸或墙布时，由对壁纸或墙布的压实方法不得当，特别是往返挤压胶液次数过多，使胶液干结后失去黏结作用；或压实力量太小，多余的胶液不能挤出，仍然存留在壁纸或墙布的内部，长期不能干结，形成胶囊状；或没有将壁纸或墙布内部的空气赶出而形成空鼓。

（2）在基层或壁纸或墙布底面涂刷胶液时，或者涂到厚薄不均匀，或者有的地方漏刷，都会出现因黏结不牢而导致空鼓。

（3）基层处理不符合裱糊的要求。有的基层过于潮湿，混凝土基层含水率超过 8%，木材基层含水率超过 12%；或基层表面上的灰尘、油污、隔离剂等未清除干净，大大影响了基层与壁纸或墙布的黏结强度。

（4）石膏板基层的表面在粘贴壁纸或墙布后，由于基层纸基受潮而出现起泡或脱落，从而引起壁纸或墙布的空鼓。

（5）石灰或其他较松软的基层，由于强度较低，出现裂纹空鼓，或孔洞、凹陷处未用腻子嵌实找平、填补结实，也会在粘贴壁纸或墙布后出现空鼓。

### 3. 预防措施

（1）严格按照壁纸或墙布规定的粘贴工艺进行操作，必须用橡胶刮板和橡胶滚子由里向外进行滚压，这样可将壁纸或墙布下面的气泡和多余的胶液赶出，使壁纸或墙布粘贴比较平整和牢固，决不允许无次序地刮涂和乱压。

（2）在旧墙面上裱糊时，首先应认真检查墙面的状况，对于已经疏松的旧装饰层，必须清除修补，并涂刷一遍界面剂。

（3）裱糊壁纸或墙布的基层含水率必须严格控制，混凝土和砂浆基层的含水率不得大于8%，木质基层的含水率不得大于12%。基层有孔洞或凹陷处，必须用石膏腻子或大白粉、滑石粉、乳胶腻子等刮涂平整，油污、尘土必须清除干净。

（4）如果石膏板表面纸基上出现起泡和脱落，必须彻底铲除干净，重新修补好纸基，然后再粘贴壁纸或墙布。

（5）涂刷的胶液，必须做到厚薄均匀一致，千万不可出现漏刷。为了防止胶液涂刷不均匀，在涂刷胶液后，可用橡胶刮板满刮一遍，并把多余的胶液回收再用。

## （八）壁纸或墙布的色泽不一致

### 1. 质量问题

壁纸或墙布的色泽是饰面效果如何的主要标志，因此同一饰面上壁纸或墙布色泽一致性是非常重要的质量问题。表现在壁纸或墙布的色泽不一致主要有：粘贴同一墙面上的壁纸或墙布表面有花斑，色相不统一；或者新粘贴的与原壁纸或墙布颜色不一致。

### 2. 原因分析

（1）在壁纸或墙布粘贴前未对产品质量进行认真检查，所选用的壁纸或墙布质量不合格，花纹色泽不一致，在露天的使用条件下，颜色也易产生褪色。

（2）基层比较潮湿会使壁纸或墙布发生变色，或经日光曝晒也会使壁纸或墙布表面颜色发白变浅。

（3）如果壁纸或墙布颜色较浅、厚度较薄，而混凝土或水泥砂浆基层的颜色较深时，较深的颜色会映透壁纸或墙布面层而产生色泽不一致。

### 3. 预防措施

（1）精心选择质量优良、不易褪色的壁纸或墙布材料，不得使用残次品。对于重要的工程，对所选用的壁纸或墙布要进行试验，合格后才能用于工程。

（2）当基层的颜色较深时（如混凝土的深灰色等），应选用较厚或颜色较深、花饰较大的壁纸（墙布），不能选用较薄或颜色较浅的壁纸或墙布。

（3）必须严格控制粘贴壁纸或墙布基层的含水率，混凝土和砂浆抹灰层的含水率不得大于8%，木质基层的含水率不得大于12%，否则不能进行粘贴壁纸或墙布。

(4) 尽量避免壁纸或墙布在强烈的阳光下直接照射，必要时采取一定的遮盖措施；壁纸或墙布应避免在有害气体的环境中储存和粘贴施工。

(5) 在粘贴壁纸或墙布之前，要对其进行认真检查，将那些已出现褪色或颜色不同的壁纸或墙布裁掉，保持壁纸或墙布色相一致。

## （九）相邻壁纸（墙布）出现搭缝

### 1. 质量问题

在壁纸或墙布粘贴完毕后，发现相邻的两幅壁纸或墙布有重叠凸起现象，不仅使壁纸或墙布的饰面不平整，而且使花饰的表面不美观。

### 2. 原因分析

(1) 在进行壁纸或墙布裁割时，由于尺寸不准确，在裁剪时发生移动，在粘贴时又未进行认真校核，结果造成粘贴后相邻壁纸或墙布出现重叠。

(2) 在进行壁纸或墙布粘贴时，未严格按照规定的操作工艺进行施工，未将两幅壁纸或墙布的接缝推压分开，从而造成重叠。

### 3. 预防措施

(1) 在裁剪（割）壁纸或墙布之前，应当准确地确定所裁剪（割）的具体尺寸；在进行裁剪（割）时，应保证壁纸或墙布的边直而光洁，不出现凸出和毛边，尤其对于塑料层较厚的壁纸或墙布更应当注意。

(2) 粘贴无收缩性的壁纸或墙布时不准搭接。对于收缩性较大的壁纸或墙布，粘贴时可以适当多搭一些，以便收缩后正好合缝。

(3) 在壁纸或墙布正式粘贴前，应当在适当的位置先进行试粘贴，以便掌握壁纸或墙布的收缩量和其他性能，在正式粘贴时取得良好的效果。

## （十）壁纸（墙布）出现死折

### 1. 质量问题

在壁纸或墙布粘贴后，表面上有明显的皱纹棱脊凸起，这些凸起部分（即死折）不仅无法与基层黏结牢固，而且影响壁纸或墙布的美观，时间长久后甚至出现鼓胀。

### 2. 原因分析

(1) 所选用的壁纸或墙布材质不良或者厚度较薄，在粘贴时不容易将其铺设平整，这样就很容易出现死折缺陷。

(2) 粘贴壁纸或墙布的操作技术不佳或工艺不当，没有用橡胶刮板和橡胶滚子由里向外依次进行刮贴，而是用手无顺序地进行压贴，无法使壁纸或墙布与基层紧密粘贴，必然使壁纸或墙布出现死折。

### 3. 预防措施

(1) 在设计和采购时，应当根据设计要求选用优质的壁纸或墙布，不得使用残品和次品。

壁纸或墙布进货后，要进行认真检查，对颜色不均、厚薄不同、质量不合格的壁纸或墙布一律将其剔除，不得用于工程。

（2）在裱糊壁纸或墙布时，应当首先用手将壁纸或墙布展开后，才能用橡胶刮板或橡胶滚子压平整，在刮压中用力要均匀一致、连续不停。在壁纸或墙布没有舒展平整时，不得使用钢皮刮板硬性推压，特别是壁纸或墙布已经出现死折时，必须将壁纸或墙布轻轻揭起，用手慢慢地将弯折处推平，待无皱折时再用橡胶刮板刮平整。

（3）必须重视对基层表面的处理，这是防止出现死折的基础性工作，要特别注意基层表面的平整度，不允许有凹凸不平的沟槽。对于不平整的基层，一定要铲除凸起部分、修补凹陷部分，最后用砂纸打磨平整。

## （十一）裱糊工程所用腻子质量不合格

### 1. 质量问题

在需要进行基层处理的表面上，刮涂选用的腻子后，在干燥的过程中产生翻皮和不规则的裂纹，不仅严重影响裱糊基层表面的观感质量，而且也使裱糊材料的粘贴无法正常进行。特别是在凹陷坑洼处裂缝更加严重，甚至出现脱落。

### 2. 原因分析

（1）如果采用的是购买的成品腻子，很可能腻子的技术性能不适宜，或者腻子与基层材料的相容性不良，或者腻子因过期质量下降。如果采用的是自行调配的腻子，很可能配制腻子的配合比不当，或者搅拌腻子不均匀，或者腻子的质量不合格，或者腻子存放期过长。

（2）由于所用腻子的胶性较小、稠度较大、失水太快，从而造成腻子出现翻皮和裂纹；或者由于基层的表面有灰尘、隔离剂、油污或含水率过大等，也会造成腻子的翻皮；或者由于基层表面太光滑，在表面温度较高的情况下刮腻子，均会造成腻子出现翻皮和裂纹。

（3）由于基层凹陷坑洼处的灰尘、杂物等未清理干净，在腻子干燥过程中出现收缩裂缝；或者凹陷孔洞较大，刮涂的腻子有半眼、蒙头等缺陷，使腻子未能生根而出现裂纹。

（4）在刮涂腻子时，未按照规定的厚度和遍数进行，如果腻子一次刮涂太厚，可能造成部分或大部分腻子黏结不牢，从而在干燥中出现裂纹或脱落。

### 3. 预防措施

（1）一定要根据基层实际情况购买优良合适的腻子，腻子进场后要进行必要的复检和试验，符合设计要求才能用于工程。

（2）如果采用自行调配腻子时，一定要严格掌握和确定其配合比，不得任意进行改变。配制的腻子要做到“胶性要适中、稠度要适合”。另外，对自行调配的腻子，要在适当部位进行小面积试验，合格后才能用于工程。

（3）对于表面过于光滑的基层或清除油污的基层，要涂刷一层胶黏剂（如乳胶），然后再刮腻子，每遍刮腻子的厚度要适当，并且不得在有冰霜、潮湿和高温的基层刮涂腻子，对于翻皮和裂纹的腻子应当铲除干净，找出产生的原因，应采取一定的措施后再重新刮腻子。

（4）对于要刮涂腻子处理的基层表面，要按照有关规范要求进行处理，防止基体或基层本身的过大胀缩而使腻子产生裂纹。

（5）对于基层表面特别是孔洞凹陷处，应将灰尘、浮土和杂物等彻底清除干净，并涂刷一层黏结液，以增加腻子的附着力。

（6）对于孔洞较大的部位，所用的腻子的胶性应当略大些，并要分层用力抹压使腻子完全进入洞内，反复涂抹平整、坚实、牢固；对于洞口处的半眼、蒙头腻子必须挖出，处理后再分层刮入腻子直至平整、坚实。

## （十二）壁纸裱糊时滚压方法不对

### 1. 质量问题

由于各种原因的影响，在壁纸裱糊时质量不符合现行施工规范的要求，容易造成壁纸或墙布出现空鼓、边缘翘曲或离缝等质量缺陷，这些质量问题不仅严重影响壁纸或墙布的装饰效果，而且也影响其使用功能。

### 2. 原因分析

（1）在裱糊壁纸或墙布时，由于采用的滚压壁纸方式不得当，往返挤压胶液次数过多，从而使胶液干结失去黏结作用，造成壁纸或墙布出现空鼓、边缘翘曲或离缝等。

（2）在进行滚压时用得力量太小，多余的胶液不能充分赶出，存留在壁纸或墙布的内部，长期不能干结，从而形成胶囊状。

（3）在进行滚压时，未将壁纸或墙布内部的空气彻底赶干净，在壁纸或墙布中形成气泡，从而造成饰面的表面不平整，严重影响饰面的美观。

### 3. 预防措施

（1）壁纸背面的在涂刷胶时，胶液的稠度要调配适宜，从壁纸的上半部开始，应先刷边缘，后涂刷其中央，涂刷时要从里向外，以避免污染壁纸的正面。上半部涂刷完毕后，对折壁纸，用同样的方法涂刷下半部。一般墙布不刷胶（纯棉装饰墙布也刷胶），可直接在基层上涂刷胶液，但要求胶液的稀稠适度，涂刷均匀。

（2）在裱糊壁纸或墙布时，要使用软硬适当的专用平整刷子将其刷平，并且将其中的皱纹与气泡顺势刷除，但不宜施加过大的压力，以免塑料壁纸绷得太紧而产生干缩，从而影响壁纸或墙布接缝和上下花纹对接的质量。

（3）在滚压壁纸或墙布底部的胶液时，应由拼缝处横向往外赶压胶液和气泡，不允许斜向来回赶压，或者由两侧向中间推挤，保证使壁纸或墙布对好接缝后不再移动，并及时用湿毛巾或棉丝将多余胶液擦拭干净。注意滚压接缝边缘处时不要用力过大，防止把胶液挤压干结而无黏结性。擦拭多余胶液的布不可太潮湿，避免水由壁纸的边缘渗入基层冲淡胶液，降低胶液的黏结强度。

## （十三）壁纸在阴阳角处出现空鼓和卷边

### 1. 质量问题

由于各方面的原因，壁纸或墙布粘贴后在阴阳角处出现空鼓和卷边质量缺陷，空鼓后壁纸或墙布容易被拉断裂，卷边后易落入灰尘，日久会使卷边越来越严重，甚至壁纸出现脱落。不仅严重影响壁纸的装饰效果，而且严重影响使用功能。

### 2. 原因分析

（1）在粘贴壁纸或墙布之前，基层未认真按要求进行清理，表面有灰尘、油污和其他杂物，或者表面粗糙、过于潮湿、或过于干燥等，从而造成壁纸或墙布与基层黏结不牢，出现空鼓和卷边等质量缺陷。

（2）裱糊壁纸或墙布所选用的胶黏剂品种不当，或胶黏剂的质量不良，或胶黏剂过期失效，这样都不能将壁纸或墙布牢固地粘贴在基层上。

（3）在建筑结构的阳角处，超过阳角棱角的壁纸或墙布宽度少于 20mm，不能克服壁纸（墙布）的表面张力，从而引起壁纸或墙布在阳角处的卷边。

（4）当采用整张的壁纸或墙布在阳角处对称裱糊时，要很好地照顾到两个面和一个角有很大难度，也很容易造成空鼓和卷边质量缺陷。

（5）如果基层的阴角处不直、不平，或者涂刷胶液不均匀或局部漏涂，也容易出现壁纸或墙布空鼓质量缺陷。

### 3. 预防措施

（1）裱糊壁纸或墙布的基层，必须按照要求进行处理，必须将表面的灰尘、油污和其他杂质清除干净。当基层表面凹凸不平时，必须用腻子进行刮平处理。

（2）裱糊壁纸或墙布的基层，其含水率不宜过大或过于干燥。混凝土或抹灰基层的含水率不得超过 8%，木质基层的含水率不得超过 12%。在粘贴壁纸或墙布前，一定要对基层的含水率进行测定。

（3）裱糊壁纸或墙布应选用配套的胶黏剂，在大面积正式裱糊前应做样品进行试粘贴，以便观察其粘贴效果，选择适合的胶黏剂，不得选用劣质和过期失效的胶黏剂。

（4）阳角要完整垂直，不得有缺棱掉角。在裱糊中要预先做好计划，严禁在阴角处接缝，超过阳角的宽度不应小于 20mm。如果用整张壁纸或墙布对称裱糊时，要在阳角两边弹出垂线，尺寸要合适。包角壁纸或墙布必须用黏结性较强的胶液，涂刷胶液要压均，对壁纸或墙布的压实要到位。

（5）墙壁的阴角若不垂直方正，应当按要求进行修理，使其符合裱糊的设计要求。壁纸（墙布）的裱糊应采用搭接缝方法，先裱糊压在里面的壁纸或墙布，并转过墙面 5～10mm，再用黏性较大的胶液粘贴面层壁纸或墙布。搭接面应根据阴角垂直度而定，搭接的宽度一般不小于 2～3mm，纸边搭在阴角处，并且要保持垂直无毛边。

## 二、软包工程质量问题与防治措施

软包工程所使用的材料质地柔软，色彩柔和，能够柔化整体空间氛围，其纵深的立体感亦能提升家居档次，无论是在实用性还是装饰性方面都备受消费者的喜爱，现在在建筑室内很多部位都会应用到软包形式。

软包墙面是一种室内高级装饰，对其施工质量要求非常高，所以从选择操作工人、装饰材料及每个操作工序，都要进行精心策划和施工，这样才能达到高标准的软包质量。但是，在软包工程施工过程和使用中，总会出现各种各样的质量问题。针对这些质量问题，应采取有效措施加以解决和预防。

## （一）软包材料不符合要求

### 1. 质量问题

软包墙面的材料主要由饰面材料、内衬材料（芯材）、基层龙骨和板材等构成。工程实践证明，软包的材料质量决定着软包工程的整体质量。如果选用的材料不符合有关规范的要求，不仅会存在严重安全隐患和缩短使用寿命，而且还会严重影响人体健康。

### 2. 原因分析

（1）软包工程所选用的材料，不符合绿色环保的要求，甲醛、苯、氨等有害物质的含量，不符合现行国家标准《住宅装饰装修工程施工规范》（GB 50327—2001）和《民用建筑工程室内环境污染控制规范》（GB 50325—2010）中的有关规定。

（2）软包工程所选用的材料，未按有关规定进行必要的处理。如龙骨和板材未进行防潮、防腐和防火处理，则会在一定条件下出现腐朽，也存在着发生火灾的隐患；如饰面材料和心材不使用防火材料，很容易引起火灾。

### 3. 预防措施

（1）软包工程所选用的材料，必须严格按照现行国家标准《住宅装饰装修工程施工规范》（GB 50327—2001）和《民用建筑工程室内环境污染控制规范》（GB 50325—2010）中的有关规定进行选择，严格控制材料中有害物质的含量。

（2）按照现行国家标准《建筑装饰装修工程质量验收标准》（GB 50210—2018）中的规定，材料进场后应通过观察、检查产品合格证书、性能检测报告等，确保软包工程所用的饰面材料、内衬材料（心材）及边框的材质、颜色、图案、燃烧性能等级、木材的含水率及材料的其他性能等，均应符合设计要求及国家现行标准规范的要求。

（3）软包工程所用的木龙骨及木质基层板材和露明的木框、压条等，其含水率均不应高于12%，且不得有腐朽、结疤、劈裂、扭曲、虫蛀等疵病，并应预先做好防火、防潮、防腐等处理。

（4）软包工程所用的人造革、织锦缎等饰面材料，应经过阻燃处理，并满足B1和B2燃烧等级的要求。

## （二）软包工程的基层不合格

### 1. 质量问题

如果基层存在凹凸不平、鼓包等质量缺陷，很容易造成软包墙面不平整，斜视有疙瘩；如果基层中的含水率过大，不进行防潮处理，会使基层的面板翘曲变形、表面织物发霉。以上这些质量问题都会影响软包工程的装饰效果，甚至造成质量隐患。

### 2. 原因分析

（1）对基层未按照有关规范的规定进行认真处理，导致基层的表面平整度达不到设计要求，出现凹凸不平，在软包工程完成后，必然造成质量不合格。

（2）基层的表面未按有关要求进行防潮处理，在软包工程完成后，基层中的水分向外散发，会使木龙骨腐朽、面板翘曲变形、表面软包织物变色或发霉。

（3）预埋木砖、木龙骨骨架、基层表面面板、墙筋等，未按照有关要求进行防火、防腐处理，导致出现腐朽破坏。

### 3. 预防措施

（1）按照设计要求和施工规范的规定，对软包的基层进行剔凿、修补等工作，使基层表面的平整度、垂直度达到设计要求。

（2）为牢固固定软包的骨架，按照规定在墙内预埋木砖。在砖墙或混凝土中埋入的木砖必须经过防腐处理，其间距为400～600mm，视板面的划分而确定。

（3）软包工程的基层应进行抹灰、做防潮层。通常做法是：先抹20mm厚1：3的水泥砂浆找平层，干燥后刷一道冷底子油，然后再做“一毡、二油”防潮层。

（4）墙面上的立筋一般宜采用截面为（20～50）mm×（40～50）mm的方木，用钉子将木筋固定在木砖上，并进行找平、找直。木筋应作防腐、防火处理。

## （三）表面花纹不平直、不对称

### 1. 质量问题

软包工程施工完毕后，经质量检查发现花纹不平直，造成花饰不垂直，严重影响装饰效果；卷材的反正面或阴阳面不一致，或者拼缝下料宽窄不一样，造成花饰不对称，也严重影响装饰效果。

### 2. 原因分析

（1）在进行表面织物粘贴时，由于未按照预先弹出的线进行施工，造成相邻两幅卷材出现不垂直或不水平，或卷材接缝虽然垂直，但表面花饰不水平，从而也会造成花饰不垂直。

（2）对于要软包的房间未进行周密观察和测量，没有认真通过吊垂直、找规矩、弹线等，对织物的粘贴定出标准和依据。

（3）在粘贴过程中，没有仔细区别卷材的正面和反面，不负责任地盲目操作，造成卷材正反面或阴阳面的花饰不对称。

（4）对进行软包施工的房间，未根据房间内的实际情况定出软包施工的顺序，造成粘贴操作混乱，结果导致饰面花纹不平直、不对称。

### 3. 预防措施

（1）在制作拼块软包面板或粘贴卷材织物时，必须认真通过吊垂直、找规矩、弹线等工序，使制作或粘贴有操作的标准和依据。

（2）对准备软包施工的房间应仔细观察，如果室内有门窗口和柱子时，要特别仔细地进行对花和拼花，按照房间实际测量的尺寸进行面料的裁剪，并通过做样板间，在施工操作中发现问题，通过合理的排列下料找到解决的方法，经业主、监理、设计单位认可后，才能进行大面积施工。

（3）在软包工程施工开始时，尤其是粘贴第一幅卷材时，必须认真、反复吊垂直线，这是进行下一步粘贴的基础，并要注意卷材表面的对花和拼花。

（4）在进行饰面卷材粘贴的过程中，要注意随时进行检查，以便及早发现花饰有不对称时，可以通过调换面料或调换花饰来解决。

## （四）饰面粘贴卷材离缝或亏料

### 1. 质量问题

相邻两幅卷材间的连接缝隙超过允许范围，露出基底的缺陷称为离缝；卷材的上口与挂镜线（无挂镜线时为弹的水平线），下口与墙裙上口或踢脚上接缝不严，露出基底的缺陷称为亏料。饰面粘贴卷材时出现离缝和亏料，均严重影响软包的外观质量和耐久性。

### 2. 原因分析

（1）第一幅卷材按照垂直控制线粘贴后，在粘贴第二幅时，由于粗心大意、操作不当，尚未与第一幅连接准确就进行压实，结果出现偏斜而产生离缝；或者虽然连接准确，但在粘贴赶压时，由于推力过大而使卷材产生一定的伸长，在干燥的过程中又产生回缩，从而造成离缝或亏料现象。

（2）未严格按照量好的尺寸裁剪卷材，尤其是裁剪的尺寸小于实际尺寸时，必然造成离缝或亏料；或者在裁剪时是多次变换刀刃方向，再加上对卷材按压不紧密，使卷材或胀或亏，待卷材裱糊后，亏损部分必然形成离缝或亏料。

（3）对于要软包的房间未进行周密观察和实际测量，没有认真通过吊垂直、找规矩、弹线等，对织物的粘贴定出标准和依据，使之粘贴的卷材不垂直而造成离缝。

### 3. 预防措施

（1）在裁剪软包工程的面料时，必须严格掌握应裁剪的尺寸，在下剪刀前应反复核查尺寸有无出入。在一般情况下，所剪的长度尺寸要比实际尺寸放大 30～40mm，待粘贴完毕压紧后再裁去多余的部分。

（2）在正式裁剪面料和粘贴之前，要对软包工程的房间进行周密观察和实际测量，同时认真进行吊垂直、找规矩、弹出竖向和横向粘贴线等，对饰面织物的粘贴定出标准和依据，使饰面材料能够准确就位。

（3）在正式粘贴面料时，要注意再次进行吊垂直，确定面料粘贴的位置，不能使其产生歪斜和偏离现象，并要使相邻两幅面料的接缝严密。

（4）在裁剪软包工程的面料时，尺子压紧后不得再有任何移动，裁剪时要将刀刃紧贴尺子边缘，裁剪要一气呵成，中间不得发生停顿或变换持刀的角度，用的手劲要均匀一致，用的剪刀要锐利。

（5）在粘贴操作的过程中，要随时进行检查，以便发现问题及时纠正；粘贴后要认真进行检查，发现有离缝或亏料时应返工重做。

## （五）软包墙面高低不平、垂直度差

### 1. 质量问题

软包饰面工程完成后，经质量检查发现软包墙面高低不平，饰面卷材粘贴的垂直度不符合要求，严重影响软包饰面的装饰效果，给人一种不舒适的感觉。

**2. 原因分析**

（1）软包墙面基层未按照设计要求进行处理，基层表面有鼓包、不平整，造成粘贴饰面材料后，软包墙面高低不平。

（2）在进行木龙骨、衬板、边框等安装时，由于位置控制不准确，不在同一立面上，结果造成卷材粘贴出现歪斜，垂直度不符合规范的要求。

（3）由于木龙骨、衬板、边框等所用木材的含水率过高（大于12%），在干燥过程中发生干缩翘曲、开裂和变形，从而致使软包墙面高低不平，垂直度不符合要求，造成质量隐患，影响软包观感。

（4）由于软包内所用的填充材料不当，或者未填充平整，或者面层未绷紧，也会出现软包墙面高低不平等质量问题。

**3. 预防措施**

（1）根据软包施工不同材料的基层，按施工规范和设计要求进行不同的处理。使基层表面清理干净，无积尘、腻子包、小颗粒和胶浆疙瘩等，真正达到质地坚硬、表面平整、垂直干净、防水防潮、便于粘贴的要求。

（2）在安装木龙骨时，要预先在墙面基层上进行弹垂线，严格控制木龙骨的垂直度；安装中还要拉横向通线，以控制木龙骨表面在同一个立面上。在安装衬板、边框时，同样要通过弹线或吊线坠等手段或仪器控制其垂直度。

（3）软包内所用的填充材料，应按设计要求进行选用，不准采用不符合要求的材料；填充材料铺设要饱满、密实、平整，面层材料要切实绷紧、整平。

（4）木龙骨、衬板和边框等材料，其含水率不得大于12%，以防止在干燥过程中发生翘曲、开裂和变形，从而致使软包墙面高低不平，垂直度不符合要求。

## （六）软包饰面接缝和边缘处翘曲

**1. 质量问题**

软包饰面工程完成后，经质量检查发现软包饰面接缝和边缘处出现翘曲，使基层上的衬板露出，不仅严重影响软包饰面的装饰效果，而且还会导致衬板的破坏，从而又会影响软包工程的耐久性。

**2. 原因分析**

（1）由于选用的胶黏剂的品种不当或黏结强度不高，在饰面材料干燥时产生干缩而造成翘曲。

（2）在饰面材料粘贴时，由于未按要求将胶黏剂涂刷均匀，特别是每幅的边缘处刷胶较少或局部漏刷，则很容易造成材料卷边而翘曲。

（3）在粘贴操作的施工中，由于边缘处未进行专门压实，干燥后很容易出现材料边缘翘曲现象。

（4）粘贴饰面的底层和面层处理不合格，如存在局部不平、尘土和油污等质量缺陷，也会造成软包饰面接缝和边缘处翘曲。

### 3. 预防措施

（1）在软包饰面正式粘贴前，应按设计要求选择胶黏剂，其技术性能（特别是黏结力）应当满足设计要求，不使饰面材料干缩而产生脱落翘曲。

（2）在粘贴饰面材料，必须按要求将胶黏剂涂刷足量、均匀，接缝部位及边缘处应适当多涂刷一些胶黏剂，以确保材料接缝和边缘处粘贴牢固。

（3）在进行饰面材料粘贴时，对其（特别是接缝和边缘处）应认真进行压实，并将挤出的多余的胶黏剂用湿毛巾擦干净；当发现接缝和边缘处有翘曲时，应及时补刷胶黏剂，并用压辊加以压实。

（4）在软包饰面正式粘贴前，应按设计要求对底层和面层进行处理，将其不平整之处采取措施修整合格，将表面的尘土、油污和杂物等清理干净。

## （七）软包面层出现质量缺陷

### 1. 质量问题

软包工程的面层布料出现松弛和皱褶，单块软包面料在拼装处产生开裂，这些质量缺陷不仅严重影响软包的装饰效果，而且也会影响软包工程的使用年限。

### 2. 原因分析

（1）在进行软包工程设计时，由于各种原因选择的软包面料不符合设计要求，尤其是面料的张力和韧性达不到设计要求的指标，软包面层布料则容易出现松弛和皱褶，单块软包面料在拼装处则容易产生开裂。

（2）单块软包在铺设面料时，未按照设计要求采用整张面料，而是采用几块面料拼接的方式，在一定张力的作用下，面料会从拼接处出现开裂。

### 3. 预防措施

（1）在进行软包工程面料的选购时，面料的品种、颜色、花饰、技术性能等方面，均应当符合设计的要求，不得选用质量不符合要求的面料。

（2）在进行面料选择时，应特别注意优先选择张力较高、韧性较好的材料，必要时应当进行力学试验，以满足设计对面料的要求。

（3）在进行软包工程面料的施工时，一定要按照施工和验收规范的标准去操作，对面层要绷紧、绷严，使其在使用过程中不出现松弛和皱褶。

（4）对于单块软包上的面料，应当采用整张进行铺设，不得采用拼接的方式。

# 第九节　细部工程质量问题与防治

装饰细部工程是建筑装饰工程中的重要组成部分，其施工质量如何不仅直接影响着整体工程的装饰效果，而且有时也影响主体结构的使用寿命。但是，在细部工程制作与安装的过程中，由于材料不符合要求、制作水平不高、安装偏差较大等方面的原因，会出现或存在着这样那样的质量问题。因此，应当严格按照有关规定进行认真制作与安装，当出现质量问题后，应采取有效措施加以解决。

# 一、橱柜工程质量问题与防治措施

橱柜是室内不可缺少体积较大的用具，在室内占有一定空间并摆放于比较显眼的部位，其施工质量如何，对室内整体的装饰效果有直接影响，对使用者也有直接的利益。因此，对橱柜在制作与安装中出现的质量问题，应采取技术措施及时加以解决。

## （一）橱柜的内夹板变形，甚至霉变腐朽

### 1. 质量问题

在橱窗安装完毕在使用一段时间后，经过质量检查发现有如下质量问题：①内夹板出现过大变形，严重影响橱柜的美观；②个别内夹板出现霉变腐朽。

### 2. 原因分析

（1）用于橱柜装修的木材含水量过高，木材中的水分向外蒸发，使内夹板吸收一定量的水分，从而造成由于内夹板受潮而产生变形。

（2）在室内装饰工程施工中，墙面和地面采用现场湿作业，当墙面和地面尚未完全干透时，就开始安装橱柜，墙面和地面散发的水分被木装修材料吸收，由于木装修长期处于潮湿状态，则会引起内夹板变形，甚至发生霉变腐朽。

（3）在橱柜内设置有排水管道，由于管道封口不严或地面一直处于潮湿状态，使大量水分被落地橱柜的木质材料所吸收，时间长久则会出现变形和霉变腐朽。

（4）由于墙体中含有一定量的水分，所以要求靠近墙面的木质材料均要进行防水和防腐处理。如果此处的木质材料未做防水和防腐处理，很容易使木材吸湿而产生较大变形和霉变腐朽。

（5）如果制作橱柜的木材含水比较高（木材含水率超过12%），再加上木质材料靠墙体部分的水分不易散发，则会使橱柜的局部出现霉变腐朽和变形。

### 3. 防治措施

（1）制作橱柜所用的木材含水率必须严格进行控制。一般在我国南方空气湿度比较高的地区，所用木材的含水率不应超过15%；在北方地区或供暖地区，所用木材的含水率不应超过12%。

（2）在需要安装橱柜的墙面和地面处，必须待墙面和地面基本干燥后进行。在安装橱柜之前，要认真检查测定安装部位的含水情况，当不符合要求时，不得因为加快施工进度而勉强进行橱柜的安装。

（3）在安装橱柜之前，应根据橱柜的具体位置，确定橱柜与墙面和地面接触的部位。对这些易受潮湿变形和霉变腐朽之处，在木材的表面应当涂刷一层防腐剂。

（4）设置于橱柜内的排水管道接口应当非常严密，不得出现水分外溢现象。对于水斗、面盆的四周，要用密封胶进行密封，以防用水时溢出的水沿着缝隙渗入木质材料。

（5）橱柜安装于墙面和地面上后，如果水分渗入木质材料内，特别是橱柜内部不通风的地

方，水分不易散发，很容易被木质材料吸收而变形。为防止木质材料吸水，对橱柜内的夹板等木质材料表面应涂刷油漆。

## （二）壁橱门玻璃碎裂

### 1. 质量问题

在壁橱门的玻璃安装后，在开关的过程中稍微用力则出现玻璃碎裂，甚至有个别玻璃还会自行破碎。这些质量问题不仅影响壁橱的使用功能，而且还可能会伤人。

### 2. 原因分析

（1）在进行玻璃安装时，玻璃与门扇槽底、压条之间没有设置弹性材料隔离，而是将玻璃直接与槽口直接接触。由于缺少弹性减震的垫层，玻璃受到振动时容易出现破裂。

（2）安装的玻璃不符合施工规范的要求，玻璃没有安装牢靠或钉子固定太紧，当门扇开关振动时就容易造成玻璃的破裂。

（3）橱柜门上的玻璃裁割的尺寸过大，边部未留出一定的空隙，在安装玻璃时相对应的边直接顶到门扇的槽口，或者在安装时硬性将玻璃嵌入槽内，当环境温度发生变化，由于温差较大玻璃产生变形，玻璃受到挤压而破损。

（4）由于开关橱柜时用力过猛或其他原因，钢化玻璃产生自爆，从而出现粉碎性的破裂。

### 3. 防治措施

（1）在裁割壁橱门上的玻璃时，应根据测量的槽口实际尺寸每边缩小 3mm，使玻璃与槽口之间有一定的空隙，以适应玻璃变形的需要。

（2）在进行安装玻璃时，应使用弹性材料（例如油灰、橡胶条、密封胶等）进行填充，使玻璃与门扇槽口、槽底之间隔离，并且处于弹性固定状态，以避免产生碰撞而造成玻璃的破裂。

（3）钢化玻璃在进行钢化处理之前，应预先进行磨边和倒角处理，因为钢化玻璃的端部和边缘部位抵抗外力的能力较差，经磨边、倒棱角处理的钢化玻璃安装到门扇上后，可以防止玻璃边缘的某一点受刚性挤压而破裂。

## （三）橱柜的门产生较大变形

### 1. 质量问题

有些橱柜的门扇在使用一段时间后，产生门扇弯曲变形，启闭比较困难，甚至有的根本无法开关，严重影响使用性能。

### 2. 原因分析

（1）制作橱柜门扇所用的木材，其含水率过高或过低，均会引起过大变形。如果木材的含水率过低，木材吸水后会发生较大的膨胀变形；如果木材的含水率过高，木材中的水分散发后会产生较大的收缩变形。

（2）橱柜的门扇正面涂刷油漆，但门扇的内侧却未涂刷油漆，未刷油漆一面的木质材料，会因单面吸潮而使橱柜门扇产生弯曲变形。此外，由于普通的橱柜门扇比较薄，薄木板经不起外界的环境影响，当环境出现温差和湿度变化时很容易产生变形。

（3）由于选用的制作橱柜门扇的木材不当，木材本身的材质所致，木门随着含水率的温度变化而产生变形。

### 3. 防治措施

（1）在制作橱柜时，要根据所在地区严格控制木材的含水率，这是防止橱柜的门产生较大变形的主要措施。一般在我国南方空气湿度比较高的地区，所用木材的含水率应控制在15%左右；在北方和比较干燥的地区，所用木材的含水率应控制在12%以内，但一般不应低于8%，以避免木材吸潮后影响橱柜门的开关。

（2）橱柜门刷油漆的目的是为了保护木材免受外界环境对其的影响，因此橱柜门的内外侧乃至门的上下帽顶面均要涂刷均匀的油漆。如果橱柜门的表面粘贴塑料贴面，也应当全面进行粘贴。

（3）橱柜门扇的厚度不得太小，一般不宜小于20mm。制作橱柜门扇的材料宜采用细木工板、多层夹板；当采用木板制作橱柜门扇时，应选用优质变形小的木材，而避免使用易变形的木材（如水曲柳）和木材的边缘部位。

# 二、栏杆和扶手质量问题与防治措施

栏杆与扶手是现代多层和高层建筑中非常重要的组成部分，不仅代表着整个建筑的装修档次，而且关系到在使用过程中的安全。因此，在栏杆与扶手的施工中，要特别注意按照现行国家标准《建筑装饰装修工程质量验收标准》(GB 50210—2018）中的要求去做，对于施工中容易出现的质量问题应加以预防。

## （一）木扶手质量不符合设计要求

### 1. 质量问题

在木扶手安装完毕后，经质量检查发现如下问题：①木材的纹理不顺直，同一楼中扶手的颜色不一致；②个别木扶手有腐朽、节疤、裂缝和扭曲现象；③弯头处的处理不美观；④木扶手安装不平顺、不牢固。

### 2. 原因分析

（1）未认真挑选色泽一致、纹理顺直的木材，进行木扶手的制作；在安装木扶手时，也没有仔细进行木扶手的搭配和预拼。结果造成木扶手安装完毕后，而形成纹理不顺直，颜色不一致。

（2）在进行木扶手制作时，对所用木材未严格进行质量把关，使得制作出的扶手表面有腐朽和节疤等质量缺陷。

（3）由于制作木扶手所用的木材含水率过高，尤其是大于12%时，木扶手安装后散发水分，很容易造成扶手出现裂缝和扭曲。

（4）对于木扶手的转弯处的木扶手弯头，未按照转弯的实际情况进行割配；在进行木扶手安装时，未按照先预装弯头、再安装直段的顺序进行操作，结果使弯头与直段衔接不自然、不美观。

(5) 在扶手安装之前，未对栏杆的顶部标高、位置、坡度进行认真校核，如果有不符合要求之处，安装扶手后必然造成扶手表面不平顺。

(6) 木扶手安装不牢固的主要原因有：①与支撑固定件的连接螺钉数量不足；②连接螺钉的长度不够；③大断面扶手缺少其他固定措施等。

### 3. 防治措施

(1) 在正式制作木扶手之前，应严格挑选制作木扶手所用的木材，不能用腐朽、节疤、斜纹的木材，应选用材质较硬、纹理顺直、色泽一致、花纹美丽的木材。如果购买木扶手成品，应当严格进行挑选，按照设计要求进行采购。

(2) 严格控制制作木扶手所用木材的含水率，比较潮湿的南方地区不宜超过 15%，北方及干燥地区不宜超过 12%。

(3) 要根据转弯处的实际情况配好起步弯头，弯头应用扶手料进行割配，即采用割角对缝黏结的方法。在进行木扶手预装时，先预装起步弯头及连接第一段扶手的折弯弯头，再配上折弯之间的直线扶手。

(4) 在正式安装木扶手之前，应当对各栏杆的顶部标高、位置、楼梯的坡度、栏杆形成的坡度等进行复核，使栏杆的安装质量必须完全符合设计要求，这样安装木扶手才能达到平顺、自然、美观。

(5) 在栏杆和扶手分段检查无误后，进行扶手与栏杆上固定件安装，用木螺丝拧紧固定，固定间距应控制在 400mm 以内，操作时应在固定点处先将扶手钻孔，再将木螺丝拧入。对于大于 70mm 断面的扶手接头配置，除采用黏结外，还应在下面作暗榫或用铁件配合。

## (二) 栏杆存在的质量问题

### 1. 质量问题

栏杆是扶手的支撑，是影响室内装修效果和使用安全的最明显部件，栏杆在施工中存在的主要质量问题有：①栏杆的高度不符合设计要求；②栏杆排列不整齐、不美观；③栏杆之间的间距不同；④金属栏杆的焊接表面不平整。

### 2. 原因分析

(1) 在栏杆设计或施工中，未严格遵守现行国家标准《民用建筑设计统一标准》(GB 50352—2019) 中的有关规定，随意将栏杆的高度降低。

(2) 在进行土建工程施工时，未严格按设计图纸要求预埋固定栏杆的铁件；在安装栏杆时也未进行复核和调整，结果造成栏杆排列不整齐、不美观，甚至出现栏杆标高、坡度不符合设计要求，从而影响扶手的安装质量。

(3) 在安装栏杆时，未认真测量各栏杆之间的间距，结果造成栏杆分配不合理，间距不相等，严重影响栏杆的美观。

(4) 在进行金属栏杆焊接时，未按照焊接施工规范操作，焊缝的高度和宽度不符合设计要求，造成表面有焊瘤、焊痕和高低不平，严重影响栏杆的安装质量。

### 3. 防治措施

（1）栏杆高度应从楼地面或屋面至栏杆扶手顶面垂直高度计算，栏杆的高度应超过人体重心高度，才能避免人体靠近栏杆时因重心外移而坠落。在现行国家标准《民用建筑设计统一标准》（GB 50352—2019）中规定：当临空面的高度在24m以下时，栏杆高度不应低于1.05m；当临空面的高度在24m及24m以上（包括中高层住宅）时，栏杆高度不应低于1.10m。在施工中应严格遵守这一规定。

（2）在进行土建工程施工中，对于楼梯部位的栏杆预埋件，其位置、规格、数量、高程等，必须完全符合设计图纸中的规定；在正式安装栏杆之前，必须对栏杆预埋件进行全面检查，确认无误时才可开始安装，并且要做到安装一根，核对一根。

（3）在进行金属栏杆安装时，必须用计量精确的钢尺，按照设计图纸标注的尺寸，准确确定栏杆之间的间距。

（4）在进行金属栏杆焊接连接时，要严格按照现行国家标准《钢结构焊接规范》（GB 50661—2011）中的规定进行操作。

# 三、花饰工程质量问题与防治措施

花饰是装饰细部工程中的重要组成，起着点缀和美化的作用。花饰有石膏制品花饰、预制混凝土花饰、水泥石渣制品花饰、金属制品花饰、塑料制品花饰和木制品花饰等，花样繁多，规格齐全。在室内装饰工程中，一般多采用石膏制品花饰和木制品花饰，其他品种花饰可作为室外花饰。

石膏制品花饰属于脆性材料，在运输、贮存、安装和使用中都要特别小心，做到安装牢固、接缝顺直、表面清洁、不显裂缝、色调一致、无缺棱掉角。如果发现有质量缺陷，应及时进行维修。

## （一）花饰制品安装固定方法不当

### 1. 质量问题

花饰按照其材质不同，有石膏花饰、水泥砂浆花饰、混凝土花饰、塑料花饰、金属花饰和木制花饰等；花饰按照其重量和大小不同，有轻型花饰和重型花饰等。如果花饰安装不牢固，不仅影响其使用功能和寿命，而且发生坠落还有很大的危险性。

### 2. 原因分析

（1）在进行花饰制品安装固定时，没有按照所选用的花饰制品的材质、形状和重量，来选择相应的固定方法，这是使花饰制品安装不牢固的主要原因。

（2）在进行花饰正式安装固定前，未预先对需要安装固定的花饰进行弹线和预排列，造成在安装固定中施工不顺利、安装无次序、固定不牢靠。

（3）花饰制品安装固定操作的人员，对花饰安装技术不熟练、方法不得当，特别是采用不合适的固定方法，将更加无法保证花饰的安装质量。

### 3. 防治措施

（1）按照设计要求的花饰品种、规格、形状和重量，确定适宜的安装固定方法，选择合适的安装固定材料。对于不符合要求的安装固定材料，必须加以更换。

（2）在花饰正式安装固定前，应在拼装平台上按设计图案做好安装样板，经检查鉴定合格后进行编号，作为正式安装中的顺序号；并在墙面上按设计要求弹好花饰的位置中心线和分块的控制线。

（3）根据花饰制品的材质、品种、规格、形状和重量，来选择相应的固定方法。在工程常见的安装固定方法有以下几种。

① 粘贴法安装　粘贴法安装一般适用于轻型花饰制品，粘贴的材料根据花饰材料的品种而选用。如水泥砂浆花饰和水刷石花饰，可采用水泥砂浆或聚合物水泥砂浆粘贴；石膏花饰，可采用快粘粉粘贴；木制花饰和塑料花饰，可采用胶黏剂粘贴。必要时，再用钉子、钢销子、螺钉等与结构加强连接固定。

② 螺钉固定法安装　螺钉固定法适用于较重的花饰制品安装，安装时将花饰预留孔对准结构预埋固定件，用镀锌螺钉适量拧紧固定，花饰的图案应对齐、精确、吻合，固定后用配合比为1∶1的水泥砂浆将安装孔眼堵严，最后表面用同花饰颜色一样的材料进行修饰，使花饰表面不留痕迹。

③ 螺栓固定法安装　螺栓固定法适用于重量大、大体形的花饰制品安装，安装时将花饰预留孔对准安装位置的预埋螺栓，用螺母和垫板固定并加临时支撑，花饰图案应清晰、对齐，接缝应吻合、齐整，基层与花饰表面留出缝，用1∶2（水泥∶砂）水泥砂浆分层进行灌缝，由下往上每次灌100mm，下层砂浆终凝后再灌上一层砂浆，灌缝砂浆达到设计强度后拆除临时支撑。

④ 焊接固定法安装　焊接固定法适用于重量大、大体形的金属花饰制品安装，安装时根据花饰块体的构造，采用临时悬挂固定的方法，按设计要求找准位置进行焊接，焊接点应应力均匀，焊接质量应满足设计及有关规范的要求。

（4）对于不符合设计要求和施工规范标准的，应根据实际情况采用不同的维修方法。如不符合质量要求的花饰，要进行更换；凡是影响花饰工程安全的，尤其是在室内外上部空间的，必须重新进行安装固定，直至完全符合有关规定为止。

## （二）花饰安装不牢固并出现空鼓

### 1. 质量问题

花饰安装完毕后，经质量检查发现：不仅花饰安装不够牢固，而还存在空鼓等质量缺陷，存在着严重的安全隐患。

### 2. 原因分析

（1）由于在基层结构的施工中，对预埋件或预留孔洞不重视，导致其位置不正确、安装不牢固，必然会造成花饰与预埋件连接不牢固。

（2）在花饰进行安装前，未按照施工要求对基层进行认真清理和处理，结果使基层不清洁、不平整，抹灰砂浆不能与花饰牢固地黏结。

（3）花饰的安装方法未根据其材质和轻重等进行正确选择，造成花饰安装不牢固并出现空鼓现象。

3. 防治措施

（1）在基层结构施工的过程中，必须按设计要求设置预埋件或预留孔洞，并做到位置正确、尺寸准确、埋设牢固。在花饰安装前应对其进行测量复核，发现预埋件或预留孔洞位置不正确、埋设不牢、出现遗漏，应及时采取修整和补救措施。

（2）如果花饰采用水泥砂浆等材料进行粘贴，在粘贴前必须按要求认真处理基层，做到表面平整、清洁、粗糙，以利于花饰与基层接触紧密、粘贴牢固。

（3）花饰应与预埋在基层结构中的锚固件连接牢固，在安装中必须按施工规范进行认真操作，不允许有晃动和连接不牢等现象。

（4）在抹灰基层上安装花饰时，必须待抹灰层达到要求的强度后进行，不允许在砂浆未硬化时进行安装。

（5）要根据花饰的材质和轻重选择适宜的安装固定方法，安装过程中和安装完毕后均应进行认真质量检查，发现问题及时解决。

（6）对于少量花饰的不牢固和空鼓质量缺陷，可根据不同程度采取相应方法（如补浆、钉固等）进行处理。但对于重量大、体形大的花饰，如果有空鼓和不牢固现象，必须重新进行安装，以防止出现坠落而砸伤人。

## （三）花饰安装的位置不符合要求

1. 质量问题

在花饰安装完毕后，经检查发现：花饰的安装位置不符合设计要求，导致花饰偏离、图案紊乱、花纹不顺，不仅严重影响花饰装饰的观感效果，有时甚至会造成大部返工，从而使工程造价大幅度提高。

2. 原因分析

（1）在花饰安装固定前，未对需要进行安装花饰部位进行测量复核，结果造成实际工程与设计图纸有一定差别，必然会影响到花饰位置的准确性。

（2）在主体结构施工的过程中，对安装花饰所应埋设的预埋件或预留孔洞未进行反复校核，结果造成基层预埋件或预留孔位置不正确，则造成花饰的位置不符合要求。

（3）在花饰正式安装固定前，未按设计在基层上弹出花饰位置中心线和分块控制线，或复杂分块花饰未预先进行拼装和编号，导致花饰安装就位不正确，图案吻合不精确。

3. 防治措施

（1）在结构施工的过程中，要重视安装花饰基层预埋件或预留孔工作，并且要做到：安装预设前应进行测量复核，施工中要随时进行检查和校核，发现预埋件或预留孔位置不正确或遗漏，应立即采取补救措施。一般可采用打膨胀螺栓的方法。

（2）在花饰正式安装固定前，应认真按设计要求在基层上弹出花饰位置的中心线，分块安装花饰的还应弹出分块控制线。

（3）对于比较复杂分块花饰的安装，应对花饰规格、色调等进行检验和挑选，并按照设计图案在平台上进行拼装，经预检验合格后进行编号，作为正式安装的顺序号，安装时花饰图案应精确吻合。

（4）对于个别位置不符合设计要求的花饰，应将其拆除重新进行安装；对于位置差别较大影响装饰效果的花饰，应全部拆除后返工。

## （四）花饰运输和贮存不当而受损

### 1. 质量问题

室内花饰大多数是采用脆性材料制成，如石膏花饰、混凝土花饰和水泥石渣花饰等，在花饰制作、运输和贮存的过程中，如果制作不精细、运输和贮存不注意，均会出现表面污染、缺棱掉角等质量问题，将严重影响花饰构件形状、图案完整、线条清晰，使花饰的整体观感不符合设计要求，安装后也会影响花饰的美观。

### 2. 原因分析

（1）在水泥花饰制品的制作过程中，其浇筑、振捣和养护不符合施工要求，造成花饰制作比较粗糙，甚至形状不规则、尺寸不准确、表面不平整。

（2）在花饰运输的过程中，选用的运输工具不当、道路路面不平整、花饰搁置方法不正确，结果造成花饰出现断裂、线条损坏、缺棱掉角。

（3）在花饰贮存的过程中，由于堆放方法和地点不当，或贮存中不注意保护，造成花饰出现污染、受潮和损伤。

### 3. 防治措施

（1）严格按设计要求选择花饰，进场后要仔细进行检查验收，其材质、规格、形状、图案等应符合设计要求，凡有缺棱掉角、线条不清晰、表面污染的花饰，应做退货处理。

（2）对于水泥、石膏类花饰的制作，一定要按照施工规范的要求进行操作，做到形状规则、尺寸准确、表面平整、振捣密实、养护充分。

（3）加强花饰装卸和运输过程中的管理，运输时要妥善包装，避免受到剧烈的振动；要选择适宜的运输工具和道路，防止出现悬臂和颠簸；花饰的搁置方法要正确；装饰时要轻拿轻放，选好受力的支撑点，防止晃动、碰撞损坏和磨损花饰。

（4）在花饰的贮存时要垫放平稳，堆放方式要合理，悬臂的长度不宜过大，堆放的高度不宜过高，并要用适当的材料加以覆盖，防止日光曝晒、雨淋和受潮。

（5）在花饰的运输和贮存过程中，尤其在未涂饰油漆之前，要保持花饰的表面清洁，以免造成涂饰时的困难，或无法清理干净而影响花饰的观感质量。

（6）对于不符合设计要求的花饰，不得用于工程中。对于已安装的花饰，缺陷不太明显并可修补者可进行修理，个别缺陷明显不合格者可采取更换的方法。

## （五）水泥花饰安装操作不符合要求

### 1. 质量问题

水泥类花饰是重量较大的一种花饰，其安装是否牢固关系重大。由于在安装中未按施工规范操作，从而造成花饰安装不牢固，存在严重安全隐患，甚至关系到整个花饰面的稳定。

### 2. 原因分析

（1）水泥花饰在正式安装前，对基层未按照有关规定进行认真清理，基层的表面未预先洒水湿润，致使花饰与基层不能牢固地黏结。

（2）在水泥花饰进行粘贴时，未将花饰背面的浮灰和隔离剂等污物彻底清理干净，也未进行洒水湿润处理，使花饰与基层的黏结力较差。

（3）在水泥花饰进行粘贴时，粘贴用的水泥砂浆抹的不均匀或有漏抹，或者砂浆填充不密实，或者采用的水泥砂浆黏结强度不足。

（4）在夏季施工时未遮阳防曝晒，冬季施工时未采取保温防冻措施，或者未按水泥砂浆和混凝土的特性操作，使花饰的黏结力减弱或破坏，从而存在严重安全隐患。

### 3. 防治措施

（1）在水泥花饰安装前，首先应按照有关规定对基层进行认真处理，使基层表面平整、粗糙、清洁，并用清水对基层进行湿润。

（2）在水泥花饰进行安装时，将水泥花饰背面的浮灰和隔离剂等污物彻底清理干净，并事先洒水进行湿润。

（3）严格控制水泥砂浆的配合比，确保水泥砂浆的配制质量，在粘贴花饰时要抹均匀，不得出现漏抹，并要做到随涂抹、随粘贴。

（4）水泥花饰粘贴后，要分层填塞砂浆，填塞的砂浆必须密实饱满。

（5）夏季施工要注意遮阴防曝晒，并按要求进行洒水养护；冬季施工要注意保温防冻，防止黏结砂浆在硬化前受冻。

（6）水泥类花饰是属于比较重的构件，如果不按施工规范要求操作，会存在很大的安全隐患，对人的安全有很大威胁，因此对于安装不牢固的水泥花饰，必须拆除后重新进行安装。

## （六）石膏花饰安装中常见质量缺陷

### 1. 存在质量现象

石膏花饰制作后通常会存在着翘曲变形和厚薄不一致等质量缺陷，安装后石膏花饰的拼装接缝处不平，不仅严重影响花饰的装饰效果，而且也影响黏结的牢固性。

### 2. 产生原因分析

（1）石膏花饰在进场时未认真检查验收，在正式安装前也未经仔细挑选，使用的花饰有翘曲变形和厚薄不一致等质量问题。

（2）在进行石膏花饰安装固定时，没有按照施工规范中的要求进行操作，造成石膏花饰没有找平、找直，安装质量不符合设计要求。

（3）石膏花饰的安装常采用快粘粉或胶黏剂进行粘贴，这些黏结材料均需要一定的凝固时间，如果在黏结材料未凝固前，石膏花饰受到碰撞，则会出现位置变化和粘贴不牢的情况。

（4）拼装接缝之间所用的腻子，一般是施工单位自己配制，如果腻子的配比不准，或配好后存放时间过长，都会造成石膏花饰拼装接缝不平、缝隙不均、黏结不牢等，严重影响装饰观感效果和黏结的牢固性。

### 3. 防治维修方法

（1）石膏花饰进场后应认真进行检查验收，其花饰规格、形状、颜色和图案等均应符合设计要求，对于翘曲变形大、线条不清晰、表面有污染、规格不符合和缺棱掉角者，必须做退货处理，不得用于工程。

（2）在石膏花饰安装前，应认真处理和清理基层，使基层表面平整、干净和干燥，并仔细检查基底是否符合安装花饰的要求。对于不符合花饰安装要求的基层，应重新进行清理和处理。

（3）在石膏花饰安装前，事先应认真对花饰进行挑选，达到规格、形状、颜色和图案统一，并在拼装台上试组装，对于翘曲变形大、厚薄不一致、缺陷较严重的花饰应剔除，把误差接近组合后进行编号。

（4）在石膏花饰安装时，应认真按照施工规范进行操作，必须做到线条顺直、接缝平整，饰面调整完毕后再进行固定。

（5）采用快粘粉或胶黏剂粘贴的石膏花饰，要加强对成品的保护工作，在未凝固前应避免碰撞和污染石膏花饰。

（6）配制石膏腻子应选用正确的配合比，计量要准确，拌制要均匀，填缝要密实，并要在规定的时间内用完。

（7）对于不符合设计要求的石膏花饰，应当进行更换；对于不平整和不顺直的接缝，要进行调整；对于碰撞位移的花饰，要重新进行粘贴。

# 四、窗帘盒、窗台板和散热器质量问题与防治措施

窗帘盒、窗台板和散热器罩，在建筑工程室内装饰中虽是比较细小装饰部件，但由于它们处于室内比较明显部位，如果施工中存在各种质量问题，不仅影响其装饰效果，而且也影响其使用功能。

## （一）窗帘盒的位置不准确，产生形状变形

### 1. 质量问题

窗帘盒安装完毕后，经检查发现有如下质量问题：安装位置偏离，不符合施工图纸中的规定，不仅严重影响其装饰性，而且对使用也有影响；另外，还存在着弯曲、变形和接缝不严密等质量缺陷，同样也影响窗帘盒的美观和使用。

### 2. 原因分析

（1）产生窗帘盒安装位置不准确的原因很多，主要有以下几点：①在安装前没有认真审核施工图纸，找准窗帘盒的准确位置；②在安装前没按有关规定进行放线定位，使安装没有水平基准线；③在安装过程中没有认真复核，造成安装出现一定的偏差；④具体施工人员的技术水平较低，不能确保安装质量。

（2）制作窗帘盒的木材不合格，尤其是木材的含水率过高，安装完毕在水分蒸发后，产生干缩变形。

（3）窗帘盒的尺寸较大，而所用的制作材料较小，结果造成在窗帘盒自重和窗帘的下垂作用下而出现弯曲变形。

### 3. 防治措施

（1）在进行窗帘盒安装前，应采取措施找准水平基准线，使安装有一个基本的依据。通长的窗帘盒应以其下口为准拉通线，将窗帘盒两端固定在端板上，并与墙面垂直。如果室内有多个窗帘盒安装，应按照相同标高通线进行找平，并各自保持水平，两侧伸出窗洞口以外的长度应一致。

（2）在制作木质窗帘盒时，应选用优质不易开裂变形的软性木材，尤其是木材的含水率必须低于12%。对于含水率较高的木材，必须经过烘烤将含水率降低至合格后才能使用。同时，木材在其他方面的指标，应符合设计要求。

（3）窗帘盒的尺寸应当适宜，其长度和截面尺寸必须通过计算确定。窗帘盒顶盖板的厚度一般不小于15mm，以便安装窗帘轨道，并不使其产生弯曲变形。

## （二）窗台板有翘曲，高低有偏差

### 1. 质量问题

窗台板安装后，经过质量检查发现主要存在以下质量问题：①窗台板挑出墙面的尺寸不一致，两端伸出窗框的长度不相同；②窗台板两端高低有偏差；③窗台板的板面不平整，出现翘曲现象。

### 2. 原因分析

（1）窗框抹灰时未按规定进行操作，结果造成抹灰厚度不一致，表面不平整。在安装窗台板时，对所抹的灰层未进行找平，从而使窗台板高低有偏差。

（2）在安装窗台板时，未在窗台面上设置中心线，没有根据窗台和窗台板的尺寸对称安装，从而导致窗台板两端伸出窗框的长度不相同。

（3）在安装窗框时，由于粗心大意、控制不严，使窗框与墙面之间存在着偏差，这样则必然使窗台板挑出墙面的尺寸不一致。

（4）在制作窗台板时，所用的木材含水率过高，窗台板安装后，由于水分的蒸发导致干缩产生翘曲变形。

### 3. 防治措施

（1）在制作木质窗台板时，应当选择比较干燥的木材，其含水率不得大于12%，其厚度不小于20mm。当窗台板的宽度大于150mm时，一般应采用穿暗带拼合的方法，以防止板的宽度过大而产生翘曲。

（2）在进行窗框安装时，其位置必须十分准确，距离墙的尺寸完全一致，两侧抹灰应当相同，这样才能从根本上避免出现高低偏差。

（3）在安装窗台板时，应当用水平仪进行找平，不允许出现倒泛水问题。在正式安装之前，对窗台板的水平度还应再次复查，两端的高低差应控制在2mm范围内。

（4）在同一房间（尤其同一面墙上）内，应按相同的标高安装窗台板，并各自保持水平。两端伸出窗洞的长度应当一致。

### （三）散热器罩的质量问题

#### 1. 质量问题

散热器罩安装后，经质量检查发现有如下质量问题：①散热器罩安装不密实，缝隙过大，很不美观；②散热器罩上的隔条间距不同，色泽有差异，有些隔条出现翘曲现象，严重影响其装饰效果。

#### 2. 原因分析

（1）在制作散热器罩之前，未认真仔细地测量散热器洞口的尺寸，使得制作后的散热器罩的尺寸不合适。尤其是当洞口的尺寸较小时，则会产生缝隙过大，散热器罩安装后既不美观，也不牢靠。

（2）散热器罩上的隔条，既是热量散发的通道，也是散热器罩上的装饰。在制作时，由于未合理安排各隔条的位置、未认真挑选制作用的木料，很容易造成色泽不同、间距不同的质量问题，对其使用和装饰均有影响。

（3）如果散热器罩中的隔条出现翘曲或活动现象，这是制作所用木材的含水率过大所致，在内部水分蒸发后，必然出现干缩变形。

#### 3. 防治措施

（1）必须在散热器洞口抹灰完成，并经验收合格后再测量洞口的实际尺寸。在制作散热器罩之前，应再次复查一下洞口尺寸，确实无误后再下料制作。

（2）制作散热器罩时必须选用优质木材，一是木材的含水率不得超过12%；二是对含水率过大的木材必须进行干燥处理；三是同一个房间内的散热器罩，最好选用同一种木材；四是对木材一定要认真选择和对比。

（3）根据散热器洞口尺寸，科学设计散热器罩，尤其是对散热器罩的边框和隔条要合理分配，使其达到较好的装饰效果。

## 五、门窗套的质量问题与防治措施

门窗套的制作与安装，应做到安装牢固、平直光滑、棱角方正、线条顺直、花纹清晰、颜色一致、表面精细、整齐美观。在制作与安装的过程中，由于各种原因可能会出现这样那样的质量问题，应认真检查、尽早发现、及时维修。

### （一）木龙骨安装中的质量问题

#### 1. 质量问题

木龙骨是墙体与门窗套的连接构件，如果木龙骨与墙体固定不牢，或者制作木龙骨的木材含水率过大，或者木龙骨受潮变形，或者面板不平、不牢，均会影响门窗套的装饰质量，给门窗套的施工带来很大困难。

### 2. 原因分析

（1）没有按照设计要求预埋木砖或木砖的间距过大，或者预埋的木砖不牢固，致使木龙骨与墙体无法固定或固定不牢。

（2）在混凝土墙体进行施工时，预留门窗洞口的位置不准确，或在浇筑中因模板变形，洞口尺寸有较大偏差，在配制木龙骨时又没有进行适当处理，给以后安装筒子板、贴脸板造成很大困难。

（3）制作木龙骨的木料含水率过大或龙骨内未设置防潮层，或木龙骨在安装后受到湿作业影响，木龙骨产生翘曲变形，使面板安装不平。

（4）由于木龙骨排列不均匀，使铺设的面层板材出现不平或松动现象，影响门窗套的装饰质量。

### 3. 防治措施

（1）在木龙骨安装前，应对安装门窗套洞口的尺寸、位置、垂直度和平整度进行认真复核，对于不符合要求的应采取措施进行纠正，以便木龙骨的正确安装。

（2）在复核和纠正门窗套洞口后，还应当检查预埋的木砖是否符合木龙骨安装的位置、尺寸、数量、间距等方面的要求。如果木砖的位置不符合要求应予以改正，当墙体为普通黏土砖墙时，可以在墙体上钻孔塞入木楔，然后用圆钉进行固定；当墙体为水泥混凝土时，可用射钉进行固定。

（3）制作木龙骨应选用合适的木材，其含水率一般不得大于12%，厚度不应小于20mm，并且不得有腐朽、节疤、劈裂和扭曲等弊病。

（4）在进行木龙骨安装时，要注意木龙骨必须与每块预埋的木砖固定牢固，每一块木砖上最少要钉两枚钉子，钉子应上下斜角错开。木龙骨的表面应进行刨光，其他三面要涂刷防腐剂。

（5）如果是因为门窗套洞口的质量问题，必须将木龙骨拆除纠正门窗套洞口的缺陷，然后重新安装木龙骨；如果木龙骨与墙体固定不牢，可根据实际补加钉子；如果木龙骨因含水率过大而变形，轻者可待变形完成后进行维修，重者应重新制作、安装。

## （二）木门窗套的质量缺陷

### 1. 质量问题

木门窗套安装完毕后，经过质量检查很可能存在以下质量问题：木纹错乱、色差较大、板面污染、缝隙不严等缺陷，严重影响木门窗套的装饰效果。

### 2. 原因分析

（1）对于制作门窗套的材料未进行认真挑选，其颜色、花纹和厚薄不协调，或者挑选中操作粗心，导致木纹错乱、色差过大，致使木门窗套的颜色很难达到均匀，也不能体现木纹通顺的美观效果。

（2）当采用人造五层胶合板做面板时，胶合板的板面发生透胶，或安装时板缝剩余胶液未清理干净，在涂刷清油后即出现黑斑、黑纹等污染。

（3）门窗框没有按照设计要求裁割口或打槽，使门窗套板的正面直接粘贴在门窗框的背面，盖不住缝隙，从而造成结合不严密。

### 3. 防治措施

(1) 木门窗套所用的木材含水率应不大于12%，胶合板的厚度一般应当不小于5mm。如果用原木板材作面板时，厚度不应小于15mm，背面应设置变形槽，企口板的宽度不宜大于100mm。

(2) 在木门窗套粘贴固定前，应认真挑选制作的材料，尤其是面层板材要纹理顺直、颜色均匀、花纹相近、搭配适宜。木材不得有节疤、扭曲、裂缝和污染等弊病，在同一个房间内所用的木材，其树种、颜色和花纹应当一致。

(3) 当使用切片板材时，尽量要将花纹木心对上，一般花纹大者安装在下面，花纹小者安装在上面，防止出现倒装现象。为了合理利用切片板材，颜色和花纹好的用在表面，颜色稍差的用在较隐蔽的部位。

(4) 要掌握门窗套的正确安装顺序，一般应先安装顶部，找平后再安装其两侧。为将门窗套粘贴牢固，门窗框要有裁割口或打槽。

(5) 在安装门窗套的贴脸时，先量出横向所需要的长度，两端放出45°角，锯好刨平，紧贴在樘子上冒头钉牢，然后再配置两侧的贴脸。贴脸板最好盖上抹灰墙面20mm，最少也不得小于10mm。

(6) 贴脸下部要设置贴脸墩，贴脸墩的厚度应稍微厚于踢脚板的厚度；当不设置贴脸墩时，贴脸板的厚度不能小于踢脚板，以避免踢脚板出现冒出。

(7) 门筒子板的接缝一般在离地1.2m以下，窗筒子板的接缝在2.0m以上，接头应在龙骨上。接头处应采用抹胶并用钉子固定，固定木板的钉子长度约为面板厚度的2.0～2.5倍，钉子的间距一般为100mm，钉子的帽要砸扁，顺着木纹冲入面层1～2mm。

(8) 对于扭曲变形过大的门窗套，必须将其拆除重新进行安装；对于个别色差较大和木纹错乱的，可采取对不合格更换的办法；对于出现的不影响使用功能和整体美观的缺陷，可采取不拆除而维修的方法解决。

## （三）贴脸接头安装的质量问题

### 1. 质量问题

贴脸板一般是采用多块板材拼接而成，如果接头位置和处理不符合要求，会造成接缝明显而影响装饰质量；在固定贴脸板时，如果固定方法不符合设计要求，也会影响贴脸板的装饰效果。

### 2. 原因分析

(1) 在进行贴脸板安装时，采用简单的齐头对接方式，这种方式很难保证接缝的严密，当门窗框发生变形或受温度影响时，则会出现错槎或接缝明显。

(2) 在制作或采购贴脸板时，对其树种、材质、规格、质量和含水率等，未进行严格检查，安装后由于各种原因而出现接头处的缺陷。

(3) 在进行贴脸板安装固定时，钉子不按照规定的质量要求砸扁处理，而是采用普通钉钉入固定的方式随意钉入，结果造成钉眼过大、端头劈裂或钉帽外露等，这样也会严重影响贴脸板的装饰效果。

### 3. 防治措施

（1）贴脸板进场后要按设计要求检查验收，其树种、材质、规格、质量和含水率等，必须满足设计要求，并且不能有死节、翘曲、变形、变色、开裂等缺陷。

（2）贴脸在水平及垂直方向应采用整条板，一般情况下不能有接缝，在转角处应按照角度的大小制成斜角相接，不准采用简单的齐头对接方式。

（3）固定贴脸板的钉帽应当砸扁，其宽度要略小于钉子的直径。钉子应顺着木纹深入板面，深度一般为1mm左右，钉子的长度应为板厚的2.0倍，钉子的间距为100～150mm。对于比较坚硬的木料，应先用木钻钻孔，然后再用钉子固定。

（4）在做好割角接头后，应当进行预拼装，对不合格之处修理找正，使接头严密、割角整齐、外观美观。

（5）对于影响装饰效果的齐头对接贴脸板，应当拆除重新安装；对于未处理好的钉帽，可起下后再进行砸扁处理。

# 第十节　建筑地面工程质量问题与防治

地面装饰工程包括楼面装饰和地面装饰两部分，两者的主要区别是饰面的承托层不同。楼面装饰面层的承托层是架空的楼面结构层，地面装饰面层的承托层是室内地基。地面装饰工程所用的材料种类很多，在实际地面装饰工程中采用的主要有水泥砂浆、混凝土、天然石材、陶瓷地砖、塑料、涂料、地毯、木地板等。

地面装饰工程是建筑装饰工程的重要组成部分，直接影响整个建筑产品的使用功能、装饰质量及外观效果。完美的地面装饰设计要通过精心施工来实现，只有通过施工单位的精心设计、精心施工、严格控制、认真选材、质量管理、工程验收等各个环节，方能达到预期的地面工程装饰效果。但是，在地面工程的施工中也会出现这样那样的质量问题，必须针对实际情况采取防治措施，使其达到现行国家标准《建筑地面工程施工质量验收规范》（GB 50209—2010）中的要求。

## 一、水泥砂浆地面质量问题与防治措施

水泥砂浆地面，是应用最普遍的一种地面，是直接在现浇混凝土垫层的水泥砂浆找平层上施工的一种传统整体地面。水泥砂浆地面面层是以水泥作为胶凝材料、砂子作为骨料，按一定的配合比配制抹压而成的低档地面。水泥砂浆地面的优点是造价较低、施工简便、使用耐久，但容易出现起灰、起砂、裂缝、空鼓等质量问题。

### （一）地面起砂

#### 1. 质量问题

地面起砂的质量问题，主要表现在地面的表面比较粗糙，颜色发白，光洁度差，质地松软。在其表面上走动，最初有松散的水泥灰，用手触摸有干水泥面的感觉；随着人们走动次数

的增多，砂浆中的砂粒出现松动，或有成片水泥硬壳剥落。

## 2. 原因分析

产生地面起砂的原因很多，归纳起来主要有以下几个方面。

(1) 水灰比过大　材料试验证明：常用的水泥在进行水化反应中，所需要的水量约为水泥质量的25%左右，即水泥砂浆的水灰比为0.25左右。这样小的水灰比，虽然能满足水化反应的用水量，但在施工过程中摊铺和压实是非常困难的。为保证水泥砂浆施工的流动性，水灰比往往控制在0.40～0.60范围内。但是，水灰比与水泥砂浆的强度成反比，如果砂浆中的用水量过大，不仅将会大大降低面层砂浆的强度，而且还会造成砂浆产生泌水，进一步降低地面表面的强度，由此会出现磨损起砂的质量问题。

(2) 施工工序不当　由于不了解水泥凝结硬化的基本原理，水泥砂浆地面压光工序安排不适当，以及底层材料过干或过湿等，造成地面压光时间过早或过晚。工程实践证明，如果压光过早，水泥水化反应刚刚开始，凝胶尚未全部形成，砂浆中的自由水比较多，虽然经过压光，其表面还会游浮出一层水，对面层砂浆的强度和抗磨性将严重降低；如果压光过晚，水泥已产生终凝，不但无法消除面层表面的毛细孔及抹痕，而且还会扰动已经硬化的表面，也将大幅度降低面层砂浆的强度和抗磨性能。

(3) 养护不适当　水泥经初凝和终凝进入硬化阶段，这也是水泥水化反应的阶段。在适当的温度和湿度的条件下，随着水化反应的不断深入，水泥砂浆的强度不断提高。在水泥砂浆地面完工后，如果不进行养护或养护条件不当，必然会影响砂浆的凝结硬化速度。如果养护温度和湿度过低，水泥的水化反应就会减缓速度，严重时甚至停止硬化，致使水泥砂浆脱水而影响强度。如果水泥砂浆未达终凝就浇水养护，也会使面层出现脱皮、砂粒外露等质量问题。

(4) 使用时间不当　工程实践充分证明：当水泥砂浆地面尚未达到设计强度的70%以上，就在其上面进行下道工序的施工，使地面表层受到频繁的振动和摩擦，很容易导致地面起砂。这种情况在气温较低时尤为显著。

(5) 水泥砂浆受冻　水泥砂浆地面在冬季低温条件下施工，如果不采取相应的保温或供暖措施，水泥砂浆易产生受冻。材料试验表明，水泥砂浆受冻后，体积大约膨胀9%，产生较大的冰胀应力，其强度将大幅度下降；在水泥砂浆解冻后，砂浆体积不再收缩，使面层砂浆的孔隙率增大；骨料周围的水泥浆膜的黏结力被破坏，形成松散的颗粒，在摩擦的作用下也会出现起砂现象。

(6) 原材料不合格　原材料不合格，主要是指所用的水泥和砂子。如果采用的水泥强度等级过低，或水泥中有过期的结块水泥、受潮的结块水泥，必然严重影响水泥砂浆的强度和地面的耐磨性能。如果水泥砂浆中采用的砂子粒径过小，则砂子的表面积则大，拌和时需水量大，则水泥砂浆水灰比加大，水泥砂浆的强度降低；如果砂中含泥量过多，势必影响水泥与砂子的黏结，也容易造成地面起砂。

(7) 施工环境不当　冬季施工时在新浇筑砂浆地面房间内应采取升温措施，如果不采取正确的排放烟气措施，燃烧产生的二氧化碳气体，常处于空气的下层，它和水泥砂浆表面层相接触后，与水泥水化生成的、尚未硬化的氢氧化钙反应，生成白色粉末状的碳酸钙，其不仅本身强度很低，而且还阻碍水泥水化反应中正常进行，从而显著降低砂浆面层的强度，使地面出现起砂。

## 3. 预防措施

根据以上水泥砂浆地面起砂的原因分析，很容易得到预防地面起砂的措施，在一般情况下，可以采取以下措施。

（1）严格控制水灰比　严格控制水泥砂浆的水灰比是防止起砂的重要技术措施，在工程施工中主要按照砂浆的稠度来控制水泥砂浆的水灰比大小。根据工程实践经验，用于地面面层的水泥砂浆的稠度，一般不应大于35mm（以标准圆锥体沉入度计），用于混凝土和细石混凝土铺设地面时的坍落度，一般不应大于30mm。混凝土面层宜用平板式振捣器振实，细石混凝土宜用辊子滚压，或用木抹子进行拍打，使其表面出现泛浆，以保证面层的强度、密实度和平整度。

（2）掌握好压光时机　水泥砂浆地面的压光一般不应少于3遍。第一遍压光应在面层铺设完毕后立即进行，先用木抹子均匀地搓压一遍，使面层材料均匀、紧密、平整，以水泥砂浆的表面不出现水面为宜。第二遍压光应在水泥初凝后、终凝前进行，将表面压实、平整。第三遍压光也应在水泥终凝前进行，主要是消除抹痕和闭塞细毛孔，进一步将表面压实、压光滑。

（3）进行充分的养护　水泥砂浆地面压光之后，在常温情况下，24h后应当开始浇水养护，或者用草帘、锯末覆盖后洒水养护，有条件也可采用蓄水养护。根据工程实践，采用普通硅酸盐水泥的地面，连续养护时间不得少于7d；采用硅酸盐水泥的地面，连续养护时间不得少于10d。

（4）合理安排施工工序　水泥地面的施工应尽量安排在墙面、顶棚的粉刷等装饰工程完工后进行，这样安排施工流向，不仅可以避免地面过早上人，避免与其他工序发生冲突，而且可以避免对地面面层产生污染和损坏。如果必须安排在其他装饰工程后进行，应采取有效的保护措施。

（5）防止地面早期受冻　水泥砂浆和混凝土早期受冻，对其强度的降低最为严重。在低温条件下铺筑水泥砂浆地面，应采取可靠措施防止早期受冻。在铺筑地面前，应将门窗玻璃安装好，或设置供暖设备，以保证施工温度在＋5℃以上。采用炉火取暖时，温度一般不宜超过30℃，应设置排烟设施，并保持室内有一定的湿度。

（6）选用适宜的材料　水泥砂浆地面最好采用早期强度较高的硅酸盐水泥、普通硅酸盐水泥，其强度等级不应低于32.5MPa，过期结块和受潮结块的水泥不能用于工程。砂子一般宜采用中砂或粗砂，含泥量不得大于3%；用于面层的粗骨料粒径不应大于15mm，也不应大于面层厚度的2/3，含泥量不得大于2%。

（7）采用无砂水泥地面　工程材料试验证明，用于面层的水泥砂浆，用粒径为2～5mm的米石，代替水泥砂浆中的砂子，是防止地面起砂的比较成功方法。这种材料的配合比为：水泥∶米石＝1∶2（体积比），稠度控制在35mm以下。工程实践表明，这种地面压光后，一般情况不会产生起砂，必要时还可以进行磨光。

## （二）地面出现空鼓

### 1. 质量问题

地面空鼓是一种房屋工程水泥砂浆地面最常见的质量通病，是指装修面层（抹灰层或面砖）与基层处理不好、结合不紧密，导致基层与装修面层之间出现空隙空间，用脚用力踩踩或硬物轻击会听到如击鼓的声音，建筑工程上称之为“空鼓”。在使用一段时间后，很容易出现开裂，严重者产生大片剥落，影响地面的使用功能。

### 2. 原因分析

（1）在进行基层（或垫层）清理时，没有按照有关规定和设计要求进行，上面还有浮灰、杂物、浆膜或其他污物。特别是室内粉刷墙壁、顶棚时，白灰砂浆落在楼（地）板上，造成清理比较困难，严重影响垫层与面层的结合。

（2）在面层施工前，未对基层进行充分的湿润。由于基层中过于干燥，铺设砂浆后水分迅速被吸收，致使砂浆失水过快而强度不高，面层与基层黏结不牢。另外，干燥基层表面的粉尘很难清扫干净，对面层砂浆也起到一定的隔离作用。

（3）基层（或垫层）的表面积水过多，在铺设面层水泥砂浆后，积水处的砂浆水灰比突然增大，严重影响面层与垫层之间的黏结，必然造成地面空鼓。

（4）为了增加面层与基层的黏结，可以采用涂刷水泥浆的方法。但是，如果水泥浆刷浆过早，铺设面层时水泥浆已经硬化，这样不但不能增加面层与基层的黏结力，反而起了隔离层的作用。

（5）炉渣垫层的材料和施工质量不符合设计要求。主要表现在以下几个方面。

① 使用未经过筛和未用水焖透的炉渣拌制水泥炉渣垫层。这种炉渣垫层粉末过多、强度较低、容易开裂、造成空鼓。另外，炉渣中含有煅烧过的煤矸石，若未经水焖透，遇水后消解而体积膨胀，造成地面空鼓。

② 使用的石灰未经充分熟化，加上未进行过筛，拌和物铺设后，生石灰吸水产生体积膨胀，使水泥砂浆面层起拱，也将造成地面空鼓。

③ 设置于炉渣垫层中的管道没有采用细石混凝土进行固定，从而产生松动现象，致使面层开裂、空鼓。

## 3. 预防措施

（1）严格进行底层处理。

① 认真清理基层表面的浮灰、浆膜及其他污物，并冲洗干净。如果底层表面过于光滑，为增强层面与基层的结合力，应当进行凿毛处理。

② 控制基层的平整度，用 2m 直尺检查，其凹凸度不得大于 10mm，以保证面层厚度均匀一致，防止厚薄差距过大，造成收缩不均而产生裂缝和空鼓。

③ 水泥砂浆面层施工前 1～2d，应对基层认真进行浇水湿润，使其具有清洁、湿润、粗糙的表面。

（2）保证结合层施工质量　保证结合层施工质量的措施主要包括以下几种。

① 素水泥浆的水灰比应控制在 0.40～0.50 范围内，一般应采用均匀涂刷的施工方法，而不宜采用撒干面后浇水的扫浆方法。

② 刷水泥浆与铺设面层应紧密配合，严格做到随涂刷、随铺设，不允许出现水泥浆风干硬化后再铺设面层。

③ 在水泥炉渣或水泥石灰炉渣垫层上涂刷结合层时，应采用配合比为：水泥：砂＝1：1（体积比）的材料。

（3）保证垫层的施工质量　保证垫层施工质量的措施主要包括以下几种。

① 垫层所用的炉渣，应当采用在露天堆放、经雨水或清水、石灰浆焖透的“陈渣”，炉渣内也不得含有有机物和未燃尽的煤块。

② 采用的石灰应在使用前用 3～4d 的时间进行熟化，并加以过筛，其最大粒径不得大于 5mm。

③ 垫层材料的配合比应适当。水泥炉渣的配合比为：水泥：炉渣＝1：6（体积比）；水泥石灰和炉渣的配合比为：水泥：石灰：炉渣＝1：1：8（体积比）。在施工中要做到：拌和均匀、严限水量、铺后辊压、搓平整、抹密实。铺设厚度一般不应小于 60mm，当超过 120mm

时，应分层进行铺设。

④ 炉渣垫层铺设在混凝土基层上时，铺设前应在基层上涂刷水灰比为 0.45 左右的素水泥浆一遍，并且随刷、随铺。

⑤ 炉渣垫层铺设后，要认真做好养护工作，养护期间避免遭受水的浸蚀，待其抗压强度达到 1.2MPa 以上后，再进行下道工序的施工。

⑥ 混凝土垫层应用平板式振捣器振捣密实，对于高低不平的地方，可以用水泥砂浆或细石混凝土进行找平。

## （三）面层出现裂缝

### 1. 质量问题

水泥砂浆地面面层出现裂缝是一种多因素造成的质量通病，也是一种陈旧性的质量通病。在地面面层上出现的裂缝，其特点是部位不固定、形状不一样，预制板楼地面可能出现，现浇板楼地面也可能出现，有的是表面裂缝，也有的是连底裂缝。

### 2. 原因分析

（1）采用的水泥安定性差或水泥刚刚出窑，在凝结硬化时产生较大的收缩。或采用不同品种、不同强度等级的水泥混杂使用，其凝结硬化时间及收缩程度不同，也会造成面层裂缝。砂子粒径过细或者是含泥量过多，从而造成拌和物的强度降低，并易引起面层收缩而产生裂缝。

（2）不能及时养护或不对面层进行养护，很容易产生收缩裂缝。这对水泥用量比较大的地面或用矿渣硅酸盐水泥做的地面最为显著。在温度较高、空气干燥和有风季节，如果养护不及时，地面更容易产生干缩裂缝。

（3）水泥砂浆水灰比过大或搅拌不均匀，则砂浆的抗拉强度会显著降低，严重影响水泥砂浆与基层的黏结，也很容易导致地面出现裂缝。

（4）首层地面填土质量不符合设计要求，主要表现在：回填土的土质较差或填筑夯实不密实，地面完成后回填土沉陷，使面层出现裂缝；回填土中有冻块或冰块，当气温回升融化后，回填土出现沉陷，从而使地面面层产生裂缝。

（5）配合比不适宜，计量不准确，垫层质量差；混凝土振捣不密实，接槎不严密；地面填土局部标高不够或过高，这些都会削弱垫层的承载力而引起面层裂缝。

（6）如果底层不平整，或预制楼板未找平，使面层厚薄不均匀，面层会因收缩不同而产生裂缝；或埋设管道、预埋件、地沟盖板偏高偏低等，也会使面层厚薄不匀；新旧混凝土交接处因吸水率及垫层用料不同，也将导致面层收缩不匀。

（7）面积较大的楼地面，未按照设计和有关规定设置伸缩缝，当温度发生较大变化时，产生较大的胀缩变形，使地面产生温度裂缝。

（8）如果因局部地面堆积荷载过大而造成地基土下沉或构件挠度过大，使构件下沉、错位、变形，导致地面产生不规则裂缝。

（9）掺入水泥砂浆和混凝土中的各种减水剂、防水剂等，均有增大其收缩量的不良影响。如果掺加外加剂过量，面层完工后又不注意加强养护，则会造成面层较大的收缩值，很容易形成面层开裂。

### 3. 预防措施

（1）应当特别重视地面面层原材料的质量，选择质量符合要求的材料配制砂浆。胶凝材料应当选用早期强度较高、收缩性较小、安定性较好的水泥，砂子应当选用粒度不宜过细、含泥量符合国家标准要求的中粗砂。

(2) 保证垫层厚度和配合比的准确性，振捣要密实，表面要平整，接茬要严密。根据工程实践证明，混凝土垫层和水泥炉渣（水泥石灰炉渣）垫层的最小厚度不应小于60mm；三合土垫层和灰土垫层的最小厚度不应小于100mm。

(3) 用于面层水泥拌和物应严格控制用水量，水泥砂浆稠度不应大于35mm，混凝土坍落度不应大于30mm。在面层表面压光时，千万不可采用撒干水泥的方法。必要时可适量撒一些1∶1干拌水泥砂，待其吸水后，先用木抹子均匀搓一遍，然后再用铁抹子压光。水泥砂浆终凝后，应及时进行覆盖养护，防止产生早期收缩裂缝。

(4) 回填土应分层填筑密实，如果地面以下回填土较深时，还应做好房屋四周地面排水，以免雨水灌入造成回填土沉陷，导致面层产生裂缝。

(5) 水泥砂浆面层在铺设前，应认真检查基层表面的平整度，尽量使面层的铺设厚度一致，使面层的收缩基本相同。如果因局部埋设管道、预埋件而影响面层厚度时，其顶面至地面表裂的最小距离不得小于10mm，并设置防裂钢丝网片。

(6) 为了适应地面的热胀冷缩变形，对于面积较大的楼地面，应从垫层开始设置变形缝。室内一般设置纵向和横向伸缩缝，缝的间距应当符合设计要求。

(7) 在结构设计上应尽量避免基础沉降量过大，特别要避免出现不均匀沉降；采用的预制构件应有足够的刚度，不准出现过大的挠度。

(8) 在日常使用的过程中，要尽可能避免局部楼地面集中荷载过大。

(9) 水泥砂浆（或混凝土）面层中如果需要掺加外加剂，最好通过试验确定其最佳掺量，在施工中严格按规定控制掺加用量，并注意加强养护。

## 二、板块地面面层质量问题与防治措施

地面砖与陶瓷锦砖是室内地面装修中最常用的材料之一，地面砖和陶瓷锦砖主要包括缸砖、各种陶瓷地面砖，在施工中如果不精心管理和操作，很容易发生一些质量问题，不仅直接影响其使用功能和观感效果，而且会造成用户的恐惧心理。

众多地面砖施工实践证明，板块地面的主要质量问题有：地面砖的空鼓和脱落、地面砖的裂缝、地面砖的接缝问题、地面砖不平整和积水、陶瓷锦砖的空鼓和脱落、锦砖地面污染等。

### （一）地面砖空鼓与脱落质量问题

#### 1. 质量问题

地面砖或陶瓷锦砖与铺设地面基层黏结不牢，人走在上面时有空鼓声，或出现部分地面砖、陶瓷锦砖有松动或脱落现象。

#### 2. 原因分析

出现地面砖、陶瓷锦砖空鼓与地面基层脱落质量问题的原因很多，根据工程实践经验，归纳起来主要有以下几个方面。

(1) 基层清理不符合设计要求　铺贴地面砖或陶瓷锦砖的地面基层，应当按照施工规范的

要求进行清理干净，如果表面有泥浆、浮灰、杂物、积水等隔离性物质，就不能使地面砖与基层牢固地黏结在一起，从而发生空鼓与脱落质量问题。

（2）基层质量不符合要求　地面砖能否与基层黏结为一体，不出现空鼓与脱落，在很大程度上取决于基层的质量如何。如果基层强度低于M15，表面则容易产生酥松和起砂，再加上施工中对基层不进行浇水湿润，很容易发生空鼓与脱落。

（3）水泥砂浆质量不合格　地面砖与基层的黏结是否牢固，水泥砂浆的质量是关键。如果水泥砂浆配合比设计不当、搅拌中计量不准确、水泥砂浆成品质量不合格，在施工中铺压不紧密，也是造成地面砖空鼓与脱落的主要原因之一。

（4）地面砖或陶瓷锦砖铺前处理不当　地面砖或陶瓷锦砖在铺设前应当清洗干净、浸水晾干，这样才能确保铺贴质量。若没有按规定浸水和洗净背面的灰烬和粉尘，或一边铺设一边浸水，地面砖或陶瓷锦砖上的明水没有擦拭干净就铺贴，必然影响水泥砂浆与地面砖的黏结。

（5）地面砖或陶瓷锦砖铺后保护不够　水泥砂浆的凝结硬化，不仅需要一定的温度和湿度，而且不能过早的扰动。如果地面砖或陶瓷锦砖铺贴后，黏结层尚未硬化，就过早地在地面上走动、推车、堆放重物，或其他工种在地面上操作和振动，或不及时进行浇水养护，势必影响铺贴质量。

### 3. 预防措施

（1）确保基层的施工质量　基层的砂浆强度要满足铺贴地面砖或陶瓷锦砖的要求，其砂浆的强度等级一般不得低于M15，砂浆的搅拌质量要求必须符合施工要求；每处脱皮和起砂的累计面积不得超过0.5$m^2$，平整度用2m“靠尺”检查时不大于5mm；不得出现脱壳和酥松质量问题。

（2）水泥砂浆质量应合格　水泥砂浆一般应采用硅酸盐水泥或普通硅酸盐水泥，水泥的强度等级一般不应低于42.5MPa，水泥砂浆的强度等级不应低于M15，其配合比一般应采用水泥：砂＝1：2，水泥砂浆的稠度控制在2.5～3.5mm之间。

（3）保证地面砖或陶瓷锦砖质量。地面砖或陶瓷锦砖在进行正式铺贴前，应对其规格尺寸、外观质量、表面色泽等进行预选，必须确保地面砖或陶瓷锦砖质量符合设计要求，然后将地面砖或陶瓷锦砖的表面清除干净，放入清水中浸泡2～3h后取出晾干备用。

## （二）地面砖裂缝质量问题

### 1. 质量问题

地面砖装饰地面由夏季进入秋季或者冬季时，由于温差变化较大的原因，易在夜间发生地面砖爆裂并有起拱的质量问题。

### 2. 原因分析

（1）建筑结构的原因　由于种种原因，楼地面结构发生较大变形，地面砖被拉裂；或楼面结构层为预制钢筋混凝土空心板，则会产生沿着空心板的端头横向裂缝和沿预制板的水平裂缝等。

（2）材料收缩的原因　根据工程实践证明，铺筑地面砖采用水泥：砂＝1：2的水泥砂浆比较适宜。有的地面砖结合层采用纯水泥浆，因纯水泥浆与地面砖的温差收缩系数不同，常造成地面砖出现起鼓、爆裂质量问题。

### 3. 预防措施

防止地面砖产生裂缝的措施，基本上与防止地面砖空鼓和脱落相同，即主要从基层处理、选择材料等方面着手。

## （三）地面砖接缝质量差的问题

### 1. 质量问题

地面砖的接缝质量差，往往出现在门口与楼道相接处，主要是指地面砖的接缝高差大于1mm、接缝宽度不均匀等质量问题。

### 2. 原因分析

（1）地面砖质量低劣　地面砖的质量低劣，达不到现行的产品标准，尤其是砖面的平整度和挠曲度超过规定，必然会造成接缝质量差，这是这类质量问题的主要原因。

（2）施工操作不规范　铺贴时操作不规范，接合层的平整度差，密实度小，且不均匀。由于操作不规范，很容易造成相邻两块砖接缝高差大于1mm，接缝宽度大于2mm，或一头宽一头窄，或因接合层局部沉降而产生较大高差。

### 3. 预防措施

（1）把好地面砖的质量关　严格按设计要求选择地面砖，控制好材料的质量，这是确保地面砖施工质量的关键。在选择地面砖时，应挑选平整度、几何尺寸、色泽花纹均符合标准的地面砖。

（2）严格按施工规范进行铺贴　要求铺贴好的地面砖平整光洁、接缝均匀。在正式铺贴前，先将地面砖进行预排（包括色泽和花纹的调配），拉好纵向、横向和水平的铺设的控制线，施工中严格按控制线进行铺设。

## （四）面层不平整、积水、倒泛水问题

### 1. 质量问题

地面砖面层平直度差超过2mm，有积水和倒泛水现象，影响地面砖的使用功能和观感，也应当引起足够的重视。

### 2. 原因分析

（1）施工管理水平较低，铺贴时没有测好和拉好水平控制线。有的虽拉好了水平控制线，但由于施工中不太注意，控制线时松时紧，也会导致平整度差。

（2）底层地面的基层回填土未按要求进行夯实，使基层的局部产生沉陷，造成地面砖表面低洼而积水。

（3）在铺贴地面砖前，没有认真检查作业条件，如找平层的平整度，排水坡度没有查明，就盲目铺贴地面砖，从而造成倒泛水问题。

### 3. 预防措施

（1）铺贴地面砖前要首先认真检查作业条件，找平层的强度、平整度、排水坡度必须符合

设计要求，分格缝中的柔性防水材料要先灌注好，地漏要预先安装于设计位置，使找平层上的水都能顺畅地流入地漏。

（2）按控制线先铺贴好纵横定位地面砖，再按照控制线粘贴其他地面砖。每铺完一个段落，用喷壶进行洒水，每隔15min左右用硬木平板放在地面砖上，用木槌敲击木板（全面打一遍）。边拍实边用水平尺检查其平整度，直到达到标准为止。

## （五）陶瓷锦砖地面空鼓与脱落问题

### 1. 质量问题

陶瓷锦砖铺设完毕后，经检查有些地方的锦砖出现空鼓，比较严重的则出现脱落，不仅严重影响地面的平整和美观，而且也严重影响其使用功能。

### 2. 原因分析

（1）结合层砂浆在摊铺后，没有及时铺贴陶瓷锦砖，而结合层的砂浆已达到初凝；或使用拌和好超过3h的砂浆等，均容易造成空鼓与脱落质量问题。

（2）陶瓷锦砖地面铺贴完工后，没有做好养护和成品保护工作，在水泥砂浆尚未达到一定强度时，便被人随意踩踏或在其上面进行其他工序施工。

（3）铺贴完毕的陶瓷锦砖，盲目采用浇水湿纸的方法进行处理。因浇水过多，有的在揭纸时拉动砖块，水渗入砖的底部使已粘贴好的陶瓷锦砖出现空鼓。

（4）在铺贴结合层水泥砂浆时，将砂浆中的游离物质浮在水面，被刮到低洼处凝结成薄膜隔离层，造成陶瓷锦砖脱壳。

### 3. 预防措施

（1）检查陶瓷锦砖地面铺贴的基层平整度、强度，合格后方可铲除灰疙瘩，然后打扫冲洗干净。在铺抹黏结水泥砂浆前1h左右，先在洒水湿润（但不能积水）的基层面上薄刷水泥浆一遍。

（2）在铺抹黏结层时，要掌握好水泥砂浆的配制质量，严格按规定的配合比进行计量，准确控制用水量，使搅拌好的砂浆稠度在30mm左右。配合铺设陶瓷锦砖的需要，做到随搅拌、随抹灰、随铺设锦砖，粘贴好一段后再铺另一段砂浆。

（3）严格按施工规范进行操作，并做好成品的养护和保护工作。

## （六）锦砖地面出现偏斜质量问题

### 1. 质量问题

陶瓷锦砖在铺设的过程中，尤其是铺至边缘时，发现出现锦砖的缝隙不垂直房间，而是出现偏斜，不仅使铺设施工造成很大困难，而且也严重影响地面的装饰效果。对于地面装饰要求较高的工程，很可能因返工造成材料的浪费和损坏。

### 2. 原因分析

（1）房间不方正、尺寸不标准，施工前没有查清和适当纠正，没有排列好具体铺设位置，在铺设时没有拉好控制线。

（2）施工人员技术素质差，粘贴施工时又不拉控制线，结果造成各联锦砖之间的缝隙不均匀，从而使锦砖产生偏斜质量问题。

（3）在地面铺设陶瓷锦砖前，没有认真审阅图纸，或者没根据房间实际尺寸和所用锦砖进行认真核算。

### 3. 预防措施

（1）施工前要认真检查粘贴锦砖地面房间的几何尺寸，如果不方正必须进行纠正；在确定施工控制线时，要排好靠墙边的尺寸。每块陶瓷锦砖之间，与结合层之间以及在墙角、镶边和靠墙处，均应紧密贴合，不得留有空隙，在靠墙处不得采用砂浆填补。

（2）陶瓷锦砖装饰地面约施工，要挑选责任心比较强、技术水平比较高的工人操作，以确保地面工程的施工质量。

（3）在砖墙面抹灰和粉刷踢脚线时，对于在铺设陶瓷锦砖中出现的偏差，应适当进行纠正偏差。

（4）施工中应加强对工程质量的监督与控制，及时纠正各道工序中出现的偏差，不要将偏差累积在最后。

## （七）板块地面空鼓

### 1. 质量问题

如果板块地面（水磨石、大理石、地板砖等）铺设不牢固，用小锤敲击时有空鼓声，人走在板块地面上有板块松动感。

### 2. 原因分析

（1）基层表面清理不干净或浇水湿润不充分，涂刷的水泥浆结合层不均或涂刷的时间过长，水泥浆已产生硬化，根本起不到黏结板块的作用，结果造成板块面层与基层分离而导致空鼓。

（2）在板块面层铺设之前，板块的背面的浮灰没有刷干净，也没有进行浸水湿润，严重影响黏结效果，从而形成空鼓。

（3）铺设板块宜采用干硬性砂浆，并要对砂浆进行压实。如果砂浆含水率大或砂浆不压实、不平整，很容易造成板块空鼓。

### 3. 预防措施

（1）铺设板块的基层表面必须清扫干净，并浇水使其充分湿润，但不得存有积水。基层表面涂刷的水泥浆应均匀，并做到随涂刷水泥浆、随铺筑水泥砂浆结合层。

（2）板块面层在铺设前应浸水湿润，并应把板的背面浮灰等杂物清扫干净，等板块吸水达到饱和面干时铺设最佳。

（3）采用配合比适宜干硬性水泥砂浆，水泥砂浆铺后能够很好地摊平，经小锤敲击板块很容易平整，并且与基层、板块的黏结性好。

## （八）板块接缝的缺陷

### 1. 质量问题

板块面层在铺设后，相邻板块的拼接处出现接缝不平、缝隙不匀等质量缺陷，严重影响板块地面的装饰效果。

### 2. 原因分析

（1）板块本身厚薄不一样，几何尺寸不准确，有翘曲、歪斜等质量缺陷，再加上事先未进行严格挑选，使得板块铺贴后造成拼缝不平、缝隙不匀现象。

（2）在铺设板块面层时，不严格用水平尺进行找平，铺完一排后也不用 3m“靠尺”进行双向校正，缝隙不拉通线控制，只凭感觉和经验进行施工，结果造成板块接头不平、缝隙不匀等质量缺陷。

（3）在铺设板块面层后，水泥砂浆尚未完全硬化时，在养护期内过早地上人行走或使用，使板块产生移动或变形，也会造成板块接头不平、缝隙不匀等质量缺陷。

### 3. 预防措施

（1）加强对进场板块的质量检查，对那些几何尺寸不准、有翘曲、歪斜、厚薄偏差过大、有裂缝、掉角等缺陷的板块要挑出不用。

（2）在板块铺贴前，铺好基准块后，应按照从中间向两侧和退后方向顺序进行铺贴，随时用水平尺和直尺找平，对板块的缝隙必须拉通线控制，不得有偏差。

（3）板块铺设完毕后，尤其在水泥砂浆未完全硬化前，要加强对地面成品的保护，不要过早地在铺设的地面行走或进行其他工序操作。

# 三、水磨石地面质量问题与防治措施

水磨石经过多道施工工艺完成后，最后经过磨光后才能较清晰地显现出质量优劣。工程实践证明，现浇水磨石的质量通病一旦形成，则难以进行治理的，因此要消除质量问题，应重视和加强施工过程中的预防工作。

现浇水磨石地面常见的工程质量问题很多，在实际工程中常见的主要有：地面裂缝空鼓、表面色泽不同、石粒疏密不均、分格条显露不清等。

## （一）表面出现裂缝

### 1. 质量问题

大面积现制水磨石地面，一般常用于大厅、餐厅、休息厅、候车室、走廊等地面，但施工后使用一段时间，容易出现一定的表面裂缝。

### 2. 原因分析

（1）现浇水磨石地面出现裂缝质量问题，主要是地面回填土不实、表面高低不平或基层冬季冻结；沟盖板水平标高不一致，灌缝不密实；门口或门洞下部基础砖墙砌得太高，造成垫层厚薄不均或太薄，引起地面裂缝。

（2）楼地面上的水磨石层产生裂缝，主要是施工工期较紧，结构沉降不稳定；垫层与面层工序跟得过紧，垫层材料收缩不稳定，暗敷电缆管线过高，周围砂浆固定不好，造成面层裂缝。

（3）在现制水磨石地面前，基层清理不干净预制混凝土楼板缝及端头缝浇灌不密实，影响楼板的整体性和刚度，当地面荷载过于集中时引起裂缝。

（4）对现制水磨石地面的分格不当，形成狭长的分格带，容易在狭长的分格带上出现裂缝。

### 3. 预防措施

（1）对于首层地面房内的回填土，应当分层进行填土和夯实，不得含有杂物和较大的冻块，冬季施工中的回填土要采取必要的保温措施。门厅、大厅、候车室等大面积混凝土垫层，应分块进行浇筑，或采取适量的配筋措施，以减弱地面沉降和垫层混凝土收缩引起的面层裂缝。

（2）对于门口或门洞处的基础砖墙高度，最高不得超过混凝土垫层的下皮，保持混凝土垫层有一定的厚度；门口或门洞处做水磨石面层时，应在门口两边镶贴分格条，这样可避免该处出现裂缝。

（3）现浇水磨石地面的混凝土垫层浇筑后应有一定的养护期，使混凝土收缩基本完成后再进行面层的施工；对于较大的或荷载分布不均匀的地面，在混凝土垫层中要加配双向的 $\phi 6@150 \sim 200mm$ 的钢筋，以增加垫层的整体性、强度和刚度。预制混凝土板的板缝和端头缝，必须用细石混凝土浇筑密实。

暗敷电缆管道的设置不要过于集中，在管线的顶部至少要有 20mm 的混凝土保护层。如果电缆管道不可避免过于集中，应在垫层内采取加配钢筋网的做法。

（4）认真做好基层表面的处理工作，确实保证基层表面平整、强度满足、沉降极小，保证表面清洁、没有杂物、黏结牢固。

（5）现制水磨石的砂浆或混凝土，应尽可能采用干硬性的。因为混凝土坍落度和砂浆稠度过大，必然增加产生收缩裂缝的机会，引起水磨石地面空鼓裂缝。

（6）在对水磨石面层进行分格设计时，避免产生狭长的分格带，防止因面层收缩而产生的裂缝。

## （二）表面光亮度差

### 1. 质量问题

现制水磨石地面完成后，目测其表面比较粗糙，有些地方有明显的磨石凹痕，细小的孔洞眼较多，即使打蜡上光也达不到设计要求的光亮度。

### 2. 原因分析

（1）在对水磨石进行磨光时，由于磨石规格不齐、使用不当而造成。水磨石地面的磨光遍数，一般不应少于 3 遍。第一遍应用粗金刚石砂轮磨，主要将其表面磨平，使分格条和石子清晰外露，但不得留下明显的磨痕。第二遍应用细金刚石砂轮磨，主要是磨去第一遍磨光留下的磨石凹痕，将水磨石的表面磨光。第三遍应用更细的金刚石砂轮或油石磨，进一步将表面磨光滑，使光亮度达到设计要求。工程实践证明，如果第 2、3 遍采用的磨石规格不当，则水磨石的光亮度达不到设计要求。

（2）打蜡之前未涂擦草酸溶液，或将粉状草酸直接撒于地面进行干擦。打蜡的目的是使地面光滑、洁净美观，因此，要求所打蜡材料与地面有一定的黏附力和耐久性。涂擦草酸溶液能除去地面上的杂物污垢，从而增强打蜡效果。如果直接将粉状草酸撒于地面进行干擦，则难以保证草酸擦得均匀。擦洗后，面层表面的洁净程度不同，擦不净的地方就会出现斑痕，严重影响打蜡效果。

（3）水磨石地面在磨光的过程中，其基本工序是“两浆三磨”。“两浆”即进行两次补浆，“三磨”即磨光3遍。在进行补浆时，如果采用刷浆法，而不采用擦浆法，面层上的洞眼孔隙不能消除，一经打磨，仍然露出洞眼，表面光亮度必然差。

### 3. 预防措施

（1）在准备进行对面层打磨时，应先将磨石规格准备齐全，对外观要求较高的水磨石地面，应适当提高第3遍所用油石的号数，并增加磨光的遍数。

（2）在地面打蜡之前，应涂擦草酸溶液。溶液的配合比可用热水：草酸＝1：0.35（质量比），溶化冷却后再用。溶液洒于地面，并用油石打磨一遍后，用清水冲洗干净。

（3）在磨光补浆的施工中，应当采用擦浆法，即用干布蘸上较浓的水泥浆将洞眼擦密实。在进行擦浆之前，应先清理洞中的积水、杂物，擦浆后应进行养护，使擦涂的水泥浆有良好的凝结硬化条件。

（4）打蜡工序应在地面干燥后进行，不能在地面潮湿状态下打蜡，也不能在地面被污染后打蜡。打蜡时，操作者应当穿干净的软底鞋，蜡层应当达到薄而匀的要求。

## （三）颜色深浅不同

### 1. 质量问题

彩色的水磨石地面，在施工完成后表现出颜色深浅不一，彩色石子混合和显露不均匀，外观质量较差，严重影响地面的装饰效果。

### 2. 原因分析

（1）施工准备工作不充分，水磨石地面所用的材料采购、验收不严格，或储存数量不足，使用过程中控制和配合不严，再加上由于不同厂家、不同批号的材料性能存在一定差距，结果就会出现颜色深浅不同的现象。

（2）在进行水磨石砂浆或混凝土的配制中，由于计量不准确，每天所用的面层材料没有专人负责，往往是随使用随拌和、随拌和随配制，再加上操作不认真，检查不仔细，造成配合比不正确，也易造成颜色深浅不同。

### 3. 预防措施

（1）严格彩色水磨石组成材料的质量要求。对同一部位、同一类型的地面所需的材料（如水泥、石子、颜料等），应当经过严格选择、反复比较进行订货，最好使用同一厂家、同一批号的材料，在允许的条件下一次进场，以确保面层色泽均匀一致。

（2）认真做好配合比设计和施工配料工作。配合比设计，一是根据工程实践经验，进行各种材料的用量计算；二是根据计算配合比进行小量浇筑试验，验证是否符合设计要求。施工配料，主要是指：配料计量必须准确，符合国家有关标准的规定；将地面材料用量一次配足，并用筛子筛匀、拌和均匀、装好备用。这样在施工时，不仅施工速度快，而且彩色石子分布均匀，颜色深浅一致。

（3）在施工过程中，彩色水磨石面层配料应由专人具体负责，实行岗位责任制，认真操作，严格检查。

（4）对于外观质量要求较高的彩色水磨石地面，在正式施工前应先做小块试样，经建设单位、设计单位、监理单位和施工单位等商定其最佳配合比再进行施工。

### （四）表面石粒疏密不均、分格条显露不清

#### 1. 质量问题

表面石粒疏密不均、分格条显露不清，这是现浇水磨地面最常见的质量问题。主要表现在：表面有石粒堆积现象，有的地方石粒过多，有的地方而没有石粒，不但影响其施工进度，而且严重影响其装饰性。有的分格条埋置的深度过大，不能明显地看出水磨石的分界，也会影响其装饰效果。

#### 2. 原因分析

（1）分格条粘贴方法不正确，两边固定所用的灰埂太高，十字交叉处不留空隙，在研磨中不易将分格条显露出来。

（2）石粒浆的配合比不当，尤其是稠度过大，石粒用量太多，铺设的厚度过厚，超出分格条的高度太多，不仅会出现表面石粒疏密不均，而且也会出现分格条显露不清。

（3）如果开始磨研时间过迟，面层水泥石子浆的强度过高，再加上采用的磨石过于细，使分格条不易被磨出。

#### 3. 防治措施

（1）在粘贴分格条时应按照规定的工艺要求施工，保证分格条达到“粘七露三”的标准，十字交叉处要留出空隙。

（2）面层所用的石粒浆，应以半干硬性比较适宜，在面层上所撒布的石粒一定要均匀，不要使石粒疏密不均。

（3）严格控制石粒浆的铺设厚度，一般以滚筒滚压后面层高出分格条 1mm 为宜。

（4）开始研磨的时间和磨石规格，应根据实际情况选择适宜，初磨时一般采用 60～90 号金刚石，浇水量不宜过大，使面层保持一定浓度的磨浆水。

## 四、塑料地板地面质量问题与防治措施

塑料地板即用塑料材料铺设的地板。塑料地板按其使用状态可分为块材（或地板砖）和卷材（或地板革）两种。按其材质可分为硬质、半硬质和软质（弹性）3 种。按其基本原料可分为聚氯乙烯（PVC）塑料、聚乙烯（PE）塑料和聚丙烯（PP）塑料等数种。

塑料地板的施工质量涉及基层、板材、胶黏剂、铺贴、焊接、切削等多种因素，常见的质量问题主要有面层空鼓、颜色与软硬不一、表面不平整、拼缝未焊透等。

### （一）面层出现空鼓

#### 1. 质量问题

塑料板的面层起鼓，有气泡或边角起翘现象，使人在上面活动有不安全和不舒适的感觉。

不仅严重影响其使用功能，而且也严重影响其装饰效果。

## 2. 原因分析

（1）基层表面不清洁，有浮尘、油脂、杂物等，使基层与塑料板形成隔离层，从而严重影响了其黏结效果，造成塑料板面有起鼓现象。

（2）基层表面比较粗糙，或有凹凸孔隙，粗糙的表面形成很多细小孔隙，在涂刷胶黏剂时，导致胶黏层厚薄不匀。在粘贴塑料板材后，由于细小孔隙内胶黏剂较多，其中的挥发性气体将继续挥发，当这些气体积聚到一定程度后，就会在粘贴的薄弱部位起鼓。

（3）涂刷胶黏剂的时间不适宜。过早或过迟都会使面层出现起鼓和翘曲边现象。如果涂刷过早，稀释剂未挥发完，还闷在基层表面与塑料板之间，积聚到一定程度，也会在粘贴的薄弱部位起鼓；如果涂刷过迟，则胶黏剂的黏性减弱，也易造成面层空鼓。

（4）为防止塑料板的粘贴在一起，在工厂生产成型时表面均涂有一层极薄的蜡膜，但在粘贴时未进行除蜡处理，严重影响粘贴的牢固性，也会造成面层起鼓。

（5）粘贴塑料板的方法不对，由于整块进行粘贴，使塑料板与基层之间的气体未能排出，也易使塑料板面层起鼓。

（6）在低温下施工，由于胶黏剂容易变稠或冻结，不易将其涂刷均匀，黏结层厚薄不一样，影响黏结效果，从而引起面层起鼓。

（7）选用的胶黏剂质量较差，或者胶黏剂储存期超过规定期限发生变质，会严重影响黏结效果。

## 3. 预防措施

（1）认真处理基层，基层表面应坚硬、平整、光滑、清洁，不得有起砂、起壳现象。水泥砂浆找平层宜用1∶1.5～1∶2.0的配合比，并用铁抹子压光，尽量减少细微孔隙。对于麻面或凹陷孔隙，应用水泥拌108胶腻子修补平整后再粘贴塑料板。

（2）除用108胶黏剂外，当使用其他种类的胶黏剂时，基层的含水率应控制在6%～8%范围内，避免因水分蒸发而引起空鼓。

（3）涂刷的胶黏剂，应待稀释剂挥发后再粘贴塑料板。由于胶黏剂的硬化速度与施工环境温度有关，所以当施工环境温度不同时，粘贴时间也应不同。在正式大面积粘贴前，应先进行小量试贴，取得成功后再开始粘贴。

（4）塑料板在粘贴前应进行除蜡处理，一般是将塑料板放入75℃的热水中浸泡10～20min，然后取出晾干才能粘贴。也可以在胶黏面用棉丝蘸上丙酮∶汽油＝1∶8的混合溶液擦洗，以除去表面蜡膜。

（5）在塑料板铺贴后的10d内，施工的环境温度应控制在15～30℃范围内，相对湿度不高于70%。施工环境温度过低，胶黏剂冻结时不宜涂刷，以免影响粘贴效果；环境温度过高，则胶黏剂干燥、硬化过快，也会影响粘贴效果。

（6）塑料板的拼缝焊接，应等胶黏剂干燥后进行，一般应在粘贴后24～48h后进行焊接。正式拼缝焊接前，先进行小样试验，成功后再正式大面积焊接。

（7）粘贴方法应从一角或一边开始，边粘贴，边抹压，将黏结层中的空气全部挤出。板边挤溢出的胶黏剂应随即擦净。在粘贴过程中，切忌用力拉伸或揪扯塑料板，当粘贴好一块塑料板后，应立即用橡皮锤子自中心向四周轻轻拍打，将粘贴层的气体排出，并增加塑料板与基层的黏结力。

（8）塑料板的黏结层厚度不要过厚，一般应控制在1mm左右为宜。

(9) 塑料板粘贴应当选用质量优良、性能相容、刚出厂的胶黏剂，严禁使用质量低劣和超过使用期变质的胶黏剂。

## (二) 颜色与软硬不一

### 1. 质量问题

由于对塑料板材的产品质量把关不严，或在搭配时不太认真，从而造成塑料板表面颜色不同，在其上面行走时感觉质地软硬不一样。

### 2. 原因分析

(1) 在粘贴塑料前，表面进行除蜡质处理时，由于浸泡时间掌握不当、水的温度高低相差较大，造成塑料板软化程度不同，从而形成颜色与软硬程度不一样，不仅影响装饰效果和使用效果，而且还会影响拼缝的焊接质量。

(2) 在采购塑料板时对产品颜色、质量把关不严格，致使不是同一品种、同一批号、同一规格，所以塑料板的颜色和软硬程度不同。

### 3. 预防措施

(1) 同一房间、同一部位的铺贴，应当选用同一品种、同一批号、同一色彩的塑料板。严格防止不同品种、不同批号和不同色彩的塑料板混用。由于我国生产厂家较多，塑料板品种很多，质量差异较大，所以在采购、验收、搭配时应加强管理。

(2) 在进行除蜡质处理时，应当由专人负责。一般在75℃的热水中浸泡时间应控制在10～20min范围内，不仅尽量使热水保持恒温，而且各批材料浸泡时间相同。为取得最佳浸泡时间和效果，应当先进行小块试验，成功后再正式浸泡。

(3) 浸泡后取出晾干时的环境温度，应与粘贴施工时的温度基本相同，两者温差不宜相差太大。最好将塑料板堆放在待铺设的房间内备用，以适应施工的环境温度。

## (三) 焊缝不符合要求

### 1. 质量问题

焊缝不符合要求，主要是指拼缝焊接未焊透，焊缝两边出现焊瘤，焊条熔化物与塑料板黏结不牢固，并有裂缝、脱落等质量缺陷。

### 2. 原因分析

(1) 焊枪出口处的气流温度过低，使拼缝焊接没有焊透，造成焊接黏结不牢固。

(2) 焊枪出口气流速度过小，空气压力过低，很容易造成焊缝两边出现焊瘤，或者黏结不牢固。

(3) 在进行施焊时，由于焊枪喷嘴离焊条和板缝距离较远，也容易造成以上质量缺陷。

(4) 在进行施焊时，由于焊枪移动速度过快，不能使焊条与板缝充分熔化，焊条与塑料板难以黏结牢固。

(5) 焊枪喷嘴与焊条、焊缝三者不在一条直线上，或喷嘴与地面的夹角过小，致使焊条熔化物不能准确地落入缝中，造成黏结不牢固。

（6）所用的压缩空气不纯净，有油质或水分混入熔化物内，从而影响黏结强度；或者焊缝切口切割时间过早，被污染物玷污或氧化，也影响黏结质量。

（7）焊接的塑料板质量、性能不同，熔化温度不一样，严重影响焊接质量；或者选用的焊条质量较差，也必然影响焊接质量。

### 3. 预防措施

（1）在拼缝焊接时，必须采用同一品种、同一批号的塑料板粘贴面层，防止不同品种、不同批号的塑料板混杂使用。

（2）拼缝切口的切割时间应适时，特别不应过早，最好是随切割、随清理、随焊接。切割后应严格防止污染物玷污切口。

（3）在正式焊接前，首先应检查压缩空气是否纯净，有无油质、水分和杂质混入。检查的方法是：将压缩空气向一张洁白的纸上喷 20～30s，如果纸面上无任何痕迹，即可认为压缩空气是纯洁的。

（4）掌握好焊枪的气流温度和空气压力值，根据工程实践经验证明：气流温度应控制在180～250℃范围内为宜，空气压力值控制在 80～100kPa 范围内为宜。

（5）掌握好焊枪喷嘴的角度和距离，根据工程实践经验证明：焊枪喷嘴与地面夹角以25°～30°为宜，距离焊条与板缝以 5～6mm 为宜。

（6）严格控制焊枪的移动速度，既不要过快，也不要太慢，一般控制在 30～50cm/min 为宜。

（7）在正式焊接前，应先进行试验，掌握其气流温度、移动速度、角度、气压、距离等最佳参数后，再正式施焊。在进行焊接过程中，应使喷嘴、焊条、焊缝三者保持一条直线。如果发现焊接质量不符合要求时，应立即停止施焊，分析出现质量问题的原因，制定可靠的改进措施后再施焊。

## （四）表面呈现波浪形

### 1. 质量问题

塑料地板铺贴后表面平整度较差，目测其表面呈波浪形，不仅影响地面的观感，而且影响地板的使用。

### 2. 原因分析

（1）在铺贴塑料地板前，基层未按照设计要求进行认真处理，使基层表面的平整度差，在铺贴塑料地板后，自然会有凹凸不平的波浪形等现象。

（2）操作人员在涂抹胶黏剂时，用力有轻有重，使涂抹的胶黏剂厚薄不均，有明显的波浪形。在粘贴塑料地板时，由于胶黏剂中的稀释剂已挥发，胶体流动性变差，粘贴时不易抹平，使面层呈波浪形。

（3）如果铺贴塑料地板在低温下施工，胶黏剂容易产生冻结，流动性和黏结性差，不易刮涂均匀，胶黏层厚薄不匀，由于塑料地板本身较薄（一般为 2～6mm），粘贴后就会出现明显的波浪形。

### 3. 预防措施

（1）必须严格控制粘贴基层的平整度，这是防止出现波浪形的质量问题的重要措施，对于凹凸度大于±2mm 的表面要进行平整处理。当基层表面上有抹灰、油污、粉尘、砂粒、杂物等时，可用磨石机轻轻地磨一遍，并用清水冲洗干净晾干。

(2) 在涂抹胶黏剂时，使用齿形恰当的刮板，使胶层的厚度薄而匀，一般应控制在 1mm 左右。在涂抹胶黏剂时，注意基层与塑料板粘贴面上，涂抹的方向应纵横相交，以使在塑料地板铺贴时，粘贴面的胶层比较均匀。

(3) 控制施工温度和湿度。施工环境温应控制在 15～30℃之间，相对湿度应不高于 70%，并保持 10d 以上。

# 五、木质地板地面质量问题与防治措施

木质地板是指用木材制成的地板，地面工程中的木地板主要分为实木地板、强化木地板、实木复合地板、多层复合地板、木塑地板、竹材地板和软木地板等。

木质地板如果施工中处理不当，也会出现行走时发出响声、木地板局部有翘曲、板之间接缝不严、板的表面不平整等质量问题，不仅影响地板的使用功能和使用寿命，而且也会影响地板的装饰性。

## （一）行走时发出响声

### 1. 质量问题

木地板在使用过程中，人行走在木地板上面时发出一种“吱吱”的响声，特别是夜深人静时，在木地板上行走会发出刺耳的响声，使人感到特别烦躁，甚至影响邻里之间的和谐。

### 2. 原因分析

在木地板上行走产生响声的原因，主要是以下两个方面。

(1) 铺贴木地板的地面未认真进行平整处理，由于地面不平整会使部分地板和龙骨悬空，从而在上部重量的作用下而产生响声。

(2) 木龙骨用铁钉固定施工中，一般采用打木楔加铁钉的固定方式，会造成因木楔与铁钉接触面过小而使其紧固力不足，极易造成木龙骨产生松动，踩踏木地板时就会发出响声。

### 3. 预防措施

防止木地板出现响声的措施，实际上是根据其原因分析而得出的，主要可从以下几方面采取相应措施。

(1) 认真进行地面的处理，这是避免木地板出现响声最基本的要求。在进行木地板铺设前，必须按照现行国家标准《建筑地面工程施工质量验收规范》(GB 50209—2010) 的规定，将地面进行平整度处理。

(2) 木龙骨未进行防潮处理，地面和龙骨间也不铺设防潮层，选用松木板材制成不是干燥龙骨时，应提前 30d 左右固定于地面，使其固定后自行干燥。

(3) 木地板应当采用木螺钉进行固定，钉子的长度、位置和数量应符合施工的有关规定。在木地板固定施工时，固定好一块木地板后，均应当用脚踏进行检查，如果有响声，应及时返工纠正。

## （二）木地板局部有翘曲

### 1. 质量问题

木地板铺设完毕后，某些板块出现裂缝和翘曲缺陷，不仅严重影响地板的装饰效果，而且还可能会出现绊人现象，尤其是严重翘曲的板块，对老年人的人身安全也有一定威胁。

### 2. 原因分析

产生地板局部翘曲的原因是多方面的，最关键的是一个“水”字，即由于含水率过高而引起木地板板块或木龙骨产生变形。

（1）在进行木地板铺设前，不检查木龙骨的含水率是否符合要求，而盲目地直接铺贴木地板，从而造成因木龙骨的变形使木地板也产生变形。

（2）由于面层木地板中的含水率过高或过低，从而引起木地板翘曲。当木地板中的含水率过高时，在干燥的空气中失去水分，断面产生一定的收缩，从而发生翘曲变形；当木地板中的含水率过低时，由于与空气中的湿度差过大，使木地板快速吸收水分，从而造成木地板起拱，也可能出现漆面爆裂现象。

（3）在地板的四周未按要求留伸缩缝、通气孔，面层木地板铺设后，内部的潮气不能及时排出，从而使木地板吸潮后引起翘曲变形。

（4）面层地板下面的毛地板未留出缝隙或缝隙过小，毛地板在受潮膨胀后，使面层地板产生起鼓、变形，造成面层地板翘曲。

（5）在面层木地板拼装时过松或过紧，也会引起木地板的翘曲。如果拼装过松，地板在收缩时就会出现较大的缝隙；如果拼装过紧，地板在膨胀时就会出现起拱现象。

### 3. 预防措施

（1）在进行木地板铺设时，要严格控制木板的含水率，并应在施工现场进行抽样检查，木龙骨的含水率应控制在12%左右。

（2）搁栅和踢脚板处一定要留通风槽孔，并要做到槽孔之间相互连通，一般地板面层通气孔每间不少于2处。

（3）所有线路、暗管、暖气等工程施工完毕后，必须经试压、测试合格后才能进行木地板的铺设。

（4）阳台、露台厅口与木地板的连接部位，必须有防水隔断措施，避免渗水进入木地板内部。

（5）为适应木地板的伸缩变形，在地板与四周墙体处应留有10～15mm的伸缩缝。

（6）木地板下层毛地板的板缝应均匀一致、相互错开，缝的宽度一般为2～5mm，表面应处理平整，四周离墙10～15mm，以适应毛地板的伸缩变形。

（7）在制定木地板铺设方案时，应根据使用场所的环境温度、湿度情况，合理安排木地板的拼装松紧度。

如果木地板产生局部翘曲，可以将翘曲起鼓的木地板面层拆开，在毛地板上钻上若干个通气孔，待晾一个星期左右，等木龙骨、毛地板干燥后，再重新封上面层木地板。

## （三）木地板接缝不严

### 1. 质量问题

木地板面层铺设完毕使用一段时间后，板与板之间的缝隙增大，不仅影响木地板的装饰效果，而且很容易使一些灰尘、杂质等从缝隙进入地板中，这些缝隙甚至成为一些害虫（如蟑螂）的生存地。

### 2. 原因分析

板与板之间产生接缝不严的原因很多，既有材料本身的原因，也有施工质量不良的原因，还有使用过程中管理不善的原因。

（1）在铺设毛地板和面板时，未严格控制板的含水率，使木地板因收缩变形而造成接缝不严、板块松动、缝隙过大。

（2）板材宽度尺寸误差比较大，存在着板条不直、宽窄不一、企口太窄、板间太松等缺陷，均可导致板间接缝不严。

（3）在拼装企口地板条时，由于缝隙间不够紧密，尤其是企口内的缝太虚，表面上看着结合比较严密，刨平后即可显出缝隙。

（4）在进行木地板铺设之前，未对铺筑尺寸的板的尺寸进行科学预排，使得面层木地板在铺设接近收尾时，剩余宽度与地板条宽不成倍数关系，为凑整块地板，随意加大板缝，或将一部分地板条宽度加以调整，经手工加工后，地板条不很规矩，从而产生缝隙。

（5）施工或使用过程中，木地板板条受潮，使板内的含水率过大，在干燥的环境中失去水分收缩后，使其产生大面积的缝隙。

### 3. 预防措施

根据以上木地板接缝不严各种原因分析，可以得出如下防止木地板产生接缝不严的措施。

（1）地板条在进行拼装前应经过严格挑选，这是防止板与板之间接缝不严的重要措施。对于宽窄不一、有腐朽、疖疤、劈裂、翘曲等疵病的板条必须坚决剔除；对企口不符合要求的应经修理后再用；有顺弯曲缺陷的板条应当刨直，有死弯的板条应当从死弯处截断，修整合格后再用。特别注意板材的含水率一定要合格，不能过大或过低，一般不大于12%。

（2）在铺设面层木地板前，房间内应进行弹线，并弹出地板的周边线。踢脚板的周围有凹形槽时，在周围应先固定上凹形槽。

（3）在铺设面层木地板时，应用楔块、扒钉挤紧面层板条，使板条之间的缝隙达到一致后再将其钉牢。

（4）长条状地板与木龙骨垂直铺钉，当地板条为松木或宽度大于70mm的硬木时，其接头必须钉在木龙骨上，接头应当互相错开，并在板块的接头两端各钉上一枚钉子。长条地板铺至接近收尾时，要先计算一下所用的板条数，以便将该部分地板条修成合适的宽度。

（5）在铺装最后一块板条时，可将此板条刨成略带有斜度的大小头，以小头嵌入板条中，并确实将其楔紧。

（6）木地板铺设完毕后，应及时用适宜物料进行遮盖，将地板表面刨平磨光后，立即上油或烫蜡，以防止出现地板收缩变形而产生“拔缝”。

（7）当地板的缝隙小于1mm时，应用同种材料的锯末加树脂胶和腻子进行嵌缝处理；当地板的缝隙大于1mm时，应用同种材料刨成薄片，蘸胶后嵌入缝内刨平。如修补的面积较大，影响地板的美观时，可将烫蜡改为油漆，并适当加深地面的颜色。

## (四)木地板的表面不平整

### 1. 质量问题

木地板的面层板块铺装完成后，经检查发现板的表面不平整，其差值超过了规定的允许误差，不仅严重影响木地板的装饰效果和使用功能，而且也给今后地面的养护、打蜡等工作带来困难。

### 2. 原因分析

木地板产生表面不平整的原因比较简单，主要有以下4个方面。

(1) 在进行房间内水平线弹线时，线弹得不准确或弹线后未进行认真校核，使得每一个房间实际标高不一样，必然会导致板的表面不平整。

(2) 如果木地板面层的下面是木龙骨或者是毛面地板，在铺设面层板之前未对底层进行检查，由于底层不平整而使面层也不平整。

(3) 如果地面工程的木地板铺设分批进行，先后铺设的地面，或不同房间同时施工的地面，操作时互不照应，也会造成高低不平。

(4) 在操作时电刨的速度不匀，或换刀片处刀片的利钝不同，使木板刨的深度不一样，也会造成地面面板不平整。

### 3. 预防措施

(1) 木地板的基层必须按规定进行处理，面层板下面的木龙骨或毛地板的平整度，必须经检验合格后才能进行面板的铺设。

(2) 在木地板铺设之前，必须按规定弹出水平线，并要认真对水平线进行校正和调整，使水平线准确、统一，成为木地板铺设的控制线。

(3) 对于两种不同材料的地面，如果高差在3mm以内，可将高出部分刨平或磨平，必须在一定范围内顺平，不得有明显的不平整痕迹。

(4) 如果门口处的高差为3～5mm时，可以用过门石进行处理。

(5) 高差在5mm以上时，需将木地板拆开，以削或垫的方式调整木龙骨的高度，并要求在2m以内顺平。

(6) 在使用电刨时，刨刀要细要快，转速不宜过低，一般应在4000r/min以上，推刨木板的速度要均匀，中途一般不要出现停顿。

(7) 地面与墙面的施工顺序，除应当遵循首先湿作业、然后干作业的原则外，最好先施工走廊面层，或先将走廊面层标高线弹好，各房间由走廊面层的标高线向里引，以达到里外“交圈”一致。相邻房间的地面标高应以先施工者为准。

## (五)拼花不规矩

### 1. 质量问题

拼花木地板的装饰效果如何，关键在于拼花是否规矩。但在拼花木地板的铺设施工中，往往容易出现对角不方、出现错牙、端头不齐、图案不对、圈边宽窄不一致，不符合拼花木地板的施工质量要求。

### 2. 原因分析

（1）拼花木地板的板条未经过严格挑选，有的板条不符合要求，宽窄长短不一，安装时未进行预排，也未进行套方，从而造成在拼装时发生不规矩。

（2）在拼花木地板正式铺设之前，没有按照有关规定弹出施工的控制线，或弹出的施工控制线不准确，也会造成拼花不规矩。

### 3. 预防措施

（1）在进行拼花木地板铺设前，对所采用的木地板条必须进行严格挑选，使板条形状规矩、整齐一致，然后分类、分色装箱备用。

（2）每个房间的地面工程，均应做到先弹线、后施工，席纹地板应当弹出十字线，人字地板应当弹分档线，各对称的一边所留的空隙应当一致，以便最后进行圈边，但圈边的宽度最多不大于 10 块地板条。

（3）在铺设拼花地板时，一般宜从中间开始，各房间的操作人员不要过多，铺设的第一方或第一排经检查合格后，可以继续从中央向四周进行铺贴。

（4）如果拼花木地板局部出现错牙质量问题，或端头不齐在 2mm 以内者，可以用小刀锯将该处锯出一个小缝，按照“地板接缝不严”的方法治理。

（5）当一块或一方拼花木地板条的偏差过大时，应当将此块（方）地板条挖掉，重新换上合格的地板条并用胶补牢。

（6）当拼花的木地板出现偏差比较大，并且修补非常困难时，可以采用加深地板油漆的颜色进行处理。

（7）当木地板的对称两边圈边的宽窄不一致时，可将圈边适当加宽或作横圈边进行处理。

## （六）木地板表面戗槎

### 1. 质量问题

木地板的表面不光滑，肉眼观察和手摸检查，均有明显的戗茬质量问题。在地板的表面上出现成片的毛刺或呈现异常粗糙的感觉，尤其在进行不地板上油、烫蜡后更为显著，严重影响木地板的装饰效果和使用功能。

### 2. 原因分析

（1）在对木地板表面进行刨光处理时，使用的电刨的刨刃太粗、吃刀太深、刨刃太钝或转速太慢等，均会出现木地板表面戗槎质量问题。

（2）在对木地板表面进行刨光处理时，使用的电刨的刨刃太宽，能同时刨几块地板条，而地板条的木纹方向不同，呈倒纹的地板条容易出现戗槎。

（3）在对木地板表面进行机械磨光时，由于用的砂布太粗或砂布绷得不紧，也会出现戗槎等质量问题。

### 3. 预防措施

（1）在对木地板表面进行刨光处理时，使用的电刨的刨刃要细、吃刀要浅，要根据木材的种类分层刨平。

(2) 在对木地板表面进行刨光处理时，使用的电刨的转速不应小于 4000r/min，并且速度要匀，不可忽快忽慢。

(3) 在对木地板表面进行机械磨光时，采用的砂布要先粗、后细，砂布要绷紧、绷平，不出现任何皱褶，停止磨光时应当先停止转动。

(4) 木地板采用人工净面时，要用细刨子顺着木纹认真进行刨平，然后再用较细的砂纸进行打磨光滑。

(5) 木地板表面上有戗槎的部位，应当仔细用细刨子顺着木纹认真刨平。

(6) 如果木地板表面局部戗槎较深，用细刨子不能刨平时，可用扁铲将戗槎处剔掉，再用相同的材料涂胶镶补，并用砂纸进行打磨光滑。

# 参考文献


[1] 彭圣浩. 建筑工程质量通病防治手册 [M]. 4 版. 北京：中国建筑工业出版社，2019.
[2] 李继业，宋学东. 建筑工程质量问题与防治 [M]. 北京：化学工业出版社，2005.
[3] 杨松森，王东升，徐希庆. 建筑工程常见质量问题分析与防治 [M]. 徐州：中国矿业大学出版社，2016.
[4] 王国富. 建筑工程常见质量问题预防措施 [M]. 济南：山东大学出版社，2007.
[5] 李继业. 建筑工程质量问题与防治措施 [M]. 北京：中国建材工业出版社，2003.
[6] 王华生. 装饰工程质量通病防治手册 [M]. 北京：中国建筑工业出版社，1995.
[7] 王华生，赵慧如，王江南. 装饰工程质量通病表解速查手册 [M]. 北京：中国建筑工业出版社，2009.
[8] 孟文清. 建筑工程质量通病分析与防治 [M]. 郑州：黄河水利出版社，2005.
[9] 蒋曙杰，陈建平. 钢结构工程质量通病控制手册 [M]. 上海：同济大学出版社，2010.